ALLE ZEIT WACH
1842

H. Huber H. Löffler D. Pastner (Hrsg.)

Diagnostische Hämatologie

Laboratoriumsdiagnose hämatologischer Erkrankungen

Unter Mitarbeit von
P. Bettelheim, V. Diehl, J. Drach, H. H. Euler, V. Faber
B. Fasching, C. Fonatsch, G. Gastl, C. Gattringer
R. Greil, P. Hengster, M. Lechleitner, D. Nachbaur
H. K. Müller-Hermelink, M. R. Parwaresch, Ch. Peschel
P. Pohl, H. J. Radzun, J. O. Schröder, R. Stauder
J. Thaler, H. Zwierzina

Mit 182 Abbildungen und 211 Tabellen

Springer-Verlag
Berlin Heidelberg New York
London Paris Tokyo
Hong Kong Budapest
Barcelona

Prof. Dr. Heinz Huber
Abteilung für Hämatologie und Onkologie
Universitätsklinik für Innere Medizin
Anichstraße 35
A-6020 Innsbruck

Prof. Dr. Helmut Löffler
II. Med. Universitätsklinik und Poliklinik
Chemnitzstraße 33
D-2300 Kiel 1

Dr. Dorothea Pastner
Universitätsklinik für Innere Medizin
Anichstraße 35
A-6020 Innsbruck

ISBN-13:978-3-642-76861-3

Die Deutsche Bibliothek - CIP-Einheitsaufnahme

Diagnostische Hämatologie : mit 211 Tabellen / H. Huber ... (Hrsg.). Unter Mitarb. von P. Bettelheim ... - 3. Aufl. - Berlin ; Heidelberg ; New York ; London ; Paris ; Tokyo ; Hong Kong ; Budapest ; Barcelona : Springer, 1992
(Laboratoriumsdiagnose hämatologischer Erkrankungen) 2. Aufl. u.d.T.: Hämatologie und Immunhämatologie als: Laboratoriumsdiagnose hämatologischer Erkrankungen ; 1
ISBN-13:978-3-642-76861-3 e-ISBN-13:978-3-642-76860-6
DOI: 10.1007/978-3-642-76860-6

NE: Huber, Heinz [Hrsg.]; Bettelheim, P.

Softcover reprint of the hardcover 3rd edition 1992

Satz: Cicero Lasersatz, 8900 Augsburg

Buchb. Verarbeitung: J. Schäffer, 6718 Grünstadt 1

27/3145/ 5 4 3 2 1 0 – Gedruckt auf säurefreiem Papier

Vorwort

Wenige Gebiete der Inneren Medizin sind in so rascher Entwicklung wie die Hämatologie. Als Beispiele seien die Fortschritte der immunologischen Phänotypisierung, zytogenetischer Methoden und der molekularen Pathologie genannt. Ziel dieses Bandes ist es, wesentliche Neuentwicklungen der hämatologischen Forschung in ihrer Relevanz für eine verbesserte Diagnose und letztlich Therapie darzustellen. Ein besonderer Schwerpunkt liegt dabei auf der Darstellung der pathophysiologischen Grundlagen der verschiedenen Erkrankungen. Ein Verständnis dieser Grundlagen erleichtert ein gezieltes diagnostisches Vorgehen.

Die hämatologische Diagnostik ist eng an ihre Nachbargebiete, insbesondere die Histopathologie, Immunologie und Molekularbiologie gebunden. Kenntnisse aus diesen wichtigsten Gebieten werden mit dem Bemühen dargestellt, die unverzichtbare interdisziplinäre Zusammenarbeit weiter zu fördern und zu verbessern.

Das vorliegende Buch ist eine Fortführung der bisher in zwei Auflagen erschienenen „Laboratoriumsdiagnose Hämatologischer Erkrankungen" unter der Herausgeberschaft H. Huber, D. Pastner und F. Gabl.

Beibehalten wurde das Ziel, als Orientierungshilfe sowohl für Ärzte am Krankenbett als auch für die Fachleute der Laboratoriumsmedizin zu dienen. Die langjährige Betreuung großer Patientengruppen mit hämatologischen und onkologischen Erkrankungen sowie die tägliche Arbeit in den Laboratorien war Voraussetzung, dieses Buch zu konzipieren und nach mehrjähriger Arbeit fertigzustellen. Der Band wurde gegenüber den früheren Auflagen komplett neu verfaßt und erweitert. Ein methodischer Teil – in den früheren Ausgaben in einem Band integriert – ist in erweiterter Form in Vorbereitung.

Unser besonderer Dank bei der Gestaltung und Fertigstellung des Bandes gilt unseren Mitarbeiterinnen Frau Annemarie Maneschg, Frau Frieda Oberwasserlechner, Frau Kornelia Pfurtscheller, Frau Heidi Unterwaditzer und Frau Ursula Krabacher.

Nur mit der tatkräftigen Hilfe von Herrn Dr. Wieczorek aus dem Springer-Verlag konnte das Manuskript unter Berücksichtigung der aktuellen Entwicklung fertiggestellt und rasch in den Druck gebracht werden.

Aus dem Vorwort zur Erstauflage

Laboratoriumsdiagnose hämatologischer Erkrankungen

Das vorliegende Buch wendet sich einerseits an Ärzte, die vorwiegend am Krankenbett tätig sind. Ihnen möge es die Interpretation und rationelle Anwendung von Laboratoriumstesten, welche in diesen Spezialgebieten zielführend sind, erleichtern. Für den Laboratoriumsmediziner andererseits ist der ausführliche Methodenteil gedacht, welcher die Technik im Detail bespricht sowie ihre Fehlermöglichkeiten und Grenzen diskutiert.

Die Autoren können auf eine langjährige Erfahrung und internationale Ausbildung zurückblicken. Aus dieser großen Erfahrung ergibt sich die Rechtfertigung zur Abfassung dieses Werkes, welches durchwegs eine persönliche Aussage und Stellungnahme darstellt.

Univ.-Prof. Dr. H. Braunsteiner

Inhaltsübersicht

Inhaltsverzeichnis

Kapitel 4
Differentialdiagnose der primären Knochenmarkinsuffizienz
H. Huber, Ch. Peschel, H. Zwierzina, D. Nachbaur, D. Pastner

Kapitel 6
Chronisch-myeloproliferative Erkrankungen
H. Huber, D. Nachbaur, J. Thaler, P. Pohl, D. Pastner, C. Fonatsch

Kapitel 7
Infektionen durch Epstein-Barr- und Zytomegalievirus
B. Fasching, H. Huber

Kapitel 8
Die Milz und ihre Funktionsstörungen
H. Huber, D. Nachbaur

Kapitel 9
Morbus Hodgkin
H. Huber, R. Greil, B. Fasching, V. Diehl

Kapitel 10

Non-Hodgkin-Lymphome

H. Huber, B. Fasching, P. Pohl, D. Nachbaur, D. Pastner, R. Stauder, V. Faber, H.K. Müller-Hermelink

Kapitel 11
Monoklonale Gammopathien
D. Nachbaur, P. Pohl, D. Pastner, V. Faber, H. Huber

Kapitel 12
Amyloidosen
H. Huber, D. Nachbaur, D. Pastner

Kapitel 13
Kryoglobulinämien
H. Huber, M. Lechleitner

Kapitel 14
Vaskulitiden
J. O. Schröder, H. H. Euler

Kapitel 15
Primäre Immundefekte
H. Huber, G. Gastl, D. Nachbaur, D. Pastner

Kapitel 16
Sekundäre Immundefekte
G. Gastl, P. Hengster

Kapitel 17

Neutropenien und Funktionsdefekte der Neutrophilen

H. Huber, D. Nachbaur, D. Pastner

Kapitel 18

Erkrankungen des Monozyten-/Makrophagensystems

M. R. Parwaresch, H. J. Radzun, D. Nachbaur, D. Pastner, H. Huber

Kapitel 19
Eosinophilien und Erkrankungen der Mastzellen/Basophilen
H. Huber, P. Pohl, D. Nachbaur, P. Bettelheim

Anschriften von Autoren und Herausgebern

Prof. Dr. P. Bettelheim
Allgemeines öffentliches Krankenhaus der Stadt Linz
Institut für Medizinische und Chemische Laboratoriumsdiagnostik
Krankenhausstraße 9, A-4020 Linz

Prof. Dr. V. Diehl
Direktor der Medizinischen Universitäts-Klinik I
Joseph-Stelzmann-Straße 9, 5000 Köln 41

Dr. J. Drach
Abteilung für Hämatologie und Onkologie
Univ.-Klinik für Innere Medizin
Anichstraße 35, A-6020 Innsbruck

Dr. H. H. Euler
II. Medizinische Klinik des Städtischen Krankenhauses
Metzstraße 53–57, D-2300 Kiel 1

Viktoria Faber
Leitende Lehrassistentin der Medizinisch-technischen
Lehranstalt des Landes Tirol
Univ.-Klinik für Innere Medizin
Anichstraße 35, A-6020 Innsbruck

Mag. B. Fasching
Abteilung für Hämatologie und Onkologie
Univ.-Klinik für Innere Medizin
Anichstraße 35, A-6020 Innsbruck

Prof. Dr. Ch. Fonatsch
Arbeitsgruppe Tumorcytogenetik Medizinische Universität
Institut f. Humangenetik
Ratzeburger Allee 160, D-2400 Lübeck 1

Doz. Dr. G. Gastl
Univ.-Klinik für Innere Medizin
Anichstraße 35, A-6020 Innsbruck

Prof. Dr. C. Gattringer
Abteilung für Hämatologie und Onkologie
Univ.-Klinik für Innere Medizin
Anichstraße 35, A-6020 Innsbruck

Dr. R. Greil
Abteilung für Hämatologie und Onkologie
Univ.-Klinik für Innere Medizin
Anichstraße 35, A-6020 Innsbruck

Dr. P. Hengster
Institut für Hygiene
Schöpfstraße 41, A-6020 Innsbruck

Prof. Dr. H. Huber
Abteilung für Hämatologie und Onkologie
Univ.-Klinik für Innere Medizin
Anichstraße 35, A-6020 Innsbruck

Dr. M. Lechleitner
Univ.-Klinik für Innere Medizin
Anichstraße 35, A-6020 Innsbruck

Prof. Dr. H. Löffler
II. Medizinische Klinik d. Städt. Krankenhauses
II. Medizinische Klinik und Poliklinik der Universität
Metzstraße 53–57, D-2300 Kiel 1

Prof. Dr. H. Müller-Hermelink
Pathologisches Institut der Universität
Luitpoldkrankenhaus
Josef-Schneider-Straße 2, D-8700 Würzburg 2

Dr. D. Nachbaur
Abteilung für Klinische Immunbiologie und Knochenmarktransplantation
Univ.-Klinik für Innere Medizin
Anichstraße 35, A-6020 Innsbruck

Prof. Dr. M. R. Parwaresch
Abteilung für Allgemeine Pathologie und pathologische Anatomie
Universität Kiel
Michaelistraße 11, D-2300 Kiel 1

Dr. D. Pastner
Univ.-Klinik für Innere Medizin
Anichstraße 35, A-6020 Innsbruck

Doz. Dr. Ch. Peschel
III. Medizinische Klinik und Poliklinik
Abteilung für Hämatologie
Langenbeckstraße 1, Postfach 3960, D-6500 Mainz

Dr. P. Pohl
Univ.-Klinik für Neurologie
Anichstraße 35, A-6020 Innsbruck

Prof. Dr. H. J. Radzun
Institut für Pathologie
Klinikum der Christian-Albrechts-Universität Kiel
Michaelistraße 11, D-2300 Kiel 1

Dr. J. O. Schröder
II. Medizinische Klinik der Universität Kiel
Metzstraße 53–57, D-2300 Kiel 1

Dr. R. Stauder
Abteilung für Hämatologie und Onkologie
Univ.-Klinik für Innere Medizin
Anichstraße 35, A-6020 Innsbruck

Doz. Dr. J. Thaler
Abteilung für Hämatologie und Onkologie
Univ.-Klinik für Innere Medizin
Anichstraße 35, A-6020 Innsbruck

Dr. H. Zwierzina
Univ.-Klinik für Innere Medizin
Anichstraße 35, A-6020 Innsbruck

Kapitel 1: Diagnose und Differentialdiagnose hämolytischer Anämien

H. Huber, D. Nachbaur, P. Pohl, D. Pastner

1.1 Diagnose einer hämolytischen Anämie

Nachweis einer gesteigerten Erythrozytendestruktion

Zum Nachweis einer hämolytischen Anämie (hA) stehen verschiedene Suchtests zur Verfügung, die besonders in Kombination Hinweise auf das Bestehen einer hA geben. Auf den direkten Nachweis einer verkürzten Erythrozytenlebensdauer durch Isotopenmethoden kann in der Mehrzahl der Fälle verzichtet werden.

1.1.1 Retikulozyten

Diese Auswertung der Zahl neugebildeter Erythrozyten ist die einfachste und direkteste Methode zur Abschätzung der effektiven Erythrozytenproduktion. Unter Gleichgewichtsbedingungen kann daraus auf das Ausmaß des Erythrozytenabbaues geschlossen werden. Voraussetzung ist ein normal rekationsfähiges Knochenmark, wie dies in der Mehrzahl der hA gegeben ist.

Retikulozyten sind unreife Erythrozyten im Endstadium ihrer Differenzierung. Unmittelbar davor kommt es zur Ausstoßung des Zellkerns, wodurch 30–40% des Volumens verlorengehen (Übersicht bei [149]) Normalerweise verbringen sie den größten Teil ihrer Reifungsphase im Knochenmark (2–3 Tage) und zirkulieren dann (für 1 Tag) im peripheren Blut.

Morphologische Veränderungen begleiten diese Ausreifung, wobei ihre charakteristische Zyotplasmastruktur (die *Substantia granulofilamentosa*) durch bestimmte basophile Farbstoffe dargestellt wird. Diese binden sich an die in Retikulozyten noch vorhandene RNA und führen zu deren Vernetzung. In den letzten Jahren werden vermehrt Fluoreszenzfarbstoffe mit Bindung an RNA verwendet, die Auswertung kann durchflußzytometrisch erfolgen [176]. Die klassische Definition von Reifungsstadien der Retikulozyten wurde von Heilmeyer u. Westhäuser [132] entwickelt.

Unter normalen Erythropoesebedingungen werden lediglich Retikulozyten der Stadien IV (etwa 70%) und der Stadien III (etwa 30%) im peripheren Blut nachweisbar [335]. Unter erythropoetischen Streßbedingungen erscheinen dagegen auch Retikulozyten der Stadien II und I, woraus eine Verlängerung der Reifungsdauer im peripheren Blut resultiert. Während die Unterscheidung der einzelnen Reifungsstadien subjektiven Spielraum läßt, erfassen durchflußzytometrische Methoden die kontinuierliche Abnahme der RNA während dieser Ausreifung [331].

Ein besseres Maß der Erythrozytenproduktionsrate ist die Bestimmung der absoluten Retikulozytenzahl oder eine Korrektur dieser Zahl für die Schwere der Anämie.

Zur Errechnung der *korrigierten Retikulozytenzahl* werden die Werte auf einen Hämatokrit von 0,45 l/l bezogen.

Retikulozytenindex:

$$\frac{\text{Retikulozytenzahl (in ‰)} + \text{Hämatokrit des Patienten (l/l)}}{45\ \text{(l/l)}}$$

1.1.2 Serumhaptoglobin

Liegt das Serumhaptoglobin (Hp) deutlich unterhalb des Normalbereichs, so kann bei Ausschluß einer schweren Leberfunktionsstörung eine Hämolyse vermutet werden.

Hp wandert elektrophoretisch als α_2-Globulin. Ihm kommt in erster Linie die Vehikelfunktion für Hb im Serum zu. Fällt vermehrt Hb an, so kommt es zum Verbrauch von Hp und nicht zu einer kompensatorischen Mehrbildung dieses Proteins. Hp ohne gebundenen Blutfarbstoff hat eine Halbwertszeit im Kreislauf von etwa 5 Tagen, der Hp-Hb-Komplex von ewa 10 Minuten (Übersicht bei [149]). An Hp gebundenes Hb ist nicht nierengängig (Molekurgewicht 150000). Ist jedoch die Hb-Bindungsfähigkeit des Serum-Hp überschritten, so wird das nicht gebundene, freie Hb nierengängig. Es resultiert eine Hämoglobinurie.

Wird Hb durch Hämolyse vermehrt freigesetzt, nimmt bei einer Steigerung des Hb-Umsatzes auf etwa das Doppelte die Hp-Konzentration ab. Es ist im Serum bei einer Steigerung des Hb-Umsatzes auf das 4fache meist nicht mehr nachweisbar [262]. Besonders ausgeprägt ist der Abfall bei intravasaler Hämolyse.

Die Hp-Bestimmung als Hämolysesuchtest hat allerdings ihre Grenzen. Das Hp gehört zu den *Akutphasenproteinen,* kann bei verschiedenen entzündlichen oder neoplastischen Erkrankungen ansteigen und dann diagnostisch zum Hämolysenachweis nicht verwendbar sein. Ein ähnlicher Anstieg wird auch unter Kortikosteroidtherapie beobachtet. Die Normalwerte streuen über einen ziemlich weiten Bereich, bei Neugeborenen besteht ein niederiger Serumspiegel. Verminderungen werden auch bei schweren *Leberfunktionsstörungen* gefunden. *Hereditäre A-Haptoglobinämien* sind dagegen selten. Ein Hp-Abfall kann auch bei vorwiegend intramedullärer Hämolyse beobachtet werden.

1.1.3 Erythrozytenmorphologie

Die einfache Betrachtung technisch einwandfreier Blutausstriche ist eine außerordentlich wichtige Methode in der Diagnose einer hA. Wichtige Charakteristika der Erythrozytenmorphologie bei diesen Anämien sind in Tabelle 1.1 zusammengestellt.

Tabelle 1.1. Charakteristika der Erythrozytenmorphologie bei hämolytischen Anämien (aA)

Krankheitsbild	Morphologische Charakteristika der Blutausstriche
Angeborene hA	
Kongenitale Sphärozytose	Mikrosphärozytose
Kongenitale nichtsphärozytäre hA	Makrozytose, gelegentlich Stechapfelformen, evtl. gesteigerte Heinzkörper-Bildung nach Splenektomie oder Phenylhydrazininkubation
Elliptozytose	Elliptozyten
Thalassämie	Schießscheibenerythrozyten, Hypochromie, basophile Tüpfelung, HbH-Einschlußkörper
Sichelzellanämie	Sichelzellen, v. a. im Sichelzelltest
hA durch instabile Hämoglobine	„Thalassämieähnlich"; gesteigerte Heinzkörper-Bildung nach Splenektomie oder Phenylhydrazininkubation, die auch Retikulozyten erfaßt
Erworbene hA	
hA durch Wärmeautoantikörper	Oft Kugelzellen
hA durch Kälteautoantikörper	Spontanagglutination außer an angewärmten Objektträgern
Hämolytisch-Urämisches Syndrom	Schizozyten, Fragmentozyten
Mechanische hA nach Herzoperation	Erythrozytenfragmente
PNH	Uncharakteristisch

1.1.4 Heinzkörpertest

Heinz'sche Innenkörper sind mit Phasenkontrast oder durch Supravitalfarbstoffe (Brillantkresylblau, Nilblausulfat) darstellbare Erythrozyteninnenkörper, die durch oxidative Denaturierung des Hämoglobins zustande kommen. Die Schädigung der Erythrozyten durch Heinzkörper beruht vor allem auf deren Fähigkeit, sich an die Innenseite der Erythrozytenmembran zu binden. Dadurch wird die Permeabilität und Plastizität der Erythrozytenmembran pathologisch verändert (z. B. [44, 362]). Die Milz wirkt als Filter, um Heinzkörper-tragende Erythrozyten zu eliminieren (s. Kap. 8).

Von der *Substantia granulofilamentosa* unterscheiden sich diese Innenkörper durch ihre Größe und Dichte. Der Heinzkörpernachweis im frisch entnommenen Blut gelingt nur selten und fast ausschließlich bei splenektomierten Patienten.

Sie treten nach *Überforderung des Redoxpotentials* der Erythrozyten bei Exposition gegenüber oxidierenden Substanzen auf. Zahl und Größe der Heinzkörper sind abhängig vom Ausmaß der Hb-Denaturierung.

Hämolytische Anämien, die mit positivem Heinzkörpertest einhergehen, sind in Tabelle 1.2 zusammengefaßt. In den meisten Fällen kommen solche

Tabelle 1.2. Hämolytische Anämien mit positivem Heinzkörpertest

Enzymopenische hA mit verminderter Bildungsfähigkeit von reduziertem Glutathion (v. a. bei Mangel an G-6-PDH oder Glutathionreduktase)
hA durch instabile Hämoglobine (z. B. Hämoglobin Köln), HbH Erkrankung
Toxische hA (durch Einnahme oxidierender Substanzen: Nitrite, Nitrate, Anilin und Derivate, Phenacetin, Sulfonamide u. a.)
Idiopathische Heinzkörperpositive hA

Heinzkörper erst nach In-vitro-Vorbehandlung der Erythrozyten mit oxidierenden Substanzen zur Darstellung (im Heinzkörpertest nach Inkubation mit Phenylhydrazin).

1.1.5 Coombs-Test (Antihumanglobulintest)

Der direkte Coombs-Test mit einem Antihumanglobulin(AHG)-Serum breiter Spezifität gehört zu den Routineuntersuchungen bei hA. Definitionsgemäß gehen erworbene hA durch Wärmeautoantikörper mit einem positiven direkten Test einher. Bei solchen durch Kälteautoantikörper sind die Ergebnisse variabel und abhängig von der Wirksamkeit des verwendeten Antiserums gegenüber Komplementkomponenten (s. 1.3.1.3). Ist der Suchtest mit einem AHG-Serum breiter Spezifität positiv, empfiehlt sich eine Differenzierung (in erster Linie mit einem Antiserum, das spezifisch mit IgG, und einem solchen, das mit C3, insbesondere C3d reagiert). Die Mehrzahl von Patienten, deren direkter Coombs-Test mit Anti-IgG positiv ist, zeigt eine hämolytische Anämie [262, 369].

Ein positiver direkter Coombs-Test kommt selten bei Normalpersonen und etwas häufiger bei verschiedenen Erkrankungen mit oder ohne Hämolysezeichen vor. Nach einer Zusammenstellung von Worlledge [369] an 65000 Blutspendern war ein solches Ergebnis in 1 von 9000 Fällen nachweisbar. Positive Ergebnisse (fast ausschließlich mit Anti-C) waren bei Krankenhauspatienten ohne Hämolysezeichen in 8% nachweisbar. (Ähnliche Ergebnisse erhielten Petz u. Garratty [262].) Positive Befunde wurden weiter bei systemischen LE in 44%, bei Lymphomen (inkl. lymphatischer Leukämie) in 21% und bei myeloischen Leukämien in 6% gefunden. Keiner dieser Patienten zeigte Zeichen einer hA. Ein meist stark positiver AHG-Test ohne Zeichen einer Hämolyse wird bei nicht wenigen Patienten unter Methyldopatherapie gesehen (s. 1.3.2).

Nur in Einzelfällen von autoimmunhämolytischer Anämie (AIHA) ist der direkte Coombs-Test negativ. Worlledge beobachtete negative Testergebnisse bei 6% der Patienten mit dem Vollbild einer AIHA vom Wärmetyp (s. Kap. 1.3.1.2). Chaplin gibt die Häufigkeit mit 2–4% an [46]. Für einen schwach positiven direkten Coombs-Test ist eine durchschnittliche Zahl von etwa 300–500 IgG-Molekülen pro Erythrozyt notwendig ([142]; Übersicht bei [262]). Daß eine kleinere Zahl von IgG-Antikörpern an Erythrozyten eine beschleunigte Hämolyse hervorrufen kann, wurde nachgewiesen [225].

1.1.6 Klassifikation und Differentialdiagnose

Eine Übersicht zur Einteilung von hA findet sich in Abb. 1.1. Die wichtigsten Methoden bei der Differenzierung von hA finden sich in Tabelle 1.3.

1.2 Kongenitale hämolytische Anämien

Eine Klassifikation angeborener hA findet sich in Abb. 1.1. Die Darstellung der Erkrankungen erfolgt nach zugrundeliegenden pathophysiologischen Störungen, wobei Defekte der Erythrozyten-Membran (1.2.1), Enzymmangelzustände (1.2.2), Hb-Synthesestörungen (Thalassämie-Syndrome, 1.2.3) und hA durch pathologische Hämoglobine (1.2.4) besprochen werden.

1.2.1 Hämolytische Anämien als Folge von Membrandefekten

Pathophysiologie der Erythrozytenmembran

Nach einem weitgehend akzeptierten Modell [318] sind Membranproteine in eine Doppelschicht von Lipiden eingelagert. Sie sind damit wie in einer flüssigen Schicht beweglich (Übersicht bei [105]). Darunter und mit der Doppelschicht vernetzt ist das Zytoskeleton lokalisiert (Abb. 1.2).

Mit einfachen Extraktionsmethoden können die Proteine des Zytoskeleton extrahiert und elektrophoretisch aufgetrennt werden (Übersicht bei [17]). Die Erythrozytenmembran stellt somit ein einfaches Modell zur Untersuchung der Interaktion von Membran und Zytoskeleton dar, das letztere ist für die elastischen Eigenschaften des Erythrozyten in erster Linie verantwortlich. Membramdefekte der Erythrozyten als Ursache vor allem von kongenitalen hA sind durch Veränderungen des Zytoskeletons bedingt.

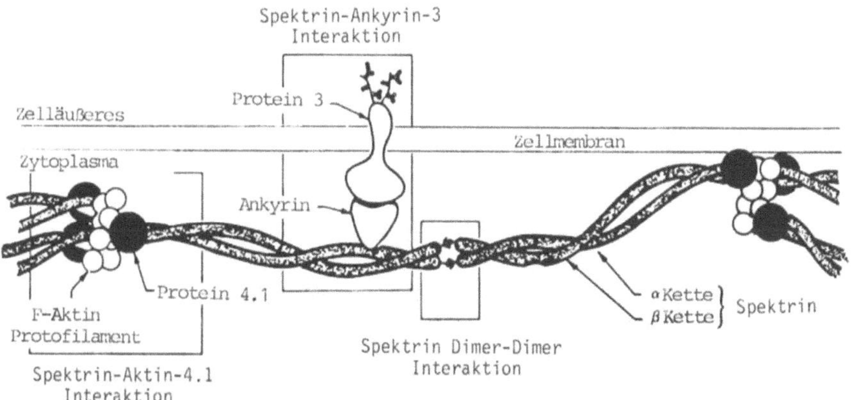

Abb. 1.2. Schematische Darstellung der Erythrozytenmembran und der Interaktionen membranassoziierter und zytoskeletaler Proteinstrukturen (aus [273])

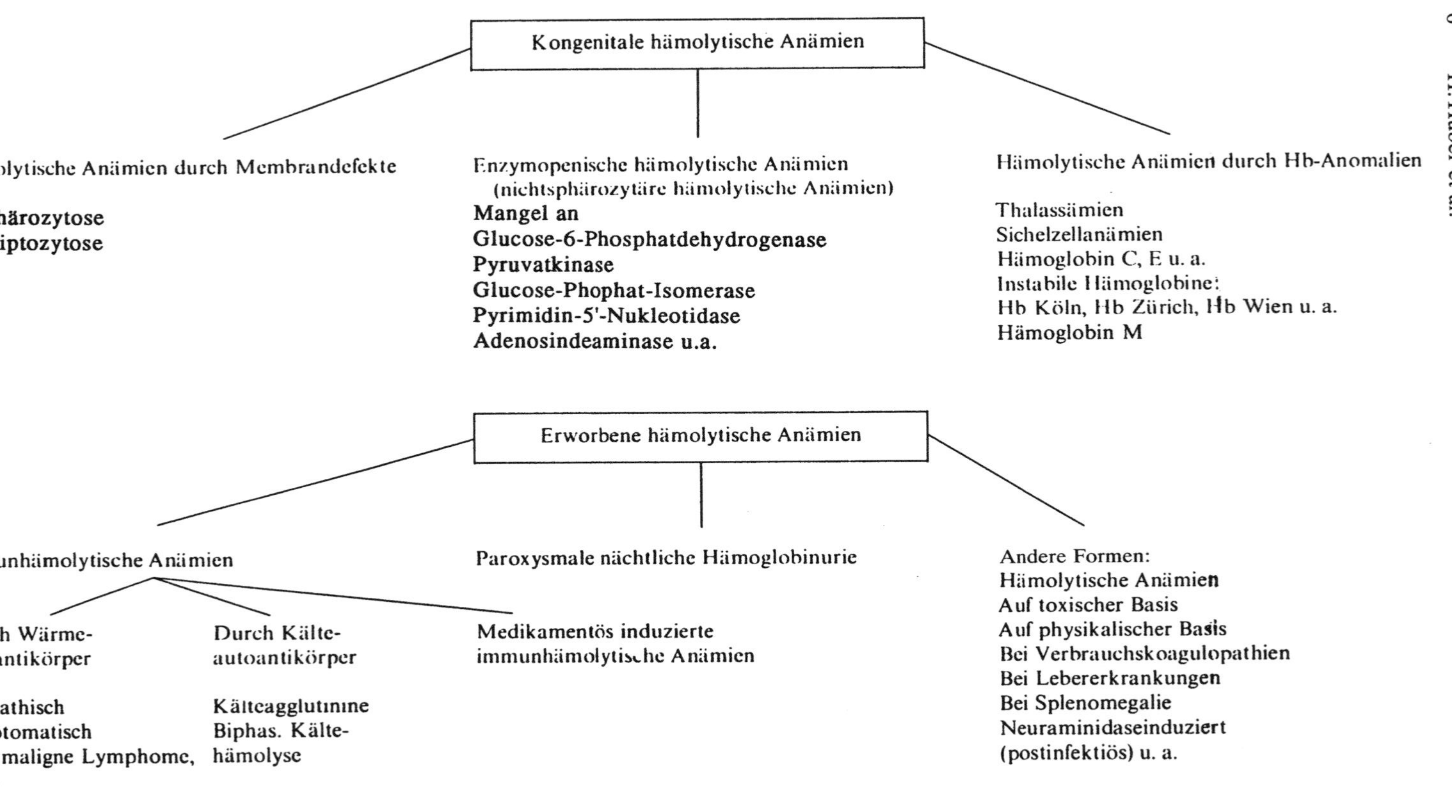

Abb. 1.1. Einteilung hämolytischer Anämien

Tabelle 1.3. Methoden zur Differenzierung hämolytischer Anämien

1. Diagnose einer kongenitalen hA
   Erythrozytenmorphologie und osmotische Resistenz (bei kong. Sphäro- u. Elliptozytose)
   Erythrozytenenzyme (bei kong. nichtsphärozytärer hA: Pyruvatkinase, G-6-PD u. a.)
   Erythrozytenmorphologie und -Indizes (bei Thalassämie-Syndromen), anschließend HbA_2, HbF sowie spezielle Untersuchungen (s. Abb. 1.8)
   Erythrozytenmorphologie u. Suchtests auf pathol. Hämoglobine (bei Sichelzellerkrankungen u. a. pathol. Hb, z. B. instabiles Hb
   Hb-Analysen
2. Diagnose einer AIHA
   Direkter Coombs-Test
   Nachweis freier Antikörper im Patientenserum (indirekter Coombs-Test, Test mit enzymbehandelten Erythrozyten), Antikörpercharakterisierung (Eluat)
   Test auf Kälteagglutinine
   Suchtest auf DL-AK
3. Untersuchungen bei Verdacht auf eine arzneimittelinduzierte hA
   Heinzkörpertest
   Untersuchungen auf Enzymdefekte mit verminderter Bildung von reduziertem Glutathion (v. a. G-6-PD-Mangel)
   Untersuchuntgen auf IHA unter Arzneimitteln
   Untersuchungen auf instabiles Hb
4. Diagnose anderer hA
   Tests auf PNH (Sucrose-Hämolyse-Test und Säure-Serum-Test)
   Erythrozytenmorphologie (Diagnose einer hA im Rahmen von HUS/TTP, hA durch physikalische Ursachen)

Hauptkomponenten des Membranskeletons sind Spektrin, Aktin, Protein 4.1 (sowie 4.2 und 4.9), Ankyrin und Glykophorin, „Protein 3" und andere. Die in die Membran integrierten Proteine sind neben „Protein 3" die Glykophorine (Glykophorin A, B und C; Tabelle 1.4). Die letzteren sind in der Reifung erythropoetischer Vorstufen ab Beginn der Hämoglobinisierung nachweisbar.

Das Membranskelett des menschlichen Erythrozyten gleicht einem Spinnennetz, vor allem durch die weit ausgespannten Fäden des Spektrins. Dieses Spektrin besteht aus 2 Untereinheiten (a- und β-Ketten), die Tetramere bilden. Die Stabilität der Strukturen wird durch Verknüpfung mit Aktin, Protein 4.1 und mit anderen Membranproteinen verbessert (Abb. 1.2). Protein 4.1 ist mit Spektrin sowie mit Aktin vernetzt. Das Protein 3 ist z. T. in die äußere Membran integriert, interagiert mit Ankyrin (das wiederum mit Spektrin verknüpft ist) und enthält Anionen-Transportkanäle (*Anion Exchange Protein*, weiterführende Lit. bei [17, 202]).

Glykophorine sind wichtige Marker der Reifungsformen der Erythropoese und werden (z. B. bei der Typisierung akuter Leukämien) mit monoklonalen Antikörpern erfaßt.

Bei hämolytischen Anämien, die durch Membrandefekte der Erythrozyten bedingt sind, wurden vor allem Störungen am Spektrin und/oder Protein 4.1 festgestellt. Dadurch kann es (z. B. durch Punktmutation an kritischen Anteilen von Spektrinketten) zu Defekten in der Vernetzung von Zytoskeleton-Anteilen kommen.

Tabelle 1.4. Erythrozytenmembranproteine (aus [17])

Protein	Untereinheiten M (kD)	Konfiguration	Anzahl d. Moleküle pro Zelle
Membranassoziierte Proteine			
Spektrin	α-Kette 260 β-Kette 225	$(\alpha,\beta)_2$Tetramere	10^5 Tetramere
Ankyrin	215	Monomer	10^5
Protein 4.1[a]	78	–	2×10^5
Protein 4.2[a]	72	–	2×10^5
Protein 4.9[a]	45	–	5×10^4
Aktin	43	Oligomer	5×10^5
Glyceraldehyd 3-phosphodehydrogenase	35	Tetramer	5×10^5
Protein 7[a]	29	–	5×10^5
Protein 8[a]	23	–	10^5
Tropomyosin	29	Dimer	7×10^4 Dimere
Membranintegrierte Proteine			
Protein 3[a]	89	Dimer/Tetramer	10^6
Glycophorin A	31	Dimer	4×10^5
Glycophorin B	23	–	10^5
Glycophorin C	29	–	10^5

[a] Nomenklatur entsprechend der elektrophoretischen Wanderungsgeschwindigkeit

1.2.1.1 Die hereditäre Sphärozytose (HS)

a) Pathophysiologie

Der pathophysiologisch wichtige Defekt liegt im Zytoskeleton, der allerdings erst teilweise geklärt werden konnte (Übersicht bei [17, 202]). Die meisten Patienten mit HS zeigen einen partiellen Spektrindefekt (z. B. [2]), dessen Ursache heterogen und der in seiner Schwere unterschiedlich ausgeprägt ist. Im Mittel ist der Spektringehalt auf etwa 60% des Normalwertes reduziert, wobei osmotische Resistenz und Spektringehalt miteinander korreliert waren (Abb. 1.3 A). Subgruppen der hereditären Sphärozytose wurden beschrieben, die neben Spektrindefiziten zusätzliche Defekte von Proteinen des Zytoskeletons aufweisen. Es handelt sich z. B. um eine Spektrinvariante mit abnormer Protein 4.1-Bindungsfähigkeit [364] oder um Ankyrin- oder Protein 4.2-Defizienzen [57,126 a]. Bei manchen Patienten mit hereditärer Sphärozytose ließ sich schließlich ein Spektrindefekt nicht nachweisen [49].

Defekte oder Dysfunktionen von Ankyrin wurden vor allem bei der autosomal dominanten Form der HS gefunden. In manchen dieser Fälle wurden Deletionen oder andere Veränderungen am Chromosom 8 festgestellt, welches das Gen für Ankyrin enthält ([126 a] mit weiterführender Literatur).

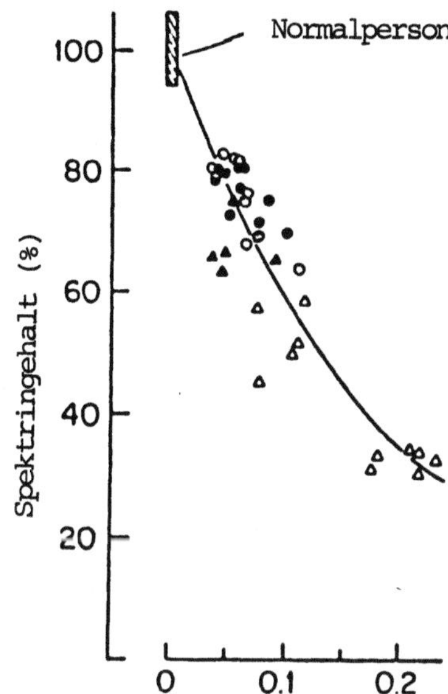

Abb. 1.3 A. Korrelation von Spektringehalt und osmotischer Resistenz bei hereditärer Sphärozytose (aus [2]) ● dominante, ▲ nichtdominante Form (○, △ Z. n. Splenektomie)

Folge des Membrandefekts ist eine zunehmende Rundform, die durch Verlust von Membrananteilen zustandekommt. Diese sphärischen Erythrozyten sind vermindert deformierbar und bleiben damit bevorzugt in der Milzpulpa mit ihren engen Sinusgefäßen hängen. In diesem Milieu (niedriges pH, geringes Glukoseangebot) werden zusätzlich vorhandene metabolische Defekte (z. B. ATP-Mangel) manifest, wodurch die Kugelzellbildung verstärkt und ein *Circulus vitiosus* ausgelöst wird („Konditionierung der Sphärozyten in der Milz"; Abb. 1.3 B).

b) Diagnose

Sie stützt sich auf

1. den Nachweis von hyperchromen Mikrosphärozyten im Blutausstrich;
2. eine unter den Normalbereich verminderte osmotische Resistenz der Erythrozyten, die in manchen Fällen erst nach 24stündiger Inkubation (ohne Glukose) nachweisbar ist;
3. Hinweise, daß es sich bei der hA um ein erbliches Leiden handelt;
4. eventuelle Skelettanomalien.

Unterstützende Kriterien sind ein negativer direkter AHG-Test und evtl. Ergebnisse der Radiochromuntersuchungen.

Die Erkrankung ist in Mittel- und Nordeuropa die häufigste Form kongenitaler hA. Die Prävalenz beträgt etwa 1:5000. Neben einem in 75% der Fälle vorliegenden klassischen autosomal dominanten Erbgang gibt es eine rezessive HS, die eine oft ausgeprägtere

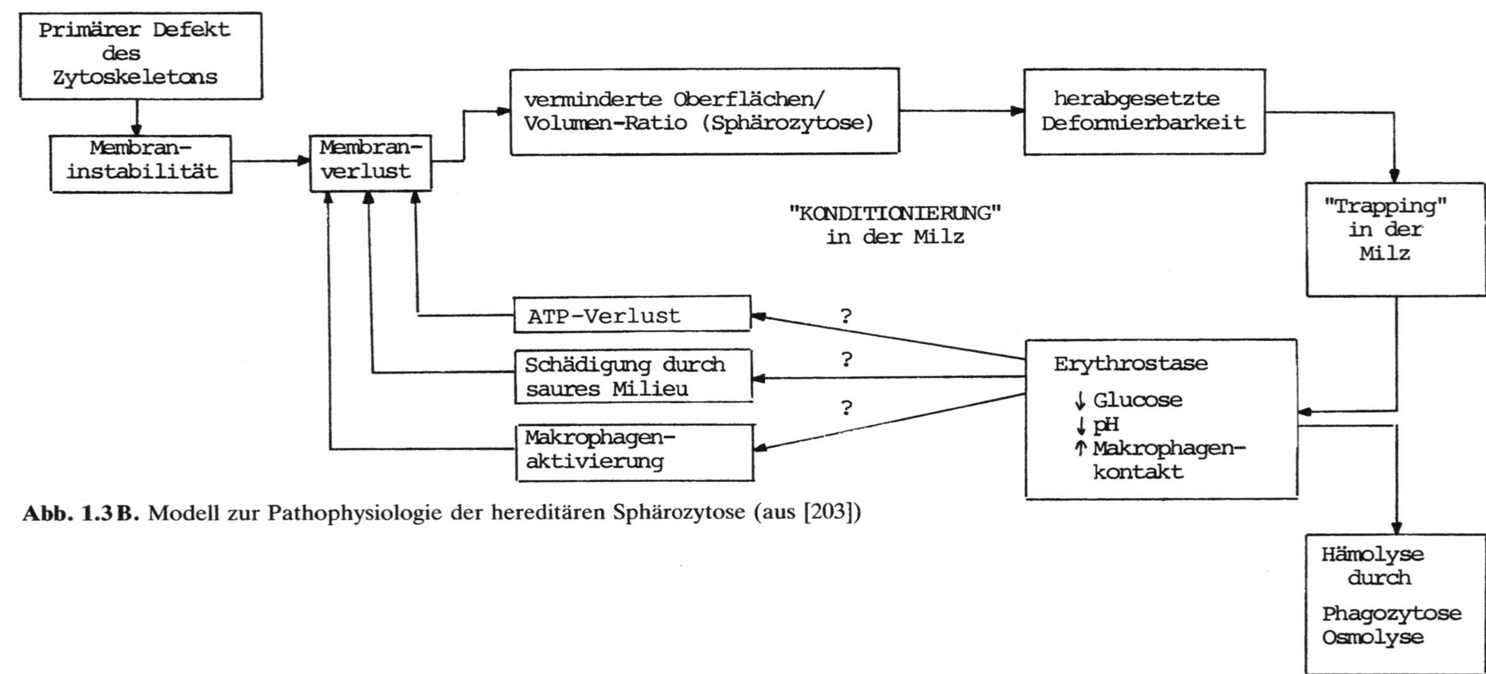

Abb. 1.3 B. Modell zur Pathophysiologie der hereditären Sphärozytose (aus [203])

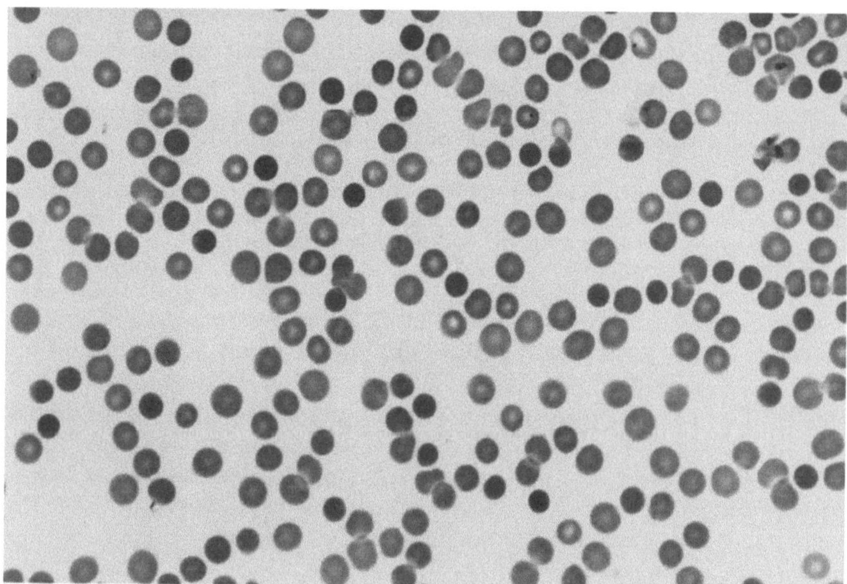

Abb. 1.4. Mikrosphärozyten im Blutausstrich eines Patienten mit kongenitaler Sphärozytose

Krankheitssymptomatik aufweist [203]. In den Fällen mit autosomal recessivem Erbgang wurden besonders ausgeprägte Verminderungen von Spektrin beobachtet [49, 121a]. In Einzelfällen mit diesem Erbgang wurden Anomalien der α-II Domäne von Spektrin nachgewiesen [126a]. Auch innerhalb betroffener Familien ist die Krankheit unterschiedlich stark ausgeprägt, was auf eine verminderte Penetranz der genetischen Anlage zurückzuführen ist [202]. Die bei Mäusestämmen vorkommende HS wird rezessiv vererbt und ist durch einen schweren Spektrindefekt charakterisiert [119].

Die Sphärozytose (Abb. 1.4) ist die Ursache einer verminderten osmotischen Resistenz, ein Befund, der in etwa 75% der Fälle nachweisbar ist [202, 371]. Bei Fällen, die in diesem Test kein sicher pathologisches Ergebnis zeigen, empfiehlt sich die Resistenzbestimmung nach In-vitro-Inkubation des Blutes [75].

Nur bei einzelnen Patienten ist die osmostische Resistenz nach Inkubation nicht pathologisch verändert.

Allerdings kann bei zusätzlichem Fe-Mangel die In-vitro-Resistenz insgesamt verbessert sein.

In typischen Fällen ist auch die Autohämolyse stark gesteigert (im Mittel betrug die Autohämolyserate im Patientengut von Dacie 29%, Bereich 8–48%). In Gegenwart von Glukose wird meist eine deutliche Besserung der Autohämolyse beobachtet (im Patientengut von Dacie Autohämolyse unter Glukose im Mittel 7%, Bereich 1–16%). Der Autohämolysetest ist im allgemeinen empfindlicher als die Inkubationshämolyse. Die typische Besserung der Lyse in Gegenwart von Glukose ist in Einzelfällen nicht nachweisbar. Der Glukoseeffekt kann z. B. wenig ausgeprägt sein, wenn zahlreiche „konditionierte“ Sphärozyten vorliegen (Übersicht bei [202]).

Als zusätzlicher Test wird der Glyzerol-Lysetest empfohlen [294, 374].

Die Schwere des Krankheitsbildes ist sehr unterschiedlich. 20-30% der Patienten zeigen eine sehr milde Erkrankung (mit kompensierter Hämolyse), 60–75% eine typische hA mittleren Grades und 5–10% ein sehr schweres Krankheitsbild. Das Hb liegt meist zwischen 8 und 13 g/dl, die Retikulozyten zwischen 50 und 200‰.

MCH und MCV liegen meistens im Normalbereich (obwohl normalerweise bei deutlicher Retikulozytose erhöhte MCV-Werte vorliegen). Wegen der – meist leichten – Dehydratation der Erythrozyten ist das MCHC bei etwa der Hälfte der Patienten auf über 36% erhöht [202].

Wegen des gelegentlich ähnlichen Blutbildes bei autoimmunhämolytischen Anämien ist zur Sicherung der Diagnose der Nachweis einer kongenitalen Hämolyse erwünscht. Dazu tragen Familien- und serologische Untersuchungen bei. Der Erbgang ist typischerweise autosomal dominant. Eine fehlende Familienanamnese findet sich jedoch bei etwa 20–25% der HS.

Hämolytische oder aplastische Krisen können den Zustand akut verschlechtern. Sie werden vor allem bei Kindern beobachtet. Eine Verschlechterung der Anämie kann auch durch eine begleitende megaloblastische Reifungsstörung bedingt sein.

Hämolytische Krisen sind häufig und kommen vor allem als Folge von Infektionen mit begleitender Hyperaktivität des Makrophagensystems vor. Sie gehen mit einer Zunahme des Ikterus, einer Splenomegalie, Anämie und verstärkten Retikulozytose einher.

Aplastische Krisen sind weit seltener und meist von schwerem Verlauf. Sie sind in erster Linie durch Infektionen mit Parvoviren bedingt. Durch Erythrozytenbildungsstörungen kommt es zu einem zunehmenden Abfall von Retikulozytenzahl und Hb-Wert. Im Knochenmark nehmen die Erythroblasten deutlich ab. Es treten Rieseneryhtroblasten auf, auch mäßige Bildungsstörungen der Granulo- und Thrombozyten sind nicht ungewöhnlich. Sie dauern gewöhnlich 10–14 Tage. Megaloblastische Begleitanämien sind oft Folge eines diätetisch bedingten Folsäuremangels, der durch einen erhöhten Verbrauch verstärkt wird (s. Kap. 3).

Insbesondere wenn die Splenektomieindikation entschieden werden soll, ist die ^{51}Cr-Markierung patienteneigener Erythrozyten wertvoll. Dabei findet sich eine ausgeprägte Milzanreicherung der markierten Erythrozyten ohne signifikant gesteigerte Leberhämolyse.

Nach der Splenektomie persistiert die Sphärozytose. Die Retikulozyten fallen auf normale bis fast normale Werte ab. Die Erythrozytenlebensdauer bleibt meistens leicht vermindert (z. B. [47]). In der osmotischen Resistenz kommt es zum Verschwinden der „konditionierten" Erythrozyten mit der ausgeprägtesten Resistenzverminderung. Nur in Einzelfällen ist der Splenektomieeffekt ungenügend (z. B. [31]).

1.2.1.2 Die hereditäre Elliptozytose (HE)

Die HE ist durch das reichliche Auftreten elliptischer Erythrozyten charakterisiert. Es handelt sich um heterogene Defekte, die bei der Mehrzahl der betroffenen Personen ohne Krankheitsbedeutung sind. 5–20% der HE-Fälle zeigen jedoch eine leichte bis deutliche Hämolyse, andere eine Mischform zwischen HS und HE (etwa 10% der HE-Fälle).

Bei einzelnen Merkmalsträgern kann die HE mit einer ausgeprägten Poikilozytose im Frühkindesalter einhergehen („mild HE with poikilocytosis in infancy"). Davon abzugrenzen ist die hereditäre Pyropoikilozytose, die durch eine große Zahl von Mikrosphärozyten (Erythrozytenfragmenten sowie Poikilozyten) charakterisiert ist. Diese im Säuglingsalter auftretende Variante geht nach 1–2 Jahren in eine HE über [203] (s. unten).

a) Pathophysiologie

Das Krankheitsbild der HE ist heterogen. Zur Beobachtung kommen im wesentlichen Defekte in der Bildung von Spektrinoligomeren. Die häufigsten Defekte betreffen den Anfangsteil der α-Kette von Spektrin, die sogenannte α-I-Domäne (80 Kd-Peptid) [56, 186]. Defekte an Spektrin I/74 gehen meist mit den ausgeprägtesten Erkrankungen einher ([57a] mit weiterer Literatur).

Die α-I-Domäne ist in erster Linie für die (Selbst-)Assoziation zu Spektrinoligomeren verantwortlich. Die Folge ist ein deutlich erhöhter Anteil von Spektrindimeren in der Membran. Je deutlicher der Defekt ausgebildet ist, desto schwerer ist die Anämie (Abb. 1.5).Dieser Zustand wurde vor allem bei Negern beobachtet, kommt jedoch in verschiedenen Rassen, auch bei Europäern, vor [57a, 87]. Weit seltener kommen Defekte der Spektrinassoziation durch β-Kettenveränderungen zustande (zu trunktierten β-Ketten von Spektrin s. [92]).

Die HE kann auch durch Spektrin-Aktin-Protein 4.1-Assoziationsdefekte verursacht werden, vor allem durch einen ausgeprägten Mangel an Protein 4.1 [48, 56, 87, 202, 203, 334]. Weiter kommen Spektrinvarianten mit verminderter Bindungsfähigkeit für Protein 4.1 zur Beobachtung.

In der frühkindlichen Periode kann die HE mit einer ausgeprägten Poikilozytose einhergehen. Durch die Gegenwart fetalen Hämoglobins ist der 2,3 DPG-Spiegel im Zytoplasma erhöht. Dies dürfte den Komplex von Spektrin mit Aktin und Protein 4.1 destabilisieren und zu einer verstärkten Expression des Assoziationsdefektes führen [56]. Die Transition in eine milde HE kann 4 Monate bis 2 Jahre dauern (Übersicht bei [202]).

b) Genetik

Die HE ist mit einer Prävalenz von 1:2500 relativ häufig [87, 203]. Der Defekt wird autosomal dominant vererbt.

Im Gegensatz zur HS ist die Penetranz komplett. Das Gen für Spektrin-α-Ketten liegt am Chromosom 1 [143].

c) Klinisches Erscheinungsbild

Der Phänotyp der Erkrankung ist vielgestaltig, zumindest 5 Varianten können unterschieden werden:

1. asymptomatische Träger:
   Im peripheren Blut finden sich viele Elliptozyten (meist über 30%), eine Hämolyse fehlt oder ist minimal. Betroffene Personen sind heterozygot (diese Form ist das häufigste Erscheinungsbild der HE).

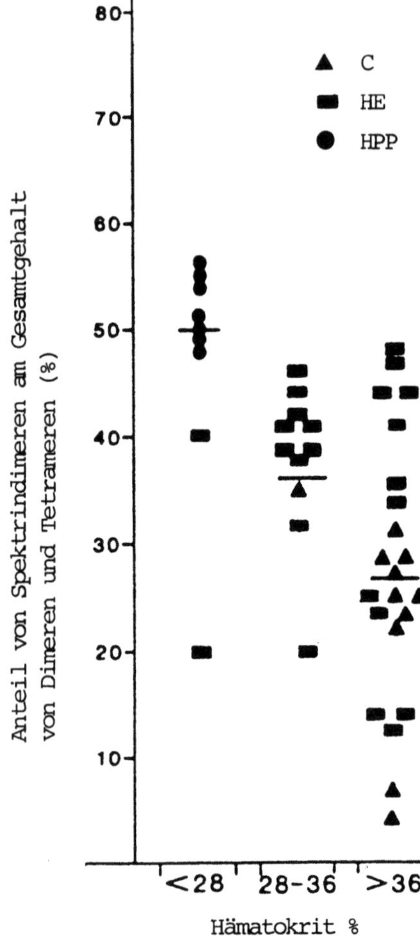

Abb. 1.5. Korrelation von Hämatokrit und Gehalt an Spektrindimeren am Gesamtgehalt von Dimeren und Tetrameren in Erythrozyten asymptomatischer Carrier (C), hereditärer Elliptozytose (HE) und hereditärer Pyropoikilozytose (HPP) (mod. nach [56]). Normalwerte: 5,0 ± 3,6%

Normalpersonen zeigen weniger als 15% Elliptozyten. Bei Patienten mit megaloblastischen und hypochrom-mikrozytären Anämien können bis zu 35% Elliptozyten gefunden werden. Bei HE liegt der %-Satz von Elliptozyten gewöhnlich über 30% und erreicht oft bis 100%. Schmalelliptische Erythrozyten sind häufig und betragen über 10% der Erythrozyten. Zwischen dem %-Satz von Elliptozyten oder dem Ausmaß ihrer Formveränderung sowie dem eventuellen Auftreten einer Anämie bestehen keine Korrelationen (Übersicht bei [202, 250]).

2. Leichte HE mit Hämolyse:
Es bestehen Zeichen einer Hämolyse mit leicht bis deutlich erhöhten Retikulozytenwerten. Sie ist häufig kompensiert und seltener von einer mäßigen Anämie begleitet.

Transitorische Verschlechterungen, z. T. mit Splenomegalie, können vorkommen. Insgesamt zeigen etwa 5–20% der HE eine deutliche Hämolyse mit Anämie [202].

Die meisten dieser Patienten sprechen auf die Splenektomie gut an.

3. Homozygote HE:
Dieser seltene Zustand geht meist mit schwerer Anämie und einem erheblichen Transfusionsbedarf einher. Im Blutbild finden sich ausgeprägte Fragmentierungen, Poikilozytose und Elliptozytose. Die Patienten sprechen auf eine Splenektomie meist ausgezeichnet an.

4. Sphärozytische HE:
Phänotypisch imponiert dieser Zustand als eine Mischform einer milden HE und einer HS; bis zu 10% der HE-Fälle können dieses Erscheinungsbild zeigen [202].
Die Elliptozyten sind weniger auffallend, daneben finden sich immer Sphärozyten, Mikrosphärozyten und Mikroelliptozyten. Familienuntersuchungen lassen Fälle mit typischer HS und HE feststellen.

5. HE mit Poikilozytose:
Von der seltenen hereditären Pyropoikilozytose ist die HE mit Poikilozytose in der frühen Kindheit abzugrenzen. Der erstere Zustand geht mit einer meist schweren hA einher. Es findet sich eine große Zahl von Mikrosphärozyten und anderen Erythrozytenfragmenten. Das MCV liegt niedrig (meist 55 bis 75 fl). Die Erythrozyten zeigen eine ausgeprägte Hitzesensitivität. Bei der HE mit Poikilozytose in der Kindheit wird ein Übergang in eine typische HE vom 4. Lebensmonat bis zum 2. Lebensjahr beobachtet [203].
Pyropoikilozyten fragmentieren bei 45° bis 46 °C (mormal bei 49 °C) nach kurzer Erhitzungsperiode (10–15 min) [375].

1.2.1.3 Akanthozytose

Akanthozyten („Erythrozyten mit Dornfortsätzen“) fehlen normalerweise im peripheren Blut, können jedoch bei einer Reihe von Zuständen zur Beobachtung kommen. Sie sind am besten im Nativpräparat (vor allem im Phasenkontrastmikroskop), eventuell auch nach Fixation in Glutaraldehyd nachweisbar.

a) Bei A-β-Lipoproteinämie werden häufig Akanthozyten im peripheren Blut beobachtet. Dabei handelt es sich um eine autosomalrezessive Erkrankung mit einem schweren Defekt der Synthese von Apolipoprotein-B, wodurch β-Lipoproteine bei Homozygoten weitgehend fehlen. LDL- und VLD-Lipoproteine sind ebenso wie das Serumcholesterin niedrig (unter 1,5 mmol/l) und Triglyzeride kaum nachweisbar (unter 0,1 mmol/l). Das Zustandsbild wird häufig von einer leichten hämolytischen Anämie begleitet. Klinisch relevant ist die Erkrankung praktisch nur bei Homozygoten. Die Sicherung der Diagnose erfolgt durch die Lipidelektrophorese (Übersicht bei [135]). Beim Vollbild der Erkrankung sind 50–70% der Erythrozyten von abnormaler Morphologie. Die Erythrozytenlebensdauer ist leicht vermindert. Die Erythrozyten zeigen ein erhöhtes Cholesterin/Phospholipase-Verhältnis und eine erniedrigte Membranfluidität.

b) McLeod-Phänotyp
Der McLeod-Phänotyp ist durch eine schwache Expression des Kell-Blutgruppenantigens K und das Fehlen von Kx charakterisiert. Letzteres ist ein ubiqitäres Antigen [3]. Bisher sind in der Literatur mehr als 60 Fälle des McLeod-Phänotyps dokumentiert, sie sind alle männlichen Geschlechts. Ca. 25% der Erythrozyten dieser Personen zeigen eine Akanthozytose, die dem Fehlen von Kx assoziiert ist (weiterführende Literatur bei [127] sowie 274]). Wieso der zur Akantozytose führende Membrandefekt mit dem Defizit von Kx verknüpft ist, bleibt zu klären. Das Kell-Blutgruppensystem ist neben ABO von besonderer Bedeutung. Über 90% der Bevölkerung sind Kell-negative Homozygote (kk). Für sie ist das K-Antigen immunogen (Auftreten von Anti-Kell nach Transfusion im Kell-System

inkompatibler Erythrozyten). Klinisch findet man beim McLeod-Phänotyp eine Myopathie mit einer Erhöhung der Serumkreatinkinase auf 1000–2000 U/l assoziiert mit neurologischen Symptomen (Übersicht bei [127]). Zur Assoziation des McLeod-Phänotyps mit der X-chromosomalen Form der septischen Granulomatose s. [208].

c) Chorea mit Akanthozytose (Chorea-Akanthozytose)
Die Assoziation dieser neurologischen Erkrankung mit einer Akanthozytose ist in der Literatur gut dokumentiert (Übersicht bei [127]). Eine detaillierte Familienstudie findet sich bei [344]. Die Genese der Akanthozytose ist auch bei diesem Krankheitsbild noch ungeklärt.

d) „spur cells" bei fortgeschrittenen Leberfunktionsstörungen
Erythrozyten „mit Stacheln" sind morphologisch Akanthozyten ähnlich. Normale Erythrozyten verändern im Plasma von Patienten mit fortgeschrittener Lebererkrankung und abnormer Plasmalipidzusammensetzung ihre Oberfläche [65]. Sie nehmen passiv Cholesterin auf und entwickeln dadurch eine erhöhte Rigidität. Liegt gleichzeitig eine Splenomegalie vor, kann es zur Umwandlung der schon membranveränderten Erythrozyten in derartige „spur cells" kommen (Übersicht bei [127]).

1.2.2 Hämolytische Anämien als Folge angeborener Enzymdefekte

Nichtsphärozytäre hA sind ein Sammelbegriff ätiologisch unterschiedlicher Krankheitsbilder, deren gemeinsames Merkmal eine zum Teil ausgeprägte hA mit hohen Retikulozytenwerten, Haptoglobinverminderung, mäßiger Bilirubinerhöhung und eine ausgeprägt verkürzte Erythrozytenlebensdauer ist, denen jedoch die Charakteristika der HS und HE fehlen.

Im Blutausstrich ist höchstens eine sehr kleine Zahl von Kugelzellen nachweisbar, vorweigend finden sich Makro- und evtl. Fragmentozyten. Bei der Vielzahl möglicher Enzymdefekte (Übersicht bei [341, 342]) ist in unklaren Fällen die Konsultation eines spezialisierten Laboratoriums ratsam.

Pathophysiologie der Glykolyse

Anaerobe Glykolyse:
Da reife Erythrozyten frei von Mitochondrien sind, ist die Glykolyse über den Embden-Meyerhof-Zyklus die wichtigste Energiequelle. Der hauptsächliche Glukoseabbauweg besteht in einer Reihe von anaeroben Reaktionen, wodurch ein Molekül Glukose in zwei Moleküle Pyruvat mit gleichzeitiger Bereitstellung von zwei Molekülen ATP umgewandelt wird. Dabei wird auch NADH gebildet (Abb. 1.6).

Daneben kommt dem Hexosemonophosphat-Shunt eine wichtige Bedeutung zu. Seine Funktion ist die Aufrechterhaltung des reduzierten Glutathions. Abb. 1.7 zeigt in diese Reaktion eingeschaltete Stoffwechselschritte. Unter der Wirkung von Glukose-6-Phosphat-Dehydrogenase (G-6-PD) wird Glukose-6-Phosphat oxidiert und dadurch reduziertes NADPH bereitgestellt. Bei dessen Oxidation unter der Wirkung der Glutathionreduktase wird reduziertes Glutathion (GSH) gebildet. Die Aufrechterhaltung eines genügend hohen GSH-Spiegels ist zum Schutz gegenüber oxidierenden Substanzen notwendig.

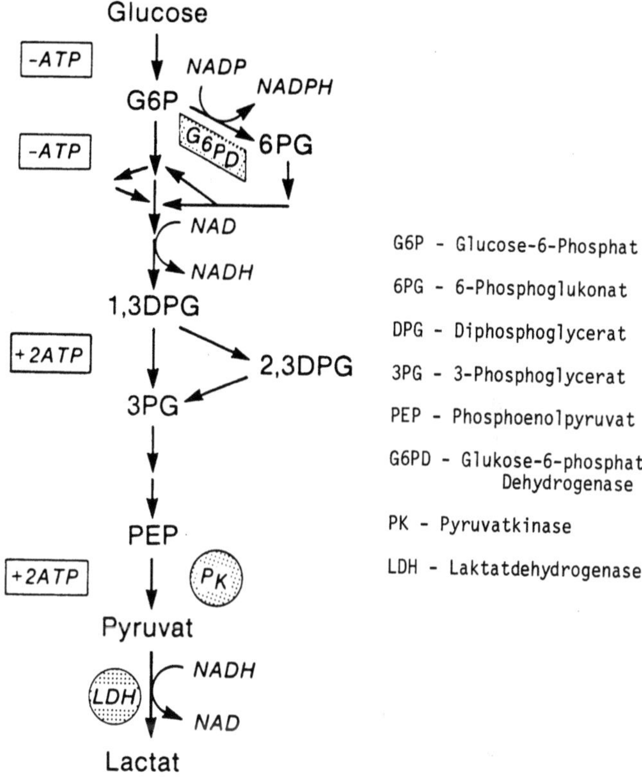

Abb. 1.6. Der Embden-Meyerhof Zyklus (aus [273])

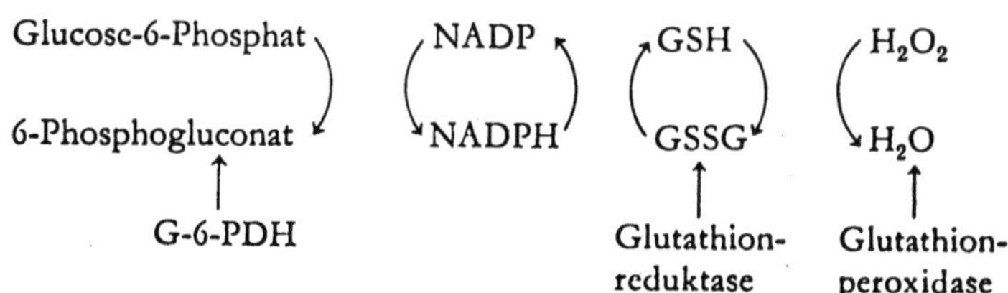

Abb. 1.7. Stoffwechselschritte zur Aufrechterhaltung reduzierten Glutathions (GSH)

Ist diese Pufferung zu wenig wirksam, so können Oxidationsmittel (im Heinzkörper-Test: Phenylhydrazin) direkt am Hämoglobinmolekül angreifen und zu einer Hämoglobindenaturierung führen. Solches denaturiertes Hb neigt zur Präzipitation und kann als Heinzkörper nachgewiesen werden. In frisch entnommenen Blutproben gelingt der direkte Nachweis von Heinzkörpern (außer bei splenektomierten Patienten) nur sehr selten. Dies erklärt sich daraus, daß Erythrozyten mit solchen Degenerationsprodukten in der Milz rasch aus dem Kreislauf entfernt werden.

2,3-Diphosphoglycerat und O_2-Affinität

Ein Anstieg des 2,3-DPG-Spiegels der Erythrozyten führt zu einer vermehrten O_2-Freisetzung aus Hb. Unter der Wirkung von 2,3-DPG wird daher die Sauerstoffdissozationskurve nach rechts verschoben.

Der 2,3-DPG-Spiegel steigt bei den meisten Patienten mit Anämien, bei kardialen Erkrankungen mit gestörter Gewebeperfusion oder auch bei jenen pulmonalen Erkrankungen an, die mit einer Störung des Sauerstofftransports in der Lunge einhergehen. Durch diesen Anstieg von 2,3-DPG wird vermehrt O_2 freigesetzt. HbF bindet 2,3-DPG weniger gut als HbA_1. Fetale Erythrozyten oxigenieren daher Hb bei einem niedrigen O_2-Partialdruck; dies ist unter den Bedingungen des Plazentarkreislaufes günstig. 2,3-DPG bindet darüberhinaus an Spektrin und Aktin im Membranskeleton. Dadurch wird die Spektrin-Aktin-Interaktion gehemmt, woraus eine verbesserte Verformbarkeit des Erythrozyten resultiert.

Häufigkeit erythrozytärer Enzymdefekte

Die häufigste Defekterkrankung stellt der Mangel an Glukose-6-Phosphatdehydrogenase dar. Homozygote Pyruvatkinasedefektzustände wurden bei über 300 Personen in der Literatur dokumentiert. Häufigster glykolytischer Enzymdefekt nach dem Pyruvatkinase- ist der Glukose-Phosphat-Isomerasemangel. Ebenfalls nicht selten sind Defekte im Nukleotidmetabolismus nach Art der Pyrimidin-5-Nukleotidasedefekte (Übersicht bei [218]). Andere zur Hämolyse führende Enzymdefekte sind selten. Hämatologie und Klinik können aus Standardwerken (z. B. [149, 218, 341, 342 u. a.]) entnommen werden.

1.2.2.1 Hämolytische Anämien durch Pyruvatkinase(PK)-Defekt

Dieses glykolytische Schlüsselenzym kontrolliert die Konversion von Phospho-Enol-Pyruvat (PEP) zu Pyruvat und katalysiert damit eine Reaktion, die zur unmittelbaren Bildung von ATP führt. Bei Mangelzuständen resultiert daher eine verminderte Bereitstellung dieser energiereichen Phosphate, die sich vor allem in Erythrozyten mittleren und späteren Alters manifestiert. Das Enzym ist am Ende der anaeroben Glykolyse wirksam (Abb. 1.6), durch „Aufstau" früherer Metaboliten kommt es u. a. zu einer Erhöhung von 2,3-DPG. PK-Mangelzustände sind heterogen, mit Enzymmutanten sehr verschiedener Charakteristika (Übersicht bei [22, 218, 341, 342]).

Neben quantitativen Defekten sind bei dieser hA eine Reihe von Mutanten mit qualitativen Veränderungen von PK dokumentiert. Bei quantitativen Defekten liegt der PK-Spiegel Homozygoter bei etwa 5–25% des normalen Mittelwertes, bei Heterozygoten um 50%. Qualitative Defekte sind meist gleichzeitig nachweisbar oder können – seltener – alleinige Manifestation des defekten Enzyms sein. Es kann sich um eine thermische Instabilität des Enzyms oder eine verminderte Substrataffinität handeln.

Tabelle 1.5. Hämatologische Daten bei 30 Patienten mit PK-Defekt [28a]

Untersuchung	Minimal- und Maximalwerte
Hämoglobin	6,65–13,4 g/dl
Erythrozyten	2,20–3,50 T/l
MCH	29–38 pg
MCV	88–117 fl
Retikulozyten	38–664 ‰
Indirektes Bilirubin	0,82–4,70 mg/dl
Haptoglobin	0–66 mg/dl
Serum-LDH	86–1500 U/l
Leukozyten	2,3–12,0 G/l
Thrombozyten	112–460 G/l

Häufigkeit und Genetik

Ein heterozygoter Mangel ist nicht selten, klinisch allerdings nicht relevant. In Deutschland und USA findet sich ein solcher bei etwa 1% der Bevölkerung [26, 27, 341], in Spanien wurde die Frequenz auf 0,24% geschätzt [106]. Homozygote wurden in der deutschen Bevölkerung bei 0,05‰ gefunden [26, 27].

Der Defektzustand wird autosomal rezessiv vererbt [348]. Heterozygote zeigen keine Anämie.

Erworbene PK-Mangelzustände kommen vor allem im Rahmen von myelodysplastischen Syndromen vor (Kap. 4). Bei diesen Patienten steht jedoch die verminderte Markleistung und nicht eine hA im Vordergrund.

Hämatologische Befunde

Die Anämie der Patienten ist sehr unterschiedlich (Hb-Werte zwischen 6 und 12 g/dl), daneben kommen auch voll kompensierte Hämolysen vor. Die Anämie läßt sich sehr häufig bis in das frühe Kindesalter zurückverfolgen. Meist ist sie leicht makrozytär, was in erster Linie durch die Retikulozytose bedingt ist. Die Retikulozytenzahl variiert entsprechend der sehr unterschiedlichen Schwere der Hämolyse in einem weiten Bereich, besonders stark erhöhte Werte werden nach der Splenektomie gesehen. Ein erhöhtes, in erster Linie indirektes Bilirubin ist bei der Mehrzahl der Patienten nachweisbar. Die osmotische Resistenz ist gewöhnlich normal bis leicht erhöht [28, 341]. Eine Übersicht über hämatologische Befunde bei PK-Defekten gibt Tabelle 1.5.

Die Erythrozyten sind morphologisch meist normochrom mit nur gelegentlich Fragmentozyten und unregelmäßig konturierten Erythrozyten.

Klinisch zeigen die Patienten häufig eine mäßige Splenomegalie. Die Erkrankung ist meist schwerer als die kongenitale Sphärozytose. Verschlechterungen der Anämie können bei verschiedenen Infekten und evtl. auch während einer Schwangerschaft vorkommen. Auch aplastische Krisen wurden beobachtet.

Diagnose der Erkrankung

Sie stützt sich auf den Nachweis der erniedrigten Enzymaktivität der PK in den Erythrozyten. Granulo- und Thrombozyten zeigen normale Enzymaktivitäten, sie müssen vor der Enzymbestimmung sehr sorgfältig von den Erythrozyten abgetrennt werden.

Die Schwere der Erkrankung korreliert nicht mit dem Ausmaß des quantitativen PK-Defektes. In einigen Fällen steht der qualitative Defekt im Vordergrund. Es kann z. B. eine geringere Substrataffinität (höhere Michaelis-Konstante für PEP) vorliegen. Zu ihrem Nachweis wird das dialysierte Hämolysat mit verschiedenen PEP-Konzentrationen mit und ohne Fruktose-1,6-Diphosphat als Aktivator untersucht. Standardmethoden zur Charakterisierung des Enzymdefektes wurden publiziert (Int. Committee for Standardization in Haematology, 1979).

Als Folge des Mangels kommt es zu einem Anstau von 2,3-Diphosphoglycerat (2,3-DPG) in den Erythrozyten, der bei allen Defekttypen nachweisbar ist [22, 59].

Im Autohämolysetest ist in der Regel eine deutlich gesteigerte Lyse nach 48 Stunden nachweisbar, die durch Glukosezusatz nicht, durch ATP-Zusatz häufig gebessert werden kann.

Die PK zeigt zumindest 3 verschiedene Isoenzyme (Übersicht bei [218]). Der M1-Typ findet sich in Skelett, Muskel, Herz und Gehirn. Der L-Typ ist das Hauptisoenzym in der Leber. Der M2-Typ findet sich in den meisten anderen Geweben. Die Erythrozyten-PK ist ein Tetramer mit einem ungefähren Molekulargewicht von 225,4 Kd und ähnelt dem L-Typ, während in Leukozyten und Plättchen sowie in Erythroblasten der M2-Typ vorkommt [218].

Als Folge einer Splenektomie, die häufig zu einer Besserung der Anämie mit einem Hb-Anstieg um 1–3 g/dl führt [22, 341, 342], steigen die Retikulozyten häufig an, und auch die morphologischen Abweichungen können zunehmen [182, 183, 350]. Die Indikation zu diesem Eingriff wird vor allem von der Schwere der Hämolyse abhängig gemacht.

1.2.2.2 Glucose-6-Phosphatdehydrogenase(G6PD)-Mangel

Durch den Enzymmangel kommt es zu einer verminderten Bereitstellung von NADPH. NADPH wird von der Glutathionreduktase als Co-Substrat benötigt, um das oxidierte Glutathion (GSSG) in die reduzierte Form (2 GSH) überzuführen. Ist dies nicht möglich, besteht die Gefahr, daß das GSSG mit den SH-Gruppen des Hb Bindungen eingeht und so zu Hb-Präzipitaten führt, welche als sog. Heinzkörper imponieren. Zudem können aufgrund des Fehlens von GSH oxidierende Substanzen (Superoxidanionen H_2O_2 und Hydroxylradikale) Hb zum funktionslosen Methämoglobin oxidieren. Außerdem kommt es zu Veränderungen im Zytoskeleton (oxidative Quervernetzung von Spektrin) und zu einer daraus resultierenden erhöhten Rigidität der Erythrozytenmembran mit einem verstärkten *trapping* in der Milz [203].

Die Krankheit wird X-chromosomal vererbt und manifestiert sich dementsprechend fast nur bei Männern. Zur Zeit sind über 100 Varianten dieses Enzymdefektes bekannt [24a], die meist eine charakteristische geographische Verteilung aufweisen.

Das normale Enzym, G6PD oder Gd, findet sich in über 70% der amerikanischen Neger und bei 99% der weißen Bevölkerung.

Die meisten Varianten haben die Veränderung einer einzigen Aminosäure des Enzyms zur Ursache. Das normale Enzym ist ein Dimer mit identischen Untereinheiten (Molekulargewicht um 110 Kd), an welches $NADP^+$ gebunden ist. Aufgrund der elektrophoretischen Wanderungsgeschwindigkeit kann vom normalen Enzym G6PD-Typ B oder Gd^B der Typ Gd A abgegrenzt werden, der eine raschere Wanderungsgeschwindigkeit in der Stärkegel-Elektrophorese zeigt. Diese normale Variante findet sich bei ungefähr 20% der amerikanischen Neger [203] und vor allem in Endemiegebieten für Malaria [24].

Gd A^-, die häufigste pathologische Variante (charakterisiert durch zusätzliche Mutationen am Nukleotid 202, 680 und 968 [24, 24a], die sich in Form einer Hämolyse manifestiert, tritt vor allem bei Negern aus Zentralafrika bzw. deren amerikanischen Nachkommen auf (das Minuszeichen weist auf eine Enzymaktivität von 25% und weniger der Normalaktivität hin). Mutationen am Nukleotid 202 kommen jedoch auch in Spanien, Italien, Mexiko und in anderen Teilen der Welt vor [24a]. Charakteristisch für diese Variante ist der sehr rasche Verlust der Enzymaktivität mit der Alterung der Erythrozyten [21]. Das instabile Enzym zeigt vor allem auch eine erhöhte Empfindlichkeit gegenüber bestimmten Medikamenten. In Endemiegebieten für *Plasmodium falciparum* bietet der X-chromosomal vererbte Defekt für Frauen eine gewisse Malariaresistenz [24]. Mutationen am Nukleotid 854 kommen bei diesem Enzymdefekt in Italien häufig vor ([24a] mit Literatur). Andere pathologische (mit Hämolyse verbundene) Varianten finden sich vor allem in Südostasien und bei orientalischen Juden. Mutationen, die zum Erscheinungsbild einer nicht sphärozytären hämolytischen Anämie führen, betreffen meist die Nukleotide 1089 bis 1361 [24a]. Es handelt sich um Bereiche, in denen die G6PD Bindungsstellen für NADP aufweist [24a].

Nach dem klinischen Erscheinungsbild kann man 3 Gruppen unterscheiden (Übersicht z. B. [203, 273]):

1. Die GdA^- (afrikanische)-Variante:
   Die männlichen Krankheitsträger sind weitgehend asymptomatisch. Unter gewissen Streßbedingungen können gefährliche Hämolysen auftreten. Auslösende Momente für eine solche hämolytische Krise können bakterielle und virale Infekte (z. B. bakterielle Pneumonien, infektiöse Hepatitis u. a., Übersicht bei [342]) sein. Bei Neugeborenen kann eine hämolytische Krise auch idiopathisch oder durch Medikamenteneinnahme der Mutter auftreten. Diese Form kommt am häufigsten endemisch vor. Sie findet sich auch bei amerikanischen Negern mit einer Gen-Frequenz von 10% [203]. Chemische Substanzen, die eine hA auslösen können, sind verschiedene Antimalariamittel, Antidiuretika, Sulfonamide, Nitrofurantoin, Doxorubicin, Anilin- und Naphthalinderivate. Eine Liste von Medikamenten, die gefährden und solchen, die ohne Risiko geben werden können, findet sich bei [24a].
2. Die Gd^{Med} (mediterrane)-Variante:
   Der G6PD-Mangel ist meist schwerer als bei der afrikanischen Variante. Auch hier sind betroffene, meist männliche Personen gewöhnlich asymptomatisch, bis ein Medikament oder Infektionen eine akute Hämolyse

auslösen, die oft schwerer verläuft als bei der afrikanischen Variante. In dieser Personengruppe ist auch ein Favismus am häufigsten nachweisbar. Endemisch kommt diese Erkrankung z. B. in Sardinien, Sizilien, Griechenland, und unter sephardischen und orientalischen Juden, Arabern u. a. vor.

3. G6PD-Mangel mit signifikanter chronischer Hämolyse:
   Diese Form wird nur äußerst selten gefunden, kann aber außerhalb von Endemiegebieten als nichtsphärozytäre hämolytische Anämie beobachtet werden. Diese Variante wird vor allem in ethnischen Gruppen gefunden, die aus dem nördlichen Europa stammen. Auch hier kommt es zu einer Exazerbation der Erkrankung im Rahmen von Infekten oder bei Exposition gegenüber oxidierenden Substanzen. Eine Zusammenstellung wichtiger Mutationen als Ursache der chronischen Hämolyse findet sich bei [24a].

Hämatologische Befunde

Intermittierende hämolytische Schübe, die zwei bis drei Tage nach Einnahme einer schädigenden Substanz auftreten, sind durch eine intravaskuläre Hämolyse charakterisiert. Zu Beginn können die Erythrozyten Innenkörper und einen hochgradig pathologischen Heinzkörpertest zeigen. Es kommt in der Folge zu einem Anstieg der Retikulozyten, die eine höhere G6PD-Aktivität zeigen. Die mit der normalen Erythrozytenalterung auftretende Verminderung der Enzymaktivität der G6PD ist bei diesem Enzymdefekt hochgradig ausgeprägt [21]. Daneben findet man eine passagere Hämoglobinurie sowie eine Hyperbilirubinämie verschiedenen Ausmaßes. Eine Polychromasie der Ery- und evtl. Fragmentozyten kann nachweisbar werden.

Die akute hämolytische Phase endet nach etwa einer Woche spontan, sogar wenn die Medikamenteneinnahme anhält. Die relativ normalen Enzymwerte jüngerer Blutkörperchen ergeben eine gewisse Schutzwirkung gegen die oxidative Schädigung.

Zur Sicherung der Diagnose sollte nach dem Suchtest eine G6PD-Bestimmung durchgeführt werden [24a]. Homozygote sowie männliche Hemizygote zeigen in den Erythrozyten ein ausgeprägtes Defizit dieses Enzyms (gewöhnlich 0–15% des Normalwertes). Varianten mit geringerer Enzymeinschränkung können vorkommen [21]. Die Erkennung weiblicher Heterozygoter kann auf Schwierigkeiten stoßen (die G6PD-Aktivität streut in einem weiten Bereich – der Wert kann unter 50% der Norm, aber auch weit höher liegen). Bei hohen Retikulozytenwerten können die Enzymaktivitäten im Normalbereich liegen.

Die stark variable G6PD-Aktivität bei heterozygoten Frauen ist durch die sog. Lyon-Hypothese erklärbar (Übersicht bei [352]). Danach besitzen heterozygote Frauen nur ein aktives X-Chromosom. Das zweite X-Chromosom ist genetisch inaktiv und verhält sich wie Heterochromatin. Eines von diesen besitzt das Gen für die intakte G6PD, das andere besitzt das Gen für das defekte Enzym. Welches der beiden Gene abgelesen wird, wird vom Zufall bestimmt. Damit sind die unterschiedlichen Enzymaktivitäten erklärbar.

Da das Enzym in Leukozyten und Thrombozyten durch dasselbe Gen kodiert ist wie in den Erythrozyten, können – sehr selten – ausgeprägtere Defekte auch in diesen Blutkörperchen vorkommen. Klinisch relevante Funktionsstörungen, z. B. der Neutrophilen, mit einem Erscheinungsbild, das an eine chronisch granulomatöse Erkrankung erinnert, sind jedoch selten.

Kombinationen von G6PD-Defekt mit Hämoglobinopathien kommen aufgrund ihrer lokalen Häufung nicht selten vor. Am besten bekannt sind die Kombinationen von G6PD-Mangel mit β- oder α-Thalassämie in Mittelmeerländern oder mit der HbS-Krankheit in Zentralafrika und USA. Zur Kombination mit anderen hämolytischen Anämien mit Enzym- oder Membrandefekten siehe [24a].

1.2.2.3 Andere hämolytische Anämien mit Störungen der anaeroben Glykolyse

Der zweithäufigste Defekt nach dem Pyruvatkinasemangel ist ein Defekt der Glukose-Phosphat-Isomerase (GPI). Die Erkrankung dürfte durch eine Mutation am Chromosom 19 bedingt sein. Die Erkrankung wird autosomal rezessiv vererbt und geht mit einer Anämie unterschiedlicher Schwere einher [341, 342]. Der Enzymdefekt ist in verschiedenen Zellinien (Granulozyten, Thrombozyten, Leber-, Muskelzellen u. a.) nachweisbar. Bei einzelnen Patienten werden mentale Entwicklungsstörungen und muskuläre Hypotonien beobachtet. Die Splenektomie kann eine Besserung der Anämie hervorrufen [22]. Zur Charakterisierung der GPI Kaiserslautern s. [11].

1.2.2.4 Hämolytische Anämien durch Störungen des Nukleotidmetabolismus

Der häufigste Enzymdefekt in dieser Krankheitsgruppe ist der Mangel an Pyrimidin-Nukleotidase (Übersicht bei [341, 342]). Schwere Defektzustände des Enzyms wurden bei einer größeren Zahl von Personen aus verschiedenen geographischen Regionen festgestellt. Die autosomalrezessive Erkrankung manifestiert sich nur bei Homozygoten. Das Enzym wirkt wahrscheinlich vor allem bei der Degradation der RNA (z. B. in Retikulozyten). Folge des Defektes ist daher die Ansammlung ungenügend abgebauter ribosomaler Nukleoproteine. Dadurch resultiert eine basophile Tüpfelung der Erythrozyten (diese geht im EDTA-Blut verloren). Die Sicherung der Diagnose erfolgt durch Nachweis einer verminderten Nukleotidaseaktivität (meist auf etwa 5% des Normalwertes). Ein einfacher Test zum Nachweis des Defektes ist die Erfassung von Pyrimidin-Nukleotiden durch Absorptionsmessung im UV nach Perchlorsäureextraktion der Erythrozyten [22].

Ein erworbenes Syndrom, das im wesentlichen dem angeborenen Enzymdefekt ähnelt, findet sich bei manchen Personen mit akuter Bleivergiftung (Übersicht bei [342]).

Schließlich sind noch chronische Hämolysen beschrieben, die aus einer Überproduktion der Adenosindeaminase (ADA) resultieren. Dieses Enzym spielt eine entscheidende Rolle im Purinmetabolismus. Die Störung, die sich auf Translationsebene der Enzym-mRNA manifestiert, führt zu einem verstärkten Abbau energiereicher Triphosphate wie ATP [203].

Tabelle 1.6. Häufigkeit und Heterogenität von Thalassämie-Syndromen und Hb-Anomalien (aus [177])

	Gesamtzahl (%)[a]	Deutschland (%)[a]	and. Nationalität (%)[a]
	38 126 (100)	12 744 (100)	25 382 (100)
Thalassämie-Syndrome	9 602 (25)	1 455 (11,4)	8 147 (32,1)
β-Thalassämie	8 723 (22,9)	1 351 (10,6)	7 372 (29)
α-Thalassämie	227 (0.6)	52 (0,41)	175 (0,69)
Hb-Lepore	114 (0,3)	48 (0,4)	66 (0,26)
δβ-Thalassämie	55 (0,15)	1 (0,01)	54 (0,21)
Anormale Hämoglobine	1 742 (4,6)	204 (1,6)	1 538 (6,06)
Hb S	1 184 (3,1)	–	1 184 (4,66)
Hb E	104 (3,1)	30 (0,24)	74 (0,29)
Hb C	69 (0,18)	–	69 (0,27)
instabile Hb	81 (0,21)	62 (0,49)	19 (0,07)
andere	305 (0,8)	112 (0,88)	193 (0,76)

[a] Gesamtzahl hämatologischer Patienten (zur Hb-Analyse eingesandt)

1.2.3 Thalassämie-Syndrome

Thalassämien (Th) sind durch eine gestörte Balance in der Bildung von α- bzw. β-Globinketten charakterisiert. Ursache dafür ist eine verminderte bis fehlende Bildung strukturell normaler Hb-Ketten. Je nachdem, welche Polypeptidketten vermindert sind, spricht man von α- oder β-Th. Sie kommen nicht nur in Endemiegebieten (s. unten), sondern vereinzelt auch in mittel- und westeuropäischen Ländern zur Beobachtung (Tabelle 1.6).

Wird das δ-Gen in die Synthesestörung einbezogen, spricht man von δβ-Th (Übersicht bei [199a]. In seltenen Fällen treten auch γδβ-Th auf (Übersicht bei [351, 352]). Den molekularbiologischen Veränderungen eng verwandt sind hereditäre Zustände mit „persistierender Erhöhung von fetalem Hb" (HPFH), bei denen diagnostisch fließende Übergänge zu den δβ-Th bestehen (Übersicht bei [58, 352, 367]). Sie werden ebenfalls in diesem Kapitel diskutiert.

Als Folge der Hb-Synthesestörungen kommt es zu einem verminderten Hb-Gehalt und einer Mikrozytose der Erythrozyten, einer ineffektiven Erythropoese und in schwereren Fällen zur Anämie. Ähnliche Folgezustände werden auch beim Auftreten eines pathologischen Hb beobachtet. Beide Zustände kommen in hoher Frequenz in den gleichen Bevölkerungsgruppen zur Beobachtung. Zusätzlich gehen manche Th mit dem Auftreten abnormer Hb einher (z.B. HbH, Hb Lepore, s. unten). Schließlich sind die Veränderungen (vor allem Punktmutationen) bei beiden Erscheinungsformen auf molekularbiologischer Ebene in vieler Hinsicht ähnlich.

Ursache des gemeinsamen Auftretens von Th und Hb-pathien in großen Bevölkerungsgruppen sind vor allem Selektionsmechanismen zur Adaptation gegenüber Malariaerregern ([101; Übersicht bei [136]). Fehlt im Stammland dieser Selektionsdruck (wie z.B. in Mittel-, West- und Nordeuropa), ist die Frequenz beider Zustände und ihrer Kombinationen selten.

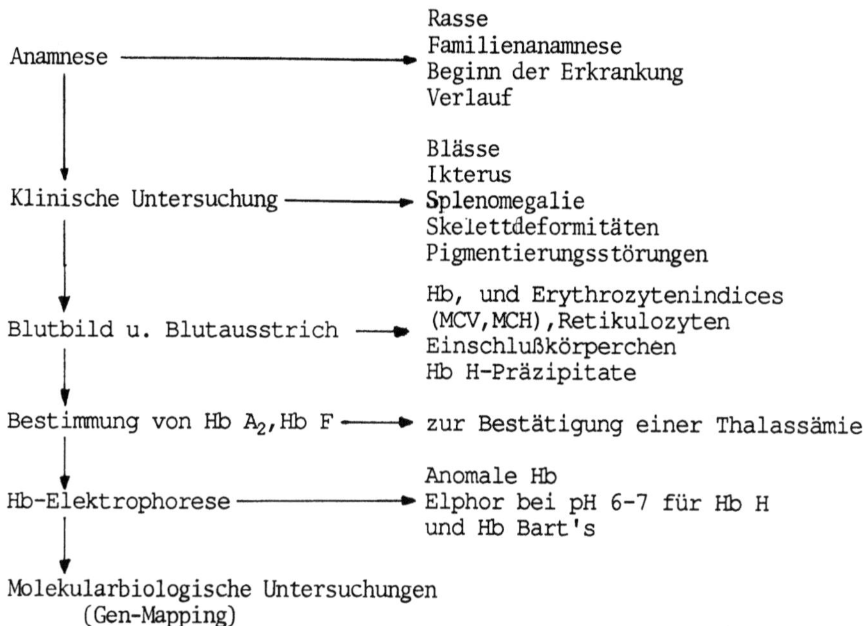

Abb. 1.8. Flußdiagramm zur Abklärung von Thalassämie-Syndromen (aus [354])

Die Diagnose von Th wird durch Kenntnis der pathophysiologischen Grundlagen von Hb-Synthesestörungen erleichtert. Die Defekte lassen sich auf der Ebene der DNA, RNA und des Proteinproduktes nachweisen. Das Vorgehen zur diagnostischen Abklärung (Suchtests, Hb-Analysen und, in ausgewählten Situationen, molekularbiologische Methoden) wird anschließend dargestellt (Abb. 1.8).

1.2.3.1 Pathophysiologie der Hb-Synthese

a) Struktur der menschlichen Globingene

Gene für die Bildung von α-Ketten sind am Chromosom 16, für β-Ketten am Chromosom 11 (jeweils am kurzen Arm) lokalisiert. Auch die Synthese von γ- sowie von δ-Ketten erfolgt am Chromosom 11, wobei diese Genorte in enger Nachbarschaft zum β-Gen liegen. Abb. 1.9 zeigt den Aufbau der menschlichen Globingene, die in homologen „Clustern“ angeordnet sind. Diese leiten sich aus Duplikationen und Genmodifikationen während der Evolution her. Am Chromosom 16 liegen zwei fast identische α-Gene (α-1, α-2), am Chromosom 11 zwei ähnlich aufgebaute γ-Gene (Gγ und Aγ). Auch das δ- und β-Gen sind von ähnlicher Struktur (Übersicht z. B. bei [58, 136, 165, 166, 240, 244]).

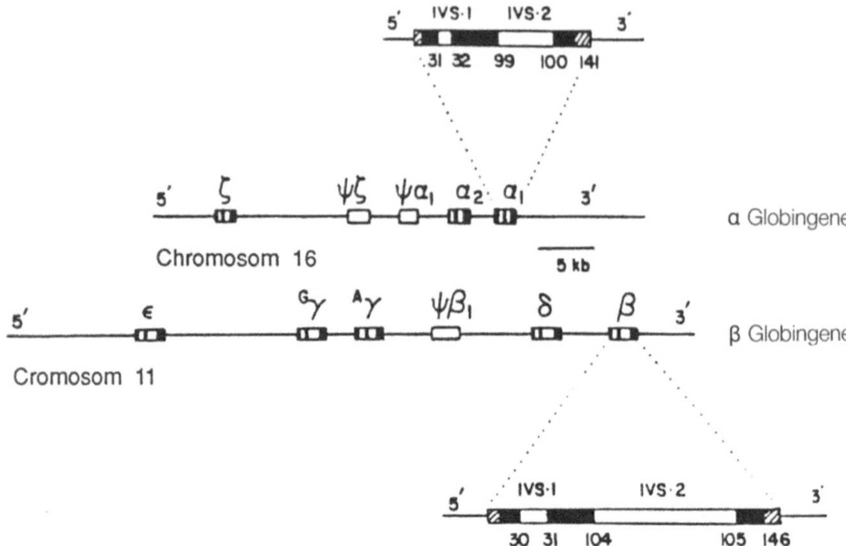

Abb. 1.9. Anordnung und Aufbau der α- und β-Globincluster. Schwarze Kästchen entsprechen den Exons, weiße Kästchen den Introns (IVS) und schraffierte Kästchen den jeweiligen nicht translatierten 5'- und 3'-terminalen Genabschnitten (aus [9])

Tabelle 1.7. Punktmutationen bei β-Thalassämien nach ihrer funktionellen Bedeutung (mod. nach [9, 166])

	Lokalisation	Häufigkeit*
1. Funktionslose mRNA Nonsens-Mutationen (Codon 39 u. a.) Leseraster-Mutationen	Exon 1 u. 2	33%
2. „RNA processing" Mutationen Splicing-Mutationen (IVS-1 u. a.)	v. a. Introns	47%
3. Transkriptionelle Mutanten Pos. -28, -29, -31, -87, -88	Promotorregion	16%
4. RNA cleavage und PolyA Mutationen AATAAA–AACAAA AATAAA–AATAAG	v. a. 3'-Ende	3%

* in verschiedenen Populationen sehr unterschiedlich, die angegebenen Werte beziehen sich v. a. auf Mittelmeerländer

Die ε- und ζ-Gene werden nur während der ersten 3 Gestationsmonate exprimiert, wodurch es zur Synthese von Hb Gower 1 (ζ_2, ε_2), Hb Gower 2 ($\alpha_2\varepsilon_2$) und Hb Portland ($\zeta_2\gamma_2$) kommt. *Pseudogene* mit Homologien zu funktionellen Genen, die jedoch nicht zur Globinsynthese exprimiert werden, finden sich ebenfalls am Chromosom 16 (ψζ1 und ψα1) und 11 (ψβ1).

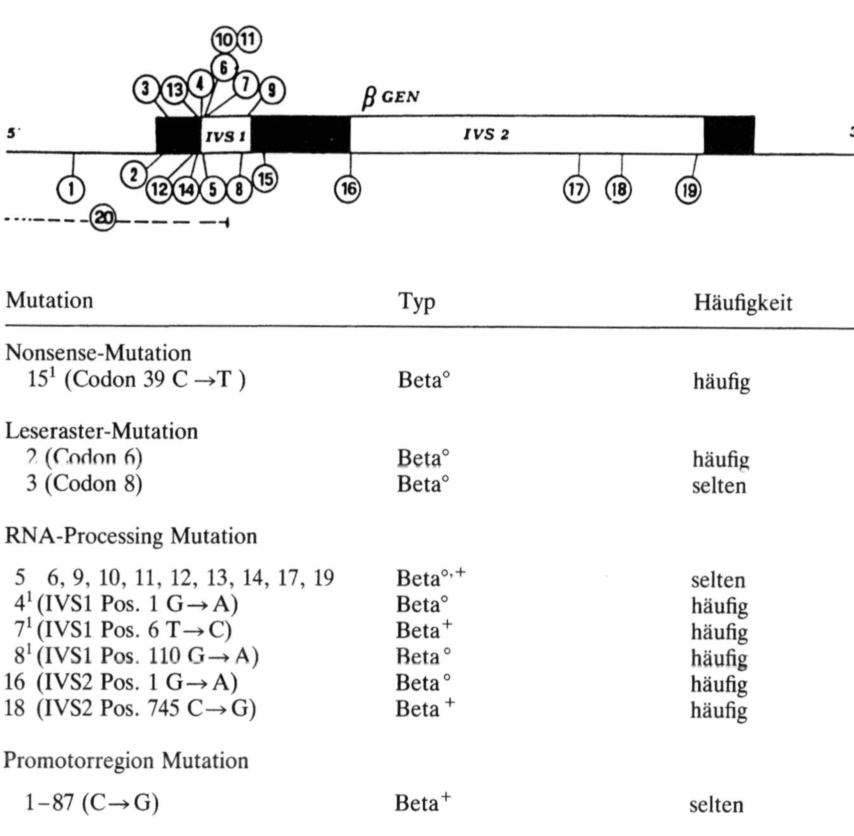

Mutation	Typ	Häufigkeit
Nonsense-Mutation		
15[1] (Codon 39 C → T)	Beta°	häufig
Leseraster-Mutation		
2 (Codon 6)	Beta°	häufig
3 (Codon 8)	Beta°	selten
RNA-Processing Mutation		
5 6, 9, 10, 11, 12, 13, 14, 17, 19	Beta$^{\circ,+}$	selten
4[1] (IVS1 Pos. 1 G → A)	Beta°	häufig
7[1] (IVS1 Pos. 6 T → C)	Beta^{+}	häufig
8[1] (IVS1 Pos. 110 G → A)	Beta°	häufig
16 (IVS2 Pos. 1 G → A)	Beta°	häufig
18 (IVS2 Pos. 745 C → G)	Beta^{+}	häufig
Promotorregion Mutation		
1 -87 (C → G)	Beta^{+}	selten
Deletion		
20 ca. 300 Bp	Beta°	selten

[1] Die häufigsten Mutationen, die mittels 3 Restriktionsenzymen (Mst II, Hph I und Rsa I) und 5 Oligonukleotidproben erfaßt werden. Damit kann die Mehrzahl der Mutationen in verschiedenen ethnischen Gruppen in Deutschland direkt nachgewiesen werden [300]

Abb. 1.10. Mutationen als Ursache von β-Thalassämien in den Mittelmeerländern (mod. nach [40])

b) Aktive und nichtexprimierte Genabschnitte (Exons und Introns)

Nur ein Teil der Globin-Gensequenzen wird auch tatsächlich auf mRNA- und Proteinebene übertragen (Abb. 1.9). Translatiert werden nur die sog. Exons (coding blocks). Ihnen stehen Introns (intervening sequences = IVS) gegenüber, die, obwohl nicht exprimiert, bei der Gen-Regulation trotzdem eine wichtige Rolle spielen.

Gensequenzen an der Grenze zwischen den einzelnen Exons und Introns sind bei der Transkription und dem *Splicing* (Verknüpfung) der mRNA von Bedeutung. Mutationen in diesem Bereich sind bei Th häufig (Tabelle 1.7 und Abb. 1.10).

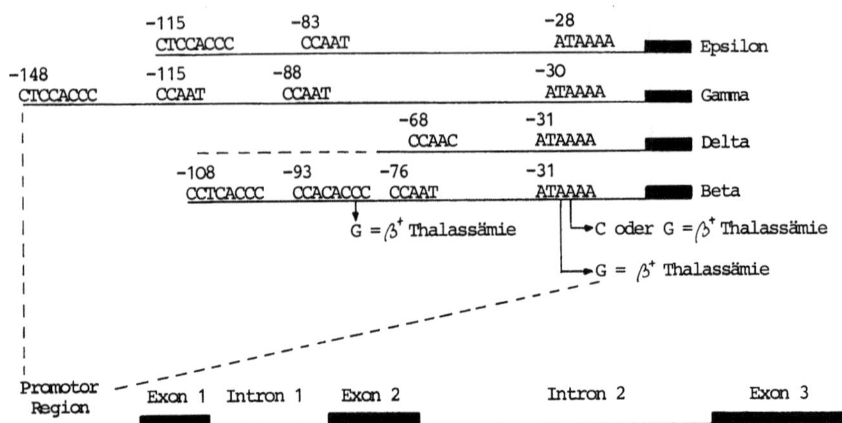

Abb. 1.11. Aufbau der Promotorregionen der einzelnen Gene des β-Globulingenclusters. Punktmutationen im Bereich konservierter Nukleotidsequenzen als Ursache von β-Thalassämien (aus [240])

Normale *Splicing sites* sind durch konservierte Dinukleotide charakterisiert (GT für Donoren am 5′-Ende, AG für Akzeptoren am 3′-Ende).

Der erste Schritt in der Bildung der *messenger* (Boten)-RNA (mRNA) ist die Transkription sowohl der kodierenden als auch der nichtkodierenden Abschnitte der DNA. Anschließend werden aus dieser Vorläufer-mRNA die den Introns entsprechenden Sequenzen herausgeschnitten („Spleißen“ oder *splicing*).

Isolierte Basensubstitutionen an Donorstellen können zu einem kompletten Sistieren des Splicing führen. Solche Mutationen finden sich vor allem am Beginn der Introns. Andererseits können neue Splicing-Stellen durch Mutationen innerhalb der Introns auftreten, die dann als pathologische Akzeptoren oder Donoren wirken (z. B. Mutation IVS-1 Position 110). Drittens können *cryptic splicing sites* durch Mutationen aktiviert werden und als neue Donoren wirken.

Für die Einleitung der Transkription wichtige Genabschnitte sind die am Beginn (5′-Ende) des Gens lokalisierten Promotor-Sequenzen (Abb. 1.11). Sie werden nicht transkribiert, spielen jedoch für die Bindung der RNA-Polymerase II und die Einleitung der Transkription eine wichtige Rolle. Diese Promotoren variieren für die einzelnen Gene in ihrer Länge (Abb. 1.11). Sie enthalten wichtige Kontrollelemente, insbesondere Adenin-Thymin-Sequenzen (TATA-Box) und ein Pentanukleotid-Segment (CAT-Box), wie sie auch in vielen anderen Genen nachweisbar sind. Sie sind Signaleinheiten in der Regulation des Umschreibeprozesses, während die RNA-Transkription selbst an der sog. CAP-Bindungsstelle beginnt.

Die Expression von DNA-Sequenzen wird nicht nur von vorgelagerten Promotorabschnitten kontrolliert. Diese stehen häufig unter dem Einfluß von sog. Enhancern, die detailliert auf der Ebene der Ig-Gene charakterisiert wurden, jedoch auch die Expression von Globingenen beeinflussen. Diese kurzen DNA-Sequenzen wirken – unterschiedlich von Promotoren – auch über erhebliche Distanzen auf das Genom und steigern dessen Expres-

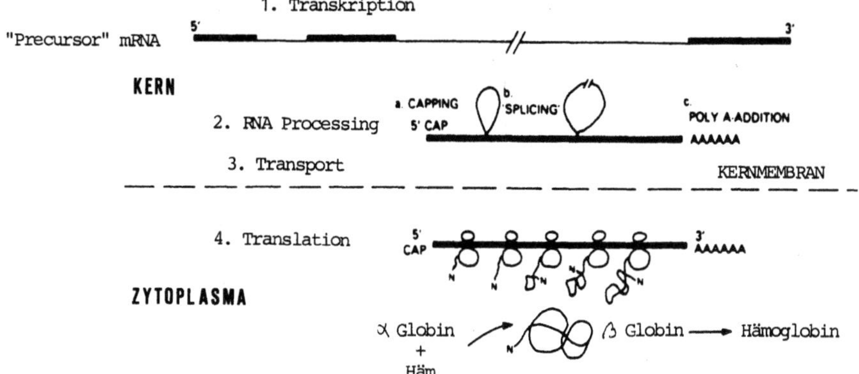

Abb. 1.12. Vereinfachte Darstellung der posttranskriptionellen Modifikation der Globin-mRNA und der Translation bis zum fertigen Hämoglobin (aus [240])

sion unabhängig von ihrer Orientierung in bezug auf den Transkriptionsablauf. „Transkriptionelle" Mutanten werden bei β-Th häufig gefunden. Von besonderer pathophysiologischer Bedeutung sind sie auch bei Zuständen mit erhöhtem HbF (insbesondere nichtdeletären Formen der HPFH, s. diese).

Am 3'-Ende des Gens findet sich der Poly-A-Trakt, der die Anlagerung von Adenosinen und das Ablösen des RNA-Transkripts begünstigt (Abb. 1.12). Durch die Anlagerung wird die Stabilität der mRNA und ihr Transport vom Kern ins Zytoplasma begünstigt. Defekte im Bereich des Poly-A-Traktes sind bei β-Th des Mittelmeerraumes selten.

c) Translation

Anschließend wird die mRNA ins Zytoplasma transportiert (Abb. 1.12). Die Translation ist ein komplexer Vorgang, der u. a. verschiedene *Transfer-RNA* (t-RNA) erfordert. Die Bezeichnung *genetic code* beschreibt die Beziehung zwischen Basensequenzen in der DNA und dem RNA-Transkript[1], das schließlich in Aminosäuren translatiert wird. Jeweils 3 (Nukleotid-)Basen kodieren für eine Aminosäure (Übersicht bei [352]). Zusätzlich werden Signale zur Unterbrechung der Kettensynthese gegeben (die Tripletts UAA, UAG und UGA wirken als Stop-Codons). Wird bei der Translation, die in 5'–3'-Richtung abläuft, ein solches Codon erreicht, wird die Peptidkette abgelöst. Die Translation zum Proteinprodukt erfolgt an Polyribosomen, die getrennt α- und β- (bzw. γ oder δ-)Ketten bilden. Mutationen, welche die Translation beeinflussen, sind vor allem solche, die zu einer Veränderung der Stopsignale an der mRNA führen (Übersicht bei [240]). Es kommt zu verfrühter Unterbrechung *(Premature Terminator Mutants)*,

[1] U = Uridin, A = Adenin, G = Guanin, C = Cytosin, T = Thymin. G paart mit C, A mit T in der DNA, mit U in der RNA.

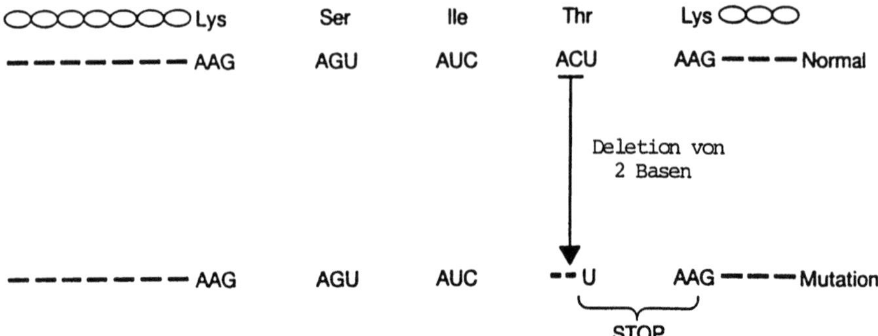

Abb. 1.13. Beispiel einer Leserastermutation als Ursache einer β-Thalassämie. Durch Deletion von 2 Nukleotiden (AC) im Codon für die Aminosäure Threonin wird ein neues Stopcodon generiert. Es kommt zu einem vorzeitigen Abbruch der Translation (aus [352])

Veränderungen des Leserasters *(Frameshift Mutations)* oder Verlust eines normalen Terminator-Codons (zur β-Th s. Tabelle 1.7).

Beispiel für die verfrühte Unterbrechung ist die häufige Codon 39-Mutation [240, 352]. Durch Ersatz von C durch T in diesem Codon resultiert das Stopsignal UAG in der mRNA der β-Kette. Wenn solche verfrüht unterbrochenen Globinketten gebildet werden, sind sie durch ihre Kürze instabil und werden rasch abgebaut. Daraus resultiert eine β°-Th. Veränderungen des Leserasters kommen durch Deletion (von 1, 2 oder 4 Basen) oder eine entsprechende Insertion zustande. Daraus resultieren Störungen des Codons, das ja jeweils aus 3 Basen besteht. Bei dieser Veränderung werden daher differente Aminosäuren gebildet oder auch ein neues Stopsignal generiert (Abb. 1.13).

Eine ausführliche Diskussion bei β-Th gefundener Mutationen findet sich z. B. bei [40, 58, 166, 232a, 240, 244, 352]. Mutationen im Bereich des Stop-Codons können zur Bildung elongierter Globinketten führen. Die Translation kann weiterlaufen, bis ein alternatives Stop-Codon erreicht wird.

d) Zusammenfassung

Veränderungen bei Th auf der DNA-Ebene

Eine verminderte Globinsynthese kommt bei β-Th bis auf seltene Ausnahmen durch Punktmutationen zustande (Tabelle 1.7). Die Mehrzahl der Mutationen findet sich in der 5′-Hälfte, also im Anfangsteil des β-Globingens (Abb. 1.10). Die nach Häufigkeit beobachteten Mutationen in den Mittelmeerländern gehen aus Tabelle 1.8 hervor.

Die wichtigste Deletion als Ursache einer β-Th ist der vor allem bei Indern beobachtete Verlust am 3′-Ende ab dem distalen Anteil der IVS-2 (partielle Deletion 619 nt [9]. Derzeit sind mehr als 50 Punktmutationen und 5 Deletionen bekannt [166], die das Bild einer typischen β-Thalassämie verursachten. Die einzelnen Mutationen können jetzt mit spezifischen,

Tabelle 1.8. Punktmutationen als Ursache von β-Thalassämien in den Mittelmeerländern, gereiht nach Häufigkeit (mod. nach [9])

Mutation	Molekularbiologische Konsequenz	Thalassämieform	Nachweismethode
IVS1 Pos. 110 (G→A)	gestörtes RNA Processing	β^+	Oligonukleotid
Codon 39 (C→T)	neues Stopcodon	β^0	Oligonukleotid
IVS1 Pos. 6 (T→C)	gestörtes Spleißen	β^+	Sfan 1
IVS1 Pos. 1 (G→A)	gestörtes Spleißen	β^0	Oligonukleotid
IVS2 Pos. 1 (G→A)	gestörtes Spleißen	β^0	Hph 1
IVS2 Pos. 745 (C→G)	gestörtes RNA Processing	β^+	Rsa 1
– 87 C→G	gestörte Transkription	β^+	Avr II

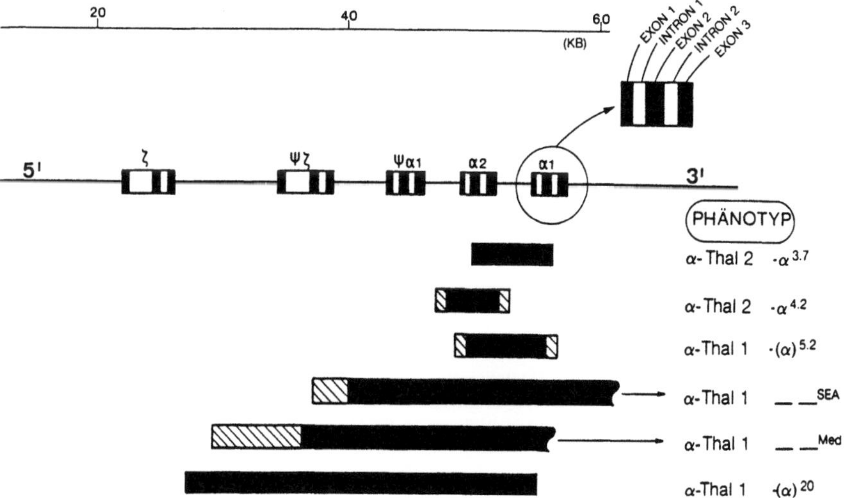

Abb. 1.14. Deletionen als Ursachen von α-Thalassämien (aus [357])

synthetischen Oligonukleotid-Proben im Southern- oder Dot-blot direkt erfaßt werden [62]. Andererseits kann es durch Mutationen im Schnittstellenbereich von Restriktionsenzymen zum Auftreten von Fragmenten kommen, die im Southern-Blot wegen unterschiedlicher Fragmentlänge als differente Bande erscheinen ([166] mit weiterführender Literatur). Zur weiteren Charakterisierung von Allelen der β-Th trägt die Polymerasekettenreaktion bei [166, 295, 365]. Bei α-Th liegen häufiger Deletionen (Abb. 1.14) als Mutationen (Tabelle 1.9) vor.

Ausgedehntere bis sehr weitgestreckte Deletionen im β-Globinkomplex liegen der δβ-Th und manchen Formen von hereditärer Persistenz von HbF zugrunde. Zu weiteren Details siehe die einzelnen Erkrankungen sowie [9, 58, 240, 352].

Tabelle 1.9. Mutationen als Ursachen von α-Thalassämien (mod. nach [136])

Mutation	Gen	geogr. Verteilung	Nachweisbarkeit im Southern Blot
RNA Processing			
IVS1 GAGGTGAGG → GAGG ----[a]	α2	Mittelmeerländer	Hph I
Poly (A) Signal AATAAA → AATAAG	α2	Mittelmeerländer, naher Osten	Oligonukleotid
RNA Translation			
Startcodon CCACCATGG → CCACCACGG	α2	Mittelmeerländer	Ncol
Startcodon CCACCATGG → CCACCGTGG	α1	Mittelmeerländer	Ncol
Startcodon CCACCATGG → CC--CATGG[a]	$-\alpha^{3.7}$	Nordafrika, Mittelmeerländer	–
Stopcodon 142 TAA → CAA (= Hb Constant Spring)	α2	Südostasien	–
Stopcodon 142 TAA → AAA (= Hb Icaria)	α2	Mittelmeerländer	–
Posttranslationelle Instabilität			
Exon III Pos. 125 Leu → Pro (= Hb Quong Sze)	α2	Südostasien	Msp I

[a] Deletionen

1.2.3.2 Grundlagen der Diagnose

Die Diagnose stützt sich auf hämatologische Untersuchungen, Hämoglobinanalysen und – in ausgewählten Situationen – auf molekularbiologische Untersuchungen (Abb. 1.8).

a) Suchtests

Die eingeschränkte Hämoglobinsynthese ist meist schon bei Heterozygoten nachweisbar. Auf der Ebene der Erythrozyten-Indices führt sie zu ausgeprägter Mikrozytose, Hypochromie und zusätzlich zu morphologischen Veränderungen der Erythrozyten (vor allem Schießscheibenerythrozyten und basophile Tüpfelung). Suchtests sind daher die Erfassung eines erniedrigten MCV und MCH, die bei Heterozygoten (meist) mit normalen Erythrozytenzahlen einhergehen. Falls sich Schwierigkeiten in der Differentialdiagnose gegenüber Fe-Mangelanämien ergeben, trägt vor allem die Ferritinbestimmung und/oder die Auswertung des Erythrozyten-Protoporphyrins bei (Übersicht bei [246]). Die letztere Methode wird insbesondere bei Populations- und Reihenuntersuchungen angewandt.

Tabelle 1.10. Möglichkeiten der molekularbiologischen Diagnose genetischer Erkrankungen* (nach [352])

- Erfassung von Punktmutationen, welche die Bindungsstelle von Restriktionsenzymen verändern
- Ausgedehnte Deletionen, Insertionen oder Rearrangements
- Restriktionsfragmente-Längenpolymorphismus
  a) Polymorphismus assoziiert mit Allel-Mustern *(allele linked RFLP)*
  b) durch Familienuntersuchungen gesicherter Polymorphismus
- Analyse individueller Mutationen mit Oligonukleotid-Proben

* v. a. in der Pränataldiagnose bei Erkrankungen mit definierten Defekten auf der Ebene eines einzelnen Gens

b) Hämoglobinanalysen

Bei β-Th findet sich meist eine Vermehrung von HbA_2, sowie häufig von HbF. Bei α-Th ist die Diagnose auf der Proteinebene schwierig, da die Bildung aller normalen Hb-Fraktionen mit ihren α-Globinketten eingeschränkt ist. Als Folge davon kommt es zum Auftreten von Tetrameren (β_4, γ_4). Die Diagnose ist vor allem in der Neugeborenenperiode durch den Nachweis von Hb Bart's (γ_4) im Hämolysat erleichtert. Nicht jeder Fall von α-Th kann allerdings dadurch erfaßt werden. Beim reichlichen Auftreten von typischen Innenkörpern (β_4-Tetramere) liegt meist eine HbH-Krankheit vor. Abnorme Hämoglobine (s. diese) werden durch die Hb-Elektrophorese nachgewiesen.

Die gestörte Balance der α- gegenüber β-Ketten kann auch durch Auswertung der In-vitro-Kettensynthese und Fraktionierung an Methylzellulose (oder HPLC) erfaßt werden (z. B. [352]). Die Auswertung der relativen Syntheserate der einzelnen Hb-Ketten wurde auch in der Fetalanalyse (ab etwa der 18. Woche) viel verwendet [5], wird jedoch zunehmend durch molekulargenetische Methoden ersetzt.

c) Untersuchungen auf der Ebene der DNA

Diese sind zunehmend in der Pränataldiagnose einer Th major oder schwerer Hämoglobinopathien von Wert. Auch epidemiologische Studien erfordern die molekulargenetische Definition hetero- und homozygoter Genalterationen. Die wichtigsten Möglichkeiten einer molekularbiologischen Diagnose sind in Tabelle 1.10 zusammengefaßt.

Ein wichtiges Anwendungsgebiet der molekularbiologischen Methode ist die pränatale Diagnose von Th. Durch Amniozentese (Probengewinnung ab der 15.–17. Schwangerschaftswoche), Chorionbiopsie (ab der 9.–11. Woche) werden Proben zur DNA-Analyse gewonnen. Die molekularbiologische Analyse wird durch den Einsatz der Polymerase-Kettenreaktion erleichtert. Dadurch können spezifische Gensequenzen auf das 10^6–10^7fache amplifiziert und dann weiter charakterisiert werden (Übersicht bei [166]).

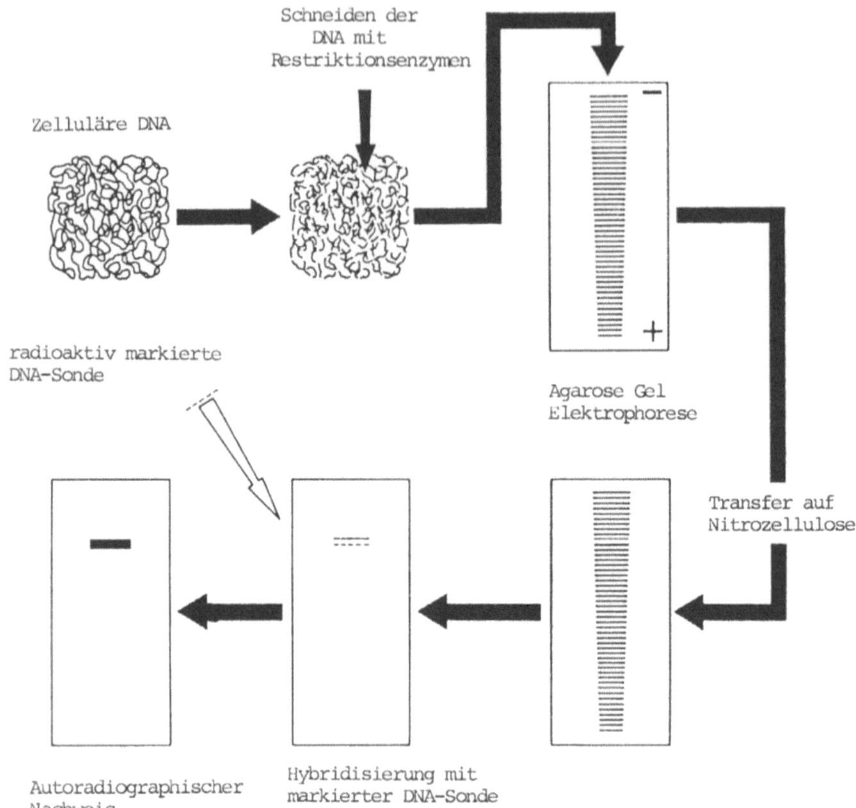

Abb. 1.15. Vereinfachte schematische Darstellung einer Southern-Blot-Analyse (aus [352])

1. Erfassung von Punktmutationen durch Restriktionsenzyme
Mutationen im Bereich von Erkennungssequenzen für Restriktionsenzyme (bakterielle Endonukleasen) spalten DNA-Präparationen hochspezifisch im Bereich bestimmter Nukleotidsequenzen. Die gewonnenen DNA-Bruchstücke sind dann weiteren Analysen (vor allem Southern Blotting) zugänglich, wobei die entsprechend ihrer unterschiedlichen Größe verschiedenen Wanderungsgeschwindigkeiten der Fragmente ausgewertet werden (Übersicht bei [9, 63, 356]). Eine vereinfachte schematische Darstellung einer Southern-Blot-Untersuchung findet sich in Abb. 1.15.

Wenn eine Mutation unmittelbar zum Verlust von Erkennungsstrukturen für Restriktionsenzyme führt, ist der Nachweis verhältnismäßig einfach. Es kommt zu einer im Southern Blot faßbaren Abweichung in der Länge der untersuchten Restriktionsfragmente. Ein Beispiel ist die Sichelzellmutation (β^S). Im Rahmen der Mutation geht die Erkennungsstruktur für das Restriktionsenzym Mst II verloren. Es resultiert eine Bande von 1,4 kB für β^S gegenüber 1,2 kB für β^A. Diese beiden Fragmente sind im Southern Blot einfach unterscheidbar (Übersicht bei [58, 352]). Da die Mehrzahl der Th durch Mutation einzelner Nukleotide bedingt ist, die von Restriktionsenzymen nicht direkt erkannt werden, ist dieses verhältnismäßig einfache Vorgehen allein nicht hinreichend (z. B. [300]).

Tabelle 1.11. Molekularbiologische Begriffsdefinitionen (aus [30])

Restriktionsendonukleasen
Bakterielle Enzyme, die zur Klasse der Endodesoxyribonukleasen gehören und mit denen man spezifische Sequenzen aus der DNA herausschneiden kann. Sie sind dadurch ausgezeichnet, daß sie bestimmte Sequenzen von etwa 4–6 Nukleotiden erkennen und dort gebunden werden. Beispielsweise erkennt die Endonuklease Hpa I die Sequenz 5′-GTTAAC-3′ und schneidet die DNA überall dort, wo diese Sequenz vorhanden ist.

DNA-Polymorphismus
Als DNA-Polymorphismus wird jener Zustand bezeichnet, wenn zwei verschiedene aber normale Nukleotidsequenzen an einer bestimmten Stelle der DNA vorhanden sind (Allele). Ein Genlokus gilt dann als polymorph, wenn die weniger häufige Sequenz mit einer Frequenz von mindestens 1% in einer Population vorkommt.

Restriktionslängenpolymorphismus
Eine Sonderform des DNA-Polymorphismus, bei der eines der beiden Allele die Erkennungssequenz für ein Restriktionsenzym enthält, während dem zweiten Allel eine solche fehlt.

2. Erfassung von Deletionen (und anderen ausgedehnteren Veränderungen) durch Restriktionsenzyme

Viele α-Th, δβ-Th und Hb-Lepore zeigen ausgedehnte Deletionen bzw. stellen ein Hybridgen dar. Diese können durch Restriktionsenzymanalysen direkt nachgewiesen werden.

3. Restriktionsfragmente-Längenpolymorphismus (RFLP) in der Erfassung von mutationsassoziierten Allelen

Im Bereich des β-Globin-„Genclusters“ finden sich wie in anderen Chromosomenabschnitten individuelle Unterschiede im Aufbau der normalen DNA. Zum Teil betreffen diese Verschiedenheiten Erkennungsstrukturen für Restriktionsenzyme (*Polymorphismus,* Definition s. Tabelle 1.11). Individuelle Unterschiede äußern sich daher in unterschiedlichen Mustern (Allelen) auf der Ebene der RF-Längen. Sind beide Eltern heterozygot für einen Gendefekt (z. B. β-Th), so kann die Übertragung dieser Störung auf den Feten durch Auswertung des RFLP von Eltern und Fetus (im Vergleich zu betroffenen Geschwistern) erfaßt werden.

Dies gelingt in zumindest 50% der Feten. Grenzen dieses *Gene Mapping,* das trotz seiner Aufwendigkeit breite Anwendung findet [39], sind vor allem insuffiziente Familienuntersuchungen, Unsicherheiten der Vaterschaft und Fehler durch Rekombination während der Reduktionsteilung. Je näher der Angriffspunkt des Restriktionsenzyms am Mutationsort liegt, desto unwahrscheinlicher ist allerdings das letztere Ereignis (Übersicht bei [352]). Eine solche Rekombination findet sich etwa einmal je 10^8 Basenpaare pro Reduktionsteilung. Ein Marker mit Distanz von 50 kB (Region des β-Globingens) wird nur 1× pro 2000 solchen Teilungen rekombinieren [30].

Die Methode gewinnt zusätzliche Bedeutung, da manche RFLP viel häufiger bei bestimmten Th-Trägern vorkommen als in der normalen Bevölkerung (definiert für verschiedene ethnische Gruppen). Bei Anwendung verschiedener Restriktionsenzyme und des Musters der Haplotypen kann eine Pränataldiagnose in über 80% der betroffenen Familien ermöglicht werden.

Voraussetzung sind ausgedehnte Populationsstudien, um die geeigneten RFLP-Muster zu definieren. Derartige Untersuchungen für β-Th vom mediterranen Typ finden sich z. B. bei [30, 242, 245, 346].

4. Anwendung synthetischer Oligonukleotide zum Nachweis von Punktmutationen

Hierzu stehen synthetische Oligonukleotide („Sonden" oder „Proben") kurzer Kettenlänge in zunehmender Zahl zur Verfügung. Eine Zusammenstellung der wichtigen Mutationen bei β-Th mit ihrer Nachweisbarkeit durch Oligonukleotide findet sich in Tabelle 1.8.
Durch Restriktionsenzyme werden Fragmente gebildet, welche die entsprechende DNA-Sequenz enthalten. Im Southern Blot kann die Mutation mit der Oligonukleotidprobe nachgewiesen werden. Derartige Proben mit exakter Homologie zur normalen Gensequenz einerseits und zum mutierten Genabschnitt andererseits kommen unter sorgfältig standardisierten Hybridisierungsbedingungen zur Anwendung. Diese Methode wird z. B. zum Nachweis der Mutation am Codon 39, jener der G→A-Substitution in der Position 110 des ersten Introns und der T→C-Substitution in Position 6 des ersten Introns angewandt [9, 287]. Eine enzymatische Amplifikation der spezifischen β-Globingensequenz ist durch die Polymerasekettenreaktion möglich [51, 232a, 295, 296].

Den bestechenden Vorteilen der Methode (insbesondere die hohe Spezifität) steht als limitierender Faktor die Notwendigkeit gegenüber, die jeweiligen Proben für die verschiedenen möglichen Mutationen zur Anwendung zu bringen. Allerdings sind in jeder ethnischen Gruppe nur eine kleine Zahl bestimmter Mutationen für die Mehrzahl der Th verantwortlich (Abb. 1.16), wodurch das aufwendige Vorgehen gezielt eingesetzt werden kann. Auch bei Auswertung von Blutproben aus sehr verschiedenen ethnischen Gruppen konnten durch 5 Oligonukleotidsonden 9/10 der Fälle charakterisiert werden (Abb. 1.10).

1.2.3.3 Klinische Pathologie der verschiedenen Thalassämie-Syndrome

a) α-Thalassämien

Der Synthesedefekt für α-Globinketten ist häufig klinisch stumm oder von sehr geringen hämatologischen Abweichungen begleitet. Dies ist durch die doppelte Anlage des α-Globingens bedingt (Abb. 1.9). Weltweit sind Defekte der α-Gene weit verbreitet und in Endemiegebieten wichtige Ursachen hereditärer Anämien. (Zur Häufigkeit dieses Erbmerkmals und seiner verschiedenen Ausprägungsformen in verschiedenen Bevölkerungsgruppen s. Tabelle 1.12).

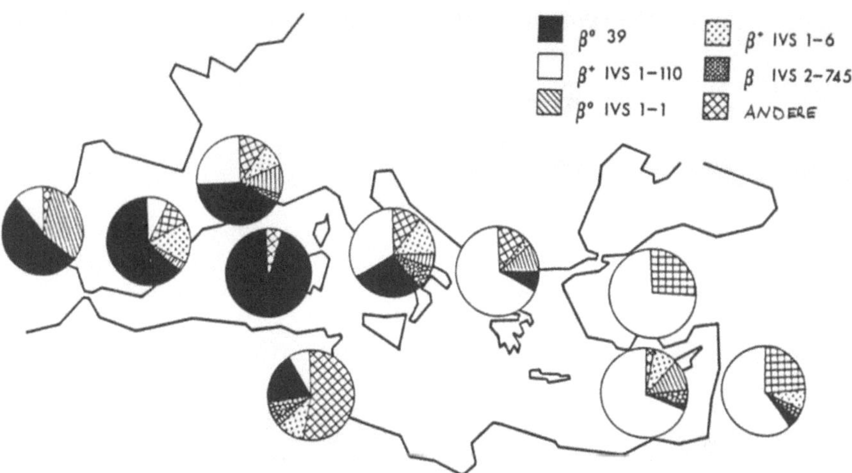

Abb. 1.16. Geographische Verteilung der häufigsten Mutationen als Ursache von β-Thalassämie in den Mittelmeerländern (aus [40])

Tabelle 1.12. Hämatologische Befunde bei α-Thalassämie (mod. nach [136])

Phänotyp	Anzahl funktionsfähiger α-Gene	% Hb Bart's bei Geburt	% HbH (Einschlußkörper)	MCV fl	MCH pg	Häufigkeit %		
						Nordeuropa	Mittelmeerländer	Südostasien
Normalperson	4	0	0	85–100	>30			
α-Th-Träger	3	0–2	0					
			(selten)	75– 85	<26	0–1	4–18	1–11
α-Thalassämie	2	2–8	0					
			(gelegentlich)	65– 75	<22	s*)	+*)	+*)
HbH-Erkrankung	1	10–40	1–40					
			(häufig)	60– 70	<20	s*)	+*)	+*)
Hb Bart's	0	>80	vorhanden	110–120	vermindert	fehlend	sehr selten	+*)

*) + = vorhanden, s = sporadisch

Pathophysiologie

α-Th entstehen häufiger durch Deletionen (Abb. 1.14) als durch Punktmutationen (Tabelle 1.9). Die hämatologischen Veränderungen sind in Abhängigkeit von der Zahl nicht funktionierender α-Globingene unterschiedlich (Abb. 1.17).

Die Funktionsstörung nur eines α-Gens führt zu einer geringfügigen Verminderung der Kettensynthese (als α^+ oder α-Th2 bezeichnet). Klinisch handelt es sich bei diesem Phänotyp (α-/αα) um symptomlose Träger (Abb. 1.17). Fehlen beide α-Gene an einem

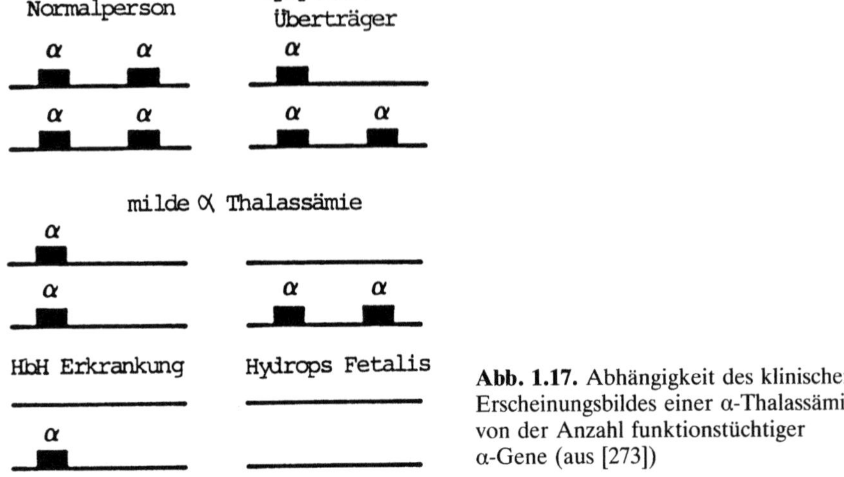

Abb. 1.17. Abhängigkeit des klinischen Erscheinungsbildes einer α-Thalassämie von der Anzahl funktionstüchtiger α-Gene (aus [273])

Chromosom (--/αα), liegt der Phänotyp α° oder α-Th1 vor. Funktionsdefekte je eines Gens an beiden Chromosomen (homozygote α-Th2) manifestieren sich ebenfalls in einem leichten klinischen Erscheinungsbild (α-/α-). Bei Deletion von 3 Genen (--/α-) liegt eine HbH-Krankheit vor. Sie kommt durch die Kombination einer α-Th1 (α°) *und* α-Th2 (α^+) zustande. Das schwerste, letale Zustandsbild ist der Hydrops fetalis als Folge einer homozygoten α-Th. Chromosomen, die drei α-Loci tragen, sind ebenfalls beschrieben. ααα ist wesentlich seltener als α- (z.B. Frequenz bei amerikanischen Negern 0,004 gegenüber 0,16 – Übersicht bei [351, 352]).

Molekularbiologie

Die wichtigsten Ursachen einer α^+-Th (α-Th2) sind Deletionen eines DNA-Segmentes von 3,7 kB oder 4,2 kB („rightward“ bzw. „leftward“ Deletion, Abb. 1.14). Sie können durch Gen-Mapping unterschieden werden und resultieren jeweils aus einem ungleichen Crossing over, welches durch die ausgedehnten Sequenzhomologien im α-Gencluster begünstigt wird (Übersichten bei [9, 58, 136, 199a, 240, 352]). Unter den zahlreicheren ausgedehnten Deletionen als Ursache einer α-Th überwiegen die Haplotypen $(--)^{MED}$ und $(--)^{SEA}$ (z.B. [236]).

Zu den Mutationen als Ursache einer α-Th s. Tabelle 1.9. Das Hb Constant Spring ($\alpha^{O.S.}$) kommt durch Mutation im normalen Stop-Codon des α_2-Gens zustande (s. 1.2.3.1 c)). Das abnorme Hb Constant Spring (mit 172 statt 141 Aminosäuren) ist ein Beispiel für ein strukturell verändertes Hb (α-Kette) aufgrund einer Mutation im Bereich des Stop-Codons. Die mRNA der α-Kette wird in diesem Fall nicht bis zur 141. sondern der 172. Aminosäure gelesen, woraus eine qualitative und quantitative Bildungsstörung resultiert.

Vorkommen

In Mittelmeerländern ist der α-Th2-Phänotyp häufig (z.B. in Sardinien mit der Frequenz 0,18). α-Th1 sind in Mittelmeerländern selten. In Ostasien (z.B. Thailand, China, Philippinen) finden sich α-Th2 und α-Th1 in ähnlicher Häufigkeit.

In Afrika finden sich fast ausschließlich α-Th2-Formen. Unter den amerikanischen Negern beträgt die Häufigkeit des α-Th2-Phänotyps 0,16. In Deutschland sind α-Th bis zu HbH-Erkrankungen beschrieben [286]. α-Th-Syndrome auf der Basis von Deletionen sowie von Mutationen wurden beobachtet [120]. Unter 1455 Th-Syndromen einer deutschen Auswertung fanden sich 3,5% α-Th (Tabelle 1.6)..

Diagnose und klinische Erscheinungsformen

Die Diagnose ist unter Routinebedingungen schwieriger als die einer β-Th. Neben der ausgeprägten Hypochromie ohne Zeichen eines Fe-Mangels achtet man besonders auf Innenkörper. Am besten kann die Diagnose zur Zeit einer aktiven γ-Kettensynthese, also in der Neugeborenenperiode gestellt werden (Tabelle 1.12).

Hb Bart's (γ_4) kann dann in einer Konzentration von 5 bis etwa 20% nachweisbar sein und HbH in Spuren vorliegen (bei normalen Neugeborenen wird Hb Bart's in einer Konzentration bis 0,5% beobachtet). Im späteren Alter tritt wie beim Normalen der Übergang zur Synthese der β-Ketten ein. Trotz einer evtl. hypochromen Anämie fehlt – im Gegensatz zur β-Th – die Erhöhung von HbF wie HbA_2. Einzelne Erythrozyten mit HbH-Innenkörpern können dann nachweisbar sein. Oft ist ein längeres Durchmustern der Blutausstriche notwendig. Zur Sicherung der Diagnose werden vermehrt molekularbiologische Methoden herangezogen (s. 1.2.3.2. c)).

Vier klinische Syndrome zunehmender Schwere können unterschieden werden.

Symptomlose Träger

Die Erythrozytenmorphologie ist normal, bei elektrophoretischer Auswertung des Nabelschnurblutes können geringe Mengen von Hb Bart's (bis zu 2%) nachgewiesen werden. Bei manchen Merkmalsträgern fehlen allerdings diese Tetramere. Genetisch handelt es sich um heterozygote α-Th2-Merkmalsträger (Abb. 1.17).

Milde Erscheinungsform einer α-Th

Erythrozyten sind charakteristisch mikrozytär und hypochrom [95, 214]. Dieser Zustand konnte in der Neugeborenenperiode schon vor der Entwicklung molekularbiologischer Methoden verhältnismäßig einfach nachgewiesen werden, da Hb Bart's im Nabelschnurblut gewöhnlich 2–20% beträgt. Genetisch liegt entweder eine Heterozygotie für den α-Th1-Genotyp oder eine Homozygotie für α-Th2 vor (Abb. 1.17).

Hämoglobin H-Erkrankung

Die HbH-Erkrankung resultiert meist aus der Interaktion von α^+- und α°-Th-Anlagen (Abb. 1.17). Sie findet sich am häufigsten in Südostasien und im Mittelmeerraum. Zu selteneren Formen und ähnlichen Krankheitsbildern (z. B. mit dem Genotyp $\alpha^T\alpha/\alpha^T\alpha$ bzw. $\alpha^{CS}\alpha/\alpha^{CS}\alpha$) s. [136].

Die Erkrankung ist jene einer Th intermedia mit sehr variabler klinischer Schwere. Begleitsymptome sind Anämien (2,6–13,3 g/dl), Ikterus, Hepatosplenomegalie und das Vorhandensein von HbH (0,8–40%) und gelegentlich von Hb Bart's im peripheren Blut. Hyperspleniesyndrome sind die häufigsten Komplikationen. Eine Splenektomie kann indiziert und wirksam sein. Venöse Thrombosen stellen jedoch z.T. eine lebensgefährliche Komplikation der Splenektomie dar [136]. Infektionen, akute hämolytische Episoden als Medikamentenfolge, Beinulzera und Folsäuremangelzustände sind weitere, nicht seltene Begleiterscheinungen. Ausgeprägte Hämochromatosen sind seltener als bei schweren Verlaufsformen anderer Th.

Eine Zunahme der Anämie findet sich nicht selten im frühen Kindesalter, bei Schwangerschaft oder im Rahmen von Infekten. Hämolytische Krisen können bei Einnahme oxidierender Substanzen auftreten. Insgesamt ist die Lebenserwartung jedoch kaum eingeschränkt.

Die Erythrozyten zeigen charakteristische zarte HbH-Einschlußkörper (s. o.). Nach einer Splenektomie sind Heinzkörper nachweisbar. Hämoglobinelektrophoretisch finden sich 5–30% HbH und eine Erniedrigung von HbA_2. In der Neugeborenenperiode ist Hb Bart's in 10–20% nachweisbar.

Pathophysiologisch sind durch die Konfigurationsänderungen gegenüber HbA_1 nur zwei der 6 Sulfhydrilgruppen exponiert. Bei Alterung der Erythrozyten mit Abfall des reduzierten Glutathions wirkt das HbH-Molekül als defekter Redox-Puffer, wird jedoch unter oxidierenden Bedingungen instabil.

Hydrops fetalis bei homozygoter $\alpha°$-Th

Betroffene Feten sterben entweder während des 3. Schwangerschaftstrimesters oder innerhalb weniger Stunden bis Tage nach der Geburt. Hb Bart's (γ_4) ist die Hauptkomponente (70–80%), die zusammen mit variablen Mengen von Hb Portland ($\zeta_2\gamma_2$, 10–20%) und HbH (β_4 bis 10%) nachweisbar ist. Die pränatale Diagnose kann molekularbiologisch nach Amniozentese oder Chorionbiopsie erfolgen (s. 1.2.3.2 c)).

b) β-Thalassämien

Sie sind durch einen angeborenen Defekt in der Synthese von β-Globinketten charakterisiert. Folge von Punktmutationen (Abb. 1.10) und nur selten von Deletionen (Tabelle 1.8) sind ineffektive Erythropoese, Hämolyse, Anämie und Hämosiderose. Diese nehmen bei Heterozygoten meist nur diskrete, bei Homo- (bzw. doppelt Hetero-)zygoten jedoch ausgeprägte Grade an (Übersicht bei [9, 232a, 273, 351, 352] u. a.).

In seltenen Fällen wird die Erkrankung durch eine neu aufgetretene Spontanmutation manifest. Dabei war nach den bisherigen Berichten das Codon 64, Codon 39 oder Codon 121 betroffen (weiterführende Literatur bei [51]). Ähnlich den Spontanmutationen bei instabilen Hb und HbM könnte dabei ein hohes Lebensalter bei der Zeugung eine Rolle spielen.

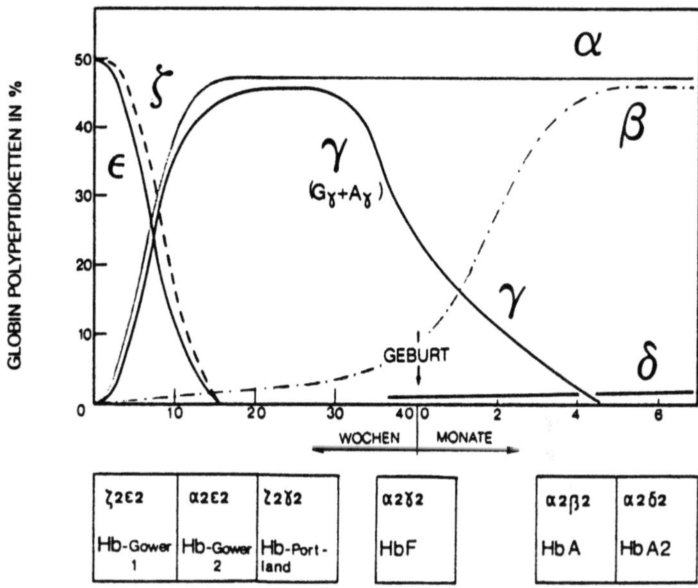

Abb. 1.18. Ontogenese der Globinexpression [357]

Pathophysiologie

Die wichtigsten molekulargenetischen Störungen als Ursache des β-Kettenmangels sind in 1.2.3.1, in Beziehung zur Diagnostik in 1.2.3.2 c)) zusammengefaßt. Am häufigsten finden sich bei β-Th Störungen im Spleißen der mRNA oder im Translationsprozeß, seltener in der Promotorregion oder im Poly-A-Trakt (Tabelle 1.7 und Abb. 1.10). Je nach der Schwere des Synthesedefektes wird von β° (weitgehendes Sistieren der β-Globinkettensynthese) oder β^{+}-Th (nur teilweise Verminderung) gesprochen.

Auf Peptidebene übersteigt die α-Kettensynthese um ein Mehrfaches die Bildung von β-Ketten [136]. Dies wird häufig von einem Persistieren einer erhöhten γ-Ketten-(HbF-)Synthese über das Frühkindesalter hinaus begleitet (Abb. 1.18). Zur Aufrechterhaltung eines kontanten MCH wird nämlich die Bildungsrate von β- zu γ-Ketten reziprok gesteuert [89]. Dabei bestehen allerdings – vor allem in verschiedenen ethnischen Gruppen, aber auch individuell – im Hinblick auf die HbF-Konzentration erhebliche Unterschiede (Übersicht bei [165]). Zusätzlich kommt es sehr häufig zu einer relativen Vermehrung von HbA_2 ($\alpha_2\delta_2$) und zu einem Überschuß freier α-Ketten. Die letzteren sind instabil. Daraus resultieren intrazytoplasmatische Einschlußkörper in Erythroblasten.

Folge sind ein abormer Kationen- und Lipidgehalt sowie funktionelle Abnormitäten des Erythrozytenmembranskeletts (z. B. von Protein 4.1; [310]). Weiter ist die Hämsynthese gestört, da freies Häm die ALA-Synthese durch Rückkopplung hemmt.

Eisen kann nur vermindert durch die Erythroblasten utilisiert werden. Durch Ablagerung von Eisen in Geweben (endokrines System, Leber, Myokard) – auch als Folge einer erhöhten Resorption durch die ineffektive Erythropoese – treten vor allem bei homozygoter Erkrankung Hämosiderosekomplikationen auf.

Deformitäten des Skelettsystems, als Folge einer gesteigerten Erythropoese, Hypermetabolismus, erhöhte Infektneigung und sekundäre Folsäuremangelzustände können das Beschwerdebild vor allem der Th major zusätzlich mitbestimmen.

Häufigkeit

Nach vorsichtigen Schätzungen der WHO beträgt die Inzidenz heterozygoter Merkmalsträger (in Mio) in Asien 60,2, in Europa 4,8 und in Nordafrika 2,6 [352]).

Der Gendefekt ist in mediterranen Ländern weitverbreitet, ebenso im mittleren Osten, Teilen von Indien und Pakistan sowie in Südostasien. Merkmalsträger finden sich in größerer Zahl auch in den südlichen Anteilen der UdSSR und in China. Die weite Verbreitung des Gendefektes auch außerhalb dieser Endemiegebiete zeigt sich in Berichten über Krankheitsträger in Mittel- und Westeuropa [177] (s. Tabelle 1.6).

Formen der β-Th in homo- und heterozygoter Ausprägung

Die verschiedenen Formen der β°- und β^{+}-Th nach dem Ausmaß der genetischen Belastung finden sich in Tabelle 1.13. Homozygote Formen verlaufen als Th major oder intermedia, bei heterozygoten liegt klinisch eine Th minor oder minima vor. Die wichtigsten Veränderungen in der Hb-Zusammensetzung finden sich ebenfalls in dieser Tabelle.

Klinisches Erscheinungsbild und Diagnose

β-Th major (Cooley-Anämie)

Die Erkrankung wird klinisch meist schon in den ersten Lebensmonaten manifest, wenn unter Normalbedingungen die β-Kettensynthese einsetzt. Es kommt zunächst zur Anämie, zum Ikterus und zur Hepato-Splenomegalie, später auch zu Knochenveränderungen, Wachstumsverzögerungen, Infektanfälligkeit und endokrinen Abweichungen (Übersicht bei [351]).

Der Verlauf der Erkrankung hängt in erster Linie davon ab, ob ein adäquates Transfusionsprogramm durchgeführt wird. Erkrankte, die ausreichend substituiert und bei denen gegen die Hämochromatose keine Maßnahmen gesetzt werden, entwickeln zunehmende Symptome einer Eisenüberladung. Diese manifestieren sich, wenn die Patienten in die Pubertät eintreten. Sie äußern sich u. a. in einer Vielzahl endokriner Abweichungen, z. B. einer fehlenden Menarche, eines Diabetes mellitus und einer Nebenniereninsuffizienz. Am Ende der zweiten Dekade treten meist kardiale Komplikationen auf, die schließlich zu letalen Komplikationen (Arrhythmien und Herzversagen) führen.

Hämatologisch findet man eine schwere hypochrome und mikrozytäre Anämie (Hb-Werte unter 6–8 g/dl, MCH 15–25 pg), morphologisch eine ausgeprägte Anisozytose, Schießscheibenerythrozyten, Poikilozyten, Erythrozytenfragmente, basophil punktierte Erythrozyten, Mikrozyten, Howell-Jolly-Körperchen sowie Ringformen und Polychromasie (Abb. 1.19). Normalblasten sind immer vorhanden, und ihre Zahl steht in gewisser

Tabelle 1.13. Genetische und klinische Varianten der β- und δβ-Thalassämien (mod. nach [351])

Thalassämie-Form	Homozygot	Heterozygot
β^0	Thalassaemia major Hb A fehlend Hb F 97–98% Hb A_2 1–3%	Merkmalsträger Hb A_2 3,5–7% Hb F 0,5–3%
β^+ (schwerer Verlauf)	Thalassaemia major Hb F 60–90% Hb A_2 1–5% Hb A vorhanden	wie oben
β^+ (milde Form)	Thalassaemia intermedia Hb F 30–60% Hb A_2 2–6%	wie oben
δβ-Thalassämie	Thalassaemia intermedia Hb A fehlend Hb F >90%	Merkmalsträger Hb A_2 normal (2,3±0,5%) Hb F 5–20%
Hb Lepore	Thalassaemia intermedia Hb F >80% Hb Lepore 20%	Thalassaemia minor Hb F leicht erhöht Hb Lepore >8% Hb A_2 leicht erniedrigt

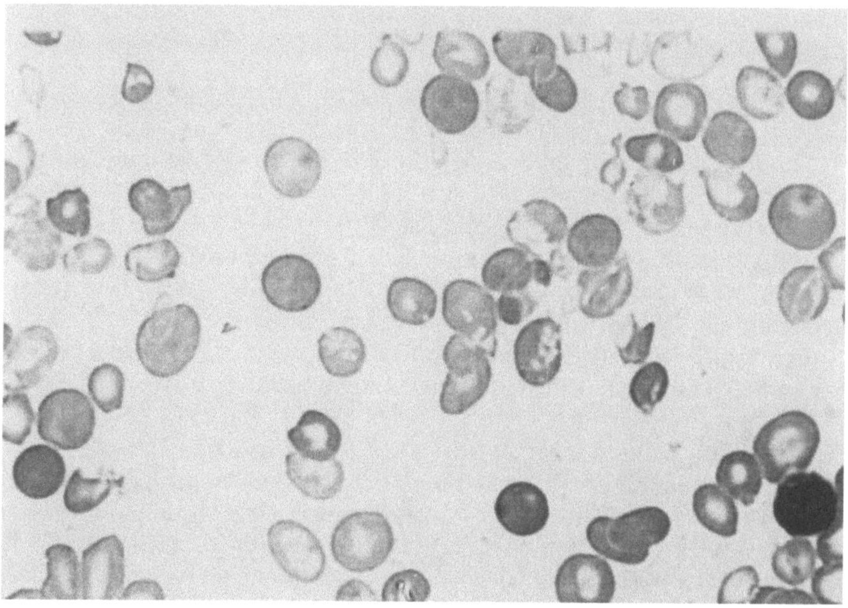

Abb. 1.19. Blutausstrich bei Thalassaemia major

Beziehung zur Schwere des Krankheitsbildes. Die Retikulozytenzahl ist deutlich erhöht (Werte 50–70‰, selten über 100‰). Meist besteht eine Leukozytose mit Linksverschiebung.

Im Knochenmark findet sich eine ausgeprägte Erythroblastenvermehrung und reichlich Sideroblasten, die vereinzelt auch das Bild von Ringsideroblasten bieten können.

Die Erythropoese ist ineffektiv, viele Erythroblasten gehen im Knochenmark zugrunde. Die Hb-Bildungsstörung in reifenden Erythroblasten imponiert lichtmikroskopisch als grobe „basophile Granulation". Sie läßt sich am besten durch Färbung mit Kristallviolett oder Brillantkresylblau nachweisen und entspricht abgelagerten α-Ketten. Megaloblastische Veränderungen können aufgrund eines Folsäuremangels vorkommen.

Das Ausmaß der Eisenüberladung sollte durch regelmäßige Bestimmung der Ferritinwerte verfolgt werden. Das Haptoglobin ist erniedrigt, die Bilirubinwerte meist erhöht.

Hb-Analysen (Tabelle 1.13) zeigen bei der β^+-Variante kleine Mengen von HbA_1. Diese fehlen bei $\beta°$-Th weitgehend. HbA_2 ist normal bis leicht erhöht (1–5%). Ein Überwiegen (seltener eine ausgeprägte Vermehrung) von HbF ist für die homozygote β-Thalassämie charakteristisch.

Bei β^+Th beträgt HbF meist 60–90%, bei $\beta°$-Th 97–98% [351]. Bei der β^+-Variante können die HbF-Werte jedoch über einen weiten Bereich (10–90%) variieren. In der Betke-Kleihauer-Färbung [173] ist HbF ungleichmäßig verteilt.

Bei Auswertung der Einzelkettensynthese nach In-vitro-Inkubation des Blutes mit radioaktiven Aminosäuren findet sich ein ausgeprägter Überschuß der α- (oder auch γ-) über die β-Kettenbildung (z. B. [5, 352]).

β-Th intermedia

Diese klinische Diagnose wird gestellt, wenn bei homozygoter (oder doppelt heterozygoter) β-Th die Patienten über längere Zeiträume nicht transfusionsbedürftig sind (Hb um etwa 9 g/dl). Die hämatologischen und übrigen Organmanifestationen entwickeln sich insgesamt langsamer und in geringerer Schwere als bei der Thalassämie major.

Hämosiderosen treten weniger deutlich in Erscheinung, da die Patienten geringer transfusionsbelastet sind [263]. Manche Merkmalsträger führen überhaupt ein fast normales Leben.

Mechanismen, welche die Schwere der homozygoten β-Th mildern, sind nur zum Teil bekannt. Tabelle 1.13 faßt einige Zustände zusammen, die mit einer Th intermedia einhergehen können [199a]. Es kann sich um eine besonders milde Form einer homozygoten β^+-Th handeln. In einer Studie bei italienischen Patienten handelte es sich fast immer um eine doppelte Heterozygotie betreffend eine $\beta°$-Mutation sowie eine Mutation mit hoher Restsynthese für β-Ketten (β+, z. B. IVS1, Position 6 [199a, 232a]). In anderen Fällen wurde die gleichzeitige Vererbung einer α-Th mit der homozygoten β-Th beobachtet. Dadurch kommt es zu einer verminderten Bildung überschüssiger α-Ketten. Da deren Ablagerungen zur Schädigung der Erythrozyten führen, wirkt sich die verminderte α-Kettensynthese günstig auf die Erythrozytenüberlebensdauer aus [158, 199]. Andererseits kann eine anhaltende Bildung von HbF in hoher Konzentration die gestörte β-Globinkettensynthese z. T. kompensieren [199a].

β-Th minor

Merkmalsträger sind klinisch ohne Krankheitszeichen. Eine mäßige Anämie kann sich allerdings entwickeln, wenn Belastungssituationen vorliegen (z. B. Schwangerschaft, schwere Infekte). Ein Flußdiagramm zur diagnostischen Abklärung zeigt Abb. 1.8.

Hämatologisch findet sich eine meist ausgeprägte Hypochromie und Mikrozytose (MCH meist 20–22 pg, MCV 50–70 fl, Abb. 1.20). Die Hb-Werte liegen bei normalen bis erhöhten Erythrozytenzahlen meist zwischen 10 und 13 g/dl (s. Suchtests 1.2.3.2 a).

Als Screening-Test sind die Erythrozytenindices besonders wertvoll (gegenüber Eisenmangelanämien liegt die Erythrozytenzahl meist deutlich höher, und das Erythrozytenprotoporphyrin ist nicht erhöht). Eine gesteigerte osmotische Resistenz ist meist nachweisbar, jedoch nicht charakteristisch.

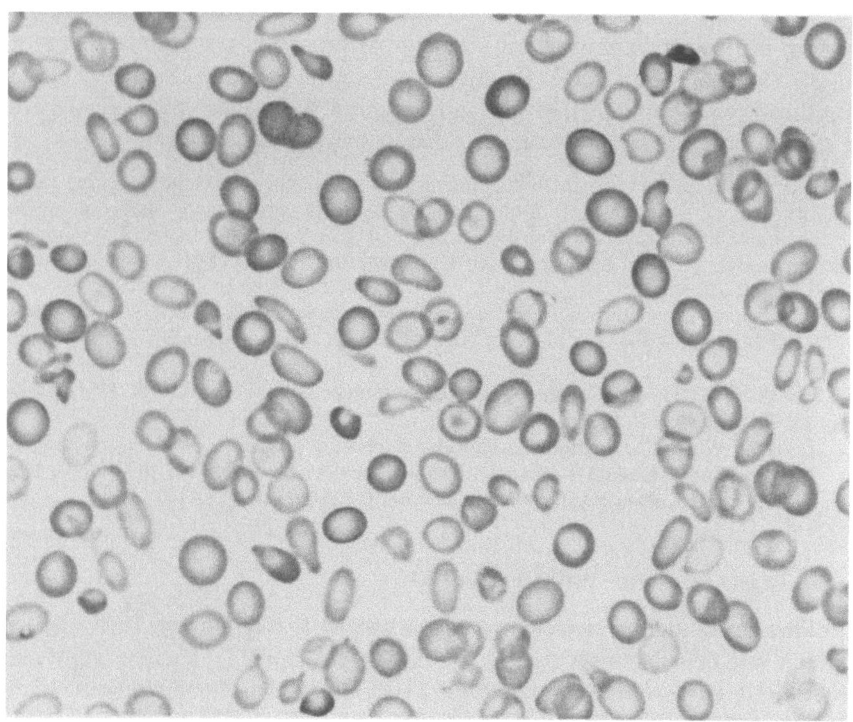

Abb. 1.20. Blutausstrich bei Thalassaemia minor

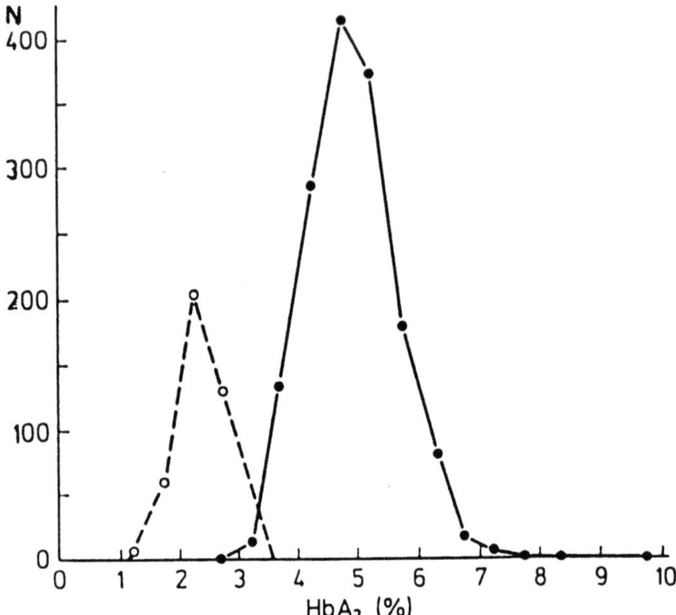

Abb. 1.21. HbA_2 in Prozent des gesamten Blutfarbstoffes bei 1500 Fällen klassischer Thalassaemia minor (–) und 400 normaler Erwachsener (---) [210]

Im Blutausstrich beobachtet man eine Mikro- und Anisozytose, Ringformen, basophil punktierte Erythrozyten sowie einzelne Schießscheibenerythrozyten (Abb. 1.20). Das Knochenmark kann eine leicht gesteigerte Erythropoese sowie eine vermehrte Eisenspeicherung zeigen.

Die geringen Zeichen einer ineffektiven Erythropoese können durch gleichzeitige megaloblastische Veränderungen (Folsäuremangel) verstärkt sein. Durch Bestimmung der Eisenparameter einschließlich Ferritin können evtl. gleichzeitig bestehende Eisenmangelanämien erfaßt werden. In der letzteren Patientengruppe kann der HbA_2-Spiegel niedriger liegen.

Hämoglobin-Analysen zeigen meist eine Erhöhung von HbA_2. Dieses ist – bei etwa 90% der Personen – auf über 3,2% gesteigert und liegt meist zwischen 3,5 und 7% (Abb. 1.21).

Ein normaler HbA_2-Wert findet sich bei „stummer (silent)" β-Th (z. B. [351]) sowie der δβ-Th (s. Kap. 1.2.2.3 c).

Die HbF-Werte sind variabel mit Erhöhungen bei gut der Hälfte der Merkmalsträger.

In-vitro-Hb-Syntheseuntersuchungen zeigen, daß bei heterozygoter β-Th die α-Kettenbildung auf das etwa Zweifache über jene der β-Ketten erhöht ist [43, 351].

c) δβ-Th und angeborene Persistenz von HbF

Beiden Zuständen gemeinsam ist die deutliche Erhöhung von HbF, die bei δβ-Th mit den hämatologischen Befunden wie bei β^+-Th einhergeht. Als hereditäre Persistenz von fetalem Hb (HPFH) werden Zustände bezeichnet, bei denen als Folge von Mutationen oder Deletionen, welche die Expression der γ-Globingene betreffen, die HbF-Synthese gesteigert ist.

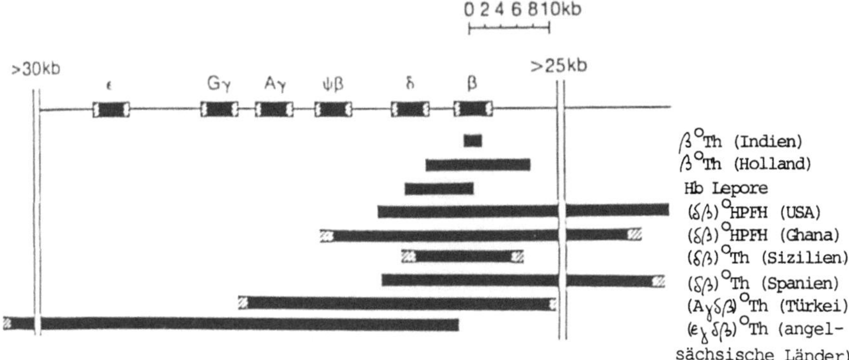

Abb. 1.22. Deletionen als Ursache von δβ, γδβ-Thalassämien sowie von HPFH (Beispiele mod. nach [352])

Betroffene Personen mit HPFH zeigen – bis auf seltene Ausnahmen – keine Anämie, da lediglich eine Störung in der Umschaltung von γ- auf β-Ketten, jedoch kein eigentliches Synthesedefizit vorliegt. Bei δβ-Th ist dagegen die γ-Kettensynthese manchmal nicht ausreichend, um die eingeschränkte Bildung von β-Ketten zu kompensieren [352].

Der δβ- (und der seltenen γδβ-)Th liegen Deletionen im β-Globin-„Gencluster" zugrunde (Abb. 1.22).

HPFH können sowohl Deletionen als auch Mutationen zugrunde liegen (Übersicht bei [58, 165, 367]).

Pathophysiologie

In der Fetalzeit und der frühlindlichen Periode sind Umschaltvorgänge an den Globinkettengenen physiologisch (Abb. 1.18). Das erste gebildete Hb zeigt den Aufbau $\zeta_2\varepsilon_2$ (Hb Gower I). Mit zunehmender Entwicklung werden die α- und γ-Ketten erstmals exprimiert. Gleichzeitig kommt es zu einer Abschaltung der frühen embryonalen Gene. Während dieser Übergangsphase kann Hb Portland ($\zeta_2\gamma_2$) und Hb Gower II ($\alpha_2\varepsilon_2$) gefunden werden. Während der restlichen Gestationsperiode bleibt das fetale Hämoglobin vorherrschend.

Das fetale Hämoglobin hat eine höhere Sauerstoffaffinität als HbA_1, so daß O_2 aus dem mütterlichen Kreislauf mit erhöhter Effizienz aufgenommen werden kann. Im dritten Trimester nimmt die γ-Kettensynthese ab, und gleichzeitig kommt es zur zunehmenden Bildung von β-Ketten. Die Gesamtmenge von γ- und β-Ketten wird dabei weitgehend konstant gehalten. Zur Zeit der Geburt beträgt das γ/β-Ketten-Verhältnis etwa 2:1. Im Alter von 6 Monaten ist das HbF auf unter 1% abgefallen, die β-Kettensynthese nähert sich dem Normalwert, geringe Mengen von δ-Ketten zur Bildung von HbA_2 ($\alpha_2\delta_2$) werden produziert.

Die sequentielle Expression dieser Gene folgt daher ihrer Anordnung am Chromosom in Richtung vom 5'- zum 3'-Ende (Abb. 1.9). Nukleotidsequenzen in den zweiteiligen Promotorregionen (Abb. 1.11) spielen beim β/γ-Switch eine wichtige Rolle. Genetische Faktoren, welche die Umschaltung von bevorzugter γ- zur β-Ketten-Synthese kontrollieren, werden zunehmend charakterisiert [165, 329, 333, 345, 352 u. a.].

Dabei wird auch eine Kompetition zwischen diesen Genen für Faktoren diskutiert, welche die Genaktivität beeinflussen. Die γ-Ketten Gγ:Aγ zeigen während der Fetalzeit ein Verhältnis von etwa 7:3, während das HbF des Erwachsenen mit Anteilen von 4:6 gebildet wird.

Im Erwachsenenalter werden im Knochenmark Vorläuferzellen der Erythropoese gefunden, die entweder nur HbA_1 oder HbA_1 neben HbF bilden (Übersicht bei [165]). Eine gesteigerte HbF-Bildung kann als Folge einer regenerativen Erythropoese (z. B. nach Transplantation, zytostatischer Chemotherapie) auftreten, da an den unreifen Vorläuferzellen die γ-Kettensynthese früher als jene der β-Ketten einsetzt [253]. Die Fähigkeit, unter Anämisierungsbedingungen vermehrt in das HbF-Programm „umzuschalten“, ist genetisch vorgegeben. Dies zeigen insbesondere Untersuchungen in bestimmten Bevölkerungsgruppen [216].

Die reziproke Beziehung zwischen β- und γ-Kettensynthese ist auch für Erythrozyten bei verschiedenen kongenitalen Anämieformen dokumentiert [89]. Andererseits wurde eine weitgehende Konstanz der Zahl von HbF-Zellen bei den meisten Personen im Erwachsenenalter durch Longitudinaluntersuchungen nachgewiesen [372].

Bei δβ-Th ist HbF in der Betke-Kleihauer-Färbung „heterozellulär“ verteilt. Bei HPFH stehen den (häufigeren) Formen mit panzellulär exprimiertem HbF solche mit heterozellulärer Verteilung gegenüber. Zu den letzteren gehört insbesondere auch die Schweizerische Form [199a], die wie andere heterozellulär exprimierte HPFH-Formen mit einem relativ niedrigen HbF-Anteil einhergeht (HbF 0,8–3,4%; [210]).

Zur heterozellulären Form gehört auch die besonders ausführlich dokumentierte britische HPFH, die sogar Homozygote umfaßt (−198T→C am Aγ-Globingen; [368]).

Vorkommen

δβ-Th finden sich – meist in sporadischer Form – vor allem in Gegenden, die Endemiegebiete für β-Th darstellen (z. B. in Sizilien und Sardinien, Spanien, Jugoslawien, Griechenland, der Türkei, im vorderen Orient, Ostasien,

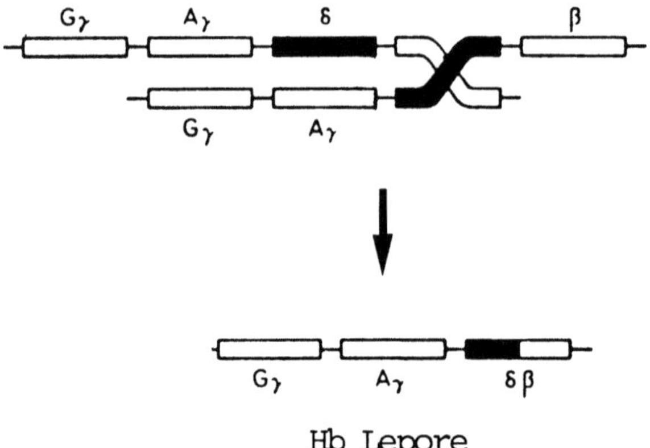

Abb. 1.23. Entstehungsmechanismus von Hb-Lepore [359]. Dieses Fusionsgen entsteht zwischen δ- und β-Genloci durch ein gestörtes Cross-over in der Meiose

Mexiko). Ähnliches gilt für Hb Lepore, das in einem δβ-Fusionsgen seine Ursache hat (Abb. 1.23).

In der deutschen Bevölkerung wurde Hb Lepore in unter 3% der untersuchten Th-Syndrome gefunden (Tabelle 1.6, zur Hämatologie s. Tabelle 1.13). Andere δβ-Th waren in dieser Bevölkerungsgruppe dagegen sehr selten. Im Untersuchungsgut aus anderen ethnischen Gruppen dieses Referenzzentrums waren Hb Lepore bzw. δβ-Th in 0,8% bzw. 0,7% der Th-Syndrome nachweisbar.

HPFH wurde vor allem bei Negern in USA, in Afrika (z. B. in Ghana), in Griechenland, Italien, Indien u. a. beobachtet (Übersicht bei [367]). Die geringe Vermehrung von HbF (in heterozellulärer Form) bei sonst hämatologisch völlig normalen Befunden wurde in verschiedenen Populationen (z. B. Schweiz; [210]) beobachtet. In Deutschland wurde u. a. auch eine HPFH mit Aberrationen am Chromosom 11 beobachtet [154].

Hämatologische Befunde

Die HbF-Konzentration liegt bei heterozygoter δβ-Th im Bereich von 5–12%, bei HPFH meist um 25–30% (niedriger bei der Schweizerischen Form). HbA_2 ist bei beiden Zuständen normal (Tabelle 1.13). Bei Homozygoten mit δβ-Th besteht das Krankheitsbild einer Th intermedia (Tabelle 1.13).

Befunde der heterozygoten Form sind bei δβ-Th und HPFH sehr ähnlich. Lediglich Zeichen einer Hypochromie und Mikrozytose sind beim erstgenannten Zustand deutlicher (z. B. [367]).

Bei Homozygoten mit δβ-Th liegt das Hb um 6 g/dl [367], bei HPFH ist es dagegen normal.

Die unmittelbare klinische Bedeutung des Nachweises einer HPFH liegt in der Verbesserung der Prognose bei Kombination mit Sichelzellerkrankung (s. 1.2.4.3), wodurch die Symptome des HbS-Defektes verringert werden [144, 325]. Eine weitere Charakterisierung dieses Zustandes wird ein besseres Verständnis der Switch-Mechanismen von HbF auf HbA ermöglichen.

1.2.4 Hämolytische Anämien durch pathologische Hämoglobine

1.2.4.1 Hämoglobin S

HbS ist die häufigste Hb-Anomalie von klinischer Bedeutung (Übersicht bei [130a, 359, 361]). In reduzierter Form (als Desoxy-HbS) zeigt es die Tendenz zur Polymerisation mit dadurch bedingter Schädigung der Erythrozyten. Der klinische Verlauf der homozygoten Erkrankung (SS) ist durch eine hämolytische Anämie einerseits, rheologische Komplikationen andererseits gekennzeichnet.

a) Pathophysiologie

HbS kommt durch eine Punktmutation (GTG→GAG) im Codon für die 6. Aminosäure zustande (β6 Glu→Val). Die „Verfaserung“ als Folge der Polymerisation von Desoxy-HbS (Abb. 1.24) ist in hohem Maße vom HbS-

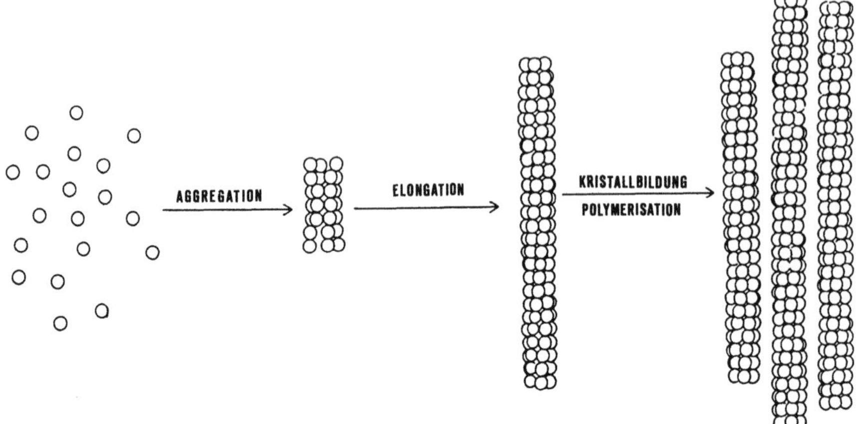

Abb. 1.24. Schematische Darstellung der Bildung von HbS-Polymerisaten (aus [361])

Gehalt des Erythrozyten abhängig (Übersicht bei [94]). Pathologische Erythrozyten machen entsprechend den wechselnden O_2-Druckverhältnissen im Kreislauf eine Serie von Polymerisationszyklen durch. Abhängig von der Latenzzeit kommt es rasch oder langsamer zum Auftreten irreversibler Sichelzellen (ISC).

Ihre Zahl ist für den Einzelpatienten weitgehend konstant, individuell jedoch sehr unterschiedlich. Sie lassen die Schwere der Hämolyse in etwa abschätzen [130a, 308] und enthalten gegenüber anderen Erythrozyten besonders geringe Mengen von HbF (s. unten) und 2,3-DPG. ISC besitzen somit eine entsprechend niedrige O_2-Affinität [241].

Die kompensatorische Wirkung von HbF zeigt sich z. B. in einer geringen Symptomatik im frühen Kindesalter und bei bestimmten Bevölkerungsgruppen, in denen ein hohes HbF aufrechterhalten bleibt [165].

Folgezustand der Polymerisation von Desoxy-HbS-Molekülen ist eine Schädigung der Erythrozytenmembran mit vermehrtem Kalium- und H_2O-Ausstrom (Übersicht bei [94, 130a]). Daraus resultiert ein hohes MCHC (bis gegen 50 g/dl; [54]).

Neben dem Gehalt an HbS beeinflussen zusätzliche Faktoren die vaskuläre Komplikationsrate [130a]: a) die Gefäßarchitektur: Es kommt zur bevorzugten Stase in bestimmten Bereichen mit langsamerem Blutfluß (vor allem Milz, Knochenmark). b) die Blutviskosität: Die Krisenhäufigkeit erhöht sich bei Zunahme des Hämatokrits. Die Dichtebestimmung der Erythrozyten und klinische Parameter der Fließeigenschaften (Augenhintergrund) stellen wichtige Hinweise zur Abschätzung der rheologischen Situation des Patienten dar. Die hohe Infektanfälligkeit vieler Patienten mit SS dürfte durch die zunehmend eingeschränkte Milzfunktion (z. B. [257]) und durch Störungen des alternativen Abbauweges der Komplementaktivierung bedingt sein.

Kinder mit Sichelzellanämie und funktionellem Hyposplenismus zeigen eine ähnliche Bereitschaft zur Entwicklung septisch verlaufender bakterieller Infekte (vor allem durch *Streptococcus pneumoniae, Haemophilus influenza*) wie splenektomierte Kinder.

b) Vorkommen

Die Erkrankung findet sich fast ausschließlich unter Negern, vor allem in Äquatorialafrika und Madagaskar (bis 45% der Bevölkerung). 8% der amerikanischen Neger sind heterozygot (HbSA, z.B. [134]), während nur etwa 0,2% SS aufweisen (Übersicht bei [363]). In der südlichen Türkei wurden Inzidenzen bis 25% beobachtet, im Mittelmeerraum kommen Fälle vor allem in Sizilien, Zypern und Griechenland vor. Unter Arabern ist ein gehäuftes Vorkommen in Israel und Saudi-Arabien dokumentiert [258]. Der Zustand kommt weiter in umgrenzten Gruppen in Indien vor [34].

Einzelfälle heterozygoter HbS-Erkrankung wurden z.B. auch in der Schweiz beobachtet [210]. Bei der Auswertung eines großen Einsendegutes in einem deutschen Referenzzentrum (Tabelle 1.6) fand sich HbS in 3,1% der untersuchten Proben aus verschiedenen ethnischen Gruppen. Unter 12744 Einsendungen zur Hb-Analyse aus der deutschen Bevölkerung war HbS jedoch in keinem Fall nachweisbar [177].

Das Zusammentreffen mit anderen Störungen der Hämoglobinsynthese oder -struktur ist z.B. bei amerikanischen Negern häufig. Es gilt insbesondere für HbSC [230]. Sehr häufig kommen auch Kombinationen mit α-Th, seltener mit β-Th und selten mit HPFH vor (s. 1.2.4.2).

c) Diagnose

Bei Verdacht auf Sichelzellanämie empfiehlt sich die Durchführung von sog. Screeningtests zur Erfassung von HbS. Durch Zugabe von Natriummetabisulfit zu Patientenblut entstehen durch Deoxygenierung bei Anwesenheit von HbS typische Sichelzellen, die im Mikroskop ausgewertet werden können.

Neben der Routinehämatologie ist eine quantitative Bestimmung von HbA_2 und HbF, eine Betke-Kleihauer-Färbung und die Auswertung der ISC angezeigt. Eine Hb-Elektrophorese soll bei alkalischem und saurem pH durchgeführt werden. Diese Untersuchungen sind auch zur Erfassung einer HbC(HbSC)-Erkrankung bzw. begleitender Th-Syndrome angezeigt (Übersicht bei [144]).

Pränatale Diagnostik:
Durch Untersuchungen der fetalen DNA kann die Erkrankung bereits pränatal mittels des Restriktionsenzyms Mst II diagnostiziert werden. Durch die Mutation im β-Globingenbereich bei HbS geht die Erkennungsstruktur dieses Enzyms verloren; statt des normalen 1,15 kB-Fragmentes entsteht ein im Southern Blot faßbares wesentlich größeres Bruchstück (1,35 kB).

Heterozygote Merkmalsträger (HbSA) zeigen keine Anämie und sind bis auf sehr seltene Ausnahmen beschwerdefrei. Der Prozentsatz von HbS variiert über einen weiten Bereich und liegt immer unter 50% (Abb. 1.25). Zwischen HbS-Anteil und MCV besteht eine deutliche Korrelation (Abb. 1.26). Im Blutausstrich fehlen Sichelzellen vollständig. Die Diagnose wird

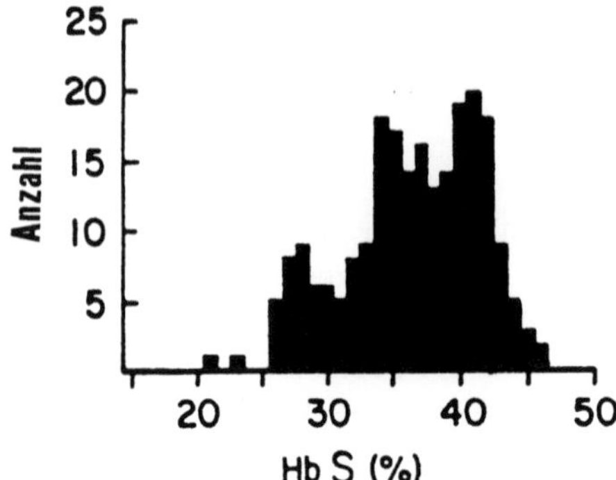

Abb. 1.25. Prozentuelle Verteilung vob HbS am Gesamtblutfarbstoff bei 226 heterozygoten US-Negern [144]

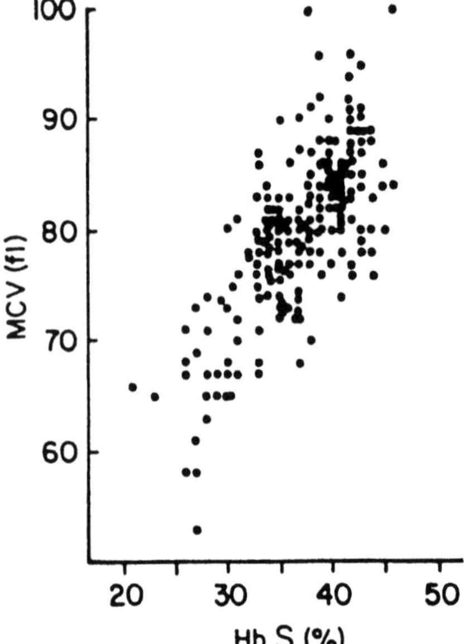

Abb. 1.26. Korrelation von MCV und Prozent HbS bei heterozygoten Merkmalsträgern [144]

bei positivem Sichelzelltest (Natriummetabisulfit-Test, s. oben) durch die Hb-Elektrophorese gesichert.

In einer großen Studie an 65154 US-Negern [134] waren Pulmonalembolien und HbS-assoziierte Hämaturien etwas häufiger als in der Normalbevölkerung (2,2 vs 1,5% bzw. 2,5 vs 1,3%).

Homozygote mit Sichelzellerkrankung (HbSS) zeigen meist eine mittelschwere bis deutliche Anämie (Hb 8,4 ± 1,4 g/dl; [327]). Sie ist normochrom und normozytär (82,0 ± 8,4 fl), wobei deutliche Hämolysezeichen bestehen (Retikulozyten 118 ± 75‰, Erhöhung des indirekten Bilirubins). Im Ausstrich findet sich eine Anisozytose, Poikilozytose und charakteristisch wurstförmige Erythrozytenfragmente (entsprechend ISC). Im Sichelzelltest zeigen 40–100% der roten Blutkörperchen die typischen Veränderungen.

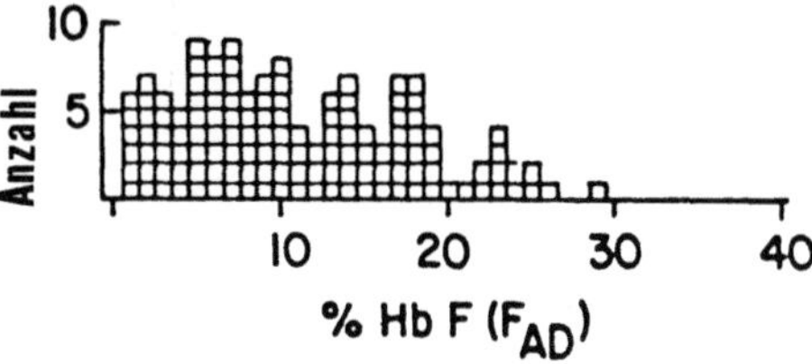

Abb. 1.27. HbF-Anteil bei 129 Negern mit homozygoter Form der Sichelzellanämie (FAD-Bestimmung von HbF durch Alkali-Denaturierung; aus [144])

Schießscheibenerythrozyten (besonders deutlich bei HbSC) und Howell-Jolly-Körperchen werden häufig gesehen (Hinweis für Milzatrophie); die zum Teil bizarren Veränderungen der Erythrozytenmorphologie kommen im Phasenkontrastmikroskop besonders deutlich zur Darstellung. ISC sind ein sicherer Hinweis für das Vorliegen einer Sichelzellerkrankung. Die Leukozytenzahl ist meist – auch außerhalb von Infektkomplikationen – etwas erhöht (12–15 G/l). Thrombozytosen sind häufig. Zeichen einer intravaskulären Koagulopathie mit Thrombopenie können in Sichelzellkrisen nachweisbar sein [22].

Im Knochenmarkausstrich ist, sofern keine aplastische Krise vorliegt, eine lebhaft gesteigerte Erythroporese nachweisbar. Zeichen ineffektiver Erythroporese treten jedoch im Gegensatz zur Th zurück. Die BSG ist typischerweise, auch bei Infekten, niedrig (Sichelzellen zeigen keine Rouleaux-Bildung).

Elektrophoretisch ist bei Homozygoten fast ausschließlich HbS sowie geringe Mengen HbF nachweisbar (5–15%; Abb. 1.27). Bei Homozygoten fehlt HbA_1 weitgehend, HbA_2 ist vorhanden (im Mittel 3,3 ± 0,6%, [327]).

Die Höhe des HbF ist in verschiedenen ethnischen Gruppen unterschiedlich (z. B. bei USA-Negern 6,7 ± 5,0%; [327]). HbF hemmt die HbS-Polymerisation durch Bildung gemischter Tetramere, die nicht präzipitieren [165]. Die postulierte und in verschiedenen Bevölkerungsgruppen nachgewiesene günstige Beeinflussung der Erkrankung durch hohe HbF-Spiegel (z. B. [165, 216]) war bei US-Negern mit geringer HbF-Erhöhung weniger deutlich [269].

d) Klinische Symptomatik

Symptome einer schweren Hämolyse beginnen mit der zunehmenden Bildung von β-Ketten schon einige Monate nach der Geburt. Die Hauptbeschwerdesymptomatik besteht von seiten intermittierend auftretender vasookklusiver Komplikationen, vor allem im Bereich der Knochen des Stammes und der Extremitäten.

Die manchmal von mäßigem Fieber begleiteten schmerzhaften Attacken manifestieren sich besonders im Rücken, Brustbereich und in den Extremitäten. Akute pulmonale Syndrome (Infiltrate, Pleuritiden) sind oft schwer von Lungenembolien und -infarkten abzugrenzen. *Weitere Komplikationen* sind: hepatische Krisen, Priapismus, Papillarinfarkte der Niere, Mikroinfarkte der Retina und chronische Ulcera cruris. Rezidivierende Knocheninfarkte in der Nähe von Gelenken führen oft sekundär zu degenerativen Arthritiden.

Zerebrale Ischämieattacken treten bei 5–10%, vor allem im Kindesalter auf. Chronische Organschädigungen betreffen überwiegend die Milz (Autosplenektomie mit entsprechendem Infektrisiko und Auftreten von Howell-Jolly-Körperchen).

Neben den Infektkomplikationen erfordern auch Milzsequestrations- und aplastische Krisen akute Interventionen. Sie sind weit seltener als die vasookklusiven Krisensituationen, wobei Sequestrationskrisen durch Pooling bei noch bestehender Splenomegalie auftreten. Aplastische Phasen entstehen nach Virusinfektionen (in erster Linie durch Parvoviren), durch Mangelzustände (vor allem Folsäuredefizit) oder nach sonstigen, die Markfunktion hemmenden Ereignissen (Übersicht bei [273]).

1.2.4.2 HbS in Kombination mit Hämoglobinopathien oder einem weiteren pathologischen Hb

a) HbSC

Dieses Zusammentreffen ist in Endemiegebieten fast ebenso häufig wie die homozygote HbS-Erkrankung (z. B. zeigen unter den US-Negern 1,2‰ der Neugeborenen HbSC gegenüber 1,6‰ HbSS [230]). In Afrika (vor allem Ghana) kann die HbSC-Erkrankung 25% der Bevölkerung betreffen. Die Symptome einer hA sind deutlich geringer als bei HbSS, dagegen sind Folgezustände einer erhöhten Blutviskosität vielfach ausgeprägter.

Diagnose und hämatologische Befunde

Die Hb-Werte liegen gewöhnlich zwischen 10 und 12 g/dl, nur etwa 10% der Patienten zeigen niederigere Werte (Übersicht bei [273]). Das MCHC ist meist hoch (H_2O-Verlust der Erythrozyten). Typische Sichelzellen sind selten, regelmäßig finden sich jedoch Erythrozyten mit Hb-„Kristallen“ [363]. Charakteristisch ist die große Zahl von Schießscheibenerythrozyten. Die Zahl der weißen Blutkörperchen und das Differentialblutbild sind meistens normal.

Bei der Hb-Analyse werden etwa gleiche Mengen von HbS und HbC gefunden, die HbF-Werte liegen um 1%, HbA_2 ist mit 2–3% im Normbereich.

Als Folge der hohen Blutviskosität sind ischämische Komplikationen häufig (z. B. Femurkopfnekrosen und schwere proliferative Retinopathien). Mäßige Milzvergrößerungen finden sich vor allem bei Kindern und können bis ins Erwachsenenalter anhalten. Sie können Ursache von krisenhafter Verstärkung der Anämie durch Sequestration sein. Todesfälle durch Fettembolien nach Knochenmarkinfarkten können vorkommen.

b) HbS und α-Thalassämie

Die Kombination einer homozygoten Sichelzellanämie (HbSS) mit einer α-Th ist in der Negerbevölkerung ebenfalls häufig (z. B. zeigen 15% der US-Neger nur ein α-Gen am Chromosom 16). Diese Personen entwickeln etwas geringere Anämien als jene ohne α-Kettensynthesestörung (Tabelle 1.14).

Der mäßige protektive Effekt der α-Kettensynthesestörung auf die Sichelzellbildung dürfte durch die höhere Blutviskosität (geringere Anämie) z. T. aufgewogen werden.

Tabelle 1.14. Befunde bei Patienten mit HbSS, HbS-β^0-Thalassämie und HbSS-α-Thalassämie (aus Daten von [325, 326])

	HbSS	HbS-β^0-Th	HbSS-α-Th
Hb (g/dl)	8,4 ± 1,4	9,3 ± 1,5	8,7 ± 1,3
HK (%)	25,1 ± 4,3	28,4 ± 4,7	25,9 ± 4,1
MCV (fl)	80 ± 8	> 80	> 80
HbA_2 (%)	< 3,5	> 3,5	> 3,5
HbF (%)	6,7 = 5,0	9,3 ± 5,4	4,7 ± 4,6
Retikulozyten (%o)	118 ± 75	95 ± 55	97 ± 55

c) HbS und β-Thalassämie

Bei einer Heterozygotie sowohl des β^S- als auch des β^{Th}-Gens steigt der Anteil von HbS in den Erythrozyten, so daß schwerere klinische Erscheinungen resultieren (Interaktion der β^S- und β^{Th}-Gene).

1.2.4.3 Sichelzellerkrankungen mit hohem HbF

Da γ-Ketten die Polymerisation von HbS hemmen (s. 1.2.4.1 a), sind die Krankheitserscheinungen bei Sichelzellanämien mit hohem HbF meist geringer (Übersicht bei [165]).

Bei US-Negern ließ sich nachweisen, daß bei HbF-Werten über 20% vaskuläre Komplikationen deutlich seltener waren als bei den übrigen Patienten mit HbSS (aseptische Nekrosen waren schon bei HbF-Werten über 10% weniger häufig, [269]). Bei Kombination mit HPFH (HbS um 70–75%, HbF 25–30%) sind die Beschwerden ebenfalls meist geringer. In der Kleihauer-Betke-Färbung ist HbF dann panzellulär, bei Kombination mit β-Th ungleichmäßig verteilt. Der meist günstige Verlauf der Sichelzellerkrankung in bestimmten Regionen (z. B. in Saudi-Arabien; [216]) kann durch ein „high fetal Hb-programming" zustande kommen, das genetisch determiniert ist (s. 1.2.3.3 c)).

1.2.4.4 Hämoglobin C

Dieses Hb (β6-Glu→Lys) fand sich ursprünglich an der Westküste Afrikas [159]. In diesem Bereich ist das Gen in etwa 25% der Bevölkerung nachweisbar. Bei den amerikanischen Negern besteht eine Heterozygotie in 2–3% [363]. HbC ist im Vergleich zu HbA schlechter löslich und neigt daher zu intrazellulärer Kristallbildung.

Sie führt zur Bildung von Schießscheiben-Erythrozyten und durch die Rigidität der Erythrozyten zu einer gesteigerten Hämolyse.

HbC wandert elektrophoretisch in alkalischem Milieu wie HbA_2. HbA fehlt bei Homozygoten weitgehend, und HbF ist leicht erhöht. Die Kristallbildung in den Erythrozyten ist bei HbCC auch in luftgetrockneten Ausstrichen nachweisbar. Sie kann durch mehrstündige Inkubation in 3% NaCl-Lösung verstärkt werden.

Hämatologische Befunde

Bei Homozygoten (HbCC) liegt eine mäßiggradige Anämie meist mit Splenomegalie vor, die gelegentlich mit Hypersplenismus verbunden ist. Die Retikulozytenzahl ist nur leicht erhöht (20–50‰).

Heterozygote (HbAC) Merkmalsträger zeigen keine klinische Symptomatik. Das Blutbild enthält 5–30% Schießscheibenerythrozyten. Elektrophoretisch beträgt HbC 30–40%, HbA 50–60%. HbA_2 ist leicht erhöht. Zu HbSC s. Kap. 1.2.4.2 a).

1.2.4.5 Hämoglobin E

Diese Anomalie ist durch eine Punktmutation im Exon 1 der β-Ketten (Codon 26 G→A) bedingt, wodurch Lysin statt Glutamin in die β-Kette eingebaut wird. Die Mutation führt außerdem zu einer Störung in der mRNA-Bildung für β-Ketten, so daß das Krankheitsbild einer milden β-Th ähnelt (z. B. [9]). HbE ist weit verbreitet (zumindest 84 Mio Merkmalsträger: [352]). Über 80% der Betroffenen leben in Südostasien (Inzidenz in Thailand 15–50%).

Sporadisch kann HbE jedoch auch in der europäischen Bevölkerung beobachtet werden [167]. In einem deutschen Referenzzentrum fanden sich unter 38126 Proben zur Hb-Analyse in 0,3% HbE (Tabelle 1.6).

Bei HbE-Erkrankung (HbEE) findet sich eine leichte, meist deutlich mikrozytäre Anämie (Hb meist 11–13 g/dl). Das HbE beträgt 92–98%, HbA_2 ist normal bis leicht erhöht (unter 5%).

Die Erythrozyten-Lebensdauer ist durch die Instabilität des pathologischen Hb verkürzt, das z. T. zu Monomeren dissoziiert [104].

Bei HbE-Anlage (HbAE) ist der Hb-Wert normal. Häufig besteht eine mäßige Polyglobulie mit Mikrozytose.

Die Hb-Elektrophorese zeigt 20–40% HbE, dessen elektrophoretische Wanderungsgeschwindigkeit im alkalischen Milieu dem HbC sehr ähnlich ist.

Kombinationen von HbE und β-Th (doppelte Heterozygotie) sind in Südostasien, z. B. in Thailand, nicht selten. Dabei wird das Gen für HbE durch Interaktion stärker manifest. Andererseits kommen auch Kombinationen mit α-Th vor.

Interaktionen treten verständlicherweise nur dann auf, wenn die Th die gleiche Polypeptidkette betrifft wie das abnorme Hb. Beim Vorliegen einer heterozygoten β°-Th mit HbAE erinnert das Zustandsbild an eine HbEE-Erkrankung (lediglich HbE und kein HbA in der Elektrophorese nachweisbar, MCV 60–70 fl, HbF meist über 10% erhöht, [273]). Das gleichzeitige Vorhandensein einer α-Th-Anlage mit HbAE oder HbEE beeinflußt dagegen die klinischen Erscheinungen nur wenig. Solche Zustände bedürfen zur Sicherung molekularbiologischer Methoden (s. 1.2.3.2 c)).

1.2.4.6 Instabile Hämoglobine

Dem Krankheitsbild liegt eine Mutation (in β- öfter als in α-Ketten) des Globingens zugrunde. Daraus resultieren Abweichungen in der Aminosäurensequenz in Bereichen, welche für die Hb-Löslichkeit kritisch sind. Meist handelt es sich um Punktmutationen des Moleküls, die für die dreidimensionale Hb-Struktur verantwortlich sind. Die Folge der Präzipitationsneigung ist das Auftreten von Heinzkörpern (Übersicht bei [273, 359, 361]). Über 75 verschiedene Mutationen sind beschrieben. Am häufigsten wurde in unseren Ländern Hb Köln [270] beobachtet (weiterführende Literatur bei [138 und 361]).

Weitere instabile Hb sind: Hb Freiburg [155], Hb Hammersmith [76, 211], Hb Tübingen [178], Hb Wien [198], Hb Zürich [281].

Über 80% der Fälle betreffen die β-Kette. Die Erkrankung wird autosomal dominant vererbt, nicht selten dürfte es sich um Spontanmutationen handeln. Lediglich heterozygote Krankheitsträger sind bekannt (in einigen Fällen wurde eine doppelte Heterozygotie mit Th beobachtet). Die Erkrankung ist selten (z. B. 0,2% des Untersuchungsgutes von [177]; s. Tabelle 1.6).

a) Pathophysiologie

Die verkürzte Erythrozytenlebensdauer resultiert aus einer gesteigerten Phagozytose morphologisch abnormer Zellen durch Zellen der Milz einerseits (s. Kap. 8), einer gesteigerten Hämolyse infolge einer Heinzkörperbedingten Membranschädigung andererseits.

Oxidierende Substanzen (z. B. Sulfonamide) fördern die Hämoglobinpräzipitation und können ebenso wie Infekte das Krankheitsbild akzentuieren. Die klinische Symptomatik wird durch die Tendenz zur Met-Hb-Bildung vieler instabiler Hb gefördert, wobei etwa ein Drittel der Patienten eine Zyanose zeigt [355]. Die häufig erhöhte O_2-Affinität des pathologischen Hb fördert evtl. Hypoxie-Symptome.

Dies gilt z. B. für Hb Köln, Freiburg, Tübingen und Zürich, während Hb Hammersmith eine verminderte O_2-Affinität zeigt. Das Met-Hb liegt meist unter 15%. Ein Anstieg auf 20–30% wird bei in vitro-Inkubation (24–48 Stunden bei 37° C) beobachtet.

b) Diagnose

In Abhängigkeit von der Lokalisation der Mutation können eine chronisch schwere Hämolyse (z. B. Hb Hammersmith), eine ausgeprägte Hämolyse mit Besserung nach Splenektomie (z. B. Hb Köln, Wien), intermittierende Hämolysen unter Expositionsbedingungen (z. B. Hb Freiburg und Hb Zürich) oder auch weitgehende Beschwerdefreiheit vorliegen.

Der Blutausstrich zeigt eine leichte Hypochromie, Poikilozytose, Polychromasie, Anisozytose und gelegentlich basophile Tüpfelung. Hohe Retikulozytenwerte sind bei schweren Formen auffallend, insbesondere wenn eine erhöhte Sauerstoffaffinität vorliegt. Eine größere Zahl von Heinzkörpern findet sich vor allem nach der Splenektomie (s. Kap. 8, *Pitting* von Erythrozyten-Einschlußkörpern durch die Milz).

Der Anteil des pathologischen Hämoglobins beträgt nicht, wie bei Heterozygoten erwartet, um 50%, sondern ist meist deutlich niedriger. Dies ist wahrscheinlich durch bevorzugte Elimination von Erythrozyten mit Innenkörpern bedingt.

Bei der Mehrzahl der Patienten ist eine Heinzkörperbildung erst nach Inkubation unter Oxidationsbedingungen (z. B. Brillantkresylblau- oder Heinzkörper-Test; s. 1.1.4) nachweisbar. Als Suchtest dient weiter der Isopropanol-Stabilitätstest, der auch zur Anreicherung des pathologischen Hämoglobins verwendet werden kann.

Nicht alle Patienten mit einem pathologischen Stabilisationstest zeigen ein instabiles Hämoglobin. Die Stabilität von Met-Hb und HbS ist ebenfalls erniedrigt. Hb-Tetramere (HbH und Hb Bart's) sind ebenfalls wenig stabil.

Ein wichtiger und einfacher Test ist weiter der Nachweis von hitzelabilem Hb.

Die definitive Diagnose stützt sich auf den elektrophoretischen Nachweis des instabilen Hämoglobins; dieses zeigt meist gegenüber HbA_1 eine veränderte Wanderungsgeschwindigkeit.

HbA_2 ist häufig erhöht (bis 5%), HbF ist nicht selten bis auf 10–12% gesteigert [363]. Bei instabilem Hb durch Mutation im β-Kettenbereich können freie α-Ketten in der Elektrophorese nachweisbar sein.

Da die klinischen Erscheinungen von einer evtl. erhöhten O_2-Affinität des pathologischen Hb bestimmt werden, ist eine O_2-Bindungskurve des Blutes und eventuell des isolierten Hb wertvoll. Ähnliches gilt für den Nachweis von Met-Hb. Bei etwa 2/3 der Patienten findet sich in Hämolysestadien eine Pigmenturie, die durch die Ausscheidung von Dipyrrol-Pigment bedingt ist [179].

1.3 Erworbene hämolytische Anämien

1.3.1 Die autoimmunhämolytischen Anämien

Eine beschleunigte Erythrozytenzerstörung kommt bei diesen Erkrankungen durch Bindung antierythrozytärer Autoantikörper zustande. Diese Antikörper können aufgrund ihrer unterschiedlichen serologischen Eigenschaften in Wärme- und Kälte-Autoantikörper (AAK) eingeteilt werden, die immunologisch und in den klinischen Folgezuständen erhebliche Unterschiede zeigen (Tabelle 1.15).

Wärme-AAK binden sich über einen weiten Temperaturbereich, sind in erster Linie an Erythrozyten gebunden nachweisbar und verhalten sich serologisch in der Regel als inkomplette Antikörper. Kälte-AAK zeigen demgegenüber ein Bindungsoptimum bei 0°–4°C, wobei der Temperaturbereich in Einzelfällen stark variieren kann. Bei Körpertemperatur ist der größte Teil der Autoantikörper nicht an die Erythrozytenmembran gebunden und daher im Serum nachweisbar. Sie verhalten sich serologisch wie komplette Antikörper.

Inkomplette Antikörper (Tabelle 1.15) gehören vor allem der IgG-Klasse an, zeigen spontan keine Erythrozytenagglutination und können in Gegenwart von Komplement (C)

Tabelle 1.15. Verhalten der Autoantikörper bei autoimmunhämolytischen Anämien

Erkrankung (Antikörperreaktion in vitro)	Immunglobulin	Plazentare Passage	Temperaturoptimum	Direkter Coombs-Test	Indirekter Coombs-Test	Blutgruppenspezifität
Wärmeautoantikörperanämie (v.a. inkomplette Antikörper)	IgG>IgA >IgM	+	Meist 37 °C	IgG 85% C3>50%[a]	In akuten Stadien meist positiv[b]	Rh-System (am häufigsten anti-e)[c]
Kälteagglutininkrankheit (v.a. Agglutination durch komplette Antikörper) Agglutinintiter in der Kälter immer viel höher als Lysintiter	IgM (meist monoklonal)	–	0 °C als Lysin 20 °C	Häufig C3d	Nicht diagnostisch, Kälteagglutinintiter bestimmen[d]	Ii (anti-I in 90%, anti-i in 7%)[e] oder Pr
Paroxysmale Kältehämoglobinurie (Donath-Landsteiner) (v.a. Lyse durch biphasische Antikörper)	IgG	+	Antikörperbindung 0 °C	Im Anfall bisweilen C3	Nicht diagnostisch, DL-Test durchführen	P (bis auf seltene Ausnahmen anti-P)

[a] In der Patientengruppe von Petz u. Garratty [262] war C3 (in erster Linie C3d) allein bei 26% Patienten nachweisbar

[b] In 41% der Fälle von Dacie [73], in 57% der Fälle von Petz u. Garratty [262]

[c] In der Patientengruppe von Dacie [73] zeigten bis zu 83% eine „relative" Rh-Spezifität, insbesondere, wenn der direkte Coombs-Test nur mit IgG positiv war

[d] Neben der Kälteagglutinintiterbestimmung kommt dem Temperaturbereich der Antikörperwirkung besondere klinische Bedeutung zu

[e] Daten von Petz u. Garratty [262]

in vitro keine Hämolyse hervorrufen. (An Erythrozyten kann selten auch Ig anderer Klassen gebunden sein, dem jedoch geringere Bedeutung zukommt.)

Komplette Autoantikörper gehören in erster Linie der IgM-Klasse an, sind wirksame Agglutinine und hämolysieren in Gegenwart von C-Komponenten. Diese C-Aktivierung ist temperaturabhängig (Optimum bei 37°C).

Die wichtigsten Antigene, mit denen Wärme-AAK reagieren, sind u.a. solche im Rhesussystem (s. unten). Im Falle der Kälte-AAK bestehen häufig Spezifitäten im Ii- (seltener im Pr-)System. Bei den seltenen bithermischen Donath-Landsteiner-AAK wird dagegen das P-Blutgruppensystem erkannt (Tabelle 1.15).

Tabelle 1.16. Primäre und sekundäre hämolytische Anämien mit Wärmeautoantikörpern. *Erkrankungen, bei denen eine Assoziation mit autoimmunhämolytischen Anämien am besten gesichert ist (nach [74]; unter Berücksichtigung der neueren Literatur)

Assoziierte Erkrankung	Häufigkeit [%]	
	Dacie u. Worlledge [74]	Pirofsky [264a]
A. Idiopathischer (primärer) Typ	52,9[a]	18,2
B. Symptomatischer (sekundärer) Typ	47,1	81,8
* Erkrankungen des lymphatischen Systems (CLL, Non-Hodgkin-Lymphome, M. Hodgkin, Thymome, multiples Myelom)	17,6	48,7
Andere Neoplasien	0,5	8,5
Benigne Zysten und Tumore (*Dermoidzysten des Ovars)	–	6,8
* Kollagenosen und Vaskulitiden (SLE, Sklerodermie, rheumatoide Arthritis)	17,6	15,0
Schilddrüsenerkrankungen	–	10,7
Infekte (v. a. *Viruserkrankungen im Kindesalter)	6,2	32,9[b]
Gastroinstestinale Erkrankungen (*Colitis ulcerosa)	–	12,4
* Medikamentös induziert (insbesondere Methyldopa)	5,2	–
Andere (z. B. *Agammaglobulinämien und andere Immundefekterkrankungen)	–	8,9

[a] In einer Literaturzusammenstellung von 656 Fällen [262] waren 45% idiopathisch und 55% symptomatische Formen

[b] In 68,7% bakterielle, 27,6% virale und 3,6% Pilzinfekte

1.3.1.1 Immunpathologie der Antikörper-induzierten Hämolyse

Obwohl keine scharfe Grenze zwischen intra- und extravaskulärer Hämolyse gezogen werden kann, ist die Unterscheidung zum Verständnis der Immunpathologie wertvoll. Eine intravaskuläre Hämolyse, ausgelöst durch Autoantikörper, ist selten. Sie findet sich am ausgeprägtesten bei paroxysmaler Kältehämoglobinurie. Auch bei Kälteagglutininkrankheit ist sie nachweisbar, wenn auch weniger deutlich. Eine durch Alloantikörper ausgelöste intravasale Hämolyse ist dagegen nicht ungewöhnlich (z. B. anti-A oder -B im Rahmen von Transfusionsreaktionen). Die meisten Autoantikörper bewirken jedoch eine extravaskuläre Hämolyse.

a) Mechanismus der Antikörper-induzierten intravaskulären Hämolyse

Diese Form der Hämolyse kommt in erster Linie über eine Aktivierung des Komplement(C-)systems zustande. Eine ausführliche Beschreibung der molekularen Mechanismen der C-Aktivierung findet sich bei [173a]. Sind die Erythrozyten mit Antikörpern beladen, die zur C-Aktivierung befähigt sind, wird die C-Aktivierung durch die Bindung von C1q eingeleitet. (Es handelt sich vor allem um Antikörper der IgM- oder IgG-Klasse, letztere müssen

Tabelle 1.17. Fcγ-Rezeptoren (mod. nach [173a, 175, 339])

	Molekulargewicht (kd)	rezeptortragende Zellen	CD-cluster Bezeichnung
huFcγ-RI	72	Monozyten/Makrophagen*)	64
huFcγ-RII	40	Monozyten, Makrophagen, Neutrophile, Eosinophile, Plättchen, B-Lymphozyten	w32
huFcγ-RIII	50–65	NK-Zellen, Neutrophile, Eosinophile, Makrophagen, nicht an Monozyten	16

*) Neutrophile nach Interferon-γ-Stimulation (siehe auch Kapitel 17.1.2 c)

zumindest in „Doublet"-Form vorhanden sein.) Gebundenes C1q aktiviert C1r und schließlich C1s. Aktiviertes C1 spaltet und aktiviert damit C4. C4b bindet sich an den Erythrozyten. C1 spaltet auch C2, C2a verbindet sich mit dem Komplex zu C4b2a (C3-Konvertase). Dadurch wird C3 in C3a und C3b gespalten, wobei letzteres wieder an den Komplex zur Bildung von C4b2a3b gebunden wird. Dieser Komplex wird auch C5-Konvertase genannt. Das durch deren Wirkung freigesetzte C5b bindet C6 und C7 durch Absorption. Der trimolekuläre Komplex verbindet sich mit der Erythrozytenmembran, wobei sich zunächst C8 und C9 anlagern. Der am Ende dieser Kaskade entstehende *membrane attack complex* (MAC), bestehend aus C5b, C6, C7, C8 und mehreren (bis zu 6) C9-Molekülen, bewirkt schließlich die Lyse des Erythrozyten durch Zerstörung der Membran.

b) Mechanismus der Antikörper-induzierten extravaskulären Hämolyse

Erythrozyten-IgG-Antikörperkomplexe zeigen eine Bindungsaffinität zu Zellen der Makrophagenreihe, welche Fc-Rezeptoren für Komplexe mit IgG-Antikörpern aufweisen („Fcγ-Rezeptoren", Tabelle 1.17). Für Monozyten und Makrophagen spezifisch ist der hochaffine Fcγ-R I (Übersicht bei [273a, 339]).

Fcγ-Rezeptoren: Der hoch avide Fcγ-Rezeptor I an Monozyten und Makrophagen wurde bereits früh in der funktionellen Bedeutung für die Bindung von monomerem IgG definiert [19, 140–142]. Er zeigt eine Subklassenspezifität (IgG-1 > IgG-3 > IgG-4 > IgG-2; [140–142]).

Die Avidität dieses Rezeptors (Fcγ-Rezeptor I: $K_a = 10^8\ M^{-1}$) ist bei weitem höher als jene der anderen Fc-Rezeptoren (Fcγ-Rezeptor II: $K_a = 10^6\ M^{-1}$, Fcγ-Rezeptor III: $K_a = 5 \times 10^5\ M^{-1}$, [173a, 339]). Während der Fcγ-Rezeptor I weitgehend spezifisch für Zellen des Makrophagensystems ist, finden sich Fcγ-Rezeptoren II und III auch an verschiedenen anderen Zellen (vor allem Neutrophilen, NK-Zellen, Eosinophilen u. a.; s. Tabelle 1.17). Nach der Bindung von Erythrozyten-IgG-Antikörper-Komplexen an Zellen des Makrophagensystems wirkt monomeres IgG im Plasma inhibitorisch, der Hemmeffekt kann jedoch durch *Cluster* von IgG-Antikörpern an der Erythrozytenmembran dosisabhängig überwunden werden (weitere Funktionen, welche diese Bindung begünstigen, s. unten).

Fcγ-Rezeptoren gehören zur Immunglobulin-Supergenfamilie und ähneln Immunglobulinen in ihren extrazellulären Anteilen (weiterführende Literatur bei [273a, 339]). Die Bindungsstelle des Fcγ-Rezeptor I für IgG wurde in der C_H2-Domäne von IgG lokalisiert [91]. Die Erfassung der Fcγ-Rezeptoren an verschiedenen Zellen wurde durch die Entwicklung von monoklonalen Antikörpern mit Spezifität für diese Membrananteile erleichtert (Übersicht bei [175, 273a, 339]).

Zum Studium der funktionellen Bedeutung der Rezeptoren sind diese Antikörper jedoch nur zum Teil geeignet, da sie sich an Epitope binden, welche für die Rezeptorfunktion unwichtig sind [175]..

Neben der Funktion bei der Bindung und Phagozytose von Antigen-Antikörper-Komplexen spielen die Fcγ-Rezeptoren bei der ADCC (Fcγ-Rezeptor III, aber auch I und II, s. [118]), bei der Auslösung des *respiratory burst* ([360]; Fcγ-Rezeptor II) und bei der Genaktivierung für Zytokinrezeptoren (Fcγ-Rezeptor III, vor allem an NK-Zellen; [7]) eine wichtige Rolle. An einem Teil der Makrophagen werden im Unterschied zu Monozyten alle Fcγ-Rezeptoren exprimiert. So sind z. B. Fcγ-Rezeptoren III in hoher Dichte an Kupfferschen Sternzellen in der Leber und Makrophagen der roten Pulpa der Milz exprimiert.

Der Fcγ-Rezeptor III ist offensichtlich bei der Elimination bestimmter Immunkomplexe (wie Thrombozyten-IgG-Antikörper-Komplexen) von erheblicher Bedeutung. Die Infusion von monoklonalen Antikörpern gegen Fcγ-Rezeptor III führte zur dramatischen Besserung einer chronischen ITP [55].

Offensichtlich kommt es zu einem engen Zusammenwirken verschiedener Fcγ-Rezeptoren und anderer Rezeptorstrukturen mit Erkennungsfähigkeit für Immunkomplexe (CD3-Rezeptoren: [141]), dabei wurden synergistische Effekte schon früh dokumentiert [140–142]. Zytokine (z. B. Interferon γ) können zu einer gesteigerten oder überhaupt erst nachweisbaren Expression mehrerer dieser Rezeptoren führen [259, 260, 309].

Das Fehlen von Fcγ-Rezeptor I führte zu keiner erhöhten Infektanfälligkeit. Dies wurde in einer Familie mit mangelnder Expression des Rezeptors gezeigt [42]. Ähnliches gilt für Fcγ RIII-Defekte auf kongenitaler Basis [145a]. Defekte von Fcγ-Rezeptor III sind für die PNH (paroxysmale nächtliche Hämoglobinurie) charakteristisch. Dieser Zustand geht mit einer etwas erhöhten Infektanfälligkeit einher (s. 1.3.3).

Elimination von sensibilisierten Erythrozyten und Milieufaktoren: Die Interaktion von Zellen der Makrophagenreihe mit Erythrozyten-IgG-Antikörper-Komplexen über Fcγ-Rezeptoren wird durch eine Reihe von Faktoren mitbeeinflußt, die unter In-vitro-Bedingungen an isolierten Monozyten erfaßt werden können [103, 141–142, 339).

Das Ausmaß der Bindung ist abhängig vom Sensibilisierungsgrad der Erythrozyten, wird jedoch durch das IgG des Serums deutlich gehemmt. Je höher die Dichte der IgG-Antikörper an Erythrozyten, desto geringer ist dieser Hemmeffekt.

Bei hohem Hämatokrit wird die Bindung begünstigt, so daß in der Milzpulpa bei gesteigerten Hämatokritwerten durch den Pooling-Effekt besonders günstige Bedingungen für die Wirkung des Fcγ-Rezeptors vorliegen dürften [196]. Ein synergistischer Effekt von Rezeptoren für Fcγ und die 3. C-Komponente (C3b und C3b i) ließ sich nachweisen [103, 103b, 140–142]. Unter diesen Bedingungen waren sehr kleine Mengen von erythrozytengebundenem IgG und C3 wirksam und der Hemmeffekt von Serum-IgG sehr gering. C3b bildet mit IgG (Fd-Anteil) durch covalente Bindung Komplexe. Diese Heterodimere zeigen eine besonders wirksame Interaktion mit den Fcγ- und C3-Rezeptoren [103b, 140–142], ein eindrucksvoller synergistischer Effekt im Hinblick auf die Bindung und Phagozytose von Immunkomplexen.

Die In-vitro-Ergebnisse zur Funktion der IgG- und C3-Rezeptoren erklären wichtige Eigenschaften von antierythrozytären Antikörpern in vitro [103]:

Erythrozyten, die mit einer geringen Zahl von IgG-Antikörpern sensibilisiert sind, werden bevorzugt bis ausschließlich in der Milz abgebaut – bei höheren Konzentrationen und durch Wirkung von C wird jedoch meist auch eine Hämolyse durch Monozyten/Makrophagen in anderen Organsystemen (mit der Leber als repräsentativstem Organ) nachweisbar.

Erythrozyten-IgM-Antikörper-Komplexe reagieren unter vergleichbaren Testbedingungen mit Zellen der Makrophagenreihe erst, wenn C3b am Komplex vorhanden ist. Die Bindung kommt über die C3b-Rezeptoren an Makrophagen zustande (CR1 mit Bindung von C3b = CD35, CR3 mit Bindung von C3bi = CD11b, CR4 mit Bindung von C3bi und C3dg = CD11c, Übersicht bei [173a]). Im Gegensatz zu IgG-Antikörpern, die meist eine sehr wirksame Phagozytose einleiten, wird über CR1-, CR3- und CR4-Rezeptoren in erster Linie eine Anlagerung an die Zelloberfläche *(attachment)* hervorgerufen.

Die C-Rezeptoren sind von relativ niedriger Affinität, für eine wirksame Bindung sind daher multiple Liganden-Rezeptoren-Interaktionen erforderlich [103b]. Das Vorhandensein mehrerer C3-Rezeptortypen fördert diese Interaktionen. Weiterhin können sie als Folge einer Bindung die Hochregulation von Fcγ-Rezeptoren hervorrufen und dadurch synergistische Effekte bewirken [103b]. Schließlich bestehen Verknüpfungen zu (β-)*Integrinen,* die auch funktionell bedeutsam sind [324a]. CR3 und CR4 gehören zu den Integrinen (siehe Kapitel 17.2.6b). Andere Mitglieder der Integrinfamilie sind Rezeptorstrukturen für Fibronektin und für andere extrazelluläre Matrixproteine (Übersicht bei [175, 324a]). Das Zusammenwirken von C-Rezeptoren und von Adhäsionsmolekülen der Integrinfamilie spielt bei der Elimination von veränderten Erythrozyten und anderen Partikeln zweifellos eine entscheidende Rolle.

Die Befunde zeigen den unterschiedlichen Abbaumechanismus von Erythrozyten-IgG- gegenüber -IgM-Antikörper-Komplexen, die unter In-vitro-Bedingungen zu einem wichtigen Teil reproduzierbar sind. Die Situation ist allerdings komplexer, da mehrere Fcγ-Rezeptoren (Tabelle 1.17) gemeinsam zur Wirkung kommen, der Aktivierungszustand der Makrophagen ihre Funktion beeinflußt und zirkulierende Immunkomplexe kompetitiv hemmen können. In-vitro-Testsysteme zur Beurteilung der klinischen Relevanz antierythrozytärer Antikörper zeigen für einige Fragestellungen enge Korrelationen zur In-vivo-Wirksamkeit dieser Antikörper.

1.3.1.2 Hämolytische Anämien durch Wärmeautoantikörper

Die Diagnose dieser Anämieformen stützt sich auf

1. den Nachweis einer hämolytischen Anämie,
2. einen positiven, direkten Antihumanglobulintest (AHG-Test, Coombs-Test),
3. das Vorhandensein antierythrozytärer Autoantikörper, die in erster Linie der IgG-Klasse angehören. Daneben sind häufig auch „frühe“ C-Komponenten an sensibilisierten Erythrozyten nachweisbar (erfaßt wird insbesondere C3d).

In etwa 1/5 der Patienten ist allerdings lediglich „Komplement“ (insbesondere C3d) an den Erythrozyten nachweisbar (Übersicht bei [262]).

Vorkommen und Häufigkeit

Autoimmunhämolytische Anämien (AIHA) vom Wärmetyp sind keineswegs sehr seltene Erkrankungen. Die Inzidenz kann mit etwa 1,2–2,6 Patienten pro 100000 Personen pro Jahr angenommen werden [32, 247, 264]. Die Mehrzahl der Patienten ist über 40 Jahre alt, doch kommt die Erkrankung mit einem leichten Überwiegen des weiblichen Geschlechts (bei den idiopathischen Formen) vom Säuglings- bis ins hohe Greisenalter zur Beobachtung. Sie ist die bei weitem häufigste Form immunhämolytischer Anämien (IHA).

Unter den 347 Patienten von Petz und Garratty [262] waren 70% AIHA vom Wärmetyp, 16% Kälteagglutininkrankheiten, 12% medikamentös induzierte IHA und 2% AIHA vom Donath-Landsteiner-Typ.

Idiopathische und symptomatische Formen der Erkrankgung. Erworbene hA durch Wärme-AAK können idiopathisch oder – etwas häufiger – symptomatisch vorkommen. Zu verschiedenen Erkrankungen, in deren Verlauf hA dieses Typs auftreten können, s. Tabelle 1.16.

Die symptomatische Verlaufsform findet sich hauptsächlich bei lymphatischen Systemerkrankungen (Immunozytome, CLL und andere Non-Hodgkin-Lymphome, selten M. Hodgkin) und bei Zuständen, die mit Zeichen einer gestörten Immunregulation einhergehen (systemischer Lupus erythematodes und andere Kollagenosen). Auch nach Infekten, vor allem durch Viren, können sie zur Beobachtung kommen.

Zahlenmäßig wenig ins Gewicht fallen hA bei primären Immundefekten (vor allem Agammaglobulinämien), im Rahmen einer Colitis ulcerosa (Übersicht bei [247]) oder bei zystischen Erkrankungen des Ovars (Übersicht bei [80]).

Serologische Befunde

Die wichtigste serologische Untersuchung ist zunächst der direkte AHG-(Coombs-)-Test. Ein positives Testergebnis wird in etwa 95% der Patienten gesehen. Nach der Testung mit einem Antiserum breiter Spezifität empfiehlt sich die Charakterisierung der erythrozytengebundenen Proteine unter Verwendung spezifischer Antiseren gegen IgG und gegen C3 (vor allem C3d). Selten handelt es sich bei den erythrozytengebundenen Antikörpern um Wärmehämolysine (Übersicht bei [99, 231, 262]). Die Erythrozyten von etwa 30% der Patienten reagieren nur mit Anti-IgG, 50% mit Anti-IgG und Antikomplement, die restlichen 20% nur mit Anti-C3 (s. auch Tabelle 1.15).

In sehr seltenen Fällen kann der direkte Coombs-Test negativ sein [113, 320]. Worlledge [369] beobachtete bei 11 von 184 Patienten (6%) mit AIHA einen negativen direkten Coombs-Test (bei 5 dieser Patienten konnten allerdings Autoantikörper von den Erythrozyten eluiert werden). In anderen Fällen war die Diagnose einer IHA fraglich.

Die zusätzliche Anwendung weiterer spezifischer Antiseren trägt zur Diagnose in der Regel nicht bei. Zwar konnten in der Patientengruppe von Petz und Garratty [262] IgA in 21% und IgM in 8% der Patienten nachgewiesen werden. Meist war jedoch gleichzeitig IgG und/oder C3 feststellbar. Außerordentlich selten sind AIHA, bei denen ausschließlich Antikörper der IgA-Klasse nachweisbar sind (sie machen nur 2% der Patienten der zitierten Arbeitsgruppe aus). Weniger als 10% der AIHA vom Wärmetyp gehen mit klinischen Erscheinungen einer deutlichen intravasalen Hämolyse und Hämoglobinämie einher. Bei diesen Patienten ist in typischen Fällen an den Erythrozyten C3 (und evtl. das schwierig faßbare IgM) nachweisbar. Von praktischer Wichtigkeit ist, daß viele kommerzielle AHG-Seren nur eine geringe Aktivität gegenüber C3d zeigen.

Mittels Serienverdünnung des AHG-Serums (und evtl. der spezifischen Antiseren) kann ein Anhalt über die Intensität der Erythrozytenbeladung erhalten werden (z. B. [75]). Zwischen der Antikörperzahl am Erythrozyten und der Schwere der Hämolyse besteht bei AIHA insgesamt keine engere Korrelation (s. z. B. [262]). Zur Verlaufsbeobachtung beim einzelnen Patienten gibt dieses Vorgehen jedoch sehr brauchbare Hinweise und läßt Therapieeffekte meist gut verfolgen.

Der Nachweis von antierythrozytären Antikörpern im Serum der Patienten mit hA durch Wärme-AAK kann mit verschiedenen Methoden geführt werden. Von diesen kommt zunächst dem indirekten AHG-Test besondere Bedeutung zu. Positive Ergebnisse werden in etwa der Hälfte der Patienten gesehen (Tabelle 1.15). Patienten mit einem positiven indirekten AHG-Test zeigen gewöhnlich ein aktives Stadium der Erkrankung. Eine Agglutination enzymbehandelter Erythrozyten ist weit häufiger (bis > 80%) nachweisbar; eine Lyse enzymbehandelter Erythrozyten ist dagegen seltener (bis 10% der Patienten).

Dem Nachweis freier Antikörper kommt erhebliche klinische Bedeutung zu. Unter der Therapie nimmt der Titer des indirekten Tests meist rasch ab. Typisch für diese AIHA ist insgesamt ein hochtitriger direkter und meist nur in wenigen Verdünnungsstufen positiver indirekter Test (s. Differentialdiagnose gegenüber Alloantikörpern).

Da eine weitere Charakterisierung der Antikörper in jedem Fall angezeigt ist, sollte zumindest bei Fehlen zirkulierender Antikörper ein Eluat aus sensibilisierten Erythrozyten angefertigt werden. Zu den Routinemethoden gehört ebenfalls die Durchführung des Kälteagglutinintests, um mit Sicherheit Erkrankungen dieses Formenkreises mit positivem AHG-Test auszuschließen.

Spezifität der Antikörper

Eluierte Antikörper von Patientenerythrozyten zeigen häufig eine Spezifität für Antigene des Rh-Systems. Die Angaben über die Häufigkeit einer solchen Spezifität variieren in den verschiedenen Publikationen und sind am höchsten, wenn Untersucher Erythrozyten des seltenen Genotyps -D-/-D- (oder besonders ---/--- zur Verfügung haben. Unter solchen optimalen Bedingungen kann die Spezifität gegen Rh-Antigene in gut 2/3 der Fälle nachgewiesen werden. Unter Routinebedingungen findet man eine Rh-Spezifität der eluierten Antikörper nur in gut 1/3 [73, 74, 262, 303], wobei diese am häufigsten einem Anti-e entsprechen. Zusätzlich wird häufig Anti-Wr^b gefunden. Im Gegensatz zu Alloantikörpern kann von einer „relativen Spezifität“ gesprochen werden. In der Routine genügt die Testung gegen CDe/CDe-, cDE/cDE- und cde/cde-Zellen.

Ein reproduzierbarer Titerunterschied um 2 Stufen weist auf eine „relative Spezifität" hin, wobei 23 unter 25 Fällen von Dacie und Worlledge [74] Anti-e-Eigenschaften zeigten.

Blutbild und weitere immunhämatologische Untersuchungen. Die Diagnose der Hämolyse erfolgt nach den üblichen Kriterien (s. Abschnitt 1.1); es handelt sich in erster Linie um einen extravasalen Erythrozytenabbau. Das Serumbilirubin ist in aktiven Krankheitsstadien meistens – in seinem Ausmaß jedoch unterschiedlich – erhöht. Es liegt vorwiegend in der unkonjugierten Form vor.

Veränderungen des roten Blutbildes sind von Fall zu Fall sehr unterschiedlich. Im Blutausstrich sieht man eine normo- bis leicht makrozytäre Anämie, eine Aniso- und Poikilozytose sowie eine Polychromasie der Erythrozyten. Erythroblasten sind häufig nachweisbar. Schwere Anämien, die sich akut verschlechtern können, sind keineswegs selten. Die Retikulozytenwerte sind meist sehr stark erhöht. Bei einzelnen Patienten liegt auch eine Retikulozytopenie vor. Solche Patienten bieten meist ein schweres Krankheitsbild, das intensiver Behandlung bedarf [61, 247]. Eine variable Anzahl von Sphärozyten ist in akuten Stadien häufig vorhanden, eine ausgeprägte Sphärozytose mit entsprechend verminderter osmotischer Resistenz läßt sich bei schwerer Hämolyse manchmal nachweisen. Das Knochenmark zeigt gewöhnlich eine stark gesteigerte Erythropoese.

Eine Autoagglutination der Erythrozyten ist weit weniger ausgeprägt als bei der Kälteagglutininkrankheit. Kleine Agglutinate findet man bei mikroskopischer Betrachtung einer 2%igen Suspension vom Patientenerythrozyten im Eigenserum.

Idiopathische hA durch Wärme-AAK können auch mit einer Thrombopenie einhergehen (Evans-Syndrom), diese Kombination kommt in etwa 7% aller hA vor [4, 74].

Die Thrombopenie kann gleichzeitig oder aber auch unabhängig von der hA manifest werden. Nicht selten vergehen Jahre zwischen diesen beiden Blutbildveränderungen. In akuten Krankheitsstadien sind andererseits auch Thrombozytosen keine Seltenheit.

Auch über Kombinationen mit anderen Autoimmunerkrankungen (z. B. Hashimoto-Thyreoiditis mit und ohne Hyperthyreose) wurde berichtet (Tabelle 1.16).

Bei etwa der Hälfte der Patienten mit der idiopathischen Form der Erkrankung findet man einen Mangel zumindest eines der 3 wichtigsten Serumimmunglobuline. Die Schwere des Immundefekts ist im Einzelfall sehr unterschiedlich. Häufig finden sich geringe bis deutliche Erniedrigungen von C-Komponenten – dies praktisch ausschließlich bei Patienten, die auch C3d an den Erythrozyten tragen [181, 262]. Die Bestimmung von antinukleären Antikörpern hat vor allem für die Diagnostik symptomatischer hA im Rahmen eines systemischen Lupus erythematodes Bedeutung, sie gehört zu den Routineuntersuchungen.

Differentialdiagnose gegen andere immunhämolytische Anämien

Medikamentös induzierte hA. Beim Methyldopatyp liegen weitgehend ähnliche serologische Befunde wie bei der AIHA vom Wärmetyp vor. Der

Anamnese kommt damit in der Differentialdiagnose besondere Bedeutung zu. Bei Penizillinhämolyse ist der Antikörper nur mit penizillinbeladenen Erythrozyten reaktionsfähig. Bei den übrigen – insgesamt sehr seltenen – Formen medikamentös induzierter IHA besteht meist eine akute intravasale Hämolyse mit nur diskret positivem direktem AHG-Test (s. 1.3.2).

Durch *Alloantikörper* („Isoantikörper") induzierte Hämolysen unter dem Bild einer verzögerten Transfusionsreaktion (meist 3–14 Tage nach Blutgabe) können in der Differentialdiagnose Schwierigkeiten bereiten. Allo-AK sind immer streng blutgruppenspezifisch, während Auto-AK bei der Auswertung mit entsprechenden Testerythrozyten nur Titerunterschiede („relative Spezifität") zeigen. Allerdings können Auto- und Allo-AK bei Patienten mit AIHA nebeneinander bestehen.

Vielfach ist der Vergleich von indirektem und direktem AHG-Test von Wert. Bei Allo-AK wird mit dem Abbau der Fremderythrozyten der direkte AHG-Test zunehmend schwächer, insbesondere bei geringer Transfusionsmenge, während der indirekte Test längere Zeit positiv bleiben kann.

Manche AK, die häufig bei hämolytischen Transfusionsreaktionen beobachtet werden, sind bei AIHA ungewöhnlich. Anti-Jk^a wurde als häufigster Allo-AK bei verzögerter Transfusionsreaktion beschrieben.

Sonderformen von autoimmunhämolytischen Anämien

Autoimmunhämolytische Anämie mit negativem direktem Antihumanglobulintest. Wenn nichtimmunologische Faktoren als Ursache einer erworbenen hA auszuschließen sind und der direkte AHG-Test wiederholt negativ ist, stellt sich die Frage nach dieser Sonderform der Erkrankung [113, 262, 320 u. a.].

Mittels RIA- und Elisa-Techniken können erythrozytenbeladene Proteine mit hoher Sensitivität erfaßt werden ([320], s. weiterführende Literatur). In einer Gruppe von 585 Patienten mit dem Verdacht auf Autoimmunhämolysen zeigte fast 1/4 eine geringe Erythrozytenbeladung mit IgG. Sie lag über dem Normalbereich, jedoch unter der Nachweisgrenze des Routine-Coombstests (über 100, jedoch unter 200 IgG-Moleküle/Erythrozyt im Mittel). Zumindest bei 1/4 dieser Patienten korrelierte diese Beladung mit klinischen Hinweisen für das Vorliegen einer hämolytischen Anämie. Faktoren, welche bei geringer Erythrozytenbeladung mit IgG eine Autoimmunhämolyse begünstigen würden, sind nach dieser Studie das gleichzeitige Vorhandensein anderer Ig-Klassen und/oder von Komplement, die bei der Erythrozytenelimination synergistisch wirken. Die Autoren schließen, daß eine klinisch relevante Autoimmunhämolyse bei negativem Coombstest nicht ungewöhnlich ist.

Durch neuere Methoden ist der Nachweis geringer Mengen erythrozytengebundener Immunglobuline wesentlich erleichtert. Zunehmende Anwendung findet dabei die Durchflußzytometrie zur Qualifizierung erythrozytengebundener Ig sowie zur Erfassung von kleinen Subpopulationen Ig-beladener Erythrozyten [233].

Worlledge [369] beobachtete bei 11 von 184 Patienten (6%) mit AIHA einen negativen direkten AHG-Test (bei 5 Patienten konnten allerdings Autoantikörper von den Erythrozyten eluiert werden). Chaplin [46] gibt die Häufigkeit mit 2–4% an. In Schwere und Behandelbarkeit entspricht diese hA jener mit positivem AHG-Test [112, 320].

1.3.1.3 Hämolytische Anämien durch Kälteautoantikörper

Kälte-AAK sind serologisch durch eine bevorzugte Bindungsfähigkeit der Antikörper an die Erythrozytenantigene bei 0°–4°C charakterisiert. Klinisch kann es zu einer kälteabhängigen Krankheitssymptomatik kommen. Manifeste hA durch Kälte-AAK sind deutlich seltener als solche durch Wärme-AAK (Übersicht bei [74, 103a, 149, 262, 271–273]).

10–20% der AIHA gehören zu dieser serologischen Form [149, 262]. Bei 9 von 10 der Fälle handelte es sich um Kälteagglutinine, während biphasische Kältehämolysine (Donath-Landsteiner) nur in etwa 2% der AIHA beobachtet wurden.

a) Die idiopathische Kälteagglutininkrankheit

Die Diagnose der Erkrankung stützt sich auf folgende Zeichen:

- klinische und hämatologische Befunde einer erworbenen hA
- den Nachweis eines erhöhten Kälteagglutinintiters, unter geeigneten Testbedingungen mit einem weiten Temperaturbereich
- andere, für diese hA typische serologische Befunde (direkter AHG-Test mit Anti-IgG immer negativ, mit Anti-C3d häufig positiv, Spezifität im Ii-System).

Serologische Befunde. Methodisch ist der Nachweis von Kälteagglutininen einfach, die Abgrenzung dieser hA von jenen, die durch Wärme-AAK bedingt sind, ist meist nicht schwierig.

Ein positiver direkter AHG-Test ist auch bei der Kälteagglutininkrankheit oft nachweisbar. Die Reaktion kommt durch Bindung von C3 (vor allem C3d) an Patientenerythrozyten zustande; mit spezifischen Antiseren gegen IgG erhält man ein negatives Ergebnis.

Der sicherste und direkte Nachweis von Kälteagglutininen ist die einfache Inkubation kompatibler Normalerythrozyten in Verdünnungen des Patientenserums und Bestimmung des Agglutinintiters bei 4°C. Bei Vorliegen der Erkrankung liegt der Titer meist über 500 oder auch deutlich höher. Zwischen der Höhe des Titers bei 4°C und klinischen Erscheinungen besteht allerdings keine engere Beziehung, so daß zusätzliche Untersuchungen (insbesondere Austestung des Temperaturbereiches) empfohlen werden.

Bei manchen Patienten mit Kälteagglutininkrankheit werden sehr hohe Titer beobachtet (10^4–10^5). In einer Patientengruppe von Garratty et al. [109] wurde im Median ein Titer von 640 festgestellt. Bei anderen Patienten mit manifester Erkrankung kommen demgegenüber Titer zur Beobachtung, die nur wenig über dem Normalbereich liegen. Klinisch relevante Kälteagglutinine zeigen immer eine Temperaturamplitude, die zumindest im Albuminmilieu [130] bis in physiologische Temperaturen reicht [109].

Tabelle 1.18. Verschiedene Kälteautoantikörper

Krankheitstyp	Häufigkeit[a] [in %]	Antikörperklasse	Spezifität	Andere Besonderheiten
1. Idiopathische Kälteagglutininkrankheit	45	IgM, seltener IgA, IgG	Fast regelmäßig Anti-I, selten Anti-i oder Pr	Meist hochtitrig (oft >500) und monoklonal, bei klinischer Symptomatik meist hohe Temperaturamplitude (bis über 30°C)
2. Symptomatische hämolytische Anämien durch Kälteagglutinine				
Pneumonien (v. a. *Mycoplasma*)	27	IgM	Anti-I	
Lymphatische Systemerkrankungen	9	IgM	meist Anti-i	s. Text
Infektiöse Mononukleose	2	IgM oder IgG + IgM	Anti-i oder Anti-i + Anti-IgG	
3. Hämolytische Anämien durch Donath-Landsteiner-Antikörper:			Anti-P	„Biphasisches" Verhalten durch niedrige Temperaturamplitude der Antikörperbindung (0°–15 °C); relativ niedrige Titer (Hämolyse meist <64)
Idiopathisch	9	IgG		
Symptomatisch	8	IgG		

[a] Nach Dacie u. Worlledge [74], Auswertung von 85 Fällen

Die AK, die der IgM-Klasse angehören, zeigen in den allermeisten Fällen eine Anti-I-Spezifität[1] (Tabelle 1.18). Sie agglutinieren daher Erythrozyten der meisten Erwachsenen bis zu einem hohen Titer, während mit Nabelschnurerythrozyten positive Reaktionen mit niedrigeren Titerstufen erhalten werden.

Bei gleich starker Reaktion mit I und i zeigen die Antikörper meist eine Reaktion gegen die Pr-Antigene [108, 284]. Diese Antigengruppe ist im Gegensatz zu den Ii-Antigenen proteasesensitiv. Pr-Antigene werden somit durch Erythrozytenbehandlung mit Papain oder Ficin zerstört.

[1] Das I/i-Antigensystem steht mit dem ABO-(H)System der Erythrozyten in enger Beziehung. Das I-Antigen ist an der Erythrozytenmembran von Erwachsenen deutlich exprimiert; es entwickelt sich während des Säuglingsalters und ersetzt weitgehend das i-Antigen, das an den Zellen von Neugeborenen exprimiert ist. Erwachsenenerythrozyten mit persistierender i-Spezifität werden nur in etwa 0,2% gefunden [358].

Von 53 nach Ii-Spezifität ausgewerteten Kälteagglutininen zeigten 91% Anti-I, 7% Anti-i-Eigenschaft. Der Rest ließ sich nicht eindeutig einordnen [262]. In einer Studie von 56 Patienten mit Kälteagglutininen war bei 49 eine Anti-I, bei 5 eine Anti-i-Spezifität und in den zwei restlichen Fällen Anti-Pr nachweisbar [369].

Typische Kälteagglutinine binden Komplementkomponenten, ihre hämolytische Wirkung kann in den allermeisten Fällen unter geeigneten Testbedingungen in vitro nachgewiesen werden („Kältehämolysine"). Die Höhe des Agglutinations- und des Hämolysetiters stehen jedoch in keiner engen Beziehung zueinander, da offensichtlich die Bindungsfähigkeit für Komplement im Einzelfall sehr unterschiedlich ist.

Eine nähere immunologische Charakterisierung dieser Antikörper ist oft von Interesse und auch verhältnismäßig einfach. Es handelt sich praktisch immer um monoklonale Antikörper.

In Parallele werden native Erythrozyten (Erwachsenen- und Nabelschnur-Erythrozyten) und solche nach Enzymbehandlung (Ficin, Neuraminidase) in Agglutinationstests ausgewertet. Bei fehlender Reaktionsfähigkeit des Antikörpers gegen so behandelte Erythrozyten kann von Anti-Pr gesprochen werden [284].

Diese Anti-Pr-Antikörper gehören nicht selten der IgA-Klasse an [284]. Durch Behandlung mit IgM-inaktivierenden Agentien (Dithiothreitol; [243]) kann die Zugehörigkeit der Kälteantikörper zur IgM-Klasse nachgewiesen werden. In Einzelfällen liegen auch IgM-Monomere vor [271, 272]. Zur weiteren Charakterisierung können die Antikörper durch Wärmebehandlung (bei 37°C) von beladenen und mehrfach gewaschenen Erythrozyten eluiert werden. Wird das Eluat immunelektrophoretisch untersucht, so handelt es sich fast immer um monoklonales IgM insoweit, als dieses meist nur mit Antiseren gegen $\varkappa$-Ketten reagiert (anti-i zeigt meistens λ-Eigenschaften). Die Konzentration des Antikörpers ist in vielen Fällen hoch genug, um schon elektrophoretisch als M-Gradient nachweisbar zu sein, und entspricht immunologisch dem eluierten Protein.

Zwischen verschiedenen Kälteagglutininen wurden ausgedehnte idiotypische Kreuzreaktionen nachgewiesen [185].

Weitere Untersuchungen. Die hämolytische Anämie dieser Patienten ist von unterschiedlicher Schwere, kann in akuten Stadien jedoch sehr ausgeprägt sein. Ihre Feststellung erfolgt nach den üblichen Kriterien (s. 1.1). Das Serumbilirubin zeigt die im Rahmen von hA üblicherweise gefundene Erhöhung des unkonjugierten Anteils. Häufig bestehen Hinweise auf eine intravaskuläre Hämolyse (Plasmahämoglobinerhöhung, Hämoglobinurie, niedriges Serumhaptoglobin). Diese geht manchmal (aber nicht regelmäßig) mit einem nachweisbaren Abfall des Serumkomplementspiegels einher. Im Blutausstrich ist typischerweise eine ausgeprägte Agglutinationsneigung der Erythrozyten nachweisbar, die in Feuchtpräparaten bei Temperaturen über 30°C reversibel ist. Die Retikulozytenerhöhung ist im Einzelfall variabel und meist weniger ausgeprägt als bei den idiopathischen Fällen durch Wärme-AAK.

Immunzytologische Untersuchungen zeigen nicht selten eine vermehrte Ausschwemmung von B-Lymphozyten, deren $\varkappa/\lambda$-Ratio zugunsten des $\varkappa$-Leichtkettentyps verschoben ist [317].

Im Knochenmarkspunktat ist eine Vermehrung lymphatischer Zellen häufig nachweisbar [302, 317]. Gelegentlich entwickeln Patienten mit zunächst anscheinend „idiopathischen" Verlaufsformen später lymphatische Systemerkrankungen. Symptomatische Kälteagglutinine im Rahmen lymphatischer Systemerkrankungen (insbesondere Immunozytomen) müssen bei jedem Patienten durch Verlaufsbeobachtungen ausgeschlossen werden.

b) Die symptomatische Kälteagglutininkrankheit

Sie kann in der Ausprägung der hA, in ihrem serologischen Verhalten sowie im klinischen Bild außerordentlich vielgestaltig sein. Erkrankungen mit nicht seltenem Vorkommen von Kälteagglutininen finden sich in Tabelle 1.18. Im Suchtest sollte gleichzeitig mit kompatiblen Erwachsenen- und Nabelschnurerythrozyten auf I/i-Spezifität geprüft werden.

Während bei den idiopathischen Fällen die weit überwiegende Mehrzahl der Kälteagglutinine Anti-I-Spezifität zeigt, sind bei symptomatischen Fällen Kälteagglutinine mit Anti-i-Spezifität, die mit Nabelschnurerythrozyten reagieren, keine Seltenheit. Die zuletzt erwähnten Antikörper finden sich vor allem in Einzelfällen von Non-Hodgkin-Lymphomen und in niedriger Konzentration bei infektiöser Mononukleose.

Bei dieser sind ausgeprägte Hämolysen jedoch eine Seltenheit und dürften nach Dacie und Worlledge [74] nur in unter 1%, nach anderen Studien in 3% der Fälle vorkommen (Übersicht bei [234]). Anti-i ist allerdings bei der Hälfte der Patienten vorübergehend nachweisbar.

Die am häufigsten beobachteten symptomatischen Erhöhungen von Kälteagglutininen sind jene nach Mykoplasmapneumonien. Fast die Hälfte der Patienten mit dieser Erkrankung zeigen Titeranstiege mit Anti-I-Eigenschaften, die möglicherweise durch Antigengemeinschaften zwischen *Mycoplasma pneumoniae* und diesem Blutgruppenantigen zustande kommen [153]. Subklinische Hämolysen sind wahrscheinlich nicht selten, schwere hA aber sehr ungewöhnlich (Übersicht bei [332], die 51 Fälle der Weltliteratur sammelten). Die Symptome entwickeln sich meist 2–3 Wochen nach Krankheitsbeginn, die Kälteagglutinine der IgM-Klasse bilden sich in 2–3 Wochen zurück [232].

c) Hämolytische Anämien durch biphasische Kältehämolysine (Donath-Landsteiner-Antikörper)

Hämolytische Anämien durch Donath-Landsteiner(DL)-Antikörper sind außerordentlich selten (weniger als 2% der IHA von [262]). Gegenüber den weit häufigeren IgM-Kälteagglutininen zeigen sie eine Reihe von Besonderheiten, die ihre Abgrenzung erleichtern (Tabelle 1.15 und 1.18).

DL-AK sind komplette Antikörper der IgG-Klasse; der Kälteagglutinintiter von Seren mit solchen Antikörpern ist typischerweise niedrig. Sie sind jedoch in Gegenwart von Komplement gute Hämolysine, die als „biphasisch" oder „bithermisch" [25, 248, 303 u. a.] bezeichnet werden. Ihr Titer übersteigt selten 1:64 und liegt meist bei 1:8 bis 1:16. Der direkte AHG-Test ist in Zeiten ausgeprägter Hämolyse positiv (z. B. [74, 248]).

Die Reaktion kommt durch C und nicht durch den IgG-AK zustande. Sie erfordert daher Antiseren, die mit C3d wirksam reagieren. DL-AK zeigen eine Spezifität innerhalb des P-Blutgruppensystems. (Die sehr seltenen Pk- und pp-Erythrozyten sind nicht betroffen.)

Die Erkrankung kann in einer syphilitischen und einer nichtluetischen Form auftreten. Die nichtluetische Form wird vor allem bei Viruserkrankungen (z. B. Varizellen, Masern, Mumps; [25]) oder bei ätiologisch ungeklärten Infektionen des oberen Respirationstraktes gefunden [25, 70, 262].

Bei der luetischen Form ist die hA meist chronisch, bei den viralen Formen nur vorübergehend nachweisbar. Der Temperaturbereich der AK-Bindung ist beim nichtluetischen Typ gewöhnlich breiter als bei der klassischen Form [25].

Im Blutbild findet man meist eine rasch progrediente hA mit dem Auftreten von Sphärozyten und gelegentliche Zeichen einer Erythrophagozytose durch weiße Blutzellen [248]. Der Harn ist bei akuten Hämolyseattacken durch Hämoglobinurie und Met-Hämoglobinurie dunkel gefärbt.

Beim nichtluetischen Krankheitstyp ist der Verlauf meist selbstlimitierend, und die pathologischen Antikörper nehmen innerhalb weniger Tage wieder ab. An die Erkrankung sollte jedenfalls beim Auftreten akuter Hämolysen mit Hämoglobinurie (evtl. auch Nierenversagen) bei Säuglingen, Kindern und evtl. jüngeren Erwachsenen gedacht werden.

Der Donath-Landsteiner-Test in der Differentialdiagnose akuter hA. DL-AK können spezifisch und in einem einfachen Test nachgewiesen werden. Der Test sollte vor allem bei Kindern und jungen Erwachsenen mit akuten „postinfektiösen" Hämolysen durchgeführt werden. Er gehört zu den Routinemethoden bei ungeklärten Hämoglobinurien und hA.

1.3.2 Medikamentös induzierte immunhämolytische Anämien unter besonderer Berücksichtigung der Immunhämolysen

Medikamentös induzierte hA können durch folgende Mechanismen hervorgerufen werden:

a) Es besteht eine erhöhte Empfindlichkeit der Erythrozyten gegen gewisse Medikamente. Diese kann besonders im Rahmen von kongenitalen Enzymdefekten beobachtet werden: Bei Vorliegen eines solchen Defektes (vor allem G-6-PD-Mangel) steht eventuell zu wenig GSH als Redoxpuffer zur Verfügung. Es kommt in der Folge zu Membraninstabilität und hämolytischen Episoden.

   In seltenen Fällen ist die Überempfindlichkeit der Erythrozyten auf das Vorhandensein eines „instabilen" Hämoglobins (s. Kap. 1.2.4.6) zurückzuführen.
b) Die beschleunigte Erythrozytenzerstörung kommt durch direkte toxische Wirkung auf die roten Blutkörperchen oder ihre Vorstufen zustande (s. Kap. 1.3.6).
c) Es besteht eine immunologische Basis der Hämolyse.

Tabelle 1.19. Charakteristika eines positiven AHG-Tests (direkt) und medikamentös induzierter hämolytischer Anämie

Mechanismus	Adsorptions-Typ	„Immunkomplex"-Typ	Autoantikörper-Induktion
Medikament	Penizillin	Chinidin	α-Methyldopa
Mechanismus	bindet sich an Ery-Membran	Immunkomplex-bindung	induziert Antikörper gegen Ery-Membran
Antikörper gegen Medikament	vorhanden	vorhanden	nicht vorhanden
Antikörperklasse	IgG	IgM	IgG
Protein, das durch dir. AHG-Test erfaßt wird	IgG, selten Komplement	Komplement	IgG, selten Komplement
für pos. dir. AHG-Test benötigte Med.-Dosis	hoch	niedrig	hoch
Anwesenheit des Medikaments für indir. AHG-Test notwendig	ja	ja	nein
Mechanismus der Zerstörung der Erythrozyten	Sequestration IgG-beladener Ery in der Milz	direkte Lyse durch Komplement mit Elimination C3b+Ery	Sequestration in der Milz

Durch Medikamente induzierte hA sind keine sehr seltenen Erkrankungen. In der Zusammenstellung von Dacie und Worlledge [74] machten sie 18% der IHA, in jener von Petz und Garratty [262] 12% dieser Fälle aus. Nach der Häufigkeit steht Methyldopa (67% der medikamentös induzierten hA von Petz und Garratty [262]) vor Penizillin (23%) an der Spitze, alle anderen Medikamente machen demgegenüber nur wenige Fälle aus.

Hämolysen auf immunologischer Basis können durch zumindest 3 Mechanismen zustandekommen. Dazu kommt noch die Möglichkeit unspezifischer Ig-Bindungen (Tabelle 1.19).

a) **Medikamentenadsorptions- oder Penizillin-Typ.** Das Medikament zeigt bei dieser Form eine ausgeprägte Bindungsfähigkeit an die Erythrozytenoberfläche. Ein beschleunigter Erythrozytenabbau kann resultieren, wenn im Serum vorhandene, gegen das Medikament gerichtete Antikörper der IgG-Klasse gebunden werden. Die Antikörper zeigen Bindungseigenschaften für das Medikament und haben keine Spezifität für Erythrozytenantigene. Im Gegensatz zur zweiten Gruppe ist der direkte Coombs-Test regelmäßig positiv. Er kommt in erster Linie durch erythrozytengebundenes IgG zustande. Der Nachweis dieser Antikörper ist damit verhältnismäßig einfach. Hämolytische Anämien werden vor allem bei hochdosierter Medikamentenapplikation gesehen (Übersicht bei [249, 262]). Eine Übersicht über

Tabelle 1.20. Medikamente, die zu einer immunhämolytischen Anämie geführt haben

a) Medikamenten-adsorptionstyp	Chinidin	Sulfonamide
Penizillin	Chinin	Sulfonyl-Harnstoff
Cephalosporine	Chlorpropamid	Teniposid
cis-Platinum	Isoniazid	
Tetracycline	Nomifensin	c) Methyldopatyp
	Paraaminosalicylsäure	Methyldopa
b) Immunkomplextyp	Phenacetin	L-Dopa
Carbimazol	Rifampicin	Mefenaminsäure
	Stibophen	

Tabelle 1.21. Immunhämolytische Anämie unter Penizillintherapie (nach Petz u. Garratty [262])

1. Entwicklung nur bei Patienten unter hohen Penizillindosen i. v. (zumindest 10 Mio. E/d über 1 Woche und mehr)
2. Hochtitrige IgG-Antikörper gegen Penizillin im Serum vorhanden. Titer meist 1000 oder höher
3. Direkter AHG-Test stark positiv durch IgG, selten auch durch C3d
4. Von Patientenerythrozyten eluierte Antikörper reagieren nur mit Erythrozyten, die mit Penizillin beladen wurden, nicht aber mit unbehandelten Erythrozyten
5. Nach Absetzen des Penizillins komplette Normalisierung der Veränderungen innerhalb von Wochen
6. Andere Zeichen einer Penizillinallergie nicht notwendigerweise vorhanden

die auslösenden Medikamente gibt Tabelle 1.20. Wichtigstes Medikament dieser Gruppe ist Penizillin. Beweisend für diese Form von IHA ist der Nachweis, daß die Antikörper (aus Serum oder Eluat) nur mit penizillinbeladenen und nicht mit unbehandelten Erythrozyten reagieren (Nachweis im indirekten AHG-Test). Die Charakteristika der IHA unter Penizillintherapie sind in Tabelle 1.21 zusammengefaßt.

Serumantikörper gegen Penizillin, welche in einer Hämagglutinationsreaktion erfaßt werden, sind in niedrigem Titer weit verbreitet [322]. Sie können in 90% unausgewählter Seren nachgewiesen werden, wobei IgM- Antikörper vorherrschen. Antikörper der IgG-Klasse finden sich in etwa 13% [262]. Eine In-vitro-Erythrophagozytose kann bei höhertitrigen Antikörpern der IgG-Klasse nachgewiesen werden [84]. Immunhämolytische Anämien sind jedoch selten.

Ein ähnlicher Mechanismus dürfte immunhämolytischen Anämien unter *cis*-Platinum-Therapie zugrunde liegen [110]. Auch in diesen Fällen reagieren die Erythrozyten mit Antikörpern gegen IgG, meist jedoch nicht mit solchen gegen C3d. Unter Cephalosporintherapie kann ein positiver Coombs-Test beobachtet werden (Inzidenz nach [323], in 4%). IHA unter dieser Therapie sind sehr selten und können evtl. Folge einer Kreuzreaktion mit Anti-Penizillin-AK sein [117 u. a.]; Übersicht bei [249, 262]). Die hauptsächliche klinische Bedeutung liegt in Schwierigkeiten, die sich beim Auskreuzen des Patientenblutes mit Spenderblut ergeben können (s. Tabelle 1.19).

Die Ursache der Erythrozytenbeladung ist komplex. Es wurde eine nichtimmunologische Proteinbindung an Erythrozyten sowie – selten – eine arzneimittelspezifische Antikörperreaktion beobachtet; diese ist mit der von Penizillin vergleichbar.

b) **„Immunkomplexmechanismus".** Der Antikörper ist bei dieser Anämieform direkt gegen das Medikament gerichtet und könnte mit diesem zirkulierende Immunkomplexe bilden. Diese haben eine Affinität zur Erythrozytenmembran und lagern sich an diese an. Die dadurch ausgelöste Komplementaktivierung führt zu foudroyanten Hämolysen. In schweren Fällen kommt es zu Schocksymptomen und Nierenversagen. Eine Übersicht über einige auslösende Medikamente gibt Tabelle 1.20.

Solche Antikörper sind selten, und ihr Nachweis ist schwierig. Der direkte Coombs-Test fällt mit polyvalenten Antiseren während der hämolytischen Krisen häufig infolge C3d (seltener auch IgG)-Bindung positiv aus. Manchmal können die Antikörper in vitro nach Inkubation von Testerythrozyten, Patientenserum und Verdünnungsreihen des auslösenden Medikaments nachgewiesen werden (eine Zusammenfassung der wichtigsten Charakteristika findet sich in Tabelle 1.22).

Beim klassischen Immunkomplexmechanismus wird daher postuliert, daß das schädigende Medikament mit präformierten Antikörpern im Plasma reagiert. Die Erythrozyten sind dann *innocent bystanders* (Tabelle 1.19).

Dies wurde insbesondere an Thrombozyten ausführlich studiert [249, 311] und Fc-Rezeptoren für die Bindung verantwortlich gemacht. Kürzlich wurde allerdings überzeugend dargestellt, daß unter diesen Bedingungen in erster Linie das Fab-Fragment die Bindung medikamentenabhängiger Antikörper an Thrombozyten vermittelt [319].

Alternativ ist jedoch die Erythrozytenmembran direkt an der Medikamentenbindung und AK-Bildung beteiligt, somit selbst z. T. immunogen („Medikamenten-Membran-AK-Komplexe", Abb. 1.28).

Bei solchen medikamentös induzierten IHA wirkt die Erythrozytenmembran als Rezeptor für das Medikament (z. B. [121, 299]). Erst nach initialer Bindung wirkt das Medikament immunogen, so daß – in seltenen Situationen – Antikörper gegen dieses „Neoantigen" von Medikament + Rezeptoren der Erythrozytenoberfläche gebildet werden. Manchmal sind nebeneinander medikamentenspezifische und antieryhtrozytäre Autoantikörper nachweisbar (Abbildung 1.28). Beispiele für diesen Mechanismus (Tabelle 1.20) sind Streptomycin [187], Chlorpropamid [321], Teniposid (VM-26: [121]), Nomifensin

Tabelle 1.22. Immunkomplexmechanismus bei medikamentös induzierter hämolytischer Anämie (mod. nach Petz u. Garratty [262])

1. Tritt oft nach kleinen Medikamentendosen auf (wenn Patient vorsensibilisiert ist)
2. Akute intravaskuläre Hämolyse und Hämoglobinurie sind die häufigsten klinischen Symptome. Thrombopenien nicht selten
3. Akute Niereninsuffizienz häufig
4. Der Antikörper gehört der IgG- und/oder IgM-Klasse an und aktiviert Komplement
5. Der direkte AHG-Test ist meist (schwach) positiv, v. a. durch C3d bedingt, Ig sehr häufig nicht nachweisbar
6. In-vitro-Reaktionen (Agglutination, Lyse und/oder Sensibilisierung für AHG-Test) nur in Gegenwart von Patientenserum, Medikament und Erythrozyten

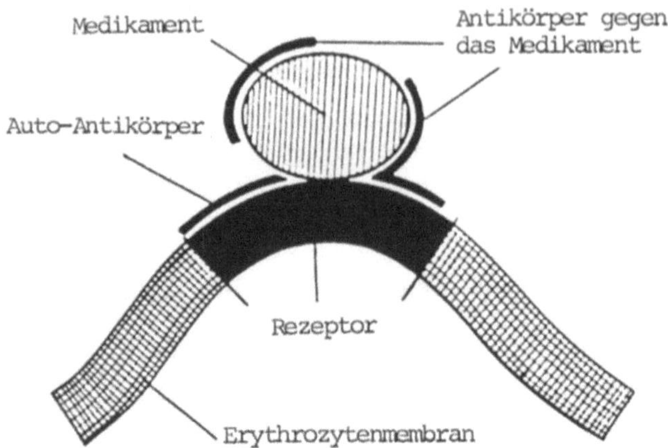

Abb. 1.28. Medikamentös induzierte Antikörper, z. T. als Auto-AK auftretend [121]

[298], Carbimazol [299]. Es kann sich auch um Antikörper gegen Metaboliten des Medikamentes handeln (z. B. [298]).

c) **Autoantikörperbildung unter Medikamentenwirkung (Methyldopa-Typ).** Dieses Medikament löst durch einen noch ungeklärten Mechanismus die Bildung antierythrozytärer Autoantikörper aus, die sich wie Wärme-AAK verhalten, sehr oft Rhesus- und keine Medikamentenspezifität zeigen. Die wichtigsten Charakteristika dieser Form der hA finden sich in Tabelle 1.23. Medikamente, die diese Form von Autoimmunphänomenen hervorrufen, finden sich in Tabelle 1.20.

Der Mechanismus der Auto-AK-Bildung ist noch unklar. Eine mögliche Hemmung von Suppressor-T-Lymphozyten durch Medikamente als Ursache einer AIHA [171] wurde von anderen Arbeitsgruppen nicht bestätigt [107]. Jedenfalls lassen sich diese AK serologisch nicht von anderen Auto-AK bei AIHA vom Wärmetyp unterscheiden.

Tabelle 1.23. Immunhämatologische und klinische Befunde bei Therapie mit Methyldopa. Ähnliche Befunde bei einer kleinen Zahl von Patienten unter L-Dopa oder Mefenaminsäure (mod. nach Petz u. Garratty [262])

1. Der direkte AHG-Test wird nach 3–6 Monaten Therapie bei 10–36% der Patienten positiv (Häufigkeit dosisabhängig)
2. Hämolytische Anämien entwickeln sich bei etwa 0,8% der Patienten
3. In jedem Fall findet sich ein stark positiver AHG-Test durch Sensibilisierung mit IgG, selten auch durch C3, Titer 1000 und höher
4. Der indirekte AHG-Test ist bei allen Patienten mit hämolytischer Anämie positiv (viele Patienten mit positivem indirektem Test zeigen jedoch keine Hämolyse)
5. Antikörper im Serum und Eluat unterscheiden sich nicht von idiopathischen Wärmeautoantikörpern
6. Die Anämie entwickelt sich eher langsam, akute Hämolysen und Hämoglobinurien werden nicht beobachtet
7. Nach Absetzen des Medikamentes bessert sich die Hämolyse meist innerhalb weniger Wochen. Der positive AHG-Test kann bis zu 2 Jahre und länger bestehen bleiben

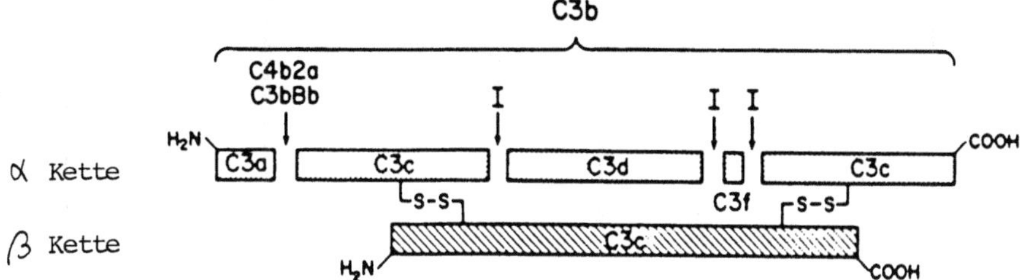

Abb. 1.29. Dritte Komplementkomponente C3. Spaltung der α-Kette von C3 durch die C3-Konvertase des klassischen Weges (C4b2a) oder des alternativen Weges (C3bBb) der Komplementaktivierung [234]

1.3.3 Die paroxysmale nächtliche Hämoglobinurie (PNH)

Die Diagnose dieser erworbenen hA mit häufig intravaskulärer Hämolyse stützt sich auf folgende Kriterien:

- Nachweis einer hA von sehr unterschiedlicher Schwere mit Zeichen intravaskulärer Hämolyse;
- einen positiven Säure-Serum-Test (Ham-Test).

Als Suchtest auf PNH wird vielfach der Sucrose-Hämolyse-Test durchgeführt. Wegen des klinisch sehr variablen Vorkommens des PNH-Defektes im Rahmen anderer hämatologischer Erkrankungen (s. unten) sollte er bei allen ungeklärten Anämien mit hämolytischer Komponente durchgeführt werden.

1.3.3.1 Pathophysiologie

Die PNH ist eine klonale Erkrankung hämatopoetischer Vorläuferzellen, die ihre stärkste Ausprägung auf der Ebene der Erythropoese zeigt. Sie manifestiert sich vor allem in einer hämolytischen Anämie, die in enger Beziehung zu einer erhöhten Empfindlichkeit der Erythrozyten für die lytische Wirkung aktivierter Komplement(C)-Komponenten steht [291, 291a] (Abb. 1.29). Das Ausmaß des Membrandefektes der Erythrozyten und die daraus resultierende Verkürzung der Erythrozytenlebensdauer läßt sich unter In-vitro-Bedingungen erfassen (Säure-Serum-Test, Sucrose-Hämolyse-Test). Ursache der vermehrten Sensitivität für C-Komponenten sind einerseits ein Mangel an *Decay Accelerating Factor* (DAF = CD55) und andererseits ein Defekt für ein Inhibitorprotein der „späten" C-Komponenten (*Membrane Inhibitor of reactive lysis* = CD59 [175, 291a]).

Bei PNH finden sich Erythrozytenpopulationen unterschiedlicher Sensitivität gegenüber C [291, 292, 301]: Typ I-Erythrozyten sind von nur geringer Sensitivität, Typ II von mäßiger und Typ III von ausgeprägter Empfindlichkeit für die lytische Wirkung von C.

Für die mäßige Hämolysebereitschaft (Typ II-PNH-Erythrozyten) ist vor allem der DAF-Defekt, für die Typ III-Sensitivität in erster Linie der CD59-Mangel verantwortlich

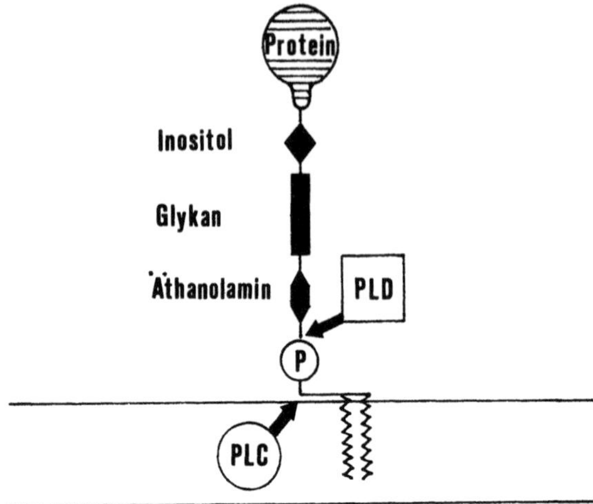

Abb. 1.30. Verankerungen von Proteinen in der Zellmembran über Phosphatidyl-Inositol-Glykan [201]
PLD Phospholipase D
PLC Phospholipase C

[123, 291a, 373]. Als weiterer Defekt wurde bei PNH ein Mangel des C8-Bindungsproteins „Homologous Restriction Factor" postuliert [123]. Es könnte sich dabei jedoch nach [291a] um ein verändertes CD59 handeln. Jedenfalls resultiert aus dem Defekt an Proteinen, welche den MAC (= Membrane attack complex) kontrollieren (Übersicht bei [173a]), eine gesteigerte Lysebereitschaft.

Defekte dieser Membranproteine sind durch Störungen eines spezifischen Membranverankerungsmechanismus („PIG-tail") bedingt (Abb. 1.30). Andere Proteine, die über denselben Mechanismus an die Zellmembran gebunden sein können, sind ebenfalls sehr häufig ausgeprägt vermindert. Es handelt sich vor allem um die alkalische Leukozytenphosphatase, Acetylcholinesterase, CD14, Fcγ-R III (CD16), LFA-3 (CD58) u. a. [200, 307].

Ihnen allen ist gemeinsam, daß Phosphatidyl-Inositol-Glykan (PIG)-Gruppen die erwähnten Proteine in der Zellmembran verankern und damit durch eine spezifische Phospholipase freigesetzt werden können [79, 213, 291a] (Abb. 1.30). Wahrscheinlich handelt es sich um einen Posttranslationsdefekt.

CD55-Defekt

Dieses Protein hemmt an normalen Erythrozyten die weitere Aktivierung der C-Kaskade, die nach Bindung von C3 an die Membran ausgelöst wird. Vor allem interferiert DAF mit der C3-Konvertase nach klassischer oder alternativer C-Aktivierung [252, 212, 237]. Das Defizit von DAF bei der PNH äußert sich in einer stark vermehrten Beladung der Erythrozyten mit aktiviertem C3 (C3b). Dadurch werden sie in angesäuertem Milieu gesteigert hämolysiert.

Während die klassische C-Aktivierung über Antigen-Antikörper-Komplexe erfolgt, wird die alternative Aktivierung unabhängig von Immunkomplexen im Normalplasma laufend initiiert (Übersicht bei [173a]). Das dabei entstehende C3b wird an Erythrozyten nach Zufälligkeit abgelagert (Abb. 1.29). DAF, über Phosphatidylinositol in der Erythrozytenmembran verankert, hemmt normalerweise die Bildung von C3-Konvertase (C3bBb oder C4b2a). Bei DAF-Defizit im Rahmen der PNH (Typ II) kommt es dagegen zu einer

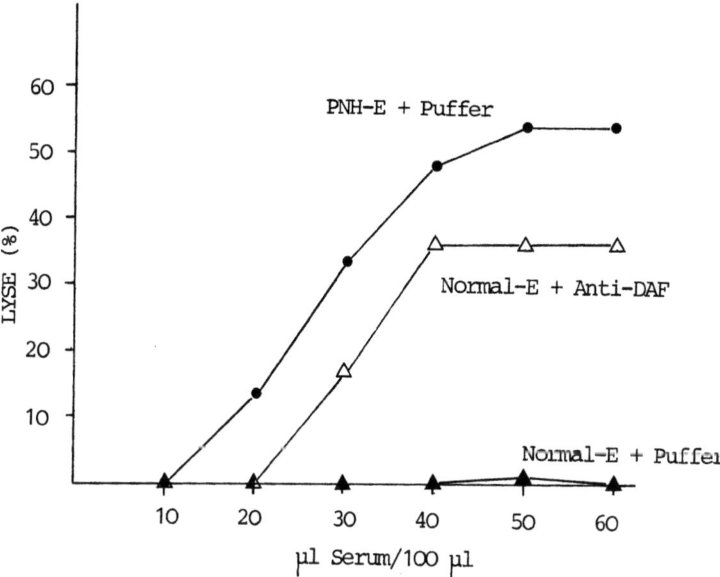

Abb. 1.31. Verhalten von PNH-Ery und Normal-Ery im Säure-Serum-Test (mod. nach [212]). Bei Inkubation von Normal-Ery (E) mit Antikörpern gegen DAF besteht erhöhte Hämolysebereitschaft, die PNH-Erythrozyten beinahe vergleichbar ist

vermehrten Anlagerung und Stabilität von aktiviertem C3 (3b) an der Erythrozytenmembran. Ähnliches kann an normalen Erythrozyten durch Inkubation mit Antikörpern gegen DAF erreicht werden. Normale Erythrozyten werden dann in vitro im Säure-Serum-Test ähnlich lyseempfindlich wie solche von PNH-Patienten (Abb. 1.31). Andererseits wird durch Zugabe von DAF zu PNH-E die gesteigerte Lyse gehemmt [212]. Übrigens wird durch Ansäuern des Serums nach Art des Säure-Serumtests der Komplex C5b–C6 generiert, der zusammen mit C7, C8 und C9 die Lyse von DAF-defekten Erythrozyten hervorruft [122,291a].

Ein Defekt von DAF ließ sich in Kulturen von erythropoetischen Vorläuferzellen direkt nachweisen [229]. Erythroide Kolonien bildeten sich von DAF-positiven Vorläufern, der DAF-Mangel wurde erst mit der Ausreifung zu Erythroblasten manifest.

Ein DAF-Mangel ist jedoch nicht die alleinige oder wichtigste Ursache einer verstärkten Lysebereitschaft der PNH-Erythrozyten in Gegenwart von C. Nach C-Aktivierung in der flüssigen Phase werden die terminalen C-Komponenten gesteigert gebunden (C5b–C9). Eine vermehrte Bindung für diesen *Membrane Attack Complex* (MAC) findet sich vor allem an den kurzlebigsten Erythrozyten (PNH-E Typ III) [254].

CD59-Defekt

Die vermehrte Bindung später C-Komponenten an PNH-Erythrozyten (vor allem des Typ III) kommt in erster Linie durch den Defekt dieses Proteins zustande. Durch den Mangel des MAC-Inhibitors wird vermehrt C9 gebunden sowie u. a. eine Polymerisation dieser lytischen Komponente induziert [123, 139,373]. Der Mangel an CD59 ist wichtiger als jener von CD55 [291a].

Wird der Mangel ausgeglichen, sind die lyseempfindlichen PNH-Erythrozyten ähnlich widerstandsfähig gegen MAC wie normale Erythrozyten.

Die für die PNH charakteristischen Membrandefekte sind auch an Neutrophilen, Monozyten und Plättchen nachweisbar [170, 238, 239]. Dies gilt sowohl für die erhöhte C-Sensitivität als auch für das DAF-Defizit [170, 238, 239]. Einlagerung von polymerisiertem C9 in die Thrombozytenmembran, bedingt durch den CD59-Mangel, könnte die Thrombosebereitschaft der Patienten mitbedingen [88, 291a]. Das Vorkommen des DAF-Defektes an verschiedenen Blutzellen (bei manchen Patienten auch an Lymphozyten, vor allem der B-Zellreihe [64] ist ein Ausdruck der klonalen Aberration einer gemeinsamen Vorläuferzelle.

Die komplementvermittelte Erythrozytolyse tritt bevorzugt im sauren Milieu auf (physiologischerweise während der Nachtstunden). Unter diesen Bedingungen kommt es zu einer gesteigerten Aktivierung des alternativen Weges der C-Kaskade.

Bei einem Teil der Patienten ist das erste Symptom die morgendliche Hämoglobinurie, bei anderen beginnt die PNH mit Zeichen einer Knochenmarkshypoplasie mit peripherer Leuko- und Thrombopenie. Die Anämie steht in diesen Fällen eher im Hintergrund.

1.3.3.2 Hämatologische Befunde

Im Blutbild findet sich eine mäßiggradige Anämie, die im Einzelfall sehr ausgeprägt sein kann. Die Retikulozytenzahlen sind im Vergleich zu anderen hA nur mäßig bis mittelgradig erhöht. Normale Retikulozytenzahlen sind selten, schließen jedoch eine PNH nicht aus. Gleichzeitig besteht eine Tendenz zu Leuko- und Thrombopenie; in Fällen mit Leukopenie besteht häufig eine relative Lymphozytose.

Dacie [72] fand bei 54 Patienten mit PNH Hämoglobinkonzentrationen zwischen 3,2 und 10,7 g/dl, Leukopenien unter 2,5 G/l in 41% und Thrombozytopenien unter 150 G/l in 81%, unter 50 G/l in 40% der Fälle. Die Retikulozytenzahlen betrugen 1–66‰.

Bei der Knochenmarkpunktion findet man oft ein zellreiches Mark mit Vorherrschen der Erythropoese, jedoch kommen auch Fälle mit hypoplastischem Mark vor. Solche mit eher hypoplastischem Mark sind verdächtig auf das Vorliegen einer PNH im Rahmen einer aplastischen Anämie. Auf den fließenden Übergang dieser beiden Erkrankungen wird noch später eingegangen.

Im Knochenmarkpunktat sollte zusätzlich eine Eisenfärbung angefertigt werden, da Eisenmangelzustände durch den erhöhten Blutfarbstoffverlust über den Harn häufig vorkommen. Die Bestimmung des Ferritins, des Serumeisens und des Sättigungsindex gehört zu den Routineuntersuchungen bei dieser Erkrankung.

Zum Nachweis der intravaskulären Hämolyse stehen verschiedene Methoden zur Verfügung, deren wichtigste der Nachweis eines erhöhten Plasmahämoglobins und einer Hämoglobinurie sind.

Der Nachweis eines erhöhten Plasmahämoglobins ist bei Beachtung entsprechender Kautelen bei Blutabnahme und Plasmagewinnung einfach und in besonderer Weise geeignet, die Schwere der Hämolyse bei PNH zu verfolgen (Übersicht bei [124, 125]). Sowohl der charakteristische tageszeitliche Rhythmus als auch die über längere Zeiträume wechselnde Aktivität der Erkrankung (in gewisser Abhängigkeit z. B. von Menses, Infekten, Bluttransfusionen) können damit verfolgt werden. Die Plasma-Hb-Konzentration liegt häufig über 30 mg/dl und kann 100 mg/dl überschreiten.

Die Sicherung, daß es sich beim Vorliegen eines rot- bis schwarzbraunen Morgenharns um die Ausscheidung von Hämoglobin (und nicht um eine Erythrozyturie) handelt, erfolgt mittels Teststreifen auf Blut nach Abzentrifugieren des Harnsediments. Das Fehlen einer Hämoglobinurie schließt eine PNH (insbesondere eine mit leichten Aktivitätszeichen) nicht aus. Eine Hämosiderinurie (Vorliegen Berliner-Blau-positiver Granula im Harnsediment) ist ein weitgehend konstanter Befund. Er fehlt nur bei Patienten nach Normalisierung des PNH-Defektes, kann jedoch auch bei einer Reihe anderer hA gefunden werden.

Das Serumhaptoglobin ist meist sehr stark vermindert bis fehlend. Das Serumbilirubin ist mäßig erhöht und überschreitet selten 3 mg/dl.

1.3.3.3 Serologische Befunde

Das Vorliegen einer PNH kann durch serologische Tests gesichert werden. Definitionsgemäß kann nur in Fällen mit einem positiven Säure-Serum-Test [124] von einer PNH gesprochen werden [72] (Abb. 1.31). Als Suchtest eignet sich der einfach durchzuführende Sucrose-Hämolyse-Test [125, 129]. Er zeigt deutlich, daß eine erhöhte Empfindlichkeit der Patientenerythrozyten gegenüber C einen Hauptfaktor für die Manifestation der Erkrankung darstellt [291, 291a].

Der Säure-Serum-Test kann unter standardisierten Bedingungen ein guter Index für die Schwere des Krankheitsbildes sein. Unter optimalen Bedingungen werden in ausgeprägten Fällen bis über 50%, bei Patienten mit leichten Formen der Erkrankung gewöhnlich unter 20% der Erythrozyten hämolysiert. Der Säure-Serum-Test ist allerdings für die PNH nicht streng spezifisch, sondern unter bestimmten Voraussetzungen auch bei der angeborenen dyserythropoetischen Anämie vom Typ II positiv.

Neben diesen beiden Standardmethoden treten andere serologische Tests wegen ihrer geringen Spezifität (z. B. der Wärmeresistenztest nach Hegglin und Maier [131]) oder ihrer komplexen Bedingungen (z. B. der Thrombintest nach [69]) in den Hintergrund. Ein einfacher Test, auf dessen Basis wichtige Fortschritte im Verständnis des PNH-Defektes erzielt wurden, ist der Kälteantikörperlysetest, der jedoch nicht spezifisch ist [292].

Weitere Untersuchungen. Zwei weitere Untersuchungen, die bei Verdacht auf PNH häufig durchgeführt werden, sind die Messung der Acetylcholinesteraseaktivität der Erythrozyten [53, 85, 215, 328] und die zytochemische Bestimmung der alkalischen Leukozytenphosphatase [36, 128, 191]. Normalbefunde schließen das Vorliegen einer PNH nicht aus. In schweren Fällen von PNH sind allerdings Erniedrigungen beider Enzyme fast immer nachweisbar. Im Gegensatz zur CML, bei der ebenfalls Erniedrigungen des Index der alkalischen Leukozytenphosphatase nachzuweisen sind, finden sich bei PNH normale mRNA-Spiegel. Der Defekt liegt im Membranverankerungsmechanismus (s. Kap. 1.3.3.1), so daß ein posttranskriptioneller Defekt postuliert wird.

Zwischen der Schwere des PNH-Defektes, gemessen am Prozentsatz der im Säure-Serum-Test lysierten Erythrozyten, und der Erniedrigung der ACHE besteht eine deutliche Beziehung [215]. Eine ausgeprägte Hemmung der ACHE durch verschiedene Substanzen ist mit einer normalen Erythrozytenlebensdauer vereinbar [72], somit der Defekt bei PNH am Hämolysemechanismus nicht unmittelbar beteiligt.

Die Markierung von Patientenerythrozyten mit ^{51}Cr im Radiochromiumtest zeigt regelmäßig eine verkürzte Lebensdauer zumindest eines Teiles der Erythrozyten. Sie ist durch korpuskläre Defekte bedingt, da sie sich auch nach Transfusion beim Normalempfänger nachweisen läßt. Meist werden Kurven beobachtet, die einen biphasischen Verlauf zeigen (zu PNH-Ery des Typ I–III s. Kap. 1.3.3.1). Die praktischen Konsequenzen von Isotopenuntersuchungen sind gering.

1.3.3.4 Kombination mit anderen Erkrankungen und Verlauf

Der beschriebene Erythrozytendefekt ist nicht nur auf das typische klinische Erscheinungsbild der PNH beschränkt, sondern kann auch bei manchen Patienten beobachtet werden, die sich mit einer aplastischen Anämie präsentieren (z. B. [23, 192]). Die Verknüpfung einer aplastischen Anämie mit PNH-Defekten zeigt sich vor allem auch bei Patienten, die mit ALG behandelt wurden (siehe Kapitel 4.3.2.4).

Bei der Mehrzahl der Patienten verläuft die Erkrankung durch viele Jahre, wobei phasenhafte Verstärkungen der Hämolyse mit vorübergehender Besserung wechseln. Selten kann ein Verschwinden des abnormen Klons beobachtet werden. Androgene sollten die C-Sensitivität von Vorläuferzellen vermindern [240a]. Auf einen Übergang der Erkrankung in eine AML (in etwa 5%) [377] oder in das Vollbild einer aplastischen Anämie [279] sei hingewiesen.

1.3.4 Mikroangiopathische hämolytische Anämien

Diese Gruppe von hA ist durch das Vorliegen von fragmentierten Erythrozyten im peripheren Blut und eine Verminderung der Thrombozyten charakterisiert. Zusätzlich finden sich meist Nierenfunktionsstörungen und/oder zentralnervöse Erscheinungen. Die wichtigsten Krankheitsbilder sind das hämolytisch-urämische Syndrom (HUS), die thrombotisch-thrombopenische Purpura (TTP) und Begleithämolysen im Rahmen disseminierter intravaskulärer Gerinnung (DIG). Ein ähnliches Zustandsbild kann bei ausgedehnt metastasierenden Karzinomen, bei maligner Hypertonie, Erkrankungen mit

Tabelle 1.24. Ursachen mikroangiopathischer hämolytischer Anämien (mod. nach [149])

- Hämolytisch-Urämisches Syndrom
- Thrombotisch-thrombopenische Purpura
- Metastasierende Karzinome
- Vaskulitis
  - i. R. von Lupus erythematodes disseminatus
  - Panarteriitis nodosa
  - akute Glomerulonephritis
  - Transplantatabstoßung
- Disseminierte intravasale Gerinnung
  - i. R. von Infekten
  - geburtshilflichen Komplikationen
  - u. a.
- Maligne Hypertonie
- Riesenhämangiom (Kasabach-Merritt-Syndrom)

Vaskulitis (SLE u. a. Kollägenosen), Medikamentenschädigungen (Ciclosporin-A und Mitomycin-C u. a.) gefunden werden (Tabelle 1.24).

Charakteristisch ist eine diffuse mikrovaskuläre Thrombose auf multifaktorieller Basis. Endothelschädigungen, Defekte in der Synthese von Prostacyclin, das Auftreten von ultragroßen Multimeren des von-Willebrand-Faktors und andere Ursachen werden diskutiert (1.3.4.1).

Die Ablagerung von Fibringerinnseln in der Endstrombahn induziert schließlich eine Erythrozytenschädigung, die vereinfacht als mechanisch angesehen wird [33].

Pathohistologisch findet sich beim typischen HUS eine Nephroangiopathie vom glomerulären Typ, bei den anderen Formen (einschließlich TTP) häufig vom arteriellen oder Mischtyp (Übersicht bei [275, 336]. Der auffallendste histologische Befund bei HUS ist eine Schwellung der Endothelien der Glomerula mit ihrer Trennung von der Basalmembran, wodurch subendotheliale Strukturen für Plättchen freigelegt werden. Bei der TTP finden sich intravaskuläre Thromben in Kapillaren und präkapillaren Arteriolen in Gehirn, Niere, Herz, Pankreas und anderen Organen [20].

Die Situation ist dadurch komplex, da die Antwort des Gefäßendothels auf eine Anzahl verschiedener Noxen ähnlich ist. Die Erythrozytenschädigung als mechanisch zu bezeichnen, ist möglicherweise zu vereinfacht (Übersicht bei [90, 149, 205, 235]).

1.3.4.1 Pathophysiologie

a) Endothelschädigungen

Schädigend für das vaskuläre Endothel von Arteriolen und Kapillaren (in der Niere bei HUS, weitverbreitet bei TTP) können eine Vielzahl von Faktoren wirken. Vor allem sind dies bestimmte Bakterienprodukte (Verotoxine, Endotoxin, Neuraminidase), Viren („postinfektiöse HUS"), immunologische Noxen (Autoantikörper, Immunkomplexe), einzelne Medikamente (Cyclosporin A u. a.) und hormonelle Faktoren (Gravidität, Antikonzeptiva). Welchen dieser Faktoren eine Schlüsselrolle zukommt, ist beim vielgestaltigen Syndrom der Mikroangiopathie oft schwer zu entscheiden (s. Klassifikation, Kap. 1.3.4.2).

Bakterienprodukte: Bei typischen HUS werden z. T. Infektionen mit *Escherichia coli*-Stämmen nachgewiesen, die ein fäkales Zytotoxin (Verotoxin) bilden [163]. 60% von 40 Patienten mit einem klassischen HUS zeigten Verotoxin im Stuhl, weitere 15% serologische Hinweise für das Vorliegen von neutralisierenden Antikörpern gegen dieses Toxin.

Dieses Zytotoxin wirkt an bestimmten Kulturzellen (Vero-Zellen aus Affennieren). Verotoxin ist wahrscheinlich identisch mit dem Toxin der *Shigella dysenteriae* Typ I [90, 163]. Endotoxinämien (vor allem als Folge gramnegativer Sepsis) können ebenfalls ein HUS-ähnliches Bild hervorrufen. Dies geht jedoch meist mit einer DIG einher (Tabelle 1.25).

Neuraminidase-induzierte Endothelschädigungen finden sich vor allem bei schweren Pneumokokkenerkrankungen [90, 99, 306]. Zum Mechanismus der renalen Schädigung s. Abb. 1.32. Sie zeigt auch postulierte Mechanismen der gesteigerten Erythrozyten-Agglutinationsneigung und einer Begleithämolyse.

Tabelle 1.25. Erkrankungen, die mit DIG einhergehen können (mod. nach [184])

1. *Infektionen*
   - Gramnegative Sepsis, hervorgerufen durch Meningokokken (Waterhouse-Friedrichsen-Syndrom), *E. coli, Pseudomonas,* Klebsiellen, *Proteus, Hämophilus, Serratia marcescens*
   - Schwere grampositive Sepsis durch Pneumokokken, (v.a. bei Milzexstirpierten), selten durch Staphylokokken oder Streptokokken
   - Virusinfektionen: Gelbfieber, disseminierte Herpesinfektion
   - Miliartuberkulose
   - Rickettsien: Flecktyphus, Rocky Mountains-Fleckfieber
   - Parasiten: Malaria
   - Pilze: Aspergillose
2. *Komplikationen in der Schwangerschaft und bei der Geburt*
   - Endotoxinämie bei septischem Abort und Chorioamnionitis
   - Vorzeitige Plazentalösung
   - Fruchtwasserembolie
   - Präeklampsie und Eklampsie
   - intrauteriner Fruchttod
   - Hydatidiforme Mole
   - Abortus, induziert durch Injektion von hypertoner Kochsalzlösung
3. *Maligne Erkrankungen*
   - Metastasierendes Karzinom oder Sarkom: Magen, Kolon, Pankreas, Ovar, Prostata, Lunge, Mamma, selten bei anderen Karzinomen oder Sarkomen
   - Leukämie: häufig bei akuter Promyelozytenleukämie
4. *Schwere akute Hämolyse*
   Inkompatible Bluttransfusion, häm.-urämisches Syndrom, foudroyant verlaufende serologisch (Wärme- oder Kälteantikörper) oder korpuskulär bedingte hämolytische Anämien
5. *Erkrankungen der Gefäße*
   - Gefäßanomalien: Kasabach-Merrit-Syndrom, Klippel-Trenaunay, große Aortenaneurysmen
   - Akute ausgedehnte Venenthrombose (Phlegmasia coerula dolens)
6. *Lebererkrankungen*
   - Portal dekompensierte Leberzirrhose (speziell bei Le Veen-Shunt)
   - Akutes Leberversagen
   - Anhepatische Phase bei der Lebertransplantation
7. *Ausgedehnte Gewebszerstörungen*
   Massives Trauma, Hitzschlag, ausgedehnte Verbrennungen (evtl. mit Infektion), Traumatisierung thromboplastinreicher Gewebe bei der Operation (Prostata, Lunge)
8. *Ausgedehnte Vaskulitis*
   SLE, Purpura fulminans
9. *Schlangenbisse*

Pneumokokkenneuraminidase spaltet Neuraminsäure von Glykoproteinen an Endothelzellen, Erythrozyten und Thrombozyten ab. Dadurch wird das Thompson-Friedenreich-Antigen (TF) exprimiert. Gegen dieses Kryptantigen sind im Serum auch bei Normalpersonen Antikörper vorhanden, die der IgM-Klasse angehören (eine Ausnahme diesbezüglich bilden Säuglinge und Patienten mit schweren Immundefekten). Als Folge der Exposition des Kryptantigens durch die Neuraminidase kommt es zur Anlagerung von Anti-TF

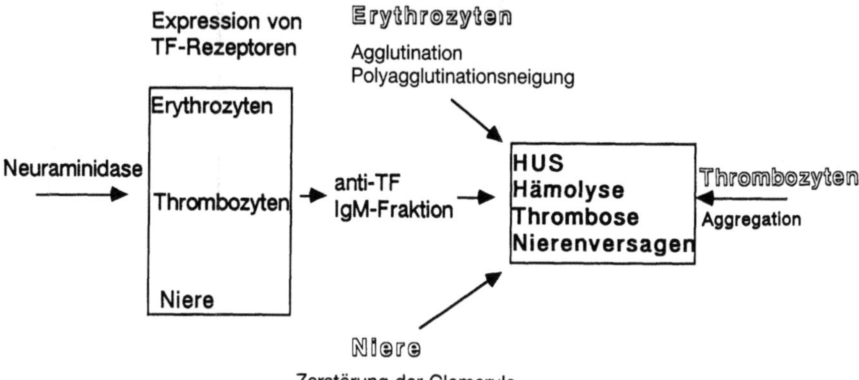

Abb. 1.32. Pathomechanismus des HUS bei Infektionen mit Neuraminidaseproduzierenden Bakterien und Viren (mod. nach [174])

der IgM-Klasse und weiter zu Endothelschädigungen sowie einem beschleunigten Erythrozytenabbau. Die hämolytische Anämie geht dabei häufig mit einem positiven direkten Coombs-Test einher, der jedoch unspezifisch sein kann (s. unten). Folgezustand kann eine Polyagglutinationstendenz der Patientenerythrozyten bei Blutgruppenbestimmungen sein.

Viele tierische Antiseren (einschließlich mancher Antihumanglobulintestseren) enthalten Antikörper gegen das Thompson-Friedenreich-Antigen. Dadurch kommt ein positives Ergebnis im direkten Coombs-Test zustande [369]. Andererseits kann auch eine tatsächliche Sensibilisierung patienteneigener Erythrozyten durch die patienteneigenen Antikörper gegen TF-Antigen vorliegen (Abb. 1.32).

Der Screeningtest weist eine Neuraminidaseschädigung der Erythrozyten mit Freisetzung des TF-Antigens nach. Als Testreagens eignet sich besonders ein fluorescein- oder immunperoxidasemarkiertes Lectin mit Anti-TF-Eigenschaften, das aus der Erdnuß (Arachis hypogaea) gewonnen wird. Mit diesem Lectin kann man auch neuraminidaseinduzierte Endothelschädigungen an der Niere bei Vorliegen eines hämolytisch-urämischen Syndroms mittels der direkten Immunfluoreszenz an Kryostatschnitten nachweisen.

Die neuraminidaseinduzierten Gewebsschädigungen sind nur ein pathogenetischer Mechanismus. Andere bakterielle Toxine scheinen in einigen Fällen eine noch größere Bedeutung für die Hämolyse zu besitzen. So wurde dieses Zustandsbild bei nur wenige Tage alten Neugeborenen beobachtet, obwohl in diesem Alter noch kein Anti-TF-IgM im Serum nachgewiesen werden kann. Eine Agglutination von Patientenerythrozyten mit Anti-TF kann in diesen Fällen eine Infektion mit neuraminidasebildenden Mikroorganismen anzeigen, ohne daß die Neuraminidaseschädigung die entscheidende Ursache für die Hämolyse ist.

Postinfektiöse HUS wurden im frühkindlichen Alter im Anschluß an Infektionen, vermutlich durch Coxsackie-, Echo- oder Adenoviren sowie nach *Yersinia*-Infektionen beobachtet (Übersicht bei [336]). Der Pathomechanismus ist ungeklärt.

Immunmechanismen. Bei manchen Kindern mit akuten HUS finden sich im Serum lytische Antikörper gegen Endothelzellen [188, 189, s. auch 35]. HUS werden auch in manchen Fällen von Kollagenerkrankungen mit Autoimmunphänomenen und Vaskulitis (z. B. SLE [83]), bei anderen Kollagenerkrankungen sowie bei Karzinomen mit Mikroangiopathie [376] gefunden.

Pathogenetisch werden dabei Immunkomplexe als Ursachen der intravaskulären Koagulopathie diskutiert (z. B. [13]). Thrombozyten tragen Fc-Rezeptoren für IgG (Fc-γRII, s. Tabelle 1.17), deren Rolle bei einer abnormen Plättchenaggregation in Gegenwart von Immunkomplexen diskutiert wird (Übersicht bei [149]). Befallene Glomerula zeigen Ablagerungen von IgM und C3 [66]. Die Serumspiegel von C3 und C4 sind bei akuten Erkrankungen mit HUS häufig erniedrigt [228].

Medikamentöse Schädigungen. Ein TTP-ähnliches Zustandsbild wurde unter oralen Kontrazeptiva sowie nach Gabe von Mitomycin-C und Ciclosporin A beobachtet. Vor allem die beiden letzteren Substanzen zeigen eine Nephrotoxizität (z. B. [204, 312]).

Für Mitomycin-C existiert ein Tiermodell [41]. Ciclosporin-A kann auch über glomeruläre Thrombosen zu einer Nephrotoxizität führen [312].

Andere Ursachen. Dabei handelt es sich vor allem um Erkrankungen, die mit einer DIG einhergehen (Tabelle 1.25). Diese Gerinnungsstörung ist dann meist Hauptursache der Begleithämolyse.

Eine DIG begleitet häufig die Mikroangiopathie bei *geburtshilflichen Komplikationen* [146], gramnegativer Sepsis u. a. schweren Infektionen [315], manchen Transfusionen [283] und Transplantationsreaktion [14].

b) Mikrozirkulatorische Gerinnungsstörungen

von-Willebrand-Faktor (vWF), von Endothelzellen und Megakaryozyten produziert, spielt bei der Adhäsion von Plättchen an endo- und subendotheliale Strukturen eine zentrale Rolle [297]. Unterschiedliche Domänen des vWF interagieren mit Plättchen und subendothelialem Kollagen, wodurch es zu einer Brückenbildung kommt (Übersicht bei [316]). Der vWF besteht aus einer Anzahl von Multimeren (220–440 000 Kd) von identen Untereinheiten (220 Kd). Ein hoher Polymerisationsgrad begünstigt diese Brückenbildung, während $PGIE_2$ antagonistisch wirkt.

Ultragroße Multimere des vWF im Plasma von Patienten mit chronisch relapsierender TTP sind bei manchen Patienten mit HUS/TTP nachweisbar.

Diese sind in den krankheitsfreien Intervallen am besten faßbar und verschwinden im Rezidiv [220, 289].

Derartige ultragroße Multimere des vWF werden von normalen Endothelzellen synthetisiert und dann zu den zirkulierenden Multimeren üblicher Größe abgebaut. Möglicherweise ist das Auftreten der ultragroßen Multimere im Kreislauf Hinweis auf eine gestörte Aktivität einer „Polymerase" mit Spezifität für Faktor VIII: vWF [220, 221, 224].

Bei Vorhandensein derartiger Multimere (nachgewiesen in der zweidimensionalen Immunelektrophorese) konnte ihr passageres Verschwinden nach Gabe von Frischplasma beobachtet werden [222]. Das Verschwinden der ultragroßen Multimere im Relaps einer TTP wurde auf deren „Verbrauch"' durch aktivierte Plättchen in der Endstrombahn zurückgeführt [220].

Plasma von vielen Patienten mit HUS/TTP hemmt die Synthese von $PGIE_2$ durch Endothelzellen [275, 276, 278]. Durch Plasmapherese kann diese Hemmwirkung günstig beeinflußt werden (z. B. [114]).

Darüberhinaus ist $PGIE_2$ ein Plasmafaktor mit kurzer Halbwertszeit, der erst in Gegenwart bestimmter Plasmaproteine stabilisiert wird. $PGIE_2$ wird in TTP-Plasma beschleunigt abgebaut [52]. Somit wurde neben einer verminderten Bildung eine beschleunigte Degradation [52] oder auch ein Bindungsdefekt des Plasmas für $PGIE_2$ nachgewiesen [370]. Auswertungen vor und nach Plasmapharesen zeigen eine Besserung der $PGIE_2$-Defekte bei Patienten im Anschluß an die Therapie [114 u. a.]. Störungen auf der Ebene des $PGIE_2$ werden vor allem bei „atypischen" HUS, bei hereditären Formen und bei relapsierender TTP gefunden [90, 275 u. a.].

Plasma von manchen Patienten mit TTP (und manchen Patienten mit HUS) enthält einen Faktor, der die Aggregation normaler und autologer Plättchen fördert [168, 194, 349].

Über den Mechanismus dieser gesteigerten Aggregation besteht allerdings keine einheitliche Meinung [169, 194].

Während Kelton et al. [169] eine Beteiligung des vWF (s. unten) an dieser Reaktion diskutieren, definierten Lian et al. [194] den agglutinationsfördernden Faktor als ein 37 Kd-Protein (Platelet Agglutinating Protein), welches durch IgG im Normalplasma gehemmt wird. Beim klassischen HUS ist diese aggregierende Aktivität meist wenig ausgeprägt und ohne eindeutige Beziehung zum Krankheitsverlauf [349].

1.3.4.2 Klassifikation der Mikroangiopathien mit HUS/TTP

Eine Einteilung dieser Erkrankungen mit ihren verschiedenen Auslösemechanismen findet sich in Tabelle 1.26.

Definitive Klassifikationen werden mit den verbesserten Kenntnissen der wichtigen pathogenetischen Faktoren des Krankheitsgeschehens möglich (z. B. der Interaktion von Gefäßwand, Blutzellen und Gerinnungsfaktoren).

a) Das infantile und kindliche HUS

Diese klassische Form der Erkrankung kommt vor allem im frühen Kindesalter vor und verläuft meist nach einem Prodromalstadium (fieberhafter gastrointestinaler Infekt) als akutes Nierenversagen von vielfach günstiger Prognose (s. Kap. 1.3.4.3).

Verotoxine aus *E. coli* im Darm werden als auslösendes Agens diskutiert (s. Kap. 1.3.4.1 a). Zeichen einer intravaskulären Plättchenaktivierung (z. B. mit Verminderung

Tabelle 1.26. Klassifikation der Krankheitsgruppe hämolytisch-urämisches Syndrom/thrombotisch-thrombopenische Purpura (mod. nach [275])

a) Klassische (infantile und kindliche Form*)
b) Postinfektiöse Form (Shigellen, Streptokokken, Salmonellen u. a.)
c) Familiäre und rezidivierende Formen
d) im Rahmen prädisponierender Systemerkrankungen (Zustände mit Autoimmunphänomenen**), maligne Hypertonie, paraneoplastisch
e) als Folge einer medikamentösen Schädigung (Cyclosporin A, Mitomycin C u. a.)
f) andere Ursachen (v. a. im Rahmen von Schwangerschaftskomplikationen, durch orale Kontrazeptiva)

* Altersmedian 2,5 Jahre (Bereich 0,4–13,7 Jahre)
Dauer des Nierenversagens im Median 9 (0–38) Tage

** SLE, Sklerodermie, Panarteriitis nodosa u. a.

Tabelle 1.27. Plättchen- und Plasmaserotininspiegel als Hinweis für eine Thrombozytenaktivierung bei klassischem und atypischem HUS [349]

		Serotoninspiegel (Mittelwert ± Standardabweichung)		
Patienten	n	Plättchen ng/10^6	Plasma ng/ml	Plättchen: Plasma
klassisches HUS	26	263[a] (38–1820)	832[c] (240–2884)	0,3[c] (0,1–2,0)
atypisches HUS	3	166[b] (23–1202)	479[c] (159–1445)	0,3[c] (0,1–1,6)
Normalperson	42	447 (224– 891)	96 (69– 132)	4,7 (2,5–8,9)

[a] p = 0,01
[b] p = 0,02
[c] p = 0,001 gegenüber Normalpersonen (t-Test)

des Thrombozytenserotinins und Anstieg des Plasmaserotonins) finden sich häufig (Tabelle 1.27). Die hauptsächlich diskutierten anderen pathogenetischen Faktoren (eingeschränkte PGIE-Synthese, ultragroße vWF, Immunkomplexe) sind meist nicht nachweisbar (z. B. [90, 275, 349]. Histopathologisch findet sich eine glomeruläre thrombotische Mikroangiopathie. Die Behandlung ist die eines akuten Nierenversagens, Heparin zeigt keine Wirkung (z. B. [275]).

b) Postinfektiöse Form

Die Erkrankung ist nicht auf das frühe Kindesalter beschränkt, häufig lassen sich Infektionen durch bestimmte Mikroorganismen (Tabelle 1.26) nachweisen. Auch Viruserkrankungen (z. B. Coxsackie-, Echo- oder Adenoviren) werden als auslösende Faktoren diskutiert.

Eine Endotoxämie (+/− DIG) oder eine Neuraminidaseschädigung *(Streptococcus pneumoniae)* dürften bei einem Teil dieser Patienten pathogenetisch wichtig sein (s. Kap. 1.3.4.1 a)).

c) Familiäre und rezidivierende Mikroangiopathie (HUS/TTP)

Familiär gehäufte HUS wurden durch mehrere Arbeitsgruppen dokumentiert (z. B. [98, 149, 161]). Die familiäre Form kann bei Familienmitgliedern über eine Periode von Monaten oder Jahren zur Behandlung kommen und über mehrere Generationen verteilt sein. Sie kann auch Familienmitglieder ohne Blutsverwandtschaft einbeziehen.

Die Erstmanifestation erfolgt im frühen Kindesalter oder auch während des späteren Lebens. Häufig bestehen schwere Hypertonien, und die renale Mikroangiopathie ist vorwiegend arterieller Natur.

Der Serumspiegel von C3 ist häufig erniedrigt und/oder eine Aktivierung des alternativen Komplementweges nachweisbar. Die Glomerula zeigen Ablagerungen von C3 und bei manchen Patienten ist ein „C3-nephritischer Faktor“ vorhanden [90, 116].

Rezidivierende TTP/HUS. Die hohe Rezidivrate bei TTP und manchen HUS ist gut dokumentiert (z. B. [288, 349]). Sie soll bei TTP 31% betragen [18, 288]. Den Rezidiven können Ereignisse vorangehen, die – bei Disposition – auslösend wirken können (z. B. Infektionen, Schwangerschaften, chirurgische Eingriffe, ausgeprägte Gewebsschädigungen u. a.).

d) HUS/TTP bei prädisponierenden Systemerkrankungen

Es kann sich um Zustände mit Autoimmunmechanismus, um eine essentielle maligne Hypertonie oder um eine paraneoplastische Mikroangiopathie handeln (Tabelle 1.26).

Die Pathogenese dieser begleitenden Mikroangiopathie ist komplex und erst teilweise geklärt (z. B. [149, 275]). Zu Immunmechanismen s. Kap. 1.3.4.1 a (sie könnten auch bei Mikroangiopathien von Karzinompatienten mit zirkulierenden Immunkomplexen eine Rolle spielen, s. Kap. 1.3.4.5). Die meisten Patienten mit maligner Hypertonie zeigen eine Mikroangiopathie mit den entsprechenden hämatologischen Veränderungen [149]. Diese klingen meist nach wirksamer Hypertoniebehandlung ab [15].

e) HUS/TTP anderer Ursachen

Bei Komplikationen in der Schwangerschaft und bei der Geburt findet sich häufig eine DIG mit mikroangiopathischer Hämolyse (Tabelle 1.25). Zum möglichen Einfluß von Kontrazeptiva auf das Gerinnungssystem s. [184]. Medikamente, die gelegentlich ein TTP-ähnliches Zustandsbild auslösen, sind Mitomycin-C und Ciclosporin-A (s. Kap. 1.3.4.1 a).

1.3.4.3 Das hämolytisch-urämische Syndrom

HUS ist eine akut verlaufende Erkrankung, die durch eine mikroangiopathische hämolytische Anämie, Thrombozytopenie und ein akutes Nierenversagen charakterisiert ist.

Im wesentlichen können vor allem bei Kindern 2 Subgruppen unterschieden werden [190, 349]. Das klassische Syndrom (typisches HUS) ist die im Frühkindesalter häufigste Ursache eines akuten Nierenversagens von guter Prognose (Tabelle 1.26, Subgruppe a). Dem atypischen (sporadischen) HUS fehlt dagegen meist ein Prodromalstadium mit blutigen Durchfällen. Der Beginn ist häufig schleichend, manchmal eingeleitet von einem respiratorischen Infekt. Neurologische Komplikationen und Rezidive sind vor allem bei diesen atypischen Fällen nicht selten. Unter 69 Kindern mit HUS gehörten 60 dem klassischen und 9 dem atypischen Syndrom an.

a) Vorkommen

Das HUS wird vorwiegend im frühen Kindesalter beobachtet (Tabelle 1.26). Das klassische Syndrom beginnt typischerweise einige Tage bis 2 Wochen nach einem fieberhaften Infekt, in Form blutiger Durchfälle. Bei älteren Kindern oder Erwachsenen handelt es sich meistens um ein atypisches HUS. Nur die letztere Form zeigte häufig Störungen in der Aufrechterhaltung der $PGIE_2$-Synthese [349]. Dazu siehe Kap. 1.3.4.1 b).

b) Laboratoriumsdiagnose

Sie stützt sich vor allem auf den Nachweis einer hämolytischen Anämie mit den typischen morphologischen Veränderungen der Erythrozyten und ausgeprägter Anisozytose (Auftreten von Fragmentozyten, Eierschalenformen, eventuell Sphärozyten). Die Retikulozyten sind anfangs oft normal, später erhöht. Der direkte Coombs-Test ist negativ. Als Zeichen der (intravasalen) Hämolyse findet sich eine meist deutliche Erhöhung der LDH und ein erhöhtes Plasma-Hb mit Hämoglobinurie. Das Serum-Bilirubin ist gering bis mäßig erhöht.

Eine Thrombopenie ist typisch. Zumindest bei der Hälfte der Patienten werden Thrombozytenzahlen unter 50 G/l gefunden. Mit dem Verschwinden der Erythrozytenfragmente steigen die Thrombozyten meist wieder an.

Als Ausdruck der gestörten Nierenfunktion kommt es zum Anstieg von Harnstoff und Kreatinin und zu einer metabolischen Azidose. Häufig entwickelt sich eine Anurie. Im Harn finden sich konstant Erythrozyten und Protein, meist auch Leukozyten, granulierte und hyaline Zylinder. Eine Hypertonie wird bei etwa 60% gesehen.

Häufig besteht die Indikation für eine Dialysebehandlung (z. B. bei 85% der Patienten von Walters et al. [349].

Störungen des Gerinnungssystems nach Art einer DIG sind ungewöhnlich. Erhöhte Spiegel von Fibrinspaltprodukten kommen vor, meist jedoch nur mit minimalen Laboratoriumshinweisen für eine DIG (z. B. [164, 349]).

Insgesamt finden sich eine deutliche Erhöhung von Fibrinspaltprodukten, ein erniedrigtes Plasma-Fibrin in nur 6% der Patienten. Eine Plättchenaktivierung wird sowohl bei der klassischen als auch atypischen Form beobachtet (Tabelle 1.27).

c) Verlauf und Prognose

Beim klassischen HUS ist das akute Nierenversagen mit Hämolyse meist nur von kurzer Dauer (Tabelle 1.26). Rezidive sind sehr ungewöhnlich. Eine persistierende renale Dysfunktion findet sich bei etwa 10% der Patienten [67, 349]. Die Mortalität liegt jetzt bei unter 15% [275].

Beim atypischen HUS ist dagegen die Letalität höher (22% bei Walters et al. [349]), Rezidivhäufung (78%) und eine persistierende Insuffizienz entwickelt sich in der Mehrzahl der Patienten (71% der Überlebenden). Eine neurologische Symptomatik (TTP-ähnlich) ist bei relapsierenden Patienten nicht selten [349], und zentralnervöse Veränderungen bei Autopsien in einem Drittel bis zur Hälfte der Patienten mit HUS nachweisbar (weiterführende Lit. bei [275]).

Als ungünstige Prognosefaktoren können z. B. bestimmte histologische Befunde (Mikroangiopathie auch außerhalb der Glomerula; [275, 336 u. a.]), das Fehlen von Diarrhoen im Prodromalstadium, höheres Alter, ein rezidivierendes HUS sowie das Auftreten während der Schwangerschaft, Geburtsperiode oder unter oralen Kontrazeptiva, hereditäre Formen nach einer Aktivierung des alternativen C-Abbauweges angesehen werden [90, 337].

1.3.4.4 Thrombotisch-thrombopenische Purpura

Das Krankheitsbild der TTP ist durch Fieber, eine mikroangiopathische hämolytische Anämie, eine Thrombopenie sowie neurologische Symptome charakterisiert. Im Gegensatz zum HUS stehen weniger die renalen Verän-

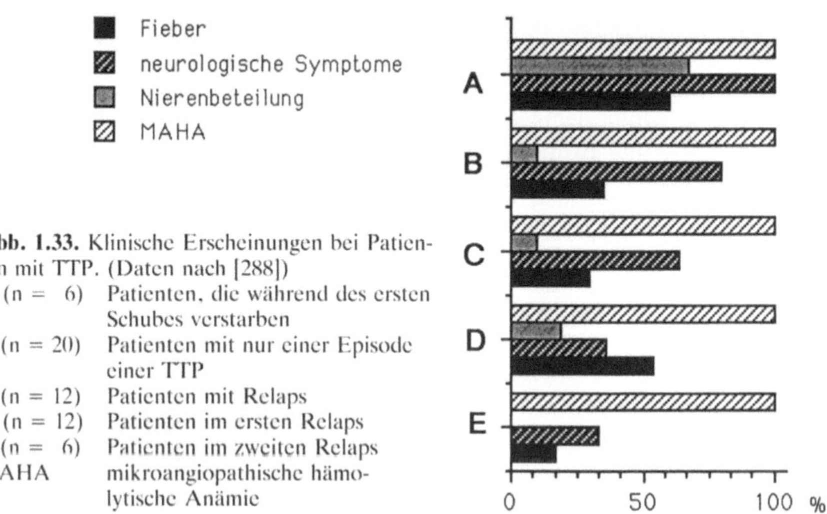

Abb. 1.33. Klinische Erscheinungen bei Patienten mit TTP. (Daten nach [288])
A (n = 6) Patienten, die während des ersten Schubes verstarben
B (n = 20) Patienten mit nur einer Episode einer TTP
C (n = 12) Patienten mit Relaps
D (n = 12) Patienten im ersten Relaps
E (n = 6) Patienten im zweiten Relaps
MAHA mikroangiopathische hämolytische Anämie

derungen als vielmehr die neurologischen Symptome im Vordergrund [6, 67, 275, 280, 288 u. a.].

Der Altersgipfel der Erkrankung liegt in der vierten bis fünften Lebensdekade. Bevorzugt sind Frauen betroffen (in der Auswertung von Rose u. Eldor [288] waren 74% der Kranken weiblichen Geschlechts).

Pathohistologisch sind neben dem Gehirn das Pankreas, die Nebennieren, Herz und Nieren häufig betroffen [20].

a) Klinik

Die Häufigkeit wichtiger Symptome (Thrombopenie, neurologische Manifestation, Anämie, renale Insuffizienz, Fieber) geht aus Abb. 1.33 hervor. Bei Patienten mit rezidivierender Erkrankung war – wie erwartet – die Symptomatik häufig weniger ausgeprägt als bei unbeherrschbarer TTP (z. B. [288]).

Insgesamt war eine Thrombopenie in 100%, neurologische Manifestationen in 94%, eine Anämie in 85%, eine renale Beteiligung in 73% und Fieber in 37% nachweisbar.

Die neurologische Symptomatik ist wechselhaft und betrifft vor allem Delirien, Hemiparesen, Aphasien, Krampfzustände und Gesichtsfeldeinschränkungen.

Sie ist bei der Mehrzahl der Patienten unter modernen Behandlungen weitgehend reversibel [18]. Permanente Defekte sind selten (in 6%; in früheren Zusammenstellungen bis zur Hälfte der Überlebenden; [149]).

Patienten mit schwerer neurologischer Symptomatik zeigten meist einen protrahierten Krankheitsverlauf. Nur bei einem Teil dieser Patienten ließen sich im Schädel-CT Veränderungen (z. B. zerebrale Infarkte) dokumentieren [18].

Eine klinisch manifeste renale Beteiligung findet sich in 40–80% der Patienten verschiedener Serien (Zusammenstellung bei [275]). Ein akutes Nierenversagen ist selten (in etwa 10% der Patienten; [67]).

b) Laboratoriumsdiagnose

Eine mikroangiopathische hämolytische Anämie (mittleres Hb 8,5 g/dl) ist neben der Thrombopenie ein typischer Befund. Sie wird meist von einer Retikulozytose und Erhöhung der LDH begleitet.

In einer internationalen Studie waren Einschlußkriterien: Fragmentozyten im Ausstrich, eine Thrombozytenzahl unter 100 G/L, ein Hb unter 12 g/dl, Retikulozyten über 30‰, indirektes Bilirubin unter 1 mg/dl und eine LDH über 500 U/ml [288]. Die üblichen Gerinnungsbefunde sind meist normal, und nur bei etwa 15% der Patienten war ein Hinweis für eine DIG gegeben [148]. Eine Mikrohämaturie ist häufigstes Zeichen einer renalen Manifestation. Proteinurien (gewöhnlich unter 5 g/dl) und ein Serumkreatinin über 2 mg/dl finden sich bei etwa 50% der Patienten.

Zur Beurteilung der Schwere der Erkrankung wurde ein Scoring-System entwickelt, das die neurologische Symptomatik, Nierenfunktion, Thrombozyten und Hb inkludiert [288]. Die Prognose der Erkrankung war mit der Schwere der Symptomatik korreliert. Bei Relapsen (Abb. 1.33) war die Symptomatik häufig weniger ausgeprägt.

c) Prognose und Rezidivgefahr

Seit Einführung der Plasmainfusions- und Austauschbehandlung nahm die Mortalität von 90 auf unter 25% ab [288]. Remissionen finden sich jetzt in 76% der Patienten. Dagegen hat die früher beobachtete Relapsrate von 7,5% [280] auf 37% der Überlebenden zugenommen [288].

Eine neurologische Symptomatik war im Relaps wesentlich seltener (36% der Patienten, Abb. 1.33). Zum Teil fanden sich im Rezidiv nur pathologische Laboratoriumsbefunde (Fragmentozyten, LDH-Erhöhung, Thrombopenie) ohne eine stärkere klinische Symptomatik.

1.3.4.5 Mikroangiopathisch-hämolytische Anämie bei Karzinompatienten

Die Komplikation ist in Spätstadien metastasierender Karzinome nicht ungewöhnlich [38, 149, 180, 197 u. a.]. Sie findet sich in erster Linie bei Muzin-produzierenden Adenokarzinomen. Nach der Lokalisation handelt es sich am häufigsten um Magen- (50%), aber auch Mamma-, Pankreas-, Ovarial-, Prostata- und Dickdarmkarzinome. Auch bei Bronchialkarzinomen, vereinzelt auch kleinzelliger Histologie, sind derartige Hämolysen dokumentiert (z. B. [13, 78]). Meist liegt ein sehr fortgeschrittenes Krankheitsstadium vor. Dies betrifft einen Knochenmarkbefall und/oder Tumorzellaggregate in kleinen Gefäßen.

Dabei kommt es häufig zu Intimaproliferationen und Gefäßsprossungen. Solche Veränderungen kommen auch bei malignen Hypertonien vor [267].

Eine Anzahl zusätzlicher Faktoren kann bei Tumorpatienten das Auftreten einer mikroangiopathisch-hämolytischen Anämie begünstigen, z. B. eine DIG [180, 197], zirkulierende Immunkomplexe [38, 180, 376] oder ein medikamentös induziertes TTP-ähnliches Zustandsbild. Letzteres ist nach Gaben von Mitomycin-C und eventuell 5-Fluorouracil am besten dokumentiert [38, 68, 180].

a) Vorkommen

In einer großen Studie entwickelten etwa 6% der metastasierenden Karzinome im Krankheitsverlauf eine derartige hA [197]. In einigen Fällen war eine Mikroangiopathie auch nach Rückbildung der Tumorkrankheit nachweisbar, wobei wahrscheinlich zirkulierende Immunkomplexe an der Hämolyse und einer begleitenden renalen Insuffizienz beteiligt waren [180, 376 u. a.]. Die Mehrzahl der Patienten aus den zuletzt zitierten Publikationen stand unter Mitomycin-haltigen Chemotherapieprotokollen (s. [38]).

Das TTP-ähnliche Zustandsbild nach Mitomycin-C-Therapie ist in seiner Pathogenese noch wenig geklärt, dürfte eine ungewöhnliche renale Reaktion auf Mitomycin darstellen und ist auch an einem experimentellen Modell dokumentiert [41].

Eine DIG liegt bei der Mehrzahl der Patienten offensichtlich nicht vor. Andererseits zeigen viele Patienten mit fortgeschrittenen Krebserkrankungen eine DIG ohne Mikroangiopathie.

b) Hämatologische Befunde

Die Anämie ist meist von mittlerer Schwere (bei [197] Hb 6,2 bis 10,6 g/dl). Im Ausstrich finden sich Fragmentozyten sowie einzelne Mikrosphärozyten. Bei mindestens einem Drittel der Patienten findet sich ein leuko-erythroblastisches Blutbild, welches auf eine fortgeschrittene Knochenmarkmetastasierung hinweist (z. B. [78, 197]). Die Retikulozyten sind meist (wenn auch nicht regelmäßig) erhöht, eine Thrombopenie konstant nachweisbar.

Als Zeichen der intravasalen Hämolyse finden sich auch häufig Anstiege der LDH, ein (trotz Entzündungsreaktion) niedriges Haptoglobin und gelegentlich eine Hämoglobinurie. Diskrete Zeichen einer DIG schließen den Zustand nicht aus (die Hämolyse dieser Patienten unterscheidet sich jedoch meist nicht wesentlich von jener ohne DIG; [180]).

c) Prognose

Sie ist in der Mehrzahl der Patienten ungünstig (mediane Überlebensdauer 21 Tage; [8]). Bei manchen Patienten kann allerdings durch eine wirksame zytostatische Chemotherapie das Krankheitsbild erfolgreich behandelt werden (z. B. [96]).

1.3.5 Makroangiopathische hämolytische Anämien

1.3.5.1 Hämolyse bei kardiologischen Erkrankungen

Eine intravasale „mechanische" Hämolyse ist eine nicht seltene Komplikation nach prothetischen Operationen am Herzen. Eingriffe an den Aortenklappen prädisponieren dazu häufiger als solche an der Mitralklappe (Übersicht bei [133, 147, 207, 354]). Besonders intensive Hämolysen werden bei ausgeprägten Strömungsanomalien gefunden. Dies kann bei Defekten oder schlecht eingesetzten Klappen, insbesonders bei Regurgitation der Fall sein.

Leichte, klinisch meist wenig manifeste Hämolysen können auch bei schweren Herzklappenfehlern ohne Operationen beobachtet werden. Auch dabei handelt es sich vor allem um Veränderungen der Aortenklappe. Voraussetzung ist ein Druckgradient über der Klappe, der 50 mmHg überschreitet [147].

Die hämolytische Anämie ist postoperativ gewöhnlich erst dann manifest, wenn das Herzminutenvolumen unter Belastungsbedingungen zunimmt [149, 305]. Die Zeichen der Hämolyse sind dann bei körperlicher Aktivität am ausgeprägtesten und sistieren während der Bettruhe. Die plötzliche Entwicklung einer manifesten Hämolyse bei zunächst durch viele Jahre funktionierender Prothese weist auf einen gefährlichen Defekt hin und erfordert meist ein rasches Eingreifen.

Hämatologische Befunde. Die Schwere der Hämolyse kann alle Grade annehmen, am häufigsten findet sich eine leichte kompensierte Hämolyse. Seltener ist das Bild einer akut auftretenden schweren Anämie. Charakteristisch ist das Vorkommen von Schizozyten, begleitet von erhöhten Retikulozytenwerten, einer Zunahme des indirekten Bilirubins, der LDH und des Plasmahämoglobins.

Entsprechend der intravasalen Hämolyse ist das Haptoglobin meist niedrig. Eine Hämosiderinurie ist ein konstanter Befund, der auch bei mäßiggradiger Hämolyse nur selten fehlt. Bei längerer Dauer kann sich eine Eisenmangelanämie entwickeln.

1.3.5.2 Marsch-Hämoglobinurie

Sie wurde früher hauptsächlich im Wehrdienst, in neuerer Zeit bei Sportlern (z. B. Karate, Marathonläufern) beschrieben. Das Auftreten eines dunklen Harns nach derartigen Belastungen ist gewöhnlich die einzige Symptomatik. Sie kommt durch mechanische Schädigung der Erythrozyten im Bereich der unteren Extremitäten zustande. Da gewöhnlich weniger als 2% der Erythrozyten geschädigt werden, sind Anämien ungewöhnlich. Der Haptoglobinspiegel fällt jedoch nicht selten ab, und die Plasma-Hb-Konzentration kann auf 20 bis 100 mg/dl ansteigen. Schizozyten sind sehr ungewöhnlich. Dieser Zustand muß von anderen hämolytischen Anämien sowie Myoglobinurien abgegrenzt werden. Ersteres gilt vor allem für die PNH, die durch körperliche Belastung verstärkt werden kann. Bei Myoglobinurien aufgrund von Muskeltraumata ist das Plasma-Hb nicht erhöht, während im Harn Myoglobin nachweisbar wird.

1.3.6 Hämolytische Anämien auf toxischer Basis

Bei vielen Substanzen, die im Stande sind, eine Hämolyse auszulösen, handelt es sich um Oxidationsmittel, so daß in verdächtigen Fällen eine Met-Hämoglobinbestimmung sowie der Heinzkörpertest angezeigt sind. Eine gesteigerte Heinzkörperbildung wurde z. B. nach Kontakt mit aromatischen Verbindungen beobachtet, die Amin-, Nitro-, oder Hydroxylgruppen enthalten (Anilin, Nitrobenzol, Phenothiazin, verschiedene Sulfonamide). Kleinkinder sind für diese Schädigungen besonders anfällig. Im Nativblut finden sich allerdings Heinzkörper fast nur bei Splenektomierten (s. Kap. 1.1.1).

In diese Gruppe von Erkrankungen fallen auch hämolytische Anämien, die durch Bakterientoxine ausgelöst werden. Unter diesen kommt den enzymatischen Erythrozytenschädigungen durch *Clostridium perfringens* die größte Bedeutung zu. Eine derartige Septikämie geht meist mit einer schweren intravasalen Hämolyse einher.

Diese kommt durch die Wirkung einer Phospholipase (Clostridien-Alphatoxin) und durch proteolytische Exotoxine zustande. Dadurch kommt es auch zum Auftreten von Mikrosphärozyten (Übersicht bei [149]).

Auch Schlangen- und Spinnengifte können eine direkte Erythrozytenschädigung hervorrufen. Die Hämolyse kommt durch die kombinierte Wirkung von Phospholipasen (insbesondere Phospholipase A2) und einer basischen Protease zustande [60]. Die Schwere der Hämolyse ist von der Menge des absorbierten Schlangengiftes abhängig.

Vergiftungen mit Schwermetallen können ebenfalls Hämolysen auslösen. Niedrige Dosen von Kupfer hämolysieren die Erythrozytenmembran direkt. Ähnliches gilt für Silber, Gold und Quecksilber [149].

Auch im Verlauf des M. Wilson kann es zu hämolytischen Episoden kommen. Bei diesen Patienten findet sich meist ein extrem hohes Serumkupfer ohne Bindung an Coeruloplasmin (z. B. [137]). Bei Komplikationen (Leberzellinfarkte, Hepatitis) werden derartige Hämolysen z. T. erstmalig manifest [282], sind jedoch gewöhnlich leicht und vorübergehend.

Bei akuter Bleivergiftung können ausgeprägte hämolytische Anämien, in chronischen Fällen eine leichte Retikulozytenerhöhung beobachtet werden.

Zur Erfassung einer derartigen Toxizität ist neben der Bestimmung des Bleigehaltes (Vollblut, Harn) auch jene der ALA-Ausscheidung von besonderem Wert (weiterführende Lit. bei [149]).

Neben der Erfassung des Bleigehaltes im Blut und der vermehrten Bleiausscheidung im Harn (Normbereich 0,06–0,08 mg/l) empfiehlt sich die Suche nach basophil-getüpfelten Erythrozyten. Allerdings ist meist nur ein kleiner Anteil der Erythrozyten verändert (im Mittel um 2%).

Der Nachweis einer exzessiven Harnausscheidung von ALA ist ein ausgezeichneter Screening-Test zum Nachweis einer Bleivergiftung. Anstiege finden sich meist bei Blutbleiwerten über 40 µg/dl.

Bei Kindern geht eine chronische Bleivergiftung häufig mit einem Eisenmangel einher. Dementsprechend ist eine Hypochromie und Mikrozytose meist ausgeprägt. Im Knochenmark sind die Veränderungen sehr ähnlich wie bei leichteren sideroblastischen Anämien. Deutliche hämatologische Veränderungen finden sich meist erst bei Bleiwerten im Blut von über 50 µg/dl.

1.3.7 Hämolytische Anämie bei Malaria

Anämien sind eine häufige Komplikation bei Malaria, insbesondere nach Infektion mit *Plasmodium falciparum* (Übersicht bei [149, 217]). In Frühstadien der Infektion ist die gesteigerte Hämolyse auf Plasmodien-tragende Erythrozyten beschränkt und dem Ausmaß des Befalls korreliert (Tabelle 1.28). Im weiteren Verlauf werden zunehmend Erythrozyten erfaßt, die keine Parasiten tragen. Auch nach Abklingen der Parasitämie kann eine Hämolyse noch mehrere Wochen anhalten, besonders nach schweren Infektionen [149].

Tabelle 1.28. Klinische und diagnostische Unterschiede zwischen den 4 Plasmodien-Arten als Erreger der Malaria (mod. nach [217])

	M. tropica *P. falciparum*	M. tertiana *P. vivax*	*P. ovale*	M. quartana *P. malariae*
Klinik	starke Parasitämie, schwere Anämie, Nierenversagen, ZNS-Beteiligung Lungenödem, Tod	Milzruptur, Anämie		chron. Verlauf, chron. progressive Nephritis (Immunkomplex-Typ)
Dauer des Schizogonie-Zyklus	48 Stunden	48 Stunden	48 Stunden	72 Stunden
Rezidive	nein	ja (häufig)	ja (häufig)	ja
Blutausstrich	Ringformen vorherrschend, mehrfach infizierte Ery, halbmondförmige Gameten	Große Ery mit Schüffnerscher Tüpfelung, amöboid bewegliches Zytoplasma der Trophozoiten, 12–24 Merozoiten in reifen Schizonten	Ovale Ery, kompaktes Zytoplasma der Trophozoiten, 6–16 Merozoiten in reifen Schizonten	Ery normal groß, kompaktes Trophozoitenzytoplasma (bandförmig) 6–16 Merozoiten in reifen Schizonten

Die Milz spielt bei der Elimination von Erythrozyten bei Malariainfekten eine wichtige Rolle. Die Parasiten werden durch „Pitting" eliminiert (s. Kap. 8, Milzerkrankungen) und die Milz ist insgesamt an der verkürzten Lebensdauer der Erythrozyten nach Malaria-Infekten mitbeteiligt. Am ausgeprägtesten sind diese Veränderungen bei chronischen Malariainfektionen in Endemiegebieten. Diese sind Ursache des „tropischen Splenomegaliesyndroms" (s. Kap. 8.3).

Immunmechanismen können ebenfalls am Zustandekommen der Hämolyse beteiligt sein. Coombs-positive hämolytische Anämien, vor allem in Endemiegebieten sind gut dokumentiert (z. B. [1, 97]. Dabei kann es sich um eine Beladung mit IgG-Antikörpern verschiedener Subklassen und/oder durch C3d handeln. Als Ursache werden u. a. zirkulierende Immunkomplexe diskutiert. Solche Immunkomplexe können sich aus Antigenen des Parasiten von 175 Kd aber auch solche anderer Molekulargröße und Glycophorin A zusammensetzen [37, 255]. Beschleunigt abgebaut werden vor allem IgG-1 tragende Erythrozyten, allerdings herrschen oft IgG-2 und IgG-4-Antikörper vor.

Begleitende Knochenmarkfunktionsstörungen sind eine weitere Anämieursache (z. B. [255]). Dyserythropoetische Zeichen finden sich vor allem nach Infektionen durch *P. falciparum.* Dabei kann es zu Kernfragmentierungen, bizarren Mitosen und Erythrophagozytose kommen [1].

Blutbildveränderungen können auch eine Thrombopenie einschließen. Bei schwerem Plättchenmangel ist an mehrere Ursachen zu denken (unter anderem direkter Plättchenbefall durch Parasiten, Adsorption von Immunkomplexen, Hypersplenismus).

Eine DIG (Tabelle 1.25) ist selten am Zustandekommen einer Thrombopenie beteiligt, Ausnahme ist das Schwarzwasserfieber.

Schwere hämatologische Komplikationen kommen bei der Malaria vor allem bei hoher Parasitenzahl im Blut vor. Übersteigt sie 100 000/μl, sind bei einer begleitenden Anämie (Hämatokrit <0,30 l/l) schwere Komplikationen zu befürchten (z. B. ausgeprägte Hämolysen, Nierenversagen, Koma).

Schwere hämolytische Anämien finden sich insbesondere bei Glucose-6-Phosphatdehydrogenasemangel als Folge der Therapie mit Malariamitteln. Schließlich ist auch an einen begleitenden Eisenmangel zu denken, der durch einen Anstieg des Serumferritins maskiert sein kann. Parasiten nehmen dabei Eisen aus Transferrin auf [255, 268].

Literatur

1. Abdalla S et al (1980) The anemia of P. falciparum malaria. Brit J Haematol 46:171
2. Agre P, Asimos A, Casella JF, McMillan C (1986) Inheritance pattern and clinical response to splenectomy as a reflection of erythrocyte spectrin deficiency in hereditary spherocytosis. N Engl J Med 315:1579–1583
3. Allen FH, Krabbe SMR, Corcoran PA (1961) A new phenotype (McLeod) in the Kell blood group system. Vox Sang 6:555–560
4. Allgood JW, Chaplin H (1967) Idiopathic aquired autoimmune hemolytic anemia. A review of 47 cases treated from 1955 through 1965. Am J Med 43:254
5. Alter BP (1984) Advances in the prenatal diagnosis of hematologic diseases Blood 64:329–340
6. Amarosi EL, Ultmann JE (1966) Thrombotic thrombocytopenic purpura: report of 16 cases and review of the literature. Medicine 45:139–159
7. Anegon I, Cuturi MC, Trinchieri G, Perussia B (1988) Interaction of Fc receptor (CD16) ligands induces transcription of interleukin 2 receptor (CD25) and lymphokine genes and expression of their products in human natural killer cells. J Exp Med 167:452–472
8. Antmann KH, Skarin AT, Mayer RJ, Hargreaves HGK, Canellos GP (1979) Microangiopathic hemolytic anemia and cancer: a review. Medicine (Baltimore) 58:377–384
9. Antonarakis SE, Kazazian HH, Orkin SH (1985) DNA polymorphism and molecular pathology of the human globin gene clusters. Hum Genet 69:1–4
10. Arky RA et al (1982) The new england journal of medicine 307:23
11. Arnold H, Hasslinger K, Witt I (1983) Glucosephosphate-isomerase type Kaiserslautern. A new variant causing congenital nonspherocytic hemolytic anemia. Blut 46:271
12. Atkinson JP, Frank MM (1974) Studies on the in vivo effects of antibody: Interaction of IgM antibody and complement in the immune clearence and destruction of erythrocytes in man. J Clin Invest 54:339–348
13. Avvento L, Gordon S, Silberberg JM, Zarrabi MH, Zucker ST (1988) Hemolytic uremic syndrome in a patient with small cell lung cancer. Amer J Hematol 27:221–223
14. Bachmann F et al (1975) Hyperkoagulabilität und kompensierte intravaskuläre Gerinnung bei chronischer Niereninsuffizienz und nach Nierentransplantation. Schweiz Med Wochenschr 105:1771

15. Baker LRI et al (1969) Vascular lesions in malignant hypertension. Lancet 2:593
16. Bargellesi A, Pontremoli S, Menini C, Conconi F (1968) Excess of alpha-globin synthesis in homozygous beta-thalassemia and its removal from the red blood cell lyctoplasm. European J Biochem 3:364–368
17. Bennett V (1985) The membrane skeleton of human erythrocytes and its implications for more complex cells. Ann Rev Biochem 54:273–304
18. Ben-Yehuda D, Rose M, Michaeli Y, Eldor A (1988) Permanent neurological complications in patients with thrombotic thrombocytopenic purpura. Am J Hematol 29:74–78
19. Berken A, Benacerraf B, (1966) Properties of antibodies cytophilic for macrophages. J Exp Med 123:119–144
20. Berkowitz IR, Daldorf FG, Blatt PM (1979) Thrombotic thrombocytopenic purpura. A pathology review. JAMA 241:1709–1720
21. Beutler E (1983) Glucose-6-phosphate dehydrogenase deficiency. In: Stanbury JB, Wyngarden JB, Fredrickson DS (eds) The metabolic basis of inherited disease, (ed 5). New York, McGraw Hill, 1983
22. Beutler E (1983) Hereditary nonspherocytic hemolytic anemia – pyruvate kinase deficiency and other abnormalities. In: Williams WJ, Beutler E, Erslev AJ, Lichtman MA (eds) Hematology (ed 3). New York McGraw Hill, pp 574
23. Beutler E (1983) Paroxysmal nocturnal hemoglobinuria. In: Williams WJ, Beutler E, Erslev AJ, Lichtman MA (eds) Hematology, (ed 3). New York, McGraw Hill, 1983
24. Beutler E, Kuhl W, Vives-Corrons JL, Prchal JT (1989) Molecular Heterogenity of Glucose-6-Phosphate Dehydrogenase A. Blood 74:2550–2555
24a. Beutler E (1991) Glucose-6-phosphat dehydrogenase deficiency. New Engl J Med 324:169–174
25. Bird GWG (1977) Paroxysmal cold haemoglobinuria. Brit J Haematol 37:167–171
26. Blume KG, Löhr GW, Prätsch O, Rüdiger HW, Wendt GG (1968a) Beitrag zur Populationsgenetik der Pyruvatkinase menschlicher Erythrozyten. Humangenetik 6:261
27. Blume KG, Löhr GW, Rüdiger HW, Schalhorn A (1968b) Pyruvate kinase in human erythrocytes. Lancet 1:529
28. Blume KG, Arnold H, Löhr GW, Beutler E (1973) Additional diagnostic procedures for the detection of abnormal red cell pyruvate kinase. Clin Chim Acta 43:443–446
28a. Blume KG, Arnold H, Löhr GW (1974) Hereditäre Enzymdefekte des Erythrozyten: Expressivität und molekulare Heterogenität anomaler Enzymopathien. Erg Inn Med Kinderheilkunde 35:43
29. Bodine DM, IV, Birkenmeier CS, Barker JE (1984) Cell 37:721
30. Böhm CD, Antonarakis SE, Phillips JA, Stetten D, Kazazian HH (1983) Prenatal diagnosis using DNA polymorphisms. Report on 95 pregnancies at risk for sickle-cell disease or beta-thalassemia. N Engl J Med 308:1054–1058
31. Boivin P, Delaunay J, Galand C (1979) Altered erythrocyte membrane protein phosphorylation in an unusual case of hereditary spherocytosis. Scand J Haematol 23:251
32. Bottiger LE, Westerholm B (1973) Acquired haemolytic anaemia. Acta Med Scand 193:223
33. Brain MC, Azzopardi JG, Baker LRI et al (1983) Plasmapheresis as a therapeutic measure in hemolytic-uremic syndrome in Children. Klin Wochenschr 1983, 61:363–367
34. Brittenham G, Lozoff B, Harris JW, Mayson SM, Miller A, Huismann THJ (1979) Sickle cell anemia and trait in southern India: Further studies. Amer J Haematol 6:1070123
35. Burns ER, Zucker-Franklin D (1982) Pathologic effects of plasma from patients with thrombotic thrombocytopenic purpura on platelets and cultured vascular endothelial cells. Blood 60:1030–1037
36. Burroughs SF, Devine DV, Browne G, Kaplan ME (1988) The population of

paroxysmal nocturnal hemoglobinuria neutrophils deficient in alkaline phosphatase. Blood 71:1086–1089

37. Camus D et al (1985) A plasmodium falciparum antigen that binds to host erythrocytes and merozoites. Science 230:553
38. Cantrell JE, Philips TM, Schein PS (1985) Carcinoma-associated hemolytic uremic syndrome: A complication of mitomycin C chemotherapy. J Clin Oncol 3:723
39. Cao A, Pirastu M, Rosatelli C (1986) Annotation: The prenatal diagnosis of thalassaemia. Brit J Haematol 63:215–220
40. Cao A, Gossens M, Pirastu M (1989) Annotation. β-Thalassaemia mutations in Mediterranean Populations. Br J Haematol 71:309–312
41. Cattell V et al (1985) Mitomycin-induced hemolytic uremic kidney: An experimental model in the rat. Am J Pathol 121:88
42. Ceuppens JL, Bloemmen FJ, Van Wauwe JP (1985) T-cell unresponsiveness to the mitogenic activity of OKT3 antibody results from a deficiency of the monocyte Fc-gamma receptors for murine IgG2a and inability to cross-link the T3-Ti complex. J Immunol 135:165–171
43. Chalevelakis G, Clegg JB, Weatherall DJ (1975) Imbalanced globin chain synthesis in heterozygous beta-thalassemic bone marrow. Proc Nat Acad Sci USA 72:3853–3857
44. Chan E, Desforges JF (1974) The role of disulfide bonds in Heinz body attachment to membranes. Blood 44:926
45. Chaplin H (1973) Clinical usefulness of specific antiglobulin reagents in autoimmune hemolytic anemias. Prog Hematol 8:25
46. Chaplin H, Avioli LV (1977) Autoimmune hemolytic anemia. Arch Int Med 137:346
47. Chapman RG, McDonald LL (1968) Red cell life span after splenectomy in hereditary spherocytosis. J Clin Invest 47:2263
48. Chasis JA, Shohet SB (1987) Red Cell Biochemical Anatomy and Membrane Properties. Ann Rev Physiol 49:237–248
49. Chasis JA, Agra P, Mohandes N (1988) Decreased Membrane Mechanical Stability and in Vivo Loss of Surface Area Reflect Spectrin Deficiencies in Hereditary Spherocytosis. J Clin Invest 82:617–623
50. Chehab FF, Doherty M, Cai S, Kan YW, Cooper S, Rubin EM (1987) Detection of sickle cell anaemia and thalassaemias. Nature 329:293
51. Chehab FF, Winterhalter KH, Kan YW (1989) Characterization of a Spontaneous Mutation in β-Thalassaemia Associated With Advanced Paternal Age. Blood 74:852–854
52. Chen YC, Hall ER, McLeod B, Wu KK (1981) Accelerated prostacyclin degradation in thrombotic thrombocytopenic purpura. Lancet 2
53. Chow FL, Telen MJ, Rosse WF (1985) The acetylcholinesterase defect in paroxysmal nocturnal hemoglobinuria: evidence that the enzyme is absent from the cell membrane. Blood 66:940–945
54. Clark MR, Mohandas N, Shohet SB (1980) Deformability of oxygenated irreversibly sickled cells. J Clin Invest 65:189–196
55. Clarkson SB, Kimberly RP, Valinsky JE, Witmer MD, Bussel JB, Nachmann RL, Unkeless JC (1986) Blockade of clearance of immune complexes by an anti-Fc-gamma receptor monoclonal antibody. J Exp Med 164:474–489
56. Coetzer T, Lawler J, Prchal JT, Palek J (1987) Molecular determinants of clinical expression of hereditary elliptocytosis and pyropoikilocytosis. Blood 70:766–772
57. Coetzer T, Lawler J, Liu SCI, Prchal JT, Gualtieri JR, Brain MC, Sir JV Dacie, Palek J (1988) Partial ankyrin and spectrin deficiency in severe, atypical hereditary spherocytosis. N Engl J Med 318:230–234

57a. Coetzer T, Sahr K, Prchal J (1991) Four different mutations in condon 28 of the alpha-Spectrin are associated with structurally and functionally abnormal spectrin $\alpha^{I/74}$ in hereditary elliptocytosis. J Clin Invest 88:743–749

58. Collins FS, Weissman SM (1984) The molecular genetics of human hemoglobin. Nucl Acid Res Molec biol 31:315–437

59. Colombo MB, Zanella A, Sirchia G (1988) 2,3-Diphosphoglycerate and 3-phosphoglycerate in red cell pyruvate kinase deficiency. Brit J Haematol 69:423
60. Condrea E et al (1964) Susceptibility of erythrocytes of various animal species to the hemolytic and phospholipid splitting action of snake venom. Biochem Biophys Acta 84:365
61. Conley CL, Lippman SM, Ness P (1980) Autoimmune hemolytic anemia with reticulocytopenia. JAMA 244:1688
62. Conner BJ, Reyes AA, Morin C, Itakura K, Teplitz RL, Wallace RB (1983) Detection of sickle cell S-globin allele by hybridization with synthetic oligonucleotides. Proc Natl Acad Sci USA 80:278
63. Cooper DN, Clayton JF (1988) DNA polymorphism and the study of disease associations. Hum Genet 78:299–312
64. Cooper MR, Currie MS, Rustagi PK, Logue GL (1982) T-lymphocytes escape membrane defect in paroxysmal nocturnal hemoglobinuria. Brit J Haematol 55:263
65. Cooper RA, Kimball DB, Durocher JD (1974) Role of the spleen in membrane conditioning and hemolysis of spur cells in liver disease. N Engl J Med 290:1279–1284
66. Cossio PM et al (1977) Persistent glomerulonephritis following the haemolytic-uraemic syndrome immunopathological and morphological studies. Clin Exp Immunol 29:361
67. Couser W (1988) Glomerular disorders. In: Wyngaarden JB, Smith LH (eds) Cecil's Textbook of Medicine. Saunders Company, p 582–587
68. Crocker J, Jones EL (1983) Haemolytic-uraemic syndrome complicating longterm mitomycin C and 5-fluorouracil therapy for gastric carcinoma. J Clin Pathol 1983, 36:24–29
69. Crosby WH (1950) Paroxysmal nocturnal hemoglobinuria. A specific test for the disease based on the ability of thrombin to activate the hemolytic factor. Blood 5:843
70. Dacie JV (1962) The haemolytic anemias, part 2. Churchill, London
71. Dacie JV (1967a) The haemolytic anemias, part 3. Churchill, London
72. Dacie JV (1967b) The haemolytic anemias, part 4. Churchill, London
73. Dacie JV (1975) Autoimmune haemolytic anemia. Arch Intern Med 135:1293
74. Dacie JV, Worlledge SM (1969) Auto-immuno hemolytic anemias. Prog. Hematol 6:82
75. Dacie JV, Lewis SM (1975) Practical haematology, 5th edn. Churchill Livingstone, Edinburgh London New York
76. Dacie JV, Shinton NK, Gaffney PJ, Carrell RW, Lehmann H (1967) Haemoglobin Hammersmith (beta 42 (CDI) Phe-Ser). Nature 216:663–665
77. Davidson RJL et al (1969) March of exertional haemoglobinuria. Semin Hematol 6:150
78. Davis S, Rambotti P, Grignani F (1985) Microangiopathic hemolytic anemia and pulmonary small-cell carcinoma. Ann Int Med 103:638
79. Davitz MA, Low MG, Nussenzweig V (1986) Release of decay-accelerating factor (DAF) from the cell membrane by phosphatidylinositolspecific phospholipase C (PIPLC). J Exp Med 163:1150–1161
80. Dawson MA, Talbert W, Yarbro JW (1971) Hemolytic anemia associated with an ovarian tumor. Am J med 50:552
81. Deckmyn H, Hoja C, Arnout J, Todisco A, Bulcke FV, D'Hondt L, Hendrickx N, Gresele P, Vermylen J (1985) Partial isolation and function of the prostacyclin regulating plasma factor. Clinical Science 1985, 69:383
82. Defreyn G, Proesmans W, Machin SJ, Lemmers F, Vermylen J (1982) Abnormal protacyclin metabolism in the haemolytic uraemic syndrome. Clin Nephrol 18:43–49
83. Dekker A, O'Brien ME, Cammarata RJ (1974) The association of thrombotic thrombocytopenic purpura with systemic lupus erythematosus. Amer J Med Sciences 267:243–249
84. Denz H, Spath P, Huber H (1977) Immunhaemolyse unter Penicillintherapie: In-vitro-Ergebnisse unter Verwendung isolierter Monozyten. Blut 35:171–177

85. De Sandre G, Ghiotto G (1960) An enzymic disorder in the erythrocytes of paroxysmal nocturnal haemoglobinuria: A deficiency in acetylcholinesterase activity. Brit J Haematol 6:39
86. Dhermy D, Lecomte MC, Garbarz M, Feo C, Gautero H, Bournier O, Galand C, Herrera A, Gretillat F, Boivin P (1984) Molecular defect of spectrin in the family of a child with congenital hemolytic poikilocytic anemia. Pediatr Res 18:1005
87. Dhermy D, Garbarz, Lecomte MC, Feo C, Bournier O, Chaveroche I, Gautero H, Galand C, Boivin P (1986) Hereditary elliptocytosis: Clinical, morphological and biochemical studies of 38 cases. Nouv Rev Fr Hematol 28:129–140
88. Dixon RH, Rosse WF (1977) Mechanism of complement-mediated activation of human blood platelets in vitro. J Clin Invest 59:360
89. Dover GJ, Boyer SH (1987) Fetal hemoglobin-containing cells have the same mean corpuscular hemoglobin as cells without fetal hemoglobin: A reciprocal relationship between gamma- and beta-globin gene expression in normal subjects and in those with high fetal hemoglobin production. Blood 69:1109–1113
90. Drummond KN et al (1985) Hemolytic uremic syndrome – then and now. N Engl J Med 312:116–118
91. Duncan AR, Woof JM, Partridge LJ, Burton DR, Winter G (1988) Localization of the binding site for the human highaffinity Fc receptor on IgG. Nature (Lond.) 332:563–564
92. Eber SW, Morris SA, Schröter W, Gratzer WB (1988) Interactions of Spectrin in Hereditary Elliptocytes Containing Truncated Spectrin β-chains. J Clin Invest 81:523–530
93. Egawa SE, Abo T, Hiwatashi N (1987) Enhancement of human natural killer activity by the monoclonal Leu-11 antibodies. Cell Immunol 104:386–399
94. Embury SH (1986) The clinical pathophysiology of sickle cell disease. Ann Rev Med 37:361–376
95. England JM, Fraser PM (1973) Differentiation of iron deficiency from thalassemia trait by routine blood-count. Lancet 1:449
96. Essers U, Angelkort B (1980) Mikroangiopathische hämolytisch-thrombozytopenische Purpura bei metastasierendem Mammakarzinom, erfolgreiche Behandlung durch Chemotherapie. Blut 40:157
97. Facer CA et al (1979) Direct Coombs antiglobulin reactions in Gambia children with plasmodium falciparum malaria. II: Specificity of erythrocyte bound IgG. Clin Exp Immunol 39:279
98. Farr MJ, Roberts S, Morley AR (1975) The haemolytic uraemic syndrome-a family study. Quart J Med 44:161–188
99. Fischer K, Poschmann A (1979) Diagnostik immunhaemolytischer Anämien. BIO-TEST-Serum Institut Frankfurt
100. Fitzpatrick TB, Rhodes AR, Sober AJ (1985) The New England Journal of Medicine Jan 10
101. Flint J, Hill AVS, Bowden DK, Oppenheimer SJ, Sill PR, Serjeantson SW, Bana-Oiri J, Bhatia K, Alpers MP, Boyce AJ, Weatherall DJ, Clegg JB (1986) High frequencies of alpha-thalassaemia are the result of natural selection by malaria. Nature 321:744
102. Fong JSC, Kaplan BS (1982) Impairment of platelet aggregation in hemolytic uremic syndrome; evidence for platelet exhaustion. Blood 60:564–570
103. Frank MM (1977) Pathophysiology of immune hemolytic anemia. Ann Intern Med 87:210
103a. Frank MM, Atkinson JP, Gadek J (1977) Cold agglutinins and cold-agglutinin disease. Ann Rev Med 28:291–298
103b. Frank MM, Fries LF (1991) The role of complement in inflammation and phagocytosis. Immunol Today 12:322–326
104. Frischer H, Bowman J (1975) Hemoglobin E: an oxidatively unstable mutation. J Lab Clin Med 85:531

105. Furthmayr H (1987) Erythrozyt. In: Wick G, Schwarz S, Foerster O, Peterlik M (eds) Funktionelle Pathologie. Gustav Fischer Verlag Stuttgart New York
106. Garcia SC, Moragon AC, Lopez-Fernandez ME (1979) Frequency of glutathione reductase, pyruvate kinase and glucose-6-phosphate dehydrogenase deficiency in a spanish population. Hum Hered 29:310–313
107. Garratty G (1988) Persönliche Mitteilung
108. Garratty G, Petz LD, Brodsky I, Fudenberg HH (1973) An IgA high titer cold agglutinin with an unusual blood group specificity within the Pr complex. Vox Sang 25:32
109. Garratty G, Petz LD, Hoops JK (1977) The correlation of cold agglutinin titrations in saline and albumine with haemolytic anaemia. Brit J Haematol 35:587
110. Getaz EP, Beckley S, Fitzpatrick J, Dozier A (1980) Cisplatin-induced hemolysis. N Engl J Med 302:334–335
111. Gianantonio CA et al (1973) The hemolytic-uremic syndrome. Nephron 11:174
112. Gilliland BC (1976) Coombs-negative immune hemolytic anemia. Semin Hematol 13:267
113. Gilliland BC, Baxter E, Evans RS (1971) Red-cell antibodies in acquired hemolytic anemia with negative antiglobulin serum tests. N Engl J Med 285:252
114. Gillor A, Bulla M, Roth B, Bußmann K, Schrör K, Tekook A, Gladtke E (1970) Microangiographic hemolytic anemia and mucin forming adenocarcinoms. Br J Haematol 18:183–193
115. Glas-Greenwalt P, Hall JM, Panke TW, Kant KS, Allen CM, Pollak VE (1986) Fibrinolysis in health and disease: abnormal levels of plasminogen activator, plasminogen activator inhibitor, and protein C in thrombotic thrombocytopenic purpura. J Lab Clin Med:415–422
116. Gonzalo A, Mampaso F, Gallego N, Bellas C, Segui J, Ortufio J (1985) Hemolytic uremic syndrome with hypocomplementemia and deposits of IgM and C3 in the involved renal tissue. Clin Nephrol 16:193–199
117. Gralnick HR, McGinnis MH, Elton W, McCurdy P (1971b) Hemolytic anemia, associated with cephalothin. JAMA 217:1143
118. Graziano RF, Fanger MW (1987) Fc gamma RI and Fc gamma RII on monocytes and granulocytes are cytotoxic trigger molecules for tumor cells. J Immunol 139:3536–3541
119. Greenquist AC, Shohet SB, Bernstein SE (1978) Marked reduction of spectrin in hereditary spherocytosis in the common house mouse. Blood 51:1149–1155
120. Griese EU, Kohne E, Horst J (1988) Molecular characterisation of alpha-thalassemia syndroms in german families. Binational Meeting of Germany/Israel Haematology Societies, Jerusalem, p 108
121. Habibi B (1985) Drug induced red blood cell autoantibodies co-developed with drug specific antibodies causing haemolytic anaemias. Brit J Haematol 61:139–143
122. Hänsch GM, Hammer CH, Jiji R, Rother U, Shin ML (1983) Lysis of paroxysmal nocturnal hemoglobinuria erythrocytes by acid-activated serum. Immunobiol 164:118–121
123. Hänsch GM, Schoenermark S, Roelcke (1987) Paroxysmal nocturnal hemoglobinuria type III. Lack of an erythrocyte membrane protein restricting the lysis by C5b-9. J Clin Invest 80:7–12
124. Ham TH (1937) Chronic hemolytic anemia with paroxysmal nocturnal hemoglobinuria. A study of the mechanism of hemolysis in relation to acid-base equilibrium. N Engl J Med 217:915
125. Hansen NE (1968) The sucrose hemolysis test in paroxysmal nocturnal hemoglobinuria. Acta Med Scand 184:543
126. Hansen NE, Killmann SA (1968) Paroxysmal nocturnal haemoglobinuria. A clinical study. Acta med Scand 184:525
126a. Hanspal M, Yoon SH, Jatinder S et al. (1991) Molecular basis of spectrin and ankyrin deficiencies in severe hereditary spherocytosis: evidence implicating a primary defect of ankyrin. Blood 77:165–173

127. Hardie RJ (1989) Acanthocytosis and Neurological Impairment – A Review. Quart J Med New Series 264:291–306
128. Hartmann RC, Auditore JV (1959) Paroxysmal nocturnal hemoglobinuria. I. Clinical studies. Am J Med 27:389
129. Hartmann RC, Jenkins DE (1966) The „sugar-water" test for paroxysmal nocturnal hemoglobinuria. N Engl J Med 275:155
130. Haynes CR, Chaplin H Jr (1971) An enhancing effect of albumin on the determination of cold hemagglutinins. Vox Sang 20:46
130a. Hebbel RP (1991) Beyond Hemoglobin polymerization: the red cell membrane and sickle disease pathophysiology. Blood 77:214–237
131. Hegglin R, Maier C (1944) Die Wärmeresistenzbestimmung der Erythrozyten als spezifischer Test für die Erkennung der Marchiafavaschen Anämie. Schweiz Med Wochenschr 25:12
132. Heilmeyer L, Westhäuser R (1932) Reifungsstadien an überlebenden Reticulozyten in vitro und ihre Bedeutung für die Schätzung der täglichen Hämoglobin-Produktion in vivo. Z Klin Med 121:361–365
133. Heimpel H (1970) Hämolytische Syndrome bei Operationen mit der Herz-Lungen-Maschine. In: Heilmeyer L (Hrsg) Klinik des erythrocytären Systems, 5. Aufl. Springer, Berlin Heidelberg New York (Handbuch der Inneren Medizin, Bd 2/2 619)
134. Heller P, Best WR, Nelson RB, Becktel J (1979) Clinical implications of sickle-cell trait and glucose-6-phosphate dehydrogenase deficiency in hospitalized black male patients. N Engl J Med 300:1001–1005
135. Herbert PN, Assmain G, Gotto AM, Fredrickson DS (1983) Familial lipoprotein deficiency: abetalipoproteinaemia, hypobetalipoproteinaemia and Tangier disease. In: Stanbury JB, Wyngaarden JB, Fredrickson DS, Goldstein JL, Brown MS (eds) The metabolic basis of inherited disease. 3rd edn. New York, McGraw Hill, 589–621
136. Higgs DR, Vickers MA, Wilkie AOM, Pretorius IM, Jarman AP, Weatherall DJ (1989) A Review of the Molecular Genetics of the Human alpha-Globin Gene Cluster. Blood 73:1081–1104
137. Hoagland HC, Goldstein NP (1978) Hematologic (cytopenic) manifestations of Wilson's disease (hepatolenticular degeneration). Mayo Clin Proc 53:498
138. Horst J, Öhme R, Kohne E (1986) Hemoglobin Koeln: direct analysis of the gene mutation by synthetic DNA probes. Blood 68:1175–1177
139. Hu V, Nicholson-Weller A (1985) Enhanced complementmediated lysis of type III paroxysmal nocturnal hemoglobinuria erythrocytes involves increased C9 binding and polymerization. Proc Natl Acad Sci USA 82:5520–5524
140. Huber H, Douglas SD (1970) Receptor sites on human monocytes for complement: Binding of red cells sensitized by cold autoantibodies. Brit J Haematol 19:19
141. Huber H, Fudenberg HH (1968) Receptor sites of human monocytes for IgG. Int Arch Allergy 34:18
142. Huber H, Polley MJ, Linscott WD, Fudenberg HH, Müller-Eberhard HJ (1968) Human monocytes: distinct receptor sites for the third component of complement and for immunoglobulin G. Science 162:1281
143. Hübner K, Palumbo AP, Isobe M, Kozak CA, Monaco S, Rovera G, Croce CM, Curtis PJ (1985) The alpha-spectrin gene is on chromosome 1 in mouse and man. Proc Natl Acad Sci USA 82:3790–3793
144. Huisman THJ (1979) Sickle cell anemia as a syndrome: a review of diagnostic features. Amer J Hematol 6:173–184
145. Huisman THJ (1983) Percentages of abnormal hemoglobins in adcults with a heterozygosity for an alpha-chain and/or a beta-chain variant. Amer J Hematol 14:393–404
145a. Huizinga TW, Kuijpers WA, Kleijer M et al. (1990) Maternal genomic neutrophil FcRIII deficiency leading to neonatal isoimmune neutropenia. Blood 76:1927–1932
146. Jacobson RJ, Jackson DP (1974) Erythrocyte fragmentation in defibrination syndromes. Ann Intern Med 81:207

147. Jacobson RJ et al (1973) Intravascular haemolysis and thrombocytopenia in left ventricular outflow obstruction. Br Heart J 35:849
148. Jaffe E, Nachman RL, Merskey C (1973) Thrombotic thrombocytopenic purpura-coagulation parameters in twelve patients. Blood 42, 4:499–507
149. Jandl JH (1987) Blood, textbook of hematology. Little, Brown and Company Boston/Toronto
150. Jandl JH, Simmons RL (1957) The agglutination and sensitization of red cells by metallic cations: interaction between multivalent metals and the red-cell membrane. Br J Haematol 3:19
151. Jandl JH et al (1983) Chapt 24 in Occupational Health, Levy BS and Wegman DH, eds. Little Brown and Company Boston
152. Jandl JH et al (1987) Secondary defects of the red cell membrane. Blood:265–279
153. Janney FA, Lee LT, Howe C (1978) Cold hemagglutinin cross-reactivity with myko-plasma pneumoniae. Infect Immun 22:29
154. Jensen M, Wirtz A, Walther JU, Schemken EM, Laryea MD, Driesel AJ (1984) Hereditary persistence of fetal haemoglobin (HPFH) in conjunction with a chromosomal translocation involving the haemoglobin beta locus. Brit J Haematol 56:87–94
155. Jones RT, Brimhall B, Huisman THJ, Kleihauer E, Betke K (1966) Hemoglobin Freiburg: Abnormal hemoglobin due to deletion of a single amino acid residue. Science 154:1024–1027
156. Kan SY, Gardner FH (1965) Life span of reticulocytes in paroxysmal nocturnal hemoglobinuria. Blood 25:759
157. Kan YW (1983) The thalassemias. In: Stanbury JB, Wyngaarden JB, Fredrickson DS (eds) The Metabolic Basis of Inherited Disease, (ed 5). New York, McGraw Hill
158. Kan YW, Nathan DG (1970) Mild thalassemia: the result of interactions of alpha and beta thalassemia genes. J Clin Invest 49:635
159. Kan YW, Dozy AM (1980) Evolution of the hemoglobin S and C genes in world populations. Science 209:388
160. Kan YW, Golbus MS, Trecartin RF, Furbetta M, Cao A (1975b) Prenatal diagnosis of homozygous beta-thalassaemia. Lancet ii, 790–792
161. Kaplan B, Chesney RW, Drummond KN (1975) Hemolytic uremic syndrome in families. The New England Journal of Medicine 22:1091–1093
162. Kaplan B et al (1976) The hemolytic uremic syndrome. Pediatr Clin North Am 23:761
163. Karmali MA, Petric M, Lim C, Fleming PC, Arbus GS, Lior H (1985) The association between idiopathic hemolytic uremic syndrome and infection by verotoxin-producing escherichia coli. J Infect Disease 151:775–782
164. Katz J, Krawitz S, Sacks PV, Levin SE, Thomson P, Levin J, Metz J (1973) Platelet erythrocyte and fibrinogen kinetics in the hemolytic uremic syndrome of infancy. J Pediatr 83:739–748
165. Karlsson S, Nienhuis AW (1985) Developmental regulation of human globin genes. Ann Rev Biochem 54:1071–1108
166. Kazazian H Jr, Böhm CD (1988) Molecular Basis and Prenatal Diagnosis of β-Thalassemia. Blood 72:1107–1116
167. Kazazian HH, Waber PG, Böhm CD, Lee JI, Antonarakis SE, Fairbanks VF (1984) Hemoglobin E in Europeans: Further evidence for multiple origins of the beta-E-globin gene. Am J Human Genet 36:212–217
168. Kelton JG, Moore J, Santos A, Sheridan D (1984) Detection of a platelet-agglutinating factor in thrombotic thrombocytopenic purpura. Ann Int Med 101:589
169. Kelton JG, Moore J, Murphy WG (1987) Studies Investigating Platelet Aggregation and Release Initiated by Sera From Patients With Thrombotic Thrombocytopenic Purpura. Blood 69:924–928
170. Kinoshita T, Medof ME, Silber R, Nussenzweig V (1985) Distribution of decay-accelerating factor in the peripheral blood of normal individuals and patients with paroxysmal nocturnal hemoglobinuria. J Exp Med 162:75–92

171. Kirtland HH, Mohler DN, Horwitz DA (1980) Methyldopa inhibition of suppressor-lymphocyte function. N Engl J Med 302:825–832
172. Kitchens CS (1982) Studies of a patient with recurring thrombotic thrombocytopenic purpura. Am J Hematol 13:259–267
173. Kleihauer E, Braun H, Betke K (1957) Demonstration von fetalem Haemoglobin in den Erythrozyten eines Blutausstrichs. Klin Wochenschr 35:637
173a. Klein J (1991) Immunologie (Schmidt RE Hrsg). VCH Verlagsgesellschaft, Weinheim
174. Klein et al (1977) Thomson-Friedenreich antigen in haemolytic-uraemic Syndrome. Lancet 2:1024
175. Knapp W, Dörken B, Rieber EP, Stein H, Gilks W, Schmidt RE, von dem Borne AEG Kr (1989) Leucocyte Typing IV, Oxford New York Tokyo
176. Koepke JF, Koepke JA (1986) Reticulocytes. Clin Lab Haematol 8:169
177. Kohne E, Kleihauer E (1988) Incidence and distribution of hemoglobinopathies in the Federal Republic of Germany. Binational Meeting of Germany/Israel Haematology Societies
178. Kohne E, Kley HP, Kleihauer E, Versmold H, Benoehr HC, Braunitzer G (1976) Structural and functional characteristics of Hb Tuebingen: beta 106 (G8) Leu-Gln. Febs Letters 64:443
179. Kreimer-Birnbaum M, Pinkerton PH, Bannerman RM, Hutchinson HE (1966) Dipyrrolic urinary pigments in congenital Heinz-body anaemia due to Hb Koeln and in thalassaemia. Brit Med J 2:396
180. Kressel BR, Ryan KP, Duong AT, Berenberg J, Schein PS (1981) Microangiopathic hemolytic anemia, thrombocytopenia, and renal failure in patients treated for adenocarcinoma. Cancer 48:1738–1745
181. Kretschmer V, Mueller-Eckhardt C (1977) Significance of complement activation in autoimmune hemolytic anemia ("warm type"). Vox Sang 31:1
182. Leblond PF, Lyonnais J, DeLage JM (1978a) Erythrocyte populations in pyruvate kinase deficiency anaemia following splenectomy. I. Cell morphology. Brit J Haematol 39:55
183. Leblond PF, Lyonnais J, DeLage JM (1978b) Erythrocyte populations in pyruvate kinase deficiency anaemia following splenectomy. II. Cell deformability. Brit J Haematol 39:63
184. Lechner K (1982) Blutgerinnungstörungen. Laboratoriumsdiagnose hämatologischer Erkrankungen, erw. Aufl. Bd 2, Springer, Berlin Heidelberg New York
185. Lecompte J, Feizi T (1975) A common idiotype on human macroglobulins with anit-I and anti-i specificity. Clin Exp Immunol 20:287–302
186. Lecomte MC, Garbarz M, Grandchamp B, Feo C, Gautero H, Devaux I, Bournier O, Galand C, d'Auriol L, Galibert F, Sahr KE, Forget BG, Boivin P, Dhermy D (1989) Sp alpha 1/78: A Mutation of the alpha-I Spectrin Domain in a White Kindred With HE and HPP Phenotypes. Blood 74:1126–1133
187. Letona JML, Barbolla L, Frieyro E, Bouza E, Gilsanz F, Fernandez MN (1977) Immune haemolytic anaemia and renal failure induced by streptomycin. Brit J Haematol 35:561–571
188. Leung DYM, Geha RS, Newburger JW, Burns JC, Fiers W, Lapierre LA, Pober JS (1986) Two monokines, interleukin 1 and tumor necrosis factor, render cultured vascular endothelial cells susceptible to lysis by antibodies circulating during Kawasaki syndrome. J Exp Med 164:1958–1972
189. Leung DYM, Moake JL, Havens PL, Kim M, Pober JS (1988) Lytic anti-endothelial cell antibodies in haemolytic uraemic syndrome. Lancet:184–1987
190. Levin M, Barratt TM (1984) Haemolytic uraemic syndrome. Arch Dis Childh 59:397–400
191. Lewis SM, Dacie JV (1965) Neutrophil (leucocyte) alkaline phosphatase in paroxysmal nocturnal haemoglobinuria. Brit J Haematol 11:549
192. Lewis SM, Dacie JV (1967) The anemia-paroxysmal nocturnal hemoglobinuria syndrome. Brit J Haematol 13:236

193. Lian ECY (1988) Thrombotic thrombocytopenic purpura. Ann rev Med 39:203–212
194. Lian ECY, Harkness DR, Byrnes JJ, Wallach H, Nunez R (1979) Presence of a platelet aggregating factor in the plasma of patients with thrombotic thrombocytopenic purpura (TTP) and its inhibition by normal plasma. Blood 53:333–338
195. Lian ECY, Mui PTK, Siddiqui FA, Chiu AYY, Chiu LLS (1984) Inhibition of platelet-aggregating activity in thrombotic thrombocytopenic purpura plasma by normal adult immunglobulin G. J Clin Invest 73:548–555
196. Lobuglio AF et al (1967) Red cells coated with immunglobulin G: blinding and sphering by mononuclear cells in man. Science 158:1582
197. Lohrmann HP, Adam W, Heymer B, Kubanek B (1973) Microangiopathic hemolytic anemia in metastatic carcinoma, report of eight cases. Ann Int Med 79:368–375
198. Lorkin PA, Pietschmann H, Braunsteiner H, Lehmann H (1974) Structure of haemoglobin Wien beta 130 (H8) tyrosine-aspartic acid; an unstable haemoglobin variant. Acta Haematol 51:351–361
199. Loukopoulos D, Loutradi A, Fessas P (1978) A unique thalassaemic syndrome: Homozygous alpha-thalassaemia + homozygous beta-thalassaemia. Brit J Haematol 39:377–389
199a. Loukopoulos D (1991) Thalassemia: genotypes and phenotypes. Ann Hematol 62:145–150
200. Low MG (1987) Biochemistry of the glycosyl-phosphatidylinositol membrane protein anchors. Biochem J 244:1–13
201. Low MG, Saltiel AR (1988) Structural and functional roles of glycosyl-phosphatidylinositol in membranes. Science 239:268–275
202. Lux SE (1983) Disorders of the red cell membrane skeleton: hereditary spherocytosis and hereditary elliptocytosis. In: Stanbury JB, Wyngaarden JB, Fredrickson DS (eds) The Metabolic Basis of Inherited Disease, (ed 5). New York, McGraw Hill
203. Lux SE (1988) Hereditary Defects in the Membrane or Metabolism of the Red Cell. In: Wyngaarden JB, Smith LH Jr (eds) Cecil Textbook of Medicine. Saunders Company
204. Lyman NW, Michaelson R, Viscuso RL, Winn R, Mulgadnaker S, Jacobs MJ (1983) Mitomycin-induced hemolytic uremic syndrome. Successful treatment with corticosteroids and intense plasma exchange. Arch Intern Med 143:1617–1618
205. Machin SJ, McVerry BA, Parry M, Marrow WJ (1982) A plasma factor inhibiting prostacyclin like activity in thrombotic thrombocytopenic purpura. Acta Haematol 67:8–12
206. MacIntyre DE, Pearson JD, Gordon JL (1978) Localization and stimulation of prostacyclin production in vascular cells. Nature 27:549–551
207. Marsh GW, Lewis SM (1969) Cardiac haemolytic anaemia. Semin Hematol 6:133
208. Marsh WL, Oyen R, Nichols ME, Allen FH Jr (1975a) Chronic granulomatous disease and the Kell blood groups. Br J Haematol 29:247–262
209. Marti HR (1977) Hämoglobinopathien. In: Hornbostel H, Kaufmann W, Siegenthaler W (Hrsg) Innere Medizin in Praxis und Klinik, Bd III. Thieme, Stuttgart, S 11–25
210. Marti N (1963) Normale und abnormale menschliche Haemoglobine. Springer, Berlin Goettingen Heidelberg
211. May A, Hühns ER (1975) The oxygen affinity of haemoglobin Hammersmith. Brit J Haematol 30:185–195
212. Medof ME, Kinoshitz T, Silber R, Nussenzweig V (1985) Amelioration of lytic abnormalities of paroxysmal nocturnal hemoglobinuria with decay-accelerating factor. Proc Natl Acad Sci USA 82:2980–2984
213. Medof ME, Walter EI, Roberts WL, Haas R, Rosenberry TL (1986) Decay accelerating factor of complement is anchored to cells by a c-terminal glycolipid. Biochemistry 25:6740–6747
214. Mentzer WC (1973) Differentiation of iron deficiency from thalassaemia trait. Lancet 1:882

215. Metz J, Bradlow BA, Lewis SM, Dacie JV (1960) The acethylcholinesterase activity of the erythrocytes in paroxysmal nocturnal haemoglobinuria in relation to the severity of the disease. Brit J Haemat 6:372–380
216. Miller BA, Salameh M, Ahmed M, Wainscoat J, Antognetti G, Orkin S, Weatherall D, Nathan DG (1986) High fetal hemoglobin production in sickle cell anemia in the eastern province of Saudi Arabia is genetically determined. Blood 67:1404–1410
217. Miller LH (1989) Binding of infected red cells. Nature 341:81
218. Miwa S, Fujii H (1985) Molecular aspects of erythrozymopathies associated with hereditary hemolytic anemia. Amer J Haematol 19:239–305
219. Moake JL, Tang SS, Olson JD, Troll JH, Cimo PL, Davies PJA (1981) Platelets, von Willebrand factor and prostaglandin I2. Am J Physiol 241:H54–H59
220. Moake JL, Rudy CK, Trall JH, Weinstein MJ, Colannino NM, Azocare J, Seder RH, Hong SL, Deykin D (1982) Unsually large pasma factor VIII: von Willebrand factor multimers in chronic relapsing thrombotic thrombocytopenic purpura. NEJ Med 307:1432–1435
221. Moake JL, Byrnes JJ, Troll JH, Rudy CK, Weinstein MJ, Colannino NM, Hong SL (1984) Abnormal VIII: von Willebrand factor patterns in the plasma of patients with the hemolytic-uremic syndrome. Blood 64:pp 592–598
222. Moake Jl, Byrnes JJ, Troll JH, Rudy CK, Hong SL, Weinstein MJ, Colannino NM (1985a) Effects of fresh-frozen plasma and its cryosupernatant fraction on von Willebrand factor multimeric forms in chronic relapsing thrombotic thrombocytopenic purpura. Blood 65:pp 1232–1236
223. Moake JL, Rudy CK, Troll JH, Schafer AI, Weinstein MJ, Colannino NM, Hong SL (1985b) Therapy of chronic relapsing thrombotic thrombocytopenic purpura with prednisone and azathioprine. Am J Hematol 20:73–79
224. Moake JL, Turner NA, Stathopoulos NA, Nolasco LH, Hellums JD (1986) Involvement of large plasma von Willebrand factor (vWF) multimers and unusually large vWF forms derived from endothelial cells in shear stress-induced platelet aggregation. J Clin Invest 78:1456–1461
225. Mollison PL, Hughes-Jones NC (1967) Clearance of Rh-positive red cells by low concentrations of Rh antibody. Immunology 12:63.
226. Moncada S, Vane JR (1979) Arachidonic acid metabolites and the interaction between platelets and blood vessel walls. NEJ Med 300:142–1147
227. Moncada S, Gryglewski R, Bunting S, Vane JR (1976) An enzyme isolated from arteries transforms prostaglanding endoperoxides to an unstable substance that inhibits platelet aggregation. Nature 263:663–665
228. Monnens L et al (1974) Serum-complement levels in haemolytic-uraemic syndrome. Lancet 2:294
229. Moore JG, Frank MM, Müller-Eberhard HJ, Young NS (1985) Decay-accelerating factor is present on paroxysmal nocturnal hemoglobinuria erythroid progenitors and lost during erythropoiesis in vitro. J Exp Med 162:1182–1192
230. Motulsky AG (1973) Frequency of sickling disorders in U.S. blacks. N Engl J Med 288:31–33
231. Müller-Eckhardt C, Kretschmer V (1972) Autoimmune hemolytic anemias. Blut 25:1
232. Murray HW, Masur H, Senterfit LB, Roberts RB (1975) The protean manifestations of mycoplasma pneumoniae infection in adults. Amer J Med 58:229–242
232a. Murru S, Loudianos G, Deiana M et al (1991) Molecular charakterization of β-thalassemia intermedia in patients of Italian descent and identification of three nouvel β-thalassemia mutations. Blood 77:1342–1347
233. Nance SJ, Garratty G (1987) Application of flow cytometry to immunohematology. J Immunol Method 101:127–131
234. Nathan DG, Oski FA (1987) Haematology of infancy and childhood. WB Saunders Company
235. Neild G (1987) The haemolytic uraemic syndrome: a review. Quart J Med 63:367–376

236. Nicholls RD, Higgs DR, Clegg JB, Weatherall DJ (1985) alpha O-Thalassemia due to recombination between the alpha1-globin gene and an AluI repeat. Blood 65:1434–1438
237. Nicholson-Weller A, Burge J, Fearon DG, Weller PF, Austen KF (1982) Isolation of a human erythrocyte membrane glycoprotein with decay-accelerating activity for C3 convertases of the complement system. J Immunol 129:184–189
238. Nicholson-Weller A, March JP, Rosen CE, Spicer DB, Austen KF (1985a) Surface membrane expression by human blood leukocytes and platelets of decay-accelerating factor, a regulatory protein of the complement system. Blood 65:1237–1244
239. Nicholson-Weller A, Spicer DB, Austen KF (1985b) Deficiency of the complement regulatory protein, "decay-accelerating factor", on membranes of granulocytes, monocytes, and platelets in paroxysmal nocturnal hemoglobinuria. N Engl J Med 312:1091–1097
240. Nienhuis AW, Anagnou NP, Ley TJ (1984) Advances in thalassemia research. Blood 63:738–758
240a. Nissen C, De Planque MM, Wursch A et al (1988) Testosterone reduces complement sensitivity of precursor cells in aplastic anemia patients treated with antilymphocyte globulin. Br J Haematol 69:405
241. Noguchi CT, Torchia DA, Schechter AN (1983) Intracellular polymerization of sickle hemoglobin. J Clin Invest 72:846–852
242. Old JM, Petrou M, Modell B, Weatherall DJ (1984) Feasibility of antenatal diagnosis of beta thalassaemia by DNA polymorphisms in Asian, Indian and Cypriot populations. Brit J Haematol 57:255–263
243. Olson P, Weiblen BJ, O'Leary JJ, Moscowitz AJ, McCullough J (1976) A simple technique for the inactivatioin of IgM antibodies using dithiothreitol. Vox Sang 30:149
244. Orkin SH, Kazazian HH (1984) The mutation and polymorphism of the human beta-globin gene and its surrounding DNA. Ann Rev Genet 18:131–171
245. Orkin SH, Kazazian HH, Antonarakis SE, Goff SC, Böhm CD (1982) Linkage of beta-thalassaemia mutations and beta-globin gene polymorphisms with DNA polymorphisms in the human beta-globin gene cluster. Nature 296:627–631
246. Oski FA (1983) Erythrocyte protoporphyrin. in: Williams WJ, Beutler E, Erslev AJ, Lichtman MA (eds) Hematology (ed 3), New York McGraw Hill, pp 1644
247. Packman CH, Leddy JP (1983a) Acquired hemolytic anemia due to warm-reacting autoantibodies. In: Williams WJ, Beutler E, Erslev AJ, Lichtman MA (eds) Hematology (ed 3), New York McGraw Hill, pp 632
248. Packman CH, Leddy JP (1983b) Cryopathic hemolytic syndromes. In: Williams WJ, Beutler E, Erslev AJ, Lichtman MA (eds): Hematology (ed 3), New York McGraw Hill, pp 642
249. Packman CH, Leddy JP (1983c) Drug related immunologic injury to erythrocytes. In: Williams WJ, Beutler E, Erslev AJ, Lichtman MA (eds) Hematology, (ed 3), pp 647–653, New York, McGraw Hill
250. Palek J (1985) Hereditary elliptocytosis and related disorders. Clin Hematol 14:45
251. Pangburn MK, Müller-Eberhard HJ (1980) Relation of a putative thioester bond in C3 to activation of the alternative pathway and the binding of C3b to biological targets of complement. J Exp Med 152:1102–1114
252. Pangburn MK, Schreiber RD, Müller-Eberhard HS (1983) Deficiency of an erythrocyte membrane protein with complement regulatory activity in paroxysmal nocturnal hemoglobinuria. Proc Natl Acad Sci USA 80:5430–5434
253. Papayannopoulou T, Nakamoto B, Buckley J, Kurachi S, Nute PE, Stamatoyannopoulos G (1978) Erythroid progenitors circulating in the blood of adult individuals produce fetal hemoglobin in culture. Science 199:1349–1350
254. Parker CJ, Wiedmer T, Sims PJ, Rosse WF (1985) Characterization of the complement sensitivity of paroxysmal nocturnal hemoglobinuria erythrocytes. J Clin Invest 75:1074–1084

255. Pasvol G (1986) The anaemia of malaria. Q J Med 58:217
256. Pasvol G, Chasis JA, Mohandas N, Anstee DJ, Tanner MJA, Merry AH (1989) Inhibition of malarial parasite invasion by monoclonal antibodies against glycophorin A correlates with reduction in red cell membrane deformibility. Blood 74:1836–1843
257. Pearson HA, Gallagher D, Chilcote R, Sullivan E, Williams J, Espeland M, Ritchey AK (1985) Developmental pattern of splenic dysfunction in sickle cell disorders. Pediatrics 76:392–397
258. Perrine RP, Pembrey ME, John P, Shoup F (1978) Natural history of sickle cell anemia in Saudi Arabs: A study of 270 subjects. Ann Intern Med 88:1
259. Perussia BE, Dayton T, Lazarus R, Fanning V, Trinchieri G (1983) Immune interferon induces the receptor for monomeric IgG1 on human monocytic and myeloid cells. J Exp Med 158:1092–1113
260. Petroni KC, Shen L, Guyre PM (1988) Modulation of human polymorphnuclear leukocyte IgG Fc receptors and Fc receptor-mediated functions by IFN-gamma and glucocorticoids. J Immunol 140:3467–3472
261. Petz LD, Garratty G (1980) Acquired immune hemolytic anemias. Churchill Livingstone, New York Edinburgh London
262. Petz LD, Garratty G (1980) Acquired immune hemolytic anemias. Churchill Livingstone, New York Edinburgh London
263. Pippard MJ, Warner GT, Callender ST, Weatherall DJ (1979) Iron absorption and loading in beta-thalassaemia intermedia. Lancet 2:819
264. Pirofsky B (1969) Autoimmunization and the autoimmune hemolytic anemias. Williams & Wilkins, Baltimore
264a. Pirofsky B (1975) Immune hemolytic disease: The autoimmune hemolytic anemias. Clin Hematol 4:167
265. Pisciotta AV, Garthwaite T, Darin J, Aster RH (1977) Treatment of thrombotic thrombocytopenic purpura by exchange transfusion. Am J Hematol 3:73–78
266. Pober JS, Gimbrone MA, Lapierre LA, Mendrick DL, Fiers W, Rothlein R, Springer TA (1986) Oberlapping patterns of activation of human endothelial cells by interleukin 1, tumor necrosis factor, and immune interferon. Journal of Immunology 137:1893–1896
267. Podzamcer D et al (1985) Microangiopathic hemolytic anema associated with pulmonary adenocarcinoma. JAMA 254:2554
268. Pollak S, Fleming J (1984) Plasmodium falciparum takes up iron from transferrin. Brit J Haematol 58:289
269. Powars DR, Weiss JN, Chan LS, Schroeder WA (1984) Is there a threshold level of fetal hemoglobin that ameliorates morbidity in sickle cell anemia? Blood 63:921–926
270. Pribilla W, Klesse P, Betke K, Lehmann H, Beale D (1965) Haemoglobin-Koeln-Krankheit: Familiaere hypochrome haemolytische Anaemie mit Haemoglobinanomalie. Klin Wochenschr 43:1049
271. Pruzanski W, Shumak KH (1977) Biologic activity of cold-reacting autoantibodies (second of two parts). N Engl J Med 297:583–589
272. Pruzanski W, Shumak KH (1977b) Biologic activity of cold-reacting autoantibodies (first of two parts). N Engl J Med 297:538–542
273. Rapaport SI (1987) Introduction to Hematology, Second Edition. Lippincott Philadelphia London Mexico City New York St. Louis Sao Paulo Sydney
273a. Ravetch JV, Kinet JP (1991) Fc Receptors. Annu Rev Immunol 9:457–492
274. Redmann CM, Marsch WL, Scarborough A, Johnson CL, Rabin BI, Overbeeke M (1988) Biochemical studies on McLeod phenotype red cells and isolation of Kx antigen. Br J Haematol 68:131–136
275. Remuzzi G (1987) HUS and TTP: variable expression of a single entity. Kidney International 32:pp 292–308
276. Remuzzi G, Misiani R, Marchesi D, Livio M, Mecca G, DeGaetano G, Danati MB (1978) Haemolytic-uraemic syndrome-deficiency of plasma factors regulating prostacyclin activity. Lancet ii:871–872

277. Remuzzi G, Misiani R, Marchesi D, Livio M, Mecca G, DeGaetano G, Danati MB (1979) Treatment of haemolytic uraemic syndrome with plasma. Clin Nephrol 12:279–284
278. Remuzzi G, Mecca G, Livio M, DeGaetano G, Danati MB, Pearson JD, Garden JL (1980) Prostacyclin generation by cultured endothelial cells in haemolytic uraemic syndrome. Lancet i:656–657
279. Ricard MF, Sigaux F, Imbert M, Sultan C (1979) Complementary investigation in myelodysplastic syndromes. In: Schmalzl F, Hellriegel KP (eds) Preleukemia. Springer, Berlin Heidelberg New York, p 56
280. Ridolfi RL, Bell MR (1981) Thrombotic thrombocytopenic purpura. Report of 25 cases and review of the literature. Medicine 60:413
281. Rieder RF, Zinkham WH, Holtzman NA (1965) Hemoglobin Zuerich. Amer J Med 39:4
282. Roche-Sicot J, Benhamou JP (1977) Acute intravascular hemolysis and acute liver failure associated as a first manifestation of Wilson's disease. Ann Int Med 86:301
283. Rock RC et al (1969) Heparin treatment of intravascular coagulation accompanying hemolytic transfusion reactions. Transfusion 9:57
284. Rölcke D (1974) Cold agglutination: antibodies and antigens. Clin Immunol Immunopathol 2:266–280
285. Rölcke D, Ebert W, Feizi T (1974) Studies on the specificities of two IgM lambda cold agglutinins. Immunol 27:879–886
286. Rönisch P, Kleihauer E (1967) Alpha-Thalassaemie mit HbH und Hb Bart's in einer deutschen Familie. Klin Wochenschr 45:1193
287. Rosatelli C, Tuveri T, Di Tucci A, Falchi AM, Scalas MT, Monni G, Cao A (1985) Prenatal diagnosis of beta-thalassaemia with the synthetic-oligomer technique. Lancet i:241–243
288. Rose M, Eldor A (1987) High incidence of relapses in thrombotic thrombocytopenic purpura. Clinical study of 38 patients. Am J Med 83:437–444
289. Rose PE, Enayat SM, Sunderland R, Short PE, Williams CE, Hill FGH (1984) Abnormalities of factor VIII related protein multimers in the haemolytic uraemic syndrome. Arch Dis Child 59:1135–1140
290. Rose PE, Armour JA, Williams CE, Hill FGH (1985) Verotoxin and neuraminidase induced platelet aggregating activity in plasma: their possible role in the pathogenesis of the haemolytic uraemic syndrome. J Clin Pathol 38:438–441
291. Rosse WF (1986) The control of complement activation by the blood cells in paroxysmal nocturnal hemoglobinuria. Blood 67:268–269
291a. Rosse WF (1991) Dr Ham's Test revisited. Blood 78:547–550
292. Rosse WF, Dacie JV (1966) Immune lysis of normal human and paroxysmal nocturnal hemoglobinuria (PNH) red blood cells. I. The sensitivity of PNH red cells to lysis by complement and specific antibody. J Clin Invest 45:736–744
293. Ruddy S, Austen KF (1971) C3b inactivator of man. II. Fragments produced by C3b inactivator cleavage of cell bound or fluid phase C3b. J Immunol 107:742–750
294. Rutherfort CJ, Postlewaight BF, Hallowes M (1986) An evaluation of the acidified glycerol lysis test. Brit J Haematol 63:119–121
295. Saiki RK, Scharf S, Faloona F, Mullis KB, Horn GT, Erlich HA, Arnheim N (1985) Enzymatic amplification of β-globin genomic sequences and restriction site analysis for diagnosis of sickle cell anemia. Science 230:1350
296. Saiki RK, Bugawan TL, Horn GT, Mullis KB, Erlich HA (1986) Analysis of enzymatically amplified beta-globin and HLA-DQalpha DNA with allele-specific oligonucleotide probes. Nature 324:163–166
297. Sakariassen KS, Ottenhof-Rovers M, Sixma JJ (1986) Factor VIII-von Willebrand factor requires calcium for facilitation of platelet adherence. Blood 63:1008
298. Salama A, Müller Eckhardt C (1985) The role of metabolite-specific antibodies in nomifensine-dependent immune hemolytic anemia. N Engl J Med 313:469–474
299. Salama A, Northoff H, Burkhardt H, Müller-Eckhardt C (1988) Carbimazole-

induced immune haemolytic anaemia: role of drug-red blood cell complexes for immunization. Brit J Haematol 68:479–482
300. Schnee J, Eigel A, Horst J (1989) Direct mutation analysis of β-thalassemia genes in families of various ethnic origins residing in Germany. Blut 59:237–239
301. Schreiber AD (1983) Paroxysmal nocturnal hemoglobinuria revisited. N Engl J Med 309:723–725
302. Schubothe H (1966) The cold hemagglutinin disease. Semin Hematol 3:27
303. Schubothe H (1970) Autoimmunhaemolytische Anaemien. Durch Arzneimittel induzierte immunhaemolytische Anaemien. In: Heilmeyer L (Hrsg) Klinik des erythrozytaeren Systems, 5. Aufl. Springer, Berlin Heidelberg New York (Handbuch der inneren Medizin, Bd 2/2, S 443)
304. Scully RE, Mark EJ, McNeely BU (1984) Case records of the massachusetts general hospital. Weekly clinicopathological exercises. N Engl J Med 310:1728–1736
305. Sears DA, Crosby WH (1965) Intravascular hemolysis due to intracardiac prosthetic devices. Diurnal variations related to activity. Am J Med 39:341
306. Seger R, Joller P, Bärlocher K, Hitzig WH (1980) Neuraminidase-produzierende Pneumokokken in der Pathogenese des hämolytisch-urämischen Syndroms. Schweiz Med Wochenschr 110:1454–1456
307. Selvaraj P, Rosse WF, Silber R, Springer TA (1988) The major Fc receptor in blood has a phosphatidylinositol anchor and is deficient in paroxysmal nocturnal haemoglobinuria. Nature 333:565–567
308. Serjeant GR, Serjeant BE, Milner PF (1969) The irreversibly sickled cell; a determinant of haemolysis in sickle cell anaemia. Brit J Haemat 17:527–533
309. Shen L, Guyre PM, Fanger MW (1987) Polymorphonuclear leukocyte function triggered through the high affinity Fc receptor for monomeric IgG. J Immunol 139:534–538
310. Shinar E, Rachmilewitz EA, Lux SE (1988) Red cell membrane alterations in alpha and beta thalassemia. Binational Meeting of Germany/Israel Haematology Societies, Jerusalem, p 96
311. Shulman NR (1958) Immunoreactions involving platelets. I. A steric and kinetic model for formation of a complex from a human antibody, quinidine as a haptene, and platelets; and for fixation of complement by the complex. J Exp Med 107:665–690
312. Shulmann H, Stricker G, Geeg HJ, Kennedy M, Storb R, Thomas ED (1983) Nephrotoxicity of Cyclosporin A after allogeneic marrow transplantation. Glomerular thromboses and tubular injury. N Engl J Med 305:1392–1395
313. Siddiqui FA, Lian ECY (1985) Novel Platelet-agglutinating protein from a thrombotic thrombyctopenic purpura plasma. J Clin Invest 76:1330–1337
314. Siddiqui FA, Lian ECY (1988) Platelet-agglutinating protein P37 from a thrombotic thrombocytopenic purpura plasma forms a Complex with human immunoglobulin G. Blood 72:299–304
315. Siegal T et al (1978) Clinical and laboratory aspects of disseminated intravascular coagulation (DIC): A Study of 115 cases. Thromb haemostasis 39:122
316. Siess W (1989) Molecular Mechanism of platelet activation. Physiol Rev 69:58–178
317. Silberstein LE, Robertson GA, Hannan Harris AC, Moreau L, Besa E, Nowell PC (1986) Etiologic aspects of cold agglutinin disease: evidence for cytogenetically defined clones of lymphoid cells and the demonstration that an anti-Pr cold autoantibody is derived from a chromosomally aberrant B cell clone. Blood 67:1705–1709
318. Singer SJ, Nicholson GL (1972) The fluid mosaic model of the structure of cell membranes. Science 175:720
319. Smith ME, Reid DM, Jones CE, Jordan JV, Kautz CA, Shulman NR (1987) Binding of quinine- and quinidine-dependet drug antibodies to platelets is mediated by the Fab domain of the immunoglobulin G and is not Fc dependent. J Clin Invest 79:912–917
320. Sokol RJ, Hewitt S, Booker DJ, Stamps R (1987) Small quantities of erythrocyte bound immunoglobulins and autoimmune haemolysis. J Clin Pathol 40:254–257

321. Sosler SD, Behzad , Garratty G, Lee CL, Postaway N, Khomo O (1984) Acute hemolytic anemia associated with a chlorpropamide-induced apparent auto-anti-Jk a. Transfusion 24:206–209
322. Spath P, Garratty G, Petz L (1971a) Studies on the immune response to penicillin and cephalotin in humans. I. Optimal conditions for titration of hemagglutinating penicillin and cephalotin antibodies. J Immunol 107:854
323. Spath P, Garratty G, Petz L (1971b) Studies on the immune response to penicillin and cephalotin in human. II. Immunhematologic reactions to cephalothin administration. J Immunol 107:860
324. Spicer AJ et al (1970) Studies on march haemoglobinuria. Br Med J 1:55
324a. Springer TA (1991) Adhesion receptors of the Immune system. Nature 346:425–434
325. Steinberg MH, Hebbel RP (1983) Clinical diversity of sickle cell anemia: Genetic and cellular modulation of disease severity. Amer J Hematol 14:405–416
326. Steinberg MH, Embury SH (1986) alpha-Thalassemia in blacks: genetic and clinical aspects and interactions with the sickle hemoglobin gene. Blood 68:985–990
327. Steinberg MH, Rosenstock W, Coleman MB, Adams JG, Platica O, Cedeno M, Rieder RF, Wilson JT, Milner P, West S (1984) Effects of thalassemia and microcytosis on the hematologic and vasoocclusive severity of sickle cell anemia. Blood 63:1353–1360
328. Sugarman J, Devine DV, Rosse WF (1986) Structural and functional differences between decay-accelerating factor and red cell acetylcholinesterase. Blood 68:680–684
329. Surrey S, Delgrosso K, Malladi P, Schwartz E (1988) A single-base change at position – 175 in the 5′-flanking region of the G gamma-globin gene from a black with G gamma-beta + HPFH. Blood 71:807–810
330. Taft EG (1979) Thrombotic thrombocytopenic purpura and dose of plasma exchange. Blood 54:842–849
331. Tanke HJ, Niewenhuis IAE, Koper GJM, Slats JCM, Ploem JS (1980) Flow cytometry of human reticulocytes based on RNA flourescence. Cytometry 1:313
332. Tanowitz HB, Robbins N, Leidich N (1978) Hemolytic anemia associated with severe mycoplasma pneumoniae. NY State J Med 78:2231
333. Tate VE, Wood NG, Weatherall DB (1986) The british form of hereditary persistence of fetal hemoglobin results from a single base mutation adjacent to an S1 hypersensitive site 5′ to the A gamma globin gene. Blood 68:1389–1393
334. Tchernia G, Mohandas N, Shohet SB (1981) Deficiency of skeletal membrane protein band 4.1 in homozygous hereditary elliptocytosis. J Clin Invest 68:454–460
335. Thaer A, Becker H (1975) Microscope flourometric investigations on the reticulocyte maturation distribution as diagnostic criterion of disordered erythropoiesis. Blut 30:339
336. Thoenes W, John HD (1980) Endotheliotropic (hemolytic) nephroangiopathy and its various manifestation forms (thrombotic microangiopathy, primary malignant nephrosclerosis, hemolytic-uremic syndrome). Klin Wochenschr 58:173–184
337. Trompeter RS, Schwartz R, Chantler C, Dillon MJ, Haycock GB, Barrat KR (1983) Haemolytic-uraemic syndrome: An analysis of prognostic features. Arch Dis Child 58:101–105
338. Umlas J, Kaiser J (1970) Thrombohemolytic thrombocytopenic purpura (TTP). Am J Med 49:723–728
339. Unkeles JC (1989) Function and Heterogeneity of Human Fc Receptors for Immunoglobulin G. J Clin Invest 83:355–361
340. Valentine WN (1977) Sideroblastic anemias. In: Williams WJ, Beutler E, Erslev AJ, Rundles RW (eds) Hematology, 2nd edn. McGraw-Hill, New York, p 418
341. Valentine WN, Tanaka KR, Paglia DE (1983) Pyruvate kinase and other enzyme deficiency disorders of the erythrocyte. In: Stanbury JB, Wyngaarden JB, Fredrickson DS (eds) The Metabolic Basis of Inherited Disease, (ed 5). New York, McGraw Hill

342. Valentine WN, Tanaka KR, Paglia DE (1985) Hemolytic anemias and erythrocyte enzymopathies. Ann Intern Med 103:245–247
343. Viero P, Cortelazzo S, Buelli M, Comotti B, Minetti B, Bassan R, Barbui T (1986) Thrombotic thrombocytopenic purpura and high-dose immunoglobulin treatment. Ann Int Med 104:282
344. Villegas A, Vazquez A, Moscat J, Caleo F, Alvarez-Sala JL, Espinos D, Artola S (1987) A New Family with Hereditary Choreo-Acanthocytosis. Acta haematol 77:215–219
345. Waber PG, Bender MA, Gelinas RE, Kattamis C, Karaklis A, Sofroniadou K, Stamatoyannopoulos G, Collins FS, Forget BG, Kazazian HH (1986) Concordance of a point mutation 5′ to the A gamma-globin gene with A gamma beta + hereditary persistence of fetal hemoglobin in greeks. Blood 67:551–554
346. Wainscoat JS, Work S, Sampietro M, Cappelini MD, Fiorelli G, Terzoli S, Weatherall DJ (1986) Feasibility of prenatal diagnosis of beta thalassaemia by DNA polymorphisms in an Italian population. Brit J Haematol 62:495–500
347. Wallace RB, Schold M, Johnson MJ, Dembek P, Itakura K (1981) Ollgonucleotide directed mutagenesis of the human beta-globin gene: A general method for producing specific point mutations in cloned DNA. Nucleic Acids Res 9:3647
348. Waller HD, Benöhr HC (1976) Enzymdefekte in Glykolyse und Nukleotidstoffwechsel roter Blutzellen bei nichtsphaerozytären hämolytischen Anämien. Klin Wochenschr 54:803–821
349. Walters MDS, Levin M, Smith C, Nokes TJC, Hardisty RM, Dillon MJ, Barratt TM (1988) Intravascular platelet activation in the hemolytic uremic syndrome. Kidney Int 33:107–115
350. Wazewska-Czyzewska M, Guminska M (1979) Congenital non-spherocytic haemolytic anaemia variants with primary and secondary pyruvate kinase deficiency. I. Erythrokinetic patterns. Brit J Haematol 41:115
351. Weatherall DJ (1983) The thalassemias. In: Williams WJ, Beutler E, Erslev AJ, Lichtman MA (eds) Hematology (ed 3). New York McGraw Hill, pp 493
352. Weatherall DJ (1985) The new genetics and clinical practice (ed 2). Oxford New York Tokyo
353. Weatherall DJ, Wainscoat JS, Thein SL, Old JM, Wood W, Higgs DR, Clegg JB (1985) Genetic and molecular analysis of mild forms of homozygous beta-thalassemia. Annals of the New York Academy of Sciences 445:68–80
354. Weiss GB et al (1979) Traumatic cardiac hemolytic anemia a late complication of a Starr-Edwards mitral valve prosthesis. Arch Intern Med 139:374
355. White JM (1976) The unstable haemoglobins. Br Med Bull 32:219
356. White R, Lalouel JM (1988) Chromosome mapping with DNA markers. Sci Amer 258:20–28
357. Wick G, Schwarz S, Förster O, Peterlik M (Hrsg) (1989) Funktionelle Pathologie. Gustav Fischer Verlag 2. Auflage
358. Wiener AS, Unger LJ, Cotten L, Feldmann J (1956) Type-specific cold autoantibodies as a cause of acquired hemolytic anemia and hemolytic transfusion reaction: biologic test with bovine red cells. Ann Intern Med 44:221
359. Williams WJ, Beutler E, Erslev AJ, Lichtman MA (1983) Hematology (ed 3). New York, McGraw-Hill Book Company
360. Willis HE, Browder B, Feister AJ, Mohanakumar T, Ruddy S (1988) Monoclonal antibody to human IgG Fc receptors; crosslinking of receptors induces lysosomal enzyme release and superoxide generation by neutrophils. J Immunol 140:234–239
361. Winslow RM, Anderson WF (1983) The hemoglobinopathies. In: Stanbury JB, Wyngaarden JB, Fredrickson DS (eds) The Metabolic Basis of Inherited Disease (eds 5). New York, McGraw Hill
362. Winterbourn CC, Carrell RW (1973) The attachment of Heinz bodies to the red cell membrane. Brit J Haematol 25:585
363. Wintrobe MM (1981) Clinical hematology, 8th edn. Lea & Febiger, Philadelphia

364. Wolfe LC, John KM, Falcone JC, Byrne AM, Lux SE (1982) A genetic defect in the binding of protein 4.1 to spectrin in a kindred with hereditary spherocytosis. N Engl J Med 307:1367–1373
365. Wong C, Dowling CE, Saiki RK, Higuchi RG, Erlich HA, Kazazian HH Jr (1987) Characterization of β-thalassaemia mutation, using direct genomic sequencing of amplified single copy DNA. Nature 330:384
366. Wong P, Itoh K, Yoshida S (1986) Treatment of thrombotic thrombocytopenic purpura with intravenous gamma globulin (letter). N Engl J Med 314:385
367. Wood WG, Clegg JB, Weatherall DJ (1979) Hereditary persistence of fetal haemoglobin (HPFH) and delta beta thalassaemia. Brit J Haematol 43:509–520
368. Wood WG, MacRae IA, Darbre PD, Clegg JB, Weatherall DJ (1982) The British type of non-deletion HPFH: characterization of developmental changes in vivo and erythroid growth in vitro. Brit J Haemat 50:401–414
369. Worlledge SM (1978) Annotation: The interpretation of a positive direct antiglobulin test. Brit J Haematol 39:157–162
370. Wu KK, Hall ER, Rossi EC, Papp A (1985) Serum prostacyclin binding defects in thrombotic thrombocytopenic purpura. J Clin Invest 75:168–174
371. Young LE (1955) Hereditary spherocytosis. Am J Med 18:486
372. Zago MA, Wood WG, Clegg JB, Weatherall DJ, O'Sullivan M, Gunson H (1979) Genetic control of F-cells in human adults. Blood 53:977–986
373. Zalman LS, Wood LM, Frank MM, Mueller-Eberhard HJ (1987) Deficiency of the homologous restriction factor in paroxysmal nocturnal hemoglobinuria. J Exp Med 165:572–577
374. Zanella A, Izzo C, Rebulla P, Zanuso F, Perroni L, Sirchia G (1980) Acidified glycerol lysis test: a screening test for spherocytosis. Brit J Haemat 45:481–486
375. Zarkowsky HS, Mohandas N, Speaker CB, Shohet SB (1975) A congenital haemolytic anaemia with thermal sensitivity of the erythrocyte membrane. Brit J Haemat 29:537–543
376. Zimmermann SE, Smith FP, Phillips TM, Coffey RJ, Schein PS (1982) Gastric carcinoma and thrombotic thrombocytopenic purpura: association with plasma immune complex concentrations. Brit Med J 284:1432–1434
377. Zittoun R, Bernadou A, James JM, Soria J, Bousser J (1979) Acute myelo-monocytic leukaemia: a terminal complication of paroxysmal nocturnal haemoglobinuria. Acta haemat 53:241–248
378. Zucker-Franklin D, Burns ER (1982) Pathologic effects of plasma from patients with thrombotic thrombocytopenic purpura on platelets and cultured vascular endothelial cells. Blood 60:1030

Kapitel 2: Eisenmangel und Eisenüberladung

H. Huber, D. Nachbaur, D. Pastner

2.1 Pathophysiologische Grundlagen

2.1.1 Eisenverteilung im Körper

Der größte Teil des Körpereisens findet sich intrazellulär als

a) Funktionseisen:
Es liegt, an Porphyrine gebunden, als Häm-Fe vor. Funktionell ist es in dieser Form an Transport (Hämoglobin), Speicherung (Myoglobin) und an der Aktivierung (Zytochrome, Katalasen) von O_2 im Rahmen biologischer Oxidationsprozesse beteiligt.

b) Speichereisen:
Es handelt sich um Ferritin und Hämosiderin.

Ferritin (Abb. 2.1) ist aus 24 Apoferritin-Grundeinheiten aufgebaut, wobei H- und L-Ketten unterschieden werden. Die Homologie zwischen beiden Ketten (Molekulargewicht 17700 und 21100) beträgt 55%. Gene für H- und

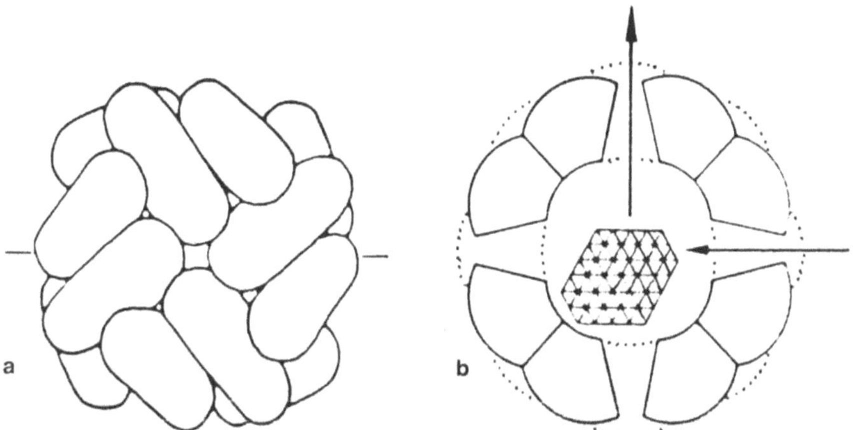

Abb. 2.1a, b. Struktur des Ferritinmoleküls. **a**: Quartärstruktur der Apoferritinhülle. **b**: Ferritinbildung im Lumen der Hülle durch „Kristallwachstum“ [37]

L-Ketten sind Teile einer Multigen-Familie [25] mit Lokalisation an verschiedenen Chromosomen (z. B. für H-Ketten am Chromosom 3, 6 und 11, Übersicht bei [37]). Das zylindrische Protein enthält einen zentralen Speicherraum, in dem sich eine variable Menge von Eisen in Mikrokristallform als Eisenhydroxyphosphat findet.

Bis zu 4500 Fe-Atome werden in der Proteinmatrix eingelagert. Die Kanäle in der Proteinhülle ermöglichen ein leichtes Ein- und Austreten von Fe-Atomen (z. B. [16]; Übersicht bei [37]).

Hämosiderin: Es besteht aus präzipitierten Ferritin-Aggregaten, deren Proteinanteile z. T. bereits abgebaut sind (Übersicht bei [35]). Im Gegensatz zu Ferritin ist es lichtmikroskopisch (z. B. Berlinerblau-Reaktion) in Granulaform darstellbar.

Quantitative Schätzungen der Eisenverteilung

Der Gesamteisengehalt beträgt im Mittel [35] etwa 35 bzw. 50 mg/kg (der niedrigere Wert bezieht sich auf Frauen bis nach der Menopause). Der größte Anteil ist Hb-gebundenes Fe.

Jedes g Hb enthält 3,4 mg Eisen. Bei einem Blutvolumen von 5 l und einer Hb-Konzentration von 150 g/l ist demnach das Hb-Fe 2550 mg (3,4 mg × 150 × 5). Die übrigen Anteile des Hämeisens sind erheblich niedriger (etwa 150 mg im Myoglobin und ca. 15 mg in Zytochromen und Katalasen).

Das Speicher-Fe beträgt bei gesunden Männern 500–2000 mg, bei Frauen (bis nach der Menopause) um 250 mg. Fehlende Eisenspeicher finden sich bei etwa 10–25% jüngerer Frauen. Mit dem Alter steigt das Körper-Fe meist an.

In Entwicklungsländern ist der Fe-Mangel noch häufiger, während er in westlichen Ländern zurückgeht [15, 37].

2.1.2 Eisenverlust

Dieser ist außer bei Blutverlusten minimal und liegt in der Größenordnung von 0,9 mg/Tag (Übersicht bei [35]). Jedes ml Blut, das verlorengeht, enthält etwa 0,5 mg Eisen.

Dies gilt für eine Hb-Konzentration von 150 g/l (entsprechend 0,150 × 3,4 mg Fe pro ml Blut).

2.1.3 Eisenabsorption

Diätetische Faktoren, die Interaktion des Nahrungs-Fe mit den Mukosaepithelien des Dünndarms und Regluationsvorgänge (in Beziehung zu Speicher-Fe, hämatopoetischer Aktivität u. a.) beeinflussen vor allem die Fe-Absorption. Zum komplexen Zusammenspiel von Fe-Aufnahme, Transferrin- und Speicher-Fe s. [7, 15, 37].

a) Diätetische Faktoren

Das Eisen in der Nahrung ist für die Absorption unterschiedlich geeignet, insbesondere wird zwischen Häm- und Nichthäm-Fe unterschieden. Ersteres (aus dem Myo- und Hämoglobin im Fleisch) wird direkt absorbiert und erst innerhalb der Mukosazelle abgebaut. Letzteres stammt aus pflanzlicher Nahrung. Dieser meist größere Teil des Nahrungs-Fe bildet im Magen wenig lösliche Komplexe mit Phosphaten, Tannaten und Oxalaten, im Duodenum jedoch unlösliche Polymere von Eisenhydroxiden. Magensäure fördert die Löslichkeit insbesondere von dreiwertigem Fe.

b) Mukosazellen und Eisenabsorption

Fe wird vor allem im Duodenum und im oberen Jejunum, durch zumindest 3 verschiedene Mechanismen wirksam absorbiert (Abb. 2.2): durch direkte Interaktion von Fe-Salzen mit dem Bürstensaum der Epithelzelle, durch Aufnahme nach Bindung an Transferrin und – als Häm-Fe – durch Bindung an entsprechende Rezeptoren [15].

Die Galle enthält Transferrin; die Menge des Transferrins, das in der Galle erscheint, ist den Ferritinspeichern der Leber umgekehrt proportional [21]. Zu Transferrinrezeptoren, die auch an Mukosa-Zellen nachweisbar sein können, s. Kap. 2.1.4.

c) Regulation der Eisenabsorption

Die Eisenabsorption wird vom Körper-Fe, der Erythropoeserate und anderen, wenig definierten Faktoren beeinflußt [37]. Eisenspeicher (Ferritin und Hämosiderin) sind die wichtigsten Regulatoren der intestinalen Eisenaufnahme.

Eine Zunahme der Eisenspeicher führt zu einer Reduktion der Absorption, jede Depletion dagegen zu deren Steigerung. Diese Regulationsmechanismen können schon ohne faßbare Veränderungen von Serum-Fe oder Transferrinsättigung beobachtet werden [20].

Ein gängiges Modell verknüpft die Fe-Aufnahme mit der Ferritinsynthese der Mukosazellen [37]. Ein höheres Fe-Angebot induziert die Ferritinsynthese, während dieselbe bei Fe-Defizit abgeschaltet wird. Als Folge davon wird Fe vermehrt aus der Mukosazelle an das Plasma abgegeben und nach Transferrinbindung an den Bedarfsort transportiert. Die Bereitstellung von Fe für die Hämotopoese u. a. proliferierende Zellen (s. Transferrinrezeptoren) geht dabei der Ablagerung in Speicherorganen voraus.

d) Erythropoetische Aktivität und Eisenabsorption

Eine gesteigerte Fe-Absorption wird bei Stimulation der Erythropoese (durch Phlebotomie, bei hämolytischen Anämien) beobachtet. Eine gesteigerte Hämopoese mit ineffektiver Erythropoese (z. B. Thalassämien) führt zu besonders ausgeprägten Erhöhungen.

Die normale tägliche Fe-Aufnahme beträgt etwa 1 mg Eisen. Sie kann bei Fe-Mangel oder akzelerierter Erythropoese bis auf 3,5 mg erhöht und bei Übersättigung auf 0,5 mg gesenkt werden (Übersicht bei [37]).

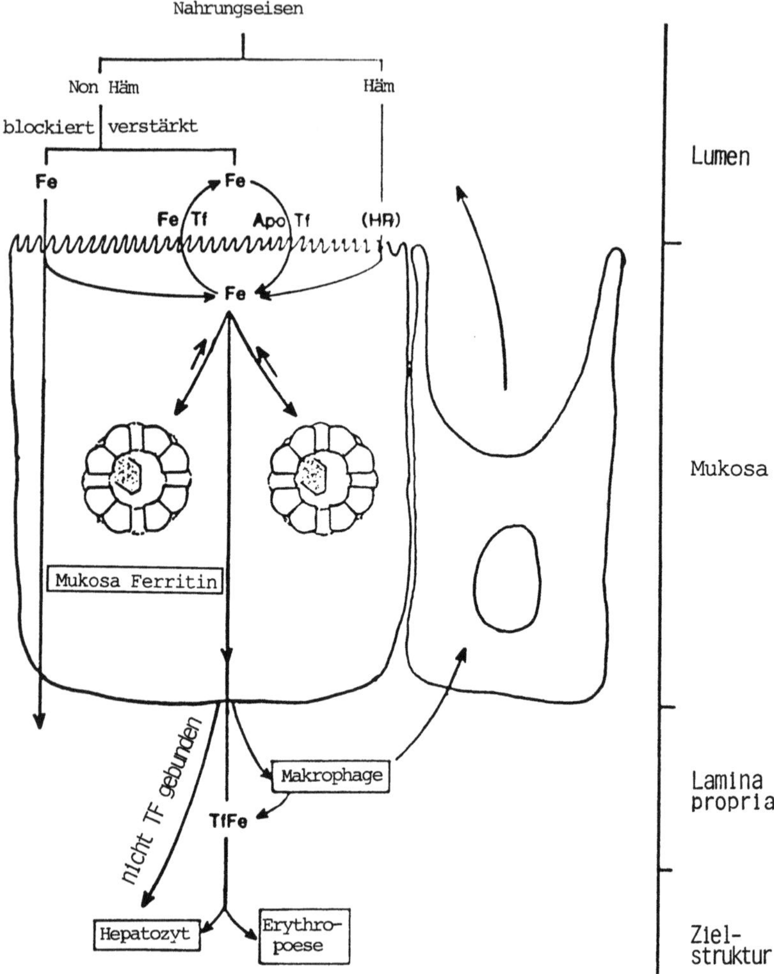

Abb. 2.2. Eisenresorption in der Dünndarmschleimhaut [37]

2.1.4 Eisenkinetik

Bestimmend für den Fe-Umsatz ist vor allem die durch Makrophagen vermittelte Reutilisation von Hb-Fe zur Synthese von neuzubildendem Hb in erythropoetischen Zellen (Abb. 2.3). Die wichtigsten Schlüsselproteine dabei sind Transferrin, Membranrezeptoren für dieses Protein und Ferritin.

80–90% des Fe, das an Transferrin gebunden ist, dient der Hb-Synthese (Übersicht bei [37]). Es wird durch erythropoetische Zellen unter Vermittlung der Transferrinrezeptoren aufgenommen. Es stammt aus Zellen des Makrophagensystems, die Fe aus zugrunde gehenden Erythrozyten aufnehmen. Zellen des RES (und Epithelzellen des Dünndarms) sind in besonderer Weise geeignet, Fe zur Kopplung an Transferrin freizusetzen.

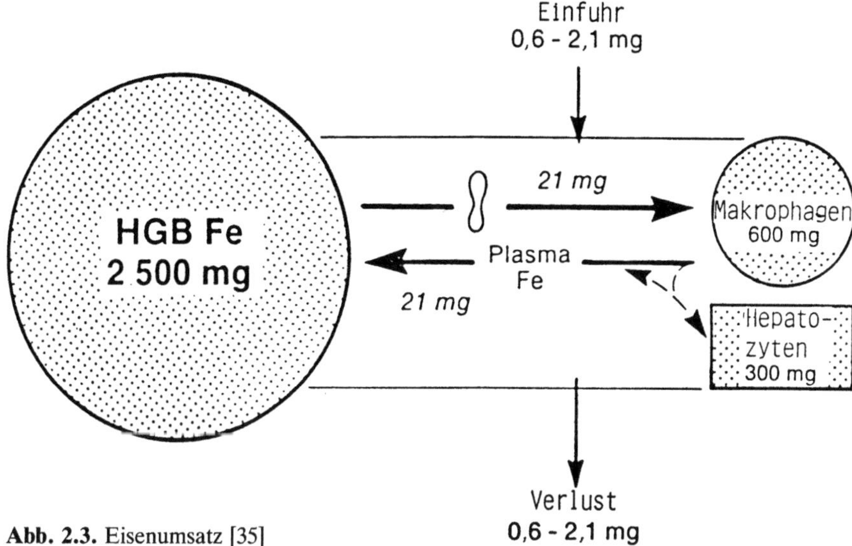

Abb. 2.3. Eisenumsatz [35]

Bei einer Erythrozytenlebensdauer von 120 Tagen werden täglich etwa 42 ml Blut durch den Alterungsprozeß der Erythrozyten abgebaut. Da 2 ml Blut 1 mg Eisen enthalten, werden täglich 21 mg Eisen von den Erythrozyten durch das Makrophagensystem geschleust (Abb. 2.3).

Der Plasma-Fe-Umsatz *(turn over)* wird aus Serum-Fe, Plasmavolumen und der Abstromrate (Clearance) errechnet. Ferrokinetische Untersuchungen dokumentieren die Dynamik des Fe-Umsatzes in Beziehung zur erythropoetischen Aktivität und dem aktuellen Zustand der Fe-Speicherorgane (z. B. [15]).

2.1.5 Schlüsselproteine des Eisenmetabolismus

a) Transferrin

ist aus einer einzelnen Polypeptidkette aufgebaut und ein Glykoprotein des Molekulargewichtes 75000–80000 (z. B. [20]). Die Halbwertszeit des vor allem in der Leber gebildeten Proteins [29] beträgt 7–10 Tage (Übersicht bei [37]).

Die N- wie auch C-terminale Domäne sind partiell homolog (Folge einer Genduplikation) und gleicherweise zur Fe-Bindung befähigt. Transferrin mit 2 Fe-Atomen bindet sich bevorzugt an Transferrinrezeptoren [22]).

b) Transferrinrezeptoren

Das membranständige Protein (Molekulargewicht etwa 90000, Abb. 2.4) findet sich (Übersicht bei [37a])

a) an proliferierenden Zellen in verschiedensten Geweben und
b) an Zellen, die beim Fe-Umsatz eine wichtige Rolle spielen (Erythroblasten, Hepatozyten, Makrophagen).

Diese Rezeptoren können mit monoklonalen Antikörpern erfaßt werden.

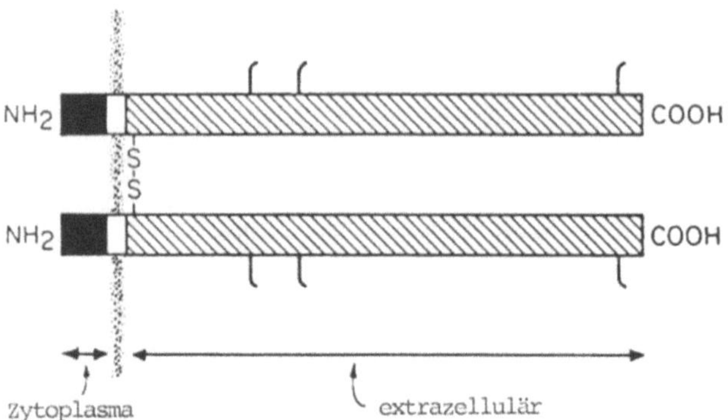

Abb. 2.4. Struktur und Funktion des Transferrinrezeptors. Die N-terminale Domäne liegt im Zytoplasma, der größere Anteil mit dem C-terminalen Ende außerhalb der Zelle. Die beiden Domänen sind durch ein hydrophobes transmembranes Segment verbunden [37]

Das Vorkommen dieser Rezeptoren an proliferierenden Zellen ist ein weiterer Hinweis für die Wichtigkeit von Fe bei der Zellproliferation und -teilung (Übersicht bei [37]). In Geweben mit höherem Zellumsatz wird die Rate der Zellproliferation durch das Fe-Angebot beeinflußt. Die breite Anwendung von monoklonalen Antikörpern gegen Transferrinrezeptoren (CD71, s. [37a] zeigt das weitgehend konstante Vorkommen dieser Rezeptoren in größerer Dichte an Zellen im Teilungskompartment. Dies bestätigten auch Untersuchungen an Tumorbiopsien, wobei die große Zahl rezeptorpositiver Zellen in Neoplasien hoher Teilungsrate (z. B. NHL hoher Malignität) nachweisbar war (z. B. [17]).

Eine hohe Rezeptorzahl, unabhängig von der Proliferationsaktivität, enthalten Zellsysteme, die beim Eisenstoffwechsel eine Schlüsselrolle spielen. Dies gilt für Hepatozyten und reifende Erythroblasten bis zum Retikulozyten (Übersicht bei [37]). Auch an Monozyten und Makrophagen sind diese Rezeptoren schon im Ruhezustand häufig nachweisbar. Während in den meisten Zellen ein Fe-Mangel die Rezeptorsynthese induziert und ein Überschuß den gegenteiligen Effekt zeigt [34], steigt in Makrophagen die Transferrinrezeptorzahl bei Zusatz von Eisen an [37].

Nach Bindung von Transferrin-Fe an die Zellmembran wird der Komplex rasch in die Zelle aufgenommen und folgt damit Rezeptor-vermittelten Endozytoseprozessen (z. B. [26]). Die überwiegende Menge des Transferrins wird anschließend als Apo-Transferrin nach einer Transitzeit von 5–15 Minuten wieder abgegeben. Ebenso wird der Transferrinrezeptor anschließend wieder reutilisiert.

c) Ferritin und Hämosiderin

S. Kap. 2.1.1.

2.1.6 Genetik des Eisenmetabolismus

a) Transferringene: Komplementäre DNA (cDNA) für menschliches Transferrin steht zur Verfügung und wurde sequenziert [43, 37a]. Das Gen ist am distalen Anteil des langen Armes von Chromosom 3 lokalisiert (3q21–3qter, [23]).

Eine Reihe von genetischen Varianten von Transferrin wurde charakterisiert (Übersicht bei [37]). Die Syntheserate dürfte durch den Eisenspiegel moduliert werden [24].

b) Transferrinrezeptor-Gen: Das sich über mehr als 33 kb erstreckende Gen liegt ebenfalls im langen Arm von Chromosom 3 (3q26.2–3qter, [33]). Die Expression des Gens ist eng aber nicht ausschließlich mit der Proliferationsrate assoziiert (s. Kap. 2.1.5 b), [17, 40]).

Ein labiler intrazellulärer Fe-Pool dürfte an dieser Regulation beteiligt sein [36]. Kontrollsequenzen für die Transkription wurden im 5'-Bereich definiert (Übersicht bei [37a]). Die Gene für Transferrin und dessen Rezeptoren liegen in enger Nachbarschaft.

c) Ferritingene: Ferritingene der H- bzw. L-Ketten sind Teile einer großen Multigenfamilie, die an verschiedenen Chromosomen lokalisiert ist (z. B. Chromosom 11, 19, 3 und 6, Übersicht bei [37]).

Die Lokalisation im Chromosom 3 liegt nahe den Loci für Transferrin und dem Transferrinrezeptor. Am Chromosom 6 sind die Loci wieder nahe den HLA-Loci, die mit dem Gen für primäre Hämochromatose eng assoziiert sind (Übersicht bei [37]). Die gesteigerte Synthese von Apoferritinen wird innerhalb weniger Minuten nach Anstieg der intrazellulären Eisenkonzentrationen nachweisbar (z. B. [1]).

2.2 Eisenmangel

Das Defizit äußert sich zunächst in einer Abnahme des Speicher-Fe, welches durch Ferritinbestimmung und/oder Hämosiderinfärbung von Markbröckelchen erfaßt werden kann. Entwickelt sich dieser Zustand langsam, so können Serum-Fe- und Fe-Bindungskapazität (Transferrin) bis zu einer fast vollständigen Erschöpfung der Speicher noch wenig verändert sein. Ein Anstieg des Transferrins kann einem deutlichen Abfall des Serum-Fe vorausgehen. (Diese Erhöhung ist allerdings bei Entzündungen oder chronischen Begleitkrankheiten oft wenig ausgeprägt). Bei Abfall der Transferrinsättigung auf unter 16% wird das Eisenangebot an die Erythropoese kritisch vermindert, wodurch meist eine Anämie manifest wird. Erst wenn der Anteil an hämoglobinarmen Erythrozyten im Verhältnis zur Gesamterythrozytenmenge stärker ins Gewicht fällt, entwickelt sich zunehmend eine Hypochromie und Mikrozytose [2].

2.2.1. Entwicklungsstadien des Eisenmangels

Es können 3 Stadien eines Fe-Mangels unterschieden werden (Übersicht bei [15]):

a) Depletion der Fe-Speicher, für die eine erhöhte Konzentration von Transferrin und eine Erniedrigung des Ferritins im Serum charakteristisch sind. Die Erhöhung der Eisenresorption tritt ebenfalls früh auf (Abb. 2.5.);
b) Fe-Defizit der Erythropoese, wobei zusätzlich ein erhöhtes Erythrozytenprotoporphyrin nachweisbar ist, und schließlich
c) Fe-Mangelanämien (vor allem in schwereren Fällen mit Hypochromie und Mikrozytose).

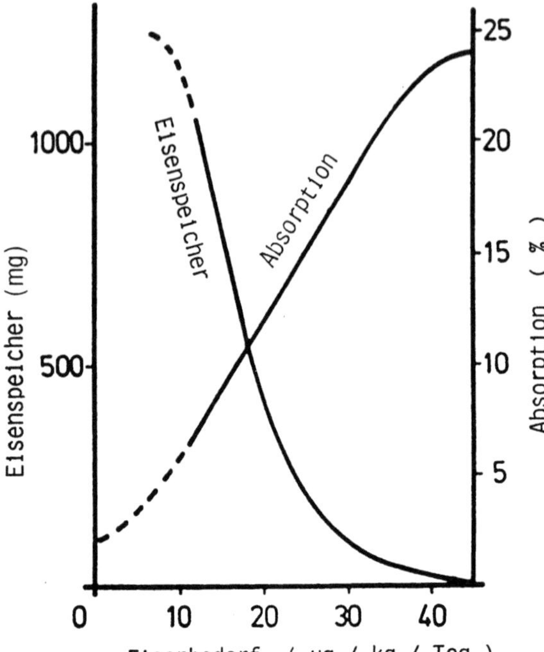

Abb. 2.5. Eisenresorption in Beziehung zum Speichereisen [15]

2.2.2 Eisenmangel ohne Anämie

Kriterien für einen Eisenmangel sind

- ein Abfall des Serumferritins;
- eine erniedrigte Transferrinsättigung und/oder ein erhöhtes Erythrozytenprotoporphyrin (Tabelle 2.1);
- eine Verminderung des Hämosideringehaltes des Knochenmarks;
- Hinweise auf eine negative Eisenbilanz.

Das für Reihenuntersuchungen wichtigste Kriterium ist die Erniedrigung des Serumferritins (unter 12 µg/l, [7 u. a.]). Wegen der bekannten Grenzen der Ferritinbestimmung (s. unten) wird diese Bestimmung vielfach in Kombination mit der Transferrinsättigung (oder der Bestimmung des freien Erythrozytenprotoporphyrins) durchgeführt.

Tabelle 2.1. Kriterien des Eisenmangels [7]

	pathologischer Wert
Serum-Ferritin	< 12 µg/l
Transferrin-Sättigung	< 16%
Serum-Eisen	< 9 µmol/l (50 µg/dl)
Erythrozyten-Protoporphyrin	> 70 µg/dl Ery

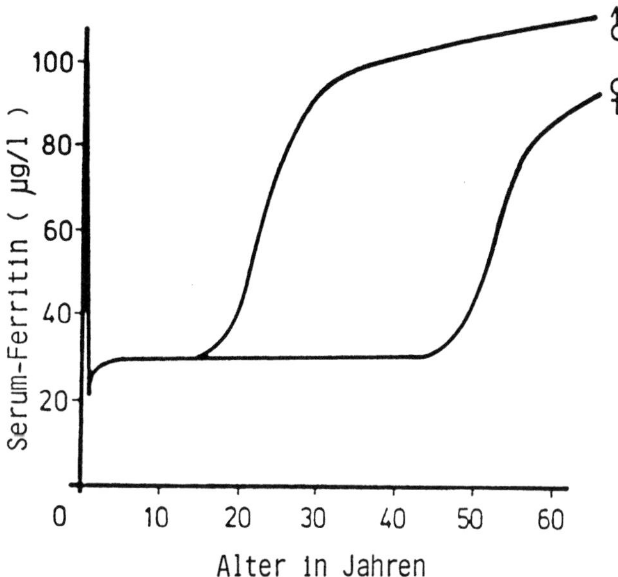

Abb. 2.6. Serum-Ferritinwerte in Abhängigkeit von Alter und Geschlecht [15]

a) Ferritin: Eine graphische Darstellung des mittleren Ferritinwertes als Funktion von Alter und Geschlecht findet sich in Abb. 2.6 (z. B. [7]). Ferritinwerte unter 12 µg/l sind für Eisenmangelzustände beweisend, höhere Werte schließen jedoch (vor allem bei Patienten mit entzündlichen Zuständen, s. Kap. 2.3) einen Eisenmangel nicht aus.

Chronisch inflammatorische Erkrankungen stimulieren die Ferritinsynthese in Makrophagen. Unter diesen Bedingungen war sogar bei Ferritinwerten von 100 µg/l gelegentlich ein Fe-Mangel feststellbar (fehlendes Hämosiderin-Fe in der Berlinerblau-Färbung von Knochenmarkaspiraten oder -biopsien, Übersicht bei [42]).

Da Ferritin somit ein Akutphasenprotein darstellt, kann bei Patienten mit verschiedenen entzündlichen Erkrankungen und Ferritinwerten bis 50 µg/1 ein Fe-Mangel vermutet werden. Bis 100 µg/1 kann ein Fe-Mangel nicht ausgeschlossen werden. Wenig aussagefähig im Hinblick auf einen Fe-Mangel ist die Ferritinbestimmung auch bei Erkrankungen mit Leberzelluntergang.

Die folgenden Orientierungswerte wurden bei *entzündlichen Erkrankungen* empfohlen: Ferritin unter 30 µg/l: Fe-Speicher depletiert, 30 bis 50 µg/l wahrscheinlich depletiert, 50–100 (evtl. 150) µg/l ungewiß, über 150 µg/l ausreichend [35]. Diese Orientierungswerte gelten z. B. für Patienten mit rheumatoider Arthritis oder solche unter chronischer Hämodialyse (z. B. [19, 28]).

Eine andere wichtige Ursache für Ferritinerhöhungen sind Zustände mit Leberzellzerstörung [32]. Bei alkoholischer Lebererkrankung, Virushepatitis und anderen Erkrankungen mit Leberzelluntergang zeigen Normalwerte lediglich an, daß die Eisenspeicher nicht erhöht sind [42].

b) Serumeisen und Transferrinsättigung: Das Serumeisen wird einerseits durch die Freisetzung von Eisen aus Makrophagen, andererseits durch den Fe-Abstrom in Erythroblasten bestimmt. (Bei inflammatorischen Erkrankungen kommt dazu ein häufiger Fe-Abstrom in Entzündungsareale, bei neoplastischen Zuständen in den Bereich gesteigerter Proliferationsaktivität; s. Transferrinrezeptoren an Makrophagen und Zellen im Teilungspool, Kap. 2.3). Eine Erniedrigung des Serumeisens wird daher bei folgenden Zuständen gefunden:

- bei einer Depletion der Eisenspeicher;
- bei chronischen Infektionen, Enzündungen und Tumorkrankheiten;
- bei rascher Steigerung der Erythropoese (z. B. nach Vitamin B_{12}-Therapie einer megaloblastischen Anämie).

Wegen der Vielzahl den Fe-Spiegel beeinflussender Faktoren ist der alleinige Wert einer Fe-Bestimmung gering. Zusätzlich zeigt dieser Wert erhebliche Tagesschwankungen. Der Morgenwert kann um ein Drittel höher sein als jener am Abend (Übersicht bei [35]). Das *Serumtransferrin* steigt mit Verarmung der Eisenspeicher an. Die Erhöhung des Serumtransferrins ist ein besonders frühes Zeichen eines Eisenmangels. Mit dem Abfall des Serumeisens und dem Anstieg des Transferrins fällt bei Eisenmangelzuständen die Transferrinsättigung unter 16%.

Unter diesem Wert wird das Eisenangebot für eine normale Erythropoese inadäquat [2, 15].

Bei chronischen entzündlichen Erkrankungen fallen sowohl Serumeisen als auch Transferrin ab. Meist liegt daher bei diesen Zuständen ohne gleichzeitigen Fe-Mangel die Transferrinsättigung über 16% (doch kommen Ausnahmen vor; z. B. [35]).

Die Gegenüberstellung von Transferrinsättigung und Serum-Ferritin zeigt häufig Vorteile der letzten Methode, doch zeigen auch Reihenuntersuchungen den Vorteil der Erfassung beider Parameter (z. B. [7]).

In der Altersgruppe der prämenopausalen Frauen war der Ferritinwert der empfindlichste Index einer Eisendepletion. Nur bei 2/3 dieser Frauen war auch die Transferrinsättigung unter 16% oder das Erythrozytenprotoporphyrin über 70 μg/dl Erythrozyten pathologisch verändert (21,3 gegenüber 14,5 bzw. 12,1% der Frauen). Bei postmenopausalen Frauen und bei Männern war dagegen in Reihenuntersuchungen eine pathologische Erniedrigung der Transferrinsättigung (oder erhöhte Erythrozytenporphyrinspiegel) häufiger als eine Ferritinerniedrigung nachweisbar. Mögliche chronische Entzündungen mit Einfluß auf das Serum-Ferritin (in Reihenuntersuchungen vor allem bei älteren Personen und solchen in schlechten sozioökonomischen Verhältnissen [7]) machen die Parallelbestimmung beider Parameter wünschenswert.

c) Erythrozytenprotoporphyrin: Die Bestimmung des Erythrozytenprotoporphyrins ist ein wertvoller Indikator einer Fe-defekten Erythropoese. Die Aussage ist mit der Bestimmung der Transferrinsättigung vergleichbar.

Das freie Erythrozytenprotoporphyrin ist ein Maß für das Fe-Angebot an Erythrozyten (Übersicht bei [35]). Im letzten Schritt der Hämsynthese wird Fe in das Protoporphyrin eingebaut. Freies Erythrozytenprotoporphyrin (FEP) akkumuliert in Erythrozyten, wenn das Fe-Angebot limitiert ist. Bei Fe-Mangelzuständen hält der Fe-Einstrom in Erythrozyten mit der Protoporphyrinsyntheserate nicht Schritt. Daraus resultiert eine gesteigerte Konzentration von FEP (normal unter 35 μg/dl Vollblut). Ähnliches wird auch bei Infekten oder Tumoranämien gesehen. Ein erhöhtes FEP kann auch bei gestörter Aktivität der

Ferrochelatase beobachtet werden. Dieses Enzym katalysiert die Fe-Inkorporation in das Protoporphyrin; Aktivitätsstörungen finden sich vor allem bei Bleivergiftungen.

Der besondere Wert der Bestimmung liegt jedoch in der Differenzierung von Fe-Mangelzuständen und Hämoglobinopathien.

d) Knochenmark, Eisengehalt, Hämosiderin im Knochenmark: Die Verminderung des Hämosideringehaltes des Knochenmarks ist ein besonders empfindlicher Index einer Verarmung der Fe-Speicher [3, 9, 15 u. a.]. Bei Übersichtsbetrachtung mehrerer genügend großer Markbröckelchen oder von histologischen Schnitten werden Hämosiderin-beladene Makrophagen ausgewertet, die in der Berlinerblau-Färbung des normalen Knochenmarks deutlich sichtbar sind.

Diese finden sich vor allem im Knochenmarkstroma, so daß eine fehlende Anfärbbarkeit des Knochenmarks für Hämosiderin ein frühes Zeichen eines Fe-Mangels darstellt.

Vorbedingung einer verwertbaren Untersuchung sind mehrere genügend große Markbröckelchen. Die Methode bewährt sich besonders auch zur Abgrenzung gegen Entzündungsanämien und gibt einen brauchbaren Index für den Eisengehalt des RES.

Neben einer Verminderung des Hämosideringehaltes der Makrophagen läßt sich bei Eisenmangel auch eine Abnahme des Prozentsatzes der Sideroblasten (Erythroblasten mit zarten, in der Berlinerblau-Färbung nachweisbaren Granula) feststellen. Die Auszählung ist allerdings etwas mühsam und erfordert Übung. Da der Prozentsatz an Sideroblasten (beim gesunden 20% und mehr) der Transferrinsättigung in etwa korreliert ist [2], kann auf ihre Auszählung meist verzichtet werden.

e) Hinweis auf eine negative Eisenbilanz: Da der Körper unter Normalbedingungen nur einen äußerst geringen Fe-Verlust zeigt, kommt eine negative Fe-Bilanz im Erwachsenenalter praktisch ausschließlich durch vermehrte Blutverluste zustande.

Bei Männern ist der Ort solcher Blutverluste der Gastrointestinaltrakt. Bei Frauen im Menstruationsalter mit ihrer häufig defizitären Fe-Bilanz können schon gering gesteigerte Blutverluste manifeste Fe-Mangelzustände hervorrufen. Der Fe-Verlust pro Menstruationsperiode liegt meist zwischen 30–90 ml (im Mittel 45 ml, entsprechend 22,5 mg Fe), kann jedoch bis 200 ml oder mehr betragen. Da 2 ml Blut etwa 1 mg Eisen enthalten (s. oben) und bei einer Schwangerschaft im Durchschnitt 500 mg Eisen zusätzlich erforderlich sind [35], kann bei den Frauen in der Gestationsperiode häufig auf die Suche nach gastrointestinalen Blutverlusten verzichtet werden.

Gegenüber einem vermehrten Fe-Verlust tritt die verminderte Aufnahme als Ursache einer negativen Bilanz weit in den Hintergrund. Verminderte Fe-Absorption findet sich vor allem nach Magenresektionen sowie Dünndarmerkrankungen. Die Fe-Aufnahme mit der Kost ist mit der Kalorienzufuhr eng korreliert (ca. 7 mg Eisenzufuhr je 1000 Kalorien, Übersicht bei [37]). Insgesamt wird nur ein geringer Teil des zugeführten Eisens (maximal 3,5 mg) der Nahrung auch aufgenommen, und diese Aufnahme ist von der Zusammensetzung der Diät abhängig (s. 2.1.3). In vielen Ländern führt allerdings die Kombination einer ungenügenden Fe-Aufnahme (Unterernährung) mit vermehrten Verlusten (intestinaler Befall mit Parasiten, z. B. Hakenwurm) in weiten Bevölkerungskreisen zu erheblichen Defiziten.

2.2.3 Eisenmangelanämie

Die Diagnose stützt sich auf

- Blutbildveränderungen (Hypochromie und Mikrozytose);

- Hinweise für Verminderung der Fe-Speicher (erniedrigtes Ferritin und/oder erniedrigte Transferrinsättigung, erhöhtes Erythroprotoporphyrin, Verminderung des Hämosideringehaltes des Knochenmarks);
- eine Vorgeschichte, die auf eine negative Fe-Bilanz schließen läßt.

a) Blutbildveränderungen

Hypochromie und Mikrozytose (MCV < 80 fl) sind ein häufiger, aber nicht konstanter Befund bei dieser Anämieform (insbesondere in Frühfällen, s. Kap. 2.2.1.). Charakteristisch ist eine unimodale Größenverteilungskurve (Abb. 2.7a). Sobald unter der Behandlung erhöhte Retikulozytenwerte auftreten (Abb. 2.7b), wird eine zweite Population von Erythrozyten manifest, die normozytisch und makrozytär ist (Anstieg von MCV und RDW; *red cell distribution width*). Die Retikulozytenzahl kann bei stärkeren Blutverlusten schon vor einer Fe-Therapie erhöht sein. Die *Leukozyten* sind normal bis leicht vermindert. Etwa 14% der Patienten mit Eisenmangelanämie zeigen grenzwertige bis erniedrigte Leukozytenwerte (3–4 G/l; [13]).

Die *Thrombozyten* sind ebenfalls meist normal, leichte Erhöhungen kommen vor allem bei Blutungen öfter vor. Verminderungen der Thrombozytenzahl sind selten, können jedoch in Fällen sehr ausgeprägten Eisenmangels vor allem bei Kindern beobachtet werden.

b) Defizit der Eisenspeicher

Zur Erfassung dienen die in Tabelle 2.1 zusammengestellten Kriterien. Vor allem bei Patienten mit begleitenden Erkrankungen genügt der Ferritin-

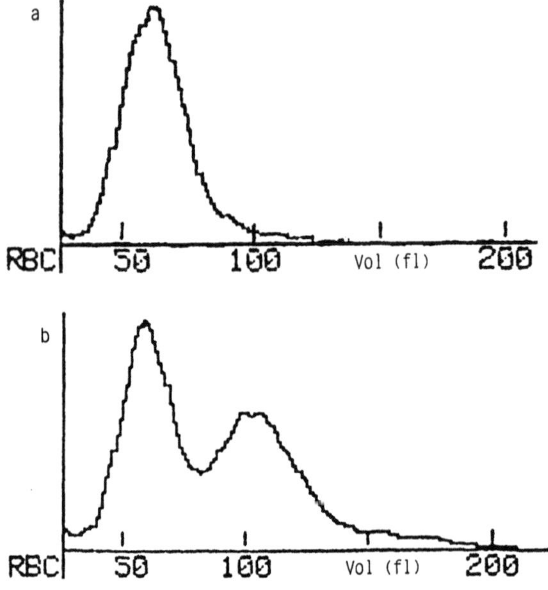

Abb. 2.7 a, b. Erythrozyten-Größenverteilungskurve bei Eisenmangelanämie. a) unbehandelt, b) unter Substitutionstherapie

wert allein zur Bestimmung eines Eisenmangelzustandes oft nicht (s. Kap. 2.2.2 a, 2.2.2 b).

Als Faustregel zur *Beurteilung der Schwere des Eisendefizits* können folgende Schätzungen beitragen: Eisenspeicher (mg) = –15 × (mittleres normales Hb – beobachtetes Hb). Der Negativwert zeigt den ungefähren Mangelzustand an. Dabei ist als mittlerer Hämoglobinwert 140 g/l bei Frauen und 155 g/l bei Männern angenommen (Details [7]).

Bei Personen mit Serumferritinwerten über 12 μg/l wird folgende Schätzung der Eisenspeicher aus den Ferritinwerten vorgeschlagen: Multiplikation des Zahlenwertes von Serumferritin × 8–10; diese Berechnung basiert allerdings vor allem auf Phlebotomieergebnissen an einer kleinen Zahl von Personen (z. B. [7]).

2.3 Entzündungsanämien und ihre Differenzierung von der Eisenmangelanämie

Die Diagnose einer Entzündungs- (und Tumor-)anämie stützt sich auf

- Blutbildveränderungen, wobei häufiger als eine hypochrome Anämie eine solche mit normalem MCH nachweisbar ist;
- eine Erniedrigung des Serumeisenspiegels bei normalem bis erniedrigtem Transferrin;
- Hinweise auf das Vorliegen einer chronisch entzündlichen Erkrankung oder eines – meist fortgeschrittenen – Tumorleidens, wobei zwischen Veränderungen von Blutbild und Eisenspiegel einerseits und Zeichen der Entzündung andererseits meist deutliche Beziehungen nachweisbar sind.

Obwohl mit diesen Kriterien – vielfach auch ohne Knochenmarkpunktat – in den meisten Fällen eine Differentialdiagnose zwischen diesen Anämieformen und der Fe-Mangelanämie möglich ist, kommen bei manchen Patienten Überschneidungen vor. Dies gilt insbesondere bei Tumoranämien mit Blutverlusten. Bei der Häufigkeit von Eisenmangelzuständen sind jedoch auch bei anderen Erkrankungen (wie z. B. der rheumatoiden Arthritis) Kombinationsformen keine ausgesprochene Seltenheit.

Die *Blutbildveränderungen* bei Entzündungs- und Tumoranämien werden von Art und Ausmaß der Grundkrankheit mitbestimmt. Im roten Blutbild ist am häufigsten eine normochrome normozytäre Anämie nachweisbar. Hypochrome Anämien kommen bei 20–30% der Patienten vor [13]. Die Hypochromasie ist selten so ausgeprägt wie bei Fe-Mangelanämien; insbesondere in Fällen von rheumatoider Arthritis kommen allerdings auch schwere Formen vor.

Wenn überhaupt vorhanden, ist die Mikrozytose gewöhnlich nur leicht (MCV selten unter 72 fl). In der Mehrzahl – mit Ausnahme vor allem von schweren Fällen rheumatoider Arthritis – ist die Anämie mäßig ausgeprägt. Obwohl eine leichte Lebensdauerverkürzung der Erythrozyten sehr häufig ist (Übersicht bei [12]), fehlen in der Regel Erhöhungen der Retikulozytenzahl oder andere Hämolysezeichen. Eine mäßige Retikulozytose kann allerdings in Stadien der Erholung des Blutbildes oder häufiger bei gleichzeitigen Blutverlusten nachweisbar sein.

Die *Thrombozyten* sind normal oder – in der Folge einer Knochenmarkstimulation – etwas erhöht. Verminderungen sind – außer bei gleichzeitig vorliegendem Milztumor – ungewöhnlich. Die Zahl der weißen Blutkörperchen wird von der entzündlichen Grundkrankheit bestimmt, im Differentialblutbild fällt nicht selten eine Lymphopenie auf.

Bei der Auswertung von *Knochenmarkpunktaten* dieser Patienten kommt in erster Linie der Eisenfärbung Bedeutung zu [13]. Da die Anämieform durch eine verminderte Fähigkeit der Mobilisation von Speicher-Fe charakterisiert ist, wird die Differentialdiagnose gegenüber Fe-Mangelzuständen durch diese Untersuchung erleichtert. Bei den meisten dieser Patienten ist in den Makrophagen der Knochenmarkbröckelchen Eisen durch die Berlinblau-Färbung in vermehrter Menge nachweisbar.

Der Fe-Gehalt der Erythroblasten ist meist vermindert, er läßt sich durch Auszählen der Sideroblasten erfassen [2]. Schon diese einfache, für Routineuntersuchungen jedoch meist nicht notwendige Auswertung gibt Hinweise auf die Entstehung dieser Eisenverwertungsstörung. Sie kann als Block in der Mobilisierung des Speichereisens für die Erythropoese aufgefaßt werden.

Dieses transferringebundene Fe wandert in Gewebe ab, die vermehrt Transferrinrezeptoren exprimieren (Entzündungs- und proliferierende Zellen). Dadurch wird Fe vermindert in neugebildete Erythrozyten eingebaut [18]. Bei einem kleinen Teil von Patienten mit dieser Anämieform und ohne nachweisbare Blutverluste ist das Markbröckelchen in der Berlinerblau-Färbung hämosiderinfrei. Bei rheumatoider Arthritis wird eine negative Fe-Färbung in einem höheren Prozentsatz gefunden.

Ergebnisse der *Ferritinbestimmung* lassen nur beschränkte Aussagen über das evtl. Vorliegen eines Fe-Mangelzustandes zu. Vorhandenes Speichereisen kann angenommen werden, wenn der Serum-Ferritinwert über 100–150 μg/l liegt.

Bei Werten unter diesem Bereich ist die Entscheidung schwierig, ob ein Eisenmangel zur Anämie der Patienten beiträgt (s. auch Kap. 2.2.2 a)). Anzustreben ist daher bei diesen Patienten die Auswertung des Knochenmarkhämosiderins oder *ex juvantibus* die Gabe von oralem Eisen. Ein Anstieg der Hb-Konzentration um 2 g/dl innerhalb von 4 Wochen kann als Hinweis auf einen Fe-Mangel angesehen werden, bei einem Anstieg um 1 g/dl kann lediglich der Verdacht auf ein solches Defizit geäußert werden [35].

Die Erniedrigung des Serum-Fe-Spiegels ist oft ausgeprägt (7 μmol/l bzw. 40 μg/dl und weniger) und steht, wie z. B. bei rheumatoider Arthritis gezeigt wurde, in deutlicher Beziehung zur Schwere der Entzündung.

Zum typischen Krankheitsbild gehört auch eine Erniedrigung des Transferrins. Es stellt ein wichtiges differentialdiagnostisches Kriterium gegenüber Fe-Mangelanämien dar. Gelegentlich kommen auch Werte im Normalbereich vor. Die Transferrinsättigung liegt meist über 15%.

Für die Feststellung dieser Anämieform sind neben klinischen Hinweisen auch Laboratoriumsbefunde zur Erfassung der *Schwere der entzündlichen Reaktion* eine wichtige diagnostische Stütze.

Tabelle 2.2. Hypochrome Zustände mit häufig erhöhten Eisenspeichern

1. Hypersiderinämische Anämien mit Eisenverwertungsstörung
   Angeborene sideroblastische Anämien
   Erworbene sideroblastische Anämien
      Primär
      Symptomatisch
2. Hypersiderinämische Anämien mit Hämoglobinpathien
   Thalassämiesyndrome und manche pathologische Hämoglobine
   Hämolytische Anämien mit abnormen Hämoglobinen

2.4 Die Differentialdiagnose hypochromer Anämien mit erhöhten Eisenspeichern

Solche hypochrome Zustände (mit normalem bis erhöhtem Ferritin) sind weit seltener als jene im Rahmen eines Fe-Mangels (Ausnahme: Endemiegebiete für Hb-pathien, s. Kap. 1.2.4). Die Hypochromie geht meist auf eine Hämoglobinopathie oder eine Fe-Verwertungsstörung zurück (Tabelle 2.2).

Häufig findet sich eine ausgeprägte Mikrozytose und Hypochromie bei normalen bis erhöhten Erythrozytenzahlen. Das freie Erythrozytenprotoporphyrin ist nicht gesteigert und der Knochenmarkhämosideringehalt erhöht.

Hämoglobinopathien können durch die Hämoglobinelektrophorese, quantitative Bestimmung von HbA_2 und HbF sowie durch Suchtests auf instabiles Hämoglobin erfaßt werden. Charakteristisch für Fe-Verwertungsstörungen im Rahmen von Sideroblastenanämien ist der Nachweis von Ringsideroblasten im Knochenmark (s. Kap. 4).

2.5 Primäre Hämochromatose

2.5.1 Pathophysiologie

Bei Normalpersonen wird die Fe-Resorption durch das Speicher-Fe reguliert (Abb. 2.5) und dadurch eine Eisenüberladung verhindert. Bei primärer Hämochromatose (PH) führt eine inadäquate Fe-Aufnahme zu einer progressiven Fe-Ablagerung in Hepatozyten (normalerweise wird Fe vor allem im RES einschließlich den Kupfferzellen gespeichert). Weitere Organe mit klinisch manifester Fe-Überladung sind Haut, Pankreas, Leber, Hypophyse u. a. Die Ursache des gestörten Fe-Stoffwechsels ist nicht geklärt. Die beiden Allele für das Hämochromatose-Gen liegen am Chromosom 6 in enger Nachbarschaft zum HLA-System (zwischen HLA-A und HLA-B mit besonderer Nähe zum ersteren Lokus), daher findet sich eine enge Assoziation mit dem HLA-System (*HLA-linked* PH). Klinisch relevante Erscheinungen treten (nach derzeitigen Vorstellungen) nur bei Homozygoten auf.

2.5.2 Diagnose

Die Diagnose der Erkrankung stützt sich auf

- eine Erhöhung der Transferrinsättigung,
- Zeichen der Eisenüberladung (insbesonder in den Hepatozyten),
- Familienuntersuchungen bei autosomal rezessivem Erbgang und häufige Kopplung an HLA-A_3 (als Marker für das Hämochromatose-Allel).

Klinische Erscheinungen mit der klassischen Trias von Hautpigmentation, Hepatomegalie und Diabetes treten erst in späten Stadien der Erkrankung (meist nach dem 50. Lebensjahr) auf und sind auch bei vielen homozygoten Merkmalsträgern nur diskret.

a) Serumeisen und Transferrinsättigung

Wichtigstes Früherkennungszeichen ist eine pathologisch erhöhte Transferrinsättigung (z.B. [11, 15, 30, 41 u.a.]). Bei Vollbildern der Erkrankung wird eine Transferrinsättigung von über 70% (bei Frauen) bzw. über 80% (bei Männern) festgestellt [15, 27].

Früherkennungsuntersuchungen ergaben, daß potentiell Homozygote eine Transferrinsättigung von zumindest 62% zeigten (bei Frauen lagen die Werte zum Teil noch etwas niedriger; [11]). Nur 0,8% gesunder Männer und 0,3% gesunder Frauen wiesen eine Transferrinsättigung in dieser Höhe auf (Abb. 2.8).

Bei der Auswertung voraussichtlich gesunder Blutspender (11 065 Fälle) waren 60% der Männer mit einer Transferrinsättigung von zumindest 62% und 100% der Frauen mit diesem Ergebnis wahrscheinlich homozygot für PH. Mittels dieses Diskriminatorwertes wurden 92% der Homozygoten erfaßt [11]. Zu ähnlichen Schlußfolgerungen kamen z.B. auch [8] und [41]. Dreimalige Bestimmungen der morgendlichen Transferrinsättigung im

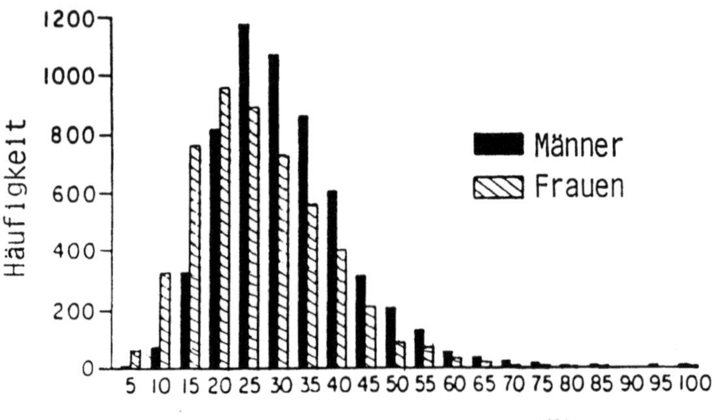

Abb. 2.8. Transferrinsättigung (Populationsuntersuchung bei Blutspendern) [11]

Nüchternplasma sind angezeigt, da die Reproduzierbarkeit vor allem durch die hohe Zahl falsch positiver Ergebnisse limitiert ist (z. B. [11]). In einer großen Studie von 163 Patienten (davon 112 Zirrhotiker) mit PH betrug der mittlere Plasma-Fe-Wert 40 = ± 1 μmol/l (222 ± 6 μg/dl) und die Transferrinsättigung 91 ± 1% [30].

b) Ferritin

Bei symptomatischer Erkrankung beträgt der Ferritinwert meist zumindest 700 μg/l [15]. In Frühfällen werden allerdings häufig nur gering erhöhte oder sogar normale Ferritinwerte gefunden (z. B. [11]).

Da die Ferritinbestimmung eine Abschätzung der Fe-Speicher ermöglicht, sind Leberbiopsien nur bei erhöhten Ferritinwerten notwendig. In der Studie von Niederau et al. war die mittlere Serumferritinkonzentration 2980 ± 255 μg/l (bei Vorliegen einer begleitenden Leberzirrhose waren die Werte signifikant höher als ohne diese Veränderung).

Im *Desferrioxamin-Test* wird die Harnausscheidung von Fe nach Injektion dieses Medikamentes gemessen. Die tägliche Fe-Ausscheidung beträgt bei Patienten mit PH über 5 mg. Sie liegt dagegen bei Patienten mit Hämosiderose (Eisenspeicherung bevorzugt in Makrophagen) bei vergleichbarer Ferritinerhöhung unter 3 mg. Auch dieser Test ist in frühen Stadien der PH geringer pathologisch.

c) HLA-Typisierung und Familienuntersuchungen

Das Hämochromatose-Gen liegt am Chromosom 6 zwischen den Loci für HLA-A und B (sehr eng zum ersteren; [10]). Damit liegt das Gen abseits von jenen für Transferrin und Transferrinrezeptoren (lokalisiert am Chromosom 3). Die Multigenfamilie für Ferritin zeigt funktionelle Gene am Chromosom 11 und 19 (von den zumindest 10 Genen der H-Ketten-Familie von Apo-Ferritin ist eines auch am Chromosom 6 gelegen; [37]. Es besteht eine auffallende Assoziation mit HLA-A_3 [5, 38, 39, 41], allerdings nur bei etwa 75–80% der Patienten. Patienten mit PH ohne HLA-A_3 sind klinisch und nach den Laborbefunden von dafür positiven Patienten nicht unterscheidbar. HLA-B_7 und HLA-B_{14} kommen ebenfalls in erhöhter Frequenz vor.

HLA-A_3 ist lediglich ein Marker für das Hämochromatose-Allel, jedoch nicht mit diesem identisch. 75–80% der Patienten sind HLA-A_3-positiv. Allerdings ist in der Allgemeinbevölkerung ebenfalls in etwa 30% dieses Allel nachweisbar [37]. Das Vorhandensein von HLA-B_7 oder -B_{14} allein ergibt noch keinen Hinweis auf das Vorhandensein des Hämochromatose-Allels [38].

Die Indikation für eine HLA-Typisierung bei Familienangehörigen von Patienten mit PH ist gegeben bei Eltern und Geschwistern, bei denen nach den üblichen Suchtests (erhöhte Transferrinsättigung +/− Ferritinerhöhung) Zweifel an einer PH besteht, bei jungen Geschwistern, bei denen in Frühstadien der Erkrankung die Suchtests eine zu geringe Sensitivität zeigen und evtl. bei solchen Familien, in denen eine homozygot-heterozygote Belastung von den Eltern her vermutet wird [41].

Wurden durch die Untersuchungen zusätzliche Homozygote gefunden, sind regelmäßige Untersuchungen (vor allem des Ferritins) notwendig. Bei Zeichen überfüllter Fe-Speicher (Ferritinerhöhung) sind Aderlässe bis zur Normalisierung des Ferritins erforderlich. Bei Homozygoten ohne Ferritinerhöhung zur Zeit der Diagnosestellung werden Kontrolluntersuchungen in 2- bis 3jährigen Abständen empfohlen.

d) Genetik und Erfassung von Heterozygoten

Das Hämochromatosegen wird in der Normalbevölkerung in Europa und USA in etwa 5–10% vermutet (Übersicht bei [37, 41]). Eine Homozygotie findet sich in etwa 0,2–0,45% der Bevökerung [11, 31, 41]. Allerdings ist auch bei vielen Homozygoten die Ausprägung des Krankheitsbildes nur sehr mild, was insbesondere für Frauen gilt. Symptomatische Erkrankungen sollen in der Frequenz von 1:5000 vorkommen [15]. Nach neueren Studien könnten sie etwas häufiger sein [11].

Heterozygote zeigen keine klinischen Manifestationen. Leicht erhöhte Werte für Serum-Fe und Transferrinsättigung finden sich bei etwa 25% dieser Personen (Übersicht bei [41]). Die Serumferritinkonzentrationen sind gewöhnlich normal. Eine geringe Zunahme des Fe in Hepatozyten findet sich ebenfalls bei etwa 25–30%. Während bei Homozygoten eine Alkoholeinnahme in größerer Menge die Fe-Überladung begünstigt, ist solches für Heterozygote nicht nachgewiesen worden [5, 41].

Ob bei Heterozygoten mit zusätzlichen Erkrankungen, welche den Fe-Metabolismus belasten, vermehrt oder gesteigert Zeichen der Fe-Überladung vorliegen, bedarf weiterer Untersuchungen. Solche Interaktionen werden vor allem bei Th. minor u.a. Zuständen mit ineffektiver Erythropoese diskutiert (z.B. [37, 38]).

e) Klinik

Klinische Erscheinungen gehen aus Tabelle 2.3 hervor.

Wichtigste subjektive Zeichen sind Arthralgien, Müdigkeit, abdominelle Schmerzen, Störungen der Sexualfunktion und evtl. Zeichen kardialer Insuffizienz oder neurologische Symptome. Die klinische Trias (Hautpigmentation, Hepatomegalie und Diabetes) wird meist erst im 5. und 6. Lebensjahrzehnt nachweisbar.

Zeichen der Fe-Überladung entwickeln sich gelegentlich bei Patienten mit verschiedenen Lebererkrankungen (vor allem auf alkoholischer Basis, insbesondere bei Vorliegen einer Zirrhose). Die Zustände können von der PH meist durch die deutlich pathologischen Leberfunktionstests sowie durch Familienuntersuchungen abgegrenzt werden. Die Porphyria cutanea tarda geht häufig mit Zeichen erhöhter Fe-Speicherung einher, die jedoch selten das Ausmaß der PH erreicht [15].

Tabelle 2.3. Klinische Erscheinungen bei primärer Hämochromatose (Angaben in %) [30]

	Alle Patienten (n = 163)	Untergruppe		p-Wert (Z-Test)
		mit Zirrhose (n = 112)	ohne Zirrhose (n = 51)	
Symptome				
Schwäche, Lethargie	83 (135)	88 (98)	73 (37)	0,05
Abdominalschmerz	58 (95)	67 (75)	39 (20)	0,01
Arthralgie	43 (70)	44 (49)	41 (21)	NS
Verlust von Libido od. Potenz	38 (55/145)	43 (43/101)	25 (11/44)	0,05
Amenorrhoe	22 (4/18)	18 (2/11)	29 (2/7)	NS
Anstrengungsdyspnoe	15 (25)	15 (17)	16 (8)	NS
Neurologische Symptome	6 (9)	7 (8)	2 (1)	NS
Physikalische Befunde				
Hepatomegalie	83 (136)	90 (101)	69 (35)	0,01
Pigmentation	75 (123)	79 (88)	69 (35)	NS
Verlust der Körperbehaarung	20 (32)	23 (26)	12 (6)	NS
Splenomegalie	13 (21)	17 (19)	4 (2)	0,05
Periphere Ödeme	12 (19)	14 (16)	6 (3)	0,05
Ikterus	10 (16)	13 (15)	2 (1)	0,01
Gynäkomastie	8 (12/145)	9 (9/101)	7 (3/44)	NS
Aszites	6 (10)	9 (10)	0	0,01
Andere Befunde				
EKG-Veränderungen	36 (59)	49 (55)	8 (4)	0,001
Ösophagusvarizen	9 (15)	13 (15)	0	0,001
Alkoholkonsum				
10 g/d	50 (81)	46 (52)	57 (29)	NS
10–60 g/d	39 (64)	38 (43)	41 (21)	NS
60 g/d	11 (18)	15 (17)	2 (1)	0,01
Mortalität*	33 (53)*)			

*) Mortalitätsrate (beobachtet/erwartet): 3,0. Haupttodesursachen: Neoplasmen (Leberzell-Ca mit Mortalitätsrate 219), Kardiomyopathie (Mortalitätsrate 306), Leberzirrhose (Mortalitätsrate 13)

f) Prognose

Die Überlebenswahrscheinlichkeit von Patienten mit PH nach einer repräsentativen Studie geht aus Abb. 2.9 hervor. Vor Einführen der konsequenten Aderlaßbehandlung betrug die mittlere Lebenserwartung 4,4 Jahre [14]. Unter konsequenter Aderlaßbehandlung waren nach 5 Jahren zwei Drittel, nach 10 Jahren 1 Drittel der Patienten am Leben [4]. Neuere Auswertungen zeigten noch günstigere Ergebnisse, wobei eine konsequente Fe-Depletion Voraussetzung dieser Verbesserungen war [30]. Die mediane Überlebensdauer lag dabei über 15 Jahre. Patienten mit Zirrhose zeigten deutlich schlechtere Ergebnisse, ähnliches gilt bei manifestem Diabetes [30].

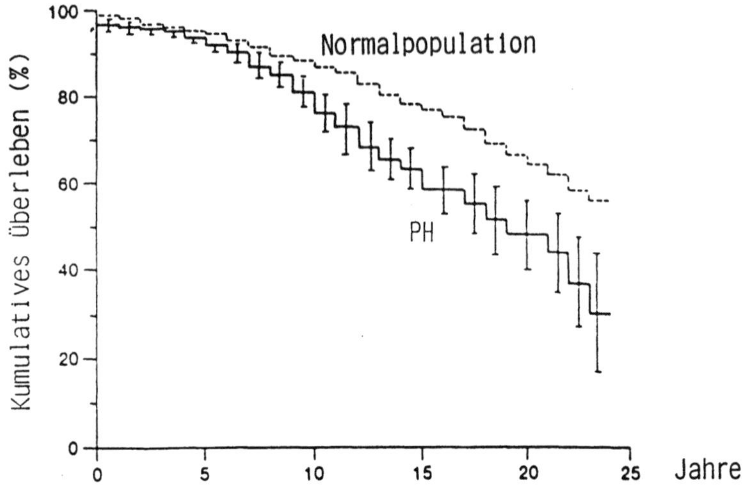

Abb. 2.9. Überlebenswahrscheinlichkeit bei primärer Hämochromatose ($p < 0.05$) [30]

Tabelle 2.4. Erkrankungen, die häufig zu einer Hämosiderose führen*

1. Thalassämiesyndrome
2. Sideroblastische Anämien (und andere myelodysplastische Syndrome)
3. Andere Anämien im Rahmen verschiedener Grundkrankheiten (bei langdauerndem Verlauf)
   a) Aplastische Anämie
   b) chronisch transfusionsbedürftige Anämien**
4. Fortgeschrittene Lebererkrankungen, v. a. bei Alkoholikern
5. Porphyria cutanea

* Eisenüberlastung bei Gesamteisenspeicherung über 50 mg/kg [15]
** Kardiale Dysfunktion nach Gabe von 100–200 Einheiten von Erythrozytenkonserven [37]

Tabelle 2.5. Primäre Hämochromatose: Diagnostische Kriterien (mod. nach [27])

a) Transferrinsättigung > 70% (Frauen), > 80% (Männer)*
b) Serumferritin > 700 µg/l**
c) Desferrioxamintest: Eisenausscheidung > 5 mg/24 h**
d) Leberbiopsie: Eisenablagerungen v. a. in Hepatozyten (Grad III und IV)

* Nach manchen Studien > 62% (s. 2.5.2 a))
** S. auch 2.5.2 b)

2.6 Zusammenfassung des diagnostischen Vorgehens bei Verdacht auf Eisenüberladung

Bei verschiedenen Erkrankungen ist die Gefahr einer Eisenüberladung gegeben. Nach der HLA-assoziierten Störung (PH) sind es Erkrankungen der Erythropoese (s. Tabelle 2.4) und schließlich die iatrogene Transfusionshämosiderose. Wichtigster Suchtest ist der Ferritinnachweis. Diagnostische Kriterien, die zur Erfassung einer PH im Stadium des Vollbildes der Erkrankung beitragen, sind in Tabelle 2.5 zusammengefaßt.

Literatur

1. Azis N, Munro HN (1986) Both subunits of rat liver ferritin are regulated at a translational level by iron induction. Nucl Acid Res 14:915
2. Bainton DF, Finch CA (1964) The diagnosis of iron deficiency anemia. Am J Med 37:62
3. Beutler E, Fairbanks VG, Fahey JL (1963) Clinical disorders of iron metabolism. Grune & Stratton, New York
4. Bomford A, Williams R (1976) Long-term results of venesection therapy in idiopathic hemochromatosis. Qu J Med 45:611–623
5. Cartwright GE, Edwards CQ, Kravitz K et al (1979) Hereditary hemochromatosis: phenotypic expression of the disease. N Engl J Med 301:175–179
6. Cook JD, Lynch SR (1986) The liabilities of iron deficiency. Blood 68:803–809
7. Cook JD, Skine BS, Lynch SR, Reusser ME (1986) Estimates of iron sufficiency in the US population. Blood 68:726–731
8. Dadone MM, Kushner JP, Edwards CQ, Bishop DT, Skolnick MH (1982) Herediaty hemochromatosis: anlysis of laboratory expression of the disease by genotype in 18 pedigrees. Am J Clin Pathol 78:196–207
9. Douglas AS, Dacie JV (1953) The incidence and significance of iron containing granules in human erythrocytes and their precursors. J Clin Pathol 6:307
10. Edwards CQ, Griffen LM, Dadone MM, Skolnick MH, Kushner JP (1986) Mapping the locus for hereditary hemochromatosis: localization between HLA-B and HLA-A. Am J Hum Genet 38:805–811
11. Edwards CQ, Griffin LM, Goldgar D, Drummond C, Skolnick MH, Kushner JP (1988) Prevalence of hemochromatosis among 11,065 presumably healthy blood donors. N Engl J Med 318:1355–1362
12. Erslev AJ (1977b) Anemia of chronic disorders. In: Williams WJ, Beutler E, Erslev AJ, Rundles RW (eds) Hematology, 2nd edn. Mc Graw-Hill, New York, p 434
13. Fairbanks VF, Beutler E (1977) Iron deficiency. In: Williams WJ, Beutler E, Erslev AJ, Rundles RW (eds) Hematology 2nd edn. McGraw-Hill, New York, p 363
14. Finch SC, Finch CA (1955) Idiopathic hemochromatosis, an iron storage disease: iron metabolism in hemochromatosis. Med (Baltimore) 34:381–430
15. Finch CA, Hübers H (1982) Perspectives in iron metabolism. N Engl J Med 306:1520–1528
16. Funk F, Lenders JP, Crichton RR, Schneider W (1985) Reductive mobilisation of ferritin iron. Eur J Biochem 152:167–172
17. Greil R, Gattringer C, Knapp W, Huber H (1986) Growth fraction of tumor cells and infiltration density with natural killer-like (HNK 1+) cells in non-Hodgkin lymphomas. Brit. J. Haematology, 62:293–300
18. Haurani FI, Burke W, Martinez EJ (1965) Defective reutilization of iron in anemia of inflammation. J Lab Clin Med 65:560
19. Hofman V, Descoeudres C, Montandon A, Glaeazzi RL, Straub PW (1978) Serumferritin bei Niereninsuffizienz, Hämodialyse und nach Nierentransplantation. Schweiz Med Wschr 108:1835–1838
20. Hübers HA, Finch CA (1984) Transferrin: physiologic behavior and clinical implications. Blood 64:763–767
21. Hübers HA, Hübers E, Csiba E, Rummel W, Finch CA (1983) The significance of transferrin for intestinal iron absorption. Blood 62:283–290

22. Hübers H, Csiba E, Hübers E, Finch CA (1985) Molecular advantage of diferric transferrin in delivering iron to reticulocytes: A comparative study. Proc Soc Exp Biol Med 179:222–226
23. Huerre C, Uzan G, Grzeschik KH, Weil D, Levin M, Hors-Cayla MC, Boue J, Kahn A, Junien C (1984) The structural gene for transferrin (TF) maps to 3q21–3qter. Ann Genet Paris 27:5–10
24. Idzerda RL, Hübers H, Finch CA, McKnight GS (1986) Rat transferrin gene expression: Tissue-specific regulation by iron deficiency. Proc Natl Acad Sci USA 83:3723–3727
25. Jain SK, Barrett KJ, Boyd D, Favreau MF, Crampton J, Drysdale JW (1985) Ferritin H and L chains are derived from different multigene families. J Biol Chem 260:11762–11768
26. Klausner RD, Renswoude JV, Ashwell G, Kempf C, Schechter AN, Dean A, Bridges KR (1983) Receptor-mediated endocytosis of transferrin in K562 cells. J Biol Chem 258:4715–4724
27. Milder MS, Cook JD, Stray S, Finch CA (1980) Idiopathic hemochromatosis, an interim report. Medicine (Baltimore) 59:34–49
28. Milman N, Christensen TE, Pedersen NS, Visfeldt J (1980) Serum ferritin and bone marrow iron in non-dialysis, peritoneal dialysis and hemodialysis patients with chronic renal failure. Acta Med Scand 207:201–205
29. Morgan EH, Peters T (1985) The biosynthesis of rat transferrin. J Biol Chem 260:14793–14801
30. Niederau C, Fischer R, Sonnenberg A, Stremmel W, Trampisch HJ, Strohmeyer G (1985) Survival and causes of death in cirrhotic and in noncirrhotic patients with primary hemochromatosis. N Engl J Med 313:1256–1262
31. Olsson KS, Eriksson K, Ritter B, Heedman PA (1984) Screening for iron overload using transferrin saturation. Acta Med Scand 215:105–112
32. Prieto J, Barry M, Sherlock S (1975) Serum ferritin in patients with iron overload and with acute and chronic liver diseases. Gastroenterology 68:525–533
33. Rabin M, McClelland A, Kühn L, Ruddle FH (1985) Regional localization of the human transferrin receptor gene to 3q26: -qter. Am J Hum Genet 37:1112–1116
34. Rao K, Harford JB, Rouault T, McClelland A, Ruddle FH, Klausner RD (1986) Transcriptional regulation by iron of the gene for the transferrin receptor. Mol Cell Biol 6:236–240
35. Rapaport SI (1987) Introduction to Hematology, 2nd Ed., J. B. Lippincott comp Philadelphia London
36. Rouault T, Rao K, Harford J, Mattia E, Klausner RD (1985) Hemin, chelatable iron, and the regulation of transferrin receptor biosynthesis. J Biol Chem 260:14862–14866
37. Seligman PA, Klausner RD, Hübers HA (1987) Molecular mechanisms of iron metabolism. In: The Molecular Basis of Blood Diseases. Saunders, Philadelphia
37a. Schwarting R, Stein H (1989) Cluster Report: CD71. In: Leucocyte Typing IV (W Knapp ed) Oxford Univ Press, Oxford 1989, p 455
38. Simon M (1985) Secondary iron overload and the haemochromatosis allele. Brit J Haematol 60:1–5
39. Simon M, Bourel M, Genetet B, Fauchet R (1977) Idiopathic hemochromatosis: demonstration of recessive transmission and early detection by family HLA typing. N Engl J Med 297:1017–1021
40. Sutherland R, Delia D, Schneider C, Newman R, Kemshead J, Greaves M (1981) Ubiquitous cell-surface glycoprotein on tumor cells in proliferation-associated receptor for transferrin. Proc Natl Acad Sci USA 78:4515–4519
41. Valberg LS, Ghent CN (1985) Diagnosis and management of hereditary hemochromatosis. Ann Rev Med 36:27–37
42. Worwood M (1986) Serum ferritin. Clin Sci 70:215–220
43. Yang F, Lum JB, McGill JR, Moore CM, Naylor SL, van Bragt PH, Baldwin WD, Bowman BH (1984) Human transferrin: cDNA characterization and chromosomal localization. Proc Natl Acad Sci USA 81:2752–2756

Kapitel 3: Megaloblastische Anämien

H. Huber, D. Pastner, D. Nachbaur, H. Löffler

Alle megaloblastischen Anämien (mA) beruhen auf einer gestörten DNA-Synthese. Am häufigsten ist die Ursache ein Vitamin B_{12}- oder Folsäuremangel, nur selten kommen andere Ursachen in Frage.

Vitamin B_{12}-Mangelzustände sind in erster Linie durch Resorptionsstörungen bedingt, nur in sehr seltenen Fällen durch Mangelernährung und wohl kaum durch vermehrten Verbrauch.

Bei *Folsäure (FS)-Mangelzuständen* spielen dagegen neben Resorptionsdefekten ein erhöhter Verbrauch (besonders bei gesteigerter Zellproliferation) sowie evtl. auch diätetische Faktoren (z. B. Mangel an Frischgemüse) eine Rolle. Meist wirken mehrere Ursachen zusammen, und wahrscheinlich sind regionale Unterschiede in der Diät mitbestimmend für die unterschiedliche Häufigkeit in verschiedenen Ländern.

Seltene Formen entstehen unter der Wirkung von Medikamenten, die mit der DNA-Synthese interferieren. Dies gilt für Folsäureantagonisten und für andere Antimetabolite wie Cytosin-Arabinosid, Fluorouracil, 6-Mercaptopurin und deren Derivate (Übersicht bei [12]). Eine echte megaloblastische Anämie wird auch bei der seltenen, angeborenen Orotacidurie beobachtet [58]. „Pseudomegaloblastosen" [51] finden sich dagegen bei verschiedenen Anämieformen wie sideroblastischen Anämien, Myelodysplasien und unreifzelligen Leukämien (insbesondere Erythroleukämien). Diese Formen können mit einem FS-Mangel (s. Kap. 3.4.2) kombiniert sein, sind jedoch durch Vitamin B_{12}- oder durch Folsäuregabe therapeutisch nicht beeinflußbar [39].

3.1 Diagnose und Biochemie megaloblastischer Reifungsstörungen (mit besonderer Berücksichtigung der perniziösen Anämie)

3.1.1 Die Megalozytose

Der initiale Schritt in der Diagnose ist der Nachweis eines *makrozytären Blutbildes* (MCV über 100, häufig 110–125 fl). Damit ergibt sich die Differentialdiagnose zwischen Megaloblastose (Hinweise für eine megaloblastische Reifungsstörung) und einer makrozytären Veränderung des Blutbildes (s. Kap. 3.2.1). Da bei Kombination einer megaloblastischen Anämie und eines Eisenmangels das MCV im Normbereich liegt (häufig unter 100 fl), wird auf charakteristische weitere Veränderungen des Blutbildes (insbesondere hypersegmentierte Neutrophile) besonders geachtet.

Makrozytosen ohne ausgeprägte megaloblastäre Reifungsstörung finden sich bei Hypothyreose, chronischem Alkoholismus, Hämolysen mit erhöhten Retikulozytenwerten, bei myelodysplastischen Syndromen und verschiedenen anderen Formen der Knochenmarkinsuffizienz sowie nach Behandlung mit vielen zytostatischen Medikamenten (hierbei z. T. deutliche megaloblastische Veränderungen).

Anämien ohne erhöhtes MCV trotz Vitamin B_{12}- und/oder FS-Mangel kommen bei Eisenmangel und bei chronischen Entzündungen vor.

3.1.2 Hypersegmentierte Neutrophile

Eine Hypersegmentation der Neutrophilen im peripheren Blut ist ein frühes Zeichen einer megaloblastischen Reifungsstörung (z. B. [20, 24, 46, 56]).

Hypersegmentierte enthalten mehr als 5 Segmente (das Segment ist vom Rest des Kernes deutlich abgrenzbar oder durch ein feines Chromatinband mit ihm verbunden; [15, 72]). Meistens sind die hypersegmentierten Granulozyten auch größer als normale Segmentkernige (z. B. [56]).

In einer systematischen Auswertung [46] von 357 Patienten (und 50 Gesunden) zeigten 98,3% der Personen mit megaloblastischer Reifungsstörung eine Ausschwemmung von Übersegmentierten (zumindest 1% wie oben definierte Hypersegmentierte). Sie fanden sich bei Patienten mit und ohne Anämie, wenn ein Mangel von Vitamin B_{12} und/oder FS vorlag [62a]. Nur 6 der 357 Patienten ließen eine Hypersegmentierung vermissen. Alle 6 dieser Patienten zeigten ein schwereres Krankheitsbild, meist mit Neutropenie und einer Linksverschiebung. In der Kontrollgruppe waren nur bei einem von 50 Untersuchten vereinzelt Hypersegmentierte nachweisbar. Es wird geschlossen, daß Hypersegmentierte im Blutbild – mit seltenen Ausnahmen – ein verläßliches Zeichen einer megaloblastischen Reifungsstörung darstellen, wenn ein schwerer Eisenmangel ausgeschlossen ist. Die Definition von Übersegmentierten ist allerdings bisher in verschiedenen Laboratorien unterschiedlich (zu Ringversuchen s. z. B. [18]).

3.1.3 Serum-Vitamin B_{12} und dessen Bindungsproteine

Die Bestimmung von Cobalamin erfolgt vor allem mittels kommerzieller Testkombinationen. Der Isotopenverdünnungstest ergibt häufig etwas höhere Werte als die – aufwendige – mikrobiologische Auswertung unter Verwendung von *Lactobacillus Leishmanii.*

Die untere Grenze des Normalbereichs liegt in der Isotopenmethode bei 300 pg/ml gegenüber 170 pg/ml im mikrobiologischen Test. Die Unterschiede zwischen den beiden Methoden beziehen sich z. T. auf die Art des B_{12}-bindenden Proteins (s. unten). Bei Verwendung eines gereinigten Intrinsic Factors (IF) sind die Ergebnisse in beiden Methoden ähnlich [34].

Bei Einsatz von R-Proteinen waren die Isotopenwerte vielfach deutlich höher als in Gegenwart von IF als absorbierendes Protein (Abb. 3.1). In neueren Produkten spielen diese Unterschiede wahrscheinlich keine sehr große Rolle mehr [14, 34]. Sehr wichtig ist jedoch, daß jedes Labor neben den üblichen Qualitätskontrollen seinen eigenen Normalbereich mit der verwendeten Testanordnung festlegt.

Die Bindungsproteine für Vitamin B_{12} im Plasma sind *Transcobalamin (TC)* 2 und 1 zusammen mit anderen R-Proteinen. TC 2 ist das wesentliche

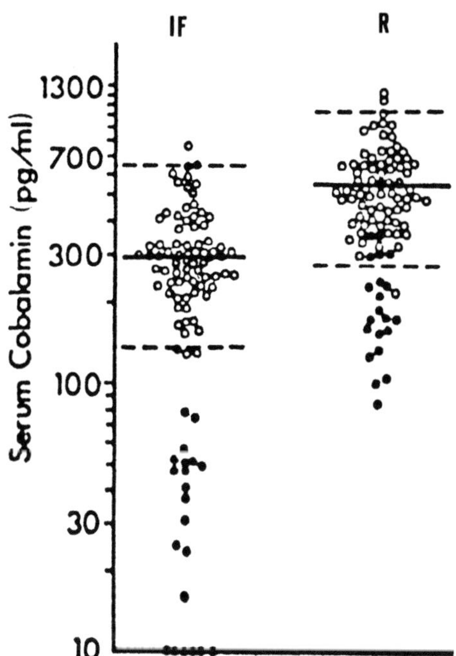

Abb. 3.1. Serum-Cobalaminspiegel von 74 Normalpersonen (○) und 21 Patienten mit Vitamin B_{12}-Mangel (●). Bestimmung im RIA mit Intrinsic Factor (IF) und R-Protein (R) [43]

Transportprotein für Vitamin B_{12} in Plasma und extrazellulären Flüssigkeiten (Tabelle 3.1). Der TC 2-Cobalaminkomplex wird durch Pinozytose in die Zelle eingeschleust.

TC2 ist für den normalen Vitamin B_{12}-Metabolismus essentiell. Bei hereditärem Defekt von TC2 entwickelt sich eine schwere megaloblastische Anämie (s. Kap. 3.3.5).

TC1 wird in den spezifischen Granula neutrophiler Granulozyten synthetisiert und aus ihnen ins Plasma freigesetzt. TC1 ist für den Vitamin B_{12}-Stoffwechsel nicht essentiell. TC1 wird zu den *„R-Proteinen"* gerechnet (Tabelle 3.1). *Intrinsic Factor (IF)* zeigt im Gegensatz zu den R-Proteinen eine viel spezifischere Bindungsfähigkeit für Vitamin B_{12} (Cobalamin).

Eine gesteigerte Freisetzung von TC1 ins Plasma findet sich bei Zuständen mit gesteigerter Granulopoese (z. B. CML, Polycythaemia vera). In diesen Fällen steigt der Vitamin B_{12}-Spiegel im Serum deutlich an. Bei hereditären Defekten von TC1 bestehen keine Zeichen eines Vitamin B_{12}-Mangels [56].

R-Proteine wurden zunächst im menschlichen Magensaft als Cobalamin-bindende Proteine ohne IF-Aktivität beschrieben (z. B. [43]). Der Name leitet sich von der raschen *(rapid)* Wanderung in der Elektrophorese her. Das menschliche Serum enthält neben TC2 eine Mischung von R-Proteinen (inkl. TC1). R-Proteine binden – im Gegensatz zu IF – nicht nur Vitamin B_{12}, sondern auch „Cobalamin-Analoge" (z. B. [43]). TC3 wurde ebenfalls beschrieben, es unterscheidet sich von TC1 nur im Carbohydratgehalt [56].

Tabelle 3.1. Vitamin B_{12}-Bindungsproteine

Protein	Bildungsort	Vorkommen	Molekulargewicht	Natur	Funktion
Intrinsic Factor	Parietalzelle	Magensaft	44000	Glykoprotein	Abgabe von Nahrungs-Vitamin B_{12} an das Ileum
Transcobalamin II	Leber, ? Darm, Makrophagen	Serum	38000	Polypeptid	Vitamin B_{12}-Transport vom Darm, Abgabe von Vitamin B_{12} an verschiedene Zellen
R-Bindungsproteine einschl. Transcobalamin I und III	Viele Zellen (einschl. Granulozyten)	Serum, Galle, Milch, Speichel, Magensaft	58–60000	Glykoprotein	Transport von Vitamin B_{12} und Analoga zur Leber, Entzug von Analoga, ? antibakteriell

Vitamin B_{12}-bindende Proteine im Magensaft. IF zeigt eine spezifische Bindung für Cobalamin. Cobalamin-IF-Komplexe werden durch spezifische Rezeptoren an den Mukosazellen des terminalen Ileums resorbiert. Cobalamin, das an R-Proteine gebunden ist, kann nicht absorbiert werden (Übersicht bei [56]).

Trypsin im Pankreassaft baut R-Proteine, nicht jedoch IF proteolytisch ab. Bei Pankreasinsuffizienz kann es daher zu einem vermehrten Anfall von Cobalamin kommen, das an R-Proteine gebunden ist und damit nicht absorbiert werden kann.

3.1.4 Folatspiegel in Serum und Vollblut

Folat zirkuliert im Plasma als *N5-Methyl-Tetrahydrofolat-Monoglutamat,* frei oder nur lose an Albumin gebunden. Eine viel wichtigere Rolle im Metabolismus spielen jedoch die *Folat-Polyglutamate* (Abb. 3.2), wie sie in den Speicherorganen vorliegen. In den Erythrozyten (diagnostischer Index der Folatspeicher) ist Folat-Polyglutamat die gesamte Erythrozytenlebensdauer lang fixiert [14]. Das Serum-Folat ist demgegenüber eine labile Größe, da seine Konzentration von der laufenden Zufuhr von Folaten sowie der Funktion des enterohepatischen Kreislaufs abhängig ist.

Das Erythrozytenfolat spiegelt die Folatspeicher wider und ist der Erfassung des Serum-Folats vorzuziehen [14]. Die Leber als Folatspeicherorgan gibt Folat nur über die Galle frei, von wo es durch den Dünndarm ins Blut übertritt. Der normale Serum-Folatspiegel beträgt 6–20 ng/ml. Wenn die Folatzufuhr gestoppt wird, fällt der Serumspiegel innerhalb von 3 Wochen unter 3 ng/ml ab, während die Speicher noch über Wochen genügend Folat enthalten. Andererseits wird nach Folsäureaufnahme mit der Nahrung Serumfolat normalisiert, bevor die Speicher aufgefüllt sind.

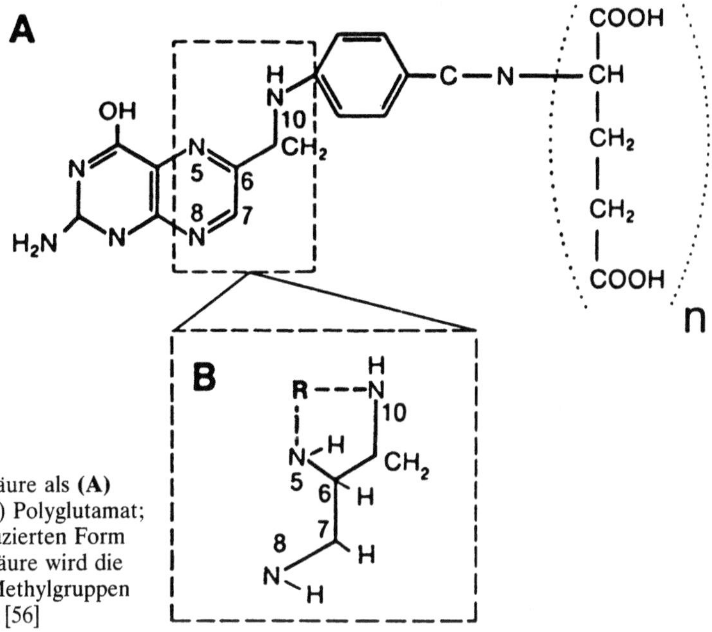

Abb. 3.2. Folsäure als (A) Mono- oder (n) Polyglutamat; (B) in der reduzierten Form Tetrahydrofolsäure wird die Bindung von Methylgruppen (R) ermöglicht [56]

Da die Konzentration von Folat in den Erythrozyten 20–50fach höher liegt als im Serum, ist eine Bestimmung des Folats im Vollblut, bezogen auf die Volumeinheit Erythrozyten, ein Maß des Erythrozytenfolats [3].

3.1.5 Interaktionen von Vitamin B_{12} und Folaten: Grundlagen für die Diagnose

Die pathophysiologischen Konsequenzen von Mangelzuständen von Cobalamin oder Folat in Form der megaloblastischen Reifungsstörung sind ident. Das enge Ineinandergreifen dieser beiden Faktoren wurde in vereinfachten Modellen zusammengefaßt (Übersicht bei [16]). Cobalamin und Folat sind Methyldonatoren für die Synthese von DNA sowie von Methionin (Abb. 3.3).

a) Störungen der Synthese von Thymidylat

Zur Synthese von Thymin als Bestandteil der DNA stehen 2 Bildungswege zur Verfügung. Das Nukleotid[1] Thymidylat (Thymin + Desoxiribose + Phosphat) kann:

- über einen *Salvage*-Weg und
- über die Neusynthese von Thymin gebildet werden.

[1] Nukleotid = Purin-(oder Pyrimidin-)-Base + Zuckermolekül (Ribose in RNA, Desoxiribose in DNA) + Phosphatgruppe
Nukleosid = Base + Zuckermolekül

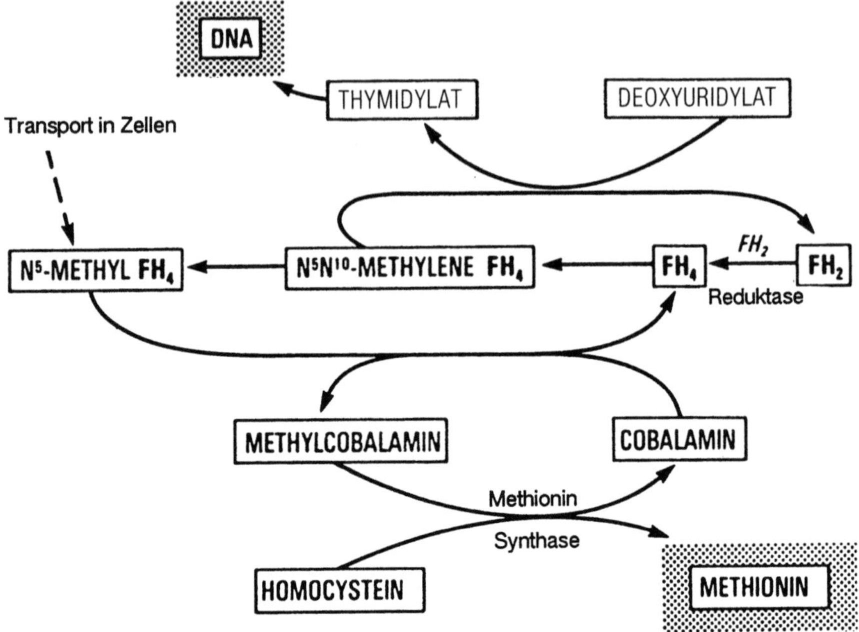

Abb. 3.3. Verknüpfung von Vitamin B_{12} und Folat in der Synthese von DNA (und von Methionin) [56]

Der erstere Weg bedient sich anfallender DNA aus zugrunde gehenden Zellen, die entsprechenden Spaltprodukte werden zur Bildung von Thymidylat phosphoryliert. In Geweben mit rascher Teilungsrate (insbesondere Knochenmark und Gastrointestinaltrakt) reicht dieser erstere Weg jedoch nicht aus, so daß eine laufende Neusynthese von Thymidylat erforderlich ist. Bei der Neusynthese von Thymidylat wird Deoxyuridilat methyliert. N_5,N_{10}-Methylentetrahydrofolat stellt die Methylgruppen für die Reaktion zur Verfügung und muß daher intrazellulär in genügender Konzentration vorhanden sein. Dadurch wird die Bildung von Methylentetrahydrofolat aus exogen zugeführtem Folat gewährleistet. Die Verknüpfung von Cobalamin mit der Thymidylatsynthese geht ebenfalls aus Abb. 3.3 hervor. Der häufig erhöhte Serum-Folatspiegel bei Vitamin B_{12}-Mangel ist demnach Folge der gestörten Verwendungsfähigkeit des Folats mit einem Defizit von Methylentetrahydrofolat.

b) Störung der Methioninsynthese

Eine vergleichsweise ähnlich wichtige Ursache megaloblastischer Anämien ist die gestörte Synthese von Methionin aus Homocystein. Cobalamin übernimmt die Methylgruppe von N_5-Methyltetrahydrofolat und überträgt sie auf Homocystein. Beim Vitamin B_{12}-Mangel ist die Methylierung des Homocysteins zu Methionin blockiert. Das in Blutzellen (z. B. Erythrozyten) angereicherte Homocystein kann zytochemisch in einer Farbreaktion nachgewiesen werden [53].

c) Verknüpfung dieser beiden Störungen

Eine gestörte Methioninsynthese führt zu einem Defizit von N_5,N_{10}-Methylentretahydrofolat über 2 Mechanismen:

Tabelle 3.2. Befundkonstellationen von Vitamin B_{12} und Folat bei megaloblastischer Reifungsstörung (mod. nach [56])

1. Vitamin B_{12} <100 pg/ml, FS nicht erniedrigt	Vitamin B_{12}-Mangel
2. FS <3 ng/ml, Vitamin B_{12} nicht erniedrigt	FS-Mangel
3. FS <3 ng/ml, Vitamin B_{12} <150 pg/ml	a) kombinierter Mangel b) Vitamin B_{12}-Mangel, niedriges Folat ohne FS-Mangelzustand c) FS-Mangel allein*
4. Vitamin B_{12}- und Folat nicht erniedrigt	a) anbehandelter Patient b) inadäquate Testzusammensetzung (Cobalaminanaloge binden an R-Proteine)

* 1/3 der FS-Mangelanämien zeigen erniedrigtes Serum-Vitamin B_{12} mit rascher Normalisierung nach FS-Therapie [14]

1. Der Versuch einer Kompensation der gestörten Methioninsynthese führt dazu, daß das Schwergewicht der Aktivität von N_5,N_{10}-Methylentetrahydrofolat von der Thymidylatsynthese auf die Methioninsynthese umgestellt wird. Folat sammelt sich daher in der Zelle als N_5-Methylfolat an (*folate trap* = Folat-Falle). Dieses Methylfolat ist unmittelbar für die Thymidylatsynthese nicht brauchbar.
2. Störungen der Synthese von Folat-Polyglutamaten. Da die Methylgruppe von Methionin die Hauptquelle intrazellulärer Formiate darstellt, kommt es beim Methionindefizit zum Mangel an Coenzymen, die Formiate erfordern. Insbesondere sind Formiate für die Bildung von N_5,N_{10}-Methylentetrahydrofolat, aber auch von N_5Formyltetrahydrofolat (Leukovorin) und N_{10}-Formyltetrahydrofolat erforderlich. Diese 3 Folat-Co-Faktoren sind die wichtigsten Substrate für Enzyme, die Folat von der Mono- in die Polyglutamatform überführen. Ein kritisches Defizit von Formiaten *(formate starvation)* erklärt wichtige Schritte in den Vitamin B_{12}-Folat-Interaktionen [16, 56].

3.1.6 Interpretation der Cobalamin- und Folatbestimmungen

Wenn aus dem peripheren Blut und/oder der Knochenmarkuntersuchung (s. Kap. 3.2.2) der Verdacht auf eine megaloblastische Reifungsstörung besteht, trägt die Bestimmung von Vitamin B_{12} und von Folat zur Differentialdiagnose des Mangelzustandes bei (Tabelle 3.2).

Bei Vorliegen eines *erniedrigten Vitamin B_{12}-* und normalen bis erhöhten Folatspiegels im Serum ist ein Vitamin B_{12}-Mangelzustand als Ursache der megaloblastischen Reifungsstörung wahrscheinlich.

Bei einem *Serum-Folatwert unter 3 ng/ml* und einem normalen Vitamin B_{12}-Spiegel liegt die Diagnose eines Folsäuremangelzustandes nahe. Ergebnisse mit der zur Erfassung von Mangelzuständen günstigeren Bestimmung des Erythrozytenfolats gehen aus Abb. 3.4 hervor.

Während bei Cobalaminmangelzuständen das Folat im Serum normal bis erhöht ist, ist das Erythrozytenfolat in dieser Situation häufig niedrig (Abb. 3.4).

Bei *Erniedrigung von Cobalamin und Folat* im Serum kann es sich um einen alleinigen Folatmangel handeln (Tabelle 3.2). Es kann jedoch auch ein alleiniger Vitamin B_{12}-Mangel oder ein kombinierter Defekt bestehen.

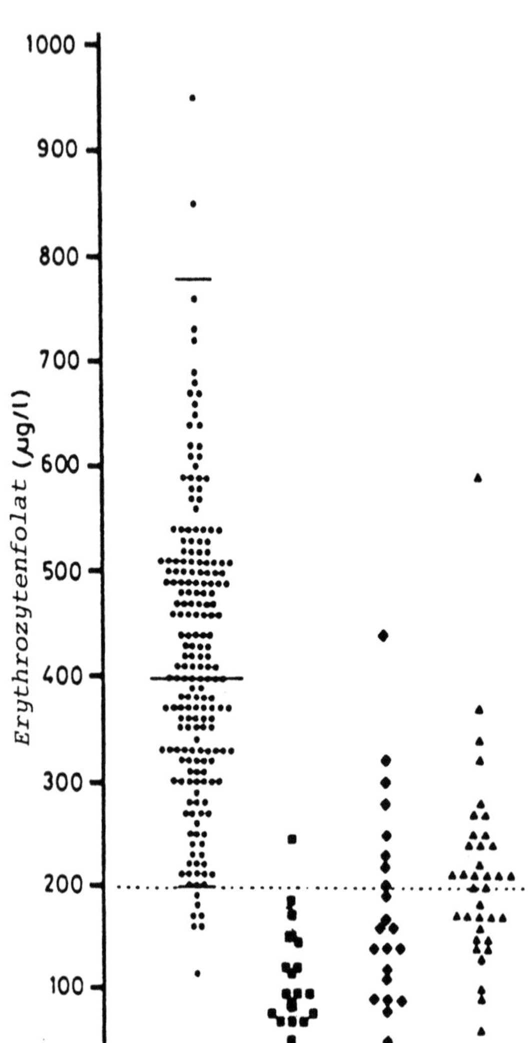

Abb. 3.4. Erythrozytenfolat bei Normalpersonen (●), Folatmangel (■), nach antiepileptischer Therapie mit Phenylhydantoin (◆) und bei Vitamin B_{12}-Defizit (▲) [3]

Megaloblastische Reifungsstörungen mit normalen Vitamin B_{12}- und FS-Werten finden sich bei anbehandelten Patienten oder bei inadäquater Testzusammensetzung (s. auch Vitamin B_{12}-Bindungsproteine, Kap. 3.1.3).

Erniedrigte Vitamin B_{12}-Spiegel ohne klinische Bedeutung sind nicht selten. Sie finden sich häufig am Ende der normalen Schwangerschaft, bei Patienten mit Eisenmangel, nach partieller Gastrektomie und bei behandelten Epileptikern [14]. Sie können auch bei sonst komplett Gesunden zur Beobachtung kommen. Praktisch alle Personen mit klinisch wichtigen Vitamin B_{12}-Defekten zeigen auch eine eingeschränkte Vitamin B_{12}-Absorptionsfähigkeit (Ausnahmen sind Vegetarier).

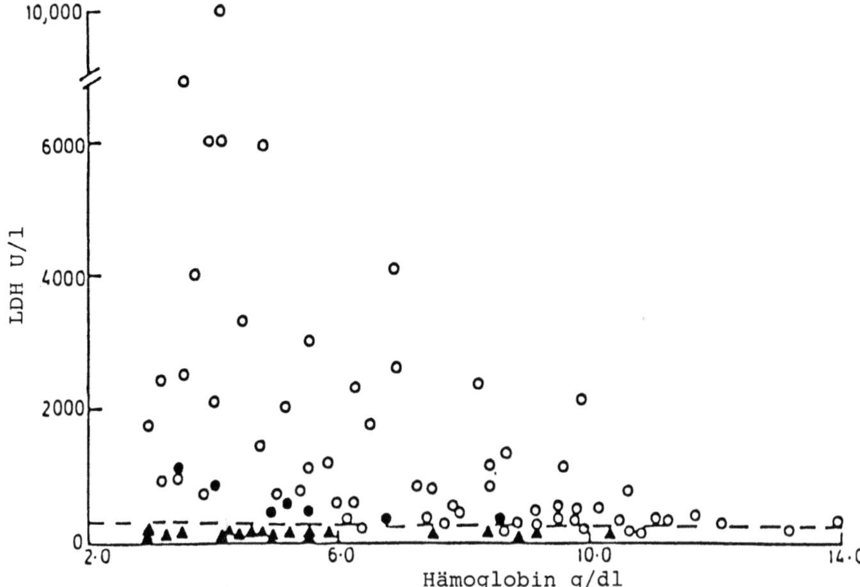

Abb. 3.5. LDH und Schwere der Anämie bei megaloblastischen und anderen Anämien [21]
○ Megaloblastische Anämie, ● hämolytische Anämie, ▲ Eisenmangelanämie

Wieweit mäßig erniedrigte Vitamin B_{12}-Spiegel ohne Anhalt für hämatologische oder neuropsychiatrische Erkrankungen relevant sind, wird verschieden beurteilt [62a]. Ein Teil der Personen mit Werten unter 200 pg/ml zeigt keine Hinweise für ein Krankheitsgeschehen. Bei anderen können die hämatologischen Veränderungen sehr diskret sein oder es liegen neuropsychiatrische Abweichungen ohne Blutbildveränderungen vor [62a]. Als unterstützende Teste zur Erfassung eines echten Vitamin B_{12}-Mangels werden daher die Bestimmung der Serum-Methylmalonsäure und/oder des Gesamthomocysteins empfohlen (Literatur bei [62a]).

3.1.7 Andere Serumuntersuchungen

a) Laktat-Dehydrogenase

Das Ausmaß der LDH-Erhöhung ist der Schwere der Anämie korreliert (Abb. 3.5). Patienten mit leichter Anämie haben häufig normale Werte. Bei deutlichen Anämien finden sich oft extrem hohe LDH-Werte.

Charakteristisch ist die Erhöhung des LDH-Isoenzyms 1 und 2. Megaloblastische Anämien zeigen vor allem eine Vermehrung des Isoenzyms LDH_1, andere Anämien des Isoenzyms 2 [71].

Eine leichte indirekte *Bilirubinerhöhung* (bei der Mehrzahl der Patienten mit dem Vollbild der Erkrankung) sowie eine oft ausgeprägte *Haptoglobinverminderung* im Serum sind ebenfalls in erster Linie durch die intramedulläre Hämolyse bedingt.

b) Eisen und Eisenspeicher

Erhöhungen des Serum-Eisens sind bei megaloblastischen Anämien häufig. Bei Perniziosapatienten mit ausgeprägter Anämie (Erothrozyten unter 2 T/1) findet sich fast regelmäßig eine Erhöhung des Eisenspiegels, der jedoch schon kurz nach Beginn einer Vitamin B_{12}-Therapie sehr deutlich abfällt. Das Eisenbindungsvermögen ist im Durchschnitt etwas vermindert.

Das Knochenmarkeisen ist bei unbehandelter Perniziosa häufig gesteigert. Eine Vermehrung findet sich vor allem bei ausgeprägter Anämie, vielfach ohne deutliche Vermehrung des Gesamtkörpereisens.

Bei Eintreten der Remission ist das überschüssige Speichereisen meist rasch verbraucht, so daß sich häufig ein Eisenmangel entwickelt [10]. Mittels der Ferritinbestimmung ist die Erhöhung des Speichereisens und die Entwicklung von evtl. Mangelzuständen dokumentierbar. Zu berücksichtigen ist allerdings, daß bei chronischen Begleiterkrankungen Eisenmangelzustände trotz normaler Ferritinwerte nicht ausgeschlossen werden können (s. Kap. 2.3).

3.1.8 Schilling-Test

Der Test dient dem Nachweis oder Ausschluß einer Resorptionsstörung, er gibt indirekt Hinweise für die Ursache der megaloblastischen Anämie (insbesondere wenn das markierte Vitamin B_{12} ohne und mit IF gegeben wird).

Der Test ist für folgende Fragestellungen besonders wertvoll:
- bei Patienten mit megaloblastischen Anämien und niedrigem Vitamin B_{12}-Spiegel, zur Charakterisierung des Mechanismus der gestörten Cobalaminabsorption;
- bei anbehandelten Patienten, bei denen die Diagnose einer perniziösen Anämie fraglich ist. Hier läßt erst der Schilling-Test die persistierende Cobalaminabsorptionsstörung erfassen;
- bei Patienten mit neurologischen Zeichen der funikulären Spinalerkrankung und grenzwertigem Vitamin B_{12}-Spiegel, um eine Cobalaminstörung zu dokumentieren.

Verfälschte Ergebnisse resultieren vor allem aus einer inkompletten Harnsammlung, die in 25–50% der Teste vorliegt.

Bei *renaler Insuffizienz* ist die Auswertung erschwert und Fehlinterpretationen sind häufig. Es empfiehlt sich, den Harn über 48h zu sammeln und auszuwerten [12].

Erniedrigte Werte können manchmal auch bei Pankreasinsuffizienz gefunden werden. Bei Pankreatitis kann die Vitamin B_{12}-Absorption durch eine Störung des Abbaus von R-Bindern mitbeeinflußt sein [8, 14] (s. Kap. 3.1.3). Pankreasenzyme setzen Cobalamin aus R-Proteinen frei und ermöglichen dessen Bindung an IF, wodurch die Resorption ermöglicht wird. Insgesamt absorbierten etwa 50% der Patienten mit Pankreasinsuffizienz Vitamin B_{12} schlecht [45], doch sind echte Mangelzustände sehr ungewöhnlich.

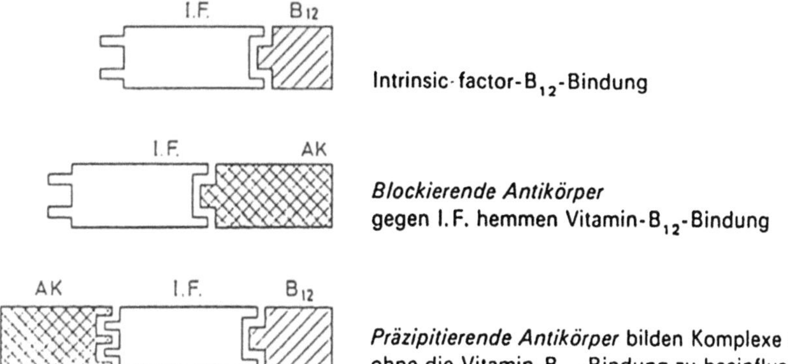

Abb. 3.6. Die beiden Arten von Antikörpern gegen Intrinsic Factor bei perniziöser Anämie

Bei Patienten mit atrophischer Gastritis und nach partieller Gastrektomie besteht keine enge Korrelation zwischen Vitamin B_{12}-Konzentration im Serum und den Ergebnissen des Schilling-Tests (s. Kap. 3.3.3).

3.1.9 Autoantikörpernachweis

a) Antikörper gegen Intrinsic Factor

Das weitgehende Fehlen von Intrinsic Factor im Magensaft charakterisiert die perniziöse Anämie. Bei etwa 60% der Erwachsenen mit dieser Erkrankung können Antikörper gegen IF im Serum nachgewiesen werden (z. B. Übersicht bei [14, 19a, 59a]; Abb. 3.6). Der Nachweis ist für die Diagnose einer Perniziosa weitgehend beweisend. Außer bei dieser Erkrankung werden sie nur in Ausnahmefällen von M. Basedow, Hypothyreoidismus und Diabetes mellitus nachgewiesen [59]. Dies sind jedoch Erkrankungen, bei denen eine signifikante Häufung perniziöser Anämien vorkommt. Ein Testansatz für IF wurde gleichzeitig von Ardeman et al. [2] und von Abels et al. [1] entwickelt. Zur Methodik s. [17].

IF wird durch die Bindungsfähigkeit für markiertes Vitamin B_{12} nachgewiesen. Kritisch in diesem Testansatz ist, daß im Magensaft zumindest 3 Vitamin B_{12}-bindende Proteine nachweisbar sind: IF, teilweise abgebauter IF und R-Proteine (s. Kap. 3.1.3).

Eine Differenzierung kann durch die Zugabe von Cobalaminanalogen (Cobinamide) erreicht werden. Letzteres reagiert mit R-Proteinen, aber nicht mit IF [6]. Andererseits kann die Bindung von Vitamin B_{12} an IF durch Zugabe spezifischer Antikörper blockiert werden. Damit eignet sich die Testanordnung zur Erfassung solcher Antikörper in Serum und/oder Magensaft ([1, 2, 17]; Übersicht bei [14]).

b) Antikörper gegen Parietalzellen der Magenschleimhaut

Viele Perniziosakranke haben Antikörper gegen Parietalzellen der Magenschleimhaut (Übersicht bei [19a, 22a, 59a]). Solche sind bei bis zu 95%

Tabelle 3.3. Vorkommen von Antikörpern gegen Parietalzellen der Magenschleimhaut bei Perniziosa im Vergleich zu anderen Erkrankungen (Zusammengestellt nach [10] und [16a])

	Häufigkeit in %
Perniziöse Anämie	84
Verwandte solcher Patienten	36
Myxödem	32
Hyperthyreose	28
Eisenmangelanämie	24
Verwandte solcher Patienten	8
M. Addison	23
Atrophische Gastritis	
Frauen	61
Männer	13
Kontrollen	0–16

dieser Patienten in der Altersgruppe von 30–60 Jahren, und bei etwa 80% älterer Patienten nachweisbar. Sie können am einfachsten durch Immunfluoreszenz-Methoden erfaßt werden.

Allerdings kommen diese Antikörper sowohl bei Normalpersonen (12% bei über 70jährigen Männern, 19% bei über 70jährigen Frauen), als auch bei verschiedenen Erkrankungen vor (s. Tabelle 3.3).

Der Test kann trotzdem bei atypischen Perniziosafällen von Vorteil sein, da ein negatives Ergebnis mit einer Wahrscheinlichkeit von etwa 9:1 die Diagnose einer Perniziosa in Frage stellt.

Das von den Parietalzellantikörpern erfaßte Antigen wurde kürzlich charakterisiert (Übersicht bei [22a]). Es handelt sich in erster Linie um Antigene von 60–90 kD und von 92 kD. Sie entsprechen den β- und α-Ketten der Protonenpumpe an den Parietalzellen.

c) Schilddrüsenantikörper

Schilddrüsenantikörper finden sich bei Perniziosapatienten in etwa 55% (in Kontrollen 0–15%, [19a]). Andererseits kommt bei M. Basedow eine Perniziosa (in meist diskreter Form) in 3,1%, beim „primären" Myxödem sogar in 10,8% vor (Zusammenstellung von [12, 58a]).

3.2 Diagnose einer megaloblastischen Anämie

Die Diagnose einer mA erfolgt zunächst nach morphologischen Kriterien und ist einfach, wenn es sich um das Vollbild dieser Anämieform handelt. Sie kann jedoch sehr schwierig sein, wenn ein Frühbild oder eine leichte Form dieser Kernreifungsstörung vorliegt.

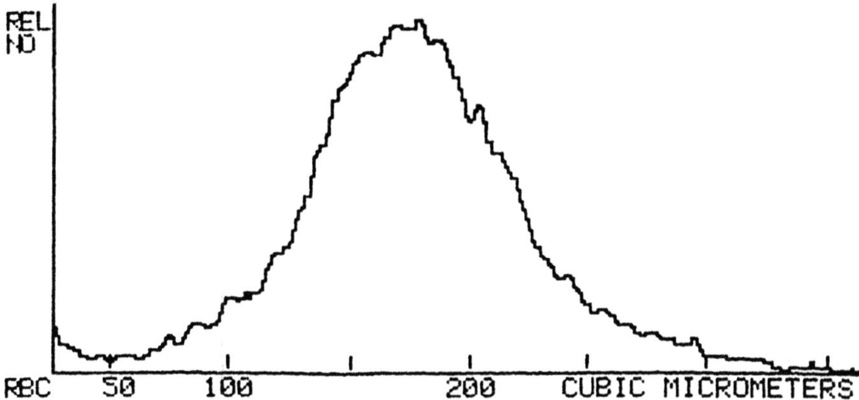

Abb. 3.7. Größenverteilung der Erythrozyten in einem Fall von perniziöser Anämie. MCH = 51,7 pg; MCV = 155,5 fl; RDW (Erythrozytenverteilungsbreite) = 29 (Richtwert < 13)

3.2.1 Peripheres Blutbild

Bei einer Anämie unter etwa 9,5 g/dl kann die Diagnose einer mA meist schon aus dem peripheren Blutbild gestellt oder mit großer Wahrscheinlichkeit vermutet werden. Megalo-, Ovalo- und Poikilozyten werden im roten Blutbild nachweisbar, während im weißen Blutbild vor allem das Auftreten übersegmentierter Granulozyten diagnostisch ist. Hypersegmentierte sind schon vor Auftreten einer Anämie nachweisbar (s. Kap. 3.1.2). In schwereren Fällen mA wird häufig eine Leuko- und evtl. Thrombopenie gefunden.

Man achte vor allem auf ovale Makrozyten *(Megalozyten)* und *Poikilozyten,* neben denen in ausgeprägten Fällen Erythrozytenfragmente von etwa 3–4 μm Durchmesser vorkommen können. Erythrozyten mit Jolly-Körperchen, basophil punktierte Erythrozyten und selten auch solche mit Cabot-Ringen sowie Erythroblasten können auftreten.

Typisch ist neben der *Erhöhung des MCV* (s. Kap. 3.1.1) der damit korrelierte Anstieg des MCH. Die letzteren Werte können über 40, gelegentlich bis 50 pg betragen (Abb. 3.7). Die mittlere Hämoglobinkonzentration (MCHC) weicht nicht von der Norm ab.

Eine Erhöhung des MCV fehlt vor allem, wenn die mA mit einem *Eisenmangel* kombiniert ist (s. Kap. 3.1.1). Solche Kombinationen finden sich bei pA seltener als bei anderen mA (z. B. nach Gastrektomie, in der Schwangerschaft und auch bei einer Reihe anderer FS-Mangelanämien). In diesen Fällen kann ein dimorphes Blutbild mit hypochromen und makrozytären Erythrozyten nachweisbar sein. Bei einer einfachen hypochromen Eisenmangelanämie findet man jedoch nie eine ausgeprägte Poikilozytose (z. B. [39]).

Die *Retikulozyten* sind (in unbehandelten) Fällen) meistens vermindert, doch spricht eine leichte relative Retikulozytose nicht gegen diese Anämieform.

Die *Thrombozytenzahl* ist häufig jener der roten Blutkörperchen korreliert [12]. Bei Erythrozytenzahlen unter 2,0 T/l liegen die Thrombozytenzahlen fast immer unter 100 G/l.

Die *Leukozytenzahlen* sind oft – aber auch bei schweren Anämien keineswegs regelmäßig – vermindert. Gleichzeitig besteht eine relative Lymphozytose. Auch bei einer Erythrozytenzahl unter 2 T/l haben etwa die Hälfte der Patienten noch Leukozytenzahlen über 4 G/l [12]. Ein viel wichtigeres Zeichen sind Veränderungen des Differentialblutbildes, wobei den übersegmentierten Granulozyten (s. Kap. 3.1.1) die größte Bedeutung zukommt.

Bei gleichzeitig bestehenden Infekten mit Linksverschiebung und insbesondere bei Zuständen mit starkem Granulozytenverbrauch kann dieses Zeichen jedoch fehlen ([46]; s. Kap. 3.1.1).

3.2.2 Knochenmark

Megaloblastische Reifungsstörungen sind im Knochenmark durch Veränderungen der roten und weißen Vorstufen, häufig auch der Megakaryozyten charakterisiert; deutliche megaloblastische Umwandlungen finden sich unter einer Hb-Konzentration von etwa 9,5 g/dl, während bei leichteren Anämien (oder auch, wenn gleichzeitig ein Eisenmangel besteht) die morphologische Diagnose auf Schwierigkeiten stoßen kann. Die morphologischen Veränderungen sind bei Vitamin B_{12}- und bei Folsäuremangel ähnlich (bei letzterem allerdings meist nicht so ausgeprägt).

Das Mark ist besonders bei schweren Anämien hochgradig hyperplastisch, wobei alle Zellstränge betroffen sind. Bevorzugt ist die Erythropoese vermehrt, linksverschoben und megaloblastisch verändert. Gleichzeitig lassen sich auch qualitative Veränderungen der Granulopoese und der Magakaryozyten nachweisen.

Die Erythropoese bei Perniziosa ist ineffektiv. Dies bedeutet, daß trotz hyperplastischer Erythropoese eine ungenügende Produktion von Erythrozyten in Folge gesteigerten Abbaus im Knochenmark erfolgt.

Schlagwortartig lassen sich *Megaloblasten* etwa so charakterisieren:

Sie sind größer als normale Erythroblasten (Zytoplasma breiter, Kern größer). Bereits in unreifen Formen erscheint Hämoglobin im Zytoplasma (rötlicher Farbton nach panoptischer Färbung; Asynchronie). Das wichtigste morphologische Charakteristikum ist die Veränderung der Kernstruktur: Megaloblasten besitzen eine lockere, feinere Kernstruktur mit mehr Aufhellungen (Euchromatin) im Unterschied zum mehr klumpigen Chromatin der normalen Erythroblasten.

Besteht zusätzlich eine Störung der Hämoglobinisierung im Rahmen eines Eisenmangels (oder auch bei Thalassämien; [12]), so ist diese „Reifungsdissoziation" häufig weniger deutlich. Bei der Abgrenzung solcher Zustände gewinnen weitere Symptome der mA noch mehr an Bedeutung.

Die megaloblastische Granulozytopoese ist vor allem durch das Auftreten von Riesenmetamyelozyten und Riesenstabkernigen charakterisiert. In anderen Reifungsstufen sind die Veränderungen weniger deutlich, übersegmentierte Neutrophile findet man vor allem im Blutausstrich. Diese Riesenformen sind deutlich größer als die entsprechenden Zellen der

Tabelle 3.4. Vitamin B_{12}-Mangelzustände

1. Durch Intrinsic Factormangel:
   Perniziöse Anämie
   Nach Gastrektomie
   Begleitperniziosa bei Endokrinopathien
   Juvenile Perniziosa (kongenitaler IF-Mangel, juvenile Autoimmunperniziosa u. a.; s. Kap. 3.3.5.
2. Durch intestinale Erkrankungen:
   „Blind-loop"-Syndrom (Dünndarmdivertikulose, -anastomosen, -fisteln, -strikturen)
   Funktionsausfälle des Dünndarms und/oder Resektionen (Ileitis terminalis, ausgedehnte Resektionen)
   Sprue und sprueähnliche Erkrankungen
3. Diätetisch (sehr selten; s. Kap. 3.3.6)
4. Familiäre selektive Vitamin B_{12}-Resorptionsstörung (Gräsbeck-Imerslund Syndrom, s. Kap. 3.3.6)
5. Andere Ursachen (s. Kap. 3.3.6)

normalen Granulozytopoese (im Durchmesser bis zu 25 µm und größer), sie zeigen ebenfalls eine auffallend lockere Kernstruktur.

Die Megakaryozyten sind eher vermindert und besitzen häufig stark übersegmentierte Kerne, zum Teil liegen auch Kernteile im Zytoplasma verteilt.

3.3 Megaloblastische Anämien durch Vitamin B_{12}-Mangel

Eine Zusammenstellung der wichtigsten Krankheitsbilder mit einem Vitamin B_{12}-Defizit findet sich in Tabelle 3.4.

3.3.1 Die perniziöse Anämie

Die pA ist die beim Erwachsenen in unseren Breiten weitaus häufigste mA. Sie zeigt in ihrem Vollbild alle diagnostischen Kriterien dieser Anämieform (s. Kap. 3.1 und 3.2).

In Frühfällen kann allerdings auch hier die morphologische Diagnose schwierig sein und dann nur eine Makro- und Poikilozytose sowie diskrete Veränderungen des weißen Blutbildes (Übersegmentierte) nachweisbar sein.

Der *Serum-Vitamin B_{12}-Spiegel* ist bei nichtbehandelter pA meist deutlich unter den Normalbereich erniedrigt (s. Kap. 3.1.1).

Überschneidungen zwischen pA und manchen schweren Fällen mit einfacher atrophischer Gastritis äußern sich auch im Serum-Vitamin B_{12}-Spiegel. Von 120 Patienten mit atrophischer Gastritis hatten 75% ein erniedrigtes Vitamin B_{12} [12].

Es ist wünschenswert, wenn auch nicht in jedem Fall notwendig, die Diagnose einer pA durch zusätzliche Untersuchungen im Hinblick auf den Mangel an Intrinsic Factor (IF) zu stützen. Am weitesten verbreitet ist der

Schilling-Test, der anschließend evtl. mit der gleichzeitigen Gabe eines wirksamen IF-Präparates wiederholt werden sollte (s. Kap. 3.1.6).

Schwere IF-Sekretionsstörungen, die sich in einem pathologischen Schilling-Test manifestieren, können sich auch bei schweren Fällen atrophischer Gastritis finden (in 49% von 1958 Fällen der Zusammenstellung von [12]). Pathologische Schilling-Testergebnisse mit verzögerter Vitamin B_{12}-Ausscheidung können schließlich auch bei schweren Nierenfunktionsstörungen beobachtet werden [44].

Immunologische Untersuchungen können zur Abgrenzung der pA von anderen Vitamin B_{12}-Mangelzuständen dienen. Bei der Hälfte der Perniziosapatienten finden sich blockierende Serumantikörper gegen IF (s. Kap. 3.1.9).

Noch häufiger kommen solche Antikörper im Magensaft vor, dessen Gewinnung jedoch wegen der Achylie auf praktische Schwierigkeiten stößt. Sie können auch im Speichel nachgewiesen werden. Wenn auch methodisch eher aufwendig, stellt ihr Nachweis einen wertvollen Beitrag zur Diagnose dieser Anämieform dar, da er auch bei Patienten nach erfolgreicher Therapie geführt werden kann.

Eine zweite Klasse von AK gegen IF bei Perniziosapatienten sind „präzipitierende" AK, die jedoch mit der Vitamin B_{12}-Bindungsfähigkeit nicht interferieren (Abb. 3.6). Sie werden am einfachsten mit Ammonsulfat nach dem Prinzip der Farr-Methode ausgewertet [19a]. Diese AK sind bei etwa 30% der Patienten mit pA nachweisbar, und zwar fast ausschließlich bei solchen, die auch „blockierende" AK im Serum haben. Dadurch kommt ihnen keine wesentliche zusätzliche diagnostische Bedeutung zu.

3.3.2 Begleitperniziosa bei Endokrinopathien

Diese Form soll hier kurz gesondert dargestellt werden, obwohl es sich dabei um eine vielfach leichte Spielart der „kryptogenetischen" Perniziosa handelt. Am engsten ist die Beziehung zu *Schilddrüsenerkrankungen,* aber auch zu anderen Endokrinopathien, in deren Verlauf Organautoantikörper nachgewiesen werden können.

Beim M. Basedow kommt eine Perniziosa in meist diskreter Form in 3,1%, beim „primären" Myxödem sogar in 10,8% vor (Zusammenstellung von [12]). Über das Vorkommen von Parietalzellantikörpern bei diesen Schilddrüsenerkrankungen s. Tabelle 3.3. Schilddrüsenantikörper (Übersicht bei [19a, 58a]) finden sich andererseits bei Perniziosapatienten in etwa 55% (in Kontrollen 0–15%).

Bei Patienten mit idiopathischem M. Addison läßt sich ein gehäuftes Vorkommen von AK gegen Schilddrüsengewebe sowie gegen Parietalzellen der Magenschleimhaut (s. Tabelle 3.3) nachweisen. Eine histaminrefraktäre Achylie ist ein relativ häufiges Begleitsymptom der Erkrankung und in etwa der Hälfte dieser Patienten nachweisbar. In einer Zusammenstellung von Irvine [35, 36] zeigten von 321 Patienten mit idiopathischem M. Addison 18 (6%) einen Hypoparathyreoidismus, 59 (18%) eine Insuffizienz der Ovarien und 51 (16%) eine Schilddrüsenerkrankung (davon hatten 16 eine Thyreotoxikose, 28 eine Hypothyreose und 7 eine Hashimoto-Thyreoiditis). Eine megaloblastische Anämie war bei 12 Patienten nachweisbar. Kombinationen mit anderen Endokrinopathien sind häufig. Der idiopathische M. Addison kann familiär gehäuft vorkommen.

3.3.3 Megaloblastische Anämien nach totaler oder partieller Gastrektomie

Trotz vollständiger Entfernung der IF-produzierenden Zellen entwickelt sich eine mA nach totaler Gastrektomie (Übersicht bei [70]) langsam, da die Vitamin B_{12}-Speicher in der Größenordnung von 3000 μg sind und der tägliche Bedarf unter 1 μg liegt. Rascher kann ein Mangelzustand manifest werden, wenn schon vor der Operation eine Vitamin B_{12}-Resorptionsstörung bestand, wie dies bei Magenkarzinomen der Fall sein kann [52].

Erste Zeichen einer Makrozytose entwickeln sich bei unbehandelten Patienten zwischen 0,5–7 Jahren (im Mittel 2,5 Jahre), während Megaloblasten im Mark nach 2–10 Jahren (im Mittel 4,5 Jahre) nachweisbar sind [12]. Die Werte des Schilling-Tests und des Vitamin B_{12}-Spiegels liegen in solchen Fällen im Bereich derjenigen von pA.

Die weitaus häufigste Anämieform nach partieller Gastrektomie stellt die Eisenmangelanämie dar, die in seltenen Fällen mit einer mA kombiniert sein kann. Reine mA finden sich dagegen in der Regel nur bei schon mit Eisen vorbehandelten Kranken; Vollbilder einer mA sind selten (nach [19] bei 0,33% dieser Operierten).

Die Häufigkeit, vor allem von diskreten megaloblastischen Veränderungen, wird in den einzelnen Publikationen sehr unterschiedlich angegeben, wobei Werte zwischen 1,0% [25] und 18% [28] festgestellt wurden. Es ist zu bedenken, daß hohe Zahlen vor allem von Zentren kommen, die sich besonders intensiv mit dieser Anämieform beschäftigen und somit ein eher selektiertes Material bearbeiten. Insgesamt dürfte der Prozentsatz unter 5 liegen.

Übereinstimmung besteht, daß ein Erkennen dieser Megaloblastosen im Rahmen von Eisenmangelzuständen schwierig ist und vielfach erst nach einer Korrektor des Fe-Defizits möglich ist. Der Serum-Vitamin B_{12}-Spiegel ist ebenfalls nur mit Vorsicht als Hinweis auf einen tatsächlichen Vitamin B_{12}-Mangel anzusehen. Bei Eisenmangelanämien können erniedrigte Vitamin B_{12}-Werte beobachtet werden, die durch alleinige Eisentherapie korrigierbar sind [14, 69].

Ergebnisse des Schilling-Tests bei partiell Gastrektomierten wurden von Posth et al. [55] mitgeteilt. Abhängig vom Ausmaß der Resektion wurden nicht selten pathologische Werte beobachtet. Sie werden gewöhnlich, aber nicht regelmäßig, durch Gaben von IF korrigiert. In solchen Fällen (etwa 12% nach [12]) dürfte eine bakterielle Besiedlung des Dünndarms die Resorption zusätzlich stören. Diskrepanzen zwischen den Ergebnissen der Serum-Vitamin-Bestimmung und denen des Schilling-Tests werden bei dieser Patientengruppe nicht selten gefunden ([14]; s. auch Kap. 3.1.6). Sie sind ein weiterer Hinweis auf die komplexe Situation der Störungen des Vitamin B_{12}-Stoffwechsels. Ein Teil dieser Kranken ist mangelernährt und neigt zum Alkoholismus. Dies könnte ein Faktor für das Auftreten eines FS-Mangels sein, der bei etwa 1/5 dieser Patienten mit megaloblastischen Blutbildveränderungen und insgesamt etwa bei 1% der partiell Gastrektomierten besteht [12].

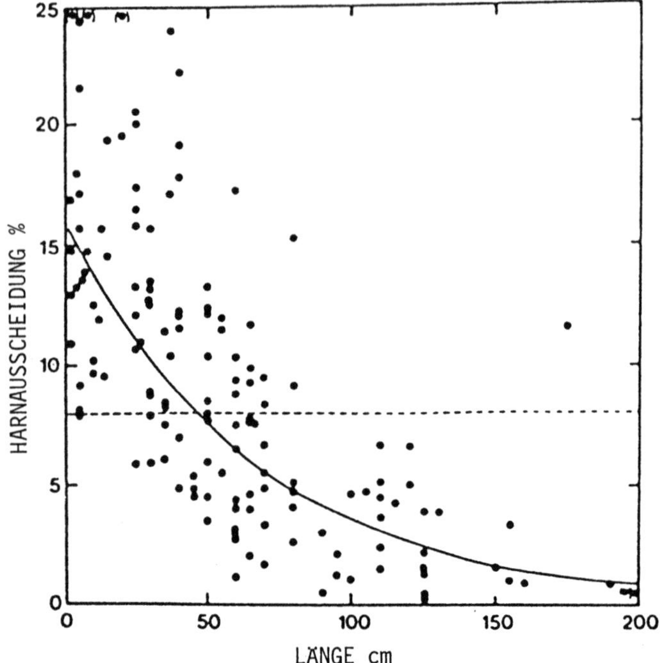

Abb. 3.8. Korrelation der Harnausscheidung von radioaktivem Vitamin B_{12} im Schillingtest (ohne Gabe von Intrinsic Factor) und der Länge des resezierten Dünndarmabschnittes [22]

3.3.4 Megaloblastische Anämien bei anatomischen Anomalien des Dünndarms

Diesen Mangelzuständen liegen 2 Hauptursachen zugrunde, die auch kombiniert vorkommen können (s. Tabelle 3.4). Der Vitamin B_{12}-Mangel hat im wesentlichen entweder

- eine abnorme bakterielle Besiedelung des Dünndarms (tropische Sprue, „Blind-loop"-Syndrom) oder
- Funktionsausfälle bzw. ausgedehnte Resektionen dieses Darmabschnittes zur Ursache (Abb. 3.8).

Den Zuständen ist gemeinsam, daß ein erniedrigter Serum-Vitamin B_{12}-Spiegel mit einem pathologischen Schilling-Test einhergeht, der charakteristischerweise durch IF nicht korrigiert werden kann. Für die ersteren Zustände ist typisch, daß sich im Anschluß an eine orale Therapie mit einem Breitbandantibiotikum („Sterilisation des Dünndarms") die Vitamin B_{12}-Resorption im Schilling-Test bessern kann (z. B. [45]). Im Jejunum kann meist eine Kolonisation mit koliformen Bakterien nachgewiesen werden [42, 65]. Bei der zweiten Form (ausgedehnte Ausfälle des Dünndarms, vor allem des Ileums) fehlt dieser Effekt antibiotischer Therapien. Die Resorptionsstörung ist dem Ausmaß der Resektion des Ileums etwa korreliert (Abb. 3.8). Für klinisch relevante Cobalamin-Malabsorptionen sind meist Resektionen von zumindest 50 cm erforderlich [45].

Bei tropischer Sprue mit mA wurden B_{12}-Mangelzustände in 94% der Patienten gefunden [45]; niedriges Serumfolat lag nach dieser Studie in 57% vor. Als Ursache des „Blind-loop"-Syndroms wurden nach einer Zusammenstellung von 186 Fällen [12] eine Divertikulose des Jejunums oder Ileums in 43%, Anastomosen und Fisteln in diesem Bereich (vor allem durch Enterostomie oder enterokolische Anastomosen, gastrokolische oder ileokolische Fisteln) in 30%, und Strikturen (tuberkulös, durch Ileitis terminalis, postoperativ oder posttraumatisch, neoplastisch) in 27% festgestellt.

3.3.5 Familiäre selektive Vitamin B_{12}-Resorptionsstörung und megaloblastische Anämien im Kindesalter

Vitamin B_{12}-Mangelzustände bei Kindern. Echte mA sind bei Kindern unter unseren heutigen Ernährungsbedingungen selten. Sie können in erster Linie durch einen FS-Mangel bedingt sein, der durch Mangelernährung (die früher beobachtete „Ziegenmilchanämie" der Säuglinge) oder durch Resorptionsstörungen im Rahmen einer Zöliakie hervorgerufen ist. Ihnen stehen mA gegenüber, die durch einen Vitamin B_{12}-Mangel charakterisiert sind und eine ausgesprochene Rarität darstellen. Bisher wurde über ca. 40 Fälle kongenitaler Perniziosa berichtet [9, 12, 27, 74].

Der kongenitale IF-Mangel stellt eine gut dokumentierte Form der selektiven IF-Sekretionsstörung bei vorhandener Magensäuresekretion dar. Die Erkrankung wird autosomal rezessiv vererbt und manifestiert sich bei Homozygoten nach Aufbrauchen der Vitamin B_{12}-Speicher.

Diagnostische Kriterien sind: Makrozytose mit niedrigem Vitamin B_{12}, fehlender IF im Magensaft, normales pH und Pepsin des Magensaftes und normale Magenschleimhaut. Die Erkrankung manifestiert sich meist innerhalb der ersten Jahre, doch variiert das Manifestationsalter [9].

Auch die *selektive Vitamin B_{12}-Resorptionsstörung* (Gräsbeck-Imerslund-Syndrom) wird autosomal rezessiv vererbt und ebenfalls zwischen dem 4. und 28. Lebensmonat manifest. Im Gegensatz zum ersten Syndrom läßt sich im Magensaft aber IF nachweisen, und die stark verminderte Vitamin B_{12}-Resorption kann durch gleichzeitige IF-Gaben nicht korrigiert werden. Ein wichtiges und bei 18 von 20 Fällen [12] gefundenes Symptom ist die Proteinurie (0,02–0,1 g/100 ml Harn). Diese ist nicht orthostatisch bedingt. In manchen Fällen sind auch Nierenmißbildungen vorhanden. Antikörper gegen IF fehlen immer.

Bei fehlendem oder abnormem Transcobalamin II (TC II) entwickelt sich ebenfalls ein schwerer Vitamin B_{12}-Mangel. Es finden sich jedoch normale Serum-B_{12}-Werte [23, 26, 30, 60].

Bei isoliertem Defekt in der Bildung von R-Proteinen durch den Magensaft fanden sich keine hämatologischen Abweichungen. Über späte neurologische Symptome wurde allerdings berichtet (Übersicht bei [74]).

Die *jugendliche Autoimmunperniziosa* zeigt dagegen regelmäßig Serumantikörper gegen IF. Gegen Parietalzellen gerichtete AK sind weit weniger konstant nachweisbar als beim Erwachsenen. Als typisches Syndrom kann sie mit Moniliasis, idiopathischer Nebennierenrindeninsuffizienz und/oder idiopathischem Hypoparathyreoidismus einhergehen (Übersicht bei [73]). Sie manifestiert sich vor allem im 2. Lebensjahrzehnt (Extreme zwischen 8 und 29 Jahren) als genetisch determinierte Tendenz zur Entwicklung verschiedener Autoantikörper.

3.3.6 Andere Ursachen

Diätbedingte Vitamin B_{12}-Mangelzustände kommen nur nach vieljähriger kompletter Abstinenz von tierischen Proteinen vor. Bei der seltenen tropischen makrozytären Anämie sollte jedenfalls an diese Ursache gedacht werden [56].

Megaloblastische Anämien durch *Fischbandwurmbefall* (Bothriocephalusperniziosa) werden trotz der weiten Verbreitung dieser Parasiten im wesentlichen nur bei in Finnland lebenden und von dort zugewanderten Personen beobachtet. Auf 500–1000 Wurmträger wird etwa ein an Anämie Erkrankter gesehen (Übersicht bei [5]). Über die Hälfte der durch diese Parasiten Befallenen zeigt nach Palva [54] einen pathologischen Schilling-Test. IF-Gaben führen zu keiner wesentlichen Besserung der Resorption. Die Diagnose wird im wesentlichen durch den Bandwurmnachweis gesichert.

Medikamenteninduzierte mA sind eher auf einen FS-Mangel oder eine Verwertungsstörung als auf einen isolierten Vitamin B_{12}-Mangel zurückzuführen.

3.4 Megaloblastische Anämien durch Folsäuremangel

Megaloblastische Blutbildveränderungen durch FS-Defizit können durch FS-Resorptionsstörungen, verminderte Zufuhr, einen vermehrten Verbrauch dieses Vitamins sowie durch einen abnormen FS-Metabolismus zustande kommen. Erkrankungen, die mit einer FS-Mangelanämie einhergehen können, sind in Tabelle 3.5 zusammengestellt. Die Häufigkeit von FS-Mangelanämien geht aus Tabelle 3.6 hervor.

3.4.1 Megaloblastische Schwangerschaftanämien

Die Schwangerschaftsmegaloblastose (SchM) kann mit einem schweren Krankheitsbild einhergehen. In der Mehrzahl der Fälle äußert sie sich jedoch in diskreten Blutbildveränderungen, die von einem begleitenden Eisenmangel in ihrem Erscheinungsbild verwischt werden können.

Tabelle 3.5. Klinische Zustandsbilder mit Folsäuremangel

1. Folsäuremangel durch verminderte Zufuhr
2. Folsäuremangel durch erhöhten Verbrauch:

   Megaloblastische Schwangerschaftsanämie
   Begleitmegaloblastosen bei Blutkrankheiten und verschiedenen Neoplasien
   Hämolytische Anämien
   Sideroblastische Anämien
   (Osteo-)Myelofibrose
   Multiples Myelom u. a.

3. Folsäuremangel durch Absorptionsstörungen:

   Idiopathische Sprue, Zöliakie, tropische Sprue
   Anatomische Anomalien des Dünndarms
   Infiltrative Erkrankungen des Dünndarms
   Resektionen und Ausschaltungen (vor allem des Jejunums)

4. Folsäuremangel durch andere Ursachen und auf komplexer Basis:

   Alkoholismus und chronische Lebererkrankungen
   Antikonvulsiva
   Zytostatika

Tabelle 3.6. Häufigkeit von Folsäuremangelanämien (mod. nach [33])

Ursache	Häufigkeit (%)
Hohes Alter	bis 24
Alkoholismus	2–25
Chronische Erkrankungen	
Chronische Hämolyse	–
Myelofibrose	30
Ileitis terminalis	18
Sprue	54–100
Gastrektomie	1
Schwangerschaft	–
Antiepileptika	bis 33

Dieser FS-Mangelzustand kommt im wesentlichen durch einen ausgeprägten FS-Bedarf rasch proliferierender Gewebe – also speziell der wachsenden Frucht – zustande (Übersicht bei [12]). Die Häufigkeit der SchM ist offensichtlich vom Zustand der FS-Speicher (größere Häufigkeit in Gebieten mit Mangelernährung), vom Ausmaß des erhöhten Verbrauchs (Häufung bei Mehrlingsschwangerschaften) und anderen Belastungen der FS-Bilanz (z. B. gleichzeitig bestehende hA, Antiepileptikatherapie) abhängig. Während der Schwangerschaft und Laktation besteht ein zusätzlicher Bedarf an Folaten von ca. 300 µg/d [4]. Über das gleichzeitige Vorkommen einer kongenitalen Sphärozytose wie auch anderer kongenitaler hA und einer SchM wurde wiederholt berichtet.

Während ihre Häufigkeit für Europa und Nordamerika von Begemann [5] mit 0,1–2,8% angegeben wird, liegt diese im südlichen Indien nach Karthigaini et al. [38] bei 54%. Bei Zwillingsschwangerschaften ist sie etwa 8mal so häufig wie bei Einzelschwangerschaften [10]. Rezidive bei nachfolgenden Schwangerschaften werden beobachtet, anscheinend besonders dann, wenn die erstmalige Manifestation nicht oder nicht adäquat behandelt worden ist. Nur in 1/5 der Fälle handelt es sich um Erstgebärende [47]. Die Patienten können unter dem Bild einer Präeklampsie (Ödeme, Hypertonie, Albuminurie) zur Untersuchung kommen. Der Ausdruck „Schwangerschaftsperniziosa" ist trotz seiner weiten Verbreiterung abzulehnen, da die Ätiologie der SchM von der einer Perniziosa völlig verschieden ist.

Die Diagnose der SchM erfolgt aus dem Blutbild und Knochenmarkpunktat. Wegen der häufigen Kombination mit einem Eisenmangel ist das MCV als diagnostisches Kriterium oft nicht geeignet. In ausgeprägten Fällen ist eine stärkere Erhöhung der Laktatdehydrogenaseaktivität im Serum meist feststellbar. Im Serum läßt sich oft schon vor Ausbildung der mA ein Abfall des FS-Spiegels unter 3 ng/ml nachweisen. Erniedrigte Vitamin B_{12}-Spiegel sind zu Ende der Schwangerschaft häufig und kein Hinweis für einen Mangelzustand [14].

Die Schwangerschaftsanämie ist bekanntlich komplexer Genese, wobei neben einer Plasmavolumenerhöhung der *Eisenmangel* die häufigste Anämieursache darstellt. Die SchM sollte daher in erster Linie von einer Eisenmangelanämie abgegrenzt werden, die diese meist begleitet.

Auf die gelegentlichen Schwierigkeiten der Feststellung von mA bei einer solchen Kombination wurde hingewiesen, so daß die Serum-FS-Bestimmung zu den Routineuntersuchungen der Abklärung von Schwangerschaftsanämien gehört. Bei Vorliegen einer Thrombopenie im Verlauf der Schwangerschaft ist ebenfalls eine SchM nicht zu vergessen, doch kommt eine thrombozytopenische Purpura (M. Werlhof) gelegentlich bei Schwangeren vor.

3.4.2 Begleitmegaloblastose bei verschiedenen Blutkrankheiten

Megaloblastische Blutbild- und Knochenmarkänderungen können sich bei manchen Patienten mit hämolytischer und Sideroblastenanämie, idiopathischer Myelofibrose, multiplem Myelom, anderen Neoplasien und exfoliativer Dermatitis finden. Die megaloblastischen Veränderungen sind meistens nicht sehr ausgeprägt. Erniedrigte Serum-FS-Werte sind allerdings nicht ungewöhnlich.

Bei hA verschiedener Genese können FS-Mangelzustände Ursache „aplastischer" Krisen sein. Besonders häufig wurden solche Defizite bei Sichelzellanämie beobachtet (Übersicht bei [51, 56]).

Bei Sideroblastenanämien kann sehr selten ein FS-Mangelzustand an der Anämie mitbeteiligt sein [49].

Gelegentlich findet man unter FS-Behandlung eine Besserung megaloblastischer Knochenmarkveränderungen, ohne wesentliche Besserung der Anämie.

Bei idiopathischer Myelofibrose ist ein begleitender FS-Mangel nicht selten. Nach einer Zusammenstellung von Huser [33] sind dies 30% der Anämien dieser Patienten.

3.4.3 Megaloblastische Anämien beim Spruesyndrom

Diese mA geht mit nachweisbaren intestinalen Resorptionsstörungen einher und ist manchmal von einem manifesten Eisenmangel begleitet. Bei der kindlichen Zöliakie überwiegt sogar meist die Eisenmangelanämie. Eine Anämie ist bei glutensensitiver Sprue in der Mehrzahl der Patienten nachweisbar (z. B. [12, 33, 45]).

In Fällen mit leichter Anämie sind die megaloblastischen Veränderungen meist diskret. Ihre Nachweisbarkeit kann durch gleichzeitig bestehende Eisenmangelzustände erschwert sein. Häufig kommt es zum Auftreten von Jolly-Körperchen und Targetzellbildung, die auf das Vorliegen einer Milzatrophie verdächtig sind. Eine Milzatrophie wird bei der Sprue gelegentlich beobachtet. Ausgeprägte Eisenmangelzustände bestehen bei Erwachsenen zwar nur in 10–20% [12], zur vollen Normalisierung des Blutbildes bedürfen jedoch fast alle Patienten zusätzlicher parenteraler Eisengaben.

Die Ursache der mA dieser Patienten ist in erster Linie ein durch Resorptionsstörungen bedingter FS-Mangel, der jedoch bei fast der Hälfte der Patienten auch mit einem Vitamin B_{12}-Defizit einhergeht [12, 51].

Teste zur Erfassung eines FS-Mangels (Serum-Folat, Erythrozytenfolatgehalt) sind bei der überwiegenden Mehrzahl dieser Patienten positiv. Ein erniedrigter Vitamin B_{12}-Spiegel findet sich bei 42% der Kranken, eine verminderte Vitamin B_{12}-Resorption (z. B. im Schilling-Test faßbar) ebenso häufig (41% von 272 Patienten der Zusammenstellung von [12]). Eine Besserung kann, wenn auch bei Erwachsenen nicht regelmäßig, durch glutenfreie Diät erreicht werden.

Vitamin B_{12} wird bekanntlich in erster Linie im Ileum resorbiert, während die schwersten Schädigungen bei der idiopathischen Sprue im Jejunum lokalisiert sind [63].

Im Unterschied zur idiopathischen Sprue geht die pankreatische Form in der Regel nicht mit einer mA einher, obwohl manchmal Vitamin B_{12}-Resorptionsstörungen nachweisbar sind (s. Kap. 3.1.8). Bei der „tropischen" Sprue dagegen tritt der Vitamin B_{12}-Mangel gegenüber dem von FS in den Vordergrund (s. Kap. 3.3.4).

3.4.4 Megaloblastische Reifungsstörungen und makrozytäre Anämien bei chronischem Alkoholismus

Chronischer Alkoholismus, der oft mit einer chronischen Fehlernährung einhergeht, kann zu charakteristischen Veränderungen der blutbildenden Zellen führen. Es kann zum Auftreten von Megaloblasten und Ringsideroblasten, zur Ausbildung multipler Vakuolen in Vorstufen der weißen und roten Reihe kommen [12, 29, 37, 50, 67], ohne daß gleichzeitig eine Anämie vorliegen muß.

Nach Alkoholintoxikation ist nach Chanarin [11] eine *Zellvakuolisierung* bei etwa 2/3, ein *megaloblastisches Mark,* meist mit Riesenstabkernigen, bei etwas weniger als der Hälfte, und *Ringsideroblasten* bei etwas über der Hälfte dieser Patienten nachweisbar. In einer Studie von Chanarin [13], bei der 44000 Patienten erfaßt wurden, lag das mittlere MCV bei 86 fl. Alkoholiker, die mehr als 80 g Äthanol/Tag zu sich nahmen, zeigten ein MCV meist zwischen 91 und 98 fl. Allerdings waren nur 4 von 20 Patienten mit megaloblastischen Knochenmarkveränderungen anämisch [13]. Die häufige Thrombopenie ist ebenfalls meist toxisch bedingt (ausgenommen bei Hypersplenismus).

Durch Alkoholentzug und unter normaler Krankenhausdiät kommt es häufig zu einer Retikulozytose, die gewöhnlich um den 7. Tag ihr Maximum erreicht, über 80‰ betragen kann und meist den Übergang zur Normalisierung des Knochenmarks anzeigt. Bei fast allen Patienten mit Alkoholismus und chronischer Lebererkrankung, die ein megaloblastisches Knochenmark zeigen, ist das Serum-Folat erniedrigt [41, 45, 56 u. a.]. Niedrige Werte werden jedoch ebenso häufig bei normoblastischer Hämopoese gefunden [67].

Chanarin [13] schließt daraus, daß sowohl die Makrozytose als auch die Megaloblastose mehr auf eine direkte toxische Wirkung auf die sich in Entwicklung befindenden Zellen zurückzuführen ist, als auf einen FS-Mangel allein, der nur eine sekundäre Rolle zu spielen scheint. Die Ursache des FS-Mangels ist komplex und die Veränderungen des Blutbildes sind durch FS-Therapie zusammen mit Alkoholentzug reversibel [13, 41]. Besonders ausgeprägte FS-Defizite finden sich bei schlecht genährten Alkoholikern (weniger bei Bier- als bei Schnapskonsum). Chronische Alkoholiker zeigen in fast der Hälfte der Fälle einen pathologischen Schilling-Test (< 7% Ausscheidung). Dagegen liegt der Serumspiegel von Vitamin B_{12} bei Leberzirrhosen und Hepatitiden häufig über dem Normalwert.

Während durch Alkoholismus bedingte Blutbildveränderungen unter adäquater Diät, evtl. Kombination mit FS-Gaben, reversibel sind, besteht bei vielen Fällen von Leberzirrzose eine schwieriger zu beherrschende Anämie. Diese hat offensichtlich noch andere Ursachen als die FS-Verwertungsstörung chronischer Alkoholiker.

3.4.5 Blutbildveränderungen bei chronischen Lebererkrankungen einschließlich makrozytärer Anämien

Bei chronischen Lebererkrankungen, insbesondere bei Laennec-Zirrhose, sind Blutbildveränderungen häufig. Etwa 75% der Patienten mit chronischen Lebererkrankungen zeigen eine Verminderung der Hb-Konzentration. Die Ursache der Anämie ist komplex. Nicht selten kommt es zu einem Anstieg des Plasmavolumens, woraus eine *Verdünnungsanämie* resultiert. Die Schwere der Hypervolämie ist der portalen Hypertension in etwa korreliert. Diese Form der Anämie ist allerdings selten schwer. Neben normochromen Anämien sind *Makrozytosen* häufig. Die Makrozytose hat ihre Ursache im begleitenden FS-Mangel und/oder chronischen Alkoholismus sowie der vermehrten Ausschwemmung junger Erythrozyten. *Hypochrome Anämien* sind ebenfalls nicht ungewöhnlich und meist die Folge eines chronischen Blutverlustes (Vorkommen bei 24–70% der Patienten mit alkoholischer Zirrhose). Die *Retikulozytenzahl* ist häufig leicht erhöht. Eine mäßige *Thrombopenie* ist meist durch Hypersplenismus bedingt. In diesen Fällen kann es auch zu einem Abfall der Gesamtleukozytenzahl kommen. Der Knochenmarkzellgehalt ist normal bis erhöht und häufig von einer Hyperplasie der Erythropoese begleitet. Echte *megaloblastische Knochenmarkver-*

änderungen sind bei weniger als 20% der Patienten nachweisbar. Typisch sind bei chronischen Lebererkrankungen *Schießscheibenerythrozyten*. Ihr Auftreten läßt sich auf biochemische Veränderungen der Erythrozytenmembran zurückführen (Anstieg von Lezithin und Cholesterin in der Zellmembran, Übersicht bei [72]). Eher mit dem Auftreten einer Hämolyse ist die Bildung von sog. Spornzellen *(spur cells)* korreliert. Derartige Erythrozyten zeigen eine Ansammlung von Cholesterin in der Zellmembran ohne gleichzeitige Zunahme des Lecithingehaltes. Sie gleichen morphologisch den Akanthozyten, die bei A-Beta-Lipoproteinämie gefunden werden [61, siehe Kapitel 1]. Während bei kongenitaler Akanthozytose 25–100% der zirkulierenden Erythrozyten das typische Bild von Akanthozyten zeigen, finden sich Erythrozyten mit zahlreichen zytoplasmatischen Fortsätzen bei chronischen Lebererkrankungen nur in einem niedrigen Prozentsatz (meist weniger als 10%).

3.4.6 Megaloblastische Reifungsstörung im Alter

Im Alter ist ein niedriges Serum- oder Erythrozytenfolat häufig, wofür in erster Linie eine verminderte Folatzufuhr verantwortlich gemacht wird [7, 32, 57]. Zusätzlich kommen auch erniedrigte Vitamin B_{12}-Spiegel vor, die z.T. Begleitsymptom des FS-Mangels sein können (s. Kap. 3.1.6). Nicht selten kommt diesen Befunden keine Krankheitsbedeutung zu [48], wenn eine Makrozytose und Übersegmentierte fehlen. Daß jedoch zumindest latente derartige Mangelzustände vorkommen (s. auch Tabelle 3.6), zeigen auch die Ergebnisse des Deoxyuridin-Suppressionstests (Übersicht bei [16]). Pathologische Befunde als Beweis für den biochemischen Megaloblastosedefekt wurden bei zumindest 8% geriatrischer Krankenhauspatienten gefunden [7].

3.4.7 Medikamenten- und chemikalieninduzierte megaloblastische Anämien

Eine Zusammenstellung einiger Medikamente und anderer Substanzen, die megaloblastische KM-Veränderungen hervorrufen können, findet sich in Tabelle 3.7. Am häufigsten tritt eine mA bei antikonvulsiver oder unter zytostatischer Therapie auf.

Megaloblastosen unter antikonvulsiver Therapie wurden bei Einnahme von Diphenylhydantoin (51% einer Zusammenstellung von 47 mA unter Antikonvulsiva bei [12]), unter Primidon (25% dieser Fälle) oder einer Kombination der beiden Medikamente (24%) festgestellt. Oft war auch gleichzeitig Phenobarbital oder ein anderes Barbiturat gegeben worden. Zu Ergebnissen der Erythrozyten-Folatbestimmung nach Hydantointherapie s. Abb. 3.4.

Voraussetzung war in den meisten Fällen eine Therapie über Jahre (im Mittel 5–6 Jahre) und höhere Tagesdosen [40, 62]. Unter Barbiturat allein wurden mA nur sehr selten beobachtet.

Tabelle 3.7. Medikamenten- und chemikalieninduzierte megaloblastische Anämien

1. Substanzen, die mit dem FS-Stoffwechsel interferieren:
   Dihydrofolsäurereduktasehemmer (z. B. Methotrexat, Pyrimethamin, selten Trimethoprim)
   Substanzen, die mit der Resorption und/oder Utilisation von FS interferieren:
   Diphenylhydantoin, Äthanol, Primidon, orale Kontrazeptiva, Sulfasalazin
2. Purinantagonisten (6-Mercaptopurin, Thioguanin, Azathioprin)
3. Pyrimidinantagonisten (5-Fluorouracil)
4. Ribonukleotidreduktasehemmer (Cytosinarabinosid, Hydroxyurea)

Obwohl die Blutbildveränderungen meist nur diskret sind (Makrozytose oft ohne auffallende Veränderungen des weißen Blutbildes), sind megaloblastische Knochenmarkveränderungen nach Chanarin [12] bei etwa 1/3 der Patienten nachweisbar. Erniedrigte Serum-FS-Spiegel wurden bei 31–76% der Patienten unter antikonvulsiver Therapie gefunden. Antiepileptika können mit der Resorption von FS interferieren. Gelegentlich liegt auch der Erythrozyten-Spiegel an der unteren Normalgrenze. Meist, aber nicht regelmäßig, tritt unter FS-Therapie Besserung ein. Oft kommt es auch schon zu einem Hb-Anstieg nach Absetzen der Antiepileptika allein, doch sind Rückfälle häufig.

Ovulationshemmer können zu einer FS-Resorptionsstörung führen [56, 64]. Sulfasalazin kann evtl. bestehende FS-Resorptionsstörungen bei inflammatorischen Darmerkrankungen verstärken (z. B. [45]).

Megaloblastosen unter zytostatischer Therapie finden sich am häufigsten nach Gabe von Methotrexat oder Cytosinarabinosid (s. auch Tabelle 3.7).

Literatur

1. Abels J, Bouma W, Nieweg HO (1963) Assay of intrinsic factor with anti-intrinsic factor serum in vitro. Biochem Biophys Acta 71:227–229
2. Ardeman S, Chanarin I (1963) Method for assay of human gastric intrinsic factor and for detection and titration of antibodies against intrinsic factor. Lancet II:1350–1354
3. Bain BJ, Wickramasinghe SN, Broom GN, Litwinczuk RA, Sims J (1984) Assessment of the value of a competitive protein binding radioassay of folic acid in the detection of folic acid deficiency. J Clin Pathol 37:889–894
4. Balmelli GP, Huser HJ (1974) Zur Frage des Folsäuremangels bei Schwangeren in der Schweiz. Schweiz Med Wochenschr 104:351
5. Begemann H (1970) Klinische Hämatologie. Thieme, Stuttgart
6. Begley TA, Trachtenberg A (1979) An assay for intrinsic factor based on blocking of the R-binder of gastric juice by cobinamide. Blood 53:788–793
7. Blundell EL, Matthews JH, Allen SM, Middleton AM, Morris JE, Wickramasinghe SN (1985) Importance of low serum vitamin B 12 and red cell folate concentrations in elderly hospital inpatients. J Clin Pathol 38:1179–1184
8. Brugge WR, Goff JS, Allen NC, Podell ER, Allen RH (1980) Development of a dual label schilling test for pancreatic exocrine function based on the differential absorption of cobalamin bound to intrinsic factor and R-protein. Gastroenterology 78:937
9. Carmel R (1983) Gastric juice in congenital pernicious anemia contains no immune active intrinsic factor molecule: Study of three kindreds with variable ages at presentation, including a patient first diagnosed in adulthood. Am J Hum Genet 35:65
10. Chanarin I (1969a) The megaloblastic anaemias. Oxford, Blackwell
11. Chanarin I (1969b) Annotation: Alcohol and haemopoiesis. Br J Haematol 17:515

12. Chanarin I (1979a) The megaloblastic anaemias. 2nd ed Oxford: Blackwell Scientific Publications
13. Chanarin I (1979b) Annotation. Alcohol and the blood. Br J Haematol 42:333
14. Chanarin I (1987) Megaloblastic anaemia, cobalamin, and folate. J Clin Pathol 40:978–984
15. Chanarin I, Rothman D, Berry V (1965) Iron deficiency and its relation to folic-acid status in pregnancy: results of a clinical trial. Brit Med J i:480–485
16. Chanarin I, Deacon R, Lumb M, Muir M, Perry J (1985) Cobalamin-folate interrelations: A critical review. Blood 66:479–489
16a. Coghill NF, Doniach D, Roitt IM et al (1965) Autoantibodies in simple atrophic gastritis. Gut 6:48
17. Conn DA (1986) Intrinsic factor antibody detection and quantitation. Med Lab Sci 43:48–52
18. Dawson DW, Fish DI, Frew IDO, Roome T, Tilston I (1987) Laboratory diagnosis of megaloblastic anaemia: current methods assessed by external quality assurance trials. J Clin Pathol 40:393–397
19. Deller DJ, Witts LJ (1962) Changes in the blood after partial gastrectomy with special reference to vitamin-B12. I. Serum vitamin-B12, haemoglobin, serum iron and bone marrow. Q J Med 31:71
19a. Doniach D, Roitt IM (1969) Autoimmune thyroid disease. In: Miescher PA, Müller-Eberhard HJ (eds) Textbook of immunopathology, vol II. Grune & Stratton, New York, p 715
20. Eichner ER, Pierce HI, Hillman RS (1971) Folate balance in dietary-induced megaloblastic anemia. N Engl J Med 284:933–938
21. Emerson PM, Wilkinson JH (1966) Lactate dehydrogenase in the diagnosis and assessment of response to treatment of megaloblastic anaemia. Brit J Haemat 12:678–688
22. Filipsson S, Hulten L, Lindstedt G (1978) Malabsorption of fat and vitamin-B12 before and after intestinal resection for Crohn's disease. Scand J Gastroenterol 13:529
22a. Gleeson PA, Toh BH (1991) Molecular targets in pernicious anaemia. Immunology today 12:233–238
23. Hakami N, Nieman PE, Canellos GP, Lazerson J (1971) Neonatal megaloblastic anaemia due to inherited transcobalamin II deficiency in two siblings. N Engl J Med 285:1163
24. Halsted CH, Robles EA, Mezey E (1973) Intestinal malabsorption in folate-deficient alcoholics. Gastroenterology 64:526–532
25. Hartl H (1956) Spätkomplikation nach Ulcusresektion. Wien Klin Wochenschr 68:42
26. Haurani FI, Hall CA, Rubin R (1979) Megaloblastic anaemia as a result of an abnormal transcobalamin II. J Clin Invest 64:1253
27. Heisel MA, Siegel SE, Falk RE, Siegel MM, Carmel R, Lechago J, Skaff G, Roessel T, Nielsen PG, Cummings P (1984) Congenital pernicious anemia: Report of seven patients with studies of the extended family. J Pediatr 105:564
28. Hines JD, Hoffbrand AV, Mollin DL (1967) The hematologic complications following partial gastrectomy. Am J Med 43:55
29. Hines JD (1969) Reversible megaloblastic and sideroblastic marrow abnormalities in alcoholic patients. Br J Haematol 16:87
30. Hitzig WH, Dohmann U, Pluss HJ, Vischer D (1974) Hereditary transcobalamin II deficiency: Clinical findings in a new family. J Pediatr 85:622
31. Hoffbrand AV, Newcombe BFA, Mollin DL (1966) Method of assay of red cell folate activity and the value of the assay as a test of folate deficiency. J Clin Pathol 19:17–28
32. Hurdle ADF, Picton Williams TC (1966) Folic acid deficiency in elderly patients admitted to hospital. Br Med J ii:202–205
33. Huser HJ (1975) Häufige und seltene Formen von Vitamin-B12- und Folsäuremangelanämien. Schweiz Med Wochenschr 105:1823

34. ICSH (1986) Proposed serum standard for human serum vitamin-B12 assay. Brit J Haemat 63:809–811
35. Irvine WJ (1979a) Medical immunology. Teviot, Edinburgh
36. Irvine WJ (1979b) Basic immunology. In: Irvine JW (ed) Medical immunology. Teviot, Edinburgh, p 3
37. Jarrold T, Will JJ, Davies AR et al (1967) Bone marrow – erythroid morphology in alcoholic patients. Am J Clin Nutr 20:716
38. Karthigaini S, Gynanasundaram D, Bauer JS (1964) Megaloblastic erythropoiesis and serum vitamin-B12 and folic acid levels in pregnancy in South Indian women. J Obstet Gynaecol Br Commonw 71:115
39. Kleihauer E (1978) Haematologie. Springer, Berlin Heidelberg New York
40. Klipstein FA (1964) Subnormal serum folate and macrocytosis associated with anticonvulsant drug therapy. Blood 23:68
41. Klipstein FA, Lindenbaum J (1965) Folate deficiency in chronic liver disease. Blood 25:445
42. Klipstein FA, Engert RF, Short HB (1978) Enterotoxigenicity of colonising coliform bacteria in tropical sprue and blind-loops syndrome. Lancet 2:342
43. Kolhouse JF, Kondo H, Allen NC, Podell E, Allen RH (1978) Cobalamin analogues are present in human plasma and can mask cobalamin deficiency because current radioisotope dilution assays are not specific for true cobalamin. N Engl Med 299:785–792
44. Kuhlbaeck B, Graesbeck R (1958) The urinary excretion of parenterally administered radiovitamin B12 in renal failure. Scand J Clin Lab Invest 10:231
45. Lindenbaum J (1979) Aspects of vitamin-B12 and folate metabolism in malabsorption syndromes. Am J Med 67:1037–1048
46. Lindenbaum J, Nath BJ (1980) Megaloblastic anaemia and neutrophil hypersegmentation. Brit J Haemat 44:511–513
47. Loewenstein L, Brunton L, Msieh YS (1966) Nutritional anemia and megaloblastosis in pregnancy. Can Med Assoc J 94:265
48. Magnus EM, Bache-Wiig JE, Aanderson TR, Melbostad E (1982) Folate and vitamin B12 (cobalamin) blood levels in elderly persons in geriatric homes. Scand J Haematol 28:360–366
49. McGibbon BH, Mollin DL (1965) Sideroblastic anaemia in man: Observations on seventy cases. Br J Haematol 11:59
50. Michot F, Gut J (1987) Alcohol-induced bone marrow damage. Acta haemat 78:232–257
51. Mollin DL, Hoffbrand AV (1967) Deficits en acide folique. In: Dreyfus B (ed) Progres en hematologie. Flamarion, Paris
52. Nelson RS, Howe CD (1963) Intrinsic factor deficiency in malignant neoplasia of the stomach. Cancer Res 23:1756
53. Neumann E (1979) Nachweis des Vitamin-B12-Mangels im peripheren Blutausstrich durch eine einfache zytochemische Reaktion. Med Lab 32:137
54. Palva L (1962) Vitamin-B12 deficiency in fish tapeworm carriers. A clinical and laboratory study. Acta Med Scand [Suppl] 171:374
55. Posth HE, Pribilla W, Faillard H (1962) Vitamin B12 Resorptionsstörungen nach totaler und partieller Gastrektomie. Med Klin 57:789
56. Rapaport SI (1987) Introduction to Hematology, 2nd ed., J. B. Lippincott Company. Philadelphia London
57. Raper CGL, Choudhury M (1978) Early detection of folic acid deficiency in elderly patients. J Clin Pathol 31:44–46
58. Rogers LE, Warford LR, Patterson RB, Porter FS (1968) Hereditary orotic aciduria. I. A new case with family studies. Pediatrics 42:415
58a. Roitt IM, Brostoff J, Male DK (1991) Kurzes Lehrbuch der Immunologie. 2. Aufl Thieme, Stuttgart
59. Rose MS, Chanarin I, Doniach D, Brostoff J, Ardeman S (1970) Intrinsic factor antibodies in absence of pernicious anaemia, 3–7 years follow-up. Lancet ii:9–12

60. Seligman PA, Steiner LL, Allen RH (1980) Studies of a patient with megaloblastic anaemia and an abnormal transcobalamin II. N Engl J Med 303:1209
61. Shohet SB (1972) Hemolysis and changes in erythrocyte membrane lipids. N Engl J Med 286:577
62. Sparberg M (1963) Diagnostically confusing complications of diphenylhydantoin therapy. A review. Ann Intern Med 59:914
62a. Stabler SP, Allen RH, Savage DG, Lindenbaum J (1990) Clinical spectrum and diagnosis of cobalamindeficiency. Blood 76:871–881
63. Stewart JS, Pollock DJ, Hoffbrand AV et al (1967) A study of proximal and distal intestinal structure and absorptive function in idiopathic steatorrhoea. Q J Med 36:425
64. Streiff RR (1970) Folate deficiency and oral contraceptives. JAMA 214:105
65. Tomkins AM, James WPT, Drasar BS (1975) Bacterial colonisation of jejunal mucosa in acute tropical sprue. Lancet 1:59
66. Wall AJ, Whittingham S, Mackay IR, Ungar B (1968) Prednisolone and gastric atrophy. Clin Exp Immunol 3:359
67. Waters AH, Morley AA, Rankin JG (1966) Effect of alcohol on haemopoiesis. Br Med J II:1565
68. Wick G (1987) Immunsystem. In: Wick G, Schwarz S, Förster O, Peterlik M (eds) Funktionelle Pathologie. Gustav Fischer Verlag, Stuttgart New York
69. Williams JA (1964) Effects of upper gastro-intestinal surgery on blood formation and bone metabolism. Br J Surg 51:125
70. Wilms K (1978) Die megaloblastären Anämien. In: Queisser W (Hrsg) Das Knochenmark. Thieme, Stuttgart, S 414
71. Winston RM, Warburton FG, Scott A (1970) Enzymatic diagnosis of megaloblastic anaemia. Br J Haematol 19:587
72. Wintrobe MM (1984) Clinical Hematology. Lea & Febiger, Philadelphia
73. Wueper KD, Wegienka LC, Fudenberg HH (1969) Immunologic aspects of adrenocortical insufficiency. Am J Med 46:206
74. Zittoun J, Leger J, Marquet J, Carmel R (1988) Combined congenital deficiencies of intrinsic factor and R-binder. Blood 72:940–943

Kapitel 4: Differentialdiagnose der primären Knochenmarkinsuffizienz

H. Huber, Ch. Peschel, H. Zwierzina, D. Nachbaur, D. Pastner

4.1 Einleitung und Grundlagen (Ch. Peschel)

Aplastische Anämien (aA) und myelodysplastische Syndrome (MDS) sind Erkrankungen des hämopoetischen Stammzellsystems. Zum Verständnis der Erkrankungen werden zunächst einige physiologische Grundlagen der Regulation der Hämopoese dargestellt. Sodann wird die Differentialdiagnose der betreffenden Krankheitsbilder diskutiert und die spezielle Problematik der Erkrankungen besprochen.

4.1.1 Das hämopoetische Stammzellsystem

Reife Blutzellen haben nur eine begrenzte Lebensdauer, so daß die Aufrechterhaltung konstanter Mengen zirkulierender Blutzellen von der ständigen Neuproduktion durch das Knochenmark abhängig ist. Dies wird durch primitive hämopoetische Stammzellen gewährleistet, die unter bestimmten Regulationsmechanismen in der Lage sind, zu expandieren und in funktionelle reife Zellen zu differenzieren. Aufgrund klinischer und experimenteller Untersuchungsergebnisse werden 3 hierarchisch unterschiedliche Zellspeicher unterschieden [144], nämlich

a) die pluripotenten Stammzellen,
b) die determinierten hämopoetischen Vorläuferzellen und
c) die reifen Blutzellen, die spezielle Funktionen ausüben und keine weitere Proliferationsfähigkeit mehr besitzen (Abb. 4.1).

4.1.1.1 Pluripotente Stammzellen

Die Zellen dieses unreifsten Zellspeichers sind durch zweierlei Eigenschaften gekennzeichnet, nämlich die exzessive Fähigkeit der Selbsterneuerung und der Differenzierung in sämtliche Typen reifer Blutzellen, einschließlich lymphozytärer Zellen [103]. Die Selbsterneuerungsfähigkeit ohne Differenzierung gewährleistet die Aufrechterhaltung eines konstanten Speichers von

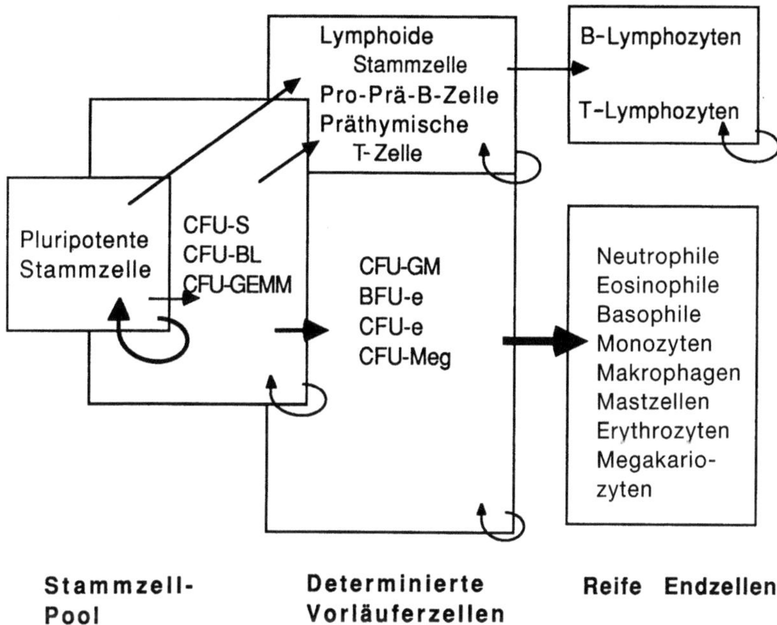

Abb. 4.1. Schematische Darstellung der hämopoetischen Zellkompartimente: Die verschiedenen Stammzellspeicher sind in der hierarchischen Gliederung zueinander schematisch dargestellt. Die unterschiedliche Selbsterneuerungsfähigkeit bzw. das Differenzierungsvermögen der einzelnen Zelltypen ist durch entsprechende Pfeile symbolisiert. Abkürzungen siehe Text

Stammzellen im Knochenmark. Ein Teil der Zellen verläßt diesen Stammzellspeicher und entwickelt sich schrittweise in spezialisiertere Blutzellen.

Die homöostatische *Regulation* dieses Systems ist noch nicht vollständig aufgeklärt. Im wesentlichen bestehen *zwei Theorien* (Übersicht bei [144]): das *stochastische Modell* nimmt an, daß die Entscheidung, ob eine Stammzelle nach Teilung sich selbst erneuert oder in eine differenziertere Entwicklungsstufe übergeht und damit den Stammzellspeicher verläßt, ein zufälliges Ereignis ist. In diesem Modell sind keine speziellen Zellinteraktionen oder humorale Substanzen erforderlich, die den Differenzierungsweg induzieren. Eine andere Theorie vertritt die Auffassung, daß eine Differenzierung der pluripotenten Stammzellen in Abhängigkeit vom induktiven Milieu von Knochenmarkstromazellen stattfindet *(induktives Modell)*. Durch direkte Zell-Zell-Interaktion oder durch den Einfluß lokal produzierter humoraler Substanzen würde ein Teil der Stammzellen zur Differenzierung gebracht werden, während der Kontakt der Stammzellen mit anderen Elementen des Knochenmarkstroma eine reine Selbsterneuerung gewährleistet. Es dürften auch Rückkopplungsmechanismen durch Zellen der reiferen Zellspeicher bestehen, die den Nachschub oder die Selbsterneuerung von Stammzellen regulieren.

Es bestehen nur beschränkte experimentelle Modelle zur Erforschung der pluripotenten Stammzellen. Die 1961 erstmals von Till und McCulloch [195] beschriebenen *„Milzkolonienbildenden Zellen“ (CFU-S)* im murinen System dürften den pluripotenten Stammzellen am nächsten kommen.

Wenn supraletal bestrahlte Mäuse mit syngenen Knochemarkzellen rekonstituiert werden, finden sich in der Milz der Tiere nach 10–14 Tagen hämopoetische Herde (Kolonien), die aus reifen Blutzellen, determinierten Progenitorzellen (s. unten) und pluripotenten Zellen bestehen, die ihrerseits wieder die Knochenmarkrekonstitution von bestrahlten Tieren gewährleisten. Aufgrund des klonalen Ursprungs dieser Kolonien können sie zur quantitativen Erfassung von pluripotenten Stammzellen herangezogen werden.

Ein in-vitro-Modell für pluripotente Stammzellen beruht auf ihrer Eigenschaft, die Langzeitkultur von hämopoetischen Zellen in Abhängigkeit von adhärenten Zellschichten zu gewährleisten, wie erstmals von Dexters Arbeitsgruppe beschrieben wurde [48]. Es konnte gezeigt werden, daß Knochenmarkzellen, die diese Langzeitkulturen initiieren, die Eigenschaften von pluripotenten Stammzellen besitzen.

Schließlich wurde kürzlich eine Stammzelle beschrieben [139], die in semisoliden Medien (s. unten) nach Stimulation mit Interleukin 3 blastenartige Kolonien bildet, deren Zellen sich durch multipotente Eigenschaften und hohe Selbsterneuerungsfähigkeit auszeichnen und damit ebenfalls als Modell des unreifsten Stammzelltyps angesehen wird.

4.1.1.2 Determinierte hämopoetische Progenitorzellen

Die nächst reifere Stufe der hämopoetischen Zellentwicklung ist experimentell ausführlich untersucht. Diese Zellen haben die Eigenschaft, unter dem Einfluß spezieller Wachstumsfaktoren in semisoliden Medien wie Agar oder Methylzellulose Kolonien von differenzierten, morphologisch erkennbaren Blutzellen zu bilden, und werden deshalb als *kolonienbildende Einheiten (colony-forming units = CFU)* bezeichnet [24]. Eine unreifere multipotente Vorläuferzelle vermag Kolonien zu bilden, die Zellen der Granulopoese (G), Erythropoese (E), Makrophagen (M) und Megakaryozyten (M) enthalten und wird deshalb als CFU-GEMM bezeichnet [55]. Die CFU-GEMM besitzen teilweise Eigenschaften der CFU-S und dürften gemeinsam mit bipotenten Progenitorzellen eine Übergangsform zwischen den pluripotenten Stammzellen und den unipotenten Progenitorzellen darstellen. Die Selbsterneuerungsfähigkeit dieser CFU-GEMM ist allerdings limitiert. Die unipotenten Progenitorzellen besitzen nur mehr das Potential, sich in eine hämopoetische Zellreihe zu entwickeln und werden entsprechend der Morphologie der gebildeten Kolonien in *CFU-GM* (Granulozyten und Makrophagen) *BFU-e und CFU-e* (Erythrozyten) und *CFU-Meg* (Megakaryozyten) eingeteilt. Es werden auch homogene Kolonien von Eosinophilen, Mastzellen und Basophilen beschrieben. CFU-GM können sich je nach Art des verwendeten Wachstumsfaktors in gemischte granulozytär-monozytäre Kolonien oder in reine Granulozyten- oder Makrophagenkolonien entwikkeln. Es dürften jedoch auch rein granulozytäre bzw. monozytäre Vorläuferzellen existieren. BFU-e stellen die unreifere Form der erythrozytären Vorläuferzellen dar und benötigen zur Proliferation zusätzlich zu Erythropoetin einen Wachstumsfaktor wie Interleukin 3 [186]. Die reifere CFU-e wird nur durch Erythropoetin zur Proliferation und Differenzierung induziert.

4.1.1.3 Hämopoetische Wachstumsfaktoren

Die „klassischen" hämopoetischen Wachstumsfaktoren wurden ursprünglich aufgrund ihrer Fähigkeit entdeckt, Kolonienbildung von myeloischen Progenitorzellen zu induzieren und wurden deshalb als *„Koloniestimulierende Faktoren" (colony stimulating factor = CSF)* bezeichnet (Übersicht bei [127]). In den letzten Jahren wurden diese Glykoproteine zunächst biochemisch gereinigt. Schließlich wurden die für diese Faktoren kodierenden Gene kloniert, sequenziert und in Expressionssysteme transfiziert, so daß die bekannten Wachstumsfaktoren nun in rekombinanter Form zur Verfügung stehen. Für eine Reihe von Lymphokinen mit primärer Wirkung auf andere Zellsysteme wurden nun ebenfalls Effekte an hämopoetischen Zellen nachgewiesen (Abb. 4.2).

Die hämopoetischen kolonienstimulierenden Faktoren (CSF):

a) Interleukin 3 (multi-CSF)

Interleukin 3 (IL-3) besitzt das breiteste Wirkungsspektrum der hämopoetischen Wachstumsfaktoren [186]. IL-3 stimuliert die unreifsten in vitro nachweisbaren hämopoetischen Progenitorzellen und induziert gemeinsam mit Erythropoetin die Proliferation von mulitpotenten CFU-GEMM.

Auch die Vorläuferzelle der unreifsten Blastenkolonien (CFU-Bl) mit hohem Selbsterneuerungspotential werden zum Teil durch IL-3 stimuliert [190, 191]. An diesen Zellen besitzt IL-3 aber ein ausgeprägtes Differenzierungspotential, so daß die Selbsterneuerung der pluripotenten Stammzellen nicht durch IL-3 reguliert zu werden scheint.

Sämtliche unipotenten Progenitorzellen der myelomonozytären (CFU-GM), erythrozytären (BFU-e) und megakaryozytären (CFU-Meg) Zellreihen sowie basophile und eosinophile Vorläuferzellen werden durch IL-3 stimuliert. Vorläuferzellen der lymphoiden Zellreihen scheinen beim Menschen nicht IL-3 sensitiv zu sein; es gibt jedoch nun experimentelle Hinweise, daß IL-3 in vitro die Differenzierung von B-Lymphozyten, vor allem in Costimulation mit Interleukin 6, beeinflußt [192].

IL-3 wird fast ausschließlich von aktivierten T-Lymphozyten gebildet. Das humane, für IL-3 kodierende Gen wurde relativ spät geklont und wird, im Verhältnis zu anderen CSF, nur in geringem Ausmaß transkribiert [146]. Ebenfalls im Gegensatz zu den anderen CSF besteht nur eine geringe Homologie der Nukleotidsequenzen von humanem und murinem IL-3. Das humane IL-3-Gen wurde in enger Beziehung mit den Genen für GM-CSF, IL-4 und IL-5 am Chromosom 5 in der Region 5q23–31 lokalisiert [203]. Die physiologische Bedeutung von IL-3 in vivo ist nicht geklärt. Wahrscheinlich ist jedoch, daß IL-3 bei der raschen Expansion myeloischer Zellen nach immunologischen Streßsituationen von Wichtigkeit ist.

Die Beobachtungen, daß IL-3 nur von aktivierten T-Lymphozyten gebildet wird und daß bei T-Zell-Defekten keine Störungen der hämopoetischen Zellproduktion auftreten, sprechen gegen eine Rolle von IL-3 in der kontinuierlichen Blutbildung.

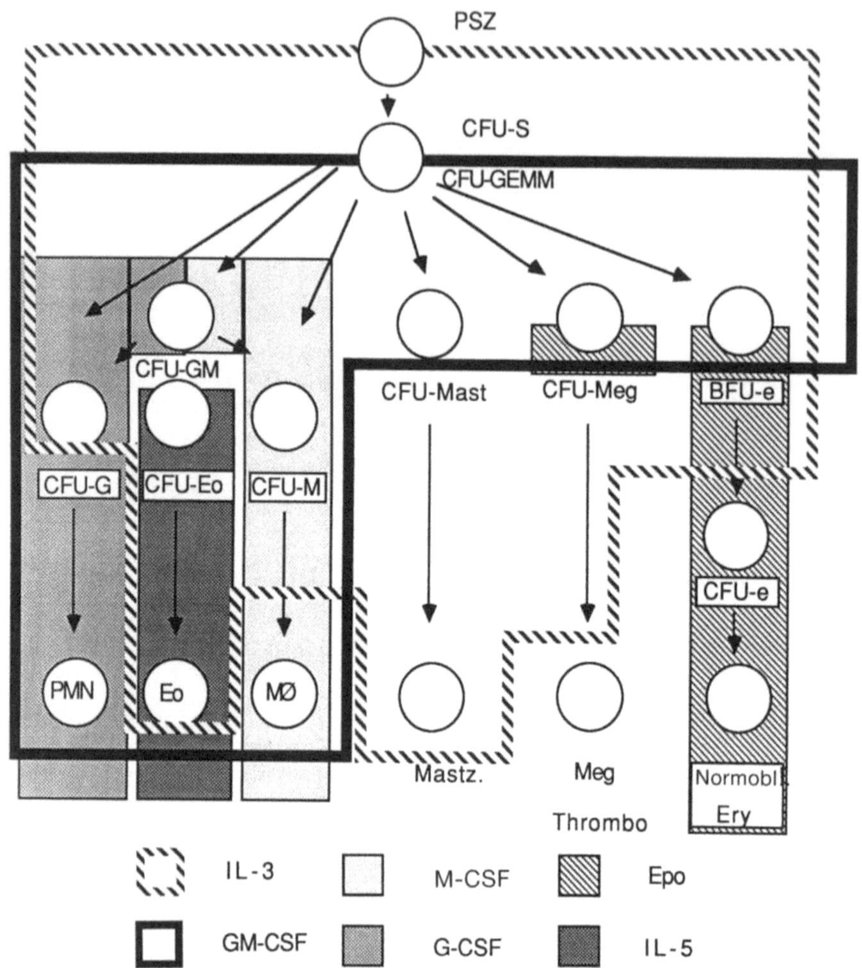

Abb. 4.2. Stimulatorische Effekte der CSF auf hämopoetische Stammzellen: Die Effekte der Wachstumsfaktoren mit primärer Wirkung auf hämopoetische Vorläuferzellen ist schematisch dargestellt. Quantitative Unterschiede der stimulatorischen Wirkung der CSFs sind nicht berücksichtigt. Es können Wachstumsfaktoren mit multipotenten stimulatorischen Eigenschaften (IL-3, GM-CSF) und weitgehend linienspezifische Substanzen (CSF-1, G-CSF, IL-5) unterschieden werden. (PSZ = pluripotente Stammzelle, CFU-S = milzkolonienbildende Stammzelle, CFU = colony-forming unit, G = granulozytär, M = monozytär, e = erythrozytär, Meg = megakaryozytär, Eo = eosinophil, mast = Mastzelle)

b) GM-CSF

GM-CSF stimuliert die Proliferation von myelomonozytären Vorläuferzellen (CFU-GM), hat aber auch multi-CSF-artige Effekte, allerdings in geringerem quantitativen Ausmaß als IL-3 [178]. Neben CFU-GM werden auch unreife erythrozytäre und megakaryozytäre Progenitorzellen aktiviert.

Überraschenderweise wurden auch stimulierende Wirkungen an humanen T-Lymphozyten beschrieben [171a].

Eine wesentliche Bedeutung kommt GM-CSF auch bei der Aktivierung von reifen Granulozyten und Makrophagen zu, so daß sowohl die Expansion als auch die Funktion der myelomonozytären Zellreihe durch diese Substanz stimuliert wird.

GM-CSF wird neben aktivierten T-Lymphozyten von einer Vielzahl von Zellarten produziert. Makrophagen, Stromazellen, Endothelzellen, Keratinozyten und Fibroblasten produzieren kontinuierlich oder nach Stimulation mit Endotoxin, IL-1, IL-6, TNF, Interferon γ und M-CSF dieses Glykoprotein [136]. Auch diverse Tumoren und Tumorzellinien bilden GM-CSF, wodurch die paraneoplastischen Leukozytosen bei manchen Tumorerkrankungen erklärt werden können.

c) G-CSF

G-CSF ist ein monospezifischer Wachstumsfaktor für granulozytäre Vorläuferzellen [127] und bewirkt die Determinierung zur granulozytären Differenzierung in CFU-GM. Es besitzt eine ausgeprägte differenzierende Wirkung in myeloischen Leukämielinien und aktiviert die Funktion reifer Granulozyten.

Die Produktion von G-CSF findet in Makrophagen, Stromazellen und Endothelzellen nach Stimulation mit anderen Zytokinen wie IL-1, M-CSF und IFN-γ statt.

d) M-CSF (CSF-1)

M-CSF [187] ist wie G-CSF ein monospezifischer Wachstumsfaktor und induziert das Wachstum von monozytären Vorläuferzellen im murinen Knochenmark, während für humane CFU-GM nur ein geringer Wachstumseffekt besteht. M-CSF bewirkt das Überleben von humanen Makrophagen in Kultur und aktiviert die Funktion und Zytokinproduktion von Makrophagen. Der Rezeptor für M-CSF ist definiert und ist identisch mit dem Produkt des Protoonkogens c-fms [177]. Die Gene für M-CSF und seinen Rezeptor, c-fms wurden am Chromosom 5 an den Segmenten 5q33.1 (M-CSF) und 5q33.2–5q33.3 (c-fms) lokalisiert [109].

Im Gegensatz zu den anderen CSFs wird M-CSF kontinuierlich von fibroblastenartigen Zellen ubiquitär im Körper produziert.

e) Erythropoietin

Erythropoietin (EPO) stellt definitionsgemäß ebenfalls einen koloniestimulierenden Faktor dar. Das überwiegend von Nierentubuli produzierte Hormon induziert gemeinsam mit Faktoren wie IL-3, GM-CSF oder IL-4 [73, 154, 178, 191] die Proliferation von unreifen erythrozytären Progenitorzellen (BFU-e) und stimuliert direkt die reiferen CFU-e [188] zur Koloniebildung in semisoliden Medien. Wie die CSFs induziert EPO auch die Differenzierung von erythrozytären Zellen. Zusätzlich werden megakaryozytäre Vorläuferzellen von EPO stimuliert [154].

4.1.1.4 Lymphokine mit stimulierenden Effekten auf die Hämopoese

a) Interleukin 1

Interleukin 1 (IL-1) induziert in verschiedenen Zelltypen die Produktion von Zytokinen (z.B. GM-CSF, G-CSF, IL-6, Tumor Necrosis Factor) [15, 156, 162] und beeinflußt damit indirekt das hämopoetische System. IL-1 übt auch Wirkungen auf die frühe Hämopoese aus und induziert in Costimulation mit IL-3 und M-CSF die Proliferation von multipotenten Stammzellen, ein Effekt, der ursprünglich einem Faktor „Hämopoetin-1" [14] zugeordnet wurde. Vor kurzem wurde die Identität von Hämopoetin-1 und IL-1 nachgewiesen [220]. Es wird angenommen, daß IL-1 an Stammzellen Rezeptoren für IL-3 induziert und damit die Differenzierung von Stammzellen bewirkt.

b) Interleukin 4

Das T-Zellprodukt Interleukin 4 übt multiple Wirkungen an B- und T-Lymphozyten aus [151]. Zusätzlich wurde gezeigt, daß IL-4 in Costimulation mit anderen Wachstumsfaktoren die Proliferation von sämtlichen Arten hämopoetischer Progenitorzellen induziert [29, 154]. Außerdem hat IL-4 aktivierende Effekte an Makrophagen [42], was für Tumor- und Infektabwehr von Bedeutung sein kann.

c) Interleukin 5

IL-5, im murinen System wie IL-4 ein B- und T-Zellstimulator, ist ein Wachstums- und Differenzierungsfaktor für eosinophile Progenitorzellen und aktiviert linienspezifisch polymorphkernige Eosinophile [171].

IL-5 wird wie IL-3, GM-CSF und IL-4 von aktivierten T-Lymphozyten gebildet.

d) Interleukin 6

Das pleiotrope Zytokin IL-6 besitzt ein ähnliches Wirkungsspektrum wie IL-1. Es wurden Hämopoetin-1-artige Wirkungen von IL-6 nachgewiesen [107]. Weiter besteht eine geringe direkte stimulierende Aktivität für CFU-GM [211a]. Eine wesentliche Bedeutung in der Hämopoese dürfte IL-6 aufgrund der Induktion von Zytokinkaskaden in Stromazellen und Makrophagen zukommen.

Als Wachstumsfaktor für Plasmazellen könnte IL-6 eine pathophysiologische Rolle bei der Entwicklung oder der Progredienz von multiplen Myelomen spielen. Dies wird auch durch den Nachweis einer autokrinen Sekretion von IL-6 durch Myelomzellen untermauert [92]

IL-6 wird ubiquitär von aktivierten Makrophagen, T-Zellen, B-Zellen, Stromazellen und Endothelzellen spontan oder nach Zytokininduktion gebildet [15, 81, 92, 201].

e) Interleukin 7

Interleukin 7 ist ein Stromazellprodukt, das die Proliferation, nicht aber die Differenzierung von prä-B-Lymphozyten und Thymozyten bewirkt [141, 142]. Reife B-Lymphozyten werden von IL-7 nicht beeinflußt, wohl aber Zellen der T-Zellreihe [132]. Der Nachweis von IL-7-mRNA im Knochenmark und im Thymus läßt diese Substanz als gemeinsamen Stimulator von lymphozytären Vorläuferzellen erscheinen.

4.1.1.5 Zytokine mit inhibitorischer Wirkung auf die Hämopoese

Eine Reihe von Zytokinen üben im Sinne eines negativen Rückkopplungsmechanismus direkte inhibitorische Effekte auf die Proliferation hämopoetischer Zellen aus. Dazu zählen die Interferone, Tumor Nectrosis Factor (TNF) und Transforming Growth Factor-β (TGF-β), sowie manche Prostaglandine und Laktoferrin [27, 28, 93]. Diese Proteine üben gleichzeitig eine aktivierende Wirkung auf reife Makrophagen und Lymphozyten aus. Zusätzlich wird die Produktion von stimulierenden Wachstumsfaktoren (GM-CSF, G-CSF, IL-1, IL-6) durch einige dieser inhibitorischen Proteine (TNF, INF) induziert [26, 106, 136, 221]. Damit ergibt sich ein äußerst komplexes Bild der Regulation der Hämopoese mit gegenseitiger Beeinflussung der verschiedenen Faktoren und Zellsysteme, von dessen endgültigem Verständnis wir noch weit entfernt sind.

4.1.2 Differentialdiagnose aplastischer Anämien/ myelodysplastischer Syndrome

Patienten mit diesen Erkrankungen zeigen als Folge einer verminderten Markleistung Zytopenien, wobei die verschiedenen Zellreihen unterschiedlich ausgeprägt erfaßt sein können. Bei der überwiegenden Mehrzahl der Patienten steht eine Anämie im Vordergrund, meist verbunden mit einer Granulo- und/oder Thrombozytopenie. Die Markinsuffizienz ist durch eine quantitative Verminderung der Knochenmarkzellen (bei aA) oder durch ihre Dysfunktion (bei MDS) bedingt. Primären Störungen stehen sekundäre Zustände mit Markinsuffizienz gegenüber. Besonderes Interesse finden dabei therapieinduzierte sog. sekundäre MDS (oft als *smouldering leukemia* verlaufend) nach mutagenen Noxen wie alkylierenden Substanzen oder Bestrahlungen.

Die Unterscheidung der aA von Myelodysplasien mit normo- bis hyperzellulärem Knochenmark ist, wenn es sich um Vollbilder der Erkrankung handelt, meist nicht schwierig. Die erste Form ist durch ein zellarmes Mark charakterisiert, das durch die Knochenmarkbiopsie erfaßt wird. Das MDS ist meist durch die Diskrepanz zwischen erhöhtem Knochenmarkzellgehalt und peripherer Zytopenie charakterisiert und geht mit Zeichen der Dyshämatopoese (s. unten) einher.

Ein kleiner Teil der Patienten zeigt ein MDS mit hypozellulärem Mark (s. 4.2.8.2). Ein Membrandefekt der Erythrozyten, wie er für die paroxysmale nächtliche Hämoglobinurie (PNH) charakteristisch ist, kann in Einzelfällen von aA wie auch refraktärer Zytopenien mit zellreichem Knochenmark nachweisbar sein (zum Krankheitsbild der PNH s. Kap. 1.3.3). In einer Untergruppe von MDS kann schließlich die Abgrenzung gegenüber myeloproliferativen Erkrankungen Schwierigkeiten machen (chronisch myelomonozytäre Leukämie = CMML, s. unten).

4.2 Die myelodysplastischen Syndrome (H. Huber, H. Zwierzina, D. Nachbaur, D. Pastner)

4.2.1 Pathophysiologie

Es handelt sich um eine klonale Erkrankung hämatopoetischer Vorläuferzellen. Sie äußert sich in Zeichen der Dyshämatopoese und in vitro häufig in einem abnormen Wachstumsverhalten der Knochenmarkszellen in semisolidem Agar. Mit einer Vermehrung der Blastenzahl im Knochenmark kommt es häufig zur zunehmenden Einschränkung der normalen Blutbildung und bei einem Teil der Patienten zum Übergang in akute Leukämien.

Ferrokinetische Untersuchungen zeigen, daß ein erniedrigter Eisenumsatz enger mit der Blastenzunahme korreliert ist als jeder andere Index der Erythropoese [124].

Die Hypothese einer *„genetisch instabilen"hämatopoetischen Vorläuferzelle* bei MDS wird durch die hohe Inzidenz chromosomaler Aberrationen gestützt. Nicht immer sind diese chromosomalen Aberrationen von unmittelbarer klinischer Relevanz; bei einem Teil der Patienten nehmen sie jedoch als Zeichen einer schrittweisen Malignitätssteigerung der fortschreitenden Erkrankung zu (dies kann sich u. a. im Auftreten multipler Klone mit verschiedenen Karyotypen manifestieren [86, 87, 160].

Die in zwei Studien nachgewiesene Einbeziehung lymphatischer Zellen bei der klonalen Proliferation – B-Lymphozyten bei Raskind et al., [160]; T- und B-Lymphozyten bei Prchal et al., [158] – zeigt, daß die Erkrankung eine sehr frühe Vorläuferzelle gemeinsam für die Hämato- und Lymphopoese betreffen kann.

4.2.2 Diagnose

Sie stützt sich auf folgende Befunde:

- das Vorliegen einer Anämie, meist zusammen mit einer Granulozytopenie und/oder Thrombopenie;
- eine normale bis gesteigerte Knochenmarkzellularität in der Knochenmarkbiopsie mit begleitenden „dysplastischen" Veränderungen;
- den Ausschluß einer leukämischen Erkrankung, eines Hyperspleniesyndroms und anderer Erkrankungen mit sekundären Zytopenien (insbesondere Vitamin B_{12}- oder FS-Mangel, Alkoholismus, Lupus erythematodes, Osteomyelosklerose, Knochenmarkinfiltrationen im Rahmen von Lymphomen oder metastasierenden Tumoren) sowie von Zytopenien nach Exposition gegenüber knochenmarktoxischen Substanzen (zytostatische Medikamente, ionisierende Strahlen u. a., entsprechend sekundärer MDS). Fast ausschließlich handelt es sich um eine Erkrankung im fortgeschrittenen Lebensalter; 76% unserer Patienten waren älter als 60 Jahre.

Tabelle 4.1. Blutbildveränderungen bei MDS

Erythrozyten:	Anämie, häufig Makrozytose (dimorphes BB bei RAS) Anisozytose, Poikilozytose, Ovalozytose, Polychromasie Erythroblasten im peripheren Blut (selten)
Leukozyten:	Neutro- und Monozytopenie (Monozytose bei CMML) Pseudo-Pelger Formen „Paraneutrophilie“ (zytoplasmatische Granula vermindert bis fehlend) atypische mononukleäre („monozytoide“) Zellen Vorstufen
Thrombozyten:	Thrombopenie, seltener Thrombozytose (vor allem bei RAS) Riesenplättchen und andere Formanomalien

Wichtigste Hinweise auf einen progredienten Krankheitsverlauf sind einerseits zunehmende Zeichen der Knochenmarkinsuffizienz und andererseits die Entwicklung in akute myeloische Leukämien (in 20–40% der Patienten). Bei manchen Patienten stehen die Veränderungen der Erythropoese, bei anderen jene der Myelopoese und/oder Thrombopoese im Vordergrund.

Veränderungen der Erythropoese
Fast alle Patienten zeigen eine Anämie mit meist normo- bis (häufig) makrozytären Eigenschaften (Tabelle 4.1). Qualitative Abweichungen der Erythrozyten sind neben einer Makrozytose ausgeprägte Anisozytose, Polychromasie, Formanomalien und eventuelle basophile Tüpfelung. Bei Sideroblastenanämien wird häufig ein dimorphes Blutbild mit einer Population hypochromer Erythrozyten beobachtet.

Im Knochenmark findet sich meist eine Hyperplasie der Erythropoese, die insbesondere bei RAS sehr ausgeprägt sein kann. Zeichen der Dyserythropoese sind Kernatypien bis zu Kleeblattformen, Mehrkernigkeit, megaloblastische Veränderungen und eine unregelmäßige Hämoglobinisierung (Tabelle 4.2). Sideroblasten und Ringsideroblasten können in unterschiedlichem Ausmaß vermehrt sein.

Veränderungen der Granulopoese
Im peripheren Blut findet sich häufig eine Leukopenie, in der Subgruppe der chronisch myelomonozytären Leukämien eine häufig normale bis erhöhte Zahl der Granulozyten mit Monozytose (definitionsgemäß über 1000/μl). Die Zahl der Blasten im peripheren Blut beträgt bei RA/RAS maximal 1% (bei RAEB und CMML 5%, bei RAEB-t evtl. darüber). hypogranulierte Neutrophile (Paraneutrophile) und/oder solche mit gestörter Segmentierung (Pseudo-Pelger-Formen) können vorkommen.

Im Knochenmark zeigen sich Zeichen der Reifungsstörung und Granulationsanomalien der Myelopoese (Tabelle 4.2).

In Promyelozyten und Myelozyten kann die primäre (azurophile) Granulation fehlen, eine unregelmäßige Verteilung zeigen oder verplumpt imponieren. In Myelozyten und

Tabelle 4.2. Knochenmarkbefunde beim MDS [18]

Knochenmark-zellularität:	gesteigert bis normal; selten vermindert
Erythropoese:	megaloblastische Zellen Kernatypien (Mehrkernigkeit u. a.) schollige PAS-Positivität in frühen Erythroblasten vermehrt (Ring-)Sideroblasten Speichereisen im Knochenmark vermehrt
Myelopoese:	Vermehrung unreifer Formen Reifungsstörung: Hyposegmentierung („Pseudo-Pelger-Zellen") oder Hypersegmentierung zytoplasmatische Granula vermindert bis fehlend („Paraneutrophile") monozytoide Zellen
Megakaryopoese:	Mikrokaryozyten [a] große mononukleäre Megakaryozyten vielkernige Megakaryozyten abnorme Granulation

[a] Der häufig gebrauchte Ausdruck „Mikromegakaryozyten" ist sprachlich falsch

reiferen Zellen fehlen die sekundären Granula häufig oder sind nur abschnittweise entwickelt. Der Anteil von Blasten ist oft erhöht (bei RAEB 5–20%, bei RAEB-t 21–30%, bei CMML bis 20%).

Veränderungen der Megakryopoese

Auch die Thrombozytenwerte sind häufig erniedrigt. Bei refraktären Anämien mit Ringsideroblasten (RAS) kommen auch erhöhte Thrombozytenwerte nicht selten vor [38, 189]. Qualitative Defekte manifestieren sich im Auftreten von Mikrokaryozyten, großen mononukleären Megakaryozyten und Megakaryozyten mit zahlreichen kleinen, voneinander getrennten Kernen (Tabelle 4.2). Es können auch Megakryozyten mit grober atypischer Granulation nachweisbar sein.

Mikrokaryozyten (Durchmesser unter 80 μm) enthalten 1–2 ovale Kerne in einem Zytoplasma, das reifen Megakaryozyten entspricht. Es handelt sich somit um plättchenbildende Zellen, die den normalen Polyploidiegrad durch eine Störung der DNS-Duplikation nicht erreichten [25]. Mikrokaryozyten können allerdings bei sehr verschiedenen Zuständen gefunden werden (z. B. bei myeloproliferativen Erkrankungen, Alkoholismus).

Zytochemische Befunde. Bildungsstörungen primärer Granula können durch die zytochemische Auswertung der Peroxidasereaktion und der neutralen Proteasen (mit Naphthyl-AS-D-Chlorazetat als Substrat) erfaßt werden (Übersicht bei [173]). Ein erworbener Defekt der Myeloperoxidase und/oder neutraler Proteasen in Neutrophilen wurde bei mehr als 3/4 der Patienten mit MDS festgestellt. Der Defekt äußert sich in einer deutlichen Verminderung der zytochemisch erfaßten Enzymaktivität, häufig begleitet von

Tabelle 4.3. FAB Klassifikation der myelodysplastischen Syndrome [18]

Subtyp	Blastenanteil im Blut	im Knochenmark	weitere Veränderungen
Refraktäre Anämie (RA)	bis 1%	< 5%	
Refraktäre Anämie mit Ringsideroblasten (RAS)	bis 1%	< 5%	> 15% der Ringsideroblasten im Knochenmark
Refraktäre Anämie mit Exzeß von Blasten (RAEB)	< 5%	5–20%	
Refraktäre Anämie mit Exzeß von Blasten in Transformation (RAEB-t)	> 5%	21–30%	fakultativ Auerstäbchen
chronisch myelomonozytäre Leukämie (CMML)	< 5%	bis 20%	periphere Blutmonozytose > 1 G/l

einer veränderten Verteilung in Form lokaler Anreicherungen neben reaktionsfreien Arealen. Eine granuläre PAS-Posivität in Neutrophilen sowie auch in Erythroblasten ist ebenfalls gelegentlich nachweisbar.

Veränderungen der Monozyten betreffen Verminderungen der unspezifischen Esteraseaktivität (mit Naphthol-AS-Azetat als Substrat) und der sauren Phosphatase. Insgesamt sind zytochemisch faßbare Atypien an Monozyten bei gut 1/3 der Patienten mit MDS vorhanden. Ringsideroblasten kommen auch bei RAEB nicht selten vor und können Anteile wie bei der RAS erreichen.

4.2.3 Klassifikation

1Nach den FAB-Kriterien können 5 Untergruppen des MDS unterschieden werden [18] (s. Tabelle 4.3). Eine Zusammenstellung der Auswertung großer Patientengruppen hinsichtlich der Prognose und Todesursachen der einzelnen Subtypen findet sich in Tabelle 4.4 und Abb. 4.3.

Manche Patienten zeigen allerdings ein klinisches Erscheinungsbild, das die Kriterien mehrerer FAB-Gruppen erfüllt (z. B. Sideroblastenanämie mit Blastenvermehrung, die nach der Prognose der RAEB zugeordnet wird). Im Verlauf der Erkrankung, insbesondere durch Zunahme der Blasten, ändert sich häufig die Zuordnung zu einer Subgruppe. Obwohl die Klassifikation in der Patientenstratifikation sehr wertvoll ist, sind nur einige Kriterien klinisch unmittelbar relevant. Diese sind der Blastenanteil im Knochenmark (und evtl. Blutbild) und das Ausmaß der Myelodysplasie mit begleitenden Zytopenien.

4.2.3.1 Refraktäre Anämie (RA)

Definiert ist die Erkrankung durch eine persistierende Anämie ohne andere Ursachen mit Hyperplasie der Erythropoese. Zeichen der Dyserythropoese

Tabelle 4.4. Todesursachen bei MDS [134]

FAB Subtyp	MÜZ (Monate)	Todesursachen (%)				am Leben (%)*
		AML	Blutung	Infektion	andere	
RAEB-t (n = 11)	5	55	18	18	0	9
RAEB (n = 25)	10.5	28	8	44	4	16
CMML (n = 31)	22	13	0	13	13	61
RA (n = 35)	32	11	15	21	15	38
RAS (n = 21)	76	5	5	5	25	60

* zum Zeitpunkt der Auswertung

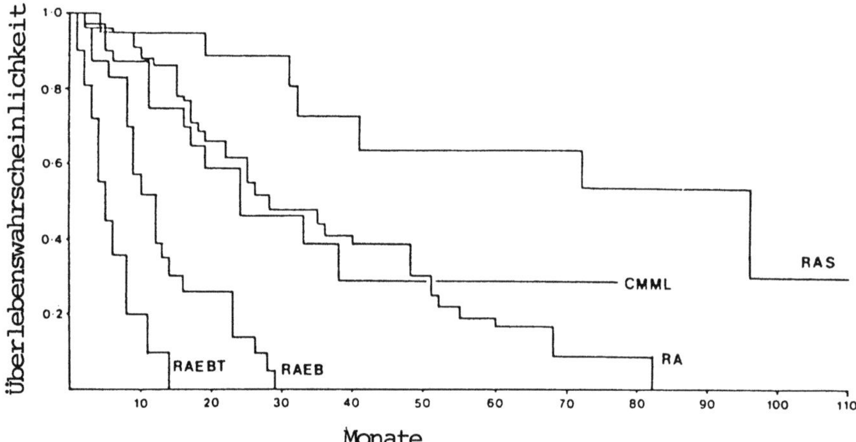

Abb. 4.3. Überleben von Patienten mit MDS entsprechend den FAB-Subtypen [134]

und der Dysgranulopoese sind sehr häufig. Dysplasien der Megakaryopoese können vorkommen, sind jedoch meist weniger ausgeprägt. Häufig besteht eine Verminderung der Absolutzahl der Retikulozyten. Blasten fehlen im peripheren Blut (ihr Anteil beträgt höchstens 1%, Tabelle 4.3), einzelne Erythroblasten können allerdings vorkommen. Im Knochenmark beträgt der Anteil von Blasten immer unter 5%. Thrombopenien sind nicht ungewöhnlich, auch Neutropenien können nachweisbar sein.

Patienten mit Neutropenie und/oder Thrombopenie ohne Anämie werden in diesen Subtyp eingeschlossen [18].

4.2.3.2 Refraktäre Anämie mit Ringsideroblasten (RAS; Synonym *acquired idiopathic sideroblastic anaemia*)

Das Krankheitsbild ähnelt der RA. Der einzige Unterschied ist der Nachweis von Ringsideroblasten im Knochenmark, die mehr als 15% aller kernhaltigen roten Vorstufen ausmachen (Tabelle 4.3).

Als Ringsideroblasten werden Erythroblasten bezeichnet, die in der Berlinerblau-Färbung 5 oder mehr eisenhaltige Granula enthalten. Sie sind ringförmig um den Kern gelagert, wobei zumindest 1/3 des Kernumfanges davon umgeben ist [21, 33, 38, 74, 88]. Als Folge der defekten Hämoglobinisierung ist im peripheren Blut häufig ein dimorphes Blutbild nachweisbar.

Im Knochenmark findet sich häufig eine ausgeprägte erythroblastische Hyperplasie. Die Zahl der Myeloblasten liegt bei höchstens 5% (bei höherer Blastenzahl wird die Erkrankung der RAEB zugeordnet, und der Krankheitsverlauf entspricht dann der letzteren Erkrankung; [213]).

Im peripheren Blut ist eine Leuko- evtl. Neutropenie nicht selten (maximal 4 G/l Leukozyten bei 37% der Patienten von Juneja et al. [89]). Thrombozytosen sind nicht ungewöhnlich [89, 189]. Thrombopenien sind ein ungünstiger Prognosefaktor [38, 95].

Differentialdiagnose sideroblastischer Anämien

Sideroblastische Anämien können idiopathisch oder in symptomatischer Form auftreten. Von den primären Formen werden die – seltenen – angeborenen Formen abgegrenzt (Tabelle 4.5). Der Blutausstrich eines Patienten mit hereditärer sideroblastischer Anämie findet sich in Abb. 4.4a.

Pathopyhisiologie. Wichtige metabolische Schritte der Hämsynthese sind in Abb. 4.5 zusammengefaßt. Enzyme, die in Mitochondrien der Erythroblasten lokalisiert sind, umfassen u. a. die δ-Aminolävulinsäure-Synthetase (ALA-S) und die Häm-Synthetase. Die Erniedrigung der ALA-S ist ein weitgehend konstanter Befund bei RAS (Abb. 4.6). Die Ursache des Defektes dieses für die Hämsynthese limitierenden Enzyms [6, 96, 148] ist noch nicht hinreichend geklärt (bei Pyridoxin-sensitiven Sideroblastosen wurde dagegen ein abnorm labiles Apoenzym der ALA-S nachgewiesen, das durch pharmakologi-

Tabelle 4.5. Einteilung sideroblastischer Anämien [149]

Hereditäre sideroblastische Anämien
- x-chromosomal
- autosomal rezessiv
- Vererbungsmodus unbekannt

Erworbene sideroblastische Anämien
- idiopathische, refraktäre sideroblastische Anämie
- sekundär[a]
- medikamenteninduziert oder toxisch (INH, Äthanol, Blei)

[a] bei hämatologischen, entzündlichen oder neoplastischen Erkrankungen (z. B. chronisch myeloproliferative Erkrankungen, hämolytische Anämien, Myelom, PcP u. a.).

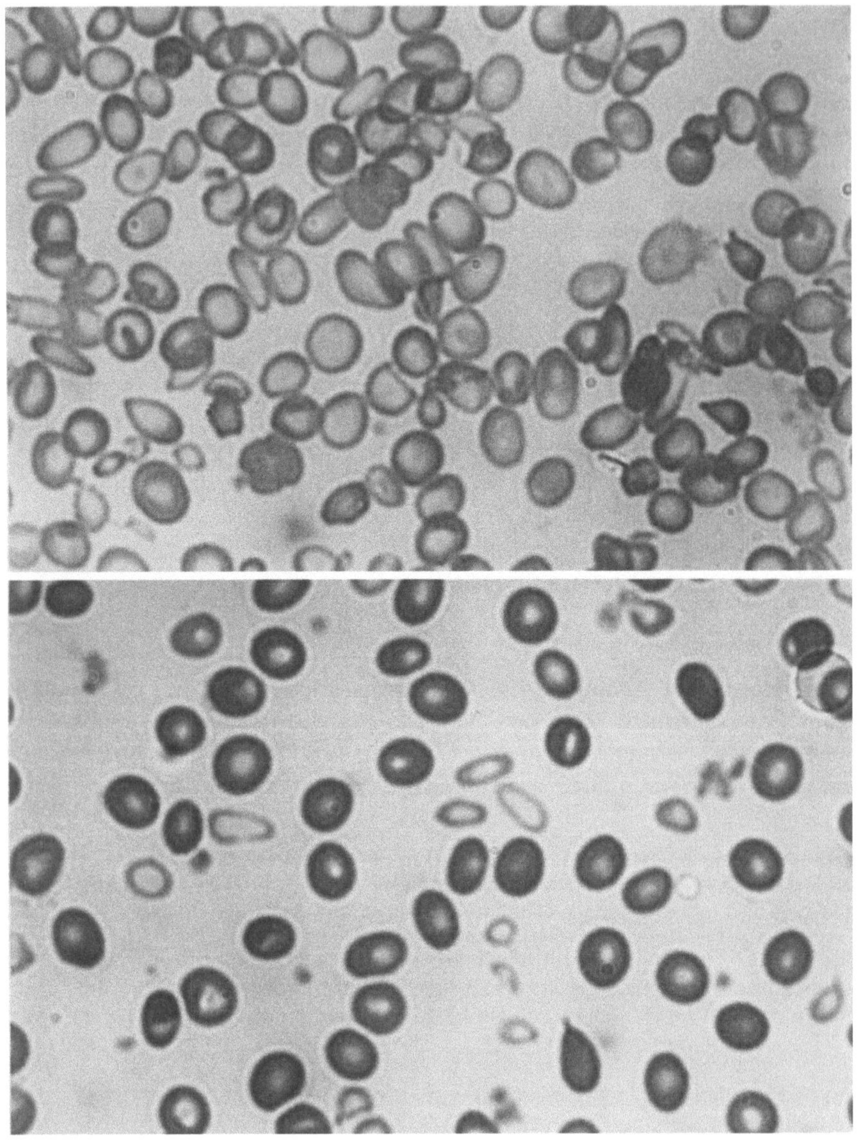

Abb. 4.4. Blutausstrich eines Patienten mit kongenitaler sideroblastischer Anämie (a) und seiner Mutter (b)

sche Dosen von Vitamin B_6 korrigiert werden kann [6, 7]. Weniger häufig findet sich auch eine Erniedrigung der Hämsynthetase (z. B. [96, 148]). Störungen dieser Enzyme sind nicht auf Erythroblasten beschränkt, sondern auch in Granulozyten nachweisbar, dort jedoch funktionell weniger bedeutungsvoll [6]. Da auch einige andere mitochondriale Enzyme (z. B. Cytochrom-Oxidase) defizient sind, dürften die Störungen der Hämsynthese nur eine Manifestation der multiplen Enzymdefekte bei MDS sein.

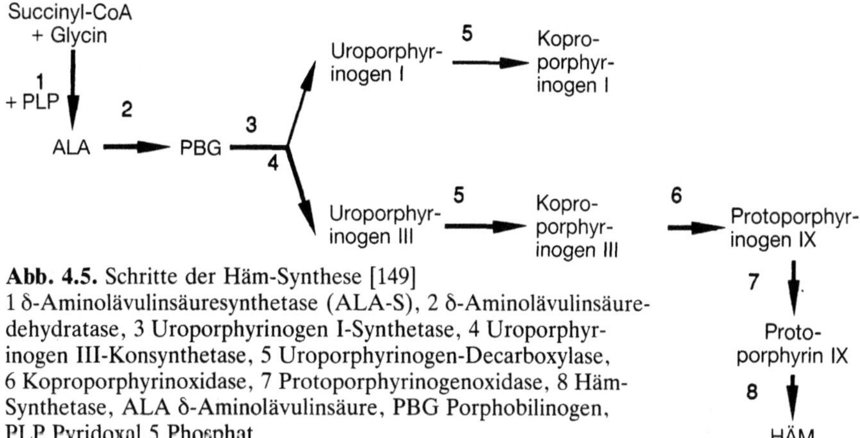

Abb. 4.5. Schritte der Häm-Synthese [149]
1 δ-Aminolävulinsäuresynthetase (ALA-S), 2 δ-Aminolävulinsäure-dehydratase, 3 Uroporphyrinogen I-Synthetase, 4 Uroporphyrinogen III-Konsynthetase, 5 Uroporphyrinogen-Decarboxylase, 6 Koproporphyrinoxidase, 7 Protoporphyrinogenoxidase, 8 Häm-Synthetase, ALA δ-Aminolävulinsäure, PBG Porphobilinogen, PLP Pyridoxal 5 Phosphat

Andererseits wurde postuliert, daß die Störungen mitochondrialer Enzyme sekundäre Erscheinungen der Eisenablagerung in Mitochondrien (und Zytoplasma) sein könnten. Die gesteigerte Eisenablagerung wäre Folge einer gestörten Eisenutilisation [123].

Ferrokinetische Untersuchungen zeigen einen meist stark erhöhten Knochenmarkeisenumsatz bei normaler bis nur mäßig gesteigerter effektiver Erythrozytenproduktion, woraus ein ineffektiver Eisenumsatz resultiert. Eine häufig verkürzte Erythrozytenlebensdauer ist zusätzlich an der Anämie der Patienten beteiligt [35, 124]. Zu den Ergebnissen des Wachtums hämopoetischer Vorläuferzellen in vitro s. unten.

Immunologische Abweichungen bei RAS schließen Ig-Mangelzustände (in 39% der Patienten von Mufti et al. [135]) und Hyper-γ-Globulinämien (in 28%) ein, deren immunpathologische Bedeutung weiter geklärt werden muß.

a) Die idiopathische sideroblastische Anämie

Diese kann in sehr unterschiedlicher Schwere verlaufen (Übersicht bei [38, 74, 77, 88, 89, 102, 130].

Im Knochenmark herrschen Erythroblasten vor, unter denen sich eine variable Anzahl von Ringsideroblasten findet (Tabelle 4.3). Beziehungen zwischen der Zahl der Ringsideroblasten und der Schwere der Anämie fehlen. Eine Reifungshemmung und gestörte Hämoglobinisierung sind oft vorhanden. Megaloblastische Veränderungen werden in gut der Hälfte der primären RAS gefunden.

b) Die hederitäre sideroblastische Anämie

Diese ist ein gut definiertes Krankheitsbild (Übersicht [77, 102, 130, 148]), das im Blutausstrich mit einem hypochromen Bild (Abb. 4.a und b) einhergeht und meist in rezessiv geschlechtsgebundener Form auftritt [114]. Dabei ist oft eine Dimorphie des Blutbildes besonders auffällig. Weibliche Über-

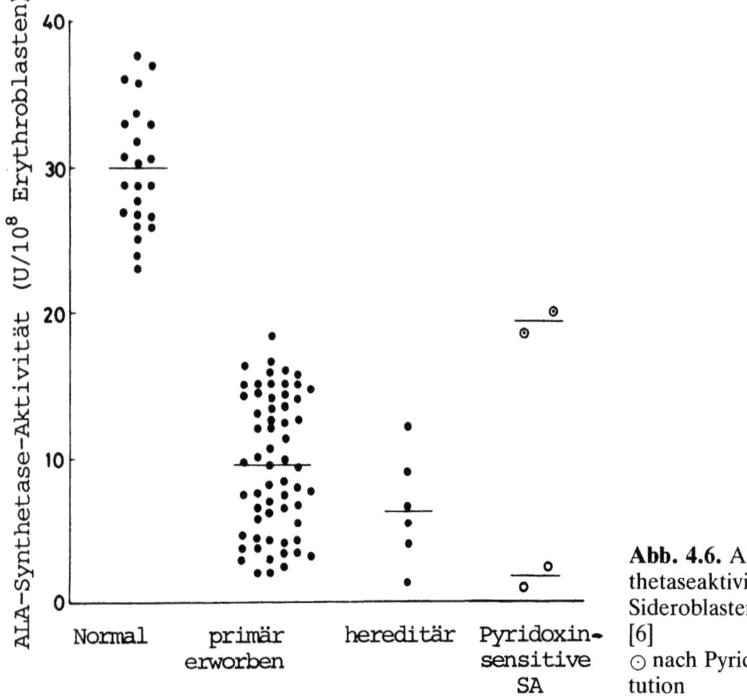

Abb. 4.6. ALA-Synthetaseaktivität bei Sideroblastenanämien [6]
⊙ nach Pyridoxinsubstitution

träger der Erkrankung zeigen, wenn überhaupt, nur diskrete Zeichen der Erkrankung: ein niedriger Prozentsatz von Ringsideroblasten kann im Knochenmark nachweisbar sein und im peripheren Blut ein kleiner Teil der Erythrozyten eine Hypochromie zeigen. Schwierigkeiten in der Differentialdiagnose ergeben sich in erster Linie gegenüber den Thalassämiesyndromen.

Bei Erythroleukämien treten Ringsideroblasten gegenüber anderen Abweichungen des blutbildenden Markes meist nur wenig in Erscheinung. Die Ausschwemmung eines hohen Prozentsatzes von Erythroblasten, insbesondere von pathologischen Formen, ist verdächtig auf das Vorliegen einer Erythroleukämie und macht eine RAS unwahrscheinlich. Übergänge einer RAS in Leukämien kommen nach größeren Zusammenstellungen ([38]) in 10% vor (Tabelle 4.4). Nicht selten handelt es sich um ein Krankheitsbild, das über Jahre als prognostisch günstig angesehen werden kann (mittlere Überlebensdauer nach Kushner et al. [102] etwa 10 Jahre).

c) Sekundäre Sideroblastenanämien

Verschiedenartige Zustände, bei denen Ringsideroblasten symptomatisch auftreten können, sind in Tabelle 4.5 zusammengefaßt. Bei solchen Patienten kann der Nachweis von Ringsideroblasten ein Zufallsbefund sein, und es ist oft zweifelhaft, ob ihr Vorhandensein für das Zustandekommen der Anämie mitverantwortlich ist [125].

Sideroblastische Anämien unter tuberkulostatischer Therapie (Übersicht bei [206]) werden durch Medikamente ausgelöst, die als Pyridoxinantagonisten bekannt sind. Einzelfälle werden auch unter Azathioprin- und Chloramphenicoltherapie beobachtet [43, 70].

Transitorische Ringsideroblasten finden sich nicht selten bei chronischem Alkoholismus, bei dem sich auch meistens eine Leberfunktionsstörung nachweisen läßt [53, 148]. Die Knochenmarkveränderungen sind in den ersten Tagen der Krankenhausperiode, entsprechend der Alkoholabstinenz, am ausgeprägtesten und bilden sich 3–5 Tage später ohne zusätzliche Therapie zurück. Sideroblastische Anämien kommen schließlich, wenn auch sehr selten, als Begleitsymptom verschiedener myeloproliferativer Erkrankungen (Myelofibrosen, unreifzellige Leukämien, chronische Myelosen), bei angeborenen und erworbenen hA und verschiedenen anderen Erkrankungen vor [125].

4.2.3.3 Refraktäre Anämie mit Blastenvermehrung (RAEB)

Im Gegensatz zur RA oder RAS enthält das Knochenmark 5–20% Blasten. Immer findet sich eine Zytopenie, die teilweise alle drei Zellstränge erfaßt. Zeichen der Dysgranulopoese sind meist ausgeprägt. Gleichzeitig ist eine Dyserythropoese und/oder Dysmegakaryozytopoese häufig.

Bei der Auswertung der Blasten im Knochenmark werden 2 Typen unterschieden [18]. Blasten des Typ 1 schließen typische Myeloblasten sowie blastäre Zellen von verschiedener Größe ein, die sich nicht näher klassifizieren lassen. Zytoplasmatische Granula fehlen immer. Die Zellen haben gewöhnlich prominente Nukleolen und eine lockere Chromatinstruktur. Blasten vom Typ 2 haben dagegen eine geringe Zahl azurophiler Granula. Sie erinnern sonst an Typ 1-Blasten, jedoch ist die Kern-Plasma-Relation niedriger und der Kern liegt in zentraler Position. Promyelozyten zuzuordnen sind dagegen Zellen mit den folgenden Charakteristika:

- Exzentrischer Kern;
- Zellen mit einem entwickelten Golgiapparat (als helle Zone in der Nachbarschaft des Kernes erkennbar);
- Zellen mit dichterer und/oder verklumpter Chromatinstruktur;
- Zellen mit zahlreichen Granula;
- Zellen mit niedriger Kern-Plasma-Relation.

Diese Zellen werden als Promyelozyten eingeordnet (durch Mangel an primärer Granulation können hypogranuläre oder agranuläre Promyelozyten auftreten, die durch die übrigen vier Eigenschaften von Blasten abzutrennen sind). Bei der Zählung der Blasten werden die Promyelozyten nicht inkludiert [18]. Auerstäbchen fehlen in der Regel; sind solche eindeutig nachweisbar, so gehört die Erkrankung nach den FAB-Kriterien zur RAEB-t [18].

Weder Mufti et al. [134] noch Tricot et al. [199] fanden statistisch signifikante Unterschiede im Überleben von Patienten mit einem Blastenanteil im Knochenmark von 5–19% gegenüber 20–29%.

Bei der Auswertung des Koloniewachstums hämopoetischer Vorläuferzellen in semisolidem Agar weichen die Ergebnisse von den RA und RAS zum Teil ab. Ein pathologisches Wachstumsverhalten wird bei RAEB sehr häufig gefunden (Tabelle 4.6).

Tabelle 4.6. Koloniebildung von hämopoetischen Vorläuferzellen bei MDS

CFU-GM	Anormal in 50–90% – vermehrte Anzahl von Clustern und/oder Kolonien – fehlende oder verminderte Koloniebildung
	Normal in 10–50% vor allem bei RAS bzw. 5q-Syndrom
BFU-E CFU-E CFU-M	} meist vermindert oder fehlend

4.2.3.4 Refraktäre Anämie mit Blastenvermehrung in Transformation (RAEB-t)

Die hämatologischen Kriterien sind ähnlich der RAEB, schließen jedoch einen der folgenden Befunde ein (Tabelle 4.3):

- Blasten im peripheren Blut 5% oder höher;
- Anzahl der Blasten (Typ 1 und 2) im Knochenmark 21–30% der kernhaltigen Zellen;
- Vorkommen von eindeutigen Auerstäbchen in myeloischen Vorstufen.

Bei Vergleich verschiedener Prognosefaktoren [199] war das Vorhandensein von zumindest 5% Blasten im peripheren Blut der wichtigste Parameter (ähnliche Beobachtungen bei [40]). Das mediane Überleben dieser Patienten war ähnlich dem einer nur supportiv behandelten AML. Das Vorhandensein eindeutiger Auerstäbchen ist dagegen von fraglicher Signifikanz. Weder Seigneurin et al. noch Weisdorf et al. [176, 208] fanden Unterschiede in der Überlebensdauer bei Patienten mit oder ohne Auerstäbchen.

4.2.3.5 Chronisch myelomonozytäre Leukämie (CMML)

Die Diagnose stützt sich auf das Vorliegen einer Dyshämatopoese mit einer Blutmonozytose über 1 G/l. Die Blastenanzahl im Knochenmark liegt unter 20% und im peripheren Blut unter 5% [18]. Die Erkrankung kann einerseits einer RA, RAS oder RAEB mit begleitender Blutmonozytose ähneln oder als myeloproliferatives Syndrom imponieren (Übersicht bei [64]). Im Knochenmark sind Monozyten und ihre Vorstufen (Promonozyten) vermehrt [164, 183, 218 u. a.].

Im peripheren Blut (Tabelle 4.7) sind die Gesamtleukozytenwerte meist mäßig erhöht, doch können erniedrigte wie auch hohe Gesamtleukozytenzahlen vorkommen.

Zellen, die in der Pappenheim-Färbung wie Monozyten und Myelozyten imponieren („paramyeloide Zellen"), sind häufig [65]. Monozytäre Zellen können sich zytochemisch [173] wie auch immunzytologisch abnorm verhalten: vor allem die unspezifischen Esterasen sind häufig vermindert, und es kann zur Expression von myeloischen Antigenen auf monozytären Zellen kommen [16].

Tabelle 4.7. Initiale Blutbefunde bei CMML [164]

	Medianwert
Hb (g/dl)	10 (3,1–14,9)
MCV (fl)	95 (82–119)
Leukozyten (G/l)	22,8 (4–125)
Monozyten (G/l)	4,7 (1,1–30,4)
Thrombozyten (G/l)	98 (10–684)
Blasten im KM (%)	4 (1–18)
Promonozyten im KM (%)	10 (1–23)
LDH (U/l)	433 (285–1017)
Serumlysozym (μg/ml)	64,5 (15–950)
γ-Globulin (g/l)	16,4 (6,9–26)

Die Thrombozyten sind meist mäßiggradig vermindert, doch ist die Blutungsneigung nicht selten ausgeprägter, als es aufgrund der Thrombozytenwerte zu erwarten ist, da funktionelle Anomalien häufig sind [65, 218]. Die Anämie ist vielfach nur mäßig ausgeprägt (Tabelle 4.7). Bei schweren Anämien sollte an einen begleitenden Eisenmangel gedacht werden [65]. Monozyten und Promonozyten machen im allgemeinen 10–30% der gesamten kernhaltigen Zellen des Knochenmarks aus. Zeichen der Myelodysplasie sind deutlich. Sie äußern sich in Granulationsanomalien, Auftreten abnormer Megakaryozyten und einer Dyserythropoese. Ringsideroblasten kommen gelegentlich zur Beobachtung.

Im Verlauf der Erkrankung kommt es häufig zu einer Zunahme der Blasten, womit sich das terminale Stadium der Erkrankung ankündigen kann (Auftreten eines Blastenstadiums in 1/3 der Patienten von Zittoun [218]).

Das Lysozym im Serum (Tabelle 4.7) und eventuell im Harn ist erhöht (Zeichen der Niereninsuffizienz sind jedoch selten [183]. Polyklonale Vermehrungen der Serumimmunglobuline werden häufig beobachtet (in 36% der Patienten von Mufti et al [135]). Pathologische Autoantikörper sind ebenfalls nicht selten (in 53% der Fälle von Mufti et al. [135 u. a.] als anti-erythrozytäre oder antimitochondriale Antikörper). Auch M-Gradienten können, wie bei anderen primären MDS, beobachtet werden (z. B.10% der CMML-Patienten von Kerkhofs et al. [95]; s. auch [20, 183, 218]). Erhöhungen der LDH im Serum (Tabelle 4.7) und Splenomegalien sind häufig [183].

Prognosefaktoren dieser Erkankung sind nach Ribera et al. [164] das Ausmaß der Blutmonozytose und das Vorliegen eines Milztumors. In der Auswertung von Kerkhofs et al. [95] war die Diagnose vor allem vom Blastenanteil im Knochenmark abhängig. Nach Worsley et al. [212] sind neben einer ausgeprägten Anämie bzw. Thrombopenie und einer erhöhten Zahl der Blasten im Knochenmark („Bournemouth-Score") vor allem eine Monozytenzahl von über 2,6 G/l bzw. eine Neutrophilenzahl über 16 G/l im peripheren Blut eng mit einer schlechteren Prognose verbunden.

Pathophysiologie. Die CMML zeigt nebeneinander Eigenschaften eines MDS und einer myeloproliferativen Erkrankung. In manchen Auswertungen finden sich vor allem Patienten mit Vorherrschen dysplastischer Veränderungen („RA mit Monozytose", z. B. [95]), in anderen eines atypischen myeloproliferativen Syndroms (z. B. [39, 65, 183, 218]).

Ribera et al. [164] zeigten, daß Parameter einer deutlichen myeloproliferativen Komponente (hohe Monozytenzahl, Splenomegalie) ungünstige Prognosefaktoren darstellen. Die Krankheitsbilder CMML und atypische, Ph_1-negative CML überlappen sich und bedürfen einer besseren Abgrenzung durch prospektive Studien [63].

Bei CMML finden sich häufig Zeichen einer polyklonalen B-Lymphozytenaktivierung (z. B. [135, 183]). Die letztere dürfte durch Freisetzung von Monokinen (z. B. Interleukin 1) mitbedingt sein.

4.2.4 Ergänzende Untersuchungen

Obwohl zur Diagnose des Krankheitsbildes meist nicht erforderlich, haben sich Knochenmarkbiopsien, Untersuchungen an Knochenmarkkulturen sowie der Nachweis chromosomaler Abweichungen für die prognostische Beurteilung als wertvoll erwiesen.

In der Knochenmarkbiopsie können vor allem bei Patienten mit den prognostisch günstigeren Formen des MDS (RA, RAS) Risikogruppen erfaßt werden [61, 198]. Bei Auswertung des Wachstumsverhaltens granulopoetisch determinierter Vorläuferzellen kann ein leukämisches Proliferationsmuster in der Knochenmarkkultur nachgewiesen werden. Ein eingeschränktes Wachstum der erythropoetischen Vorläuferzellen gehört zu den frühen Veränderungen des MDS. Zytogenetische Untersuchungen sind Routinemethoden zur Prognosebeurteilung des MDS (siehe Kapitel 4.2.6). Beim Vorliegen bestimmter chromosomaler Aberrationen ist ein erhöhtes Leukämierisiko gegeben (Übersicht bei [72, 86a, 87, 95, 124] u. a.).

4.2.4.1 Knochenmarkbiopsie

Topographische Veränderungen der Zellverteilung sind bei MDS ein charakteristischer Befund (Abb. 4.7). Die normalerweise an den endostalen Oberflächen des Knochenmarkes angesiedelte Granulopoese wird in den zentralen intratrabekulären Arealen nachweisbar, während die Erythro- und Megakaryopoese aus dem Zentrum an die Trabekel verdrängt wird (Übersicht bei [61]). Als ALIP *(Abnormal Localization of Immature Myeloid Precursors)* wird das zentrale Auftreten von Aggregaten (Cluster) unreifer Zellen bezeichnet [198, 200].

RAEB und RAEB-t sind konstant ALIP +. Bei RA und RAS lassen sich dagegen zwei Untergruppen erfassen, deren Prognose deutlich differiert (Abb. 4.8) und von therapeutischer Relevanz zu sein scheint [199]. Die Transformation in eine AML findet sich vor

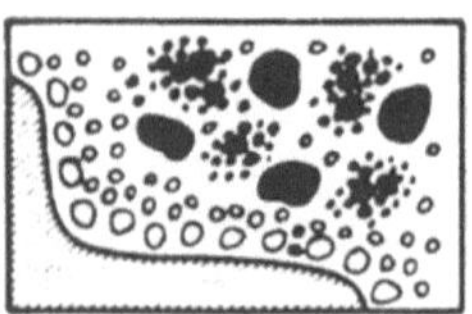

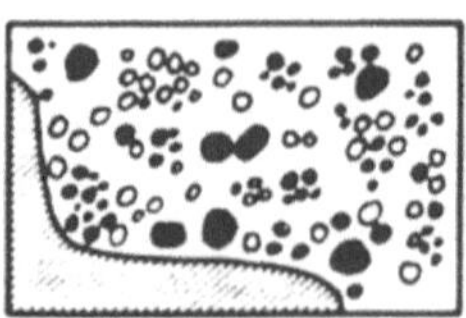

Abb. 4.7. Topographische Verteilung der Hämopoese bei MDS [61]
Normal: Granulopoese endostal, Erythropoese und Megakaryopoese im Zentrum des intertrabekulären Raumes
MDS: Granulopoese im Zentrum, Erythropoese und Megakaryopoese entlang der Trabekel

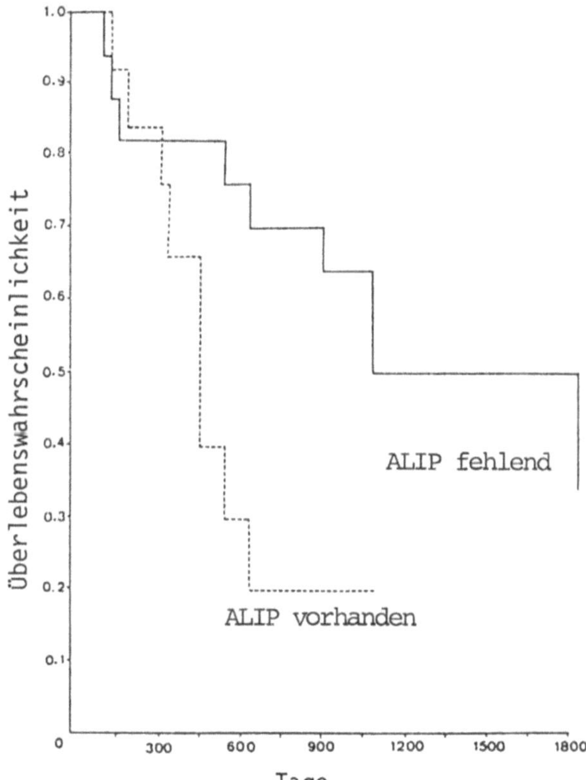

Abb. 4.8. Überleben bei RA und RAS in Abhängigkeit vom Vorhandensein von ALIP (atypical localization of immature precursors) [198]

allem bei ausgeprägt unreifen und dysplastischen Veränderungen in der Knochenmarkbiopsie [61].

Mittels der Markbiopsie gelingt auch eine sichere Abgrenzung von AA sowie vor allem die Erfassung eines MDS mit hypoplastischem Knochenmark [56]; (s. Kap. 4.2.8.2). Schließlich ermöglicht die Biopsie auch eine bessere Beurteilung der Stroma-Reaktion (Abb. 4.9) (Übersicht bei [61]).

Abb. 4.9. Stromareaktion bei MDS [61]
1 = Ödem und Ery-Extravasation,
2 = erweiterte Sinus mit Vorläuferzellen,
3 = perivaskuläre Fibrose und Entzündung,
4 = perivaskuläre Plasmazellvermehrung,
5 = Vermehrung der Retikulinfasern,
6 = Lymphozytenaggregate,
7 = eisenüberladene Makrophagen,
8 = Knochenumbau

4.2.4.2 Wachstumsverhalten der Vorläuferzellen in vitro

Bei Kultivierung in semisolidem Agar kann das Wachstumsverhalten von Vorläuferzellen mit myeloischer (CFU-GM), megakaryozytärer (CFU-Meg) und erythropoetischer (BFU-E, CFU-E) Entwicklungstendenz charakterisiert werden (Tabelle 4.6). Bei MDS weist ein vermindertes Wachstum erythropoetischer Vorläuferzellen auf eine Frühmanifestation der Erkrankung hin [3, 32, 124, 147]. Beziehungen zu FAB-Klassen oder chromosomalen Aberrationen waren nicht nachweisbar. Ähnliches dürfte auch – nach bisher spärlichen Daten – für die CFU-Meg gelten [147].

Ein eingeschränktes Wachstum der CFU-GM kann in allen Subtypen gefunden werden, am häufigsten jedoch bei RAEB und RAEB-t [59, 72, 98, 147, 185, 205]. Zwischen Blastenzahl im Knochenmark und dem Colony/Cluster-Verhältnis besteht eine negative Korrelation ([124], $p<0.001$).

Bei akuten myeloischen Leukämien finden sich nach 7–10tägiger Kultur auf Kosten voll entwickelter Zellkolonien vermehrt kleine Zellgruppen (Cluster), wodurch das Colony/Cluster-Verhältnis verändert ist. Als prognostisch ernstes Zeichen gilt auch das ausschließliche Auftreten von Makroclustern bei fehlendem Colony-Wachstum (s. auch [52]).

Die prognostisch günstigste Gruppe stellen jene Patienten mit CFU-GM Ergebnissen im Normbereich dar [76, 124 u. a]. Ein solches Wachstumsverhalten findet sich bevorzugt bei RA und RAS. Obwohl der pathophysiologische Wert von in vitro Untersuchungen zum Wachstumsverhalten von CFU-GM unbestritten ist, steht deren prognostische Bedeutung unter Routinebedingungen weiter zur Diskussion.

Bei Analyse der Daten von Spitzer et al. [185] und von Verma et al. [205] schlossen Tricot et al. [200], daß ein leukämisches Wachstumsverhalten weitgehend mit dem Vorhandensein einer Blastenvermehrung im Knochenmark korreliere. Auf die ungünstige Prognose hoher endogener koloniestimulierender Aktivität kultivierter Knochenmarkzellen (Francis et al. [59]), auch in der RA/RAS Gruppe, wies Galton [63] hin.

4.2.4.3 Chromosomenuntersuchungen

Im Knochenmark können chromosomale Aberrationen bei 32–51% der Patienten mit MDS nachgewiesen werden (Tabelle 4.8). Die häufigsten Veränderungen sind eine Trisomie 8, Verluste am Chromosom 5 oder 7 (5q-, 7q-) oder Läsionen am Chromosom 20 [86a, 202a]. Diese Veränderungen sind vergleichbar den häufigsten Aberrationen bei AML (während die für Subtypen der AML besonders charakteristischen Chromosomenveränderungen bei MDS fehlen; s. Kap. 5.1.3). Besonders gut ist das 5q-Syndrom (z. B. [94, 182, 196, 202]) und die Monosomie 7 [49, 150] definiert.

Häufig finden sich nebeneinander abnorme und normale Metaphasen (AN) und nur seltener ausschließlich abnorme Metaphasen (AA) (in 16% AA gegenüber 27% AN in der Auswertung von Kerkhofs et al. [95]). Patienten mit zytogenetischen Abweichungen zur Zeit der Erstuntersuchung haben ein gesteigertes Risiko für zunehmende Aberrationen und für das Auftreten weiterer abnormer Klone [199].

Tabelle 4.8. Chromosomenbefunde bei MDS (mod. nach [202a])

Chromosomale Aberrationen wie bei AML (s. Kapitel 5.1.3 und 5.4.2)	
außer:	t(8;21) (q22;q22) t(9;22) (q34;q11) t(15;17) (q22;q21) inv/del (16) (q22)
Typische Befunde	
Refraktäre Anämie:	del(5)(q) t(1;7)(p11;p11) t(1;3)(p36;q21) t(1;15)
Sideroblastische Anämie:	del(11)(q)
Dyserythropoese – sekundäre Leukämie	
häufig:	5q-/-5 sowie 7q-/-7
Chronisch myelomonozytäre Leukämie:	12p12;+8

Die Transformation in akute myeloische Leukämien war bei Patienten mit einem abnormen Karyotyp häufiger als bei solchen ohne Aberrationen (z. B. [86a]). Nicht immer sind jedoch Aberrationen Hinweis für eine ungünstige Prognose (z. B. isoliertes 5q-Syndrom bei RA mit häufig stabilem Verlauf über längere Zeiträume). Nach den Daten von Jacobs [86a] trat eine leukämische Transformation in 9% der Patienten mit normalem Karyotyp oder „einfachen" Abweichungen gegenüber 51% der Patienten mit komplexen Abweichungen oder zytogenetischer Evolution auf.

Die Studie von Todd und Pierre [197] zeigte dagegen in jeder Subklasse des MDS eine bessere Überlebensdauer bei normalem Karyotyp (signifikant bei RA und RAS).

5q-Syndrom

Patienten mit einer Deletion am langen Arm des Chromosom 5 (als einzige chromosomale Aberration) haben gewöhnlich eine makrozytäre Anämie (MCV > 96 fl), normale oder gesteigerte Thrombozytenzahlen und im Knochenmark eine Erythroblastopenie (in 50% der Fälle; je 25% normale bzw. gesteigerte Erythropoese) sowie runde bis wenig segmentierte Megakaryozyten (in 95% der Fälle, Übersicht bei [202]). Die am häufigsten befallene Patientengruppe sind ältere Frauen. Solche Patienten mit RA und RAEB haben nach van den Berghe [202] eine ähnliche Prognose. Voraussetzung ist jedoch, daß 5q- die einzige chromosomale Abweichung darstellt (Abb. 4.10). Diese Patienten zeigen auch in der Knochenmarkkultur (Wachstum von CFU-GM) häufig ein normales Wachstum [32]. Patienten mit 5q- und zusätzlichen chromosomalen Aberrationen (Monosomie 7 in 42%, Deletion von 7q in 14% u. a.) zeigen dagegen meist einen aggressiven Krankheitsverlauf.

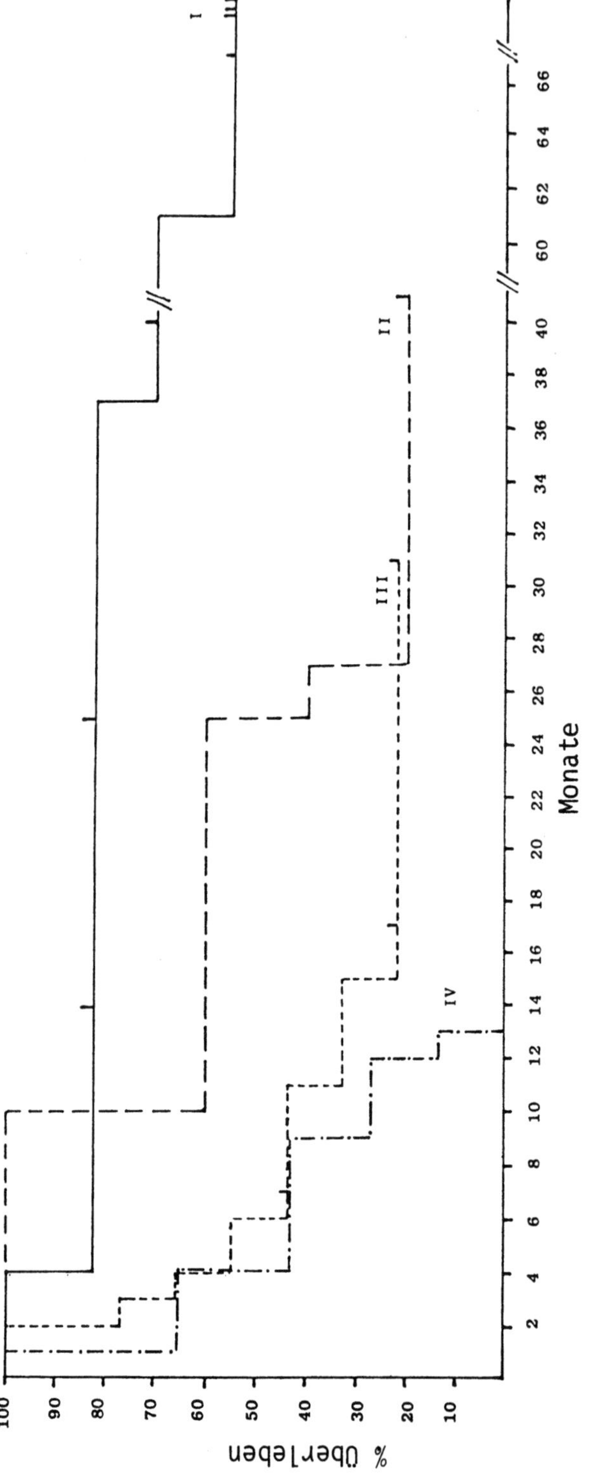

Abb. 4.10. Überleben beim 5q- Syndrom [94]
I isoliertes 5q- und normale Metaphasen
II 5q- und keine normalen Metaphasen
III 5q- und andere chromosomale Aberrationen
IV 5q- +/– andere chrom. Aberrationen, Verlauf wie akute Leukämie

Diese Form der 5q-Anomalie findet sich auch häufig bei AML [22, 94, 202 u. a.]. Die Bruchstelle an 5q- ist nicht konstant (proximal meist zwischen q12 und 23, distal zwischen q23 und 32, die Banden 15–30 waren immer deletiert). Die kürzeste überlappende Region betrifft die Bande 5q22 [94]. Am Chromosom 5q lokalisierte Gene von Relevanz für die Hämopoese sind jene für den Glucocorticoid Rezeptor, M-CSF Rezeptor (fms), PDGF-Rezeptor, für die Wachstumsfaktoren M-CSF und GM-CSF, die Zytokine IL-4, IL-5, für das Leukozytenantigen CD14 und andere [86a].

Monosomie 7

Diese Veränderung wurde bei 9% der MDS-Fälle gefunden (in 7% als alleinige Anomalie [222]). Sie kann auch bei AML oder chronisch myeloproliferativen Syndromen vorkommen, wie z. B. bei CML (vor allem bei der juvenilen Form), bei Polycythaemia vera, aber auch lymphatischen Systemerkrankungen (Übersicht bei [150]). Das Krankheitsbild ähnelt häufig einer *Smouldering Leukaemia* mit ausgeprägten Zeichen der Dyshämatopoese. Es stellt ein negatives prognostisches Zeichen dar, und die Wahrscheinlichkeit einer Progression in eine AML ist sehr hoch.

Häufig läßt sich eine mutagene Noxe in der Anamnese nachweisen (zu chromosomalen Aberrationen bei „sekundären MDS“ s. [22] und Kapitel 5.4). Es besteht ein erhöhtes Infektionsrisiko. Daran dürften Funktionsstörungen der Neutrophilen (insbesonders Defekt der Chemotaxis) mitbeteiligt sein (Übersicht bei [170]).

4.2.5 Andere diagnostische Untersuchungen

4.2.5.1 Erythrokinetische Untersuchungen

Mit ferrokinetischen Methoden wurden vor allem bei RAS die deutlichsten Veränderungen nachgewiesen. Eine stark gesteigerte, jedoch ineffektive Erythropoese war bei RAS die Hauptveränderung, während bei anderen MDS (vor allem RAEB und CMML) die inadäquate Markleistung im Vordergrund stand. Bei RA waren die Ergebnisse am variabelsten (Abb. 4.11). Eine verkürzte Erythrozytenlebensdauer war bei allen Formen des MDS nachweisbar [35, 52, 75, 112, 124].

Neuere Grundlagen der ferrokinetischen Methoden wurden von Ricketts et al. [166] und von Barosi et al. [13] zusammenfassend dargestellt. Cazzola et al. [35] zeigten, daß ein stark gesteigerter Knochenmark-Eisenumsatz zusammen mit einem hohen Anteil ineffektiver Erythropoese einen günstigen Prognosefaktor darstellt (bei der Mehrzahl der Patienten mit RAS nachweisbar; Abb. 4.11). Relativ niedrige Werte dieser beiden Parameter waren dagegen ungünstig (u. a. bei RAEB und CMML).

Zwischen dem Blastenanteil und dem Eisenumsatz des Knochenmarks bestand eine umgekehrte Korrelation [35, 124]. Damit liegt der Schluß nahe, daß die zunehmende Leukämielast des Knochenmarks zu einer fortschreitenden Unterdrückung der Erythropoese führt. Die Eiseninkorporation in Erythrozyten am Tag 14 in der Studie von Coiffier et al. [40] war ein unabhängiger Prognosefaktor, der mit der Überlebensdauer der Patienten korrelierte. Andere Untersucher [75, 112] fanden dagegen keine engeren Korrelationen zwischen ferrokinetischen Befunden und Blastenzahl im Knochenmark bzw. der Wahrscheinlichkeit einer Leukämieentwicklung. Die mittlere Erythrozytenlebensdauer war in jeder der 5 Gruppen des MDS mäßig bis mittelgradig eingeschränkt.

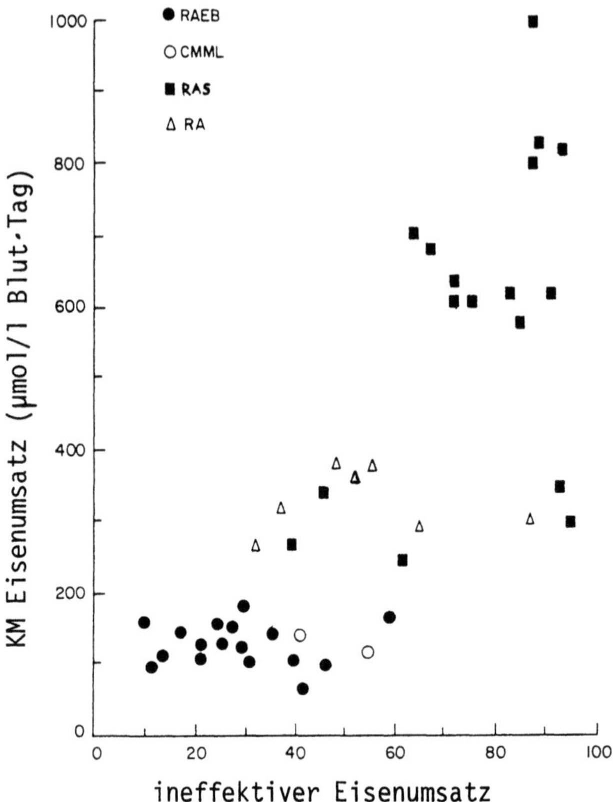

Abb. 4.11. Knochenmark-Eisenumsatz und ineffektive Erythropoese bei RA, RAEB, RAS und CMML [35]

4.2.5.2 Onkogenexpression und MDS

Mutationen, welche die Familie der ras-Onkogene (N-ras, Ki-ras, H-ras) betreffen, wurden bei akuten Leukämien häufig beobachtet (z. B. [23, 87a]; Übersicht bei [12, 23a]). Bei MDS kommen solche bei über 40% der Patienten vor (Übersicht bei [86a]), wobei es sich wahrscheinlich um ein frühes Ereignis handelt. In abnehmender Häufigkeit war N-, Ki- oder H-ras betroffen.

Mutationen am Codon 12, 13, 61 und gelegentlich 117 wurden gesehen [80, 86a, 87a u. a.]. Ras-transformierte Zellen zeigen eine erhöhte Resistenz gegenüber zelltoxischen Substanzen inklusive mancher Zytostatika (Übersicht bei [86a]).
Mutationen vom c-fms (M-CSF Rezeptor) waren bei MDS ebenfalls kein seltener Befund [86a]. Sie fanden sich am Codon 969 in etwa 15%.

Weitere diagnostische Hilfsmittel

Teste auf das Vorliegen eines PNH-Defektes (s. Kap. 1.3.3), Auswertung der Erythrozytenenzyme (z. B. besteht häufig Pyruvatkinase-Mangel) und Bestimmung von HbF scheinen nach den bisherigen Ergebnissen von geringer prognostischer Signifikanz [76, 113, 134, 165].

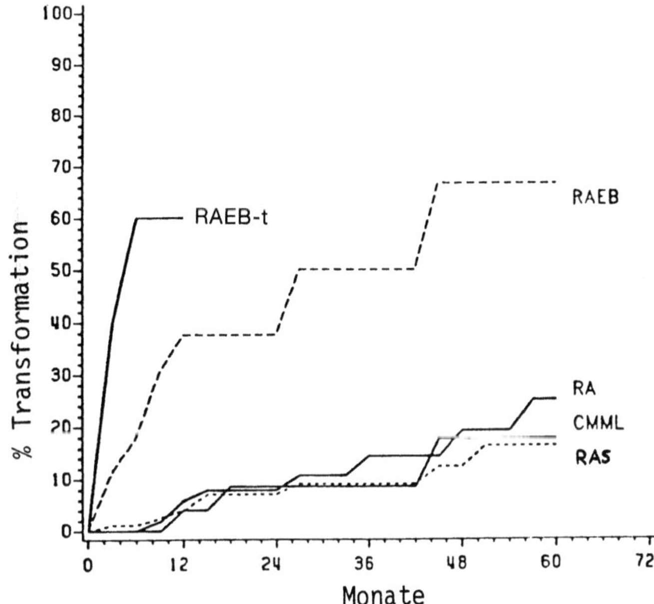

Abb. 4.12. Leukämieentwicklung bei den einzelnen FAB-Subtypen bei MDS [95]

4.2.6 Übergang in akute Leukämien

Drei Formen der Krankheitsevolution können unterschieden werden [200]:

a) eine langdauernde Stabilität mit geringen Zeichen chromosomaler Instabilität;
b) ein plötzlicher Übergang in ein leukämisches Wachstum, häufig mit zunehmenden chromosomalen Aberrationen und dem klinischen Erscheinungsbild einer AML und
c) eine graduelle Zunahme der Blastenzahl im Knochenmark mit Progression der Markinsuffizienz ohne zusätzliche zytogenetische Aberrationen (Abb. 4.12).

Die Häufigkeit einer Transformation in eine AML ist für verschiedene Untergruppen des MDS unterschiedlich (Tabelle 4.4). Neben der verschiedenen Häufigkeit ist auch die Transformationsrate im zeitlichen Verlauf different (Abb. 4.12). Die Transformation erfolgt in unreifzellige myeloische, monozytäre oder Erythroleukämien.

Bei Anwendung monoklonaler Antikörper zur Charakterisierung der Blasten waren auch solche mit Oberflächeneigenschaften von Megakaryozyten nicht ungewöhnlich [169]. Sehr selten wurden auch lymphoblastische Transformationen beobachtet [9].

4.2.7 Prognose und Risikofaktoren

Detaillierte Auswertungen der Prognosefaktoren finden sich bei Coiffier et al. [40], Mufti et al. [134], Tricot et al. [199] und Kerkhofs et al. [95]. Unter

Tabelle 4.9. Ungünstige Prognosefaktoren bei MDS

Tricot [199]	Kerkhofs [95]	Mufti [134]
ALIP (*a*typical *l*ocalization of *i*mmature *p*recursors)	Anämie (Hb < 8,9 g/dl) Neutropenie (< 1,8 G/l) Thrombpoenie (< 140 G/l)	Blasten im KM ≥ 5% Thrombopenie (≤ 100 G/l) Neutropenie (≤ 2,5 G/l)
Blasten in der Peripherie	Monozytopenie (< 0,2 G/l)	Anämie (≤ 10 g/dl)
Blasten im KM ≥ 5% FAB Subtyp (RA, RAS vs RAEB, RAEB-t, CMML)	ausschließlich pathologische Metaphasen vs. normaler Karyotyp	komplexe chromosomale Aberrationen bei Diagnosestellung
Alter > 50 Jahre Neutropenie (< 0,5 G/l)		

den klinischen Parametern sind vor allem fortgeschrittenes Alter (Tabelle 4.10) und „sekundäres MDS" (s. Kap. 4.2.8.1) ungünstige Faktoren. Die wichtigsten Prognosehinweise bei Auswertung des peripheren Blutes sind das Auftreten von Blasten (z. B. [40, 95, 199]) oder eine ausgeprägte Panzytopenie [134, 199, 209]. Eine Neutro- und/oder Thrombopenie war in der Auswertung von Coiffier et al. [40], Mufti et al. [134] und Tricot et al. [199] von Bedeutung, eine Anämie bei Mufti et al. [134] von prognostischer Relevanz. Im Hinblick auf die Knochenmarkzytologie sind es die FAB-Subtypen und insbesondere der Blastenanteil (s. Kap. 4.2.3.3). Zur prognostischen Bedeutung der Markbiopsie s. Kap. 4.2.4.1. Eine Zusammenstellung dieser Prognosefaktoren in ihrer Wertigkeit aufgrund der Auswertung großer Patientengruppen findet sich in Tabelle 4.9.

Chromosomale Aberrationen (Kap. 4.2.4.3), In-vitro-Wachstum von Vorläuferzellen (Kap. 4.2.4.2) und ferrokinetische Untersuchungen (Kap. 4.2.5.1) wurden bei der klinischen Stratifikation nur zum Teil berücksichtigt. Nach Tricot et al. [199] ist es fraglich, ob die beiden letzteren Methoden prognostische Informationen geben, die jene der diskutierten klinischen und hämatologischen Parameter übertreffen.

Zur Stadieneinteilung der MDS wurden numerische Punktesysteme *(scores)* entwickelt. Der *Bournemouth-Score* [134] stützt sich auf das Ausmaß der Zytopenien und die Blastenzahl im Knochenmark, der FAB-Score zusätzlich auf das Ausmaß der Dysplasien von Granulo- und Megakaryopoese [204].

Beide Stadieneinteilungen sind zur prognostischen Stratifikation geeignet, das FAB-Scoring auch zur Abschätzung des Leukämierisikos. Im einfacheren Bournemouth-Score wird je ein Punkt einer Blastenzahl im Knochenmark > 5%, einer Thrombopenie <100 G/l, einer Neutropenie von < 1,6 G/l) und einer Anämie (Hb-Werte < 10 g/dl) zugeordnet. Das mediane Überleben der Gruppe A (0–1 Punkte) betrug 62 Monate, der Gruppe B (2–3 Punkte) 22 Monate und der Gruppe C (4 Punkte) 8,5 Monate.

4.2.8 Spezielle klinische Manifestationen

4.2.8.1 Sekundäre MDS

Patienten aller Altersgruppen, die mit bestimmten zytostatischen Medikamenten – vor allem alkylierenden Substanzen – und/oder Radiotherapie

Tabelle 4.10. Hämatologische Befunde bei myelodysplastischen Syndromen in der Folge zytostatischer Therapien (nach [34])

	Veränderung
Rotes Blutbild	Anämie konstant, häufig Erythroblasten
Leukozytenzahl	Häufiger Leukopenie als normale oder erhöhte Werte
Differentialblutbild	Blasten meist nachweisbar, aber häufig in niedrigem Prozentsatz. Oft Monozytose. Bei der Mehrzahl Granulationsanomalien, Pseudo-Pelger-Formen
Thrombozyten	Fast regelmäßig Thrombopenie, meist Plättchenatypien (Riesenplättchen)
Knochenmark	Häufig geringe Blastenzahl, Zeichen der Myelodysplasie (evtl. auch hypoplastisches Mark), Ringsideroblasten nicht ungewöhnlich. Häufig Mikromegakaryozyten

behandelt wurden, zeigen ein gesteigertes Risiko, ein MDS mit Übergang in akute Leukämie zu entwickeln (z. B. [63, 86, 108, 126, 128, 210]). Die hämatologischen Befunde dieser sekundären MDS ähneln weitgehend jenen der primären Formen. Häufiger findet sich jedoch ein hypozelluläres Knochenmark (± Markfibrose), und chromosomale Aberrationen sind beinahe regelmäßig nachweisbar. Die Erkrankung geht in einem hohen Prozentsatz in eine AML über. Zwischen der *mutagenen* Exposition und dem Manifestwerden einer AML (meist nach myelodyplastischen Vorstadien) besteht eine längere Latenzzeit (im Mittel etwa 50 Monate). Eine Zusammenstellung der hämatologischen Befunden findet sich in Tabelle 4.10 [34, 57, 108, 126, 128], sie entsprechen den geläufigen Befunden bei MDS.

Solche sekundären Leukämien fanden sich in bis zu 7% der Patienten mit Myelomen [104], 4–10% der Hodgkin-Patienten [91, 152], 1,5% der Patienten mit Ovarialkarzinomen [155] und 0,3% der Mammakarzinome [168] (s. a. Kapitel 5.4).

Im peripheren Blut ist häufig (vor allem im Frühstadium) eine Leukopenie nachweisbar (bei 9 von 11 Patienten von McKenna [126]). Im Differentialblutbild fehlen Blasten zunächst oder sind zu einem niedrigen Prozentsatz vorhanden (Mittelwert der Blastenzahl bei McKenna [126] 8%).

Im Verlauf der Erkrankung entwickelt sich häufig das Vollbild einer unreifzelligen Leukämie mit Ausschwemmung auch einer großen Zahl leukämischer Zellen, doch kann das Krankheitsbild auch bis in Endstadien „aleukämisch" verlaufen. Reife Zellen der Granulopoese zeigen meist qualitative Defekte, wie sie beim MDS typisch sind. Auch Monozytosen sind häufig.

Eine Anämie ist fast regelmäßig nachweisbar und kommt durch eine verminderte Neubildung und eventuell zusätzliche hämolytische Komponente zustande. Erythroblasten im peripheren Blut sind häufig nachweisbar (bei 10 von 13 Patienten von McKenna [126]). Fast regelmäßig ist auch eine

Thrombopenie vorhanden (in 12 von 13 Fällen [126]). Qualitative Defekte der Plättchenbildung betreffen z. B. das Auftreten von Riesenplättchen.

Insgesamt ist eine periphere Panzytopenie zur Zeit der Diagnosestellung bei zumindest 2/3 der Patienten vorhanden [34]. Diese Panzytopenie geht dem Bild einer akuten Leukämie oft um viele Monate voraus (10–34 Monate in der Patientengruppe von Casciato und Scott [34]).

Im Knochenmark ist die Blastenvermehrung zur Zeit der Diagnosestellung häufig diskret (im Krankengut von McKenna et al. [126] betrug der Blastenanteil im Median 15% der kernhaltigen Zellen), damit entspricht der Knochenmarkbefund zur Zeit der Diagnose häufig einer RAEB und der Krankheitsverlauf jenem einer *Smouldering-Leukämie*. Im Verlauf der Erkrankung kommt es meist zu einer deutlichen Zunahme der Blasten, bei manchen Patienten ist jedoch bis zum Exitus eine nur geringe Blasteninfiltration bei zunehmender Panzytopenie nachzuweisen. Neben der Vermehrung der Blasten sind häufig ausgeprägte qualitative Veränderungen der Knochenmarkzellen nachweisbar, wie sie beim MDS typisch sind. Insgesamt geht den Zeichen der unreifzelligen Leukämie und/oder MDS nicht selten ein hypoplastisches Knochenmark voraus. Entwickelt sich das Vollbild einer AML, so handelt es sich um myelomonozytäre, seltener um myeloblastische oder Erythroleukämien.

Chromosomenaberrationen (Übersicht bei [22, 152a]): Fast jeder Patient mit sekundärer MDS zeigt abnorme Karyotypen. Besonders häufig lassen sich Veränderungen am Chromosom 5 (5q- oder -5) sowie am Chromosom 7 (-7,7q-) nachweisen. Die Anzahl der chromosomalen Aberrationen war ein unabhängiger Prognosefaktor [152a].

4.2.8.2 MDS mit hypoplastischem Knochenmark und Markfibrose

Ein hypozelluläres Knochenmark wird bei MDS in etwa 1/5 der Patienten gefunden [40, 152a]. Eine große Zusammenstellung derartiger Patienten findet sich bei Fohlmeister et al. [56]. Im Gegensatz zur aplastischen Anämie bestehen deutliche Zeichen der Dyshämatopoese.

Morphologische Abweichungen (z. B. Mikrokaryozyten, Hypersegmentierungen der Megakaryozyten usw.) gingen häufig mit einer Vermehrung megakaryoblastärer Zellen und ihrer unregelmäßigen Anhäufung in Nestern einher. Diese Dysmegakaryozytopoese war häufig mit einer diskreten Markfibrose (Vermehrung argyrophiler Fasern) kombiniert. Bei einem kleinen Teil der Patienten war auch eine ausgeprägtere Markfibrose nachweisbar.

Das Risiko der Entwicklung einer AML betrug in dieser Patientengruppe innerhalb von 3 Jahren 45% (im Gegensatz zu unter 10% bei Patienten mit aplastischen Anämien). Das Transformationsrisiko war besonders hoch, wenn die Dysmyelopoese mehrere Zellstränge erfaßte, wobei der höchste prognostische Wert megakaryozytären Atypien zukam. Auch bei Markfibrose war das Transformationsrisiko signifikant gesteigert.

Eine Markfibrose ist eine ungünstige Voraussetzung für den Erfolg allogener Knochenmarktransplantationen [8]. Eine Markfibrose (Grad III oder IV) war bei 4 von 30 der Patienten nachweisbar. Bei diesen 4 Patienten war die Transplantation ohne Erfolg.

4.2.8.3 Myelodysplastische Syndrome und lymphatische Systemerkrankungen

Die mögliche Mitbeteiligung einer Vorläuferzelle mit Differenzierung nicht nur für Erythroblasten, Myeloblasten und Megakaryozyten sondern auch für B-Lymphozyten geht aus der Studie von Prchal et al. [158] hervor. Die Fialkowsche Arbeitsgruppe [160] postuliert, daß mehrere genetische Ereignisse bei der Pathogenese der Myelodysplasie beteiligt sind. Hinweise für den gentischen Mehrstufenprozeß (z.B. Oncogenaktivierungen, zytogenetisch faßbare Ereignisse) bis zum Vollbild eines MDS wurden von Jacobs [86a] zusammenfassend diskutiert. Vor allem mit dem Fortschreiten der Erkrankung kann die clonale Evolution auf der Ebene multipler Zellinien faßbar werden [86a, 158, 160].

Die Koexistenz eines MDS mit einer monoklonalen Proliferation lymphatischer Zellen ist in der Literatur gut dokumentiert (z.B. [41, 64, 71, 120]). Die häufigste Assoziation besteht zwischen monoklonalen Gammopathien (idiopathische Paraproteinämien oder multiples Myelom) und MDS.

Nur zum Teil kann dabei das Auftreten eines MDS auf vorangegangene Alkylantientherapien zurückgeführt werden (z.B. [19, 167]; s. Kap. 4.2.8.1). Mehrfach sind Patienten beobachtet worden, bei denen MDS und Myelom schon zur Zeit der Diagnosestellung nebeneinander bestanden [41, 133, 161]. Insgesamt kommen monoklonale Gradienten bei MDS-Patienten nicht selten vor (z.B. in 9,8% bei Kerkhofs et al. [95]).

Unter 20 Patienten mit MDS und koexistierenden lymphatischen Systemerkrankungen [41] handelte es sich in 6 Fällen um NHL der B-Lymphozyten (4 lymphozytische, 2 cb/cc NHL), um 12 multiple Myelome und idiopathische Paraproteinämien und um 2 periphere T-Zell-NHL. 14 dieser 20 Patienten zeigten M-Gradienten im Serum (IgG > IgM > IgA).

Ein zufälliges Zusammentreffen von MDS und Myelom ist nach Copplestone et al. [41] unwahrscheinlich, da die Inzidenz von MDS bei über 65jährigen nicht größer als 1:100 und von lymphatischen oder plasmazellulären Neoplasien nicht größer als 1:500 ist. Somit beträgt die Wahrscheinlichkeit eines gleichzeitigen Vorkommens dieser beiden Erkrankungen unter 1:50000.

Andere Hinweise auf eine Mitbeteiligung des lympathischen Systems bei MDS sind die Häufigkeit von polyklonalen B-Zellproliferationen und von Autoantikörpern [135]. Immunologische Abweichungen bei MDS schließen Ig-Mangelzustände (in 39% der Patienten bei Mufti) und Hypergammaglobulinämien (in 28%) ein, deren immunpathologische Bedeutung weiter geklärt werden muß. Andererseits sind Defektzustände von Blutlymphozyten nicht ungewöhnlich.

Als Folge einer häufig beobachteten Lymphopenie (z.B. [11]). waren Verminderungen von T_H-, T_S- und NK-Zellen häufig. Eine prozentuelle Abnahme ließ sich jedoch nur für NK-Zellen verifizieren. Die Verminderung von NK-Zellen bei MDS und ihre mangelnde Interferon-α-Stimulierbarkeit ist in der Literatur gut dokumentiert.

4.3 Aplastische Anämien
(H. Huber, Ch. Peschel, D. Nachbaur, D. Pastner)

4.3.1 Pathogenese der aplastischen Anämie

Die Ursache der schweren aplastischen Anämie (SAA) besteht immer in einer ausgeprägten Verminderung der hämopoetischen Vorläuferzellen, welche zur Reduktion reifer Zellen führt. Als pathogenetischer Mechanismus für diesen Stammzelldefekt kommen mehrere Faktoren in Frage, die multifaktoriell zusammenwirken können.

a) Es handelt sich um einen *primären Stammzelldefekt:* Genetische Faktoren (z. B. Fanconi-Anämie), Toxine (Medikamente, Chemikalien, Umweltgifte) oder Virusinfekte führen zu einer direkten Schädigung und Zerstörung der hämopoetischen Stammzellen, so daß keine Proliferation und Ausdifferenzierung in reifere Blutzellen mehr erfolgen kann.

b) Die Proliferation und Differenzierung der Stammzellen wird durch *Suppressorzellen* unterdrückt. Dieser Mechanismus kann sowohl durch zelluläre (zellgerichtete) Zytotoxizität als auch durch die vermehrte Freisetzung von Hemmsubstanzen (Interferon γ, Tumor Necrosis Factor, Transforming Growth Factor, noch nicht näher definierte Inhibine) ausgelöst werden. Die Induktion dieser zytotoxischen Zellen kann in der Folge eines Virusinfektes erfolgen.

c) Es besteht eine Schädigung des *Microenvironments,* das heißt der Knochenmarkstromazellen, die normalerweise die Ausreifung der hämopoetischen Zellreihen im Knochenmark ermöglichen. Dadurch kann bei qualitativ normalen Stammzellen aufgrund des geschädigten Milieus keine Bildung von reiferen Blutzellen erfolgen.

   All diese Mechanismen werden durch experimentelle Daten unterstützt. Die klinischen Erfahrungen sprechen jedoch dafür, daß die Ursachen a) und b) die häufigsten sein dürften. In vielen Fällen muß auch ein multifaktorielles Geschehen angenommen werden.

Eine direkte Stammzellschädigung muß bei toxischer Genese angenommen werden. Diese Patienten können nach syngener Knochenmarktransplantation hämopoetisch rekonstituiert werden. Es gelingt nicht, zytotoxische T-Lymphozyten im Knochenmark dieser Patienten nachzuweisen. Nach allogener Knochenmarktransplantation werden jedoch auch partielle Chimären mit hämopoetischen Zellen des Spender- und Patientenknochenmarks gefunden. Es muß daher angenommen werden, daß durch Interaktionen mit den Spenderzellen die Resthämopoese des Patienten angeregt wird.

Das Ansprechen vieler Patienten auf immunosuppressive Maßnahmen (Antithymozytenglobulin, hohe Dosen von Kortikosteroiden, Cyclosporin A) unterstützt die Hypothese einer primären immunologischen Störung als Ursache der SAA (Übersicht bei [121]). Es konnten aus dem Knochenmark von Patienten mit schwerer aplastischer Anämie zytotoxische T-Zellinien etabliert werden, die gegen normale hämopoetische Vorläuferzellen gerichtet waren. Der Nachweis von aktivierten CD8-positiven T-Lymphozyten und die vermehrte Produktion von Interferon γ im Knochenmark dieser Patienten sind wohl der beste Beweis für diesen Pathomechanismus [219]. Das Fehlen von erhöhten Interferonspiegeln im Serum spricht nicht gegen diesen Mechanismus, da die lokale Konzentration des Zytokins im Knochenmark für die suppressive Wirkung entscheidend ist [79a].

Eindeutige Hinweise für einen Stromazelldefekt als Ursache der aplastischen Anämie konnten bisher nicht erbracht oder nur in Einzelfällen wahrscheinlich gemacht werden ([122a] mit Literatur). Die hämopoetische Rekonstitution mit syngenem Knochenmark spricht für ein normales *Microenvironment* im Knochenmark dieser Patienten. Die Übertragung von Stromaelementen durch das Spendermark kann jedoch nicht immer ausgeschlossen werden. Es bestehen Mausmodelle, bei denen die primäre Ursache der Knochenmarkinsuffizienz in einem Defekt der Stromazellen liegt und die nach Transplantation von normalen Stromazellen korrigiert werden können. Zur Erfassung von Stromadefekten bei AA haben sich Langzeit-Knochenmarkkulturen bewährt, die nur in Einzelfällen menschlicher AA derartige Defekte nahelegen [122a].

Ein Defekt in der Produktion von hämopoetischen Wachstumsfaktoren als Ursache der aplastischen Anämie ist unwahrscheinlich, da im Serum dieser Patienten ein erhöhter Spiegel von kolonienstimulierender Aktivität (CSF) nachgewiesen werden kann. Diese erhöhte CSF-Bildung wird als Versuch einer Gegenregulation zur verminderten Hämopoese gewertet.

4.3.2 Ätiologische Faktoren bei aplastischen Anämien

Zumindest 50% der Fälle (74% in einer kürzlich erschienenen Auswertung von 625 Fällen von SAA [37]) sind „idiopathisch“. Beim Rest werden genetische Faktoren, Chemikalien oder infektiöse Ursachen diskutiert. Ein kleinerer Teil von Patienten mit AA zeigt an den Blutzellen erworbene Membranveränderungen nach Art der PNH (s. Kap. 1.3.3).

4.3.2.1 Angeborene Stammzelldefekte als Ursache aplastischer Anämien (Fanconi – u. a. „konstitutionelle“ AA)

Die wichtigsten AA dieser Krankheitsgruppe sind die Fanconi-A, die Dyskeratosis congenita, das als isolierte AA auftretende Diamond Blackfan-Syndrom (s. Kap. 4.3.7.1) und andere seltene Formen (z. B. TAR-Syndrom):

a) Fanconi-Anämie

Die autosomal rezessiv vererbte Erkrankung (FA) ist durch eine zunehmende Panzytopenie, verschiedene kongenitale Mißbildungen (s. unten) und eine erhöhte Disposition für maligne Erkrankungen charakterisiert [1, 2, 10, 68, 175]).

Der Phänotyp der Erkrankung ist sehr variabel, so daß die Diagnostik Tests auf erhöhte Chromosomeninstabilität einschließen sollte [10, 66, 172, 174].

Die molekulare Basis des Syndroms ist unbekannt, gesichert ist jedoch eine charakteristische Überempfindlichkeit der Chromosomen für verschiedene Substanzen, u. a. solche, die eine Vernetzung der DNA hervorrufen. Auf dieser Basis wurden daher Testsysteme beschrieben, durch die Homozygote erfaßt werden können.

Verschiedene Laboratorien entwickelten Tests zum Nachweis einer erhöhten Chromosomenbrüchigkeit (oder von Zellteilungsstörungen) nach Exposition von FA-Zellen gegenüber Mitomycin C [36, 66, 67] oder anderen Substanzen, welche auf Chromosomen schädigend wirken können (z. B. [10, 174]). German et al. [67] werten in Cokultivierungsansätzen mit Zellen von Normalpersonen anderen Geschlechts die verminderte Proliferation von FA-Zellen in Gegenwart von Mitomycin C aus (y-Chromosomen als Marker). Andere Laboratorien messen im Durchflußzytometer die Anhäufung von FA-Zellen in der späten S- oder G_2-Phase nach PHA-Stimulation, z. B. in Gegenwart von Mitomycin C [90] oder sogar ohne dieses Zytostatikum [172].

Z. B. zeigen FA-Zellen in Gegenwart von DEB (Di-Epoxybutan) in vitro eine signifikant gesteigerte Zahl von Chromosomenbrüchen pro Zelle, die diese Erkrankung von anderen Zuständen mit gesteigerter Chromosomeninstabilität (Ataxia teleangiektatica, Bloom-Syndrom, Xeroderma pigmentosum u. a.) abgrenzen läßt.

Patienten mit FA können von anderen konstitutionellen AA eindeutig abgegrenzt werden [10]. Patienten mit der charakteristischen FA waren zur Zeit der Diagnose z. T. 16 Jahre und älter [1].

Mißbildungen, ein charakteristischer Befund bei Patienten mit FA, fehlen bei nicht wenigen Patienten mit der beschriebenen Chromosomeninstabilität (nur 39% der FA-Patienten von Auerbach et al. [10], zeigten sowohl hämatologische Veränderungen wie auch Mißbildungen an Daumen, Radius, Mikrozephalie oder Mikroophthalmie u. a.). Andererseits können solche Mißbildungen mit und ohne hämatologische Abweichungen auch bei verschiedenen anderen Syndromen auftreten (z. B. Dyskeratosis congenita [179], TAR-Syndrom, Diamond Blackfan-Syndrom u. a.). Auch kann die Abgrenzung gegenüber AA nicht konstitutioneller Art schwierig sein, da FA auch weit später als in der frühkindlichen Periode zur Diagnose kommen können [1, 10].

Die Abgrenzung der FA von anderen AA ist wichtig, denn Patienten mit FA

- zeigen eine erhöhte Inzidenz zur Entwicklung von Neoplasien (insbesondere unreifzelligen Leukämien),
- FA und AA unterscheiden sich im therapeutischen Ansprechen.

FA Patienten charakterisiert eine hohe Ansprechrate auf Androgentherapie mit einer durchschnittlichen Lebensverlängerung um etwa 5 Jahre [1, 1a]. Die Behandlung mit ATG (sowie Cyclosporin A) dürfte wenig erfolgversprechend sein [10]. Im Falle einer allogenen Knochenmarktransplantation ist ein modifiziertes Konditionierungsvorgehen angezeigt [69].

Die Erkrankung manifestiert sich durchschnittlich im Alter von 8–9 Jahren. Das Risiko der Entwicklung von Leukämien wird mit 10%, von Lebertumoren oder anderen Neoplasien mit je 5% angegeben. Im Vordergrund steht jedoch die AA [1a].

b) Dyskeratosis congenita (s. [179])

Dieses seltene x-chomosomal vererbte Krankheitsbild zeigt eine Bevorzugung des männlichen Geschlechtes. Charakteristisch sind Hauterscheinungen in Form von retikulärer Poikilodermie, Nageldystrophien und Leukoplakie. Zusätzlich zeigen sich häufig Alopezie, Wachstumsstörungen, Minderbegabung, Ösophagusstrikturen und Hypogenitalismus. Die Symptome sind erst nach dem 10. Lebensjahr voll ausgeprägt. Auch die Panzytopenie bis zum Vollbild einer aplastischen Anämie entwickelt sich meist erst um das 20. Lebensjahr. Sie findet sich nur in der Hälfte der Patienten mit Dyskeratosis congenita als Folge einer Depletion von CFU-E und von Vorläufern der anderen Zellinien [130a]. Im Gegensatz zur FA zeigen diese Patienten keine erhöhte Chromosomenbrüchigkeit und kein erhöhtes Leukämierisiko.

Tabelle 4.11. Ätiologie der aplastischen Anämien. Anamnestische Angaben

	Williams [211]	Storb et al. [188a]
Gesamtzahl der Fälle	101	49
Davon wahrscheinlich medikamentös induziert	51 (51%)	6 (12%)
Chloramphenicol	35	1
Sulfonamide	8	
Phenylbutazone, Indomethazin	3	3
Hydantoinderivate	3	
Andere (Gold, Meprobamate)	2	2
Andere chemisch-toxische Noxen (organische Lösungsmittel, Insektizide)	17 (17%)	4 (8%)
Nach Virushepatitis	4 (4%)	2 (4%)
Nach PNH	3 (3%)	1 (2%)

c) TAR-Syndrom (kongenitale Amegakaryozytose)

Das Krankheitsbild wird autosomal rezessiv vererbt. Neben einem fast vollständigen Fehlen von Megakaryozyten im Knochenmark finden sich zahlreiche Mißbildungen (Skelett, Niere, Herz usw.). Der konstante Befund ist eine bilaterale Radiusaplasie. Etwa die Hälfte der Patienten verstirbt innerhalb des ersten Lebensjahres an einer thrombopenischen intrazerebralen Blutung. Nach dem ersten Lebensjahr wird diese Gefahr trotz gleichbleibender Thrombopenie geringer.

d) Diamond-Blackfan-Syndrom

Siehe isolierte AA, Kap. 4.3.7.1

4.3.2.2 Medikamente und andere Chemikalien

Unterschieden werden dosisabhängige (meist reversible) Knochenmarkschädigungen und medikamentös-chemisch induzierte „echte" AA. Hier tritt die Aplasie in erster Linie auf der Basis einer ungenügend definierten Idiosynkrasie auf. Wichtigste Medikamente, die als auslösend für AA gesichert wurden, sind Chloramphenicol, Phenylbutanzon und verwandte Verbindungen (sowie andere nichtsteroidale Antirheumatica, s. unten), Antikonvulsiva, Gold- u. a. Schwermetallverbindungen, Penicillamin u. a. Sorgfältige anamnestische Auswertungen lassen allerdings weitere Medikamente als ursächlich vermuten (Tabelle 4.11), jedoch fehlen dazu gesicherte epidemiologische Daten.

Eine groß angelegte epidemiologische Studie zur Medikamentenexposition bei AA wurde international durchgeführt [84, 85]. Signifikante Assoziationen zwischen Analgetikaeinnahme und aplastischer Anämie wurden für die folgenden Medikamente gefunden: Indomethacin, Diclofenac (Voltaren®) und Butazone. Das Risiko zur Entwicklung einer AA unter diesen Medikamenten, obwohl gegenüber der Kontrollgruppe signifikant gesteigert, war insgesamt sehr nieder und galt vor allem bei regulärer Einnahme über eine längere Periode. Unter Chloramphenicol wurden AA in einer Häufigkeit von 1:24 000–1:40 000 gefunden.

Die Häufigkeit medikamentös-toxischer Ursachen im Gesamtspektrum AA wird unterschiedlich angegeben. In einer kürzlich erschienenen Auswertung waren 12% von 625 SAA anamnestisch dadurch bedingt [37].

Von den Umwelttoxinen ist Benzol die wahrscheinlich wichtigste und bestuntersuchte Substanz. Es kann verschiedene Knochenmarkveränderungen hervorrufen (AA, Myelofibrosen oder unreifzellige Leukämien). Meist handelt es sich um langdauernde Expositionen. Ähnliches dürfte für andere organische Lösungsmittel (z. B. Toluol) gelten.

4.3.2.3 Infektionen

Am besten gesichert ist das Auftreten von AA nach Non-A-Non-B-Hepatitis [216]. Etwa 0,3–0,5% der AA [30, 31], nach kürzlich erschienenen Auswertungen 10% der SAA [37] entwickeln sich nach einer Hepatitis.

Es handelt sich vor allem um jüngere Patienten (mittleres Alter in den Auswertungen von Zeltig [216] 19,3 Jahre, Bereich 3–40 Jahre). Männer waren bevorzugt. Die AA trat innerhalb von 6 Monaten nach Hepatitisbeginn auf, häufig nach Besserung oder Abklingen der Lebererkrankung, wobei die Hepatitis meist leicht verlief.

In Einzelfällen dürfte es sich auch um Hepatitis B-Fälle gehandelt haben (Diskussion bei [216]). Wenige Studien legen auch eine Assoziation mit Hepatitis A nahe (z. B. [180]). Bis zu 25% von Patienten mit AA zeigen z. Z. der Diagnosestellung pathologische Leberfunktionsproben [30, 31], so daß subklinisch verlaufende Infektionen ausgeschlossen werden müssen.

Parvoviren zeigen einen Tropismus für hämatopoetische Progenitorzellen [51, 60, 101, 214, 215]. Die Erythropoese ist häufig am stärksten betroffen, doch kommen auch Panztyopenien vor (Frickhofen et al. [60]). Chronische Aplasien kommen höchst selten nach Infektion mit diesem Agens vor [60].

Gesichert und nicht ungewöhnlich sind dagegen aplastische Krisen bei kongenitalen hA (vor allem hereditärer Sphärozytose und Sichelzellanämie) nach Infektionen mit Parvoviren [101].

Epstein-Barr-Virus: In seltenen Fällen AA wurde eine Assoziation mit EBV vermutet [105].

4.3.2.4 Paroxysmale nächtliche Hämoglobinurie (s. auch Kap. 1)

5–10% der Patienten mit AA unter konventioneller Therapie (Androgene) entwickeln das Vollbild einer PNH [138a]. Häufig wird dieser Defekt nur an einer Subpopulation erythrozytärer Zellen nachweisbar [17, 30, 31]. Etwa 25% der Patienten mit PNH entwikkeln andererseits eine AA.

Nach immunosuppressiver Therapie von AA werden in der Spätfolge clonale Evolutionen (PNH, MDS bis zu AML) wesentlich häufiger gesehen [44a, 82a, 194a],

4.3.3 Diagnose

Sie stützt sich auf folgende Befunde:

- das Vorliegen einer Anämie zusammen mit einer Thrombopenie und meist auch Granulozytopenie;

Tabelle 4.12. Kriterien zur Diagnose einer schweren aplastischen Anämie (SAA)

	Internat. Aplastic Anemia Study Group [30, 31]	Hammersmith Hosp. Criteria [122]
Blut		
Neutrophile	< 0,5 G/l	< 0,4 G/l
Thrombozyten	< 20 G/l	≤ 20 G/l
Retikulozyten	< 1% (korrigiert für Hämatokrit)	< 10 G/l
Knochenmark	schwere Hypozellularität (<25%) mäßige Hypozellularität (25–50%) mit < 30% Resthämopoese	hypozellulär, < 20% hämatopoetische Zellen im KM-Aspirat

- einen verminderten Zellgehalt in der Knochenmarkbiopsie;
- den Ausschluß anderer Bluterkrankungen, die mit peripheren Zytopenien einhergehen können (myelodysplastische Syndrome, unreifzellige Leukämien – vor allem *low cell*-„leukämie“, Lymphome mit Knochenmarkinfiltration, idiopathische Myelofibrose, Hyperspleniesyndrome, Agranulozytosen oder chronische Neutropenien).

In einer großen internationalen Studie wurden folgende Kriterien zur Diagnose der Erkrankung verwendet (International Agranulocytosis and Aplastic Anemia Study [85]). Im peripheren Blut (zumindest 2 der folgenden 3 Kriterien):
- Hämoglobin < 10,0 g/dl oder Hämatokrit < 0,3 g/l
- Thrombozyten < 50 G/l,
- Leukozyten < 3,5 G/l oder Granulozyten unter 1,5 G/l.

In der Knochenmarkbiopsie findet sich eine verminderte Zellularität (Fehlen oder Defizit aller hämatopoetischen Zellstränge) oder normale Zellularität durch herdförmige erythroblastische Hyperplasie (mit Depletion granulopoetischer Zellen und Megakaryozyten). Ausgeschlossen wurden Fälle mit einer deutlichen Fibrose, neoplastischen Infiltrationen oder vorangegangenen Behandlungen durch zytostatische Medikamente oder Bestrahlung. Wenn diese Befunde noch keine definitive Diagnose erlaubten, wurden folgende zusätzliche Informationen gefordert: Verlaufsuntersuchungen des Blutbildes mit persistierender Zytopenie einschließlich Retikulozytenverminderung (absolute Retikulozytenzahl unter 30 G/l im Falle eines Hb < 10 g/dl oder eines Hämatokrit < 0,3 l/l) und/oder neuerliche Knochenmarkbiopsie (bei unsicherem Erstbefund).

Kriterien zur Diagnose einer SAA sind in Tabelle 4.12 zusammengefaßt.

Es werden 3 Subklassen von zunehmender Schwere unterschieden: Granulozyten < 0,2 G/l, 0,2–0,5 G/l und > 0,5 G/l [82a]. Bei „sehr schwerer“ AA (VSAA) mit Granulozyten <0,2 G/l ist die Prognose extrem schlecht und auch die Erfolge mit ALG sind vielfach enttäuschend ([82a] mit Literatur).

Laboratoriumsbefunde

a) Blutbild

Eine Zusammenstellung typischer hämatologischer Befunde findet sich in Tabelle 4.13.

Tabelle 4.13. Hämatologische Befunde bei aplastischen Anämien. Auswertung von 101 Patienten [211]

	Patienten (in %)	
	Bei Diagnosestellung	Im Krankheitsverlauf
Thrombozytopenie	95	100
Anämie	94	100
Neutropenie	89	100
Leukopenie	76	93
Monozytopenie	74	79
Retikulozytopenie	53	64
Lymphopenie	32	40
Knochenmarkhypozellularität	100	100
Nichtmyeloische Zellen im KM ↑	77	
Splenomegalie	10	
Hepatomegalie	3	

Die Anämie ist meist normo- bis leicht makrozytär. Im weißen Blutbild sind neben den Neutrophilen meist auch die Monozyten vermindert (während bei MDS häufig eine Monozytose beobachtet wird). Eine relative Lymphozytose ist häufig.

Eine stärkere Linksverschiebung ist bei AA sehr ungewöhnlich, und auch Erythroblasten sind im peripheren Blutbild selten festzustellen. Eine ausgeprägtere Poikilozytose spricht ebenfalls gegen die Diagnose einer AA.

Die Verminderung der Thrombozyten ist häufig sehr ausgeprägt, bei der Mehrzahl der Patienten viel deutlicher als bei MDS.

Zur Zeit der Erstuntersuchung wird eine Verminderung von nur 2 der 3 Zellstränge nicht selten gefunden (in 17% der Patienten von [211]). Der konstanteste Befund ist eine Thrombopenie. Normale Thrombozytenwerte sind Anlaß, die Diagnose zu überprüfen.

Verminderungen der absoluten Retikulozytenwerte finden sich bei AA sehr häufig. Die Relativwerte können allerdings normal bis leicht erhöht sein. Bei SAA (Tabelle 4.12) liegen die Retikulozytenzahlen meist < 20 G/l. Die verminderte Ausschwemmung von Erythrozyten läßt sich anhand „korrigierter Retikulozytenwerte“ (% Retikulozyten × aktueller Hämatokrit durch normaler Hämatokrit für Geschlecht und Alter) erfassen. Gebräuchlich ist die Auswertung der absoluten Retikulozytenzahl (< 30 G/l bei gleichzeitig bestehender Anämie).

Der Index der alkalischen Leukozytenphosphatase ist bis auf wenige Ausnahmen erhöht. Granulationsanomalien der Neutrophilen und Monozyten, wie sie für MDS typisch sind, fehlen in der Regel bei AA.

b) Knochenmarkuntersuchung

Der Nachweis einer Knochenmarkhypozellularität (< 25% des Knochenmarkraumes) ist ein wesentliches diagnostisches Kriterium (selten ist die

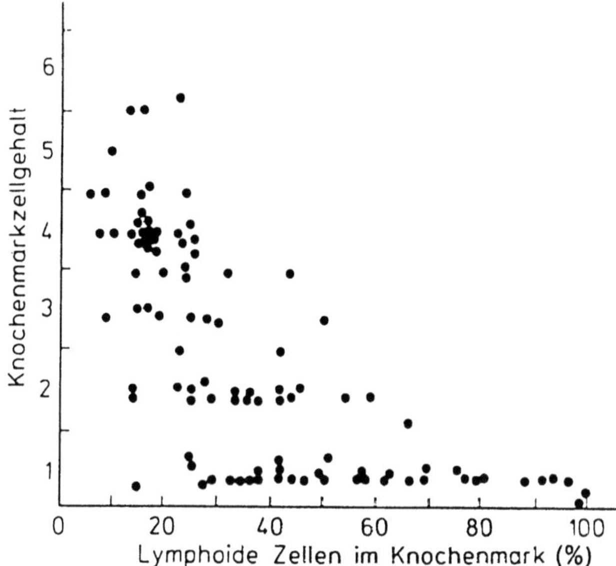

Abb. 4.13. Korrelation zwischen KM-Zellgehalt und Anteil lymphoider Zellen bei AA. Der KM-Zellgehalt wurde semiquantitativ ausgewertet. Der Prozentsatz lymphoider Zellen ist um so höher, je zellärmer das KM ist [62a]

Zellularität durch herdförmige Erythroblastennester noch im Normalbereich [121] und nur Granulo- sowie Megakaryopoese vermindert).

Eine ausreichende Biopsie (> 1 cm) ist zur Diagnose erforderlich. Die Verminderung umfaßt schon früh im Krankheitsverlauf zumindest 2 oder 3 Zellstränge. Aplastische Anteile können neben Bezirken mit noch lebhafter Marktaktivität vorliegen. Häufig läßt sich noch eine Resterythropoese nachweisen, während granulopoetische Zellen und auch Megakaryozyten ausgeprägt vermindert sind. Bei manchen Patienten mit den sonstigen Kriterien einer SAA wird eine etwas höhere Knochenmarkzellularität gefunden. Sie kann Folge der herdförmig unterschiedlichen Markaplasie sein. Manchmal sind Nachbiopsien erforderlich [82a].

Der Anteil „lymphoider Zellen“ ist meist erhöht [62a]. Dieser Anteil ist dem Knochenmarkzellgehalt in etwa umgekehrt korreliert (Abb. 4.13). Die Reifung der Granulo- und Erythropoese ist nur wenig gestört, wodurch sich die Differentialdiagnose gegenüber Myelodyplasien und unreifzelligen Leukämien mit hypoplastischem Knochenmark (*low cell*-leukemia) ergibt.

Zum Ausschluß von myelodysplastischen Veränderungen und von hypozellulären akuten Leukämien ist die morphologische und zytochemische Beurteilung von Aspirationsmaterial neben der histologischen Auswertung günstig.

Eine substantielle Fibrose im Knochenmark ist ungewöhnlich. Wenn sie vorliegt, sollten myeloproliferative Erkrankungen (vor allem idiopathische Myelofibrosyse) oder maligne Erkrankungen (vor allem Non-Hodgkin-Lymphome inkl. Haarzelleukämie) ausgeschlossen werden.

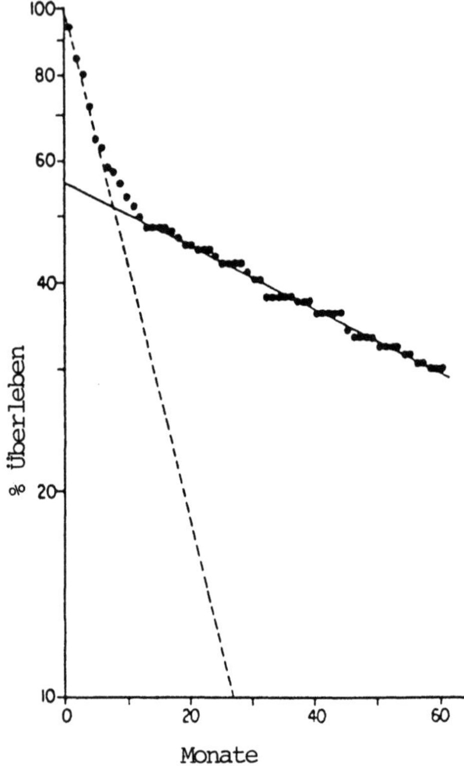

Abb. 4.14. Überlebenswahrscheinlichkeit nach Symptombeginn bei 99 Patienten mit AA [115]

4.3.4 Prognostische Beurteilung

Unter konventioneller Therapie und ohne intensive supportive Maßnahmen liegt die Mortalität der AA bei 55–75%, wobei biphasische Überlebenskurven dokumentiert sind (Übersicht bei [30, 31, 138a]). Repräsentative historische Daten gehen aus Abb. 4.14 hervor. In neueren großen Studien (z. B. International Agranulocytosis and Aplastic Anemia Study [85]) verstarben innerhalb von 2 Jahren 49% der Patienten. Etwas günstigere Langzeitdaten finden sich bei [138a].

Nach allogener Knochenmarktransplantation liegt die Überlebensdauer bei 40 bis über 80%, wobei zunehmendes Alter und vorangegangene Transfusionen die Ergebnisse negativ beeinflussen [121]. Als Alternative stehen Antilymphozytenglobulin und andere immunsuppressive Maßnahmen zur Verfügung. (Überlebenswahrscheinlichkeit in verschiedenen Studien 35–80%; Übersicht bei [82a, 121, 122, 184, 188a]).

4.3.5 Ergebnisse der Knochenmarkkultur und Chromosomenanalyse

Charakteristisch ist ein quantitativer Defekt der CFU-GM und der anderen hämatopoetischen Progenitorzellen, der in der Knochenmarkkultur in semisolidem Agar in Gegenwart der entsprechenden Wachstumsfaktoren (s. Kap. 4.1.1) erfaßt werden kann (Übersicht bei [30, 31]).

Die Methode ist zur Diagnose einer AA nicht erforderlich. Für klinische Studien und insbesondere zur besseren Abgrenzung von Zytopenien anderer Ursachen stellt sie eine wertvolle zusätzliche Untersuchung dar (bei manchen Patienten mit MDS und auch akuten Leukämien wird allerdings ebenfalls ein hochgradig eingeschränktes CFU-GM-Wachstum beobachtet). Übergänge in akute Leukämien, z. B. als späte Folgezustände nach erfolgreicher ALG-Behandlung [44a, 82a, 194], können ebenfalls durch In-vitro-Kultur objektiviert werden. Die Methode sowie Langzeitkulturen [122a] tragen bei entsprechender Modifikation (z. B. Cokultivierungsexperimente, Charakterisierung von Inhibitorzellen und humoraler Hemmfaktoren) auch zum Verständnis der komplexen Pathophysiologie der Erkrankung bei.

Chromosomenanalysen aus dem Knochenmark ergeben bei den meisten Patienten Normalbefunde. Bei 4% der Patienten mit sonst typischer AA werden jedoch klonale zytogenetische Marker gefunden [7a]. Die Gewinnung eines repräsentativen Materials stößt jedoch nicht selten auf Schwierigkeiten. Anomalien (Aneuploidien, Pseudodiploidien, Deletionen usw.) sind verdächtig auf ein präleukämisches Stadium. Eine vermehrte Brüchigkeit der Chromosomen ist für die Fanconi-Anämie typisch.

Nach Behandlung mit ALG nimmt im Lauf der Jahre die Wahrscheinlichkeit von klonalen Aberrationen zu. Sie beträgt bei Langzeitbeobachtungen über 50%. Es kann zum Auftreten einer PNH oder eines MDS bis zum Vollbild einer AML kommen [44a, 82a, 194, 194a].

4.3.6 Differentialdiagnose und Übergang in akute Leukämien

Die differentialdiagnostisch wichtigsten Zustände sind (Tabelle 4.14) myelodysplastische Syndrome, Hypersplenismus, Neutropenien verschiedener anderer Ursachen mit sekundären Anämien und anderen Blutbildveränderungen und sekundäre Knochenmarkfunktionsstörungen („Myelophthisen" u. a.).

Tabelle 4.14. Die wichtigsten Ursachen von Panzytopenien (modifiziert nach [92a])

1. Myelodysplastische Syndrome
2. Hypersplenismus
3. Aplastische Anämien
4. Sekundäre Knochenmarkfunktionsstörungen (im Rahmen von myeloproliferativen Erkrankungen und metastasierenden Karzinomen, Medikamente u. a.)
5. Megaloblastische Anämie
6. Sepsis

Zeichen der Knochenmarkinsuffizienz können sich bei neoplastischen Infiltrationen des Knochenmarkes, bei Myelofibrosen, bei granulomatösen Erkrankungen, Miliartuberkulose und anderen seltenen Zuständen finden.

Sekundäre Myelofibrosen können auch bei vaskulitischen Syndromen (z. B. bei SLE) auftreten. Bei Agranulozytosen und chronischen Neutropenien sind vorübergehende Störungen der Erythro- und/oder Thrombopoese als Folge von Infektionen oder Blutungen nicht selten (z. B. International Agranulocytosis and Aplastic Anemia Study [85]). Das klinische Bild und Verlaufskontrollen lassen auch diese Fälle von AA abgrenzen.

Differentialdiagnose gegen akute Leukämien:
Einerseits zeigen 1–5% der Patienten mit dem sonst typischen Bild einer AA in Wirklichkeit ein MDS oder eine akute Leukämie [7a, 30, 31]. Meist handelt es sich um eine *low cell-leukemia.* Andererseits kommen beim MDS zellarme Formen vor (4.2.8.2).

Aplastische Anämie und hypozelluläre MDS:
Etwa 10% der Patienten mit MDS zeigen ein hypoplastisches Knochenmark [56]. Die Transformation in akute Leukämie korrelierte am deutlichsten mit dysplastischen Veränderungen der Megakaryozytopoese oder einer Knochenmarkfibrose.

Die *Transformation* einer typischen AA in akute Leukämie ist – außer nach immunsuppressiver Therapie – ein seltenes Ereignis (z. B. [78, 110, neuere Literatur bei 82a]). Chromosomenanalyse und evtl. die Knochenmarkkultur können zur Erfassung der Transformation beitragen (s. Kap. 4.3.5).

Dokumentiert ist eine solche Transformation im Anschluß an eine zunächst erfolgreiche ALG-Therapie einer SAA bei [44a, 82a, 194, 194a].

4.3.7 Die isolierte aplastische Anämie

Diese Erkrankung (pure red cell aplasia = PRCA) ist durch eine Anämie und ausgeprägte Hypoplasie der Erythroblasten im Knochenmark ohne Abweichung der myeloischen und megakaryozytären Reihe charakterisiert (Übersicht bei [4, 99]).

Die Diagnose stützt sich auf folgende Befunde [4]:
- eine ausgeprägte chronische Anämie (normozytär-normochrom oder makrozytär-normochrom) mit niedrigen Retikulozytenwerten;
- eine Aplasie der Erythropoese im Knochenmark (weitgehendes Fehlen bis starke Verminderung der Erythroblasten; Granulo- und Megakaryozytopoese sind normal);
- normale Leuko- und Thrombozytenzahlen, ein unauffälliges Differentialblutbild und das Fehlen hämorrhagischer Diathesen (bei sekundären PRCA z. B. im Rahmen einer CLL ist das Blutbild entsprechend verändert);
- fehlende Zeichen einer extramedullären Hämatopoese. Neben den seltenen kongenitalen Formen (Diamond-Blackfan) kommen erworbene PRCA primär oder als Begleitsymptom verschiedener Erkrankungen vor (Tabelle 4.15).

Tabelle 4.15. Einteilung der isolierten aplastischen Anämien (nach [99])

I. Kongenital (Diamond-Blackfan)
II. Erworben
  Primär-idiopathisch
    Antikörperbedingt (Antikörper gegen Erythroblasten oder Erythropoetin)
    Unbekannte Ätiologie und Pathogenese
  Sekundär-symptomatisch
    Thymome
    Nach Infektionen
    Medikamente und Chemikalien (z. B. Chloramphenicol)
    Hämolytische Anämien (aplastische Krise)
    Systemischer Lupus erythematodes und rheumatoide Arthritis
    Akute Niereninsuffizienz
    Hochgradige Mangelernährung
    Neoplasmen
    Hypothyreose

4.3.7.1 Kongenitale Pure Red Cell Aplasia (Diamond-Blackfan)

Das Krankheitsbild manifestiert sich in sehr früher Kindheit mit den typischen Befunden einer PRCA (Übersicht bei [2, 50, 130a]). Mißbildungen finden sich bei etwa 30% der Fälle (Kleinwuchs, evtl. Mikrozephalie, Gaumenspalte, Veränderungen an den Augen, usw.; [50]). Die Erythrozyten zeigen Charakteristika, die sie als „fetal“ erscheinen lassen.

Meist findet sich eine Makrozytose, Erhöhung von HbF, eine Expression des i-Antigens auf Erythrozyten und ein fetales Bild der Erythrozytenenzyme [2, 4, 207]. Bei Auswertung der Progenitorzellen in semisolidem Agar fehlen BFU-E im Knochenmark weitgehend, und CFU-E sind deutlich vermindert [130a, 143].

Etwa 75% der Patienten sprechen auf Glukokortikoide an, während spontane Remissionen in 20–30% der Patienten vorkommen. Zur Wirksamkeit von hämatopoetischen Wachstumsfaktoren liegen vor allem in vitro Daten vor [130a].

Bei sehr niedriger Zahl von BFU-E und CFU-E (unter 5% der Norm) fehlte in vitro ein Ansprechen auf Erythropoetin allein. IL-3 zeigte zum Teil deutlichere Effekte und kann nach anektotischen Berichten auch in vivo wirksam sein [130a]. Stammzellfaktor zusammen mit IL-3 ± Erythropoetin führte in vitro zu deutlichen Stimulationen.

Von dieser Erkrankung sind transitorische Erythroblastopenien im Kindesalter abzugrenzen (Übersicht bei [2]).

Dieses Zustandsbild tritt oft im Anschluß an Parvovirus-Infekte auf, bessert sich spontan und kann von der Diamond-Blackfan-Erkrankung u. a. durch das Fehlen fetaler Charakteristika der Erythrozyten unterschieden werden [2, 50].

4.3.7.2 Primär erworbene PRCA

Die Diagnose dieses Zustandsbildes stützt sich auf die oben angegebenen diagnostischen Kriterien.

Die Krantz-Arbeitsgruppe u.a. dokumentierte das Auftreten von IgG-Antikörpern mit Spezifität gegen Erythroblasten [100]. Die Antikörper zeigten eine komplementabhängige Zytotoxizität. Ebenfalls nachgewiesen, jedoch wahrscheinlich selten sind gegen Erythropoetin gerichtete neutralisierende Antikörper der IgG-Klasse [153]. Andererseits wurde bei manchen Patienten eine gesteigerte T-Zell-mediierte Suppression der Hämatopoese [116] festgestellt, diese findet sich jedoch vor allem bei bestimmten sekundären Formen.

Befunde, die auf eine gestörte Immunregulation schließen lassen, sind nicht selten. Es kann zum Auftreten antinukleärer Antikörper, einer monoklonalen Gammopathie [163], von Hypogammaglobulinämien [4] oder autoimmunhämolytischen Anämien kommen.

Zu beachten ist, daß manche AA sich zumindest mehr oder weniger isoliert auf der Ebene der Erythropoese manifestieren können. Abzugrenzen sind auch das 5q-Syndrom und andere primär refraktäre Anämien mit meist deutlicher Dyserythropoese (s. MDS).

4.3.7.3 Sekundäre PRCA

Zustände, bei denen sekundäre PRCA beobachtet werden, sind in Tabelle 4.15 zusammengefaßt. Diese seltene Komplikation kann u.a. bei Thymomen, neoplastischen Erkrankungen (vor allem CLL), nach bestimmten Infektionen, SLE und rheumatoider Arthritis oder als Nebenwirkung bestimmter Medikamente auftreten.

a) Thymome

Ein Drittel bis die Hälfte der Patienten mit Thymomen zeigen eine PRCA (Übersicht bei [4, 45, 87b]). In etwa 5% der Thymompatienten entwickelt sich eine Panzytopenie. Bei etwa 30% der Patienten wird nach Thymektomie eine Besserung der Anämie [217] gesehen.

Bei einzelnen Patienten wurde ein Inhibitor der Erythropoese im Serum, in anderen Fällen eine Vermehrung von CD-8-positiven T-Suppressorzellen im peripheren Blut nachgewiesen. Insgesamt ist die Verknüpfung einer PRCA mit dem Thymom in ihrer Pathogenese noch unklar.

b) Neoplastische Erkrankungen

Am häufigsten findet sich eine PRCA bei Neoplasien des lymphatischen Systems (Übersicht bei [4], vor allem bei der CLL [117, 118].

Eine Verminderung der Zahl von erythropoetischen Progenitorzellen (BFU-E und CFU-E) kann in allen Stadien der B-CLL beobachtet werden. Die Zahl der T-Lymphozyten im Knochenmark steigt mit zunehmender Lymphominfiltration des Knochenmarkes an und korreliert mit der Hypoplasie der Erythropoese. Auch bei T-CLL wurden PRCA nachgewiesen [137]. Bei der T-γ-Lymphozytose dürfte der pathologische T-Zellklon selbst eine Suppression von Progenitorzellen der Erythropoese (und evtl. auch von CFU-GM) hervorrufen. Einzelbeobachtungen über PRCA wurden auch bei angioimmunoblastischer Lymphadenopathie und bei anderen Lymphomen mitgeteilt [4].

c) Infektbedingte PRCA und aplastische Krisen bei hämolytischen Anämien

Passagere PRCA wurden vor allem bei Zuständen mit verkürzter Erythrozytenlebensdauer im Kindesalter manifest. Dies gilt für aplastische Krisen bei kongenitalen hämolytischen Anämien (kongenitale Sphärozytose und Sichzellanämien), wobei in erster Linie Infektionen mit Parvoviren verantwortlich sind [44, 215a]. PRCA wurden auch in Verbindung mit infektiöser Mononukleose, Virushepatitis, Mumps, atypischen Pneumonien, Staphylokokken-Infektionen, Meningokokkensepsis u. a. beobachtet (Übersicht bei [4]).

Die Suppression der Hämatopoese bei infektiöser Mononukleose könnte mit einer gesteigerten T-Suppressorzellaktivität korreliert sein [181, 159].

d) Systemischer Lupus erythematodes und rheumatoide Arthritis

Die Assoziation einer PRCA mit diesen beiden Krankheitsbildern ist gut dokumentiert (Übersicht bei [4]). Autoantikörper gegen erythropoetische Vorläuferzellen einerseits [46, 58], eine T-Lymphozyten-mediierte Suppression gegen Progenitorzellen dieser Reihe andererseits [97], wurden bei einigen Patienten mit diesen Erkrankungen dokumentiert.

In Einzelfällen von autoimmunhämolytischen Anämien wurden auch IgG-Antikörper mit Bindungsfähigkeit für erythrozytäre Progenitorzellen nachgewiesen [119].

e) Medikamente und Chemikalien

Verschiedene Medikamente wurden in Einzelfällen einer PRCA als Ursache diskutiert. Meist handelt es sich um anekdotische Berichte. Der Mechanismus der Suppression war unbekannt (Übersicht bei [4]).

Chloramphenicol kann neben dem Vollbild einer AA in Einzelfällen zunächst nur eine PRCA hervorrufen. Eine Diphenylhydantoin-induzierte PRCA wurde von Dessypris et al. [47] studiert. Im Serum des Patienten fand sich ein Inhibitor der IgG-Klasse, der autologe und allogene BFU-E hemmte. Im Falle von INH waren die Ursachen nicht definierbar [2].

Eine große Zahl verschiedener Medikamente wurden als auslösende Ursache einer PRCA angegeben. Sie sind bei Ammus und Yunis [4] dargestellt. Obwohl ein humoraler Immunmechanismus zum Teil postuliert wurde (nachgewiesen in Einzelfällen einer PRCA durch Diphenylhydantoin), waren solche Untersuchungen in der Mehrzahl negativ.

f) Nierenerkrankungen

Die Anämie bei Nierenerkrankungen ist komplexer Ursache. Die verminderte Bildung von Erythrozyten ist zu einem Teil auf eine Störung der Erythropoetin(EPO-)produktion zurückzuführen (Übersicht bei [5]). Zusätzlich werden Plasmafaktoren diskutiert, die das Wachstum von BFU-E und CFU-E hemmen (z. B. [145]). Verminderungen des BFU-E-Wachstums in vitro (aus dem peripheren Blut von Urämiepatienten) wurden auf die gestörte T-Lymphozytenfunktion zurückgeführt [131]. Jedenfalls kann durch Rekombinanten-EPO die Anämie fortgeschrittener Nierenerkrankungen annähernd auf Normalwerte korrigiert werden [54].

g) Andere symptomatische PRCA

Die Assoziation einer PRCA mit der Schwangerschaft ist gut dokumentiert (z. B. [157]). Zur Assoziation der PRCA mit Mangelernährung s. [4].

Literatur

1. Alter BP (1987) The bone marrow failure syndromes. In: Nathan DG, Oski FA (ed) Hematology of infancy and childhood. Philadelphia, Saunders, 1987, p 159

1a. Alter BP, Knobloch ME, Weinberg RS (1991) Erythropoiesis in Fanconi's anemia. Blood 78:602–608

2. Alter BP, Nathan DG (1979) Red cell aplasia in children (annotation). Arch Dis Child 54:263
3. Amato D, Khan NR (1983) Erythroid burst formation in cultures of bone marrow and peripheral blood from patients with refractory anemia. Acta haemat 70:1
4. Ammus SS, Yunis AA (1987) Acquired pure red cell aplasia. Am J Hematol 24:326
5. Anagnostou A, Kurztman NA (1986) Hematological consequences of renal failure. In: Brenner, Rector, The kidney, p 1631 (Saunders, Philadelphia)
6. Aoki Y (1980) Multiple enzymatic defects in mitochondria in hematological cells of patients with primary sideroblastic anemia. J Clin Invest 66:43
7. Aoki Y, Muranaka S, Nakabayashi K, Ueda Y (1979) delta-aminolevulinic acid synthetase in erythroblasts of patients with pyridoxine – responsive anemia. Hypercatabolism caused by the increased susceptibility to the controlling protease. J Clin Invest 64:1196

7a. Appelbaum FR, Barrall J, Storb J et al. (1987) Clonal cytogenetic abnormalities in patients with otherwise typical aplastic anemia. Exp Hematol 15:1134

8. Appelbaum FR, Storb B, Ramberg RE et al (1987) Treatment of preleukemic syndromes with marrow transplantation. Blood 69:92
9. Ascensao JL, Kay NE, Wright JJ et al (1986) Lymphoblastic transformation of myelodysplastic syndrome. Am J Haematol 22:431
10. Auerbach AD, Rogatko A, Schröder-Kurth TM (1989). International Fanconi anemia registry: relation of clinical symptoms to diepoxybutane sensitivity. Blood 73:391–396
11. Ayanlar-Batuman O, Shevitz Y, Traub UC et al (1987) Lymphocyte interleukin 2 production and responsiveners are altered in patients with primary myelodysplastic syndromes. Blood 70:494
12. Barbacid M (1987) ras genes. Ann Rev Biochem 56:779–827
13. Barosi G, Cazzola M, Morandi S et al (1978) Estimation of ferrokientic parameters by a mathematical model in patients with primary acquired sideroblastic anaemia. Br J Haematol 39:409
14. Bartelmez SH, Stanley RE (1985) Synergism between hemopoietic growth factors (HGFs) detected by their effects on cells bearing receptor for a lineage specific HGF: assay of hemopoietin-1. J. Cell. Physiol. 122:370
15. Bauer J, Gantner U, Geiger T, Jacobshagen U, Hirano T, Matsuda T, Kishimoto T, Andus T, Acs G, Gerok W (1988) Regulation of interleukin-6 expression in cultured human blood monocytes and monocyte-derived macrophages. Blood 72:1134
16. Baumann MA, Keller RH, McFadden PW (1986) Myeloid cell surface phenotype in myelodysplasia: Evidence for abnormal persistence of an early myeloid differentiation antigen. Am J Haematol 22:251

17. Ben-Bassast I, Brok-Simoni F, Ramot B (1975) Complement-sensitive red cells in aplastic anemia. Blood 46:357–361
18. Bennett JM, Catovsky D, Daniel MT et al (1982) Proposals for the classification of the myelodysplastic syndromes. Br J Haematol 51:189
19. Bergsagel DE, Bailey AJ, Langley GR et al (1979) The chemotherapy of plasma-cell myeloma and the incidence of acute leukemia. N Engl J Med 301:743
20. Bernard DL, Burns GF, Gordon J et al (1979) Chronic myelomonocytic leukemia with paraproteinaemia but no detectable plasmacytosis. Cancer 44:927
21. Bessis MC, Jensen WN (1965) Sideroblastic anaemia, mitochondria and erythroblastic iron. Br J Haematol 11:49
22. Bloomfield CD (1986) Chromosome abnormalities in secondary myelodysplastic syndromes. Scand J Haematol 36, Suppl 45:82
23. Bos JL, Verlaan de Vries M, van der Eb AJ et al (1987) Mutations in N-ras predominate in acute myeloid leukemia. Blood 69:1237
23a. Bos JL (1990): ras mutations and human cancer. In: Molecular Genetics in Cancer Diagnosis. J. Cossman (ed.) Elsevier 1990
24. Bradley TR, Metcalf D (1966) The growth of mouse bone marrow cells in vitro. Austr. J. Exp. Biol. Med 44:287
25. Breton-Gorius J (1979) Abnormalities of granulocytes and megakaryocytes in preleukemic syndromes. In: Schmalzl F, Hellriegl KP (eds) Preleukemia. Springer Berlin Heidelberg New York p 24ff
26. Broudy VC, Harlan JM, Adamson JW (1987) Disparate effects of tumor necrosis factor-alpha/cachectin and tumor necrosis factor-β/lymphotoxin on hematopoietic growth factor production and neutrophil adhesion molecule expression by cultured endothelial cells. J Immunol 138:4298–4302
27. Broxmeyer HE, Lu L, Platzer E, Feit C, Juliano L, Rubin BY (1983) Comparative analysis of the influence of human gamma, alpha and beta interferons on human multipotential (CFU-GEMM), erythroid (BFU-e) and granulocyte-macrophage (CFU-GM) progenitor cells. J Immunol 131:1300
28. Broxmeyer HE, Williams DE, Lu L, Cooper S, Anderson SL, Beyer GS, Hoffman R, Rubin BY (1986) The suppressive influences of human tumor necrosis factors on bone marrow hematopoietic progenitor cells from normal donors and patients with leukemia. Synergism of tumor necrosis factor and interferon-gamma. J Immunol 136:4487
29. Broxmeyer HE, Lu L, Cooper S, Tushinski R, Mochizuki D, Rubin BJ, Gillis S, Williams DE (1988) Synergistic effects of purified recombinant human and murine B-Cell growth factor-1/IL-4 on colony formation in vitro by hematopoietic progenitor cells: multiple actions. J. Immunol 141:3852–3862
30. Camitta BM, Storb R, Thomas ED (1982a) Aplastic anemia. N Engl J Med 306:645–652
31. Camitta BM, Strob R, Thomas ED (1982b) Aplastic anemia. N Engl J Med 306:712–718
32. Carbonell F, Heimpel H, Kubanek B, Fliedner TM (1985) Growth and cytogenetic characteristics of bone marrow colonies from patients with 5q-syndrome. Blood 66:463
33. Cartwright GE, Deiss A (1975) Sideroblasts, siderocytes and sideroblastic anemia. N Engl J Med 292:185
34. Casciato D, Scott JC (1979) Acute leukemia following prolonged cytotoxic agent therapy. Medicine (Baltimore) 58:32
35. Cazzola M, Barosi G, Berznini C et al (1982) Quantitative evaluation of erythropoietic activity in dysmyelopoietic syndromes. Br J Haematol 50:55
36. Cervenka J, Arthur D, Yasis C (1981) Mitomycin C test for diagnostic differentiation of idiopathic aplastic anemia. Pediatrics 67:119
37. Champlin RE, Horowitz MM, van Bekkum DW, Camitta BM, Elfenbein GE, Gale RP, Gluckman E, Good RA, Rimm AA, Rozman C, Speck B, Bortin MM (1989) Graft failure following bone marrow transplantation for severe aplastic anemia: Risk factors and treatment results. Blood 73:606–613

38. Cheng DS, Kushner JP, Wintrobe MM (1979) Idiopathic refractory sideroblastic anemia. Cancer 44:724
39. Cohen JR, Creger WP, Greenberg PL, Schrier SL (1979) Subacute myeloid leukemia. A clinical review. Am J Med 66:959
40. Coiffier B, Adeleine P, Viala JJ et al (1983) Dysmyelopoietic syndromes. A search for prognostic factors in 193 patients. Cancer 555:83
41. Copplestone JA, Mufti GJ, Hamblin TJ, Oscier G (1986) Immunological abnormalities in myelodysplastic syndromes: II. Coexistent lymphoid or plasma cell neoplasms: A report of 20 cases unrelated to chemotherapy. Br J Haematol 63:149
42. Crawford RM, Finbloom DS, Ohara J, Paul WE, Meltzer MS (1987) B cell stimulatory factor 1 (interleukin 4) activates macrophages for increased tumoricidal activity and expression of la antigens. J Immunol 139:135–141
43. Dacie JV, Mollin DL (1966) Siderocytes, sideroblasts, and sideroblastic anaemia. Acta Med Scand [Suppl] 179/445:237
44. Davis RL (1983) Aplastic crisis in hemolytic anemias: The role of a parvovirus-like agent. Annotation Brit J Haematol 55:391
44a. De Planque MM, Klein-Nelemans JG, van Krieken HJM (1989) Evolution of acquired severe aplastic anemia to myelodysplasia and subsequent leukemia in adults. Br J Haematol. 73:121
45. Desevilla E, Forrest JV, Zivnusksa FR, Sagel SS (1975) Metastatic thymoma with myasthenia gravis and pure red cell aplasia. Cancer 36:1145
46. Dessypris EN, Baer MR, Sergent JS, Krantz SB (1984) Rheumatoid arthritis and pure red cell aplasia. Ann Int Med 100:202
47. Dessypris EN, Redline S, Harris HW, Krantz SB (1985) Diphenylhydantoin-induced pure red cell aplasia. Blood 65:789
48. Dexter TM, Allen TD, Lajtha LG (1977) Conditions controlling the proliferation of haemopoietic stem cell proliferation in vitro. J Cell Physiol 91:335
49. Dezza L, Cazzola M, Bergamaschi G (1983) Myelodysplastic syndrome with monosomy 7 in adulthood: a distinct preleukaemic disorder. Haematologica 68:723
50. Diamond LK, Wang WC, Alter BP (1976) Congenital hypoplastic anemia. Adv Pediatr 22:249
51. Boran HM, Treall AG (1988) (Case report) Neutropenia accompanying erythroid aplasia in human parvovirus infection. Brit J Haematol 69:287
52. Dresch C, Faille A, Glogowski A, Najean Y (1977) Elements du prognostic des dysplasies hematopoietiques. Nouv Rev Fr Hematol 18:401
53. Eichner ER, Hillman RS (1971) The evolution of anemia in alcoholic patients. Am J Med 50:218
54. Eschbach JW, Egrie JC, Downing MR, Browne JK, Adamson JW (1987) Correction of the anemia of end-stage renal disease with recombinant human erythropoietin. N Engl J Med 316:73–78
55. Fauser AA, Messner HA (1979) Identification of megakaryocytes, macrophages, and eosinophils in colonies of human bone marrow containing neutrophilic granulocytes and erythroblasts. Blood 53:1023
56. Fohlmeister J, Fischer R, Mödder B et al (1985) Aplastic anaemia and the hypocellular myelodysplastic syndrome: histomorphological, diagnostic, and prognostic features. J Clin Pathol 38:1218
57. Foucar K, Langdon RM, Armitage JO et al (1985) MDS: A clinical and pathologic analysis of 109 cases. Cancer 56:553
58. Francis DA (1982) Pure red cell aplasia: Association with systemic lupus erythematodus and primary immune hypothyroidism. Brit Med J 284:85
59. Francis GE, Miller EJ, Wonke B et al (1983) Use of bone marrow culture in prediction of acute leukaemic transformation in preleukemia. Lancet 1:627
60. Frickhofen N, Raghavachar A, Heit W, Heimpel H, Cohen BJ (1986) Human parvovirus infection (letter to the editor). N Engl J Med 314:646
61. Frisch B, Bartl R (1986) Bone marrow histology in myelodysplastic syndromes. Scand J Haematol 36, Suppl 45:21

62. Frisch B, Bartl R, Chaichik S (1986b) Therapy-induced myelodysplasia and secondary leukaemia. Scand J Haematol 36, Suppl 45:38
62a. Frisch B, Lewis SM (1974) The bone marrow in aplastic anaemia. J Clin Pathol 27:231
63. Galton DAG (1986) The myelodysplastic syndromes. Scand J Haematol 36, Suppl 45:11
64. Geary CG (1987) Myelodysplasia: Morphology, clinical presentation and treatment In: Leukaemia, Whittaker JA, Delamore IW (eds). Blackwell Scientific Publications p 420
65. Geary CG, Catovsky D, Wiltshaw E et al (1975) Chronic myelomonocytic leukemia. Br J Haematol 30:289
66. German J, Ray JH (1988) A test for Fanconi's anemia. Blood 72:367
67. German J, Schonberg S, Caskie S, Warburton D, Falk C, Ray JH (1987) A test for Fanconi's anemia. Blood 69:1637–1641
68. Glanz A, Fraser FC (1982) Spectrum of anomalies in Fanconi anaemia. J Med Genet 19:412
69. Gluckman E, Devergie A, Schaison G, Bussel A, Berger R, Sohier J, Bernard J (1980) Bone marrow transplantation in Fanconi anemia. Brit J Haemat 45:557
70. Goodman JR, Hall SG (1967) Acammulation of iron in mitochondria of erythroblasts. Br J Haematol 13:335
71. Greenberg BR, Miller C, Cardiff RD et al (1983) Concurrent development of preleukaemic, lymphoproliferative and plasma cell disorders. Br J Haematol 53:125
72. Greenberg PL (1983) The smouldering leukemic states: clinical and biologic features. Blood 61:1035
73. Hapel AJ, Fung MC, Johnson RM, Young IG, Johnson G, Metcalf D (1985) Biologic properties of molecularly cloned and expressed murine interleukin-3. Blood 65:1453
74. Hast R (1986)Sideroblasts in myelodysplasia: their nature and clinical significance. Scand J Haematol 36, Suppl 45:53
75. Hast R, Reizenstein P (1977) Studies on human preleukemia: I. Erythroblast and iron kinetics in aregenerative anaemia with hypercellular bone marrow. Scand J Haematol 19:347
76. Hast R, Berau M, Grauberg I (1979) Studies on human preleukemia: prognostic factors for the preleukemic stage in a regenerative anemia with hypercellular bone marrow. In: Schmalzl F, Hellriegel KP (eds) Preleukemia. Springer Berlin Heidelberg New York p 113
77. Heilmeyer L (1970) Die Hypochromanämien. In: Heilmeyer L (Hrsg) Klinik des erythrocytären Systems, 5. Auflage. Springer Berlin Heidelberg New York. Handbuch der Inneren Medizin, Bd 2/2, S 14
78. Hellriegel KP, Fohlmeiser I, Schäfer HE (1979) Aplasic anemia terminating in leukemia. In: Heimpel H, Gordon-Smith EC, Heit W, Kubanek B (eds) Aplastic anemia: Pathophysiology and approaches to therapy. Springer Verlag, Berlin, pp 47–51
79. Hines JD (1969) Reversible megaloblastic and sideroblastic marrow abnormalities in alcoholic patients. Br J Haematol 16:87
79a. Hinterberger W, Adolf G, Aichinger G et al. (1988) Further evidence for lymphokine overproduction in severe aplastic anemia. Blood 72:266
80. Hirai H, Kobayaski Y, Mano H et al (1987) A point mutation at codon 13 of the N-ras oncogene in myelodysplastic syndrome. Nature 327:430
81. Hodgkin PD, Bond MW, O'Garra A, Frank G, Lee F, Coffman RL, Zlotnik A, Howard M (1988) Identification of IL-6 as a T cell-derived factor that enhances the proliferative response of thymocytes to IL-4 and phorbol myristate acetate. J Immunol 141:151–157
82. Hoffman R. McPhedran P, Benz EJ, Duffy TP (1983) Isoniazide pure red cell aplasia. Am J Med Sci 286:2

82a. Hows JM (1991) Severe aplastic anaemia: the patient without a HLA-identical sibling. Brit J Haematol 77:1–4
83. Hunter RF, Mold NG, Mitchell RB, Huang AT (1985) Differentiation of normal marrow and HL60 cells induced by antithymocyte globulin. Proc Natl Acad Sci USA 82:4823
84. International agranulocytosis and aplastic anemia study (1983) The design of a study of the drug etiology of agranulocytosis and aplastic anemia. Eur J Clin Pharmacol 24:883
85. International agranulocytosis and aplastic anemia study (1987) Incidence of aplastic anemia: The relevance of diagnostic criteria. Blood 70:1718–1721
86. Jacobs A (1985) Myelodysplastic syndromes: pathogenesis, functional abnormalities and clinical implications. J Clin Pathol 38:1201
86a. Jacobs A (1991) Genetic Lesions in Preleukemia. Leukemia 5:277
87. Jacobs RH, Cornbleet MA, Vardiman JW et al (1986) Prognostic implications of morphology and karyotype in primarý meylodysplastic syndromes. Blood 67:1765
87a. Janssen JWG, Steenvoorden ACM, Lyons J, Anger B, Bohlke JV, Seliger H, Bartram CR (1987) RAS gene mutations in acute and chronic myelocytic leukemias, chronic myeloproliferative disorders, and myelodysplastic syndromes. Proc Natl Acad Sci USA 84:9228–9232
87b. Jeune FS, Good RA (1968) Thymoma, immunologic deficiencies and hematologic abnormalities. In: Good RA (ed) Birth defects, vol. 4. The National Foundation, New York, p 192
88. Juneja SK, Imbert M, Sigaux F (1983a) Prevalence and distribution of ringed sideroblasts in primary myelodysplastic syndromes. J Clin Pathol 36:566
89. Juneja SK, Imbert M, Jounault H et al (1983b) Haematological features of primary myelodysplastic syndromes (PMDS) at initial presentation: a study of 118 cases. J Clin Pathol 36:1129
90. Kaiser TN, Lojewski A, Dougheerty C, Jürgens L, Saher E, Latt SA (1982) Flow cytometric characterization of the response of Fanconi's anemia cells to mitomycin C treatment. Cytometry 2:291
91. Kaplan HS (1980) Hodgkin's disease, 2nd edn. Harvard University Press, Cambridge
92. Kawano M, Hirano T, Matsuda T, Taga T, Horii Y, Iwato K, Asaoka H, Tang B, Tanabe O, Tanake H (1988) Autocrine generation and requirement of BSF-2/IL-6 for human multiple myelomas. Nature 332:83–85
92a. Keitt AS (1988) Anemia due to bone marrow failure. In: Cecil Textbook of Medicine. Wyngaarden JB u. Smith LH, Herausgeber, Saunders Philadelphia.
93. Keller JR, Mantel C, Sing GK, Ellingsworth LR, Ruscetti SK, Ruscetti FW (1988) Transforming growth factor β1 selectively regulates early murine hematopoietic progenitors and inhibits the growth of IL-3-dependent myeloid leukemia cell lines. J Exp Med 168:737–750
94. Kerkhofs H, Hagemejer A, Leeksma CH et al (1982) The 5q chromosome abnormality in haematological disorders: a collaborative study of 34 cases from the Netherlands. Br J Haematol 52:365
95. Kerkhofs H, Hermans J, Haak HL, Leeksma CH (1987) Utility of the FAB classification for myelodysplastic syndromes: investigation of prognostic factors in 237 cases. Br J Haematol 65:73
96. Konopka L, Hoffbrand AV (1979) Haem synthesis in sideroblastic anaemia. Br J Haematol 42:73
97. Konwalinka G, Huber C, Tomaschek B, Peschel C, Geissler D, Odavic R, Braunsteiner H (1983) A case of acquired pure red cell anemia studied by cloning of erythroid progenitor cells in vitro. Acta Haematol 70:316
98. Konwalinka G, Peschel C, Schmalzl F et al (1985) CFU-GM assay, cytochemical and electron microscopic studies in agar in patients with preleukemic syndrome and aplastic anemia. Int J Cell Clon 3:367
99. Krantz S (1976) Diagnosis and treatment of pure red cell aplasia. Med Clin North A 60:945

100. Krantz SB, Moor WH, Säntz SD (1972) Studies on pure red cell aplasia. V. Presence of erythroblast cytotoxicity in red cell globulin fraction of plasma. J Clin Invest 52:324
101. Kurtzmann GJ, Ozawa K, Cohen B, Hanson G, Oseas R, Moung NS (1987) Chronic bone marrrow failure due to persistent B19 parvovirus infection. N Engl J Med 317:287
102. Kushner YP, Lee GR, Wintrobe MM, Cartwright GE (1971) Idiopathic refractory sideroblastic anemia. Medicine (Baltimore) 50:139
103. Lajtha LG (1979) Stem cell concepts. Differentiation 14:23
104. Law IP, Blom J (1980) Second malignancies in patients with multiple myeloma. Oncology 34:20
105. Lazarus KH, Bähner RL (1981) Aplastic anemia complicating infectious mononucleosis: a case report and review of the literature. Pediatrics 67:907
106. Le J, Weinstein D, Gubler U, Vilcek J (1987) Induction of membrane-associated interleukin 1 by tumor necrosis factor in human fibroblasts. J Immunol 138:2137
107. Leary AG, Ikebuchi K, Hirai Y, Wong GG, Yang YC, Clark SC, Ogawa M (1988) Synergism between Interleukin-6 and Interleukin-3 in supporting proliferation of human hematopoietic stem cells: Comparison with Interleukin-1a. Blood 71:1759–1763
108. Le Beau MM, Albain KS, Larson RA et al (1986a) Clinical and cytogenetic correlations in 63 patients with therapy-related myelodysplastic syndromes and acute nonlymphocytic leukemia: Further evidence for characteristic abnormalities of chromosomes No 5 and 7. J Clin Oncol 4:325
109. Le Beau MM, Pettenati MJ, Lemons RS, Diaz MO, Westbrook CA, Larson RA, Sherr CJ, Rowley JD (1986b) Assignment of the GM-CSF, CSF-1, and FMS genes to human chromosome 5 provides evidence for linkage of a family of genes regulating hematopoiesis and for their involvement in the deletion 5q in myeloid disorders. Cold Spring Harbor Symp. Quant. Biol. 51:899
110. Lewis SM (1965) Course and prognosis in aplastic anemia. Br Med J 1:1027
112. Lintula R (1986a) Ferrokinetic abnormalities and red cell life span in myelodysplastic syndromes: A review. Scand J Haematol 36, Suppl 45:48
113. Lintula R (1986b) Red cell enzymes in myelodysplastic syndromes. Scand J Haematol 36, Suppl 45:56
114. Losowsky MS, Hall R (1965) Hereditary sideroblastic anaemia. Br J Haematol 11:70
115. Lynch RE, Williams DM, Reading JC, Cartwright GE (1975) The prognosis in aplastic anemia. Blood 45:517–528
116. Mangan KF (1985) T cell mediated suppression of hematopoiesis. N Engl J Med 312:306–307
117. Mangan K, D'Alessandro L (1985) Hypoplastic anemia in B cell chronic lymphocytic leukemia. Evolution of T cell mediated suppression of erythropoiesis in early stages and late stage disease. Blood 66:533
118. Mangan KF, Chikkappa G, Farle P (1982) T gamma (T8) cells suppress growth of erythroid colony forming units in vitro in the pure red cell aplasia of B-cell chronic lymphocytic leukemia. J Clin Invest 70:1148
119. Mangan KF, Besa EX, Shadduk RK, Tedrow H, Ray PK (1984) Demonstration of two distinct antibodies in autoimmune hemolytic anemia with reticulocytopenia and red cell aplasia. Exp Haematol 12:788
120. Manoharan A, Catovsky D, Clein P et al (1981) Simultaneous or spontaneous occurence of lympho- and myeloproliferative disorders: a report of four cases. Br J Haematol 48:111
121. Marmont AM, Bacigalupo A (1988) Aplastic anemia: Pathogenesis and treatment. Haematologica 73:133–141
122. Marsh JCW, Hows JM, Bryett KA, Al-Hashimi S, Fairhead SM, Gordon-Smith EC (1987) Survival after antilymphocyte globulin therapy for aplastic anemia depends on disease severity. Blood 70:1046–1052

122a. Marsh JCW, Chang J, Testa NG, Hows JM, Dexter TM (1990) The hematopoietic defect in aplastic anemia assessed by longterm marrow culture. Blood 76:1748-1757
123. May A, de Souza P, Barnes K et al (1982) Erythroblast iron metabolism in sideroblastic marrows. Br J Haematol 52:611
124. May SJ, Smith SA, Jacobs A et al (1985) The myelodysplastic syndrome: analysis of laboratory characteristics in relation to the FAB classification. Br J Haematol 59:311
125. Mc Gibbon BH, Mollin DL (1965) Sideroblastic anaemia in man: Observation on seventy cases. Br J Haematol 11:59
126. Mc Kenna RW, Parkin JL, Foucar K, Brunning RD (1981) Ultrastructural characteristics of therapy-related acute nonlymphocytic leukemia: Evidence for a panmyelosis. Cancer 48:725
127. Metcalf D (1985) The granulocyte-macrophage colony-stimulating factors. Science 229:16–22
128. Michels SD, Mc Kenna RW, Arthur DC, Brunning RD (1985) Therapy-related acute myeloid leukemia and myelodysplastic syndrome: A clinical and morphologic study of 65 cases. Blood 65:1364
129. Milner GR, Testa NG, Geary CG et al (1977) Bone marrow culture studies in refractory cytopenia and smouldering leukaemia. Br J Haematol 35:251
130. Mollin DL (1965) Introduction: Sideroblasts and sideroblastic anaemia. Br J Haematol 11:41
130a. Moore MAS (1991) Clinical implications of positive and negative hematopoietic stemcell regulators. Blood 78:1–19
131. Morra L, Ponassi AG, Gurreri G, Moccia F, Mela GS, Bogliolo F, Beltrai P, Sacchetti C (1988) Inadequate ability of T-lymphocytes from chronic uremic subjects to stimulate the in vitro growth of committed erythroid progenitors (BFU-E). Acta haemat 79:187–191
132. Morrissey PJ, Goodwin RG, Nordan RP, Anderson D, Grabstein KH, Cosman D, Sims J, Lupton S, Acres B, Reed SG (1989) Recombinant interleukin 7, pre-B cell growth factor, has costimulatory activity on purified mature T cells. J Exp Med 169:707–716
133. Mufti GJ, Hamblin TJ, Clein CP (1983) Coexistent myelodysplasia and plasma cell neoplasia. Br J Haematol 54:91
134. Mufti GI, Stevens JR, Oscier DG et al (1985) Myelodysplastic syndromes: a scoring system with prognostic significance. Br J Haematol 59:425
135. Mufti GJ, Figes A, Hamblin TJ et al (1986) Immunological abnormalities in myelodysplastic syndromes: II. Serum immunglobulins and autoantibodies. Br J Haematol 63:143
136. Munker R, Gasson J, Ogawa M, Koeffler HP (1986) Recombinant human TNF induces production of granulocyte-monocyte colony-stimulating factor. Nature 323:79–82
137. Nagasawa T, Abe T, Nakagawa T (1981) Pure red cell aplasia and hypogammaglobulinemia associated with T-cell chronic lymphocytic leukemia. Blood 57:1025
138. Najean Y, Pecking A (1979) Prognostic factors in acquired aplastic anemia: A study of 352 cases. Am J Med 67:564–571
138a. Najean Y, Haguenauer O et al. (1990) Long-term (5 to 20 years) evolution of nongrafted aplastic anemia. Blood 76:2222–2228
139. Nakahata T, Ogawa M (1982) Identification in culture of a class of hemopoietic colony-forming units with extensive capability to self-renew and generate multipotential hemopoietic colonies. Proc Natl Acad Sci USA 79:3843–3847
140. Nakahata T, Gross AJ, Ogawa M (1982) A stochastic model of self-renewal and commitment to differentiation of the primitive hemopoietic stem cells in culture. J Cell Physiol 113:455–458
141. Namen AE, Lupton S, Hjerrild K, Wignall J, Mochizuki DY, Schmierer A, Mosley B, March CJ, Urdal D, Gillis S (1988a) Stimulation of B-cell progenitors by cloned murine interleukin-7. Nature 333:571–573

142. Namen AE, Schmierer AE, March CJ, Overell RW, Park LS, Urdal DL, Mochizuki DY (1988b) B cell precursor growth-promoting activity. Purification and characterization of a growth factor active on lymphocyte precursors. J Exp Med 167:988–1002
143. Nathan DG, Chess L, Hilman OG, Clark B, Howman DE (1978) Erythroid precursors in congenital hypoplastic (Diamond Blackfan) anemia. J Clin Invest 61:489
144. Ogawa M, Porter PN, Nakahata T (1983) Renewal and commitment to differentiation of hemopoietic stem cells (an interpretive review). Blood 61:823–829
145. Ohno Y, Rege AB, Fishe JW, Barona J (1978) Inhibition of erythroid colony forming cells (CFU-E and BFU-E) in sera of azotemic patients with anemia of renal disease. J Lab Clin Invest 92:916
146. Otsuka T, Miyajima A, Brown N, Otsu K, Abrams J, Saeland S, Caux C, De Waal Malefijt R, De Vries J, Meyerson P (1988) Isolation and characterization of an expressible cDNA encoding human IL-3. J Immunol 140:2288
147. Partanen S, Juvonen E, Ruutu T (1986) In vitro culture of haematopoietic progenitors in myelodysplastic syndromes. Scand J Haematol 36, Suppl 45:98
148. Pasanen A, Tenuken R (1986) Haem synthesis in sideroblastic anaemias. Scand J Haematol 36 Suppl 45:60
149. Pasanen A, Vuopio P, Borgstroem GH, Tenuken R (1981) Haem biosynthesis in refractory sideroblastic anaemia associated with the preleukemic syndrome. Scand J Haematol 27:35
150. Pasquali F, Bernasconi P, Casalone R et al (1982) Pathogenetic significance of „pure" monosomy 7 in myeloproliferative disorders. Analysis of 14 cases. Human Genet 62:40
151. Paul WE, Ohara J (1987) B cell stimulatory factor-1/IL-4. Ann Rev Immunol 5:429–460
152. Pedersen-Bjergaard J, Larsen SO (1982) Indcidence of acute non lymphocytic leukemia, preleukemia and acute myeloproliferative syndrome up to 10 years after treatment of Hodgkin's disease. N Engl J Med 307:965
152a. Pedersen-Bjergaard J, Philip P, Larsen SO et al. (1990) Chromosome aberrations and prognostic factors in therapy-related myelodysplasia and acute nonlymphocytic leukemia. Blood 76:1083-1091
153. Peschel C, Marmont AM, Marone G et al. (1975) Pure red cell aplasia: Studies on an IgG serum inhibitor neutralizing erythropoietin. Brit J Haematol 30:411
154. Peschel C, Paul WE, Ohara J, Green I (1987) Effects of B cell stimulating factor 1/interleukin 4 on hematopoietic progenitor cells. Blood 70:254–263
155. Pedersen-Bjergaard J, Nissen NJ, Sorensen HM et al (1980) Acute non-lymphocytic leukemia in patients with ovarian carcinoma following long-term treatment with treosulfan (= dihydroxybusulfan). Cancer 45:19–29
156. Philip R, Epstein LB (1986) Tumor necrosis factor as immunomodulator and mediator of monocyte cytotoxicity induced by itself, gamma-interferon and interleukin-1. Nature 323:86–89
157. Picot C, Triadou P, LaCombe C (1984) Relapsing pure red cell aplasia during pregnancy. N Engl J Med 311:196
158. Prchal JT, Trockmorton DW, Carroll DW (1978) A common progenitor for human myeloid and lymphoid cells. Nature 274:590
159. Purtilo DT, Zelkowitz L, Harada S, Brooks CS, Bechtold T, Lepscomb H, Yetz J, Rogers G (1984) Delayed onset of infectious mononucleosis associated with acquired agammaglobulinemia and red cell aplasia. Ann Int Med 101:180
160. Raskind WH, Tirumali N, Jacobson R et al (1984) Evidence for a multistep pathogenesis of a myelodysplastic syndrome. Blood 63:1318
161. Raz J, Pollack A (1984) Coexistence of myelomonocytic leukemia and monoclonal gammopathy or myeloma. Cancer 53:83
162. Rennick D, Yang G, Gemmell L, Lee F (1987) Control of hemopoiesis by a bone marrow stromal cell clone: lipopolysaccharide- and interleukin-1-inducible production of colony-stimulating factors. Blood 69:682–691

163. Resegotti L, Dolci C, Palestro G, Peschle C (1978) Paraproteinemic variety of pure red cell aplasia. Acta Haematol 60:227–232
164. Ribera JM, Cervantes F, Rozman C (1987) A multivariant analysis of prognostic factors in CMML according to the FAB criteria. Br J Haematol 65:307
165. Ricard MF, Sigank F, Imbert M, Sultan C (1979) Complementary investigation in myelodysplastic syndromes. In: Schmalzl F, Hellriegel KP (eds) Preleukemia. Springer Berlin Heidelberg New York p 56
166. Ricketts C, Cavill J, Napier JA, Jacobs A (1977) Ferrokinetics and erythropoiesis in man: an evaluation of ferrokinetic measurement. Br J Haematol 35:41
167. Rosner F, Grunewald HW (1980) Cytotoxic drugs and leukaemogenesis. Clinics in Haematol 9:663
168. Rosner F, Carey RW, Zarrabi MH (1978) Breast cancer and acute leukemia: report of 24 cases and review of the literature. Am J Hematol 4:151
169. Ruiz-Arguelles GJ (1987) Immunologic classification of blast cells in RAEB. Br J Haematol 65:124
170. Ruutu P (1986) Granulocyte function in myelodysplastic syndromes. Scand J Haematol 36, Suppl 45:66
171. Sanderson CJ, Campbell HJ, Young IG (1988) Molecular and cellular biology of eosinophil differentiation factor (interleukin 5) and its effects on B cells in man and mouse. Immunol Rev 102:29
171a. Santoli D, Clark SC, Kreider BL, Maslin PA, Rovera G (1988) Amplification of IL-2 driven T cell proliferation by recombinant human IL-3 and granulocyte-macrophage colony-stimulating factor. J Immunol 141:519
172. Schindler D, Kubbies M, Hoehn H, Schinzel A, Rabinovitch PS (1985) Presymptomatic diagnosis of Fanconi's anemia. Lancet 1:937
173. Schmalzl F, Konwalinka G, Michlmayr G et al (1978) Detection of cytochemical and morphological anomalies in 'Preleukemia' Acta haemat 59:1
174. Schröder TM, Stahl-Mauge C (1979) Mutagenic effects of isonicotinic acid hydrazide in Fanconis anemia. Hum Genet 52:309
175. Schröder TM, Tilgen D, Kruge J, Vogel F (1976) Formal genetics of Fanconi's anemia. Hum Genet 32:257
176. Seigneurin D, Audhuy B (1983) Auer rods in refractory anemia with excess of blasts: presence and significance. Am J Clin Pathol 80:359
177. Sherr CJ, Rettenmier CW, Sacca R, Roussel MF, Look AT, Stanley ER (1985) The c-fms proto-oncogene product is related to the receptor for the mononuclear phagocyte growth factor CSF-1. Cell 41:665
178. Sieff CA, Emerson SG, Donahue RE, Nathan DG, Wang EA, Wong GG, Clark SC (1985) Human recombinant granulocyte-macrophage colony-stimulating factor: A multilineage hematopoietin. Science 230:1171–1173
179. Sirinavin C, Trowbridge AA (1975) Dyskeratosis congenita: Clinical features and genetic aspects. Report of a family and review of the literature. J Med Genet 12:339
180. Smith D, Tribble TJ, Yeager AS (1978) Spontaneous resolution of severe aplastic anemia associated with viral hepatitis A in a 6-year-old child. Am J Hematol 5:247–252
181. Socinski MA, Ershler WB, Tosato G, Blass RM (1984) Pure red cell aplasia associated with chronic Epstein-Barr virus infection: Evidence for T cell-mediated suppression of erythroid colony forming units. J Lab clin Med 104:995
182. Sokal G, Michaux JL, Van den Berghe H et al (1975) A new hematologic syndrome with a distinct karyotype: The 5q-chromosome. Blood 46:519
183. Solal-Celigny P, Desaint B, Herrera A (1984) Chronic myelomonocytic leukaemia according to FAB classification: Analysis of 35 cases. Blood 63:634
184. Speck B, Gratwohl A, Niesen C, Osterwalder B, Würsch A, Tichelli A, Lori A, Reusser P, Jeannet M, Signer E (1986) Treatment of severe aplastic anemia. Exp Haematol 14:126–132

185. Spitzer G, Verma D, Dicke K (1979) Subgroups of oligoleukemia as identified by in vitro agar culture Leuk Res 3:29
186. Spivac JL, Smith RRL, Ihle JN (1985) Interleukin 3 promotes the in vitro proliferation of murine pluripotent hematopoietic stem cells. J Clin Invest 76:1613
187. Stanley ER, Heard PM (1977) Factors regulating macrophage production and growth: purification and some properties of the colony stimulating factor from medium conditioned by mouse L cells. J Biol Chem 252:4305
188. Stephenson JR, Axelrad AA, McLeod DL, Shreeve MM (1971) Induction of colonies of hemoglobin-synthesizing cells by erythropoietin in vitro. Proc Natl Acad Sci USA 68:1542
188a. Storb R, Thomas ED, Weiden PL et al. (1976) Aplastic anemia treated by allogeneic bone marrow transplantation: a report on 49 new cases from Seattle. Blood 43:817
189. Streeter RR, Presant CA, Reinhard E (1977) Prognostic significance of thrombocytosis in idiopathic sideroblastic anemia. Blood 50:427
190. Suda T, Suda J, Ogawa M, Ihle JN (1985) Permissive role of interleukin 3 (IL-3) in proliferation and differentiation of multipotential hemopoietic progenitors in culture. J Cell Physiol 124:182–190
191. Suda J, Suda T, Kubota K, Ihle JN, Saito M, Miura Y (1986) Purified interleukin 3 and erythropoietin support the terminal differentiation of hemopoietic precursors in serum-free culture. Blood 67:1002
192. Tadmori W, Feingersh D, Clark SC, Choi YS (1989) Human recombinat IL-3 stimulates B cell differentiation. J Immunol 142:1950–1955
193. Takagi S, Kitagawa S, Takeda A et al (1984) Natural killer-interferon system in patients with preleukemic states. Br J. Haematol 58:71
194. Tichelli A, Gratwohl A, Würsch A, Nissen C, Speck G (1988) Secondary leukemia after severe aplastic anemia. Blut 56:79–81
194a. Tichelli A, Gratwohl A, Wursch A, Nissen C, Speck B (1988) Late hematological complications in severe aplastic anemia. Br J Haematol 69:413
195. Till JE, McCulloch EA (1961) A direct measurement of the radiation sensitivity of normal bone marrow cells. Radiat Res 14:213
196. Tinegate H, Gaunt L, Hamilton PJ (1983) The 5q-syndrome: an underdiagnosed form of macrocytic anaemia. Br J Haematol 54:103
197. Todd WM, Pierre RV (1986) Preleukemia: A longterm prospective study of 326 patiens. Scand J Haematol 36, Suppl 45:114
198. Tricot G, De Wolf-Peeters C, Vlietnick R (1984) Bone marrow histology in myelodysplastic syndromes. Br J Haematol 58:217
199. Tricot G, Vlietnick R, Boogaerts MA et al (1985) Prognostic factors in the myelodysplastic syndromes: importance of initial data on peripheral blood counts, bone marrow cytology, trephine biopsy and chromosomal analysis. Br J Haematol 60:659–670
200. Tricot G, Mecucci C, Van den Berghe H (1986) Evolution of the myelodysplastic syndromes. Br J Haematol 63:609
201. Van Damme J, Opdenakker G, Simpson RJ, Rubira MR, Cayphas S, Vink A, Billiau A, Van Snick J (1987) Identification of the human 26 kD protein, interferon β2 (*IFN*-β2), as a B cell hybridoma/plasmocytoma growth factor induced by interleukin 1 and tumor necrosis factor. J Exp Med 165:914
202. Van den Berghe H Vermaelen K, Mecucci et al (1985) The 5q-anomaly, Cancer Gen Cytogen 17:189
202a. Van den Berghe H (1987) Cytogenetics. In: Leukemia, Whittaker JA, Delamore IW (eds.) Blackwell scientific Publications, p 137
203. van Leeuwen BH, Martinson ME, Webb GC, Young IG (1989) Molecular organization of the cytokine gene cluster, involving the human IL-3, IL-4, IL-5, and GM-CSF genes, on chromosome 5. Blood 73:1142–1148
204. Varela BL, Chuang C, Woll JE, Bennett JM (1985) Modifications in the classification of primary myeloproliferative syndromes: the addition of a scoring system. Haematol Oncol 3:55

205. Verma DS, Spitzer G, Dicker KA et al (1979) In vitro agar culture patterns in preleukemia and their clinical significance. Leuk Res 3:29
206. Verwilghen R, Reybrouck G, Gallens L, Cosemans J (1965) Antituberculous drugs and sideroblastic anaemia. Br J Haematol 11:92
207. Wang WC, Mentze WC (1976) Differentiation of transient erythroblastopenia of childhood from congenital hypoplastic anemia. J Pediatr 88:784
208. Weisdorf DJ, Oken MM, Johnson GJ et al (1981) Auer rod positive dysmyelopoietic syndrome. Am J Hematol 11:397
209. Weisdorf DJ, Oken MM, Johnson GJ (1983) Chronic myelodysplastic syndrome: Short survival with or without evolution of acute leukemia. Br J Haematol 55:691
210. Whitehouse JMA (1985) Risk of leukaemia associated with cancer chemotherapy. Brit Med J 290:261
211. Williams DM (1973) Drug-induced aplastic anemia. Semin Hematol 10:195
211a. Wong GG, Witek-Giannotti JS, Temple PA et al. (1988) Stimulation of murine hemopoietic colony formation by human IL-6. J Immunol 140:3040
212. Worsley A, Oscier DG, Stevens J et al (1988) Prognostic features in CMML: a modified Bournemonth score gives the best prediction of survival. Br J Haematol 68:17
213. Yoshida Y, Oguma S, Uchino H, Maekawa T (1987) Significance of ring sideroblasts in RAEB. Br J Haematol 65:119
214. Young N, Mortimer P (1984) Viruses and bone marrow failure. Blood 63:729–737
215. Young NS, Mortimer PP, More JG, Humphries K (1984) Characterization of a virus that causes transient aplastic crisis. J Clin Invest 73:224–230
215a. Young N (1988) Hematologic and Hematopoietic Consequences of B19 Parvovirus Infection. Semin Hematol 25:159–172
216. Zeldis JB, Dienstag JL, Gale RP (1983) Aplastic anemia and non-A, non-B hepatitis. Am J Med 74:64–68
217. Zeok JV, Todd EP, Dillon M, Desimore P, Utlely JR (1978) Role of thymectomy in red cell aplasia. Ann Thorac Surg 28:257
218. Zittoun R (1976) Subacute and chronic myelomonocytic leukaemia: A distinct haematological entity. Br J Haematol 32:1
219. Zoumbos NC, Gascon P, Djeu JY, Trost SR, Young NS (1985) Circulating activated suppressor T lymphocytes in aplastic anemia. N Engl J Med 312:257–265
220. Zsebo KM, Wypych J, Yuschenkoff VN, Lu H, Hunt P, Dukes PP, Langley KE (1988) Effects of hematopoietin-1 and interleukin 1 activities on early hematopoietic cells of the bone marrow. Blood 71:962–968
221. Zucali JR, Broxmeyer H, Gross MA, Dinarello CA (1988) Recombinant human tumor necrosis factors alpha and beta stimulate fibroblasts to produce hemopoietic growth factors in vitro. J Immunol 140:840–844
222. 2nd International Workshop: Cancer Genetics (1982) Cancer Genet Cytogenet 5:265

Kapitel 5: Akute Leukämien

J. Drach, D. Nachbaur, P. Pohl, M. Lechleitner, C. Gattringer, H. Huber

Unreifzellige (= akute) Leukämien werden primär nach morphologischen Kriterien diagnostiziert. Der zusätzliche Einsatz zytochemischer Färbemethoden erleichert die Differenzierung (Tabelle 5.1). Die Immunzytologie (Abb. 5.1) bildet den dritten Eckpfeiler in der Diagnostik unreifzelliger Leukämien. Ihre Stärke liegt vor allem in der Differenzierung von ALL und AUL (Tabelle 5.2). Bei AML stellt sie eine zusätzliche Methode zur Klassifikation der Erkrankung nach immunologischen Kriterien dar (Tabelle 5.3).

Eine Kombination dieser drei Diagnosestrategien verbessert die Qualität der Diagnostik bei AML entscheidend: in einer vergleichenden Untersuchung lag die Übereinstimmung zweier verschiedener Beurteiler in der FAB-Diagnose akuter Leukämien bei Auswertung rein morphologischer Befunde bei 70%, stieg bei Mitberücksichtigung zytochemischer Ergebnisse auf 89% und bei zusätzlicher Kenntnis immunzytologischer Befunde auf 99% [32].

Neben diesen Methoden rücken auch zytogenetische Untersuchungen in den Vordergrund der Leukämiediagnostik. Ihre Ergebnisse sind in Untergruppen von erheblicher prognostischer Relevanz und ermöglichen auch die

Tabelle 5.1. Zytochemische Befunde bei akuten Leukämien

Typ der unreifzelligen Leukämie	Zytochemische Ergebnisse		
	PAS	Esterase	Peroxydase
Myeloisch	Fehlend oder diffus, selten diffus und granulär nebeneinander	Fehlend bis 25% positiv[a]	Je nach Differenzierungsgrad in einzelnen bis der Mehrzahl der Blasten positiv
Monozytär	Überwiegend diffus und granulär kombiniert	≥ 50% der Blasten positiv[a]	In einem variablen Teil der Blasten positiv
Lymphatisch	Granuläre Reaktion in einem Teil der Blasten	Negativ bis schwach positiv	Negativ
Undifferenziert[b]	Fehlend, selten zart diffus	Negativ bis schwach positiv	Negativ

[a] Stärkegrad III oder IV
[b] zu Erythro- und megakaryoblastärer Leukämie s. Tabelle 5.4

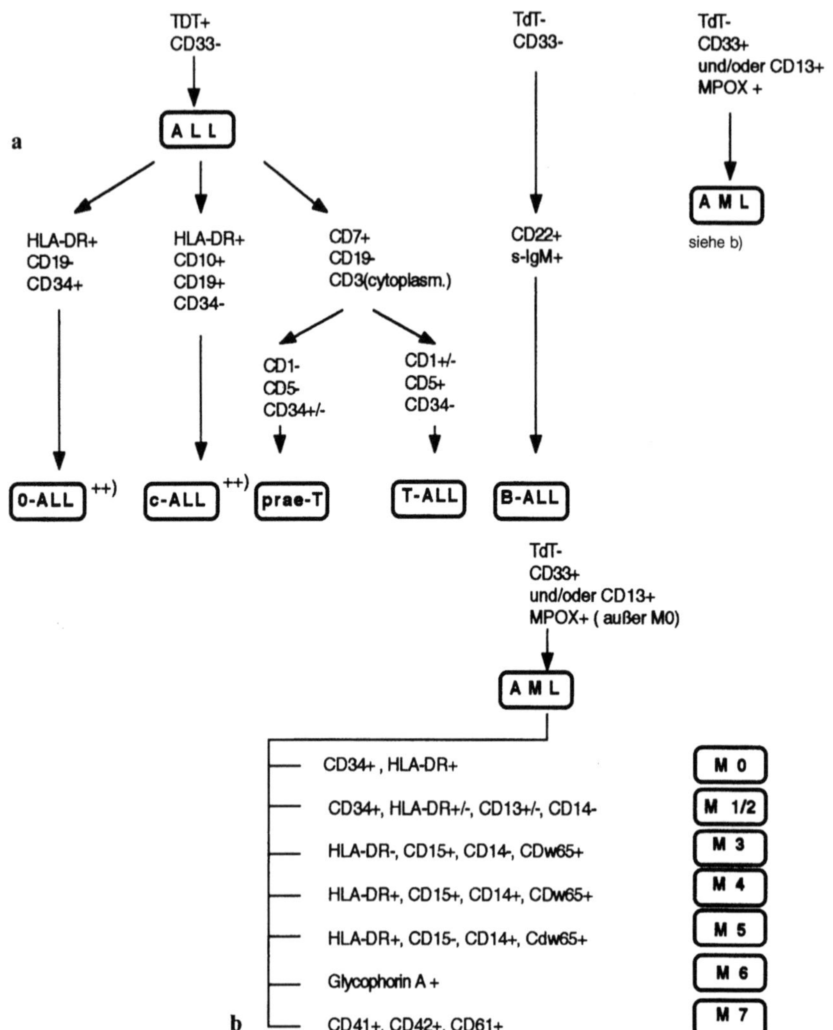

Abb. 5.1. Flußdiagramm zur Immunozytologie akuter lymphatischer (a) und myeloischer (b) Leukämien. Aberrante Antigenexpression in ca. 30% der Fälle (als Antigenverlust oder atypische Expression)
$^{++}$) Progenitor B (prä-prä B ALL) CD19+, CD10−, CD34± (zwischen 0-ALL und c-ALL)

bessere Zuordnung zu charakteristischen Krankheitsbildern (z. B. M4Eo). Die gemeinsame Berücksichtigung von Morphologie, Immunzytologie und Zytogenetik ist Grundlage der MIC-Klassifikation (Tabelle 5.5; MIC: Morphologie, Immunologie und Zytogenetik, s. a. Kap. 5.1.3 u. 5.2.2.3).

Bei Vorliegen einer Blasteninfiltration des Knochenmarks stellt sich zunächst die Frage der Abgrenzung unreifzelliger Leukämien von myelodysplastischen Syndromen. Bei einer unreifzelligen Leukämie beträgt der Blastengehalt des Knochenmarks zumindest 30% [8, 11], liegt jedoch meist

Tabelle 5.2. Immunzytologie der ALL

Diagnose	Marker													
	CD34	HLA-DR	TdT	CD19	CD24	CD10	cyt-µ	CD22	s-Ig	CD7	CD1	CD3	CD4	CD8
Null-ALL	+	+	+	±	±[1]	–	–	–	–	–	–	–	–	–
c-ALL	±	+	+	+	+	+	±[2]	±	–	–	–	–	–	–
B-ALL	–	+	–	+	+	±[3]	–	+	+	–	–	–	–	–
prä-T	+[5]	–[8]	+	–	–	–	–	–	–	+	–	–[4]	–	–
T-ALL	–	–	+	–	–	±[6]	–	–	–	+[7]	±	+	+	+

[1] CD24 in etwa 1/3 der Fälle positiv („prä-prä-B-ALL"), in diesen Fällen CD22 evtl. zytoplasmatisch schwach positiv
[2] bei positiver Reaktion: prä-B-ALL
[3] inkonstante Expression bei B-ALL
[4] zytoplasmatische Expression gelegentlich zu beobachten (s. [219])
[5] in 18 von 29 prä-T-ALL in der Auswertung von Thiel et al. [219] positiv, alle 22 T-ALL waren CD34 negativ
[6] bei T-ALL meist negativ, schwach positive Reaktion möglich (s. auch Text)
[7] zur Sicherung der T-Zellreihe CD5 und CD2 in Zweifelsfällen testen (s. auch [219]), da CD7 nicht linienspezifisch
[8] bei prä-T-ALL gelegentlich positiv

deutlich darüber (Ausnahmen beim M3- und M5b-Typ; s. dort). Seltene Frühfälle akuter Leukämien können einen niedrigeren Blastenanteil zeigen (z. B. Frühfälle des M2-Typs bei Patienten unter 50 Jahren; s. [200]).

Nach Diagnosestellung einer akuten Leukämie aufgrund des Blastengehaltes im Knochenmark erfolgt die Differenzierung der Blasten unter Mitberücksichtigung zytochemischer und immunzytochemischer Ergebnisse. Die entsprechenden Kriterien sind in Tabelle 5.4 und Abb. 5.1 zusammengefaßt. Die durchflußzytometrische Analyse von Blut- und Knochenmarkzellen unter Verwendung eines Panels monoklonaler Antikörper ist zunehmend die Standardmethode. Zytoplasmatisch oder im Kern lokalisierte Antigene (TdT, Ki-67 und andere) können nach entsprechenden Vorbehandlungen der Zellen ebenfalls an diesem Gerät ausgewertet werden [62a, 62b].

Morphologisch können bei (nichtlymphatischen) akuten Leukämien (und beim MDS) zwei Blastentypen unterschieden werden. Typ I-Blasten sind völlig undifferenzierte Zellen ohne azurophile Granulation. Typ II-Blasten sind etwas größer, besitzen ein breiteres Zytoplasma und ein bis 15 zarte Granula [11, 44a]. Jüngst wurden auch Typ III Blasten definiert [44a]. Ihr Kern und das Zytoplasma ähneln denen von Typ II Blasten, sie enthalten jedoch zahlreiche azurophile Granula (beobachtet bei AML-M2 mit t(8;21), manchen Patienten mit MDS und seltenen Formen von AML-M1 [44a]).

5.1 Akute myeloische (und andere nichtlymphatische) Leukämien

5.1.1 Klassifizierung

5.1.1.1 Myeloblastenleukämie mit fehlender (MO) und geringer Ausreifung (M1)

M0: In die FAB-Klassifikation neu eingefügt wurde ein morphologisch und zytochemisch nicht differenzierter Subtyp der AML, der rein morphologisch nicht diagnostiziert werden kann. Die Blasten sind groß, besitzen ein ungranuliertes Zytoplasma und erinnern manchmal an etwas größere (L2), selten an kleine Lymphoblasten (L1). Die Peroxydase- und Sudan-Schwarz-B-Reaktion sind negativ, B- und T-Zellmarker fallen ebenfalls negativ aus, es müssen aber myeloische Antigene mit einem der beiden monoklonalen Antikörper CD13 oder CD33 nachweisbar sein. Auch andere myeloische Marker können positiv sein, z. B. CD11b. Immunzytochemisch gelingt zum Teil der Nachweis des Enzymproteins der Myeloperoxydase, auch der elektronenmikroskopische Myeloperoxydase-Nachweis ist positiv. Zwei bis 3 % aller AML-Fälle entsprechen dem M0-Subtyp, dies entspricht 1 bis 1,5 % aller akuten Leukämien [11a].

M1: Vorherrschender Zelltyp sind Blasten ohne oder mit nur angedeuteten Zeichen einer Reifungstendenz (Tabelle 5.4). Zytologisch zeigen die Blasten z.T. einzelne azurophile Granula, Auer-Stäbchen sind selten. Eine weitere Ausreifung fehlt, einzelne Promyelozyten können jedoch vorkommen (≤ 10% ausreifende myeloische Zellen). Die Zuordnung zu dieser Leukämieform erfolgt zytochemisch durch den Nachweis der Myeloperoxi-

Tabelle 5.3. Immunzytologie der AML

	Marker								
Diagnose	CD34	HLA-DR	CD33	CD13	CDw65	CD15	CD14	Gly-A	CD41
AML M1/2	±	+	+	±[1)]	– bis +	–	–	–	–
AML M3	–	–	–	+	+	±	–	–	–
AML M4	–	+	+	+	+	+[2)]	+[2)]	–	–
AML M5	±[3)]	+	+	+	inkonstant	+	+[4)]	–	–
AML M6	±	–	±[4)]	±[4)]	–	–[4)]	–[4)]	+[4)]	–
AML M7	±	–[4)]	±	–	–	–	–	–	+

[1)] Verlust von CD13 mit Ausreifung von Myeloblasten; Einzelfälle daher CD33+, CD13–

[2)] an Myeloblasten bzw. monozytären Zellen; s. auch Text

[3)] M5a positiv, M5b negativ

[4)] s. auch Text

dase (sowie von neutralen Proteasen) in einem kleinen Teil der Blasten (zumindest 3% der Blasten). Die Reaktion ist meist von mäßiger Intensität, und die unspezifische Esterase ist negativ. Nicht selten zeigen die Blasten eine schwache, diffuse PAS-Positivität.

Immunzytologie

Aufgrund der manchmal spärlichen morphologischen und zytochemischen Differenzierungsmerkmale bildet die Immunzytologie ein ganz wesentliches Kriterium in der Diagnose dieses AML-Subtyps. Entsprechend den frühesten normalen myeloischen Reifungsstufen (Übersicht bei [84, 110]) exprimieren die leukämischen Zellen in der überwiegenden Zahl der Fälle HLA-DR und CD34-Antigene [63, 85]. Allerdings finden sich diese beiden Antigene auch auf unreifen Lymphoblasten, sind also zur Abgrenzung zwischen AML und ALL ungeeignet. CD33-Antigene (80% der Fälle) und CD13-Antigene (60%) – immunzytochemisch häufiger – sind hingegen relativ spezifisch für die myelomonozytäre Zellreihe (zur *lineage infidelity,* s. Kap. 5.3). Das VIM2-Antigen (CDw65) wird auf dieser Differenzierungsstufe hingegen erst inkonstant exprimiert (50% der Fälle [63]). Der häufigste Phänotyp ist daher HLA-DR+, CD34+, C33+, CDw65±, CD13±, CD11b−, CD14−, CD15− ([85, 110] s. unten).

Wichtig für die differentialdiagnostische Abgrenzung zur ALL ist die Kenntnis der Expression von CD7-Antigenen auf etwa 25% der AML (vorwiegend M3 und M4) und der TdT bei etwa 10% der AML (vorwiegend M1 und M4/M5). Eine Koexpression von TdT plus CD7 mit myeloischen Markern wurde in einer Untersuchung bei etwa der Hälfte der TdT-positiven AML beschrieben. Dagegen werden Reaktionen gegen myeloische Differenzierungsantigene von Antikörpern des Clusters CD15 mit Leukämiezellen eindeutig lymphatischer Herkunft beobachtet [16, 77, 81, 147, 212].

Immunzytologische Analysen von Membranantigenen besitzen neben der diagnostischen auch eine prognostische Relevanz. Positivität für CD34 wurde mit schlechterer Prognose assoziiert [36, 229]. Dagegen zeigte sich bei Patienten mit CD15-Expression eine hohe Remissionsrate und längeres Überleben als bei CD15-negativen Fällen [36, 106]. CD15 erwies sich dabei als unabhängiger prognostischer Parameter. Die kombinierte Analyse beider Marker identifiziert eine Gruppe von AML mit besonders ungünstigem Verlauf (CD34+, CD15−).

MIC-Klassifikation: Die Korrelationen von Morphologie und Zytogenetik beim M1-Typ gehen aus Tabelle 5.5 hervor.

5.1.1.2 Myeloblastenleukämie mit Ausreifung (M2)

Mehr als 10% der leukämischen Blasten dieser Erkrankung zeigen eine Differenzierung über den Promyelozyten hinaus (Tabelle 5.4). Das Zytoplasma der Blasten ist meist reich an azurophilen Granula (nicht jedoch – wie bei Promyelozytenleukämien – in der Form dichtgepackter Einlagerungen in der Mehrzahl der Blasten). Einzelne schlanke Auer-Stäbchen in einzelnen Blasten sind nicht ungewöhnlich, sie finden sich vor allem bei M2

Tabelle 5.4. Typische morphologische und zytochemische Befunde bei ANLL (FAB-Klassifikation)

Zytologie	Zytochemische Charakteristika	FAB-Klassifikation
Myeloblasten-leukämie ohne Ausreifung	Myelo-POX: schwach positiv (mindestens 3% positiv) Neutrale Proteasen: schwach positiv (N-AS-D-Chlorazetat-esterase) Unspezifische Esterase: negativ PAS: variabel	*M1:* Blasten ohne Granulation, die zumindest 3% Myelo-POX-positiv sind oder Blasten mit zumindest einzelnen azurophilen Granula und/oder Auer-Stäbchen. Keine weitere Reifung
Myeloblasten-leukämie mit Ausreifung	Myelo-POX: positiv (+ bis ++) Neutrale Proteasen: positiv Unspezifische Esterase: negativ, z. T. fokal positiv PAS: negativ	*M2:* Reifung zum Promyelozyten oder über dieses Stadium hinaus. Die Blasten zeigen viele azurophile Granula. Zellen mit einzelnen Auer-Stäbchen sind nicht ungewöhnlich. Myelozyten und reifere Zellen vielfach mit Granulationsanomalien. Mindestens 50% der KM-Zellen sind Myeloblasten und Promyelozyten
Promyelozyten-leukämie	Myelo-POX: stark positiv (+++ bis ++++) Neutrale Proteasen: stark positiv (+++ bis ++++ in mindestens 30% der Blasten) Unspezifische Esterase: positiv, (+ bis ++) nicht NaF-hemmbar PAS: negativ bis positiv (− bis ++) Saure Phosphatase: positiv (+ bis +++)	*M3:* Überwiegende Mehrzahl der KM-Zellen sind abnorme Promyelozyten mit ausgeprägter Granulation. Meist zahlreiche Auer-Stäbchen *M3v:* mikrogranuläre Form mit monozytoiden, z. T. bilobären Kernen, sehr feine Granula
Myelo-monozytäre Leukämie	Myelo-POX: über 50% der Zellen positiv Neutrale Proteasen: über 50% der Zellen positiv Unspezifische Esterase: über 25–50% der Zellen stark positiv, durch NaF hemmbar PAS: negativ bis positiv (− bis ++)	*M4:* Wie M2, jedoch mindestens 20% der kernhaltigen Zellen des KM und/oder Blutes sind Promonozyten und Monozyten (Sicherung durch Zytochemie). Meist starke Vermehrung von Promonozyten und/oder Monozyten im peripheren Blut (fast immer über 5000/μl). Der Anteil von Myeloblasten und Promyelozyten im KM beträgt über 20%

Tabelle 5.4. (Fortsetzung)

Zytologie	Zytochemische Charakteristika	FAB-Klassifikation
Monozytenleukämie		
a) unreife	Myelo-POX: – bis + Neutrale Protease: – bis + Unspezifische Esterase: (±) + bis ++++ (NaF hemmbar) typisch für (rel. häufige) Form im Kindesalter ist +++ Esterase PAS: – bis ++ Saure Phosphatase: ± bis ++	*M5a:* (Gering differenziert): Vorwiegend Monoblasten (> 80%) und evtl. ein niedriger Prozentsatz von Promonozyten im KM und peripheren Blut (Sicherung durch Zytochemie, Abgrenzung von M4). Selten mehr als 10% granulopoetische Zellen
b) reife	Myelo-POX: – bis + Neutrale Protease: – bis + Unspezifische Esterase: ++ bis +++ (NaF hemmbar) PAS: – bis ++ Saure Phosphatase: ++ bis +++	*M5b:* (Gut differenziert): Vorwiegend Promonozyten (mit graublauem Zytoplasma, häufig etwas gelapptem Kern und azurophiler Granulation) neben Monoblasten und Monozyten (Sicherung durch Zytochemie). Im peripheren Blut überwiegend Monozyten
Erythroleukämie	PAS: ++ granulär oder seltener diffus, auch – Myelo-POX: negativ in EB, typische Reaktion in myeloischen Vorstufen Alpha-naphthylacetatesterase: z. T. perinukleär ++ Saure Phosphatase: paranukleär + Eisenfärbung häufig ++ (intermediäre Sideroblasten)	*M6:* Erythroblasten über 50% der kernhaltigen Zellen im KM, zeigen variables Ausmaß an Kernatypien (megaloblastische Eigenschaften, Kleblattformen, Kernabsprengungen, Mehrkernigkeit). Erythroblasten häufig im peripheren Blut. Granulopoese zeigt erhöhte Zahl an Myeloblasten und Promyelozyten evtl. mit Auer-Stäbchen (wenn diese Zellen unter 30% der nicht-erythropoetischen kernhaltigen Zellen ausmachen, liegt ein myelodysplastisches Syndrom vor s. a. Abb. 5.2)
Megakaryoblastäre Leukämie	Sudan Schwarz B: negativ Peroxidase: negativ α-Naphthylacetatesterase: lokalisiert (+) bis + Naphthol-AS-D-Acetatesterase: (+) α-Naphthylbutyrat-Esterase: negativ PAS: häufig + (granulär od. schwach diffus) saure Phosphatase: häufig + Elektronenmikroskopisch: Peroxidase-Aktivität typischerweise an Kernmembran lokalisiert	*M7:* Ausgeprägte Polymorphie (L1- und L2-ähnliche Blasten mit oder ohne Granula). 1–3 Nukleolen. Etwa 20–30% der Blasten erreichen die 2- bis 3fache Größe von normalen Lymphozyten. *Uropodien*

Tabelle 5.5. MIC-Klassifikation der AML [155]

Chromosomale Aberration	Häufigkeit (%)	Morphologie (FAB)	vorgeschlagene MIC-Klassifikation
t(8;21)(q22;q22)	12	M2	M2/t(8;21)
t(15;17)(q22;q12)	10	M3, M3v	M3/t(15;17)
t/del(11)(q23)	6	M5a (M5b, M4)	M5a/t(11q)
inv/del (16)(q22)	5	M4Eo	M4Eo/inv(16)
t(9;22)(q34;q11)	3	M1 (M2)	M1/t(9;22)
t(6;9)(p21-22;q34)	1	M2 oder M4 mit Basophilie	M2/t(6;9)
inv(3)(q21q26)	1	M1 (M2, M4, M7) mit Thrombozytose	M1/inv(3)
t(8;16)(p11;p13)	<0.1	M5b mit Erythrophagozytose	M5b/t(8;16)
t/del(12)(p11-13)	<0.1	M2 mit Basophilie	M2Baso/t(12p)
+4	<0.1	M4 (M2)	M4/+4

mit t(8;21). Die ausreifenden Zellen zeigen häufig Störungen der Kernsegmentierung (z. B. Pseudo-Pelger-Formen der Neutrophilen) sowie Granulationsanomalien.

Zytochemisch sind die Blasten durch eine deutliche Positivität bei der Erfassung der Myeloperoxidase (und der neutralen Proteasen) charakterisiert. Entsprechend der Reifungstendenz und der Entwicklung primärer Granula in der Mehrzahl der leukämischen Blasten ist ein hoher Prozentsatz dieser Zellen positiv. Im Gegensatz dazu findet sich nicht selten ein partieller POX-Defekt der reifen Neutrophilen.

Die unspezifische Esterase ist meist schwach ausgebildet und durch NaF nicht hemmbar. In einem Teil der Fälle tritt eine deutliche Reaktion im Golgi-Bereich auf. Die PAS-Reaktion ist meist negativ bis schwach positiv.

Bei einer Variante der M2 treten Vorstufen der basophilen Granulozyten auf. Sie wird als *M2 Baso* bezeichnet. Manchmal sieht man nur wenige charakteristische basophile Granula, die durch die metachromatische Reaktion nach Toluidinblau-Färbung (oder Elektronenmikroskopie) eindeutig zugeordnet werden können. Neben den Vorstufen finden sich – besser identifizierbare – reife basophile Granulozyten vermehrt. Beim Blastenschub der chronischen myeloischen Leukämie kommt es nicht selten zu einer starken Basophilenvermehrung. Diese Fälle gehören nicht in die Kategorie M2 Baso.

Immunzytologie

Die morphologisch und zytochemisch klar faßbaren Charakteristika weisen der Immunzytologie eine nur untergeordnete Rolle in der Diagnostik dieses Subtyps zu. Die Antigenexpression entspricht der einer ausreifenden myeloischen Zelle: HLA-DR-Antigene sind meist noch nachweisbar (90%), die CD33-Reaktivität bleibt erhalten, die Expression von CD13 und des VIM-2-Antigens (CDw65) steigt auf über 90% [63]. Das CD15-Antigen ist an einem Teil der Blasten meist schon nachweisbar (40–75%; [63, 85]), aufgrund der fehlenden Zellreihenspezifität jedoch nur in Kombination mit

anderen myeloischen Markern beweisend für das Vorliegen einer myeloblastären Leukämie. Der häufigste Phänotyp ist daher HLA-DR+, CD33+, CDw65+, CD13+, CD34∓, CD14−.
MIC-Klassifikation: Zur M2/t(8;21) und M2/t(6;9) s. Tabelle 5.5.

5.1.1.3 Promyelozytenleukämie (M3)

Bei der *typischen Form* der Erkrankung ähneln die leukämischen Blasten abnormen Promyelozyten. Das Zytoplasma der meisten dieser Zellen ist von groben azurophilen Granula ausgefüllt. Auer-Stäbchen sind häufig vorhanden und können auch in Bündeln auftreten. Granula und Auer-Stäbchen aus zugrunde gegangenen Zellen können extrazellulär nachweisbar sein. Die Kerne sind von sehr unterschiedlicher Form und Größe, die Kernstruktur locker.

Die zytochemischen Ergebnisse (Tabelle 5.4) entsprechen dem hochgradig gesteigerten Gehalt an primären Granula, die konglomerieren und vielfach zu dichten Reaktionsprodukten Anlaß geben. Myeloperoxidase und neutrale Proteasen sind in vielen Blasten stark positiv. Zumindest 30% der Blasten zeigen bei Anwendung dieser Methoden die Reaktionsstärke +++ bis ++++. Die unspezifische Esterase ist schwach bis mittelgradig positiv. Sie ist durch NaF jedoch in der überwiegenden Mehrzahl der Zellen nicht hemmbar, wenn NAS-D-A zum Nachweis verwendet wird. Das Ergebnis der PAS-Reaktion ist variabel, die saure Phosphatase meist positiv. Die Mehrzahl der Patienten zeigt bei der Diagnosestellung auch plasmatische Gerinnungsstörungen, an deren Zustandekommen die in primären Granula lokalisierten neutralen Proteasen beteiligt sind.

Die *Variante des M3-Typs* (M3v) ist durch das Vorherrschen „mikrogranulärer" Blasten gekennzeichnet. Die Granula sind meist nur zytochemisch oder elektronenmikroskopisch faßbar [11]. In der panoptischen Färbung zeigen nur wenige Blasten das Bild des „klassischen" M3-Typs mit grober azurophiler Granulation und Auer-Stäbchen. Der Kern fast aller Blasten, vor allem in der Peripherie, ist zwei- bis mehrlappig oder nierenförmig. Die Blasten können dann leicht mit Monozyten verwechselt werden. Zur Sicherung der Diagnose dieser seltenen Variante sind zytochemische Untersuchungen erforderlich. Die Myeloperoxidase ist in den Blasten sehr ausgeprägt, die neutralen Proteasen dagegen sind in nur schwacher Aktivität nachweisbar. Die Aktivität der unspezifischen Esterasen ist gering und durch NaF nicht hemmbar. Das Risiko von Gerinnungsstörungen besteht auch bei diesen Patienten. Wie bei der typischen M3 findet man die spezifische Translokation t(15;17). Die Patienten zeigen häufig sehr hohe Blutleukozyten- und Blastenwerte.

Immunzytologie

Ihre diagnostische Relevanz ist bei diesem Subtyp relativ gering. In typischen Fällen fehlt das HLA-DR-Antigen, das bei anderen unreifzelligen

Leukämien mit Ausnahme des M6-Typs in den meisten Fällen nachweisbar ist. Die Reaktionsfähigkeit mit Antikörpern des Clusters CD13 bleibt in der Mehrzahl erhalten [63], kann jedoch schwächer als beim M2-Typ sein. CD15-Antigene sind in Abhängigkeit vom eingesetzten Antikörper in unterschiedlichem Ausmaß nachweisbar [17]. Die Reaktionsbreite schwankt dabei zwischen 0 und 85% [63]. Der VIM-2-Antikörper (CDw65) reagiert in der überwiegenden Mehrzahl der Fälle positiv. Der häufigste Phänotyp ist daher CDw65+, CD13+, CD15±, HLA-DR−, CD14−, CD33−, CD34−.

MIC-Klassifikation: Spezifisch ist die Translokation t(15;17), (q22;q12), s. Kap. 5.1.3 und Tabelle 5.5.

5.1.1.4 Myelomonozytäre Leukämien (M4 und M4 Eo)

Dieser Leukämietyp ist durch das Vorhandensein von 2 differenten Blastenpopulationen charakterisiert, die zytochemisch faßbare Differenzierungsmerkmale der monozytären Zellreihe einerseits, granulozytärer Zellen andererseits zeigen. Im Knochenmark findet sich daher eine Infiltration sowohl mit Blasten, die eine deutliche Aktivität von Myeloperoxidase und neutralen Proteasen aufweisen, als auch von leukämischen Zellen, die eine unspezifische Esterase von deutlicher Aktivität enthalten. Die PAS-Reaktion ist uncharakteristisch negativ bis deutlich positiv, die saure Phosphatase meist positiv. Eine scharfe Abgrenzung der beiden Zellreihen ist häufig nicht möglich. Die Definitionskriterien sind in Tabelle 5.4 zusammengefaßt.

Nach den von der FAB-Gruppe vorgeschlagenen Kriterien sollen sich über 20%, aber weniger als 80% der leukämischen Zellen des Knochenmarks (und/oder des peripheren Blutes) zytochemisch wie monozytäre Zellen verhalten; der Anteil von Myeloblasten und Promyelozyten beträgt über 20%. Im peripheren Blut ist meist eine deutliche Vermehrung von Monozyten und/oder Monozytenvorstufen nachweisbar. Die Sicherung, daß es sich tatsächlich um Zellen dieser Reihe handelt, erfolgt durch zytochemische Methoden. Diese sind insbesondere bei fehlender Blutmonozytose notwendig. Zur Abgrenzung gegenüber myelodysplastischen Syndromen (vor allem CMML) s. Kap. 4.2.3.5.

Etwa 10% der AML-Fälle weisen morphologische Veränderungen der Megakaryopoese auf [116]. Zeichen der Dysmegakaryopoese umfassen dabei Mikromegakaryozyten sowie Megakaryozyten mit multiplen kleinen getrennten Kernen. Dies findet sich vor allem bei M4-Morphologie (8 der 24 Fälle von Jinnai et al. [116]). Bei AML-Patienten mit Zeichen der Dysmegakaryopoese wurde eine signifikant niedrigere Vollremissionsrate gefunden (11% gegenüber > 70% der übrigen AML-Fälle).

Immunzytologie

Es finden sich nebeneinander Zellen mit myelomonozytären (CD13, CD15, CD33, CDw65) und rein monozytären (CD14) Markern. HLA-DR-Antigene sind in jedem Fall auf der Mehrzahl der Leukämiezellen exprimiert, wobei eine intensive Positivität auf die Entwicklung monozytärer Zellen hinweist. In der eigenen Auswertung waren CD14-Antigene oft nur an einem kleinen Teil der Blasten nachweisbar, so daß zytochemisch definierte M4-Fälle immunzytologisch als M1 oder M2 diagnostiziert wurden. In der Literatur wird die Häufigkeit der CD14-Expression bei diesem Subtyp mit 35–95% angegeben [63, 85].

MIC-Klassifikation

Bei Veränderungen am Chromosom 16 (häufiger Inversion als Deletionen, inv/del (16) (q22)) liegt ein charakteristisches Krankheitsbild mit Eosinophilie vor (Tabelle 5.5 und Kap. 5.1.3). Es handelt sich dabei um etwa 5% der AML.

Diese Variante M4 Eo ist durch abnorme Esoinophile charakterisiert, die in unterschiedlichem Prozentsatz (meist 5% und mehr) im Knochenmark vorkommen. Sie weisen zusätzlich zu den eosinophilen Granula auch große basophile (unreife) bis schwarz-blaue Granula auf; der Anteil unreifer Formen ist erhöht; sie enthalten nur dunkelblaue Granula. Im Gegensatz zu normalen Eosinophilen zeigen sie zytochemisch deutlich positive Reaktionen mit Chloracetatesterase und PAS. Die immunzytologischen Befunde entsprechen wahrscheinlich denen der typischen M4-Fälle. Die Erkrankung hat meist eine gute Prognose mit einer sehr hohen Rate kompletter Remissionen. ZNS-Rezidive sind allerdings häufig.

5.1.1.5 Monozytenleukämie (M5)

Die Erkrankung kann als unreife oder ausreifende Monozytenleukämie auftreten. Im ersten Fall überwiegen Monoblasten, im letzteren Promonozyten bis Monozyten (Tabelle 5.4). Die Granulopoese ist erheblich zurückgedrängt und umfaßt selten mehr als 10 bis maximal 20% der kernhaltigen Zellen des Knochenmarks. Zur Sicherung der Diagnose sind zytochemische Methoden unerläßlich. Sie besitzen häufig (auch im Kindesalter) eine sehr starke Esteraseaktivität, die jene normaler Monozyten deutlich übersteigt und am besten mit α-N-acetat oder -butyrat nachweisbar ist.

a) Unreife Monozyten-(Monoblasten-)Leukämien (M5a)

Diese ist zytochemisch durch Blasten charakterisiert, die keine oder einen geringen Anteil der spezifischen Granula enthalten; s. Tabelle 5.4. Sie zeigen in der Regel starke Esteraseaktivität mit α-N-acetat, α-N-butyrat und N-ASD-acetat. Da die Blasten vielfach primäre Granula enthalten, sind neutrale Proteasen und die Myeloperoxidase in einem Teil der Zellen positiv (meist in weniger als 25% der Zellen). Die saure Phosphatase ist nur schwach positiv, die Ergebnisse der PAS-Färbung sind unterschiedlich, häufig auch granulär positiv. Eine Lysozymerhöhung ist bei unreifen Monozytenleukämien nicht oder nur geringfügig nachweisbar.

b) Ausreifende Monozytenleukämien (M5b)

Bei dieser Leukämieform überwiegen in den leukämischen Zellen spezifische Granula. Enzyme, wie sie in den Primärgranula gefunden werden, sind nur in unter 25% der Blasten noch schwach positiv (Tabelle 5.4). Hingegen kann eine Esterase, durch NaF hemmbar, in der Mehrzahl der leukämischen Blasten in der Reaktionsstärke +++ bis ++++ nachgewiesen werden. Die saure Phosphatase ist entsprechend der Ausreifung meist deutlich positiv und die PAS-Färbung uncharakteristisch. Lysozymerhöhungen sind für das Krankheitsbild typisch (und begleitende tubuläre Funktionsstörungen häufig nachweisbar).

Bei manchen Fällen ausreifender Monozytenleukämie kann die einheitliche leukämische Zellpopulation Eigenschaften monozytärer Zellen und gleichzeitig Merkmale der Granulopoese aufweisen. Diese „monomyelozytäre Mischform" ist damit durch eine deutliche Aktivität unspezifischer Esterasen neben Peroxidase und neutralen Proteasen derselben Zelle gekennzeichnet [199], sie wird dann zum M4-Typ gerechnet.

Die Unterscheidung zwischen unreifen und ausreifenden Monozytenleukämien ist wegen der unterschiedlichen Häufigkeit plasmatischer Gerinnungsstörungen von klinischer Relevanz. Von diesen meist akut verlaufenden Erkrankungen sind die seltenen chronischen myelomonozytären Leukämien (CMML) abzugrenzen, die fast ausschließlich bei Patienten fortgeschritteneren Alters vorkommen (s. Myelodysplastische Syndrome).

Die bei Monozytenleukämien geringer Ausreifungstendenz vorkommende plasmatische Gerinnungsstörung ähnelt jener bei Promyelozytenleukämie. Sie dürfte durch die Freisetzung neutraler Proteasen bedingt sein, die aus primären Granula stammen. Diese Zellorganellen sind bei Monoblastenleukämien deutlich, in ausreifenden Monozytenleukämien jedoch meist nur mehr spärlich ausgeprägt. Näheres dazu und über Verbrauchskoagulopathien im Rahmen von Chemotherapie und Infektkomplikationen s. [139].

Immunzytologie

Die unreifen Formen exprimieren monozytenspezifische Antigene (CD14) nur in einer Minderzahl der Fälle (30%; [85]) und sind somit nicht sicher von M1/M2-Formen zu differenzieren. Die CD11b-Positivität ist kein monozytentypischer Befund, sondern auch auf ausreifenden Myeloblasten (M2) und Promyelozyten (M3) nachweisbar [63]. Demgemäß ist die CD11b-Expression in 80% der M5a-Fälle [85] differentialdiagnostisch wenig hilfreich.

Bei ausreifenden Monozytenleukämien ist hingegen die CD14-Expression regelhaft und diagnostisch beweisend, da dieses Antigen bei M1- bis M3-Fällen praktisch nie nachweisbar ist [85, 153, 63]. CD13, -15, -33 und CDw65-Antikörper reagieren in 70–85% der M5-Fälle positiv [63].

MIC-Klassifikation

Charakteristische chromosomale Aberrationen sind Deletionen (oder Translokationen) am Chromosom 11 (t/del (11)(q23)). Die seltene t(8;16) geht mit Erythrophagozytose einher. S. dazu Tabelle 5.5 und Kap. 5.1.3.

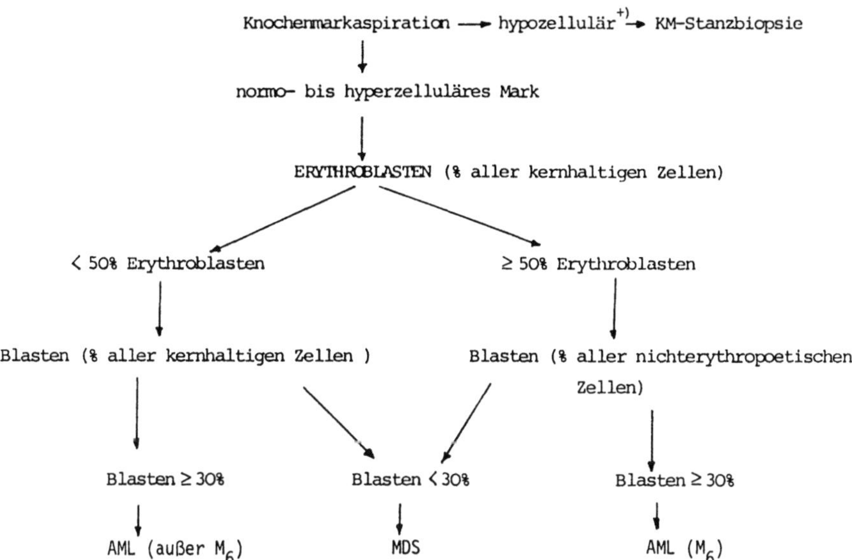

Abb. 5.2. Differentialdiagnose akuter myeloischer Leukämien und myelodysplastischer Syndrome [11]

+) Eine hypozelluläre AML ist durch einen Blastengehalt von > 30% im KM charakterisiert. Gleichzeitig liegt die KM-Zellularität < 30% [44a].

5.1.1.6 Erythroleukämie (M6)

Typische Befunde bei Erythroleukämie finden sich in Tabelle 5.4. Diese seltenere Form unreifzelliger Leukämien zeigt im Knochenmark eine sehr deutliche Vermehrung atypischer Erythroblasten. Mehr als 50% der kernhaltigen Zellen des Knochenmarks sind Erythroblasten (Abb. 5.2), die zu einem Teil bizarre morphologische Veränderungen und häufig ein vakuolisiertes Zytoplasma zeigen. Es kommt zum Auftreten mehrkerniger Erythroblasten, Karyorrhexisfiguren und abnormer Mitosen; zusätzlich bestehen meist diskrete megaloblastische Veränderungen. Erythroblasten, meist mit Atypien, sind in der Regel auch im peripheren Blut nachweisbar. Gleichzeitig finden sich Veränderungen der Granulopoese mit Überwiegen von Myeloblasten und manchmal auch von Promyelozyten. Diese Vorstufen machen zumindest 30% der kernhaltigen, nicht erythropoetischen Zellen aus. Granulationsanomalien myeloischer Zellen sind häufig, in manchen Fällen sind auch Auer-Stäbchen nachweisbar. Im Verlauf der Erkrankung beherrschen meist die Veränderungen der myeloischen Zellreihe zunehmend das Krankheitsbild, so daß sich schließlich eine myelomonozytäre oder eine Myeloblastenleukämie (ohne oder mit Ausreifung) entwickelt.

Zur Abgrenzung der M6 gegenüber anderen AML-Formen bzw. myelodysplastischen Syndromen (RA, RAEB) wird von der FAB-Gruppe folgendes diagnostische Vorgehen vorgeschlagen:

Im ersten Schritt erfolgt die Bestimmung des Prozentsatzes der Erythroblasten an der Gesamtzahl kernhaltiger Zellen im Knochenmark. Beträgt dieser zumindest 50%, entscheidet der Blastenanteil aller nicht erythropoetischen, kernhaltigen Zellen über die Zuordnung zu einem MDS oder einer M6 (Lymphozyten, Plasmazellen, Mastzellen und Makrophagen werden nicht berücksichtigt). Die Diagnose einer AML (M6) ist gesichert, wenn dieser Anteil zumindest 30% beträgt, bei einem geringeren Anteil spricht man von MDS. Die Zuordnungskriterien zu einem MDS oder einer AML außerhalb M6 bei einem Erythroblastenanteil im Knochenmark unter 50% sind aus Abb. 5.2 zu entnehmen.

Zytochemisch (s. Tabelle 5.4) ist für diese Leukämieform eine Anhäufung PAS-positiven Materials in den pathologischen Erythroblasten charakteristisch, häufig ist die Aktivität der α-Naphthylacetatesterase para- und der sauren Phosphatase perinukleär (besonders in den frühen Formen) gesteigert. Meist finden sich auch reichlich Sideroblasten, während Ringsideroblasten, wie sie für myelodysplastische Syndrome (RAS) charakteristisch sind, fehlen oder seltener vorkommen. Fehlen diese Befunde, ist eine M6 jedoch nicht ausgeschlossen.

Immunzytologie

Die bizarren morphologischen und die nicht immer ganz typischen zytochemischen Befunde weisen der Immunzytologie einen festen Platz in der Bestätigung der Diagnose einer Erythroleukämie zu. Die z. Z. allgemein verfügbaren Antikörper können allerdings unreife M6-Formen vielfach nicht erfassen. Der am häufigsten verwendete Antikörper zur Definition von Erythroblasten ist gegen Glycophorin A gerichtet [3, 80, 232]. Allerdings exprimiert nur ein Teil der Erythroleukämien dieses Antigen, da erythropoetische Vorläuferzellen Glycophorin A negativ sind. Aus diesem Grund wurden weitere Antikörper entwickelt, die auch mit diesen Vorläuferzellen reagieren können. Bei Anwendung der verschiedenen Antikörper zeigt sich eine bemerkenswerte Heterogenität der leukämischen Erythroblasten [86].

Solche Antikörper sind z. B. FA6-152 [64], Antikörper gegen Anteile von Spektrin (z. B. CA5; [231]), Antikörper gegen Carboanhydrase 1 (anti-CAI; [231]) und Antikörper gegen Blutgruppenantigene, die schon an Vorläuferzellen exprimiert werden können (z. B. Anti-Gerbich; [55]). Bei Patienten mit Blutgruppe A kann auch die Bindung von *helix pomatia-Lectin* ausgewertet werden [232].

Der Antikörper FA6-152 erkennt neben erythropoetischen auch megakaryozytäre Vorläuferzellen und ihre Ausreifungsformen sowie Monozyten [64]. Der Antikörper gegen Carboanhydrase erfordert fixierte Zellen, da das Antigen zytoplasmatisch exprimiert wird [231].

Auch bei Anwendung dieser Marker sind Erythroleukämien bei de novo aufgetretenen akuten Leukämien selten (etwa 1–2% der akuten Leukämien [232]). Weit häufiger treten diese Antigene im Rahmen von Blastenkrisen bei CML und beim Down-Syndrom mit Leukämieentwicklung auf, welche dann aufgrund der Expression megakaryozytärer Differenzierungsantigene wohl als megakaryoblastäre Blastenkrisen bzw. Leukämien zu werten sind [232].

Myeloische und monozytäre Marker werden auf Erythroblasten bei normalem Reifungsverhalten nicht exprimiert. Bei sehr undifferenzierten Erythroblastenleukämien können die Tumorzellen frühe Antigene der Myelopoese exprimieren (CD33, CD13, seltener auch CD15; [85, 169]). Bei solchen undifferenzierten Formen werden häufig auch HLA-DR-Antigene (bis zur Ebene der BFU-E, evtl. auch früher CFU-E; [232]) und Transferrinrezeptoren (in sinkender Dichte bis zur Stufe des orthochromatischen Normoblasten nachweisbar) exprimiert. Häufig werden auch gemischte Proliferationen von Erythroblasten und unreifen myeloischen Zellen mit entsprechender Markerexpression beobachtet.

Eine Besonderheit der normalen Erythroblasten ist das Fehlen des pan-Leukozytenmarkers CD45, der lediglich in frühen Reifungsstufen exprimiert wird [142]. Eine Abnahme der CD45-Expression läßt sich bereits nachweisen, sobald die Vorläuferzellen der Erythroblastenlinie angehören.

Morphologisch waren die immunzytologisch charakterisierten Blasten der Erythroleukämie durch ein extrem basophiles Zytoplasma und einen großen Kern mit ein oder zwei großen Nukleolen charakterisiert. Ultrastrukturell waren Ferritinmoleküle in zytoplastischen Granula nachweisbar [232].

5.1.1.7 Megakaryoblastäre Leukämie (M7)

Die ausgeprägte Polymorphie der *undifferenzierten* Blasten reicht von kleinen, runden Zellen mit dichtem Chromatin, die an Lymphoblasten vom Typ L1 erinnern, bis zu L2-Blasten ähnlichen Zellen mit oder ohne Granula. Die Anzahl der Nukleolen beträgt 1 bis 3. Etwa 20–30% der Blasten erreichen die 2–3fache Größe von normalen Lymphozyten, sie enthalten ein feinretikuläres nukleäres Chromatin. Recht charakteristisch ist die Ausbildung von Uropodien (Zytoplasmaausstülpungen) bei dichter Chromatinstruktur der Kerne. Sehr häufig findet sich eine meist jedoch nur mäßig ausgebildete Markfibrose. Zum Krankheitsbild der akuten Myelofibrose und ihrer Abgrenzung gegenüber der idiopathischen Myelofibrose und seltenen Verlaufsformen von myelodysplastischen Syndromen mit megakaryozytärer Hyperplasie und Markfibrose siehe [194a, 134a].

Zytochemisch (Tabelle 5.4) sind die Blasten in der Sudan-Schwarz B- und der Peroxidasefärbung negativ. Die Reaktion auf α-Naphthylacetat-Esterase ist meist, auf Naphthyl-AS-D-Acetatesterase nur selten fleckförmig positiv; die saure Phosphatase ist häufig positiv [54, 58]. Die fehlende Reaktion von Megakaryoblasten auf α-Naphthylbutyrat-Esterase läßt sich zur Abgrenzung von Monozyten verwenden. Ein weiteres Unterscheidungsmerkmal gegenüber Monozyten ist die meist lokalisiert umschriebene Positivität der Megakaryoblasten auf α-Naphthylacetat-Esterase gegenüber der eher diffusen Anfärbung der Monozyten.

Fälle von Erythroleukämie können ein M7-Blasten ähnliches zytochemisches Profil einschließlich der Reaktivität auf α-Naphthylacetat-Esterase

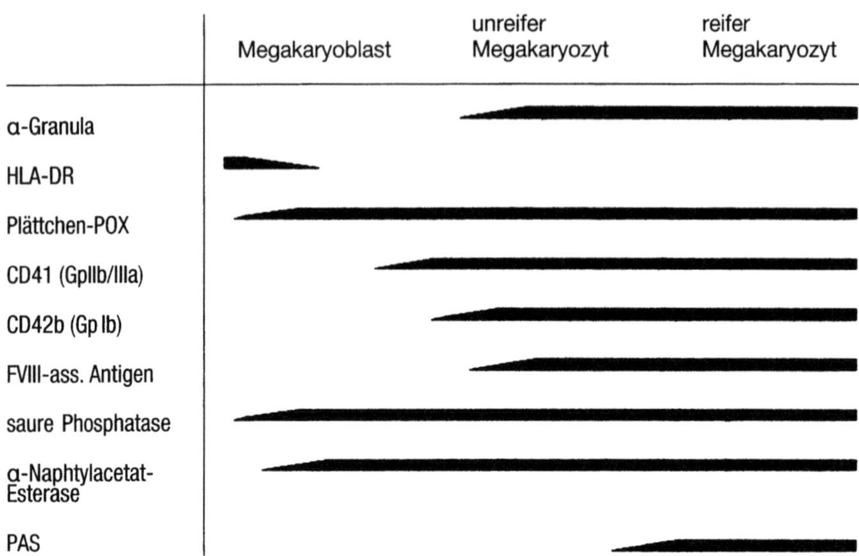

Abb. 5.3. Phänotyp von Megakaryoblasten und ausreifenden Megakaryozyten (Auswahl)

und saurer Phosphatase sowie fehlender Reaktion auf α-Naphthylbutyrat-Esterase aufweisen [58].

Elektronenmikroskopisch kann die bei Megakaryoblasten immer vorhandene Plättchenperoxidase-Aktivität, typischerweise an der Kernmembran lokalisiert, nachgewiesen werden, was eine Differenzierung von Myeloblasten (Peroxidase-Aktivität im Golgi-Apparat und in zytoplasmatischen Granula) ermöglicht [11].

Immunzytologie

Bei diesem Subtyp ist der diagnostische Stellenwert der Immunzytologie aufgrund der atypischen morphologischen und zytochemischen Befunde besonders hoch. Eine Zusammenstellung der Marker für Megakaryoblasten und ausreifende Megakaryozyten findet sich in Abb. 5.3.

Megakaryoblastäre Leukämien sind zwar weiterhin selten, werden aber seit der Verfügbarkeit spezifischer Antikörper deutlich häufiger diagnostiziert. Vorläuferzellen der Megakaryozyten reagieren mit einer Anzahl monoklonaler Antikörper. Die frühesten (elektronenmikroskopisch bereits durch den Gehalt an Plättchenperoxidase nachweisbaren) Megakaryoblasten exprimieren nur HLA-DR-Antigene, mit fortschreitender Reifung dann zusätzlich auch CD34- und CD33-Antigene. Etwa gleichzeitig mit dem Verlust der HLA-DR-Antigene wird CD41 (Plättchenglycoprotein II b/III a) nachweisbar. Wenig später gehen CD34, -33 verloren [129]. CD42b (Plättchenglycoprotein I b) dürfte ebenso wie Faktor VIII-assoziiertes Antigen etwas später exprimiert werden [112, 152, 184, 222]. Der häufigste Immunphänotyp megakaryoblastärer Leukämien ist HLA-DR+, CD34+, CD33±

(60% der Fälle) sowie CD41/CD42+, wobei die Plättchenglycoprotein-Antigene meist nur auf einem Teil der Blasten exprimiert werden [58].

Insgesamt sollten 20–30% der leukämischen Zellen immunzytologisch und/oder nach der Plättchenperoxidasereaktion elektronenmikroskopisch als megakaryoblastär identifiziert werden können, um die Diagnose einer M7 stellen zu können [11, 54].

Zytogenetische Untersuchungen konnten bisher kein für megakaryoblastäre Leukämien typisches Profil identifizieren. Etwa ein Drittel der Fälle zeigten -7/7q- oder -5/5q-, entweder isoliert oder in Kombination. Daneben wurden auch Trisomien der Chromsomen 8 und 21 sowie verschiedene strukturelle Anomalien beschrieben [54].

Relativ häufig werden megakaryoblastäre Leukämien in der Gruppe der kindlichen Leukämien unter 12 Monaten mit typischer t(1;22) [86a] gefunden; auch eine Kombination mit Trisomie 21 (Down-Syndrom) ist auffallend [34, 128, 197]. Abzugrenzen von den AML M7 ist die transitorische myeloproliferative Erkrankung von Neugeborenen mit Down-Syndrom, die monoklonal, aber selbstlimitiert ist [132a mit Lit]. Die Differenzierung kann große Schwierigkeiten bereiten.

5.1.2 AML mit trilineärer Myelodysplasie

Eine begleitende trilineäre Myelodysplasie kennzeichnet meist eine *sekundäre Leukämie* (s. Kap. 5.4.4). Manche Patienten mit *de novo*-AML zeigen jedoch ebenfalls Charakteristika eines MDS, (15% von 160 AML in der Auswertung von Brito-Babapulle et al. [30]). Dysplastische Veränderungen betreffen dabei die Granulo-, Erythro- und Megakaryopoese (*trilineage* MDS = TMDS).

Befunde, die auf eine AML mit gleichzeitigem TMDS hinweisen, sind – neben morphologischen – folgende Kennzeichen: niedrige Leukozytenzahl ($< 11 \times 10^9$/l), Blasten im peripheren Blut unter 20% bzw. im Knochenmark unter 60%, Hämoglobin unter 6 g/dl sowie kernhaltige rote Zellen im peripheren Blut [30]. AML/TMDS findet sich bei allen FAB-Typen mit Ausnahme von M3 (am häufigsten bei M6).

Nach dieser Studie zeigten Patienten mit AML/TMDS ein etwas schlechteres therapeutisches Ansprechen als AML-Patienten ohne diese Veränderung (komplette Remission in ca. 50%, gegenüber 86%, $p < 0{,}001$). Hinsichtlich des Überlebens fand sich zwar ein ungünstiger Trend für die TMDS-Patienten, erreichte jedoch nicht statistische Signifikanz.

In dieser Gruppe von AML-Patienten wurde nicht selten ein Relaps des TMDS (evtl. ohne neuerliche AML) beobachtet [31].

5.1.3 Zytogenetische Befunde bei AML

Abnorme Karyotypen können in 50–>90% der Patienten nachgewiesen werden. Besonders häufig sind pathologische Befunde bei Kindern und jüngeren Erwachsenen mit AML und bei *sekundären* Leukämien. Spezifische Aberrationen sind insbesondere eine Translokation 8;21 (t(8;21) (q22;q22)), eine Inversion am Chromosom 16 (inv (16)(q22)), die Translokation 9;22 (t(9;22)(q34;q11)), die Translokation 15;17 (t(15;17)(q22;q11)) sowie strukturelle Anomalien am Chromsom 11 (11q-) häufig in Kombination mit weiteren Anomalien (Tabelle 5.5). Diese Veränderungen kommen vor allem bei einzelnen Subtypen der AML zur Beobachtung. Häufige Assoziationen zwischen Karyotyp und Morphologie stellen die Basis der MIC-Klassifikation der AML dar. Die häufigsten Anomalien, die jedoch keine Beziehung zum Subtyp der AML aufweisen, sind Trisomien (vor allem +8), Deletionen (insbesonders del(5) oder (7)) oder auch Monosomien (vor allem -7).

Zytogenetische Veränderungen sind die wichtigsten Prognosefaktoren der AML [69]. Die Inv(16)kann als prognostisch günstig, als ungünstig +8, −5, −7 oder seltenere Veränderungen (z. B. t(6;9)) angesehen werden. Prognostisch indifferent ist ein normaler diploider Chromosomensatz, ein Verlust von Geschlechtschromosomen oder t(15;17).

t(8;21). Diese Aberration ist die bei der AML häufigste Translokation (Tabelle 5.5), die in erster Linie bei Myeloblastenleukämien mit Ausreifung, entsprechend FAB-M2, seltener M1 oder M4 vorkommt. Sie geht oft mit zusätzlichen Chromosomenanomalien einher (z. B. Verlust eines Geschlechtschromosoms). Molekularbiologisch wird das Onkogen c-ets 2 an das Chromosom 8 transloziert.

Patienten mit dieser Chromosomenanomalie zeigen eine relativ günstige Prognose. Häufig kommen extramedulläre Tumormanifestationen vor.

t(15;17). Diese Translokation wird ausschließlich bei Promyelozytenleukämie (M3 und M3v) gefunden (Tabelle 5.5). Die Häufigkeit dieser Translokation beim FAB-M3-Typ variiert in verschiedenen Auswertungen. Sie dürfte in zumindest 90% der Patienten mit Promyelozytenleukämie nachweisbar sein.

Die Bruchstelle am Chromosom 17 liegt im Bereich des Gens des α-Retinsäure-Rezeptors (RAR-α). In der Folge kommt es zu einer molekularbiologisch faßbaren Rearrangierung und Translokation an das myl-Gen am Chromosom 15. Auch in Fällen von AML-M3/M3v ohne zytogenetisch faßbare Translokation kann die Rearrangierung des RAR- und/oder myl-Gens nachgewiesen werden.

Als Folge der Rearrangierung und Translokation kommt es zur Transkription eines funktionell abnormen α-Retinsäure-Rezeptors, der möglicherweise für die Entstehung beziehungsweise die hohe Sensitivität der Leukämiezellen gegenüber all-trans Retinsäure mitverantwortlich ist [26a, 38a, 58a, 109a].

Strukturelle Anomalien am Chromosom 11 (11q23). Am häufigsten kommt es dabei zu einer Translokation zwischen Chromosom 9 und 11 (t(9;11)). Es handelt sich vor allem um akute monozytäre (selten myelomonozytäre) Leukämien, wobei am häufigsten (ca. 50% der Fälle) ein FAB-M5a-Typ beobachtet wird. Die Veränderungen finden sich vor allem im Kindesalter und können auch bei den seltenen kongenitalen Leukämien beobachtet werden [120, 179].

Molekularbiologisch sind das Onkogen c-ets 1 sowie die Gene für α- und β-Interferon involviert. Die Assoziation der 11q-Anomalie mit dem M5-Typ ist eng, wenn auch nur ein Teil dieser Fälle die Aberration zeigt. t/del 11 (q23) kann auch bei ALL (vor allem T-ALL) zur Beobachtung kommen [154].

Strukturelle Anomalien am Chromosom 16. Eine Inversion 16 (seltener eine Translokation oder Deletion; s. Tabelle 5.5) findet sich vor allem beim M4- und seltener beim M5-Typ, wenn gleichzeitig atypische Eosinophile vorkommen. Bei Vorhandensein dieser pathologischen eosinophilen Vorläuferzellen (positiv für Chloracetatesterase, PAS-positive Granula) kann man diese Chromosomenanomalie meist vorhersagen. Etwa 5% der AML zeigen diese Veränderungen. Die Erkrankung zeigt meist das typische hämatologische Bild einer myelomonozytären Leukämie mit Eosinophilenvermehrung (s. Eosinophilien). Sie wird als M4Eo bezeichnet (Tabelle 5.5). Die Prognose der Erkrankung ist gut, komplette Remissionen werden in etwa 90% der Patienten erreicht. Rezidive im ZNS kommen vor (in etwa 35% der Patienten).

t(9;22) (q34;q11). Diese Translokation findet sich vor allem beim M1-Typ insgesamt in nur ca. 1% der Fälle von ANLL. Es kann sich um eine molekularbiologische, dem Philadelphia-Chromosom ähnliche Veränderung handeln. Im Gegensatz zu CML ist hier meist ein deutlicher Anteil normaler, diploider Zellen nachweisbar, und die Anomalie verschwindet bei kompletter Remission [155].

t(6;9). Diese schwierig nachweisbare Translokation findet sich beim FAB-M2- und M4-Typ. Im Knochenmark ist häufig eine erhöhte Basophilenzahl nachweisbar. Etwa 20% dieser Fälle entwickeln sich aus einem MDS [155]. Die Anomalie ist prognostisch ungünstig.

Andere qualitative Veränderungen: Sie sind selten und in Tabelle 5.5 zusammengefaßt.

del 5q, del 7q, +8. Am häufigsten kommen Trisomie 8 und die Deletion 7q- vor. Auch die Deletion 5q- wird nicht selten gefunden. Die Trisomie 8 geht mit einer intermediären Prognose einher. Am Chromosom 8 ist das für die Zellproliferation wahrscheinlich wichtige Onkogen c-myc lokalisiert. Bei der Deletion 7q- finden sich niedrige Remissionsraten und meist eine ungünstige Prognose. Zu 5q- s. [210, 220, 230] und Kap. 4.

5.2 Die akuten lymphatischen und undifferenzierten Leukämien

Einteilung. Voraussetzung für die Einordnung in diese Kategorie ist das Fehlen von granulozytären, monozytären, erythroblastischen und megakaryozytären Merkmalen. Die Erkrankungen wurden früher entsprechend der zytochemischen Eigenschaft der Blasten als lymphatisch (PAS+ bei

Tabelle 5.6. Subtypen der ALL: Häufigkeit und Altersverteilung

	% der ALL-Fälle			
	c-ALL	T-ALL	O-ALL	B-All
Kinder (n = 542)[1]	73,2	13,5	12,6	0,7
Erwachsene[1] (n = 103)	50,5	9,7	37,8	2,0
gesamt (n = 645)[1]	70	13	16	1
Erwachsene[2] (n = 739)	52	26	19	2

[1] Greaves et al. [79]
[2] Thiel et al. [219]

gleichzeitigem Fehlen von POX und Esterase) oder undifferenziert (auch PAS− = AUL) bezeichnet (s. Kap. 5.2.2 und Kap. 5.2.3). Nach immunzytologischen Kriterien wird von einer ALL der B-Zellreihe (cALL und B-ALL) und der T-Zellreihe (T-ALL) gesprochen (5.2.2.2).

Bei Fehlen von Markern für B- oder T-Lymphozyten und für myeloische Zellen liegt eine 0-ALL vor (s. Kap. 5.2.2.2c)).

Die akuten lymphatischen Leukämien (ALL) umfassen bei Erwachsenen 12–21% der unreifzelligen Leukämien und stellen im Kindesalter die häufigste Form akuter Leukämien dar. Zur Differenzierung der Untergruppen dieser Erkrankungen sind immunzytologische Untersuchungen Voraussetzung (Tabelle 5.2 und 5.6).

Die leukämischen Blasten entsprechen in ihrem immunologischen Phänotyp weitgehend denjenigen bestimmter Differenzierungsstufen normaler lymphatischer Vorläuferzellen aus Knochenmark oder Thymus. Die Reifungsstörungen lassen sich am besten verstehen, wenn das normale Entwicklungsverhalten von lymphatischen Vorläuferzellen in Knochenmark und Thymus dem leukämischen Reifungsstop gegenübergestellt wird [71, 72, 110].

5.2.1 Pathophysiologie und Reifungsstufen der Knochenmarklymphozyten

Im fetalen Knochenmark sind Vorläuferzellen der B-Lymphozyten in großer Zahl vorhanden: in der 16–20. Schwangerschaftswoche sind 30–40% der Knochenmarkzellen CD24+ und 18–32% CD19+ [24, 166]. 3–10% dieser Zellen sind zusätzlich TdT-positiv und entsprechen somit der frühest nachweisbaren B-Zelldifferenzierungsstufe. Im Kindesalter und im regenerierenden Knochenmark fällt der Anteil TdT-positiver Zellen auf 0,5–12%, im frühen Erwachsenenalter auf 0,2–2% ab [35]. Altersabhängig ist auch die Gesamtzahl der B-Lymphozyten im Knochenmark. Sie nimmt vom Fetal-

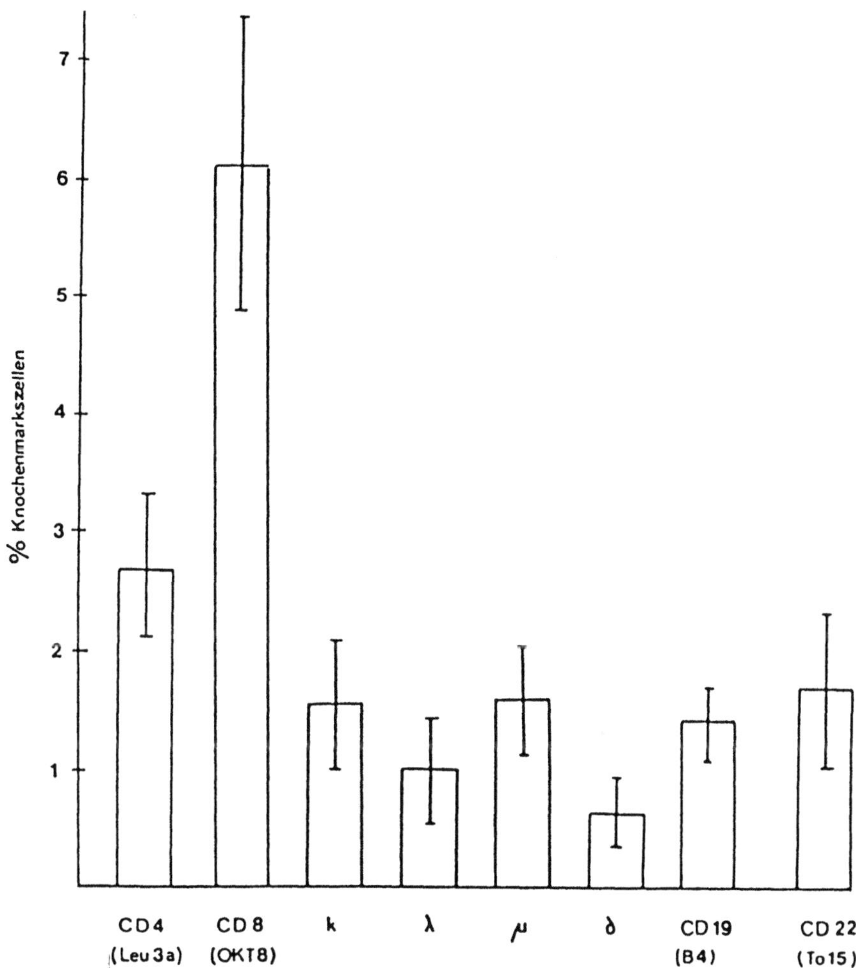

Abb. 5.4. Anteil lymphatischer Zellen mit Markern von B- und T-Lymphozyten im Knochenmark [110a]

zum Erwachsenenalter kontinuierlich ab (z. B. Zellen mit dem CD19 Marker: 2–4% im Knochenmark Erwachsener [166]). Die phänotypische Zusammensetzung lymphatischer Zellen im normalen Knochenmark von Erwachsenen findet sich in Abb. 5.4.

Die frühest identifizierbare lymphatische Zelle ist TdT-positiv. Es handelt sich dabei um die lymphatische Vorläuferzelle, die zusätzlich auch CD34- und HLA-DR-Antigene exprimiert (s. Abb. 5.6). DNA-Analysen können bereits auf dieser Stufe den ersten Hinweis auf eine B-Zelldifferenzierung geben [130]. Allerdings werden abortive Ig-VH-Rearrangements (Ig-VH-Gen: Gen für den variablen Anteil der Immunglobulin-Schwerkette) auch bei manchen T-Lymphoblasten und – selten – auch bei Myeloblasten gefunden (zu Rearrangement s. Abb. 5.5 u. 5.6). Dies gilt vor allem für leukämische Transformationen und könnte durch eine Überaktivität der TdT bedingt sein [132]. Im normalen Knochenmark können jedoch praktisch alle TdT-positiven Zellen der B-Zellreihe zu-

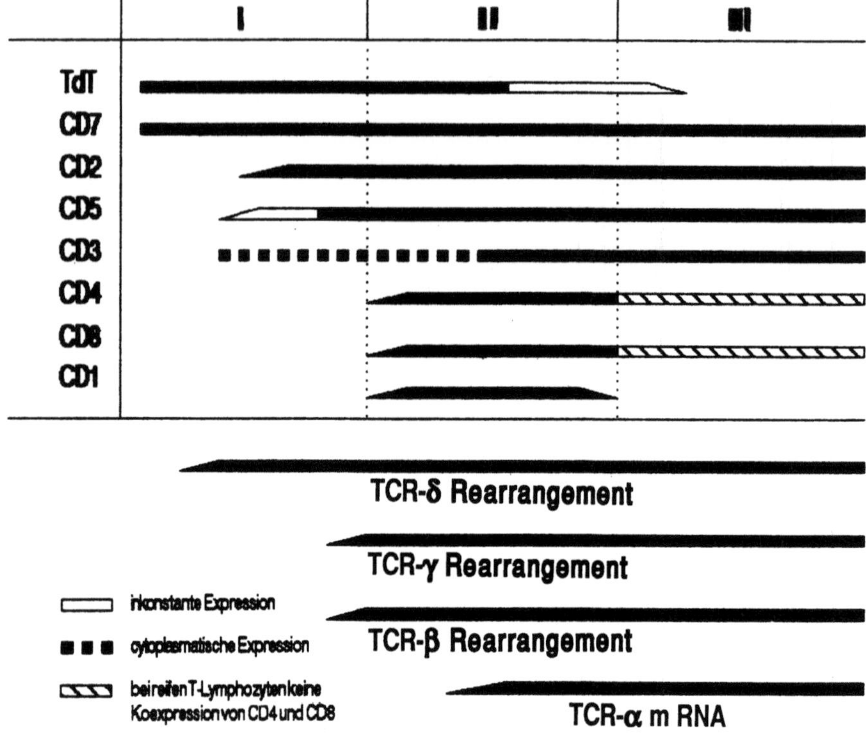

Abb. 5.5. Differenzierungsschema humaner T-Lymphozyten

geordnet werden, eine Expression von T-Zell- oder myeloischen Antigenen wird mit Routinemethoden nicht beobachtet [115]. Zusätzlich zu HLA-DR-Antigenen werden in weiterer Folge Marker nachweisbar, die typisch für *frühe* B-Lymphozyten sind (CD24 an im Mittel 60% bzw. 80% TdT-positiver Knochenmarkzellen) [35, 137]. CD34 geht in weiterer Folge verloren. Ein Marker, der ebenfalls früh in der Reifung von B-Lymphozyten exprimiert wird, ist CD19 [72, 77]. Das – allerdings nicht B-Zell-spezifische – CD10(c-ALL)-Antigen wird etwas später nachweisbar [105, 165, 166]. Früh, jedoch zunächst nur zytoplasmatisch exprimiert, wird auch CD22 [150]. Erst später kommt es zum Auftreten von CD20 (z. B. B1), dem meist der Verlust von TdT vorausgeht (B1 nur in etwa 10% der TdT-positiven Zellen exprimiert) [35]. Zytoplasmatische μ-Ketten, bei Fehlen von Oberflächen-IgM ein Marker für prä-B-Lymphozyten [72, 77, 234, 242], sind an normalen Knochenmarkzellen nur im Fetalalter in größerem Umfang nachweisbar (bis über 10% in der 14.–17. Schwangerschaftswoche; 0,1–1,5% im Kindesalter, unter 1% im Erwachsenenalter; 5% der TdT-positiven Zellen sind dann zytoplasmatisch μ-positiv [76]).

Neben lymphatischen Vorläuferzellen, die der B-Zellreihe angehören, sind im Knochenmark auch reife Entwicklungsformen von B-Lymphozyten sowie Effektorzellen der T-Lymphozyten nachweisbar. Im Erwachsenenalter sind 5-10% der Knochenmarkzellen Oberflächen-IgM-positiv, davon 70% auch IgD-positiv [35]. Bei der Ausreifung zu Plasmazellen verlieren die lymphatischen Zellen viele Membraneigenschaften von B-Lymphozyten, sie exprimieren für Plasmazellen spezifische Oberflächenantigene (z. B. PCA-1) und weisen eine zytoplasmatische Positivität für schwere und leichte Ketten von

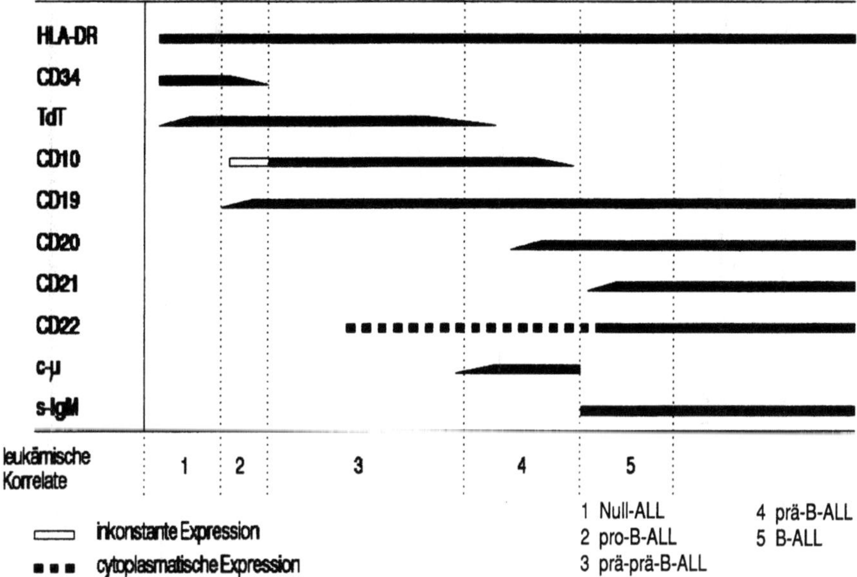

Abb. 5.6. Reifungsstufen humaner B-Lymphozyten und ihre entsprechenden leukämischen Korrelate

Immunglobulinen auf. Auch das – allerdings nicht plasmazellspezifische – CD38-Antigen ist nachweisbar [82a].

Die T-Lymphozyten des Knochenmarks entsprechen reifen Effektorzellen, wobei Lymphozyten des Suppressor-zytotoxischen Subtyps (CD8-positiv) im Vergleich zu CD4-positiven T-Helferzellen überwiegen (Abb. 5.4). Zellen mit Markern früher T-Vorläuferzellen sind extrem selten (etwa 0,01% [138, 218, 225]. Die in der Abb. 5.4 zusammengestellten Ergebnisse entsprechen immunhistologischen Auswertungen. In der Aspirationszytologie sind die Ergebnisse durch den variablen Anteil von Lymphozyten aus dem peripheren Blut verändert.

5.2.1.1 Reifungsstufen der Thymuslymphozyten

Immunzytologisch können zumindest 3 Reifungsstufen von Thymuslymphozyten unterschieden werden [59, 66, 72, 73, 89, 111, 192, 226, 239]

Eine Zusammenfassung der immunzytologisch faßbaren Reifungsschritte von T-Vorläuferzellen bis zu späten Zellen dieser Reihe findet sich in Abb. 5.5.

Frühe Thymozyten (Stadium I, *Prothymozyten*) sind positiv für TdT, CD34 und meist auch CD38. Als frühester T-Zellmarker wird CD7 etwa gleichzeitig mit dem im Southern Blot faßbaren Rearrangement von TCR(T-Zellrezeptor)-δ-Genen nachweisbar [56, 59, 73, 89, 175, 239]. Die Mehrzahl von Zellen dieses Reifungsstadiums (85% nach [115]) exprimieren auch Rezeptoren für Schaferythrozyten (CD2=LFA-2), die auch in den späteren Reifungsstufen erhalten bleiben. Der Anteil dieser Zellen, die im Thymus subkapsulär im Kortex gelegen sind, beträgt im kindlichen Thymus um 5%. Die Hauptzellpopulation (*common thymocytes,* Stadium II) ist TdT+, CD1+, CD2+ und CD7+; CD4 und CD8 werden gleichzeitig exprimiert. CD5 ist meist schon auf dieser Stufe nachweisbar. Der T-Zellantigen-Rezeptor (WT-31) bzw. diesem assoziierte Strukturen (CD3) werden intrazytoplasmatisch, aber nicht in der Zellmembran nachweisbar [161]. Morphologisch sind diese Zellen von vorwiegend kleiner bis mittlerer Größe, ihr Anteil beträgt 60–70% der Thymuslymphozyten. Sie sind ebenfalls in der Thymusrinde lokalisiert. *Späte Thymozyten* (Stadium III) exprimieren CD5 in höherer Dichte. CD3 und WT-31 sind in der Oberfläche leicht nachweisbar, CD1 und TdT gehen verloren. CD4 und CD8 sind an getrennten Populationen exprimiert. 20–25% der Thymuslymphozyten zeigen dieses Antigenmuster, sie sind vorwiegend, aber nicht ausschließlich, im Thymusmark lokalisiert [115].

5.2.2 Die ALL

5.2.2.1 Zytologie

Morphologisch sind die Blasten der ALL meist durch eine eher klumpige *(lymphatische)* Chromatinstruktur bei stark zugunsten des Kernes verschobener Kern-Plasma-Relation charakterisiert. Nur etwa 1% der ALL-Blasten besitzen zytoplasmatische Granula, die leukämischen Zellen zeigen niemals Übergangsformen zu reifen Zellen der Granulopoese, und auch Pseudo-Pelger-Formen sowie Auer-Stäbchen fehlen. Einige wichtige zytologische und zytochemische Befunde sind in Tabelle 5.7 zusammengefaßt. Nach den Kriterien der FAB-Klassifikation gehört die c-ALL und T-ALL morphologisch entweder der L1- oder der L2-Form an (Tabelle 5.8).

Tabelle 5.7. Zytologische und zytochemische Befunde bei ALL (leicht modifiziert nach [93])

Pappenheim-Färbung	Zytochemische Färbungen
Leukämische Population: Kern-Plasma-Relation hoch Kerne nicht gekerbt oder gefaltet[a] Wenige Nukleolen (1–2) Granulation[b] und Auer-Stäbchen fehlend	PAS-Reaktion: positiv, fast immer grobkörnig oder grobschollig vor negativem Zytoplasmahintergrund. Bei Erwachsenen-ALL ist oft nur ein Teil der leukämischen Zellen positiv. Bei T-ALL kann die PAS-Reaktion in den leukämischen Blasten negativ sein (s. Text)
In den nicht leukämischen Zellpopulationen fehlen gröbere Atypien (z. B. Granulationsanomalien der Myelopoese)	Saure Phosphatase: positiv, paranukleär, umschrieben. In T-Zellen stärker als in den Blasten der anderen ALL-Formen (bei AML und AMML noch stärker diffus positiv) β-Glucuronidase: kann schwach positiv sein (granulär in T- und 0-Zellen) Peroxidase: negativ Naphthol-AS-D-Chloroacetatesterase: negativ Unspezifische Esterase: kann granulär schwach positiv sein (NaF-resistent)

[a] Bei T-ALL meiste einzelne *convoluted cells* nachweisbar
[b] Bei ca. 1% den ALL deutliche POX-Granula

Tabelle 5.8. Morphologische Subtypen der ALL (FAB-Klassifikation)

Zytologische Kriterien[a]	L_1	L_2	L_3
Größe der Zellen	*Überwiegend kleine Zellen,* bis doppelte Größe kleiner Lymphozyten; geringe Größenvariation	Größer als L_1; variabel in der Größe	Groß und in der Größe wenig variabel
Form des Zellkerns	*Regelmäßig;* gelegentliche Einkerbungen und Einbuchtungen	Unregelmäßig. Einbuchtungen und Einkerbungen häufig	*Regelmäßig, oval bis rund*
Kernchromatin	Homogen strukturiert, manchmal schollig	Variabel, heterogen	Gleichmäßig fein und dicht getüpfelt
Nukleoli	*Nicht vorhanden oder sehr klein und unauffällig*	Ein oder mehrere, oft groß	Ein oder mehrere deutlich vorhanden, oft vesikulär
Anteil des Zytoplasmas	Wenig	Variabel; *meist reichlich vorhanden*	Reichlich vorhanden
Basophilie des Zytoplasmas	Wenig ausgeprägt; selten etwas intensiver	Variabel; intensiv an einigen Stellen	*Sehr intensiv*
Zytoplasmavakuolen	Variabel	Variabel	*Oft sehr ausgeprägt*
Summe der Charakteristika und Besonderheiten	Große Homogenität der Zellmorphologie; häufigster Leukämietyp bei Kindern	Große Variabilität zwischen Einzelzellen und verschiedenen Patienten. Abgrenzung gegen myeloblastische Leukämie kann schwierig sein (s. dort). „Undifferenzierte Leukämie"	Große Homogenität zwischen Einzelzellen und denen verschiedener Patienten. Hoher Mitoseindex (ca. 5%) entspricht dem *Burkitt-Typ*

[a] Wichtigste Unterschiede sind Kern-Plasma-Relation, Vorkommen (Ausprägung, Häufigkeit) von Nukleolen, Regelmäßigkeit der Kernform und Zellgröße [10]

Nach den Ergebnissen von Thiel et al. [219] waren bei der c-ALL 30% dem L1-Typ und 69% dem L2-Typ zuzuordnen. Der L1-Typ findet sich vor allem bei Kindern, der L2-Typ bei älteren Patienten (Übersicht bei [10]).

Zytochemisch (s. Tabelle 5.1) ist eine meist grobkörnige Ablagerung PAS-positiven Materials im Zytoplasma zumindest eines Teils der Blasten festzu-

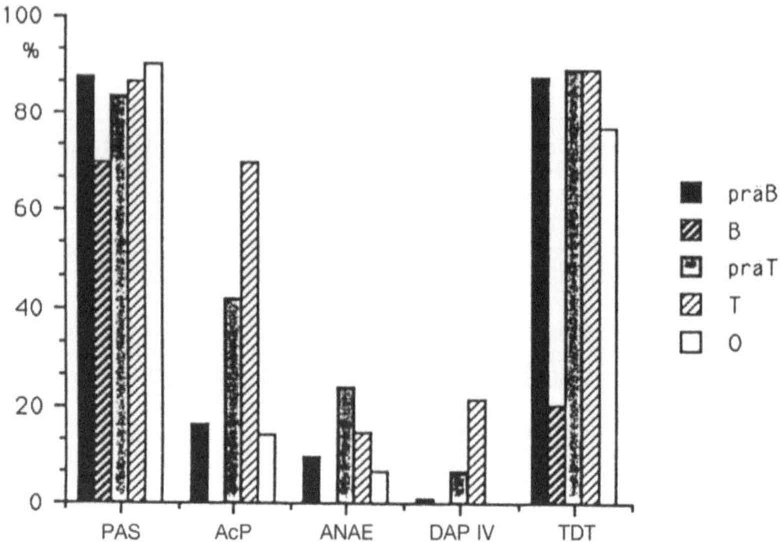

Abb. 5.7. Zytochemische Befunde bei Patienten mit ALL und Null-ALL (mod. nach [141a]
PAS Perjodsäure-Schiff-Reaktion, AcP Saure Phosphatase, ANAE α-Naphthylacetat-Esterase, DAP IV Dipeptidylaminopeptidase IV, TDT terminale Desoxyribonukleotidyl-Transferase

stellen. Der Anteil PAS-positiver Zellen ist sehr variabel und beträgt vielfach nur wenige Prozent. Wichtiger als der Anteil reaktionsfähiger Zellen ist für die Diagnose das grobgranuläre Muster der Reaktion bei ansonsten völlig negativer Reaktion. Voraussetzung für die Diagnose einer ALL ist darüber hinaus das vollständige Fehlen einer Peroxidasereaktion in den atypischen Blasten; auch die unspezifische Esterase ist negativ bis höchstens schwach positiv.

Eine Gegenüberstellung zytochemischer Befunde bei den einzelnen immunologischen Subtypen der ALL findet sich in Abb. 5.7. Die T-ALL unterscheidet sich morphologisch kaum von der c-ALL, obwohl der L1-Typ häufiger ist. Zytochemisch bestehen jedoch signifikante Unterschiede, da die T- und prä-T-ALL in einem wesentlich höheren Prozentsatz für saure Phosphatase und DAP IV (Dipeptidylaminopeptidase) positiv sind als die anderen immunologischen Subgruppen. Keine signifikanten Unterschiede ergaben sich für den Nachweis von PAS und ANAE (α-Naphthylacetatesterase).

5.2.2.2 Immunzytologie der ALL und klinische Korrelationen

a) common-ALL

Charakteristisch für diese Erkrankung ist die Reaktionsfähigkeit der Leukämiezellen mit Antikörpern des Clusters CD10, die Expression von frühen B-Zellmarkern und HLA-DR-Antigenen (Tabelle 5.2 und Abb. 5.6). Sie ist TdT-positiv. Die Diagnose einer c-ALL erfordert, daß Marker, die für T-Vorläuferzellen charakteristisch sind, fehlen (die CD10-positive, T-Antigen-positive ALL wird der T-ALL zugerechnet s. unten). Oberflächenimmunglobuline werden nicht exprimiert, zytoplasmatische μ-Ketten finden sich in etwa einem Drittel der Fälle (= prä-B-ALL).

In der eigenen Auswertung waren HLA-DR und CD10 definitionsgemäß in 100%, CD24 bis auf seltene Ausnahmen positiv (s. auch [72]). Konstant negativ waren CD1, CD7, CD3 und die Reaktion mit dem Antikörper VIM-2 (CDw65).

Monoklonale Antikörper des Clusters CD22 reagierten in der Immunperoxidase in 90% der Fälle von c-ALL [150]. In der Immunfluoreszenz- und FACS-Analyse ist die Anwendung des letzteren Antikörpers in der Diagnostik akuter Leukämien limitiert, da das Antigen zunächst nur zytoplasmatisch exprimiert wird. Ob zytoplasmatische μ-Ketten als Marker von prä-B-Lymphozyten die Prognose verschlechtern, wird unterschiedlich beantwortet. Während die Cooper-Arbeitsgruppe [48, 49, 52] sie als prognostische Untergruppe bezeichnet, konnte dies für die Erwachsenen-ALL nicht bestätigt werden [190]. Zur CD10-negativen ALL von B-Vorläuferzellen [181, 228] s. Null-ALL (Abschnitt 2.2.2c).

Das klinische Erscheinungsbild der c-ALL unterscheidet sich bei Diagnosestellung etwas von jenem der T-ALL. So war die erste Patientengruppe im Mittel älter, ein Mediastinalbefall, ZNS-Beteiligung und hohe Leukozytenwerte hingegen seltener [219].

b) T-ALL

Die leukämischen Blasten exprimieren Antigene früher T-Lymphozyten und ihrer Vorläuferzellen (Tabelle 5.2 und Abb. 5.5). Demgemäß sind Antikörper der Cluster CD7 und CD1 diagnostisch wichtig [72,10]. CD7 wird innerhalb der lymphatischen Reihe nur an T-Zellen exprimiert. Die TdT ist immer, das HLA-DR-Antigen nur in einem Teil ganz unreifer Fälle nachweisbar. Positiv reagieren meistens auch Antikörper des Clusters CD5. Die Reaktion mit CD10 (common-All-Antigen) ist inkonstant (Reaktion in 30–40% der Fälle) und ohne sicheren prognostischen Wert.

Von der T-ALL kann eine *prä-T-ALL* abgegrenzt werden, die folgendes Antigenprofil aufweist: TdT+, CD7+, häufig CD34+ und zytoplasmatisch CD3+, HLA-DR+/−, CD10 +/− [219]. Der Schaferythrozytenrezeptor (CD2) ist nicht exprimiert. Diese Form der T-ALL findet sich in ca. 6% aller ALL (bzw. 24% der T-ALL). Klinisch zeigten diese Fälle seltener eine Lymphadenopathie, einen Mediastinaltumor oder eine ausgeprägte Thrombopenie, sonst war das Erscheinungsbild zur Zeit der Diagnose ähnlich. Die geringere Tendenz extramedullärer Manifestationen könnte ein bevorzugtes „Homing“ dieser T-Vorläuferzellen im Knochenmark widerspiegeln [219].

Bei diesen Patienten zeigt sich zusätzlich im Southern Blot meist ein Rearrangement der TCR-γ- und häufig auch der TCR-β-Gene [56, 66, 73, 158, 219]. In der Studie von Thiel et al. [219] warum TCR-β- in 42% der Fälle, in 56% die TRC-γ-Gene rearrangiert. In einem geringen Teil der Fälle waren auch Ig-VH-Gene rearrangiert (in 6% der Fälle von Thiel et al. [219]). Manche Patienten mit prä-T-ALL zeigen ein Rearrangement von TCR-δ, während TCR-γ und -β in Keimlinienkonfiguration vorliegen [239].

Die Reaktion mit CD7 allein beweist noch nicht die lymphatische Herkunft der Leukämiezelle, da dieses Antigen von einer kleinen Population myeloischer Zellen exprimiert wird [81]. Zur Sicherung einer prä-T-ALL ist daher die Anwendung weiterer Antikörper zum Ausschluß von B-ALL und myeloischen Leukämien – vor allem in Zweifelsfällen – angezeigt (s. auch Tabelle 5.2).

Die *Prognose* der T-ALL wird in verschiedenen Studien unterschiedlich beurteilt. Während nach dem Protokoll der Hoelzer-Studie die T-ALL insbesondere bei weiblichen Patienten einen vergleichsweise günstigen Subtyp darstellt [101, 102], haben andere Untersuchungen eine schlechtere Prognose der T-ALL dokumentiert (z. B. [33]; Übersicht bei [46]). Dem prä-T-Zelltyp des Erwachsenen kommt nach der Hoelzer-Studie [219] eine – von klinischen und hämatologischen Parametern unabhängige – ungünstigere Prognose zu (Abb. 5.9): Die mediane Remissionsdauer betrug 16 Monate (gegenüber 34 Monate der T-ALL, $p = 0{,}02$); auch die mediane Überlebensdauer unterscheidet sich (25 gegenüber 51 Monate, $p = 0{,}02$). In Studien bei Kindern war dagegen ein Phänotyp früher T-Lymphozyten für die Langzeitprognose kein signifikanter zusätzlicher Faktor [52], im Vergleich zur T-ALL fand sich allerdings eine geringere initiale Ansprechrate.

c) 0-ALL

Die Definition der 0-ALL (Tabelle 5.2) unterscheidet sich in verschiedenen Studien. In der multizentrischen Hoelzer-Studie wurden als 0-ALL solche Fälle bezeichnet, die weder der c-ALL noch der T-ALL zugeordnet werden konnten (Phänotyp meist TdT+, HLA-DR+, CD10−; insgesamt 19% der Erwachsenen-ALL). Diese Patienten zeigten in der Hoelzer-Studie beim Erwachsenen eine deutlich schlechtere Prognose. Dieser Subtyp der ALL entspricht weitgehend der B- und T-Zellmarker-negativen ALL (Übersicht bei [138]), wie sie als prognostisch ungünstige Form z. B. auch von Pui et al. [181] und von Vannier [228] dokumentiert wurde.

Die beiden Studien weisen auf ungünstige Prognosefaktoren hin, die man in dieser Patientengruppe gehäuft beobachtete. Die LDH war bei diesen Fällen häufig hoch [178, 181]. 14 von 21 Fällen zeigten einen prognostisch eher ungünstigen pseudodiploiden Chromosomensatz, und zytogenetisch war eine t(4;11) nicht selten (bei 3 von 21 Patienten bei Pui et al. [181], in 3 von 4 Fällen bei Vannier et al. [228]).

DNA-Analysen können in den meisten Fällen durch Nachweis eines selektiven Rearrangements der Ig-VH-Gene die Zugehörigkeit zur frühesten B-Zelldifferenzierungsstufe belegen ([130, 185, 186] u. a.). Allerdings findet man in bis zu 15% der Fälle einen gemischten Genotyp, also ein gleichzeitiges Rearrangement auch von TCR-β-Genen [185, 173].

Der Anteil der 0-ALL nimmt ab, wenn neben B-Zellmarkern (CD19, CD24) auch Antigene untersucht werden, die an frühen myeloischen Zellen exprimiert werden (CD13, CD33). Ein Teil der sog. 0-ALL von Auswertungen aus früheren Jahren konnte dagegen durch Anwendung von T-Zellmarkern für frühe Vorläuferzellen (insbesondere CD7) der T-ALL zugeordnet werden.

In einer eigenen Auswertung blieben letztlich 20% der ALL echte 0-ALL nach den oben angeführten Kriterien [77]. Die 0-ALL ist bei Erwachsenen (19%) deutlich häufiger als bei Kindern (4% aller ALL-Fälle; Tabelle 5.6). Sie hat eine schlechtere Prognose als die Subtypen T-ALL und c-ALL. Leukämien, die zusätzlich zur TdT auch frühe myeloische Marker exprimieren, haben nach manchen Auswertungen (z. B. [209]) ebenfalls eine schlechtere Prognose (s. Kap. 5.3.2).

Je unreifer der Zelltyp, desto häufiger kann eine „Linienuntreue" erwartet werden [186]. Die Expression myeloischer Marker in manchen Fällen der 0-ALL kann als zusätzlicher Hinweis für die enge Beziehung der TdT-positiven, CD10-negativen T-ALL zu primitiven „Stammzellen" angesehen werden [219], deren „Flexibilität" in der Markerexpression [81] postuliert wurde (s. auch Hybridleukämien, Kap. 5.3).

d) B-ALL

Die Blasten gehören morphologisch fast ausschließlich dem L3-Subtyp an. Immunzytologisch exprimieren die Tumorzellen den Phänotyp reifer B-Lymphozyten. Sie exprimieren Oberflächenimmunglobuline (meist Positivität für μ-Ketten zusammen mit monoklonalen Leichtketten) und sind HLA-DR-positiv. Die Leukämiezellen sind TdT-negativ und exprimieren inkonstant CD10. Diese Leukämieform ist selten (1–2% aller ALL, Tab. 5.6) und prognostisch meist sehr ungünstig, insbesondere bei Erwachsenen.

In Einzelfällen wurden auch Varianten der B-ALL mit TdT-Positivität dokumentiert (z. B. [157]).

Dieser sIg+-, TdT+-Phänotyp zeigt meist keine L3-Morphologie. Allerdings ist diese Gruppe nicht homogen.

5.2.2.3 Zytogenetik der ALL

Strukturelle und numerische Anomalien des Chromosomensatzes können den Krankheitsverlauf und die Klinik der ALL beeinflussen. Zur Voraussage eines Therapieeffektes ist der Nachweis von Translokationen der wichtigste, von anderen prognostischen Indikatoren unabhängige Faktor. Auch der numerische Chromosomensatz ist vor allem im Kindesalter von zusätzlicher prognostischer Relevanz.

Die wichtigsten prognostisch relevanten Translokationen (Tabelle 5.9) sind ein Philadelphia-Chromosom (t(9;22) (q34;q11)), ein 14 q+ (vor allem t(8;14) (q24;q32) und t(4;11) (q21;q23)). Ähnlich ungünstig sind die Prognosen nach den Daten von Williams et al. [236], wenn es sich um Translokationen handelt, die von typischen Aberrationen abweichen (dies wurde in anderen Studien allerdings nicht allgemein bestätigt, z. B. Secker-Walker et

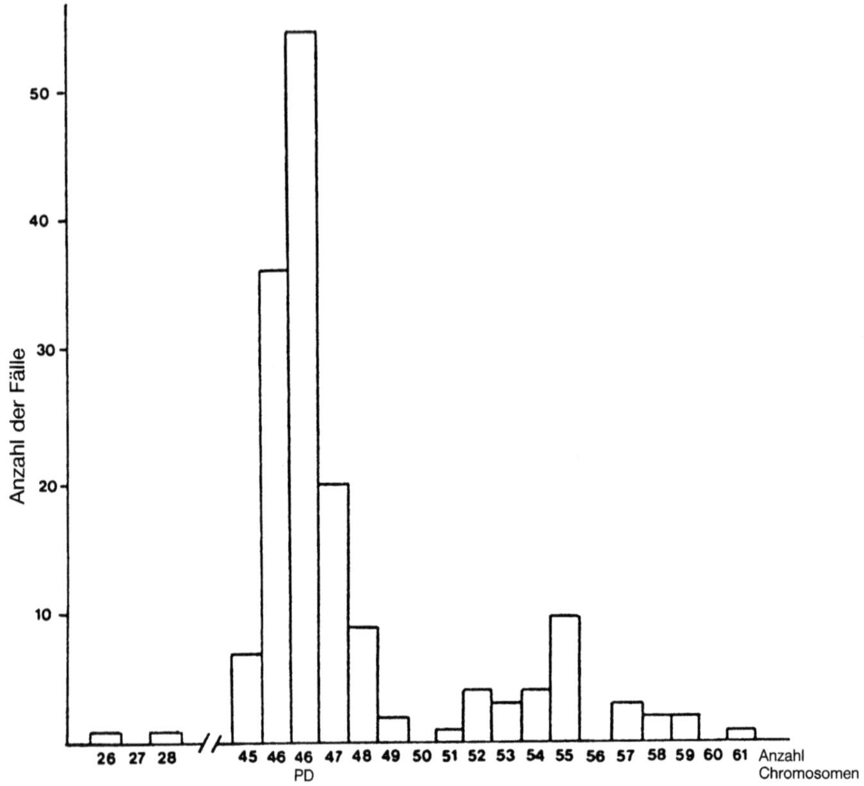

50
40
30
20
10
Anzahl der Fälle
26 27 28
45 46 46 47 48 49 50 51 52 53 54 55 56 57 58 59 60 61
PD
Anzahl Chromosomen

Abb. 5.8. Numerische Chromosomenveränderungen bei 161 Fällen von kindlicher ALL (nach [236])
PD = pseudodiploid

1,0
,8
,6
,4
,2
Überlebenswahrscheinlichkeit
2
4
6
8
Jahre
Prä-T ALL(CD7⁺, E·R⁻)
N = 38
T-ALL(CD7⁺, E·R⁺)
N = 128
p = 0.02

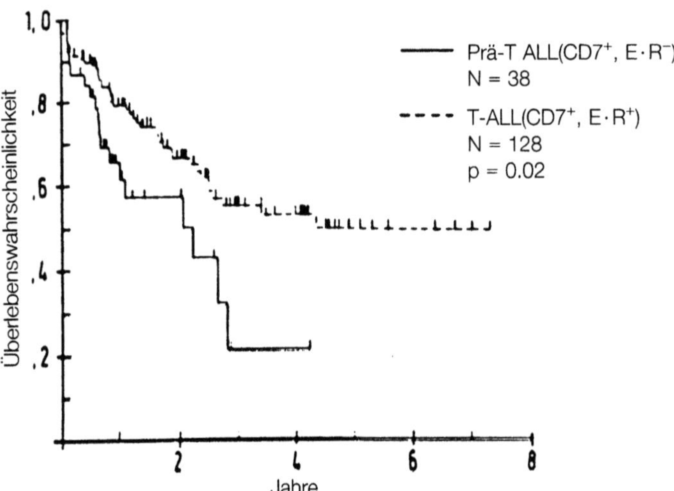

Abb. 5.9. Überlebenswahrscheinlichkeit bei Erwachsenen mit T-ALL (nach [219])

Tabelle 5.9. MIC-Klassifikation der B- und T-ALL [154]

	Karyotyp	Oberflächenantigene								FAB-Morphologie
		CD 19	TdT	HLA-DR	CD 10	cIg	sIG	CD 7	CD 2	
Null-ALL	t(4;11) t(9;22)	+	+	+	–	–	–	–	–	L1, L2
comon ALL	6q- t/del(12p) t(9;22)	+	+	+	+	–	–	–	–	L1, L2
pre B-ALL	t(1;19) t(9;22)	+	+	+	+	+	–	–	–	L1
B-ALL	t(8;14) t(2;8) t(8;22) 6q-	+	–	+	±	±	+	–	–	L3
pre T-ALL	t/del(9p)	–	+	–	–	–	–	+	–	L1, L2
T-ALL	t(11;14) 6q-	–	+	–	–	–	–	+	+	L1, L2

al. [202]). Der numerische Chromosomensatz beeinflußt die Prognose insoweit, als bei über 50 Chromosomen eine günstigere Prognose besteht [21, 119, 181, 236].

Die Häufigkeit der wichtigsten Chromosomenaberrationen wird wie folgt angegeben [21, 164, 238]: t(9;22) 5–10%, t(4;11) 5%, t(1;19) ca. 5%, 12p Anomalien 10%, 9p Anomalien 10%, 8q24 Anomalie mehr als 5 %, t(11;14) in 5–20% der T-ALL.

a) t(9;22)

Ein Philadelphia-Chromosom findet sich insgesamt in ca. 20% der ALL bei Erwachsenen und 5% der kindlichen ALL (Übersicht bei [134]). Ebenso kann es bei 2% der AML im Erwachsenenalter nachgewiesen werden. Die von der CML abweichenden molekularbiologischen Befunde (wie Expression eines Proteins p190 BCR-ABL gegenüber dem p210 BCR-ABL der typischen CML-Translokation) sind schematisch in Abb. 5.10 zusammengefaßt (s. auch Tabelle 6.2). Eine Rearrangierung der bcr-Gensequenz findet sich bei etwa der Hälfte der Ph1+-ALL im Erwachsenenalter (Tabelle 5.10). Es handelt sich morphologisch häufiger um L1- als L2-Typen (z. B. [193]); auch ein gemischter Phänotyp ist nicht ungewöhnlich [99].

Molekularbiologisch können innerhalb der BCR-Region (break-point-cluster) am Chromosom 22 neben der umschriebenen Bruchstelle wie bei der Ph1+-CML *(major BCR)* weitere sog. *minor BCR*-Bruchstellen involviert sein [42, 95, 134]. Aufgrund der dadurch

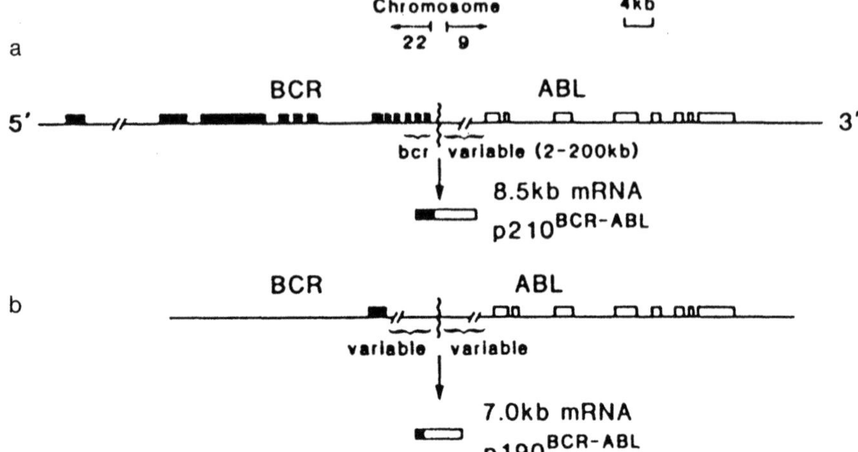

Abb. 5.10a, b. Molekulare Subtypen bei Ph1-positiver ALL und CML (a). Bei Ph1-positiver ALL findet sich eine zusätzliche Bruchstelle innerhalb des 1. Introns des BCR-Gens (b) [107, 134]

entstehenden unterschiedlichen mRNA-Länge können unterschiedliche Proteinprodukte des bcr-abl Fusionsgens nachgewiesen werden (p210, p190, s. auch Kap. 6 Chronisch-myeloproliferative Erkrankungen). Bei kindlicher Ph1+-ALL konnte bisher kein p210 nachgewiesen werden (Bruchstelle innerhalb der *major BCR*), so daß zwischen der Lokalisation der Bruchstelle innerhalb des bcr-Gens und dem Alter des Patienten eine Korrelation zu bestehen scheint [95].

Bei der CML ist der Nachweis der Ph1-Translokation durch molekularbiologische Methoden verhältnismäßig einfach und sensitiv [19], wobei auch Minimalerkrankungen durch die Polymerase-Kettenreaktion (PCR) erfaßt werden können [124]. Bei ALL dagegen ist die entsprechende Translokation durch das Vorkommen der verschiedenen molekularbiologischen Subtypen (Abb. 5.10) durch konventionelle Southern Blots vielfach nicht nachweisbar. Die Bruchstellen der Translokation sind über weite Gensequenzbereiche verteilt, so daß (neben der PCR auf RNA-Ebene, [124]) spezielle Techniken (z. B. die *pulsed field gel electrophoresis* [194]) zur Erfassung empfohlen wurden [107].

Die Prognose dieser Patienten ist bis auf seltene Ausnahmen ungünstig [21].

Trotz intensiver Therapiekontrolle war die Ph1+-ALL auch im Kindesalter prognostisch ungünstig [69]. Es wurden jedoch Langzeitüberlebende (2 der 18 Patienten von 2–18 Jahren) lediglich bei Vorliegen einer Variante des Ph1-Chromosoms (22q11-

Tabelle 5.10. Häufigkeit von BCR-Rearrangements bei Ph^1-positiven Leukämien (nach [134])

Diagnose	Patienten	Rearrangement
CML	253	247 (98%)
Erwachsenen-ALL	46	34 (52%)
Erwachsenen-AML	2	1 (50%)
kindliche ALL	9	1 (11%)

Bruchstellen ohne Beteiligung vom 9q34) gefunden. Diese Fälle waren auch molekularbiologisch different von der typischen Ph1-Translokation (z. B. Fehlen von p190 BCR-ABL [62]).

b) t(4;11) (q21;q23)

Diese Translokation hat ebenfalls eine schlechte Prognose, und zwar unabhängig von Alter, Leukozytenzahl oder FAB-Typ. Obwohl komplette Remissionen nicht ungewöhnlich sind (z. B. bei Bloomfield et al. [21] in 82% der Patienten) war die mediane Überlebensdauer meist nur kurz (7 Monate bei Bloomfield et al. [21]). Patienten mit dieser Chromosomenanomalie können eine aberrante Expression myelomonozytärer Zellmarker [120, 167, 170] zeigen.

t(4;11) ist häufig mit einer Hyperleukozytose, jungem Alter und einem gemischten Phänotyp (z. B. gleichzeitige Expression von CD15) assoziiert [5, 75, 135, 147, 160, 170]. Das Konzept der Beteiligung einer frühen Vorläuferzelle an dieser Erkrankung wird auch durch Untersuchungen an einer Zellinie mit t(4;11) unterstützt, welche Marker früher lymphatischer und myeloischer Zellen exprimiert [214]. Weiters ist dies die häufigste chromosomale Aberration bei Kleinkindern (bis 12 Monate nach der Geburt) mit ALL [135, 147, 179].

c) 14q+

Die häufigste Veränderung in dieser Gruppe ist eine Translokation (8;14) (q24;q32), die mit einer FAB-L3-Morphologie einhergeht. Es handelt sich bis auf seltene Ausnahmen um eine B-ALL mit meist hoher leukämischer Proliferationsrate [235]. Dabei wird eine „Deregulation" des c-myc-Onkogens postuliert (s. Kap. 10.8).

In der Patientengruppe von Bloomfield et al. [21] war eine 8q24-Anomalie bei 3,8% kindlicher und 5,8% Erwachsener ALL nachweisbar. Die mittlere Überlebensdauer lag bei 5 Monaten. Bei einer typischen B-ALL ist t(8;14)(q24;q32) oder deren Varianten (Tabelle 5.9) in bis zu 100% nachweisbar (z. B. [181]).

d) t(1;19) (q23;p13)

Diese Translokation korreliert mit einem prä-B-Zell-Phänotyp [111a, 181, 204, 235]. Die ungünstigere Ansprechrate bei Kindern mit prä-B-ALL betrifft vor allem Patienten mit dieser Translokation ([111a, 202, 204] mit weiterführender Literatur). Molekularbiologisch kommt es zum Auftreten eines Fusionsgens von möglicher pathogenetischer Bedeutung (Chimärismus von zwei Transkriptionsfaktoren [111a]; die Bruchpunkte liegen an eng umschriebenen Stellen). Das Hybridgen setzt sich aus Anteilen des E2A-Gens von Chromosom 19 und des PBX1-Gens von Chromosom 1 zusammen [111a]. Kodiert werden durch beide Sequenzen Proteine mit DNA-Bindungsfähigkeit, wobei E2A einen Bindungsfaktor für Ig-Enhancersequenzen und PBX1 wichtige Regulatorsequenzen einschließt. Das pathologische Transkript kann mittels der PCR auf RNA-Ebene nachgewiesen und dadurch minimale Resterkrankungen erfaßt werden [111a].

e) t(11;14) (p13;q11) und andere Translokationen unter Beteiligung von T-Zell-Rezeptorstrukturen

Die erstere chromosomale Aberration ist eng mit dem Phänotyp einer T-ALL korreliert [90, 235, 238]. Eine vom Phänotyp unabhängige prognostische Bedeutung ist für die Translokationen anscheinend nicht gegeben (z. B. [202]).

Neoplasien der T-Lymphozyten haben sehr häufig spezifische chromosomale Aberrationen, welche die Bande q11 am Chromosom 14 betreffen, wobei Translokationen, aber auch Inversionen vorkommen [22, 236]. 14q11 betrifft die eng zusammenliegenden Gen-Regionen des T-Zellrezeptors (TCR) δ und α (z. B. [22, 238]). Die Bruchstelle am Chromosom 11 hingegen ist in den molekulargenetisch untersuchten Fällen auf einen sehr engen Bereich beschränkt, sodaß eine Schlüsselrolle beim Leukämiezellwachstum postuliert wird.

Es liegt somit eine besonders auffallende *Breakpoint Cluster Region* im Bereich 11p13 vor, die lediglich 0,8–1,2 kB umfaßt [23, 238]. Bemerkenswert ist auch die enge Nachbarschaft zu einem Lokus, der bei Wilms Tumoren involviert ist [23]. Für dieses WT-Gen werden Tumorsuppressoreigenschaften postuliert [127].

Die *Translokation t(10;14) (q24;q11)* [189] betrifft ebenfalls am Chromosom 14 die Region der TCR-δ- und α-Gene. Dagegen umfassen Rearrangierungen am langen Arm von Chromosom 7 (7q32–q36) die TCR-β-Gene [188]. Sie finden sich bei T-ALL.

f) 9p-Anomalien t/del(9p)

Bei dieser Aberration handelt es sich am häufigsten um Deletionen oder um nichtbalanzierte Translokationen [164, 177]. Bei ihrem Vorkommen handelt es sich um Patienten, die häufig andere Risikofaktoren (höheres Alter, ausgeprägte Leukozytose, „lymphomatöse“ Manifestationen) zeigten. Der Region 9p21 wird eine kritische Rolle bei der Leukämogenese zugeschrieben [91, 128].

In 26 der 92 Fälle in der Literatur (Zusammenstellung bei [164]) handelt es sich um eine T-ALL. Unter den „lymphomatösen“ Manifestationen (in 39 von 89 Fällen) war ein Mediastinaltumor in 15%, eine Splenomegalie in 25% nachweisbar. Die Patienten zeigten eine höhere Relapsrate, allerdings keine signifikante Senkung der Langzeitremissionsrate. Die Häufigkeit extramedullärer Relapse (insbesondere im ZNS: bei 8 von 17 Behandlungsversagern) möge bei der Behandlungsstrategie berücksichtigt werden [164].

g) 12p-Anomalien

Es handelt sich um eine Anomalie mit Bruchpunkt 12p12, die vor allem bei c-ALL zur Beobachtung kommt. Ihr Vorkommen zeigt keine besondere prognostische Relevanz [187].

h) Ploidiegrad und Vorkommen von Aneuploidien

Die prognostische Bedeutung des Ploidiegrades ergibt sich auch aus der Auswertung großer Patientengruppen [21, 181, 202, 236]. Eine Zusammenstellung des numerischen Chromosomensatzes bei 161 Fällen kindlicher ALL findet sich in Abb. 5.8. Eine Hyperploidie von zumindest 51 Chromosomen wurde in der Studie von Bloomfield et al. bei 14% kindlicher und 5,2% der Erwachsenen ALL gefunden. Bei c-ALL war eine solche in 33% nachweisbar. Die Prognose dieser Patientengruppe kann besonders im Kindesalter als günstig angesehen werden. In den – weit selteneren – Fällen mit hypoploidem Chromosomensatz ist dagegen die Prognose häufig ungünstig [21, 180, 202].

Eine Hyperploidie (> 50 Chromosomen) war nach der Studie von Pui et al. [181, 182] häufig mit günstigen Prognosefaktoren assoziiert (niedrigere Leukozytenzahl, Alter zwischen 2 und 10 Jahren, niedrige LDH u. a.). Somit handelt es sich nicht um einen unabhängigen Prognosefaktor. Bei gleichzeitigem Vorkommen struktureller Anomalien (nach Williams et al. [236] in der damaligen Auswertung selten, nach Pui et al. [182] in der neueren Studie in 2/3 der Fälle) wurde die Prognose ungünstiger.

Als Ursache des häufig sehr guten Ansprechens in dieser Patientengruppe wird eine hohe Sensibilität für zellzyklus-spezifische Medikamente jener Leukämiezellen [144] diskutiert. Andererseits wurden eine vermehrte Tendenz zur Ausdifferenzierung und erhöhte Kortikosteroidsensitivität postuliert [207].

Durchflußzytometrische Methoden sind zur Erfassung von Veränderungen des Ploidiegrades von besonderem Wert und ermöglichen deren rasche Erfassung [98, 144, 147, 207]. Aneuploidien fanden sich vor allem bei „differenzierteren" Leukämien (z. B. c-ALL, AML M4 und M5; [147]).

Diese Methode ist weit weniger zeitaufwendig als chromosomale Analysen, jedoch nur komplementär zur Zytogenetik. Letztere Methode charakterisiert diese numerischen Veränderungen und strukturelle Anomalien werden definiert (z. B. [182]). Ploidieuntersuchungen mittels Durchflußzytometrie erlauben jedoch durch Doppelfärbung die spezifische immunphänotypische Erfassung der Leukämiezellpopulation(en) mit Beschreibung ihrer Ploidieverteilung und gleichzeitiger Charakterisierung von Zellzyklusphasen.

5.2.3 Die akute undifferenzierte Leukämie (AUL)

Aufgrund *zytochemischer Kriterien* steht der ALL (mit positiver PAS-Reaktion der Blasten) die AUL gegenüber (PAS, POX und Esterase unter 2% der Blasten positiv). In der Hoelzer-Studie [100] wurden 60% der Fälle als ALL und 40% als AUL bezeichnet. Zwischen den beiden Gruppen bestanden keine signifikanten Unterschiede im Hinblick auf die Prognose.

Die AUL sollte nicht mit der 0-ALL verwechselt werden, der erste Terminus ist aufgrund zytochemischer, der letztere nach immunzytologischen Kriterien erstellt. Immunzytologisch gelten zur Differenzierung der AUL dieselben Kriterien wie bei der ALL (s. Kap. 5.2.2.2). T-ALL sind häufiger als c-ALL zytochemisch als AUL anzusprechen. Die bei der ALL diskutierten zytogenetischen Befunde gelten im wesentlichen auch für die AUL.

Expression des Myeloperoxidasegens auf RNA- und Proteinebene bei AUL: Nach Isolierungen von cDNA-Klonen und Präparation von Oligonukleotidproben für das MPO-Gen [41, 163] wurde dessen Expression bei verschiedenen Leukämieformen untersucht [240]. Auf mRNA-Ebene konnte eine solche Expression bei den meisten AML-Fällen nachgewiesen werden. Ihr

Ausmaß korreliert in etwa mit den zytochemischen Ergebnissen. Bei typischer ALL war eine solche Expression dagegen meist nicht nachweisbar [41, 240]. Bei AUL war dagegen in allen untersuchten Fällen eine Expression auf mRNA-Ebenen dokumentierbar. Ebenso wurde mit poly- oder monoklonalen Antikörpern immunreaktive Myeloperoxidase in manchen Fällen nachgewiesen, die zytochemisch einer AUL entsprachen [223, 240].

Die POX-Genexpression kann somit als Marker für AUL mit Reifungsarrest auf einer sehr frühen myeloischen Differenzierungsstufe verwendet werden. Diese Befunde ergänzen Beobachtungen zur Induktion von POX in AUL in vitro [94].

Die Wertigkeit der elektronenmikroskopischen Erfassung der POX-Expression bei AUL wurde in einer Gruppe von 57 Patienten gezeigt [94a]. In 26 Fällen war eine POX-Expression gegeben (23 myelo-, 3 Plättchen-POX). Die POX positiven Patienten waren im Immunphänotyp wenig einheitlich, exprimierten zum Teil lymphatische oder myeloische Marker und zeigten nur in 29% eine komplette Remission von meist kurzer Dauer. POX-negative Patienten hingegen verhielten sich hinsichtlich des therapeutischen Ansprechens wie ALL. Die elektronenmikroskopische Bestimmung der POX wird somit bei AUL empfohlen.

5.3 Hybrid- und Doppelleukämien

Prinzipiell lassen sich Hybridleukämien, bei denen die einzelne Zelle einen Biphänotyp (lymphatisch und myeloisch) aufweist, von Doppelleukämien abgrenzen. Letztere zeigen eine Proliferation von sowohl lymphatischen als auch myeloischen Blasten nebeneinander. Größere Zusammenfassungen zu Hybrid-Leukämien finden sich bei [5, 75, 147, 159, 209]. Andererseits werden auch Wechsel der Zellreihenmarker im Rezidiv *(lineage-switch)* beschrieben und mit einer Häufigkeit von 8% angegeben [74, 186, 212].

Zwei unterschiedliche Hypothesen wurden postuliert, um das Phänomen der Hybridleukämie zu erklären. Postuliert wurde das Modell der *lineage infidelity*: demnach besitzt die leukämische Zelle eine aberrante Kombination von Zellmarkern als Ausdruck der genetischen Fehlprogrammierung für die Differenzierung der (leukämischen) Zelle. Demgegenüber beschreibt Greaves et al. die *lineage promiscuity* als die maligne Transformation *einer* Vorläuferzelle, deren Differenzierungsfähigkeit in mehrere Zellstränge angelegt ist [81].

Die tatsächliche Häufigkeit von Hybridleukämien (siehe Tabelle 5.11) läßt sich nur schwer abschätzen, da einige für die Diagnosestellung verwendete Marker nicht streng zellreihenspezifisch sind. So wird etwa das Vorkommen von lymphatischen zusätzlich zu myeloischen Antigenen in etwa 25% der AML beschrieben [99, 212]. Andere Studien, welche die Grenzen der Markeranalyse im Hinblick auf Reagentienspezifität kritisch mitberücksichtigen [5, 18, 81, 147], kommen auf wesentlich niedrigere Prozentsätze. So fanden Ludwig et al. [147] lymphozytäre Antigene in 8% der AML bzw. myeloische Antigene in 4% der ALL bei Kindern.

Tabelle 5.11. Häufigkeit biphänotypischer Leukämien (nach [18])

AML	266 (49%)
ALL	219 (40%)
Akute biphänotypische Leukämie*)	56 (10%)
Akute Doppelleukämie	4 (<1%)
Akute undifferenzierte Leukämie	3 (<1%)
gesamt	548 (100%)

*) Häufigste Formen:		
	myeloisch, TdT +	38 (68%)
	lymphatisch, CDw65+	4 (7%)
	lymphatisch, CD15+	2 (4%)
	myeloisch, CD2+	2 (4%)
	lymphatisch, CD13+	2 (1%)
	andere selten; Die CD7 + AML wurde nicht berücksichtigt (s. Text)	

5.3.1 Expression lymphatischer Marker bei AML

a) TdT-positive AML

Obwohl in erster Linie an prä-B- und prä-T-Lymphozyten sowie deren leukämischen Korrelaten nachweisbar [25], kann das Enzym an Zellen der frühen Myelopoese und vor allem im Rahmen einer AML vorkommen. Es wird bei etwa 10% der AML exprimiert ([16, 18, 28, 29, 70, 171] u. a.).

Am häufigsten handelt es sich um den M1-Typ [70, 171]. In manchen Studien fanden sich TdT-positive Blasten jedoch auch bei AML mit monozytärer Komponente (M4, M5a und M5b; [196]). Bei TdT-positiver AML wurden auch eine signifikante positive Korrelation zwischen TdT-Expression und „DNA-Rearrangement" der IgH-, TCR-β- und/oder TCR-γ-Loci gefunden [70, 203].

Funktionell ist die TdT an der Erhöhung der Variabilität der Expression von Immunglobulin- und T-Zellrezeptorgenen beteiligt, indem die Addition von Nukleotiden in der N-Region katalysiert wird.

Vielfach ist die TdT-Expression bei der AML mit einer schlechten Prognose assoziiert [7, 15, 28, 114, 140]. Andererseits wird aber auch keine prognostische Bedeutung [215] bzw. sogar ein verbessertes Ansprechen auf die Therapie bei TdT-positiver AML beschrieben. Ebenso war die TdT-Expression bei kindlicher AML kein Indikator für eine ungünstige Prognose [145]. Die unterschiedlichen Ergebnisse der Studien werden möglicherweise durch verschiedene Therapieprotokolle beeinflußt. Eine definitive Aussage werden erst prospektive Studien erbringen.

b) AML mit Markern von T-Lymphozyten

CD7 ist in 10–15% der AML nachweisbar [29, 53, 233]. CD7 soll in bis zu 56% der Fälle von TdT+-AML vorkommen [29].

CD2 wird bei manchen Patienten mit AML exprimiert (selten in Kombination mit CD7; [53, 159]). Nach einer Studie sind dies beinahe 10% der kindlichen AML. Es handelte sich um Patienten, die signifikant höhere Leukozytenwerte und häufiger Lymphadenopathien zeigten als CD2-negative-Patienten [53]. Auch die Ansprechrate war nach dieser Studie niedrig.

In einer Studie über kindliche Leukämien wurde die CD4-Expression bei 20% der AML nachgewiesen [145]. Dieser Phänotyp korrelierte eng mit den FAB-M4/M5-Subtypen.

c) AML mit Markern von B-Lymphozyten

CD10 ist an der Oberfläche lymphatischer Vorläuferzellen und Keimzentrumslymphozyten nachweisbar und kann – sehr selten – auch bei akuter myelo-(monozytärer) Leukämie an unreifen Zellen exprimiert werden (Übersicht bei [138, 145, 159]).

Es handelt sich um eine neutrale Endopeptidase, u. a. mit Wirkung auf chemotaktische Peptide [138, 205]. Dieses Enzym wird an einer großen Zahl von Zellen sehr verschiedener Herkunft exprimiert [138].

Es wurde auch über die Expression des B-Zellantigens CD19 bei AML berichtet (in 4,4% der AML-Fälle bei [29]).

d) T-Zellrezeptor und Ig-Gen-Rearrangements bei AML

Nicht nur auf Protein-, sondern auch auf DNA-Ebene können Merkmale der lymphatischen Reihe bei AML nachgewiesen werden. Cheng et al. fanden bei 3 von 24 AML-Patienten Rearrangements des TCR-β-Gens, darunter auch ein Fall mit gleichzeitigem IgH-Gen-Rearrangement [44]. Zwei dieser Patienten hatten Veränderungen des Karyotyps mit Beteiligung von Chromosom 7.

5.3.2 Expression myeloischer Marker bei ALL

Eine Koexpression myeloischer Antigene bei immunzytologisch gesicherter ALL wird in zumindest 10% gesehen [63a, 209, 212]. Allerdings handelt es sich hier meist auch um die Expression nicht streng zellreihenspezifischer Antigene, am häufigsten CD15, aber auch CD13 [81, 147, 209]. Auch eine nach unseren Erfahrungen deutlich seltenere Expression des myeloischen Antigens CD33 auf ALL-Blasten [209] wurde beobachtet. Vor allem die CD15-Expression bei kindlicher ALL ist häufig mit der Translokation t(4;11) assoziiert.

Das gelegentliche Vorkommen von CD15 bei ALL überrascht nicht, da auch an CD15-negativen lymphatischen Blasten nach Neuraminidase-Behandlung das Antigen nachgewiesen werden kann [213].

Manche Autoren berichten über eine ungünstige Prognose bei Erwachsenen mit CD13/CD33-positiver ALL [209]. Dieser Phänotyp besitzt bei Kindern anscheinend jedoch keine prognostische Bedeutung [63a, 145].

Die Zusammenstellung großer Patientengruppen zur klinischen Relevanz der Expression myeloischer Marker bei ALL (My+ ALL) im Kindes- gegenüber dem Erwachsenenalter zeigte deutliche Unterschiede [63a]. Bei Kindern war die Prognose im Hinblick auf Ansprechen und Überleben bei My+ ALL gleich wie in typischen Fällen. Bei Erwachsenen (My+ ALL in 10–20%) war dagegen die Expression myeloischer Marker für Ansprechen und Überleben ein ungünstiges Prognosezeichen.

5.3.3 ALL mit Markern von B- und T-Lymphozyten

Relativ häufig finden sich *bigenotypische* ALL, so daß von einem Linien-*Spillover* gesprochen werden kann (Tabelle 5.12). In gut dokumentierten Studien ließ sich zeigen, daß ein solcher Spillover um so häufiger beobachtet wird, je unreifer die Markerkonstellation der Leukämiezellen ist ([66, 81] u. a.). So ließ sich bei T-ALL eine Rearrangierung von IgH-Genen in etwa 12% dokumentieren, während die normalerweise später rearrangierten L-Ketten immer in Keimlinienkonfiguration vorlagen (L-Ketten-Rearrangierung bei akuten Leukämien außerhalb der T-ALL sind extrem ungewöhnlich; z. B. [66, 87]). Bei prä-B-ALL werden dagegen nicht selten TCR-δ- (z. B. 69% von 29 Fällen von Hara et al. [89]) bzw. TCR-γ-Ketten (40–60%; [43, 66, 89, 226]) rearrangiert. Demgegenüber lag das TCR-β-Gen deutlich öfter in Keimlinienkonfiguration vor (Rearrangierung z. B. in 11 von 39 Fällen von Chen et al. [43]; s. auch Tabelle 5.12).

Möglicherweise ist in diesen frühen Stadien der Vorläuferzellreifung, die leukämisch entartet, die gemeinsame Rekombinase für Ig- und TCR-Gene am wirksamsten [237]. Eine abnorme Aktivität von Rekombinasen wird darüber hinaus auch bei bestimmten chromosomalen Translokationen diskutiert (*recombinase error*, z. B. [22, 88]).

Ein Spillover auf DNA-Ebene (der häufig nur an einem Allel erfolgt, z. B. [66, 147]) muß nicht von einer, dem normalen Gen entsprechenden Transkription auf RNA-Ebene gefolgt sein (z. B. für TCR-γ; [43]; für TCR-δ-Ketten s. [89]). Tatsächlich handelt es sich in rearrangierten Fällen sehr häufig um eine atypische (eher fehlende) Transkription. Insgesamt sollen

Tabelle 5.12. Bigenotypische ALL (nach [66])

T-ALL Patienten und Zellinien[1]	12% (3/25)
B-Vorläufer-ALL:	
TCR-γ-Rearrangement[2]	47% (8/17)
TCR-β-Rearrangement	18% (3/17)

[1] rearrangiertes Ig-JH in allen Fällen, keine Rearrangierung von Ig-L-Ketten-Sequenzen
[2] Rearrangierung von TCR-γ, nicht aber von TCR-β in 6 von 17 Fällen

bigenotypische Charakteristika bei Neoplasien der B- gegenüber jener der T-Lymphozyten zweimal so häufig vorkommen [147, 173].

Auf Proteinebene kommen *biphänotypische* ALL offensichtlich nur sehr selten zur Beobachtung (dazu muß ein evtl. Spillover von der DNA- auf die RNA- und schlußendlich auf die Proteinebene durchschlagen). Biphänotypische ALL mit der Koexpression von CD2 und CD19 sind rar; z. B. fand sich dieser Phänotyp (ohne Expression von CD3) in 1,5% bei [221]. Ohne einheitliches Rearrangierungsmuster auf Ig- bzw. TCR-Genebenen war der Phänotyp dieser ALL TdT+, CD2+, CD10+, CD19+, CD34+. Insgesamt ist somit die Expression von CD2 und wohl noch deutlicher von CD3 bis auf sehr seltene Ausnahmen auf die T-Zellreihe beschränkt.

Zu früheren Daten über das Vorkommen des Schaferythrozyten-Rezeptors bei Leukämien s. Greaves et al. [81]. Diese Expression läßt sich nicht unbedingt mit CD2 gleichsetzen (z. B. [13]).

5.3.4 Diagnose von Hybrid- und Doppelleukämien

Die Diagnose von gemischtzelligen Leukämien erfordert den Nachweis eines gleichzeitigen Vorkommens (Hybrid-) oder nebeneinander Vorliegens (Doppelleukämie) von eindeutigen Markern für verschiedene Zellstränge an den Leukämiezellen. Auf Protein- wie auch DNA-Ebene kommt manchen Markern höhere Spezifität als anderen zu. Auf Proteinebene sind zudem zytochemische (POX > PAS-Färbung) wie immunzytologische Methoden zu berücksichtigen.

Auf Proteinebene sind bei Verwendung immunologischer Marker solche höherer und geringerer Spezifität z. T. gut etabliert (z. B. CD3 > CD7; CD22 > CD19; CD33 > CD15). Die laufende Beschreibung neuer Membran- und intrazellulärer Antigene erfordert jeweils eine Neubeurteilung dieser Kriterien. Zum Nachweis dieser Leukämieformen ist somit eine Reihe von Antikörpern (neben der Zytochemie und evtl. Elektronenmikroskopie) erforderlich, die Marker hoher Spezifität einschließen.

Auf DNA-Ebene sind ebenfalls Marker höherer und geringerer Spezifität definiert (Rearrangierung von L- > H-Ketten; von TCR-β > γ oder δ-Ketten). Diese Richtlinien sollten bei der Definition von Hybridleukämien eingeschlossen werden. Beispiele für akute Leukämien, die als bigeno- und phänotypisch charakterisiert wurden, finden sich z. B. bei [128, 147].

Bei Vorliegen einer biphänotypischen Leukämie (nach den diskutierten rigiden Kriterien) wird eine Beteiligung sehr früher Vorläuferzellen am neoplastischen Geschehen postuliert [81, 147, 159]. Solche „Stammzellen" zeigen eine gesteigerte Tendenz, durch Switch-Mechanismen klonale Varianten zu entwickeln, die gegenüber konventioneller Therapie resistent sind [74, 186, 209]. Ein zytogenetischer Marker für die Beteiligung früher Vorläuferzellen ist die Translokation t(4;11) und andere Aberrationen unter Einschluß von 11q23–q24, so auch t(11;19) oder t(9;11) [120, 128, 147]; s.

Kap. 5.2.2.3 b). t(4;11) war in einem hohen Prozentsatz biphänotypischer akuter Leukämien nachweisbar [5, 75, 147], der häufig ungünstige Verlauf bei Vorliegen dieser Translokation ist gut gesichert. Retrospektive Auswertungen geben einige Hinweise auf eine schlechtere Prognose auch anderer biphänotypischer Leukämien (z. B. [209]). Eine bessere Definition der Klinik der verschiedenen Spielarten biphänotypischer Leukämien werden jedoch erst prospektive Studien erbringen.

5.3.5 Häufung von Hybridleukämien im Säuglingsalter

Bei akuten Leukämien im frühkindlichen Alter *(infant acute leukemia)* findet sich ein besonders hoher Anteil von Hybridleukämien [128, 147].

Bei der ALL handelt es sich häufig um CD10-negative prä-prä-B-ALL (69% bei Ludwig et al. [147]). 17 dieser 24 Fälle zeigten eine Koexpression von CD15 und/oder CDw65, waren gleichzeitig aber negativ für weitere myeloische Antigene (CD13, CD33). Bei einigen Fällen wurde die simultane Expression des B-Zellantigens CD19 mit CD15/CDw65 dokumentiert. Unter den zytogenetischen Befunden war eine t(4;11) die häufigste chromosomale Aberration. 50% der B-Vorläufer-ALL hatten auch TCR-δ rearrangiert, so daß sich die Heterogenität dieser Gruppe auch auf Genebene widerspiegelt.

Die morphologischen und immunologischen Analysen bei ANLL ergaben am häufigsten einen myelomonozytären bzw. monozytären Phänotyp (12 der 25 Patienten bei Köller et al. [128]). Nicht selten war eine Beteiligung von Megakaryoblasten (20% bei Köller et al.) und/oder Erythroblasten (8%). Rearrangierungen von IgH fanden sich bei 5 der 25 Patienten (20%), 3 davon hatten zusätzlich auch TCR-δ rearrangiert.

Zusammenfassend waren Verdachtsmomente für biphänotypische Leukämien aus den zytogenetischen und molekularbiologischen Befunden in einem hohen Prozentsatz gegeben. Die ungünstige Prognose der akuten kongenitalen Leukämien im Säuglingsalter ist wiederholt dokumentiert.

5.3.6 Veränderung des Phänotyps im Rezidiv („Switch"-Leukämien)

Bei den meisten akuten Leukämien ist der Phänotyp im Rezidiv dem Erstbefund ähnlich [74, 178]. Mit detaillierten Markeranalysen werden allerdings Leukämien mit verändertem Phänotyp häufiger diagnostiziert [97, 169]. Die Zweitleukämien können sich entweder durch „Switch"-Mechanismen aus der gleichen Vorläuferzelle entwickeln, oder es kann eine echte Zweiterkrankung (therapieinduziert) vorliegen. Solche Leukämien mit differentem Phänotyp finden sich im Relaps weit häufiger bei ALL als bei AML [74, 212]. Bei ALL wird die Häufigkeit mit 6–9% angegeben [74, 178]. Bei ALL kommt sie bei T-ALL deutlich häufiger als in Non-T-Fällen vor (in der Studie von Pui et al. [183]) wurde das kumulative Risiko nach 6 Jahren bei T-ALL mit 19%, bei Non-T-ALL mit 3% eingeschätzt).

Nur ein kleiner Teil der Fälle manifestiert sich zur Zeit der Ersterkrankung schon als gemischtzellige Leukämie. In manchen Fällen werden Selektionsmechanismen durch die Therapie postuliert. Fast immer weisen Chromosomenanalysen auf einen vom Erstbefund differenten Klon im Rezidiv hin. Auffallend häufig ist das Chromosom 11 mit der bei akuten Leukämien häufig involvierten Region 11q23–q25 betroffen (in 8 von 9 Fällen von Pui et al.[183]; in 3 von 5 Fällen von Gagnon et al. [74], s. Abb. 5.11). Dieser Marker läßt die Transformation pluripotenter Stammzellen im Leukämierezidiv postulieren. Obwohl therapieinduzierte Sekundärleukämien im Einzelfall oft schwer auszuschließen sind (z. B. [75]), sprechen neben den zytogenetischen Ergebnissen auch die unterschiedlichen hämatologischen Befunde gegen die Verdachtsdiagnose einer therapieinduzierten Leukämie (nach den hämatologischen Befunden sind präleukämische Stadien selten, nach den zytogenetischen Ergebnissen fehlen meist Veränderungen nach Art von -7 bzw. 5q-).

In einigen detailliert untersuchten Fällen wurde gezeigt, daß der Linien-Switch den ursprünglichen leukämischen Klon betraf, der jedoch morphologisch (und evtl. immunphänotypisch) eine Konversion zeigte. So war bei einer T-ALL mit Übergang in eine AML der DNA-Genotyp zur Zeit der Diagnose und im Relaps sehr ähnlich (dies ließ sich durch das Rearrangierungsmuster in Hinblick auf TCR-β, TCR-γ, TCR-δ und Ig-JH eindeutig zeigen [201]. Chromosomenanalysen allerdings weisen meist auf einen vom Erstbefund differenten Klon im Rezidiv hin, doch sind Befunde, die auf eine klonale Evolution hindeuten, nicht so selten [74].

Die Differenzierung, ob es sich beim Wiederauftreten der akuten Leukämie um eine echte therapieinduzierte Zweiterkrankung oder um eine „Switch“-Leukämie handelt, ist oft schwierig [75, 183, 201]. Die für

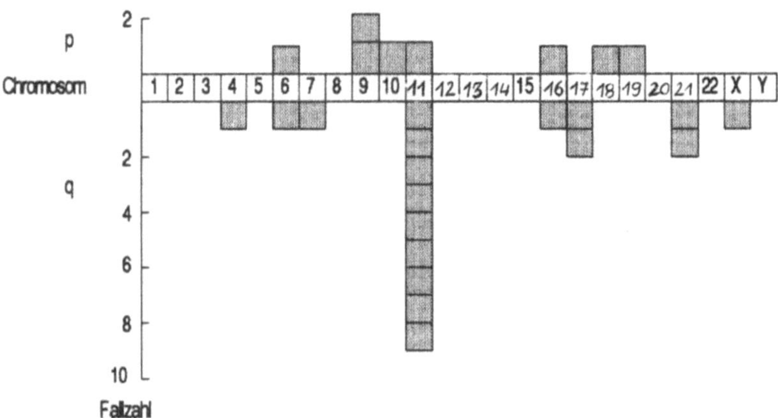

Abb. 5.11. Strukturelle Chromosomenaberrationen bei Kindern mit relapsierender akuter Leukämie (nach [183])

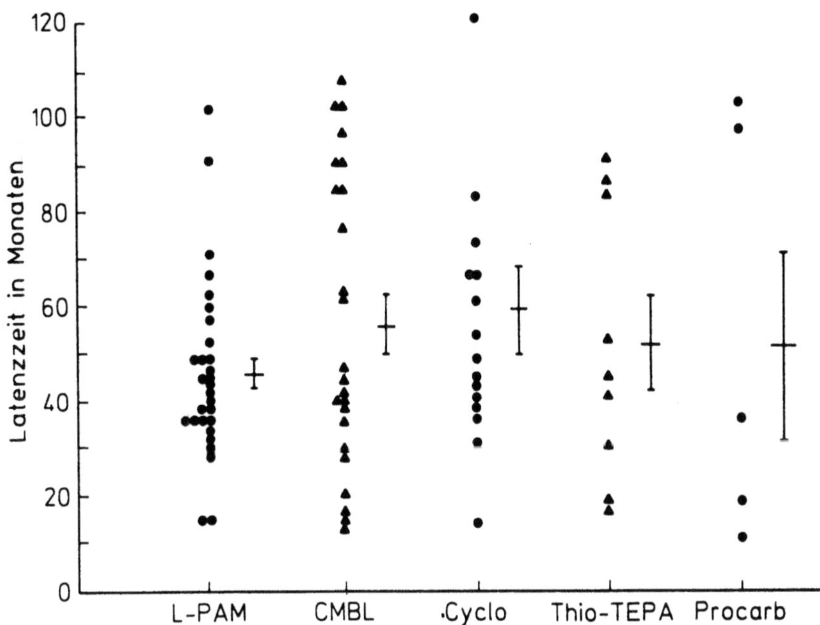

Abb. 5.12. Latenzzeit bis zur Manifestation unreifzelliger Leukämien nach zytostatischer Therapie. Mittelwerte und Standardabweichung des Mittelwertes sind angegeben. *L-PAM* Melphalan, *CMBL* Chlorambucil, *Cyclo* Cyclophosphamid, *Procarb* Procarbazin [110]

sekundäre Leukämien typischen chromosomalen Befunde (-7,5q- usw.) und das myelodysplastische Vorstadium fehlen allerdings in vielen Fällen derartiger Leukämien. Auch ein kürzeres Intervall zwischen Erstmanifestation und Wiederauftreten spricht eher für eine „Switch"-Leukämie (s. auch [75]).

5.4 Therapieinduzierte unreifzellige Leukämien

Unreifzellige „nichtlymphatische" Leukämien wurden im Anschluß an zytostatische Behandlungen (vielfach in Kombination mit einer Strahlentherapie) beobachtet. Dies wurde zunächst besonders beim Multiplen Myelom, Mb. Hodgkin und anderen lymphatischen Systemerkrankungen sowie bei der Polyzythaemia vera und anderen myeloproliferativen Erkrankungen beobachtet. In letzter Zeit sind solche Leukämien auch in zunehmender Häufigkeit bei soliden Tumoren dokumentiert, was auf die weitverbreitete Anwendung einer adjuvanten Chemotherapie zurückzuführen ist (z. B. [118, 121]). Schließlich finden sie sich auch vereinzelt bei nichtmalignen Erkrankungen, die mit zytostatischen Medikamenten über lange Zeiträume behandelt wurden. Besonderheiten, die eine therapieinduzierte von einer *de novo*-AML unterscheiden, sind die hohe Inzidenz vorangehender Zytopenien und myelodysplastischer Veränderungen (häufig unter Einbeziehung aller drei Zellreihen), häufige zytogenetische Abnormalitäten mit Beteiligung von Chromosom 7 oder 5 sowie eine schlechtere Prognose.

Meist ist eine längere Latenzzeit zwischen Zytostatikatherapie und Manifestation der Leukämie nachweisbar (im Durchschnitt etwa 50–60 Monate; s. Abb. 5.12, [156]).

5.4.1 Hämatologische Befunde

Die therapieinduzierten Myelopathien können sich als Panzytopenie mit begleitenden dysplastischen Veränderungen, als MDS oder akute Leukämie manifestieren.

Im *peripheren Blut* finden sich zum Zeitpunkt der Präsentation häufig eine Anämie sowie Thrombo- und/oder Granulozytopenie [38, 151]. Diese Befunde sind im wesentlichen davon unabhängig, ob ein MDS oder eine AML vorliegt (s. Tabelle 5.14; [156]).

Die Anämie kommt durch eine verminderte Neubildung und evtl. durch eine zusätzlich hämolytische Komponente zustande. Periphere Blutausstriche zeigen oft eine Aniso- und Poikilozytose, Erythroblasten sind häufig nachweisbar. Die Thrombopenie wird oft von qualitativen Defekten der Blutplättchen (vor allem Riesenplättchen) begleitet. Reife Zellen der Granulopoese zeigen in der Mehrzahl qualitative Veränderungen (Granulationsanomalien, Pseudo-Pelger-Formen). Eine periphere Monozytose und Basophilie kam in 10–20% der Fälle vor.

Im Differentialblutbild ist die Blastenausschwemmung zunächst meist nicht sehr ausgeprägt. Auch wenn eine sekundäre AML vorliegt, sind

Tabelle 5.14. Häufigkeit hämatologischer Befunde im peripheren Blut bei Therapie-induzierten MDS/AML (nach [156])

	AML (%) n = 26	MDS (%) n = 39
Anämie (<12 Hb/dl)	100	95
Leukopenie (<4500/μl)	48	71
Leukozytose (>11 000/μl)	35	8
Thrombozytopenie (<140 000/μl)	87	74
Aniso-, Poikilozytose	100	100
Makrozyten	86	97
Normoblasten	77	76
Abnorme Neutropenie	68	84
Basophilie	9	28
Atypische Plättchen	68	86
Mikromegakaryozyten	41	39

zum Teil relativ wenig Blasten nachweisbar (Median 18%, 2–63% bei Michels et al. [156]).

Im *Knochenmark* beträgt der Blastenanteil bei therapieinduzierter AML z. Z. der Diagnosestellung im Durchschnitt 56% (30–86% bei Michels et al. [156]). Oligoblastäre Leukämien sind somit nicht selten [151].

Zeichen der Myelodysplasie, die alle drei Differenzierungslinien betreffen können *(trilineage dysplasia),* finden sich bei der überwiegenden Mehrzahl der Fälle. Auch Ringsideroblasten sind nicht ungewöhnlich (in 60% der Patienten bei Michels et al. [156]). Eine Knochenmarkfibrose liegt bei diesen Patienten nicht selten vor [156, 216]. Die Typisierung der Blasten nach FAB-Kriterien kann wegen der dysplastischen Veränderungen und der Markfibrose Schwierigkeiten bereiten, so daß ein beträchtlicher Prozentsatz (49% bei Michels et al. [156]) keinem FAB-Subtyp zugeordnet werden kann. Die meisten der unklassifizierbaren Fälle hatten eine M2-ähnliche Morphologie. Unter den einem FAB-Typ zuzuordnenden Fällen waren neben M2 auch (myelo-)monozytäre und Erythroleukämien nicht ungewöhnlich.

Bei diesen Fällen können durch zytochemische Untersuchungen qualitative Veränderungen (Granulationsanomalien, sideroblastische Veränderungen der Erythropoese, PAS-positive Erythroblasten) nachgewiesen werden.

Der Verlauf der Erkrankung kann durch 3 Stadien gekennzeichnet sein [156]. Das 1. Stadium ist charakterisiert durch eine Panzytopenie mit begleitenden dysplastischen Veränderungen; auf dieser Stufe ist der Blastenanteil im Knochenmark häufig diskret (<5%). Dieses Stadium kann in ein echtes MDS übergehen, das morphologisch einer RAEB oder RAEB-T ähnelt. Das 3. Stadium entspricht dem Vollbild einer AML; etwa 30% der Patienten im MDS-Stadium entwickelten innerhalb von 12 Monaten eine AML [156].

Die Prognose scheint nur einen geringen Zusammenhang mit dem Stadium der Erkrankung aufzuweisen. Die mediane Überlebensdauer für Patienten in der MDS-Phase – unabhängig davon, ob sich nachfolgend eine AML entwickelte oder nicht, – unterschied sich nicht signifikant von Patienten mit AML schon zum Zeitpunkt der Diagnose [156].

5.4.2 Zytogenetische Befunde

Abnorme Befunde betreffend Chromosom 5 und/oder 7 werden bei 50–90% der Patienten mit therapieinduzierter Leukämie beobachtet und sind somit wesentlich häufiger als bei *de novo*-AML. Die Veränderungen können dabei als Deletion des langen Arms (5q-/7q-) oder des gesamten Chromosoms (Monosomie 5/7) auftreten [57, 121, 156]. Auch die Monosomie 17 ist kein seltener Befund [57].

Unter den Trisomien, die bei [57] in 118 der 365 Fälle gefunden wurden, waren solche der Chromosomen 8, 21 und 9 am häufigsten.

Spezifische Chromosomenaberationen, wie z. B. t(15;17), oder Veränderungen mit Hinweis auf eine günstigere Prognose (inv16, t(8;21)) sind bei therapieinduzierten Leukämien seltene Befunde [122].

Die enge Korrelation dieser Leukämieform mit den Chromosomen 5 bzw. 7 läßt eine pathophysiologische Rolle dieser Veränderungen vermuten. Eine Reihe von Proto-Onkogenen sowie Gene für hämatopoietische Wachstumsfaktoren sind auf diesen Chromosomenabschnitten lokalisiert (z. B. c-fms und das GM-CSF-Gen am langen Arm von Chromosom 5, das met-Onkogen am langen Arm von Chromosom 7; [136]).

Literatur

1. Abbrederis K (1977) Klinische Relevanz zytochemischer Befunde bei differenzierten myelogenen Leukämien des Erwachsenen. Wien Klin Wochenschr 89 (Suppl 76) 20:1–26
2. Albrechtsen M, Kerr MA (1989) Characterization of human neutrophil glycoproteins expressing CD15 differentiation antigen (3-fucosyl-N-acetyllactosamine). Brit J Haematol 72:312–320
3. Andersson LC, Gahmberg CG, Teerenhovi L, Vuopio P (1979) Glycophorin A as a cell surface marker of early erythroid differentiation in acute leukemia. Int J Cancer 23:717
4. Balducci L, Weitzner S, Berghe C, Morrison FS (1978) Acute Megakaryocytic Leukemia. Description of a Case Initially Seen as Preleukemia Syndrome. Arch Intern Med 138:794
5. Ben-Bassat I, Gale R (1984) Hybrid acute leukemia. Leuk Res 8:929
6. Bene MC, Boumsell L, Vannier JP, Garand R, Solary E, Faure G, Bernard A (1989) Immunologic analysis of a thousand cases of acute leukemia. Nouv Rev Fr Haematol 31:133–136
7. Benedetto P, Mertelsmann R, Szatrowski YH, Andreeff M, Gee T, Arlin Z, Kempin S, Clarkson B (1986) Prognostic significance of terminal deoxynucleotidyltransferase activity in acute nonlymphoblastic leukemia. J Clin Oncol 4:489–495
8. Bennett JM, Catovsky D, Daniel MT, Flandrin G, Galton DAG, Gralnick HR, Sultan C (1976) Proposals for the classification of acute leukemia. Brit J Haematol 33:451–458
9. Bennett JM, Catovsky D, Daniel MT (1980) A variant form of hypergranular promyelocytic leukaemia (M3v). French-American-Britisch (FAB) Co-operative Group. Brit J Haematol 44:169–170
10. Bennett JM, Catovsky D, Daniel MT (1981) The morphological classification of acute lymphoblastic leukaemia: concordance among observers and clinical correlations. French-American-Britisch (FAB Cooperative Group). Brit J Haematol 47:553–561
11. Bennett JM, Catovsky D, Daniel MT, Flandrin G, Galton DAG, Gralnick HR, Sultan C (1985) Criteria for the diagnosis of acute leukemia of megakaryocyte lineage (M7). Ann Intern Med 103:460–462

11a. Bennett JM, Catovsky D, Daniel MT, Flandrin G, Galton DAG, Gralnick HR, Sultan C (1991) Proposal for the recognition of minimally differentiated acute myeloid leukaemia (AML-MO). Brit J Haematol 78:325

12. Berger R, Bernheim A, Daniel MT (1983) t(15;17) in promyelocytic form of chronic myeloid leukemia blastic crisis. Cancer Genet Cytogenet 8:149–152
13. Bernard A, Aubrit F, Raynal B, Pham D, Boumjsell L (1988) A T Cell Surface Molecule Different from CD2 is involved in Spontaneous Rosette Formation With Erythrocytes. J Immunol 140:1802–1807
14. Bertani A, Polentarutti N, Sica A, Rambaldi A, Mantovani A, Colotta F (1989) Expression of c-jun Protooncogene in Human Myelomonocyctic Cells. Blood 74:1811–1816
15. Bertazzoni U, Brusamolino E, Isernia P, Scovassi AI, Torsello S, Lazzarino M, Bernasconi C (1982) Prognostic significance of terminal deoxynucleotidyl transferase and adenosine deaminase in acute and chronic myeloid leukemia. Blood 60:685–692

16. Bettelheim P, Paietta E, Majdic O, Gadner H, Schwarzmeier J, Knapp W (1982) Expression of myeloid marker on TdT-positive acute lymphocytic leukemic cells: Evidence by double-fluorescence staining. Blood 60:1392–1396
17. Bettelheim P, Lutz D, Majdic U, Plaetta E, Haas O, Linksch W, Neumann E, Lechner K, Knapp W (1985) Cell lineage heterogeneity in blast crisis of chronic myeloid leukemia. Brit J Haematol 59:395
18. Bettelheim P, Köller U, Majdic O, Stockinger H, Hinterberger W, Lutz D, Knapp W (1986) Lineage Infidelity von Leukämiezellen. Onkologie 9:72–76
19. Blennerhasset GT, Furth M, Anderson A, Burns JP, Changanti LM, Greaves MF, Hagemeijer A, van der Plas D, Skuse G, Wang N, Stam K (1988) Clinical evaluation of DNA probe assay for the Philadelphia (Ph1) translocation in chronic myelogenous leukemia. Leukemia 2:648–657
20. Bloomfield CD, Rowley JD, Goldman AI, Lawler SD, Secker-Walker LM, Mitelman F (1983) Chromosomal Abnormalities and Their Clinical Significance in Acute Lymphoblastic Leukemia. Canc Res 43:868
21. Bloomfield CD, Goldman IA, Alimena G, Berger R, Borgstroem GH, Brand L, Catovsky D, de la Chapella A, Dewald GW, Garson OM, Garwicy S, Golomb HM, Hossfeld DK, Lawler SD, Mitelman F, Nilsson P, Pierre RV, Philip P, Prigogina E, Rowley JD, Sakurai M, Sandberg AA, Secker Walker LM, Tricot G, van den Berghe H, van Orshoven A, Vuopio P, Whang-Peng J (1986) Chromosomal abnormalities identify high-risk and low-risk patients with acute lymphoblastic leukemia. Blood 67:415–420
22. Boehm T, Baer R, Lavenir I, Forster A, Waters JJ, Nacheva E, Rabbitts TH (1988a) The mechanism of chromosomal translocation t(11;14) involving the T-cell receptor delta locus on human chromosome 14q11 and transcribed region of chromosome 11p15. The EMBO Journal 7:385–394
23. Boehm T, Buluweia L, Williams D, White L, Rabbitts TH (1988b) A cluster of chromosome 11p13 translocations found via distinct D-D and D-D-J rearrangements of the human T cell recepter delta chain gene. The EMBO Journal 7:2011–2017
24. Bofill M, Janossy G, Janossa M, Burford GD, Seymur GJ, Wernet P, Kelemen E (1985) Human B cell development. II. Subpopulations in the human fetus. J Immunol 134:1531–1538
25. Bollum FJ (1979) Terminal deoxynucleotidyl transferase as a hematopoietic cell marker. Blood 54:1203–1215
26. Borst J, Wicherink A, van Dongen JJM, DeVries E, Comans-Bitter WM, Wassenaar F, vanden Elsen P (1989) Non-random expression of T cell receptor gamma and delta variabel gene segments in functional T lymphocyte clones from human peripheral blood. Eur J Immunol 19:1559–1568
26a. Borrow J, Goddard AD, Sheer D, Solomon E (1990) Molecular analysis of acute promyelocytic leukemia breakpoint cluster region on chromosome 17. Science 249:1577
27. Bowman GP, Mauer A (1981) The role of cell markers in the management of leukemia. Prog hematol XII:165–185
28. Bradstock KF, Janossy G, Hoffbrand AV (1981) Immunoflourescent and biochemical studies of terminal deoxynucleotidyl transferase in treated acute leukaemia. Brit J Haematol 47:121–131
29. Bradstock KF, Grimsley JKPG, Kabral A, Hughes WG (1989) Unusual immunophenotypes in acute leukaemias: incidence and clinical correlations. Brit J Haematol 72:512–518
30. Brito-Babapulle F, Catovsky D, Galton DAG (1987) Clinical and laboratory features of de novo acute myeloid leukaemia with trilineage myelodysplasia. Brit J Haematol 66:445–450
31. Brito-Babapulle F, Catovsky D, Galton DAG (1988) Myelodysplastic relapse of de novo acute myeloid leukaemia with trilineage myelodysplasia: a previously unrecognized correlation. Brit J Haematol 68:411–415

32. Browman GP, Neame PB, Soamboonsrup P (1986) The contribution of cytochemistry and immunophenotyping to the reproducibility of the FAB classification in acute leukemia. Blood 68:900
33. Burns CP, Gingrich RD, Armitage JO (1984) Adverse effect of T-cell markers in adult acute lymphoblsatic leukemia. Proc Amer Soc Clin Oncol 3:209
34. Cairney AE, McKenna R, Arthur DC, Nesbit ME, Woods WG Jr. (1986) Acute megakaryoblastic leukaemia in children. Brit J Haematol 63:541–554
35. Campana D, Janossy G, Bofill M, Trejdosiewicy LK, Hoffbrand AV, Mason DY, Lebaco AM, Forster HK (1985) Human B cell development. I. Phenotypic differences of B Lymphocytes in the bone marrov and peripheral lymphoid tissue. J Immunol 134:1524–1530
36. Campos L, Guyotat D, Archimbaud E, Devaux Y, Trelle D, Larese A, Maupas J, Gentilhomme O, Ehrsam A, Fiere D (1989) Surface marker expression in adult acute myeloid leukaemia: correlations with initial characteristics, morphology and response to therapy. Brit J Haematol 72:161–166
37. Cascavilla N, Greco MM, Ladogana S, LaSala A, Melillo L, Musto P, Nobile M, Piano A, Valori VM, Carotenuto (1988) Acute myeloid leukemia: Correlation between FAB Classification criteria and Surface Antigenic markers. Haematologica 73:37–42
38. Casciato D, Scott JL (1979) Acute leukemia following prolongened cytotoxic agent therapy. Medicine (Baltimore) 58:32
38a. Castaigne S, Chomienne C, Daniel MT, Ballerini P, Berger R, Fenaux P, Degos L (1990) All-trans retinoic acid as a differentiation therapy for acute promyelocytic leukemia. 1. Clinical results. Blood 76:1704.
39. Catovsky D, Greaves MF, Pain C, Cheri M, Janossy G, Kay HEM (1978) Acid phosphatase reaction in acute lymphoblastic leukaemia. Lancet 1:749
40. Champagne E, Takihara Y, Sagman U, deSousa J, Burrow S, Lewis WH, Mak TW, Minden MD (1976) The T-Cell-Receptor Delta Chain Locus is Disrupted in the T-ALL Associated t(11;14) (p13;q11) Translocation. Blood 73:1672–1676
41. Chang KS, Trujillo JM, Cook RG, Stass SA (1986) Human myeloperoxidase gene: Molecular cloning and expression in leukemic cells. Blood 68:1411
42. Chen SJ, Chen Z, Hilliow Y, Grausz D, Loiseu P, Flandrin G, Berger R (1989) Ph1-positive, bcr-negative acute leukemias: Clustering of breakpoints on chromosome 22 in the 3'-end of the BCR gene first intron. Blood 73:1312–1315
43. Chen Z, Le Pasier D, Dausset J, Degos L, Flandrin G, Cohen D, Sigaux F (1987) Human T Cell gamma Genes are frequently Rearranged in B-Lineage Acute Lymphoblastic Leukemias but not in Chronic B Cell Proliferations. J Exp Med 165:1000–1015
44. Cheng G, Minden MD, Toyonaga B, Mak TW, McCulloch EA (1986) T Cell Receptor and Immunoglobulin Gene Rearrangements in acute myeloblastic Leukemia. J Exp Med 163:411–424
44a. Cheson BD, Cassileth PA, Head DR et al (1990) Report of the national cancer institute-sponsored workshop on definitions of diagnosis and response in acute myeloid leukemia. J Clin Oncol 8:813–819
45. Chien Y, Iwashima M, Wettstein DA, Kaplan KB, Elliott JF, Born W, Davis MM (1987) T-cell receptor delta gene rearrangements in early thymocytes. Nature 330:722–727
46. Clarkson B, Ellis S, Little C, Gee T, Arlin Z, Mertelsmann R, Andreeff M, Kempin S, Koziner B, Chaganti R, Jhanwar S, McKenzie S, Cirrincine C, Gaynor J (1985) Acute lymphoblastic leukemia in adults. Semin Oncol 12:160–179
47. Crist W, Cleary M, Grossi CE, Prasthofer EF, Heggie GD, Omura GA, Carroll AJ, Link MP, Sklar J (1985a) Acute Leukemias Associated With the 4;11 chromosome Translocation Home Rearranged Immunoglobulin Heavy Chain Genes. Blood 66:33–38
48. Crist W, Grossi C, Pullen J, Cooper M (1985b) Immunologic markers in childhood acute lymphoblastic leukemia. Semin Oncol 12:105–121

49. Crist W, Pullen J, Boyett J, Falletta J, van Eys J, Borowitz M, Jackson J, Dowell B, Frankel L, Quddus F, Ragab A, Vietti T (1986) Clinical and biologic features predict a poor prognosis in acute lymphoid leukemias in infants: A Pediatric Oncology Group study. Blood 67:135
51. Crist W, Pullen J, Boyett J, Falletta J, vanEys J, Borowitz M, Jackson SJ, Dowell B, Russell C, Quddus F, Ragab A, Vietti T (1988a) Acute Lymphoid leukemia in Adolescents: Clinical and Biologic Features Predict a Poor Prognosis-A Pediatric Oncology Group Study. J Clin Oncol 6:34–43
52. Crist WM, Shustre JJ, Falletta J, Pullen DJ, Berard CW, Vietti TJ, Alvarado CS, Roper MA, Prasthofer E, Groser CE (1988b) Clinical Features and Outcome in Childhood T-Cell Leukemia-Lymphoma According to Stage of Thymocyte Differentiation: A Pediatric Oncology Group Study. Blood 72:1891–1897
53. Cross AH, Goorhe MR, Nuss R, Behm F, Murphy SB, Kalwinsky DK, Raimondi S, Kitchingman GR, Mirro J (1988) Acute Myeloid Leukemia With T-Lymphoid Features: A Distinct Biologic and Clinical Entity. Blood 72:579–587
54. Cuneo A, Mecucci C, Kerim S, vanden Berghe E, Dal Cin P, Van Orshoven A, Rodhaim J, Bosly A, Michaux JL, Mariat P, Boogaerts M, Carli MG, Castoldi G, Van den Berghe H (1989) Multipotent Stem Cell Involvement in Megakaryoblastic Leukemia: Cytologic and Cytogenetic Evidence in 15 Patients. Blood 74:1781–1790
55. Dahr W, Blanchard D, Kiedrwoski S, Poschmann A, Cartron J (1988) Characterization of Gerbich-Blood group-related monoclonal antibodies. In: Monoclonal antibodies against human red-blood-cell-markers (ed Rouger P, Salmon C), Libraire Arnette, Paris
56. Davey MP, Bongiovanii KF, Kaulfersch W, Quertermous T, Seidman JG, Hershfields MS, Kurtzberg J, Haynes BF, Davis MM, Waldmann TA (1986) Immunglobulin and T-cell receptor gene rearrangement and expression in humanlymphoid leukemia cells at different stages of maturation. Proc Natl Acad Sci USA 83:8759
57. De Braeckeleer M (1986) Cytogenetic Studies in Secondary leukemia: Statistical Analysis. Oncology 43:358–363
58. De Oliveira MP, Gregory C, Matutes E, Parreira A, Catovsky D (1987) Cytochemical profile of megakaryoblastic leukaemia: a study with cytochemical methods, monoclonal antibodies, and ultrastructural cytochemistry. J Clin Pathol 40:663–669
58a. De Thè, Chomienne C, Lanotte M, Degos L, Dejean A (1990) The t(15;17) translocation of acute promyelocytic leukaemia fuses the retinoic acid receptor alpha gene to a novel transcribed locus. Nature 347:558
59. De Villartay JP, Pullmann AB, Tschachler E, Neckers L, Cohen DI, Cossman J (1989) gamma/delta Lineage Relationship a Consecutive Series of Human Precursor T-Cell Neoplasms. Blood 74:2508–2518
60. Dewald GW, Davis MP, Pierre RV, O'Fallon JR, Hoagland HC (1985) Clinical characteristica and prognosis of 50 patients with a myeloproliferative syndrome and deletion of part of the long arm of chromosome 5. Blood 66:189–197
61. Dow LW, Moohr PMJ, Greenberg M, MacDougall LG, Najfeld V, Fialkow P (1985) Evidence for Clonal Development of Childhood Acute Lymphoblastic Leukemia. Blood 66:902–907
62. Dow LW, Tachibana N, Raimondi SC, Lauer SJ, Witte ON, Clark SS (1989) Comparative Biochemical and Cytogenetic Studies of Childhood Acute Lymphoblastic Leukemia With the Philadelphia Chromosome and Other 22q11 Variants. Blood 73:1291–1297
62a. Drach J, Gattringer C, Glassl H, Schwarting R, Stein H, Huber H (1989) Simultaneous flow cytometric analysis of surface markers and nuclear Ki-67 antigen in leukemia and lymphoma. Cytometry 10:743
62b. Drach J, Gattringer C, Huber H (1991) Combined flow cytometric assessment of cell surface antigens and nuclear TdT for the detection of minimal residual disease in acute leukaemia. Br J Haematol 77:37–42

63. Drexler HG (1987) Classification of acute myeloid leukemias – a comparison of FAB - and immunophenotyping. Leukemia 1:697
63a. Drexler HG, Thiel E, Ludwig WD (1991) Review of the incidence and clinical relevance of myeloid antigen-positive acute lymphoblastic leukemia. Leukemia 5:637–645
64. Edelmann P, Vinci G, Villeval JL, Vainchenker W, Henri A, Miglierina R, Rouger P, Reviron J, Breton-Gorius J, Sureau C, Edelman L (1986) A monoclonal antibody against an erythrocyte onkogenic antigen identifies fetal and adult erythroid progenitors. Blood 67:56–63
65. Eridani S, Chan LC, Halil O, Pearson TC (1985) Acute biphenotypic leukaemia (myeloid and null-ALL type) supervening in a myelodysplastic syndrome. Brit J Haematol 61:525–529
66. Felix CA, Wright JJ, Popleck DG, Reaman GH, Cole D, Goldman P, Korsmeyer SJ (1987) T-Cell Receptor alpha-, beta- und gamma-Genes in T Cell and Pre-B Cell Acute Lymphoblastic Leukemia. J Clin Invest 80:545–556
67. Fenaux P, Lai JL, Miaux O, Zandecki M, Jouet JP, Bauters F (1989) Burkitt cell acute leukaemia (L3 ALL) in adults: a report of 18 cases. Brit J Haematol 71:371–376
68. Fialkow PJ, Singer JW, Raskind WH, Adamson JW, Jacobson RJ, Bernstein ID, Dow LW, Najfeld V, Veith R (1987) Clonal Development, Stem-Cell Differentiation and Clinical Remissions in Acute Nonlymphocytic Leukemia. NEJ 317:468–473
69. Fletcher JA, Kimball VM, Lynch E, Donnelly M, Pavelka K, Gelber RD, Tantravahi R, Sallan SE (1989) Prognostic Implications of Cytogenetic Studies in an Intensively Treated Group of Children With Acute Lymphoblastic Leukemia. Blood 74:2130–2135
70. Foa R, Casorati G, Giubellino MC, Basso G, Schiro R, Pizzolo G, Lauria F, Lefranc MP, Rabbitts TH, Migone N (1987) Rearrangements of immunoglobulin and T cell receptor beta and gamma genes are associated with terminal deoxynucleotidyl transferase expression in acute myeloid leukemia. J Exp Med 165:879–890
71. Foon KA, Todd RF (1986) Immunologic classification of leukemia and lymphoma. Blood 68:1–31
72. Freeman A, Nadler L (1987) Cell surface markers in hematological malignancies. Semin Oncol 14:913
73. Furley AJ, Mizutani S, Weilbaecher K, Dhaliwal HS, Ford AM, Chan LC, Molgaard HV, Toyonaga B, Mak T, van den Elsen P, Gold D, Terhorst C, Greaves MF (1986) Developmentally regulated rearrangement and expression of genes encoding the T-cell receptor-T3 complex. Cell 46:75–87
74. Gagnon GA, Childs CC, LeMaistre A, Ketaing M, Cork A, Trujillo JM, Nellis K, Freireich EM, Stass SA (1989) Molecular Heterogeneity in Acute Leukemia Lineage Switch. Blood 74:2088–2095
75. Gale RP, Bassat IB (1987) Annotation. Hybrid acute Leukemia. Brit J Haematol 65:261–264
76. Gathings WE, Lawton AR, Cooper MD (1977) Immunofluorescent studies of the development of pre-B cells, B-lymphocytes and immunoglobulin isotype diversity in humans. Eur J Immunol 7:804–810
77. Gattringer C, Lechleitner M, Thaler J, Glassl H, Fasching B, Huber H (1987) Immunozytochemische Diagnostik bei akuten und chronischen Leukämien. Lab Med 11:388
78. George JN, Pickett EB, Saucerman S, McEvar RP, Kunicki TJ, Kieffer N, Newman P (1986) Platelet Surface Glycoproteins. Studies on Resting and Activated Platelets and Platelet Membrane Microparticles in Normal Subjects and Observations in Patients during Adult Respiratory Distress. J Clin Invest 78:340–348
79. Greaves MF, Janossy G, Peto Z, Kay H (1981) Immunologically defined subclasses of acute lymphoblastic leukaemia in Children: Their relationship to presentation features and prognosis. Br J Haematol 48:179

80. Greaves MF, Sieff C, Edwards PAW (1983) Monoclonal antiglycophorin as a probe for erythroleukemias. Blood 61:445–651
81. Greaves MF, Chan LC, Furley AJW, Watt SM, Molgaard HV (1986) Lineage promiscuity in hemopoietic differentiation and leukemia. Blood 67:1–11
82. Greil R, Gattringer C, Schulz T, Knapp W, Radaszkiewicz T, Dierich MP, Huber H (1986) Receptors for the third component of complement: their association with maturation stage in non-Hodgkin-lymphomas (NHL) and their possible implication with the development of folicular structures. Clin Exp Immunol 64:423
82a. Greil R, Gattringer C, Knapp W, Huber H (1986) Growth fraction of tumour cells and infiltration density with human natural killer-like (NHK−1+) cells in Non-Hodgkin lymphomas. Br J Haematol 62:293
83. Grier HE, Gelber RD, Comitta BM, Delorey MJ, Link MP, Price KN, Leavitt PR, Weinstein HJ (1987) Prognostic Factors in Childhood Acute Myelogenous Leukemia. J Clin Oncol 5:1026–1032
84. Griffin JD, Loewenberg B (1986) Clonogenic cells in acute myeloblastic leukemia. Blood 68:1185–1195
85. Griffin JD, Davis R, Nelson DA, Davey FR, Mayer RJ, Schiffer C, McIntyre OR, Bloomfield CD (1986) Use of surface marker analysis to predict outcome of adult acute myeloblastic leukemia. Blood 68:1232–1241
86. Gupta AD, Dhond SR (1988) Phenotypic Heterogeneity of Erythroblasts in Erythroblastic Leukemia Revealed by Monoclonal Antibodies. Amer J Haematol 29:12–17
86a. Haas O (1991) Persönliche Mitteilung
87. Ha-Kawa K, Hara Junichi, Keiko Y, Murguchi A, Kawamura N, Ishihara S, Doi Satoru, Yabuuchi H (1986) Kappa-chain Gene Rearrangement in an Apparent T-lineage Lymphoma. J Clin Invest 78:1439–1442
88. Haluska FG, Finver S, Tsujimoto Y, Croce CM (1988) The t(8,14) chromosomal translocation occuring in B-cell malignancies results from mistake in V-D joining. Nature 324:158
89. Hara J, Benedict SH, Champagne E, Takihara Y, Mak TW, Minden M, Geifand EW (1988) T-Cell Receptor delta Gene Rearrangements in Acute Lymphoblastic Leukemia. J Clin Invest 82:1974–1982
90. Harbott J, Engel R, Gerein V, Schwamborn D, Rudolph R, Lampert F (1986) t(11;14) translocation in three boys with acute lymphoblastic leukemia of T-cell immunophenotype. Blood 52:45
91. Harris BN, Davis EM, LeBeau MM, Bitter MA, Kaminer LS, Morgan E, Rowley JD (1988) Variant translocations (9;11): identification of the critical genetic rearrangement. Cancer Genet Cytogenet 30:171–175
92. Haynes B, Martin ME, Kay HH, Kurtzberg J (1988) Early Events in Human T Cell Ontogeny. Phenotypic Characterization and Immunohistologic Localization of T Cell Precursors in Early Human Fetal Tissues. J Exp Med 168:1061–1080
93. Hayhoe EGJ, Quaglino D (1980) Haematological cytochemistry. Churchill Livingstone, Edinburgh London, New York
94. Heil G, Ganser A, Raghavachar A, Kurrle E, Heit W, Hölzer D, Heimpel H (1988) Induction of myeloperoxidase in five cases of acute unclassified leukemia. Br J Haematol 68:23
94a. Heil G, Gunsilius E, Raghavachar A et al. (1991) Ultra-structural demonstration of peroxidase expression in acute unclassified leukemias: correlation to immunophenotype and treatment outcome. Blood 77:1305-1312
95. Heisterkamp N, Jenkins R, Thibodeau S, Testa JR, Weinberg K, Groffen J (1989) The bcr gene in philadelphia chromosome positive acute lymphoblastic leukemia. Blood 73:1307–1311
96. Helenglass G, Testa JR, Schiffer CA (1987) Philadelphia Chromosome-Positive Acute Leukemia: Morphologic and Clinical Correlations. Amer J Hematol 25:311–324
97. Hershfield MS, Kurtzberg J, Harden E, Moore JO, Whang-Peng J, Haynes BF (1984) Conversion of a stem cell induced by the adenosine deaminase inhibitor 2'-deoxycoformycin. Proc Natl Acad Sci USA 81:253–257

98. Hiddeman W, Wörmann B, Göhde W, Büchner T (1986) DNA Aneuploidies in Adult Patients With Acute Myeloid Leukemia. Cancer 57:2146–2152
99. Hirsch-Ginsberg C, Childs C, Cheng KS, Beran M, Cork A, Reuben J, Freireich EJ, Chang LCM, Bollum FJ, Trujillo J, Staas SA (1988) Phenotypic and Molecular Hetereogeneity in Philadelphia Chromosome Positive Acute Leukemia. Blood 71:186–195
100. Hoelzer D, Thiel E, Löffler H (1984) Intensified therapy in acute lymphoblastic and acute undifferentiated leukemia in adults. Blood 64:38–47
101. Hoelzer D, Thiel E, Löffler H, Büchner T, Ganser A, Heil G, Kurrie E, Heimpel H, Koch P, Lipp T, Kaboth W, Kuse R, Küchler R, Sodomann H, Maschmeyer G, Freund M, Diedrich H, von Paleske A, Weh J, Kolb H, Müller U, Bross K, Fuhr G, Gassmann W, Gerecke D, Kress M, Busch FW, Nouwrousian RM, Schneider W, Aul C, Rühl H, Harms F, Bartels H, Weiss A, Löffler B, Glöckner W, Fülle H, Pralle H, Bonfert B, Ho AD, Emerich B, Braumann D, Brenner-Serke M, Planker M, Straif K, Meyer P, Greil R, Petsch S, Görg C, Grüneisen A, Vaupel HA, Bodenstein H, Overkamp F, Schlimock G, Augener W, Öhl S, Nowicki L, Raeth U, Zurbon KH, Neiss A, Messerer D (1987) Teniposide (VM-26) and Cytosine Arabinoside as Consolidation Therapy in Adult High-Risk Patients with Acute Lymphoblastic Leukemia. Seminars in Oncology 14:92–97
102. Hoelzer D, Löffler TH, Ganser A, Büchner T, Koch P, Heil G, Freund M, Diedrich H, Rühl H, Maschmeyer G, Lipp T, Nouwrousian MR, Burkert M, Gerecke D, Pralle H, Müller U, Lunscken C, Fülle H, Ho AD, Küchler R, Busch FW, Schneider W, Görg C, Emmerich B, Braumann D, Vaupel HA, von Paleske A, Bartels H, Neiss A, Messerer D (1988) Prognostic Factors in a Multicenter Study for Treatment of Acute lymphoblastic Leukemia in Adults. Blood 71:123–131
103. Hoffbrand AV, Janossy G (1981) Enzyme and membrane markers in leukaemia: recent developments. J Clin Pathol 34:254
104. Hohlfeld R, Brüske-Hohlfeld I, Schwartz A, Brocke U, Toyka KV (1984) Analyse von Oberflächenmarkern auf Liquorzellen. Dtsch med Wschr 109:1760–1762
105. Hokland P, Rosenthal P, Griffin JD, Nadler LM, Daley JF, Hokland M, Schlossman SF, Ritz J (1983) Purification of fetal hematopietic cells which express the common acute lymphoblastic leukemia antigen (CALLA). J Exp Med 157:114–129
106. Holowiecki J, Lutz D, Krzemien S, Stella-Holowiecka B, Graf F, Kelenyl G, Schranz V, Callea V, Brugiatelli M, Neri A, Magyarlaki T, Ihle R, Jagoda K, Rudka E (1986) CD-15 antigen detected by the VIM-D5 monoclonal antibody for prediction of ability to achieve complete remission in acute nonlymphocytic leukemia. Acta Haematologica 76:16–19
107. Hooberman AL, Rubin CM, Barton KP, Westbrook CA (1989) Detection of the Philadelphia Chromosome in Acute Lymphoblastic Leukemia by Pulsed-Field Gel Electrophoresis. Blood 74:1101–1107
108. Hooijkaas H, Hählen K, Adriaansen HJ, Dekker I, van Zanen GE, van Dongen JJM (1989) Terminal Deoxynucleotidyl Transferase (TdT)-Positive Cells in Cerebrospinal Fluid and Development of Overt CNS Leukemia: A 5-Year Follow-up Study in 113 Children With a TdT-Positive Leukemia or Non-Hodgkin's Lymphoma. Blood 74:416–422
109. Hoyle CF, DeBastos M, Wheatley K, Sherrington PD, Fischer PJ, Rees JKH, Gray R, Hayhoe FGJ (1989) AML associated with previous cytotoxic therapy, MDS or myeloproliferative disorders: results from the MRC's 9th AML trial. Br J Haematol 72:45–53
109a. Huang M, Ye Y, Chen S, Chai J, Lu J-X, Zhoa L, Gu L, Wang Z (1988) Use of all-trans retinoic acid in the treatment of acute promyelocytic leukemia. Blood 72:567
110. Huber H, Pastner D, Gabl F (1983): Laboratoriumsdiagnose hämatologischer Erkrankungen Bd. 1. Springer-Verlag Berlin Heidelberg New York Tokyo

110a. Huber H, Gattringer C, Thaler J, Peschel Ch (1985) Immunzytologische Diagnose von Leukämien und Lymphomen: Monoclonale Antikörper in der Differentialdiagnose hämatologischer Neoplasien. Behring Inst Mitt 78:83
111. Huhn D, Thiel E, Rodt H, Andreewa P (1981b) Cytochemistry and membrane markers in acute lymphatic leukaemia (ALL). Scand J Haematol 26:311
111a. Hunger SP, Galili N, Carroll AJ et al. (1991) The t(1;19) (q23;p13) results in consistent fusion of E2A and PBx1 coding sequences in acute lymphoblastic leukemias. Blood 77:687–693
112. Innes DJ, Mills SE, Walker GK (1982) Megakaryocytic leukemia. Identification utilizing anti-factor VIII immunoperoxidase. Amer J Clin Pathol 77:107–110
113. Ito K, Bonneville M, Takagaki Y, Nakanishi N, Kanagawa O, Krecko EG, Tonegawa S (1989) Different gamma beta T-cell receptors are expressed on thymocytes at different stages of development. Proc Natl Acad Scie USA 86:631–635
114. Jani P, Verbi W, Greaves MF, Bean D, Bollum FJ (1983) Terminal deoxynucleotidyl transferase in acute myeloid leukemia. Leuk Res 7:17–29
115. Janossy G, Tidman N, Papageorgiou ES, Kung PC, Goldstein G (1981) Distribution of T lymphocyte subsets in the human bone marrow and thymus: an analysis with monoclonal antibodies. J Immunol 126:168–1613
116. Jinnai I, Tomonaga M, Kuriyama K, Matsuo T, Nonaka H, Amenomori T, Yoshida Y, Kusano M, Tagawa M, Ichimaru M (1987) Dysmegakaryocytopoesis in acute leukaemias: its predominance in myelomonocytic (M4) leukaemia and implication for poor response to chemotherapy. Br Haematol 66:467–472
117. Kaldor JM, Day NE, Pettersson F, Clarke EA, Pedersen D, Mehnert W, Bell J, Host H, Prior P, Karjalainen S, Neal F, Koch M, Band P, Choi W, Kirn VP, Arslan A, Zaren B, Belch AR, Sorm H, Kittelmann B, Fraser P, Stovall M (1990) Leukemia Following Chemotherapy for Ovarian Cancer. N Engl J Med 322:1–6
118. Kaldor JM, Day NE, Clarke EA, van Leeuwen FE, Henry-Amar M, Fiorentino MV, Bell J, Pedersen D, Band P, Assouline D, Koch M, Choi W, Prior P, Blair V, Langmark F, Kirn VP, Neal F, Peters D, Pfeiffer R, Karjalainen S, Guzick J, Sutcliffe SB, Somers R, Pellae-Cosset B, Pappagallo GL, Fraser P, Storm H, Stovall M (1990) Leukemia Following Hodgkin's Disease. N Engl J Med 322:7–13
119. Kaneko Y, Rowley JD, Variakojis D, Cholcote RA, Check I, Sakurai M (1982) Correlation of karyotype with clinical features in acute lymphoblastic leukemia. Cancer Res 42:2918–2929
120. Kaneko Y, Maseki N, Takasaki N, Sakurai M, Hayashi Y, Nakazawa S, Mori T, Sakurai M, Takeda T, Shikano T, Hiyoshi Y (1986) Clinical and hematologic characteristics in acute leukemia with 11q23 translocations. Blood 67:484–491
121. Kantarjian EM, Keating MJ (1987) Therapy-Related Leukemia and Myelodysplastic Syndrome. Semin Oncol 14:435–443
122. Kantarjian HM, Keating M, Walter R (1986) The association of specific "favorable" cytogenetic abnormalities with secondary leukemia. Cancer 58:924–927
123. Kantarjian HM, Walters RS, Michael TLS, Keating MJ, Balogie B, McCredie KB, Freireich E (1988) Identification of Risk Groups for Development of Central Nervous System leukemia in Adults with Acute Lymphocytic Leukemia. Blood 72:1784–1789
124. Kawasaki ES, Clark SS, Cayne MY, Smith SD, Champlin R, Witte ON, McCormick FP (1988) Diagnosis of chronic myeloid and acute lymphocytic leukemias by detection of leukemias-specific mRNA sequences amplified in vitro. Proc Natl Acad Sci USA 85:5898–5702
125. Keating M, Cork A, Broach Y, Smith T, Walters R, McCredie K, Trusillo J, Freireich E (1987) Toward a clinically relevant cytogenetic classification of acute myelogenous leukemia. Leuk Res 11:119
126. Kere J, Ruutu T, Lahtinen R, de la Chapelle A (1987) Molecular Characterization of Chromosome 7 Long Arm Deletions in Myeloid Disorders. Blood 70:1349–1353
127. Klein G (1987) The approaching era of the tumor suppressor genes. Science 258:1539

128. Köller U, Haas OA, Ludwig WD, Bartram CR, Harbott J, Panzer-Grünmayer R, Hansen-Hagge T, Ritter J, Creutzig U, Knapp W, Gadner H (1989) Phenotypic and Genotypic Heterogeneity in Infant Acute Leukemia II. Acute Nonlymphoblastic Leukemia. Leukemia 3:708–714
129. Koike T, Aoiki S, Mauyama S, Narita M, Ishizuka T, Imanaka H, Adachi T, Maeda H, Shibata A (1987) Cell surface phenotyping of megakaryoblasts. Blood 69:957
130. Korsmeyer SJ, Arnold A, Bakhshi A, Ravetch JV, Siebenlist U, Hieter PA, Sharrow SO, LeBien TW, Kersey JH, Poplack DG, Leder P, Waldmann TA (1983) Immunglobulin gene rearrangement and cell surface antigen expression in acute lymphocytic leukemias of T cell and B cell precursor origins. J Clin Invest 72:301
131. Kranz BR, Thiel E, Thierfelder S (1989) Immunocytochemical Identification of Meningeal leukemia and Lymphoma: Poly-L-Lysine-Coated Slides Permit Multimarker Analysis Even With Minute Cerebrospinal Fluid Cell Specimens. Blood 73:1942–1950
132. Kunkel TA, Gopinathan KP, Dube DK, Snow ET, Loeb LA (1986) Rearrangements of DNA mediated by terminal transferase. Proc Natl Acad Sci USA 83:1867
132a. Kurahashi H, Hara J, Yumura-Yagi K et al. (1991) Monoclonal nature of transient abnormal myelopoiesis in Down's syndrome. Blood 77:1161-1163
133. Kurtzberg J, Waldmann TA, Davey MP, Bigner SH, Moore JO, Hershfield MS, Haynes BF (1989) CD7+, CD4−, CD8− Acute Leukemia: A Syndrome of Malignant Pluripotent Lymphohematopoetic Cells. Blood 73:381–390
134. Kurzrock R, Gutterman J, Talpaz M (1988) The Molecular Genetics of Philadelphia Chromosome-Positive Leukemias. N Engl J Med 319:990
134a. Lambertenghi-Deliliers G, Orazi A, Luksch R, Annaloro C, Soligo D (1991) Myelodysplastic syndrome with increased marrow fibrosis: a distinct clinico-pathological entity. Br J Haematol 78:161
135. Lampert F, Harbott J, Ludwig WD, Bartram CR, Ritter J, Gerein V, Neidhardt M, Mertens R, Graf N, Riehm H (1987) Acute Leukemia with Chromosome Translocation (4;11): 7 New Patients and Analysis of 71 Cases. Blood 34:325–335
136. LeBeau M, Westbrook C, Diaz M (1986) Evidence for the involvement of GM-CSF and fms in the deletion (5q) in myeloid disorders. Science 231:984–987
137. LeBien TW, Brashem CJ, Abramsom CS, Frenzel EM, Bollum FJ, Kersey JH (1981) Studies of human lymphopoiesis with monoclonal antibodies BA-1 and BA-2. In: Knapp W (ed) Leukemia markers. Academic Press, London New York Toronto Sidney San Francisco
138. LeBien TW, McCornack RT (1989) The Common Acute Lymphoblastic Leukemia Antigen (CD10)-Emancipation From a Functional Enigma. Blood 73:625–635
139. Lechner K (1982) Blutgerinnungsstörungen. Laboratoriumsdiagnose hämatologischer Erkrankungen, Bd. 2. Springer Verlag, Berlin Heidelberg New York
140. Lo Coco F, Lopez M, Martelli M, Pasqualetti D, Montefusco E, Cafolla A, Monarca B, Sgadari C, DeRossi G (1989) Terminal transferase positive acute myeloid leukemia: Immunophenotypic characterization and response to induction therapy. Haematological Oncology 7:167–174
141. Löffler H (1969) Zytochemische Klassifizierung der akuten Leukosen. In: Stacher A (Hrsg) Chemo- und Immuntherapie der Leukosen und malignen Lymphome. Bohmann Wien
141a. Löffler H, Kayser W, Schmitz N, Thiel E, Hoelzer D, Büchner T, Urbanitz D, Spiegel K, Messerer D, Heinecke A (1987) Morphological and Cytochemical Classification of Adult Acute Leukemias in Two Multicenter Studies in the Federal Republic of Germany. Haematology and Blood Transfusion 30:21.
142. Loken MR, Shah VO, Dattilio KL, Civin CI (1987a) Flow cytometric analysis of human bone marrow: I. Normal erythroid development. Blood 69:255–263
143. Loken M, Shah VO, Dattilio KL, Civin CI (1987b) Flow Cytometric Analysis of Human Bone Marrow: II. Normal B-lymphocyte development. Blood 70:1316–1324

144. Look T, Roberson PK, Williams DL, Rivera G, Bowman WP, Pui CH, Ochs J, Abramowitch M, Kalwinsky D, Dahl GV, George S, Murphy SB (1985) Prognostic Importance of Blast Cell DNA Content in Childhood Acute Lymphoblastic Leukemia. Blood 65:1079–1086
145. Ludwig WD (1990) Incidence and Clinical Implications of Acute hybrid Leukemia (AHL) in Childhood. In press
146. Ludwig WD, Bartram CR, Ritter J, Raghar A, Hiddemann W, Harbott J, Heil G, Seibt-Jung J, Teichmann JV, Riehm H (1988) Ambiguous Phenotypes and Genotypes in 16 Children With Acute Leukemia as Characterized by Multiparameter Analysis. Blood 71:1518–1528
147. Ludwig WD, Bartram CR, Harbott J, Köller U, Has OA, Hanson-Hagge T, Heil G, Seibt-Jung H, Teichmann JV, Knapp W, Gadner H, Thiel E, Riehm H (1989) Phenotypic and Genotypic Heterogeneity in Infant Acute Leukemia I. Acute Lymphoblastic Leukemia. Leukemia 3:431–439
148. Ma DDF, Davey RA, Harman DH, Isbister JP, Scurr RD, Mackertich SM, Dowden G, Bell DR (1987) Detection of a Multidrug Resistant Phenotype in Acute Non-Lymphoblastic Leukaemia. Lancet 17:135–137
149. MacIntyre E, d'Auriol L, Amesland F, Loiseau P, Chen Z, Boumsell L, Galibert F, Sigaux F (1989) Analysis of Junctional Diversity in the Preferential Vdelta, – Jdelta1 Rearrangement of Fresh T-Acute Lymphoblastic Leukemia Cells by in Vitro Gene Amplification and Direct Sequencing. Blood 74:2053–2061
150. Mason DY, Stein H, Gerdes J, Pulford KAF, Ralfkiaer E, Falini B, Erber WN, Micklem K, Gatter KC (1987) Value of monoclonal anti-CD22 (p135) antibodies for the detection of normal and neoplastic B lymphoid cells. Blood 69: 836–840
151. McKenna RW, Parkin JL, Foucar K, Brunning RD (1981) Ultrastructural characteristics of therapy related acute nonlymphocytic leukemia: Evidence for a panmyelosis. Cancer 48:725
152. McMichael AJ, Rust NA, Pilch NR, Solchynsky R, Morton J, Mason DY, Ruan C, Tobelem G, Caen J (1982) Monoclonal antibody to human platelet glycoprotein I. Immunological studies. Br J Haematol 43:501
153. Merle-Beral H, Duc LNC, Leblond V, Boucheix C, Michel A, Chastang C, Debre P (1989) Diagnostic and prognostic significance of myelomonocytic cell surface antigens in acute myeloid leukaemia. Br J Haematol 73:323–330
154. 1st MIC Cooperative Study Group (1986) Morphologic, immunologic and cytogenetic (MIC) working classification of acute lymphoblastic leukaemias. Cancer Genetics and Cytogenetic, 23:189–197
155. 2nd MIC Cooperative Study Group (1988) Morphologic, immunologic and cytogenetic (MIC) working classification of the acute myeloid leukaemias. Br J Haematol 68:487–489
156. Michels SD, McKenna RW, Arthur DC, Brunning RD (1985) Therapy-Related Acute Myeloid Leukemia and Myelodysplastic Syndrome: A Clinical and Morphologic Study of 65 Cases. Blood 65:1364–1372
157. Michiels JJ, Adriaansen HJ, Hooijkaas H, Hagemeiejer A, van Dongen JJM, Abels J (1988) TdT positive B-cell acute lymphoblastic leukaemia (B-ALL) without Burkitt characteristics. Br J Haematol 68:423–426
158. Minden MD, Mack T (1986) The structure of the T cell antigen receptor genes in normal and malignant T cells. Blood 68:327
159. Mirro J, Zipf TF, Pui CH, Kitchingman G, Wiliams D, Melvin S, Murphy SB, Staas S (1985) Acute Mixed Lineage Leukemia: Clinicopathologic Correlations and Prognostic Significance. Blood 66:1115–1123
160. Mirro J, Kitchingman G, Williams D, Lauzon GJ, Lin CC, Calihan T, Zipf TF (1986) Clinical and Laboratory Characteristic of Acute Leukemia with the 4;11 Translocation. Blood 67:689–697
161. Mirro J, Kitchingman G, Behm FG, Murphy SB, Goorha RM (1987) T cell differentiation stages identified by molecular and immunologic analysis of the T cell receptor complex in childhood lymphoblastic leukemia. Blood 69:908–912

162. Modlin RL, Primez C, Hofman FM, Torigian V, Uyemura K, Rea TH, Bloom BR, Brenner MB (1989) Lymphocytes bearing antigen-specific gamma delta T-cell receptors accumulate in human infectious disease lesions. Nature 339:544–549
163. Morishita K, Kubota N, Asano S, Kaziro Y, Nagata S (1987) Molecular cloning and characterization of cDNA for human myeloperoxidase. J Biol Chem 262:3844
164. Murphy SB, Raimondi SC, Rivera GK, Crone M, Dodge RK, Behm FG, Pui CH, Williams DL (1989) Nonrandom Abnormalities of Chromosome 9p in Childhood Acute Lymphoblastic Leukemia: Association With High-Risk Clinical Features. Blood 74:409–415
165. Nadler LM, Anderson KC, Marti G, Bates M, Park E, Daley JF, Schlossman SF (1983) B4, a human B lymphocyte-associated antigen expressed on normal, mitogen-activated, and malignant B lymphocytes. J Immunol 131:244–250
166. Nadler LM, Korsmeyer SJ, Anderson KC, Boyd A, Slaughenhoupt B, Park E, Jensen J, Coral F, Mayer RF, Sallan SE, Ritz J, Schlossman SF (1984) B-cell origin of non-T cell acute lymphoblastic leukemia. J Clin Invest 74:332–340
167. Nagasaka M, Maeda S, Maeda H, Chen HL, Kenkichi K, Mabuchi O, Misu H, Matsuo T, Sugiyama T (1983) Four cases of t(4;11) acute leukemia and its myelomonocytic nature in infants. Blood 61:1174–1181
168. Narni F, Mariano MT, Colo A, Grantini M, Merli F, Donelli A, Montagnani GM, DiPrisco AU, Torelli G, Torelli U (1989) T-cell receptor genes expression in B-cell Leukaemias. Brit J Haematol 72:343–349
169. Neame PB, Soamboonsrup P, Browman GP, Meyer RM, Benger A, Wilson WEC, Walker IR, Saeed N, McBride JA (1986) Classifying acute leukemia by immunophenotyping: a combined FAB-immunologic classificiation of AML. Blood 68:1355
170. Parkin JL, Arthur DC, Abramson CS, McKenna RW, Kersey JH, Heideman RI, Brunning RD (1982) Acute leukemia associated with the t(4;11) chromosome rearrangement: Ultrastructural and immunologic characteristics. Blood 60:1321
171. Parreira A, de Oliveira P, Matutes E, Foroni L, Morilla R, Catovsky D (1988) Terminal deoxynucleotidyl transferase positive acute myeloid leukaemia: an association with immature myeloblastic leukaemia. Br J Haematol 69:219–224
172. Pasquah F, Bernasconi P, Casalone R, Fraccaro M, Bernasconi C. Lazzarino M, Morra E, Alesandrino EP, Marchi MA, Sanger R (1982) Pathogenetic Significance of "Pure" Monosomy 7 in Myeloproliferative Disorders. Hum Genet 62:40–51
173. Pelicci PG, Knowles M, II, Dalla-Favera R (1985) Lymphoid tumors displaying rearrangements of both immunoglobulin and T cell receptor genes. J Exp Med 162:1015
174. Picker LJ, Brenner M, Michie S, Warnke RA (1988) Expression of T Cell Receptor Delta Chains in Benign and Malignant T Lineage Lymphoproliferations. Am J Pathol 132:401–405
175. Pittaluga S, Uppenkamp M, Cossman J (1987) Development of T3/T cell receptor gene expression in human pre-T neoplasms. Blood 69:1062
176. Plow EF, Loftus JC, Levin EG, Fair DS, Dixon D, Forsyth J, Ginsberg MH (1986) Immunologic relationship between platelet membrane glycoprotein GPIIb/IIIa and cell surface molecules expressed by a variety of cells. Proc Natl Acad Sci USA 83:6002–6006
177. Pollak C, Hagemeijer A (1987) Abnormalities of the short arm of chromosome 9 with partial loss of material in hematological disorders. Leukemia 1:541
178. Pui CH, Raimondi SC, Behm FG, Ochs J, Furman WL, Bunin NJ, Ribeiro R, Tinsley PA, Mirro J (1986) Shifts in Blast Cell Phenotype and Karyotype at Relapse of Childhood Lymphoblastic Leukemia. Blood 68:1306–1310
179. Pui CH, Raimondi SC, Murphy SB, Ribeiro PC, Kalwinsky DK, Dahl GV, Crist WM, Williams DL (1987a) An Analysis of leukemic Cell Chromosomal Features in Infants. Blood 69:1289–1293
180. Pui CH, Williams DL, Raimondi SC, Rivera GK, Look AT, Dodge RK, George SL, Behm FG, Crist WM, Murphy SB (1987b) Hypodiploidy Is Asso-

ciated With a Poor Prognosis in Childhood Acute Lymphoblastic Leukemia. Blood 70:247–253

181. Pui CH, Williams DL, Roberson PK, Raimondi SC, Behm FG, Lewis SH, Rivera GK, Kalwinsky DK, Abromowitch M, Crist WM, Murphy SB (1988) Correlation of Karyotype and Immunophenotype in Childhood acute Lymphoblastic Leukemia. J Clin Oncol 6:56–61
182. Pui CH, Raimondi SC, Dodge RK, Rivera GK, Fuchs LAH, Abromowitch M, Look AT, Furman WL, Crist WM, Williams D (1989a) Prognostic Importance of Structural Chromosomal Abnormalities in Children With Hyperdiploid (>50 Chromosomes) Acute Lymphoblastic Leukemia. Blood 73:1963–1976
183. Pui CH, Behm FG, Raimondi SC, Dodge DRK, George SL, Rivera GK, Mirro J, Kalwinsky DK, DAhl GC, Murphy SB, Crist WM, Williams DL (1989b) Secondary acute Meloid Leukemia in children Treated for Acute Lymphoid Leukemia. N Engl J Med 321:136–142
184. Rabellino EM, Levene RB, Leug LLK, Nachman RL (1981) Human megakaryocytes. II. Expression of platelet proteins in early marrow megakaryocytes. J Exp Med 154:88–100
185. Raghavachar A, Bartram CR, Ganser A, Heil G, Kleihauer E, Kubanek B (1986) Acute Undifferentiated leukemia: Implications for Cellular Origin and Clonality Suggested by Analysis of Surface Markers and Immunoglobulin Gene Rearrangement. Blood 68:658–662
186. Raghavachar A, Thiel E, Bartram CR (1987) Analyses of Phenotype and Genotype in Acute Lymphoblastic leukemias at First Presentation and in Relapse. Blood 70:1079–1093
187. Raimondi SC, Williams DL, Calihan T, Peiper S, Rivera GK, Murphy SB (1986) Nonrandom Involvement of the 12p12 Breakpoint in Chromosome Abnormalities in Childhood Acute Lymphoblastic Leukemia. Blood 68:69–75
188. Raimondi SC, Pui CH, Behm FG, Williams DL (1987) 7q32-q36 Translocations in Childhood T Cell Leukemia: Cytogenetic Evidence for Involvement of the T Cell Receptor β-Chain Gene. Blood 69:131–134
189. Raimondi SC, Behm FG, Roberson PK, Pui CH, Rivera GK, Murphy SB, Williams DL (1988) Cytogenetics of Childhood T-Cell Leukemia. Blood 72:1560–1566
190. Raspadori D, Tassinari A, Tazzari PL, Baccarani M (1986) Phenotypic characterization of adult acute lymphoblastic leukaemia: are cytoplasmic immunoglobulins related to prognosis? Acta haemat 75:190–191
191. Reilly IAG, Russell NH, Kozlowski R (1989) Heterogenous mechanisms of autocrine growth of AML blasts. Brit J Haematol 72:363–369
192. Reinherz EL, Kung P, Goldstein G, Levey RH, Schlossman SF (1980) Discrete stages of human intrathymic differentiation: analysis of normal thymocytes and leukemic lymphoblasts of T lineage. Proc Natl Acad Sci USA 77:1588
193. Ribeiro R, Abromowitch M, Raimondi S, Murphy SB, Behm F, Williams DL (1987) Clinical Biologic Hallmarks of the Philadelphia Chromosome in Childhood Acute Lymphoblastic Leukemia. Blood 70:948–953
194. Rubin CM, Carrino JJ, Dickler MN, Leibowith D, Smith SD, Westbook CA (1988) Heterogeneity of genomic fusion of BCR and ABL in Philadelphia chromosome-positive acute lymphoblastic leukemia. Proc Natl Acad Sci USA 85:2795

194a. Ruiz-Arguelles GJ, Marin-Lopez A, Lobato-Mendizabal E et al. (1986) Acute megakaryoblastic leukaemia: A prospective study of its identification and treatment. Br J Haematol 62:55

195. Ryan DH, Chapple CW, Kossover SA, Sandberg AA, Cohen HJ (1987) Phenotypic Similarities and Differences Between CALLA-positive acute Lymphoblastic leukemia Cells and Normal Marrow CALLA-Positive B Cell Precursors. Blood 70:814–821
196. San Miguel JF, Gonzalez M, Canizo MC, Anta JP, Protero JA, Lopez-Borrasca A (1986) TdT activity in acute myeloid leukemias defined by monoclonal antibodies. Amer J Hematol 23:9–17

197. Sato T, Eguchi M, Fuse A, Hayashi Y, Ryo R, Adachi M, Kishimoto Y, Teramura M, Mizoguchi H, Shima Y, Komori I, Sunami S, Okimoto Y, Nakajima H (1989) Establishment of a human leukaemic cell line (CMK) with megakaryocytic characteristics from a Down's syndrome patient with acute megakaryoblastic leukaemia. Brit J Haematol 72:184–190
198. Schmalzl F, Braunsteiner H (1968) Zytochemische Darstellung von Esteraseaktivitäten in Blut- und Knochenmarkszellen. Klin Wochenschr 46:642
199. Schmalzl F, Huhn D, Asamer H, Abbrederis K, Braunsteiner H (1972) Atypical (monomyelocytic) myelogenous leukemia. Cytochemical, electron microscopic, and biochemical investigations. Acta Haematol 48:72
200. Scoarez JY, Imbert M, Crofts M, Jouault H, Juneja SR, Vernant JP, Sultan C (1985) Myelodysplastic syndrome or acute myeloid leukemia? A study of 28 cases presenting with borderline features. Cancer 55:2390–2394
201. Scott CS, Vulliamy T, Catovsky D, Matutes E, Norfolk DR (1989) DNA Genotypic Conversation During Phenotypic Switch from T-Cell Acute Lymphoblastic Leukaemia to Acute Myeloblastic Leukaemia. Leukemia and Lymphoma 1:21–28
202. Secker-Walker LM, Chessels JM, Stewart EL, Swansbury GJ, Richards S, Lawler SD (1989) Chromosomes and other prognostic factors in acute lymphoblastic leukaemia: a long-term follow-up. Brit J Haematol 72:336–342
203. Seremetis SV, Pelicci PG, Tabilio A, Ubriaco A, Grignani F, Cuttner J, Winchester RJ, Knowles DM, Dalla-Favera R (1987) High Frequency of Clonal Immunoglobulin of T-Cell Receptor Gene Rearrangements in Acute Myelogenous Leukemia Expressing Terminal Deoxyribonucleotidyltransferase. J Exp Med 165:1703–1712
204. Shikano T, Kaneko Y, Takazawa M, Ueno N, Ohkawa M, Fujimoto T (1986) Balanced and Unbalanced 1;19 Translocation-Associated Acute Lymphoblastic Leukemias. Cancer 58:2239–2243
205. Shipp MA, Vuayaraghavan J, Schmidt EV, Masteller EL, D'Adamio L, Hersh LB, Reinherz EL (1989) Common acute lymphoblastic leukemia antigen (CALLA) is active neutral endopeptidase 24.11 ("enkephalinase"): Direct evidence by cDNA transfection analysis. Proc Natl Acad Sci USA 86:297–301
206. Simmers RN, Webber LM, Shannon F, Garson OM, Wong G, Vadas MA, Sutherland GR (1987) Localization of the G-CSF Gene on Chromosome 17 Proximal to the Breakpoint in the t(15;17) in Acute Promyelocytic Leukemia. Blood 70:330–332
206a. Siu G, Kronenberg M, Strauss E, Haars R, Mak TW, Hood L (1984) The structure, rearrangement and expression of gene segments of the murine T-cell Antigen Receptor. Nature 311:344–348
207. Smets LA, Slater RM, Behrendt H, Van't Vaer MB, Buoman-Blok J (1985) Phenotypic and karyotypic properties of hyperdiploid acute lymphoblastic leukaemia of childhood. Br J Haematol 61:113
208. Smits P, Schoots L, de Pauw BE, de Witte T, Holdrinet RSG, Janssen JTP, Haanen C (1987) Prognostic Factors in Adult Patients With Acute Leukemia at First Relapse 59:1631–1634
209. Sobol RE, Mick R, Roystone I, Davey FR, Ellison RR, Newman R, Cuttner J, Griffin JD, Collins H, Nelson DA, Bloomfield CD (1987) Clinical importance of myeloid antigen expression in adult acute lymphoblastic leukemia. N Engl J Med 316:1111–1117
210. Sokal G, Michaux JL, van den Berghe H, Cordier A, Rodhain J, Ferraut A, Moriau M, de Bruyere M, Sonnet J (1975) A new hematologic syndrome with a distinct karyotype: the 5q-chromosome. Blood 46:519–533
211. Stark B, Umiel T, Mammon Z, Galili N, Dzaledetti M, Cohen IJ, Steinberg M, Vogel R, Zaizov R (1986) Leukemia of Early Infancy. Early B-Cell Lineage Associated With t(4;11). Cancer 58:1265–1271
212. Stass SA, Mirro J (1986) Lineage heterogeneity in acute leukemia: acute mixed lineage leukemia and lineage switch. Clin Haematol 15:811–827

213. Stockinger H, Majdic O, Liszka K, Aberer W, Bettelheim P, Lutz D, Knapp W (1984) Desialyation exposes myeloid antigens on acute lymphoblastic leukemia cells. JNCI 73:1–12
214. Stong RC, Korsmeyer J, Parkin JL, Arthur DC, Kersey JH (1985) Human Acute Leukemia Cell Line With the (4;11) Chromosomal Rearrangement Exhibits B Lineage and Monocytic Characteristics. Blood 65:21–31
215. Swirsky DM, De Bastos M, Parish SE, Rees JKH, Hayhoe FGJ (1986) Features affecting outcome during remission induction of acute myeloid leukaemia in 619 adult patients. Brit J Haematol 64:435–453
216. Tabilio A, Herrera A, D-Agay MF (1984) Therapy related leukemia associated with myelofibrosis. Blast cell characterization in six cases. Cancer 54:1382–1391
217. Tachibana N, Raimondi SC, Lauer SJ, Sartain P, Dow LW (1987) Evidence for a Multipotential Stem Cell Disease in Some Childhood Philadelphia Chromosome-Positive Acute Lymphoblastic Leukemia. Blood 70:1458–1461
218. Thaler J, Greil R, Dietze O, Huber H (1989) Immunohistology For Quantification of Normal Bone Marrow Lymphocyte Subsets. Brit J Haematol 73:576–577
219. Thiel E, Kranz BR, Raghavachar A, Bartram CR, Löffler H, Messerer R, Ganser A, Ludwig WD, Büchner T, Hoelzer D (1989) Prethymic phenotype and genotype of Pre-T (CD7+/ER−) -cell leukemia and its clinical significance within adult acute lymphoblastic leukemia. Blood 73:1247–1258
220. Tinegate H, Gaunt L, Hamilton PJ (1983) The 5q- chromosome: an underdiagnosed form of makrocytic anaemia. Brit J Haematol 54:103–110
221. Uckun FM, Muraguci A, Ledbetter JA Kishimoto T, O'Brien RT, Roloff JS, Gaji-Peczalska K, Provisor A, Koller B (1989) Biphenotypic Leukemic Lymphocyte Precursors in CD2+, CD19+ Acute Lymphoblastic Leukemia and Their Putative Normal Counterparts in Human Fetal Hematopietic Tissues. Blood 73:1000–1015
222. Vainchenker W, Deschamps JF, Bastin JM (1982) Two monoclonal antiplatelet antibodies as markers of human megakaryocyte maturation: immunofluorescent staining and platelet peroxidase detection in megakaryocyte colonies and in-vivo cells from normal and leukemic patients. Blood 59:514–521
223. Vainchenker W, Villeral JL, Tabilio A, Matamia H, Karianakis G, Guichard J, Henri A, Vernant JP, Rochant H, Breton-Gorius J (1988) Immunophenotype of leukemic blasts with small peroxidase-positive granules detected by electron microscopy. Leukemia 2:274
224. Van der School CE, Jansen P, Poorter M, Wester MR, von dem Borne AEGK, Aarden LA, van Oers HJ (1989) Interleukin-6 and Interleukin-1 Production in Acute Leukemia With Monocytoid Differentiation. Blood 74:2081–2087
225. Van Dongen JJM, Hooijkaas H, Comans-Bitter M, Hählen K, de Klein A, van Zanen GE, van't Veer MB, Abels J, Benner R (1985) Human Bone Marrow Cells Positive For Terminal Deoxynucleotidyl Transferase (TdT), HLA-DR, and a T Cell marker may Represent Prothymocytes. J Immunol 135:3144–3150
226. Van Dongen JJM, Quertermous T, Bartram CR, Gold DP, Wolfers-Tettero ILM, Comans-Bitter WM, Hooijkaas H, Adriaansen HJ, de Klein A, Raghavachar A, Ganser A, Duby AD, Seidman JG, van den Elsen P, Terhorst C (1987) T-Cell Receptor-CD3 Complex during Early T Cell Differentiation: Analysis of Immature T Cell Acute Lymphoblastic Leukemias (T-ALL) at DNA, RNA, and Cell Membrane Level. J Immunol 138:1260
227. Van Dongen JJM, Wolvers-Tettero ILM, Wassenaar F, Borst J, van den Elsen P (1989) Rearrangement and Expression of T-Cell Receptor Delta Genes in T-Cell Acute Lymphoblastic Leukemias. Blood 74:334–342
228. Vannier JP, Bene MC, Faure GC, Bastard C, Garano R, Bernard A (1989) Investigation of the CD10 (cALLA) negative acute lymphoblastic leukaemia: further description of a group with a poor prognosis. Brit J Haematol 72:156–160
229. Vaughan WP, Strauss LC, Burke PJ, Skurbitz KM, Schwartz JM, Karp JE, Civin CI (1983) Surface marker phenotypes (SMP) predict response to therapy in acute nonlymphocytic leukemia (ANLL). Procedings ASCO 2:183

230. Verhest A, van Schoubroek F, Wittek M, Naets JP, Denolin-Reubens R (1976) Specifity of the 5q- chromosome in a distinct type of refractory anaemia. J Natl Cancer Inst 56:1053–1054
231. Villeval JL, Testa G, Vinci H, Tonthat H, Bettaieb A, Titeux M, Cramer P, Edelman L, Rochant H, Breton-Gorius J, Vainchenker W (1985) Carbonic anhydrase I is an early specific marker of normal erythroid differentiation. Blood 66:162–1170
232. Villeval JL, Cramer P, Lemoine F, Henri A, Bettaieb A, Bernaudin F, Beuzard Y, Berger R, Flandrin G, Breton-Gorius J, Vainchenker W (1986) Phenotype of early erythroblastic leukemias. Blood 68:1167–1174
233. Vodinelich L, Tax W, Bai Y (1983) A monoclonal antibody (WT1) for detecting leukaemias of T-cell pre-cursors (T-ALL). Blood 62:1108–1113
234. Vogler LB, Christ WM, Bockman DE, Pearl ER, Lawton AR, Cooper MD (1978) Pre-B cell leukemia: a new phenotype of children lymphoblastic leukemia. N Engl J Med 298:872–878
235. Williams DL, Look T, Melvin S, Roberson P, Dahl G, Flake T, Stass S (1984) New chromosomal translocations correlate with specific phenotypic subtypes of childhood acute lymphoblastic leukemia. Cell 36:101
236. Williams DL, Harber J, Murphy SB, Look AT, Kalwinsky DK, Rivera G, Melvin S, Stass S, Dahl GV (1986) Chromosomal translocations play a unique role in influencing prognosis in childhood acute lymphoblastic leukemia. Blood 68:205–212
237. Yancopoulos GD, Blackwell TK, Suh H, Hood L, Alt FW (1986) Introduced T Cell Receptor Variable Region Gene Segments Recombine in Pre-B Cells: Evidence That B and T Cells Use a Common Recombinase. Cell 4:251–259
238. Yoffe G, Schneider N, van Dyk L, Yang CYC, Siciliano M, Buchanan G, Capra JD, Beer R (1989) The Chromosome Translocation (11;14) (p13;q11) Associated With T-Cell Acute Lymphocytic Leukemia: An 11p13 Breakpoint Cluster Region. Blood 74:374–379
239. Yumura-Yagi K, Hara J, Terada N, Ishihara S, Tawa A, Takihara Y, Champagne E, Minden MD, Mak TW, Kawa-Ha K (1989) Analysis of Molecular Events in leukemic Cells Arrested at an Early Stage of T-Cell Differentiation. Blood 74:2103–2111
240. Zaki SR, Chan WC, McKolanis J, Austin GE (1989) Production and Characterization of Monoclonal Antibodies to Human Myeloperoxidase. Clin Immunol Immunopathol 50:283–297
241. Zaki SR, Austin GE, Swan D, Srinivasan A, Ragab AH, Chan WC (1989) Human Myeloperoxidase Gene Expression in Acute Leukemia. Blood 74:2096–2102
242. Zola H (1987) The surface antigens of human B lymphocytes. Immunol Today 8:308

Kapitel 6: Chronisch-myeloproliferative Erkrankungen

H. Huber, D. Nachbaur, J. Thaler, P. Pohl, D. Pastner, C. Fonatsch

Diese Erkrankungen umfassen

- die Philadelphia-Chromosom positive chronisch-myeloische Leukämie (CML)
- Varianten der CML, die durch Unterschiede im hämatologischen Erscheinungsbild, Abweichungen in pathomorphologischen, zytogenetischen oder anderen Befunden abgegrenzt werden können (megakaryozytenreiche Variante, Ph1-negative CML u.a.);
- die idiopathische Myelofibrose (IM, Osteomyelosklerose);
- die Polycythaemia vera (Pv) und
- die essentielle Thrombozythämie (ET)

Die gesteigerte Proliferation äußert sich meist in der vermehrten Ausschwemmung zumindest einer Zellart (Tabelle 6.1). Der Verlauf ist überwiegend chronisch, die Transformation in einen terminalen Blastenschub ist aber häufig.

Tabelle 6.1. Einteilung der myeloproliferativen Erkrankungen nach dem Ausmaß der zellulären Proliferation

Erkrankung	Erythrozyten	Granulozyten	Megakaryozyten/ Thrombozyten	Myeloische Metaplasie
Chronisch myeloische Leukämie (CML)	±	+++	+ bis ++	++
Idiopathische Myelofibrose (IM)	±	+ bis +++	++ bis +++	+++
Polycythaemia vera (Pv)	+++	+ bis ++	+ bis ++	+
Essentielle Thrombozythämie (ET)	±	±	+++	+

± Veränderungen inkonstant
+/++/+++ mäßig – mittel – starke Beteiligung
Myeloische Metaplasie: Ausmaß der extramedullären Blutbildung mit Ausschwemmung unreifer Vorstufen.

Tabelle 6.2. Molekularbiologische Produkte der Philadelphia-Translokation t(9;22) (q34;q11) (mod. nach [99])

Chromosom	Transkriptionsebene	Translationsebene
9 (normal)	6- und 7-kb c-abl mRNA	145-kd c-abl Protein (p 145)
22 (normal)	4.5- und 6.7-kb bcr mRNA	160-kd bcr Protein (p 160)
22- (Philadelphia)	CML: 8.5-kb bcr-abl mRNA ALL: 7.0-kb bcr-abl mRNA 8.5-kb bcr-abl mRNA AML: –	p $210^{bcr\text{-}abl}$ p $190^{c\text{-}abl}$ p $210^{bcr\text{-}abl}$ p $190^{c\text{-}abl}$

6.1 Die chronisch-myeloische Leukämie (CML)

Pathophysiologie. Die CML ist eine Erkrankung der hämatopoetischen Stammzelle [42]. Über 90% der Patienten zeigen die für das Philadelphia-Chromosom (Ph1) charakteristische chromosomale Translokation t(9;22) (q34;q11). Sie ist im Knochenmark an allen Reifungsstufen der Granulo-, Mono- und Erythropoese sowie an Megakaryozyten und an B-Lymphozyten nachweisbar. Die molekularbiologischen Konsequenzen der Ph1-Translokation sind in Tabelle 6.2 zusammengefaßt.

Das Philadelphia-Chromosom ist ein aberrantes Chromosom 22, das als Folge einer reziproken Translokation zwischen der Region 1 Bande 1 am langen Arm des Chromosoms 22 (22q11) und der Region 3 Bande 4 am langen Arm des Chromosoms 9 (9q34) entsteht. Am Chromosom 9 ist in diesem Bereich das Protoonkogen c-abl lokalisiert. Dieses Protoonkogen wird durch die Translokation an die sog. *breakpoint cluster region* (bcr-Gen) am Chromosom 22 angelagert und aktiviert [63, 99, 138]. Die Bruchstelle am Chromosom 22 liegt an sehr umschriebener Stelle (meist zwischen 2. und 3. Exon oder zwischen 3. und 4. Exon = major bcr, s. Abb. 6.1 A und B.), wobei der Lokalisation der Bruchstelle eine prognostische Bedeutung zuzukommen scheint [113].

Mit Hilfe von (gegen p210 bcr-abl hergestellten) spezifischen Antiseren kann p210 bcr-abl direkt erfaßt werden. Von weit größerer praktischer Bedeutung ist jedoch die Polymerase-Kettenreaktion (PCR) zum besonders empfindlichen Nachweis minimaler Resterkrankungen z. B. nach Knochenmarkstransplantation [167].

Es kommt zum Auftreten eines „Hybridgens“ (Abb. 6.1 A u. B). Ihm entsprechen auf der Ebene der mRNA und des Proteins pathologische Genprodukte. Das 210 kD bcr-abl-Protein (p210) der CML-Zellen unterscheidet sich vom normalen 145 kD c-abl-Protein (p145) vor allem durch seine Proteinkinase-Aktivität. Diese Tyrosinkinase-Aktivität fehlt dem normalen p145 weitgehend. Bei der Ph1-positiven ALL findet sich in 50% der Fälle eine bcr-abl-Rearrangierung wie bei der Ph1-positiven CML, in den restlichen 50% liegt die Bruchstelle weiter in 5′-Richtung (zentromerwärts)

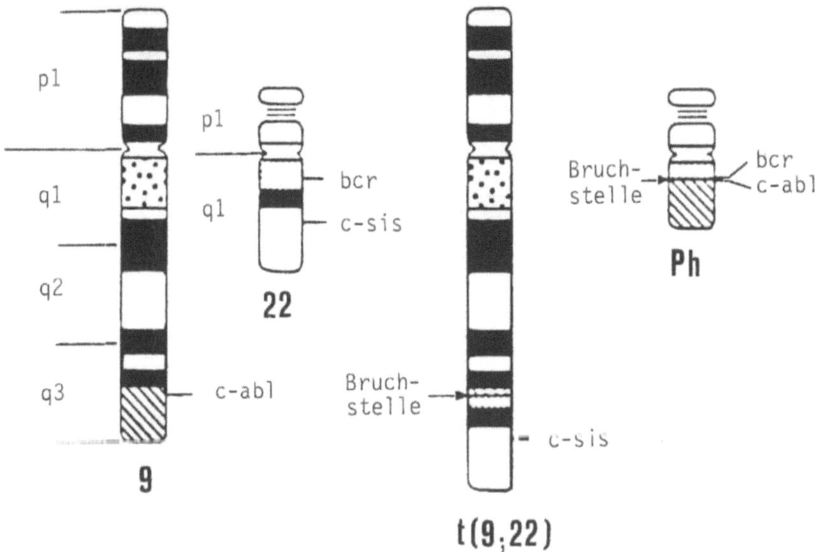

Abb. 6.1A. Das Philadelphia-Chromosom (Ph1) und seine Genprodukte (mod nach [75] und [92])
Das Ph1 entsteht als Folge einer reziproken Translokation zwischen den langen Armen von Chromosom 22 und 9. Es kommt zur Anlagerung des c-abl-Protoonkogens an die bcr-Region von Chromosom 22

des bcr-Gens, innerhalb des 1. Introns. Daraus resultiert eine wesentlich kürzere mRNA (7,0 kB) und ein entsprechend kleineres Protein (p190).

Aufgrund dieser gesteigerten Tyrosinkinase-Aktivität und der Fähigkeit des bcr-abl-Genproduktes p210 hämatologische Vorläuferzellen zu transformieren [109] ist eine direkte Beteiligung dieser genetischen Veränderung am malignen Wachstum der CML-Zellen naheliegend [100].

Auch in Ph1-negativen Fällen von CML können in etwa 1/3 der Fälle bcr-rearrangements und die Expression von p210 nachgewiesen werden („maskierte" Translokation; s. Kap. 6.2).

Stadien der Erkrankung. Die CML zeigt in ihrem Verlauf drei Krankheitsphasen, deren Unterscheidung therapeutisch wichtig ist. Nach einer meist längerdauernden *chronischen Phase* folgt die *akzelerierte Phase,* die schließlich in ein terminales *Blastenstadium* übergeht.

6.1.1 Die initiale oder chronische Phase

Die Diagnose dieser Krankheitsphase stützt sich

- auf eine Vermehrung myeloischer Zellen im Blut, die neben reifen Elementen auch Vorstufen dieser Reihe umfaßt;

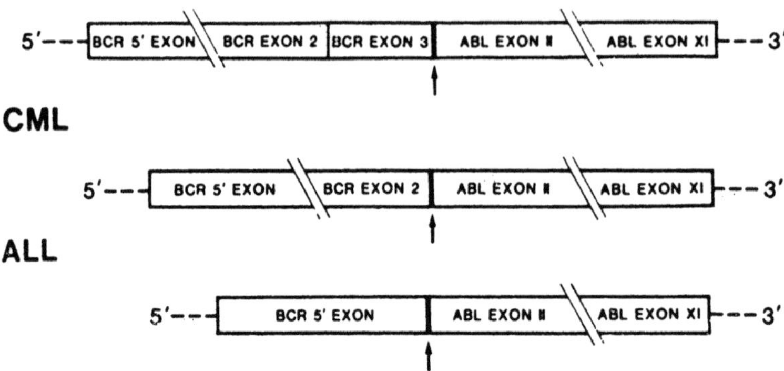

Abb. 6.1 B. Hybridgen bei Ph1+-positiver CML und ALL. Unterschiedliche Lokalisationen der Bruchstellen innerhalb des bcr-Gens bei Ph1+-CML und -ALL (s. auch Text)

- auf eine ausgeprägte Hyperplasie des Knochenmarks mit bevorzugter Vermehrung granulopoetischer Vorstufen;
- auf den Nachweis des Philadelphia(Ph1)-Chromosoms und/oder seiner Varianten (s. unten);

Bei klinischem Verdacht einer CML und Fehlen eines zytogenetisch faßbaren Ph1-Chromosoms ist eine „rearrangement"-Untersuchung anzustreben.

Die Diagnose wird durch die *Knochenmarkstanzbiopsie* mit Nachweis einer myeloischen oder myelomegakaryozytären Proliferation gestützt. Die *alkalische Leukozytenphosphatase* ist in diesem Stadium meist erniedrigt. Eine kleinere Zahl von Myeloblasten im Blutbild und/oder Knochenmark schließt ein chronisches Stadium nicht aus.

Die Veränderungen des weißen Blutbildes (Ausmaß der Leukozytose, Grad der Linksverschiebung) spiegeln in diesem Krankheitsstadium meist gut die leukämische Proliferationsaktivität wider, da sich myeloische Zellen und ihre Vorläufer im Austausch zwischen Milz, Blut und Knochenmark befinden ([48, 115]; Übersicht bei [20, 150, 177]).

6.1.1.1 Blutbild

Leukozytenzahl. Schon im Frühstadium der Erkrankung liegt die Gesamtleukozytenzahl meist deutlich über 50 G/l, wobei die Verdopplungszeit der Leukozyten individuell erhebliche Unterschiede zeigt (Abb. 6.2). Mit dem Fortschreiten der Erkrankung wird die Verdopplungszeit der Blutleukozyten meist zunehmend kürzer [50]. In etwa 5% der Fälle kommen auch zyklische Veränderungen der Gesamtleukozytenzahl mit 2–4monatlichen Spitzenwerten vor (Übersicht bei [77, 177]).

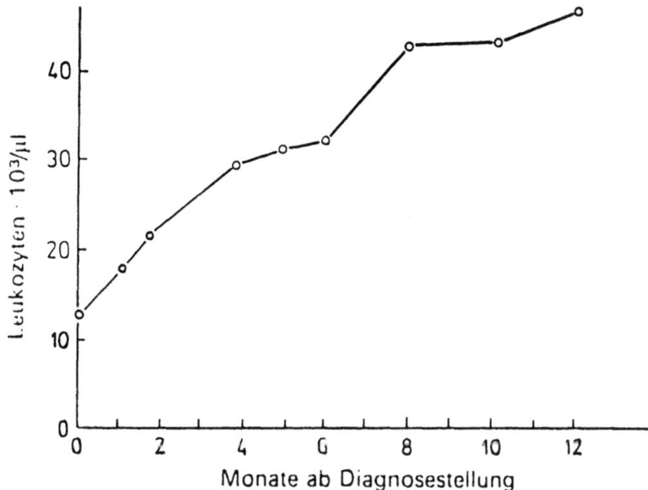

Abb. 6.2. Zunahme der Leukozytenverdopplungszeit im Anfangsstadium einer CML (58jährige Patientin)

Differentialblutbild. Alle Vorstufen der Granulopoese können nachweisbar sein, wobei der Prozentsatz von Blasten und Promyelozyten in Korrelation zur Zahl der Gesamtleukozyten steht [151]. Basophile finden sich bei etwa 78% und auch eine Vermehrung der Eosinophilen ist häufig (Abb. 6.3). Neben der Zunahme der Monozyten kann auch die Zahl der Blutlymphozyten erhöht sein (Abb. 6.3).

Thrombozyten. Thrombozytosen sind zur Zeit der Diagnosestellung weit häufiger als Thrombopenien. Werte über 700 G/l finden sich bei etwa 25% der Patienten, unter 150 G/l in weniger als 5% der Fälle. Die Höhe der Thrombozytenwerte ist der Blutleukozytenzahl nicht korreliert (z. B. [88]).

Das **rote Blutbild** kann zur Zeit der Diagnosestellung normal sein. Anämien mit Hb-Werten <12 g/dl werden zur Zeit der Diagnosestellung in etwa 60% beobachtet, sie sind in etwa 15% ausgeprägt (Hb <8 g/dl) [89].

Die Blutbildveränderungen sind Folge der *Expansion von Vorläuferzellen,* so daß eine Störung der negativen Rückkoppelung postuliert wird (Übersicht bei [77]). Die Zunahme myeloisch determinierter Stammzellen (CFU-GM) geht im chronischen Stadium mit einer guten Ausreifungstendenz einher (CFU-GM können zum Teil auch in Richtung eosinophiler oder basophiler Granulozyten ausreifen). Da es sich bei der CML um eine *monoklonale Proliferation pluripotenter Vorläuferzellen* handelt [42], manifestiert sich die Erkrankung auch auf der Ebene megakaryozytärer und erythroblastärer Vorläuferzellen (CFU-Meg, CFU-E, BFU-E)[1]. Die Vorläuferzellen sind auch im peripheren Blut in größerer Zahl nachweisbar. So ist die Anzahl von CFU-GM im Kreislauf häufig auf

[1] BFU-E = *Burst forming Unit* – der Erythropoese: entsprechend einer früheren Vorläuferzelle als CFU-E s. Kap. 4.1.1
CFU-E = *Colony forming Unit* – Kolonien, reiferer erythropoetischer Vorläuferzellen
CFU-GM = Vorläuferzelle der Granulo- und Monopoese
CFU-Meg = Megakaryozytäre Vorläuferzelle (Übersicht bei [126])

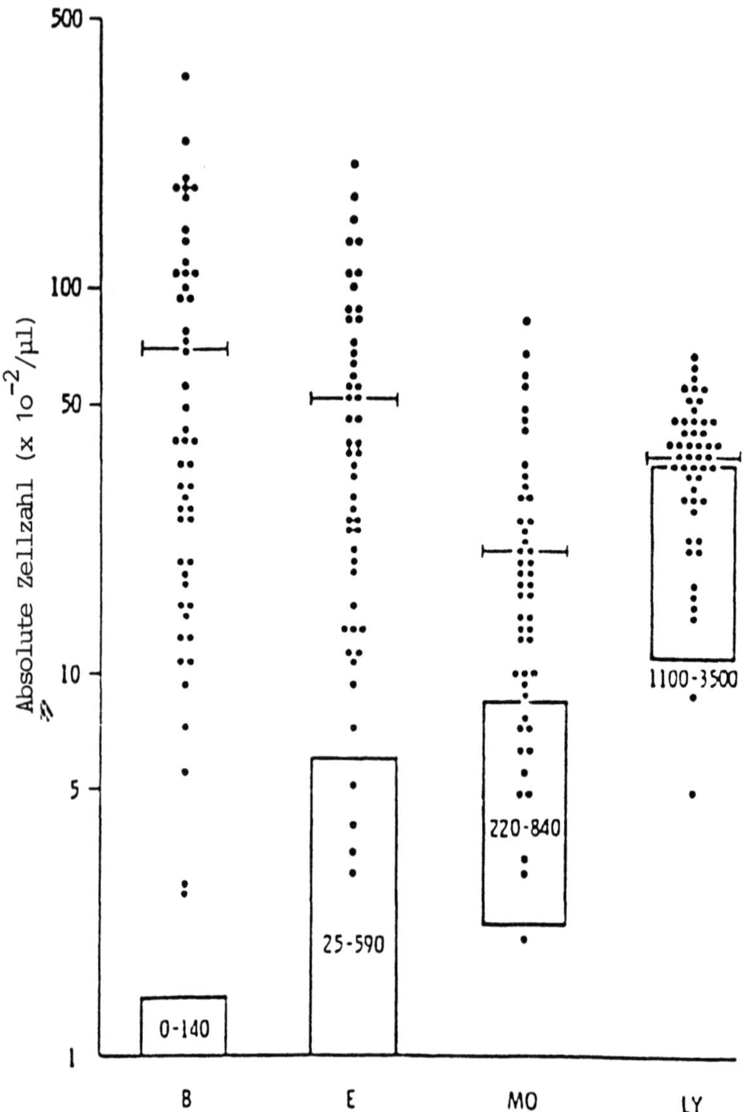

Abb. 6.3. Absolutwerte von Basophilen (B), Eosinophilen (E), Monozyten (Mo), und Lymphozyten (Ly) im peripheren Blut von 50 Patienten mit CML zum Zeitpunkt der Diagnosestellung. Balken entsprechen den Mittelwerten, innerhalb der Kästchen Normalwerte (nach [151])

das 500fache und mehr des Normalwertes gesteigert, wobei Korrelationen zur Gesamtleukozytenzahl bestehen [115]. Die leukämischen Vorläuferzellen sprechen auf hämatopoetische Wachstumsfaktoren etwa normal an.

An der Akkumulation ausreifender leukämischer Zellen im Blut ist auch eine Verlängerung der Reifungs- und vor allem der intravaskulären Verweil-

Tabelle 6.3. Granulozytäre und megakaryozytär-granulozytäre CML (mod. nach [17])

Knochenmarkhistologie (Normalwerte in Klammer)	Chronisch myeloische Leukämie granulozytär (n = 66)	megakaryozytär-granulozytär (n = 77)
blutbildendes KM (40 ± 9; Vol%)	72 ± 12	65 ± 17
Megakaryozyten (759 ± 73; pro mm^2)	632 ± 410	6369 ± 5637
Fibrose diskret (%)	99	55
ausgeprägt (%)	1	45
Lymphfollikel (%)	0	5
Vorherrschende Metamorphose	Blastenkrise (79%)	Myelofibrose (76%)

dauer beteiligt. Daten zur Proliferationskinetik der Myeloblasten und ihrer Ausreifungsformen zeigen Verlängerungen der Zellzykluszeiten [32].

6.1.1.2 Knochenmarkbefunde

Das Knochenmark ist hyperzellulär, mit weitgehend fehlendem Fettmark. Neben einer Vermehrung aller Reifungsstufen der Granulopoese finden sich reichlich Megakaryozyten und eine relative Verminderung der Erythropoese. Bei ausgeprägter Vermehrung der Megakaryopoese mit Atypien sprechen manche Arbeitsgruppen von einer *„megakaryozytär-granulozytären Myelose“* [17, 51].

Gegenüber der rein „granulozytären“ CML zeigt diese Form häufiger eine stärkere Fibrose (Tabelle 6.3), die sich im Krankheitsverlauf insgesamt in über 35% der Patienten mit CML entwickelt [17, 52, 79, 82, 103].

Die besonders im Spätstadium auftretende *Myelofibrose* ist eine sekundäre Erscheinung bei CML, welche durch megakaryozytäre Zellprodukte hervorgerufen sein dürfte [24, 25]. Der von Megakaryozyten gebildete PDGF *(platelet derived growth factor)* kann Vermehrung und Wachstum von Fibroblasten fördern (s. Kap. 6.4.1). Bei der Mehrzahl der Patienten in der chronischen Phase der Erkrankung ist der Grad der Fibrose gering bis mäßig. In Spätstadien ist sie jedoch meist deutlicher [103].

Zwischen den Hb-Werten und dem Ausmaß der Faservermehrung besteht eine negative, zwischen dem Megakaryozytengehalt im Knochenmark und der Myelofibrose eine positive Korrelation [103]. Sind neben Retikulinfasern auch Kollagenfasern nachweisbar, ist die Prognose meist schlecht. Ähnliche Schlußfolgerungen im Hinblick auf die prognostische Wertigkeit der Markfibrose gehen auch aus den Arbeiten von Gralnick et al. [59] und Buyssens und Bourgeois [19] hervor.

6.1.1.3 Zusätzliche Laboratoriumsuntersuchungen

a) *Alkalische Leukozytenphosphatase (ALP):* Eine Erniedrigung bis zum Fehlen der ALP (ALP-Index der Neutrophilen unter 20) findet sich in 90% der Patienten in dieser Krankheitsphase [77, 147]. Anstiege kommen bei Infekten oder einer Krankheitsakzeleration (s. unten) vor, können jedoch auch hormonell (z. B. bei Schwangerschaft) bedingt sein.

Niedrige Aktivitätswerte und Ph1-Positivität korrelieren nicht. Einerseits können Normalwerte in Einzelfällen typischer CML (z. B. [147]) gefunden werden, andererseits sind auch bei Ph1-negativer CML niedrige Werte häufig.

b) *Vitamin B_{12} im Serum und B_{12}-Bindungskapazität:* Die Vitamin B_{12} bindenden Proteine (Transcobalamin I und III) werden in erster Linie aus Granulozyten freigesetzt. Entsprechend der gesteigerten Granulozytenzahl findet sich bei CML meist eine deutliche Erhöhung der Vitamin B_{12}-Bindungskapazität und als deren Folge auch des Vitamin B_{12}. Bei Vitamin B_{12}-Mangelzuständen kann dieser Anstieg fehlen.
c) *Laktatdehydrogenase* (LDH) im Serum: Die LDH ist bei CML-Patienten zur Zeit der Diagnosestellung praktisch immer erhöht. Unter der Behandlung findet sich bei Ansprechen meist ein Abfall.
d) Andere Untersuchungen: angeführt sei die häufige Erhöhung der Harnsäure, scheinbare Anstiege von Serum-Kalium (freigesetzt aus Plättchen nach der Blutabnahme), Hypoglykämien als Artefakt (Glukoseutilisation in vitro durch Leukozyten) und der Wert einer Histaminbestimmung bei symptomatischen Patienten.

6.1.1.4 Chromosomenuntersuchungen

Über 90% der Patienten mit CML zeigen das Philadelphia-Chromosom mit charakteristischen molekularbiologischen Veränderungen. Das Ph1-Chromosom entsteht durch Deletion eines Teils des langen Armes von Chromosom 22 (22q-). In etwa 95% wird dieser Chromosomenabschnitt an das Chromosom 9 transloziert (9q+). Wesentlich für den klinischen Verlauf ist der Bruch am Chromosom 22 (Übersicht bei [76]), der an sehr umschriebener Stelle erfolgt (*breakpoint cluster region;* s. Kap. 6.1, Pathophysiologie). Bei etwa 5–8% der Ph1-positiven CML sind auch noch andere Chromosomen an der Translokation beteiligt (sog. „variante" Translokationen; s. Tabelle 6.4). Patienten mit varianten Translokationen unterscheiden sich klinisch und prognostisch nicht von Patienten mit der Standard-Philadelphia-Translokation [135]. Diese varianten Translokationen können in solche „einfacher" und „komplexer" Natur unterteilt werden.

Im Falle „komplexer" Varianten sind neben dem Chromosom 9 und 22 noch andere Chromosomen (alle außer y) an der Bildung des Philadelphia-Chromosoms beteiligt. Bei „einfachen" Varianten fungiert nicht das Chromosom 9, sondern irgendein anderes Chromosom als Translokationspartner für Chromosom 22, wobei molekularbiologische Unter-

Tabelle 6.4. Chromosomenaberrationen bei CML (mod. nach [28] und [76])

			beteiligte Chromosomen		
	Häufigkeit	Terminologie[a]	9	22	andere
Ph_1-positiv	65–70%				
typische Konstellation		t(9;22)	+	+	–
einfach		t(x;22)	(+)[b]	+	+
komplex		t(9;22;x)	+	+	+
Ph_1-positiv mit zusätzlichen Anomalien	10%	t(9;22) und + 8,i(17q), +22q-	+	+	+
Ph_1-positiv und Ph_1-negativ („Mosaik“)	5–10%	t(9;22)	+	+	–
Ph_1-negativ	5–10%				
typisch			–	–	–
maskiert		t(9;22)	+	+	–
Variante		t(9;x)	+	(+)[b]	+

[a] x steht für jedes beliebige andere Chromosom
[b] Beteiligung auf molekularbiologischer Ebene z. T. nachgewiesen

suchungen zeigen konnten, daß auch in diesen Fällen das Chromosom 9 inkonstant beteiligt ist und somit in einem Teil der Fälle auch hier komplexe Varianten vorliegen [7, 68]. An zusätzlichen Chromosomenanomalien finden sich am häufigsten eine Trisomie 8, ein zusätzliches Philadelphia-Chromosom und selten auch ein Isochromosom 17 (Übersicht bei [28, 67, 76, 166]). Strukturelle Anomalien am Chromosom 17 weisen meist auf eine drohende Blastenkrise hin [166].

In etwa 5% der männlichen Patienten fehlt den Ph1-positiven Zellen das y-Chromosom, ein prognostisch günstiges Zeichen.

In Einzelfällen (zytogenetisch) Ph1-negativer CML liegt ein „maskiertes“ Ph1-Chromosom vor. Bei diesen Patienten läßt sich die Translokation molekularbiologisch nachweisen (s. Ph1-negative CML, etwa 1/3 der Fälle von Ph1-negativer CML).

Das Ph1-Chromosom ist zwar für die CML in hohem Maß charakteristisch, kommt jedoch auch in einem niedrigen Prozentsatz bei anderen hämatologischen Neoplasien vor, dies gilt vor allem für die akute myeloische Leukämie (Ph1-Chromosom in etwa 5–10% der Patienten) und für die akute lymphatische Leukämie (im Kindesalter 5%, im Erwachsenenalter bis zu 25% Ph1-positive Fälle). Bei Ph1-positiver ALL sind allerdings aufgrund der unterschiedlichen Bruchstellen innerhalb der bcr-Region zwei verschiedene mRNAs und Proteinprodukte (p210 und p190) nachweisbar (s. Abb. 6.1; Kap. 4).

6.1.1.5 Prognosefaktoren

Bei einer medianen Überlebensdauer von etwa 3,5 Jahren nach Diagnosestellung sterben im ersten Jahr nach Diagnose 5–10%, in den folgenden

Jahren 23–28% der Patienten pro Jahr [147]. Eine Anzahl von Parametern zeigt eine Korrelation mit der Überlebensdauer [89, 147, 148, 164]. In einer Auswertung von 813 Patienten [147, 148] mittels Multivarianzanalyse erwiesen sich Milzgröße, Prozentsatz zirkulierender Blasten, Alter und Thrombozytenwerte (> 700 G/l) als die wichtigsten Prognosefaktoren.

Basophile und Eosinophile über 15%, mehr als 5% Myeloblasten im Knochenmark, männliches Geschlecht und ein niedriger Hämatokrit waren ebenfalls signifikant ungünstige Prognosefaktoren.

Bei Kombination der Daten konnten 3 Prognosegruppen klinisch definiert werden:
- günstige Prognose bei einer Milzgröße geringer als 6 cm unter dem Rippenbogen sowie einer Blastenzahl im peripheren Blut unter 1%;
- ungünstige Prognosegruppe bei Milzvergrößerung über 6 cm und gleichzeitiger Blastenausschwemmung über 1%;
- dazwischen liegende Überlebensdauer bei Vorliegen nur eines dieser beiden Risikofaktoren.

Ein kürzlich beschriebenes Stagingsystem inkludiert neben den oben angeführten Parametern auch zusätzliche chromosomale Anomalien [91a]. In einer Auswertung von 406 Patienten konnten die Autoren eine Überlegenheit dieser Stadieneinteilung gegenüber den bisherigen Prognosegruppen zeigen.

Die Unterteilung der CML-Patienten in solche mit hohem, mittlerem und niedrigem Risiko, die aufgrund der erwähnten klinischen Faktoren definiert werden, läßt Prognosegruppen mit einer medianen Überlebensdauer von etwa 2, 3 1/2 und 5 Jahren unterscheiden [20, 127, 147].

Die an chemotherapeutisch behandelten Patienten etablierten Risikostadien lassen sich auch auf die Interferon-Therapie übertragen. Ein signifikanter Anteil von hämatologischen und zytogenetischen Remissionen ist nur in den niedrigen Risikogruppen mit Interferon-alpha-Monotherapie zu erreichen [158a].

Bei einer Auswertung von Langzeitüberlebenden (>10 Jahre ab Diagnosestellung) war die Dauer der ersten Remission nach initialer Chemotherapie der wichtigste Prognosefaktor [124]. Im Median betrug die Dauer der Erstremission 73,8 Monate (0–240 Monate). Andere Parameter wie Geschlecht, Alter, Leukozytenwerte bei Diagnose, Hb-Wert, Milzgröße oder Thrombozytenwerte hatten keine prognostische Bedeutung. In dieser Patientengruppe war in fast der Hälfte der Patienten das Ph1-Chromosom nur in einem Teil der Zellen nachweisbar (zur evtl. prognostischen Bedeutung eines zytogenetischen Mosaiks s. [15, 124, 144, 178]).

6.1.2 Die akzelerierte Phase

Bevor sich das Vollbild eines Blastenstadiums entwickelt, besteht meist eine akzelerierte Krankheitsphase (Übersicht bei [20]). Sie kann zu jeder Zeit nach Diagnosestellung, im Mittel nach 30–36 Monaten auftreten. Eine *zunehmende Splenomegalie und Leukozytenvermehrung* wird deutlich, die gegenüber der früher wirksamen zytostatischen Therapie refraktär wird. Häufig nimmt auch die Anämie zu und es entwickelt sich eine Thrombopenie. Andererseits sind auch therapieresistente Thrombozytosen und Markfibrosen häufig [59, 103]. Im Differentialblutbild kann ein Anstieg der Basophilen und eine oft langsam zunehmende Zahl von Blasten zur Beobachtung kommen. Zytogenetische Untersuchungen können – u. U. schon vor den klinischen und hämatologischen Befunden dieser Krankheitsphase – zusätzliche Chromosomenanomalien erfassen lassen (vor allem +8, +22q-, i17q). Diese akzelerierte Phase ist von unterschiedlicher Dauer, im Mittel 3–6 Monate [20].

Mit einem Isochromosom i17q sind meist deutliche Basophilenerhöhungen assoziiert (Übersicht bei [44]).

6.1.3 Die Blastenkrise

Die Kriterien für eine Blastenkrise differieren bei den verschiedenen Arbeitsgruppen. Die folgenden Parameter tragen zur Erfassung einer Blastenkrise bei [147]:
- 20% oder mehr Blasten im peripheren Blut oder im Knochenmark;
- Blasten und Promyelozyten über 30% im Blut oder über 50% im Knochenmark;
- Auftreten extramedullärer Tumoren mit Blasteninfiltration (extramedulläre blastische Transformation, z. B. in Lymphknoten).

Die Transformation kann nach der Natur der Blasten als myeloisch (60%), lymphatisch (30%), erythroblastisch (5%) oder megakaryoblastisch (5%) bezeichnet werden. Vor allem die Abgrenzung lymphatischer Blastenschübe ist von prognostischem Wert, da sie therapeutisch besser beeinflußbar sind.

Im Falle eines *myeloischen Blastenschubes* weisen die Blasten reichlich Zytoplasma auf (Zelldurchmesser meist über 11 µm) und zeigen häufig diskrete Granula; oft ist eine erhöhte Zahl von Promyelozyten in diesen Fällen nachweisbar. Zytochemisch verhalten sich die Blasten Peroxidase bzw. Sudan positiv. Die *lymphoiden Blasten* sind meist kleiner (unter 10 µm) und haben gewöhnlich nur einen schmalen Zytoplasmasaum. Sie sind in der Regel POX-negativ, in einigen Fällen ist in einem Teil der Blasten eine grobe granuläre PAS-Positivität nachweisbar. Die Blasten sind im Knochenmark diffus vermehrt, seltener findet sich extramedullär eine tumoröse Blastenproliferation (z. B. in Lymphknoten oder Haut). Morphologische Methoden allein genügen zur Differenzierung myeloischer von lymphatischen Blastenschüben nicht.

Immunzytologie. Die Erfassung lymphatischer Blastenschübe erfolgt durch den immunzytologischen Nachweis der TdT, sowie Antigene „früher" B-Lymphozyten (CD19) bei meist gleichzeitiger Expression des c-ALL Antigens (CD10) (Übersicht bei [45]). Die immunzytologische Differentialdiagnose der verschiedenen Blastenformen findet sich in Tabelle 6.5.

Bei myeloischen Blastenschüben können nicht selten neben myeloischen Eigenschaften (z. B. CD33) auch Antigene nachgewiesen werden, die sich normalerweise an Mega-

Tabelle 6.5. Immunozytologische Befunde in der Blastenkrise

Antigen	myeloisch (60%)	B-lymphatisch (30%)	erythroblastär (5%)	megakaryoblastär (5%)	T-lymphatisch (<1%)
TdT	−	+	−	−	+
CD10	−	+	−	−	−
CD19	−	+	−	−	
CD33	+	−	+	−	−
Glycophorin	−	−	+	−	−
CD41	−	−	−	+	−
CD7	−	−	−	−	+

karyozyten (CD41 = Glycoprotein IIb/IIIa) und/oder Erythroblasten (Glycophorin) finden [13]. In weniger als 5% der Blastenschübe zeigen die pathologischen Blasten Eigenschaften von T-Lymphozyten (z. B. [61]).

Zytogenetik der Blastentransformation. Bei mehr als 75% der Patienten finden sich neben dem Ph1-Chromosom zusätzliche Aberrationen, die dem Blastenschub um 2–6 Monate vorausgehen können [44, 166]. Sie betreffen eine Verdopplung des Philadelphia-Chromosoms, eine Trisomie 8 (seltener +19 oder andere Trisomien), ein „Isochromosom" 17 (i17q) und seltenere andere Abweichungen (z. B. Verdoppelung von Y, Trisomie 19, 10, 6, Übersicht bei [44, 77, 121, 135, 166]). Trisomie 8 ist nach Hossfeld [77] das früheste Ereignis. Das Isochromosom 17q ist der zuverlässigste zytogenetische Indikator einer beginnenden Blastenphase und damit von großer klinischer und prognostischer Bedeutung. Hyperploidien (in 55–60% der Fälle) finden sich weit häufiger als Hypoploidien (in ca. 5%).

Bei lymphoiden Blastenkrisen wurden Anomalien am Chromosom 17 weit seltener gefunden als bei den myeloischen Formen [44, 166]. Überhaupt sind zusätzliche Strukturanomalien seltener als bei myeloischen Blastenkrisen.

Zusätzlich zum zytogenetischen Verlauf finden sich in diesem Krankheitsstadium eventuell weitere molekularbiologische Defekte, welche die Genabschnitte wichtiger zellulärer Onkogene betreffen können. So wurden Rearrangierungen und Amplifikationen von c-myc [108], p53 und Mutationen von ras-Onkogenen in zumindest einem Teil der Fälle beobachtet [31, 93, 105]. Mutationen am ras-Onkogen finden sich allerdings im Vergleich zur Ph1-negativen CML (u. CMML) wesentlich seltener (nach Cogswell [31] in 9%; N-ras > k-ras, s. auch Kap. 6.2).

6.1.4 CML in „Remission"

Remissionskriterien in der chronischen Phase unter konventioneller Therapie wurden von Talpaz et al. [158] definiert:

- komplette hämatologische Remission:
  Normalisierung der Leukozytenwerte unter 9 G/l und des Differentialblutbildes sowie Verschwinden aller klinischen Krankheitszeichen, einschließlich Splenomegalie. Bezüglich des zytogenetischen Ansprechens auf die Therapie können 4 Subgruppen unterschieden werden:
  1. kein zytogenetischer Response: Ph1-Chromosom in 100% der Metaphasen;
  2. minimaler zytogenetischer Response: Ph1-Chromosom in 35–95% der Metaphasen;
  3. partieller zytogenetischer Response:
     Ph1-Chromosom in 5–34% der Metaphasen;
  4. komplette zytogenetische Remission: kein Ph1-Chromosom nachweisbar.
- partielle hämatologische Remission:
  ≥50%ige Reduktion der Leukozytenzahl auf Werte unter 20 G/l oder Normalisierung der Leukozytenzahl bei Linksverschiebung im Differentialblutbild oder Persistenz der Splenomegalie.

Komplette Remissionen mit Verschwinden des Ph1-Chromosoms können nach allogener KM-Transplantation und in Einzelfällen auch nach hochdosierter Interferon-α-Therapie beobachtet werden. Die allogene Knochenmarktransplantation ist die derzeitig einzig gesicherte kurative Therapie der CML (zu den Ergebissen und weiterführenden Lit. s. [161]). Bei einem Teil von Langzeitüberlebenden nach Knochenmarktransplantation ist zytogenetisch und/oder molekularbiologisch das Philadelphia-Chromosom nachweisbar. Über die Bedeutung dieser Befunde bezüglich Verlauf und Rezidiv s. [3].

Remissionskriterien für die Blastenkrise wurde von Kantarjian et al. [91] folgendermaßen definiert:

- komplette Remission:
  <5% Blasten in einem normo- bis hyperzellulären Knochenmark und Normalisierung von peripherem Blutbild und Differentialblutbild (Granulozyten >1 G/l, Thrombo >100 G/l) für die Mindestdauer von 4 Wochen.
- partielle Remission:
  wie für komplette Remission, jedoch Blasten im Knochenmark 6–25%.

6.2 Ph1-negative chronisch-myeloische Leukämie

In etwa 5–10% der Patienten mit dem klinisch-hämatologischen Befund einer CML läßt sich zytogenetisch ein Ph1-Chromosom nicht nachweisen [76].

Eine Gegenüberstellung klinisch-hämatologischer Befunde bei Ph1-positiver und Ph1-negativer CML findet sich in Tabelle 6.6. Differentialdiagnostisch ist die Erkrankung vor allem von myelodysplastischen Syndromen (inkl. chronischen myelomonozytären Leukämien) abzugrenzen.

Die Patienten sind im Mittel deutlich älter als in der Ph1-positiven Gruppe und ihre Prognose in der überwiegenden Mehrzahl erheblich un-

Tabelle 6.6. Gegenüberstellung klinischer und hämatologischer Befunde bei Ph_1-positiver und Ph_1-negativer CML (mod. nach [90])

	Ph_1-positiv	Ph_1-negativ
Alter	jünger	älter (≥60a in 59%)
Geschlecht	nicht unterschiedlich	überwiegend männlich
Alkalische Leukozytenphosphatase	niedrig	meist niedrig
Leukozytenzahl	hoch	meist mäßig erhöht (≥100 G/l in nur 32%)
Thrombozytenzahl	hoch	häufig erniedrigt (<150 G/l in 43%)
Basophile	häufig	selten (>4% im Differentialblutbild in 12%)
zusätzliche chromosomale Veränderungen	selten (10%)	häufig (33%)[a]
Blastenschub	meist nach 2 Jahren oder später	häufig im 1. Jahr
Ansprechen auf zytostatische Therapie	gut	schlecht
Überlebenszeit (Median)	40 Monate	14 Monate (8–26 Monate)

[a] am häufigsten Trisomie 8, Deletion oder Verlust von Chromosom 5 oder 7, Deletion des y-Chromosoms

günstiger (Abb. 6.4). Ein Teil dieser Patienten ist nach klinischen und hämatologischen Befunden von Ph1-positiven Erkrankungen nicht zu unterscheiden. Bei diesen Patienten liegt der Verdacht auf eine „maskierte" Translokation vor (s. Kap. 6.1.1.4). Diese sog. „maskierte" Translokation findet sich in ca. 1/3 der Fälle von Ph1-negativer CML [169].

Die Schwierigkeit der Differentialdiagnose gegenüber myelodysplastischen Syndromen oder chronischen myeloproliferativen Erkrankungen außerhalb der CML (z. B. IM) zeigen Auswertungen größerer Patientengruppen mit sog. Ph1-negativer CML [31]. Die Mehrzahl entspricht eher einem MDS oder einer myeloproliferativen Erkrankung außerhalb der CML.

Untersuchungen auf DNA-Ebene konnten zeigen, daß in etwa 50% der Patienten mit Ph1-negativer CML (kein bcr/abl-Rearrangement) Mutationen im Bereich der ras-Onkogenfamilie vorliegen. Somit würde diese atypische CML sowohl vom klinischen Aspekt als auch auf molekularbiologischer Ebene am ehesten einem MDS (im Sinne einer CMML) ähneln [31, 106a]. Bei myelodysplastischen Syndromen finden sich ras-Mutationen insgesamt in etwa 45% der Fälle [119], wobei n-ras Mutationen am häufigsten bei der CMML zu finden sind (in etwa 60%, Übersicht bei [162]).

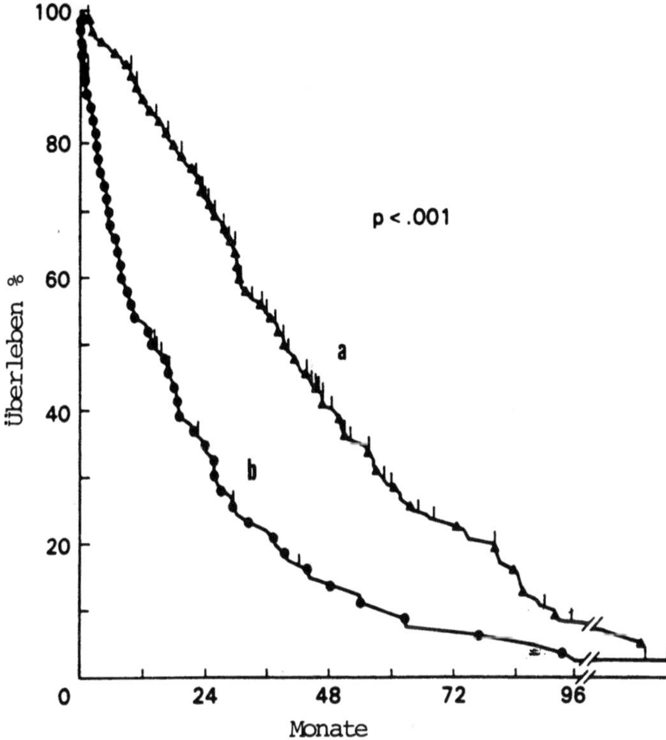

Abb. 6.4. 5-Jahresüberlebenskurve von Ph1+ (a) und Ph1− (b) CML-Patienten (nach [90])

Chromosomale Aberrationen finden sich in etwa 33% der Fälle von Ph1-negativer CML (am häufigsten eine Trisomie 8 – in 14% – gefolgt von Veränderungen der Chromosomen 5 oder 7 bzw. Deletion von y) (Übersicht bei [90]).

6.3 Die chronisch-myeloische Leukämie im Kindesalter

Die CML im Kindesalter zeigt – je nach Alter des Kindes – 2 Verlaufstypen (deren wichtigste Unterscheidungskriterien finden sich in Tabelle 6.7):

a) die CML vom „Erwachsenentyp" tritt vorwiegend im Alter von 10–12 Jahren auf. Sie zeigt im wesentlichen die Merkmale der Ph1-positiven CML.

b) die juvenile chronisch-myeloische Leukämie:
Sie ist charakterisiert durch

1. das Fehlen des Philadelphia-Chromosoms, wobei andere chromosomale Aberrationen in etwa 50% vorkommen. Die Mehrzahl der Pa-

Tabelle 6.7. Gegenüberstellung klinisch-hämatologischer Befunde des Erwachsenentyps und des juvenilen Typs der CML im Kindesalter (Daten [26])

	Erwachsenentyp	Juveniler Typ
Lebensalter bei Diagnosestellung	10–12 Jahre	1–2 Jahre (95% <4a)
Mediane Überlebenszeit	ca. 40 Monate	16 Monate
Lymphadenopathie	Selten	nicht selten (21%)
Hautmanifestationen	Nein	Häufig (42%)
Leukozytose über 100 G/l	Häufig	Selten (16%)
Thrombozytopenie (<100 G/l)	Selten	Häufig (71%)
Myeloblasten im Blutausstrich	Selten	Häufig (34%)
Normoblasten im Blut (>1%)	Zunächst selten	Häufig
Monozytose	Selten	Häufig (über 5 G/l)
Ph^1-Chromosom	Vorhanden	Fehlend
HbF	Normal	Vermehrt (53%)
Serum γ-Globulin	Normal	häufig erhöht (50%)

tienten mit abnormem Karyotyp zeigen als einzige Abweichung eine Monosomie 7. Andere Aberrationen sind weniger charakteristisch [166];

2. ausgeprägte Lymphadenopathien und leukämische Hautinfiltrate, häufig eine Thrombopenie und Anämie sowie Monozytose im peripheren Blut;
3. ein erhöhtes HbF und
4. ein ungewöhnliches Wachstumsverhalten der Leukämiezellen in vitro.

Bei Kultivierung peripherer Blutzellen wird ein auffallendes Spontanwachstum hämatologischer Vorläuferzellen beobachtet (endogenes Koloniewachstum), das von der Zugabe exogener Wachstumsfaktoren unabhängig ist. Detaillierte Untersuchungen zum Mechanismus dieser Spontanproliferation und der daran beteiligten endogen produzierten hämatopoetischen Wachstumsfaktoren finden sich bei Bagby et al. [4] (zu IL-1) und Gualtieri et al. [65] (zu GM-CSF). In einer kürzlich erschienenen Studie konnte eine selektive Hypersensitivität von Vorläuferzellen der juvenilen CML gegenüber GM-CSF gezeigt werden [39a].

Die mediane Überlebensdauer einer großen Studie beträgt 16 Monate (Abb. 6.5).

Die Patienten (Alter zum Zeitpunkt der Diagnosestellung 3 Monate bis 5 Jahre) zeigen meist nur eine mittelgradige Erhöhung der Gesamtleukozytenzahl. In der Patientengruppe von Sheridan u. Weatherall [137] betrug dieser Wert 8–77 G/l. Alle Befunde deuten auf eine myelomonozytäre Leukämie hin. Neben der Monozytose finden sich schon bei Diagnosestellung meist einige Blasten, das bunte Reifungsbild wie bei Philadelphia-positiver

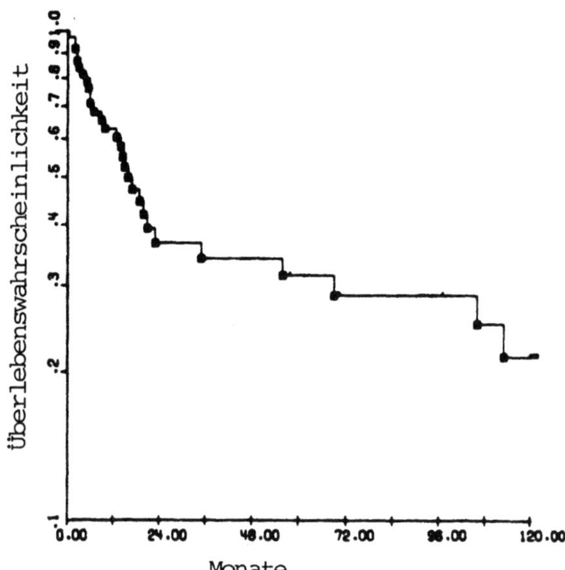

Abb. 6.5 Gesamtüberleben bei 38 Kindern mit juveniler CML (nach [26])

CML fehlt jedoch häufig. Die Thrombozytenzahl liegt zwischen 8 und 50 G/l. Im Knochenmark sind die Megakaryozyten vermindert bis fehlend. Die Erythroblasten sind häufig mehrkernig. Die *alkalische Leukozytenphosphatase* ist meist erniedrigt. Das *Lysozym* im Serum ist erhöht. Bei Überschreiten der Nierenschwelle wird es im Harn nachweisbar. Oft findet sich eine *Erhöhung der Immunglobuline* im Serum (vor allem IgG und IgM). Als diagnostisches Kriterium trägt häufig auch die Hämoglobinanalyse zur Abgrenzung dieser Leukämieform bei. *HbF* ist regelmäßig stark erhöht (im Mittel 43% des Gesamthämoglobins, Bereich 20–70%) und HbA_2 erniedrigt bis fehlend.

Obwohl Erhöhungen von HbF bei verschiedenen hämatologischen Neoplasien häufig vorkommen, finden sich solche exzessive Zunahmen des HbF in erworbener Form nur bei der „juvenilen CML". Das Bild ähnelt weitgehend dem der fetalen Blutbildung (Übersicht bei [133, 137]).

In der Auswertung einer großen Patientengruppe waren folgende Faktoren mit einer schlechten Prognose vergesellschaftet: Alter über 2a, Hepatomegalie, Thrombopenie (<100 G/l), Blutungsneigung, Blasten im peripheren Blut über 2 G/l, sowie Normoblasten >1 G/l [26].

6.4 Die idiopathische Myelofibrose (IM)

Die gebräuchlichsten Synonyme für die Erkrankung sind Myelosklerose oder (Osteo-)Myelofibrose sowie *agnogenic myeloid metaplasia*.

Die Diagnose stützt sich auf den Nachweis

- einer Ausschwemmung unreifer Granulozyten sowie von Erythroblasten ins Blut;
- einer ausgeprägten Poikilozytose der Erythrozyten („Tränentropfenform“);
- einer Splenomegalie und
- einer fortschreitenden fibrösen Umwandlung des Knochenmarks.

Differentialdiagnostisch ist vor allem die CML mit Markfibrose (s. Kap. 6.1.1.2) abzugrenzen.

6.4.1 Pathophysiologie

Die fortschreitende myeloische Metaplasie ist monoklonal [85], wobei die Megakaryopoese meist die auffallendsten Atypien zeigt. Die Fibrose ist eine sekundäre Erscheinung: die Knochenmarkfibroblasten leiten sich nicht vom abnormen Klon myeloischer Zellen her. Für die Aktivierung der Fibroblasten mit konsekutiver Markfibrose dürften vor allem Wachstumsfaktoren verantwortlich sein, die von den Megakaryozyten freigesetzt werden [23]. Wahrscheinlich ist in erster Linie PDGF *(platelet-derived growth factor)* für diese Fibroblastenaktivierung verantwortlich.

PDGF ist ein aus zwei Untereinheiten (α- und β-Kette) bestehendes Glykoprotein mit einem Molekulargewicht von ca. 30 kD. Neben den Blutplättchen produzieren auch andere Zellen, wie mononukleäre Phagozyten, Endothelzellen und im Knochenmark vor allem die Megakaryozyten, diesen die Proliferation und das Wachstum von Bindegewebszellen fördernden Faktor. Zudem stimuliert PDGF die Bildung von Kollagen (Typ III, Typ V) durch Fibroblasten (Übersicht bei [130]). Gleichzeitig wird durch die Freisetzung von Plättchenfaktor IV, der das Enzym Kollagenase inhibieren kann, der Abbau des neugebildeten Kollagens verhindert [24].

Die PDGF-Konzentrationen in Serum und Harn mittels ELISA gemessen, sind bei Patienten mit myeloproliferativen Erkrankungen häufig erhöht [53] (Abb. 6.6). Die höchsten Werte wurden bei IM und essentieller Thrombozythämie gesehen.

6.4.2 Laboratoriumsbefunde

Rotes Blutbild. 2/3 der Patienten zeigen bei Diagnosestellung eine Anämie [81, 140]. Die Anämie ist meist normochrom. Bei einem Teil der Patienten kann zunächst auch eine Polyglobulie vorliegen (15% der Patienten von Hunstein und Hauswald [81]). Charakteristisch ist die Erythrozytenmorphologie mit der Ausschwemmung von „tränentropfenähnlichen“ Erythrozyten. Bis auf seltene Ausnahmen ist auch eine Ausschwemmung von Erythroblasten nachweisbar (z.B. in allen Fällen von [173]). Häufig sind die Retikulozytenwerte leicht erhöht, (meist nur bis 30‰). In etwa 5% der Fälle findet man eine ausgeprägte Retikulozytopenie, die gewöhnlich mit einer schlechten Prognose einhergeht. Besonders in diesen Fällen ist eine megakaryo-

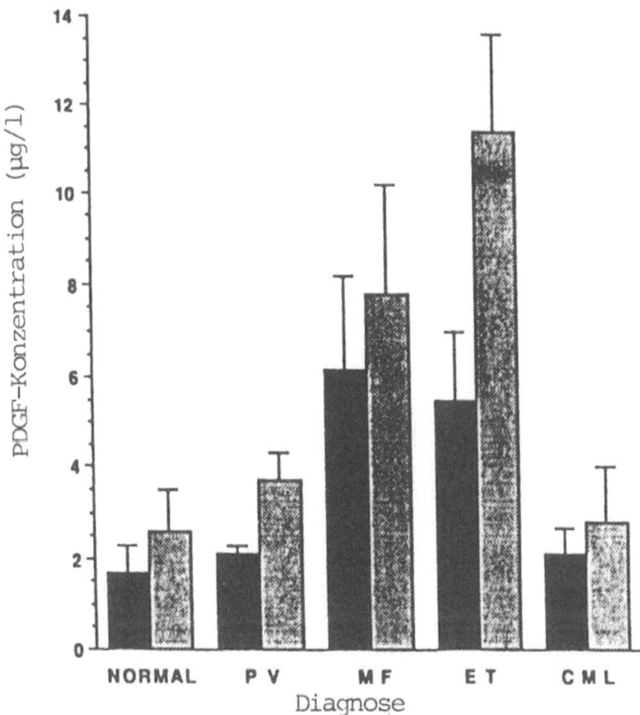

Abb. 6.6. PDGF-Konzentrationen in Serum (schwarze Balken) und Harn (graue Balken) bei Normalpersonen, Polycythaemia vera (Pv), Myelofibrose (MF), ess. Thrombozythämie (ET) und chronisch myeloischer Leukämie (CML) (nach [53])

blastäre Leukämie mit begleitender Markfibrose abzugrenzen ([10, 78]; s. auch Kap. 5.1.1.7).

Weißes Blutbild. Die Gesamtleukozytenzahl ist häufig leicht erhöht (sie liegt in 80% der Fälle im Bereich bis 20 G/l [81, 173]. Leukopenien werden in etwa 1/5 der Patienten beobachtet. Im Gegensatz zur CML ist eine langsame Zunahme der weißen Blutkörperchen im Verlauf der Erkrankung ungewöhnlich. Eine Ausschwemmung unreifer myeloischer Vorstufen findet sich in der Mehrzahl der Patienten (71% der Fälle von [173]). Ihr Anteil nimmt im Verlauf der Erkrankung zu. Eine Basophilie und Eosinophilie findet sich in etwa 10–30% der Patienten.

Thrombozyten: Thrombozytosen oder Thrombopenien sind bei jeweils einem Drittel der Patienten nachweisbar. Etwa 10% der Patienten zeigen Werte über 600 G/l. Im Verlauf der Erkrankung nimmt die Thrombozytenzahl meist ab, im Ausstrich sind Riesenplättchen sehr häufig nachweisbar. Oft kommt es auch zur Ausschwemmung von Megakaryozytenkernresten.

Weitere Laborbefunde. Bei der Mehrzahl der Patienten ist die *LDH* erhöht, häufig auch die Harnsäure. Eine Erhöhung der *alkalischen Phosphatase* wurde bei etwa der Hälfte der Patienten beobachtet. *Vitamin* B_{12} im Serum ist normal bis leicht erhöht. Defekte der Hämostase sind häufig nachweisbar. Neben Zeichen einer *Plättchenfunktionsstörung* ist eine Verlängerung der Prothrombinzeit nicht selten, wobei ein *Faktor V-Mangel* am besten dokumentiert ist [140].

Normale bis erhöhte Werte der *alkalischen Leukozytenphosphatase* liegen bei etwa 78% der Patienten vor. Gelegentlich können auch erniedrigte Werte beobachtet werden (in 22% der Fälle von Silverstein u. Elveback [142]).

6.4.3 Knochenmarkbefunde

Zur Diagnose der Erkrankung ist die Knochenmarkhistologie (einer repräsentativen Biopsie) erforderlich. Bei den meisten Patienten wird eine deutliche bis ausgeprägte Fibrosierung des Knochenmarks gefunden. Im Frühstadium der Erkrankung kann hingegen eine Hyperplasie aller drei Zellstränge vorliegen (häufig mit Betonung der Megakaryopoese). Eine Zunahme der Retikulinfasern ist in diesem Stadium jedoch in der Regel nachweisbar. Zwischen dem Anteil der Megakaryozyten und dem Ausmaß der Markfibrose besteht eine deutliche Korrelation (Abb. 6.7).

Ein *hyperplastisches Knochenmark* wird bei 26% der Patienten gefunden [173]. Mit dem Fortschreiten der Erkrankung wird die durch Kollageneinlagerung bedingte Fibrose des Knochenmarks mit begleitender *myeloischer Hypoplasie* deutlich [173]. Das fortgeschrittene Stadium der Erkrankung ist durch eine weitgehende *Verödung der Markräume* durch Retikulin-, Kollagenfasern und Stromazellen gekennzeichnet. Das blutbildende Knochenmark ist stark vermindert, lediglich Megakaryozyten (zum Teil mit deutlichen Atypien) beherrschen das Bild.

Biochemische und immunhistologische Untersuchungen führten zu einer besseren Charakterisierung der Retikulin- und Kollagenfaservermehrung bei IM. In frühen Stadien fand sich ein Vorherrschen von Kollagen Typ III, später eine progressive Zunahme des Typ I-Kollagens.

Zunächst (Erkrankungsdauer <2a) war vor allem das NaCl-extrahierbare Kollagen, in fortgeschrittenen Stadien polymerisiertes Kollagen vermehrt [29]. Zwischen dem Hydroxyprolingehalt des Knochenmarks und dem Anteil von Retikulin im Knochenmark bestand eine direkte Korrelation. Eine immunhistologische Charakterisierung der Kollagenablagerungen im Knochenmark wurde u. a. von Grundmann et al. [64] durchgeführt. Das dichte Netzwerk von Typ III- und Typ I-Kollagen wurde mit monospezifischen Antikörpern gegen diese Kollagenformen nachgewiesen und war bei IM regelmäßig vorhanden. Die, die Fibrosierung begleitenden, zahlreichen Blutgefäße reagierten demgegenüber mit Antikörpern gegen Kollagen Typ IV, 7S und gegen Laminin. Auch Fibronektin war in allen Fällen von IM deutlich nachweisbar. Es formte ein Netzwerk, das die Gefäße umgab. Zwischen dem Ausmaß der Markfibrosierung und der Osteosklerose bestand in der Auswertung von Ward und Block [173] eine Korrelation.

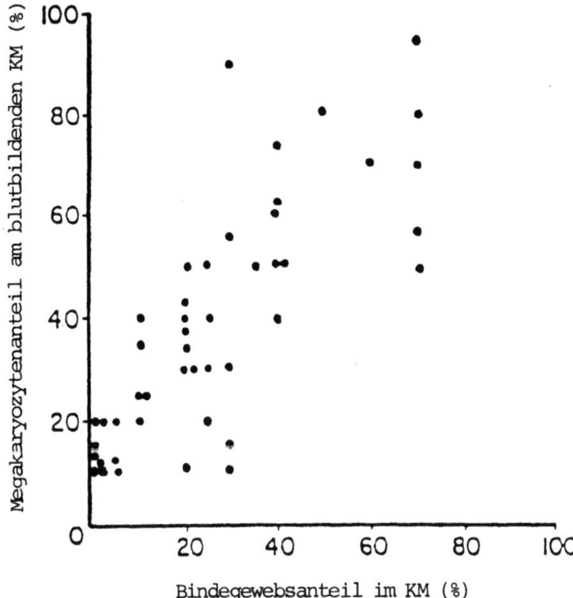

Abb. 6.7. Beziehung zwischen Fibrose und Megakaryozytenanteil im KM bei idiopathischer Myelofibrose (nach [173])

Bei der Biosynthese von Kollagen III wird aus Prokollagen III das aminoterminale Ende abgespalten [107, 125]. Die Serumspiegel dieses Peptids können im Radioimmunoassay bestimmt werden [69]. Verlaufsbestimmungen dürften einen klinisch brauchbaren Parameter für Krankheitsprogression und Therapieerfolg darstellen [69, 73, 163].

6.4.4 Organbefall

Organmanifestationen werden vor allem durch Vorliegen und Ausmaß einer *extramedullären Blutbildung* bestimmt. Sie manifestiert sich klinisch am deutlichsten in einem Milztumor, dessen meist langsames Wachsen über Jahre dokumentiert werden kann (z. B. [173]). Neben der Milz ist die Leber das Organ mit der deutlichsten extramedullären Hämatopoese. Eine Fibrosierung ist in diesen Organen ungewöhnlich.

Die extramedulläre Blutbildung kann auch eine Reihe anderer Organe mitbetreffen. Sie wurde in Nebenniere, Lymphknoten, Gastrointestinaltrakt, Lunge und Pleura, retroperitonealem Fettgewebe und anderen Organen beobachtet (Zusammenstellung bei [173]). Intraabdominell kann es dabei zu größeren Tumorbildungen kommen, beim Vorliegen eines Aszites ist der Nachweis einer extramedullären Blutbildung manchmal zytologisch im Punktat möglich [140].

Tabelle 6.8. Zytogenetische Befunde bei idiopathischer Myelofibrose (mod. nach [36])

	Häufigkeit (%) (15 Fälle)	Häufigkeit bei [112] (%) (47 Fälle)
+1q	0	17
-5/5q-	13	12
6p-	0	6
-7/7q-	7	11
+8	7	21
+9	7	9
-13/13q-	27	4
20q-	40	6
+21	13	9

6.4.5 Zytogenetik

Die technischen Schwierigkeiten, genügend auswertbares Material aus dem Knochenmark oder dem peripheren Blut zu gewinnen *(punctio sicca)* ist die Ursache, daß bisher erst eine vergleichsweise kleine Zahl von Ergebnissen vorliegt.

Aufgrund der Heterogenität des bisher untersuchten Krankengutes sind charakteristische Chromosomenaberrationen, ähnlich dem Philadelphia-Chromosom bei der CML, nicht definiert.

In großen Auswertungen fanden sich klonale chromosomale Aberrationen in 30–75% der Fälle [36, 77, 112].

Am häufigsten sind eine Trisomie 8 (+8), 20q-, -7, 7q- +9, 5q-, t(1;7), 6p- und 13q- [36, 44, 112] (Tabelle 6.8).

Nicht alle chromosomalen Aberrationen waren per se Hinweis auf einen ungünstigen Krankheitsverlauf [102]. Ein solcher wurde meist bei Vorliegen von -7 oder 7q-, komplexer Anomalien (außer 5q-) sowie bei Vorliegen eines Ph1-Chromosoms beobachtet (in diesem Fall wird das Krankheitsbild einer CML mit Markfibrose zugerechnet). Ebenso wird die Prognose bei Evolution des Karyotyps ungünstig beeinflußt [44]. Prognostisch günstig werden dagegen isolierte Translokationen am Chromosom 1, Trisomie 8, 13q- und 20q- (wenn als einzige Veränderungen vorliegend) sowie jede 5q-Veränderung beurteilt.

6.4.6 Andere Untersuchungen

Erythrokinetische Untersuchungen. Eine Anämie ist bei IM durch
- Plasmavolumenerhöhung mit Erythrozytenpooling in der Milz;
- Dyserythropoese und/oder
- eine gesteigerte Hämolyse bedingt [34, 80, 117].

Auswertung hämatopoetischer Vorläuferzellen. Die IM ist wie andere myeloproliferative Erkrankungen durch eine deutliche Vermehrung zirkulierender Vorläuferzellen charakterisiert. Zum Vorhandensein spontan proliferierender Vorläuferzellen liegen bei IM widersprüchliche Ergebnisse vor [97].

In der Auswertung von Hibbin et al. [71] waren die zirkulierende CFU-Meg im Mittel auf das 167fache, die CFU-GM auf das 37fache und die BFU-E auf das 13fache des Normalwertes angestiegen. (Im Vergleich dazu waren bei der CML die BFU-E auf das 180fache, die CFU-GM auf das 9000fache gegenüber dem Normalwert zirkulierender Stammzellen vermehrt.)

6.4.7 Überlebensdauer und Prognose

Die mediane Überlebensdauer nach Auftreten von Symptomen liegt nach Ward und Block [173] bei 10,6 Jahren. Nach Silverstein [139] betrug die Überlebenswahrscheinlichkeit nach 5 Jahren 60% (bezogen auf Kontrollen entsprechenden Alters und Geschlechts). Die hauptsächlichen Todesursachen sind kardiovaskuläre Komplikationen (35% der Fälle von Silverstein und Linman [141]), Hämorrhagien (25%), Übergang in akute Leukämien (25%) und Infektionen (15%).

In der Auswertung von Silverstein [139] waren günstige Prognosefaktoren das Fehlen folgender Symptome: subjektive Krankheitssymptomatik, Anämie (Hb <10 g/dl), Thrombopenie (Thrombozyten <100 G/l) oder eine Hepatomegalie.

Nach Barosi et al. [5] lassen sich aus dem gesamten Patientengut (insgesamt 137 untersuchte Fälle) nach Durchführung einer Multivarianzanalyse eine low-risk-Gruppe (19,7% der Patienten) mit einer Gesamtüberlebenszeit von über 15 Jahren und eine high-risk-Gruppe (29,9%) mit einem medianen Überleben von 69 Monaten abgrenzen.

Günstige Prognosefaktoren waren nach dieser Auswertung: jüngeres Lebensalter (<45a) und ein Hb-Wert über 13 g/dl. Ungünstig waren Zeichen der erythropoietischen Insuffizienz (nach Knochenmarkhistologie oder ferrokinetischen Untersuchungen) und/oder eine deutliche Vermehrung unreifer myeloischer Zellen im peripheren Blut (>24% der kernhaltigen Zellen; [5, 30]).

Weitere größere Zusammenstellungen zeigten als ebenfalls günstige Faktoren: jüngeres Alter (<45a), Fehlen von Allgemeinsymptomen (Fieber, Nachtschweiß, Gewichtsverlust) oder einer Blutungsneigung (Übersicht bei [106]).

In der Auswertung von Njoku et al. [118] waren Hb-Konzentration und Retikulozytenzahl brauchbare Prognosekriterien. (5 Jahre nach der Erstpräsentation waren 80% der Patienten mit einem Hb über 10 g/dl am Leben gegenüber 69% derjenigen mit einem niedrigeren Hb-Wert ($p = 0{,}001$). Patienten mit einem Hb-Wert über 10 g/dl und Retikulozytenwerten von unter 20‰ zeigten die günstigste Prognose, diejenigen mit einem Hb unter 10 g/dl und Retikulozytenwerten unter 20‰ den schlechtesten Verlauf.

Differentialdiagnostisch ist vor allem im Frühstadium der Erkrankung eine Abgrenzung gegenüber der Polyzythaemia vera (Pv), der essentiellen Thrombozythämie (ET) und der CML manchmal schwierig. Bei der Pv und insbesondere bei der ET sind in der KM-Biopsie Atypien der einzelnen

Zellreihen möglich, die bei der IM besonders für die Megakaryopoese beschrieben sind: *ausgeprägte Atypien der Megakaryozyten,* bizarre und pyknotische Formen sowie Mikromegakaryozyten sind für die IM typisch [160]. Zur Abgrenzung gegenüber der CML hilft vor allem der molekularbiologische und/oder zytogenetische Befund (Nachweis der Philadelphia-Translokation).

6.5 Polycythaemia vera (Pv) und Erythrozytosen

6.5.1 Pathophysiologie

Der Pv liegt eine monoklonale Proliferation hämatopoetischer Vorläuferzellen mit bevorzugter Differenzierung in Richtung der Erythropoese zugrunde. Die gesteigerte Proliferation *(primäre Erythrozytose)* erfolgt bei normalem bis erniedrigtem Serum-Erythropoetinspiegel. Daher wird eine erhöhte Sensitivität erythropoetischer Vorläuferzellen gegenüber diesem Wachstumsfaktor postuliert.

Das In-vitro-Wachstum erythropoetischer Vorläuferzellen (CFU-E) in semisoliden Medien erfolgt bei Pv auch ohne Erythropoetinzusatz, obwohl dies für das Wachstum normaler CFU-E Voraussetzung ist [21, 101, 120, 122, 181] (Übersicht bei [58]). Diese „spontane" (besser endogene) Koloniebildung der CFU-E dürfte durch eine erhöhte Sensitivität der erythrozytären Vorläuferzellen gegenüber Erythropoetin bedingt sein [22]. Auf der Ebene der BFU-E, der unreiferen Vorläuferpopulation der Erythropoese, kann ebenfalls eine Spontanproliferation nachgewiesen werden. Im Knochenmark und besonders im peripheren Blut ist insgesamt eine erhöhte Zahl von erythropoetischen Vorläuferzellen sowohl auf der Stufe der BFU-E als auch der CFU-E nachweisbar.

Sekundäre Erythrozytosen (Polyglobulien) sind dagegen vor allem durch Erythropoetinerhöhung bedingt. Dies kann kompensatorisch oder durch Erkrankungen hervorgerufen werden, die unabhängig von Hypoxien zu einer vermehrten Erythropoetinausschüttung führen. Wenn auslösende Ursachen (vor allem Hypoxien) für eine sekundäre Erythrozytose nicht nachweisbar sind, kommt daher der Bestimmung des Serum-Erythropoetins eine besondere Bedeutung zu.

Folge primärer wie sekundärer Erythrozytosen ist eine *Viskositätserhöhung* des Gesamtblutes mit begleitender *Hypervolämie* (Abb. 6.8). Zwischen der Zunahme der gesamten Erythrozytenmenge und dem Blutvolumen besteht ab einer Erythrozytenmenge von etwa 40 ml/kg Körpergewicht eine lineare Korrelation (Abb. 6.9). Mit erhöhter Erythrozytenmenge ist der Sauerstofftransport häufig eingeschränkt, vor allem ab einem Hämatokrit von 0,60 l/l. Folge der Viskositätszunahme sind Kreislaufkomplikationen der Patienten, die unabhängig von der auslösenden Ursache der Erythrozytose beobachtet werden können.

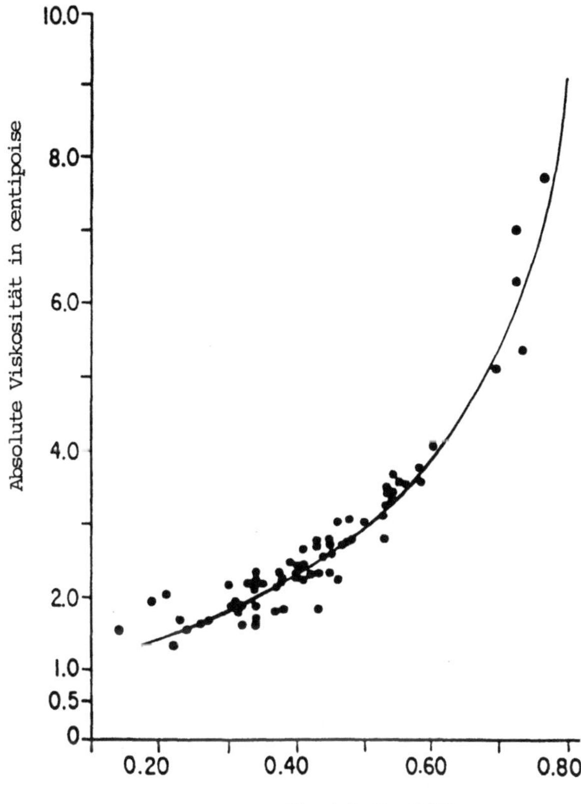

Abb. 6.8. Zunahme der Blutviskosität mit steigendem Hämatokritwert bei Pv (mod. nach [177])

6.5.2 Diagnose der Pv

Sie stützt sich auf folgende Befunde:

- eine Vermehrung der roten Blutkörperchen („Erythrozytose"), die häufig von einer Vermehrung der Granulo- und/oder Thrombozyten begleitet ist;
- eine Hyperplasie der Erythropoese im Knochenmark, (meist) begleitet von einer Vermehrung der Megakaryozyten und nicht selten auch myeloischer Zellen;
- den Ausschluß einer Streßpolyglobulie sowie von pulmonalen und kardialen Erkrankungen, die als Folge von Hypoxien mit einer Erythrozytose einhergehen.
  (Auch die selteneren Formen von Erythrozytosen „durch inadäquaten Erythropoetinanstieg" – s. Tabelle 6.9 – müssen ausgeschlossen werden).

Ein unterstützender Befund ist der Nachweis einer Milzvergrößerung, eines erhöhten Vitamin B_{12}-Spiegels im Serum und einer Erhöhung der alkalischen Leukozytenphosphatase. In Zweifelsfällen sollte das Vorliegen einer

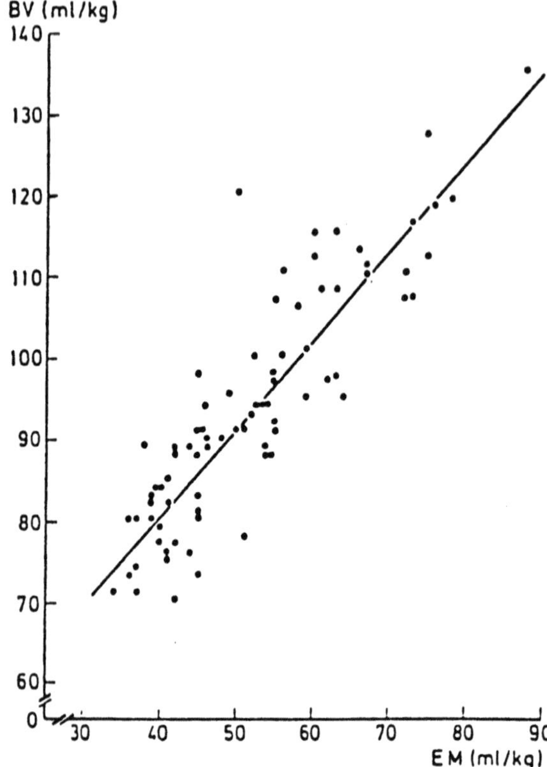

Abb. 6.9. Korrelation zwischen der Erhöhung von Blutvolumen (BV) und Gesamterythrozytenmenge (EM) bei 78 Patienten mit Pv [79]

Erythrozytose durch Blutvolumenbestimmungen gesichert werden (Bestimmung des Erythrozytengesamtvolumens durch ^{51}Cr oder ^{99m}Tc oder des Plasmavolumens durch ^{125}I-Albumin).

Die Kriterien der Polycythaemia Vera Study Group (PVSG) zur Sicherung der Diagnose einer Polycythaemia vera und zur Differenzierung der anderen Formen der Erythrozytose sind in Tabelle 6.10 zusammengefaßt.

Frühformen einer Pv erfüllen häufig diese Kriterien nur teilweise, vor allem in diesen Fällen müssen andere Erythrozytoseursachen ausgeschlossen werden (s. Kap. 6.5.7).

Das diagnostische Vorgehen umfaßt daher:
- eine Blutbild- und Knochenmarkuntersuchung (möglichst Histologie),
- Bestimmung der alkalischen Leukozytenphosphatase und von Vitamin B_{12} bzw. seines Bindungsproteins;
- arterielle Blutgasanalyse;
- Ausschluß einer Nierenerkrankung (und eines hepatozellulären Karzinoms) und anderer Erkrankungen, die mit einer sekundären Erythrozytose einhergehen;
- im Zweifelsfall eine Blutvolumenbestimmung (Erythrozyten- oder Plasmavolumen und Errechnung des Blutvolumens aus dem Hämatokrit)

Tabelle 6.9. Klassifikation der Erythrozytosen (Polyglobulien) (mod. nach [74])

1. Primär
   Polycythämie (Polycythaemia vera)
2. Sekundär („Polyglobulie")
   2.1. durch kompensatorischen Erythropoetinanstieg
   Große Höhen
   kardiovaskuläre Erkrankungen (v. a. angeborene Formen mit Zyanose)
   Lungenerkrankungen u. alveoläre Hypoventilation (z. B. Pickwick-Syndrom, Schlafapnoe u. a.)
   Carboxihämoglobinämie (Raucher)
   Hämoglobine mit erhöhter O_2-Affinität (familiäre Polycythämie)
   Methämoglobinämie (selten)
   2.2. durch inadäquaten Erythropoetinanstieg
   Tumoren (Nierenkarzinome, zerebelläre Hämangioblastome, hepatozelluläre Karzinome u. a.), selten große Uterusmyome
   Zystenniere, Nierenadenome und andere Nierenerkrankungen
   Endokrine Erkrankungen: Cushing-Syndrom, primärer Aldosteronismus, „essentielle Überproduktion von Erythropoetin"
3. Relative Erythrozytosen
   Gaisböck-Syndrom, „Streß"-Polyglobulie
   Dehydratation (Wassermangel, Erbrechen)
   Plasmaverluste (Verbrennungen, exsudative Enteropathie)

- evtl. ein Erythropoetin-Assay (s. Kap. 6.5.5) bzw. die Erfassung einer – seltenen – Hb-Pathie mit erhöhter O_2-Affinität (s. familiäre Erythrozytose in Kap. 6.5.7).

Schwierig ist die Differentialdiagnose einer Pv mit hoher Thrombozytenzahl gegenüber einer essentiellen Thrombozythämie [85]. Bei der letzteren Erkrankung ist die Gesamterythrozytenmasse normal. Bei der Pv waren häufiger erhöhte Leukozytenwerte sowie ein Milztumor (meist ausgeprägter) nachweisbar. In der Multivarianzanalyse ergaben sich allerdings so geringe Unterschiede, daß von der Polycythaemia Vera Study Group ein einfaches Computerprogramm zur Differenzierung erstellt wurde [85].

6.5.3 Hämatologische Befunde

Blutbild

Die *Erhöhung der Erythrozytenzahl* ist ein konstanter Befund. Die Erythrozytose kann – vor allem bei nicht zu ausgeprägter Erhöhung – durch eine Bestimmung der Gesamterythrozytenmenge gesichert werden.

Als erhöhte Werte werden beim Mann eine Erythrozytenmenge von zumindest 36 ml/kg KG, bei der Frau von zumindest 32 ml/kg KG angesehen [12]. Mit der Erhöhung der Erythrozytenmenge geht meist auch eine Vermehrung des Blutvolumens einher (Abb. 6.9). Die Hypervolämie ist ein entscheidender Faktor im Beschwerdebild dieser Patienten.

Tabelle 6.10. PSVG-Kriterien zur Sicherung der Diagnose einer Polycythaemia vera

Kategorie A

A1. Erhöhung der Gesamterythrozytenmenge
(^{51}Cr-Methode)
Männer >36 ml/kg KG
Frauen >32 ml/kg KG

A2. Normale Sauerstoffsättigung des arteriellen Blutes (zumindest 92%)

A3. Splenomegalie

Kategorie B

B1. Thrombozytose >400 G/l

B2. Leukozytose >12 G/l
unter Ausschluß von Fieber oder Infektionen

B3. Erhöhung der alkalischen Leukozytenphosphatase
Index >100
unter Ausschluß von Fieber oder Infektionen

B4. Erhöhung des Vitamin B_{12}-Spiegels im Serum: >900 pg/ml oder Erhöhung der Bindungskapazität für Vitamin B_{12}: >2200 pg/ml

Die Diagnose einer Pv kann gestellt werden, wenn

1. alle 3 Kriterien der Kategorie erfüllt sind oder
2. eine erhöhte Erythrozytenmenge und eine normale Sauerstoffsättigung mit 2 Kriterien der Kategorie B nachweisbar sind.

Während über einen weiten Hämatokritbereich eine Erhöhung der Erythrozytenmenge gewöhnlich mit einer Abnahme des Plasmavolumens einhergeht [9, 79] und damit ein weitgehend normales Blutvolumen aufrecht erhalten wird, ist dies bei Pv (aber auch bei den meisten Polyglobulien) nicht mehr der Fall. Aus der gleichzeitigen Erhöhung von Erythrozytenmenge und Blutvolumen resultiert eine verminderte Aussagekraft der auf Konzentrationsmessungen beruhenden Hämatokrit-, Hämoglobin- und Erythrozytenwerte.

Bei 73 Patienten mit Pv [79] fand sich im Mittel etwa eine Verdopplung, in einzelnen Fällen auch ein Anstieg auf das Dreifache der normalen Erythrozytenmenge, während der Hämatokrit maximal um etwa 50% des Normalwertes angestiegen war.

Bei der Streßpolyglobulie (s. Kap. 6.5.7) ist die Erythrozytenmenge im Normalbereich und häufig eine Verminderung des Plasmavolumens nachweisbar [98].

Eine *Vermehrung der Leukozytenzahl* im Blut findet sich bei etwa 2/3 der Patienten [57], wobei die Werte zwischen 12 und 25 G/l liegen. Die Granulozytose wird von einer mäßigen Linksverschiebung begleitet. Gleichzeitig kann auch eine Vermehrung der Basophilenzahl im Blut (über 65/μl) in 2/3 der Fälle beobachtet werden.

Zur Zeit der Diagnosestellung findet sich bei etwa 65% der Patienten eine – meist nur mäßige – *Erhöhung der Thrombozytenzahl* (Werte zwischen 400 und 800 G/l; [57]). Die Thrombozyten zeigen oft morphologische Abweichungen (z. B. Riesenplättchen) und Plättchenfunktionsstörungen.

Vor allem bei länger dauernden Erkrankungen können auch Zeichen einer *Dyserythropoese* (Poikilozytose) nachweisbar werden. Hinweise auf eine extramedulläre Hämatopoese finden sich ebenfalls, vor allem bei länger dauernden Erkrankungen. Damit kommt es auch zur *Ausschwemmung von Erythroblasten,* die bei fortgeschrittenen Krankheitszuständen auch in größerer Zahl nachweisbar werden können.

Knochenmark

Ein *hyperzelluläres Knochenmark* findet sich zur Zeit der Diagnose bei zumindest 95% der Patienten [17, 18, 39]. Die Zellvermehrung betrifft zumindest 2 der 3 Zellstränge, wobei bis auf seltene Ausnahmen vor allem Erythro- und Megakaryopoese vermehrt sind (z. B. in 90% der Fälle von Burckhardt et al. [17]). Nur in Ausnahmefällen ist lediglich die Erythropoese (in 4%), selten die Erythro- und gleichzeitig Granulopoese (in 6%) betroffen. Die *Erythropoese* ist meist gut ausgereift. Entsprechend der häufigen Hypochromie läßt sich ein Eisenmangel fast regelmäßig nachweisen. Das Eisenpigment im Knochenmark fehlt in über 90% der Fälle [39]. Die *Granulopoese* ist normal ausgereift bis mäßig reifungsgestört. Eosinophile und basophile Granulozyten können vermehrt sein. Die *Megakaryozyten* sind häufig auch qualitativ verändert, wobei es zum Auftreten von Riesenmegakaryozyten mit multiplen und übersegmentierten Zellkernen kommt [17, 18, 170, 171].

In der Knochenmarkbiopsie sind die blutbildenden Anteile zellreich mit bevorzugter Proliferation der Erythroblasten. Die Sinusoide sind vermehrt und erweitert [18]. Die Megakaryozyten sind polymorph und vermehrt. Die detaillierte Betrachtung zeigt meist eine Proliferation aller drei Zellstränge und das Fehlen von Speichereisen. Eine Retikulinvermehrung des Knochenmarks und auch Fibrosen sind zur Zeit der Diagnosestellung selten (in etwa 15% der Patienten von Ellis et al. [39]). Die Faservermehrung beschränkt sich zunächst auf die Umgebung der Marksinus [18]. Im weiteren Verlauf der Erkrankung ist eine – meist diskrete – Myelofibrose nicht ungewöhnlich, vor allem wahrscheinlich bei ausgeprägter „megakaryozytärer" Komponente.

Alkalische Leukozytenphosphatase

Eine *Erhöhung der alkalischen Leukozytenphosphatase* wird bei 70–90% der Patienten festgestellt.

Auch nach erfolgreicher Behandlung bleiben die Werte sehr oft erhöht. Eine enge Korrelation zwischen der Leukozytenzahl oder anderen hämatologischen Parametern und der Enzymauswertung besteht nicht. Die erhöhten Werte bleiben meist über lange Zeit nachweisbar und fluktuieren verhältnismäßig wenig. Patienten mit normalen Werten sind im Krankheitsverlauf denen mit erhöhten Werten ähnlich.

6.5.4 Andere Laboratoriumsbefunde

Sauerstoffsättigung des arteriellen Blutes

Die Mehrzahl der Patienten mit Pv zeigt eine arterielle Sauerstoffsättigung von zumindest 92%. Damit kann diese Erkrankung von hypoxisch bedingten Polyglobulien abgegrenzt werden.

Vitamin B_{12} im Serum

Etwa 1/3 der Patienten mit Pv zeigen Vitamin B_{12}-Spiegel von zumindest 900 pg/ml. Häufiger ist jedoch die Vitamin B_{12}-Bindungskapazität (nämlich bei etwa 3/4 der Patienten) erhöht (Übersicht bei [55, 127]).

Hyperurikämien werden bei etwa 70%, eine sekundäre Gicht bei etwa 5% der Patienten gefunden [96, 174].

Eine *Erhöhung des Histaminspiegels* ist häufig (in bis zu 2/3 der Patienten) nachweisbar und kann für den Pruritus verantwortlich gemacht werden [12].

Gelegentlich ist eine **Hyperkaliämie** nachweisbar. Meist handelt es sich um Pseudoerhöhungen durch Freisetzung von Kalium in vitro aus Plättchen oder Erythrozyten nach der Blutabnahme.

Die **Laktatdehydrogenase** im Serum liegt bei Patienten mit Pv im Gegensatz zu mehreren anderen myeloproliferativen Erkrankungen meist im Normbereich (Übersicht bei [57]).

Das *Serumbilirubin* kann gering erhöht sein.

6.5.5 Spezielle Untersuchungen

a) Erythropoetinbestimmung im Serum

Die quantitative Erfassung des immunreaktiven Erythropoetins zeigt bei Pv meist erniedrigte bis normale, bei sekundären Polyglobulien häufig hohe und bei relativer Erythrozytose normale Werte (Übersicht bei [33, 95] u. a.).

Bei Pv werden häufig (aber nicht in allen Fällen) erniedrigte Erythropoetinwerte nachgewiesen. Bei sekundären Erythrozytosen liegen erhöhte Werte in zumindest 25% der Patienten vor [33]. Bei 67% der Patienten mit letzteren Erkrankungen waren die Werte höher als bei Patienten mit Pv. Dies galt vor allem für kongenitale Erkrankungen mit Zyanose.

b) Bestimmung des autonomen Wachstums erythropoetischer Vorläuferzellen im semisoliden Agar

In Frühstadien der Pv und in Zweifelsfällen kann diese Bestimmung die Diagnose erleichtern. Ein solches autonomes Wachstum ließ sich (in Proben aus peripherem Blut oder Knochenmark) in 9 von 15 Fällen von Pv nachweisen [33]. Eine autonome Proliferation erythropoetischer Vorläuferzellen ist bei sekundären Polyglobulien äußerst ungewöhnlich.

6.5.6 Chromosomenbefunde

Zur Zeit der Diagnose werden chromosomale Aberrationen bei etwa 15% der Patienten gefunden [76, 77, 159, 180]. Am häufigsten sind Veränderungen an den Chromosomen 1, 8, 9 oder 20. An den Chromosomen 8 und 9

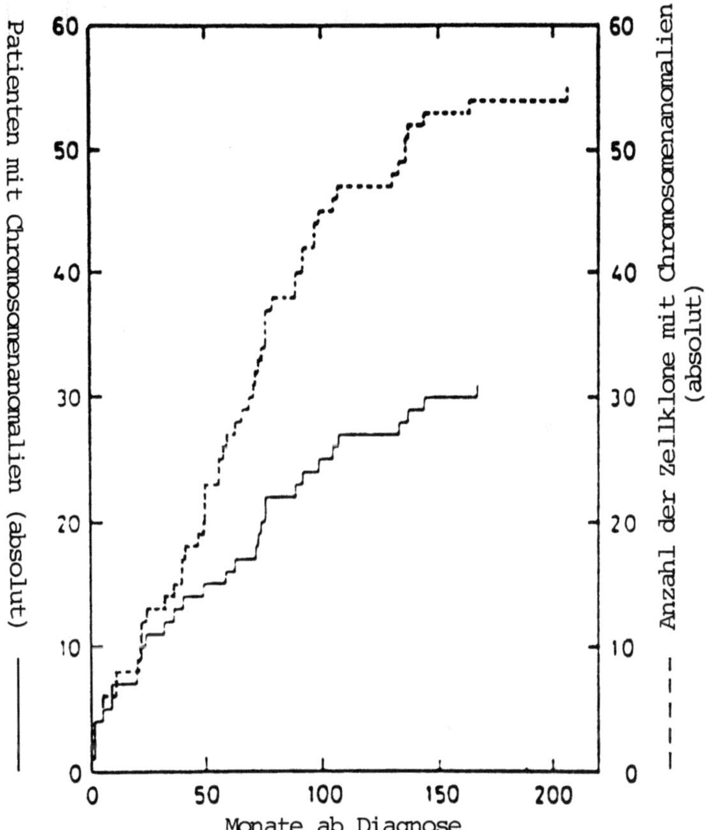

Abb. 6.10. Zunahme der Patienten mit Chromosomenanomalien und pathologischen Zellklonen im Verlauf der Pv (nach [156])

handelt es sich vor allem um Trisomien, am Chromosom 20 um Deletionen am langen Arm (del(20)(q11)). Am Chromosom 1 wurden komplette oder partielle Trisomien des langen Armes beobachtet [155].

Insgesamt haben Patienten mit chromosomalen Aberrationen keine schlechtere Prognose als die übrigen Patienten. Die Veränderungen können über viele Jahre stabil bleiben. Ein ungünstiges prognostisches Zeichen dürften Deletionen am Chromosom 5 sein (5q-). Sie werden fast ausschließlich bei behandelten Patienten gesehen [44]. Auch eine Trisomie +1q dürfte ein Hinweis auf eine fortgeschrittene Erkrankung sein (Entwicklung einer Leukämie oder Myelofibrose in etwa 75% dieser Patienten) [155].

Im Verlauf der Erkrankung, vor allem bei Patienten nach Radio- und/oder Chemotherapie, werden abnorme Karyotypen in 35–40% der Patienten gefunden (Abb. 6.10) [76, 77, 159 u. a.]. Die Aberrationen ähneln in mancher Hinsicht denen, die auch bei der Pv zur Zeit der Diagnosestellung gefunden werden können (+8, +9 u. a.).

Mindestens 90% der Fälle, die in eine akute Leukämie transformieren, zeigen komplexe strukturelle und numerische Chromosomenaberrationen [44, 76, 77]. Das Vorkommen eines Philadelphia-Chromosoms macht die Diagnose einer Pv extrem unwahrscheinlich. Die Erkrankung ist dann der CML zuzuordnen.

6.5.7 Differentialdiagnose

Die Differentialdiagnose von Erythrozytosen schließt eine Reihe von Zuständen ein, die von der Pv abgegrenzt werden müssen. Definitionsgemäß kann von einer Erythrozytose gesprochen werden, wenn der Hämatokrit bei Männern über 0,50 l/l, bei Frauen über 0,48 l/l liegt. Zur diagnostischen Sicherung trägt im Zweifelsfall die Bestimmung der Gesamterythrozytenmenge bei.

Fehlt ein Anstieg der Gesamterythrozyten (auf zumindest 36 ml/kg bei Männern oder 32 ml/kg bei Frauen), so handelt es sich bei erhöhten Hämatokritwerten nur um eine relative Erythrozytose.

Die *relative Erythrozytose* (Synonym: Streßpolyglobulie, Pseudopolycythämie) findet sich vor allem bei Männern mittleren Alters, die leicht übergewichtig sind und erhöhte Blutdruckwerte (Gaisböck-Syndrom) zeigen. Die Patientengruppe neigt zu Thromboembolien (Übersicht bei [58, 74, 177]). Auch andere kardiovaskuläre Symptome (z. B. Angina pectoris, zerebrale transitorische ischämische Attacken) kommen in dieser Patientengruppe gehäuft vor.

Zustände von *Carboxyhämoglobinämie,* die bei Nikotinabusus auftreten können, sollten von relativen Erythrozytosen abgegrenzt werden. Allerdings kommt das Gaisböck-Syndrom vor allem auch bei starken Rauchern vor. Bei der typischen Carboxyhämoglobinämie liegt der Wert für dieses Hb bei zumindest 4% des Gesamthämoglobins [146].

6.5.8 Verlauf und Prognose

Die größte Gefahr für Patienten mit Pv sind zunächst vaskuläre Komplikationen, die durch therapeutische Kontrolle (Aderlässe, Alkylantien u. a.) der Erythrozytose vermindert werden können. In diesen Fällen wird häufig nach einem Verlauf von etwa 5–15 Jahren eine Besserung der Erythrozytose beobachtet. Der Übergang in dieses Spätstadium *(Spent Phase)* ist unabhängig von der Behandlungsform der Patienten und entspricht wahrscheinlich dem natürlichen Krankheitsverlauf.

In diesem Stadium ist eine *fortschreitende myeloide Metaplasie* mit progredienter Splenomegalie das vorherrschende Symptom. In der Folge eines Hypersplenismus können Zytopenien in jeder Form vorkommen, häufig ist das rote Blutbild und evtl. die Thrombozytenzahl betroffen. Im Knochenmark stellen sich oft Zeichen einer zunehmenden Retikulinfaservermehrung ein. Bei Patienten mit deutlicher Retikulinfaservermehrung im Knochenmark finden sich oft erhöhte Serumspiegel von Prokollagen III [73]. Dieses fortgeschrittene Stadium einer Pv ähnelt der idiopathischen Myelofibrose.

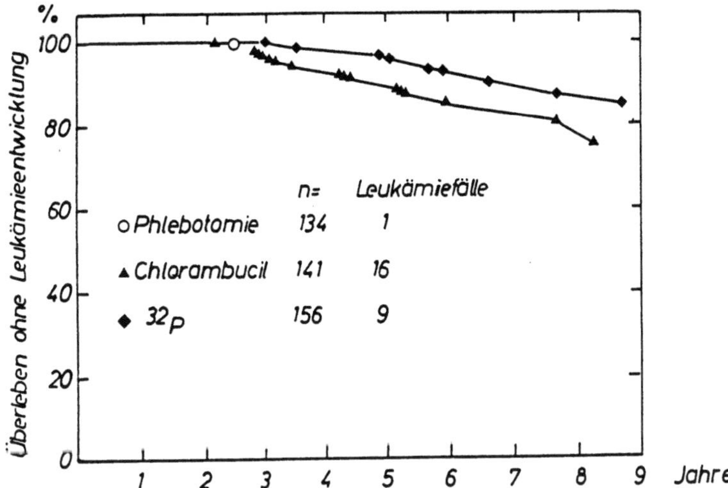

Abb. 6.11. Leukämieentwicklung bei Pv. Ausgewertet ist das Überleben ohne Leukämieentwicklung nach alleiniger Phlebotomiebehandlung, ^{32}P- oder Chlorambuciltherapie (Daten nach [11])

Der Übergang in eine Myelofibrose findet sich bei etwa 30%, in eine akute nichtlymphatische Leukämie bei 15% der Patienten. Das Risiko eines Übergangs in eine akute Leukämie steht vor allem in Beziehung zur vorangegangenen Therapie (Abb. 6.11).

Nach Wassermann [174] entwickelt die überwiegende Mehrzahl der Patienten mit langer Krankheitsdauer eine Myelofibrose. Nach den Untersuchungen von Vykoupil et al. [170, 171] gingen 27% ihrer Pv-Fälle in eine chronische „megakaryozytär-granulozytäre Myelose" (meist mit ausgeprägten Fibrosezeichen) über.

Wassermann [174] fand in Spätstadien ein *MDS mit Blastenvermehrung* bis zum Vollbild einer AML in 10–15% seiner Patienten. Periphere Panzytopenien mit Zeichen der Dyserythropoese, Auftreten von Ringsideroblasten und mäßige Blastenvermehrung im Knochenmark gingen auch in anderen Auswertungen (z. B. [111]) dem leukämischen Stadium fast immer um Monate voraus. Die Häufigkeit des Überganges in eine akute Leukämie ist am höchsten, wenn alkylierende Substanzen zur Behandlung der Pv verwendet wurden (Abb. 6.11). Das Risiko ist bei den mit Chlorambucil behandelten Patienten am größten (2,3mal größer als bei Radiophosphortherapie und 13,5mal größer als bei alleiniger Phlebotomietherapie), wobei das erhöhte Risiko bei Chlorambucildosen über 4 mg/d und langer Therapiedauer besonders deutlich in Erscheinung tritt. Prozentual ausgedrückt ist bei der Chlorambuciltherapie in 11%, bei Radiophosphortherapie in 6% und bei alleiniger Phlebotomietherapie in 1% der behandelten Fälle ein Übergang in eine akute Leukämie beobachtet worden. Die mittlere Beobachtungsdauer betrug dabei 5–6 Jahre [11].

Sekundäre Erythrozytosen. Zu unterscheiden sind Zustände mit kompensatorischer Erythrozytose (bei Hypoxie) und Erkrankungen mit inadäquatem Erythropoetinanstieg (Tabelle 6.9). *Hypoxisch bedingte Erythrozytosen* umfassen neben kardiopulmonalen Erkrankungen auch die Hypoventilationssyndrome [2]. Bei Patienten mit *Hämoglobinanomalien* als Ursache einer Erythrozytose handelt es sich um Hämoglobine mit erhöhter Sauerstoffaffinität (s. auch familiäre Polyzythämien). Bei diesen Personen kann

Tabelle 6.11. Familiär gehäufte Polyzythämien[a] (mod. nach [1])

1. Hämoglobinopathien
   Thalassaemia minor (β häufiger als α)
   Abnormes Hb mit erhöhter O_2-Bindungsfähigkeit (autosomal dominant)
   Vermindertes 2,3 DPG
   2,3 DPG-Mutase-Mangel (autosomal rezessiv)
   Hereditäre ATP-Erhöhung (autosomal dominant)
   Andere Hämoglobinopathien (z. B. HbS usw.)
2. Autonom erhöhte Erythropoietinproduktion (autosomal rezessiv)
3. Andere Ursachen (Übersicht bei [1])
4. Echte, familiäre Polycythaemia vera

[a] Methämoglobinämien (HbM und enzymopenische Methämoglobinämien), die meist mit Zyanose einhergehen, wurden nicht berücksichtigt.

eine leichte Polyglobulie vorliegen, gelegentlich kann der Hb-Wert bis 20 g/dl ansteigen (z. B. Hb Yakima und Hb Chesapeake, Übersicht bei [177]).

Zustände mit inadäquat gesteigerter Erythropoetinbildung umfassen Tumore, Nierenerkrankungen und eine „essentielle" Überproduktion von Erythropoetin (Tabelle 6.9). Die Häufigkeit *paraneoplastischer Erythrozytosen* ist für verschiedene Tumoren unterschiedlich: sie beträgt beim Nierenkarzinom (Hypernephrom) 1–5%, bei hepatozellulären Karzinomen 5–10% und bei Kleinhirnhämangioblastomen 15–20% [58]. In Einzelfällen wurde sie auch bei großen Uterusmyomen gefunden [74]. Schließlich ist auch an andere *Endokrinopathien* mit begleitender Stimulation der Erythropoese zu denken (Cushing-Syndrom, primärer Aldosteronismus).

Erythrozytosen ungeklärter Ursache. Bei einigen Patienten mit gesicherter Erythrozytose ist keine auslösende Ursache faßbar. In diesen Fällen ist die Bestimmung des Erythropoetins im Immunoassay von besonderem Wert [33].

In dieser Patientengruppe fanden sich Fälle mit „essentieller" Überproduktion von Erythropoetin. Wiederholte Erythropoetinbestimmungen waren wertvoll, da eine erhöhte Sekretion konstant oder intermittierend festgestellt wurde. Bei Patienten mit ungeklärter Erythrozytose und erniedrigtem Erythropoetin dürften Verlaufskontrollen zur Erfassung einer evtl. Frühform der Polycythaemia vera von besonderem Wert sein.

Familiäre Erythrozytosen. Als familiäre Erythrozytosen werden Zustände bezeichnet, bei denen zumindest 2 Familienmitglieder eine Erythrozytose zeigen und keine „sekundären" Ursachen für diese Blutbildveränderung nachweisbar sind (Übersicht bei [177]). Diese Erythrozytose wird meist autosomal rezessiv vererbt (Übersicht bei [1]). Die bestdokumentierten Ursachen sind Hämoglobinanomalien (Tabelle 6.11). Es handelt sich dabei um pathologische Hämoglobine mit erhöhter O_2-Affinität (und nur selten um Erkrankungen mit erniedrigtem 2,3-Diphosphoglyceratgehalt der Erythrozyten). Über einen anderen Mechanismus des 2,3-DPG-Verminderung durch normalerweise nicht nachweisbare alkalische Phosphatase in der Erythropoese bei fam. Erythrozytose s. [105a, 121a].

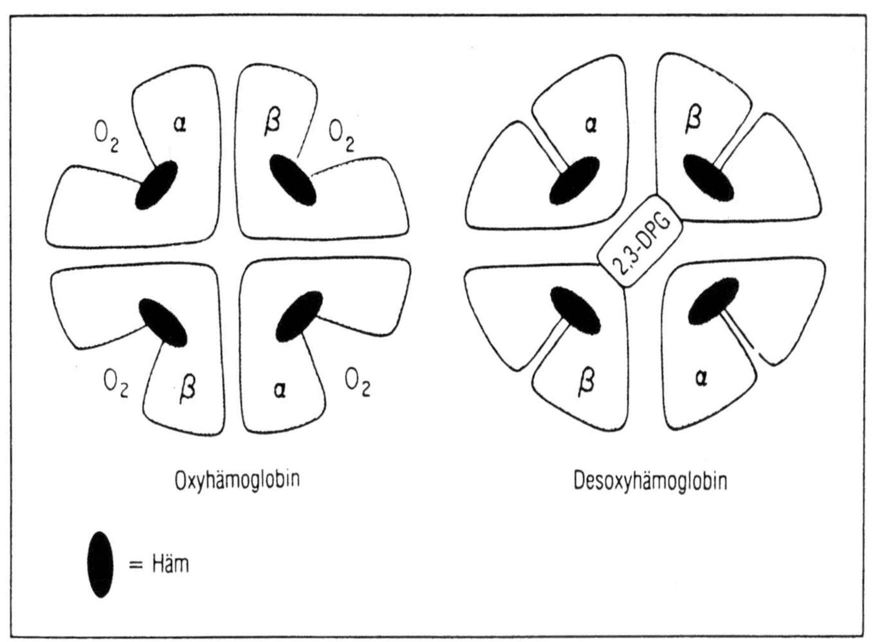

Abb. 6.12. Das oxygenierte und desoxygenierte Hb-Molekül
2,3-DPG = 2,3-Diphosphoglycerat, α und β = Globinketten von HbA [74]

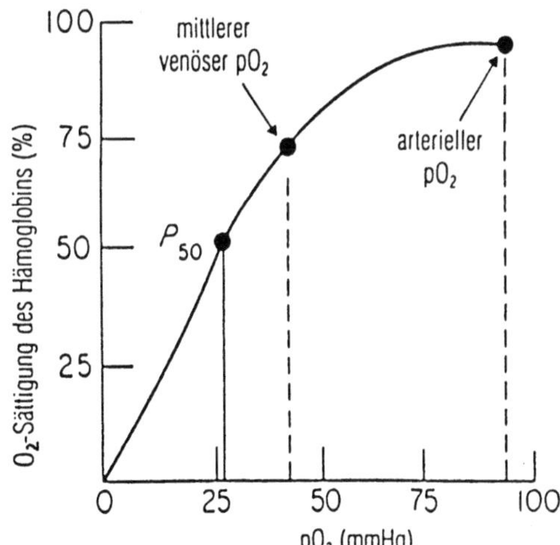

Abb. 6.13. Die Sauerstoffbindungskurve des Hämoglobins: pO_2 = Sauerstoffpartialdruck [74]

Bei der Bindung und Abgabe von O_2 verändern die Globinketten des Hb-Moleküls ihre Konfiguration (Abb. 6.12). Bei der O_2-Abgabe kann 2,3-DPG (Diphosphoglycerat) in das Hb-Molekül eintreten, wodurch die O_2-Affinität herabgesetzt wird. Beim Gesunden findet der O_2-Austausch zu 95% im arteriellen Blut und zu 70% im venösen Blut statt (Abb. 6.13), entsprechend einem O_2-Partialdruck von 95 bzw. 40 mmHg.

Die Ermittlung der O_2-Bindungskurve und des p_{50}-O_2 läßt Anomalien der O_2-Affinität erfassen (Abb. 6.13). Bei Vorliegen eines Hb mit erhöhter O_2-Affinität wird die Kurve nach links, bei hohen Konzentrationen von 2,3-DPG dagegen nach rechts verschoben (Übersicht bei [74]).

Andere Hämoglobine (z. B. HbF) und einige pathologische Hämoglobine, die aufgrund einer Veränderung der Aminosäuresequenz an der Bindungsstelle 2,3-DPG nicht binden können, lassen die Kurve ebenfalls nach links wandern. Zur Erfassung eines pathologischen Hb als Ursache einer sekundären Polyzythämie ist neben der Hb-Elektrophorese eine Ermittlung der O_2-Bindungskurve diagnostisch sinnvoll.

Daneben sind auch seltene Zustände (z.T. familiär) mit Regulationsstörungen der Erythropoetinbildung oder auch solche mit einer erhöhten Sensitivität der erythropoetischen Vorläuferzellen gegenüber Erythropoetin beschrieben [35, 123, 176].

6.6 Die essentielle Thrombozythämie (ET)

Sie ist charakterisiert durch
- eine ausgeprägte Thrombozytenvermehrung im peripheren Blut (zumindest 600 G/l; [116]);
- eine ausgeprägte Vermehrung der Megakaryozyten im Knochenmark;
- das Fehlen eines Philadelphia-Chromosoms und
- das Fehlen einer Erythrozytose.

Von der Polyzythaemia Vera Study Group wurden folgende Diagnosekriterien erstellt:
1. Thrombozytenwerte >1000 G/l
2. Hyperplasie der Megakaryopoese im Knochenmark
3. Ausschluß sekundärer Thrombozytosen
4. Fehlen des Philadelphia-Chromosoms
5. Normale Gesamterythrozytenmasse (Männer <36 ml/kg, Frauen <32 ml/kg) oder Hb-Wert <13 g/dl
6. nachweisbares KM-Eisen oder kein größerer Hb-Anstieg als 1 g/dl nach einmonatiger oraler Eisentherapie
7. Fehlen einer ausgeprägten KM-Fibrose
8. Nicht mehr als 2 der folgenden Kriterien:
   a) geringe KM-Fibrose
   b) Splenomegalie
   c) leukoerythroblastisches BB.

Thrombozytosen im Rahmen anderer myeloproliferativer Erkrankungen (CML, IM, Pv) und sekundäre Thrombozytosen müssen ausgeschlossen werden. Bei Vorliegen einer Erythrozytose ist in erster Linie an eine Pv zu denken (s. Diagnosekriterien der Pv). Eine Leukozytose (bis 30 G/l und auch höher) ist dagegen mit der Diagnose einer ET vereinbar.

Die Differentialdiagnose gegenüber einer Pv macht bei manchen Patienten erhebliche Schwierigkeiten. Hier hilft besonders die Knochenmarkbiopsie (s. auch [18]) zusammen mit den klinischen Kriterien.

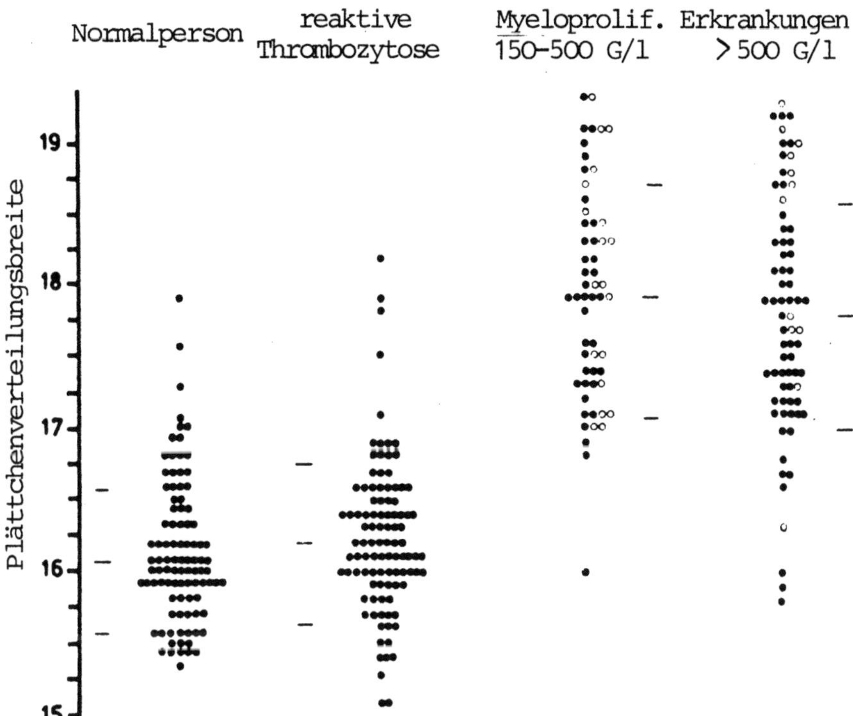

Abb. 6.14. Plättchenverteilungsbreite (PDW-platelet distribution width) bei Normalpersonen, reaktiver Thrombozytose und Patienten mit myeloproliferativen Erkrankungen
○ CML und IM
● ET und Pv
Querbalken entsprechen den Medianwerten und Standardabweichungen (nach [168])

Sekundäre Thrombozytosen finden sich bei schwerer Eisenmangelanämie (insbesondere mit anhaltenden Blutverlusten), entzündlichen Erkrankungen (Kollagenosen, Colitis ulcerosa und andere entzündliche Darmerkrankungen), Neoplasien (z.B. Bronchial- und Pankreaskarzinom, M. Hodgkin), Zuständen nach Splenektomie oder hämolytischen Anämien (insbesondere bei persistierender Hämolyse nach Milzentfernung).

Zur Abgrenzung essentieller Thrombozythämien gegenüber reaktiver Thrombozytosen trägt die Bestimmung der *Plättchenverteilungsbreite* (Vorkommen von Mikroplättchen (V = 2–5 fl) neben Makroplättchen (V = 13–20 fl) im Coulter Counter) bei. Bei Patienten mit myeloproliferativen Erkrankungen ist diese Plättchenverteilungsbreite deutlich erhöht [168] (Abb. 6.14). Weitere Parameter zur Abgrenzung gegenüber reaktiven Thrombozytosen sind eine erhöhte *ATP:ADP-Ratio* in Plättchen, eine meist nur im Ultraschall oder CT nachweisbare *Splenomegalie,* Ischämiezeichen (peripher, zerebral oder kardial) sowie ein autonomes Wachstum von BFU-E aus dem peripheren Blut [38].

Tabelle 6.12. Thrombozytenaggregation und Blutungszeit bei Patienten mit myeloproliferativen Erkrankungen [136]

Abnormale Aggregation			Blutungszeit
Epinephrin	Kollagen	ADP	verlängert
208/363 (57%)	121/328 (37%)	133/337 (39%)	45/259 (17%)

6.6.1 Pathophysiologie

Es handelt sich um eine *klonale Proliferation* multipotenter Vorläuferzellen mit bevorzugter Beteiligung der Megakaryopoese [43]. Diese Vorläuferzellen (CFU-Meg) zeigen in der Knochenmarkkultur häufig die Fähigkeit zur *endogenen Koloniebildung,* während bei Normalpersonen eine In-vitro-Proliferation erst nach Zugabe von Wachstumsfaktoren beobachtet wird [54, 94].

Die Zugabe der entsprechenden Wachstumsfaktoren führte auch bei ET zu einer gesteigerten Koloniebildung von CFU-Meg, wobei eine erhöhte Sensitivität der Vorläuferzellen gegenüber diesen Faktoren nachweisbar war [94]. Ein ähnliches Verhalten wurde bei Pv auf der Ebene der erythropoetischen Vorläuferzellen beobachtet (s. Kap. 6.5.5). Andererseits konnten auch bei der Mehrzahl von Patienten mit ET „endogene" Kolonien von BFU-E im peripheren Blut nachgewiesen werden [40].

Die Megakaryopoese der Patienten mit ET reift zumindest in der früheren Phase der Erkrankung gut aus. Vor allem bei längerer Krankheitsdauer kommt es bei vielen Patienten (63% der Fälle von Burkhardt et al. [17], 31% der Fälle von Hehlmann et al. [70]) zu einer *Begleitfibrose,* als deren Ursache Wachstumsfaktoren der Megakaryozyten mit Wirkung auf die Fibroblasten diskutiert werden (PDGF u. a.; s. Kap. 6.4.1). Eine *Transformation in ein Blastenstadium* ist dagegen selten [70 u. a.]. Auch die Ergebnisse der zytogenetischen Untersuchungen zeigen, daß eine – zumindest chromosomal faßbare – genetische Instabilität bei ET selten vorkommt.

Die Folge der erhöhten Thrombozytenzahl und qualitativer Veränderungen der Plättchen sind – bei einem Teil der Patienten – *Thrombosen* und/oder eine oft diskrete *Blutungsneigung.* Beide Komplikationen sind bei Thrombozytosen im Rahmen myeloproliferativer Erkrankungen häufiger als bei sekundären Zuständen mit ausgeprägter Plättchenbildung (Tabelle 6.12). Die qualitativen Defekte können sich in einer gesteigerten oder defekten Aggregationsfähigkeit der Plättchen zeigen, wobei zwischen vermehrter Aggregationsneigung und Thrombosekomplikationen Korrelationen bestehen [179]. Einige Plättchendefekte sind in Tabelle 6.12 zusammengefaßt.

Eine besonders häufige Abnormität ist die fehlende Aggregationsfähigkeit in Gegenwart von Adrenalin (Übersicht bei [136]; s. auch [8, 70, 84]).

α-adrenerge Rezeptoren sind an Plättchen von Patienten mit myeloproliferativen Syndromen häufig vermindert. Die komplexe Situation quantitativer und qualitativer Veränderungen (Plättchenzahl und Funktionsstörungen) läßt einfache Beziehungen zwischen den erwähnten pathophysiologischen Veränderungen und dem klinischen Bild bei Patienten mit ET vermissen. Damit bestimmen vor allem Verlaufsuntersuchungen das therapeutische Vorgehen.

6.6.2 Klinische Erscheinungen

Thromboembolische und/oder Blutungskomplikationen stehen im Vordergrund. Die Häufigkeit dieser Zwischenfälle differiert in verschiedenen Studien [8, 47, 66, 70, 129, 140, 143]. In manchen Publikationen überwiegen die Blutungen (nachweisbar bei etwa 60% der Patienten), in neueren Studien wird vermehrt über eine hohe Inzidenz arterieller und/oder venöser Thrombosen berichtet (in etwa 30% der Patienten; bei Hehlmann et al. [70] sogar in 84%).

Es kann sich um periphere Thrombosen der Karotiden, Koronarien oder viszeraler Gefäße handeln. Unter den arteriellen Thrombosen sind vor allem *mikrovaskuläre okklusive Läsionen* charakteristisch, welche besonders die distalen Extremitätenpartien betreffen und bis zur Gangränbildung gehen können [84, 136, 145 u. a.]. *Neurologische Symptome* als Folge zerebraler Durchblutungsstörungen können sich in Form einer transitorischen ischämischen Attacke, Epilepsie, Schlaganfällen oder auch weniger spezifischer Symptome (Benommenheit, Kopfschmerz) äußern. Eine Atrophie der Milz oder Infarkte in diesem Organ können Folge dieser Thromboseneigung sein. 20% (12–49%) der Patienten sind asymptomatisch. Eine *Splenomegalie* findet sich in einem Drittel bis zu 60% der Patienten [66, 140]. Hepatomegalien sind seltener.

In einer Zusammenstellung von angiographisch gesicherten akralen Verschlüssen der oberen Extremitäten war in 6% der Fälle eine primäre Thrombozythämie oder Polyzythämie nachzuweisen [14].

Während Blutungskomplikationen vor allem bei sehr hohen Thrombozytenwerten auftreten, ist die Häufigkeit thromboembolischer Zwischenfälle mit der Thrombozytenzahl nicht korreliert (Übersicht bei [136]).

Die meisten Patienten mit akralen Durchblutungsstörungen zeigen allerdings eine gesteigerte Thrombozytenaggregation [70, 84, 129 u. a.]. Patienten mit Thrombozytenwerten über 2000 G/l sind fast immer symptomatisch.

Venookklusive Erkrankungen (VOD) der Leber (bis zum Vollbild des Budd-Chiari-Syndroms) kommen spontan außer bei der PNH auch bei abortiven Formen myeloproliferativer Erkrankungen einschließlich der ET vor (z. B. [165]).

6.6.3 Laboratoriumsbefunde

Blutbild. Zum Vollbild der Erkrankung gehört eine *Thrombozytenzahl* von über 1000 G/l, doch kommen auch niedrigere Werte vor (meist über

Tabelle 6.13. Hämatologische Befunde bei ET [70]

Blutbild:	Thrombozyten	Mittel 897 G/l (Bereich 300–4000)	
	Leukozyten (>10 G/l)	72%	
	Linksverschiebung	28%	
	Hämoglobin	Mittel 14,5 g/dl (Bereich 10,0–18,2)	
Knochenmark:	Megakaryopoese	gesteigert	97%
		Reifungsstörung	60%
	Granulopoese	gesteigert	47%
	Erythropoese	gesteigert	40%
	Fasergehalt	vermehrt	31%
	Zellgehalt	normal	53%
		gesteigert	40%
		vermindert	7%

600 G/l), in Frühfällen auch darunter; Tabelle 6.13). Abnormitäten der Plättchenmorphologie werden gewöhnlich beobachtet, wobei Riesenplättchen, solche mit auffällig unregelmäßiger Form sowie Thrombozytenaggregate in Blutausstrich und Knochenmarkaspirat nachweisbar sind. Eine *Leukozytose* (>10 G/l) wird fast regelmäßig beobachtet (z. B. bei [129] in über 90%; [70] 72%). Die Werte liegen meist zwischen 12 und 40 G/l. Eine (mäßige) Linksverschiebung ist nicht ungewöhnlich (Tabelle 6.13). Wie bei anderen myeloproliferativen Erkrankungen sind auch mäßige Vermehrungen der Eosinophilen und Basophilen nicht selten. Als Zeichen der „Asplenie" können Howell-Jolly-Körperchen, als Hinweis für eine extramedulläre Blutbildung einzelne Erythroblasten nachweisbar sein. Die *alkalische Leukozytenphosphatase* ist gewöhnlich normal bis leicht erhöht. Die Veränderungen des *roten Blutbildes* sind variabel, hypochrome mikrozytäre Anämien finden sich bei etwa einem Viertel der Patienten.

Knochenmark. Im normal zellhaltigen bis hyperplastischen Knochenmark sind die Megakaryozyten vermehrt und liegen vielfach in Gruppen (Tabelle 6.13). Charakteristisch sind Riesenformen von hohem Ploidiegrad und vorwiegend diffuser Markverteilung [18]. Als Besonderheit waren neben diesen Riesenformen von Megakaryozyten auch häufig das Phänomen der Emperipolesis (Einschluß hämatopoetischer Zellelemente in Megakaryozyten) zu beobachten [114]. Reifungsstörungen sind häufig, ausgeprägte Atypien der Megakaryozytopoese jedoch – außer in Spätstadien – selten. Eine Hyperplasie der Erythro- und/oder Granulopoese findet sich bei etwa der Hälfte der Patienten.

Burckhardt et al. [17] beschrieben das knochenmarkhistologische Bild der „megakaryozytären Myelose", deren reifzellige Form der ET entspricht. Ein Retikulinfasernetz fand sich in 63% dieser Entität. In der Patientengruppe von Hehlmann et al. [70] war eine leichte Fibrosierung bei 1/3 der Patienten z. Z. der Diagnosestellung nachweisbar. Diese

Tendenz (im Krankheitsverlauf in 61% der Fälle von Burckhardt et al. [17]) war ähnlich häufig wie bei der megakaryoblastischen Variante (s. auch akute megakaryoblastische Leukämien) und bei der megakaryozytär-granulozytären Form der CML.

Gerinnungsbefunde. Die *Plättchenfunktionstests* (Plättchenadhäsivität, Aggregation mit Adrenalin, ADP, Kollagen oder Thrombin) sind bei etwa der Hälfte der Patienten pathologisch. Die Adrenalin-induzierte Aggregation ergab gegenüber Normalpersonen und sekundären Thrombozytosen die beste Unterscheidung [70]. Ein erhöhtes Blutungsrisiko kann bei einer Verlängerung der Blutungszeit nach Ivy unabhängig von der Thrombozytenzahl angenommen werden (Übersicht bei [104]). Bei hohen Thrombozytenzahlen können hämorrhagische Komplikationen auch bei normaler Blutungszeit auftreten.

Leichte Verminderungen der Faktoren II, V, VII, IX und X können vorkommen, sie sind jedoch praktisch nie von klinischer Bedeutung.

Weitere Befunde. Erhöhungen der LDH oder der Harnsäure finden sich bei etwa 1/4 der Patienten. Pseudohypokaliämien sind häufig [62], ebenso Eisenmangelzustände, letztere jedoch in manchen Studien seltener als bei Pv.

In Patientengruppen mit Vorherrschen thromboembolischer Komplikationen war ein echter Eisenmangel selten (z. B. in 70% Speichereisen im Knochenmark nachweisbar; [70]).

Die Ätiologie von Kreatininerhöhungen (bei 29% der Patienten von Hehlmann et al. [70]) ist oft unklar. Risikofaktoren für Herzkreislauferkrankungen sind bei ET-Patienten mit Gefäßkomplikationen nicht gehäuft (z. B. [70]). So ist z. B. das Cholesterin wie bei anderen myeloproliferativen Erkrankungen häufig niedrig [56].

6.6.4 Zytogenetik

Weniger als 10% der Patienten haben eine Veränderung des Karyotyps der Knochenmarkzellen [76]. Am häufigsten werden Trisomien 8 oder 9 beobachtet.

Ob die Deletion des langen Arms von Chromosom 21 (21q-) für die Erkrankung charakteristisch ist, bedarf weiterer Untersuchungen [76].

6.6.5 Prognose

Die Erkrankung zeigt meist einen günstigen Verlauf (Abb. 6.15) über viele Jahre (zumindest 50% der Patienten leben 10 Jahre und länger; [8, 70, 143]). Bei jüngeren Patienten dürfte die Prognose häufig exzellent sein [72].

Bei einem mittleren Erkrankungsalter von 58 Jahren z. Z. der Diagnosestellung und 51% Überlebensrate nach 15 Jahren in der Auswertung von Hehlmann et al. [70] (Abb. 6.15) kann geschlossen werden, daß die Lebens-

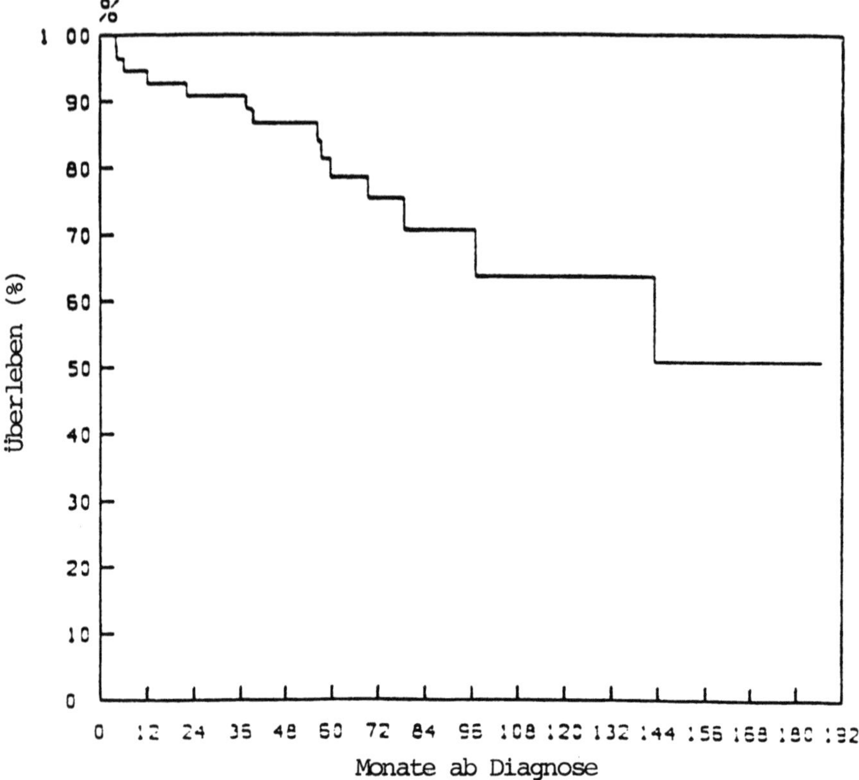

Abb. 6.15. Überlebenskurve von 60 Patienten mit ET [70]

erwartung bei ET unter adäquater Therapie kaum von der der Normalbevölkerung abweicht.

Die Patienten sterben letztendlich meist an Hämorrhagien, seltener an Thrombosen oder aus anderer Ursache. Patienten mit wiederholten Infarzierungen (insbesondere auch mit Milzinfarkten) wurden als prognostisch ungünstigere Gruppe angesehen.

Auf Übergänge in andere myeloproliferative Erkrankungen sollte insbesondere bei langem Krankheitsverlauf geachtet werden. Die häufigste Metamorphose ist eine Myelofibrose [17] mit entsprechenden Blutbildveränderungen. Patienten mit „megakaryozytärer Myelose vom unreifen (pleomorphen) Typ" zeigen gegenüber der typischen ET eine ungünstige Prognose (diese Erkrankung differiert klinisch jedoch deutlich von der ET; [18]). Terminale Blastenschübe sind bei ET sehr selten. Sie werden vor allem nach Alkylantienbehandlung (oder auch nach Radiophosphortherapie) beobachtet [8, 70, 128].

In der Zusammenstellung von Frei-Lahr et al. [46] waren die Blastenschübe meist „myeloblastische" (in 3 immunzytologisch ausgewerteten Fällen dagegen vom „myelomonozytären-megakaryoblastischen" Phänotyp). Von 25 Patienten mit einer medianen Beobachtungsdauer von 36 Monaten entwickelte ein Patient einen Blastenschub. Von 61 Patienten der Auswertung von Hehlmann et al. [70] wurden 2 Übergänge in akute (myelomonozytäre) Leukämien beobachtet (3%, bei einer mittleren Beobachtungsdauer von etwa 5 Jahren).

Literatur

1. Adamson JW (1975) Familial polycythemia. Semin Hematol 12:383–396
2. Apps MCP (1983) Sleep-disordered breathing. Brit J Hosp Med 30:339–347
3. Arthur CKA, Apperley JF, Guo AP, Rassool F, Gao LM, Goldman JM (1988) Cytogenetic Events After Bone Marrow Transplantation for Chronic Myeloid Leukemia in Chronic Phase. Blood 71:1179–1186
4. Bagby GC, Dinarello C, Neerhout RC, Ridgway D, McCall E (1988) Interleukin 1-dependent paracrine granulopoiesis in Chronic granulocytic leukemia of the juvenile type. J Clin Invest 82:1430
5. Barosi G, Berzuini C, Liberato LN, Costa A, Polino G, Ascari E (1988) A prognostic classification of myelofibrosis with myeloid metaplasia. Brit J Haematol 70:397–401
6. Barosi G, Cazzola, Frassoni F, Orlandi E, Steffanelli M (1981) Erythropoiesis in myelofibrosis with myeloid metaplasia: recognition of different classes of patients by erythrokinetics. Brit J Haematol 48:263–272
7. Bartram CR, de Klein A, Hagemeijer A, van Agthoven T, Geurts van Kessel A, Bootsma D, Grosveld G, Ferguson-Smith MA, Davies T, Stone M, Heisterkamp N, Stephenson JR, Groffen J (1983) Translocation of c-abl oncogene correlates with the presence of a Philadelphia chromosome in chronic myelocytic leukemia. Nature 306:277–280
8. Belucci S, Janvier M, Tobelem G et al (1986) Essential thrombocythemias: Clinical evolutionary and biological data. Cancer 58:2440–2447
9. Bentley SA, Lewis SM (1976) The relationship between total red cell volume, plasma and venous haematocrit. Brit J Haematol 33:301–307
10. Bentley SA, Murray KH, Lewis SM, Roberts PD (1977) Erythroid hypoplasia in myelofibrosis; a feature associated with blastic transformation. Brit J Haematol 36:41–47
11. Berk PD, Goldberg JD, Silverstein MN et al (1981) Increased incidence of acute leukemia in polycythemia vera associated with chlorambucil therapy. New Engl J Med 304:441–447
12. Berlin NI (1975) Diagnosis and classification of the polycythemias. Semin Hematol 12:339–351
13. Bettelheim P, Lutz D, Majdic O, Paietta E, Haas O, Linkesch W, Neumann E, Lechner K, Knapp W (1985) Cell lineage heterogeneity in blast crisis of chronic myeloid leukemia. Brit J Haematol 59:395
14. Bollinger A, Butti P (1976) Primäres und sekundäres Raynaud-Syndrom. Schweiz Med Wschr 106:415
15. Brandt L, Mitelman F, Panani A, Lenner HC (1976) Extremely long duration of chronic myeloid leukemia with Ph1 negative and Ph1 positive bone marrow cells. Scandinavian Journal of Hematology 16:321–325
16. Broxmeyer HE, Mendelssohn N, Moore MAS (1977) Abnormal granulocyte feedback regulation of colony forming and colony stimulating activity-producing cells from patients with chronic myelogenous leukemia. Leuk Res 1:3
17. Burckhard R, Frisch B, Bartl R (1982) Bone biopsy in haematological disorders. J Clin Pathol 35:257–284
18. Burckhard R, Bartl R, Jäger K (1984) Chronic myeloproliferative disorders (CMPD). Pathol Res Pract 179:131–186
19. Buyssens N, Bourgeois NH (1977) Chronic myelocytic leukemia versus idiopathic myelofibrosis. Cancer 40:1548–1561

20. Canellos GP (1976) Chronic granulocytic leukemia. Med Clin North Am 60:1001
21. Casadevall N, Lacombe C, Varet B (1978) Etude in vitro des precurseurs dans la maladie de Vasquez. Arguments en faveur d'une double population de cellules souches erythroblastiques dans la moelle. Nouv Rev Franc Hematol 20:565–574
22. Casadevall N, Vainchenker W, Lacombe C et al (1982) Erythroid progenitors in polycythemia vera: demonstration of their hypersensitivity to erythropoietin using serum free cultures. Blood 59:447–451
23. Castro-Malaspina H (1984) Pathogenesis of myelofibrosis: role of ineffective megakaryopoiesis and megakaryocyte components. In: Berk PD, Castro-Malaspina H and LR Wasserman (eds) Myelofibrosis and the Biology of Connective Tissue, New York, Alan R Liss, pp 427–454
24. Castro-Malaspina H, Rabellino EM, Yen A, Machman RL, Moore MAS (1981) Human megakaryocyte stimulation of proliferation of bone marrow fibroblasts. Blood 57:781–787
25. Castro-Malaspina H, Moore MAS (1982) Pathophysiological mechanisms operating in the development of myelofibrosis: role of megakaryocytes. Nouv Rev Franc Hematol 24:221–226
26. Castro-Malaspina H, Schaison G, Passe S, Pasquier A, Berger R, Bayle-Weisgerber C, Miller D, Seligman M, Bernard J (1984) Subacute and Chronic Myelomonocytic Leukemia in Children (Juvenile CML). Cancer 54:675–686
27. Champlin R, Golde DW (1985) Chronic myelogenous leukemia: recent advances. Blood 65:1039–1047
28. Champlin R, Gale RP, Foon KA, Golde DW (1986) Chronic leukemias: oncogenes, chromosomes, and advances in therapy. Ann Int Med 104:671–688
29. Charron D, Robert L, Couty ML, Binet JL (1979) Biochemical and histological analysis of bone marrow collagen in myelofibrosis. Brit J Haematol 41:151–161
30. Chelloul N, Briere J, Leval-Jeanet M, Najean Y, Vorhauer W, Jacquillat C (1976) Prognostic of myeloid metaplasia with myelofibrosis. Biomedicine 24:272–280
31. Cogswell PC, Morgan R, Dunn M, Neubauer A, Nelson P, Poland-Johnston NK, Sandberg AA, Liu E (1989) Mutations of the Ras Protooncogenes in Chronic Myelogenous Leukemia: A High Frequency of Ras Mutations in bcr/abl Rearrangement-Negative Chronic Myelogenous Leukemia. Blood 74:2629–2633
32. Cooper MD (1987) B Lymphocytes: Normal Development and Function. New Engl J Med 3:1452
33. Cotes PM, Dore CJ, Yin JAL, Lewis SM, Messinezy M, Pearson TC, Reid C (1986) Determination of serum immunoreactive erythropoietin in the investigation of erythrocytosis. New Engl J Med 315:283–287
34. Dacie JV (1967) The haemolytic anaemias, part 3&4. Churchill, London
35. Dainiak N, Hoffman R, Lebowitz AI, Solomon L, Maffei L, Pitchey K (1979) Erythropoietin-dependent primary pure erythrocytosis. Blood 53:1076
36. Demory JL, Dupriez B, Fenaux P, Lai JL, Beuscart R, Jouet JP, Deminatti M, Bauters F (1988) Cytogenetic studies and their prognostic significance in agnogenic myeloid metaplasia: A report on 47 cases. Blood 72:855–859
37. Dexter (1986) Growth-factors. From the laboratory to the clinic. Nature 321:198
38. Dudley JM, Messinezy M, Eridani S, Holland LJ, Lawrie A, Nunan TO, Sawyer B, Savidge GF, Pearson TC (1989) Primary thrombocythaemia: diagnostic criteria and a simple scoring system for positive diagnosis. Brit J Haematol 71:331–335
39. Ellis JT, Silver RT, Coleman M, Geller SA (1975) The bone marrow in polycythemia vera. Semin Hematol 12:433–444
39a. Emanuel PD, Bates LJ, Castleberry RP, Gualtieri RJ, Zuckerman KS (1991) Selective hypersensitivity to granulocyte-macrophage colony-stimulating factor by juvenile chronic myeloid leukemia hematopoietic progenitors. Blood 77:925–929
40. Eridani S, Batten E, Sawyer B (1983) Erythropoetic activity in primary proliferative Polycythaemia. Brit J Haematol 55:1–57

41. Estrov Z, Grunberger T, Chan HSL, Freedman MH (1986) Juvenile chronic myelogenous leukemia: characterization of the disease using cell cultures. Blood 67:1382–1387
41a. Ezdinli EZ, Sokal JE, Crosswhite L, Sandberg AA (1970) Philadelphia-chromosome-positive and -negative chronic myelocytic leukemia. Ann Intern Med 72:175
42. Fialkow PJ, Jacobson RJ, Papayannopoulou T (1977) Chronic myelocytic leukemia: clonal origin in a stem cell common to the granulocyte, erythrocyte, platelet and monocyte/macrophage. Amer J Med 63:125–130
43. Fialkow PJ, Faguet GB, Jacobson RJ, Vaidya K, Murphy S (1981) Evidence that essential thrombocythaemia is a clonal disorder with origin in a multipotent stem cell. Blood 58:916
44. Fonatsch C et al (1990) Zytogenetik maligner hämatoproliferativer Erkrankungen. In Vorbereitung
45. Foon KA, Todd RF (1986) Immunologic classification of leukemia and lymphoma. Blood 86:1–31
46. Frei-Lahr D, Barton IC, Hoffman R et al (1984) Blastic transformation of essential thrombocythemia; dual expression of myeloblastic/megakaryoblastic phenotypes. Blood 63:866–872
47. Frick PG (1969) Primary thrombocythemia. Clinical, hematological and chromosomal studies of 13 patients. Helv Med Acta 35:20–29
48. Galbraith PR (1966) Studies on the longevity, sequestration, and release of the leukocytes in chronic myelogenous leukaemia. Can Med Assoc J 95:511
49. Galbraith PR, Abu-Zahra HT (1972) Granulopoiesis in chronic granulocytic leukemia. Brit J Haematol 22:135
50. Galton DAS, Spiers ASD (1971) Progress in the leukemias. Progr Hematol 7:341
51. Georgii A, Vykoupil KF, Thiele J (1980a) Chronic megakaryocytic granulocytic myelosis - CMGM. A subtype of chronic myeloid leukemia. Virch Arch A Path Anat and Histol 389:253–268
52. Georgii A, Thiele J, Vykoupil KF (1980b) Osteomyelofibrosis/-sclerosis: a histological and cytogenetic study on core biopsies of the bone marrow. Virch Arch A Pathol Anat and Histol 389:269–286
53. Gersuk G, Carmel R, Pattengale PK (1989) Platelet-Derived Growth Factor Concentration in Platelet-Poor Plasma and Urine from Patients with Myeloproliferative Disorders. Blood 74:2230–2334
54. Gewirtz, Bruno E, Elwell J, Hoffman R (1983) In Vitro Studies of Megakaryocytopoiesis in Thrombocytotic Disorders of Man. Blood 61:384
55. Gilbert HS, Krauss S, Pasternack B et al (1969) Serum vitamin B12 content and unsaturated vitamin B12 binding capacity (UBBC) in myeloproliferative disease: value in differential diagnosis and as parameters of disease activity. Ann Int Med 71:719
56. Gilbert HS, Ginsberg H, Fagerstrom R, Brown WV (1981) Characterization of hypocholesterolemia in myeloproliferative disease: Relation to disease manifestations and activity. Am J Med 71:597–602
57. Glass JL, Wassermann LR (1977) Primary polycythaemia. In: Williams WJ, Beutler E, Erslev AJ, Rundles RW (eds) Haematology, 2nd edn, McGraw-Hill, New York
58. Golde DG, Hocking WG, Koeffler HP, Adamson JW (1981) Polycythemia: mechanisms and management. Ann Int Med 95:71–87
59. Gralnick HR, Harbor J, Vogel C (1971) Myelofibrosis in chronic granulocytic leukemia. Blood 37:152–162
60. Griffin JD, Todd RF, Ritz J, Nadler LM, Canellos GP, Rosenthal D, Gallivan M, Berveridge RP, Weinstein H, Karp D, Schlossman SF (1983) Differentiation patterns in the blastic phase of chronic myeloid leukemia. Blood 61:85–91
61. Griffin JD, Tantravahi R, Canellos GP, Wisch JS, Reinherz EL, Sherwood G, Berveridge RP, Daley JF, Lane H, Schlossman SF (1983) T-cell surface antigens in patients with blast crisis of chronic myeloid leukemia. Blood 61:640–644

62. Griner PF, Mayewski RJ, Muschin AL, Greenland P (1981) Selection and interpretation of diagnostic tests and procedures. Ann Intern Med 94:565–570
63. Groffen J, Stephenson JR, Heisterkamp N, de Klein A, Bartram CR, Grosveld G (1984) Philadelphia chromosomal breakpoints are clustered within a limited region, bcr, on chromosome 22. Cell 36:93
64. Grundmann E, v Bassewitz DB, Rössner A, Voss B, Rauterberg J (1984) Structural proteins in myelofibrosis. In: Lennert K, Hübner K (eds) Pathology of the Bone Marrow. Gustav Fischer Verlag, Stuttgart New York, p 210–216
65. Gualtieri RJ, Emanuel PD, Zuckerman KS, Martin G, Clark MS, Shadduck RK, Dracker RA, Akabutu J, Nitschke R, Hetherington ML, Dickerman JD, Hakami N, Castleberry RP (1989) Granulocyte-Macrophage Colony-Stimulating Factor Is an Endogenous Regulator of Cell Proliferation in Juvenile Chronic Myelogenous Leukemia. Blood 74:2360–2367
66. Gunz FW (1960) Hemorrhagic thrombocythemia: A critical review. Blood 15:706–723
67. Haas OA, Schwarzmeier JD, Nacheva E, Fischer P, Paietta E (1984) Investigations on karyotype evolution in patients with chronic myeloid leukemia (CML). Blut 48:33–43
68. Hagemeijer A, Bartram CR, Smit EME, van Agthoven AJ, Bootsma D (1984) Is the chromosomal region 3q34 always involved in variants of the Ph1 translocation? Cancer Genet Cytogenet 13:1–16
69. Hasselbach H, Junker P, Lisse I, Bentsen KD, Risteli L, Risteli J (1986) Serum markers for type IV collagen and type III procollagen in the myelofibrosis – osteomyelosclerosis syndrome and other chronic myeloproliferative disorders. Am J Hematol 23:101–111
70. Hehlmann R, Jahn M, Baumann B, Köpke N (1988) Essential thrombocythemia. Cancer 61:2487
71. Hibbin JA, Njoku OS, Matutes E, Lewis SM, Goldman M (1984) Myeloid progenitor cells in the circulation of patients with myelofibrosis and other myeloproliferative disorders. Brit J Haematol 57:495–503
72. Hoagland HC, Silverstein MN (1978) Primary thrombocythemia in the young patient. Mayo Clin Proc 53:578–580
73. Hochweis S, Fruchtman S, Hahn G, Gilbert H, Donovan PB, Johnson I, Goldberg JD, Berk PD (1983) Increased serum procollagen III aminoterminal peptide in myelofibrosis. Am J Hematol 15:343–351
74. Hoffbrand AV, Pettit IE (1986) Grundlagen der Hämatologie, Steinkopf-Verlag
75. Holt JT, Morton CC, Nienhuis A, Leder Ph (1987) Molecular Mechanisms of Hematological Neoplasms. WB Saunders Company
76. Hossfeld DK (1985a) Zytogenetik maligner Erkrankungen. In: Gross R, Schmidt CG (Hrsg) Klinische Onkologie. Thieme, Stuttgart
77. Hossfeld DK (1985b) Chronische myeloische Leukämie. In: Gross R, Schmidt CG (Hrsg) Klinische Onkologie. Thieme, Stuttgart
78. Howarth JE, Waters HM, Geary CG (1989) Red Cell Aplasia in Myelofibrosis. Brit J Haematol 72:114
79. Huber H, Lewis SM, Szur L (1965) Die Indikation zur Bestimmung von Blutvolumen und zirkulierender Erythrozytenmenge bei Polycythaemia vera und Polyglobulien. Acta Haematol 34:116
80. Huber H, Lewis SM, Szur L (1969) Zur Anämie bei Osteomyelosklerose. Blut 18:257–263
81. Hunstein W, Hauswald CH (1974) Die Osteomyelofibrose. Klin Wochenschr 52:305
82. Hunstein W, Harwerth HG, Raju S (1965) Bioptische Untersuchungen zur Frage der therapiebedingten Knochenmarkfibrosen bei der chronischen myeloischen Leukämie. Med Klin 60:991
83. Hurley PJ (1975) Red cell and plasma volumes in normal adults. J Nucl Med 16:46–52
84. Hussain S, Schwartz JM, Friedmann SA, Chua SN (1978) Arterial thrombosis in essential thrombocythaemia. Am Heart J 96:31

85. Iland HJ, Laszlo J, Case DC, Murphy S, Reichert TA, Tso CY, Wasserman LR (1987) Differentiation Between Essential Thrombocythemia and Polycythemia Vera With Marked Thrombocytosis. Amer J Hematol 28:191–201
86. Jacobson RJ, Salo A, Fialkow PJ (1978) Agnogenic myeloid metaplasia: a clonal proliferation of hematopoietic stem cells with secondary myelofibrosis. Blood 51:189–194
87. Janossy G, Woodruff RK, Pippard MJ, Prentice G, Hoffbrand AV, Paxton A, Lister TA, Bunch C, Greaves MF (1979) Relation of "lymphoid" phenotype and response to chemotherapy incorporating vincristine-prednisolone in the acute phase of Ph1 positive leukemia. Cancer 43:426–434
88. Kamada N, Uchina H (1978) Chronologic Sequence in appearance of clinical and laboratory findings of characteristic chronic myelocytic leukemia. Blood 51:843
89. Kantarjian HM, Smith TL, McCredie KB, Keating MJ, Walters RS, Talpaz M, Hester JP, Bligham G, Gehan E, Freireich EJ (1985) Chronic myelogenous leukemia: a multivariate analysis of the associations of patient characteristics and therapy with survival. Blood 66:1326–1335
90. Kantarjian HM, Keating MJ, Walters RS, McCredie KB, Smith TL, Talpaz M, Beran M, Cork A, Trujillo JM, Freireich E (1986) Clinical and Prognostic Features of Philadelphia Chromosome-Negative Chronic Myelogenous Leukemia. Cancer 58:2023–2030
91. Kantarjian HM, Keating M, Talpaz M, Walters RS, Smith TL, Cork A, McCredie KB, Freireich EJ (1987) Chronic Myelogenous Leukemia in Blast Crisis. Am J Med 83:445–454
91a. Kantarjian HM, Keating MJ, Smith TL, Talpaz M, McCredie KB (1990) Proposal for a simple synthesis prognostic staging system in chronic myelogenous leukemia. Am J Med 88:1
92. Kawasaki ES, Clark SS, Coyne MY, Smith SD, Champlin R, Witte ON, McCormick FP (1988) Diagnosis of chronic myeloid and acute lymphocytic leukemias by detection of leukemia-specific mRNA sequences amplified in vitro. Proc Natl Acad Sci USA 85:5698–5702
93. Kelman Z, Prokocimer M, Peller S, Kahn Y, Rechavi G, Manor Y, Cohen A, Rotter V (1989) Rearrangements in p53 Gene in Philadelphia Chromosome Positive Chronic Myelogenous Leukemia. Blood 74:2318–2324
94. Kimura H, Ishibashi T, Sato T, Matsuda S, Uchida T, Karlyone S (1987) Megakaryocytic Colony Formation (CFU-Meg) in Essential Thrombocythemia: Quantitative and Qualitative Abnormalities of Bone Marrow CFU-Meg. Am J Haematol 24:23
95. Koeffler PH, Goldwasser E (1981) Erythropoietin radioimmunoassay in evaluating patients with polycythemia. Ann Int Med 94:44–47
96. König E, Zöllner N (1962) Sekundäre Gicht bei Osteomyelosklerose und Polycythaemia vera. Med Klin 57:1741
97. Kornberg A, Fibach E, Treves A, Goldfarb E, Rachmilewitz EA (1982) Circulating erythroid progenitors in patients with spent polycythaemia vera and myelofibrosis with myeloid metaplasia. Brit J Haematol 52:573–578
98. Krauss S, Wassermann LR (1977) Spurious (relative) polycythaemia. In: Williams WJ, Beutler E, Erslev AJ, Rundles RW (eds) Haematology, 2nd edn, McGraw-Hill, New York
99. Kurzrock R, Klötzer WS, Talpaz M, Block M, Walters R, Arlinghaus RB, Gutterman JU (1987) Identification of molecular variants of p210 bcr-abl in chronic myelogenous leukemia. Blood 70:233
100. Kurzrock R, Gutterman JU, Talpaz M (1988) The molecular genetics of Philadelphia-chromosome-positive leukemias. N Engl J Med 319:990–998
101. Lacombe C, Casadevall N, Varet B (1980) Polycythaemia vera: in vitro studies of circulating erythroid progenitors. Brit J Haematol 44:189–199
102. Lawler SD, Swansbury GJ (1985) Cytogenetic studies in myelofibrosis and related conditions. Myelofibrosis. Path Clin Man, Marcel-Deckker New York

103. Lazzarino M, Morra E, Castello A, Inverardi D, Coci A, Pagnucco G, Magrini U, Zei G, Bernasconi C (1986) Myelofibrosis in chronic granulocytic leukaemia; clinicopathologic correlations and prognostic significance. Brit J Haematol 64:227–240
104. Lechner K (1982) Blutgerinnungsstörungen. Laboratoriumsdiagnose hämatologischer Erkrankungen, Bd. 2, Springer Verlag, Berlin Heidelberg New York
105. Liu E, Hjelle B, Bishop GM (1988) Transforming genes in chronic myelogenous leukemia. Proc Natl Acad Sci USA 85:1952
105a. Löffler H, Pralle H (1970) Cytochemical and biochemical demonstration of an alkaline phosphatase in human red cells. Klin Wschr 48:763
106. Manoharan A et al (1988) Myelofibrosis: Prognostic Factors and Treatment. Brit J Haematol 69:395–398
106a. Martiat P, Michaux JL, Rodhain J (for the Groupe Français de Cytogénétique Hématologique) (1991) Philadelphia-negative (Ph-) chronic myeloid leukemia (CML): comparison with Ph+ CML and chronic myelomonocytic leukemia. Blood 78:205–211
107. McCarthy DM (1985) Fibrosis of the bone marrow: Content and causes. Brit J Haematol 59:1–7
108. McCarthy DM, Goldman JM, Rassool FV, Graham SV (1984) Genomic Alterations involving the c-myc proto-oncogene locus during the evolution of a case of chronic granulocytic leukaemia. Lancet 15:1362
109. McLaughlin J, Chianese E, Witte ON (1987) In vitro transformation of hematopoietic cells by the p210 bcr/abl oncogene product of the Philadelphia chromosome. Proc Natl Acad Sci USA 84:6558–6562
110. Metcalf (1981) The hematopoietic stimulating factor. Elsevier, Amsterdam
111. Meytes D, Katz D, Ramot B (1976) Preleukemia and leukemia in polycythemia vera. Blood 47:237–241
112. Miller JB, Testa JR, Lindgren V, Rowley BD (1985) The pattern and clinical significance of karyotypic abnormalities in patients with idiopathic and post-polycythemia myelofibrosis. Cancer 55:582
113. Mills K, MacKenzie E, Birnie G (1988) The site of the breakpoint within the bcr is a prognostic factor in Philadelphia-positive CML patients. Blood 72:1237–1241
114. Mödder B, Zankovich R, Thiele J, Kremer B, Fonatsch C, Fischer R, Diehl V (1987) Die primäre (essentielle) Thrombozythämie. Med Klin 82:635–646
115. Moore M, Robinson WA (1974) Granulopoietic activity of urine and cells from patients with chronic granulocytic leukemia. Proc Soc Exp Biol Med 146:499
116. Murphy S, Iland H, Rönthal D, Laszlo J (1986) Essential thrombocythemia: An interim report from the Polycythemia vera study group. Semin Hematol 23:177–182
117. Najean Y, Cacchione R, Castro-Malaspina H, Dresch C (1978) Erythrokinetic studies in myelofibrosis: their significance for prognosis. Brit J Haematol 40:205–217
118. Njoku OS, Lewis SM, Catovsky D, Gordon-Smith EC (1983) Anaemia in myelofibrosis: its value in prognosis. Brit J Haematol 54:79–89
119. Padua RA, Carter G, Hughes D, Gow J, Farr C, Oscier F, McCormick F, Jacobs A (1988) Ras mutations in myelodysplasia detected by amplification, oligonucleotide hybridization and transformation. Leukemia 2:503–510
120. Partancan S (1983) Spontaneous erythroid colony formation in erythrocytosis. Acta Med Scand 214:159–163
121. Pearson M, Rowley JD (1985) The relation of oncogenesis and cytogenetics in leukemia and lymphoma. Ann Rev Med 36:471–483
121a. Pralle H, Schnellbacher E, Löffler H (1973) Alkaline phosphatase in human erythrocytes: A new hereditary disorder. In: Gerlach E, Moser K, Deutsch E, Wilmanns W (ed) Erythrocytes Thrombocytes Leukocytes, Thieme, Stuttgart
122. Prchal JF, Axelrad AA (1974) Bone-marrow responses in polycythaemia vera. New Engl J Med 290:1382
123. Prchal JT, Crist WM, Goldwasser E, Perrine G, Prchal JF (1985) Autosomal dominant polycythaemia. Blood 66:1208–1214

124. Prischl FC, Haas OA, Lion T, Eyb R, Schwarzmeier JD (1989) Duration of first remission as an indicator of long-term survival in chronic myelogenous leukaemia. Br J Haematol 71:117–124
125. Prockop DJ, Kivirikko KI, Indermann L, Guzman NA (1979) The Biosynthesis of collagen and its disorders. N Engl J Med 301:13–23
126. Quesenberry P, Levitt L (1979) Hematopoietic stem cells (in three parts). N Engl J Med 301:755, 819, 868
127. Rachmilewitz B, Rachmilewitz M (1971) Chemotherapy – induced changes in Vitamin B12 binding proteins in myeloid leukemia. Isr J Med Sci 7:1140
128. Raman SBK, Mahmood A, van Slyck EJ, Saed SM (1981) Essential thrombocythemia with transition into acute leukemia. Ann NY Acad Sci 370:145–153
129. Rhyner K, Blättler W, Bauer W, Bollinger A (1979) Die primäre Thrombozythämie: Klinik, Pathophysiologie und Therapiemöglichkeiten. Schweiz Med Wschr 109:467
130. Ross R, Raines E, Bowen-Pope DF (1986) The biology of platelet-derived growth factor. Cell 46:155–169
131. Rowley JD (1973) A new consistent chromosomal abnormality in chronic myelogenous leukaemia identified by quinacrine fluorescence and giemsa staining. Nature 243:290–293
132. Rowley JD (1978) Chromosome abnormalities in the acute phase of CML. Virch Arch B Cell Path 29:57–63
133. Rundles RW (1977) Chronic granulocytic leukemia. In: Williams WJ, Beutler E, Erslev AJ, Rundles RW (eds) Hematology, 2nd edn. McGraw-Hill, New York
134. Sallan SE, Weinstein HJ (1981) Childhood leukemia. In: Nathan DG, Oski F (eds) Hematology of infancy and childhood, Vol II, Chapter 30, 979–1022. 2nd edn, Saunders, Philadelphia
135. Sandberg AA (1980) The cytogenetics of chronic myelocytic leukemia (CML): chronic phase and blast crisis. Cancer Genetics and Cytogenetics 1:217–228
136. Schafer AI (1984) Bleeding and thrombosis in the myeloproliferative disorders. Blood 64:1–12
137. Sheridan BL, Weatherall DJ (1976) The patterns of fetal hemoglobin production in leukemia. Brit J Hematol 32:487–492
138. Shtivelman E, Lifshitz B, Gale RP, Canaani E (1985) Fused transcript of abl and bcr genes in chronic myelogenous leukaemia. Nature 315:550
139. Silverstein MN (1974) Postpolycythaemia myeloid metaplasia. Arch Intern Med 134:113
140. Silverstein MN (1981) Agnogenic myeloid metaplasia. In ref [177]
141. Silverstein MN, Linman JW (1969) Causes of death in agnogenic myeloid metaplasia. Mayo Clin Proc 44:36–39
142. Silverstein MN, Elveback LR (1974) Leukocyte alkaline phosphatase in agnogenic myeloid metaplasia. Am J Clin Pathol 61:307
143. Simon M, Jouet JP, Huart JJ (1984) La thrombocytemie essentielle: Etude clinique, biologique et evolutive de soixante et une observations. Semin Hop Paris 60:1173–1179
144. Singer CRI, McDonald GA, Douglas AS (1984) Twenty-five years survival of chronic granulocytic leukemia with spontanous karyotype conversion. Brit J Haematol 57:309–313
145. Singh AK, Wetherley-Mein G (1977) Microvascular occlusive lesions in primary thrombocythaemia. Br J Haematol 36:353–364
146. Smith JR, Landaw SA (1978) Smokers' polycythemia. New Engl J Med 298:6–10
147. Sokal JE, Cox EB, Baccarini M, Tura S, Gomez GA, Robertson JE, Tso CY, Braun TJ, Clarkson BD, Cervantes F, Rozman C, and the Italian Cooperative CML Study Group (1984) Prognostic discrimination in "good-risk" chronic granulocytic leukemia. Blood 63:789–799
148. Sokal JE, Baccarini M, Tura S, Fiacchini M, Cervantes F, Rozman C, Gomez GA, Galton DAG, Canellas GP, Braun TJ, Clarkson RD, Carbonell F, Heimpel H,

Extra JM, Fiere D, Nissen NJ, Robertson JE, Cox EB (1985) Prognostic discrimination among younger patients with chronic granulocytic leukemia: relevance to bone marrow transplantation. Blood 66:1352–1357

149. Spiers ASD (1977) The clinical features of chronic granulocytic leukemia. Clinics in Haematology 6:77–95
150. Spiers ASD (1987) The chronic myeloid leukaemias. In: Whittaker JA, Delamore IW (eds) Leukemia, Blackwell Scientific Publications, Oxford London Edinburgh Boston Palo Alto Melbourne, pp 359–382
151. Spiers ASD, Bain MJ, Turner JE (1977) The peripheral blood in chronic granulocytic leukaemia. Study of 50 untreated Philadelphia-positive cases. Scand J Haematol 18:25–38
152. Spiers ASD, Whittaker JA, Delamore IW (1987) Leukaemia. Blackwell Scientific Publications
153. Stecher G, Reinhardt G (1970) Polyglobulie und Polycythaemia vera. In: Heilmeyer L (Hrsg) Klinik des erythrocytären Systems. 5. Aufl, Springer, Berlin Heidelberg New York (Handbuch der inneren Medizin, Bd 2/2)
154. Stryckmans P, Debusscher L, Socquet M (1976) Regulation of Bone Marrow Myeloblast Proliferation in Chronic Myeloid Leukemia. Cancer Research 36:3034–3038
155. Swolin B, Weinfeld A, Westin J (1986) Trisomy 1q in polycythemia vera and its relation to disease transition. Am J Hematol 22:155–167
156. Swolin B, Weinfeld A, Westin J (1988) A Prospective Long-Term Cytogenetic Study in Polycythemia Vera in Relation to Treatment and Clinical Course. Blood 72:386–395
157. Szur L (1972) The non-leukaemic myeloproliferative disorders. In: Hoffbrand AV, Lewis SM (eds) Haematology. Tutorials in postgraduate medicine, vol 2, Heinemann, London
158. Talpaz M, Kantarjian HM, McCredie K, Trujillo JM, Keating MJ, Gutterman JU (1986) Hematologic Remission and Cytogenetic Improvement Induced by Recombinant Human Interferon Alpha-a in Chronic Myelogenous Leukemia. N Eng J Med 314:1065–1069

158a. Thaler J, Kühr T, Gastl H et al. (1991) Rekombinantes Interferon alpha-2c bei Ph-positiver chronischer myeloischer Leukämie. Dtsch Med Wschr 116:721–728

159. Testa JR, Kanosky JR, Rowley JD, Baron JM, Vardiman JW (1981) Karyotypic patterns and their clinical significance in polycythemia vera. Am J Hematol 11:29–45
160. Thiele J, Zankovich R, Steinberg T, Kremer B, Fischer R, Diehl V (1989) Primary (Essential) Thrombocythemia versus Initial (Hyperplastic) Stages of Agnogenic Myeloid Metaplasia with Thrombocytosis – A Critical Evaluation of Clinical Histomorphological Data. Acta Haemat 81:192–202
161. Thomas ED, Clift RA (1989) Indications for Marrow Transplantation in Chronic Myelogenous Leukemia. Blood 73:861–865
162. Toksoz D, Farr CJ, Marshall CJ (1989) RAS Genes And Acute Myeloid Leukaemia. Brit J Haematol 71:1–6
163. Tsatalas C, Curtoglou G, Fotopoulos D, Halkia P, Vyantiadis AT, Sinakos Z (1989) 1alpha(OH)D3 Treatment and Procollagen III (PC III) Studies in Idiopathic Myelofibrosis. Haematologica 74:559–562
164. Tura S, Baccarini M, Corbelli G and the Italian Cooperative Study Group on Chronic Myeloid Lekaemia (1981) Staging of chronic myeloid leukaemia. Br J Haematol 47:105–119
165. Valle D, Casadevall N, Lacombe C et al (1985) Primary myeloproliferative disorder and hepatic vein thrombosis: A prospective study of erythroid colony formation in vitro in 20 patients with Budd-Chiari syndrome. Ann Int Med 103:320–334
166. Van den Berghe H (1987) Cytogenetics. In: Whittaker JA, Delamore IW (eds) Leukaemia. Blackwell Scientific Publications, Oxford London Edinburgh Boston Palo Alto Melbourne, p 137
167. Van Denderen J, Hermans A, Meeuwsen T, Troelstra C, Zegres N, Boersma W,

Grosveld G, van Ewijk W (1989) Antibody Recognition of the tumor-specific bcr-abl Joining region in chronic myeloid leukemia. J Exp Med 169:87–98
168. Van der Lelie J, Van dem Borne KR (1986) Platelet volume analysis for differential diagnosis of thrombocytosis. J Clin Pathol 39:129–133
169. Van der Plas DC, Soekarman D, Smit EME, Klein A, Smadja N, Alimena G, Goudamit R, Grosveld G, Hagemeijer A (1989) Cytogenetic and Molecular Analysis in Philadelphia Negative CML. Blood 73:1038–1044
170. Vykoupil KF, Thiele J, Stangel W, Krmpotic E, Georgii A (1980a) Polycythemia vera. I. Histopathology and cytogenetics of the bone marrow in comparison with secondary polycythemia. Virch Arch A Path Anat and Histol 389:307:324
171. Vykoupil KF, Thiele J, Stangel W, Krmpotic E, Georgii A (1980b) Polycythemia vera. II. Transgression towards leukemia with special emphasis on histological differential diagnosis, cytogenetics and survival. Virch Arch A Path Anat and Histol 389:325–341
173. Ward HP, Block MH (1971) The natural history of agnogenic myeloid metaplasia (AMM) and a critical evaluation of its relationship with the myeloproliferative syndrome. Medicine 50:357–420
174. Wasserman LR (1976) The treatment of polycythemia vera. Semin Hematol 13:57
175. Weinreb NJ, Shih C (1975) Spurious polycythaemia. Semin Haematol 12:397–407
176. Whitcomb WH, Peschle C, Moore M, Nitschke R, Adamson JW (1980) Congenital erythrocytosis: a new form associated with an erythropoietin-dependent mechanism. Brit J Hematol 44:17–24
177. Wintrobe MM (1981) Clinical hematology, 8th edn, Lea & Febiger, Philadelphia
178. Wodzinski MA, Potter AM, Lawrence ACK (1989) Prolonged survival in chronic granulocytic leukaemia associated with loss of the philadelphia chromosome. Br J Haematol 71:296–297
179. Wu KK (1978) Platelet hyperaggregability and thrombosis in patients with thrombocythemia. Ann Int Med 88:7–11
180. Wurster-Hill D, Whang-Peng J, McInty OR et al (1976) Cytogenetic studies in polycythaemia vera. Semin Hematol 13:13
181. Zanjani ED, Lutton JD, Hoffman R, Wasserman LR (1977) Erythroid colony formation by polycythemia vera bone marrow in vitro. J Clin Invest 59:841–848

Kapitel 7: Infektionen durch Epstein-Barr- und Zytomegalievirus

B. Fasching, H. Huber

7.1 Charakteristika der Viren

Das Epstein-Barr-Virus (EBV) und das Zytomegalievirus (CMV) gehören zu der Gruppe der Herpes-Viren. Das Viruspartikel besteht aus 3 Komponenten (Abb. 7.1):

a) einem zentralen Nukleoid („core“) mit der viralen DNA (doppelsträngige DNA),
b) dem Capsid, das sich aus Untereinheiten (Capsomeren) zusammensetzt, und
c) einer Virushülle („envelope“), die vor allem aus Proteinen und Lipiden aufgebaut ist.

Capsid und Virushülle enthalten verschiedene virale Proteine, die Zielstrukturen für die Immunabwehr sind. Die Bindung an die Wirtszelle erfolgt über spezifische Rezeptoren (u. a. C3d-Rezeptor = CD21 an B-Lymphozyten als Bindungsstruktur für EBV). Die Fusion der Virushülle mit der Zellmembran erlaubt das Eindringen der viralen DNA in die Wirtszelle. Nach erfolgter Infektion kann das Virus entweder in „latenter Form“ persistieren oder sich in produktivem Zyklus mit abschließender Lyse der Wirtszelle vermehren (Abb. 7.2). Infizierte Zellen beherbergen Kopien der viralen DNA, wobei die vom Virusgenom gebildeten Proteine sowohl im Kern als auch an der Zelloberfläche nachweisbar sind. Zur Vermehrung benutzt das Virus den Enzymapparat der Wirtszelle.
Eine Lyse infizierter Zellen kann durch

a) virale Replikation,
b) antivirale Antikörper,
c) zelluläre Immunantwort erfolgen.

Die zelluläre Immunabwehr kann schon ohne vorhergehende Sensibilisierung über NK-Zellen (aktiviert durch virusinduzierte Interferone) oder auch spezifisch nach Sensibilisierung über zytotoxische T-Lymphozyten erfolgen. Demgegenüber spielt die humorale Immunabwehr meist nur eine sehr

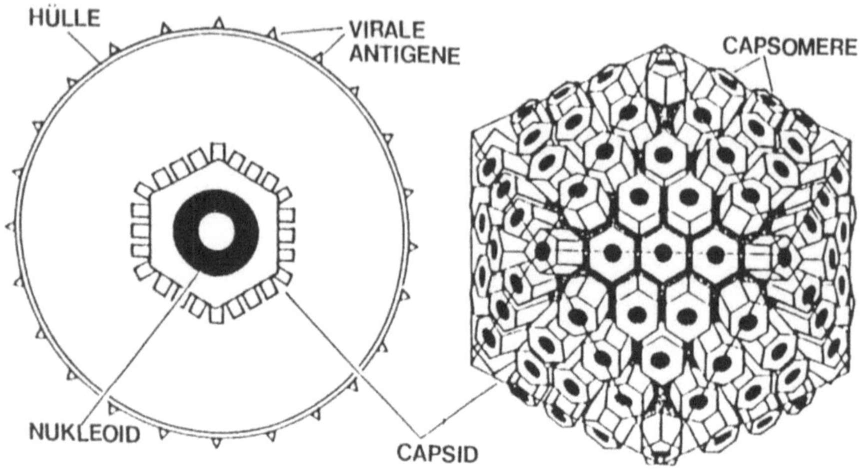

Abb. 7.1. Aufbau des Viruspartikels (nach [76])

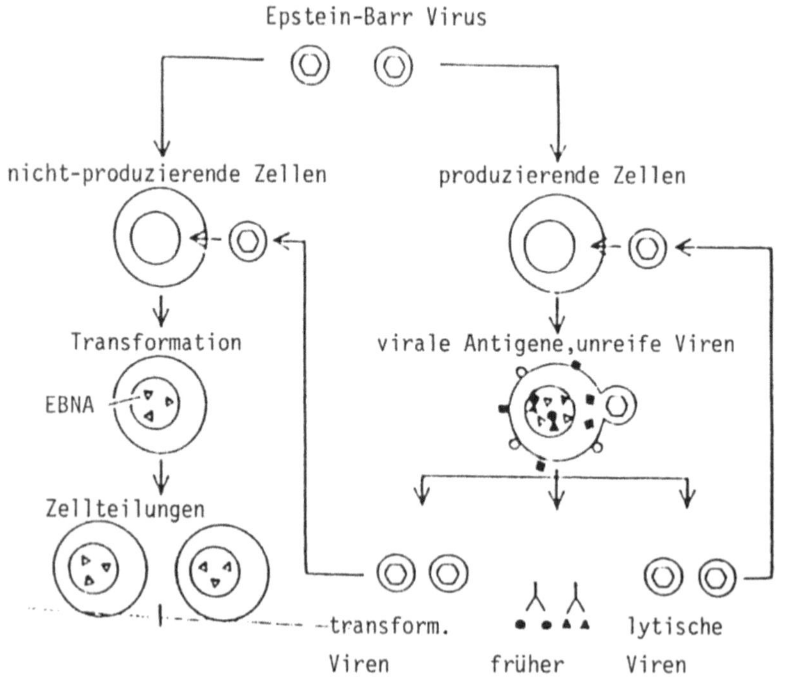

Abb. 7.2. Viruspersistenz gegenüber lytischer Vermehrung des Virus am Beispiel von EBV (nach [76])

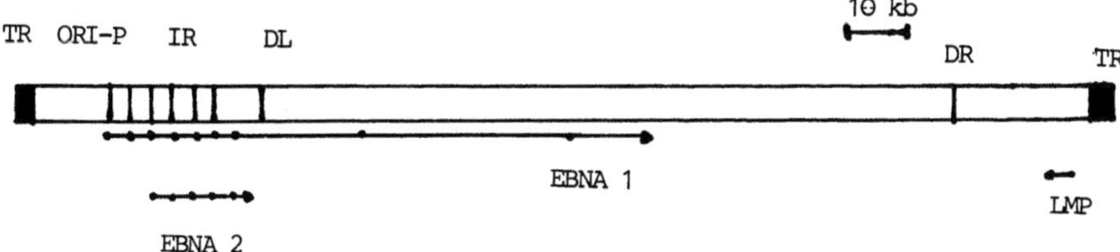

Abb. 7.3. EBV-DNA mit einigen kodierenden Sequenzen für wichtige, der Infektion assoziierte Proteine (nach [16])
TR = terminal repeats, IR = internal repeats, ORI-P = Startpunkt der episomalen Replikation, LMP = late membrane proteins

geringe Rolle. Allerdings kann durch Antikörper der IgG-Klasse eine sehr wirksame Zytotoxizität über die ADCC (antibody dependent cellular cytotoxicity) vermittelt werden. T-Helfer-Lymphozyten können auch indirekt über die Aktivierung von Makrophagen wirksam werden (s. Kap. 18).

α- und β-Interferon bewirken eine direkte Hemmung der Virusreplikation. Ihre vermehrte Bildung korreliert häufig mit der Erholung nach akuten Herpes-Virusinfektionen (v.a. für EBV dokumentiert). IFN-γ induziert NK-Zellen und zytotoxische T-Lymphozyten und wirkt auf die Makrophagen aktivierend.

7.2 Infektionen durch Epstein-Barr Virus (EBV)

7.2.1 Molekularbiologische Grundlagen

Das EBV-Genom ist ein lineares doppelsträngiges DNA-Molekül von 173 kbp (Abb. 7.3). Zu beiden Enden des Moleküls liegen die terminalen repetitiven Sequenzen (TR), deren 500 bp-Anteile in 4–12 Kopien vorliegen. Für die Viruspersistenz charakteristisch ist das Auftreten einer zirkulären Form von EBV. Das EBV liegt dann im Kern der Wirtszelle als Episom vor, wobei Virusproteine an die DNA des Kerns gebunden sind. Diese Zirkulation kommt durch kovalente Bindung der TR-Sequenzen zustande. Das Virus vermehrt sich durch extrachromosomale Replikation (z.B. [209]; Übersicht bei [16]).

7.2.2 Virusinduzierte Proteine

Die Gesamtzahl der vom EBV-Genom kodierten Proteine ist unbekannt [6], wird aber auf etwa 30 verschiedene Proteine geschätzt [38]. Sie können in solche eingeteilt werden, die durch virusproduzierende Zellen freigesetzt werden (z.B. VCA, EA), und jene, die in EBV-transformierten B-Lymphozyten nachweisbar sind (z.B. EBNA, s. Abb. 7.2).

7.2.2.1 „Frühe Antigene“

Sie werden im lytischen Zyklus nach EBV-Infektion freigesetzt und umfassen die EA („early antigen“)-Familie. Es wird eine diffuse (D) und eine restringierte (R) Komponente unterschieden (Übersicht bei [38, 77]). Das typische Antikörpermuster gegen D sowie R vor und nach EBV-Infektion sowie bei Burkitt-Lymphomen und EBV-assoziierten nasopharyngealen Tumoren findet sich in Abb. 7.4.

7.2.2.2 Virus-Capsid-Antigene (VCA)

Sie werden im Lauf der Virusreplikation gebildet. Zunächst kommt es zum Auftreten von anti-VCA-Antikörpern der IgM-, dann der IgG-Klasse (Abb. 7.5).

Der VCA-Komplex setzt sich aus einem 145 kDa-Protein der Virushülle und einem 155 kDa-Polypeptid zusammen. Monoklonale Antikörper gegen das 155kDa-Protein wurden von Vroman et al. [199] beschrieben.

7.2.2.3 Kernassoziierte Antigene (EBNA)

Diese Antigenfamilie (EB viral nuclear antigen) ist in latent infizierten Zellen vorhanden (Übersicht bei [16, 38]). In der Routine durch Immunfluoreszenzuntersuchungen unter Verwendung von Patientenserum, C und Antikörpern gegen C erfaßt (ACIF = „Anti-Complement Immunofluorescence“. [144]), ist es mit dem Kernchromatin assoziiert und in allen EBV-infizierten Zellen nachweisbar. Zumindest 5 verschiedene Proteine können dem EBNA-Komplex zugeordnet werden, wobei am konstantesten $EBNA_1$, häufig auch $EBNA_2$ u. a. vorliegen.

$EBNA_1$ ist für die Aufrechterhaltung von EBV als Plasmid in zirkulärer Form und für die extrachromosomale Replikation verantwortlich (s. Kap. 7.2.1). Es hat 3 sequenzspezifische Bindungsstellen für das EBV-Genom [70] und wird v. a. durch die ACIF erfaßt. Für die B-Lymphozyten-transformierende Wirkung von EBV ist in erster Linie $EBNA_2$ verantwortlich.

Subtypen von $EBNA_2$ werden durch Virus-A bzw. Virus-B induziert. In Transfektionsexperimenten wurde gezeigt, daß $EBNA_2$ das B-Zellaktivierungsantigen CD-23 induziert [201]. CD-23 steht zum Rezeptor für 12kDa B-Cell Growth Factor in enger Beziehung [56].

Andere EBNA:

$EBNA_5$ ist an der EBV-Transformation beteiligt [38]. Es bindet fester an den Kern als andere EBNA. Über $EBNA_3$ und $EBNA_4$ s. [38].

7.2.2.4 Latentes Membranprotein (LMP) und LYDMA

Antikörper gegen LMP finden sich regelmäßig bei Patienten mit endemischen Burkitt-Lymphomen und Nasophargyngealkarzinomen, nicht jedoch

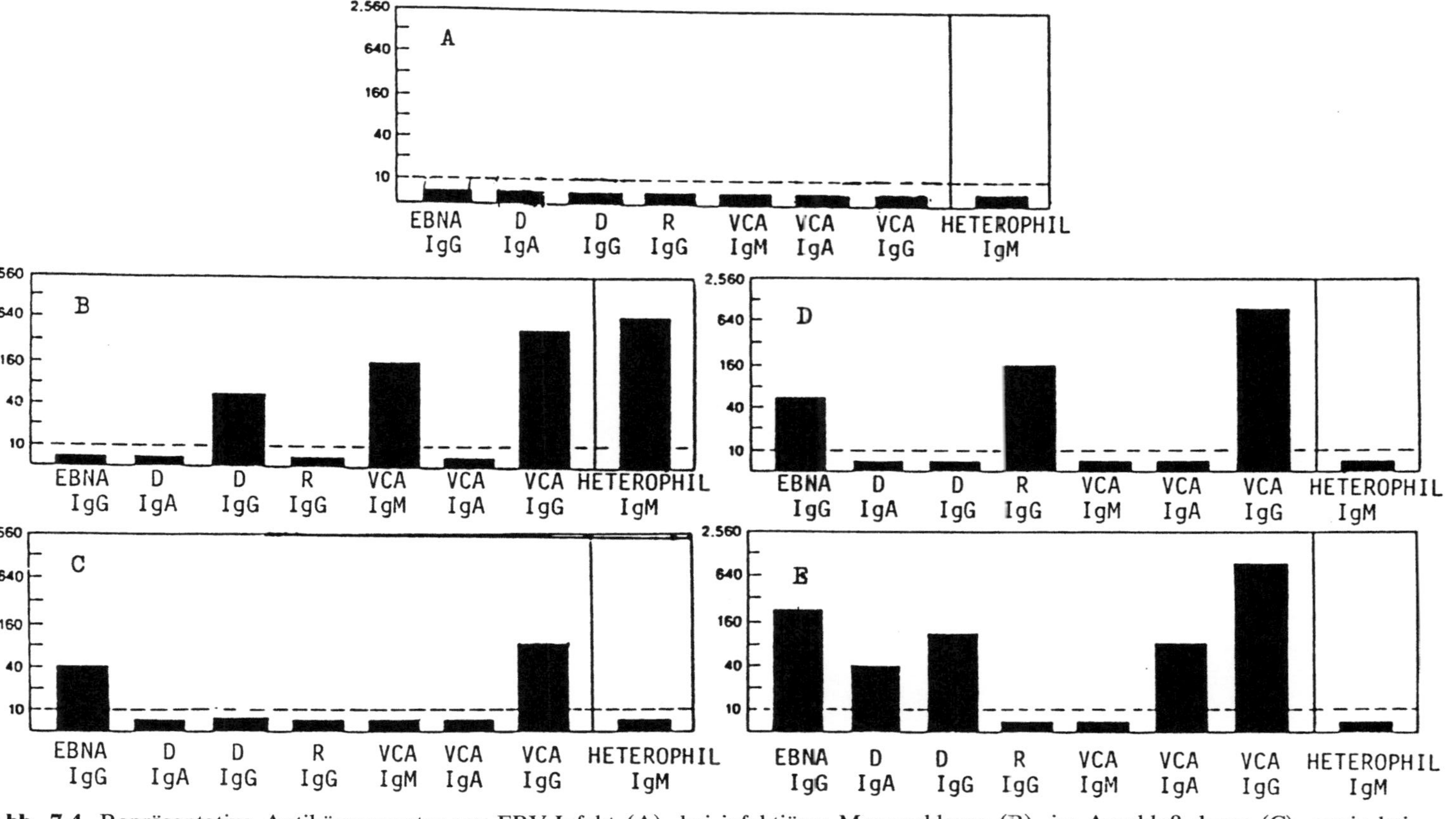

Abb. 7.4. Repräsentative Antikörpermuster vor EBV-Infekt (A), bei infektiöser Mononukleose (B), im Anschluß daran (C), sowie bei Burkitt-Lymphomen (D) und nasopharyngealen Karzinomen (E) (nach [76])

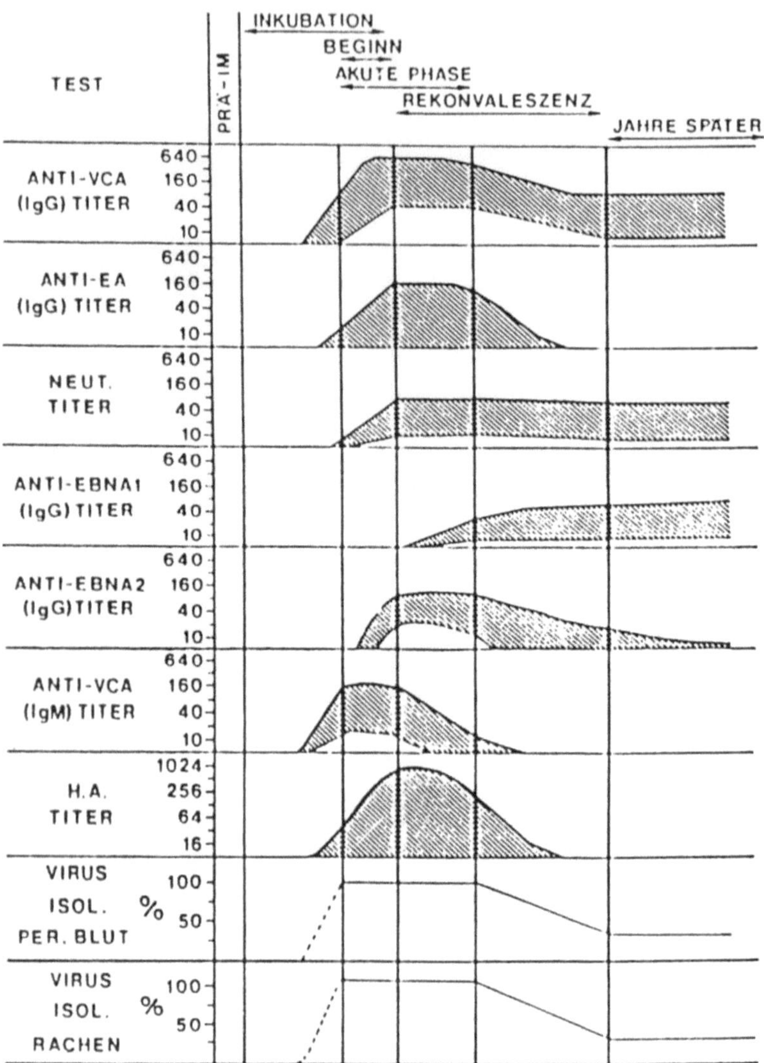

Abb. 7.5. Schematischer Verlauf wichtiger Antikörper- und Virusparameter im Verlauf einer infektiösen Mononukleose (nach [16])

bei gesunden EBV-positiven Personen. Auffallend ist das Defizit von LMP in Burkitt-Lymphomlinien [155].

Unter dem Sammelnamen LYDMA („EBV-determined lymphocyte-detected membrane antigen“) werden Antigene zusammengefaßt, die die Zielstruktur für die EBV-spezifische Lyse durch zytotoxische T-Lymphozyten bilden [186]. Diese Antigene bedürfen weiterer Charakterisierung. Details der Beziehung zwischen LYDMA und LMP finden sich bei [38].

7.2.3 Serologie der EBV-Infektionen

7.2.3.1 Antikörpermuster bei normaler Immunreaktion

Spezifische Antikörper treten schon früh im Verlauf einer akuten Infektion mit EBV auf (Abb. 7.5). Diagnostisch ausgewertet werden vor allem Antikörper gegen EA und VCA. Bei rezenter Infektion sind dies zunächst solche der IgM-Klasse.

Etwa 80% der Patienten mit infektiöser Mononukleose zeigen gleichzeitig auch heterophile Antikörper. Sie reagieren mit Erythrozyten von Schaf, Rind und Pferd.

Die EA-Antikörper können in solche gegen die D- und die R-Komponente differenziert werden [76]. Etwa 80% der Patienten mit einer infektiösen Mononukleose zeigen D-Reaktivität. Anti-EA-R-Antikörper entwickeln sich gelegentlich bei protrahiertem Verlauf der Erkrankung, nachdem die anti-D-Titer abfallen.

Different ist das Muster bei EBV-Infektion von Kindern unter 2 Jahren mit bevorzugter Antikörperreaktion gegen die R-Komponente. Heterophile Antikörper fehlen ihnen meist.

Erst während der Rekonvaleszenz erscheinen Antikörper gegen EBNA (Übersicht bei [38, 74, 184]). Sie sind erstmals etwa 30–50 Tage nach Erkrankungsbeginn nachweisbar.

Die serologischen Befunde sind Ausdruck der differenten humoralen Immunreaktion gegen die produktive (EA, VCA) und latente Viruspropagation. Die letztere betrifft Antigene, die v. a. von infizierten B-Lymphozyten exprimiert werden. Das Auftreten von Antikörpern gegen EBNA ist ein spätes Ereignis nach Primärinfektion, da offensichtlich nur wenig EBNA von produktiv infizierten Zellen freigesetzt wird (z. B. [74]). Da EBV-tragende Zellen (im Nasopharynx, in zirkulierenden B-Lymphozyten) niemals komplett eliminiert werden, ist eine kleine Anzahl EBNA-positiver Zellen lebenslang nach einer Infektion nachweisbar. T-Lymphozyten hemmen das Wachstum von Zellen, die EBV-kodierte Proteine exprimieren [146, 186].

Eine fehlende Antikörperbildung gegen EBNA nach durchgemachtem EBV-Infekt ist verdächtig auf einen zellulären Immundefekt.

Die Differenzierung von $EBNA_1$ und $EBNA_2$ erfordert spezielle Zelllinien, die nur teilweise zur Verfügung stehen (Übersicht bei [16]).

Während der ersten 6–12 Monate nach Krankheitsbeginn einer infektiösen Mononukleose beträgt das Verhältnis Anti-$EBNA_1$:Anti-$EBNA_2$ weniger als 1. Im zweiten Jahr nach der Infektion kommt es zum Anstieg von $EBNA_1$-Antikörpern, die dann vorherrschen (Abb. 7.5). Ein Faktor von weniger als 1 mehr als 2 Jahre nach EBV-Infektion deutet auf einen Defekt der Virusabwehr hin [77].

Reaktivierungsstadien sind serologisch durch eine Zunahme der IgG-Antikörper gegen VCA und/oder EA charakterisiert, während EBNA-Antikörper sich im Titer nicht verändern [77]. Gleichzeitig kommt es meist zu einer vermehrten Virussekretion mit dem Speichel [27]. Die serologischen Zeichen einer aktiven EBV-Infektion sind in Tabelle 7.1 zusammengefaßt.

Tabelle 7.1. Serologische Parameter aktiver EBV-Infektion (nach [16])

* auffallend hohe IgG (und evtl. IgA)-anti-VCA-Titer
* hohe anti-EA-Titer
* Nachweis von anti-$EBNA_2$-Antikörpern
* fehlende oder niedrige anti-$EBNA_1$-Titer

7.2.3.2 Serologie bei immunsupprimierten Patienten

Häufig finden sich erhöhte Antikörpertiter gegen VCA und EA, wobei es sich meist um eine Reaktivierung handelt (Antikörper der IgG-Klasse).

Als Folgezustand des Immundefektes finden sich vielfach eine Virusexkretion aus dem Nasopharynx und Defekte der EBV-spezifischen T-Lymphozyten. Ergebnisse bei Patienten mit AIDS [185] sowie nach Nierentransplantationen [206] sind an größeren Patientengruppen dokumentiert. In beiden Gruppen sind sowohl VCA-spezifisches IgG als auch Antikörper gegen EA der IgG-Klasse häufig erhöht. Die EBNA-Antikörper liegen gewöhnlich im Normalbereich.

Dagegen entwickelten Krankheitsträger mit dem X-chromosomal vererbten lymphoproliferativen Syndrom z. T. überhaupt keine Antikörper gegen VCA (in 40% unter 1:5 bei [160]). Der Rest der Patienten hatte etwa normale Titer, charakteristisch war in beiden Gruppen, daß keine oder nur marginale anti-EBNA-Antikörper-Titer vorlagen.

Die mütterlichen Krankheitsüberträgerinnen hatten dagegen meist sehr deutliche Anti-VCA-Titer (zumindest 1:160 bei der Mehrzahl dieser Frauen). Die anti-EBNA-Antikörper lagen im Normalbereich [160].

7.2.3.3 Serologie bei Tumoren, die mit EBV assoziiert sein können

Patienten mit endemischen Burkitt-Lymphomen (am häufigsten bei Kindern im Alter von 6–8 Jahren in Zentralafrika) zeigen hohe Antikörpertiter gegenüber VCA und der R-Komponente von EA (Abb. 7.4). Antikörper gegen die D-Komponente entwickeln sich eventuell in Spätstadien der Erkrankung.

Im Vergleich zu einer altersentsprechenden Gruppe ohne dieses Lymphom sind die Titer auf das etwa 8fache erhöht. Antikörper gegen EBNA sind nicht auffallend höher (Abb. 7.4). Prospektive Studien zeigten, daß die Virusreaktivierung bis zu 21 Monate oder mehr vor klinisch faßbaren malignen Erkrankungen nachweisbar war [36]. Nach Therapie haben Patienten, die eine laufende Abnahme der Antikörpertiter gegen R-Antigen zeigen, eine gute Chance auf Langzeitüberleben ohne Rezidiv [77].

Anaplastische Nasopharyngealkarzinome mit endemischem Vorkommen in Ostafrika, Südostchina und bei den Eskimos zeigen IgA-Antikörper gegenüber VCA und meist auch gegen das D-Antigen (Abb. 7.4). Sie liegen oft in hohen Titern vor, die beinahe an die entsprechenden IgG-Antikörperspiegel heranreichen [74]. Die EBV-spezifischen IgA-Titer sind dem Ausmaß der Tumorerkrankung in etwa korreliert.

Nach erfolgreicher Therapie waren diese IgA-Antikörper meist nicht mehr oder nur in niedrigen Titern nachweisbar. Andererseits war bei persistierend erhöhtem Titer eine residuale oder rezidivierende Erkrankung wahrscheinlich. Ähnliche Veränderungen werden auch bei anaplastischen Nasopharyngealkarzinomen außerhalb der Endemiegebiete gefunden. Demgegenüber zeigen weniger als 5% der Patienten mit anderen Karzinomen oder gesunde Kontrollpersonen VCA-spezifisches oder noch seltener EA-spezifisches IgA. Bei infektöser Mononukleose werden lediglich in 38% vorübergehend VCA-spezifische IgA-Antikörper gefunden [74].

Erhöhter Titer von VCA-spezifischem IgG (≥ 1:320) wird auch bei manchen Tumoren ohne gesicherten Hinweis für EBV-Assoziation gefunden. Dies gilt für manche Patienten mit malignen Lymphomen (vor allem M. Hodgkin [118]). Bei sehr hohen anti-VCA-Titern der IgG-Klasse kommt es häufig auch zu einem deutlichen Anstieg des VCA-(und D-) spezifischen IgA. Demgegenüber lagen jedoch die anti-EBNA-Antikörper häufig im Normalbereich.

7.2.4 Lymphatische Subpopulationen nach EBV-Infektion

7.2.4.1 B-Lymphozyten

EBV bindet an B-Lymphozyten über den Komplementrezeptor 2 = CD21 (z. B. [210]). In vitro mit EBV infizierte B-Lymphozyten transformieren in lymphoblastoide Zellen, die unter geeigneten Kulturbedingungen unbeschränkt teilungsfähig sind.

Die lymphoblastoiden Zellinien (LCL) haben die Fähigkeit, ihren eigenen B-Zellwachstumsfaktor zu bilden (Übersicht bei [38]). Die so immortalisierten Zellen exprimieren eine Reihe viraler Proteine, die für die Aufrechterhaltung der Zellproliferation verantwortlich sind (Übersicht bei [16]).

Im Verlauf der infektiösen Mononukleose ist die Zahl virusinfizierter Blutzellen vorübergehend hoch (etwa 1/2000–1/5000 [37, 150]). Die Mehrzahl der „Reizformen“ sind jedoch reaktive Zellen (v. a. T-Lymphozyten). Nach Abklingen der akuten Erscheinungen zeigt sich die persistierende latente Infektion in einer pro 10^{10} virustragenden Blutzellen. Die Zahl „spontan transformierender“ Lymphozyten kann unter entsprechenden Testbedingungen ausgewertet werden [150].

Die EBV-Infektion der B-Lymphozyten stimuliert nicht nur die B-Zellproliferation, sondern auch deren Ausreifung zu Ig-sezernierenden Zellen (Übersicht bei [193]). Diese polyklonale B-Zellaktivierung ist die Ursache der transitorischen Hypergammaglobulinämie und wahrscheinlich auch der vorübergehenden Sekretion heterophiler Antikörper.

7.2.4.2 T-Lymphozyten und NK-Zellen

Zelluläre Immunmechanismen hemmen die virustransformierten B-Lymphozyten in Proliferation und Reifung (Abb. 7.6). In der akuten Phase

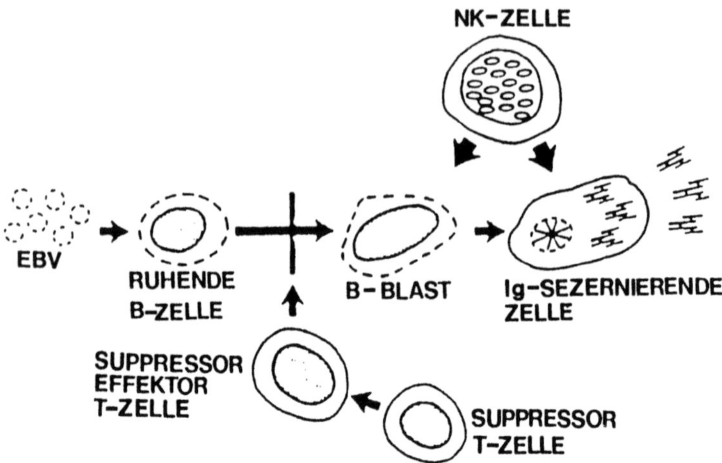

Abb. 7.6. Postulierte Hemmung virusinfizierter B-Lymphozyten durch Suppressor-T-Zellen und NK-Zellen (nach [197])

nach EBV-Infektion dominieren zunächst Lymphozyten mit NK-Zelleigenschaften, deren zytotoxische Wirkung nicht auf EBV-tragende B-Lymphozyten beschränkt bleibt [186]. Im weiteren Verlauf der Infektion etabliert sich eine HLA-restringierte T-Zellimmunität gegen latent infizierte B-Lymphozyten [122, 146, 206 u. a.]. Sie kann im In-vitro-Regressionsassay erfaßt werden [125].

Zusätzlich zum zytotoxischen Effekt hemmen T-Lymphozyten bei infektiöser Mononukleose die polyklonale B-Zellaktivierung induziert durch EBV oder Pokeweed-Mitogen (Übersicht bei [197]).

Bei Immundefektzuständen (z. B. AIDS) äußert sich das gestörte Gleichgewicht zwischen latenter Infektion und der Wirtsreaktion u. a. in einer erhöhten Rate spontan auswachsender EBV-immortalisierter B-Zellinien, die aus dem peripheren Blut etabliert werden können [12, 184].

Immundefekte auf der Ebene der T-Lymphozyten können offensichtlich bis zu einer polyklonalen (im weiteren Verlauf eventuell oligo- bis monoklonalen) B-Lymphozytenproliferation führen (s. Kap. 7.2.5.1).

7.2.5 EBV und neoplastische Proliferation

7.2.5.1 Lymphome nach Transplantationen und bei anderen Immundefekten

Bei bestimmten Immundefekten können Lymphome auftreten, deren Tumorzellen EBV-DNA tragen. Sie wurden nach Nieren-, Herz-, Leber- und Knochenmarktransplantationen dokumentiert [31, 64, 158, 166, 168, 214]. Die Proliferation ist häufiger poly- als monoklonal (Übersicht bei

[38]). Auch bei Monoklonalität finden sich meist keine karyotypischen Aberrationen (Übersicht bei [110]). Diese lymphatischen Systemerkrankungen zeigen häufig eine weitgehende Rückbildung, wenn immunsuppressive Therapien abgesetzt werden [110, 176].

Die Häufigkeit wird bei Nierentransplantationspatienten mit 1–2,5% angegeben, bei Herz- und Herz-Lungen-Transplantationen mit 7,3% [202] und bei allogener Knochenmarktransplantation mit unter 6% [166, 214].

Die Einführung von Cyclosporin A in hochdosierter Form führte zunächst zu einer Zunahme der Lymphominzidenz (z. B. [25]). Unter den jetzt üblichen Dosen dieses Medikaments ist eine solche jedoch nicht mehr nachweisbar [10, 16]. Signifikante Risikofaktoren zur Lymphomentwicklung nach Knochenmarktransplantation waren GvH-Erkrankungen und Immuntherapie mit anti-T-Zellantikörpern. Untersuchungen bei Knochenmarktransplantierten zeigten, daß 5 von 7 derartigen lymphoproliferativen Erkrankungen durch Tumorzellen vom Spendertyp charakterisiert waren [168].

Histologisch handelt es sich meist um großzellige und polymorphe lymphoproliferative Erkrankungen, die sich von Burkitt-Lymphomen deutlich unterscheiden [45, 168]. Sehr häufig handelt es sich um extranodale Tumoren (in 78% der Patienten bei [110]). Ein Befall des ZNS fand sich bei 39% der Patienten. Extensive viszerale Infiltrationen waren jedoch ein ungünstiger Prognosefaktor.

Die meisten tumorähnlichen Infiltrate waren aus polyklonalen B-Lymphozyten in verschiedenen Stadien der Aktivierung aufgebaut [31 u. a.]. Die Evolution in monoklonale Lymphome ist bei einem Teil dieser Patienten dokumentiert.

Die Monoklonalität wurde durch Ig-Rearrangierungen [30], immunistologische Methoden [45, 66, 110] sowie durch Untersuchungen zur klonalen Evolution des EBV-Genoms (z. B. [31]) gesichert. Die Tumorzellen enthalten virale DNA und exprimieren EBV-assoziierte Proteine, insbesondere die verschiedenen EBNA (z. B. [31, 79]) und LMP. Weiter sind „Aktivierungsmarker" (CD23, CD39) und Adhäsionsmoleküle (CD11a/18, CD58 und CD54) positiv ([156a]).

Serologisch ist eine EBV-Reaktivierung häufig nachweisbar [65, 79]. Primäre Infektion bei seronegativen Transplantationsempfängern sollen dabei ein besonders hohes Risiko für die Entwicklung lymphoproliferativer Komplikationen haben [79].

Lymphoproliferative Erkrankungen mit EBV-DNA finden sich auch bei Ataxia teleangiectasia [158], beim Wiskott-Aldrich-Syndrom [132] und beim X-chromosomal vererbten lymphoproliferierten Syndrom (s. Kap. 7.2.6.3).

7.2.5.2 Lymphome und AIDS

Bei Patienten mit AIDS (und Lymphadenopathiesyndrom) sind maligne Lymphome häufig. Es kann sich um ein NHL vom Burkitt-Typ (BL) mit den typischen chromosomalen Translokationen einerseits, um „großzellige" NHL andererseits handeln (Übersicht bei [16, 96]). Großzelligen NHL (ohne Chromosomenaberrationen) ähneln am ehesten EBV-assoziierte Lymphome bei Transplantationsempfängern (s. Kap. 7.2.4.1). Beim BL sind dagegen nicht wenige Tumoren EBV-negativ (z. T. trotz Zeichen einer EBV-Reaktivierung, s. Kap. 7.2.4.2). Sie ähneln damit dem nicht endemischen BL.

Obwohl bei Patienten mit AIDS und AIDS-Vorstadien eine erhöhte Rate spontan auswachsender EBV-immortalisierter B-Zellinien aus dem peripheren Blut nachweisbar ist, fehlt den meisten dieser Lymphome EBV-DNA im Tumorgewebe [182].

Nur bei etwa 1/3 der Fälle von Subar et al. [182], handelte es sich um eine EBV-tragende Lymphoproliferation. Bornkamm und Polack [16], schätzten, daß weniger als die Hälfte aller Lymphome bei AIDS-Patienten tatsächlich mit EBV assoziiert sind.

7.2.5.3 Das endemische Burkitt-Lymphom und anaplastische Nasopharyngealkarzinom

Etwa 98% der endemischen Burkitt-Lymphome tragen das EBV-Genom. Diese Zellen exprimieren dann auch EBNA [38] und zwar $EBNA_1$. Es fehlen ihnen jedoch nachweisbare Mengen von $EBNA_2$ und LMP [156].

Bei anaplastischen Nasopharyngealkarzinomen wurde ebenfalls in der Mehrzahl der Fälle EBV-DNA im Tumorgewebe gefunden [159, 205 u. a.]. Ähnliches gilt auch für bestimmte Speicheldrüsenkarzinome (z. B. [159]).

7.2.5.4 T-Zell-Lymphome und Morbus Hodgkin

Patienten mit chronisch aktiver EBV-Infektion, mit hohen Antikörpertitern für VCA und EA, aber nur niedrigen Werten für EBNA, können in weiterer Folge ihrer Erkrankung ein T-Zell-Lymphom entwickeln. In den 3 von Jones et al. 1988 beschriebenen Fällen [87] zeigten die Tumorzellen einen T-Helfer-Phänotyp, und der EBV-DNA-Nachweis gelang sowohl im Southern Blot als auch in situ in allen 3 Fällen. Harabuchi et al. [67] und Su et al. [181a] berichteten über weitere Fälle von EBV-assoziierten T-Zell-Neoplasien. In 5 Fällen von Midline Granuloma [67] zeigten die Tumorzellen T-Zellphänotyp, exprimierten EBNA und LMP und die monoklonale Integration von EBV-Sequenzen.

Erhöhte EBV-Antikörpertiter bei Patienten mit M. Hodgkin sind beschrieben. Die anti-VCA-Antikörper der Patienten stiegen während der Therapie und blieben erhöht, Antikörper gegen EA traten im Vergleich zur Kontrollgruppe bei Patienten mit M. Hodgkin öfter auf, während hingegen AK gegen EBNA deutlich niedriger lagen. Reaktivierung einer latenten endogenen EBV-Infektion als Ausdruck mit dem M. Hodgkin assoziierter Immunsuppression wird als Ursache für die beobachteten serologischen Phänomene diskutiert [102].

Neuere Untersuchungen weisen dagegen auf eine direkte Assoziation von EBV mit Sternberg-Reedzellen in einem hohen Prozentsatz von Patienten mit Mb. Hodgkin hin (siehe Kapitel 9.3.2). Es handelt sich um eine monoclonale Proliferation EBV-hältiger Zellen [3].

7.2.6 EBV-assoziierte klinische Syndrome

7.2.6.1 Epidemiologie

Die Infektion mit EBV erfolgt üblicherweise durch Übertragung von Speichel infizierter Personen, im allgemeinen durch Fütterung von Kleinkindern mit vorgekauter Nahrung oder durch Küssen. Das Virus vermehrt sich in Epithelzellen des Nasen-Rachen-Raumes, infiziert tonsilläre und periphere B-Lymphozyten und persistiert auch in diesen Zellen. Die Viruspersistenz in den B-Zellen ist besonders für die Transfusions- und Transplantationsmedizin als potentielle Infektionsquelle von Bedeutung. Das Durchschnittsalter bei Primärinfektion steigt mit der Zugehörigkeit zu höheren sozialen Schichten. Mehr als 90% der erwachsenen Bevölkerung haben bereits eine EBV-Infektion hinter sich, es liegt ein „Carrier"-Status vor. Bis zu 20% der gesunden Bevölkerung zeigen eine Virusexkretion im Speichel, und dieser Prozentsatz steigt bei immunsupprimierten Patienten auf das 2- bis 4fache an [101].

7.2.6.2 Infektiöse Mononukleose

Nach Prodromalsymptomen wie Kopfschmerzen, zunehmendem Fieber und Müdigkeit entwickelt sich in typischen Fällen das Vollbild der Erkrankung, das etwa 3 Wochen andauert und meist folgende klinische Symptome zeigt (Übersicht bei [128]): Lymphadenopathie, Pharyngitis, eine Splenomegalie sowie diskrete Zeichen einer Hepatitis (Tabelle 7.2).

- Lymphadenopathien
  Zervikale LK sind fast immer vergrößert, auch axilläre und inguinale LK-Stationen sind bei vielen Patienten befallen.
- Pharyngitis und Tonsillitis
  Sie finden sich bei > 75% der Patienten und kann schwere Ausmaße erreichen. Ein Exanthem des Gaumes wird bei 1/3 der Patienten beobachtet.
- Splenomegalie
  Vorkommen bei 50–60% der Patienten.
- Hepatomegalie
  Mäßige Lebervergrößerung bei 20% der Patienten, Laborbefunde einer leichten Hepatitis sind fast regelmäßig nachweisbar.
- Lidödeme (Vorkommen bei etwa 1/3 der Patienten, Übersicht bei [128])

Tabelle 7.2. Laboratoriumsbefunde bei infektiöser Mononukleose (nach [128])

Parameter	% positive Fälle
relative und absolute Lymphozytose	100
atypische Lymphozytose	100
EBV-Antikörper im Serum	100
Heterophile Antikörper	80–100
Pathologische Leberwerte	80–100
Leukozytose	60–80
Neutropenie	60–80
Hyperbilirubinämie	30–50
Knochenmarkgranulome	50
leichte Thrombozytopenie	25–50
Kälteagglutinine erhöht	10–50
Okkulte Hämolyse	20–40
Hyperurikämie	15–20
Leukopenie	10–20
Immunglobulinmangel [181]	17
schwere Thrombozytopenie mit Blutungen	selten
direkter Coombs-Test positiv	selten
deutliche Anämie (Hämolyse)	selten

Typische Laborbefunde sind in Tabelle 7.2 zusammengefaßt.

Seltene Komplikationen der Erkrankung sind Exantheme, okkuläre Manifestationen (Konjunktivitis, Sehstörungen). ein Ikterus (bei 5–10% der Patienten) oder zentralnervöse Manifestationen (Meningoenzephalitis u. a.). Die Milz ist bei dieser Erkrankung für Rupturen besonders empfindlich [85], subkapsuläre Hämatome können sich in der Folge dichter perivaskulärer Infiltrate entwickeln (zu hämatologischen Komplikationen s. unten).

In frühen Stadien der Erkrankung finden sich häufig Neutropenien, die wahrscheinlich Folge der gesteigerten Suppressorzellzahl (T- und NK-Zellen) sind und die häufigen Sekundärinfektionen (vor allem Anginen) begünstigen [85]. Im Vordergrund steht jedoch die Lymphozytose mit Ausschwemmung atypischer Zellen. Am Höhepunkt des Krankheitsbildes übersteigt der Prozentsatz mononukleärer Zellen gewöhnlich 60% bei einer Gesamtleukozytenzahl von meist 12–20 G/l. Es handelt sich um aktivierte Lymphozyten mit einem exzentrischen oder irregulär geformten Kern, einem breiten Zytoplasmasaum und mittlerer bis deutlicher Basophilie. Eine kleine Zahl von Lymphozyten sind blastenartige Zellen mit feinem Kernchromatin, prominenten Nukleoli und einem dunkelblauen Zytoplasma. Im Frühstadium der Erkrankung sind auch grob granulierte Lymphozyten (LGL) ein konstanter Befund, sie machen etwa 10–20% der Gesamtlymphozyten aus.

Der erstere Zelltyp entspricht aktivierten T-Lymphozyten (s. Kap. 7.2.5.2). Unter den Blasten finden sich transformierte B-Lymphozyten (s. Kap. 7.2.5.1). Die grob granulierten Lymphozyten entsprechen NK-Zellen (s. Kap. 7.2.5.1).

Anämien sind ungewöhnlich (bei etwa 3–5% der Patienten; [85, 128]). Es kann sich dabei um eine autoimmunhämolytische Anämie, häufig mit positivem direkten Antihumanglobulintest handeln.

Auch aplastische Anämien sind in Einzelfällen dokumentiert (s. Kap. 4.3).

Leichte Thrombopenien sind nicht ungewöhnlich, schwere Verminderungen jedoch sehr selten. Das Krankheitsbild ähnelt einer ITP [85].

Serologie. Typische Befunde sind in Abb. 7.4, der zeitliche Ablauf der serologischen Veränderungen in Abb. 7.5 zusammengefaßt (s. Kap. 7.2.3). Etwa 80% der Patienten entwickeln heterophile Antikörper, ihr Titer steigt gewöhnlich nach dem dritten Krankheitstag an, erreicht seinen Gipfel in der zweiten Woche und kann für mehrere Monate positiv bleiben (Abb. 7.5). Virusspezifische Antikörper sind zunächst VCA-spezifisches IgM, Antikörper gegen EA, vor allem EA-D. IgM-VCA-Antikörper werden von IgG-VCA-Antikörpern nach der ersten Woche der Erkrankung abgelöst. Antikörper gegen EBNA entwickeln sich während der Rekonvaleszenz, etwa 30–50 Tage nach Beginn der Erkrankung.

Diese und andere Antikörper sind Folge der polyklonalen Aktivierung von B-Zellen [92]. Dazu gehören auch anti-thrombozytäre und -erythrozytäre Antikörper, die jedoch insgesamt selten sind (Übersicht bei [85, 128]).

Virusexkretion. Im Speichel ist EBV bei der Mehrzahl der Patienten festzustellen. Während der Rekonvaleszenz ist EBV bei etwa 20% weiterhin nachweisbar (Abb. 7.5).

Differentialdiagnose. Sie stellt sich v.a. beim Vorliegen einer atypischen Lymphozytose (mit den charakteristischen morphologischen Abweichungen), jedoch uncharakteristischer Serologie.

a) Zytomegalie-Virus Mononukleose Syndrom

Die klinische Symptomatik (Fieber, Krankheitsgefühl, pathologische Leberfunktionsproben) ist häufig ähnlich. Es fehlt allerdings meist die Pharyngitis oder auch eine zervikale Lymphadenopathie [140]. Die Diagnose stützt sich auf IgM-Antikörper für CMV mit fehlenden Hinweisen auf einen EBV-Primärinfekt (Abb. 7.5).

b) Andere Infektionskrankheiten

In erster Linie ist an Rubella, Toxoplasmose, Virushepatitis und eventuell an Adenovirusinfektionen zu denken. Die Diagnose ergibt sich aus den typischen serologischen Befunden.

c) Akute lymphatische Leukämie

Bei diesen Patienten ergibt die Knochenmarkuntersuchung eindeutige Hinweise für Blasteninfiltrationen, während bei EBV-Infektionen höchstens

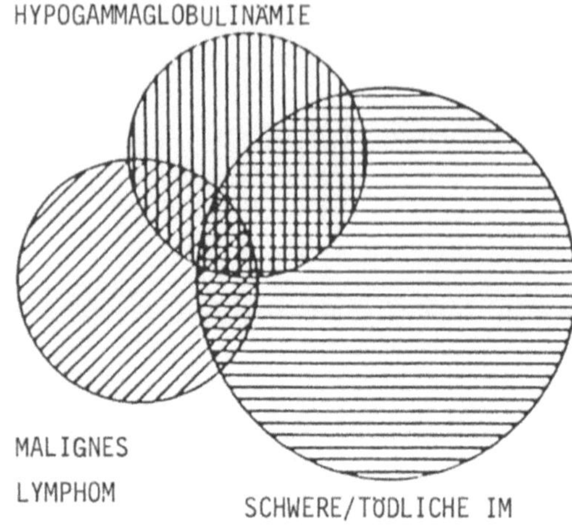

Abb. 7.7. Häufigkeit der klinischen Manifestation beim X-chromosomal vererbten lymphoproliferativen Syndrom (nach [16])

unspezifische Granulome gefunden werden. Im Zweifelsfall trägt die Lymphozytendifferenzierung zur Differentialdiagnose bei.

d) Hypersensitivitätsreaktionen

Viele medikamentöse Überempfindlichkeitszustände sind von einer lymphatischen Reaktion begleitet, wobei es zur Ausschwemmung zahlreicher atypischer Lymphozyten kommt. Sie erinnern an Zellen bei infektiöser Mononukleose. Daneben kommt es zum gelegentlichen Auftreten von Plasmazellen und Ausschwemmung von Eosinophilen. Leberfunktionsproben können den Hinweis auf eine hepatozelluläre Schädigung zeigen. Die Anamnese und das Fehlen serologischer Zeichen einer aktiven EBV-Infektion machen die Differentialdiagnose möglich [81].

7.2.6.3 Das X-chromosomal vererbte lymphoproliferative Syndrom mit letal verlaufenden infektiösen Mononukleosen (Duncan'sche Erkrankung oder Purtilo-Syndrom)

Diese sehr seltene, von Purtilo definierte, nur bei männlichen Kindern manifeste Erkrankung zeigt ein sehr variables klinisches Erscheinungsbild (Übersicht bei [51, 136, 137]). Häufige Formen der Erkrankung einer Registratur von 161 Fällen waren eine tödlich verlaufende Mononukleose (n = 58), maligne Lymphome (24), ein virus-assoziiertes hämophagozytisches Syndrom (21) oder eine Hypogammaglobulinämie (20). Häufig finden sich Überschneidungen dieser Krankheitsmanifestationen (Abb. 7.7). Zur Serologie s. Kap. 7.2.3.2.

a) Schwerste, meist tödlich verlaufende Mononukleosen

Sie entwickeln sich nach einem zunächst normalen Gedeihen des Kindes aus einer primären EBV-Infektion (Altersmedian 2,7 Jahre). Neben den typischen Zeichen einer schwersten infektiösen Mononukleose kam es zu nekrotisierenden Läsionen in lebenswichtigen Organen (v.a. Knochenmark, Leber, Gehirn, Herz, Thymus). Häufig starben die Patienten an akutem Leberversagen oder an Knochenmarkinsuffizienz (mediane Überlebensdauer 32 Tage). Die Organinfiltrate waren durch (EBV-tragende) B-Lymphozyten charakterisiert, beigemischt waren T-Lymphozyten und NK-Zellen [51]. Immunoblastische Proliferationen wechselten mit nektrotischen Arealen.

b) Maligne Lymphome

Im Rahmen einer chronisch verlaufenden lymphatischen Hyperplasie kann sich ein malignes Lymphom entwickeln, wobei die Unterscheidung zwischen polyklonaler B-Zell-Aktivierung und einer Neoplasie schwierig sein kann [51, 69]. Bei den Neoplasien handelte es sich um diffuse Non-Hodgkin-Lymphome vom B-Zell-Typ (Histologien nach der Working Formulation s. [51, 69]). 78% der NHL traten im Dünndarm (v.a. Ileozökalregion) auf, in der Mehrzahl (13/17 Patienten) handelte es sich um Stadien I und II. Der Altersmedian z.Z. der Diagnose betrug 4,9 Jahre, die mediane Überlebensdauer 12 Monate [69]. Durch lokale und/oder Chemotherapie war eine längerdauernde Remission in 8/17 Patienten zu erreichen [69].

c) Virus-assoziiertes hämophagozytisches Syndrom

Neben den Manifestationen einer infektiösen Mononukleose war das Krankheitsbild durch eine ausgeprägtere Hepato-Splenomegalie, progressive Panzytopenie und Hautausschläge charakterisiert [148]. Staphylococcus aureus, Streptococcus pneumoniae oder Hämophilus influenzae waren wichtigste Ursache der begleitenden bakteriellen Infektionen. Histopathologisch waren neben der Makrophagenaktivierung mit Erythrophagozytose ausgedehnte Nekrosen im Knochenmark und häufig ein akutes Leberversagen nachweisbar. Altersgipfel und Krankheitsdauer waren ähnlich wie bei a).

d) Erworbene Hypo- oder Agammaglobulinämien

Isoliert oder in Kombination mit einem Lymphom handelt es sich um den günstigsten Krankheitsverlauf, insbesondere wenn als einzige Manifestation auftretend. Der Altersmedian war 6,9 Jahre [51]. Es finden sich darunter Patienten, die ein relativ normales Leben führen.

7.2.6.4 Chronische infektiöse Mononukleosen

Da die Beschwerden sehr uncharakteristisch sind und neuropsychiatrische Symptome das Zustandsbild häufig begleiten (Tabelle 7.3), ist die Diagnose

Tabelle 7.3. Klinische Kennzeichen bei chronisch infektiöser Mononukleose (nach [181])

Symptome	% (n = 23)
Müdigkeit	100
Fieber (leicht)	96
Allergien	65
Pharyngitis	57
Adenopathie	48
Arthralgien	39
Kopfschmerzen	35
Psychoneurose	35
Myalgien	30
Gewichtsverlust (>5 kg)	22
Gastrointestinale Beschwerden	22
Tachyarrhythmien	17
Schlafstörungen	13
Periphere Neuropathie	13
Prostatitis	9
Endometriose	9
Exanthem	9
Hepatosplenomegalie	4

schwierig. Serologische Verlaufsuntersuchungen sind unentbehrlich (Übersicht bei [181]).

Am eindeutigsten ist die Diagnose, wenn das Erscheinungsbild nach einer serologisch gesicherten infektiösen Mononukleose über lange Zeit (über ein Jahr) persistiert, sehr hohe IgG-Antikörper gegen VCA und EA vorliegen sowie EBNA niedrig ist [74]. In der Studie von Strauß et al. [181] war der Titer für VCA-IgG bei 18/24 Patienten zumindest vorübergehend über 320, für EA-R in 13/24 Patienten über 10 gesteigert. EBNA-Anti körpertiter unter 5 waren vorübergehend bei 5/23 Patienten nachweisbar, 4/23 zeigten leichte Immunglobulinmangelzustände. Die übrigen hämatologischen und immunologischen Befunde waren wenig charakteristisch (Tabelle 7.3), die zellulären Immunparameter normal.

18/19 Patienten von Strauß et al. [181] zeigten allerdings persistierende Suppressor-T-Zell-Aktivitäten in Kokulturen von T-Lymphozyten des Patienten mit Pokeweed-Mitogen stimulierten B-Lymphozyten von EBV-seropositiven Normalpersonen [195]. Erhöhte Suppressorzell-Aktivitäten werden allerdings bei verschiedenen Zuständen (v. a. nach Virusinfekten) gefunden.

7.2.6.5 Virale Erkrankungen (unter besonderer Berücksichtigung von EBV und CMV) bei Transplantationspatienten

An virale Erkrankungen ist nach Transplantation immer dann zu denken, wenn Fieber unklarer Genese ohne Hinweise für bakterielle oder Pilzinfektionen vorliegt. Eine EBV-Infektion war in einer sorgfältig dokumentierten

Studie in 30%, eine CMV-Infektion in zumindest 2/3 der Patienten nachweisbar [79]. Es handelte sich um Patienten nach Nieren-, Leber-, Herz- oder Herz-Lungen-Transplantationen.

Meist lag eine Reaktivierung mit eindeutigem Titeranstieg (mindestens 4fach) vor, im Falle von EBV der IgG-Antikörper gegen VCA, selten ein Primärinfekt (3 von 128 Patienten). Zur Serologie s. a. Kap. 7.2.3.2.

Bei einer Reihe von Patienten war es nicht möglich, eine EBV- von einer CMV-Infektion zu unterscheiden, da serologische Befunde mit beiden Erkrankungen kompatibel waren.

7.3 Infektionen durch Zytomegalievirus (CMV)

In der überwiegenden Mehrzahl der Fälle verläuft eine Infektion mit CMV klinisch inapparent. Klinische Manifestationen der Infektion imponieren als mononukleoseähnliches Zustandsbild, können aber auch mit schweren Krankheitsbildern (z. B. interstitielle Pneumonie) einhergehen. Die Symptomatologie wird in erster Linie von der Immunkompetenz des Virusträgers bestimmt. Prognostisch ernste CMV-Infektionen finden sich vor allem bei Immundefekten.

Fetale Infektionen sollen hier nicht diskutiert werden, obwohl die pränatale CMV-Infektion die häufigste kongenitale Infektion darstellt (Übersicht bei [101]).

7.3.1 Epidemiologie

Im immunkompetenten Organismus läuft die Primärinfektion meist symptomlos und nur selten als mononukleoseähnliches Zustandsbild ab. Die Rekonvaleszenz korreliert mit dem Auftreten spezifischer zytotoxischer T-Lymphozyten [153]. Anschließend etabliert sich eine Viruslatenz mit lebenslangem Trägerstatus. Eine Reaktivierung ist nicht ungewöhnlich und kommt auch beim Virusträger mit normaler Immunabwehr vor (u. a. auch während Schwangerschaften). Beim immunsupprimierten oder immundefizienten Patienten führt eine primäre CMV-Infektion oder eine Reaktivierung häufig zu schweren Erkrankungen, die den Defekten der spezifischen zellulären Immunabwehr korreliert sind (Übersicht bei [143]). Das Alter der Erstinfektion verschiebt sich in entwickelten Ländern von der frühkindlichen Periode vielfach bis ins Erwachsenenalter. Die Transmission erfolgt durch engen Kontakt (z. B. über Milch oder Speichel), Geschlechtsverkehr oder durch Übertragung von Leukozyten (im speziellen Lymphozyten und Monozyten) bei Bluttransfusionen [170]. Das CMV-Virus ist endemisch, 50–80% der erwachsenen Bevölkerung haben eine Infektion durchgemacht.

Bei Virusträgern kann CMV aus dem Harn, aber auch aus anderen Körperflüssigkeiten gewonnen werden. Etwa 30% der Schwangeren scheiden vorübergehend CMV aus. Bei Gabe von Vollblut schätzt man in etwa 5% mit der Übertragung von CMV [101]. Dabei

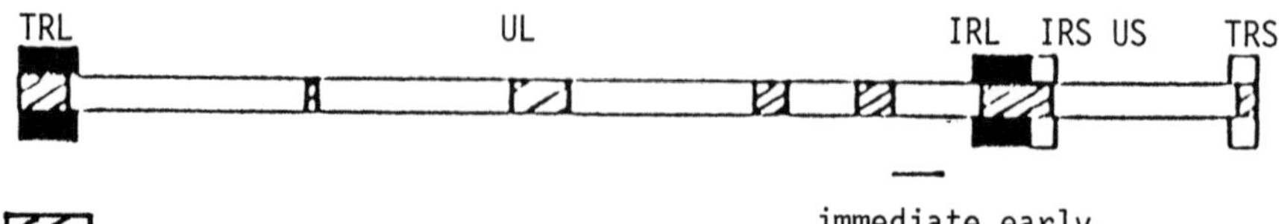

Abb. 7.8. Struktur des CMV-Genoms (nach [170])
TRL = terminal repeats long, TRS = terminal repeats short, UL = unique sequence long, US = unique sequence short, IRL = internal repeats long, IRS = internal repeats short

kommt es nach 3–4 Wochen – bei normaler Immunabwehr nur selten – zu einem mononukleoseähnlichen Zustandsbild (häufigeres Auftreten nach massiven Transfusionen).

Immundefizienzzustände mit klinisch manifesten, zum Teil sehr schweren CMV-Infektionen finden sich vor allem nach allogenen Organ- bzw. Knochenmarktransplantationen und beim erworbenen Immundefizienzsyndrom nach HIV-Infektion (AIDS).

Nach allogener Nierentransplantation liegt die Infektionsrate bei etwa 40% [99], nach allogener Knochenmarktransplantation bei etwa 50% [5, 119] und bei AIDS-Patienten bei über 90% [84]. Etwa ein Drittel der Patienten mit einer aktiven Infektion zeigen eine CMV-Erkrankung (vor allem intersitielle Pneumonien).

7.3.2 Molekulare Virologie

CMV ist das größte Herpesvirus mit einem linearen doppelsträngigen DNA-Genom von etwa 235 kbp (Abb. 7.8). Es kann für etwa 150 Proteine kodieren und wird in streng regulierter zeitlicher Abfolge transkribiert. Durch Einsatz von metabolischen Inhibitoren können 3 Klassen von mRNAs und ihre korrespondierenden Proteine definiert werden: sehr frühe, frühe sowie späte mRNAs bzw. Proteine (immediate early = IE, early = E, late = L). Diese sequentielle Synthese der CMV-Proteine zeigt Abb. 7.9.

Die IE-Gensequenzen (Abb. 7.8) kodieren vor allem ein 72 kDa IE Polypeptid, dem bei der Immunabwehr eine wichtige Rolle zukommt. Es ist im Kern der infizierten Zelle lokalisiert und wirkt auch als Transaktivator der viralen Expression der E-Gensequenzen [170]. E-mRNAs kodieren u. a. für Proteine, die für die virale DNA-Replikation benötigt werden (z. B. DNA-Polymerase), während die späte Transkriptionsphase mit der Synthese von meist strukturellen Virusproteinen einhergeht.

Detaillierte Kenntnisse über Genetik und Biochemie von CMV liegen bei der Maus vor (Übersicht bei [152]).

Eine DNA-Probe gegen späte virale Strukturpolypeptidsequenzen steht z. B. für In-situ-Hybridisierungsuntersuchungen zur Verfügung [43, 167].

7.3.3 Immunreaktionen gegen CMV

Die Targetzellen der CMV-Infektion konnten bisher nicht eindeutig definiert werden. Nur Fibroblasten zeigen in vitro nach Infektion konstant eine

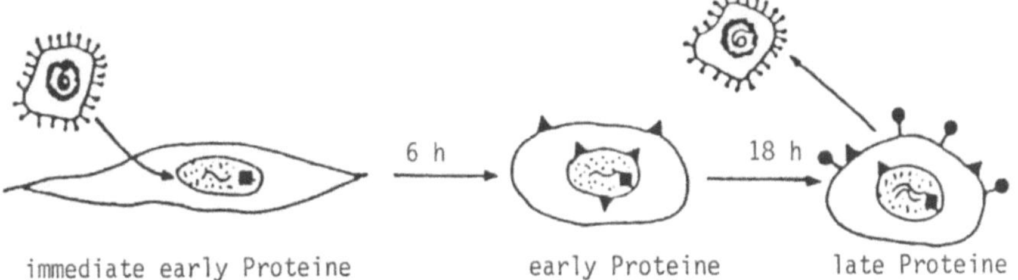

Abb. 7.9. Sequentielle Synthese der CMV-Proteine (nach [170])
Durch Einsatz von metabolischen Inhibitoren, 6h bzw. 18h nach Infektion können die synthetisierten Virusproteine in Untergruppen, d. h. „immediate early -", „early -" und „late proteins", eingeteilt werden

CMV-Reproduktion, humane Monozyten und T-Lymphozyten sind nur unter bestimmten Umständen permissiv für eine CMV-Replikation (z. B. in Anwesenheit von IL-2), zeichnen aber möglicherweise gerade dadurch für die Viruslatenz und -reaktivierung mitverantwortlich [21]. In vivo führt eine CMV-Infektion zu einer deutlichen Zunahme der Zellgröße und dem Vorliegen charakteristischer intranukleärer Einschlußkörper bei infizierten Zellen. Im Gegensatz zu den In-vitro-Daten infiziert CMV in vivo vor allem epitheliale Zellen, seltener Fibroblasten, und manifestiert sich vorwiegend in Speicheldrüsen, Niere, Leber und Lunge.

Eine asymptomatische CMV-Infektion, die Viruspersistenz und die Aufrechterhaltung der Latenzphase wird a) durch zelluläre Immunmechanismen, aber auch durch b) humorale Mechanismen bestimmt (zur Übersicht [59]).

a) Zelluläre Immunmechanismen

T-Lymphozyten und wahrscheinlich NK-Zellen sind für den klinisch asymptomatischen Verlauf der CMV-Infektion bei Normalpersonen verantwortlich (Übersicht bei [143, 170]). Seropositivität und zytotoxische T-Lymphozyten („memory CTL") sind in der latenten Phase noch viele Monate nach Infektion nachweisbar (diese CD8 + CTL wurden vor allem am Mäusemodell dokumentiert; Übersicht bei [143]). Da der Latenzzustand über zelluläre Immunmechanismen aufrechterhalten wird, können bei Reaktivierungen Funktionsstörungen von CTL postuliert werden.

NK-Zellen. CMV-infizierte Zellen zeigen in vitro eine gesteigerte Sensitivität für NK-Zytotoxität schon im Stadium der Expression von IE-Antigenen. Die Effektorzellen entsprechen grob granulären Lymphozyten (CD16+, CD57+). In vivo ist allerdings die Rolle von NK-Zellen bei der CMV-Infektion des Menschen noch ungeklärt, doch dürften Parallelen zum Mäusemodell bestehen.

Die genetisch determinierte Resistenz gegenüber Zytomegalievirus bei Mäusestämmen korreliert mit der NK-Zellaktivität [7]. Der Phänotyp der protektiven Zellen war jener von NK-Zellen (Übersicht bei [170]).

T-Lymphozyten. Bei normalen seropositiven Personen konnten lymphatische Zellinien nach Stimulation mit autologen CMV-infizierten Fibroblasten etabliert und mit IL-2 expandiert werden [17a]. Sie waren vorwiegend CD 8 positiv und zeigten eine spezifisch (MHC-Klasse I restringierte) Lyse für CMV-infizierte Fibroblasten.

Die erkannten Virusdeterminanten wurden vor allem in frühen Stadien des Virusbefalls exprimiert und entsprach offensichtlich – in Parallele zum Mäusemodell – den IE- oder E-Proteinkomplexen [143]. Die Zielstruktur der IE-assoziierten Proteine wirkt u. a. als Transaktivator des viralen Replikationszyklus [98].

Eine gesteigerte Zahl CD 8 positiver T-Lymphozyten ist im peripheren Blut während einer primären CMV-Infektion nachweisbar. Ähnliches gilt für Reaktivierungsperioden [163].

Die wichtige Rolle von T-Lymphozyten bei der Kontrolle von CMV-Infektionen zeigen auch Befunde bei der Graft-versus-Host-Erkrankung [60]. CMV-Infektionen können einerseits eine GvH verstärken, andererseits wurden Reaktivierungen von CMV bei GvH beobachtet.

b) Humorale Mechanismen

Sie spielen für die Elimination des Virus und die immunologische Kontrolle der Viruspersistenz wahrscheinlich eine geringere Rolle. Die Bindung von β2-Mikroglobulin an bestimmte CMV-Hüllproteine ermöglicht einerseits die Benutzung von HLA-Klasse I-Strukturen als Virusrezeptor, und andererseits kann das Virus durch Maskierung wichtiger antigener Strukturen an seiner Oberfläche durch Absättigung mit β2-Mikroglobulinbindungen einer Immunantwort des Wirts entgehen [61].

CMV-Hyperimmunglobuline könnten für die Prophylaxe der CMV-Erkrankung in Hochrisikogruppen eingesetzt werden [204].

Zusätzlich vermag CMV eine Reihe von Immunfunktionen in vitro wie auch in vivo zu modulieren.

Eine Reversion der Helfer/Suppressor-Ratio [163], eine verminderte Interferonproduktion [147], eine verminderte Produktion von IL-1 durch Monozyten [151], eine immunsuppressive Wirkung und damit eine höhere Inzidenz von opportunistischen Infekten [105] sowie eine Steigerung der Immunantwort auf Alloantigene [143] sind beschrieben.

7.3.4 Diagnostik einer CMV-Infektion

Die Diagnose einer aktiven CMV-Infektion stützt sich auf a) serologische Befunde und b) den Virusnachweis in Körperflüssigkeiten oder im befallenen Gewebe. Neben dem direkten CMV-Nachweis durch Kultivierung kommen zunehmend weitere Nachweistechniken wie immunzytochemische Methoden (Auswertung von virusassoziierten Antigenen) oder Hybridisierungsstechniken (Erfassung von virusspezifischen Sequenzen) zur Anwendung [167].

a) Serologische Kriterien zur Erfassung einer aktiven CMV-Infektion

Charakteristisch ist das Auftreten CMV-spezifischer IgM-Antikörper oder ein zumindest 4facher Titeranstieg für IgG-Antikörper

Zunehmend kommen ELISA-Techniken zur Anwendung. Allerdings ist die Antikörperantwort bei immunsupprimierten Patienten eingeschränkt bis fehlend [141].

b) Direkter Virusnachweis im Gewebe

Die zytologische Identifikation befallener Zellen mit typischen Einschlußkörpern [114] ist rasch, jedoch wenig sensitiv (z. B. [34]).

Immunzytochemische Methoden mit spezifischen Antikörpern gegen CMV sind zum intrazellulären Virusnachweis deutlich empfindlicher als die zytopathologische Diagnostik. Dies gilt vor allem für Biopsiematerial mit nur einer geringen Zahl von infizierten Zellen [42, 130].

c) Kultivierungsmethoden zum Virusnachweis

Die Kultivierung von CMV aus Körperflüssigkeiten (Harn, Buffy Coat) oder aus Gewebsproben ist bei Beachtung der entsprechenden Kautelen eine sensitive Methode. Sie ist in der konventionellen Form, d. h. Inokulation von CMV in humane Vorhautfibroblasten und Beobachtung des zytopathischen Effektes, jedoch zeitaufwendig und damit für rasche therapeutische Entscheidungen von eingeschränktem Wert [26, 34, 173].

Wesentlich raschere Ergebnisse bringen Zentrifugationskulturen mit Identifikation des Virus mittels monoklonaler Antikörper (z. B. [34]).

Die **Shell-Kultur** [54] ermöglicht durch Kombination von Zellkultur und immunzytologischem Nachweis von („immediate-early") Virusproteinen deutlich raschere Ergebnisse als die herkömmliche Kulturmethode. Bereits ca. 16 h nach Inokulation mit der zu untersuchenden Probe sind Aussagen möglich. Die Sensitivität entspricht dabei der der konventionellen Kulturmethode [34].

d) Hybridisierungstechnik

Mittels molekularer Hybridisierungstechniken kann die CMV-DNA im Blut [116] und Harn [29], aber auch in situ im Gewebe erfaßt werden. Die ursprünglich nicht besonders empfindliche Methode [84] wurde verbessert und zuletzt durch Polymerase-Kettenreaktion (PCR) zu hoher Sensitivität entwickelt [26]. Durch die PCR-Amplifikationen unter Verwendung synthetischer Oligonukleotide wird die Hybridisierungstechnik deutlich empfindlicher, als es die konventionellen Kulturmethoden sind [26].

e) Schlußfolgerungen zur Sensitivität

Bei Anwendung dieser hochsensiblen Techniken kommt allerdings dem CMV-Nachweis nicht immer klinische Bedeutung zu. Der reproduzierbare Nachweis von CMV in Harn, Bronchiallavage und insbesondere Blut war nach den Ergebnissen von Cassol et al. [26] dagegen fast immer relevant.

Die Sensitivität und Spezifität der verschiedenen Methoden kann am Beispiel der CMV-induzierten interstitiellen Pneumonie dargestellt werden. Am Biopsiematerial sind hochempfindliche Techniken meist nicht erforderlich, während der Nachweis von CMV in der Bronchiallavage moderne Methoden (z. B. Shell-Kultur) erfordert [34].

Bei Auswertung von Bronchiallavagen zur Sicherung einer CMV-induzierten interstitiellen Pneumonie war durch Viruskulturen in über 90% eine Korrelation mit Biopsiebefunden gegeben [34]. Die Sensitivität der zytologischen und der immunzytochemischen Auswertung lag dagegen nur bei 29% bzw. 59%.

Bei AIDS-Patienten ist zu berücksichtigen, daß durch häufige Koexistenz von CMV mit anderen opportunistischen Erregern dem Virusnachweis auch in Biopsiematerial nicht unbedingt pathologische Bedeutung zukommt. Die Kultivierung von CMV aus Lungenbiopsien war nach Jacobsen et al. [84] nur von geringer klinischer Relevanz.

7.3.5 Zur Klinik der CMV-Infektion

CMV-Infektionen mit deutlicher klinischer Symptomatik sind bei Normalpersonen selten. Sie finden sich in erster Linie bei immunsupprimierten Patienten (z. B. nach Transplantationen; Abb. 7.10) und bei AIDS-Patienten. Nach Operationen an der Herz-Lungenmaschine oder multiplen Transfusionen können sie ebenfalls beobachtet werden. Auf pränatale CMV-Infektionen wird hier nicht eingegangen.

7.3.5.1 Infektionen bei Normalpersonen

50–100% der Erwachsenen haben eine CMV-Infektion durchgemacht (z. B. [5, 170]). Die Infektionen sind gewöhnlich asymptomatisch. Manche Personen zeigen ein mononukleoseähnliches Zustandsbild mit Fieber, Milzvergrößerung, eine lymphatische Reaktion mit einem mononukleoseähnlichen Blutbild und häufig Zeichen einer leichten Hepatitis. Gelegentlich werden eine Thrombozytopenie, eine Hämolyse oder Hauterscheinungen beobachtet [101].

Die Differentialdiagnose einer Mononukleose durch CMV gegenüber EBV wird durch den negativen Test auf heterophile Antikörper, eine meist mildere Hepatitis, das häufigere Auftreten in späteren Lebensjahren, meist ausgeprägteres Fieber, eine geringere Lymphadenopathie und schließlich durch virologische Ergebnisse ermöglicht.

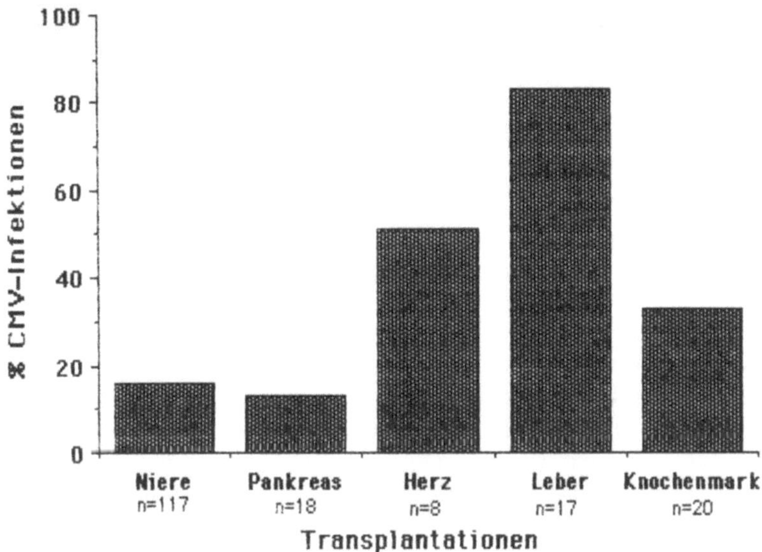

Abb. 7.10. Inzidenz von CMV-Infektionen bei Transplantationspatienten (nach [5])

Eine interstitielle Pneumonie durch CMV ist bei Personen mit normaler Immunabwehr ungewöhnlich. In Einzelfällen wurden isolierte Thrombopenien, hämolytische Anämien und ulzerative gastrointestinale Erkrankungen dokumentiert [101]. Möglicherweise kommen auch Guillain-Barré-Syndrome nach CMV-Infektion vor [71].

7.3.5.2 Infektionen bei immunsupprimierten Patienten

Allogene Gewebstransplantationen. Bis zu über 80% der Patienten nach allogener Knochenmarktransplantation zeigten eine CMV-Infektion [1]. Etwa 40% dieser Patienten entwickelten eine abakterielle Pneumonie, über die Hälfte dieser Fälle konnten auf CMV zurückgeführt werden. Die Mortalitätsrate war hoch. Eine Reihe von Risikofaktoren, wie Alter des Patienten, Dosis der Ganzkörperbestrahlung, Art der Immunsuppression, Zahl der Erythrozyten- und Leukozytentransfusionen, serologischer Status von Knochenmarkempfänger und -spender, das Vorliegen einer ausgeprägten GvH-Reaktion, konnten bisher identifiziert werden [5, 119]. Eine CMV-Virämie ist in 50–60% der Fälle ca. 3–12 Wochen nach Knochenmarktransplantation nachweisbar. 2/3 dieser Patienten zeigen einen milden, relativ symptomfreien Verlauf, in einem Drittel der Fälle tritt eine schwere, progressive interstitielle Pneumonie auf [119].

Nach Nierentransplantationen wurden CMV-Infektionen in unter 20–92% dokumentiert [5, 99].

In einer kürzlichen Studie waren solche Infekte bei 39,4% der Nierentransplantierten nachweisbar, davon waren 2/3 Aktivierungen und der Rest (eine Inzidenz von 14%)

primäre CMV-Infektionen [99]. Infekte können sich als Hepatitiden, Enzephalitiden oder Retinitis manifestieren [101].

In einer an der Universität Innsbruck an 160 Transplantatempfängern durchgeführten Studie konnte kein Zusammenhang zwischen serologischem Status des Patienten und der Inzidenz von CMV-Infektionen gefunden werden. Nieren- und Pankreastransplantierte zeigten Infektionsraten von ca. 20%, während nach Leber- und Herztransplantationen eine erheblich höhere Komplikationsrate durch CMV mit 80% bzw. 50% der Fälle zu verzeichnen war (Abb. 7.10). Zusätzlich war ein reziprokes Verhältnis von CMV-Infektion und Transplantatabstoßung auffällig [191].

CMV-Pneumonien. Es handelt sich meistens um eine interstitielle Pneumonie, während ein „alveoläres" Bild seltener ist. Die wichtigsten klinischen Symptome sind Fieber, ein trockener Husten, Dyspnoe und häufig eine zunehmende Hypoxie. Zur Diagnose dieser Komplikation wird neben der röntgenologischen Veränderung ein eindeutiger serologischer Hinweis und/oder Virusnachweis (bioptisch, in der Lavage oder aus dem Blut) postuliert.

Die CMV-Serologie ist nur bei einem Teil der Patienten hinweisend (4facher Anstieg des CMV-Titers oder Erstbestimmungstiter von zumindest 1:16 in 7 von 12 Fällen von Abdallah et al. [1]; zum Virusnachweis s. Kap. 7.3.4). Häufig lassen sich neben CMV auch andere Erreger nachweisen (z. B. *Pneumocystis carinii* in 6 von 16 Fällen, *Aspergillus* in 2 von 16 Fällen von Abdallah et al. [1]). Ein mononukleoseähnliches Blutbild fehlt meist. Sehr ernst ist die Prognose insbesonders bei Vorliegen einer deutlichen Hypoxie (pO_2 unter 60 mm Hg bzw. 8 kPa; [1]).

Während lebensbedrohliche CMV-Infektionen nach allogener Knochenmarktransplantation prognostisch sehr ernst sind, gehen CMV-Infektionen nach Organtransplantationen (z. B. allogener Nierentransplantation) häufig ohne ausgeprägte klinische Erscheinungen einher.

In einer Studie waren 90% der sekundären CMV-Infektionen (Reaktivierungen) klinisch stumm [99], bei Primärinfektionen bestanden jedoch meist klinische Manifestationen (z. B. Fieber, ausgeprägte Müdigkeit, Leukopenien, respiratorische Symptome u. a.). Die Mortalität der Patienten mit manifesten Infektionen betrug in dieser Studie 4,5%.

Zwischen manifesten CMV-Infektionen und der Graft-versus-Host-Reaktion bestehen komplexe Beziehungen (Übersicht bei [59]). Immunsuppression im Rahmen der GvH fördert die CMV-Replikation und andererseits begünstigt die CMV-Infektion die Entwicklung einer GvH.

AIDS-Patienten und Lymphadenopathiesyndrom. Zumindest 70% der Patienten mit AIDS zeigen bei Autopsie Hinweise für eine CMV-Infektion. Über die Hälfte der Patienten entwickelt eine CMV-Virämie (Übersicht bei [84]). CMV trägt zur Immunsuppression bei diesen Patienten bei. Allerdings handelt es sich dabei nicht selten um ein Epiphänomen im Rahmen multipler opportunistischer Infektionen. In einer großen Zusammenstellung wurden schwere CMV-Infektionen bei 7,4% der Patienten mit AIDS diagnostiziert; dabei handelte es sich in 5,7% um eine Retinitis und/oder in 2,2% um eine gastrointestinale Erkrankung [84]. Die Diagnose wird in erster Linie aus der klinischen Symptomatik zusammen mit einem Virusnachweis geführt.

Eine CMV-Retinitis wird aufgrund der Fundusveränderungen bei Ausschluß anderer Ursachen und dem Virusnachweis aus Körperflüssigkeiten oder bioptisch aus anderen Organen (s. Kap. 7.3.4) gestellt.

Gastrointestinale CMV-Erkrankungen äußern sich am häufigsten als Kolitis, seltener als Ösophagitis und/oder Gastritis. Die Diagnose wird durch Biopsie (vor allem aus Rektum oder Kolon) mit dem Nachweis typischer intranukleärer Einschlüsse gestellt.

Bei der Häufigkeit opportunistischer Infektionen ist die typische Zytopathologie von größerer diagnostischer Bedeutung als Viruskulturen (oder vergleichbare Methoden), die jedoch zusätzlich anzustreben sind.

CMV-Pneumonien sind bei AIDS-Patienten seltenere Ereignisse [84]. Die pathogenetische Bedeutung positiver CMV-Kulturen bei AIDS-Patienten mit Pneumonien ist umstritten. In einer Studie hatten 2/3 dieser Patienten koexistierend *Pneumocystis carinii*-Pneumonien [126] und andere Keime. Es handelte sich vor allem um *Mycobacterium avium intracellulare* oder *Cryptococcus neoformans* (z.B. [22]).

Die Symptome einer CMV-Infektion können von einer asymptomatischen Virusausscheidung bis zu einer fatalen Pneumonie reichen [84].

Die Häufigkeit einer CMV-Hepatitis bei AIDS-Patienten wird unterschiedlich angegeben. In einer Autopsiestudie waren CMV-Einschlußkörper im Lebergewebe nur in 5% der Patienten mit CMV-Infektion und Befall anderer Organe nachweisbar [53].

Häufig findet sich eine cholestatische Komponente, und auch sklerosierende Cholangitiden wurden beschrieben [162].

CMV-Enzephalitiden (mit glialen Knötchen) sind gut dokumentiert. Im Einzelfall ist allerdings die Differentialdiagnose zwischen enzephalitischen Manifestationen durch HIV selbst oder CMV-Infektionen schwierig. Ein CMV-Befall der Nebennieren ist bei Autopsien ein häufiger Befund. Dieser Befund korreliert mit In-vivo-Hinweisen für eine Nebenniereninsuffizienz [57]. CMV könnte bei der Entwicklung eines Kaposi-Sarkoms eine Rolle spielen [15].

Posttransfusions-CMV-Mononukleose. Nach Übertragung größerer Blutmengen können mononukleoseähnliche Krankheitsbilder 3–6 Wochen nach der Übertragung zur Beobachtung kommen. Da CMV-enthaltende Blutprodukte bei immunsupprimierten Personen schwere Krankheitsbilder bis zur letalen Infektion hervorrufen können, werden entsprechende Vorsichtsmaßnahmen getroffen. Dies gilt in besonderem Maße für immunsupprimierte Personen, die noch keine Immunabwehr etabliert haben.

In dieser Situation wird die Gabe von leukozytendepletierten oder kryopräservierten Erythrozytenkonzentraten postuliert oder der Einsatz von Blutprodukten gefordert, die von CMV-Antikörper-negativen Spendern stammen.

Literatur

1. Abdallah PS, Mark JB, Merigan TC (1976) Diagnosis of Cytomegalovirus Pneumonia in Compromised Hosts. Amer J Med 61:326–332
2. Ambinder RF, Charache P, Staal S, Wright P, Forman M, Hayward SD, Hayward GS (1986) The Vector Homology Problem in Diagnostic Nucleic Acid Hybridization of Clinical Specimens. J Clin Microbiol 24:16–20
3. Anagnostopoulos I, Herbst H, Niedobitek G, Stein H (1989) Demonstration of Monoclonal EBV Genomes in Hodgkin's Disease and Ki-1-Positive Anaplastic Large Cell Lymphoma by Combined Southern Blot and In Situ Hybridisation. Blood 74:810–816
4. Andersson-Anvret M, Forsby N, Klein G, Henle W, Björklund A (1979) Relationship between the Epstein-Barr-Virus genome and nasopharyngeal carcinoma in Caucasian patients. Int J Cancer 23:762–767
5. Aulitzky WE, Hengster P, Tilg H, Schulz Th, Dierich M, Huber C (1988) Cytomegalovirus Infection. Wiener klinische Wochenschrift 100/2:3–43
6. Baer R, Bankier AT, Biggin MD, Deininger PL, Farrell PJ, Gibson TJ, Hatfull G, Hudson GS, Satchwell SC, Séguin C, Tuffnell PS, Barrell BG (1984) DNA sequence and expression of the B95-8 Epstein-Barr virus genome. Nature 310:207–211
7. Bancroft GJ, Shellam GR, Chalmer JE (1981) Genetic influences on the augmentation of natural killer (NK) cells during murine cytomegalovirus infection: correlation with patterns of resistance. J Immunol 126:988–994
8. Baranski B, Armstrong G, Trumann JT, Quinnan GV, Straus STE, Young NS (1988) Epstein-Barr Virus in the Bone Marrow of Patients with Aplastic Anemia. Ann Int Med 109:695–704
9. Berkel AI, Henle W, Henle G, Klein G, Ersoy F, Sanal Ö (1979) Epstein-Barr-virus-related antibody patterns in ataxia-telangiectasia. Clin Exp Immunol 35:196–201
10. Beveridge T, Krupp P, McKibbin C (1984) Lymphomas and lymphoproliferative lesions developing under cyclosporin therapy. Lancet i:788
11. Bird AG, McLachlan SM, Britton S (1981) Cyclosporin A promotes spontaneous outgrowth in vitro of Epstein-Barr virus-induced B-cell lines. Nature 289:300
12. Birx DL, Redfield RR, Tosato G (1986) Defective regulation of Epstein-Barr virus infection in patients with acquired immunodeficiency syndrome (AIDS) or AIDS-related disorders. N Engl J Med 314:874–879
13. Blanche S, Deist F, Veber F, Lenoir G, Fischer AM, Brochier J, Boucheix C, Delaage M, Griscelli C, Fischer A (1988) Treatment of Severe Epstein-Barr-Virus-Induced Polyclonal B-Lymphocyte Proliferation by Anti-B-Cell Monoclonal Antibodies. Ann Int Med 108:199–203
14. Bodescot M, Perricaudet M (1986) Epstein-Barr virus mRNAs produced by alternative splicing. Nucleic Acids Research 14:7103–7114
15. Boldogh I, Beth E, Huang ES, Kyalwazi SK, Giraldo G (1981) Kaposi's sarcoma. IV. Detection of CMV DNA, CMV RNA and CMNA in Tumor Biopsies. Int J Cancer 28:469–474
16. Bornkamm GW, Polack A (1988) Epstein-Barr-Virus und Immundefizienz. In: Wilms K, Rückle H, Meyer P (eds) Diagnostische und therapeutische Entwicklungen in der Hämatologie und Onkologie. Zuckschwert Verlag 1989
17. Bornkamm GW, Hudewentz J, Freese UK, Zimber U (1982) Deletion of the non-transforming Epstein-Barr virus strain P3Hr-1 causes fusion of the large internal repeat to the DSL-Region. J Virol 43:952–968

17a. Borysiewicz LK, Morris S, Page JD, Sissons JG (1983) Human cytomegalovirus-specific cytotoxic T lymphocytes: requirements for in vitro generation and specificity. Eur J Immunol 13:804–809

18. Borysiewicz LK, Rodgers B, Morris S, Graham S, Sissons JGP (1985) Lysis of Human Cytomegalovirus Infected Fibroblasts by Natural Killer Cells: Demonstration of an Interferon-independent Component Requiring Expression of Early Viral Proteins and Characterization of Effector Cells. J Immunol 134:2695–2701

19. Borysiewicz LK, Haworth STJ, Cohen J, Mundin J, Rickinson A, Sissons JGP (1986) Epstein-Barr-Virus specific Immune Defects in Patients with Persistent Symptoms Following Infectious Mononucleosis. Quart J Med 226:111–121
20. Borysiewicz LK, Graham S, Hickling JK, Mason PD, Sissons PGJ (1988) Human cytomegalovirus-specific cytotoxic T cells: their precursor frequency and stage specificity. Eur J Immunol 18:269–275
21. Braun RW, Reiser HC (1987) Replication of human cytomegalovirus in human peripheral blood T-cells. J Virol 60:29–36
22. Broaddus C, Dake MD, Stulbarg MS, Blumenfeld W, Hadley WK, Golden JA, Hopewell PC (1985) Bronchialalveolar Lavage and Transbronchial Biopsy for the Diagnosis of Pulmonary Infections in the Acquired Immunodeficiency Syndrome. Ann Int Med 102:747–752
23. Bukowsky JF, Woda BA, Welsh RM (1984) Pathogenesis of Murine Cytomegalovirus Infection in Natural Killer Cell-Depleted Mice. J Virol 52:119
24. Calender A, Billaud M, Aubry JP, Banchereau J, Vuillaume M, Lenoir GM (1987) Epstein-Barr virus (EBV) induces expression of B-cell activation markers on in vitro infection of EBV-negative B-lymphoma cells. Proc Natl Acad Sci 84:8060–8064
25. Calne RY, Rolles K, Thiru S, McMaster P, Craddock GN, Aziz S, White DJG, Evans DB, Dunn DC, Henderson RG, Lewis P (1979) Cyclosporin A initially as the only immunosuppressant in 34 recipients of cadaveric organs: 32 kidneys, 2 pankreas, 2 livers. Lancet 2:1033–1036
26. Cassol SA, Poon MC, Pal R, Naylor MJ, Culver-James J, Bowen TJ, Russell JA, Krawetz SA, Pon RT, Hoar D (1989) Primer-mediated Enzymatic Amplification of Cytomegalovirus (CMV) DNA. Application to the Early Diagnosis of CMV-Infection in Marrow Transplant Recipients. J Clin Invest 83:1109–1115
27. Chang RS, Lewis JP, Reynolds RD, Sullivan MJ, Neuman J (1978) Oropharyngeal excretion of Epstein-Barr virus by patients with lymphoproliferative disorders and by recipients of renal homografts. Ann Int Med 88:34
28. Cheeseman SH, Henle W, Rubin RH, Tolkoff-Rubin NE, Cosimi B, Cantell K, Winkle S, Herrin JT, Black PH, Russell PS, Hirsch MS (1980) Epstein-Barr-Virus Infection in Renal Transplant Recipients. Ann Int Med 93:39–42
29. Chou S, Merigan TC (1983) Rapid Detection and Quantitations of Human Cytomegalovirus in Urine Through DNA Hybridisation. New Engl J Med 308:921–925
30. Cleary ML, Warnke R, Sklar J (1984) Monoclonality of lymphoproliferative lesions in cardiac-transplant recipients. N Engl J Med 310:477–482
31. Cleary ML, Nalesnik MA, Sheearer WT, Sklar J (1988) Clonal Analysis of Transplant-Associated Lymphoproliferations Based on the Structure of the Genomic Termini of the Epstein-Barr-Virus. Blood 72:349
32. Clifford P, Sautesson L (1970) EBV DNA in biopsies of Burkitt tumors and anaplastic carcinomas of the nasopharynx. Nature 228:1056–1058
33. Countryman J, Miller G (1985) Activation of expression of latent Epstein-Barr herpesvirus after gene transfer with a small cloned subfragment of hetereogeneous viral DNA. Proc Natl Acad Sci 82:4083–4089
34. Crawford SW, Bowden RA, Hackman RC, Gleaves C, Meyers JD, Clark JG (1988) Rapid Detection of Cytomegalovirus Pulmonary Infection by Bronchoalveolar Lavage and Centrifugation Culture. Ann Int Med 108:180–185
35. Dambaugh T, Beisel C, Hummel M, King W, Fennewald S, Cheung A, Heller M, Raab-Traub N, Kieff E (1980) Epstein-Barr virus (B95-8) DNA VII: Molecular cloning and detailed mapping. Proc Natl Acad Sci 77:2999–3003
36. De The G, Geser A, Day NE, Tukei PM, Williams EM, Eri DP, Smith PG, Dean AG, Bornkamm GW, Florino P, Henle W (1978) Epidemiological evidence for causal relationship between Epstein-Barr virus and Burkitt's lymphoma from Ugandan prospective study. Nature 274:756–761
37. Diehl V, Henle G, Henle W, Kohn G (1968) Demonstration of a herpes group virus in cultures of peripheral leukocytes from patients with infectious mononucleosis. J Virol 2:663–669

38. Dillner J, Kallin B (1988) The Epstein-Barr Virus Proteins. Adv Cancer Res 50:94–157
39. Dillner J, Sternas L, Kallin B, Alexander H, Ehlin-Henriksson B, Jörnvall H, Klein G, Lerner R (1984) Antibodies against a synthetic peptide identify the Epstein-Barr virus determined nuclear antigen. Proc Natl Acad Sci 81:4652–4656
40. Douglas RG Jr (1988) Herpes simplex virus infection. In: Wyngaarden JB, Smith H (eds) Cecil Textbook of Medicine. Wb Saunders Co. Philadelphia
41. Drew WL, Mills J, Levy J, Dylewski J, Casavant C, Ammann AJ, Brodie H, Merigan T (1985) Cytomegalovirus Infection and Abnormal T-Lymphocyte Subset Ratios in Homosexual Men. Ann Int Med 103:61–63
42. Emanuel D, Peppard J, Stover D, Gold J, Armstrong D, Hammerling U (1986) Rapid Immunodiagnosis of Cytomegalovirus Pneumonia by Bronchoalveolar Lavage Using Human and Murine Monoclonal Antibodies. Ann Int Med 104:476–481
43. Fleckenstein B, Müller I, Collins J (1982) Cloning of the complete human cytomegalovirus genome in cosmids. Gene 18:39–46
44. Frizzera G, Rosai J, Dehner LP, Spector BD, Kersey JH (1980) Lymphoreticular Disorders in Primary Immunodeficiences: New Findings Based on an Up-to-Date Histologic Classification of 35 Cases. Cancer 46:692–699
45. Frizzera G, Hanto DW, Gajl-Peczalska KH et al (1981) Polymorphic diffuse B-cell hyperplasias in renal transplant recipients. Cancer Res 41:4262–4279
46. Ganser A, Carlo-Stella C, Bartram CR, Boehm T, Heil G, Henglein B, Müller H, Raghavachar AN, von Briesen H, Griesinger F, Völkers B, Ruebsamen-Waigman H, Helm EB, Hoelzer D (1988) Establishment of Two Epstein-Barr-Virus Negative Burkitt Cell Lines From a Patient With AIDS and B-Cell Lymphoma. Blood 72:1255–1260
47. Gaston JSH, Rickinson AB, Epstein MA (1982) Epstein-Barr-Virus-Specific T-Cell Memory in Renal-Allograft Recipients under Long-Term Immunosuppression. Lancet 923
48. Gehrz RC, Marker SC, Knorr S, Kalis JM, Balfour HH Jr (1977) Specific Cell-Mediated Immune Defect in Active Cytomegalovirus Infection of Young Children and Their Mothers. The Lancet 22:844–847
49. Gehrz RC, Linner KM, Christiansen WR, Ohm A, Balfour HH Jr (1982) Cytomegalovirus infection in infancy: virological and immunological studies. Clin Exp Immunol 47:27–33
50. Gehrz RC, Marker SC, Balfour HH Jr (1977) Specific Cell-Mediated Immune Defect in Congenital Cytomegalovirus Infection. The Lancet 9:811–812
51. Gierson H, Purtilo DT (1987) Epstein-Barr-Virus Infections in Males with the X-Linked Lymphoproliferative Syndrome. Ann Int Med 106:583
52. Giraldo G, Beth E, Henle W, Henle G, Mike V, Safai B, Huraux JM, McHardy J, De-The G (1978) Antibody Patterns to Herpesviruses in Kaposi's Sarcoma. II: Serological Association of American Kaposi's Sarcoma with Cytomegalovirus. Int J Cancer 22:126–131
53. Glasgow BJ, Anders K, Layfield LJ, Steinsapir KD, Gitnick GL, Lewin KJ (1984) Clinical and Pathologic Findings of the Liver in the Acquired Immune Deficiency Syndrome (AIDS). Am J Clin Pathol 83:582–588
54. Gleaves CA, Smith TF, Shuster EA, Pearson GR (1985) Comparison of Standard Tube and Shell Vial Cell Culture Techniques for the Detection of Cytomegalovirus in Clinical Specimens. J Clin Microbiol 21:217–221
55. Goodell B, Jacobs JB, Powell RD, DeVita V (1970) Pneumocystis carinii: The Spectrum of Diffuse Interstitial Pneumonia in Patients with Neoplastic Diseases. Ann Int Med 72:337–340
56. Gordon J, Rowe M, Walker L, Guy G (1986) Ligation of the CD23, p45 (Blast-2, EBVCS) antigen triggers the cell-cycle progression of activated B lymphocytes. Eur J Immunol 16:1075
57. Greene LW, Cole W, Greene JB, Levy B, Louie E, Raphael B, Waitkevicz HJ, Blum H (1984) Adrenal Insufficiency as a Complication of the Acquired Immunodeficiency Syndrome. Ann Int Med 101:497–498

58. Greeman RL, Goodall PT, King D (1975) Lung Biopsy in Immunocompromised Hosts. Am J Med 59:488–496
59. Griffith PD, Grundy JE (1987) Molecular biology and immunology of cytomegalovirus. Biochem J:241
60. Grundy JE, Shanley JD, Shearer GM (1985) Augmentation of Graft-Versus-Host Reaction by Cytomegalovirus Infection Resulting in Interstitial Pneumonitis. Transplantation 39:548–553
61. Grundy JE, McKeating JA, Ward PJ, Sanderson AR, Griffiths PD (1987) β2 microglobulin enhances the infectivity of cytomegalovirus and when bound to the virus enables class I HLA molecules to be used as a virus receptor. J Gen Virol 68:793–803
62. Guarda LA, Luna MA, Smith JL, Mansell PWA, Gyorkey F, Roca A (1984) Acquired Immune Deficiency Syndrome: Postmortem Findings. Am J Clin Pathol 81:549–557
63. Hamblin J, Hussain J, Akbar AN, Ang YC, Smith JL, Jones DB (1983) Immunological reason for chronic ill health after infectious mononucleosis. Brit Med J 287:88
64. Hanto DW, Frizzera G, Purtilo DT et al (1981) Clinical spectrum of lymphoproliferative disorders in renal transplant recipients and evidence for the role of Epstein-Barr virus. Cancer Res 41:4253–4261
65. Hanto DW, Gajl-Peczalska KH, Frizzera G et al (1983) Epstein-Barr virus (EBV) induced polyclonal and monoclonal B-cell lymphoproliferative diseases occurring after renal transplantation. Ann Surg 198:356–369
66. Hanto DW, Frizzera G, Gajl-Peczalska KJ, Simmons RL (1985) Epstein-Barr virus, immunodeficiency and B cell lymphoproliferation. Transplant 39:461–472
67. Harabuchi Y, Yamanaka N, Kataura A, Imai S, Kinoshit T, Mizuno F, Osato T (1990) Epstein-Barr-Virus in nasal T-cell lymphomas in patients with lethal midline granuloma. Lancet 335:128–130
68. Harada S, Sakamoto K, Seeley JK, Linstein T, Becchtol T, Yetz J, Rogers G, Pearson G, Purtilo T (1982) Immune Deficiency in the X-linked Lymphoproliferative Syndrome. 1. Epstein-Barr Virus specific Defects. J Immunol 129:2532
69. Harrington DS, Weisenburger DD, Purtilo DT (1987) Malignant Lymphoma in the X-Linked Lymphoproliferative Syndrome. Cancer 59:1419
70. Harris A, Young BD, Griffin BE (1985) Random Association of Epstein-Barr-Virus Genomes with Host Cell Metaphase Chromosomes in Burkitt's Lymphoma-Derived Cell Lines. J Virol 56:28
71. Hart IK, Kennedy PGE (1988) Gullain-Barré-Syndrome Associated with Cytomegalovirus Infection. Quart J Med 67:425–450
72. Hawley DA, Schaefer JF, Schulz DM, Muller J (1983) Cytomegalovirus Encephalitis in Acquired Immunodeficiency Syndrome. Am J Clin Pathol 80:874–877
73. Heineman T, Gong M, Sample J, Kieff E (1988) Identification of the Epstein-Barr Virus gp85 Gene. J Virol 62:1101–1107
74. Henle W, Henle G (1981) Epstein-Barr virus-specific serology in immunologically compromised individuals. Cancer Res 41:4222–4225
75. Henle W, Guerra A, Henle G (1974) False Negative and Protone Reactions in Tests for Antibodies to Epstein-Barr Virus-Associated Nuclear Antigen. Int J Cancer 13:751–754
76. Henle W, Henle G, Lennette E (1979) The Epstein-Barr Virus. Scientific American 241:1:40–51
77. Henle W, Henle G, Andersson J, Ernberg I, Klein G, Horwitz CA, Marklund G, Rymo L, Wellinder C, Straus SE (1984) Antibody responses to Epstein-Barr virus determined nuclear antigen EBNA-1 and EBNA-2 in acute and chronic Epstein-Barr Virus infection. Proc Natl Acad Sci 84:570
78. Hennessy K, Kieff E (1984) A Second Nuclear Protein Is Encoded by Epstein-Barr Virus in Latent Infection. Science 227:1238–1240
79. Ho M, Miller G, Atchison RW, Breinig M, Dummer JS, Andiman W, Starzl TE, Eastman R, Griffith BP, Hardesty RL, Bahnson HT, Hakala TR, Risenthal JT

(1985) Epstein-Barr-Virus Infection and DNA Hybridization Studies in Posttransplantation Lymphoma and Lymphoproliferative Lesions: The Role of Primary Infection. J Infect Dis 152:876–886
80. Hochberg FH, Miller G, Schooley RT, Hirsch MS, Feorino P, Henle W (1983) Central Nervous System Lymphoma related to Epstein Barr Virus. N Engl J Med 309:745–748
81. Holland P, Mauer AM (1956) Diphenylhydantoin-induced hypersensitivity reaction. J Paediatr 66:322
82. Hurwitz CA, Loken MR, Graham ML, Karp JE, Borowitz MJ, Pullen DJ, Civin CI (1988) Asynchronous Antigen Expression in B Lineage Acute Lymphoblastic Leukemia. Blood 72:299–307
83. Jackson JB, Orr HT, McCullough JJ, Jordan MC (1987) Failure to Detect Human Cytomegalovirus DNA in IgM-Seropositive Blood Donors by Spot Hybridization. J Infect Dis 156:1013–1016
84. Jacobson MA, Mills J (1988) Serious Cytomegalovirus Disease in the Acquired Immunodeficiency Syndrome (AIDS). Ann Int Med 108:585–594
85. Jandl JH (1987) Blood. Little, Brown & Co Boston/Toronto
86. Jones JF, Ray CG, Minnich LL, Hicks MJ, Kibler R, Lucas DO (1985) Evidence for Active Epstein-Barr-Virus Infection in Patients with Persistent Unexplained Illnesses: Elevated Anti-Early Antigen Antibodies. Ann Int Med 102:1–7
87. Jones JF, Shurin S, Abramowsky C, Tubbs RR, Sciotto CG, Wahl R, Sands J, Goman D, Katz BZ, Sklar J (1988) T-Cell Lymphomas containing Epstein-Barr viral DNA in Patients with chronic Epstein-Barr-Virus Infections. N Engl J Med 318:733
88. Kaldor JM, Day NE, Band P, Choi NW, Clarke EA, Coleman MP, Hakama M, Koch M, Langmark F, Neal PE, Pettersson F, Kirin VP, Prior P, Storm HH (1987) Second Malignancies following Testicular Cancer, Ovarian Cancer and Hodgkin's Disease: an Internation Collaborative Study among Cancer Registries. Int J Cancer 39:571–585
89. Kallin B, Dillner J, Ernberg I, Ehlin-Henriksson B, Rosen A, Henle W, Henle G, Klein G (1986) Four virally determined nuclear antigens are expressed in Epstein-Barr virus-transformed cells. Proc Natl Acad Sci 83:1499–1503
90. Kalter SP, Riggs SA, Cabanilas F, Butler JJ, Hagemeister FB, Mansell PW, Newell GR, Velasques WS, Salvador P, Barlogie B, Rios A, Hersh EM (1985) Aggressive Non-Hodgkin's Lymphomas in Immunocompromised Homosexual Males. Blood 66:655–659
91. Kennedy PGE, Newsome DA, Hess J, Narayan O, Suresch DL, Green WR, Gallo RC, Polk BF (1986) Cytomegalovirus but not human T lymphotropic virus type III/lymphadenopathy associated virus detected by in situ hybridisation in retinal lesions in patients with the acquired immune deficiency syndrome. Brit Med J 293:162–164
92. Kirchner H, Tosato G, Blaese M, Bruder S, Magrath I (1979) Polyclonal immunoglobulin secretin by human B lymphocytes exposed to Epstein-Barr virus in vitro. J Immunol 122:1310–1313
93. Klein E, Ernberg I, Masucci MG, Szigeti R, Wu YT, Masucci G, Svedmyr (1981) T-Cell Response to B-Cells and Epstein-Barr-Virus Antigens in Infectious Mononucleosis. Cancer Research 41:4210–4215
94. Klein G (1982) Phenotypic and Cytogenetic Characteristics of Human B-Lymphoid Cell Lines and Their Relevance for the Etiology of Burkitt's Lymphoma. Advances in Cancer Research 37:319–380
95. Klein G, Klein E (1985) Evolution of tumors and the impact of molecular oncology. Nature 315:190–195
96. Knowles DM, Chamulak GA, Subar M, Burke JS, Dugan H, Wernz J, Slywozky CH, Pelicci PG, Dalla-Favera R, Raphael B (1988) Lymphoid Neoplasia Associated with the Acquired Immunodeficiency Syndrome (AIDS). Ann Int Med 108:744
97. Koszinowsky UH, Keil GM, Vokmer H, Fibi MR, Ebeling-Keil A, Münch K (1986) The 89,000-M, Murine Cytomegalovirus Immediate-Early Protein Activates Gene Transcription. J Virol 58:59–66

98. Koszinowski UH, Keil GM, Schwarz H, Schlickedanz J, Reddehase MJ (1987) A nonstructural polypeptide encoded by immediate-early transcription unit 1 of murine cytomegalovirus is recognized by cytolytic T lymphocytes. J Exp Med 166:289–294
99. Kurtz JB, Thomspon JF, Ting A, Pinto A, Morris PJ (1984) The Problem of Cytomegalovirus Infection in Renal Allograft Recipients. Quart J Med 211:341–349
100. Lai PK, Pauza ME, Switzer BL, Smitz D, Purtilo DT (1987) Reactive T Cells in the Immune Repertoire: Self-Restricted and Allo-Restricted Helper-T-Cell Clones to Epstein-Barr Virus. Int J Cancer 39:111-117
101. Lang DJ (1988) Cytomegalovirus Infection. In: Wyngaarden JB, Smith LH (eds) Cecil Textbook of Medicine. WB Saunders Co, Philadelphia, 1784–1786
102. Lange B, Arbeter A, Hewetson J, Henle W (1978) Longitudinal Study of Epstein-Barr Virus Antibody Titers and Excretion in Pediatric Patients with Hodgkin's disease. Int J Cancer 22:521–527
103. Laskin OL, Stahl-Bayliss CM, Kalman CM, Rosecan LR (1984) Use of Ganciclovir to Treat Serious Cytomegalovirus Infections in Patients with AIDS. J Infect Dis 155:323–327
104. Laux G, Perricaudet M, Farrell PJ (1988) A spliced Epstein-Barr virus gene expressed in immortalized lymphocytes is created by circularization of the linear viral genome. The Embo Journal 7:769–744
105. Leibowith JL, Oefinger PE (1985) Abortive infection of human mononuclear cells with cytomegalovirus induces functional immunosuppression in vitro. Immun Today 6:82–83
106. Leyvraz S, Henle W, Chaninian AP, Perlmann C, Klein G, Gordon RE, Rosenblum M, Holland JF (1985) Association of Epstein-Barr Virus with hymic carcinoma. N Engl J Med 16:1296
107. Liebowitz D, Wang D, Kieff E (1986) Orientation and Patching of the Latent Infection Membrane Protein Encoded by Epstein-Barr Virus. J Virol 58:233–237
108. Lindahl T, Adams A, Bjursell G, Bornkamm GW, Kaschka-Dierich C, Jehn U (1976) Covalently Closed Circular Duplex DNA of Epstein-Barr Virus in a Human Lymphoid Cell Line. J Mol Biol 102:511–530
109. Lindstein T, Seeley JK, Ballow M, Sakamoto K, Onge SS, Yetz J, Aman P, Purtilo DT (1982) Immune Deficiency in the X-Linked Lymphoproliferative Syndrome. II. Immunoregulatory T Cell Defects. J Immunol 129:2536
110. List AF, Greco A, Vogler LB (1987) Lymphoproliferative Disease in Immunocompromised Hosts: The Role of Epstein-Barr Virus. J Clin Oncol 5:1673–1689
111. Liu YNC, Karl B, Gehrz RC (1988) Human Immune Responses to Major Human Cytomegalovirus Glycoprotein Complexes. J Virol:1066–1070
112. Lönnqvist B, Ringden O, Wahren B, Gahrton G, Lundgren G (1984) Cytomegalovirus Infection Associated with and Preceding Chronic Graft-Versus-Host Disease. Transplantation 38:465–468
113. Long C, Derge JG, Hampar B (1974) Brief Communication: Procedure for Activating Epstein-Barr Virus Early Antigen in Nonproducer Cells by 5-Iododeoxyuridine. J Nat Cancer Inst 52:1355–1357
114. Macasaet FF, Keith MD, Holley E, Smith TF, Keys TF (1975) Cytomegalovirus Studies of Autopsy Tissue. II. Incidence of Incluster Bodies and Related Pathologic Data. Am J Clin Pathol 63:859–865
115. Mann KP, Staunton D, Thorley-Lawson DA (1985) Epstein-Barr Virus-Encoded Protein Found in Plasma Membranes of Transformed Cells. J Virol 55:710–720
116. Martin DC, Katzenstein DA, Yu GSM, Jordan MC (1984) Cytomegalovirus Viremia Detected by Molecular Hybridization and Electron Miroscopy. Ann Int Med 100:222–225
117. Masucci MG, Szigeti R, Ernberg I, Masucci G, Klein G, Chessela J, Sieff C, Lie S, Glomsein A, Businco L, Henle W, Henle G, Pearson G, Sakamoto K, Purtilo DT (1981) Cellular Immune Defects to Epstein-Barr-Virus determined Antigens in Young Males. Cancer Research 41:4284–4291

118. Masucci G, Mellstedt H, Masucci MG, Szigeti R, Ernberg I, Björkholm M, Tsukuda K, Henle G, Henle W, Pearson G, Holm G, Biberfeld P, Johansson B, Klein G (1984) Immunological Characterization of Hodkin's an Non-Hodgkin's Lymphoma Patients with High Antibody Titers against Epstein-Barr Virus-associated Antigens. Cancer Res 44:1288
119. Meyers JD, Spencer HC, Watts JC, Gregg MB, Stewart JA, Troupin RH, Thomas ED (1975) Cytomegalovirus Pneumonia After Human Marrow Transplantation. Ann Int Med 82:181–188
120. Miller G, Grogan E, Fischer K, Niederman JC, Schooley RT, Henle W, Lenoir G, Liu CR (1985) Antibody Responses to two Epstein-Barr-Virus nuclear Antigens defined by Gene Transfer. N Engl J Med 21:730
121. Mintz L, Drew WL, Miner RC, Braff EH (1983) Cytomegalovirus Infections in Homosexual Men. An Epidemiological Study. Ann Int Med 99:326–329
122. Misko JS, Moss DJ, Pope JH (1980) HLA antigen-related restriction of T lymphocyte cytotoxicity to Epstein-Barr virus. Proc Natl Acad Sci 77:4247–4250
123. Moss DJ, Rickinson AB, Pope JH (1978) Long-Term T-Cell-Mediated Immunity to Epstein-Barr Virus in Man. I. Complete Regression of Virus-Induced Transformation in Cultures of Seropositive Donor Leukocytes. Int J Cancer 22:662–668
124. Moss DJ, Rickinson AB, Pope JH (1979) Long-Term T-Cell-Mediated Immunity to Epstein-Barr Virus in Man. III. Activation of Cytotoxic T-Cells in Virus-infected Leukocyte Cultures. Int J Cancer 23:618–625
125. Moss DJ, Mikso IS, Burrows SR, Burman K, McCarthy R, Sculley TB (1988) Cytotoxic T-cell clones discriminate between A- and B-type Epstein-Barr Virus transformants. Nature 331:719–721
126. Murray JF, Felton CP, Garay SM, Gottlieb MS, Hopewell PC, Stover DE, Teirstein AS (1984) Special Report. Pulmonary Complications of the Acquired Immunodeficiency Syndrome. New Engl J Med:1682–1688
127. Myerson D, Hackman RC, Nielson JA, Ward DC, McDougall JK (1984) Widespread Presence of Histologically Occult Cytomegalovirus. Human Pathology 15:430–439
128. Nathan DG, Oski FA (ed) (1988) Haematology of Infancy and Childhood 3rd ed. WB Saunders & Co, Philadelphia
129. Niedobitek G, Finn T, Herbst H, Bornhöft G, Gerdes J, Stein H (1988) Detection of Viral DNA by In Situ Hybridization Using Bromodeoxyuridine-Labeled DNA Probes. Am J Pathol 131:1–4
130. Niedobitek G, Finn T, Herbst H, Gerdes J, Grillner L, Landqvist M, Zweygberg Wirgart B, Stein H (1988) Laboratory techniques. Detection of cytomegalovirus by in situ hybridisation and immunohistochemistry using new monoclonal antibody CCH2: a comparison of methods. J Clin Pathol 41:1005–1009
131. Niedt GW, Schinella RA (1985) Acquired Immunodeficiency Syndrome. Clinicopathologic Study of 56 Autopsies. Arch Pathol Lab Med 109:727–734
132. Okano M, Mizuno F, Osato T, Takahashi Y, Sakiyama Y, Matsumoto S (1984) Wiskott-Aldrich Syndrome and Epstein-Barr virus-induced lymphoproliferation. Lancet 1:933
133. Oldstone MBA (1989) Viral Persistence. Cell 56:517
134. Pelicci PG, Knowles DM, Arlin ZA, Wieczorek R, Luciw P, Dina D, Basilico C, Dalla-Favera R (1986) Multiple Monoclonal B Cell Expansions and c-myc Oncogene Rearrangements in Acquired Immune Deficiency Syndrome-Related Lymphoproliferative Disorders. J Exp Med 164:2049
135. Pollard RB, Egbart PR, Gallagher JG, Merigan TC (1980) Cytomegalovirus Retinitis in Immunosuppressed Hosts. Ann Int Med 93:655–664
136. Purtilo DT, Sakamoto K, Saemundsen AK et al (1981) Documentation of Epstein-Barr virus infection in immunodeficient patients with life-threatening lymphoproliferative diseases by clinical, virological and immunopathological studies. Cancer Res 41:4226–4236

137. Purtilo DT, Sakamoto K, Barnabei V et al (1982) Epstein-Barr virus induced diseases in boys with the X-linked lymphoproliferative syndrome (XLP). Am J Med 73:49–56
138. Quinnan GV, Kirmani N, Rook AH, Manischewitz JF, Jackson L, Moreschi G, Santos GW, Saral R, Burns WH (1982) Cytotoxic T Cells in Cytomegalovirus Infection. HLA-Restricted T-Lymphocyte and Non-T-Lymphocyte Cytotoxic Responses Correlate with Recovery from Cytomegalovirus Infection in Bone Marrow-Transplant Recipients. N Engl J Med 307:6–13
139. Raab-Traub N, Flynn K (1986) The Structure of the Termini of the Epstein-Barr-Virus As a Marker of Clonal Cellular Proliferation. Cell 47:883–889
140. Rapaport SI (1987) Introduction to Hematology 2nd Ed. JB Lippincott Company, Philadelphia
141. Rasmussen L, Kelsall D, Nelson R, Carney W, Hirsch M, Winston D, Preiksaitis J, Merigan TC (1982) Virus-specific IgG and IgM antibodies in normal and immunocompromised subjects infected with cytomegalovirus. J Infect Dis 145:191–199
142. Reddehase MJ, Mutter W, Münch K, Bühring HJ, Koszinowski UH (1987) CD8-Positive T Lymphocytes Specific for Murine Cytomegalovirus Immediate-Early Antigens Mediate Protective Immunity. J Virol 61:3102–3108
143. Reddehase MJ, Jonjic S, Weiland F, Mutter W, Koszinowski UH (1988) Adoptive Immunotherapy of Murine Cytomegalovirus Adrenalitis in the Immunocompromised Host: CD4-Helper-Independent Antiviral Function of CD8-Positive Memory T-Lymphocytes Derived from Latently Infected Donors. J Virol 62:1061–1065
144. Reedman BM, Klein G (1973) Cellular Localization of an Epstein-Barr Virus (EBV)-Associated Complement-Fixing Antigen in Producer and Non-Producer Lymphoblastoid Cell Lines. Int J Cancer 11:499–520
145. Reichert CM, O'Learly T, Levens D, Simrell CR, Macher AM (1983) Special Topical Review. Autopsy Pathology in the Acquired Immune Deficiency Syndrome. Am J Pathol 112:357–382
146. Rickinson AB, Moss DJ, Pope JH, Ahlberg N (1980) Long-Term T-Cell-Mediated Immunity to Epstein-Barr Virus in Man. IV. Development of T-Cell Memory in Convalescent Infectious Mononucleosis Patients. Int J Cancer 25:59–65
147. Rinaldo CR, Carney WP, Richter BS, Black PH, Hirsch MS (1980) Mechanisms of immunosuppression in CMV-mononucleosis. J Infect Dis 141:488–495
148. Risdall RJ, McKenna RW, Nesbit ME, Krivit W, Balfour HH, Simmons RL, Brunning RD (1979) Virus-Associated Hemophagocytic Syndrome: A Benign Histiocytic Proliferation Distinct from Malignant Histiocytosis. Cancer 44:993
149. Robinson J, Smith D, Niederman J (1980) Mitotic EBNA-positive lymphocytes in peripheral blood during infectious mononucleosis. Nature 287:334
150. Rocchi G, DeFelici A, Ragona G, Heinz A (1977) Quantitative Evaluation of Epstein-Barr Virus-Infected Mononuclear Peripheral Blood Leukocytes in Infectious Mononucleosis. N Engl Med 296:132–134
151. Rodgers BC, Scott DM, Mundin J et al (1985) Virol 55:527–532
152. Rodgers B, Borysiewicz L, Mundin J, Graham S, Sissons P (1987) Immunoaffinity Purification of a 72K Early Antigen of Human Cytomegalovirus: Analysis of Humoral and Cell-mediated Immunity to the Purified Polypeptide. J Gen Virol 68:2371–2378
153. Rook AH, Fauci AS (1985) Cytotoxic cellular immunity and cytomegalovirus: lessons from studies of the acquired immunodeficiency syndrome and immunosuppressed allograft recipients. Progr Leucocyte Biology 1:159–176
154. Rooney CM, Gregory CD, Rowe M, Finerty S, Edwards C, Rupani H, Rickinson AB (1986) Endemic Burkitt's Lymphoma: Phenotypic Analysis of Tumor Biopsy Cells and of Derived Tumor Cell Lines. J Nat Cancer Inst 77:681–687
155. Rowe MJ, Rooney CM, Rickinson AB, Lenoir GM, Rupant H, Moss DJ, Stein H, Epstein MA (1985) Distinctions between endemic and sporadic forms of Epstein-Barr-Virus-positive Burkitt's lymphoma. Int J Cancer 35:435–441

156. Rowe M, Rowe DT, Gregory CD, Young LS, Farrell PJ, Rupani H, Rickinson AB (1987) Differences in B cell growth phenotype reflect novel patterns of Epstein-Barr virus latent gene expression in Burkitt's lymphoma cells. EMBO J 6:2743–2751

156a. Rowe M, Young LS, Crocker J, Stokes, Henderson S, Rickinson AB (1991) Epstein-Barr virus (EBV) associated lymphoproliverative disease in the SCID mouse model: implications for the pathogenesis of EBV-positive lymphomas in man. J Exp Med 173:147–158

157. Rüger R, Bornkamm GW, Fleckenstein B (1984) Human Cytomegalovirus nDNA Sequences with Homologies to the Cellular Genome. J Gen Virol 65:1351–1364

158. Saemundsen AK, Purtilo DT, Sakomoto K, Sullivan JL, Symerholm AC, Hanpo D, Simmons R, Anvret M, Collins R, Klein G (1981) Documentation of EBV infection in immunodeficient patients with life-threatening lymphoproliferation diseases by EBV virus complementary RNA/DNA viral DNA/DNA hybridization. Cancer Res 41:4237–4242

159. Saemundsen AK, Albeck H, Hansen JPH, Nilsen NH, Anvret M, Henle W, Henle G, Thomsen KA, Kristensen HK, Klein G (1982) Epstein-Barr Virus in Nasopharyngeal and Salivary Gland Carcinomas of Greenland Eskimoes. Br J Cancer 46:721–728

160. Sakamoto K, Freed HJ, Purtilo DT (1980) Antibody responses to Epstein-Barr virus in families with the X-linked lymphoproliferative syndrome. J Immunol 125:921–925

161. Schmitz H, von Deimling U, Flehmig B (1980) Detection of IgM Antibodies to Cytomegalovirus (CMV) Using an Enzyme-Labelled Antigen (ELA). J Gen Virol 50:59–68

162. Schneiderman DJ, Cello JP, Laing FC (1987) Papillary Stenosis and Sclerosing Cholangitis in the Acquired Immunodeficiency Syndrome. Ann Int Med 106:546–549

163. Schooley RT, Hirsch MS, Colvin RB, Cosimi AB, Tolkoff-Rubin ME, McCluskey RT, Burton RC, Russell PS, Herrin JT, Delmonico FL, Giorgi JV, Henle W, Rubin RH (1983) Association of Herpesvirus Infections with T-Lymphocyte-Subset Alterations, Glomerulopathy, and Opportunistic Infections after Renal Transplantation. N Engl J Med 308:307–313

164. Schooley RT, Carey RW, Miller G, Henle W, Eastman R, Mark EJ, Kenyon K, Wheeler EO, Rubin RH (1986) Chronic-Epstein-Barr-Virus Infection Associated with Fever and Interstitial Pneumonitis. Ann Int Med 104:636–643

165. Schrier R, Nelson JA, Oldstone MBA (1985) Detection of Human Cytomegalovirus in Peripheral Blood Lymphocytes in a Natural Infection. Science 230:1048–1051

166. Schubach WH, Miller G, Thomas ED (1985) Epstein-Barr virus genomes are restricted to secondary neoplastic cells following bone marrow transplantation. Blood 65:535–538

167. Schuster V, Matz B, Wiegand H, Traub B, Kampa D, Neumann-Haefelin D (1986) Detection of Human Cytomegalovirus in Urine by DNA-DNA and RNA-DNA Hybridization. J Infect Dis 154:309–314

168. Shapiro RS, McClain K, Frizzera G, Gajl-Peczalska KJ, Kersey JH, Blazar BR, Arthur DC, Paton DF, Greenberg JS, Burke B, Ramsay NKC, McGlave Ph, Filipovich AH (1988) Epstein-Barr Virus Associated B Cell Lymphoproliferative Disorders Following Bone Marrow Transplantation. Blood 71:1234

169. Shuster EA, Beneke JS, Tegtmeier GE et al (1985) Monoclonal antibody for rapid laboratory detection of cytomegalovirus infection: characterization and diagnostic applications. Mayo Clin Proc 60:577–585

170. Sissons JGP, Borysiewicz LK, Rodgers B, Scott D (1986) Cytomegalovirus – its cellular immunology and biology. Immunol Today 7:57–62

171. Sixbey JW, Nedrud JG, Raab-Traub N, Hanes RA, Pagano JS (1984) Epstein-Barr Virus Replication in Oropharyngeal Epithelial Cells. N Engl J Med 310:1225–1330

172. Skare J, Farley J, Strominger JL, Fresen KO, Cho MS, Zur Hausen H (1985) Transformation by Epstein-Barr Virus Requires DNA Sequences in the Region of BamHI Fragments Y and H. J Virol 55:286–297
173. Smith TF, Holley KE, Keys TF, Macasaet FF (1975) Cytomegalovirus Studies in Autopsy Tissue. I. Virus Isolation. Am J Clin Pathol 63:854–858
174. Spaete RR, Mocarski ES (1985) Regulation of Cytomegalovirus Gene Expression: alpha und beta Promoters are trans Activated by Viral Functions in Permissive Human Fibroblasts. J Virol 56:135–143
175. Spector SA, Spector DH (1985) The Use of DNA Probes in Studies of Human Cytomegalovirus. Clin Chem 31:1514–1520
176. Starzel TE, Porter KA, Iwatsuki S et al (1984) Reversibility of lymphomas and lymphoproliferative lesions developing under cyclosporin-steroid therapy. Lancet 1:583–587
177. Stein H, Gatter K, Asbahr H, Mason DY (1985) Use of Freeze-Dried Paraffin-Embedded Sections for Immunohistologic Staining with Monoclonal Antibodies. Lab Invest 52:676–683
178. Stokes J (1981) Epstein-Barr-Virus-specific serology in immunologically compromised individuals. Cancer Research 41:4222–4225
179. Stover DF, Zaman MB, Hajdu SI, Lange M, Gold J, Armstrong D (1984) Bronchoalveolar Lavage in the Diagnosis of Diffuse Pulmonary Infiltrates in the Immunosuppressed Host. Ann Int Med 101:1–7
180. Strauch B, Andrews LL, Siegel N, Miller G (1974) Oropharyngeal Excretion of Epstein-Barr-Virus by Renal Transplant Recipients and other Patients Treated with Immunosuppressive Drugs. Lancet 16:234–237
181. Strauss SE, Tosato G, Armstrong G et al (1985) Persisting illness and fatigue in adults with evidence of Epstein-Barr virus infection. Ann Int Med 102:7–16
181a. Su IJ, Hsieh HC, Lin KH, Kao CL, Chen CJ, Cheng AL, Kadin ME, Chen JY (1991) Aggressive peripheral T-cell Lymphomas containing Epstein-Barr viral DNA: a clinicopathologic and molecular analysis. Blood 77:799–808
182. Subar M, Neri A, Inghirami G, Knowles M, Dalla-Favera R (1988) Frequent c-myc Oncogene Activation and Infrequent Presence of Epstein-Barr Virus Genome in AIDS-Associated Lymphoma. Blood 72:667
183. Sullivan JL, Byron KS, Brewster FE, Purtilo DT (1980) Deficient Natural Killer Cell Activity in X-Linked Lymphoproliferative Syndrome. Science 210:543–545
184. Sumaya CV et al (1985) Perspective. Serological Testing for Epstein-Barr Virus-Developments In Interpretation. J Infect Dis 151:984–987
185. Sumaya CV, Boswell RN, Ench Y, Kisner DL, Hersh EM, Reuben JM, Mansell PWA (1986) Enhanced serological and virological findings of the Epstein-Barr virus in patients with AIDS and AIDS-related complex. J Infect Dis 154:864–870
186. Svedmyr E, Jondal M (1973) Cytotoxic Effector Cells Specific for B Cell Lines Transformed by Epstein-Barr Virus Are Present in Patients with Infectious Mononucleosis. Proc Nat Acad Sci 72:1622–1626
187. Swendeman S, Thorley-Lawson DA (1987) The activation antigen BLAST-2, when shed, is an autocrine BCGF for normal and transformed B cells. The EMBO Journal 6:1637–1642
188. Tapper M, Rotterdam HZ, Lerner CW, Al'Khafaji K, Seitzman PA (1984) Adrenal Necrosis in the Acquired Immunodeficiency Syndrome. Ann Int Med 100:239–241
189. Ten Napel HH, The TH (1980) Acute cytomegalovirus infection and the host immune response 1. Development and maintenance of cytomegalovirus (CMV) induced in vitro lymphocyte reactivity and its relationship to the production of CMV antibodies. Clin Exp Immunol 39:263–271
190. Thorley-Lawson DA, Nadler LM, Bhan AK, Schooley RT (1985) Blast-2 (EBC VS), an Early Cell Surface Marker of Human B Cell Activation, is Superinduced by Epstein Barr Virus. J Immunol 134:3007–3012

191. Tilg H, Margreiter R, Scriba M, Marth Ch, Niederwieser D, Aulitzky W, Spielberger M, Wachter H, Huber C (1987) Clinical presentation of CMV infection in solid organ transplant recipients and its impact on graft rejection and neopterin excretion. Clin Transpl 1:37–43
192. Tobi M, Morag A, Ravid Z, Chowers I, Feldman-Weiss V, Chetrit BB, Knobler H, Michaeli Y, Shalit M (1982) Prolonged Atypical Illness Associated with Serological Evidence of Persistent Epstein-Barr-Virus Infection. Lancet:61–64
193. Tosato G, Blaese RM (1985) Epstein-Barr Virus Infection and Immunoregulation in Man. Advances in Immunology 37:99–149
194. Tosato G, Magrath I, Koski I, Dooley N, Blaese M (1979) Activation of Suppressor T Cells during Epstein-Barr-Virus-Induced Infectious Mononucleosis. N Engl J Med 301:1133–1137
195. Tosato G, Magrath IT, Blaese RM (1982) T-cell-mediated immunoregulation of Epstein-Barr virus (EBV)-induced B lymphocyte activation in EBV-seropositive and EBV-seronegative individuals. Immunol 128:575–579
196. Tosato G, Straus S, Henle W, Pike SE, Blaese RM (1985) Characteristic T Cell Dysfunktion in Patients with Chronic Active Epstein-Barr Virus Infection (Chronic Infectious Mononuleosis). J Immunol 134:3082–3088
197. Tosato G et al (1986) The Epstein-Barr Virus and the Immune System. Adv Cancer Res 49:75–125
198. Volkmer H, Berthole C, Jonic S, Witer R, Koszinowski (1987) Cytolytic T-Lymphocyte Recognition of the Murine Cytomegalovirus Nonstructural Immediate-Early Protein pp 89 Expressed by Recombinant Vaccinia Virus. J Exp Med 166:668–677
199. Vroman B, Luka J, Rodriguez M, Pearson GR (1985) Characterization of a Major Protein with a Molecular Weight of 160000 Associated with the Viral Capsid of Epstein-Barr Virus. J Virol 53:107–113
200. Wang F, Blaese RM, Zoon KC, Tosato G (1987) Suppressor T Cell Clones from Patients with Acute Epstein-Barr-Virus-induced Infectious Mononucleosis. J Clin Invest 79:7–14
201. Wang F, Gregory CD, Rowe M, Rickinson AB, Wang D, Birkenbach M, Kikutani H, Kishimoto T, Kieff E (1987) Epstein-Barr virus nuclear antigen 2 specifically induces expression of the B-cell activation antigen CD23. Proc Nat Acad Sci 84:3452–3456
202. Weintraub J, Warnke RA (1982) Lymphoma in cardiac allotransplant recipients: Clinical and histological features and immunological phenotype. Transplant 33:347–351
203. Weiss LM, Novahed LA, Warnke RA, Sklar J (1989) Detection of Epstein-Barr Viral Genomes in Reed-Sternberg Cells of Hodkin's disease. N Engl J Med 320:502–506
204. Winston DJ, Ho WG, Lin CH, Bartoni K, Budinger M, Gale RP, Champlin RE (1989) Intravenous Immune Globulin for Prevention of Cytomegalovirus Infection and Interstitial Pneumonia After Bone Marrow Transplantation. Ann Int Med 106:12–18
205. Wolf H, Zur Hausen H, Becker V (1973) EB viral genomes in epithelial nasopharyngeal carcinoma cell's. Nature New Biol 244:234–247
206. Yao QY, Rickinson AB, Epstein MA (1985) A Re-Examination of the Epstein-Barr Virus Carrier State in Healthy Seropositive Individuals. Int J Cancer 35:35–42
207. Yao QY, Ogan P, Rowe M, Wood M, Rickinson AB (1989) Epstein-Barr Virus-Infected B Cells Persist in the Circulation of Acyclovir-Treated Virus Carriers. Int J Cancer 43:67–71
208. Yarchoan R, Redfield RR, Broder S (1986) Mechanismus of B Cell Activation in Patients with Acquired Immunodeficiency Syndrome and Related Disorders. Contribution of Antibody-producing B Cells, of Epstein-Barr-Virus-infected B cells, and of Immunoglobulin Production Induced by Human T Cell Lymphotropic Virus, Type III/Lymphadenopathy-associated Virus. J Clin Invest 78:439–447

209. Yates JL, Sugden B, Warren N (1985) Stabel replication of plasmids derived from Epstein-Barr virus in various mammalian cells. Nature 313:812–815
210. Yefenov E, Klein G (1977) Membrane receptor stipping confirms the association between EBV receptors and complement receptors on the surface. Int J Cancer 20:347–352
211. Young LS, Clark D, Sixbey JW, Rickinson AB (1986) Epstein-Barr Virus Receptors on Human Pharyngeal Epithelia. The Lancet:204–242
212. Ziegler JL, Beckstead JA, Colberding PA, Abrams DI, Levine A, Lukes RJ, Gill PS, Burkes RL, Riggs SA, Butler JJ, Cabanillas FC, Hersh E, Newell GR, Laubenstein LJ, Knowles D, Odajnyk CH, Raphael B, Kozinre B, Urmacher C, Clarkson BD (1984) Non-Hodgkin's-Lymphoma in 90 Homosexual Men. Relation to Generalized Lymphoadenopathy and the Acquired Immunodeficiency Syndrome. N Engl J Med 311:565–570
213. Zur Hausen H, Schulte-Holthausen H, Klein G, Henle W, Henle G et al (1970) EBV DNA in Biopsies of Burkitt tumors and anaplastic carcinomas of the nasopharynx. Nature 228:1056–1058
214. Zutter MM, Martin PJ, Sale G, Shulman HM, Donnali E, Fisher L, Durnam DM (1988) Epstein-Barr-Virus Lymphoproliferation After Bone Marrow Transplantation. Blood 72:520–529

Kapitel 8: Die Milz und ihre Funktionsstörungen

H. Huber, D. Nachbaur

Die Milz als Organ mit einer besonders engen Interaktion zwischen arteriellen Blutgefäßen und lymphatischem System („rote und weiße Pulpa") ist in besonderer Weise zur Elimination partikulärer Antigene befähigt, die über das Gefäßsystem eingeschleust werden. Ihre Filterfunktion betrifft auch autologe Erythrozyten mit Membranalterationen oder bestimmten Einschlußkörperchen. Da etwa ein Drittel des lymphatischen Systems in der Milz lokalisiert ist, spielt sie bei der Bildung von Antikörpern insbesondere bei Erstexposition (IgM-Antikörper) eine wichtige Rolle (vor allem in der frühkindlichen Periode). Sie ist ein Speicherorgan für Thrombozyten und in geringerer Weise für Erythrozyten. Bei stärkerer Größenzunahme des Organs kann diese Fähigkeit pathologisch gesteigert sein (Hypersplenismus); ein Pooling von Blutkörperchen ist dabei wichtigste Ursache peripherer Zytopenien.

8.1 Aufbau der normalen Milz

Rote und weiße Pulpa (mit dazwischen liegender Marginalzone) sind die wichtigsten anatomischen Strukturen des Organs (Abb. 8.1).

8.1.1 Weiße Pulpa und Marginalzone

Sie enthält Anteile des B- und T-Lymphozytensystems [34a, 63]. Die B-Lymphozyten sind Hauptanteil der Lymphfollikel, wobei sich Primärfollikel unter Antigenexposition in Sekundärfollikel mit lymphatischen Keimzentren umwandeln (Abb. 8.2). Auch die Marginalzone enthält reichlich B-Lymphozyten und wichtige Gefäßanteile (s. unten). Die T-Zellareale sind vor allem um die Follikel und die Zentralarteriolen lokalisiert.

Die *Marginalzone* der Milz ist eines der wichtigsten B-Zellkompartimente des Körpers und der bestuntersuchte Anteil „extrafollikulärer B-Lymphozyten" (Übersicht bei [41a]. Die Zellen werden vom Blutstrom umspült, wodurch ein besonders guter Kontakt mit Antigenen aus der Zirkulation und aus der PALS (periarterioläre lymphatische Scheide) ermöglicht wird (siehe unten). Ihr Antigenprofil wurde im Detail definiert [41a]. Sie

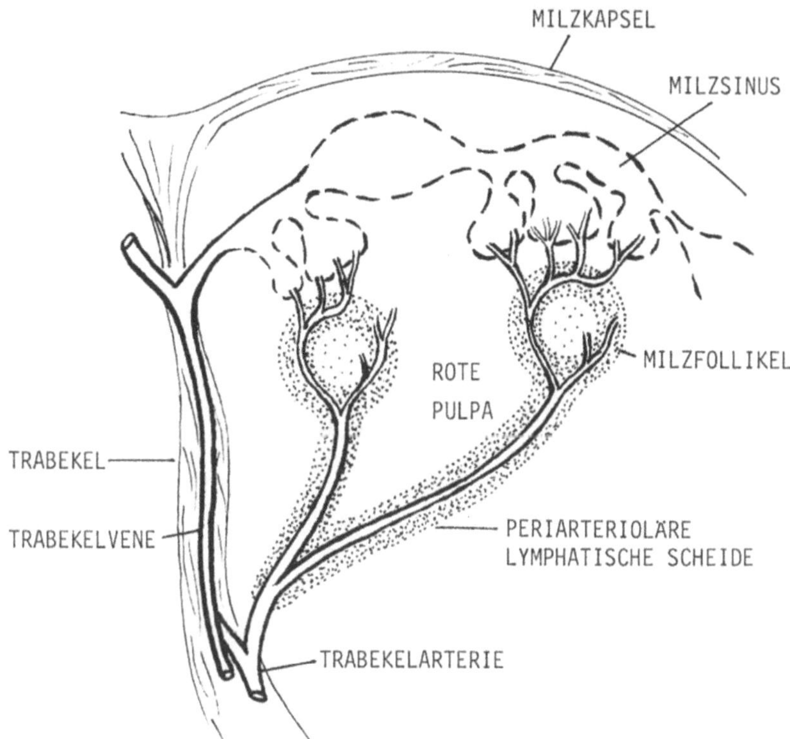

Abb. 8.1. Die wichtigsten Milzstrukturen

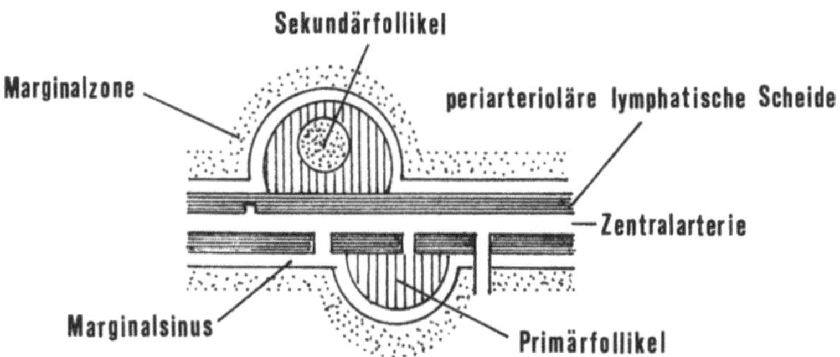

Abb. 8.2. Vereinfachte schematische Darstellung der Milzhistologie (nach [34 und 66])

exprimieren CD19–CD21, andere pan-B-Zellmarker und IgM, nicht jedoch IgD. Zellen vergleichbarer Morphologie finden sich in kleinerer Zahl in Nachbarschaft der Lymphfollikel im Lymphknoten. Sie proliferieren bei Toxoplasmose und HIV-Infektionen, wobei sie eine „monozytoide" Morphologie entwickeln *(„monocytoid B-cells,* Literatur bei [41a, 62a]).

Die B-Lymphozyten der Follikel sind vorwiegend sessil, die T-Lymphozyten dagegen in großer Mehrzahl rezirkulierend (mittlere Aufenthaltsdauer 4–6 h). Aus B-Lymphozyten ausrei-

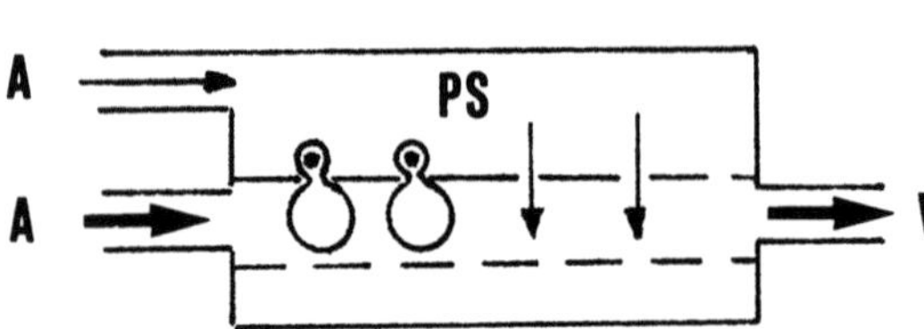

Abb. 8.3. Schematische Darstellung des Übertrittes von Erythrozyten mit Einschlußkörperchen (z. B. Heinz-Körper) von den sog. Billroth-Strängen (= Pulpa-Stränge, PS) in die Milzsinus durch die Stomata einer diskontinuierlichen Basalmembran (nach [61])
A = Arteriole, V = Venole

fende Plasmazellen wandern z.T. in die rote Pulpa aus. Dendritische Zellen und Makrophagen begünstigen wie in den Keimzentren der Lymphknoten die Antigenpräsentation.

Für die Filterfunktion gegenüber partikulären Antigenen und opsonisierten Mikroorganismen ist die Marginalzone von besonderer Wichtigkeit (Abb. 8.2). Die terminalen Arteriolen enden im dichten Retikulum dieser Zone, von wo der Übergang in die Milzsinus der roten Pulpa erfolgt. Zwischen der roten Pulpa und der Marginalzone findet ein lebhafter Austausch von Makrophagen statt.

Rechtwinkelig von den Zentralarteriolen abgehende Kapillaren drainieren den plasmareichen Anteil des durchströmenden Blutes (Abb. 8.1). Rheologische Untersuchungen zeigten, daß dieses *plasma skimming* für den hohen Hämatokrit in der roten Pulpa verantwortlich ist [44]. Lymphbahnen begleiten die Arteriolen („periarterioläre lymphatische Scheide" = PALS [34a]).

8.1.2 Rote Pulpa

Sie stellt quantitativ den Hauptanteil der Milz dar und enthält zwei wichtige Gefäßkompartimente (Übersicht bei [34, 59]). Es handelt sich um die Milzsinus und um die Billroth-Stränge (splenic cords).

Das Sinuskompartiment leitet das strömende Blut direkt von der weißen Pulpa über die Sinus in die venösen Sinus (Abb. 8.1). Die Milzstränge liegen in enger Nachbarschaft der Sinus. Der Großteil der Erythrozyten durchströmt die Sinus (rasches Kompartiment), ein weitaus kleinerer Teil (normalerweise 1–2% des Blutes) dagegen die Billroth-Stränge (Abb. 8.3). Die letzteren enthalten besonders reichlich Makrophagen und entsprechen dem langsamen Kompartiment (Kapitel 8.2.1). In die Milzstränge gelangte Erythrozyten müssen anschließend in die Milzsinus übertreten. Die einzige Verbindung zwischen Billroth-Strängen und Sinus [59] sind fensterförmige Öffnungen der Basalmembran (Abb. 8.3). In diesem langsamen Kompartiment werden die Erythrozyten metabolischen Einflüssen und Makrophagen als „Qualitätskontrolle" ausgesetzt.

Man kann somit davon ausgehen, daß in der Milz sowohl eine geschlossene als auch offene Zirkulation vorliegt (Theorie der gemischten Zirkulation [34a]). Zur geschlossenen Zirkulation siehe Abb. 8.1 (terminale Arteriolen → Milzsinus). Daneben liegt nach diesen Vorstellungen eine offene Zirkulation insoweit vor, als Blut aus den Kapillaren in die Billroth'schen Stränge übertritt und aus dem retikulären Gewebe erst wieder den Weg in die Sinus des Gefäßsystems findet (Abb. 8.3).

Bei vielen Formen der Splenomegalie sind die Stränge durch Erythrozyten so ausgeweitet, daß sie von den Sinus nicht mehr unterscheidbar sind. Es liegt eine bevorzugte Erweiterung des offenen Kompartiments mit langsamer Strömungsgeschwindigkeit vor [34].

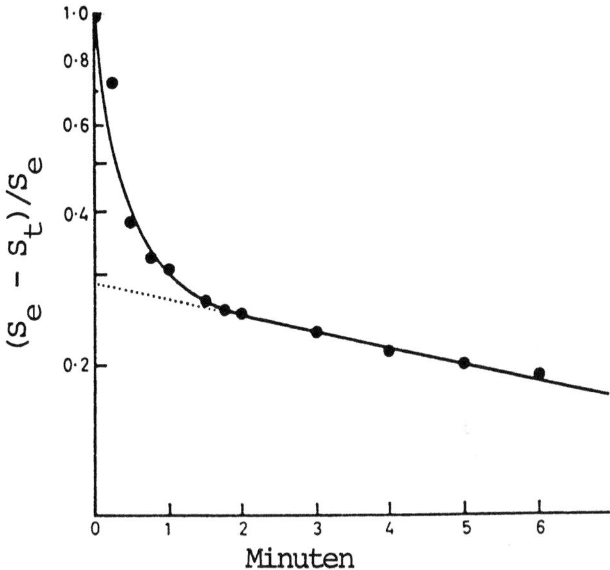

Abb. 8.4. Nachweis eines schnellen und langsamen Kompartiments in der Erythrozytenverteilung in der Milz bei Splenomegalie mittels ^{51}Cr-markierter Erythrozyten [34]
S_e-Radioaktivität über der Milz zum Zeitpunkt des Equilibriums zwischen zirkulierenden und Milzerthrozyten
S_t-Radioaktivität über der Milz zum Zeitpunkt t

8.2 Milzfunktion

8.2.1 Blutzellkinetik

Der normale Blutgehalt der Milz beträgt ca. 50 ml, entsprechend etwa 35% des Milzgewichtes und 1% des Gesamtblutvolumens. Nach Einstrom markierter Erythrozyten in die Milz erfolgt eine rasche Durchmischung (Äquilibrium innerhalb von 2 Minuten) [62]. Ein langsames (Durchmischungs-) Kompartiment wird erst beim Vorliegen von Milztumoren deutlich (Abb. 8.4). Die Sinus sind für den raschen Blutaustausch, Billroth-Stränge in erster Linie für das langsame Kompartiment verantwortlich. Je größer die Milz, desto ausgeprägter ist das langsame Kompartiment (Übersicht bei [34]).

Während in einer normalen Milz das Erythrozytenpooling sehr gering ist, finden sich sogar beim Gesunden etwa 30% der zirkulierenden Thrombozyten in der roten Pulpa [3]. Der Anteil des Thrombozytenmilzpools ist ebenfalls in etwa der Milzgröße korreliert.

Neutrophile und andere Granulozyten werden normalerweise in der Milz nicht gespeichert, die Milz trägt zum marginalen Granulozytenpool nicht wesentlich bei [4]. Bei ausgeprägten Splenomegalien kann jedoch auch für diese Zellen ein Pooling-Effekt auftreten.

8.2.2 Antikörperbildung

Beinahe ein Drittel des lymphatischen Gewebes findet sich in der Milz, so daß dieses Organ eine wichtige Quelle der Antikörperbildung darstellt (Übersicht bei [34]). Dies gilt insbesondere für die Bildung von IgM-Antikörpern (bei Splenomegalien ist das Serum-IgM oft erhöht, nach Splenektomie mäßig vermindert; [24]).

Defekte betreffen vor allem die Elimination bestimmter kapseltragender Bakterien (in erster Linie Pneumokokken, Haemophilus influenzae und Meningokokken; s. Kap. 8.3.1). Für ihren Abbau bietet die Milz mit ihren günstigen Opsonisierungsbedingungen günstige Voraussetzungen. Bei der Elimination subkutan und intravenös verabreichter löslicher Antigene ist die Milz von geringer Bedeutung. Partikuläre Antigene werden dagegen (in der Marginalzone und der roten Pulpa) bevorzugt angereichert und – begünstigt durch opsonisierende Antikörper – eliminiert.

8.2.3 Phagozytose und Opsonisierung

Erythrozyten, die mit „inkompletten" Antikörpern beladen sind, werden durch die Milz bevorzugt eliminiert (Übersicht bei [19, 31, 51]). Erythrozyten-IgG-Antikörperkomplexe zeigen eine Bindungsaffinität für Zellen der Makrophagenreihe, welche einen hochaffinen Fc-γ-Rezeptor (CD64) aufweisen [1, 19, 22, 27 u.a.]. Daneben sind auch niedrigaffine Fc-γ-Rezeptoren (CDw32, CD16) an Milzmakrophagen zum Teil nachweisbar. Auch die verschiedenen C3-Rezeptoren (für Metaboliten der 3. Komplement-Komponente) sind vorhanden (CR1=CD35, CR3=CD11b, CR4=CD11c, siehe Kapitel 1.3.1.1). Die besondere Kreislaufsituation in der Milz begünstigt diese Elimination schon bei geringer Erythrozytensensibilisierung oder von Mikroorganismen im Kreislauf nach Antikörperbeladung.

Erythrozyten, die mit einer geringen Zahl von IgG-Antikörpern sensibilisiert sind, werden bevorzugt in der Milz abgebaut: bei höheren Antikörperkonzentrationen und durch Wirkung von Komplement wird jedoch meist auch eine Hämolyse im übrigen Makrophagensystem (mit der Leber als repräsentativstem Organ) nachweisbar [19, 32, 34].

8.2.4 „Culling" und „Pitting" zur Elimination abnormer Erythrozyten

Die Milz dient als Filter für abnorm gestaltete Erythrozyten [8]. „Culling" (Auslesen) bezieht sich auf die Fähigkeit der Milz, abnorm geformte Erythrozyten in der roten Pulpa zu eliminieren.

Erythrozyten mit abnorm starrem Zytoplasma (z.B. bei Sichelzellanämien), defekten Zellmembranen, Sphärozyten oder Erythrozyten mit besonders rigiden Membranproteinen (Thalassämie-Syndrome), werden durch diese Culling-Mechanismen eleiminiert [17]. Nur gut verformbare Erythrozyten passieren die rote Pulpa, die damit eine Qualitätskontrolle auf die Erythrozyten ausübt (s. Kap. 8.1.2).

„Pitting“ bezieht sich auf die Fähigkeit der Milz, Einschlußkörper aus Erythrozyten zu entfernen (= eine Narbe bilden, aushöhlen). Dies gilt insbesonders für die Howell-Jolly-Körperchen, Heinz-Körperchen und siderotische Granula. Diese Entfernung erfolgt ohne Zerstörung der Erythrozyten [42].

Elektronenmikroskopisch kann dieser Prozeß definiert werden [54]. Er ist schematisch in Abb. 8.3 zusammengefaßt. Der Normalanteil der Erythrozyten zwängt sich durch die Stomata, während der Innenkörper-tragende Bereich durch die schlechte Deformierbarkeit hängenbleibt und schließlich abreißt. Der so gereinigte Erythrozyt ist nach Rekonstitution der Membran von normalem Aufbau. Dieser Mechanismus hilft auch bei der Elimination von Erythrozyten, die bestimmte Mikroorganismen (z. B. Malaria-Plasmodien) enthalten. Auch Retikulozyten werden einer Oberflächenmodifikation unterzogen, wodurch Membrananteile eliminiert werden [7,9].

8.2.5 Hämatopoetische Funktion

Das in der Fetalzeit aktive hämatopoetische Organ behält die Fähigkeit bei, unter bestimmten hämatologischen Streßsituationen sowie leukämischen Erkrankungen mit Knochenmarkinfiltration wieder Blutbildungsfunktionen zu übernehmen. Andererseits filtert die Milz Erythroblasten aus der Zirkulation; nur in Ausnahmefällen kommt es in der Milz jedoch zu ihrer weiteren Reifung [20].

8.3 Erkrankungen mit Funktionsstörungen der Milz

Zuständen mit Defekten der Milzfunktion (Z. n. Splenektomie, selten funktionelle Hyposplenien) stehen Erkrankungen mit gesteigerter Funktion – insbesondere ihrer Speicherleistung (Hyperspleniesyndrome) – gegenüber.

8.3.1 Zustand nach Splenektomie und funktionelle Hyposplenie

Kongenitale Agenesien der Milz sind selten. Sie sind meistens mit schweren Mißbildungen des Herzens und der großen Gefäße bei partiellem Situs inversus der Abdominalorgane und anderen Mißbildungen kombiniert (Asplenie-Syndrome; [37]).

Eine Hypoplasie der Milz wurde häufig auch bei Fanconi-Anämien beobachtet [42].

Erworbene Hyposplenien. Diese funktionellen Defektzustände können bei verschiedenen Erkrankungen gesehen werden (Tabelle 8.1). Bei Sichelzellerkrankungen manifestieren sie sich häufig schon im 2.–3. Lebensjahr mit progredienter Verschlechterung in späteren Jahren [42, 45, 46]. Bei Zöliakie und Sprue sind Milzfunktionsstörungen ebenfalls nicht ungewöhnlich [38, 57], sie kommen auch bei Dermatitis herpetiformis vor [50].

Zirkulierende Howell-Jolly-Körperchen werden bei allen Personen mit Asplenie und deutlichen Zeichen der Milzfunktionsstörung gefunden. Die Zahl ist allerdings gewöhnlich niedrig (1–5/1000 Erythrozyten).

Tabelle 8.1. Ursachen erworbener Milzatrophien und Funktionsstörungen (nach [42])

Zöliakie und Sprue
Colitis ulcerosa
Dermatitis herpetiformis
Sichelzellanämie (SS, SC, S/Thal u. a.)
Allogene Knochenmark-Transplantation
Fanconi-Anämie

Sie werden meistens von *Pappenheim*-Körperchen begleitet. Häufig findet man auch zusätzlich Schießscheibenerythrozyten, Akantho- sowie vermehrt Siderozyten ([12, 13]; Übersicht bei [34, 42]). Ein geringer Anstieg der Retikulozyten und der polychromatischen Erythrozyten kann bei manchen Patienten nachgewiesen werden.

Zustand nach Splenektomie. Nach den hämatologischen Befunden werden Frühveränderungen und Späteffekte unterschieden, Komplikationen betreffen vor allem Immundefekte (Postsplenektomieinfektionen), die im Erwachsenenalter jedoch selten von klinischer Relevanz sind.

Postoperativ kommt es zu einer Leukozytose; mäßige Erhöhungen persistieren meist [39]. Die Leukozytose kommt zunächst durch eine Neutrophilie, später vor allem durch eine Zunahme von Lymphozyten, Monozyten und Eosinophilen zustande. Die zunächst häufig ausgeprägte Thrombozytose fällt meist auf Werte ab, die mäßig höher als vor dem Eingriff liegen. In Einzelfällen können jedoch auch Thrombozytosen erheblichen Ausmaßes bestehen bleiben.

Postsplenektomieinfekte mit schwerer Verlaufsform werden vor allem durch Pneumokokken verschiedener Serotypen, *Haemophilus influenzae* und *Neisseria meningitidis* hervorgerufen (Übersicht bei [42]). Das Krankheitsbild (s. Kap. 8.2.2) manifestiert sich als Septikopyämie (meist ohne manifesten Ausgangsherd), häufig mit begleitender Meningitis. Die Erkrankung zeigt einen stürmischen Verlauf und führt in etwa 2/3 der Patienten zum Tod. Die Gefahr dieser Komplikation besteht vor allem im frühen Kindesalter (< 4 Jahre). Einzelfälle kommen jedoch auch im Erwachsenenalter vor (weshalb prophylaktische Impfungen empfohlen werden; [2]).

Die Inzidenz wird mit bis zu 10% bei Kleinkindern und unter 1% in späteren Jahren angegeben. Begleiterkrankungen mit Immundefekten können das Risiko erhöhen (s. Infektkomplikationen bei M. Hodgkin).

Eine gerinfgügige Steigerung der Mortalität durch ischämische Herzerkrankungen wurde bei Langzeitbeobachtungen splenektomierter Personen beobachtet. Sie wird auf erhöhte Thrombozytenwerte mit begleitender Hyperkoagulopathie zurückgeführt [43, 55].

Eine Besserung der Milzfunktion nach Splenektomie kann durch *Splenose* oder eine akzessorische Milz eintreten. Als Splenose wird die Aussaat von Milzgewebe als Folge einer Milztruptur (oder einer angestrebten Autotransplantation) bezeichnet [21, 34, 42, 47].

Tabelle 8.2. Einteilung und Vorkommen von Splenomegalien [34]

I.	Im Rahmen von Entzündungen und Infektionen
II.	Kongestive Splenomegalie
III.	Milzhyperplasie
	A. Hämolytische Anämien
	B. Leukämien und myeloproliferative Erkrankungen
	C. Lymphome
IV.	Infiltrative Splenomegalie
V.	Zysten und solide Tumoren

Nach traumatischer Milzruptur soll eine Splenose bei fast der Hälfte der Personen vorkommen. Übersteigt das wiederaufgetretene Milzgewebe etwa 25 g, dann dürften meist die hämatologischen Veränderungen der Asplenie sistieren [21, 47].

Akzessorische Milzen sind Milzgewebsanlagen, die nach Splenektomie zum Wachstum angeregt werden [64]. Sie finden sich nach verschiedenen Untersuchungen bei 15–30% der Bevölkerung [15, 64]. Die meisten akzessorischen Milzen liegen im ursprünglichen Milzhilus oder in nahegelegenen Arealen.

Zum Wiederauftreten einer hämolytischen Anämie bei hereditären Sphärozytosen waren nach Einzelberichten Regenerate von etwa 200 g erforderlich [36].

Die „Wiedergeburt" der Milz [21] kann durch bildgebende Verfahren (z.B. mit hitzedenaturierten markierten Erythrozyten) erfaßt werden.

8.3.2 Hyperspleniesyndrom

Das Hyperspleniesyndrom (HSS) ist durch eine Anämie mit Thrombo- und/oder Leukopenie bei gleichzeitig deutlich nachweisbarem Milztumor charakterisiert. Das Knochenmark zeigt eine normale bis häufig gesteigerte Zellularität. Die Zytopenie wird durch die Splenektomie weitgehend korrigiert.

Vorkommen. Zustände, die häufig mit einem HSS einhergehen, sind in Tabelle 8.2 zusammengefaßt. Das Ausmaß der Splenomegalie ist bei verschiedenen auslösenden Ursachen recht unterschiedlich. Die ausgeprägtesten Tumoren werden bei idiopathischer Myelofibrose, manchen Patienten mit CML und gelegentlich bei NHL niedriger Malignität gesehen (Tabelle 8.2).

8.3.2.1 Pathophysiologie

Die Symptomatik ausgeprägter Splenomegalien läßt sich auf Verteilungsänderungen der Blutzellen *(Pooling)*, Plasmavolumerhöhungen *(Verdünnungsanämie)* und Folgezustände der veränderten Hämodynamik im Portalkreislauf zurückführen.

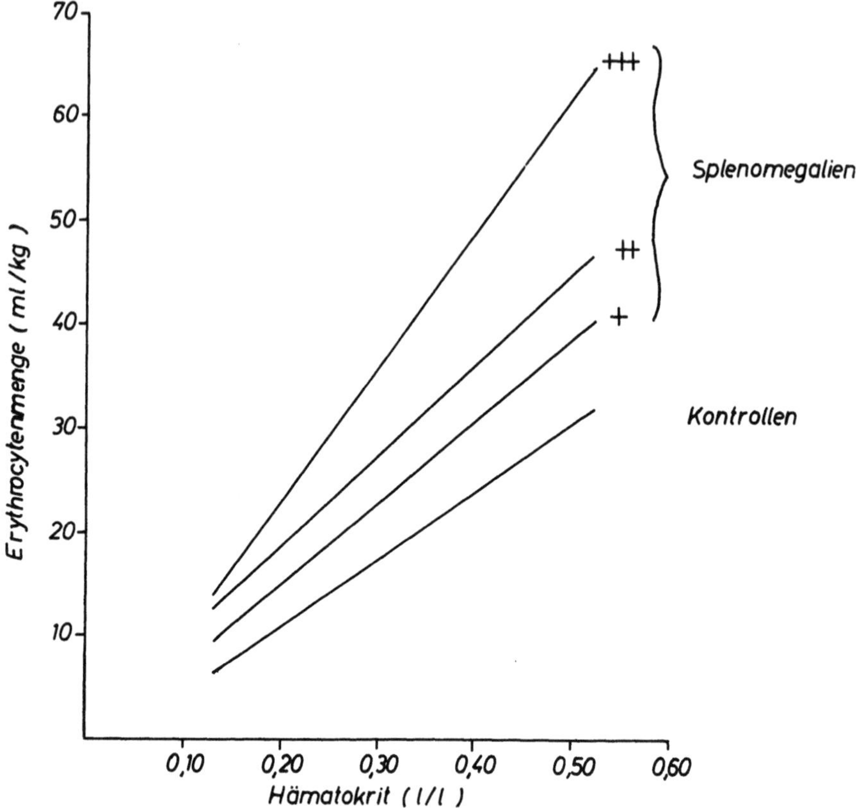

Abb. 8.5. Zirkulierende Erythrozytenmenge/HK in Abhängigkeit von der Milzgröße [29]
+ 5–10 cm unter dem Rippenbogen (17 Patienten)
++ 10–20 cm unter dem Rippenbogen (24 Patienten)
+++ >20 cm unter dem Rippenbogen (16 Patienten, detailierte Daten bei [29])

a) Pooling

Bei Splenomegalien wirkt die Milz als Erythrozyten-Speicher (s. Kap. 8.2.1) mit verlangsamter Durchmischung (Abb. 8.4). Zur Erreichung eines bestimmten Hämatokrits im peripheren Blut ist – in Abhängigkeit von der Milzgröße – eine deutlich höhere Gesamterythrozytenmenge erforderlich, als dies bei normaler Milzgröße der Fall ist (Abb. 8.5).

Bei ausgeprägten Splenomegalien kann z. B. der Erythrozytengehalt der Milz 1500 ml überschreiten [29, 52]. Durch die Hämokonzentration in diesem Organ kommt es zu einer Veränderung des sonst weitgehend konstanten Verhältnisses zwischen Gesamtkörper- und peripherem Hämatokrit [52].

Mit dem Pooling geht häufig auch eine – meist mäßige – Verkürzung der Erythrozytenlebensdauer einher. Diese tritt gegenüber den anderen Anämieursachen vor allem dann in Erscheinung, wenn es sich um Erythrozyten mit Membran- oder metabolischen Defekten handelt (z. B. kongenitale Sphärozytose).

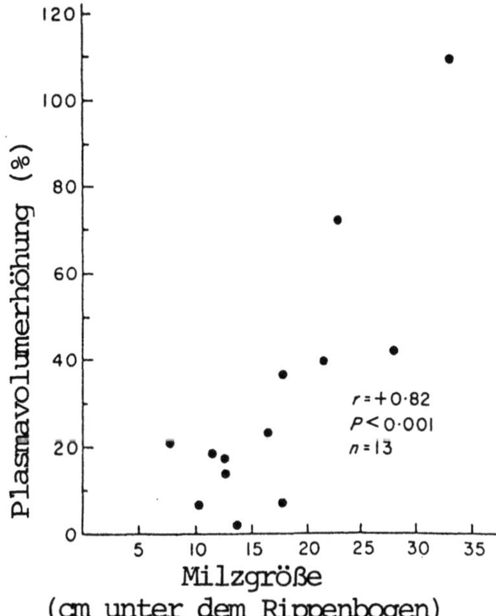

Abb. 8.6. Plasmavolumenerhöhung und Milzgröße bei Patienten mit tropischen Splenomegaliesyndromen. Plasmavolumen in % über dem entsprechend dem Hämatokrit vorhersagbaren Wert [34]

Beim HSS ohne Defekte der Erythrozyten ist die Verkürzung der Erythrozytenlebensdauer meist von relativ geringer Bedeutung (z. B. bei idiopathischer Myelofibrose [30]).

Besonders ausgeprägt ist der Pooling-Effekt bei HSS auf die Thrombozyten. Bis zu 90% der Plättchen können in diesem Organ angereichert sein [3, 5, 6, 32, 34]. Ein Pooling von Granulozyten ist dagegen meist wenig ausgeprägt und findet sich meist nur bei Patienten mit außerordentlich großem Milztumor. Dies steht in Parallele zu klinischen Beobachtungen von nur sehr selten gefährdenden Leukopenien bei HSS.

b) Plasmavolumerhöhung und Verdünnungsanämie

Bei HSS kommt es häufig zu einer Zunahme des Plasmavolumens, die wieder in Beziehung zur Milzgröße steht (Abb. 8.6). Je größer die Blutmenge ist, welche die Milz durchströmt, desto ausgeprägter ist meist auch die Erhöhung des Plasmavolumens [29, 34, 53].

Bei HSS ist das Milzminutenvolumen auf ein Mehrfaches gegenüber Normalpersonen gesteigert [26]. Bei der Passage des Blutes durch die Milz wird Plasma abgepreßt (s. Kapitel 8.1). Daten zur Verdünnungsanämie bei HSS finden sich u. a. bei [29, 30, 53, 65].

c) Veränderungen des Portalkreislaufes

Mit der Vermehrung des Blutstromes durch die Milz kommt es zu einer Zunahme der Blutmenge im Portalkreislauf. Daraus resultiert – bei großen Milztumoren – häufig eine portale Hypertension mit allen Folgezuständen

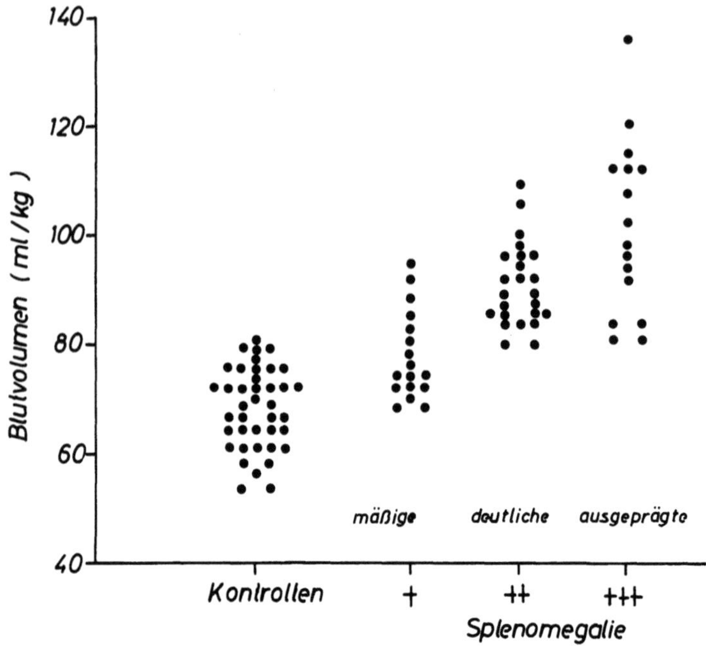

Abb. 8.7. Beziehung zwischen Zunahme des Blutvolumens und Größe des Milztumors [29]

[48, 67]. Ausdruck dieser Ausweitung des Gefäßbettes ist u. a. auch eine Zunahme des gesamten Blutvolumens, die bei HSS in Abhängigkeit von der Vergrößerung der Milz nachgewiesen wird (Abb. 8.7).

Während normalerweise etwa 20% des Portalkreislaufes aus der Milzvene stammen [34], wird bei ausgeprägten Milztumoren dieser Blutfluß durch den Portalkreislauf auf ein Mehrfaches des Normalen gesteigert. Bei vielen Patienten ist dabei das Gesamtblutvolumen auf das 1 1/2fache und mehr des Normalwertes erhöht (Abb. 8.7). Die portale Hypertension mit ihren Folgezuständen (Ösophagusvarizenblutung, Magenvarizen) entwickelt sich ohne obstruktive Läsionen im Portalkreislauf, kann durch solche (z. B. Durchblutungsstörungen der Leber, Pfortaderthrombosen) jedoch erheblich verstärkt werden. Unter anderem kann es dabei auch zur Ausbildung arteriovenöser Shunts kommen [23].

8.3.2.2 Hämatologische Befunde

Meist findet sich eine leichte bis mittelschwere Anämie mit häufig geringfügig erhöhten Retikulozytenwerten. Die Thrombozyten sind oft leicht, manchmal auch deutlich (<50 G/l) vermindert. Die Leukopenie ist meist nicht sehr ausgeprägt. Im Differentialblutbild sind unreife Zellen der Granulopoese sowie eine größere Zahl von Erythroblasten ungewöhnlich. Bei der Knochenmarkpunktion gewinnt man ein normal zellreiches bis hyperplastisches Mark, wobei der Zellreichtum in erster Linie durch eine Vermehrung von Erythroblasten aller Reifungsstufen zustande kommt.

Unter den Zellen der Granulopoese überwiegen – vor allem bei ausgeprägteren Neutropenien – jüngere Formen. Megakaryozyten sind in etwa normaler bis leicht vermehrter Zahl vorhanden und zeigen normale Plättchenbildung. Die Untersuchung sollte eine Knochenmarkbiopsie einbeziehen (symptomatische HSS bei lymphatischen Systemerkrankungen, Nachweis einer idiopathischen Myelofibrose usw.).

Beurteilung der Milzgröße. HSS gehen mit einer palpatorisch vergrößerten Milz einher. Dieser Befund sollte durch bildgebende Verfahren bestätigt und quantifiziert werden. Der erste Schritt ist gewöhnlich eine Sonographie, meist ergänzt durch ein CT. Für Isotopenuntersuchungen der Milz ist ^{99m}Tc ein ideales Radionuklid (Halbwertszeit 6).

Der einfacheren Untersuchung mit ^{99m}Tc-Schwefelkolloid steht die „physiologische" Anwendung markierter autologer hitzegeschädigter Erythrozyten gegenüber. Unter standardisierten Bedingungen werden die letzteren praktisch ausschließlich durch die Milz aufgenommen [49].

8.3.2.3 Erkrankungen mit Splenomegalien

Entzündungen und Infekte. Akute und subakute Milztumoren auf der Basis von Infektionskrankheiten finden sich insbesondere bei Salmonellosen, Septikopyämien, subakuter bakterieller Endokarditis, infektiöser Mononukleose und Tuberkulose. Besonders ausgeprägte Milztumoren werden beim tropischen Splenomegaliesyndrom beobachtet.

Eine isolierte Milztuberkulose ist ein sehr seltenes Ereignis [34]. Die wichtigsten Kriterien für die Diagnose eines tropischen Splenomegaliesyndroms auf der Basis einer Malaria sind [16]: massiver Milztumor, Leberinfiltration mit Lymphozyten [60], hochtitrige Antikörper gegen Malaria, hohes IgM und Ansprechen auf Malariatherapie (Übersicht bei [34]). Ähnlich große Milztumoren werden nur bei Kala-Azar [68] und idiopathischer Myelofibrose gesehen.

Unter den entzündlichen Erkrankungen mit Splenomegalie kommt dem Felty-Syndrom eine besondere Bedeutung zu (Trias von Splenomegalie, Leukopenie und rheumatoider Arthritis). Milztumoren bei Sarkoidose sind nicht ungewöhnlich (in 5–10% der Patienten; [18]), ausgeprägte Splenomegalien jedoch selten.

Kongestive Splenomegaliesyndrome. Diese Zustände sind durch portale Hypertension, Splenomegalie, Aszites und Ösophagusvarizen charakterisiert. Prototyp ist die alkoholische Leberzirrhose mit HSS [34]. Zum Zusammenwirken von Milztumor und Portalkreislauf s. Kap. 8.3.2.1.

Milzhyperplasien im Rahmen hämatologischer Erkrankungen. Es kann sich um eine Arbeitshyperplasie der roten Pulpa im Rahmen hämolytischer Anämien oder um myelo- bzw. lymphoproliferative Erkrankungen handeln. Bei den hämolytischen Anämien ist die Splenomegalie meist mäßig (Tabelle 8.3). Bei myeloproliferativer Erkrankung (insbesondere idiopathischer Myelofibrose, fortgeschrittener Polycythaemia vera oder CML) entwickelt sich nicht selten eine ausgeprägte Splenomegalie mit allen Folgezuständen.

Tabelle 8.3. Häufige Ursachen von Splenomegalien (nach [34])

Größe	unter dem Rippenbogen (cm)	Gewicht (g)	Krankheit (Beispiele)
normal	0	100–200	–
leicht vergrößert	0–4	200–500	Infektionen
mäßig vergrößert	4–8	500–2000	kongestive Splenomegalie hämolytische Anämien infektiöse Mononukleose
stark vergrößert	>8	>2000	CML idiopathische Myelofibrose Polycythaemia vera Lymphome (v. a. niedrigmaligne NHL) chronische Malaria (tropische Splenomegalie) Kala-Azar M. Gaucher

Speicherkrankheiten. Es handelt sich vor allem um angeborene Lipidosen, insbesondere den M. Gaucher (s. Kap. 18.5).

Zysten und Tumoren. Milzzysten kommen bei Hämangiomen, Lymphangiomen, als Dermoid- oder Echinokokkus-Zysten vor. Pseudozysten sind allerdings häufiger.

Dabei handelt es sich um Residuen alter Infarkte oder Hämatome ([58]; Übersicht bei [42]). Klinik und CT-Untersuchungen führen meist zur Diagnosestellung. Bei großen Milzzysten ist eine Splenektomie nicht selten indiziert, da Rupturen, Blutungen oder sekundäre Infektionen diesen Zustand komplizieren können.

Tumorerkrankungen mit Einbeziehung der Milz. Es handelt sich in erster Linie um hämatologische Tumoren (vor allem Non-Hodgkin-Lymphome). Metastasen von soliden Tumoren kommen bei etwa 3–4% der Patienten mit fortgeschrittenen Karzinomen (z. B. der Lunge, Mamma, malignes Melanom) vor.

Es handelt sich dabei in der Regel um eine hämatogene Metastasierung (zu den Grundlagen der Metastasierung siehe [18a] mit Literatur). Ausgedehnte Milzmetastasen sind selten. Dies steht in Übereinstimmung mit experimentellen Ergebnissen, die auf eine Suppression des Metastasenwachstums im Milzmilieu hinweisen [41]. Bei massivem Befall können Tumorzellen eine extramedulläre Hämatopoese in diesem Organ stimulieren [25].

Die häufigsten benignen Tumoren der Milz sind Hämangiome oder Lymphangiome [56]. Sie können in seltenen Fällen Splenomegalien mit Hypersplenismus hervorrufen.

Ungeklärte Milztumoren und idiopathisches Splenomegaliesyndrom. Eine mäßige Milzvergrößerung findet sich bei 2–3% der Bevölkerung [34, 42]. Am besten dokumentiert sind solche Fälle bei jungen Männern [40].

Vielfach handelt es sich um Folgezustände nach infektiöser Mononukleose, wobei in 30% die Milz über Jahre palpabel bleibt. Eine gesteigerte Inzidenz lymphatischer Systemerkrankungen ließ sich in dieser Personengruppe nicht nachweisen. Unkomplizierte Infekte waren möglicherweise bei diesen Personen etwas häufiger [14].

Insgesamt sind palpable Milztumoren jedoch diagnostisch abklärungsbedürftig. Dies gilt insbesondere bei deutlicher Milzvergrößerung und bei Größenzunahme eines Milztumors in der Verlaufskontrolle.

Idiopathische Splenomegaliesyndrome sind außerhalb der Tropen sehr seltene Zustände [1a, 10, 11]. In erster Linie stellt sich die Differentialdiagnose gegenüber Non-Hodgkin-Lymphomen, in welche auch zumindest 20% der Fälle übergehen.

Non-Hodgkin-Lymphome der Milz. Neben der viel häufigeren Einbeziehung der Milz bei generalisierten Lymphomen sind primäre NHL der Milz selten (Übersicht bei [1a]). Es handelt sich um eine heterogene Krankheitsgruppe, wobei NHL niedriger Malignität deutlich vorherrschen. Fast immer handelt es sich um NHL der B-Lymphozyten, deren Subklassifikation Schwierigkeiten machen kann. Es überwiegen lymphozytische Formen (in erster Linie wohl Immunozytome), wobei Überschneidungen zur prognostisch günstigen „pure splenic form" der CLL vorkommen (siehe Kapitel 10.1). Auch „intermediate cell" NHL als häufige Form von Milzlymphomen sind dokumentiert (siehe Kapitel 10.6 über Beziehungen zu cc NHL). Der Phänotyp von „Marginalzonen" – NHL ist dokumentiert [62a]. Die prognostisch weit ungünstigeren „großzelligen" NHL sind seltener und können mit Nekrosebildungen in diesem Organ einhergehen. Die Diagnose primärer Milzlymphome wird meist erst bei der Splenektomie gestellt, das Staging schließt sorgfältige Untersuchungen der Lymphknoten, des Milzhilus und anderer abdomineller Lymphknotenstrukturen ein.

Literatur

1. Abramson N, Gelfand EW, Jandl JH, Rosen FS (1970) The interacion between human monocytes and red cells. Specificity for IgG subclasses and IgG fragments. J Exp Med 132:1207

1a. Aisenberg AC (1991) Malignant lymphomas. Lea and Febiger, Philadelphia.

2. Ammann AJ, Addiego J, Wara DW, Lubin B, Smith WB, Mentzer WC (1977) Polyvalent pneumococcal-polysaccharide immunization of patients with sickle-cell anemia and patients with splenectomy. N Engl J Med 297:897
3. Aster RH (1966) Pooling of platelets in the spleen: Role in the pathogenesis of "hypersplenic" thrombocytopenia. J Clin Invest 45:645
4. Athens JW, Haab OP, Raab SO, Mauer AM, Ashenbrucker H, Cartwright GE, Wintrobe MM (1961) Leukokinetic studies IV. The total blood, circulating and marginal granulocyte pools and the granulocyte turnover rate in normal subjects. J Clin Invest 40:989
5. Bleifeld W et al (1969a) Überlebenszeit und Abbauort menschlicher Thrombozyten. Acta Med Scand (Suppl) 498:5
6. Bleifeld W et al (1969b) Zur Pathogenese der Thrombozytopenie beim Hypersplenismus. Dtsch Med Wochenschr 92:2149

7. Come SE, Shohet SB, Robinson SH (1974) Surface remodeling vs whole-cell hemolysis of reticulocytes produced with erythroid stimulation or iron deficiency anemia. Blood 44:817–830
8. Crosby WH (1959) Normal functions of the spleen relative to red blood cells: A review. Blood 14:399
9. Crosby WH (1977) Splenic remodeling of red cell surfaces. Blood 50:643
10. Dacie JV, Worlledge SM (1969) "Non-tropical idiopathic splenomegaly" ("primary hypersplenism"): A review of ten cases and their relationship to malignant lymphomas. Br J Haematol 17:317
11. Dacie JV et al (1978) Non-tropical "idiopathic splenomegaly": a follow-up study of ten patients described in 1969. Br J Haematol 38:185
12. Dean HM (1968) Acanthocytes after splenectomy. N Engl J Med 279:947
13. Douglas AS, Dacie JV (1953) The incidence and significance of iron-containig granules in human erythrocytes and their precursors. J Clin Pathol 6:307
14. Ebaugh FG et al (1979) Palpable spleens: Ten-year follow-up. Ann Int Med 90:130–131
15. Eraklis AJ, Filler RM (1973) Splenectomy in childhood: a review of 1413 cases. J Pediatr Surg 7:382–388
16. Fakunle YM (1981) Tropical splenomegaly. Clin Haematol 10:963
17. Faller DV, Wyngarden JB, Smith LH (ed). (1988) "Disease of the spleen" in Cecil Textbook of Medicine, Saunders 1988, p. 1086
18. Fanburg BL (1988) Cecil Textbook of Medicine, "Sarcoidosis". p 451
18a. Fidler IJ (1991) The evolution of the metastatic phenotype. Proc AACR 32:486-487
19. Frank MM (1977) Pathophysiology of immune hemolytic anemia. Ann Int Med 87:210
20. Freedmann MH, Saunders EF (1981) Hematopoiesis in the human spleen. Am J Haematol 11:271
21. Friederici H (1979) Born-again spleens. N Engl J Med 300:258
22. Fries LF, Frank MM (1987) Molecular Mechanisms of Complement action. In: The molecular basis of blood diseases. Stanatoyamopoulos, Arientunis, Leder, Majerus (eds) Saunders Company
23. Garnett ES, Goddard BA, Markby D, Weber CE (1969) The spleen as an arteriovenous shunt. Lancet 1:386
24. Gavrilis P, Rothenberg SP et al (1972) Correlation of low serum IgM levels with absence of functional splenic tissue in sickle cell disease syndromes. Am J Med 57:542
25. Gross S, Marymont JH jr (1963) Extramedullary hematopoiesis and metastatic cancer in the spleen. Am J Clin Pathol 40:194
26. Holzbach RT, Shipley RA, Clark RE, Chudzik EB (1964) Influence of spleen size and portal pressure on erythrocyte sequestration. J Clin Invest 43:1125
27. Huber H, Fundenberg HH (1968) Receptor sites of human monocytes for IgG. Int Arch Allergy 34:18
28. Huber H, Fundenberg HH (1969) The IgG receptor. An immunologic marker for the characterization of mononuclear cells. Immunology 17:7
29. Huber H, Lewis SM, Szur L (1964) The influence of anaemia, polycythaemia and splenomegaly on the relationship between venous haematocrit and red-cell volume. Brit J Haemat 10:567–575
30. Huber H, Lewis SM, Szur L (1965) Anämie und Gesamtmenge zirkulierender Erythrozyten bei Osteomyelosklerose. Klin Wochenschr 43:758
31. Huber H, Ledochowski M, Michlmayr G (1981) The role of macrophages as effector cells. In: Schmalzl F, Huhn D, Schaefer HE (eds) Disorders of the monocyte macrophage system. Springer, Berlin Heidelberg New York, p 39
32. Jandl JH, Aster RH (1967) Increased splenic pooling and the pathogenesis of hypersplenism. Am J Med Sci 253:383
33. Jandl JH, Jones AR, Castle WB (1957) The destruction of red cells by antibodies in man. 1. Observations on the sequestration and lysis of red cells altered by immune mechanisms. I Clin Invest 36:1428

34. Jandl JH (1987) Blood, Textbook of Hematology, 1st Edition. Little, Brown and Company, Boston/Toronto
34a. Klein J (1991) Immunologie (Schmidt RE, Hrsg.) VCH Verlagsgesellschaft, Weinheim
35. Lobuglio AF, Cotran RS, Jandl JH (1967) Red cells coated with immunglobulin G: Binding and sphering by mononuclear cells in man. Science 158:1582
36. MacKenzie FAF, Eastcott HHG, Barkhau P, Elliot DH, Hughes-Jones NC, Molison PL (1962) Relapse in hereditary spherocytosis with proven splenunculus. Lancet 1:1102
37. Majeski JA, Upshur JK (1978). Asplenia syndrome: a study of congenital anomalies in 16 cases. JAMA 240:1508
38. Marsh GW, Bell HE (1970) The association of splenic atrophy and intestinal malabsorption: report of a case and review of the Literature. Brit J Haematol 19:445
39. McBride JA, Acie JV, Shapley R (1968) The effect of splenectomy on the leucocyte count. Br J Haematol 14:225
40. McIntyre OR, Ebaugh FG jr (1967) Palpable spleens in college freshmen. Ann Intern Med 66:301
41. Miller JM, Milton GW (1965) An experimental comparison between tumor growth in the spleen and liver. J Pathol Bacteriol 90:515
41a. Möller P, Mielke B (1989) Extrafollicular peripheral B-cell report. In: „Leucocyte Typing IV“ (Knapp W, ed.) Oxford Univ. Press, Oxford p213–215
41b. Narang S, Wolf BC, Neiman RS (1985) Malignant lymphoma presenting with prominent splenomegaly: a clinicopathologic study with special reference to intermediate cell lymphoma. Cancer 55:1948–1957
42. Nathan DG, Oski FA (1987) Hematology of infancy and childhood, 3rd ed. Saunders Company
43. Nomikos IN (1984) Is sepsis the only possible harmful consequence of splenectomy? N Engl J Med 311:198
44. Palmer AA (1965) Axial drift of cells and partial plasma skimming in blood flowing through glass slits. Am J Physiol 209:1115–1122
45. Pearson HA, Gallagher D (1985) Developmental patterns of splenic dysfunction in sickle cell disorders. Pediatr 76:392
46. Pearson HA, Spencer RP, Cornelius EA (1969) Functional asplenia in sickle-cell anemia. N Engl J Med 281:923
47. Pearson HA, Johnston D, Smith KA, Touloukian RJ (1978) The born-again spleen: Return of splenic function after splenectomy for trauma. N Engl J Med 298:1389–1392
48. Peter ET, Peters RS, Cano RT, Dang CV (1982) Splenomegaly as a cause of gastric varices in the absence of cirrhosis or splenic vein thrombosis. Gastroenterology 82:1148
49. Peters AM, Ryan FJ, Klonizakis I, Elkon KB, Lewis SM, Hughes GRV (1981) Analysis of heat-damaged erythrocyte clearance curves. Brit J Haematol 49:581
50. gestrichen
51. Petz LD, Garraty G (1980) Acquired immune hemolytic anemias. Churchill Livingstone, New York Edinburgh London
52. Pryor DS (1967) The mechanism of anaemia in tropical splenomegaly. Q J Med 36:337
53. Richmond J, Donaldson GWK, Williams R, Hamilton PJS, Hutt MSR (1967) Haematological effects of the idiopathic splenomegaly seen in Uganda. Br J Haematol 13:348
54. Rifkind RA (1965) Heinz body anemia; an ultrastructural study: II. Red cell sequestration and destruction. Blood 26:433
55. Robinette CD, Fraumeni JF jr (1977) Splenectomy and subsequent mortality in veterans of the 1939–45 war. Lancet 2:127
56. Rosenthal DS, Harris NL (1985) Case records of the Massachusetts general hospital. A 69-year-old man with peripheral vascular disease and hypersplenism. N Engl J Med 313:1405

57. Ryan RP, Smart RC et al (1978) Hypersplenism in inflammatory bowel disease. Gut 19:50
58. Rywlin AM, Benson J (1961) Massive necrosis of the spleen, with formation of a pseudocyst. Report of case in a white man with sickle cell trait. Am J Clin Pathol 36:142
59. Schmidt EE et al (1983) Circulatory pathways in the sinusal spleen of the dog, studied by scanning electron microscopy of microcorrosion casts. J Morphol 178:111
60. Schnitzler B (1976) Sinusoidal Hepatic Infiltrates. Lancet 2:258
61. Stutte HM (1970) Die pathologische Anatomie der roten Milzpulpa: anatomische Analyse mit fermentcytochemischen Methoden. In: Lennert K, Harms D (ed) Die Milz. Springer-Verlag
62. Toghill PJ (1964) Red-cell pooling in enlarged spleens. Brit J Haematol 10:347
62a. Van den Oord JJ, Facchetti F, de Wolf-Peeters C et al (1989) Reactivity of monocytoid B-lymphocytes with the B-cell panel of mAb. In: „Leucocyte Typing IV“ (Knapp W, ed.) Oxford Univ. Press, Oxford p217–219
63. Van Krieken JHJM, de Velde J (1986) Immunohistology of the human spleen: an inventory of the localization of lymphocyte subpopulations. Histopathology 10:285
64. Wadham BM, Adams PB, Johnson MA (1981) Incidence and location of accessory spleens. N Engl J Med 304:1111
65. Weinstein VF (1964) Haemodilution anaemia associated with simple splenic hyperplasia. Lancet 2:218
66. Weissman IL, Warnke, R, Butcher EC, Rouse R, Levy R (1978) The Lymphoid System; Its Normal Architecture and the Potential for Understanding the System Through the Study of Lymphoproliferative Disease. Human Pathol 9:25
67. Williams R, Parsonson A, Somers, Hamilton PJS (1966) Portal hypertension in idiopathic tropical splenomegaly. Lancet 1:329–333
68. Woodruff AW, Topley E, Knight R, Downie CGB (1972) The Anaemia of Kala Azar. Brit J Haematol 22:319

Kapitel 9: M. Hodgkin

H. Huber, R. Greil, B. Fasching, V. Diehl

Pathohistologisch ist der M. Hodgkin (MH) durch große polyploide Zellen (Sternberg Reed = SR-Zellen) und ihre Vorstufen (Hodgkin-Zellen) charakterisiert. Im Tumorgewebe treten sie allerdings zahlenmäßig gegenüber Lymphozyten, Plasmazellen, Eosinophilen und Makrophagen meist weit zurück. Dieser zelluläre Hintergrund entspricht morphologisch reaktiven Zellen.

9.1 Pathohistologie

Nach der Rye-Klassifikation [144] werden vier histologische Formen der Erkrankung unterschieden (Tabelle 9.1). Prognostisch vorteilhaft sind der lymphozytenreiche (LP) und nodulär-sklerosierende Typ (NS), ungünstiger der Mischzell- (MC) und lymphozytenarme Typ (LD).

Mit den Fortschritten der Therapie wurden diese Unterschiede auch in großen Patientengruppen statistisch nicht mehr faßbar. Moderne Studien zeigen jedoch gewisse Einflüsse der pathohistologischen Typen (LP, NS gegenüber MC, LD) auf den Krankheitsverlauf (z. B. [221], Übersichten bei [1a, 98]). In einzelnen Studien an großen Patientengruppen wurde auch die prognostische Relevanz einer Unterteilung von NS in 2 Subgruppen dokumentiert (siehe Kapitel 9.1.2).

Tabelle 9.1. Häufigkeit der Subtypen von MH (n = 656) (nach [43, 111a])

Histologie	n	%	Charakteristika
LP	34	5,2	in der Mehrzahl (>70%) Stadien I und II, meist Männer, Relapsrate nur 10–15%
NS	458	69,8	oft Befall von Mediastinum und supraklavikulären Lymphknoten, bevorzugt junge Frauen
MC	146	22,2	häufig mit Allgemeinsymptomatik
LD	9	1,4	meist Stadien III und IV, häufig ältere Patienten
nicht klassifizierbar	9	1,4	

Pathohistologisch abgrenzbar ist die Mehrzahl der LP-Fälle von den übrigen Histologien. Es handelt sich dabei um eine Neoplasie der B-Lymphozyten [208]. Die Herkunft der Tumorzellen bei den übrigen histologischen Formen ist dagegen weiterhin umstritten. Während beim „nodulären Paragranulom" (s. unten) die Tumorerkrankung von den B-Zellarealen des Lymphknotens ihren Ausgang nimmt, sind bei den anderen Formen zumeist die T-Zellareale betroffen.

9.1.1 Lymphozytenreicher Typ

Diese Form (LP = lymphocyte predominance) macht etwa 5% des MH aus [43]. Es kann ein nodulärer und diffuser Subtyp unterschieden werden [23, 94, 133, 144, 154, 173, 180, 216, 217]. Der noduläre Subtyp ist dem „nodulären Paragranulom" von Jackson u. Parker synonym [133, 154, 173].

Häufig besteht zur Zeit der Diagnosestellung ein lokalisiertes Stadium (Übersicht bei [1a]). In 50% der Patienten von Hansmann et al. [94] und in 94% der Fälle von Miettinen et al. [154] lag ein Stadium I vor. Am häufigsten waren Lymphknoten oberhalb des Zwerchfells ergriffen, doch war ein inguinaler Befall nicht selten (in 33,4% bei Hansmann et al. [94]). Im Stadium I lag die Überlebensdauer behandelter Patienten nach Hansmann et al. [94] nur unwesentlich unter dem Erwartungswert von Normalpersonen. Sogar im Stadium III ohne Milzbefall war die Prognose auffallend günstig. Eine B-Symptomatik war nur in 10% der Patienten nachweisbar [94], wie dies insgesamt für den LP-Typ gilt [43]. Patienten, die zur Zeit der Diagnosestellung älter als 50 Jahre waren, zeigten allerdings einen ungünstigeren Krankheitsverlauf (15 der 34 Patienten von Hansmann et al. [94] verstarben).

Die Rezidivwahrscheinlichkeit wird etwas unterschiedlich angegeben: Jandl [111a] gibt sie mit 5–10% an. Eine erhöhte späte Relapsrate fehlte auch in einer britischen Studie. In der retrospektiven Auswertung von Hansmann et al. [94] betrug sie 36%. In der Patientengruppe von Regula et al. [180] waren dagegen Rezidive beim nodulären Subtyp des LP weit häufiger als bei der diffusen Form (in 5 Jahren 83% gegenüber 17%).

Histologische Transformation

Miettinen [154] sah eine Transformation in großzellige NHL in 4 der 51 Patienten (bei einer medianen Beobachtungsdauer von 7 Jahren). Hansmann [94] beobachtete einen Übergang in ein immunoblastisches NHL in 5 der 145 Fälle (3,4%), während Regula et al. [180], bei der Gesamtgruppe von 73 LP-Patienten nur in einem Fall ein diffuses großzelliges NHL dokumentiert (s. Kap. 9.9.2). Nach den Daten der Britischen MH-Studien entwickelten 3,8% der LP-Patienten ein NHL [9a]. Die Mehrzahl der Tumoren waren „großzellige" NHL vom B-Zell-Typ.

9.1.2 Nodulär-sklerosierender Typ

Dieser häufigste histologische Typ (NS) des MH umfaßt über 40% der Fälle großer Serien (Tabelle 9.1). Unabhängig vom Stadium der Erkrankung besteht eine besondere Häufung mediastinalen Befalls. Umgekehrt zeigen die meisten Patienten mit Mediastinaltumor (60%) diese histologische Form [43].

Nach Lukes et al. [144] können 2 Subtypen unterschieden werden. Vom typischen Bild der NS können solche mit der „zellulären Phase einer NS" (NSCP) abgegrenzt werden. Nach den Auswertungen von Colby et al. [43] war die Überlebensdauer der Patienten mit NS etwas günstiger als bei Patienten mit NSCP ($p < 0,02$), doch kommen Übergänge zwischen diesen beiden Untergruppen häufig vor.

Nach den Ergebnissen der britischen Lymphomstudien erwies sich die Differenzierung von 2 NS-Typen als prognostisch relevant [9, 97]. Fälle mit ausgeprägten Arealen von Lymphozytendepletion oder Vorhandensein zahlreicher pleomorpher Hodgkin-Zellen wurden dem maligneren Grad 2-Subtyp zugeordnet. Die Patienten dieser Gruppe waren im Verlauf sogar ungünstiger als solche mit MC. Diese Ergebnisse wurden inzwischen bestätigt [71, 236]. Alle 3 Studien zeigten in der 5- bzw. 10 Jahres-Gesamtüberlebensdauer deutliche Unterschiede zwischen Grad 1 und 2 (Überleben 72–85% gegenüber 45–58%). 20–30% der NS-Patienten zeigten eine Grad 2-Histologie [236]. In der deutschen Hodgkin-Studie konnten diese Ergebnisse jedoch nicht bestätigt werden [75], eine Meinung, die auch von anderen Gruppen vertreten wird (z. B. [1a]).

9.1.3 Mischzelltyp

Diese Form (MC) umfaßt etwa 30% der MH-Fälle, wobei Generalisationsstadien nicht selten sind (fast 10% Stadien III und IV). In verschiedenen Auswertungen variiert die relative Häufigkeit von MC und NS, da die Kriterien zu diesen Zuordnungen unterschiedlich angewandt werden.

Vor allem sind zervical/supraklavikuläre Lymphknoten (87%) und Milz (50%), seltener paraaortale Lymphknoten (36%), axilläre Lymphknoten (34%), Mediastinum (33%), iliakale Lymphknoten (27%), Milzhilus (23%), Lungenhilus (20%), Leber (12%) ergriffen.

Histologisch kann insbesondere die Abgrenzung eines gemischtzelligen von der zellulären Phase eines nodulär-sklerosierenden M. Hodgkin (NSCP) auf Schwierigkeiten stoßen.

9.1.4 Lymphozytenarmer Typ

Dieser Typ (LD) findet sich in 1–10% der MH-Fälle (Übersicht bei [1a, 84], s. auch Tabelle 9.1). Er kommt vor allem im mittleren bis fortgeschrittenen Alter zur Beobachtung (Median in verschiedenen Studien 48–57a, [84]). Meist liegt bei Diagnosestellung ein Stadium III oder IV vor (in 70% und mehr der Literaturfälle), fast immer mit B-Symptomatik (um 90% der Fälle). Die wichtigsten Laboratoriumsbefunde einer Studie von 25 Patienten finden sich in Tabelle 9.2.

Hauptbefallene Organe [84] waren periphere (48%) und/oder retroperitoneale Lymphknoten (63%), Milz (64%), Leber (52%) und Knochenmark (in 40–56%; [84]).

Es werden 2 Subtypen unterschieden:
- LD mit diffuser Fibrose und
- eine retikuläre Form [1a, 84, 144, 161].

Der letztere Subtyp war im Verlauf meist höher maligne. Bei LD mit diffuser Fibrose kommen dagegen auch günstigere Verläufe zur Beobach-

Tabelle 9.2. Laboratoriumsbefunde beim LD-Typ (nach [84])

	n	%
Anämie (Hk <0,37 l/l)	22	88
Lymphopenie (<1,5 G/l)	18	72
Leukopenie (<5,0 G/l)	11	44
Thrombozytopenie (<100 G/l)	7	28
Alkalische Phosphatase erhöht	19	79
LDH erhöht	16	70
Serum-GOT erhöht	13	52
Bilirubin erhöht (>2,0 mg/dl)	1	5

tung (medianes Überleben nach [84]; 10 gegenüber mehr als 39 Monate; $p < 0{,}005$).

Reklassifikation von LD-Fällen eines M. Hodgkin (n = 39) durch Kant et al. [118], erbrachte Histologien eines anderen Hodgkin-Typs (n = 20) oder eines NHL (n = 10). Bei den NHL handelte es sich um „großzellige" oder immunoblastische NHL. Diffuse pleomorphe Lymphome, die besonders mit einem MH verwechselt werden können, schließen periphere T-Zell-NHL und Keimzentrumlymphome mit dysplastisch großzelliger Komponente ein [84].

In diesem Zusammenhang sei an die schwer einordenbaren Histologien erinnert, bei denen die Abgrenzung MH gegen ALC (anaplastisch großzellige NHL) zur Diskussion steht. Die Pathologie der „Hodgkin related" ALC bedarf weiterer Untersuchungen [208].

9.1.5 Andere histologische Formen

Interfollikulärer MH

Bei dieser Form findet sich im interfollikulären Bereich eine diskrete Infiltration mit SR- und Hodgkin-Zellen, welche durch eine ausgeprägte reaktive follikuläre Hyperplasie übersehen werden kann [43, 53]. Ein interfollikuläres Muster fand sich bei 8% der Patienten von Colby et al. Die klinische Relevanz liegt vor allem in der Gefahr, einen MH zu übersehen.

9.1.6 Kommentierende Zusammenfassung

Ein wichtiger Fortschritt in der pathohistologischen Charakterisierung des MH sind die gut dokumentierten Unterschiede des LP-Types von den anderen Formen dieser Erkrankung. Nach dem feingeweblichen Bild leitet sich der noduläre und manche Formen des diffusen Subtyps der lymphozytenreichen Formen von den B-Zellarealen des Lymphknotens her, während in den übrigen histologischen Typen eine Beziehung zu den T-Zellarealen wahrscheinlicher ist. Die Abgrenzung des Subtyps „noduläres Paragranulom" von den anderen Histologien wird meist auch durch den klinischen Verlauf bestätigt. Er steht eher einem NHL mit Herkunft aus dem lymphatischen Keimzentrum nahe.

Bei „atypischen" Histologien, insbesonders manchen Fällen des LD-Typs sollte ebenfalls den Abgrenzungen gegenüber einem NHL (z. B. anaplastisch grobzelligen Lymphomen, siehe Kapitel 10.11) besondere Aufmerksamkeit geschenkt werden. Der Krankheitsverlauf vieler dieser Patienten ist deutlich schlechter als jener typischer Fälle von MH.

Eine gut reproduzierbare Klassifikation des MH erfordert zentrale Referenzpathologen, die mit den lokalen Histopathologen kooperieren. Eine enge Zusammenarbeit von Kliniken und Pathologen führt zu einer besseren Charakterisierung prognostisch relevanter histologischer Kriterien.

9.2 Immunzytologie der Hodgkin- und Sternberg-Reed-Zelle

Herkunft und Natur dieser Zellen ist noch ungeklärt. Immunhistologische Untersuchungen von Biopsiematerial tragen jedoch zur Charakterisierung dieser Tumorzellen, zur Definition von Subtypen der Erkrankung (z. B. LP) und zur verbesserten Abgrenzung eines MH von NHL bei (Übersicht z. B. bei [1a, 37, 91, 130, 151, 152, 199]). Dargestellt wird die Expression einiger, für diese Tumorzellen charakteristischer Antigene.

Eine zunehmende Zahl paraffingängiger Antikörper macht diese Untersuchungen auch in der Routine auf breiter Basis möglich. Folgende Marker werden vor allem ausgewertet (z. B. [1a, 208]): CD15, CD45, pan-T- und pan-B-Zellmarker.

9.2.1 CD15

Die Mehrzahl der Patienten mit MH zeigt CD15+ SR- und Hodgkinzellen, wobei das Antigen formolresistent ist [56, 103, 108, 151, 170, 205].

Untersuchungen an Paraffinschnitten zeigten, daß damit in etwa 80% der Biopsien von MH-Patienten positive Ergebnisse erhalten werden (Tabelle 9.3). Negativ waren die Immunoblasten in reaktiv veränderten Lymphknoten und auch die Tumorzellen bei den meisten NHL. Ebenso fehlte die CD15-Expression meist beim nodulären Paragranulom (Tabelle 9.3).

Die ursprüngliche Beobachtung, daß das Leu-M1-Antigen durch SR- und Hodgkinzellen in allen 20 untersuchten Fällen (LP nicht untersucht), dagegen in keinem von 27 Fällen von NHL exprimiert wird [103, 104] wurde durch spätere Untersuchungen im wesentlichen bestätigt (Übersicht bei [37, 130]). In etwa 60 bis unter 80% der Biopsien von Patienten mit MH waren die Tumorzellen CD15-positiv (die Ursache für die inkonstante Expression dieses Antigens ist nicht bekannt). Darüber hinaus waren SR-ähnliche Zellen bei NHL ebenfalls in einem Teil der Fälle mit einem CD-15-Antikörper reaktiv (z. B. in 20% der Fälle von [151]). Seltener waren B-Zell-, häufiger dagegen „periphere" T-Zell-Lymphome CD15-positiv [37, 152]. Unter den B-NHL wurden beim Richter-Syndrom z. T. positive Ergebnisse erhalten (wobei auch CD30 exprimiert werden kann; [37]). Am häufigsten waren NHL „peripherer T-Lymphozyten" positiv (vor allem jene

Tabelle 9.3. Immunphänotyp von lymphozytischen und histiozytischen Zellen und SR-Zellen beim Morbus Hodgkin im Vergleich zu Non-Hodgkin-Lymphomen mit SR-ähnlichen Zellen (nach [37, 208])

	monoklonale Antikörper					
	CD30 (BerH2)	EMA	CD45 (LA)	CD15 (LeuM 1)	L26[a]	MT1
Morbus Hodgkin						
LP-N	–	+	±	–	+	–
LP-D	(?)	(?)	(?)	–	+	–
NS	+	–	–	+	–	–
MC	+	–	–	+	–	–
Reaktiver Status	±	–	+	–	+	–
B-Zell-Lymphome	–	–	+	–	+	–
T-Zell-Lymphome	+	±	±	±	–	±
Ki 1 Lymphom	+	+	+	±	±	±

[a] siehe Kapitel 9.2.6

mit bizarren „SR-ähnlichen" Zellen; [37, 235]). Positive Ergebnisse wurden auch bei der lymphomatoiden Papulose und bei Mycosis fungoides beobachtet [164]. Während jedoch bei MH sowohl grobe juxtanukleäre Einlagerungen als auch eine Membranfärbung mit dem Antikörper nachweisbar sind, wurden bei NHL vor allem zartgranuläre zytoplastische Reaktionen gefunden [171]. Auch war der Prozentsatz positiver Zellen bei den pleomorphen T-Zell-NHL mit SR-Zellen meist niedriger [37].

Da spezifische Marker der Granulopoese (z. B. Chlorazetatesterase, Peroxidase, Lysozym, CDw65) bei SR-Zellen konstant fehlen, kann aus der Expression des nicht-linienspezifischen CD15 (Hapten X, weiterführende Literatur bei [122a]) eine Delineation aus der myelopoetischen Reihe nicht abgeleitet werden [37, 204]. Darüber hinaus wird das CD15-Antigen in sehr verschiedenen Geweben und manchen epithelialen Tumoren exprimiert (z. B. [122a]).

9.2.2 CD30 und CD45

Mit dem Ki-1-Antikörper wurde gezeigt, daß SR-Zellen in beinahe allen untersuchten Biopsien von MH positiv reagierten [37, 91, 206]. Das Fehlen einer CD30-Positivität schließt einen MH nicht aus [21, 37]. Negativ sind die als „L&H" („lymphocytic and histiocytic") bezeichneten Tumorzellen beim nodulären Paragranulom [37].

Eine Ki-1-Positivität wird allerdings auch bei anaplastischen NHL („Ki-1-Lymphomen"; [206]), manchen peripheren T-Zell-Lymphomen und „sekundären" Ki-1-Lymphomen festgestellt (Übersicht und Literatur bei [1a, 122a, 208]). Die letztere Krankheitsgruppe ist Hinweis auf eine hochmaligne Transformation meist von B-Zell-Lymphomen niedriger Malignität [204]. Positive Ergebnisse werden auch bei lymphomatoider Papulose erhalten. Eine kleine Zahl CD30-exprimierender Zellen findet sich auch in der äußeren Mantelzone des normalen Keimzentrums und in der T-Zone. Zahlreiche positive Zellen wurden bei manchen reaktiven Lymphadenitiden perifollikulär und ausgedehnter in den T-Zonen festgestellt [37, 206]. Im Gegensatz zum Ki-1-Antikörper ist der CD30-Antikörper BerH2 der Stein-Arbeitsgruppe paraffingängig. Das typische Reaktionsmuster mit einem paraffingängigen CD30-Antikörper geht aus Tabelle 9.3 [37] hervor.

Leucocyte Common Antigen (LCA = CD45R)

Paraffingängige Antikörper für CD45R stehen zur Verfügung. Während ca. 90% der Non-Hodgkin-Lymphome an den Tumorzellen dieses Antigen exprimieren (z. B. [126]), fehlt es meist an SR- und Hodgkinzellen in Paraffinschnitten oder ist nur schwach exprimiert (vor allem zytoplasmatisch). Deutlicher ist die Positivität bei einem Teil der nodulären LP-Fälle (Tabelle 9.3). Damit ist die Erfassung von LCA zur Unterscheidung des MH von T- und B-Zell-NHL von Wert [1a, 37, 56, 151, 170].

9.2.3 EMA

Es handelt sich um ein Antigen, das manchmal bei der Aktivierung lymphatischer Zellen exprimiert wird. Das mit paraffingängigen Referenzantikörpern (z. B. Dako-EMA) nachweisbare Antigen wird bei MH typischerweise dann exprimiert, wenn CD15 negativ ist (Tabelle 9.3). Diese Antikörper sind damit zur Erfassung des nodulären Paragranuloms (CD30-, EMA+) von Wert. Ebenso wird es in vielen Fällen von Ki-1-Lymphomen (CD30+, EMA+, s. Kapitel 10.11), bei manchen pleomorphen T-Zell-Lymphomen und in Einzelfällen anderer NHL exprimiert (weiterführende Lit. bei [37]).

Eine positive Reaktion der Tumorzellen mit Dako-EMA wurde bei der Mehrzahl nodulärer Paragranulome (12 von 18 in der Auswertung von Chittal et al. [37]) gefunden, die damit meist durch den Phänotyp EMA+, pan B+, CD15− charakterisiert sind. Nur Einzelfälle von MH anderer Histologien (1 von 16 NS, 1 von 35 MC) zeigten positive Ergebnisse.

9.2.4 CD25 (IL-2 Rezeptor α-Kette)

Es handelt sich um einen Aktivierungsmarker von T- und teilweise von B-Lymphozyten (Übersicht bei [122a]). Die SR-Zellen sind in der Regel mit anti-Tac gut (z. B. [74]) darstellbar. Intensive Reaktionen gibt auch der Aktivierungsmarker CDw70 [122a, 208].

9.2.5 Reaktion mit Antikörpern gegen T-Lymphozyten

Zur Reaktivität der Tumorzellen mit T-Lymphozyten-spezifischen Antikörpern liegen unterschiedliche Ergebnisse vor. Eine Reihe von Arbeitsgruppen schließen, daß die SR-Zellen mit T-Zellmarkern weitgehend negativ sind [57, 69, 104, 175]. Dies gilt wohl regelmäßig für die Auswertung von Paraffinmaterial, z. B. für den Antikörper MT-1 [37]. Diese negative Reaktion hilft damit zur Abgrenzung gegenüber positiven T-Zell-NHL (Tabelle 9.3).

Negative Ergebnisse mit T-Zellantikörpern an Gefrierschnitten könnten technisch bedingt sein. Durch die enge Verbindung von Tumorzellen und reaktiven T-Lymphozyten ist eine schwächere Expression von T-Zellmarkern an den Tumorzellen leicht zu übersehen [63]. Die nachgewiesenen Antigene sind z. T. zytoplasmatisch lokalisiert und dadurch auch technisch schwieriger nachweisbar (s. auch [204]).

Neuere Untersuchungen erbrachten dagegen in einem Teil der MH-Biopsien eine eindeutige Positivität für T-Zellmarker ([63, 208] u. a.). Mit Antikörpern gegen die β-Kette des T-Zellrezeptors (siehe Kapitel 5.2.1.1) wurden bei 1/4 der MH (21 von 81 Fällen außerhalb LP [208]) positive Ergebnisse erhalten. Noch etwas höher war dieser Anteil mit einem polyclonalen CD3-Antikörper.

Die von der Stein-Arbeitsgruppe postulierte Herkunft eines Teiles (möglicherweise der Mehrzahl) der Tumorzellinfiltrate bei MH von T-Lymphozyten könnte ihre Stütze im histologischen Befallsmuster finden. Bevorzugt sind die T-Zell-abhängigen Anteile des Lymphknotens durch SR- und Hodgkinzellen ergriffen [53, 114]. Ausnahme ist das noduläre Paragranulom. Die Mehrzahl der mononukleären Zellen in den meisten lymphogranulomatösen Infiltraten besteht aus reifen T-Lymphozyten. Dabei überwiegen meist CD4+-Lymphozyten [2, 63, 74, 104, 175 u. a]. Hypothetisch könnte es sich dabei um eine (frustrane) Abwehrreaktion gegen SR- und Hodgkinzellen handeln (Übersicht bei [111a]). Die letzteren sind zur Rosettenbildung mit CD4+-Lymphozyten befähigt [57, 175].

9.2.6 Reaktion mit Antikörpern gegen B-Lymphozyten

Die B-Zellnatur der Tumorzellen beim (seltenen) Subtyp „noduläres Paragranulom“ (nLP) ist gut gesichert (Tabelle 9.3). Bei anderen histologischen Formen war eine spezifische Reaktion mit anti-B-Zell-Antikörpern weit seltener nachweisbar [57, 63, 208].

In der zitierten Studie von Falini et al. [63] waren in 2 von 20 Fällen von MH an Tumorzellen positive Ergebnisse mit pan-B-Zellmarkern (CD19 und CD22) zu erhalten, während eine Reaktion mit Antikörpern gegen T-Lymphozyten und Makrophagen fehlte (LP-Fälle waren nicht inkludiert). Mit dem an Paraffinschnitten wirksamen anti-B Zellantikörper L26 (CD20) reagierte 1/6 der MH-Biopsien außerhalb LP (14 von 83 Fällen [208]). Ähnlich waren die Ergebnisse einer In-situ-Hybridisierungsstudie auf der Ebene der mRNA für Leichtketten [208].

Dagegen war beim nLP-Subtyp ein wichtiges Argument für die B-Zellnatur der Tumorzellen der Nachweis von J-Ketten, ein Hinweis für die Fähigkeit zur Ig-Synthese [172, 207, 216]. Stein et al. [207] fanden bei Auswertung von über 100 Fällen von MH in 22 Fällen J-Ketten. In diesen Fällen waren (entsprechend einem nodulären Paragranulom) die Tumorzellen CD15-negativ. Mit dem CD20-Antikörper L26 waren 19 von 22 MH-Biopsien vom LP-Typ positiv [208].

Beim nodulären Paragranulom sind die Tumorzellen von reichlich B-Lymphozyten umgeben, die Marker von Follikellymphozyten zeigen (vor allem CD21, i.e. Rezeptor für C3d). Für die enge Beziehung zum

Lymphfollikel spricht auch das Vorhandensein von dendritischen Retikulumzellen in den Tumorzellinfiltraten.

9.2.7 Reaktion mit Antikörpern gegen Makrophagen und dendritische Zellen

Die Herkunft der Tumorzellen aus Makrophagen mit gemeinsamen Markereigenschaften steht schon lange zur Diskussion [21, 22, 95, 119, 157, 209 u. a.]. Nach Stein [204, 208] besteht kein Hinweis für eine Makrophagennatur von SR-Zellen [63, 204]. Negativ sind die Ergebnisse mit CD14. Neuere Untersuchungen unter Einschluß eines Panels wirksamer Antikörper gegen Makrophagen (CD68, KI-M8, Ber-MAC3) sicherten diese Aussage weiter [208].

Ein viel diskutierter Kandidat als Herkunftszelle für das Tumorwachstum bei MH ist die interdigitierende Retikulumzelle (IRC) der T-Lymphozytenareale (z. B. [104, 114]). Als antigenpräsentierende und Zytokine bildende Zellen zeigen sie Eigenschaften, die auch für SR-Zellen postuliert werden.

Die Fähigkeit zur Antigenpräsentation von SR-Zellen wurde durch die Diehl-Arbeitsgruppe an Zellinien dokumentiert. Neuere Markeruntersuchungen machen die Herkunft von SR-Zellen aus IRC jedoch sehr unwahrscheinlich [208]. Der Immunphänotyp differiert erheblich (z. B. Positivität von ICR für CD15 erst nach Neuraminidasebehandlung, ICR sind negativ für MH-Marker CD25, CD30 und CDw70).

9.2.8 Kommentierende Zusammenfassung

Die immunphänotypische Charakterisierung von Tumorinfiltrationen bestätigt im wesentlichen die postulierten Unterschiede zwischen der lymphozytenreichen Form und den meisten übrigen Fällen von MH. Die erstere Erkrankung kann – wie aufgrund histologischer Befunde vermutet – tatsächlich meist als Erkrankung der B-Lymphozyten charakterisiert werden. Außerhalb des LP-Typs (vor allem der nodulären Form) ist die Erkrankung nach dem Immunphänotyp heterogen. Ein Teil der Fälle kann nach den Markerergebnissen aktivierten T-, weniger den B-Lymphozyten zugeordnet werden.

Die Phänotypisierung der SR-Zellen am Paraffinschnitt wurde methodisch zu einer differentialdiagnostisch sehr wertvollen Methode entwickelt. Das Markerprofil der typischen SR-Zelle ist CD15+, CD30+, EMA− und CD45R−. Dadurch ist die Abgrenzung vom nodulären Paragranulom (CD15−, CD30−, EMA+, CD45R −/+) und vom großzellig-anaplastischen (KI-1) Lymphom möglich. Differentialdiagnostisch in Frage kommende pleomorphe (periphere) T-Zell-NHL können ebenso meist durch paraffingängige Antikörper gegen T-Lymphozyten erkannt werden, obwohl sie auch CD30+ (und evtl. EMA+) sein können und Überschneidungen des Phänotyps vorkommen.

Eine detaillierte Markerdefinition sollte insbesondere in Fällen mit „atypischer“ Histologie (s. Kap. 9.1.6) angestrebt und Ergebnisse mit der Klinik korreliert werden. Solche Korrelationen können am besten im Rahmen klinischer Studien definiert werden.

9.3 Molekularbiologie und Zytogenetik

9.3.1 Ig- und T-Zellrezeptor-Sequenzen

Der Nachweis von Gen-Rearrangierungen auf der Ebene der Immunglobuline oder der T-Zellrezeptoren ist eine relativ sensitive Methode zum Nachweis einer klonalen Proliferation (zu den Grenzen dieser Methode siehe [1a]). Kann mit geeigneten Sonden für Ig- bzw. TCR-Gensequenzen eine Klonalität erfaßt werden, so sind gewisse Rückschlüsse auf die Herkunft der Tumorzelle im lymphatischen System möglich. Bei einem Teil der Patienten mit MH (5–20% nach [208]) wurden Rearrangierungen auf der Ebene der Ig-Gene bzw. von TCR-Anteilen nachgewiesen, während in anderen Fällen auch mit einer größeren Zahl von SR-Zellen für eine klonale Proliferation kein Hinweis gegeben war [85, 86, 123, 166, 213, 230].

Die SR- und Hodgkinzellen repräsentierten etwa 1% oder weniger der Gesamtzellinfiltration, liegen somit bestenfalls an der Grenze der Auflösbarkeit für den Klonalitätsnachweis für Southern Blotting. Auch Fälle mit ausgeprägter Infiltration mit diesen Zellen (über 25% Sternberg-Reed-Zellen) zeigten in der Mehrzahl kein klonales Rearrangierungsmuster. O'Connor et al. [166] fanden eine klonale Rearrangierung von Ig H- und L-Ketten in 2 von 35 Fällen, beide vom NS-Typ. In der Studie von Griesser et al. war in 4 von 8 Fällen eine Rearrangierung des T-Zellrezeptors β (sowie auch von TCR-γ) nachweisbar [85, 86]. Unter den 4 Fällen in der Keimlinienkonfiguration enthielt eine Probe etwa 50% SR-Zellen. (Eine klonale Rearrangierung von TCR-γ-Ketten allein ist übrigens kein verläßlicher Marker für eine Herkunft aus dem thymusabhängigen lymphatischen System, da eine solche Rearrangierung bei verschiedenen B-Zell-Lymphomen und auch manchen AML nachweisbar war, sie ist jedoch ein Marker für klonales Wachstum [85]).

Gentypisierungen von permanenten Zellinien von Patienten mit MH erbrachten demgegenüber eindeutige Hinweise für die Herkunft dieser Zellen von T- oder B-Lymphozyten [64, 117, 213]. Die Ergebnisse waren allerdings komplex und korrelierten nicht mit den Rearrangierungsmustern normaler B- und T-lymphozytärer Reifungsstadien. Die Befunde sind inzwischen auch an Biopsien bestätigt worden. Da vor allem H- und nicht L-Ketten von Ig eine Rearrangierung zeigten, wird auf eine klonale Proliferation sehr früher B-Lymphozyten geschlossen [64, 208, 213].

In der Linie L428 mit B-Lymphozyteneigenschaften war die übliche Hierarchie in der schrittweisen Rearrangierung der Ig-Gene gestört [64, 213], während die Linien L540 und Co mit T-Lymphozyteneigenschaften Asynchronien in der Rearrangierung und Expression der verschiedenen TCR-Gene zeigten [64]. Die gleichzeitige Expression von Aktivierungsmarkern, die für spätere Reifungsstadien von B- oder T-Lymphozyten charakteristisch sind, steht anscheinend in gewissem Widerspruch zu den für Vorläuferzellen typischen genetischen Befunden. Ein solches Muster wurde jedoch an lymphoblastoiden Zellinien gefunden, die in vitro durch EBV transformiert waren (weiterführende Literatur bei [208]).

9.3.2 EBV- und Hodgkin-Erkrankung

Epidemiologische Untersuchungen legen gewisse Assoziationen zwischen EBV-Infektionen und MH in bestimmten Bevölkerungsgruppen nahe (Übersicht bei [158]).

Für die mögliche Bedeutung einer EBV-Infektion in der Pathogenese des M. Hodgkin sprechen neuere molekularbiologische Befunde. Diese weisen auf eine Integration von Virussequenzen in die DNA von SR-Zellen bei einem Teil (ca. 20%) der Patienten mit M. Hodgkin hin [231, 232].

Unter Verwendung einer Probe, die 500 bp aus dem Endabschnitt des EBV-Genoms erfaßte, wurden komplementäre Sequenzen in Biopsieproben nachgewiesen. Die Position der Bande im Southern Blot variiert in verschiedenen EBV-infizierten Zellpopulationen, da die Zahl der in Tandemform sich wiederholenden 500 bp-Segmente der DNA stark variiert. Monoklonale Populationen von EBV-infizierten Zellen zeigen dagegen eine einzelne Bande [177]. Da wiederholt repetitive Sequenzen erfaßt werden, dürfte die Probe zur Erfassung einer Rearrangierung weit empfindlicher sein, als jene für Ig-Gene. Durch In-situ-Hybridisierung an Biopsiematerial wurde anschließend gezeigt, daß das EBV-Genom innerhalb von SR-Zellen und ihren Varianten exprimiert wird. Es wurde geschätzt, daß etwa 100 Kopien des EBV-Genoms pro SR-Zelle im Mittel nachweisbar waren. Der Anteil EBV-positiver Fälle wurde deutlich höher, als durch die Polymerase-Kettenreaktion die Empfindlichkeit des Nachweises gesteigert wurde. Unter 198 Biopsien von MH waren 114 (57%) positiv. Bei Biopsien aus normalen Lymphknoten nur 10%, aus NHL 16% [208].

9.3.3 Zytogenetik

Die zytogenetische Auswertung von Biopsiematerial bei MH stößt auf erhebliche Schwierigkeiten. Bei vielen Fällen werden keine oder nur eine sehr geringe Zahl von Mitosen gefunden. Diese Mitosen waren durch chromosomal normale lymphatische Zellen kontaminiert. Distinkte Klone waren nur bei einem kleineren Teil der Patienten faßbar. Ergebnisse liegen vor allem beim Subtyp MC und NS vor (weiterführende Literatur bei [1a, 67, 79, 96, 129, 190, 208]).

Bei der Mehrzahl auswertbarer Analysen wurden mehrere Markerchromosomen gefunden, für MH spezifische Aberrationen ließen sich allerdings nicht feststellen. Hyperdiploidien waren häufig (in 2/3 der Fälle über 56 Chromosomen, im Vergleich zu 5% bei anderen Lymphomen). Am häufigsten waren die Chromosomen 6 und 12, gefolgt von 14, 2, 1, 3, 9 und 19 betroffen [67]. Eine 14q+-Anomalie war nach manchen Studien in bis zu 1/3 der Fälle nachweisbar. Häufig bei NHL gesehene Translokationen waren auch bei MH nicht selten (z. B. 11q23, 14q32, 6q11–21, 8q22–24, 11q13 u. a. [24a, 208].

9.3.4 Kommentierende Zusammenfassung

Molekulargenetische Untersuchungen bestätigen zunächst das völlig differente tumorbiologische Verhalten der meisten Fälle von M. Hodgkin gegenüber den NHL, was auch differentialdiagnostisch von Wert sein kann. Die methodischen Schwierigkeiten, den Genotyp der SR-Zellen und dessen Expression auf RNA- und Proteinebene zu charakterisieren, sind erheblich, da der reichhaltige zelluläre Hintergrund reaktiven Gewebes die Charakterisierung dieses Zelltypes erschwert.

Die bei NHL gewöhnlich gut reproduzierbare Hierarchie im Rearrangierungsmuster der verschiedenen T-Zellrezeptor- und/oder Immunglobulin-Gensequenzen war an den untersuchten Zelllinien und an Biopsiematerial nicht gegeben. In einem Teil der Fälle konnte eine EBV-Infektion als wichtigster Faktor der pathologischen Zellaktivierung und als Cofaktor eines klonalen Wachstums postuliert werden. Eine gewisse Assoziation zwischen EBV und MH wird durch epidemiologische Untersuchungen gestützt. Die bessere Charakterisierung möglicher Zusammenhänge ist ein wichtiges Anliegen laufender molekulargenetischer Studien.

9.4 Epidemiologie

Die jährliche Inzidenzrate wird nach Daten aus den USA mit insgesamt 35 bzw. 26 pro 10^6 Männer bzw. Frauen angegeben.

Die Altersverteilung zeigt einen Doppelgipfel mit bevorzugtem Auftreten der Erkrankung in den Altersgruppen von 15–35 sowie nach dem 50. Lebensjahr (Übersicht bei [1a, 89]). Dieser Doppelgipfel ist allerdings nach einer großen dänischen Studie nur für weibliche Patienten nachweisbar [163].

Unterschiede der pathologischen und klinischen Manifestationen des MH bei jüngeren Patienten und in späterem Alter legen differente Erkrankungsmechanismen nahe (Übersicht bei [111a]).

Hypothetisch erinnert die plötzliche Zunahme der Krankheitshäufigkeit ab dem 15. Lebensjahr an einen infektiösen Prozeß, der breite zweite Gipfel im späteren Alter dagegen an ein chronisch-entzündliches und/oder neoplastisches Geschehen (weiterführende Literatur bei [1a, 111a]).

Die altersspezifischen Inzidenzen differieren übrigens in verschiedenen Ländern. In der dritten Welt ist der erste Häufigkeitsgipfel in die frühere Kindheit verschoben [48]. Faktoren, die nach epidemiologischen Studien mit einer geringen Steigerung des relativen Risikos für MH assoziiert sind, sind ein erhöhter Antikörpertiter gegen EBV vor Diagnose der Erkrankung, die Vorgeschichte einer serologisch gesicherten EBV-Infektion, Aufwachsen in kleineren Familien, besonders bei hohem sozialen Standard u. a. [62, 89, 127, 158].

Bei Ehepaaren oder bei engem Kontakt zu Patienten mit M. Hodgkin besteht kein gesteigertes Risiko [1a]. Populationsuntersuchungen ergaben auch keinen Hinweis für eine geographische Häufung von Fällen.

„Familiärer Hodgkin"

In der Literatur finden sich zahlreiche Fallberichte über ein mehrfaches Auftreten eines MH in derselben Familie (z. B. [1a, 87, 178, 182]; Übersicht bei [52]). Familienuntersuchungen zeigten ein etwa 3fach gesteigertes Risiko für Verwandte I. Grades und ein 7fach gesteigertes Risiko für Geschwister von jungen MH-Patienten.

9.5 Klinik

Der MH zeichnet sich durch besondere Vielgestaltigkeit des Krankheitsverlaufes aus. Die klinische Symptomatik wird von der individuell unterschiedlichen Verlaufsform des Leidens, dem Ausbreitungsstadium zu Behandlungsbeginn, evtl. vorangegangenen therapeutischen Maßnahmen und Begleiterkrankungen mitbeeinflußt.

9.5.1 Lymphadenopathie und Milzbefall

Die Erkrankung manifestiert sich zunächst meist mit schmerzlosen Lymphomen oberhalb des Zwerchfells (vor allem zervikal/supraklavikulär, mediastinal, axillär; s. Tabelle 9.4). Isolierte Mediastinaltumoren sind seltener (über 40% dieser Tumoren entwickeln sich nach Befall anderer Lymphknotenstationen oberhalb des Zwerchfells). Zum subdiaphragmalen Befall im klinischen Stadium (CS) I und II siehe Tabelle 9.5. Ein isolierter subdiaphragmaler Befall liegt bei weniger als 10% der Patienten vor (Tabelle 9.6).

Charakteristisch für die Erkrankung ist nach den Kaplan-Daten eine *lymphogene Propagation,* in erster Linie, nicht jedoch ausschließlich, über angrenzende Stationen [119]. Eine hämatogene Ausbreitung dürfte vorwiegend erst nach Milzbefall erfolgen.

Im Rahmen der Staging-Laparotomie wird ein *Milzbefall* bei zumindest 20% der Patienten in den klinischen Stadien I und II mit supradiaphragma-

Tabelle 9.4. Befallene Areale im CS I und CS II mit nachfolgender Staging-Laparotomie bei M. Hodgkin (nach [132])

Lokalisation*	CS I (n = 137)	CS II (n = 778)
zervikal/supraklavikulär		
rechts oder links	104 (86%)	295 (37%)
beidseits	–	428 (55%)
Axilla		
rechts oder links	18 (13%)	196 (25%)
beidseits	–	102 (13%)
Mediastinum	12 (9%)	616 (79%)
Lunge		
rechts oder links	1	81 (10%)
Lungenhilus		
rechts oder links	–	138 (18%)
beidseits	–	67 (9%)
infraklavikulär		
links oder rechts	–	95 (12%)
andere	2 (1,5%)	174 (22%)

* seltene Befallslokalisationen nicht aufgeführt

Tabelle 9.5. Lokalisation und Häufigkeit eines subdiaphragmalen Befalls in CS I und II mit nachfolgender Staging-Laparotomie bei M. Hodgkin (nach [132])

Lokalisation	CS I n = 137	CS II n = 778
Milz	26 (19%)	209 (27%)
ausgedehnter Befall	9 (7%)	104 (13%)
Lymphknoten		
paraaortal	0	43 (6%)
Milzhilus	6 (4%)	82 (11%)
andere	1 (0,7%)	44 (6%)
subdiaphragmaler Befall gesamt	27 (20%)	233 (30%)

seltene Befallslokalisationen (<10%) nicht aufgeführt

Tabelle 9.6. Beim Morbus Hodgkin ungewöhnliche Befallslokalisationen (nach [1a, 113])

Waldeyer-Ring
Gastrointestinaltrakt
Mesenteriale Lymphknoten
Knochenbefall mit Hyperkalzämie
sonstige extranodale Lokalisationen
– Schilddrüse
– Haut
subdiaphragmale Präsentation ohne supradiaphragmalen Befall

lem Befall festgestellt (Tabelle 9.5). Die üblichen bildgebenden Verfahren (einschließlich CT) sind zum Nachweis einer Milzbeteiligung von nur beschränktem Wert [1a, 115].

Eine Größenzunahme des Organs kann häufig auch ohne einen Befall festgestellt werden: 1/3 der Patienten mit Splenomegalie zeigt histopathologisch keine Infiltrate, andererseits können normal große Milzen Tumorgewebe zeigen. Zwischen Milzgewicht und Tumorgröße im CT bestehen gute Korrelationen.

9.5.2 Allgemeinsymptome

1/4 bis 1/3 der Patienten präsentiert sich mit ungeklärtem und anhaltendem Fieber über 38°C, Nachtschweiß oder Gewichtsverlust von mehr als 10%. Für die Diagnose einer B-Symptomatik wird das Vorhandensein eines dieser Parameter gefordert [26]. Das für Fieberanstiege in erster Linie verantwortliche Zytokin dürfte Interleukin-1 (IL-1) sein (Übersicht bei [1a, 59, 162]). Das zweite wichtige Zytokin für die akute Phasenreaktion ist IL-6 (siehe Kapitel 4.1.1.4).

IL-1 begünstigt die Freisetzung des Kolonie-stimulierenden Faktors der Granulo-/Monozyten (GM-CSF), der für die begleitende Leukozytose in aktiven Krankheitsstadien mitverantwortlich ist [98]. Die häufig zu beobachtende Eosinophilie ist möglicherweise Folge der Produktion von IL-5 in den SR-Zellen (s. Kapitel 19.1.2.2).

Systemische Manifestationen sind prognostisch ungünstig und daher in einigen Therapieprotokollen Anlaß intensivierter Behandlungen (Diskussion z. B. bei [1a, 187]). Zur Objektivierung der Allgemeinsymptomatik wurde dabei in manchen Studien vor allem die Blutkörperchensenkung einbezogen [97, 143, 221, u. a.].

Obwohl der Pruritus ein charakteristisches Symptom des MH darstellt, ist die prognostische Bedeutung desselben weniger klar und tritt auch nur selten in der Abwesenheit von B-Symptomen auf (Übersicht bei [78]).

9.5.3 Pulmonale und pleurale Beteiligung

Eine *pulmonale Beteiligung* findet sich bei 10–20% der Patienten zur Zeit der Diagnosestellung [43]. Meist liegt ein ausgedehnter mediastinaler Befall mit Beteiligung der Hiluslymphknoten und bevorzugt eine NS-Histologie vor.

Differentialdiagnostisch sind die fleckförmig-streifigen, unscharf begrenzten Infiltrate gegenüber Strahlenpneumonitiden, interstitiellen Pneumonien bei Immundefekten und auch Chemotherapiekomplikationen (vor allem durch Bleomycin) abzugrenzen.

Pleuraergüsse (bei 5–10% der Patienten) sind selten Hinweis auf eine direkte pleurale Infiltration mit Tumorzellen (SR-Zellen nur selten nachweisbar). Die Ergüsse sind vielmehr meist durch lymphatische oder venöse Obstruktion bedingt.

Meist liegt ein ausgedehnter Befall des Mediastinums und/oder eine Einflußstauung vor (Übersicht bei [76]). Pathohistologisch ist ein Pleurabefall nur selten zu sichern ([43] in <1%).

9.5.4 Perikardbeteiligung

Zeichen der Perikarditis können als Folge eines Tumorbefalls des Perikards oder als Folge einer Strahlentherapie auftreten. In einer großen Auswertung (778 Patienten) war ein *Perikardbefall* in CS II nur in 4% festzustellen [132]. Er erfolgt durch retrograde lymphogene Propagation oder *per continuitatem*. Vielfach ist dieser Befall erst im CT oder MRI faßbar [1a, 189].

Bei Befall des vorderen Mediastinums ist eine häufig diskrete Perikardbeteiligung nach den CT-Ergebnissen in etwa 2/3 der Patienten dokumentiert. Die CT-Untersuchung ist eine beim initialen Staging notwendige Routinemaßnahme, die auch eine um 20–30% höhere Trefferquote für einen Mediastinalbefall erbringt [72, 111a, 189].

Die Häufigkeit der *strahlenbedingten Perikarditis* wird mit 7% [29] bis 30% [24] angegeben. Am häufigsten findet sie sich innerhalb von 24–36 Monaten nach Behandlungsbeginn und erfordert zusätzlich 24 Monate bis zur völligen Rückbildung. Seltener kann sie auch später (bis 12 Jahre nach Radiotherapie) manifest werden [4, 82, 192]. Verbesserte

Bestrahlungsplanung und gezielte Abschirmung des Myokards führen offensichtlich zu einer Verminderung von Häufigkeit und Schwere dieser Komplikation [15]. Bei häufig geringer Symptomatik einer chronischen Strahlenperikarditis (z. B. Belastungsdyspnoe) sind im Verdachtsfall sonographische Untersuchungen zielführend. Bei konstriktiver Perikarditis ohne Ergußbildung wird eine Echokardiographie empfohlen [15].

9.5.5 Knochenbefall

Ein Befall des Knochens ist zur Zeit der Diagnosestellung selten ([43]: in 3,5%, [1a]: in 5–15%). Dieser kann durch hämatogene Ausbreitung meist im Rahmen einer fortgeschrittenen Erkrankung oder *per continuitatem* von – meist retroperitonealen – Lymphknoten erfolgen. Frakturen sind selten, da es sich meist um eine osteoplastische oder gemischte Metastasierung handelt. Im Gegensatz zum Knochenmarkbefall ist eine Infiltration des Knochens kein prognostisch ungünstiges Zeichen [1a].

Bei Spontan- oder Klopfschmerz ist ein Knochenszintigramm angezeigt (z. B. [111a]). Der Ausschluß eines Knochenbefalles sollte auch bei positiver Knochenmarkhistologie und/ oder erhöhter alkalischer Phosphatase erfolgen [60].

Bei nachgewiesenem Knochenmarksbefall waren nach Bartl et al. [7] in 35% röntgenologisch Knochenveränderungen faßbar, bei den übrigen Patienten dagegen nur in 6%.

Im Knochenszintigramm verdächtige Areale sollten anschließend röntgenologisch, bevorzugt jedoch durch CT-Untersuchungen abgeklärt werden. Bei eventuellen therapeutischen Konsequenzen ist anschließend eine gezielte Biopsie anzustreben.

9.5.6 Leberbefall

Ein solcher ist zur Zeit der Diagnosestellung ebenfalls selten ([1a, 43], in 3–5%). Am häufigsten findet er sich beim Typ MC [43] und bei LD (s. Kap. 9.1.4). Ein Milzbefall ist meist Voraussetzung. Die Infiltration ist oft fokal, so daß gezielte Biopsien angestrebt werden.

Die Computertomographie allein ist zum Ausschluß eines Leberbefalles ebenso wie die Sonographie ungenügend. Wie Staging-Laparotomien zeigten, ist im CS I und II ein Leberbefall allerdings sehr ungewöhnlich (z. B. bei Leibenhaut et al. [132] in 0 bzw. 2%).

Unspezifische Granulome (oft mit Langerhans Zellen; neben der Leber auch in Lymphknoten, Milz oder Knochenmark vorkommend) sind ohne negativen prognostischen Einfluß [1a, 119]. Pathologische Leberfunktionsproben, vor allem zur Zeit der Diagnose, sind nur selten Hinweis auf eine Leberbeteiligung durch MH. Sie sind viel häufiger Hinweis für unspezifische portale Infiltrationen im Rahmen einer granulomatösen Hepatitis (siehe auch Kapitel 9.6.2.2).

9.5.7 Seltene Lokalisationen

Einige, bei MH ungewöhnliche Lymphommanifestationen sind in Tabelle 9.6 zusammengefaßt. Sind solche nachweisbar, ergibt sich meist die Frage nach einer anderen neoplastischen Erkrankung (vor allem NHL).

9.5.7.1 Haut

Bei der Erstpräsentation ist dies eine seltene Manifestation (etwa 2%, Literatur bei [1a]) und ein Pruritus meist Ausdruck eines unspezifisch reaktiven Geschehens [106, 119, 200a, 214]. In fortgeschritteneren Stadien findet sich ein Hautbefall bei zumindest 5% der Patienten [201]. Die Abgrenzung eines MH der Haut von anderen lymphatischen Erkrankungen kann schwierig sein (z. B. lymphomatoide Papulose, Mycosis fungoides). Der letztere Zustand kann auch zusammen mit einem MH auftreten [33].

9.5.7.2 Renale Komplikationen

Hydronephrosen können bei ausgedehnten retroperitonealen Lymphomen zur Beobachtung kommen. Nephrotische Syndrome sind dagegen seltene „paraneoplastische" Komplikationen des MH (z. B. [1a, 155]). Zu Nephrocalcinosen siehe Kapitel 9.6.2.3.

9.5.7.3 Gastrointestinaltrakt

Intestinale Erscheinungen sind vor allem Folge einer Obstruktion der lymphatischen Abflußwege durch Befall mesenterialer Lymphknoten, die selten und meist erst in Spätstadien mitergriffen sind. Im Gegensatz zu NHL ist ein Magenbefall extrem selten, jener der mesenterialen Lymphknoten – zumindest zur Zeit der Diagnosestellung – nicht häufig (Tabelle 9.6).

9.5.7.4 ZNS

Am häufigsten sind mechanische Kompressionen im Rückenmarksbereich durch extramedulläre Lymphome (z. B. [1a, 70]). Leptomeningeale Infiltrationen sind eine seltene Komplikation des MH („eosinophile Meningitis" – [34, 210]).

Die Diagnose ist schwierig, da der Nachweis von SR-Zellen in Zytozentrifugenpräparaten selten gelingt. Eine intrakranielle Erkrankung ist zur Zeit der Diagnosestellung sehr ungewöhnlich; im Verlauf findet sich eine solche in unter 1% der Patienten [194].
Progressive multifokale Leukenzephalopathien, subakute zerebelläre Degenerationen und Guillain-Barré-Syndrome können als Folge einer „paraneoplastischen" Schädigung auftreten und sind von ernster Prognose. Es handelt sich um Patienten mit den Manifestationen eines schleichenden viralen Prozesses bei Immundefizienz, wobei in erster Linie an Papovaviren zu denken ist [131].

Tabelle 9.7. Diagnostisches Vorgehen zur initialen Abklärung der Patienten mit M. Hodgkin (nach [76])

A Erforderliche Untersuchungen
1. Biopsie zur histologischen Untersuchung
2. genaue Anamnese in bezug auf unklares Fieber, Gewichtsverlust, Nachtschweiß und Pruritus
3. Physikalische Untersuchung und Dokumentation von Lymphadenopathie (inkl. Waldeyer-Ring), Leber- und Milzgröße, Knochenstatus, neurologische Untersuchung
4. Laborparameter
   BKS, Blutbild
   Serum-Alkalische Phosphatase, -LDH
   Nierenfunktion
   Leberfunktion
5. Radiologische Untersuchungen
   Thoraxröntgen
   Lymphangiographie beidseits
   CT: Thorax, Abdomen inkl. Becken

B Häufig bei spezieller klinischer Indikation durchgeführte Untersuchungen
1. Knochenmarkbiopsie
2. Knochenradiologie und -szintigraphie
3. Gallium-Ganzkörperscan
4. Staging-Laparotomie und Splenektomie

9.6 Diagnostisches Vorgehen und Stadienzuordnung

Nach bioptischer Sicherung der Diagnosestellung werden neben der klinischen Untersuchung bildgebende Verfahren, Laboratoriumstests, eine gezielte invasive Diagnostik (Biopsie des Knochenmarks) sowie in definierten Patientengruppen eine Staging-Laparotomie durchgeführt (Tabelle 9.7).

9.6.1 Bildgebende Verfahren

Im *Thorax-Röntgen* (inkl. CT) wird eine Mediastinalbeteiligung im Stadium I und II in etwa 45%, insgesamt in 50–80% der Patienten gesehen (Übersicht bei [1a]. Hilusvergrößerungen (fast ausschließlich bei Mediastinalbefall) finden sich bei 10–25% der Patienten (s. auch Tabelle 9.5).

Von einem großen *(„bulky")* Medialstinaltumor wird gesprochen, wenn der Durchmesser des mediastinalen Schattens über ein Drittel des maximalen Thoraxdurchmesser beträgt.

Andere definieren ihn mit mehr als 9 cm im Durchmesser oder einer Fläche über 100 cm^2 im CT [149, 215]. Eine CT-Untersuchung des Thorax gehört zu den Routinemethoden in der initialen Abklärung (s. auch Kap. 9.5.4). Auf die Vorteile des MRI (z. B. [1a]) wurde hingewiesen.

Während die Prognose bei Patienten mit kleineren Mediastinallymphomen nicht schlechter ist als jene von Patienten ohne diesen Befall, besteht bei großen Mediastinaltumoren eine erhöhte Rezidivgefahr [111a, 136, 150].

Bei entsprechender Behandlung ist die Gesamtprognose jedoch nicht schlechter (s. Kap. 9.8.1).

Die wichtigsten bildgebenden Verfahren zu *Erfassung eines infradiaphragmalen Befalls* sind das CT und/oder die Lymphangiographie. Die Treffsicherheit des kombinierten Einsatzes wird mit 80–90% angegeben [76]. CT und/oder Lymphangiographie helfen zur Radiotherapieplanung und beim Auffinden veränderter Lymphknoten bei einer evtl. anschließenden Staging-Laparotomie. Ultraschalluntersuchungen sind dagegen vor allem für Verlaufsuntersuchungen von Wert [101].

Im CT nachweisbare, lymphangiographisch nicht faßbare abdominelle Lymphome sind selten [1a, 32]. Besondere Erfahrung ist allerdings Voraussetzung für die hohe Sensitivität und Spezifität der Lymphangiographie. Der Vorteil des CTs ist dagegen die geringe Patientenbelastung, leichtere Interpretation und die Erfaßbarkeit von Lymphknotenvergrößerungen in Arealen, die der Kontrastmitteldarstellung nicht zugänglich sind (z.B. retrogastrische Lymphome). Der Vorteil der Lymphangiographie ist die Faßbarkeit qualitativ abnormer Lymphknoten vor ihrer Vergrößerung: etwa 10% befallener Lymphknoten sind beim MH von normaler Größe oder fraglicher Volumenzunahme. Fälschlich negative CT-Befunde sind selten, dagegen in der Lymphangiographie fälschlich positive Ergebnisse in 12% dokumentiert [31]. Jedenfalls kann bei eindeutigen, im CT faßbaren abdominellen Lymphomen auf die Lymphangiographie verzichtet werden.

Indikationen zu *Knochenszintigraphien* wurden diskutiert (s. Kap. 9.5.5).

9.6.2 Laboratoriumsuntersuchungen

9.6.2.1 Blutbild und Knochenmark

Anämien zur Zeit der Diagnosestellung sind in lokalisierten Stadien am seltensten, fehlen jedoch auch in fortgeschrittenen Stadien häufig. Schwere Anämien, wenn im Rahmen der Grundkrankheit aufgetreten und vor der Therapie nachweisbar, stellen ein prognostisch ungünstiges Zeichen dar [119].

Es handelt sich meistens um typische *chronische Entzündungsanämien,* seltener treten sie als Folge eines Hypersplenismus, eines Knochenmarkbefalles oder – ungewöhnlich – als autoimmunhämolytische Anämie auf.

Eine Anämie (unter 10 g/dl Hb) war in der Studie von Bartl et al. [7] bei 491 unbehandelten Patienten mit Knochenmarkbefall in 86%, sonst in 28% nachweisbar. In anderen Studien zeigten etwa 75%, 67% bzw. 100% der Patienten mit Knochenmarkbefall ein niedriges Hb [5, 39, 60].

Bei Patienten in Remission sind schließlich auch Eisenmangelzustände nicht selten. In der Studie von Blayney et al. [12] zeigten 27% der Patienten in Langzeitsremission erniedrigte Eisenspeicher.

Autoimmunhämolytische Anämien mit positivem direkten Antihumanglobulintest sind zur Zeit der Diagnosestellung sehr selten und begleiten vor allem fortgeschrittene Erkrankungen [1a, 13, 38, 138, 147]. Im Gegensatz zu Immunthrombo- und -leukopenien weist eine Autoimmunhämolyse meist auf eine aktive Erkrankung hin [111a].

Die antierythrozytären Antikörper gehören der IgG-Klasse an. Sie reagieren mit einer Variante des Blutgruppenantigens I (über anti-I^T s. [73, 138]). Ein gutes Ansprechen der Hämolyse auf Steroide und/oder eine Splenektomie erübrigt nicht eine chemotherapeutische Behandlung, da es sich meist um ein aktives Stadium des MH handelt (etwa zur Hälfte Erstmanifestation bzw. Rezidiv). Ein positiver AHG kann jedoch nach Erreichen einer Remission noch lange erhalten bleiben.

Leukozytosen finden sich vor allem in B-Stadien der Erkrankung und sind bei fortgeschrittener Tumorausbreitung häufiger. *Leukopenien* sind bei unbehandelten Patienten – außer bei solchen mit Splenomegalie – selten, werden jedoch nach wiederholten Behandlungen öfter gefunden. Dies gilt auch für Verminderungen der zunächst häufig erhöhten *Thrombozyten.*

Auch bei Leuko- bzw. Thrombopenien handelt es sich in erster Linie um Hyperspleniesyndrome oder Bildungsstörungen (bei Knochenmarkbefall niedrige Leukozyten in 26% der Patienten von Auclerc [5]; niedrige Thrombozyten in 30%). Eine Bildungsstörung durch Knochenmarkhypoplasie ist ebenfalls möglich, sie kommt bei Patienten in Langzeitremission nach MH häufig vor (milde bis mäßige Hypozellularität des Knochenmarks nach Blayney [12] in 35% der Knochenmarkbiopsien bei medianer Nachbeobachtungsdauer von mehr als 15 Jahren). Bei ausgeprägten Zytopenien nach erfolgter Therapie sollte schließlich ein MDS ausgeschlossen werden (s. Kap. 9.1).

Autoimmunthrombopenien mit plättchenassoziierten IgG sind selten, ihre Assoziation mit MH ist jedoch gut dokumentiert [10]. Sie können auch bei Patienten in Remission und/oder nach Splenektomie auftreten. Sie sind noch kein Hinweis für einen Relaps der Grundkrankheit [229] und könnten evtl. Folge von Defekten persistierender T-Lymphozyten sein.

Noch seltener sind *Autoimmunneutropenien* (Übersicht bei [99]). Auch dieses Phänomen ist nicht unbedingt Hinweis auf einen Relaps der Erkrankung.

Lymphopenien meist mäßiger Schwere sind außer im Stadium I ein häufiger Befund. Ausgeprägte Lymphopenien unter 1 G/l können auf eine fortgeschrittene Erkrankung hinweisen (siehe auch Kapitel 9.7.1.1).

Lymphozytosen sind selten, am besten dokumentiert sind sie beim LP-Typ (Lymphozytosen in 9,7% der Patienten von Hansmann et al. [94]).

Lympathische Reizformen fallen vor allem in Stadien progredienter Erkrankung und/oder bei deutlicher B-Symptomatik auf. In diesen Fällen können nach In-vitro-Inkubation mit ^{3}H-Thymidin und autoradiographischer Auswertung vermehrt Lymphozyten in DNA-Synthese nachgewiesen werden, die morphologisch diesen Reizformen entsprechen [45, 46, 105, 153]. Bei Patienten in B-Stadien waren sie im Mittel 4mal so häufig wie in A-Stadien. Ähnliches galt für die Stadien III und IV [153].

Monozytosen sowie *Eosinophilien* sind ohne gesicherte Beziehung zur Prognose [119].

9.6.2.2 Knochenmarkbefall

Ein Befall des Knochenmarks in der Stanzbiopsie wurde in etwa 6% der Patienten beobachtet (gesammelte Daten [60]). Fast ausschließlich Patienten im Stadium III oder IV und/oder konkomitanter B-Symptomatik sind betroffen [60]. Eine Anämie ist häufig, eine Erhöhung der alkalischen Phosphatase kann jedoch fehlen. Mehrere Studien zeigen, daß beim LD-Typ ein Knochenmarkbefall gehäuft vorkommt (s. Kap. 9.1.4). Die Ausbeute an positiven Knochenmarkergebnissen steigt mit der Größe des biopsierten Zylinders und/oder bilateraler Biopsie an [7, 60].

In vielen Zentren gehört die Knochenmarkbiopsie mit ausreichender Materialgewinnung zu den Routineuntersuchungen der initialen Staging-Untersuchung [143]. Das Ann Arbor Comittee gibt dagegen besondere Indikationsstellung für die Eingriffe an. Tatsächlich ist im CS I und II ein initialer Knochenmarkbefall selten, allerdings therapeutisch sehr relevant.

Bartl et al. [7] fanden nur in 1–2% der CS I und II eine Knochenmarkbeteiligung. Allerdings sind Einzelfälle in der Literatur dokumentiert, bei denen ein Markbefall alleinige Manifestation eines MH war [60].

Als *Indikationen* für die Knochenmarkbiopsie werden vom Ann Arbor Committee angegeben [185]:

a) eine erhöhte alkalische Phosphatase,
b) Anämien oder sonstige Zytopenien,
c) röntgenologischer oder szintigraphischer Hinweis auf Knochenbefall,
d) CS III und IV.

Bei Patienten ohne diese Kriterien ist ein Knochenmarkbefall sehr unwahrscheinlich [60]. Aisenberg [1a] empfiehlt eine Knochenmarkbiopsie zur Zeit der Diagnosestellung dann, wenn eine Anämie oder ein Stadium CS IIB oder III vorliegt.

Histopathologisch kann die Knochenmarkinfiltration entweder fokal (in 69% der Fälle von Bartl et al. [7]) oder diffus auftreten (31%).

Bei fokalem Befall war die Lokalisation paratrabekulär oder zentral. SR-Zellen waren in nur 62% der Patienten von Bartl et al., Hodgkin-Zellen in 95% nachweisbar. Umgeben waren die Infiltrate von einer Zone entzündlichen Gewebes mit eosinophilen Granulozyten und Plasmazellen. Bei diffusem Befall waren Hinweise auf eine Osteosklerose oder Osteolyse in allen Fällen nachweisbar.

Abzugrenzen von einem Knochenmarkbefall ist das Vorkommen nichtverkäsender *Epitheloidzellgranulome* (bei 3% der von Bartl et al. [7] beschriebenen Fälle). Neben dem Knochenmark können solche nichtverkäsenden Granulome vor allem in LK, Leber oder Milz in bis zu 19% der Fälle zur Beobachtung kommen [193]. Ihr Auftreten ist ein prognostisch günstiges Zeichen [119], siehe auch Kapitel 9.5.6.

Unspezifische Veränderungen sind im Knochenmark von Patienten mit MH häufig nachweisbar (in 80% der Patienten von [7]). Sie schließen Hypoplasien (9% der Fälle), leukämoide Reaktionen (6%) und exsudative Veränderungen (4%) ein.

Die Prognose eines MH wird bei nachgewiesenem Knochenmarkbefall z. T. als ungünstiger angesehen als in den Stadien IIIB und IVB ohne dessen Beteiligung [1a, 7, 60]. Prospektive Studien mit neuen Protokollen und Multivarianzanalysen zeigten jedoch, daß es sich dabei um keinen unabhängigen Prognosefaktor handelt [143].

9.6.2.3 Andere Laboratoriumsbefunde

Sie schließen Blutkörperchensenkungsgeschwindigkeit (BKS), Routinebefunde der Leber- und Nierenfunktion, alkalische Serum-Phosphatase und LDH, Serum-Kalzium und Harnanalysen ein.

Die *BKS* ergänzt die Erfassung von Allgemeinsymptomen (s. Kap. 9.5.2). Zur Definition von Risikogruppen s. Kap. 9.8.1 und Kap. 9.8.2. Sie wird daher in manchen Studien in die Therapieplanung einbezogen.

Obwohl BKS-Erhöhung und B-Symptomatik deutlich korrelieren, sind auch in A-Stadien BKS-Erhöhungen nicht selten. Die Berücksichtigung der BKS zusammen mit den klinischen Zeichen einer Allgemeinsymptomatik ist nach mehreren Studien von höherem Wert als die alleinige Einbeziehung einer B-Symptomatik in die Therapieentscheidung [27, 97, 218]. BKS und B-Symptomatik waren – neben der Zahl befallener Lymphknotenareale – die wertvollsten Indikatoren für eine Rezidivgefahr ([97, 221], zur Definition s. Kap. 9.8.1 und Kap. 9.8.2).

Eine *Erhöhung der alkalischen Phosphatase* findet sich häufiger bei Knochen- als bei Leberbefall [3]. Von den Laborbefunden zur Erfassung eines Leberbefalles ist sie jedoch die derzeit wichtigste Methode [119]. Insgesamt sind allerdings Korrelationen der Laboratoriumsbefunde zu einem hepatischen Befall gering (siehe Kapitel 9.5.6).

Im Stadium IIIB und IV war nach Löffler et al. [143] eine Erhöhung der alkalischen Phosphatase über 230 U/l in 32,5% der Fälle nachweisbar. Neben einer BKS-Erhöhung auf über 80 (in 28%) war sie der zweite wichtige Prognosefaktor (s. Kap. 9.8.2).

Nierenfunktionsstörungen sind bei MH, außer in Spätstadien, selten (s. Kap. 9.5.7.2). Ebenso sind Elektrolytveränderungen Ausnahmen. Hyperkalzämien sind ungewöhnlich und kommen – in Einzelfällen einer fortgeschrittenen Tumorerkrankung – meist bei ausgedehntem abdominellen Befall vor [110]. Hyperkalzämien im Rahmen von Osteolysen sind äußerst ungewöhnlich (Tabelle 9.6).

Die Hyperkalzämie ist durch die tumorinduzierte Überproduktion von 1,25 $(OH)_2D_3$, (Calcitriol) wahrscheinlich zusammen mit einem zweiten Faktor bedingt [110, 195, 238]. Ein ähnlicher Mechanismus wurde auch bei Non-Hodgkin-Lymphomen beobachtet [17, 159]. Die humorale Hyperkalzämie bei MH ähnelt in mehrfacher Hinsicht jener bei Sarkoidose [148]. Nephrokalzinosen dürften bei fortgeschrittener Hodgkin-Erkrankung nicht ungewöhnlich sein. Sie können auch bei langdauernder Hyperkalziurie ohne Hyperkalzämie vorkommen [110]. Auch in dieser Hinsicht bestehen Parallelen zur Sarkoidose.

9.6.3 Definition des Krankheitsstadiums

Sie erfolgt nach der modifizierten Ann Arbor-Klassifikation. Zunächst wird das klinische Stadium (CS) definiert.

Anschließend wird die Krankheitsausbreitung – soweit therapeutisch relevant – durch weitere Biopsien (insbesondere Staging-Laparotomie mit multiplen Biopsien) abgesichert. Daraus resultiert das „pathologische" Stadium (PS). Besondere Beachtung findet die Ausbreitung in paranoduläres Gewebe (E-Läsion).

E-Läsionen sind allerdings in CS I und II selten (z. B. in 2–4% der EORTC-Studien [27] oder in 8% der Patienten von Leslie et al. [136]). In der letzteren Studie waren dabei in 13 der 25 Fälle die Lunge, in 5 das Perikard, in 3 die Brustwand und in 4 andere Lokalisationen (Leber, Knochenmark u. a.) betroffen.

9.6.4 Staging-Laparotomie

Bei dieser diagnostischen Maßnahme wird die intraabdominelle Ausbreitung der Erkrankung durch multiple Biopsien aus Lymphknoten, Keilbiopsien aus Leberlappen bzw. gezielte Biopsie suspekter Areale exploriert und ein eventueller Milzbefall durch histologische Aufarbeitung des entfernten Organs verifiziert. Die Methode ist vor allem dann indiziert, wenn von dieser Maßnahme wichtige therapeutische Entscheidungen abhängen. Dies gilt für Situationen, in denen in den klinischen Stadien I und IIA zwischen alleiniger Radiotherapie oder kombinierter Behandlungsmodalität entschieden werden muß. Angesichts der potentiellen postoperativen Komplikationen sowie des eventuell erhöhten Risikos für die Entwicklung einer Sekundärneoplasie bei splenektomierten Patienten (s. Kap. 9.9.1) wird die Indikation für diesen Eingriff in allen wichtigen klinischen Studien sehr streng gestellt (Übersicht bei [1a, 186]).

In etwa 30% der Patienten im klinischen Stadium I bis II wird durch diese Untersuchung eine mit bildgebenden Verfahren nicht erkennbare subdiaphragmale Erkrankung nachgewiesen [1a, 132].

Durch retrospektive Untersuchungen wurden Subgruppen der CS I und II definiert, bei denen nur eine sehr geringe Wahrscheinlichkeit eines abdominellen Befalles gegeben war [132]. Ebenso definierte eine kooperative deutsche Studie bei pädiatrischen Patienten Faktoren zur Voraussage eines Milzbefalls [196].

Zusammenfassend sei betont, daß ein Konsens über die Indikation zu diesem Eingriff noch nicht besteht (z. B. [1a]). Das Vorgehen ist daher in verschiedenen Zentren nicht einheitlich. In den Stadien CS I und CS II raten wir zur Operation bei Fehlen von Risikofaktoren (insbesonders großer Mediastinaltumor, systemische Manifestationen, siehe Kapitel 9.8.1). Zurückhaltend wird die Indikation zur Operation auch von manchen gestellt (z. B. [1a]), wenn es sich um Frauen im Stadium IA oder insgesamt um isolierten Befall (CS IA) des Mediastinums oder der Leiste handelt (siehe auch [132]). Nicht durchgeführt werden sollte der Eingriff bei Patienten fortgeschrittenen Alters, bei eingeschränktem Allgemeinzustand oder schwereren Begleitkrankheiten. Hauptindikationsgruppe sind die unter Vierzigjährigen, die Kandidaten für eine alleinige Radiotherapie sind [187].

9.7 Immundefekte und Infektionen

Eine gestörte Immunregulation auf der Ebene der T-Lymphozyten und – zumindest in vitro – der mononukleären Phagozyten begleitet die Erkrankung, wobei diese Abweichungen unter der Therapie verstärkt und sogar bei Patienten in Langzeitremission zum Teil noch nachweisbar sind. Das Risiko für Infektionen verschiedener Art korreliert mit dem Stadium der Erkrankung und der Intensität der durchgeführten Therapien (Übersicht bei [15]). Der Wert von Untersuchungen des „Immunstatus“ bei Patienten mit MH hat Grenzen, da das Ausmaß der In-vitro-Funktionsstörungen der T-

Lymphozyten keine Korrelation zu Remissionsdauer, Relapshäufigkeit oder Überlebensdauer aufweist [65].

9.7.1 Immundefekte

Die zellulären Immundefekte bei MH mit bevorzugter Einschränkung der T-Lymphozytenfunktion werden auf die gestörte Balance der T-Lymphozyten-Subpopulationen mit gesteigertem Anteil von CD8+-Suppressor T-Zellen in der Zirkulation, auf humorale Hemmfaktoren für T-Lymphozyten und auf deren Monozyten-induzierte Suppression zurückgeführt. Die Immunsuppression könnte die Ausbreitung des MH begünstigen, ist in

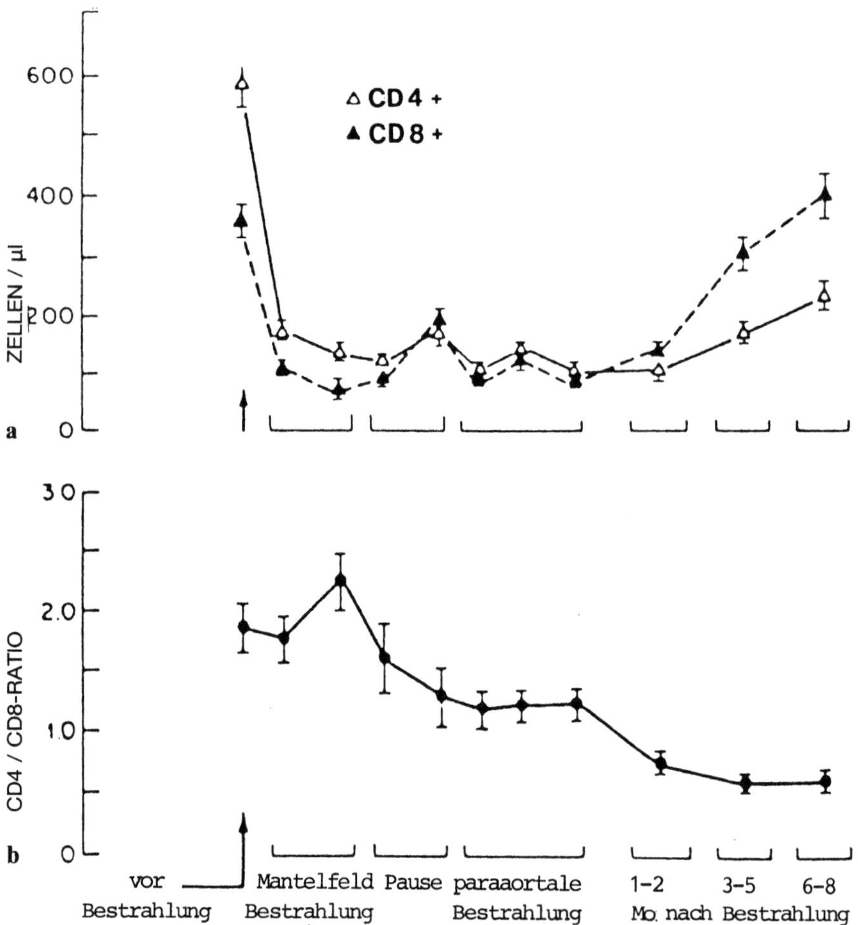

Abb. 9.1a, b. Verhalten der T-Lymphozytensubpopulationen bei Patienten mit M. Hodgkin unter Therapie.
a. Absolutwerte von CD4- und CD8-positiven Lymphozyten
b. CD4/CD8-Ratio im peripheren Blut vor und nach Radiotherapie (nach [90])

Frühstadien jedoch nur diskret. Als immunpathologisch besonders relevante Störungen werden z. Z. abnorme Zytokinfreisetzungen diskutiert (IL-2-Defekte der T-Lymphozyten, vermehrte Bildung verschiedener Zytokine durch SR-Zellen etc.).

9.7.1.1 T-Lymphozyten-Subpopulationen

Die Lymphopenie z. Z. der Diagnosestellung resultiert meist aus einer mäßigen Reduktion der Absolutzahl der T- und evtl. der B-Lymphozyten [227]. Unter Radio- (Abb. 9.1) wie auch Chemotherapie wird eine bevorzugte Verminderung der CD4+-T-Lymphozyten beobachtet, die meist lange Zeit nachweisbar bleibt. Daraus resultiert ein Abfall der CD4/CD8-Ratio (Abb. 9.1). Bei Patienten in Langzeitremission können sogar Lymphozytosen mit besonderer Vermehrung von CD8+-Lymphozyten auftreten.

Bei begleitender Lymphopenie findet sich schon z. Z. der Diagnosestellung häufig ein mäßiger Abfall der absoluten Zahl CD4-positiver Zellen [128]. Unter der Radiotherapie und/oder Chemotherapie kommt es zunächst häufig zu einem ausgeprägten Abfall sowohl der CD4- als auch der CD8-positiven Subpopulationen (Abb. 9.1). Während jedoch die Werte der CD8-positiven Lymphozyten innerhalb von 6–8 Monaten (auch nach ausgedehnten Radio- und/oder Chemotherapien) wieder auf Normalwerte ansteigen, bleibt ein relativer Mangel von CD4-positiven Lymphozyten häufig über lange Zeit erhalten [90]. Patienten in Langzeitremission (sowohl nach Radio- als auch Chemotherapie) zeigen einen reduzierten Anteil CD4-positiver Zellen mit einem Anstieg von Prozent und Absolutzahl CD8-positiver Zellen [128]. Die CD4/CD8-Ratio, die vor den Therapien meist im Normbereich (2,1 +/- 0,9) liegt [128, 176] fällt nach der Radiotherapie erheblich ab (0,45 +/- 0,1) [176]; s. auch Abb. 9.1.

9.7.1.2 Immunsuppression durch Monozyten in vitro

Das Makrophagensystem ist an der Lymphozytenfunktionsstörung bei MH in vitro wesentlich beteiligt [49, 61, 81, 107, 227].

Dieser suppressive Effekt wird z. T. durch die Freisetzung von Prostaglandin E_2, aber auch von O_2-Metaboliten hervorgerufen. Dafür spricht auch die Aufhebbarkeit durch Indometacin.

9.7.1.3 Kutane Anergien

Eine Einschränkung der Allergie vom verzögerten Typ ist schon z. Z. der Diagnose und verstärkt während der Therapie nachweisbar. Die Ergebnisse der Hautallergietestung korrelieren nicht mit der Prognose, bessern sich jedoch mit anhaltender Remission [237].

Patienten in Langzeitremission sind meist nicht anerg [65]. Lediglich nach Testung mit Neo-Antigenen (z. B. DNCB) ist dagegen auch in der Remission eine eingeschränkte Reaktionsfähigkeit häufig [122].

Gestörte Lymphozytenfunktion in vitro

Wenn es sich um fortgeschrittene Stadien der Erkrankung handelt, ist die Lymphozytenproliferation in Gegenwart von PHA und anderen Mitogenen auch bei unbehandelten Patienten meist mäßig bis mittelgradig eingeschränkt [30, 100, 139].

Die In-vitro-Bildung von IL-2 durch mononukleäre Zellen des Blutes ist bei Patienten mit MH gegenüber Kontrollpersonen signifikant vermindert [68, 203]. Diese Bildungsstörung wird als zentraler Defekt der Lymphozyten bei MH angesehen (Übersicht bei [111a]).

Umverteilung CD4- und bevorzugte Repopulation CD8-positiver Lymphozyten

Die Infiltrate bei MH enthalten vor allem CD4-positive Lymphozyten [74, 175]. Sie sind quantitativ gehäuft auch in Milzen von Patienten mit MH nachweisbar [184]. Somit dürfte eine Umverteilung an der Verminderung von CD4+-Lymphozyten im Blut mitbeteiligt sein.

Humorale Hemmfaktoren der Lymphozytentransformation wurden nachgewiesen [80].

9.7.1.4 Humorale Immundefekte

Zum Zeitpunkt der Erstdiagnose eines M. Hodgkin lassen sich im Serum der Mehrzahl der Patienten normale quantitative Immunglobulinspiegel [93] sowie eine gute Stimulierbarkeit mikrobieller Antikörperproduktion [1] als Ausdruck einer normalen B-Zellfunktion feststellen [15]. Während eine Radiotherapie keine und die alleinige Chemotherapie eine nur marginale Reduktion der spezifischen Immunglobulinproduktion bewirken [233], resultiert aus einer aggressiven kombinierten Therapiemodalität eine signifikante Schwächung der B-Zellantwort [20]. Überraschenderweise hat die Splenektomie per se beim Erwachsenen keinen stärkeren Einfluß auf die Reaktion des B-Zellschenkels der Immunantwort [13, 233]. Mäßige Erniedrigungen des Serum-IgM können allerdings vorkommen. Wird die Splenektomie jedoch mit nachfolgender Chemotherapie kombiniert, so wirkt sie synergistisch im Sinne einer weiteren Reduktion des IgM-Spiegels und der Antikörper-mediierten Abwehr von Infekten durch enkapsulierte Mikroorganismen [233]. Keinen Einfluß haben therapeutische und diagnostische Verfahren hingegen auf Serumkonzentrationen von IgG, IgA, Komplementfaktoren C3 und C4 oder die Aktivität des alternativen Wegs der Komplementaktivierung [233]. Der immunsuppressive Einfluß von Chemotherapie und Splenektomie variiert stark in Abhängigkeit vom gewählten Immunogen und bessert sich posttherapeutisch [212].

Obwohl ohne Einfluß auf die systemische humorale Immunaktivität, führt die Strahlentherapie des oberen Mantelfeldes unter Einschluß zervikaler Lymphknoten zu einer deutlichen Minderung der IgA-Konzentration des Speicheldrüsensekretes [18] und gemeinsam mit der ebenfalls Strahlen-induzierten Xerostomie und der Änderung der oralen mikrobiellen Flora zu erhöhter lokaler Infektanfälligkeit und gesteigerter Kariesinzidenz [58].

9.7.2 Infekte

Schwere Infekte sind bei der großen Mehrzahl von Patienten mit MH ungewöhnlich. Vor allem findet man sie in Risikogruppen (siehe unten) und in Spätstadien der Erkrankung. Etwa die Hälfte der Todesfälle bei MH sind allerdings dadurch bedingt (Übersicht bei [15]). Opportunistische Erreger, für deren Abwehr eine intakte, vor allem zelluläre Immunantwort erforderlich ist (z. B. Toxoplasmose, *Candida,* Mykobakterien, s. u.), werden in gesteigerter Inzidenz pathogen.

Infekte durch kapseltragende Pathogene *(Streptococcus pneumoniae, Haemophilus influenzae)* können Ursache schwerer Komplikationen vor allem bei splenektomierten Patienten mit MH sein. Lebensbedrohliche Infekte finden sich – bis auf seltene Ausnahmen – jedoch nur in speziellen Risikogruppen.

9.7.2.1 Herpes Zoster

Diese Komplikation findet sich bei 20–30% der Patienten (Abb. 9.2). Besonders gehäuft tritt sie nach Chemotherapie, seltener nach Radiotherapie auf [88]. Bei gestörter Bildung von Antikörpern gegen *Varicella zoster*-Virus in vitro [202] besteht eine erhöhte Disseminationstendenz [179]. 3/4 der Erkrankungen traten in den ersten 1 1/2 Jahren nach Therapiebeginn (Abb. 9.2) auf. Diese meist günstig verlaufenden Zoster-Episoden unterscheiden sich von den vielfach generalisierten Erkrankungen in Spätstadien des MH (z. B. [1a]).

9.7.2.2 Streptococcus pneumoniae und Haemophilus influenzae

Schwere Infekte durch diese kapseltragenden Pathogene finden sich vor allem nach multimodalen Therapien von splenektomierten Patienten, fast ausschließlich solchen mit therapieresistenter Tumorerkrankung. Eine Pneumokokkensepsis ist dabei in erster Linie Folge der ineffektiven Clearance dieser Mikroorganismen durch gestörte Opsonierung und Phagozytose [102].

Das höchste Risiko besteht bei Kindern unter 10 Jahren, doch kann sich eine fatale Pneumokokkeninfektion in jeder Altersgruppe entwickeln. Das kumulative Risiko liegt bei etwa 10% innerhalb von 10 Jahren [15]. Eine lebensbedrohende bakterielle Sepsis nach Splenektomie entwickelte sich nach einer großen Studie bei Kindern in 2,5% (Mortalität 0,8%; [55]). Präventive Maßnahmen schließen eine Immunisierung (möglichst vor Splenektomie) und evtl. Antibiotikagaben ein. Aisenberg [1a] beobachtete fatale Sepsisfälle nur bei Patienten, die eine totalnodale Bestrahlung und kombinierte Chemotherapie erhalten hatten. Dies entspricht auch der eigenen Erfahrung. Britische Studien sahen dagegen fatale Sepsiskomplikationen bei fast 2% der Splenektomierten, die lediglich eine „extended field" Bestrahlung erhalten hatten (weiterführende Literatur bei [1a]).

Eine hohe Mortalität war bei Vorliegen prädisponierender Faktoren vor allem in therapieresistenten Relapsstadien des MH zu beobachten.

9.7.2.3 Infektkomplikationen durch andere Erreger

Eine erhöhte Gefährdung für Infektionen durch Zytomegalie, Toxoplasmen, *Pneumocystis carinii,* Mykobakterien, Legionellen, *Listeria monocytogenes, Candida,* Aspergillusformen und *Cryptococcus* ist dokumentiert (Übersicht bei [41]). Ähnliches gilt für HIV-Infektionen mit der komplexen Pathogenese eines AIDS-assoziierten MH [1a, 112, 181].

9.7.2.4 Risikogruppen für schwere Infekte

Neben Patienten mit Zytopenien sind solche mit anderen prädisponierenden Faktoren (postoperative Zustände, bewegungsgestörte und alte Patienten, protrahierte Steroidgaben etc.) erhöht gefährdet. Wichtigste schwere Infektkomplikationen waren nach größeren Studien (Übersicht bei [15]) Pneumonien (37–57%), symptomatische Bakteriämien (25–33%), Infektionen der Haut und Schleimhäute (5–19%) u. a. Häufig isolierte Organismen schließen *Streptococcus pneumoniae* (21–32%), Staphylococcus aureus (5–19%) und *Staphylococcus epidermidis* (4–19%) ein. Gramnegative Organismen wie *Haemophilus influenzae* (3–8%), *Pseudomonas aeruginosa* (3–6%) und *Escherichia coli* (3–5%) waren weniger häufig. Polymikrobielle Isolate waren nicht selten (15–21%). Etwa 3/4 der schweren Infektionen waren in

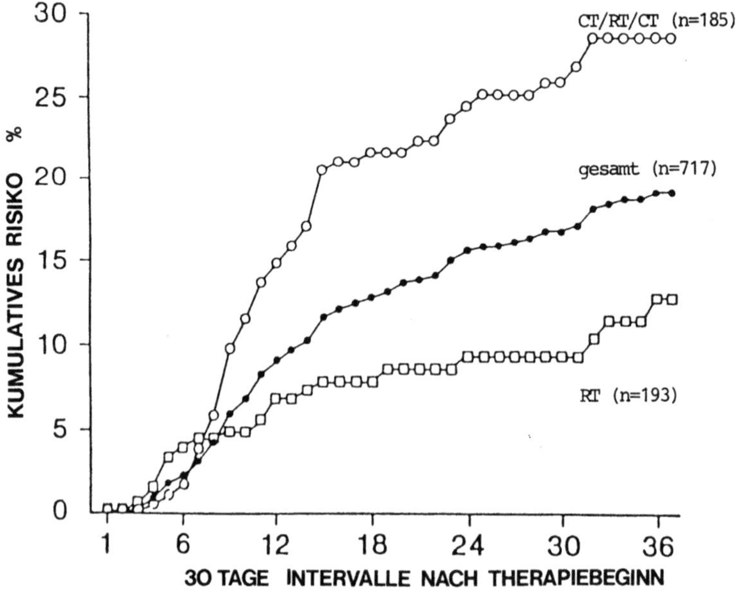

Abb. 9.2. Herpes Zoster bei M. Hodgkin (nach [88])
● kumulatives Risiko für alle Patienten, ○ für Patienten mit kombinierter Behandlung Chemotherapie-Radiotherapie-Chemotherapie (CT/RT/CT), □ ausschließlich radiotherapierte Patienten

der Studie von Coker et al. [41] mit den erwähnten prädisponierenden Faktoren assoziiert. Opportunistische Keime – vor allem bei schweren T-Zelldefekten – schließen Pilzerkrankungen (inklusive *Cryptococcus neoformans*) und *Pneumocystis carinii* ein.

9.8 Prognosefaktoren

Risikoadaptierte Behandlungsprotokolle, die sich nach einer Reihe gut definierter Risikofaktoren orientieren, stehen beim M. Hodgkin zur Verfügung [1a, 51, 97, 143, 187, 194a, 221]. Die wichtigsten Risikofaktoren, die in großen Studien definiert wurden, finden sich in Tabelle 9.8.

In lokalisierten Stadien ohne Risikofaktoren kann bei der Mehrzahl der Patienten durch eine Radiotherapie allein eine anhaltende Vollremission erreicht werden (Abb. 9.3). Durch adjuvante Chemotherapie wird die Rückfallsrate in Risikogruppen gesenkt, allerdings erkauft durch eine höhere Komplikationswahrscheinlichkeit. Für Risikopatienten der Stadien I–III A haben sich kombinierte Therapien bewährt, während in weiter fortgeschrittenen Stadien die Chemotherapie im Vordergrund steht (z. B. [1a, 111a, 194a, 221]). Die Prognose von Patienten mit risikoadaptierter Behandlung (Ergebnisse der Deutschen Hodgkinstudie) geht aus Abb. 9.3 hervor.

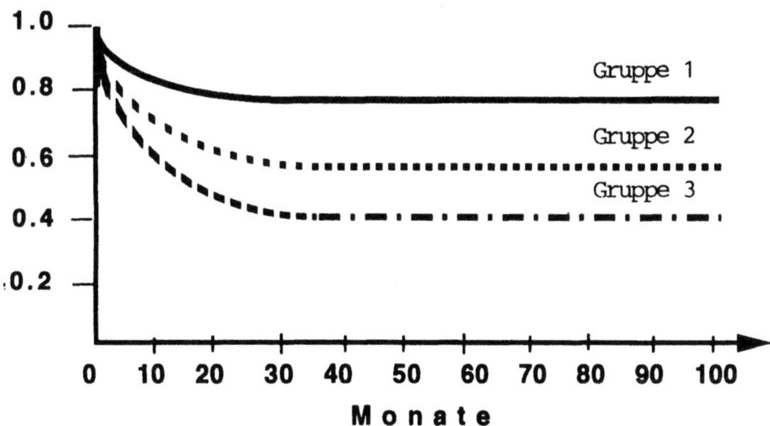

Abb. 9.3. Überlebenswahrscheinlichkeit von Patienten mit günstiger, intermediärer und ungünstiger Prognose (Ergebnisse der Deutschen Hodgkinstudie [194a])

Günstige Prognose (Gruppe 1):	Stadium I und II ohne Risikofaktor (nach Staging Laparatomie)
Intermediäre Prognose (Gruppe 2):	Stadium I und II mit Risikofaktor (siehe Tabelle 9.8) sowie Stadium IIIA
Ungünstige Prognose (Gruppe III):	Stadium IIIB und IV

Tabelle 9.8. Ungünstige Prognosefaktoren als mögliche Indikationen für kombinierte Behandlungen bei lokalisierter Erkrankung, nach [1a, 194a]

Deutsche Hodgkin-Studie	großer Mediastinaltumor E-Stadium hohe BKS (A-Stadien > 50, B-Stadien > 30 mm/h Befall von 3 und mehr Lymphknotenarealen
EORTC	Alter > 40 Jahre MC/LD-Histologie Symptome und BKS > 30 mm/h oder keine Symptome und BKS > 70 mm/h Mediastinum positiv positive Laparotomie
British National Lymphoma Investigation	höheres Alter pathologischer Grad II (MC und ungünstiger NS) positives Mediastinum höhere BKS männliches Geschlecht
Royal Marsden Hospital	LD-Histologie systemische Manifestationen (mehr als 3 Lymphknotenareale betroffen) ausgedehnte Mediastinalerkrankungen od. zumindest 2 der folgenden Symptome: - BKS > 40 mm/h - männliches Geschlecht - Lymphome über 5 cm - mehr als 2 LK-Areale beteiligt - MC-Histologie

9.8.1 Prognosefaktoren bei lokalisierter Erkrankung

Die Ausdehnung der Tumorerkrankung (Größe des Mediastinaltumors, „bulky disease", Zahl der befallenen Lymphknotenareale), systemische Manifestationen (Allgemeinsymptomatik, BKS-Erhöhung), der histologische Subtyp, E-Läsionen, Alter und Geschlecht sind die am besten dokumentierten Prognosefaktoren [1a, 51, 97, 187a, 194a, 221]. Eine Zusammenfassung von Prognosefaktoren entsprechend den Kriterien von 4 großen Studien findet sich in Tabelle 9.8).

Nach den EORTC-Ergebnissen (Zusammenfassung der Studien von 1964 bis 1987; [221]) waren die folgenden Prognosefaktoren mit einem ungünstigen Verlauf korreliert (Tabelle 9.8): Allgemeinsymptome und/oder BKS-Erhöhung, fortgeschrittene Stadien II (II3 und II4, d.h. Stadien mit 3 oder 4 befallenen Lymphknotenstationen), histologischer Subtyp (LP/NS gegenüber MD/LD), Alter (>40 Jahre) und Geschlecht. Aufgrund der Prognosefaktoren wurde eine günstige, eine intermediäre und eine prognostisch ernste Patientengruppe definiert.

Das Alter ist einer der wichtigsten Prognosefaktoren, der sich auch in neueren Studien bestätigt (z.B. [1a, 97, 187a, 221]). In der Auswertung aus Stanford [187a] betrug die Relapsfreiheit (aktualisiert nach 14 Jahren) im Alter über 60 Jahre 38%, bei 40–59-jährigen 65% und bei jüngeren Patienten 74% und mehr. Ähnlich waren die Unterschiede im Gesamtüberleben. Die schlechteren Therapieergebnisse haben mehrfache Ursachen (Übersicht bei [1a]): häufig fortgeschrittenes Stadium sowie systemische Manifestationen und höherer Anteil ungünstiger Histologien (siehe Kapitel 9.1.4). Die Toleranz für Chemo- und Radiotherapie ist vielfach schlechter, dadurch Therapieunterbrechungen häufig.

Weitere, nicht in allen Studien nach Multivarianzanalysen signifikante Prognosefaktoren sind z. B. E-Läsionen (s. Kap. 9.6.3) und detailliertere Parameter der Tumorlast des Patienten. Die Korrelation von Relapswahrscheinlichkeit nach Radiotherapie und befallenen Lymphknotenarealen geht aus Abb. 9.4 hervor [29].

Zwischen der Zahl der befallenen Lymphknotenareale und der Häufigkeit von Relapsen nach Radiotherapie (supradiaphragmaler Befall) besteht eine etwa lineare Beziehung. Das Ausmaß einer okkulten Dissemination nimmt mit der Zahl involvierter Lymphknotenareale zu [219]. Nach EORTC-Studien war im CS II3 das relative Relapsrisiko gegenüber CS II2 bei alleiniger Radiotherapie etwa 4mal so hoch [219]. CS II2 entspricht einem Stadium II mit dem Befall von 2 Lymphknotenstationen.

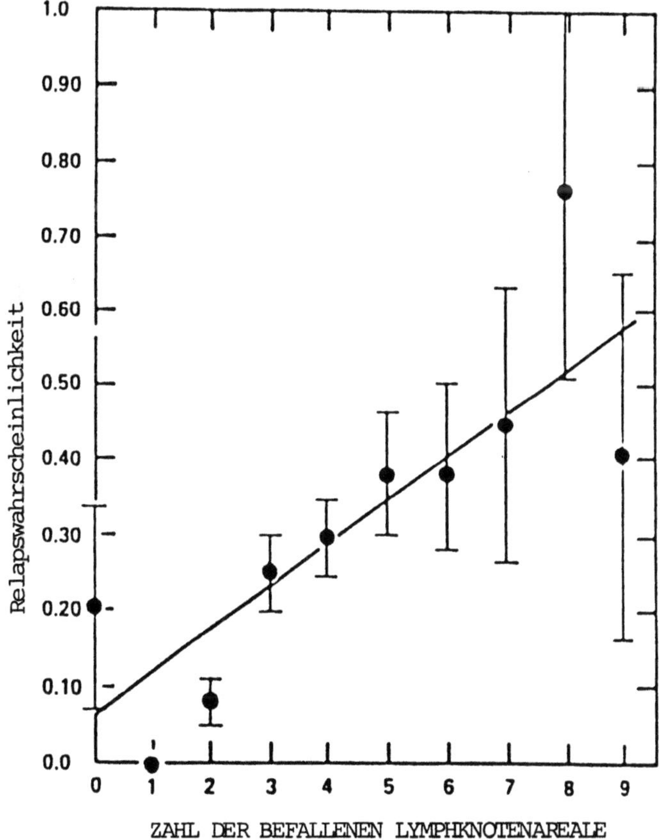

Abb. 9.4. Im Rahmen des M. Hodgkin befallene Areale und Relapswahrscheinlichkeit nach Radiotherapie. Wahrscheinlichkeit eines supradiaphragmalen Rezidivs als Funktion der Zahl initial befallener supradiaphragmaler Lymphknotenareale (nach [29])

9.8.2 Fortgeschrittene Krankheitsstadien

Durch Multivarianzanalysen gesicherte wichtigste Prognosefaktoren der deutschen MH-Studie der Stadien III B und IV [143] waren eine ausgeprägte Erhöhung der BKS und/oder der alkalischen Phosphatase. Jeder

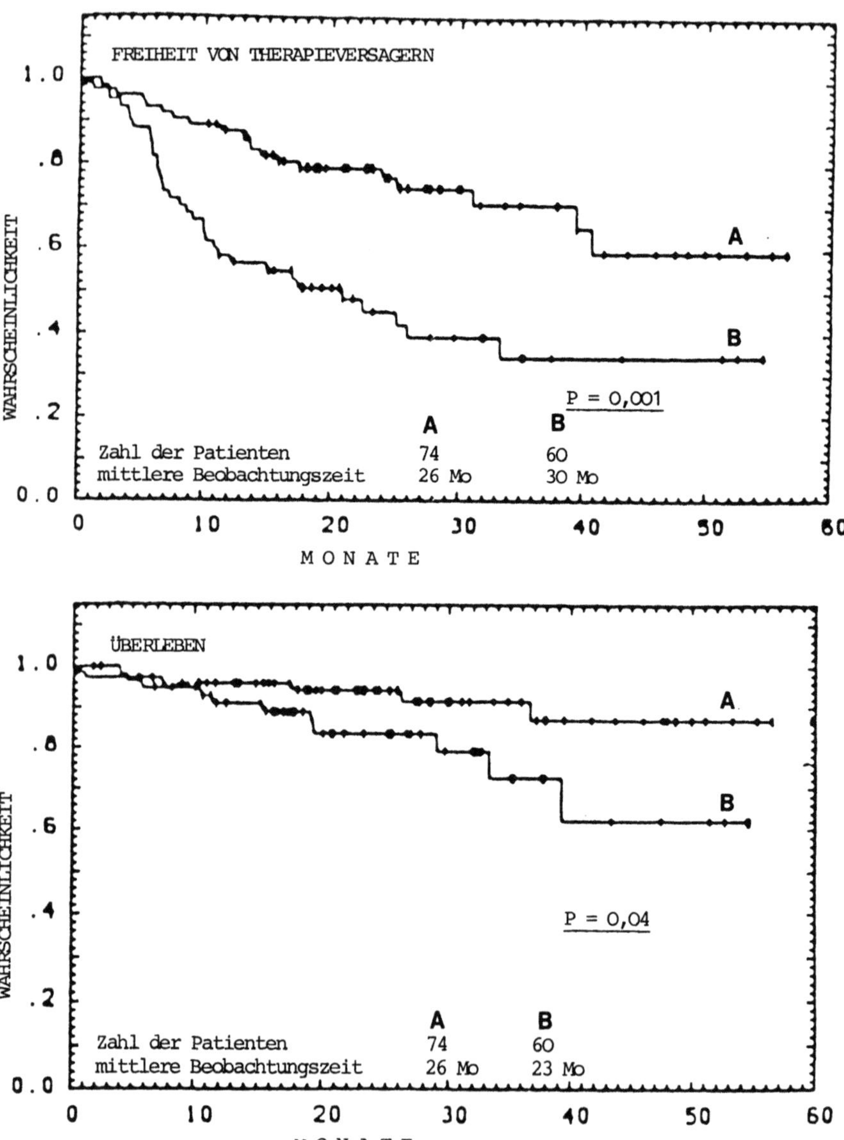

Abb. 9.5. Überlebensdauer und Freiheit von Therapieversagern im klinischen Stadium IIIB/IV stratifiziert nach Prognosegruppe A und B (nach [143])
Prognosegruppe A: BKS <80 mmHg und alkalische Phosphatase <230 IU/ml
Prognosegruppe B: alle anderen Patienten

dieser beiden Faktoren gab allein eine bessere prognostische Voraussage als das Stadium. Es ließen sich 2 Prognosegruppen definieren: solche mit einer BKS von <80 mm in der ersten Stunde und einer alkalischen Phosphatase <230 IU/ml (Gruppe A) und die übrigen Patienten (Gruppe B. Abb. 9.5).

Zwischen diesen beiden Indizes bestand eine nur mäßige Korrelation ($r = 0{,}4$). Stadium, Befallslokalisation und andere Risikofaktoren waren gegenüber diesen beiden Werten ohne gesicherte Bedeutung. Unterschiede ergaben sich sowohl im Gesamtüberleben als auch in der Freiheit von Therapieversagern.

9.9 Sekundärneoplasien und andere Therapiekomplikationen

Derzeit werden etwa 70% aller Patienten mit MH geheilt [1a, 111a, 187a]. Diesen Erfolgen stehen akute und späte Therapienebenwirkungen gegenüber, die bei einem kleinen Anteil der Patienten lebensgefährdend sind (Tabelle 9.9).

Akute nichtlymphatische Leukämien (mit und ohne myelodysplastisches Vorstadium), Non-Hodgkin-Lymphome und bestimmte solide Tumoren sind als Spätkomplikationen nach Therapie eines MH dokumentiert. Ihr Auftreten steht in Beziehung zur durchgeführten Behandlung. Eine repräsentative Auswertung solcher Sekundärneoplasien findet sich in Abb. 9.6.

Tabelle 9.9. Einige Komplikationen bei M. Hodgkin (nach [187])

Potentiell letale Behandlungskomplikationen
– Akute myelomonozytäre Leukämie
– Non-Hodgkin-Lymphome
– Bakterielle Sepsis
Ernste Behandlungskomplikationen
– Infektionen
– Pneumonie
– (Peri-)Karditis
– Sterilität
– Wachstumsstörung
Andere Komplikationen
– Hypothyreoidismus
– Langzeitbeeinträchtigung der Lymphozytenfunktion nach Radio- und/oder Chemotherapie

Während akute Leukämien bis 10 Jahre nach Therapiebeginn auftreten können [1a, 12, 169, 226], ist für NHL und solide Tumoren eine gesteigerte Inzidenz bis zumindest 15 Jahre nach Therapie der Grundkrankheit beobachtet worden [1a, 12, 14, 15, 116a, 169, 226].

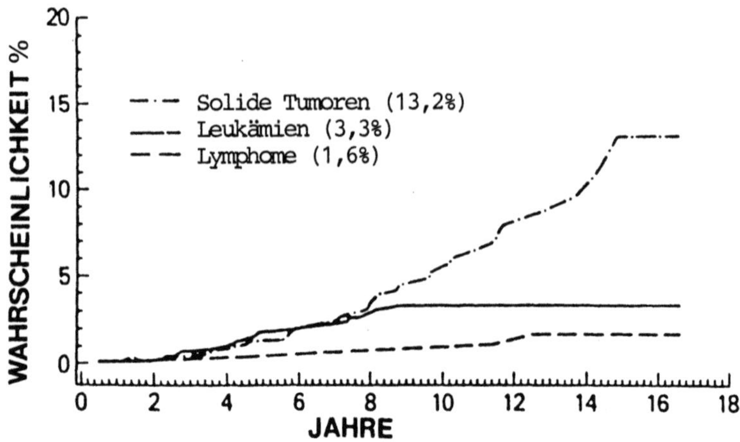

Abb. 9.6. Aktualisiertes Risiko einer Zweitneoplasie bei 1507 Patienten mit M. Hodgkin (nach [226])
Die Zahlen in Klammer zeigen das aktualisierte Risiko nach 15 Jahren

Tabelle 9.10. Risiko einer sekundären akuten Leukämie (ANLL) bei Patienten mit M. Hodgkin nach Art der durchgeführten Therapie (nach [15])

Therapie	relatives Risiko	kumulatives Risiko nach 10 Jahren (%)
nur Strahlentherapie	sehr niedrig	0
nur Induktionstherapie		
MOPP	niedrig[a]	2– 3
BCNU	intermediär	3– 6
ABVD	sehr niedrig	?
Kombinierte Therapie		
Radiotherapie + MOPP	intermediär[b]	2– 8
Salvage Therapie	hoch	5–15
Erhaltungstherapie		
gesamt	hoch	5–10
Alkylierende Substanzen	sehr hoch	10–30

[a] bei Patienten über 40 Jahre deutlich höher als bei Jüngeren (siehe [1a])
[b] [116]

9.9.1 Akute nichtlymphatische Leukämien (ANLL) und Myelodysplasien

Das aktualisierte Risiko zur Entwicklung einer ANLL variiert bei verschiedenen Behandlungsprotokollen und nimmt bei Patienten über 40 Jahre zu. Das Risiko ist auf die erste Dekade nach Gabe der Chemotherapie beschränkt (Tabelle 9.10). Ein MDS geht dieser ANLL häufig in einem Zeitraum von Monaten bis Jahren voraus. Über 90% der sekundären ANLL sind mit nachweisbaren zytogenetischen Abweichungen kombiniert (z. B. [169]. Am häufigsten waren die Chromosomen 7 oder 5 betroffen, zusätzliche Aberrationen betrafen vor allem die Chromosomen 8, 21, 3 oder 12 [191, 237a].

Die Häufigkeit des Vorkommens einer ANLL steht auch zur Gesamtdosis angewandter alkylierender Substanzen in Beziehung. Dies geht besonders deutlich bei Anwendung von Alkylantien als Erhaltungstherapie (z. B. [1a]) und aus Untersuchungen bei Kindern hervor [224]. Die Häufigkeit ist bei Anwendung von Antimetaboliten deutlich niedriger als bei Gabe von Alkylantien [186]. Das Leukämierisiko nach ABVD und ähnlichen Protokollen ist deutlich niedriger als nach MOPP und deren Varianten.

9.9.2 Non-Hodgkin-Lymphome

Die Häufigkeit dieser Entwicklung differiert für die verschiedenen Subtypen des MH [9a]. Das kumulative Risiko wird mit unter 1–6% angegeben [1a, 9a, 14, 111, 116, 121, 124, 226].

Am häufigsten fand sich ein späteres NHL beim lymphozytenreichen Subtyp (nach [9a] in 3,8%), in den übrigen Histologien dagegen weit seltener (nach [9a, 98] in unter 1%).

In der kürzlich publizierten Auswertung von Tucker et al. [226] waren unter 1507 Patienten mit MH 9 NHL zu beobachten. Nach dieser Studie wurde die kumulative Risikowahrscheinlichkeit mit 1,6 ± 0,7% bei einer 15jährigen Beobachtungsdauer angegeben (Abb. 9.6).

Die NHL betreffen oft extranodale Bereiche (vor allem Gastrointestinaltrakt) oder das Retroperitoneum [9a, 15]. Nach histologischen Kriterien handelt es sich meist um diffuse „großzellige“ NHL, wobei in einem Teil der Fälle auch ein NHL vom T-Zelltyp beobachtet wurde [9a, 83].

Zur Pathogenese werden verschiedene Mechanismen diskutiert:

a) eine Spätentwicklung einer Neoplasie, die aus einer gemeinsamen malignen Vorläuferzelle der Lymphopoese resultiert
b) Folgen der Immunsuppression und
c) direkte mutagene Effekte der Behandlung.

Am besten dokumentiert ist das Auftreten von NHL bei Immundefekten verschiedener Ätiologie, sodaß die wahrscheinlichste Ursache dieser Komplikationen therapiebedingte Immunsuppressionen sind (z. B. [1a, 9a, 187]). Eine spezielle Situation liegt beim LP-Typ vor [9a, 94].

Für ein *Auftreten der NHL im natürlichen Krankheitsverlauf* in Einzelfällen von MH sprechen Befunde beim nodulären LP-Typ (s. Kap. 9.1.1). Hier wurden hochmaligne Lymphome vereinzelt beobachtet, in denen keine oder eine nur gering zytotoxische Therapie verabreicht wurde.

9.9.3 Solide Tumoren

Sie stellen eine ernste Komplikation bei MH dar. Ihre Inzidenz steigt mit dem Beobachtungsintervall (Abb. 9.6).

Gegenüber dem Erwartungswert ist das Risiko insgesamt auf das etwa 2–3fache [98, 226], vielleicht auch noch deutlicher gesteigert (Übersicht bei [15]). Sie wurden v. a. nach Radiotherapie beobachtet [1a, 14, 226]. 60–80% der Tumoren fanden sich im ursprünglichen Bestrahlungsfeld [226].

Seltene Tumorerkrankungen (vor allem Neoplasien des Knochens, Bindegewebes, möglicherweise des ZNS) wurden nach manchen Studien mit erheblich gesteigerter Inzidenz beobachtet. Trotzdem machen sie insgesamt nur eine kleine Zahl der soliden Tumoren bei diesen Patienten aus (Übersicht bei [14, 116, 226]). Andererseits kommen andere Tumoren mit mäßig gesteigerter Inzidenz zur Beobachtung (z. B. Tumoren in Lunge, Magen, Kopf- und Halsbereich, Melanome, Mammakarzinome).

Die Definition einer gesteigerten Inzidenz solider Tumoren bei behandelten Patienten mit MH stößt wegen der insgesamt kleinen Zahl dieser Fälle auf erhebliche Schwierigkeiten. So beobachteten Tucker et al. [226] in einem Zeitraum von über 15 Jahren nach Ersttherapie insgesamt in 3% solide Tumoren (ähnliche Werte bei [98]). Am häufigsten wurden Lungen- (risk ratio = RR 7,7), Magenkarzinome (RR 10), Melanome (RR 8,9), Knochen- (RR 31) und Weichteilsarkome (RR 15) dokumentiert. Nach der International Data Base war die Gefährdung mit höherem Alter (über 50a bei Diagnosestellung des MH) besonders gesteigert [98].

Lungenkarzinome finden sich mit einem relativen Risiko von 4,6–6,3% fast ausschließlich bei Patienten nach supradiaphragmaler Bestrahlung [141]. Bei 50% handelte es sich um kleinzellige Histologien, die Hälfte der Patienten waren Raucher.

Knochen- und Weichteilsarkome waren in erheblich gesteigerter Inzidenz u. a. auch in den Studien von Boivin [14] nachweisbar. Die überwiegende Mehrzahl trat im ursprünglichen Bestrahlungsfeld auf [92]. Histologisch waren in einer Studie strahleninduzierter Knochensarkome in 68,7% Osteosarkome, in 48,3% Chondrosarkome, in 4,7% Ewing-Sarkome und in 3,1% ein Fibrosarkom nachweisbar [225].

Kutane Melanome wurden bei MH in etwas gesteigerter Inzidenz beobachtet, wobei die Angaben erheblich variieren [14, 116, 223]. In der Studie von Tucker et al [223] wurde von einer kumulativen Risikowahrscheinlichkeit von 3,3 ± 2,6% nach 14 Jahren gesprochen. Dysplastische Naevi bedürfen deshalb bei MH besonderer Aufmerksamkeit.

Zu einer gesteigerten Inzidenz von *Mammakarzinomen* liegen erst wenige Angaben vor. Von Carey et al. [28], wird die RR auf 5,5 geschätzt. In der Studie von Tucker et al. [226] wurden allerdings bei 1507 Patienten nur 3 Mammakarzinome beobachtet (RR 1,7). In der Studie von Kaldor et al. [116], war das RR mit 1,4 gerade signifikant erhöht ($p < 0,05$). Obwohl der Großteil des Brustgewebes nicht direkt im Bestrahlungsfeld gelegen ist, wird eine sorgfältige Nachbeobachtung kurierter Patientinnen auch im Hinblick auf das evtl. Auftreten von Mammakarzinomen empfohlen.

9.9.4 Andere Komplikationen (Tabelle 9.9)

Folgen von Immundefekten wie schwere bakterielle oder opportunistische Infekte wurden in Kap. 9.7 diskutiert. Zum Vorkommen einer *Pneumonie* oder *(Peri-)Karditis* nach Radiotherapie s. Kap. 9.5.3 und Kap. 9.5.4 *Wachstumsstörungen* als Bestrahlungsfolge bei Kindern unter 15 Jahren führten zur Modifikation der Radio- mit begleitender Chemotherapie [187]. *Fertilitätsstörungen* sind eine häufige Komplikation der Behandlung in beiden Geschlechtern (Übersicht bei [1a]). Nach Chemotherapie tritt sie bei Männern häufiger auf als bei Frauen, mit Erholungsfähigkeit bei jungen Patientinnen.

Etwa 25% der jüngeren Frauen werden nach einer Chemotherapie nach dem MOPP-Schema amenorrhoeisch, bei Frauen über 30 Jahren tritt in 50–80% der Fälle ein vorzeitiges Klimakterium ein [197]. Bei Männern ist nach einer Polychemotherapie eine Erholung der Spermatogenese in unter 10% zu erwarten [35, 234]. Dagegen verursachte eine ABVD Polychemotherapie (Adriblastin, Bleomycin, Velbe, Dacarbacin) eine Azoospermie in unter 20% der Patienten, Amenorrhoen wurden in weniger als 5% beobachtet [111a].

Klinisch manifeste Unterfunktionen der Schilddrüse sind nach Mantelfeldbestrahlung nicht selten. Sie können noch viele Jahre nach Abschluß der Behandlung auftreten.

Schilddrüsenfunktionsstörungen diskreter Form treten bei der Mehrzahl der MH-Patienten nach Mantelfeldbestrahlung auf. TSH-Erhöhungen finden sich in 31–53% der Patienten (Übersicht bei [15]). Klinische Zeichen eines Hypothyreoidismus sind dagegen selten (bei unter 10% der Patienten; [44, 156, 198]).

Die Häufigkeit von gestörten Partnerbeziehungen sowie von psychosozialen Problemen bei behandelten Hodgkin-Patienten werden mit zumindest 40% angegeben [66].

9.10 Schlußfolgerung

Die lymphatischen Systemerkrankungen – der M. Hodgkin (MH) und die Non-Hodgkin-Lymphome (NHL) – unterscheiden sich in einer Reihe von wichtigen Erscheinungsbildern. Während bei den NHL Herkunft und Reifungsstadien der Tumorzellen meist gut definiert sind, ist die SR-Zelle eine Entwicklungsform, die sich aus verschiedenen Zellsträngen herleiten kann und in ihrer Pathogenese eine besondere Herausforderung für die tumorbiologische Forschung darstellt. Bei NHL ist das neoplastische Gewebe von den Tumorzellen geprägt, während bei MH die SR-Zellen vielfach nur einen sehr niedrigen Anteil neben einer dichten reaktiven Zellinfiltration ausmachen.

Der MH ist in besonderer Weise durch begleitende, vor allem zelluläre Immundefekte charakterisiert, die in diesem Ausmaß bei NHL selten vorkommen und darüber hinaus sogar in Stadien der Langzeitremission weiter beobachtet werden können. Trotz der vielen kontroversen Fragen über die Grundlagen des Krankheitsgeschehens sind bei wenigen Erkrankungen ähnliche therapeutische Fortschritte erzielt worden, wie dies für den MH dokumentiert ist.

Risikoadaptierte Behandlungskonzepte wurden entwickelt und in kooperativen Studien verfeinert. Für deren Optimierung sind detaillierte Kenntnisse pathophysiologischer Grundlagen, der vielgestaltigen Klinik und der möglichen Therapiekomplikationen (z. T. als Spätschäden) erforderlich.

Literatur

1. Aisenberg AC (1966) Immunologic status of Hodgkin's disease. Cancer 19:385
1a. Aisenberg AC (1991) Malignant Lymphoma. Lea and Febiger, Philadelphia
2. Aisenberg AC, Wikes BM (1982) Lymph node T cells in Hodgkin's disease: analysis of suspensions with monoclonal antibody and rosetting techniques. Blood 51:522–527
3. Aisenberg AC, Kaplan MM, Rieder SV, Goldman JM (1970) Serum alkaline phosphatase at the onset of Hodgkin's disease. Cancer 26:318
4. Applefeld MM, Cole JF, Pollock SH, Sutton FJ, Slawson RG, Singleton RT, Wiernik PH (1981) The late appearance of chronic pericardial disease in patients treated by radiotherapy for Hodgkin's disease. Ann Int Med 94:338–341
5. Auclerc G, Auclerc MF, Weil M et al (1979) Features and prognosis of chemotherapy treated Hodgkin's disease with initial bone marrow involvement. Cancer Chemother Pharmacol 2:189–196
6. Bartl R, Frisch B, Burkhardt R (1984) Die Knochenmarksbiopsie. Eine neue Dimension für Klinik und Prognose maligner Bluterkrankungen. Basel: Karger
7. Bartl R, Frisch B, Burkhardt R, Huhn D, Pappenberger R (1982) Assessment of bone marrow histology in Hodgkin's disease: correlation with clinical factors. Brit J Haematol 51:345–360
8. Bennet JM, Gralnick HR, De Vita VT (1968) Bone-marrow biopsy in Hodgkin's disease. N Engl J Med 278:1179
9. Bennet MH, MacLennan KA, Easterling MJ, Vaughan Hudson B, Jelliffe AM, Vaughan Hudson G (1983) The prognostic significance of cellular subtypes in nodular sclerosing Hodgkin's disease: An analysis of 271 non-laparotomized cases (BNLI report no 22). Clin Radiol 34:497–501
9a. Bennett MH, Mac Lennan KA, Vaughan-Hudson G et al (1991) Non Hodgkin's lymphoma arising in patients treated for Hodgkin's disease in the BNLI: a 20 year experience. Ann Oncol 2:Suppl. 2, 83–92
10. Berkman AW, Woog JJ, Kickler TS, Ettinger DS (1983) Serial determination of antiplatelet antibodies in a patient with Hodgkin's disease and autoimmune thrombocytopenia. Cancer 51:2057–2060
11. Beverley PCL, Callard RE (1981) Distinctive functional characteristics of human "T" lymphocytes defined by E rosetting or a monoclonal anti-T cell antibody. Eur J Immunol 11:329–334
12. Blayney DW, Longo DL, Young RC, Greene MH, Hubbard SM, Postal MG, Duffey PL, DeVita VT (1987) Decreasing risk of leukemia with prolonged follow-up after chemotherapy and radiotherapy for Hodgkin's disease. N Engl J Med 316:710–714
13. Bjoerkholm M, Holm G, Merk K (1982) Cyclic autoimmune hemolytic anemia as a presenting manifestation of splenic Hodgkin's disease. Cancer 49:1702–1704
14. Boivin JF, O'Brien K (1988) Solid cancer risk after treatment of Hodkin's disease. Cancer 61:2541–2546
15. Bookman MA, Longo DL (1986) Concomitant illness in patients treated for Hodgkin's disease. Cancer Treat Rev 13:77–111
16. Bough-Grech A, Radford JA, Crowther D et al (1989) A comparative study of the nodular and diffuse variant of lymphocyte predominant Hodgkin's disease. J Clin Oncol 7:1303–1309
17. Breslau NA, McGuire JL, Zerwekh JE, Frenkel EP, Pak CYC (1984) Hypercalcemia associated with increased serum calcitriol levels in three patients with lymphoma. Ann Intern Med 100:1–7
18. Brown LR, Dreizen S, Daly TE, Drene FB, Handler S, Riggan LJ, Johnston DA (1978) Interrelations of oral microorganismus, immunoglobulins, and dental caries following radiotherapy. J Dental Research 57:882
19. Brunning RD, Bloomfield CD, McKenna RW, Peterson L (1975) Bilateral trephine bone marrow biopsies in lymphoma and other neoplastic diseases. Ann Int Med 82:365–366

20. Buckner CD, RudolphRH, Feter A, Clift RA, Epstein RB, Funk DD, Neiman PE, Slichter SJ, Storb R, Thomas ED (1977) High-dose cyclophosphamide therapy for malignant disease. Toxicity, tumor response, and the effects of stored autologous marrow. Cancer 29:357
21. Bucsky P (1987) Hodgkin's disease: the Sternberg-Reed cell. Blut 55:413–420
22. Bucsky P (1989) The Sternberg-Reed cell in Hodgkin's disease – reply to a letter to the editor by H. Stein. Blut 58:89–92
23. Burns BF, Colby TV, Dorfman RF (1984) Differential diagnostic features of nodular L & H Hodgkin's disease, including progressive transformation of germinal centers. Am J Surg Pathol 8:253–261
24. Byhardt R, Brace K, Ruckdeschel J, Chang P, Martin R, Wiernik P (1975) Dose and treatment factors in radiation-related pericardial effusion associated with the mantle technique for Hodgkin's disease. Cancer 35:795–802
24a. Cabanillas F, Pathak S, Trujillo J et al (1988) Cytogenetic features of Hodgkin's disease suggest possible origin from a lymphocyte. Blood 71:1615–1617
25. Callagher CJ et al (1984) The role of computed tomography in the detection of intrathoracic lymphoma. Br J Cancer 49:621
26. Carbone PP et al (1971) Report of the committee on Hodgkin's disease staging classification. Cancer Res 31:1860
27. Carde P, Burgers JMV, Henry-Amar M, Hayat M, Sizoo W, Van der Schueren E, Monconduit M, Noordijk EM, Lustman-Marechal J, Tanguy A, de Pauw B, Cosset JM, Cattan A, Schneider M, Thomas J, Meerwaldt JH, Somers R, Tubiana M (1988) Clinical stages I and II Hodgkin's disease: a specifically tailored therapy according to prognostic factors. J Clin Oncol 6:239–252
28. Carey RW, Linggood RM, Wood W, Blitzer PH (1984) Breast cancer developing in four women cured of Hodgkin's disease. Cancer 54:2234–2236
29. Carmel RJ, Kaplan HS (1976) Mantle irradiation in Hodgkin's disease. Cancer 37:2813–2825
30. Case DC Jr et al (1976) Comparison of multiple in vivo and in vitro parameters in untreated patients with Hodgkin's disease. Cancer 38:1807
31. Castellino RA et al (1974) Lymphographic accuracy in Hodgkin's disease and malignant lymphoma with a note on the "reactive" lymph node as a cause of most false-positive lymphograms. Invest Radiol 9:155
32. Castellino RA, Hoppe RT, Blank N, Young SW, Neumann C, Rosenberg SA, Kaplan HS (1984) Computed tomography, lymphography, and staging laparotomy: Correlations in initial staging of Hodgkin disease. Am J Radiol 143:37–41
33. Caya JG, Choi H, Tieu TM, Wollenberg NJ, Almagro UA (1984) Hodgkin's disease followed by mycosis fungoides in the same patient. Case report and Literature review. Cancer 53:463–467
34. Cervantes F et al (1979) Eosinophilic meningitis in Hodgkin's disease. Ann Intern Med 91:930
35. Chapman RM et al (1979) Cyclical combination chemotherapy and gonadal function. Retrospective study in males. Lancet 1:285
36. Cheng GK, Minden MD, Toyonaga B, Mak TW, McCulloch EA (1986) T cell receptor and immunoglobulin gene rearrangements in acute myeloblastic leukemia. J Exp Med 163:414–424
37. Chittal SM, Caveriviere P, Schwarting R, Gerdes J, Al Saati T, Rigal-Huguet F, Stein H, Delsol G (1988) Monoclonal antibodies in the diagnosis of Hodgkin's disease. Am J Surg Pathol 12 (1):9–21
38. Chu JY, McElfresh AE, Waeltermann RM (1976) Autoimmune hemolytic anemia as a presenting manifestation of Hodgkin's disease. J Pediat 89:429
39. Cimino G, Anselmo AP, DeLuca AM et al (1983) Bone marrow involvement at onset of Hodgkin's disease. Tumori 69:47–51
40. gestrichen
41. Coker DD, Morris DM, Coleman JJ, Schimpff SC, Wiernik PH, Elias EG (1983) Infection among 210 patients with surgically staged Hodgkin's disease. Am J Med 75:97–109

42. Colby TV, Warnke RA (1980) The histology of the initial relapse of Hodgkin's disease. Cancer 45:289–292
43. Colby TV, Hoppe RT, Warnke RA (1982) Hodgkin's disease: a clinicopathologic study of 659 cases. Cancer 49:1848–1858
44. Constine LS, Donaldson SS, McDougall IR, Cox RS, Link MP, Kaplan HS (1984) Thyroid dysfunction after radiotherapy in children with Hodgkin's disease. Cancer 53:878–883
45. Crowther D, Fairley GH, Sewell RL (1967a) Lymphoid cells in Hodgkin's disease. Nature 215:1086
46. Crowther D, Fairley GH, Sewell RL (1967b) Desoxyribonucleic acid synthesis in the lymphocytes of patients with malignant disease. Eur J Cancer 3:417
47. Dalchau R, Kirkley J, Fabre JW (1980) Monoclonal antibody to a human leukocyte-specific membrane glycoprotein probably homologous to the leukocyte-common (L-C) antigen of the rat. Eur J Immunol 10:737–744
48. DeLong ER et al (1984) Climate, socioeconomic status and Hodgkin's disease mortality in the United States. J Chron Dis 37:209
49. Deshazo RD, Ewel C, Londono S, Meetzger Z, Hoffeld JT, Oppenheim JJ (1981) Evidence for the involvement of monocyte-derived toxic oxygen metabolites in the lymphocyte dysfunction of Hodgkin's disease. Clin Exp Immunol 46:313–320
50. De Vita VT Jr (1983) The relationship between tumor mass and resistance to chemotherapy: implications for surgical adjuvant treatment of cancer. Cancer 51:1209–1220
51. Diehl V, Pfreundschuh M, Hauser FE, Loeffler M, Ruehl U, Bruecher H, Georgii A, Hiller E, Gerhartz H (1986) Zwischenergebnisse der Therapiestudien HD1, HD2 und HD3 der deutschen Hodgkin-Studiengruppe. Med Klin 81:1–6
52. Doerken H (1987) Zur Epidemiologie des Morbus Hodgkin: Das familäre Vorkommen. Med Klin 82:551–557
53. Doggett RS, Colby TV, Dorfman RF (1983) Interfollicular Hodgkin's disease. Am J Surg Pathol 7:145–149
54. gestrichen
55. Donaldson SS (1978) Glatstein E, Vosti KL (1978) Bacterial infections in pediatric Hodgkin's disease. Cancer 41:1949–1958
56. Dorfman RF, Gatter KC, Pulford KAF, Mason DY (1986) An evaluation of the utility of anti-granulocyte and anti-leukocyte monoclonal antibodies in the diagnosis of Hodgkin's disease. Am J Pathol 123:508–519
57. Dorreen MS, Habeshaw JA, Stansfeld AG, Wrigley PFM, Lister TA (1984) Characteristics of Sternberg-Reed, and related cells in Hodgkin's disease: An immunohistological study. Brit J Cancer 49:465–476
58. Dreizen S, Daly TE, Drane JB, Brown LR (1977) Oral complications of cancer radiotherapy. Postgraduate Medicine 61:85
59. Durum, Oppenheim JJ (1985) Ann Rev Immunol 3:263
60. Ellis ME, Diehl LF, Granger E, Elson E (1989) Trephine needle bone marrow biopsy in the initial staging of Hodgkin disease: sensitivity and specificity of the Ann Arbor staging procedure criteria. Am J Hematol 30:115–120
61. Estevez ME, Ballart IJ, DeMacedo MP, Magnasco H, Nicastro MA, Sen L (1988) Dysfunction of monocytes in Hodgkin's disease by excessive production of PGE-2 in long-term remission patients. Cancer 62:2128–2133
62. Evans AS, Gutensohn NM (1984) A population-based case-control study of EBV and other viral antibodies among persons with Hodgkin's disease and their siblings. Int J Cancer 34:149–157
63. Falini B, Stein H, Pileri S, Canino S, Farabbi R, Martelli MF, Grignani F, Fagioli M, Minelli O, Ciani C, Flenghi L (1987) Expression of lymphoid-associated antigens on Hodgkin's and Reed-Sternberg cells of Hodgkin's disease. An immunocytochemical study on lymph node cytospins using monoclonal antibodies. Histopathol 11:1229–1242

64. Falk MH, Tesch H, Stein H, Diehl V, Jones DB, Fonatsch C, Bornkamm GW (1987) Phenotype versus immunoglobulin and T-cell receptor genotype of Hodgkin-derived cell lines: activation of immature lymphoid cells in Hodgkin's disease. Int J Cancer 40:262–269
65. Fisher RI, DeVita VT, Bostick F, Vanhaelen C, Howser DM, Hubbard SM, Young RC (1980) Persistent immunologic abnormalities in long-term survivors of advanced Hodgkin's disease. Ann Int Med 92:595–599
66. Fobair P et al (1986) Psychosocial problems among survivors of Hodgkin's disease. J Clin Oncol 4:805
67. Fonatsch C (1988) Cytogenetics of malignant lymphomas. Blut 57:101–109
68. Ford RJ, Tsao J, Kouttab NM, Sahasrabuddhe CG, Mehta SR (1984) Association of an Interleukin abnormality with the T cell defect in Hodgkin's disease. Blood 64:386–392
69. Forni M, Hofman FM, Parker JW, Lukes RJ, Taylor CR (1985) B- and T-lymphocytes in Hodgkin's disease: An immunohistochemical study using heterologous and monoclonal antibodies. Cancer 55:728–737
70. Friedman M et al (1976) Spinal cord compression in malignant lymphoma, Treatment and results. Cancer 37:1485
71. Gaertner HV, Wehrmann M, Inniger R, Steinke B (1987) Nodular sclerosing Hodgkin's disease: prognostic relevance of morphological parameters. First International symposium on Hodgkin's Lymphoma. Cologne Germany, Abstr:27
72. Gallagher CJ et al (1984) The role of computed tomography in the detection of intrathoracic lymphoma. Br J Cancer 49:621
73. Garratty G et al (1974) Autoimmune hemolytic anemia in Hodgkin's disease associated with an anti-P. Transfusion 14:226
74. Gattringer C, Greil R, Radaszkiewicz T, Huber H (1986) In situ quantification of T-cell subsets, NK-like cells and macrophages in Hodgkin's disease: Quantity and quality of infiltration density depends on histopathological subtypes. Blut 53:49–58
75. Georgii A, Vykoupil KF (1970) In: Musshoff K (ed) Diagnosis and Therapy of Malignant Lymphoma. Springer, Berlin
76. Glick JH (1988) Hodgkin's disease. In: Cecil Textbook of Medicine. Saunders Philadelphia
77. Glick JH et al (1982) Treatment of advanced Hodgkin's disease: 10-year experience in Eastern Cooperative Oncology Group. Cancer Treat Rep 66:855
78. Gobbi PG, Cavalli C, Gendarini A, Crema A, Ricevuti G, Federico M, DiPrisco U, Ascari E (1985) Reevaluation of prognostic significance of symptoms in Hodgkin's disease. Cancer 56:2874–2880
79. Godde-Salz E et al (1982) Comparative Cytogenetic study of Hodgkin's disease and Lymphogranulomatosis x (angio-immunoblastic lymphadenopathy). Cancer Treat Rep 66:1067
80. Golding B et al (1977) Production of leukocyte inhibitory factor (LIF) in Hodgkin's disease: spontaneous production of an inhibitor of normal lymphocyte transformation. Clin Immunol Immunopathol 7:114
81. Goodwin JS, Mesner RP, Barkhurst AD, Peake GT, Saiki JH, Williams RC (1977) Prostaglandin-producing suppressor cells in Hodgkin's disease. N Engl J Med 297:963–968
82. Gottdiener JS, Katin MJ, Borer JS, Bacharach SL, Green MV (1983) Late cardiac effects of therapeutic mediastinal irradiation. Asscessment by echocardiography and radionuclide angiography. N Engl J Med 308:569–572
83. Gowitt GT, Chan WC, Brynes RK, Heffner LT (1985) T-cell lymphoma following Hodgkin's disease. Cancer 56:1191–1196
84. Greer JP, Kinney MC, Cousar JB, Flexner JM, Dupont WD, Graber SE, Greco FA, Collins RD, Stein RS (1986) Lymphocyte-depleted Hodgkin's disease. Am J Med 81:209–214
85. Griesser H, Feller A, Lennert K, Minden M, Mak TW (1986a) Rearrangement of the beta chain of the T cell antigen receptor and immunoglobulin genes in lymphoproliferative disease. J Clin Invest 78:1179

86. Griesser H, Feller A, Lennert K, Tweedale M, Messner HA, Zalcberg J, Minden MD, Mak TW (1986b) The structure of the T cell gamma chain gene in lymphoproliferative disorders and lymphoma cell lines. Blood 68:592–594
87. Grufferman S, Cole P, Smith PG, Lukes RJ (1977) Hodgkin's disease in siblings. N Engl J Med 296:248–250
88. Guinee VF, Guido JJ, Pfalzgraf KA, Giacco GG, Lagarde C, Durand M, van der Velden JW, Loewenberg B, Jereb B, Bretsky S, Meilof J, Hamersma EAM, Dische S, Anderson P (1985) The incidence of herpes zoster in patients with Hodgkin's disease. Cancer 56:642–648
89. Gutensohn M, Cole P (1981) Childhood social environment and Hodgkin's disease. N Engl J Med 304:135–140
90. Haas GS, Halperin E, Doseretz D, Linggood R, Russell PS, Colvin R, Barrett L, Cosimi AB (1984) Differential recovery of circulating T cell subsets after nodal irradiation for Hodgkin's disease. J Immunol 132:1026–1030
91. Hall PA, D'Ardenne AJ, Stansfeld AG (1988) Paraffin section immunohistochemistry. II. Hodgkin's disease and large cell anaplastic (Ki1) lymphoma. Histopathol 13:161–169
92. Halperin EC, Greenberg MS, Suit HD (1984) Sarcoma of bone and soft tissue following treatment of Hodgkin's disease. Cancer 53:232–236
93. Hanrock BW et al (1977) The immediate effects of splenectomy, radiotherapy and intensive chemotherapy on the immune status of patients with malignant lymphoma. Clin Oncol 3:137
94. Hansmann ML, Zwingers T, Boeske A, Loeffler H, Lennert K (1984) Clinical features of nodular paragranuloma (Hodgkin's disease, lymphocyte predominance type, nodular). J Cancer Res Clin Oncol 108:321–330
95. Hansmann ML, Radzun HJ, Nebendahl C, Parwaresch MR (1988) Immunoelectronmicroscopic investigation of Hodgkin's disease with monoclonal antibodies against histiocytes. Eur J Haematol 40:25–30
96. Hart JS (1983) Chromosome abnormalities in human neoplasia. Cancer Treat Rev 10:173
97. Haybittle JL, Easterling MJ, Bennett MH, Vaughan Hudson B, Hayhoe FGJ, Jelliffe AM, Vaughan Hudson G, MacLennan KA (1985) Review of british national lymphoma investigation studies of Hodgkin's disease and development of prognostic index. Lancet 1:967–972
98. Henry-Amar M, Somers R (1990) Survival outcome after Hodgkin's Disease: a report from the international data base on Hodgkin's disease. Semin Oncol 17:758–768
99. Heyman MR, Walsh TJ (1987) Autoimmune neutropenia and Hodgkin's disease. Cancer 59:1903–1905
100. Holm G et al (1976) Lymphocyte abnormalities in untreated patients with Hodgkin's disease. Cancer 37:751
101. Honegger HP et al (1984) Was leisten Computertomographie und abdominale Ultraschalluntersuchung beim "staging" des Morbus Hodgkin? Schweiz Med Wochenschr 114:475
102. Hosea SW, Brown EJ, Hamburger MI, Frank MM (1981) Opsonic requirements for intravascular clearance after splenectomy. N Engl J Med 304:245–250
103. Hsu SM, Jaffe E (1984) Leu M1 and peanut agglutinin stain the neoplastic cells of Hodgkin's disease. Am J Clin Pathol 82:29–32
104. Hsu SM, Yang K, Jaffe ES (1985) Phenotypic expression of Hodgkin's and Reed-Sternberg cells in Hodgkin's disease. Am J Pathol 118:209–217
105. Huber C, Huber H, Schmalzl F, Lederer B, Buetterich D, Braunsteiner H (1970) DNS-synthetisierende Blutlymphozyten beim malignen Lymphogranulom. Acta Haematol (Basel) 44:222
106. Huhn D et al (1973) Spezifische Hautveränderungen bei Morbus Hodgkin. Deutsch Med Wochenschr 98:2469
107. Hutchins MR, Slease RB, Murray JL, Gawith KE, Grozea PN (1985) Abnormal immunoregulation in remission Hodgkin disease. Am J Hematol 20:119–128

108. Jack AS, Cunningham D, Soukop M, Liddle CN, Lee FD (1986) Use of Leu M1 and antiepithelial membrane antigen monoclonal antibodies for diagnosting Hodgkin's disease. J Clin Pathol 39:267–270
109. Jacobson JO, Harris NL, Aisenberg AC (1988) Genomic analysis reliably distinguishes Hodgkin's disease from peripheral T-cell lymphoma (Abstr). Lab Invest 58:250 A
110. Jacobson JO, Bringhurst FR, Harris NL, Weitzman SA, Aisenberg AC (1989) Humoral hypercalcemia in Hodgkin's disease. Cancer 63:917–923
111. Jacquillat C, Khayat D, Desprez-Curely JP, Weil M, Brocheriou C, Auclerc G, Chamseddine N, Bernard J (1984) Non-Hodgkin's lymphoma occuring after Hodgkin's disease. Four new cases and review of the Literature. Cancer 53:459–462
111a. Jandl JH (1987) Blood. Textbook of Hematology. Little, Brown and Company, Boston/Toronto
112. Joachim HL et al (1984) Hodgkin's disease and the acquired immunodeficiency syndrome. Ann Intern Med 101:876
113. Jones SE (1980) Importance of staging in Hodgkin's disease. Semin Oncol 7:126
114. Kadin ME (1982) Possible origin of the Reed-Sternberg cell from an interdigitating reticulum cell. Cancer Treat Rev 66:601
115. Kadin ME, Glatstein E, Dorfman RF (1971) Clinicopathologic studies of 117 untreated patients subjected to laparotomy for the staging of Hodgkin's disease. Cancer 27:1277–1294
116. Kaldor JM, Day NE, Band P, Choi NW, Clarke EA, Coleman MP, Hakama M, Koch M, Langmark F, Neal FE, Pettersson F, Pompe-Kirn V, Prior P, Storm HH (1987) Second malignancies following testicular cancer, ovarian cancer and Hodgkin's disease: an international collaborative study among cancer registries. Int J Cancer 39:571–585
116a. Kaldor JM, Day NE, Clarke EA et al (1990) Leukemia following Hodgkin's disease. N Engl J Med 322:7–13
117. Kamesaki H, Fukuhara S, Tatsumi E, Uchino H, Yamabe H, Miwa H, Shirakawa S, Hatanaka M, Honjo T (1986) Cytochemical, immunologic, chromosomal, and molecular genetic analysis of a novel cell line derived from Hodgkin's disease. Blood 68:285–292
118. Kant JA, Hubbard SM, Longo DL, Simon RM, DeVita VT Jr, Jaffe ES (1986) The pathologic and clinical heterogeneity of lymphocyte depleted Hodgkin's disease. J Clin Oncol 4:284–294
119. Kaplan HS (1980) Hodgkin's disease, 2nd edn. Harvard University Press, Cambridge
120. Kaplan MM, Garnick MB, Gelber R, Li FP, Cassady JR, Sallan SE, Fine WE, Sack MJ (1983) Risk factors for thyroid abnormalities after neck irradiation for childhood cancer. Am J Med 74:272–280
121. Kim HD, Bedetti CD, Boggs DR (1980) The development of non-Hodgkin's lymphoma following therapy for Hodgkin's disease. Cancer 46:2596–2602
122. King GW, Grozea PC, Eyre HJ, LoBuglio AF (1979) Neoantigen response in patients successfully treated for lymphoma. Ann Int Med 90:892–895
122a. Knapp W et al (1989) Leucocyte Typing IV. Oxford University Press, Oxford
123. Knowles DM, Neri A, Pelicci PG, Burke JS, Wu A, Winberg CD, Sheibani K, Dalla-Favera R (1986) Immunoglobulin and T-cell receptor beta-chain gene rearrangement analysis of Hodgkin's disease: implications for lineage determination and differential diagnosis. Proc Natl Acad Sci USA 83:7942–7946
124. Krikorian JG, Burke JS, Rosenberg SA, Kaplan HS (1979) Occurrence of non-Hodgkin's lymphoma after therapy for Hodgkin's disease. N Engl J Med 300:452–458
125. Krikorian JG, Portlock CS, Rosenberg SA, Kaplan HS (1979) Hodgkin's disease, stages I and II occurring below the diaphragm. Cancer 43:1866–1871
126. Kurtin PJ, Pinkus GS (1985) Leucocyte common antigen – a diagnostic discriminant between hematopoietic and non-hematopoietic neoplasms in paraffin sections using

monoclonal antibodies: Correlation with immunologic studies and ultrastructural localization. Hum Pathol 16:353–365
127. Lange B, Arbeter A, Hewetson J, Henle W (1978) Longitudinal study of Epstein-Barr virus antibody titers and excretion in pediatric patients with Hodgkin's disease. Int J Cancer 22:521–527
128. Lauria F, Foa R, Gobbi M, Camaschella C, Lusso P, Raspadori D, Tura S (1983) Increased proportion of suppressor/cytotoxic (OKT8+) cells in patients with Hodgkin's disease in long-lasting remission. Cancer 52:1385–1388
129. Lawler SD et al (1975) A comparison of cytogenetics and histopathology in malignant lymphomata. Br J Cancer 31:162
130. Lee FD (1987) Commentary: Hodgkin's disease. Histopathol 11:1211–1217
131. Lehrich JR, Richardson EP Jr (1987) A 58-year-old man with a malignant thymoma and confusion. Case records of the Massachusetts General Hospital. Case 1:1987. N Engl J Med 316:35
132. Leibenhaut MH, Hoppe RT, Efron B, Halpern J, Nelsen T, Rosenberg SA (1989) Prognostic indicators of laparotomy findings in clinical stage I–II supradiaphragmatic Hodgkin's disease. J Clin Oncol 7:81–91
133. Lennert K, Mohri N (1974) Histologische Klassifizierung und Vorkommen des M. Hodgkin. Internist 15:57–65
134. Lennert K, Mohri N (1978) Histopathology and diagnosis of Non-Hodgkin's lymphoms. In: Lennert K (ed). Springer, Berlin Heidelberg New York, p 111
135. gestrichen
136. Leslie NT, Mauch PM, Hellman S (1985) Stage IA to IIB supradiaphragmatic Hodgkin's disease. Cancer 55:2072–2078
137. Levi JA, Wiernik PH (1977) Limited extranodal Hodgkin's disease: unfavorable prognosis and therapeutic implications. Am J Med 63:365–372
138. Levine AM, Thornton P, Forman SJ, Van Hale P, Holdorf D, Rouault CL, Poward D, Fernstein DI, Lukes RJ (1980) Positive Coombs test in Hodgkin's disease. Significance and implication. Blood 55:607–610
139. Levy R, Kaplan HS (1974) Impaired lymphocyte function in untreated Hodgkin's disease. N Engl J Med 290:181–186
140. Lipa M, Kunynetz R, Pawlowski D, Kerbel G, Haberman H (1982) The occurrence of mycosis fungoides in two patients with preexisting Hodgkin's disease. Arch Dermatol 118:563–567
141. List AF, Doll DC, Greco FA (1985) Lung cancer in Hodgkin's disease: Association with previous radiotherapy. J Clin Oncol 3:215–221
142. List AF, Greer JP, Cousar JB, Stein RS, Flexner JM, Sinangil F, Davis J, Volsky DJ, Purtilo DT (1986) Non-Hodgkin's lymphoma after treatment of Hodgkin's disease: association with Epstein-Barr virus. Ann Intern Med 105:668–673
143. Loeffler M, Pfreundschuh M, Hasenclever D, Hiller E, Gerhartz H, Wilmanns W, Rohloff R, Ruehl U, Kuehn G, Fuchs R, Kirchner H, Teichmann J, Schoppe W, Petsch S, Wilhelmy W, Worst P, Pflueger KH, Hecht T, Bartels H, Gassmann W, Krueger G, Schmitz G, Oertel W, Diehl V (1988) Prognostic risk factors in advanced Hodgkin's lymphoma. Blut 56:273–281
144. Lukes RJ, Butler JJ, Hicks EB (1966) Natural history of Hodgkin's disease as related to its pathologic picture. Cancer 19:317–344
145. Lukes RJ, Tindle BH, Parker JW (1969) Reed-Sternberg-like cells in infectious mononucleosis. Lancet 2:1003–1004
146. Maggi E, Parronchi P, Macchia D, Bellesi G, Romagnani S (1988) High numbers of CD4+ T cells showing abnormal recognition of DR antigens in lymphoid organs involved by Hodgkin's disease. Blood 71:1503–1506
147. Martin-Dupont P et al (1984) Anemie hemolytique auto-immune et maladie de Hodgkin. Sem Hop Paris 60:534
148. Mason RS, Frankel T, Chan YL, Lissner D, Posen S (1984) Vitamin D conversion by sarcoid lymph node homogenate. Ann Intern Med 100:59–61

149. Mauch P, Hellman S (1984) Mediastinal Hodgkin's disease. Significance of mediastinal involvement in early stage Hodgkin's disease. Hematol Oncol 2:69
150. Mauch P et al (1978) The significance of mediastinal involvement in early stage Hodgkin's disease. Cancer 42:1039
151. Medeiros LJ, Weiss LM, Warnke RA, Dorfman RF (1988) Utility of combining antigranulocyte with antileukocyte antibodies in differentiating Hodgkin's disease from non-Hodgkin's lymphoma. Cancer 62:2475–2481
152. Meis JM, Osborne BM, Butler JJ (1986) A comparative marker study of large cell lymphoma, Hodgkin's disease, and true histiocytic lymphoma in paraffin-embedded tissue. Am J Clin Pathol 86:591–599
153. Michlmayr G (1977) T-Lymphozyten und ihre Funktion beim M. Hodgkin. Wien Klin Wochenschr 89:3–15
154. Miettinen M, Franssila KO, Saxen E (1983) Hodgkin's disease, lymphocytic predominance nodular. Cancer 51:2293–2300
155. Moorthy AV et al (1976) Nephrotic syndrome in Hodgkin's disease. Evidence for pathogenesis alternative to immune complex deposition. Am J Med 61:471
156. Morgan GW et al (1985) Late cardiac, thyroid and pulmonary sequelase of mantle radiotherapy for Hodgkin's disease. Int J Radiat Oncol Biol Phys 11:1925
157. Mori N, Oka K, Skuma H, Tsunoda R, Kojima M (1985) Immunoelectron microscopic study of Hodgkin's disease. Cancer 56:2605–2611
158. Mueller N, Evans A, Harris NL, Comstock GW, Jellum E, Magnus K, Orentreich N, Polk BF, Vogelman J (1989) Hodgkin's disease and Epstein-Barr virus: Altered antibody pattern before diagnosis. N Engl J Med 320:689:695
159. Mundy GR, Ibbotson KJ, D'Souza SM (1985) Tumor products and the hypercalcemia of malignancy. J Clin Invest 76:391–394
160. Musshoff K (1971) Prognostic and therapeutic implications of staging in extranodal Hodgkin's disease. Cancer Res 31:1814–1827
161. Neiman RS, Rosen PJ, Lukes RJ (1973) Lymphocyte-depletion Hodgkin's disease: a clinicopathological entity. N Engl J Med 288:751–754
162. Neta R, Oppenheim JJ (1988) Why should internists be interested in Interleukin-1? Ann Int Med 109:1–2
163. Nordenstoft AM et al (1984) Experiences from the national Danish Hodgkin's study group (LYGRA) with respect to diagnosis, classification and treatment of Hodgkin's disease. Acta Radiol Oncol 23:163
164. Norton AJ, Isaacson PG (1985) Granulocyte and HLA-D region specific monoclonal antibodies in the diagnosis of Hodgkin's disease. J Clin Pathol 38:1241–1246
165. Notter DT, Grossman PL, Rosenberg SA, Remington JS (1980) Infections in patients with Hodgkin's disease: a clinical study of 300 consecutive adult patients. Rev Infect Dis 2:761–800
166. O'Connor NTJ, Crick JA, Gatter KC, Mason DY, Falini B, Stein HS (1987) Cell lineage in Hodgkin's disease. Lancet 1:158
167. Oliviero S, Cortese R (1989) The human haptoglobin gene promotor: interleukin-6-responsive elements interact with a DNA-binding protein induced by interleukin-6. EMBO J 8:1145–1151
168. Pedersen-Bjergaard J, Philip P (1987) Cytogenetic characteristics of therapy-related acute nonlymphocytic leukaemia, preleukaemia and acute myeloproliferative syndrome: correlation with clinical data for 61 consecutive cases. Brit J Haematol 66:199–207
169. Pedersen-Bjergaard J, Larsen SO, Struck J, Hansen HH, Specht L, Ersboll J, Hansen MM, Nissen NI (1987) Risk of therapy-related leukaemia and preleukaemia after Hodgkin's disease. Lancet 2:83–88
170. Pinkus GS, Said JW (1985) Hodgkin's disease, lymphocyte predominance type, nodular – a distinct entity? Am J Pathol 118:1–6
171. Pinkus GS, Thomas P, Said JW (1985) Leu-M1 – a marker for Reed-Sternberg cells in Hodgkin's disease. Am J Pathol 119:244–252

172. Poppema S (1980) The diversity of the immunohistological staining pattern of Sternberg-Reed cells. J Histochem Cytochem 28:788–791
173. Poppema S, Kaiserling E, Lennert K (1979a) Nodular paragranuloma and progressively transformed germinal centers: Ultrastructural and immunohistologic findings. Virch Arch B Cell Pathol 31:211–225
174. Poppema S, Kaiserling E, Lennert K (1979b) Hodgkin's disease with lymphocytic predominance, nodular type (nodular paragranuloma) and progressively transformed germinal centers – a cytohistological study. Histopathol 3:295–308
175. Poppema S, Bhan AK, Reinherz EL, Posner MR, Schlossman SF (1982) In situ immunologic characterization of cellular constituents in lymph nodes and spleens involved by Hodgkin's disease. Blood 59:226–232
176. Posner MR, Reinherz E, Lane H, Mauch P, Hellman S, Schlossman SF (1983) Circulating lymphocyte populations in Hodgkin's disease after mantle and paraaortic irradiation. Blood 61:705–708
177. Raab-Traub N, Flynn K (1986) The structure of the terminal of the Epstein-Barr virus as a marker of clonal cellular proliferation. Cell 47:883–889
178. Razis DV, Diamond HD, Craver LF (1959) Familial Hodgkin's disease. Its significance and implications. Ann Int Med 51:933–971
179. Reboul F et al (1978) Herpes zoster and varicella infections in children with Hodgkin's disease. An analysis of contributing factors. Cancer 41:95
180. Regula DP, Hoppe RT, Weiss LM (1988) Nodular and diffuse types of lymphocyte predominance Hodgkin's disease. N Engl J Med 318:214–219
181. Robert NJ, Schneiderman H (1984) Hodgkin's disease and the acquired immunodeficiency syndrome. Ann Intern Med 101:142
182. Robertson SJ, Lowman JT, Grufferman S, Kostyu D, van der Horst CM, Matthews TJ, Borowitz MJ, Bigner SH (1987) Familial Hodgkin's disease: A clinical and laboratory investigation. Cancer 59:1314–1319
183. Romagnani S, Almerigogna F, Giudizi MG, Biagiotti R, Centis D, Alessi A, Ricci M, Tosi R (1985) Anti-Ia reactivity in sera of untreated patients with active Hodgkin's disease. Clin Immunol Immunopathol 34:1–10
184. Romagnani S, Maggi E, Parronchi P, Macchia D, Del Prete GF, Rossi-Ferrini PL, Ricci M, Moretta L (1986) Clonal analysis of T lymphocytes in spleens from patients with Hodgkin's disease. Frequent occurrence of unusual T4-positive cells which co-express cytolytic activity and production of Interleukin-2. Int J Cancer 37:343–349
185. Rosenberg SA (1971) Hodgkin's disease of the bone marrow. Cancer Res 31:1733–1736
186. Rosenberg SA (1988) Exploratory laparotomy and splenectomy for Hodgkin's disease: a commentary. J Clin Oncol 6:574–575
187. Rosenberg SA, Kaplan HS (1985) The evolution and summary results of the Stanford randomized clinical trials of the management of Hodgkin's disease: 1962–1984. Int J Radiat Oncol Biol Phys 11:5–22
187a. Rosenberg SA (1991) The continuing challenge of Hodgkin's disease. Ann Oncol 2:Suppl. 2:29–31
188. Rosner F, Zarrabi MH (1983) Late infections following splenectomy in Hodgkin's disease. Cancer Invest 1:57
189. Rostock RA et al (1983) Thoracic CT scanning for mediastinal Hodgkin's disease results and therapeutic implications. Int J Radiat Oncol Biol Phys 9:1451
190. Rowley JD (1982) Chromosomes in Hodgkin's disease. Cancer Treat Rep 66:639
191. Rowley JD et al (1981) Nonrandom chromosome abnormalities in acute and dysmyelopoietic syndromes in patients with previously treated malignant disease. Blood 58:759
192. Ruckdeschel (1975) Med 54:245
193. Sacks EL, Donaldson SS, Gordon J, Dorfman RF (1978) Epitheloid granulomas associated with Hodgkin's disease. Clinical correlations in previously untreated patients. Cancer 41:562–567

194. Sapozink MD, Kaplan HS (1983) Intracranial Hodgkin's disease. A report of 12 cases and review of the literature. Cancer 52:1301
194a. Schaadt M, Diehl V (1991) Hodgkin Lymphome (Lymphogranulomatose). In: Innere Medizin, (Classen M, Diehl V, Kochsiek K, Hrsg.), Urban und Schwarzenberg, München
195. Schaefer K, Saupe J, Pauls A, von Herrath D (1986) Hypercalcemia and elevated serum 1,25-dihydroxyvitamin D3 in a patient with Hodgkin's lymphoma. Klin Wochenschr 64:89–91
196. Schellong G, Waubke-Landwehr AK, Langermann HJ, Riehm HJ, Braemswig J, Ritter J (1986) Prediction of splenic involvement in children with Hodgkin's disease. Cancer 57:2049–2056
197. Schilsky RL et al (1981) Long-term follow-up of ovarians failure in women with Hodgkin's disease. 1. Hormone function. JAMA 242:1877
198. Schimpff SC, Diggs CH, Wiswell JG, Salvatore PC, Wiernik PH (1980) Radiation-related thyroid dysfunction: implications for the treatment of Hodgkin's disease. Ann Int Med 92:91–98
199. Sherrod AE, Felder B, Levy N, Epstein A, Marder R, Lukes RJ, Taylor CR (1986) Immunohistologic identification of phenotypic antigens associated with Hodgkin- and Reed-Sternberg cells. Cancer 57:2135–2140
200. Shimm DS, Linggood RM, Weitzman SA (1983) Overwhelming post-splenectomy infection in Hodgkin's disease: pathogenesis and prevention. Clin Radiol 34:95
200a. Silverman CL et al. (1982) Cutaneous Hodgkin's disease. Arch Dermat 118:918
201. Smith JL, Butler JJ (1980) Skin involvement in Hodgkin's disease. Cancer 45:354
202. Souham RL et al (1983) Defective in vitro antibody production to varicella zoster and other virus antigens in patients with Hodgkin's disease. Clin Exp Immunol 53:297
203. Soulilou JP et al (1985) Defect in lectin-induced interleukin 2 (IL-2) production by peripheral blood lymphocytes of patients with Hodgkin's disease. Eur J Cancer Clin Oncol 21:935
204. Stein H (1988) Comments on Hodgkin's disease: the Sternberg-Reed cell by P. Bucsky. Blut 57:143–146
205. Stein H, Uchanska-Ziegler B, Gerdes J, Ziegler A, Wernet P (1982) Hodgkin and Sternberg-Reed cells contain antigens specific to late cells of granulopoiesis. Int J Cancer 29:283–290
206. Stein H, Mason DY, Gerdes J, O'Connor N, Wainscoat J, Pallesen G, Gatter K, Falini B, Delsol G, Lemke H, Schwarting R, Lennert K (1985) The expression of the Hodgkin's disease associated antigen Ki-1 in reactive and neoplastic lymphoid tissue: evidence that Reed-Sternberg cells and histiocytic malignancies are derived from activated lymphoid cells. Blood 66:848–858
207. Stein H, Hansmann ML, Lennert K, Brandtzaeg P, Gatter KC, Mason DY (1986) Reed-Sternberg and Hodgkin cells in lymphocyte-redominant Hodgkin's disease of nodular subtype contain J chain. Am J Clin Pathol 86:292–297
208. Stein H, Herbst H, Anagnostopoulos I, Niedobitek G, Dallenbach F, Kratzsch H (1991): The nature of Hodgkin- and Reed-Sternberg cells, their association with EBV, and their relationship to anaplastic large cell lymphoma. Ann Oncol 2:Suppl. 2:33–38
209. Strauchen JA (1984) Lectin receptors as markers of lymphoid cells. II. Reed-Sternberg cells share Lectin-binding properties of monocyte macrophages. Am J Pathol 116:370–376
210. Strayer DR, Bender RA (1977) Eosinophilic meningitis complicating Hodgkin's disease: a report of a case and review of the literature. Cancer 40:406
211. Strum SB, Rappaport H (1971) Interrelations of the histologic types of Hodgkin's disease. Arch Pathol 91:127–134
212. Sullivan JL, Ochs HD, Schiffman G, Hammerschlag MR, Miser J, Vichinsky E, Wedgwood RJ (1978) Immune response after splenectomy. Lancet i:178
213. Sundeen J, Lipford E, Uppenkamp M, Sussman E, Wahl L, Raffeld M, Cossman J (1987) Rearranged antigen receptor genes in Hodgkin's disease. Blood 70:96–103

214. Szur L et al (1970) Primary cutaneous Hodgkin's disease. Lancet 1:1016
215. Thar TL et al (1979) Hodgkin's disease, stages I and II. Relationship of recurrence to site of disease, radiation dose, and number of sites involved. Cancer 43:1101
216. Timens W, Visser L, Poppema S (1986) Nodular lymphocyte predominance type of Hodgkin's disease is a germinal center lymphoma. Lab Invest 54:457–461
217. Trudel MA, Krikorian JG, Neiman RS (1987) Lymphocyte predominance Hodgkin's disease: A clinicopathologic reassessment. Cancer 59:99–106
218. Tubiana M, Henry-Amar M, Burgers MV, Van der Werf, Messing B, Hayat M (1984a) Prognostic significance of ESR in clinical stages I and II Hodgkin's disease. J Clin Oncol 2:194–200
219. Tubiana M, Henry-Amar M, Hayat M, Burgers M, Qasim M, Somers R, Sizoo W, Van der Schueren E (1984b) Prognostic significance of the number of involved areas in the early stages of Hodgkin's disease. Cancer 54:885–894
220. Tubiana M, Henry-Amar M, van der Werf-Messing B, Henry J, Abbatucci J, Burgers M, Hayat M, Somers R, Laugier A, Carde P (1985) A multivariate analysis of prognostic factors in early stage Hodgkin's disease. Int J Radiat Oncol Biol Phys 11:23–30
221. Tubiana M, Henry-Amar M, Carde P, Burgers JMV, Hayat M, Van der Schueren E, Noordijk EM, Tanguy A, Meerwaldt JH, Thomas J, De Pauw B, Monconduit M, Cosset JM, Somers R (1989) Toward comprehensive management tailored to prognostic factors of patients with clinical stages I and II in Hodgkin's disease. The EORTC lymphoma group controlled clinical trials: 1964–1987. Blood 73:47–56
222. gestrichen
223. Tucker MA, Misfeldt D, Coleman N, Clark WH, Rosenberg SA (1985) Cutaneous malignant melanoma after Hodgkin's disease. Ann Intern Med 102:37–41
224. Tucker MA, Meadows AT, Boice JD, Stovall M, Oberlin O, Stone BJ, Birch J, Voute PA, Hoover RN, Fraumeni JF (1987a) Leukemia after therapy with alkylating agents for childhood cancer. J Nat Cancer Inst 78:459–464
225. Tucker MA, D'Angio GJ, Boici JD, Strong LC, Li FP, Stovall M, Stone BJ, Green DM, Lombardi F, Newton W, Hoover RN, Fraumeni JF (1987b) Bone sarcomas linked to radiotherapy and chemotherapy in children. N Engl J Med 317:588–593
226. Tucker MA, Coleman CN, Cox RS, Varghese A, Rosenberg SA (1988) Risk of second cancers after treatment for Hodgkin's disease. N Engl J Med 318:76–81
227. Twomey JJ, Laughter AH, Rice L, Ford R (1980) Spectrum of immunodeficiences with Hodgkin's disease. J Clin Invest 66:629–637
228. Van Leeuwen FE, Somers R, Hart AAM (1987) Splenectomy in Hodgkin's disease and second leukaemias. Lancet 2:210–211
229. Waddell CC, Cimo PL (1979) Idipathic thrombocytopenia purpura occurring in Hodgkin's disease after splenectomy: Report of two cases and review of the literature. Am J Haematol 7:381–387
230. Weiss LM, Strickler JG, Hu E, Warnke RA, Sklar J (1986) Immunoglobulin gene rearrangements in Hodgkin's disease. Hum Pathol 17:1009–1014
231. Weiss LM, Strickler JG, Warnke RA, Purtilo DT, Sklar J (1987) Epstein-Barr viral DNA in tissues of Hodgkin's disease. Am J Pathol 129:86–91
232. Weiss LM, Movahed LA, Warnke SA, Sklar J (1989) Detection of Epstein-Barr viral genomes in Reed-Sternberg cells of Hodgkin's disease. N Engl J Med 320:502–506
233. Weitzman SA et al (1977) Impaired humoral immunity in treated Hodgkin's disease. N Engl J Med 297:245
234. Whitehead E et al (1982) The effects of Hodgkin's disease and combination chemotherapy on gonadal function in the adult male. Cancer 49:418
235. Wieczorek R, Burke JS, Knowles DM (1985) Leu-M1 antigen expression in T-cell-neoplasia. Am J Pathol 121:374–380
236. Wijlhuizen TJ, Vrints LW, Jairam R, Breed WPM, Wijnen JTM, Bosch LJ, Crommelin MA, van Dam FE, De Koning J, Verhagen-Teulings M (1989) Grades of nodular sclerosis (NSI-NSII) in Hodgkin's disease. Cancer 63:1150–1153

237. Young RC, Corder MP, Haynes HA, DeVita VT (1972) Delayed hypersensitivity in Hodgkin's disease: A study of 103 untreated patients. Am J Med 52:62–72

237a. Zaccaria A et al (1983) Acute nonlymphocytic leukemias and dysmyelopoietic syndromas in patients treated for Hodgkin's lymphomas. Cancer Genet Cytogenet 9:217

238. Zaloga GP, Eil C, Medberry CA (1985) Humoral hypercalcemia in Hodgkin's disease. Association with elevated 1,25-dihydroxycholecalciferol levels and subperiosteal bone resorption. Arch Intern Med 145:155–157

Kapitel 10: Non-Hodgkin-Lymphome

H. Huber, B. Fasching, P. Pohl, D. Nachbaur, D. Pastner, R. Stauder, V. Faber, H.K. Müller-Hermelink

Non-Hodgkin Lymphome (NHL) umfassen eine Gruppe von Erkrankungen, die durch eine monoklonale Proliferation von B- oder T-Lymphozyten (oder ihrer Vorläuferzellen) hervorgerufen sind. Ihr neoplastisches Wachstum erfolgt im lymphatischen System („nodal") und/oder außerhalb desselben („extranodal"). Die einzelnen Lymphomentitäten können als Reifungsstörung („frozen states") in der Entwicklung normaler B- oder T-Lymphozyten aufgefaßt werden. In der vorliegenden Übersicht beziehen wir uns in erster Linie auf die Kiel-Klassifikation, die neben zytologischen vor allem auch funktionelle Gesichtspunkte berücksichtigt (Übersicht bei [221, 222, 354]). Daneben wird die Working Formulation (WF) [280] angeführt, die sich vor allem nach den von Lukes und Collins erarbeiteten histomorphologischen Kriterien orientiert (z. B. „cleaved cells" als morphologisches Kriterium vieler Keimzentrumszellen). Sie berücksichtigt auch das Wachstumsverhalten (follikulär, diffus). Dies stellt wie zuerst Rappaport und seine Gruppe zeigten [269, 311] ein besonders wichtiges Prognosekriterium dar.

Zur klinischen Relevanz der *Kiel-Klassifikation* liegt eine umfangreiche Patientendokumentation vor [43, 44, 222]. Sie wurde inzwischen für T-Zell-NHL erweitert [222, 225]. Die *Working Formulation* stützt sich ebenfalls auf ein großes Untersuchungsgut („Non-Hodgkin Lymphoma Pathologic Classification Project" = NHL-PCP; [320]) und erlaubt die „Übersetzung" aus anderen Lymphom-Klassifikationen.

In der Kiel-Klassifikation und der WF werden *niedrig-* gegenüber *hochmalignen NHL* aufgrund histopathologischer Kriterien unterschieden (wobei in der WF eine Zwischengruppe „intermediärer Malignität" hinzukommt). Zur Häufigkeit der einzelnen NHL s. Tabelle 10.1 (Kiel-Klassifikation) und Tabelle 10.2 (WF). Eine Gegenüberstellung der beiden Klassifikationen findet sich in Tabelle 10.3.

Leukämische Verlaufsformen finden sich in abfallender Häufigkeit (Tabelle 10.4) bei der B-CLL, dem Immunozytom, dem zentrozytischen Non-Hodgkin-Lymphom, lymphoblastischen und zentroblastisch/zentrozytischen NHL sowie dem Burkitt-Typ. Sie sind beim immunoblastischen und zentroblastischen NHL selten.

Tabelle 10.1. Prozentuale Häufigkeit und Stadienverteilung der Non-Hodgkin-Lymphome nach der Kiel-Klassifikation [44]

		Stadium lokalisiert (I, II)	Stadium generalisiert (III, IV)
Niedriger Malignitätsgrad	**69,5**		
Lymphozytisch	24,9		
CLL	19,6	<1	>99
Haarzell-Leukämie (HZL)	3,5	0	100
T-Zonen-Lymphom	1,0		
Prolymphozyten-Leukämie (PLL)	0,7	<1	>99
andere	0,1		
LP-Immunozytom (ic)	18,9	2,5	97,5
zentrozytisch (cc)	7,7	11	89
zentroblastisch-zentrozytisch (cb/cc)	13,9	21	79
Grenzfälle	2,6		
nicht klassifizierbar	1,4		
Hoher Malignitätsgrad	**30,2**		
zentroblastisch (cb)	13,9	38	62
immunoblastisch (ib)	7,4	34	66
lymphoblastisch (Burkitt-Typ, T-Zell-Typ, nicht klassifizierbar)	5,3	14	86
Grenzfälle	0,2		
nicht klassifizierbar	3,4		
nicht klassifizierbarer Malignitätsgrad	**0,4**		

Leukämische Verlaufsformen hochmaligner NHL lassen sich immunzytologisch von akuten lymphatischen Leukämien unterscheiden (s. diese), wenn auch zwischen manchen Entitäten (lymphoblastisches NHL gegenüber T-ALL und c-ALL, Burkitt-Typ gegenüber B-ALL) keine scharfen Grenzen bestehen. Hier kann das Ausmaß der KM-Infiltration zur Unterscheidung beitragen (bei der ALL sind im KM deutlich über 30% der Zellen Blasten).

Die Stadieneinteilung maligner NHL erfolgt nach Ann Arbor (Tabelle 10.5). Die Verteilung in lokalisierte und generalisierte Stadien für die einzelnen Entitäten der Kiel-Klassifikation und der WF gehen aus Tabelle 10.1 und 10.2 hervor.

Hochmaligne NHL werden häufiger als niedrig maligne NHL in den Stadien I/II diagnostiziert. Das cb/cc ist unter den niedrig malignen NHL dasjenige mit dem höchsten Anteil von lokalisierten Stadien (Tabelle 10.1).

Tabelle 10.2. Klassifikation der NHL nach der Working Formulation [280]

	Häufigkeit (%)	Mediane ÜLD (Jahre)	5-Jahres-ÜLR	Komplette Remission	Mediane Remissionsdauer (Jahre)	Lokalisiert I + II	Generalisiert III – IV
LOW GRADE							
Small lymphocytic consistent with CLL Plasmacytoid	3,6	5,8	59%	61%	>5,4	11%	89%
Follicular Small cleaved cell (FSC)	22,5	7,2	70%	73%	5,0	18%	82%
Mixed small cleaved and large cell (FM)	7,7	5,1	50%	65%	5,2	27%	73%
INTERMEDIATE GRADE							
Follicular Large cell (FL)	3,8	3,0	45%	61%	>8,0	27%	73%
Diffuse Small cleaved cell (DSC)	6,9	3,4	33%	56%	2,1	28%	72%
Mixed small and large cell (DM)	6,7	2,7	38%	69%	4,3	45%	55%
Large cell (DL)	19,7	1,5	35%	59%	>8,4	46%	54%
HIGH GRADE							
Immunoblastic (BL)	7,9	1,3	32%	53%	3,5	52%	48%
Lymphoblastic	4,2	2,0	26%	69%	1,1	27%	73%
Small non-cleaved (Burkitt u. Varianten) (SNC)	5,0	0,7	23%	48%	>7,7	34%	66%

10.1 Chronisch-lymphatische Leukämie der B-Lymphozyten (B-CLL) und lymphozytische NHL

10.1.1 Diagnose der B-CLL und wichtigste Blutbildveränderungen

Die Diagnose einer B-CLL stützt sich

1. auf die Vermehrung der Gesamtzahl lymphatischer Zellen >4 G/l im Blut, häufig von einer generalisierten Lymphknotenschwellung begleitet;
2. auf eine Zunahme der lymphatischen Zellen im Knochenmark;

Tabelle 10.3. Gegenüberstellung „Working Formulation – Kiel-Klassifikation"

Working Formulation	Kiel-Klassifikation
Low grade	
A. Malignant Lymphoma (ML)	
Small lymphocytic	
consistent with CLL	lymphozytisches NHL, CLL,
plasmacytoid	lympho-plasmoyztisches/-zytoides NHL
B. ML, follicular	
Predmonantly small cleaved cell	
diffuse areas	
sclerosis	
C. ML, follicular	cb-cc NHL (kleinzellig), follikulär
Mixed, small cleaved and	± diffus
large cell	
diffuse areas	
sclerosis	
Intermediate grade	
D. ML, follicular	
Predominantly large cell	
diffuse areas	cb-cc NHL (großzellig), follikulär
sclerosis	± diffus
E. ML, diffuse	
Small cleaved cell	cc NHL (kleinzellig)
sclerosis	
F. ML, diffuse	
Mixed, small and large cell	cb-cc NHL (klein), diffus
sclerosis	lymphoplasmozytisches/zytoides
epitheloid cell component	NHL, polymorph
G. ML, diffuse	
Large cell	cb-cc NHL (groß), diffus
cleaved cell	cc NHL (großzellig)
noncleaved cell	cb NHL
sclerosis	
High grade	
H. ML	
Large cell, immunoblastic	ib NHL
plasmacytoid	
clear cell	T-Zonen-Lymphom
polymorphous	Lymphoepitheloid-Zell-Lymphom
epitheloid cell component	
I. ML	
Lymphoblastic	
convoluted cell	ib NHL, „convoluted cell type"
nonconvoluted cell	ib NHL, unklassifizierter Typ

Tabelle 10.3. (Fortsetzung)

J. ML	
Small noncleaved cell	
Burkitt's	lb NHL, Burkitt-Typ u. a.
non-Burkitt's	B-lymphoblastische NHL u. a.
Verschiedene	
Composite	–
Mycosis fungoides	Mycosis fungoides
Histiocytic	–
Extramedullary plasmacytoma	plasmozytisches NHL
Unklassifizierbar	–
Andere	

3. auf den Ausschluß anderer, zu einer Lymphozytose führender Erkrankungen (zur Abgrenzung gegenüber anderen NHL sind Lymphknotenbiopsien häufig angezeigt, Markeruntersuchungen erleichtern ebenfalls die Differentialdiagnose).

Die *Lymphozytenvermehrung* im Blut ist bei der Mehrzahl der Patienten ausgeprägt und liegt meist zwischen 10 und 100 G/l. Leukämische Verläufe finden sich bei 96% der Patienten (Tabelle 10.4). Morphologisch sind die lymphatischen Zellen in ihrer überwiegenden Zahl klein mit einem schmalen Zytoplasmasaum und einer dichten Kernstruktur. Nukleolen fehlen bei der Mehrzahl der Zellen (zu „Prolymphozyten" bei B-CLL s. Kap.

Tabelle 10.4. Häufigkeit leukämischer Verlaufsformen, Knochenmarkbefall und Inzidenz monoklonaler Gammopathien bei NHL (%) (Daten nach [43]) [43, 44 u. a.]

	Leukäm. Verlaufsform*	Knochenmarkbefall	Monoklonale Gammopathie
B-CLL	96	99,5	1,1
LP-IC	62	86	29,4
CC	27	64	7
CB-CC	14	43	4
CB	4	17	8
IB	8	24	13
LB			
Burkitt-Typ	9	27	0
T-Zell-Typ	40	70	0
Unklassif.	41	56	0

* Vorhandensein von ≥ 5% atypischen Lymphozyten oder Lymphozytose von ≥4000 Lymphozyten/µl

Tabelle 10.5. Ann Arbor-Klassifikation der NHL

Primär nodales Stadium		*Primär extranodales Stadium*
Befall einer Lymphknotenregion	I	Befall eines extralymphatischen Organs oder Gewebes (I_E)
Befall von benachbarten Lymphknotenregionen ober- oder unterhalb des Zwerchfells (II_1) oder einer Lymphknotenregion mit lokalisiertem Übergang auf ein benachbartes Organ oder Gewebe (II_{1E})	II_1	Befall eines extralymphatischen Organs einschl. der regionalen Lymphknoten (II_1) oder eines weiteren benachbarten extralymphatischen Organs (II_{1E}) oberhalb oder unterhalb des Zwerchfells
Befall von zwei nicht benachbarten oder mehr als zwei benachbarten Lymphknotenregionen ober- oder unterhalb des Zwerchfells einschl. eines lokalisierten Befalls eines extralymphatischen Organs oder Gewebes (II_{2E})	II_2	Befall eines extralymphatischen Organs und Lymphknotenbefall der über die regionalen Lymphknoten hinausgeht und auch einen weiteren lokalisierten Organbefall einschließen kann (II_{2E})
Befall von Lymphknotenregionen ober- und unterhalb des Zwerchfells (III) einschl. eines lokalisierten Befalls eines extralymphatischen Organs oder Gewebes (III_E) oder der Milz (III_S) oder beides (III_{SE})	III	Befall eines extralymphatischen Organs und Lymphknotenbefall ober- und unterhalb des Zwerchfells einschl. eines weiteren lokalisierten extralymphatischen Organs oder Gewebes (III_E) oder der Milz (III_S) oder beide (III_{SE})
Lymphknotenbefall mit diffusem oder disseminiertem Befall extralymphatischer Organe und Gewebe	IV	Diffuser oder disseminierter Organbefall mit oder ohne Lymphknotenbefall

10.1.5b). Einzelne zytoplasmareichere Zellen mit lockerem Kern können vorkommen. Die Zahl Gumprecht'scher Kernschatten korreliert in etwa mit der Leukozytenzahl.

Eine gleichzeitige generalisierte *Lymphknotenschwellung* ist in zumindest 80% der Fälle nachweisbar (Abb. 10.1). Die wenigen Patienten im Rai-Stadium 0 stellen eine prognostisch besonders günstige Untergruppe dar.

Die *Lymphknotenhistologie* trägt zur Differentialdiagnose gegenüber anderen reifzelligen NHL bei, wobei am häufigsten Abgrenzungen gegen das Immunozytom und auch das zentrozytische Non-Hodgkin-Lymphom (seltener T-Zell-NHL) Schwierigkeiten bereiten können. Besonders wichtig ist die Lymphknotenbiopsie auch zur Diagnose einer Transformation der B-CLL (s. 10.1.5).

Weiter können dadurch verschiedene Subtypen der B-CLL unterschieden werden [221]. Am häufigsten ist der pseudofollikuläre (in 84% der Patienten), gefolgt vom diffusen (9%) und tumorformenden (7%) Subtyp. Die aktualisierte Überlebensdauer findet sich in Abb. 10.2.

Eine *Infiltration des Knochenmarkes* mit zumindest 25% lymphatischer Zellen ist in der Regel nachweisbar (in 99,5% der Fälle von Brittinger et al. [43]).

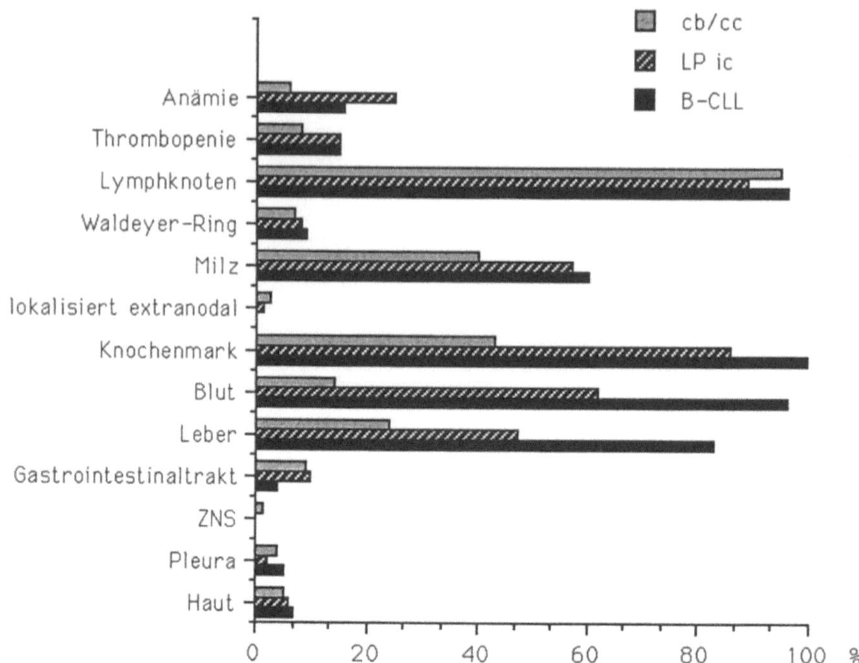

Abb. 10.1. Organmanifestation zum Diagnosezeitpunkt bei chronisch-lymphatischer Leukämie (B-CLL), Immunozytom (LP ic) und zentroblastisch-zentrozytischem Non-Hodgkin-Lymphom (cb/cc) (nach [43])

Anstelle der routinemäßig durchgeführten Knochenmarkaspiration kann die histologische Auswertung der *Knochenmarkbiopsie* zusätzliche diagnostische Hinweise ergeben (zur prognostischen Relevanz s. Kap. 10.1.2 c)):

a) Aufgrund des Wachstumsmusters und des feingeweblichen Verhaltens [124, 364] ist die Abgrenzung der B-CLL z.B. von „Keimzentrumslymphomen" und von Haarzelleukämien möglich. Beim zentroblastisch/zentrozytischen NHL findet sich die Lymphominfiltration vorwiegend paratrabekulär, bei der B-CLL und B-PLL im Zentrum des Knochenmarks. Haarzelleukämien zeigen das charakteristische faserreiche Infiltrationsmuster.
b) In Rai-Stadien III und IV kann eine Knochenmarkfunktionsstörung von Zytopenien durch Immunmechanismen abgegrenzt werden. Im ersteren Fall sind Erythroblasten bzw. Megakaryozyten spärlich, im letzteren Fall ausreichend vorhanden. Die Knochenmarkbiopsie kann vorteilhaft mit einer immunhistologischen Auswertung kombiniert werden [364].

Eine deutliche, meist normochrome, normozytäre *Anämie* fand sich zur Zeit der Diagnosestellung in 16% der Patienten (Abb. 10.1). Ein positiver direkter AHG-Test war in 5% der Patienten [43] nachweisbar.

In anderen Zusammenstellungen wurde ein positiver AHG in einem höheren Prozentsatz gefunden, doch schließen diese Auswertungen Immunozytome ein. Eine

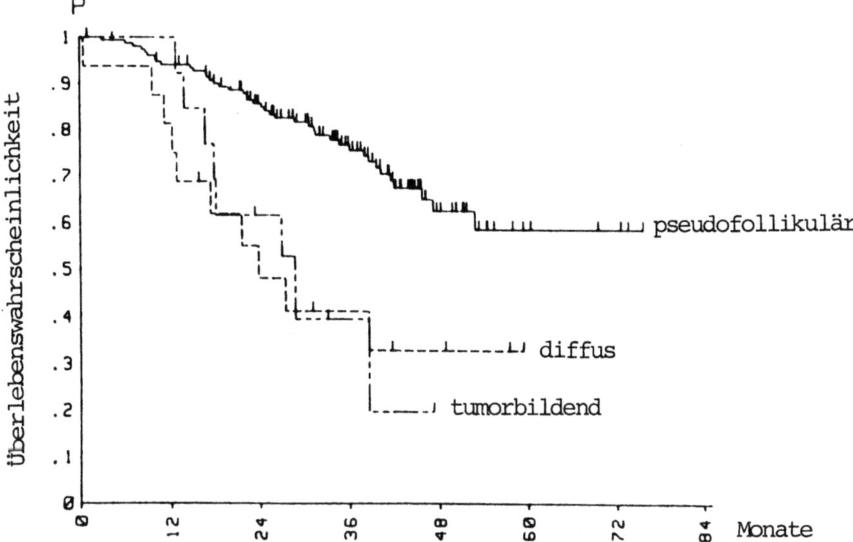

Abb. 10.2. Überlebenskurven der einzelnen Subtypen der B-CLL [43]

Studie von Brittinger et al. [43] zeigte lediglich in einem Drittel der Patienten mit B-CLL und positivem direktem AHG Zeichen einer autoimmunhämolytischen Anämie. Ein positiver Test bedeutet keine Beeinträchtigung der Prognose [292]. Autoimmunhämolytische Anämien vom Kälteautoantikörpertyp sind noch seltener.

Thrombopenien (unter 100 G/l) fanden sich in ebenfalls etwa 1/6 der Patienten (Abb. 10.1). Solche Thrombopenien sind meist Zeichen einer Markinsuffizienz durch ausgeprägte Lymphominfiltration, mäßige Thrombopenien können auch Folge eines Hypersplenismus sein [96].

Immunthrombopenien können vermutet werden, wenn die Zahl der Megakaryozyten im Knochenmark normal oder erhöht ist. Etwa die Hälfte der Patienten mit Immunthrombopenie zeigt gleichzeitig eine Immunhämolyse..

Der *Ausschluß anderer mit einer Lymphozytose einhergehender Erkrankungen* erfolgt durch die Klinik, die Knochenmarkuntersuchung und evtl. durch die Lymphknotenbiopsie und/oder die Immunzytologie des peripheren Blutes.

Einige Ursachen reaktiver Lymphozytosen sind in Tabelle 10.6 zusammengefaßt. Vorkommen und Häufigkeit von Lymphozytosen bei NHL sind in Tabelle 10.4 zusammengefaßt.

Reaktive Lymphozytosen mit vorübergehender Ausschwemmung meist atypischer Lymphozyten finden sich vor allem bei bestimmten Virusinfektionen (z. B. Epstein-Barr-, Cytomegalie-, Hepatitis-, Pertussis- und Viren, die im Kindesalter Exantheme hervorrufen) sowie bei Toxoplasmainfektionen.

Tabelle 10.6. Einige Ursachen reaktiver Lymphozytosen

1. Akute Infektionserkrankungen
   Infektiöse Mononukleose, Pertussis, Masern, Mumps, Varicellen, Virushepatitis, Zytomegalieinfektionen, akute infektiöse Lymphozytose, Toxoplasmose
2. Chronische Infektionen
   Tuberkulose, Brucellose, Lues
3. Andere Erkrankungen (vorwiegend relative Lymphozytosen)
   Hyperthyreosen, alle Erkrankungen mit Neutropenien

Bei reaktiven Lymphozytosen kommt die Vermehrung in erster Linie durch Ausschwemmung von T-Lymphozyten zustande, die häufig Aktivierungsantigene tragen. Es fehlt meist auch die Infiltration des Knochenmarks mit lymphatischen Zellen, die bei der B-CLL (außer in Frühstadien) zumindest 25% der kernhaltigen Zellen ausmachen. Schon aus den klinischen Befunden (häufiges Vorkommen reaktiver Lymphozytosen in jungen Jahren, der B-CLL im fortgeschrittenen Lebensalter) sowie serologischen Ergebnissen ist die Differentialdiagnose meist einfach.

10.1.2 Prognosefaktoren und Stadieneinteilung

Der Krankheitsverlauf einer B-CLL ist in hohem Maße variabel. Neben dem Krankheitsstadium (Tabelle 10.7) tragen einige weitere Prognosefaktoren zur Beurteilung des Schweregrades der Erkrankung bei. Eine Zusammenstellung wichtiger Prognosefaktoren findet sich in Tabelle 10.9.

a) Stadieneinteilung

Patienten, die lediglich eine Lymphozytose ohne Lymphknotenschwellungen zeigen (*Rai-Stadium 0;* Tabelle 10.7), machen bis über 1/4 der Patienten aus. Ihr Überleben liegt im Median über 10 Jahren. Die *Rai-Stadien I und II* (mit nachweisbaren Lymphknotenschwellungen bzw. Hepatosplenomegalie) umfassen etwa die Hälfte der B-CLL-Patienten mit einer medianen Lebenserwartung von über 8 bzw. unter 7 Jahren (Übersicht bei [126]). Die prognostisch ernsten *Rai-Stadien III und IV* (mit Anämie bzw. Thrombozytopenie) machen ebenfalls etwa 1/4 der Patienten aus. Das mediane Überleben beträgt 2–5 Jahre.

Die *Stadien A und B nach Binet* (Tabelle 10.7) berücksichtigen zusätzlich das Ausmaß des Lymphombefalles, wobei 5 Befallokalisationen ausgewertet werden: zervikale, axilläre oder inguinale Lymphknoten (uni- oder bilateral), Milz- und Leberbefall. Patienten, die höchstens zwei Befallslokalisationen zeigen, werden als Stadium A bezeichnet. Ihre mediane Überlebensdauer beträgt zumindest 7 Jahre (s. auch Abb. 10.2). Bei Ergriffensein von 3 oder mehr Lokalisationen wird vom Stadium B gesprochen (medianes Überleben von etwa 5 Jahren). Als *Stadium C* werden solche mit Anämie

Tabelle 10.7. Stadieneinteilung der CLL nach Rai et al. [308] und Binet et al. [34]

Rai Stadium	Kriterien	Häufigkeit (%) Rai	Brittinger	Catovsky	Mittlere Überlebensdauer (Monate) Rai	Hansen
0	Lymphozytose: >5 G/l im Blut >40% der Zellen im Knochenmark	17,6	3	28	150	180
I	0 + Lymphknotenschwellungen	23,2	33	18	101	60
II	0 + Splenomegalie ± Hepatomegalie ± Lymphknotenschwellungen	31,2	42	29	71	47
III	Zusätzlich Anämie (Hb <10 g/dl)	16,8	8	10	19	26[a]
IV	Zusätzlich Thrombopenie <100 G/l	11,2	14	15	19	20

Binet-stadium[b]	Kriterien
A (46%)	Keine Anämie oder Thrombopenie, weniger als 3 Lymphknotenstationen befallen: A (0), A(I), oder A (II)[c]
B (29%)	Keine Anämie oder Thrombopenie, 3 oder mehr Lymphknotenstationen befallen B (I) oder B (II)
C (25%)	Anämie und/oder Thrombopenie ungeachtet der Anzahl der befallenen Lymphknotenstationen C (III) oder C (IV)

[a] in neueren Studien höher (>4 Jahre in den Rai-Stadien III und IV: French Cooperative Group [34], Medical Research Council [63])
[b] in Klammer Häufigkeit (nach [63])
[c] kombinierte Rai/Binet-Klassifikation

(Hb 10 g/dl oder niedriger) oder Thrombozytopenie (100 G/l oder weniger) bezeichnet. Das mediane Überleben dieser Patienten beträgt 3 Jahre oder weniger (in neueren Studien unter entsprechender Therapie 4 Jahre und länger; [68, 122]). Beide Stadieneinteilungen (Rai und Binet) können kombiniert werden (Tabelle 10.7).

Patienten mit *isolierter Splenomegalie* ohne signifikante palpable Lymphknotenschwellungen zeigen häufig einen günstigen Krankheitsverlauf. Ihre Prognose ist meist deutlich besser als die der übrigen Patienten im Stadium II nach Rai [96, 128, 159].

Patienten mit *autoimmunhämolytischen Anämie* und/oder Immunthrombopenien zeigen ebenfalls eine günstigere Prognose als die übrigen Patienten der Stadien III und IV bzw. C. Ähnliches gilt für Zytopenien auf der Basis eines Hypersplenismus.

Tabelle 10.8. Überlebensdauer in Abhängigkeit vom Infiltrationsmuster (IM) des Knochenmarkbefalls bei B-CLL (Literaturübersicht) (nach [134])

Autor(en)	N	Überlebensdauer (Monate) bei diffusem IM	nicht-diffusem IM
Gray et al. [143]	115	24	108
Han et al. [157a]	75	87	168
Rozman et al. [325]	329	25	80
Geisler et al. [134]	90	36	100
mediane Überlebensdauer		43	98

Bei nodulärem, interstitiellem und gemischt-nodulär/interstitiellem Infiltrationsmuster bestehen keine signifikanten Unterschiede hinsichtlich der Überlebensdauer.

b) Leukozytenzahl und Verdopplungszeit der Blutlymphozyten

Die prognostische Bedeutung der initialen Blutleukozytenzahl wurde in verschiedenen Studien gesichert [21, 68, 324] und war vom Stadium unabhängig (Tabelle 10.9). Von prognostischer Relevanz ist darüber hinaus die Anstiegsrate der Blutlymphozyten [122, 263]. Bei einer Verdopplungszeit unter 12 Monaten ist die Prognose meist ungünstig. Dies war insbesondere in den Binet-Stadien A und B von Bedeutung.

c) Infiltrationsmuster im Knochenmark

Bei diffuser Infiltration des Knochenmarkes (mit weitgehendem Ersatz des Fettmarkes) ist die Prognose deutlich schlechter als bei herdförmigem (nodulärem) oder interstitiellem Wachstum [25, 75, 134, 231, 323, 325]. Auch dieser Faktor war nicht streng stadienassoziiert; Daten der Literatur sind in Tabelle 10.8 zusammengefaßt.

d) Alter und Geschlecht

Über 90% der Patienten mit CLL sind über 50 Jahre alt [68]. Das Alter ist ein wichtiger Prognosefaktor [219, 406], unabhängig vom Krankheitsstadium [68] (s. Tabelle 10.9). Frauen zeigen nach der britischen Studie im Vergleich zu Männern einen günstigeren Krankheitsverlauf [68], der auch in Multivarianzanalysen nachweisbar war.

e) Chromosomenbefunde

Zytogenetische Untersuchungen sind bei der B-CLL schwierig, da die Leukämiezellen eine geringe Teilungsaktivität zeigen. Zur prognostischen Bedeutung chromosomaler Aberrationen s. Kap. 10.1.4.

f) Ansprechen auf Behandlung

Der Therapieeffekt stellt bei Patienten mit Behandlungsindikation einen besonders wichtigen Prognoseparameter dar [68, 262, 329 u. a.]. Es besteht

Tabelle 10.9. Risikofaktoren bei der CLL

Kriterium	Parameter
Krankheitsausbreitung	Stadium 0 <I, II < III, IV (Rai) Stadium A < B < C (Binet)
Stadienunabhängig (Auswahl):	
rasche Verdopplungszeit der Blutlymphozyten	<12 Monate
hohe Blutlymphozytenzahl	>30 G/l
Alter	>60 a
Infiltrationsmuster in der Knochenmarkbiopsie	diffuse Infiltration
Chromosomale Aberrationen	Trisomie 12, hoher Prozentsatz abnormer Klone

ein Trend zu besseren Behandlungsergebnissen in weniger fortgeschritteneren Krankheitsstadien [68].

g) Andere Prognosefaktoren

Erhöhungen der *LDH* wurden in den Studien von Brittinger et al. [44] und Han et al. [157] als Risikoindikator definiert. Die Bedeutung der *Prolymphozytenzahl* als Prognosefaktor auch bei B-CLL geht aus britischen Studien hervor [252] (Abb. 10.3).

14% der Patienten mit B-CLL zeigten mehr als 15 G/l Prolymphoyten. Die Überlebensdauer dieser Patienten (wie auch jener mit B-PLL und diesen Werten) war deutlich schlechter als die der übrigen Patienten).

Ein rasches *Lymphomwachstum* war auch in der Multivarianzanalyse der Kieler-Studie ein wichtiger Risikofaktor [44]. Andere Studien berücksichtigen den Proliferationsindex (s. Kap. 10.1.3 d).

Die Wachstumsfraktion im Biopsiematerial wurde durch immunhistologische Auswertung der Bindungsfähigkeit für den Ki67-Antikörper bestimmt. Die durchflußzytometrische Auswertung der Proliferationsaktivität der leukämischen Blutleukozyten (z. B. mit dem Ki67-Antikörper [98]) dürfte Hinweise auf die Leukozytenverdopplungszeit geben und damit prospektiv einen wichtigen Prognosefaktor darstellen.

10.1.3 Immunpathologie

Die B-CLL ist eine monoklonale Proliferation von B-Lymphozyten mit charakteristischer Markerexpression (Tabelle 10.10). Nur in seltenen Fällen reifen die neoplastischen Zellen zu Immunglobulin-sezernierenden Zellen aus, was sich im Auftreten eines monoklonalen Gradienten im Serum zeigen

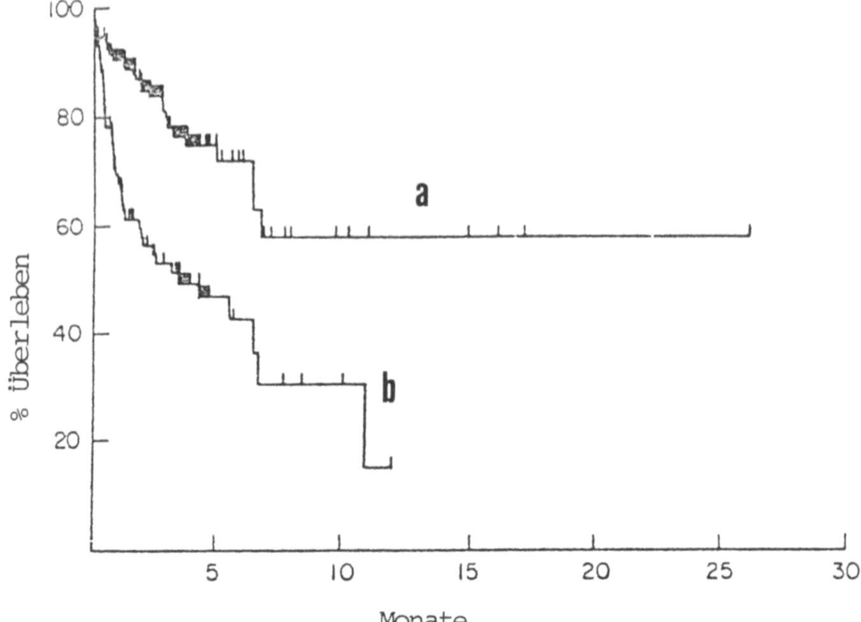

Abb. 10.3a, b. Überlebenskurven bei B-CLL in Abhängigkeit von der Prolymphozytenzahl [252].
a Prolymphozyten ≤15 G/l, **b** Prolymphozyten >15 G/l

kann. Die Erkrankung wird auch häufig von Veränderungen der T-Lymphozyten begleitet, die sich unter anderem im peripheren Blut in einer Verschiebung der T-Helfer-/T-Suppressor-Ratio zugunsten der letzteren Zellpopulation äußert (s. Kap. 10.1.3.6). Diese Veränderung der T-Lymphozyten zeigt Beziehungen zur Verminderung des Immunglobulinspiegels im Serum. Je ausgeprägter die Verschiebung zu zirkulierenden T-Suppressorzellen ist, desto schwerer ist meist die Verminderung von Serum-Immunglobulinen (insbesondere IgM und IgA).

a) Immunzytologie der Leukämiezelle

Membrangebundene Immunglobuline sind bis auf seltene Ausnahmen an der Zelloberfläche nachweisbar. Die immunzytologische Differentialdiagnose der „lymphozytischen“ NHL ist in Tabelle 10.10 zusammengefaßt. In den meisten Fällen handelt es sich um IgM, in der Mehrzahl auch gleichzeitig um IgD (in 91% eigener Fälle waren μ-Ketten, in 59% δ-Ketten nachweisbar. Die Dichte der Ig-Determinanten an den leukämischen B-Lymphozyten ist meist geringer als jene normaler B-Lymphozyten, wobei die Monoklonalität unter anderem durch die ausschließliche Expression eines Leicht-

Tabelle 10.10. NHL niedriger Malignität; Differentialdiagnose mit immunzytologischen Methoden (aus [177])

Marker	B-CLL	IC	B-PLL	HZL	CB/CC	CC
sIG	μ + δ >μ oft schwache Reaktionen	μ + δ, seltener andere H-Ketten[1]	μ + δ >μ intensiv	μ/δ, oft mehrere H-Ketten	μ oder andere H-Ketten	μ + δ
CD 22/24	+	+	+	+	+[2]	+
CD5	+	±	±[3]	–	–	+
CD10	–	–	–	–	+	–[8]
FMC7	–[4]	–	+	+	+	+
DRC[5]	–[6]	–	–	–	+	+
CD25	–	–	–	+	–	–
CD11c[7]	–	–	–	+	–	–
CD23	+	±	–	–	±	–
HLA-DR	+	+	+	+	+	+

[1] zusätzlich (monoklonale) zytoplasmatische Ig
[2] CD24±
[3] etwa 10% positive Fälle [95]
[4] positive Ergebnisse vor allem bei „prolymphozytischer" Transformation
[5] immunhistologische Darstellung am Schnittpräparat als der Neoplasie assoziierte Zelle
[6] im Knochenmark manchmal nachweisbar [364]
[7] = p 150/95:bei einzelnen B-CLL und cc-NHL schwach positiv [108]
[8] kann an Zellsuspensionen positiv sein [30]

kettentyps nachweisbar ist. Die Zellen exprimieren eine Reihe weiterer *B-Zellmarker,* z.B. die pan B-Zellmarker CD19 (B4), CD22 (To15), HLA-DR-Antigene sind immer nachweisbar. Typisch für die B-CLL ist der gleichzeitige Nachweis von CD5. Dieses Antigen zeigt im normalen lymphatischen Gewebe der Postfetalzeit – mit seltenen Ausnahmen (s. unten) – eine T-Zellspezifität (s. auch Kap. 10.6.1).

Das *physiologische Korrelat* der CLL-Tumorzelle läßt sich vor allem in embyronalem lymphatischem Gewebe erfassen, wo CD5 (Leu-1) positive B-Lymphozyten in den primitiven Zellansammlungen von Follikelcharakter in Lymphknoten und Tonsille nachgewiesen werden [36].

In kindlichen oder Erwachsenenlymphknoten finden sich innerhalb der Mantelzone in unmittelbarer Nachbarschaft zum Keimzentrum nur einzelne kleine Lymphozyten mit identem Phänotyp [55].

Dieser Zelle entspricht bei der Maus der Ly-1+ B-Lymphozyt, dem immunregulatorische Funktionen zukommen dürften [164].

In der Humanpathologie kommen sie in erhöhter Zahl neben der B-CLL und dem zentrozytischen NHL bei rheumatischer Arthritis und in der Rekonstitutionsphase nach Knochenmarktransplantation vor [13].

Eine differentialdiagnostische Abgrenzung gegen die gleichfalls CD5 positiven zentrozytischen Lymphome gelingt durch Antikörper des Clusters CD23, die mit Tumorzellen bei zentrozytischem Non-Hodgkin-Lymphom typischerweise nicht reagieren (CLL+, cc-). Immunhistologisch trägt zur Differenzierung der Nachweis von dendritischen Retikulumzellen (Tabelle 10.10) in den Keimzentrumstumoren bei. Dendritische Retikulumzellen fehlen in Biopsien aus Lymphknoten von CLL-Patienten meistens [222].

In Biopsien aus dem Knochenmark waren sie allerdings nach eigener Untersuchung [364] in 11% der Fälle nachweisbar (s. auch [296]). In Suspension bilden CLL-Lymphozyten mit Mauserythrozyten Rosetten, ein differentialdiagnostisch manchmal wertvoller Test [61]. Das für B-Lymphozyten mittlerer Reife charakteristische CD21-Antigen (Rezeptor für eine Subfraktion der dritten Komplementkomponente) wird von etwa 40% der B-CLL exprimiert [147]. Die Proliferationsrate ist meist niedrig (<5% Ki67-positive Zellen).

Die immunzytologische Diagnose kann in der Regel an Zellsuspensionen aus Blut oder Knochenmark gestellt werden. Immunhistologische Untersuchungen zur besseren Differenzierung gegenüber Immunozytomen und CD5-positiven Keimzentrumstumoren (vor allem cc) sind allerdings wünschenswert.

b) T-Lymphozyten

Der Anteil der T-Lymphozyten korreliert negativ mit der Zahl der Leukämiezellen im Blut. Die absolute Zahl der T-Lymphozyten ist jedoch meist erhöht. Das Verhältnis „T-Helfer"- zu „T-Suppressor"-Lymphozyten (CD4/CD8 Ratio) ist vor allem in höheren Rai-Stadien zugunsten der „T-Suppressor"-Lymphozyten verschoben [63, 91, 258, 298 u.a.]. Im Gegensatz dazu sind im Knochenmark meist vermehrt CD4+ Lymphozyten nachweisbar. Die Verschiebung findet sich meist schon bei geringer Lymphominfiltration des Knochenmarkes (im normalen Knochenmark überwiegen CD8+ T-Lymphozyten; Abb. 10.4.).

Die veränderte Verteilung der T-Lymphozytensubpopulationen wurde für Störungen der Immunregulation verantwortlich gemacht. So fand sich eine signifikante Beziehung zwischen einem erhöhten Anteil von CD8+ (Suppressor) T-Lymphozyten im Blut und der Schwere von IgA/IgM Mangelzuständen [298]. Andererseits ist der vermehrte Gehalt an T-Helferzellen im Lymphomgewebe (nachweisbar in befallenen Lymphknoten und im Knochenmark, [131, 364]) möglicherweise am Zustandekommen von pathologischen Autoimmunphänomenen beteiligt. Die meisten Autoantikörper bei B-CLL (z.B. erythrozytäre Autoantikörper) sind polyklonal; sie könnten somit auf eine gestörte T-Zellkontrolle der nicht-leukämischen B-Lymphozyten hinweisen.

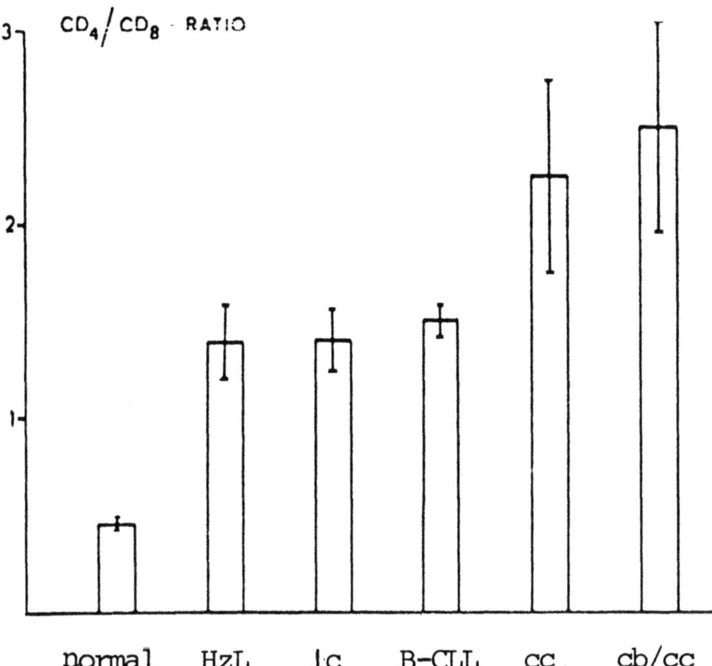

Abb. 10.4. Verteilung der T-Zellsubpopulationen im Knochenmark bei Normalpersonen und in Knochenmarkinfiltraten niedrigmaligner Non-Hodgkin-Lymphome [364]

c) Pathologie der humoralen Immunität

Die Verminderung zumindest einer Immunglobulinklasse ist bei der Mehrzahl der Patienten mit B-CLL nachweisbar. Häufigkeit und Intensität der Ig-Verminderung nimmt in fortgeschrittenen Stadien zu [63, 91, 115]. Sie ist jedoch oft schon in den frühesten Krankheitsstadien nachweisbar (z. B. [91, 298]). Als Ursache wurde ein direkt in leukämischen B-Lymphozyten gelegener Reifungsdefekt [126] oder ein Folgezustand abnormer T-Zellregulation angenommen (z. B. [115, 215, 298]).

Eine Hypogammaglobulinämie (γ-Globulin unter 0,7 g/dl) wurde bei 26% der Patienten von Brittinger et al. [43] festgestellt. Verminderungen von IgM waren in 38%, von IgA in 32% und von IgG in 21% nachweisbar [369]. Neuere Publikationen (z. B. [91]) zeigten Verminderung zumindest einer der Immunglobulinfraktionen in mehr als 3/4 der Patienten, und zwar schon im Stadium 0 der Erkrankung. Demgegenüber waren in der Studie von Han et al [158], in der vor allem Stadien 0 der B-CLL dokumentiert sind, in 10 von 14 Fällen normale Konzentrationen aller 3 Hauptimmunglobulinklassen nachweisbar. In der Studie von Catovsky et al. [63] waren die Unterschiede der Immunglobulinkonzentrationen zwischen Stadien 0-I und höheren Stadien signifikant ($p < 0{,}05$). Erniedrigte Konzentrationen von 2 oder 3 Immunglobulinklassen waren in den Stadien II–IV doppelt so häufig wie in niedrigen Stadien. Bei Krankheitsprogression wird nicht selten eine Zunahme dieses humoralen Immundefektes beobachtet. Werden Remissionen erreicht, so normalisieren sich erniedrigte Immunglobulinwerte nur sehr selten (z. B. [65]).

Am ehesten dürfte ein solcher Anstieg nach Fludarabin-Therapie zur Beobachtung kommen.

Monoklonale Gradienten, vor allem der IgM-Klasse, werden in 5–10% der Patienten gefunden [28, 59 u. a.]. Bei sorgfältigem Ausschluß von Immunozytomen waren dagegen monoklonale Gammopathien nur in 1% der B-CLL nachweisbar [43] (Tabelle 10.4). Das Vorkommen einer monoklonalen Gammopathie war prognostisch irrelevant.

Bei der Verwendung empfindlicher Methoden (z. B. isoelektrische Fokusierung) wurden monoklonale Gradienten in über 40–60% der Patienten mit B-CLL dokumentiert [92, 304, 348]. In der überwiegenden Mehrzahl korrelierte der M-Gradient im Serum mit dem Immunglobulin-Isotyp im Zytoplasma peripherer Lymphozyten [348]. Am häufigsten handelte es sich um IgM, seltener um IgG oder IgD. In einzelnen Fällen wurden auch Doppelgradienten gefunden. Zwischen dem Rai-Stadium und der Häufigkeit von M-Gradienten im Serum bestand eine signifikante Korrelation. Es wurde geschlossen, daß der Reifungsblock bei B-CLL oft inkomplett ist. Vor allem bei größerer Tumormasse war somit das Sekretionsprodukt im Serum häufig, wenn auch nur diskret, nachweisbar.

Intrazytoplasmatische Immunglobuline, die in Immunglobulin-sezernierenden Zellen nachgewiesen werden können, können bei der B-CLL in Form von kristallinem Einschluß von IgM (oder IgA) faßbar sein [32]. Elektronenmikroskopisch waren solche Einschlüsse in 5–10% der Patienten nachweisbar [70].

d) Weitere Befunde

Die leukämischen Lymphozyten zeigen eine abnorme In-vitro-Reaktion gegenüber B-Zellmitogenen (Pokeweed-Mitogen, Lipopolysaccharide und Epstein-Barr-Virus; z. B. [195]). Ihre Fähigkeit, in der autologen oder allogenen Lymphozyten-Mischkultur als Stimulatorzellen zu wirken, ist sehr gering [155], in Gegenwart von Antiimmunglobulin-Antiseren ist die „Cap"-Bildung der leukämischen Zellen eingeschränkt. Unter den abnormen Membraneigenschaften ist ein verminderter Aktingehalt auffallend [230].

An der Lymphozytenvermehrung im Blut sind unter anderem die eingeschränkte Rezirkulationsfähigkeit der leukämischen Zellen [40, 112] und die verlängerte mittlere Lebensdauer, insbesondere der langlebigen Lymphozyten beteiligt [367], wobei der Proliferationsindex (Absolutwerte nach 3-H-Thymidin-Inkubation) stadienabhängig gesteigert ist [176, 197, 259].

10.1.4 Zytogenetik

Die häufigste chromosomale Abweichung ist eine *Trisomie 12.* (Dieses +12 wird in gleicher Weise auch beim Immunozytom einschließlich M. Waldenstroem gefunden). Sie findet sich bei zumindest einem Viertel der Patienten und dürfte eine frühe Veränderung darstellen. Strukturelle Abweichungen am *Chromosom* 13 (vor allem 13q14) oder am Chromosom 14, meist in Form des *Markerchromosoms 14q+* (Bruchstelle an der Bande 32 am langen Arm = q32) sind die weiteren häufigsten Aberrationen [197]. Das zusätzliche Chromosomenmaterial stammt von verschiedenen, zum Teil nicht identifizierbaren Chromosomen (u. a. vom Chromosom 11 = t(11;14)(q13;q32), seltener (q22;q32)). Das 14q+ kann als Hinweis auf einen fortgeschrittenen Krankheitsverlauf angesehen werden. Weitere Veränderungen (z. B. am Chromosom 3, 6 oder 17) verhalten sich ähnlich wie bei anderen NHL, die Abgrenzung gegenüber NHL des Keimzentrums ergibt sich u. a. durch das nur sehr seltene Vorkommen von t(14;18).

Patienten mit abnormem Karyotyp haben häufig eine ungünstigere Prognose. Die Überlebensdauer von Patienten mit +12 allein ist allerdings nach Han et al. [158] und Pittman et al. [295] nicht signifikant schlechter als jene der übrigen Patienten. Ungünstig ist der Verlauf nach allen Studien jedoch insbesondere bei komplexen Aberrationen, und wenn +12 mit anderen Aberrationen zusammen auftritt [197]. Ein zytogenetischer Normalbefund oder zu spärliche Mitosen (in Gegenwart von B-Zell-Mitogenen) stellen ein prognostisch gutes Zeichen dar. In Multivarianzanalysen waren ein hoher Prozentsatz abnormer Metaphasen sowie strukturelle Aberrationen am 14q unabhängige Risikofaktoren [197].

Wegen der niedrigen Mitoserate der meisten B-CLL oder Immunozytome wurden Analysen vor allem nach Stimulation mit B-Zell-Mitogenen (Epstein-Barr-Virus, Lipopolysaccharid, Pokeweed-Mitogen) durchgeführt. Die früher häufig mitgeteilten Normalbefunde waren mit Wahrscheinlichkeit durch das Überwuchern normaler (vor allem T-) Lymphozyten bedingt. Unter optimierten Kultivierungsbedingungen waren ein Drittel oder mehr der Mitosen abnorm (z. B. [197]).

10.1.5 Blastentransformation und Übergänge in Non-Hodgkin-Lymphome höherer Malignität

Phänotyp und Wachstumsverhalten der B-CLL sind bei den meisten Patienten über Jahre stabil. Dies zeigt sich u. a. in der häufig weitgehend konstanten Verdopplungszeit der Blutlymphozyten über den Krankheitsverlauf (z. B. [368]). Transformationen in malignere Erkrankungen kommen jedoch vor, wobei zumindest 3 verschiedene Zustandsbilder unterschieden werden.

In jedem Fall stellt sich allerdings die Frage, ob es sich um eine echte Transformation des leukämischen B-Zellklons oder um eine davon differente Blastenerkrankung handelt (z. B. eine akute „nichtlymphatische" Leukämie, z. B. [216, 242]).

a) Richtersyndrom

Das Auftreten eines hochmalignen Lymphoms („diffus histiozytäres NHL" oder großzelliges Lymphom) im Verlauf einer B-CLL wird als Richtersyndrom bezeichnet [16, 119, 235, 317]. Die Blastentransformation ist häufig lokalisiert, betrifft in erster Linie Lymphknoten, gelegentlich auch Milz und/oder Leber.

Tabelle 10.11. Richter-Syndrom bei B-CLL – Diagnostische Kriterien

1. Plötzliche Verschlechterung des klinischen Bildes (Fieber, Gewichtsverlust und/oder abdominelle Symptome)
2. Meist unverändertes leukämisches Blutbild (selten Rückgang der Lymphozytose)
3. Ausgeprägte asymmetrische Lymphadenopathie im Halsbereich, mediastinal, hilär oder paraaortal
4. Splenomegalie, mitunter Hepatosplenomegalie
5. Lymphknotenbiopsie: immunoblastische Infiltration mit großen, pleomorphen Zellen
6. Schlechtes Ansprechen auf Chemotherapie

Bei klinischer Verdachtsdiagnose (Zusammenstellung der Symptome in Tabelle 10.11) ist zur Sicherung meist eine Lymphknotenbiopsie angezeigt. Nach den meisten Daten der Literatur sind die lymphatischen Blasten und die ursprüngliche leukämische Population in ihrem immunologischen Phänotyp ähnlich, in einzelnen Fällen sind sie jedoch unterschiedlich (Übersicht bei [126]).

Diese Transformation kommt in 3–15% der CLL vor [126]. Lennert [221] fand aufgrund seiner Autopsiefälle einen solchen Übergang in 3,8%. Er weist auf die Notwendigkeit der Abgrenzung gegenüber anderen Lymphomen hin (z. B. sehr seltenes Auftreten eines M. Hodgkin s. auch [77]).

b) Prolymphozytoide Transformation und CLL vom gemischtzelligen Typ (CLL/PLL)

Diese Transformation entwickelt sich über längere Zeiträume und ist durch eine zunehmende Zahl von leukämischen Lymphozyten mit den morphologischen Charakteristika der Prolymphozyten gekennzeichnet ([59, 251, 252]; Übersicht bei [30]). Der Anteil von Prolymphozyten im peripheren Blut steigt (mit zunehmender Anämie, Thrombopenie, Lymphadenopathie und Splenomegalie) meist auf Werte über 20% an.

Von der primären B-PLL unterscheidet sich die CLL vom gemischtzelligen Typ (CLL/PLL) durch den niedrigeren Prozentsatz von Prolymphozyten (bei B-PLL meist über 55%, bei CLL/PLL >10 bis <55% Prolymphozyten), durch das meist gleichzeitige Vorliegen von deutlichen Lymphknotenvergrößerungen und durch den unterschiedlichen immunologischen Phänotyp der Prolymphozyten bei der B-CLL (Übersicht bei [251]). Eine ungünstige Prognose ergibt sich vor allem bei Prolymphozyten >15 G/l; Abb. 10.3).

Die „CLL/PLL"-Gruppe (84 von 128 Patienten mit B-CLL von [251]) unterschied sich von der typischen B-CLL durch den im Mittel ausgeprägteren Milztumor und nach dem Markerverhalten durch einen größeren Anteil von Lymphozyten mit ausgeprägten Oberflächenimmunglobulinen.

c) Blastenkrisen ähnlich einer ALL

Eine blastische Transformation des Blutbildes bei B-CLL findet sich in weniger als 1% dieser Patienten [46, 117, 123, 214, 221, 249]. In der Mehrzahl dürfte es sich um „Immunoblasten" mit Oberflächenimmunglobulinen handeln, die den ursprünglichen leukämischen B-Lymphozyten entsprechen. Obwohl die Zellen meistens dem L2-Typ der FAB-Klassifikation zugeordnet werden können [126], unterscheiden sie sich nach dem Markerprofil von der typischen ALL, deren Markerprofil meist prä-B oder frühen T-Lymphoblasten entspricht.

Blastische Transformationen dürften beim Immunozytom häufiger als bei der B-CLL vorkommen. 3,6% der Immunozytome von Lennert [221] zeigten das Vollbild einer blastischen Transformation im Lymphomgewebe, evtl. begleitet von einer Ausschwemmung ins periphere Blut. Übergangsformen zwischen Immunozytomen und immunoblastischen Sarkomen waren in zusätzlichen 3,9% seiner Immunozytome nachweisbar. Bei den „plasmozytoiden“ Blastenkrisen [126] dürfte es sich wohl um transformierte Immunozytome handeln.

10.2 Immunozytische (ic) Non-Hodgkin-Lymphome

Das Krankheitsbild ist histologisch durch das Nebeneinander von Lymphozyten, plasmozytoiden Zellen sowie gelegentlich auch von Immunoblasten charakterisiert und ist häufig von immunologischen Abweichungen begleitet. Es macht 18,9% der NHL der Kieler-Studie aus [43].

In der Projektstudie zur WF wurden lymphozytische und plasmozytoide NHL gemeinsam ausgewertet (s. Tabelle 10.2). Nach der Kieler-Studie ist die Unterscheidung des CLL- vom lymphoplasmozytoiden Typ klinisch relevant, da Immunozytome eine etwas geringere Generalisationstendenz und manchmal eine höhere Proliferationsrate zeigen [43, 222]. Auch das therapeutische Ansprechen war – in Untergruppen – different. In einer internationalen Studie über chronisch-lymphatische Leukämien [30] wurde nur dann von einem „lymphoplasmozytischen“ Lymphom gesprochen, wenn bei entsprechender Morphologie ein M-Gradient im Serum nachweisbar war (andere Fälle wurden offensichtlich der B-CLL zugeordnet).

10.2.1 Histopathologie

Histologisch werden drei Subtypen unterschieden: lymphoplasmozytoide (60%), lymphoplasmozytäre (18%) und polymorphe (22%) Immunozytome [43, 221]. Der erstere Subtyp ähnelt histologisch der B-CLL. Der lymphoplasmozytäre Subtyp schließt den M. Waldenstroem ein.

Der Nachweis der plasmozytoiden Zellen wird durch die Methylgrün-Pyronin-Färbung erleichtert [221]. Globuläre PAS-positive Einschlüsse in Kern und/oder Zytoplasma fanden sich in 53% der lymphoplasmozytoiden IC. Die Ausreifung bis zu vollentwickelten typischen Plasmazellen liegt beim lymphoplasmozytären Typ vor. 74% der Fälle waren PAS-positiv. Beim polymorphen Subtyp, der häufig relativ reichlich Mitosen enthält, finden sich neben vielen Immuno- und Zentroblasten alle Übergangsformen von Lymphozyten bis zu Plasmazellen und auch Zentrozyten. Eine PAS-Positivität wurde in 57% beobachtet.

Immunhistologisch sind alle B-Zellmarker ähnlich wie bei der B-CLL nachweisbar (Tabelle 10.10). Der häufigste Phänotyp ist jedoch CD23+/CD5-, wodurch Unterschiede gegenüber der B-CLL und dem zentrozytischen NHL gegeben sind. Zytoplasmatische Immunglobuline (nach dem Leichtkettentyp monoklonal) sind an zumindest einzelnen Zellen vorhanden.

Im Knochenmark ließ sich CD5 nur bei 23% der eigenen Lymphomfälle nachweisen [364]. Die Reaktion mit Tue1 (CD23) war in 88% positiv. Alle diese Fälle entsprechen dem lymphoplasmozytoiden Subtyp (s. auch [354]). Beim lymphoplasmozytischen Subtyp fehlt CD5 und CD23. Zur Abgrenzung gegenüber zentrozytischen NHL trägt das Fehlen dendritischer Retikulumzellen bei (Reaktionsfähigkeit mit dem Antikörper KiM4b u. a.). Im Knochenmark zeigte allerdings ein Teil der Immunozytome diese Begleitzellen (in 4 von 18 Fällen; [364]). Die Proliferationsrate der Immunozytome liegt häufig höher als bei der B-CLL [222, 347]. Dies kann immunzytologisch durch Inkubation mit dem Ki67-Antikörper nachgewiesen werden [136]. Häufig ist auch eine Vermehrung von Mastzellen nachweisbar (z. B. [30]).

10.2.2 Hämatologische Befunde

Bei etwa 1/4 der Patienten besteht zur Zeit der Diagnosestellung eine ausgeprägte, meist normochrome makrozytäre Anämie (Abb. 10.1). Thrombopenien sind zu diesem Zeitpunkt nicht ungewöhnlich (in 15% der Patienten von Brittinger et al. [43]). Eine deutliche Vermehrung lymphatischer Zellen im Blut (Lymphozyten über 4 G/l) war in 62% der Fälle nachweisbar. Etwa 30% der Patienten zeigen ein ausgeprägt leukämisches Blutbild (Lymphozyten über 50 G/l; [351]).

Zytologisch sind in Blutausstrichen neben kleinen und mittelgroßen Lymphozyten häufig auch lymphoplasmozytoide Zellen nachweisbar. Beim Auftreten von Blasten, meist mit deutlich basophilem Zytoplasma, kann eine Transformation in ein hochmalignes Lymphom vorliegen.

10.2.3 Veränderungen der Immunglobuline

Monoklonale Gammopathien sind bei 29% der Patienten nachweisbar (Tabelle 10.4). Am häufigsten handelt es sich um IgM (in 20% der Fälle), seltener um IgG (8%) oder IgA (1%; [43, 166]). In Einzelfällen wurden auch Doppelgradienten gefunden. Etwa 20% der Patienten zeigen im Harn ein Bence-Jones-Protein oder ein komplettes M-Protein. Immunglobulinmangelzustände sind ebenfalls sehr häufig (Verminderungen von IgG in 15–37%, von IgA in 9–33%, von IgM in 17–22%; [166, 351]).

Der direkte Antihumanglobulintest war in 13% der Fälle positiv [43]. Auch Kryoglobuline sind nicht ungewöhnlich (s. Kapitel 13). Zur Diagnose eines M. Waldenstroem postuliert eine internationale Studie einen M-Gradienten (IgM-Klasse) von >20 g/l [30]. Zum SLVL als mögliche Variante des ic-NHL s. Kap. 10.2.8.

10.2.4 Organmanifestationen

Organmanifestationen zur Zeit der Diagnosestellungen gehen aus Abbildung 10.1 hervor. Sie ähneln – mit Ausnahmen – jenen der B-CLL.

Unterschiede ergaben sich nach Brittinger et al. [43] im Hinblick auf eine Knochenmarkinfiltration (86 vs. 99,5%), das Vorkommen einer Lymphozytose (62 vs. 96%), eines gastrointestinalen (10 vs. 4%) und eines Hautbefalls (6 vs. 2%). 1/5 der Patienten präsentierte sich im Stadium I bis III der Erkrankung (siehe auch Tabelle 10.1).

10.2.5 Prognosefaktoren

Neben den Krankheitsstadien (Rai-Klassifikation) waren in der Multivarianzanalyse ein fortgeschrittenes Alter, LDH-Erhöhungen und ein erniedrigter Karnofsky-Index (<70%) ungünstige Prognosefaktoren [44].

Die prognostische Trennschärfe der Rai-Klassifikation war bei Immunozytomen geringer als bei der B-CLL. Deutliche Unterschiede ergaben sich jedoch auch hier für das Stadium 0 einerseits und das Stadium IV der Rai-Klassifikation andererseits von der übrigen Gruppe.

10.2.6 Blastentransformation

Sie sind nach Lennert [221] häufiger als bei der B-CLL. Es handelt sich in den allermeisten Fällen um den Übergang in ein immunoblastisches NHL.

3,6% der Immunozytome zeigten das Vollbild einer blastischen Transformation im Lymphomgewebe, evtl. begleitet von einer Ausschwemmung ins periphere Blut. Übergangsformen zwischen ic- und ib-NHL waren in zusätzlichen 3,9% nachweisbar. „Plasmozytoide“ Blastenkrisen, auf deren Vorkommen im Rahmen einer B-CLL hingewiesen wurde [126] dürften dieser Lymphomentität zuzuordnen sein.

10.2.7 Zytogenetik

Die wichtigsten Befunde wurden bei der B-CLL abgehandelt (s. Kap. 10.1.4).

10.2.8 Das Milzlymphom mit villösen Lymphozyten (Variante des Immunozytoms)

Von den reifzelligen NHL der B-Lymphozyten mit z. T. leukämischem Verlauf (B-CLL, ic, B-PLL, cc, cb/cc) ist neben der Haarzelleukämie eine weitere Lymphomentität abzugrenzen . Sie stellt eine Variante des ic-NHL dar (s. auch [275] und zeigt einen vorwiegenden Milzbefall („Splenic Lymphoma with villous lymphocytes“ = SLVL: [30, 253]). Sie ist durch eine Splenomegalie, hohe Inzidenz monoklonaler Gammopathien und Ausschwemmung von lymphatischen Zellen charakterisiert, die unregelmäßige Zytoplasmaausläufer zeigen und dadurch „haarzell ähnlich“ erscheinen [30, 253]. Die Leukozytenzahl liegt gewöhnlich zwischen 10 und 38 G/l (selten darüber) mit etwa 50–90% lymphoiden Zellen. Charakteristisch ist das Vorhandensein kurzer Zellfortsätze, die häufig an einem Pol der Zelle lokalisiert sind.

Die leukämischen Zellen sind etwas größer als jene der B-CLL. Der Zytoplasmasaum ist variabel und mäßig basophil. Die Kernplasmarelation liegt höher als bei Haarzelleuk-

Tabelle 10.12. Prolymphozytenleukämie (PLL): Hämatologische und immunologische Befunde

1. Ausgeprägte Vermehrung lymphatischer Zellen mit deutlichem Nukleolus (≥100 G/l in 70% der Fälle*)
2. Häufiger B-PLL als T-PLL (etwa 3 bis 4:1)
3. Bei B-PLL hohe Dichte von Oberflächen-Ig (meist IgM, IgD)
4. T-PLL nach ihrem Phänotyp meist Helfer-T-Zellen entsprechend
5. Meist ausgeprägte Splenomegalie (zumindest 10 cm unter dem Rippenbogen in 60% der Fälle*); geringe Lymphknotenvergrößerung. Bei T-PLL meist Lymphadenopathie, Hautläsionen und Pleuraergüsse**
6. Mediane Überlebensdauer 2–3 Jahre, bei T-PLL wesentlich kürzer*

* [252]
** z.B. [30]

ämie. Der Zellkern ist rund oder oval mit dichtem Chromatin. In etwa der Hälfte der Fälle findet sich ein kleiner, deutlicher Nukleolus. Manche Zellen erinnern an plasmozytoide Zellen. Der Membranphänotyp ist sehr ähnlich jenem der B-PLL [30].

Zur Abgrenzung von der Haarzelleukämie helfen immunzytologische und zytochemische Methoden. Negativ ist CD 11c (LeuM5) und CD 25. Die Zellen sind vielfach positiv für saure Phosphatase, es fehlt jedoch die Tartratresistenz. Exprimiert werden die typischen pan-B-Zellmarker (z.B. CD22, jedoch ohne Koexpression von LeuM5), CD5 ist negativ (Abgrenzung gegen B-CLL). Oberflächen-Ig (am häufigsten IgM und IgD) sind mäßig bis deutlich nachweisbar. Entsprechend der Reifung bis zu plasmozytoiden Zellen kann CD38 an einem Teil der Zellen positiv sein.

Ein kleiner M-Gradient der IgG- oder IgM-Klasse findet sich in etwa der Hälfte der Fälle. Die Knochenmarkaspiration gelingt meist ohne Schwierigkeiten. In der Hälfte der Fälle findet sich jedoch nur eine mäßige Lymphominfiltration. Die Milz zeigt vorwiegend oder ausschließlich eine Infiltration der weißen Pulpa.

10.3 Prolymphozytenleukämie (PLL)

Das Krankheitsbild wurde zunächst von Galton et al. [129] als Variante der CLL beschrieben und von Catovsky in wichtigen hämatologischen wie immunologischen Aspekten charakterisiert (Übersicht bei [59]). Die PLL ist durch eine Symptomentrias von typischer Morphologie, hoher Blutlymphozytenzahl und ausgeprägter Splenomegalie bei minimaler Lymphadenopathie definiert. Im Lymphomregister betrug ihr Anteil 0,7% aller NHL [43].

Die PLL ist ontogenetisch der B-CLL ähnlich. Die Leukämiezellen sind allerdings auf einer etwas späteren Differenzierungsstufe arretiert: Phorbolesterstimulation von CLL-Zellen führt zum Verlust der Rezeptoren für Mauserythrozyten, zur Reaktivität mit FMC-7 und dann zum Auftreten von zytoplasmatischem Ig sowie von tartratresistenter saurer Phosphatase (beides typisch für Haarzelleukämien) mit gleichzeitigen Zeichen der Zellaktivierung (Nukleolen) [56].

Einige hämatologische und immunologische Befunde bei dieser Erkrankung sind in Tabelle 10.12 zusammengefaßt. Patienten mit Prolymphozytenleukämie zeigen meist *hohe Blutlymphozytenzahlen,* wobei in typischen Fällen

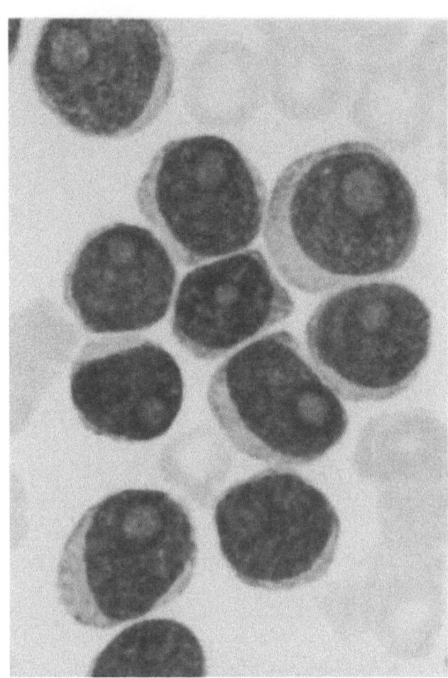

Abb. 10.5. Lymphozyten mit deutlichem Nukleolus bei Prolymphozytenleukämie (B-PLL)

zumindest 55% der lymphatischen Zellen im Blut die Morphologie von Prolymphozyten aufweisen. Diese sind durch einen großen bläschenförmigen, deutlich sichtbaren *Nukleolus* in einem eher chromatinreichen Kern charakterisiert (Abb. 10.5).

Nach den Kriterien der FAB-Gruppe [30] wurde nur bei einem Prolymphozytenanteil von >55% (gewöhnlich >70%) von einer B-PLL gesprochen. Bei einem Prozentsatz von >10–55% handelt es sich nach dieser Definition um eine CLL/PLL (s. Kap. 10.1.5 b)).

Ein weiteres, führendes klinisches Symptom ist die *Splenomegalie* (über 10 cm unter dem Rippenbogen in 60% der Fälle [65]) bei meist fehlender Lymphknotenvergrößerung (bei der T-PLL sind dagegen Lymphadenopathien häufig). *Anämien* und/oder Thrombozytopenien finden sich bei über 50% der Patienten.

Nach ihren *Oberflächenmarkern* können die Mehrzahl der PLL-Erkrankungen als Lymphome der B-Lymphozyten charakterisiert werden.

Die *T-PLL* ist wesentlich seltener (<20% der Fälle); sie unterscheidet sich im Markerprofil und klinischen Verlauf (Tabelle 10.13).

Die PLL vom B-Zelltyp ist durch die Expression von Membranimmunglobulinen in hoher Dichte, das Fehlen von Rezeptoren für Mauserythrozyten und die Reaktivität mit dem Antikörper FMC-7 von der B-CLL zu trennen (Tabelle 10.10). 2/3 der B-PLL zeigen über 30% FMC7+ Zellen, während bei CLL dieser Anteil meist niedriger liegt [30].

CD5 (z. B. Leu-1) ist in weniger als der Hälfte der Fälle positiv ([139, 354]; eigene Beobachtungen). Im übrigen sind die B-CLL Marker jedoch auch bei der PLL nachweisbar (CD22, CD24, HLA-DR).

Tabelle 10.13. Charakteristika der B- und T-PLL (nach [59, 247])

	B-PLL	T-PLL
Alter Median	68 Jahre	69 Jahre
Bereich	14–85	51–90
Splenomegalie	97%	82%
Lymphadenopathie	<5%	46%
Hautbefall	<5%	25%
Pleuraergüsse oder Ascites	selten	21%
Leukozyten >100 G/l	67%	82%
Serum-Ig	erniedrigt	normal
Kernform (EM, LM[a])	regelmäßig	regel-, z. T. unregelmäßig
Saure Phosphatase (LM, EM)	–/±	±/++
Andere saure Hydrolasen[b]	–	++
Membran-Phänotyp	sIg, CD22/24 FMC7, HLA-DR	CD3, CD5, CD7 CD9, CD4>CD8[c]
Überlebensdauer (Median)	2–3 Jahre	7 Monate

[a] LM = lichtmikroskopisch, EM = elektronenmikroskopisch
[b] α-naphthylacetat-Esterase, β-Glukuronidase und β-Glucosaminidase
[c] CD7 in 95% positiv (bei ATL nur in 10–35%). Die Mehrzahl ist CD3+, 4+, 8- (2/3 der Fälle); die Minderzahl ist CD3+, 4-, 8+; wenige Fälle sind CD3- oder CD4+, 8+. Siehe auch Tabelle 10.18.

Entsprechend der B-Zellnatur der meisten Fälle von PLL sind Verminderungen der normalen Immunglobuline ebenso häufig wie bei der B-CLL. Monoklonale Gradienten (IgG oder IgM) finden sich bei zumindest 30% der Fälle [65].

Gegenüberstellung B-PLL und T-PLL: Die T-PLL zeigt meist einen besonders aggressiven klinischen Verlauf mit Lymphadenopathie sowie nicht selten auch einer Hautbeteiligung.

Bei T-PLL zeigen die Tumorzellen den Phänotyp reifer T-Lymphozyten (Tabelle 10.10; [30, 247]). Sie entsprechen häufiger T-Helfer- (CD4+) als T-Suppressor- (CD8+)Lymphozyten.

Der pan T-Zellmarker CD3 ist bei der Mehrzahl der Fälle positiv (in 16 von 23 Fällen von [247]). Konstant exprimiert werden CD5 und in deutlicher Intensität CD7. CD1 und TdT sind konstant negativ.

Trotz ihrer Variabilität in Größe und Form können zwei morphologische Subtypen der T-PLL unterschieden werden, solche mit einer regelmäßigen („regular") und unregelmäßigen („irregular") Kernoberfläche. Die T-PLL mit regelmäßigen Kernformen ähnelt morphologisch der B-PLL, die Leukämiezellen haben jedoch einen schmäleren Zytoplasma-

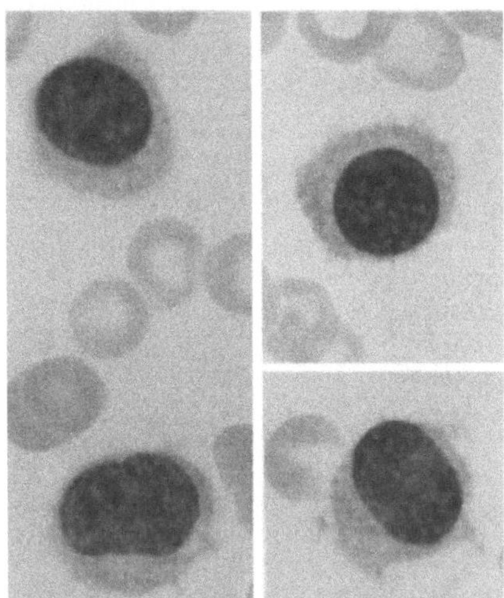

Abb. 10.6. Haarzellen mit typischen Zytoplasmafortsätzen

saum und somit eine höhere Kernplasmarelation [247]. Die Fälle mit unregelmäßiger Kernform zeigen einen ausgeprägt konvolutierten Kern.

Jeweils etwa die Hälfte der Fälle gehören dem einen oder anderen Subtyp an.

Differentialdiagnostisch muß die T-CLL, die adulte T-Zell-Leukämie (ATL) und die kleinzellige Variante des Sezary-Syndroms abgegrenzt werden.

Lennert und Feller [222] definieren die T-PLL enger als Catovsky et al. [58] und Bennett et al. [30]. Die letzteren inkludieren die T-CLL („knobby type", CD4+) und den pleomorphen Typ (meist CD8+), da der klinische Verlauf ähnlich ist. Gegenüber der Tγ-Lymphozytose läßt die Lymphomzelle der T-PLL eine ausgeprägte azurophile Granulation vermissen. (Diskrete derartige Granula kommen jedoch in etwa 40% der T-PLL vor.) Ausgeprägte Lymphozytosen sind bei der Tγ-Erkrankung selten. Die ATL geht mit Serum-Antikörpern gegen HTLV-1 einher. Dieser serologische Befund war in keinem der Fälle von T-PLL nachweisbar [247]. CD7 wird bei T-PLL exprimiert, fehlt jedoch meistens bei ATL. Sowohl bei ATL als auch beim Sézary-Syndrom fehlt den Leukämiezellen der deutliche Nukleolus, wie er für PLL charakteristisch ist.

10.4 Haarzelleukämie (HZL)

Diese Erkrankung mit Bevorzugung des männlichen Geschlechts (Geschlechtsverhältnis 4:1) umfaßt 2% der Leukämien im Erwachsenenalter und 3,5% der NHL [43, 69, 140]. Die HZL ist charakterisiert

a) durch eine charakteristische Tumorzelle im Knochenmark sowie meist auch im peripheren Blut (Abb. 10.6),
b) häufige Panzytopenien und
c) eine Splenomegalie, die nur in seltenen Ausnahmen fehlt.

Die wichtigsten hämatologischen Befunde dieser Erkrankung sind in Tabelle 10.14 dargestellt.

Tabelle 10.14. Klinische und hämatologische Befunde bei Haarzelleukämie (nach [26, 38, 71, 113, 141, 142])

Alter	22–89 (Median 52) Jahre
M : W	3,7–4,4 : 1
Splenomegalie	72–93%
Hepatomegalie	19–40%
Lymphadenopathie	10%
Schwere Infektionen	17–38%
Schwere Hämorrhagien	4–34% [a]
Blutbild	
Anämie (Hb ≤12 g/dl)	74–85%
Leukopenie (<3 G/l)	40–72%
Leukozytose (>10 G/l)	9–15%
Haarzellen	80–90%
Leukämisches BB (≥50% Haarzellen)	25%
Thrombopenie (<100 G/l)	60–78%
Monozytopenie (≤4%)	86%
Ig Erniedrigung (zumindest einer Klasse)	ca. 20%
CD25 im Serum (Normalwert von s IL-2 R unter 500 U/ml)	stark erhöht [b]

[a] durch Thrombopenie sowie Plättchenfunktionsstörungen (durch Defekte der α-Granula) bedingt

[b] vor Therapie 26963 U/ml ± 3284 (SEM). Dieser Wert war der Gesamttumormasse (Knochenmark- und Milzinfiltration) korreliert ([9] dort auch weiterführende Literatur).

Zusammenfassende Publikationen über dieses Krankheitsbild und die Hämatopathologie sind z. B. [58, 59, 69, 90, 113, 141, 142, 192, 194, 222].

Die charakteristischen Haarzellen sind im peripheren Blut bei zumindest 80% der Patienten schon zur Zeit der Diagnosestellung nachweisbar. Die Ausschwemmung kann jedoch nur diskret sein, lediglich in 25% der Patienten liegt der Anteil von Haarzellen über 50%. Die Sicherung der Diagnose erfolgt durch die Knochenmarkbiopsie. Unterstützend für die definitive Diagnose ist zusätzlich die Immunzytochemie. Der zytochemische Nachweis der tartratresistenten sauren Phosphatase ist weniger spezifisch.

10.4.1 Zytologie, Immunzytologie und Zytochemie

Zytologie. Die Haarzellen zeigen eine schlecht abgrenzbare Zellmembran mit haarförmigen Zellfortsätzen und können etwa an Plasmazellen, in anderen Fällen auch an Monozyten erinnern. Sie messen meist 15–30 µm im Durchmesser und zeigen in der Pappenheimfärbung ein etwas breiteres, graublaues „wie ausgefranstes" Zytoplasma mit typischen Fortsätzen (Abb. 10.6).. Die Zellen können längliche Einschlüsse aufweisen, gelegentlich ist eine zarte azurophile Granulation oder eine schwache Vakuolisierung im Zytoplasma nachweisbar [38, 54, 60, 69].

Der vielfach exzentrisch liegende Kern zeigt eine variable Konfiguration. Er kann rund oder oval sein oder auch Monozytenkernen ähneln. Er ist meist nicht so dicht wie in reifen Lymphozyten, aber auch nicht so locker wie in Blasten. Kleine, meist unauffällige Nukleolen können vorhanden sein.

An Haarzellen erinnernde neoplastische Lymphozyten werden gelegentlich auch bei anderen NHL (z.. Immunozytomen) gefunden [30, 65, 116]. Eine Lymphomentität mit haarzell-ähnlichen Leukämiezellen stellt vor allem jedoch das SLVL dar (s. Kap. 10.2.8).

Lymphatische Zellen mit unscharfen Zytoplasmasäumen können andererseits vor allem in den Ausstrichen aus nicht ganz frisch verarbeitetem Blut nicht selten gefunden werden. Die haarförmigen Plasmafortsätze typischer Haarzellen kommen nur in technisch einwandfreien dünnen Blutausstrichen zur Darstellung und können im peripheren Blut einen nur geringen Prozentsatz der lymphatischen Zellen darstellen.

Zytologisch und klinisch kann von der typischen HZL eine seltene *Variante* der Erkrankung abgegrenzt werden. Dabei sind lymphoide Zellen nachweisbar, die morphologisch „prolymphozytoide“ Eigenschaften aufweisen [65, 71]. In diesen Fällen ist ein sehr deutlicher Nukleolus nachweisbar, der Kern liegt zentral. Eine Hyperleukozytose begleitet das Krankheitsbild (Leukozytenwerte 47 bis 110 G/l).

Zytochemie. Wichtigstes Kriterium ist der Nachweis der „tartratresistenten“ *sauren Phosphatase* (TRAP). Sie ist bei den meisten, jedoch nicht allen Fällen von HZL nachweisbar (z. B. in 55 von 57 Fällen von Golomb et al. [141]). Sie entspricht dem Isoenzym 5, ist meist nur in einem Teil der Leukämiezellen nachweisbar und allein für das Vorliegen dieser Erkrankung nicht beweisend. Ein für die HZL typisches Reaktionsmuster kann gelegentlich auch bei der Prolymphozytenleukämie, beim lymphozytischen Immunozytom und selten bei T-CLL gefunden werden [59].

Schließlich können leukämische Lymphozyten bei B-CLL und Immunozytom in Gegenwart von Phorbolestern (TPA) eine TRAP zeigen [56, 405]. *α-Naphthylacetat- (und Butyrat-)Esterasen* sind in Haarzellen ebenfalls positiv, wobei eine charakteristische halbmondförmige Positivität im Zytoplasma nachweisbar ist.

Saure Phosphatase und unspezifische Esterase geben gemeinsam ein sehr charakteristisches zytochemisches Muster, das bei keiner anderen Erkrankung der B- oder T-Lymphozyten gefunden wird [87]. Peroxidase, Chloracetatesterase und alkalische Phosphatase sind negativ.

Immunzytologie. Die Bindungsfähigkeit für eine größere Zahl von Antikörpern mit Spezifität für B-Lymphozyten, der Nachweis zytoplasmatischer Immunglobuline in 5–10% der Patienten und schließlich die Expression „rearrangierter“ Immunglobulin-Gene zeigen die Herkunft der Haarzellen aus B-Lymphozyten. Wahrscheinlich liegt ein Reifungsstop auf der Ebene der „Prä-Plasmazelle“ vor [11]. Haarzelleukämien mit T-Zelleigenschaften, wenn auch in der Literatur dokumentiert [330, 407], dürften extrem selten sein [59, 339].

Durch die gleichzeitige Expression von *pan-B-Zellmarkern,* dem Aktivierungsmarker *CD25* (Interleukin-2-Rezeptor) und *CD11c* (p150/95, erkannt durch den Antikörper Leu-M5) zeigen zumindest 90% der HZL einen Phänotyp, der für dieses NHL weitgehend charakteristisch ist (Tab. 10.10).

p 150/95 wird sonst – bis auf seltene Ausnahmen – nur von Makrophagen exprimiert [108, 340, 341]. Lymphomerkrankungen, die ebenfalls CD11c positive Tumorzellen zeigen können, sind einzelne B-CLL, die B-PLL, die T-CLL und die T-γ-Lymphozytose [341]. Zusätzlich findet sich eine Reaktion mit dem Antikörper *HCL-1,* der mit anderen Lymphomen nur in seltenen Ausnahmen reagiert [108, 302]. Eine positive Reaktion mit *FMC-7* ist ebenfalls bis auf wenige Ausnahmen gegeben [65, 95, 177]. Eine Reaktion mit diesem Antikörper findet sich allerdings bei verschiedenen NHL (z. B. Keimzentrumslymphome, B-PLL u. a.). Negativ sind meist CD5 und andere T-Zellmarker.

Weniger charakteristisch ist die – meist schwache – Expression von CD11b (entsprechend dem Rezeptor für einen Metaboliten der dritten Komplement-Komponente, nämlich C3bi). CD11b ist ebenfalls vor allem an Makrophagen nachweisbar; s. [147]). Rezeptoren für C3d (CD21) fehlen dagegen [11, 95, 147, 193, 250].

Der Antikörper *B-Ly7* [300] wird in hoher Dichte an Haarzellen exprimiert. Aufgrund der fehlenden Reaktivität mit anderen B-NHL's sowie der geringen Anzahl B-Ly7+ Zellen im normalen Knochenmark dürfte diesem Antikörper in der Diagnostik sowie bei der Erfassung einer minimalen Resterkrankung nach Therapie eine besondere Bedeutung zukommen [365, 366].

Neben der HZL werden mit B-Ly7 positive Ergebnisse auch bei enteropathie-assoziierten peripheren T-Zell-NHL gefunden (s. Kap. 10.10). Dies wurde zuerst mit dem ähnliche Epitope erkennenden Antikörper HML-1 gezeigt [283].

Bei der *Variante der Erkrankung* mit hochleukämischem Blutbild fehlt meist die Positivität von CD25. LeuM5 (CD11c) ist jedoch meist positiv [30]. Auch TRAP fehlt.

Die Leukämiezellen zeigen meist *Oberflächenimmunglobuline* in deutlicher Dichte. Statt oder neben μ- (und evtl. δ-)Ketten sind γ- und/oder α-Ketten häufig nachweisbar. Bei nicht seltenem Vorhandensein von mehreren Ig-Isotypen wird praktisch immer nur ein Leichtkettentyp exprimiert.

Das charakteristische Markerprofil der HZL macht die Immunzytologie zu einer besonders wertvollen Untersuchung zur Sicherung ihrer Diagnose. Allerdings kann bei diskreter HZ-Ausschwemmung eine Doppelfärbung (pan B-Zellmarker und Darstellung von CD11c) vorteilhaft sein.

10.4.2 Knochenmarkbiopsie und andere pathohistologische Befunde

Die Knochenmarkbiopsie ist zur Diagnosesicherung angezeigt, wobei neben der pathohistologischen Auswertung (möglichst in Dünnschnittpräparaten) auch eine immunzytochemische Untersuchung wertvoll ist. Die letztere übertrifft die zytochemischen Methoden (insbesondere Nachweis einer tartratresistenten sauren Phosphatase) an diagnostischer Aussagefähigkeit (Übersicht bei [26, 52, 54, 141, 177, 300, 365]).

Pathohistologisch sind die infiltrierenden Zellen größer als typische Lymphozyten. Sie liegen als lockeres Infiltrat vor, das zusammen mit der Retikulinfaservermehrung ein sehr typisches Bild ergibt (z. B. [222]). Am häufigsten wird eine diffuse Durchsetzung des Knochenmarks gefunden (in 37 von 50 Fällen von [141]).

Selten liegt ein hypozelluläres Mark vor (z. B. in 10% der Fälle von Burke und Rappaport [54] und in 5,5% Patienten von Golomb et al. [141]). Splenomegalien sollen bei diesen Patienten seltener vorkommen [220, 390].

Das Ausmaß des Markbefalls kann durch den Haarzell-Index definiert werden, welcher durch das Produkt aus Markzellularität (% Anteil von Zellmark im Markraum) und Anteil der Haarzellen gegeben ist (Werte zwischen 0 und 1, z. B. bei 50% Zellularität und 40% Haarzellen beträgt dieser Wert 0,20). Die durch Markfibrosierung wenig ergiebige Aspirationszytologie trägt dagegen zur quantitativen Beurteilung der Infiltration wenig bei.

Die restliche Hämatopoese ist bei HZL meist nur in kleineren Gruppen angeordnet (insbesondere Erythroblasten und eingestreute Megakaryozyten), die von Haarzellarealen umgeben sind. Die Marksinus können deutlich erweitert sein und damit an die Pseudosinus der roten Pulpa erinnern (s. unten).

Diffuse Osteosklerosen können vorkommen [374]. Sie sind wahrscheinlich durch humorale Faktoren (im Rahmen des „storage pool" Defektes der Thrombozyten) bedingt (s. unten).

Milz-, Lymphknoten- und Leberhistologie: In der Milz finden sich äußerst mitosearme Lymphominfiltrationen der roten Pulpa, während alle anderen Lymphome unabhängig von ihrem zytologischen Bild in erster Linie die weiße Pulpa infiltrieren [53, 54]. Die Sinus sind oft zerstört, wobei es zur charakteristischen Bildung von Pseudosinus kommen kann, die von Haarzellen umgeben sind [69, 267].

Der Pooling-Effekt der Milz bei HZL ist häufig ausgeprägter, als dies bei anderen NHL mit vergleichbarem Milztumor gefunden wird [229].

In den Lymphknoten (am häufigsten sind solche am Milzhilus ergriffen) findet sich ein bevorzugter Befall der B-Zellregionen [222]. Auch retroperitoneale Lymphknoten sind nach CT-Untersuchungen nicht selten ergriffen, der Befall ist jedoch meist diskret.

Leberbiopsien geben dagegen nur selten eine spezifische Diagnose. Sie zeigen in 80% der Fälle Infiltrationen im Portalbereich und in den Lebersinus [60, 69].

10.4.3 Weitere hämatologische Befunde

Sie sind in Tabelle 10.14 zusammengefaßt. Neben der häufigen zytopenischen Form der HZL kommt seltener (in etwa 15% der Patienten) eine leukämische Manifestation der Erkrankung vor. Das wichtigste prognostische Zeichen ist das Ausmaß der Panzytopenie (Hb unter 80 g/l, Neutrophilenzahl unter 0,5 G/l, Plättchen unter 50 G/l; [141, 192]). Sehr häufig liegt auch eine Verminderung der Monozyten vor [342].

Die Häufigkeit von Infekten war in der Studie von Golomb et al. [141] der Granulozytenzahl korreliert. Bei Patienten mit schweren Neutropenien (Granulozyten unter 0,5 G/l) waren ernste Infekte in 46%, bei höheren Granulozytenwerten dagegen nur in 19% nachweisbar. Die Monozytopenie wurde für die relativ hohe Inzidenz mykobakterieller Infektionen verantwortlich gemacht. Die Inzidenz von Tuberkulose wird mit 5–7% geschätzt [59], atypische mykobakterielle Infektionen *(Mycobacterium Kansasii)* wurden in etwa 10% der Fälle gesehen [316, 381].

Immunglobuline liegen meist in normaler oder auch erhöhter Konzentration vor. In Einzelfällen kommen auch M-Gradienten zur Beobachtung [69].

Eine Erniedrigung von IgM war lediglich in 15%, von IgA in 11% und von IgG in 4% der Patienten nachweisbar [141]. Monoklonale Gammopathien fanden sich in etwa 1,5% der Patienten von Golomb et al. [141]. Meist handelt es sich um IgM [390], vor allem bei Patienten mit großer Tumormasse. Auch ist in der Literatur eine echte Assoziation zwischen HZL und multiplem Myelom dokumentiert [62]. Amyloidosen können in der Folge einer HZL auftreten (Übersicht bei [66]).

Lösliches CD25 im Serum ist bei HZL ein hochempfindlicher Tumormarker. Die Bestimmung eignet sich zur Erfassung und ist daher in der Verlaufskontrolle wertvoll (Übersicht bei [297]).

Gerinnungsstörungen. Schwere Hämorrhagien kommen in 8,5% der Fälle von HZL zur Beobachtung [113], in 61% traten sie bei Plättchenzahlen über 50 G/l auf, so daß eine zusätzliche Thrombopathie wahrscheinlich war. Defekte der α-Granula sind bei HZL ein nicht seltener Befund [100].

Pathologische Leberfunktionsproben sind trotz des häufigen Befalls dieses Organs selten. In der Patientengruppe von Golomb et al. [141] kamen pathologische Werte (Erhöhung der alkalischen Phosphatase, der GOT und/oder des Serum-Bilirubins) in 19% vor. Bartl et al. [26] fanden eine erhöhte alkalische Phosphatase in 14%, der LDH in 16% der Fälle.

10.4.4 Autoimmunerkrankungen bei HZL

Autoimmunsyndrome, vor allem in Form von Arthralgien, Hautmanifestationen und/ oder einer systemischen leukoblastischen Vaskulitis können bei HZL ohne Beziehung zur Tumormasse zur Beobachtung kommen (Übersicht bei [390]). Die Häufigkeit klinisch relevanter Hauterscheinungen (noduläre Infiltrate, Erythema nodosum u. a.) wurde in einer großen Studie mit 7,4% der Patienten angegeben [90]. Schwere systemische Vaskulitiden, die an eine Panarteriitis nodosa erinnern, wurden in Einzelfällen beobachtet [97, 105, 390].

Da diese Komplikation häufiger nach Splenektomie beobachtet wird, steht als ihre Ursache eine eingeschränkte Clearance von Immunkomplexen zur Diskussion [59]. Zirkulierende Immunkomplexe finden sich in 85% der Fälle von HZL [90]. Bei diesen Autoimmunsyndromen wurden neben einer stark erhöhten Blutsenkung antinukleäre Antikörper (in 18%), Rheumafaktoren (25%) sowie Hepatitis-B-Antigene (25%) nachgewiesen [390]. Floride Infektionen als Ursache eines Immunkomplexgeschehens müssen in jedem Fall ausgeschlossen werden.

10.5 Zentroblastisch-zentrozytisches Non-Hodgkin-Lymphom (cb/cc NHL)

Das cb/cc NHL (früher M. Brill-Simmers) macht 14% der Non-Hodgkin-Lymphome der Kieler-Studie aus (Tabelle 10.1). In anderen großen Aus-

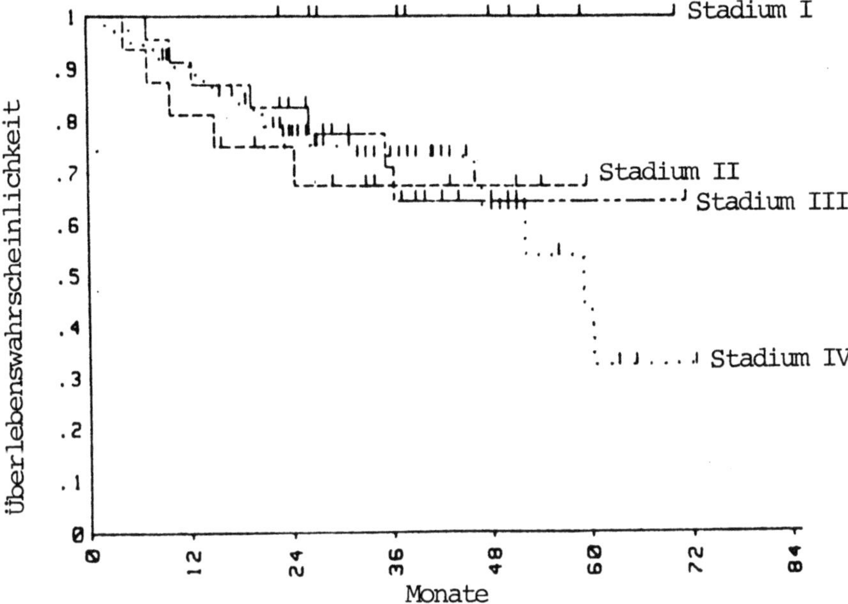

Abb. 10.7. Kumulatives Überleben bei Patienten mit zentroblastisch-zentrozytischem Non-Hodgkin-Lymphom in Abhängigkeit vom Stadium zum Zeitpunkt der Diagnosestellung [43]

wertungen [320] sind „follikuläre“ NHL noch häufiger, sie umfassen in ihren drei Varianten (small cleaved cell, mixed cell und large cell „follicular“ NHL) sogar 34% der NHL (Tabelle 10.2). Gegenüber anderen niedrigmalignen NHL ist der Anteil von Patienten im Stadium I und II etwas höher (21% der Kieler-Patienten; Tabelle 10.1). Zu ähnlichen Ergebnissen kommt die Auswertung der Working Formulation: lokalisierte Stadien liegen in 18–27% der follikulären NHL vor (Tabelle 10.2). Die häufigsten Befallslokalisationen (Lymphknoten, Knochenmark, Milz, Leber u. a.) gehen aus Abbildung 10.1 hervor. Die Überlebenswahrscheinlichkeit der Patienten in den einzelnen Tumorstadien zeigt Abbildung 10.7. Neben der B-CLL zeigt diese Lymphomentität in der Gesamtgruppe die günstigste Prognose. Die mediane Überlebensdauer „follikulärer“ NHL beträgt nach großen Studien über 9 Jahre [8a, 9a, 232]). Allerdings entwickeln 40–70% dieser Patienten, bei denen keine komplette Remission erreicht wurde, ein diffuses Wachstumsmuster und/oder eine Transformation in ein „großzelliges“ NHL. Beide Veränderungen weisen auf eine Malignitätssteigerung hin (z. B. [8a, 9a, 88]). Diese Lymphomentität kann als Modell für den Mehrstufenprozeß maligner Erkrankungen dienen [402].

10.5.1 Zytologie, Zytochemie und Immunphänotyp der Tumorzellen

Zytologie. Die Zentrozyten des cb/cc NHL sind gewöhnlich kleine Zellen (etwa 7–10 μm im Durchmesser, Abbildung 10.8a). Der Kern ist chromatin-

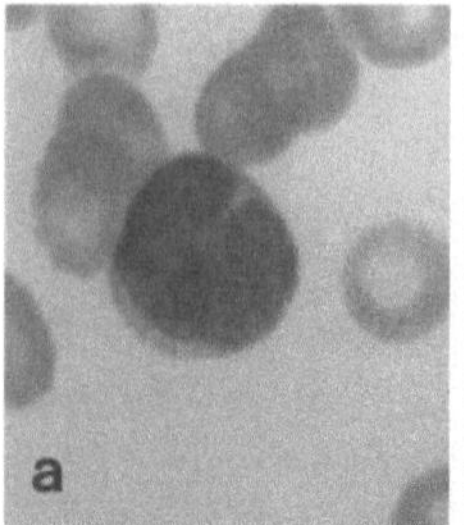

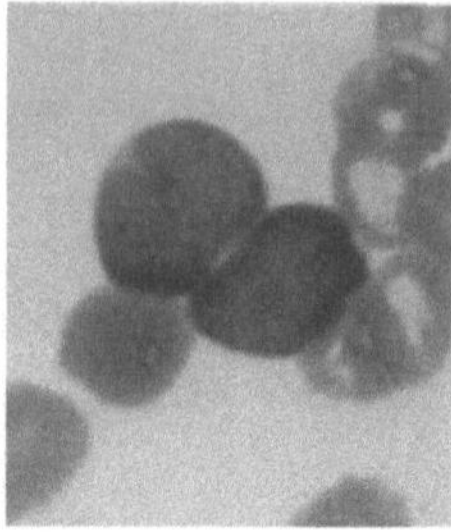

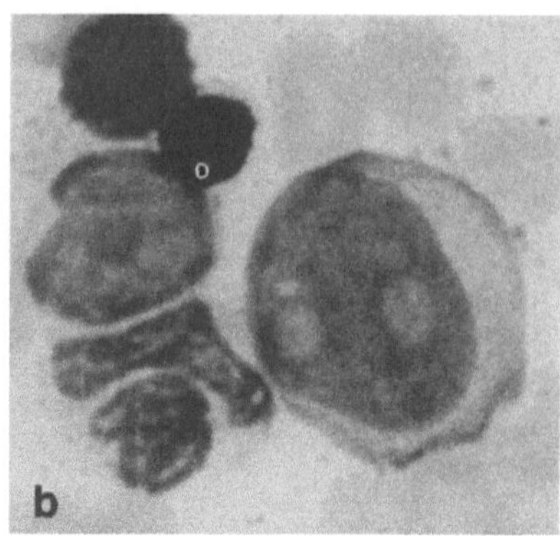

Abb. 10.8a, b. a Zentrozyten bei zentroblastisch-zentrozytischem Non-Hodgkin-Lymphom. **b** Zentroblast bei cb/cc NHL (membranständiger Nukleolus)

reich, meist unregelmäßig geformt, selten rund. Typisch für diese Zellform ist der gekerbte Kern („cleaved cell"). Nukleolen sind spärlich. Das Zytoplasma ist sehr schmal und oft kaum erkennbar.

Zentroblasten sind mittlere bis große Zellen mit einem runden oder ovalen Kern (Abbilung 10.8b). Das Chromatin zeigt eine netzförmige Struktur. Die Kerne enthalten häufig einen bis mehrere blasse Nukleolen, die meistens nahe der Kernmembran liegen. Das Zytoplasma ist schmal bis mäßig ausgeprägt und färbt sich basophil.

Zytochemie. Die Zellen sind meist PAS-negativ, einzelne PAS-positive Zellen können jedoch vorkommen. Die saure Phosphatase kann bei Zentrozyten – in schwacher Aktivität – nachweisbar sein,

Immunzytologie. Zum Verständnis des Markerprofils trägt die Kenntnis der Immunhistologie des normalen Keimzentrums bei.

Nach Antigenstimulation transformieren die Primärfollikel der Rindenzone von Lymphknoten und Tonsillen zu *Sekundärfollikeln,* die aus dem Keimzentrum, einer dieses umschließenden Corona und einem äußeren *Follikelmantel* bestehen. Das Keimzentrum (Abb. 10.9) enthält reife Zellen („Zentrozyten", cc) und Blasten („Zentroblasten", cb) und neben T-Lymphozyten als wichtigste akzessorische Zellen die *„dendritischen" Retikulumzellen* (DRC) und typische Makrophagen (Übersicht bei [353]). Die Lymphozyten des Keimzentrums (vor allem cc, inkonstant cb) tragen μ-, jedoch – im Unterschied zum Follikelmantel – nie δ-Ketten. Sie binden pan-B-Zellantikörper und exprimieren CD10 (cALL-Antigen). Es findet sich ein dichtes Netzwerk von IgG und IgA, das in erster Linie einer Ablagerung von Immunkomplexen an den DRC entspricht. Die letzteren exprimieren – übrigens deutlich stärker als die ebenfalls positiven Keimzentrumslymphozyten – Rezeptoren für Metaboliten der 3. Komplement-Komponente (CD21 und CD35; [147, 353]). Diese Rezeptoren sind mit spezifischen Antikörpern darstellbar (z. B. R4/23, KiM4b; [307]). Die wichtigste Rolle des Keimzentrums ist die Bildung immunologischer Gedächtnis(„memory")-Zellen [79]. Schließlich dürfte vor allem in diesem Anteil des lymphatischen Systems die Umschaltung von IgM auf IgG und IgA stattfinden („isotypic switch"; [163, 211, 248]).

Innerhalb der Keimzentren und in besonders großer Zahl in ihrer Umgebung finden sich T-Lymphozyten. Innerhalb des Keimzentrums handelt es sich ausschließlich um

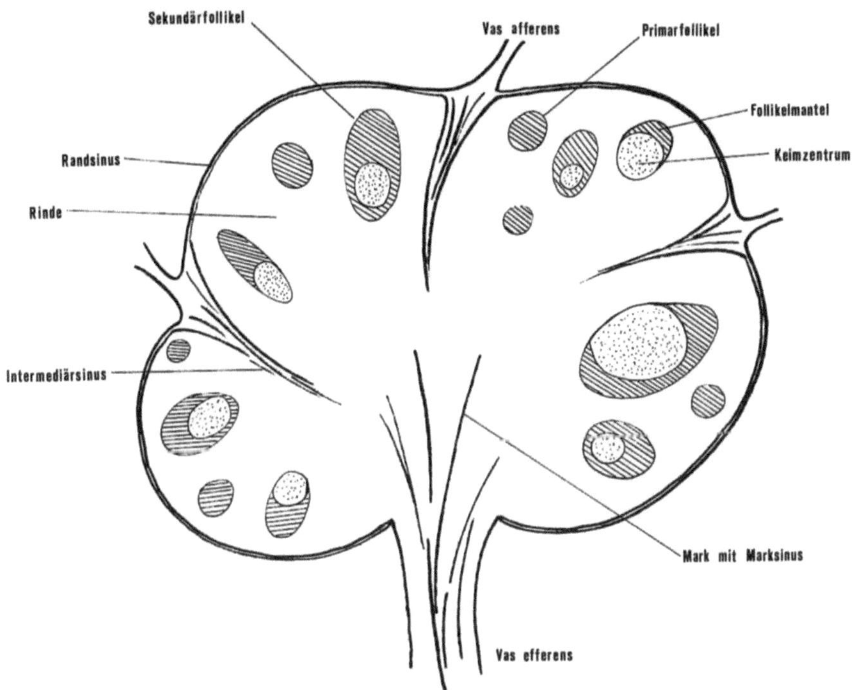

Abb. 10.9. Aufbau des menschlichen Lymphknotens

T-Helfer-Zellen (CD4+), parafollikulär um T-Helfer- und T-Suppressor (CD8+) Lymphozyten. Zusätzlich sind auch innerhalb des Keimzentrums mononukleäre Zellen nach Art der NK-Zellen nachweisbar [132, 147].

Das Markerprofil der cb/cc NHL ist dem normaler Keimzentren sehr ähnlich (Tabelle 10.10). Die Lymphomzelle exprimiert Marker reifer B-Lymphozyten (z. B. CD19, CD20, CD22, inkonstant CD24). Charakteristisch ist der Nachweis des common-ALL-Antigens (CD10), nicht selten allerdings von schwacher Intensität [163, 177, 222, 354, 358].

Das bei der B-CLL besprochene CD23 Antigen kann positiv sein (Reaktivität in einem Viertel der Fälle). Im Gegensatz zur B-CLL (und zum zentrozytischen NHL) ist jedoch CD5 negativ. Im Biopsiematerial können innerhalb der Tumorfollikel dendritische Retikulumzellen mittels monoklonaler Antikörper (z. B. KiM4b) nachgewiesen werden (Übersicht bei [177, 222, 354]).

Oberflächen-Ig sind meist nachweisbar. Am häufigsten werden μ-Ketten exprimiert. Abweichend von den meisten anderen NHL können jedoch γ- und/oder α-Ketten gefunden werden (isotypic switch). δ-Ketten finden sich u. a. bei cb/cc mit Wachstum in die Mantelzone [354]. Der Leichtkettentyp ist monoklonal. Neben HLA-DR-Antigen sind auch Rezeptoren für C3b sowie C3d (CD35 bzw. CD21) weitgehend konstant nachweisbar [147].

Unterschiede zwischen neoplastischen und reaktiven Keimzentren

Die Ähnlichkeit kann so groß sein, daß die Differentialdiagnose nach patho- und immunhistologischen Kriterien [221, 313, 354] sehr schwierig sein kann. Bei cb/cc NHL sind die neoplastischen Follikel im Lymphknotenkortex und der Medulla lokalisiert. Sie enthalten oft nur wenige Zellen in Mitose, meist überwiegen bei weitem die Zentrozyten, die Follikel sind unscharf abgegrenzt und Sternhimmelzellen fehlen weitgehend. Dagegen sind bei reaktiver follikulärer Hyperplasie die großen Keimzentren vorwiegend im Kortex lokalisiert, zeigen oft viele Mitosen, die Zentroblasten überwiegen deutlich über die Zentrozyten. Die dem Makrophagensystem zugehörigen Sternhimmelzellen sind in deutlicher bis oft sehr großer Zahl nachweisbar. Ein Follikelmantel hebt sich vom hyperplastischen Keimzentrum ab. Immunhistologisch fehlt den neoplastischen Follikeln das charakteristische Immunglobulinnetzwerk, die Oberflächenimmunglobuline der Tumorzellen sind monoklonal, die Teilungsaktivität ist meist deutlich geringer (Bindung des Antikörpers Ki67). CD8+ T-Lymphozyten sind in pathologischen Follikeln häufig nachweisbar [132].

Eine Expression von bcl-2, erfaßt durch monoklonale Antikörper, fand sich in neoplastischen Keimzentren der Mehrzahl von Patienten mit cb/cc, nicht jedoch in reaktiven Sekundärfollikeln [245]. Allerdings kommt auch bei follikulären NHL in etwa 15% eine nur teilweise Anfärbung zur Beobachtung.

10.5.2 Molekularbiologie von t(14;18)

Die t(14;18) Translokation ist eine Chromosomenaberration, die vor allem bei Lymphomen mit charakteristischem follikulärem Wachstumsmuster gefunden wird. Molekularbiologische Untersuchungen zeigten, daß es dabei zu einer Juxtaposition des Protoonkogens bcl-2 (B-cell Leukemia-Lymphoma 2) von Chromosom 18 an den Immunglobulinschwerkettenlocus von Chromosom 14 kommt [83a, 388, 402].

Ähnlich wie bei der Philadelphia-Translokation liegen die Bruchpunkte am Chromosom 18 an einer eng umschriebenen, nicht translatierten Stelle des bcl-2 Gens (meist innerhalb von 10 bp), die als „major breakpoint region" (MBR, in ca. 70–75% der Fälle) oder „minor breakpoint cluster" (MCR, in ca. 25–30% der Fälle) bezeichnet werden [388].

Die Folge dieser Translokation ist eine Deregulation der bcl-2 Expression, der möglicherweise eine pathogenetische Bedeutung zukommt.

Die transkribierten bcl-2 mRNAs sind von abnormer Größe, kodieren aber für ein strukturell normales Proteinprodukt, dessen Funktion bisher noch nicht geklärt werden konnte [388]. Gentransferexperimente zeigten, daß das Protein zur Transformation von NIH 3T3-Zellen befähigt ist (Übersicht bei [8a]).

In einer Serie von 97 Fällen hämatologischer Neoplasien, die molekularbiologisch auf t(14;18) Translokation untersucht wurden, fand sich in 89% der NHL follikulären Typs molekularbiologisch diese Translokation. Bemerkenswert ist, daß auch bei „diffusen großzelligen" NHL eine Translokation (14;18) zytogenetisch oder molekularbiologisch nicht selten nachweisbar ist, meistens jedoch bei Transformation aus einem Keimzentrumslymphom [8, 8a, 18, 388].

Bei der t(14;18) kann eine minimale Resterkrankung durch die Polymerase-Kettenreaktion erfaßt werden (z. B. [83a, 85]).

Tabelle 10.15. Häufig auftretende zusätzliche Chromosomenaberrationen in 69 Biopsien mit t(14;18) (q32;q21) (nach [18])

Aberration	Häufigkeit
+7[a]	21 (30%)
+12	15 (22%)
+18[b]	15 (22%)
del(6q)[a]	12 (17%)
+20	11 (16%)
+21[b]	10 (14%)
+17,i(17q)	9 (13%)
+9	7 (10%)
+8	7 (10%)
+3[b]	7 (10%)
Anomalien bei 1p21–22	6 (9%)
Anomalien bei 3q21–27	6 (9%)

[a] häufig mit ungünstiger Histologie (diffuses Wachstum und/oder höherer Blastenanteil) korreliert

[b] meist „follicular large cell"-NHL [402]

Das Auftreten zusätzlicher Chromosomenanomalien (s. Tabelle 10.15) weist bei follikulären NHL meist auf ein fortgeschrittenes Stadium in der stufenweisen neoplastischen Evolution hin und kann mit aggressivem Wachstum, akzeleriertem klinischen Verlauf und/oder erhöhter Chemotherapieresistenz einhergehen [402].

Untersuchungen auf Proteinebene, d. h. der immunhistologische Nachweis des bcl-2 Proteins mittels poly- oder monoklonaler Antikörper demonstrierten eine Expression dieses Onkogens in NHL mit follikulärem Wachstumsmuster [279].

In der Studie von Ngan et al [279] zeigten 34 von 35 Fälle vom kleinzelligen oder gemischtzelligen Subtyp, sowie 3 von 6 Fällen vom großzelligen Subtyp „follikulärer" Lymphome eine positive Reaktion. Im Gegensatz dazu war in nur 13 von 46 Fällen von diffusem Typ, in 0 von 27 NHL anderer Histologie, in 0 von 20 Fällen reaktiver Lymphknotenhyperplasie und keinem untersuchten normalen Gewebe eine immunhistologische Demonstration von bcl-2 in den Keimzentrumsanteilen möglich [279].

In der Studie von Mason et al. [245] zeigten über 80% der follikulären Lymphome mit anti-bcl-2 eine Färbung der neoplastischen Keimzentren (etwas seltener war eine Positivität bei hohem Blastenanteil nachweisbar). Im normalen und reaktiven Lymphknoten waren die Keimzentren negativ. Gefärbt waren vor allem die Mantelzone und manche T-Lymphozyten.

10.5.3 Hämatologische Befunde und Organlokalisationen

Die Ergebnisse der Kieler-Studie sind in Abbildung 10.1 zusammengefaßt. *Anämien* oder *Thrombopenien* waren zur Zeit der Diagnosestellung selten. Die letzteren traten in erster Linie im Rahmen eines Hypersplenismus auf (Splenomegalie war in 40% der Patienten nachweisbar).

Eine *Vermehrung der Lymphozyten* lag in 14% der Patienten vor (Tabelle 10.4). In der Studie von Spiro et al. [350] war eine Lymphozytose von zumindest 5 G/l im Verlauf der Erkrankung bei 36% der Patienten mit „follikulären" NHL nachweisbar. Intermittierende Tumorzellenausschwemmungen kommen nicht selten vor (in verschiedenen Studien bei 4,5–23% der Patienten; [254]).

Hochleukämische Blutbilder sind selten (der höchste Wert in der Studie von Spiro et al. [350] betrug 30 G/l). In der leukämischen Phase „follikulärer Lymphome" können jedoch Blutlymphozytenwerte bis 220 G/l erreicht werden [30, 254]. Diese Leukämieform ist immer zytologisch durch intensive Ig-Expression, Positivität für FMC7 und meist CD10 charakterisiert. CD5 ist meist negativ.

Wie Spiro et al. [350] dokumentieren, ist die Prognose der leukämischen Variante nicht schlechter als die der übrigen Stadien IV der Erkrankung (Ausnahme: terminale Blastenschübe, die in 7% der follikulären NHL zur Beobachtung kamen). In der Studie von Melo [254] über 10 Patienten mit Lymphozytenzahlen von 45–220 G/l starb jedoch die Hälfte der Patienten in 3 Jahren. Bei zunächst häufig gutem Ansprechen auf Chemotherapien war die Remissionsdauer meist nur relativ kurz.

Der Nachweis von gekerbten Lymphozyten im peripheren Blut genügt zur Diagnose eines cb/cc NHL nicht, da auch bei B-CLL unregelmäßig geformte Lymphozyten („B2-Lymphozyten") ausgeschwemmt werden können [221]. Immunzytologisch ist dagegen die Differenzierung gewöhnlich eindeutig (z. B. [30, 177, 254]).

Häufig ist das *Knochenmark* in den Krankheitsprozeß einbezogen (zur Zeit der Diagnosestellung in 43% der Patienten; Abb. 10.1). Der Markbefall ist meist nodulär und „paratrabekulär" angeordnet.

Immunhistologisch war in 53% der Patienten mit cb/cc NHL ein Markbefall nachweisbar [364]. Es kommt dabei der typische Aufbau neoplastischer Follikel einschließlich dendritischer Retikulumzellen zur Darstellung.

Die wichtigsten *Organmanifestationen* sind (Abb. 10.1): ein Lymphknotenbefall (fehlend nur in 5% der Studien-Patienten) und eine Beteiligung der Leber (1/4 der Patienten). Lokalisiert extralymphatische Manifestationen sind selten (5% der Patienten).

In der internationalen Studie [320] war bei „follicular small cell" und „follicular mixed" (FSC, FM) – Lymphomen ein ausschließlich nodaler Befall in 83% und 79% nachweisbar (bei FLC betrug dieser Anteil 68%). Häufigste extranodale Manifestationen waren bei *FSC* und FM das Knochenmark (5 bzw. 28%) und die Leber (20 bzw. 9%). Ähnlich waren die Organbefallsmuster bei FLC.

Typische Keimzentrums-NHL können in seltenen Fällen eine plasmozytische Differenzierung zeigen, die sich häufiger beim diffusen als beim follikulären Typ findet [8a, 23, 221, 222, 334]. Es handelt sich um Grenzfälle zwischen cb/cc und Immunozytomen. Von der Rappaport-Arbeitsgruppe wurde eine seltene Variante nodulärer Lymphome mit Siegelringzellen (Signet Ring cell lymphoma) beschrieben ([202]; s. auch [222]). Zu Siegelringzell-NHL vom T-Zelltyp s. [222].

10.5.4 Immunologische Befunde

Immunglobulinmangelzustände sind beim cb/cc NHL etwas seltener als bei der B-CLL oder beim Immunozytom (Verminderungen von IgM in 11%, von IgA oder IgG in 19%; [24]). M-Gradienten wurden in 4% der Patienten gefunden [43].

10.5.5 Prognosefaktoren

Die mediane Überlebensdauer bei cb/cc NHL liegt um 5, nach anderen Studien um 9 Jahre (Abb. 10.7; [8a, 9a, 232]).

Die NHL-PCP Ergebnisse (Tabelle 10.2) zeigten eine mediane Überlebensdauer bei der kleinzelligen Form follikulärer Lymphome (FSC) von 7,2 Jahren, beim Mischtyp (FM) von 5,1 und bei der großzelligen Variante (FLC) von 3 Jahren.

a) Histologie

Ein noduläres (follikuläres) gegenüber dem diffusen Wachstumsmuster kann als prognostisch günstiges Zeichen angesehen werden [8a, 221, 269, 313, 320 u. a.]. Die letztere Auswertung zeigte in einer Multivarianzanalyse neuerlich, daß die „Nodularität" einen vom Zelltyp unabhängigen hochsignifikanten Prognoseparameter darstellt.

In der Kieler Auswertung zeigten die Patienten mit cb/cc NHL und ausschließlich diffusem Wachstumsmuster (9% der Patienten) ebenfalls eine kürzere Überlebensdauer als die Patienten mit follikulärer (oder follikulärer und diffuser) Ausbreitung. Da diese diffusen cb/cc NHL jedoch nur eine vergleichsweise kleine Gruppe darstellten, waren die Unterschiede statistisch nicht zu sichern.

Über den Einfluß des Zelltyps auf die Prognose „follikulärer" NHL besteht keine einheitliche Meinung. Vielfach wird der „großzellige" Subtyp (FL) den NHL intermediärer Malignität zugeordnet ([320]; s. auch [138]). Nach Studien vor allem aus USA zeigte der FM-Subtyp in bis zur Hälfte der Fälle nach Chemotherapie stabile Remissionen, Ergebnisse, die für andere „follikuläre" NHL ungewöhnlich sind (Übersicht bei [8a]). Die deutlich bessere Prognose des FM-Subtyps war in anderen Studien jedoch nicht reproduzierbar (z. B. [9a, 138a, 220]).

In einer multizentrischen Studie aus USA wurde gezeigt, daß die Abgrenzung der drei Subtypen nodulärer NHL häufig schwierig reproduzierbar ist, mittels der Berard-Zählmethode jedoch prognostische Untergruppen erfaßbar sind [240, 273].

Eine günstigere Prognose wird für follikuläre Lymphome mit deutlicher Sklerosierung beschrieben [8a, 29, 81, 221].

b) Klinik und Laboratoriumsbefunde

Prognosefaktoren, die in der Multivarianzanalyse signifikant waren, wurden in der Kieler-Studie definiert (Abb. 10.10; [44]). Signifikant waren (in der Reihenfolge ihrer Bedeutung) eine LDH-Erhöhung (>240 U/l), fortgeschrittenes Alter und ein eingeschränkter Allgemeinzustand (Karnofsky-Index <70%).

Andere Studien zeigten, daß bei NHL „vorteilhafter" Histologien eine LDH-Erhöhung, große abdominelle Lymphome, fortgeschrittenes Alter und eingeschränktes Allgemeinbefinden prognostisch ungünstig sind [8a, 9a, 138]).

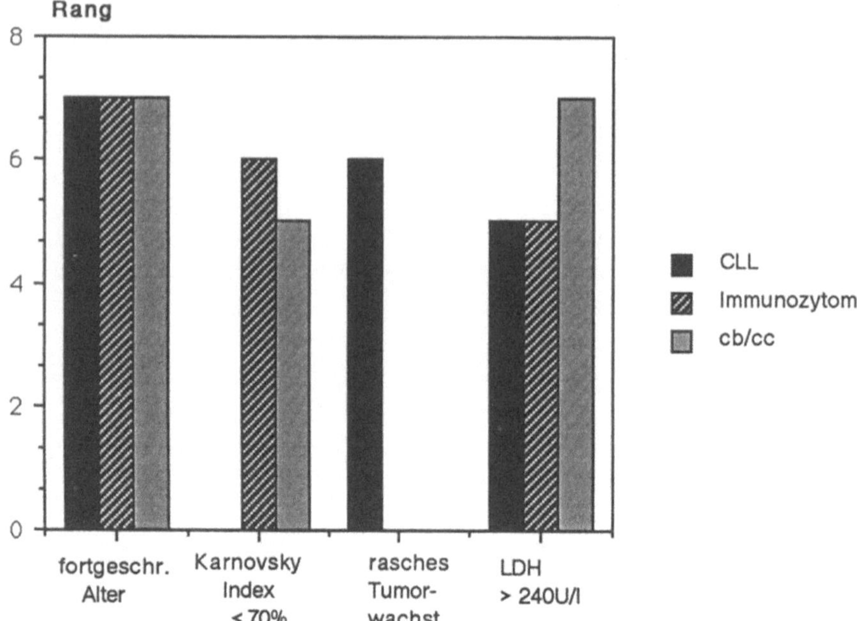

Abb. 10.10. Wertigkeit prognostisch relevanter Risikofaktoren bei B-CLL, cb/cc NHL und LP Immunozytom [44]

Der unabhängig von den histologischen Subtypen hochsignifikante Prognosefaktor Krankheitsstadium (z. B. [8a, 9a, 138, 320]) war in der Kieler-Studie nur an der Grenze der Signifikanz (Abb. 10.7). Der statistisch gesicherte Einfluß des Erreichens einer Remission auf die Überlebensdauer geht aus Abbildung 10.11 hervor (s. a. [8a, 9a, 232]).

10.5.6 Chromosomenbefunde

Charakteristisch ist das Vorhandensein einer Translokation zwischen Chromosom 14 (Bande q32) und 18 (Bande q21). Bei NHL mit diffusem Wachstumsmuster dürfte t(14;18) die Zuordnung zu Keimzentrumstumoren erleichtern.

Häufig sind bei follikulären NHL weitere Chromosomenaberrationen nachweisbar (Tabelle 10.15). Diese sind z. T. Hinweis auf eine Malignitätssteigerung [18, 227, 402].

Zusätzliche zytogenetische Veränderungen können das Chromosom 3 (wie +3), 6 (Deletionen am langen Arm; z. B. q21 oder q15), 7(+7, +7q), 17(Isochrom 17q) und andere betreffen. Auch am Chromosom 1 kommen verschiedene, wohl sekundäre Veränderungen vor. In vielen Fällen werden sehr komplexe Karyotypen gefunden wie z. B. in wiederholt behandelten NHL oder solchen mit einem hohen Anteil blastenartiger Zellen.

t(14;18) gehört nach Zech neben einer Trisomie 3 oder einem Isochromosom 17 (17q) zu den prognostisch günstigen (s. jedoch [227]; Tabelle 10.15), eine Trisomie 7 oder Ver-

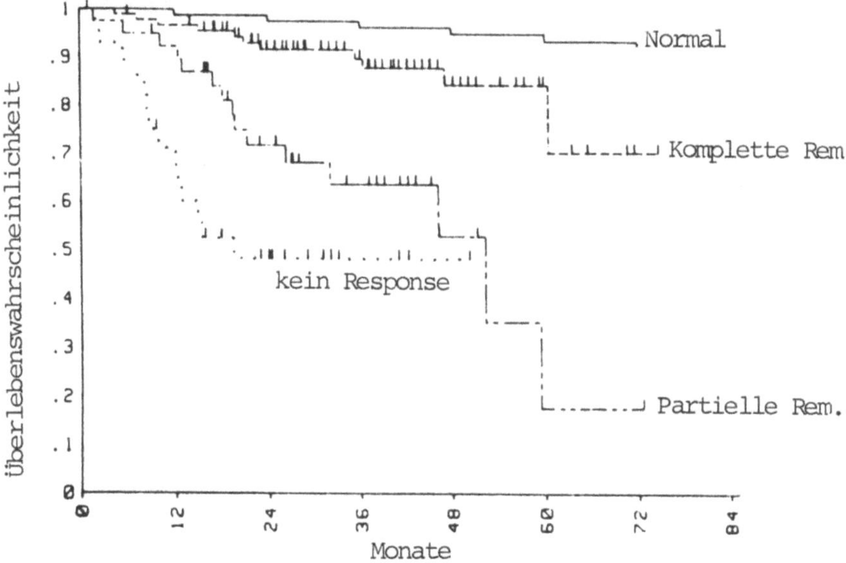

Abb. 10.11. Kumulatives Überleben von Patienten mit cb/cc NHL in Abhängigkeit des Therapieerfolges [13]

dopplungen des langen Armes von Chromosom 1 dagegen zu den ungünstigen Prognosefaktoren. Deletionen am Chromosom 13 (13q23) war mit einem leukämischen Verlauf assoziiert; [402]).

10.5.7 Transformation in hochmaligne Lymphome

Der Übergang in ein hochmalignes Lymphom ist bei cb/cc NHL bei mindestens 1/5 der Patienten zu beobachten (z. B. [9a]). Nach Ergebnissen aus Stanford [319] war bei 50% der Patienten mit „follikulären" NHL, bei denen innerhalb von 5–10 Jahren eine Rebiopsie notwendig war und durchgeführt wurde, eine Transformation in einen „aggressiven histologischen Subtyp" nachweisbar. Nach den Befunden der Galton'schen-Arbeitsgruppe war bei 22% ihrer 75 Patienten mit „follikulären" NHL eine Tumorzelltransformation mit Übergang in einen meist rasch progredienten Krankheitsverlauf zu beobachten [350]).

Von diesen 12 Patienten zeigten 7 eine „sarkomatöse" Transformation im Lymphomgewebe und 5 den Übergang in eine „Blastenleukämie". Ein solcher Übergang wurde 1–13,5 Jahre nach Diagnosestellung beobachtet. Im Autopsiematerial von Lennert [221] war bei 44% eine Transformation in ein hochmalignes Lymphom zu beobachten. Es handelte sich dann um zentro- oder immunoblastische NHL, in Einzelfällen um hochgradig anaplastische Tumoren.

10.6 Zentrozytisches Non-Hodgkin-Lymphom (cc NHL)

Dieses NHL wurde von der Lennert-Arbeitsgruppe erstmals charakterisiert (Übersicht bei [221, 222]) und von anderen Keimzentrumslymphomen sowie von lymphozytischen NHL abgegrenzt. Dabei wird ein kleinzelliger und großzelliger Subtyp unterschieden (62 bzw. 38% der Patienten von Brittinger et al. [43]). Zu beachten ist, daß das großzellige cc NHL in der aktualisierten Kiel-Klassifikation zu den hochmalignen NHL vom cb-Subtyp gezählt wird („centrocytoid cb NHL" [222]). Die Entität macht 5–10% der NHL aus [222, 307a, 382].

Diese Entität kommt in der ursprünglichen Working Formulation als eigene Entität nicht vor (z. B. [191]).

Die kleinzellige Variante wurde als NHL der „diffuse small cleaved cells" (DSC) bezeichnet (6,9% der NHL; Tabelle 10.2), der Rest findet sich bei den „großzelligen" Formen (Tabelle 10.3). Die Rappaport-Arbeitsgruppe beschreibt eine vergleichbare Entität als „intermediate lymphocytic lymphoma" (8,4% aller Non-Hodgkin-Lymphome; [30, 191, 382, 384, 385]). Das cc NHL ist diesem intermediären Lymphom ähnlich [222, 299] und nach Jaffe in den molekulargenetischen Befunden ident [191, 307a]. Derzeit wird dieses intermediäre NHL auch als Mantelzellymphom bezeichnet [191, 299].

Das von Weisenburger et al. beschriebene „Mantelzell"-NHL [383, 389] zeigt ein meist noduläres Wachstum und einen günstigeren Verlauf.

In der zusammenfassenden Darstellung von Lennert und Feller [222] war in 46% der cc Lymphome eine Nodularität nachweisbar, häufig jedoch nodulär und diffus nebeneinander. Ein „Mantelzonenbild" (bandförmiges Wachstum der Tumorzellen und reaktive „polyklonale" Keimzentren (oder ihre Reste) war in 43% nachweisbar, vor allem bei nodulärem Wachstum.

10.6.1 Zytologie, Zytochemie und Immunphänotyp der Tumorzelle

Die Tumorzellen sind meist von mittlerer Zellgröße (Abb. 10.12). Der Kern zeigt eine mehr oder weniger deutliche Einkerbung (typische cleaved cells machen meist weniger als 20% der lymphoiden Zellen aus; [382]). Das Kernchromatin ist mäßig dicht, meist lockerer als bei B-CLL und die Kontur häufig unregelmäßig. Oft ist einer, manchmal auch zwei oder mehrere deutliche Nukleolen nachweisbar. Der Zytoplasmasaum ist meist schmal und von nur geringer Basophilie. In zytologischen Präparaten aus Knochenmark oder Lymphknoten findet sich daneben auch eine kleine Zahl unreifer lymphatischer Zellen, die jedoch gewöhnlich unter 5% der Gesamtlymphozyten ausmachen. Die Zellen sind PAS-negativ, sie können eine zarte bis mäßig positive granuläre Reaktion für saure Phosphatase geben [221].

Die Positivität der Tumorzellen für alkalische Phosphatase, die bei „Mantelzonenlymphomen" gefunden werden kann [383, 389], wurde auch bei manchen Fällen von B-CLL, ic, cb/cc oder auch hochmalignen Lymphomen beobachtet [222]. Insgesamt zeigen etwa 50% dieser NHL eine Membranpositivität für alkalische Phosphatase [8a], wie sie an Follikelmantelzellen gefunden werden kann (Übersicht bei [307a]).

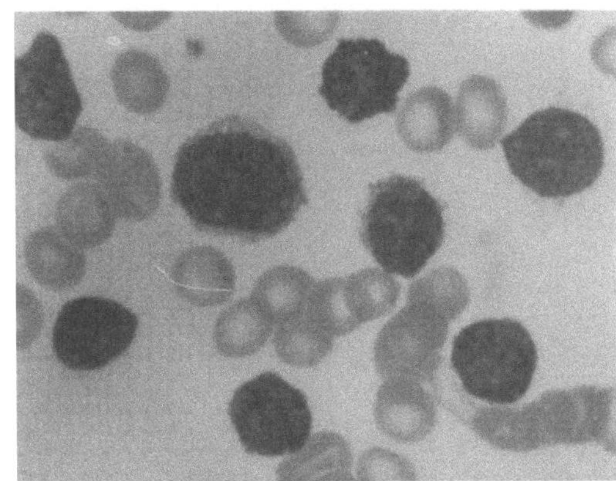

Abb. 10.12. Lymphomzellen im Blutausstrich bei zentrozytischem Non-Hodgkin-Lymphom (großzellige Form)

Die im Biopsiematerial ausgewertete Mitoserate zeigt starke individuelle Unterschiede. Patienten mit einer Mitoserate bis 5 pro 10 Gesichtsfelder („high power field“) zeigten in einer retrospektiven Studie eine günstigere Prognose als jene mit einer Rate über 20, die Gruppe zwischen diesen Werten eine intermediäre Prognose [382]. Bei der Auswertung der Wachstumsfaktoren mit dem Ki67-Antikörper betrug die Positivität 5–50% (Mittelwert etwa 20%; [222]). Bei hoher Mitosezahl oder hoher Ki67-Positivität ist die Prognose schlechter als bei niedrigen Werten ([191, 222]; dort weiterführende Literatur).

Immunzytologie. Die Tumorzellen sind CD5 (Leu-1) positiv und exprimieren eine Reihe von B-Zellantigenen (CD19–CD22), cALL-Antigen (CD10) ist meist negativ (Tabelle 10.10). sIg sind nachweisbar, wobei es sich meist um μ und δ-Ketten handelt. Das cc NHL ist der einzige Subtyp, bei dem membrangebundene λ- häufiger als $\varkappa$-Ketten sind [307a, 354].

Immunzytologisch besteht eine enge Verwandtschaft zur B-CLL. Allerdings sind cc NHL im Gegensatz zur CLL CD23 meist negativ [177, 354, 404]. Im Gegensatz zur B-CLL sind beim cc Lymphom die Tumorzellen meist ICAM-1 (CD54) positiv [180]. Bei diesem Lymphom sind regelmäßig, bei der CLL jedoch nur sehr selten DRC nachweisbar. Um begleitende DRC festzustellen, sind zur Diagnose dieses NHL somit Schnittpräparate aus befallenem Gewebe (Lymphknoten, Knochenmark) notwendig.

Je zahlreicher DRC (immunhistologischer Nachweis z. B. mit Ki-M4b), desto eher ist ein follikuläres Tumorwachstum nachweisbar ([354]; eigene Beobachtungen). Im Zweifelsfall hilft auch die zusätzliche Anfärbung mit dem CD6-Antikörper, der sonst in erster Linie T-Lymphozyten erfaßt. Die Mehrzahl der cc NHL sind positiv.

Als physiologisches Korrelat der Tumorzelle bei cc NHL kann eine Subpopulation CD5 positiver B-Lymphozyten aus dem primitiven Lymphfollikel der Fetalzeit angesehen werden. Sie ist dem CLL--Äquivalent ähnlich, unterscheidet sich von der CLL aber in ihren Reaktionen mit CD6 (positiv) und CD23 (negativ; [36]).

10.6.2 Hämatologische Befunde und Organlokalisationen

Die Ergebnisse der Kieler Studie sind in Abbildung 10.13 zusammengefaßt. Im Blutbild findet sich häufig eine *Anämie* leichten Grades (während ausge-

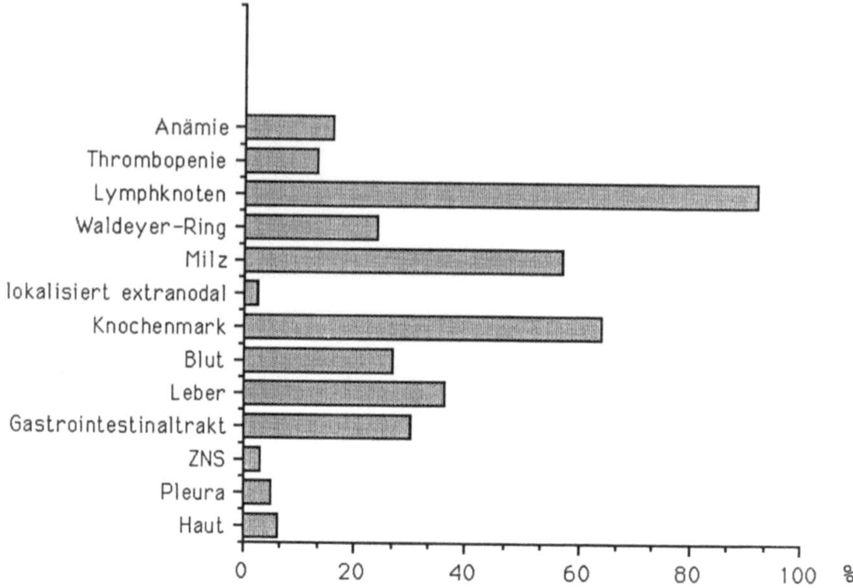

Abb. 10.13. Organmanifestation zum Diagnosezeitpunkt bei zentrozytischem NHL [43]

prägtere Anämien nur bei 16% der Patienten vorkamen; [43]). *Thrombopenien* wurden in 13% gefunden. Sie können im Rahmen eines Hypersplenismus (*Splenomegalien* lagen in 57% der Fälle vor) oder einer ausgeprägten Markinfiltration mit Lymphomzellen vorkommen. Im weißen Blutbild lassen sich Vermehrungen der lymphatischen Zellen zur Zeit der Diagnosestellung in etwa einem Viertel der Patienten nachweisen (Tabelle 10.4). Eine kleine Zahl von Zentrozyten wird im peripheren Blut bei den meisten Patienten gefunden [222]. Atypische Prolymphozyten können vorkommen (z. B. [307a, 384]).

In einer internationalen Studie über chronisch-lymphatische Leukämien wurde die leukämische Verlaufsform des cc NHL als intermediäres oder Mantelzonen-NHL charakterisiert. Diese Daten finden sich bei Bennett et al. [30] und Pombo de Oliveira et al. [299]).

Die wichtigsten *Organmanifestationen* sind (Abb. 10.13) ein Lymphknotenbefall (92%), eine Beteiligung des Knochenmarkes (64%), der Milz (57%), der Leber (36%) oder des Gastrointestinaltraktes (30%). Eine lokalisiert extralymphatische Manifestation findet sich in lediglich 5% der Patienten.

In der internationalen Studie [320] war bei der Entität DSC ein ausschließlicher Lymphknotenbefall in nur 41% der Fälle nachweisbar. Häufigste extranodale Manifestationen waren Waldeyer-Ring (32%), Knochenmark (23%), Milz (19%), Leber (19%), Gastrointestinaltrakt (15%) und Haut (13%). NHL mit ausgeprägter Splenomegalie (und nur diskreten Lymphomen) gehören häufig zur Entität DSC. Unter 31 NHL-Fällen mit ausgeprägter Splenomegalie lag in 61% die Histologie der DSC vor [268]. Ähnliches gilt für das „Mantelzonen"-NHL. Fast immer gleichzeitig (z. B. in 15 von 16 Fällen von Narang et al. [268]) war eine Knochenmarkbeteiligung nachweisbar. Zum Teil ist sie jedoch nur diskret [268].

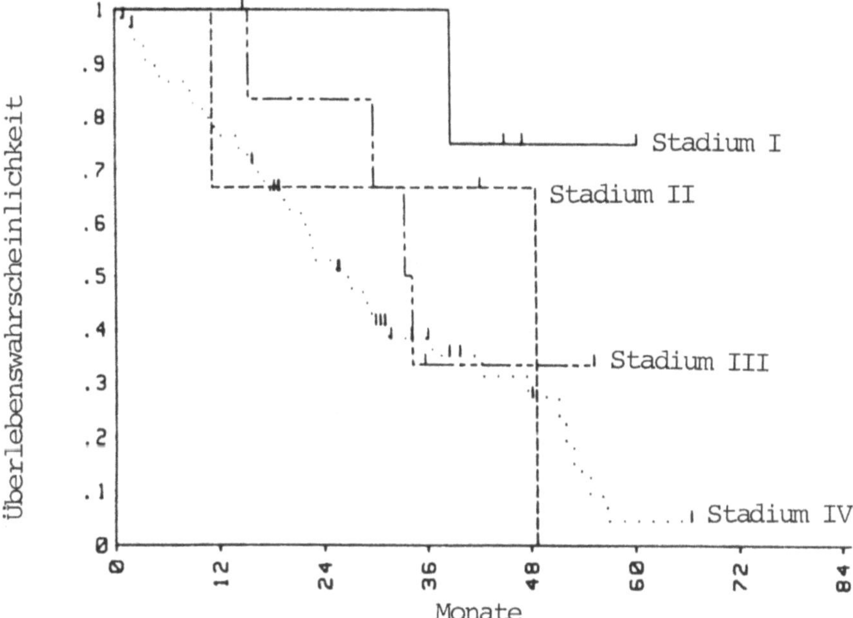

Abb. 10.14. Stadienabhängiges Überleben bei Patienten mit zentrozytischem NHL [43]

Immunglobulindefekte und monoklonale Gammopathien

Störungen der humoralen Immunität sind häufig (eine Verminderung von IgA fand sich in 29%, von IgM in 24% und von IgG in 19% der Fälle von König et al. [210]. M-Gradienten (vor allem vom IgM-Typ) kommen in 7% der Patienten vor [43]. Autoimmunphänomene sind selten (z. B. positiver AHG-Test in 2% der Patienten).

10.6.3 Prognosefaktoren

Die aktualisierten Überlebenskurven der Patienten mit cc NHL der Kieler Studie gehen aus Abbildung 10.14 hervor. Ungünstige Prognosefaktoren waren nach den Ergebnissen dieser Studie ein fortgeschrittenes Stadium (Stadium III/IV, vorliegend in 89% der Patienten), initial rasches Lymphknotenwachstum (in 47% der Patienten), ein schlechter Allgemeinzustand (Karnofksy-Index <70%), eine Beteiligung der Leber (in 36% der Fälle) und eine erhöhte LDH [43]. Ein wichtiger Prognosefaktor war vor allem auch der Therapieeffekt (komplette und partielle Remissionen).

In retrospektiven Analysen aus dem angloamerikanischen Bereich bei wahrscheinlich vergleichbaren Entitäten wurde eine mediane Überlebensdauer von unter 24 Monaten (bei leukämischem Verlauf; [299]), 31 Monaten [382] bis über 7 Jahren [191] dokumentiert.

Nach den Ergebnissen der Kieler-Lymphomstudie betrug die mediane Überlebensdauer – je nach Therapie – 32 bis 37 Monate. Weniger als 10% der Patienten überlebten 5 Jahre.

In der Multivarianzanalyse der Brittinger'schen Studie [44] waren ein fortgeschrittenes Alter und ein Stadium III–IV unabhängige negative Prognosefaktoren. Ungünstig war die Prognose auch bei leukämischen Verlaufsformen (s. Kap. 10.6.5).

10.6.4 Chromosomenbefunde

Die „genetische Instabilität" dieses NHL zeigt sich im hohen Anteil von Patienten mit klonalen chromosomalen Abweichungen (in 10 von 12 Fällen mit DSC von Weisenburger et al. [384, 385]).

Die für „follikuläre" NHL typische t(14;18) ist jedoch ungewöhnlich. Charakteristische chromosomale Aberrationen betrafen nach der Studie von Weißenburger et al. [384, 385], vor allem das Chromosom 11 (um die Bande 11q13) und eventuell 12 (Trisomien und Translokationen in Einbeziehung der Bande q23). Die charakteristische chromosomale Aberration ist die Translokation t(11;14) (q13; q32). Dadurch (Übersicht bei [307a]) kommt es zur Juxtaposition des postulierten Oncogens bcl-1 an die Ig-Schwerketten J-Region. Die Translokation führt zur Rearrangierung von bcl-1.

Unter 77 Patienten mit cc und deren Äquivalenten zeigten 38 Fälle (49%) im Lymphomgewebe eine solche Veränderung. Da auch andere Bruchstellen am bcl-1 Gen vorkommen können, dürfte bcl-1 in einem noch größeren Teil der cc NHL beteiligt sein. Sie kommt dagegen nur in 6% von 203 Fällen von CLL oder anderen lymphozytischen Lymphomen vor [307a]. Sie wurde jedoch auch in etwa 20% der B-CLL beobachtet [307a].

Kürzlich wurde am Chromosom 11q13 das „Parathyroid Adenomatose 1 Gen" (PRAD1) identifiziert, welches Homologien zu Cyclinen zeigt (weiterführende Literatur bei [307a]), die als Regulatoren des Zellzyklus von Bedeutung sind.

10.6.5 Leukämische Verlaufsform und Transformation in hochmaligne Lymphome

Die Lymphosarkomzell-Leukämie stellt die leukämische Verlaufsform des cc NHL dar [221]. Etwa 10–25% der cc NHL zeigen ein deutlich leukämisches Blutbild [221, 222], wobei die Werte selten über 50 G/l liegen [299].

Die Prognose ist – bei der kleinzelligen Variante – vielfach ähnlich jener der übrigen Patienten im Stadium IV ([129]; siehe auch [121, 382, 384, 385]). Eine britische Studie definierte ein vergleichbares Krankheitsbild als Leukämie des „Mantelzonen-(intermediären) Lymphoms" mit Blutleukozyten von 26 bis 269 G/l und einer medianen Überlebensdauer von unter 2 Jahren [299].

Im Terminalstadium kommen nicht selten Transformationen in die „anaplastische Variante" vor [221]. Die Zellen zeigen größere Kerne, eine zarte Chromatinstruktur und eine höhere Mitoserate [191]. Dieser Übergang kann auch mit der leukämischen Ausschwemmung solcher Zellen einhergehen. Übergänge in cb Lymphome waren sehr selten, ib NHL wurden von Lennert und Feller [222] nie beobachtet.

10.6.6 Abgrenzung gegenüber mukosa-assoziierten B-Zell NHL

Die Lymphome des mukosa-assoziierten lymphatischen Gewebes (MALT) enthalten zentrozyten-ähnliche Tumorzellen neben (reaktiven) Plasmazellen und Lymphfollikeln. Charakteristisch sind lymphoepitheliale Läsionen. Primäre NHL dieser Zellen kommen im Gastrointestinaltrakt (vor allem Magen, Dickdarm/Rektum), Speicheldrüsen, Schilddrüse und der Lunge vor [5, 8a, 12, 186, 222, 343, 386 u. a.]. Andererseits sind echte cc NHL im Dickdarm als maligne lymphomatöse Polypose gut dokumentiert und von MALT-Lymphomen abzugrenzen [83, 343].

Die letzteren unterschieden sich klinisch durch die Tendenz zum zunächst bevorzugten lokalen Wachstum, pathohistologisch u. a. durch häufige gleichzeitige lympho-epitheliale Läsionen und immunphänotypisch durch Negativität für CD5 von cc NHL (Übersicht bei [186, 343]). Nach dem Anteil von Blasten wird eine Unterscheidung von niedrig- und hochmalignen Tumoren (letztere mit über 20% blastenähnlichen Zellen) vorgeschlagen, die auch von klinischer Relevanz sein dürfte [343]. Die MALT-Lymphome stehen morphologisch den „monozytoid“ B-Zell-Lymphomen sehr nahe (weiterführende Literatur und Immunhistochemie bei [222, 260]).

Prälymphome vom MALT-Typ kommen vor und sind vor allem bei Sjögren-Syndromen in der Speicheldrüse gut dokumentiert [222, 333]. Die früher diagnostizierten Pseudolymphome können meist einem vollentwickelten MALT-Lymphom zugeordnet werden, wobei eine Monoklonalität wegen des häufig reichlichen Gehaltes an reaktiven Plasmazellen und Lymphfollikeln manchmal schwierig faßbar ist.

Etwa 70% aller primären pulmonalen Lymphome (und die Pseudolymphome) können MALT-Lymphomen zugeordnet werden [5]. Der Rest ist heterogen und schließt andere niedrigmaligne NHL, aggressive großzellige Lymphome und diffuse Erkrankungen wie die prognostisch ernste lymphomatoide Granulomatose sowie die lymphoide interstitielle Pneumonie ein [8a]. Bei der lymphoiden interstitiellen Pneumonie gehören ebenfalls viele Fälle dieser Lymphomentität an [5, 168 u. a.].

Bei anderen Patienten handelt es sich um wahrscheinlich entzündliche Erkrankungen. Der Nachweis einer Monoklonalität sollte daher zumindest in zweifelhaften Fällen angestrebt werden.

10.7 Zentroblastische und immunoblastsiche Non-Hodgkin-Lymphome (cb, ib NHL)

Diese beiden Entitäten machen 13,9 bzw. 7,4% aller NHL der Kieler-Studie aus (Tabelle 10.1). Sie entsprechen etwa 2/3 aller hochmalignen NHL. Sogar bei Einschluß immunologischer Methoden in die Diagnostik war in vielen Fällen eine Differenzierung zwischen cb und ib NHL schwierig [354]. Eine Zusammenfassung der beiden Entitäten ist auch wegen der sehr ähnlichen klinischen Verläufe gerechtfertigt.

In der WF-Studie machten die „diffusen großzelligen“ NHL (diffuse large cell = DL) 19,4%, die immunoblastischen NHL (IBL) 7,9% aller Non-Hodgkin-Lymphome aus (Tabelle 10.2).

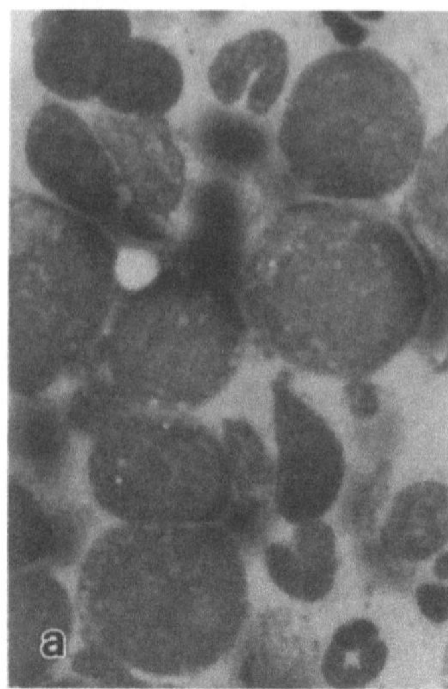

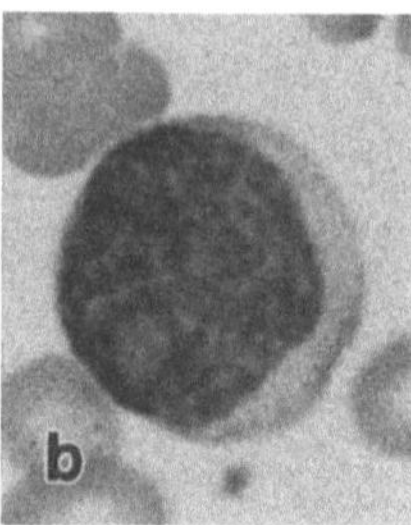

Abb. 10.15a, b. Zentroblasten (**a**) im Knochenmark und (**b**) im Blut eines Patienten mit zentroblastischem NHL. Nukleolen liegen nahe der Kernmembran

Die Entität DL schließt jedoch neben dem cb auch das großzellig diffuse cb/cc und das großzellige cc ein. Die Entität IBL andererseits inkludiert u. a. auch manche periphere T-Zell-Lymphome (z. B. T-immunoblastisches NHL; [8a, 237]). Auch bei dieser weitergesteckten Definition „großzelliger" und immunoblastischer NHL war bei beiden Entitäten das mediane Überleben, der Prozentsatz kompletter Remissionen und die 5-Jahresüberlebensrate sehr ähnlich (Tabelle 10.2). Die Entität DL wurde jedoch nach den Malignitätskriterien als intermediär, das IBL als hochmaligen eingestuft.

10.7.1 Zytologie, Zytochemie und Immunphänotyp der Tumorzellen

a) Zentroblasten

Sie sind mittelgroße bis große, basophile Zellen mit rundem bis leicht ovalem Kern und einer vorwiegend feinen Chromatinstruktur (Abb. 10.15). Die Kerne enthalten vielfach einige bis mehrere deutlich sichtbare Nukleolen. Sie sind typischerweise nahe an der Kernmembran gelegen. Das mäßig bis deutlich ausgebildete Zytoplasma ist basophil. In Tupfpräparaten aus Lymphknotenbiopsien sieht man neben den Zentroblasten auch häufig zentrozytenähnliche Zellen und auch Immunoblasten.

Eine einheitliche Proliferation von Zentroblasten wird als monomorpher Subtyp (18% der cb), Lymphome mit Zentro- und Immunoblasten als polymorpher Subtyp (49%) bezeichnet. 20% entsprechen dem „zentrozytoiden", 12,5% dem „gelapptkernigen (multilobulierten)" Subtyp [222]. Der monomorphe Subtyp war von günstigerer Prognose als die polymorphen und zentrozytischen Subtypen [43, 222].

Zytochemisch sind die Zellen meist feingranuliert PAS-positiv (gelegentlich können globuläre PAS-positive Einlagerungen im Zytoplasma gefunden werden). Eine schwach positive Reaktion der sauren Phosphatase ist nicht ungewöhnlich. Die unspezifische Esterase ist negativ (Übersicht bei [221]).

Immunhistochemisch sind die Tumorzellen bei cb NHL in 60–70% an ihrer Oberfläche Ig-positiv. Im Schnittpräparat sind dendritische Retikulumzellen in weniger als der Hälfte der Fälle nachweisbar. Konstant exprimiert werden HLA-DR Antigene (die jedoch auch bei NHL „aktivierter" T-Lymphozyten häufig positiv sind). Fast immer ist der B-Zellmarker CD22 (To15), seltener CD24 (VIB-C5, OKT2) positiv (in 9 der 23 Fälle von Stein et al. [354]). Insgesamt ist allerdings die Differentialdiagnose von ib und cb immunzytologisch häufig nicht möglich. Die Methode dient vor allem zur Abgrenzung von hochmalignen T-Zell-NHL (s. Kap. 10.10.1) und anderen großzelligen Lymphomen. In etwa 25% besteht eine Positivität für CD10, in etwa 10% für CD5. Ki67 wird von 25–80% (Mittelwert 50%) der Tumorzellen exprimiert [222].

b) Immunoblasten

Es handelt sich um große Blasten, die ein deutlich basophiles Zytoplasma zeigen; es ist stärker basophil als bei Zentroblasten. Der Kern ist rund bis oval, häufig werden große, meist zentral gelegene Nukleolen sichtbar (Abb. 10.16). Gelegentlich sind im Zytoplasma mehrere bis zahlreiche Vakuolen nachweisbar (in diesen Fällen ergibt sich die Differentialdiagnose gegenüber Tumorzellen vom Burkitt-Typ, wobei jedoch die Lymphomzellen der letzteren Erkrankung kleiner sind). Neben den ausgeprägt blastenähnlichen Zellen sind häufig auch kleinere Zellen vorhanden, die an junge oder auch ausreifende Plasmazellen erinnern (Übersicht bei [221, 222]).

Im Biopsiegewebe findet sich bei ib NHL auch häufig eine größere Zahl von Makrophagen. In der Auswertung von Lennert waren in 61% der Fälle Makrophagen reichlich. In 1/4 der Fälle waren zusätzlich auch Epitheloidzellen (als Makrophagenabkömmlinge) nachweisbar. Bei starkem Polymorphismus der Tumorzellen mit multinukleären und „hyperlobulären" Kernen sollte auch an das Vorliegen eines „T-immunoblastischen NHL" gedacht werden (s. Kap. 10.10.1).

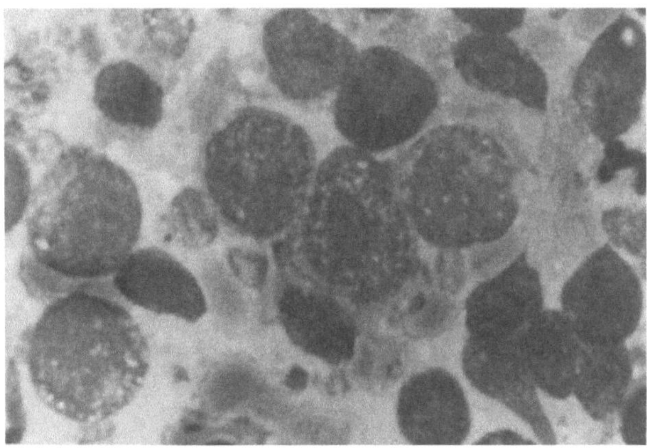

Abb. 10.16. Tumorzellen bei immunoblastischem NHL

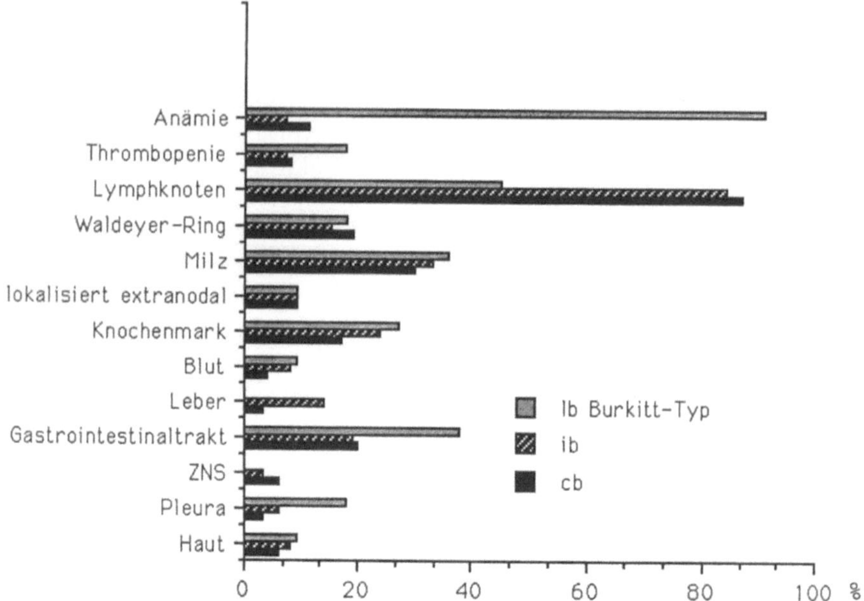

Abb. 10.17. Organimanifestation zum Diagnosezeitpunkt bei lymphoblastischem (Burkitt-Typ), immunoblastischem und zentroblastischem NHL (nach [43])

Zytochemisch finden sich in den Tumorzellen häufig PAS-positive Einlagerungen (in mehr als 50% der Biopsien). Sie entsprechen in erster Linie Ig-Ablagerungen und kommen am deutlichsten in Schnittpräparaten zur Darstellung. In der sauren Phosphatasereaktion zeigt ein kleiner bis größerer Anteil der Zellen zytoplasmatische Granula. Die Reaktion auf unspezifische Esterase ist in Tumorzellen negativ, begleitende Makrophagen können deutlich positive Reaktionen zeigen.

Eine intensive Begleitreaktion mit Makrophagen spricht für das Vorliegen eines ib NHL (es wurde gezeigt, daß ib gegenüber cb NHL im Mittel mehr als die 3fache Makrophagenzahl aufweisen [217]). Die hohe Malignität dieser NHL läßt sich durch gleichzeitige Bestimmung der Proliferationsaktivität mittels des Ki67-Antikörpers erfassen.

10.7.2 Hämatologische Befunde und Organlokalisationen

Die Ergebnisse der Kieler-Studie sind in Abbildung 10.17 zusammengefaßt. Schwere, meist normochrome *Anämien* und *Thrombopenien* sind zur Zeit der Diagnosestellung selten (unter 10%). Ein (meist diskret) *leukämisches Blutbild* ist zur Zeit der Diagnosestellung ebenfalls ungewöhnlich. *Verminderungen von Immunglobulinen* waren vor allem beim ib NHL nicht ungewöhnlich. Eine Hypogammaglobulinämie (0,7 g/dl und niedriger) war bei 20% der ib und 7% der cb NHL nachweisbar. *M-Gradienten* wurden in 13% der ib und 8% der cb NHL festgestellt [43].

Ein *Knochenmarkbefall* wird in 17% der cb und 24% der ib NHL gefunden.

Wichtige *weitere Organmanifestationen* (Abb. 10.17) bei ib bzw. cb NHL sind ein Befall der Lymphknoten (84 und 87%), der Milz (33 und 30%) und des Gastrointestinaltraktes (19 und 20%).

In der internationalen Studie [320] wurde bei den Entitäten DL und IBL ein ausschließlich nodaler Befall in 42% bzw. 52% festgestellt. Häufigste *extranodale Manifestationen* waren (jeweils für DL und IBL) der Gastrointestinaltrakt (22% bzw. 34%), der Waldeyer-Ring (14% bzw. 14%), die Milz (12% bzw. 19%) und die Leber (11% bzw. 12%).

10.7.3 Prognosefaktoren

Wichtigste Prognosefaktoren sind Krankheitsstadium (und weitere Parameter der Tumormasse), Therapieeffekte (Zeitpunkt bis zum Erreichen einer kompletten Remission), Allgemeinzustand, B-Symptomatik, Alter, LDH im Serum und histologischer Subtyp (cb/ib gegenüber lymphoblastisch und Burkitt-Typ).

Workshop-Daten dazu wurden zusammenfassend dargestellt [81a]. In der multizentrischen deutschen Studie unter Verwendung von COPBLAM/IMVP-16 wurde die Überlebenswahrscheinlichkeit (Multivarianzanalyse) positiv von der Raschheit des Erreichens einer kompletten Remission (nach 3 Zyklen), negativ vom Vorliegen eines Karnofsky Index < 70%, höherem Alter, einer LDH > 240 U/l und einer B-Symptomatik beeinflußt [106].

a) Stadium

Nach der Kieler-Studie war die Überlebenszeit von Patienten mit cb und ib NHL im Stadium I signifikant günstiger als in den Stadien III und IV (p <0,01; [43]). Die Stadien II/2 ähnelten nach dieser Studie in der Prognose dem fortgeschrittenen Befall.

Der Einfluß des Stadiums auf den Krankheitsverlauf „großzelliger" NHL geht z. B. auch aus den Studien von Fisher [110], von Stewart et al. [355] sowie einer Konferenz über Prognosekriterien [81a] hervor.

b) Allgemeinsymptome

In der Kieler-Studie stellte eine B-Symptomatik keinen von anderen Risikofaktoren unabhängigen Prognoseparameter dar [44]. Dagegen war sie in der Studie von Fisher et al. [111] und von Armitage et al. [17] ein Risikofaktor von signifikantem Einfluß.

Nach der letzten Studie lag der Anteil kompletter Remissionen (unter CHOP-Therapie) bei Patienten mit B-Symptomatik niedriger (39% gegenüber 62%), und Rezidive waren deutlich häufiger (59% gegenüber 9%; p <0,04). Auch der Anteil von Patienten mit Langzeitüberleben war bei B-Symptomatik erheblich niedriger (16% gegenüber 56%; p = 0,04). Zu ähnlichen Schlußfolgerungen kommen eine Reihe weiterer Studien (Übersicht bei [8a, 81a]).

c) Organbefall

Bestimmte Organlokalisationen sind prognostisch ungünstig. Solche Lokalisationen sind insbesondere das Knochenmark [8a, 81a, 110, 111 u. a.], das Zentralnervensystem [8a, 110, 111, u. a.] und ein ausgedehnter gastrointestinaler Befall ([8a, 81a, 110, 111]). Besonders ungünstig ist eine leukämische Ausschwemmung. Ein extranodaler Befall ist auch dann ungünstig, wenn zumindest zwei Befallslokalisationen vorliegen (Übersicht bei [8a, 81a]).

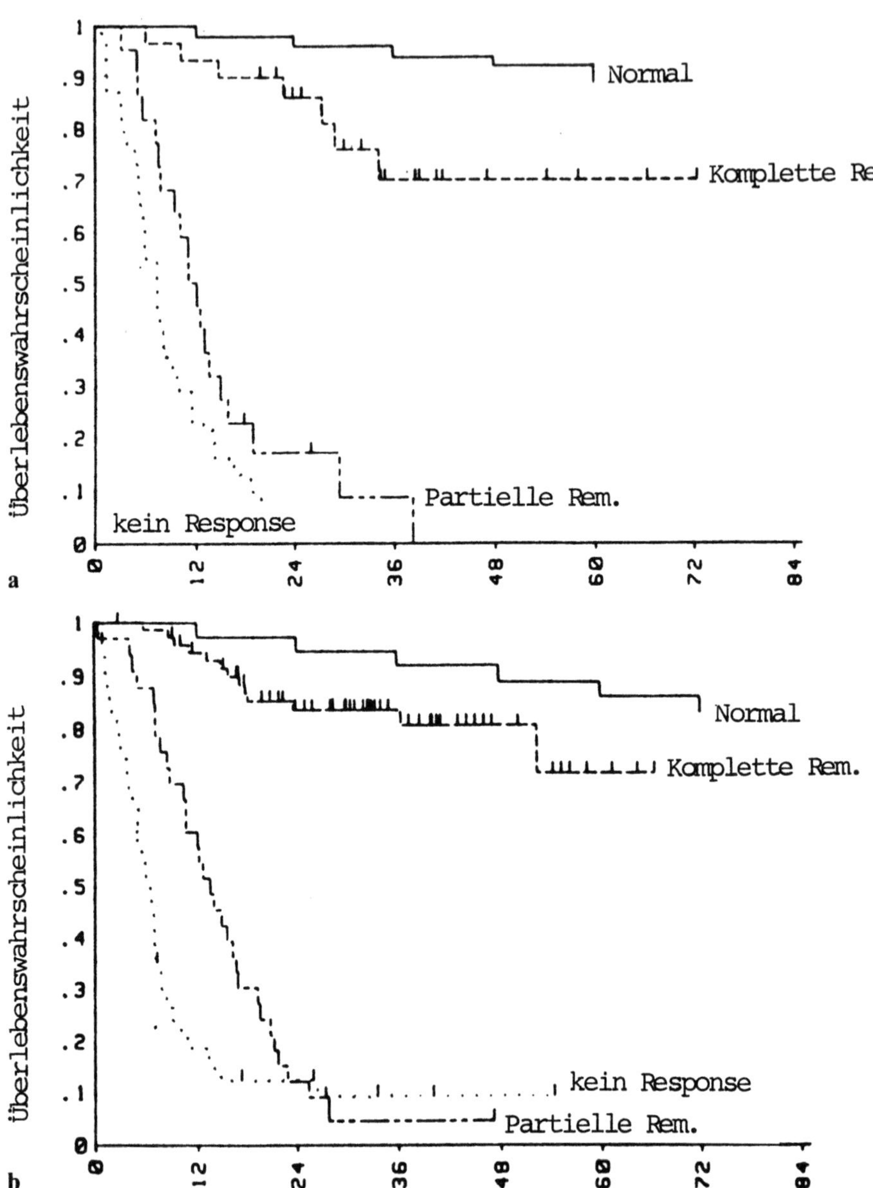

Abb. 10.18a, b. Kumulatives Überleben bei Patienten mit (**a**) immunoblastischem und (**b**) zentroblastischem NHL in Abhängigkeit des Therapieerfolges [43]

Große Einzeltumoren („bulky disease", in der deutschen Studie > 5 cm, [106] waren nach verschiedenen Auswertungen ein wichtiger Prognosefaktor (Übersicht bei [8a, 81a]). *β2-Mikroglobulin* als Tumormarker korreliert nach Studien am MD Anderson Hospital sehr gut mit der Tumorlast [357a]. Patienten mit niedrigem Risikostadium hatten (neben einer normalen LDH) β2-Mikroglobulinwerte unter 3 mg/l [81a, 357a].

d) Morphologie

Die Ansicht, daß diffus großzellige NHL mit Herkunft aus dem Keimzentrum (cb NHL bzw. DL der Working Formulation) einen häufig günstigeren Verlauf zeigen als der immunoblastische Subtyp, ließ sich nur teilweise sichern. Größere Auswertungen dazu liegen nach der Kiel-Klassifikation [43, 44], jener von Lukes und Collins und der Working Formulation vor [8a, 17, 81a u.a.]. Insgesamt sind die Unterschiede in der Prognose für diese verschiedenen morphologischen Subtypen gering.

In der Studie von Brittinger et al. [43] war die Überlebenswahrscheinlichkeit der cb NHL mäßig besser als jene der ib NHL, die Unterschiede waren jedoch auch in dieser großen Patientengruppe nicht signifikant. In neueren Studien pädiatrischer Patienten gab die Differenzierung in DL und ib NHL keine prognostisch relevante Zusatzinformation [274]. In den meisten Studien war die Überlebensrate „großzelliger" NHL der T-Lymphozyten ungünstiger als jene der B-Lymphozyten, unabhängig von anderen Prognosefaktoren (Übersicht bei [81a]).

e) Ansprechen auf Therapie

Der wichtigste Prognosefaktor zahlreicher Studien (Übersicht bei [8a, 43, 81a, 106, 349] ist das Erreichen einer kompletten Remission (CR). Ihr Einfluß auf die Überlebenswahrscheinlichkeit von ib und cb NHL nach den Ergebnissen der Kieler Lymphomstudie geht aus Abb. 10.18 hervor. Neue Untersuchungen inklusive der multizentrischen deutschen COPBLAM/ IMVP-16 Studie zeigen, daß die Dauer bis zum Erreichen einer CR einen der wichtigsten Prognosefaktoren darstellt [8a, 106].

f) Andere Risikofaktoren

In der Multivarianzanalyse der Kieler Lymphomstudie waren Hauptrisikofaktoren eine erhöhte LDH (über 240 U/l), ein erniedrigter Karnofsky-Index (< 70%) und (bei cb NHL) der histologische Subtyp [44]. Die Bedeutung der LDH ist in zahlreichen Studien gesichert (z.B. [8a, 81a, 106, 357a]). Nach verschiedenen Studien sind auch „großzellige»» NHL, die durch Transformation aus einem NHL niedriger (und intermediärer) Malignität entstehen, von besonders ungünstiger Prognose [8a, 17, 221, 222, 349].

cb NHL können im Rahmen einer malignen Transformation aus cb/cc, ic und cc NHL sekundär auftreten. Auch ein Nebeneinander von cb und cb/cc NHL kommt vor. Diese letztere Form unterscheidet sich in der Prognose nicht wesentlich von den übrigen cb NHL [43]. Ebenso können ib NHL im Krankheitsverlauf sekundär aus niedrigmalignen Lymphomen entstehen (z.B. beim Immunozytom in mindestens 5% der Fälle; [221]).

Prognosefaktoren, die in Studien weiter abgeklärt werden sollten, sind weiters Proliferationsaktivität und chromosomale Aberrationen insbesonders betreffend Chromosom 5, 6, 7, 17 oder 18 (Übersicht bei [81a]).

10.8 Non-Hodgkin-Lymphome vom Burkitt-Typ (und verwandte Erkrankungen)

Dieses dem afrikanischen Burkitt-Lymphom histopathologisch und klinisch ähnliche NHL wird in der Kiel-Klassifikation als lymphoblastisches Lymphom vom Burkitt-Typ (BL) bezeichnet. In der Rappaport-Klassifika-

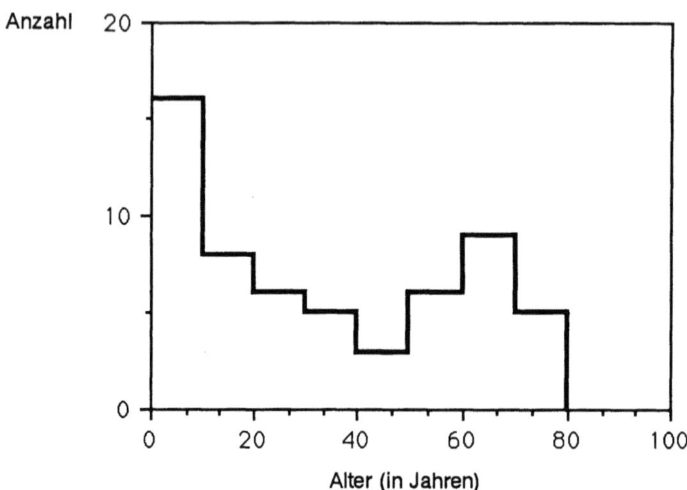

Abb. 10.19. Bimodale Altersverteilung bei Non-Hodgkin-Lymphomen vom Burkitt-Typ (einschließlich Varianten, [320])

tion wird das BL als „undifferenziertes" malignes Lymphom bezeichnet [311]. Lukes und Collins [237] nennen das BL *small follicular center cell* NHL, da sich das BL vom Keimzentrum herleitet [8a, 241]. In der Working Formulation wird in Anlehnung daran das BL als *malignant lymphoma, small non cleaved cell* (SNC) genannt [320].

Erfüllt der Tumor die von der WHO geforderten Kriterien [31], so wird von einem „SNC-NHL Burkitt-Typ" gesprochen. Dem BL sehr ähnliche „undifferenzierte" Lymphome, die diese Kriterien nicht komplett erfüllen, werden als „SNC-NHL non-Burkitt-Typ" bezeichnet [8a, 201, 226, 241, 320 u. a.].

Burkitt-Lymphome mit zytoplasmatischen Ig in Tumorzellen entsprechen möglicherweise dem SNC non-Burkitt-Typ ([222] mit weiterführender Literatur). Zytologisch liegt ein pleomorphes Bild, gelegentlich mit plasmoblastisch-plasmozytischer Differenzierung (cIg+) vor.

In der Kieler Lymphomstudie macht der Burkitt-Typ 1,6% aller NHL aus. Nach den Daten der internationalen Studie [320] machten die SNC-NHL 5,0% aller NHL aus. Eine doppelgipfelige Altersverteilung (Abb. 10.19) ließ sich in verschiedenen Studien nachweisen (z. B. [221, 256]).

Im Kindesalter, in dem fast ausschließlich NHL hoher Malignität zur Beobachtung kommen, ist es nach den lymphoblastischen und „großzelligen" NHL das dritthäufigste NHL (z. B. [206]).

10.8.1 Zytologie, Zytochemie und Immunphänotyp

Die Tumorzelle (Abb. 10.20) ist mittelgroß bis groß, zeigt in der panoptischen Färbung ein tiefblaues Zytoplasma, das meist zahlreiche Vakuolen aufweist. Sie entspricht morphologisch den Leukämiezellen vom L3-Typ,

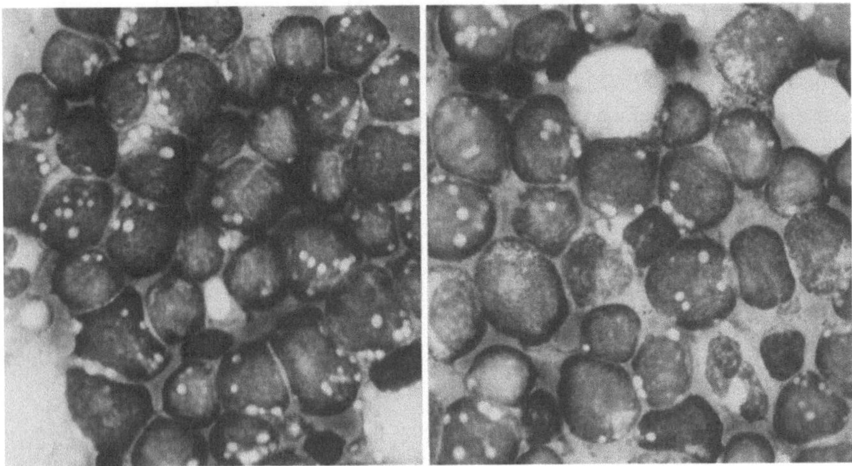

Abb. 10.20. Lymphatische Tumorzellen aus dem Knochenmark bei lymphoblastischem Lymphom vom Burkitt-Typ

die bei der B-ALL ausgeschwemmt werden (s. Kap. 5.2). Dcr runde Kern ist chromatinarm und enthält eine bis mehrere deutlich nachweisbare Nukleolen. Zytochemisch sind die Vakuolen der Tumorzelle häufig sudanophil, jedoch Peroxidase-negativ. Auch die PAS-Reaktion ist meist negativ, selten sind einzelne Zellen mit grob granulären PAS-Einlagerungen nachweisbar.

Histopathologisch findet sich beim klassischen Burkitt-Typ ein einheitliches Zellbild. Die Tumorzellen sind kleiner als bei „großzelligen" NHL.

Die Variante SNC-non-Burkitt (und das Burkitt-Lymphom mit zytoplasmatischen Ig) zeigt eine stärkere Polymorphie in Kerngröße und -form mit nur 1–2 Nukleolen, beim Burkitt-Typ lassen sich dagegen meist 3–5 Nukleolen erkennen [201]. Gemeinsam ist ihnen eine besonders hohe Teilungsaktivität, wie sie bei anderen NHL nur selten vorkommt.

In Auswertung der klinisch-pathologischen Korrelationen (z. B. [226]) zeigten die SNC-non-Burkitt eine unterschiedliche Altersverteilung (Median 56 Jahre gegenüber 31 Jahre beim Burkitt-Typ), das Knochenmark war häufiger zur Zeit der Diagnose ergriffen (38 gegenüber 5%), und ein extranodaler Befall (insbesondere gastrointestinale Manifestationen) war seltener. Im Kindesalter waren diese Unterschiede allerdings nicht reproduzierbar, so daß nicht nur morphologisch, sondern auch klinisch erhebliche Überschneidungen zwischen der klassischen Form und der Variante der Erkrankung bestehen dürften. Eine Vergleichsstudie über pathologische und immunologische Ergebnisse findet sich bei Pavlova et al. [290].

Immunzytologie. Die Tumorzellen exprimieren B-Zellmarker (z. B. CD19, CD22), einschließlich solcher, die an reiferen B-Lymphozyten vorkommen (CD20). Weitgehend konstant ist auch CD10 (common-ALL-Antigen) positiv. Es fehlen TdT und CD5 (Abgrenzung gegen lymphoblastische NHL vom T- oder prä-B-Zelltyp). Oberflächen-Ig sind typischerweise nachweisbar (vor allem IgM). Die Proliferationsrate (immunzytologisch mit dem Antikörper Ki67 erfaßt) ist meist außerordentlich hoch.

Für die Herkunft der Tumorzelle aus dem lymphatischen Keimzentrum könnte neben der Expression von CD10 das Vorhandensein von dendritischen Retikulumzellen sprechen, die immunhistologisch in einem Teil der Fälle nachweisbar sind [354]. Bei Tumoren aus dem afrikanischen Endemiegebiet war an Lymphomzellen der C3d-Rezeptor (CD21) nachweisbar, der auch als Rezeptor für das Epstein-Barr-Virus dient. CD21 wird an Zellen des Lymphfollikels am konstantesten exprimiert [147]. Zur Abgrenzung gegenüber typischen Keimzentrumstumoren (cb/cc, cc) trägt auch die negative Reaktion auf CD23 und CD6 bei.

10.8.2 Organbefall

Nach den Ergebnissen eines großen US-Registers [228] sind beim Burkitt-Typ am häufigsten der Gastrointestinaltrakt (56% der Fälle, bevorzugt das Ileum) sowie die mesenterialen Lymphknoten betroffen. Beinahe ebenso häufig ist der Befall zervikaler Lymphknoten sowie jener des Retroperitoneums. Auch der Genitaltrakt (vor allem bei Frauen in Form eines Ovarialbefalls) ist nicht selten ergriffen.

SNC-Burkitt- und SNC-non-Burkitt-Typ unterscheiden sich in der Häufigkeit extranodaler Manifestationen. Solche kamen vor allem beim ersteren und nur selten beim non-Burkitt-Typ zur Beobachtung (in 29% der Fälle von Pavlova et al. [290]). Nach den Daten der internationalen Studie [320] lag in 60% der SNC auch ein extranodaler Befall vor. Häufigste extranodale Lokalisationen waren Gastrointestinaltrakt (50%), Knochen und/oder Knochenmark (22%), Lunge und/oder Pleura (26%) und Waldeyer-Ring (12%).

In der Patientengruppe von Brittinger et al. [43] (Abb. 10.17) lagen folgende Organmanifestationen vor: Lymphknoten (91%, intraabdominelle Lymphknoten 45%), Gastrointestinaltrakt (38%), Milz (36%), Waldeyer-Ring (18%), Pleura (18%) u. a. Ein Befall des Knochenmarkes ist zur Zeit der Diagnosestellung beim Burkitt-Typ selten. Bei der Variante der Erkrankung kommt ein solcher dagegen ziemlich häufig vor.

Von Pavlova et al. [290] werden für einen Markbefall Inzidenzen zur Zeit der Diagnosestellung von 4,5% (Burkitt-Typ) und 37,5% (non-Burkitt-Variante) angegeben. In der Zusammenstellung von Foucar et al. [120] war das Knochenmark in 20% der SNC-Fälle beteiligt. In der Patientengruppe von Brittinger et al. lag in 27% ein solcher Befall vor.

10.8.3 Hämatologische und andere Laboratoriumsbefunde

Eine *Anämie* war in 90% nachweisbar (Abb. 10.17). *Thrombozytopenien* zeigten 18%. Eine Ausschwemmung von Tumorzellen ins periphere Blut (und/oder eine Lymphozytose >4 G/l) fand sich bei 9% der Patienten. Die *LDH-Konzentration* im Serum steht in gewisser Beziehung zur Größe der Tumormasse.

Eine deutliche LDH-Erhöhung ist ein prognostisch ungünstiges Zeichen [8a, 19]. Unter der Therapie können schwere Stoffwechselstörungen auftreten. Hyperurikämie, Hyperkaliämie, Hyperkalzämie und Hyperphosphatämie sind nicht ungewöhnlich [19].

10.8.4 Zytogenetik und Molekularbiologie

Diese NHL sind in einem hohen Prozentsatz, bei etwa 90% der Patienten, mit spezifischen Translokationen (Abb. 10.21) assoziiert. Sie betreffen die Immunglobulin-Schwerketten-Loci (Chromosom 14) bzw. die Gen-Loci der Immunglobulin-Leichtketten (Chromosom 2, 22), andererseits jenen Abschnitt am Chromosom 8, an dem das zelluläre Protoonkogen c-myc lokalisiert ist [218, 362]. Als Folge der Translokation wird eine Deregulation von c-myc postuliert. Die Bruchstellen am Chromosom 14 – im Einzelfall heterogen – liegen gewöhnlich in Bereichen, in denen physiologische Rearrangierungen während der B-Zellontogenese vorkommen (siehe Kapitel 11.1.4). Als Ursache der Translokation werden *Fehler der Rekombinase* postuliert [8a, 86, 156]. In transgenen Mäusen konnten Lymphome unter der Wirkung von c-myc induziert werden, welches durch Ig-Enhancerregionen aktiviert wurde [4a].

Bei der häufigeren Translokation (8;14) wird c-myc bzw. ein Teil davon („trunkiertes" c-myc) an den Immunglobulinschwerkettenlokus transferiert, während im Falle der Varianten t(2;8) bzw. t(8;22) ein Immunglobulin-Leichtkettenlokus an das am Chromosom 8 bleibende c-myc angelagert wird. NHL, welche die letzteren Translokationen zeigen, exprimieren an der Zelloberfläche meist die entsprechenden Leichtkettentypen. Aller-

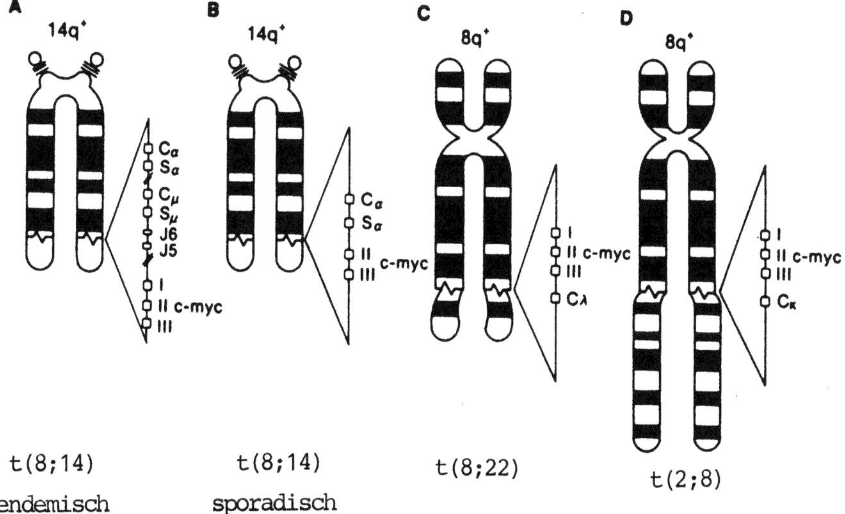

Abb. 10.21. Translokation t(8;14) bei endemischem und sporadischem Burkitt-Lymphom sowie die Varianten t(8;22) und t(2;8) [156]

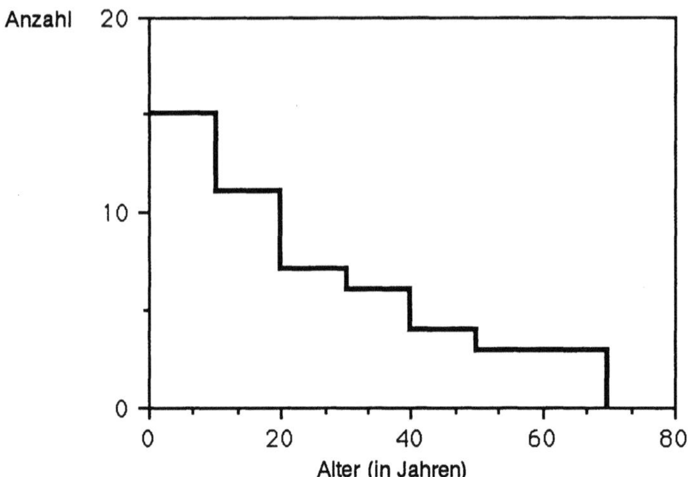

Abb. 10.22. Altersverteilung bei lymphoblastischen Non-Hodgkin-Lymphomen [280]

dings kommen Ausnahmen vor [86, 207]. Bei der Translokation t(8;14) besteht zwischen der Lokalisation der Bruchstellen und den 2 pathogenetischen Formen (endemisch-sporadisch) des Burkitt-Lymphoms deutliche Unterschiede. Bei den endemischen Formen mit t(8;14) liegt die Bruchstelle am Chromosom 14 häufig im Bereich des JH-Segmentes (Abb. 10.21). Am Chromosom 8 liegt bei diesen Fällen die Bruchstelle außerhalb des c-myc Gens, so daß nicht eine Rearrangierung sondern Mutationen im 5'-Bereich des Gens für die Upregulation von c-myc verantwortlich sein dürften. Bei den sporadischen und auch AIDS-assoziierten Burkitt-Lymphomen war die Bruchstelle am Chromosom 14 in der Mehrzahl der Fälle im Bereich der Switch-Region S_α lokalisiert. Am Chromosom 8 liegt die Bruchstelle meist innerhalb des c-myc-Gens. Ein „trunkiertes" c-myc wird transloziert [276]. Der Verlust von in diesem Bereich lokalisierten Regulatorelementen sowie eine erhöhte mRNA-Stabilität (durch Verlust des ersten nichtkodierenden Exons) und erhöhte Translationsrate werden als Mechanismen einer myc-Upregulation diskutiert. Das translozierte Onkogen unterliegt unter diesen Bedingungen offensichtlich nicht mehr den Kontrollmechanismen, die an normalen Zellen den Übergang von einer Proliferation in ein Ruhestadium einleiten. Wesentlich ist, daß die Deregulation von c-myc durch die Wirkung von Ig-Enhancern zustande kommt, gleich ob die Ig-Gensequenzen an das 5' oder 3' Ende von c-myc transloziert wurden.

In über 90% der Fälle von endemischem Burkitt-Lymphom wird das EBV-Genom in episomaler Form in den Tumorzellen propagiert. Dementsprechend wird das „latente" Virusprotein EBNA-1 exprimiert, während auffallenderweise das proliferationsassoziierte EBNA-2 und LMP, sowie das Aktivierungsantigen CD23 nicht exprimiert werden [37]. LMP ist für die Erkennung virustransformierter Zellen durch immunkompetente T-Lymphozyten notwendig [322]. Eine Assoziation mit EBV-Infektion und die Expression von latenten Virusantigenen ist für Burkitt-Lymphome in Endemiegebieten charakteristisch. Eine solche findet sich in unseren Breiten dagegen nur selten (in unter 10% der Fälle).

Zytogenetisch findet sich die charakteristische Translokation t(8;14) (q24;q32) in 75% dieser NHL. Eine der beiden typischen „Varianten" [t(2;8) (p11;q32) bzw. t(8;22) (p32;q11) läßt sich bei gut 15% der Patienten

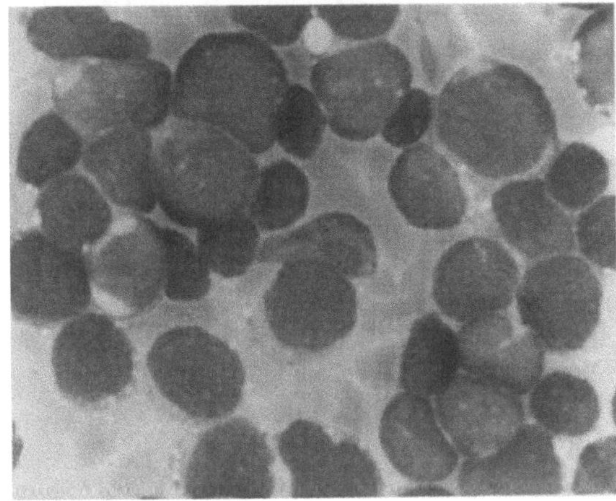

Abb. 10.23. Lymphatische Tumorzellen im Knochenmark eines Patienten mit lymboblastischem Lymphom (T-Zelltyp)

nachweisen. Bei etwa 10% fehlen dagegen solche typischen Chromosomenveränderungen. Es kann z. B. der Marker 14q+ mit anderen Chromosomen vorhanden sein oder die Herkunft des zusätzlichen Fragmentes ist unklar.

10.9 Lymphoblastische Non-Hodgkin-Lymphome (lb NHL)

Sie machen in der Kieler Studie 5,3% aller NHL aus [43]. In der internationalen Auswertung [320] betrug ihr Anteil 4,2%. Unter den kindlichen NHL sind lb NHL die häufigste Lymphomentität (z. B. 47% von 227 Lymphomen der Pediatric Oncology Group; [151]). Die Altersverteilung der internationalen Studie geht aus Abbildung 10.22 hervor. Bei Patienten mit leukämischem Blutbild und/oder Knochenmarkbefall bestehen enge Beziehungen zur ALL (häufiger T-ALL als cALL).

Im Kindesalter besteht eine deutliche Bevorzugung des männlichen Geschlechtes (2,7:1 bei Griffith et al. [151]). Bei Erwachsenen ist diese Prävalenz weniger deutlich (z. B. [272, 320]). In der Kieler Studie war eine solche bei T-lb NHL, nicht jedoch in den anderen Fällen gegeben (9:1 bzw. 1,8:1). Die mehrfach gezeigte bimodale Altersverteilung (z. B. [43, 221]) dürfte vor allem für die männlichen Patienten gelten [272].

In der Kiel-Klassifikation wird ein T-Zelltyp (41%) und ein „unklassifizierbarer“ Typ (59%) unterschieden (Tabelle 10.1). Der T-Zelltyp ist durch die charakteristische „konvolutierte“ Form zumindest einiger Tumorzellen und/oder eine positive saure Phosphatasereaktion definiert. In der Auswertung von Nathwani et al. [272] wurden 84% der Fälle als „konvolutierter“ Typ bezeichnet.

Unter den lymphoblastischen NHL der B-Zellreihe können immunzytologisch drei Formen unterschieden werden [222]: prä-prä-B (sIg negativ, cIg negativ), prä-B (sIg-, µ-Ketten im Zytoplasma) und B-lymphoblastisch (sIg+). Der letztere Immunphänotyp ist allerdings für NHL vom Burkitt-Typ charakteristischer (s. Kap. 10.8.1).

10.9.1 Zytologie, Zytochemie und Immunphänotyp

Die Tumorzellen des „konvolutierten" Typs (Abb. 10.23) sind von mittlerer Größe (ca. 12 µm); sie sind damit deutlich kleiner als beim ib NHL und auch kleiner als beim Burkitt-Typ. Sie haben einen runden bis ovalen Kern von vielfach sehr unterschiedlicher Größe und Form. Das Zytoplasma ist schmal und basophil (jedoch nicht so dunkelblau wie beim Burkitt-Typ, auch sind Plasmavakuolen selten). Das Kernchromatin ist auffallend locker, gelegentlich enthält der Kern kleine, nicht sehr auffallende Nukleolen. Bei einem Teil der Zellen erscheint die Kernstruktur „wie zusammengefaltet". Der Anteil derartiger konvolutierter Zellen kann stark variieren, sie werden meist erst nach sorgfältigem Durchmustern der zytologischen Präparate gefunden.

Histologisch ist der Lymphknoten von einer meist monotonen Population mittelgroßer Lymphoblasten infiltriert [222]. Riesenzellen können vorkommen. An Sternhimmelzellen erinnernde Makrophagen finden sich in bis zur Hälfte der Fälle. Nicht selten sind Eosinophile [221], eventuell auch einzelne Plasmazellen [272] vorhanden. Mitosen sind reichlich nachweisbar (die Teilungsaktivität ist jedoch meist niedriger als beim Burkitt-Typ).

Zytochemie. Charakteristisch für den T-Zelltyp ist der Nachweis der sauren Phosphatase, die fokal paranukleär (entsprechend der Golgi-Zone) lokalisiert ist. Die Aktivität ist vor allem an zytologischen Präparaten nachweisbar und meist durch Tartrat hemmbar.

In typischen Fällen zeigte die Mehrzahl der Blasten eine ausgeprägte saure Phosphataseaktivität. Bei positiver Reaktion handelt es sich um ein lb NHL vom „konvolutierten" Typ [221]. Unter den Fällen von Nathwani waren jedoch nur die Hälfte der NHL dieses Zelltyps auch positiv für dieses Enzym [270].

Weiter kann auch die saure unspezifische Esterase positiv sein. Die PAS-Reaktion kann in einem Teil der Zellen positiv sein, grobgranuläre Ablagerungen von Glykogen sind jedoch nicht regelmäßig nachweisbar.

Die Tumorzellen des unklassifizierbaren Typs [222] zeigen meist runde bis ovale (nichtkonvolutierte) Kerne von eher einförmigem Bild [270, 272]. Zytochemisch ist oft eine zarte, selten grobgranuläre PAS-Reaktion nachweisbar. Definitionsgemäß ist die saure Phosphatase negativ, ebenso die unspezifische Esterase.

Eine immunhistologische Klassifikation der lymphoblastischen NHL ist in jedem Fall anzustreben.

Immunzytologie. Die meisten lb NHL entsprechen im Phänotyp Thymozyten [8a, 272 u.a.]. Zur T-ALL ergeben sich Überschneidungen, die Tumorzellen sind jedoch meist etwas reifer (Tabelle 10.16) und das Knochenmark enthält mehr als 25% Lymphoblasten [8a].

Am häufigsten sind Antikörper gegen CD7 positiv (Übersicht bei [118, 177]). Eine Reaktion mit Antikörpern gegen CD1 ist gleichfalls oft nachweisbar (z.B. in 16 von 26 Fällen von Stein et al. [354]). In der Mehrzahl der Fälle besteht auch eine Positivität für TdT. Das cALL-Antigen (CD10) kann (meist nur schwach) exprimiert sein. HLA-DR-Antigene fehlen meist.

Tabelle 10.16. Reifungsstadien der T-Lymphozyten und T-Zellymphome

Reifungsstadium	T-Zell-Antigene	Andere Eigenschaften	Erkrankungen
Vorläufer-T-Zellen			
1. Frühe Thymozyten u. Prothymozyten	CD38, CD2 (T11), CD7	TdT, $E_{R\pm}$	T-ALL (Mehrzahl)
2. Gewöhnliche (common) Thymozyten	CD1 (T6), CD2, CD3, CD4+8 sowie CD5, 6, 7	TdT, E_R	T-Lb (Mehrzahl) T-ALL (einige)
3. Späte Thymozyten	Verlust von CD1 Segregation von CD4 und CD8	E_R, TdT±	T-Lb (einige) T-ALL (wenige)
Effektor-T-Zellen			
Helfer-(Inducer-) T-Lymphozyten	CD2, CD3, **CD4,** 5, 6, 7	E_R	Sézary, einige T-CLL u. Mehrzahl der peripheren T-Zell-NHL*
Suppressor-(zytotoxische) T-Lymphozyten	CD2, 3, 5, 6, 7, **CD8**	E_R	Minderzahl der peripheren T-Zell-NHL*

* Manche leukämischen Populationen zeigen gleichzeitig Differenzierungsantigene der Suppressor- und Helferzellen (CD4 u. 8)

10–20% der lb NHL [189] leiten sich von prä-B (oder prä-prä-B)-Zellen her. Auch B-lymphoblastische NHL kommen vor [222].

Die Tumorzellen exprimieren frühe B-Zellmarker (CD19, CD24 und – zytoplasmatisch – CD22). CD10 ist fast immer nachweisbar und die TdT häufig positiv. Zytoplasmatische μ-Ketten können exprimiert werden, während Oberflächen-Ig beim prä-B-Zelltyp fehlen. Beim lymphoblastischen NHL reifer B-Lymphoblasten sind Oberflächen-Ig im Gefrierschnitt positiv (meist werden μ-Ketten exprimiert). Die Zahl der Tumorzellen in der Wachstumsfraktion (Ki67+) liegt meist zwischen 40–80%. Paraffinschnitte sind zur Typisierung nur beschränkt geeignet, da z. B. Ki-B3 auch bei T-lymphoblastischen NHL positiv sein kann [222].

10.9.2 Hämatologische Befunde

Eine *Anämie* bestand zur Zeit der Diagnosestellung in 11–20%, eine *Thrombopenie* in 23–35% der Patienten. Eine *Tumorzellausschwemmung* ins periphere Blut und/oder eine Lymphozytose von zumindest 4 G/l waren in 40% nachweisbar. Monoklonale Gammopathien wurden nicht beobachtet. Hypogammaglobulinämien waren selten (in 6% des unklassifizierbaren Typs).

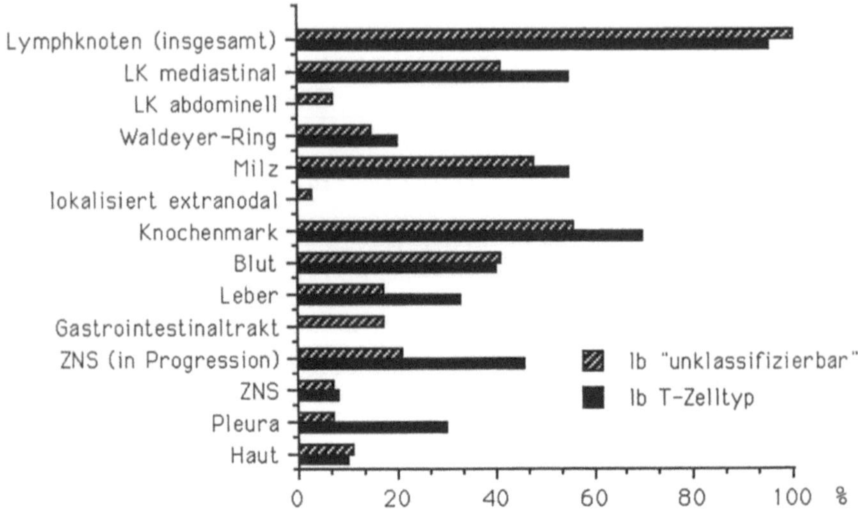

Abb. 10.24. Initiale Organbeteiligung bei lymphoblastischem Lymphom (unklassifizierbar und T-Zelltyp; [43])

10.9.3 Organbefall

Die wichtigsten Organmanifestationen (Ergebnisse der Kieler Studie) sind in Abbildung 10.24 zusammengefaßt. Für beide Subtypen waren die Ergebnisse ähnlich. Neben dem Befall von Lymphknoten (nodaler Befall in 95 bzw. 100%) waren ein Mediastinaltumor, ein früher Knochenmarkbefall (evtl. mit Tumorzellausschwemmung) sowie eine Mitbeteiligung der Milz häufig. Im weiteren Verlauf wurde u.a. ein Befall des ZNS, von Leber und/oder Pleura nicht selten gesehen.

In der Internationalen Studie [320] war bei lb NHL in 45% ein (zusätzlicher) extranodaler Befall nachweisbar. Häufigste Lokalisationen waren das Knochenmark (45%), die Lunge/Pleura (31%), Milz (16%), Haut (16%) und die Leber (14%).

Eine generalisierte Erkrankung lag in allen Studien bis auf wenige Ausnahmen vor (Stadien III und IV in 91% der Patienten von Nathwani et al. [272], in 86% der Kieler Fälle und in 74% des NHL-PCP [320]).

Ein Mediastinalbefall fand sich bei etwa 2/3 der jüngeren (unter 30jährigen) Patienten. 75% der Patienten mit Mediastinaltumoren waren männlichen Geschlechts [151, 272]. Bei älteren Patienten war der Mediastinalbefall etwas seltener (z. B. [43]).

10.10 Non-Hodgkin-Lymphome peripherer (postthymischer) T-Lymphozyten

Diese heterogene Gruppe maligner Lymphome (PTZL) ist durch eine erhebliche Variabilität ihres Krankheitsverlaufes, des histopathologischen Bil-

Tabelle 10.17. Kiel-Klassifikation der Non-Hodgkin-Lymphome (nach [352])

B-Zellymphome	T-Zellymphome
niedrig maligne	*niedrig maligne*
lymphozytische: chronisch lymphatische und Prolymphozytenleukämie	lymphozytische: chronisch lymphatische und Prolymphozytenleukämie
Haarzelleukämie	Mycosis fungoides, Sézary-Syndrom
lymphoplasmozytische/-zytoide (LP-Immunozytom)	Lymphoepitheliale (Lennert-Lymphome)
plasmozytoide	Angioimmunoblastische (AILD, LgX)
zentroblastisch/zentrozytische	
– follikulär ± diffus	T-Zonen-Lymphome
– diffus	pleomorphe, kleinzellige (HTLV I ±)
hoch maligne	*hochmaligne*
zentroblastische	pleomorphe, mittel- und großzellige (HTLV I ±)
immunoblastische	immunoblastische (HTLV I ±)
großzellig anaplastische (Ki-1+)	großzellig-anaplastische (Ki-1+)
Burkitt-Lymphom	
lymphoblastisch	lymphoblastisch
seltene Formen	*seltene Formen*

des und Immunphänotyps charakterisiert. Dementsprechend ist auch die Klassifikation dieser Erkrankungen noch nicht einheitlich. Sie soll hier nach der aktualisierten Kiel-Klassifikation erfolgen (Tabelle 10.17).

In den Studien aus USA werden verschiedene Einteilungskriterien für PTZL verwendet. Nach der Working Formulation findet sich der größte Teil dieser Lymphome in der Gruppe der ib NHL (z. B. 34% der Fälle von Hornig et al. [175]). Andere wurden als DL (30%), als DM (einschließlich AILD-Typ; 20%) u. a. bezeichnet.

In einer großen internationalen Studie konnten die leukämischen Verlaufsformen der PTZL zytologisch und nach Markeranalysen in folgende Entitäten differenziert werden: T-CLL (inkl. T-γ-Lymphozytose), T-PLL, ATL und Sézary-Syndrom [30]. Die immunphänotypischen Charakteristiken finden sich in Tabelle 10.18).

Der Gesamtanteil von T-Zell-Erkrankungen unter den NHL liegt im Kieler Lymphomregister in der Größenordnung von 15%.

Nach der Auswertung von Lennert et al. [225] waren 10,2% der NHL sichere T-Zell-Erkrankungen, in weiteren 8–9% war diesbezüglicher Verdacht gegeben. Sie gliedern sich in (prä-)thymische und „periphere" T-Zell-Lymphome. Unter den 10% gesicherter T-Zell-Erkrankungen waren im Kieler Lymphomregister 70% PTZL. Die größte Krankheitsgruppe waren kutane T-Zell-Lymphome (Mycosis fungoides/Sézary-Syndrom), der AILD Typ, das großzellig-anaplastische NHL, mittelgroßzellige pleomorphe PTZL und das T-Zonenlymphom [222, 357]. Pleomorphe T-Zellymphome werden vor allem auch im Endemiegebiet gefunden, wo sie meist HTLV-I-assoziiert sind [8a, 224].

Tabelle 10.18. Markerprofil chronischer (reifer) T-Zelleukämien (nach [30])

Marker	T-CLL	T-PLL	ATL	Sézary-Syndrom
TdT	–	–	–	–
CD1a	–	–	–	–
CD2	++	++	++	++
CD3	++	+	++	++
CD4	–	+	++	++
CD5	–	++	++	++
CD7	–	++	–	–
CD8	++	±	–	–
CD25	–	–	++	–
CD38	–	–	–	–

Zytologie, Zytochemie und Immunzytologie

Die Tumorzellen bei leukämischem Verlauf zeigen einen der folgenden morphologischen Subtypen:

- grobgranulierte Lymphozyten mit reichlich Zytoplasma und ausgeprägter azurophiler Granulation
- leukämische Prolymphozyten mit deutlichem Nukleolus und basophilem Zytoplasma, das frei von azurophiler Granulation ist
- pleomorphe, unregelmäßig geformte T-Lymphozyten oder
- Lymphozyten mit zerebriformen Kernen verschiedener Größen [30].

Nur in seltenen Fällen kommen Lymphozyten mit einer reifen Morphologie ohne azurophile Granula zur Beobachtung (evtl. bei der kleinzelligen Variante der T-PLL, elektronenmikroskopisch sind jedoch immer deutliche Nukleolen faßbar [30, 247].

Abzugrenzen sind reaktive Lymphozytosen, vor allem bei Virusinfektionen (EBV, CMV, Pertussis), die jeweils selbstlimitierend sind und in weniger als 3 Monaten abklingen (s. Kapitel 7).

Die Tumorzellen in Tupfpräparaten aus befallenen Lymphknoten sind meist etwas größer als normale Lymphozyten und häufig von pleomorphem Aussehen. Neben kleineren Tumorzellen, die bei PTZL ‚niedriger Malignität" vorherrschen, findet man größere und auch blastenähnliche Zellen. Die letzteren überwiegen bei den hochmalignen Formen. Auch Riesenzellen, evtl. in vielkernigen Formen, können nachweisbar sein. Ein „Hintergrund" von Begleitzellen ist meist deutlich. Er umfaßt vor allem Plasmazellen („T-assoziierte Plasmazelle"; [221]), Eosinophile und eine variable Zahl von Epitheloidzellen. In seltenen Fällen kommt es als Folge der neoplastischen Vermehrung von CD4+ T-Lymphozyten zu einer monotypischen B-Zellproliferation (vor allem bei AILD; [222]). Die Mitosenzahl entspricht etwa dem histopathologischen Malignitätsgrad, ähnliches gilt für den Anteil Ki67-positiver Tumorzellen (s. a. [354a]).

Tabelle 10.19. Verlust von T-Zellantigenen (CD5, CD2, CD3, CD7) (nach [294])

T-Zellantigene[a]	Periphere T-Zellymphome (ohne Mycosis fungoides)
kein Verlust	21 (24%)
Verlust eines Antigens	29 (33%)[b]
Verlust von 2 Antigenen	21 (24%)[b]
Verlust von 3 Antigenen	17 (19%)[b]
Verlust von 4 Antigenen	0
gesamt	88

[a] Antigenverlust ist definiert als Positivität von <50% der Zellen im T-Zellkompartment für ein bestimmtes Antigen

[b] Verlust von CD7 (unter 88 Fällen in 56%), CD5 (46%), CD3 (19%), CD2 (18%)
In 30 untersuchten Fällen von Lymphknotenhyperplasie und 6 Fällen von M. Hodgkin konnte kein Antigenverlust festgestellt werden; nur in 1 von 40 (2,5%) untersuchten Fällen verschiedener entzündlicher Hauterkrankungen war ein T-Zellantigenverlust nachweisbar.

Zytochemie

Entsprechend der T-Zellnatur ist die saure Phosphatase in den Tumorzellen meist positiv. Im Tupfpräparat enthalten die meisten dieser Zellen grobe positive Granula. Im Gegensatz zum lb NHL ist jedoch die Anhäufung dieses Enzyms nicht so typisch fokal paranukleär. Die saure Esterase ist im Gegensatz zu den (prä-)thymischen Formen konstant deutlich granulär positiv. Die PAS-Reaktion kann positiv sein, doch sind die Ergebnisse variabel.

Immunozytologie

Die Mehrzahl der PTZL zeigen Lymphomzellen vom *CD4-Typ* (T-Helfer-/Inducer-Lymphozyten). In der Auswertung von 41 PTZL von Horning et al. [175] waren 61% diesem Subtyp zuzuordnen. Seltener sind Lymphome vom CD8-Typ (Suppressor/zytotoxische T-Lymphozyten). Sie machten 10% der Fälle von Horning et al. [175] aus. Bei den übrigen war eine Zuordnung der Tumorzellen zu einer der beiden Subpopulationen nicht eindeutig möglich.

CD4 und CD8 können sowohl fehlen (in 20% von 41 Fällen von Horning et al. [175]) als auch nebeneinander exprimiert werden (in 9,8% der Fälle von Horning et al. [175]).

Häufig findet sich bei PTZL der *Verlust von zumindest einem pan-T-Zell-Antigen* (z. B. in 76% der PTZL in der Auswertung von Picker et al. [294] (Tabelle 10.19). Erhalten bleiben besonders häufig CD2 und CD3, während CD5, CD7 und/oder die subset-spezifischen Marker (CD4, CD8) nicht exprimiert werden. Ein solcher Verlust von T-Zellmarkern ist dagegen bei reaktiven Lymphknotenvergrößerungen und beim M. Hodgkin selten.

Aktivierungsmarker sind an den neoplastischen T-Lymphozyten nicht selten nachweisbar [354a]. So sind z. B. etwa 30% der mittelgroß- bis großzelligen pleomorphen T-Zell-

Lymphome CD25 positiv [222]. Vielfach wird gleichzeitig HLA-DR (und evtl. CD30) exprimiert. Bei einer Positivität von CD25 ist meist auch CD7 exprimiert. Das Fehlen von CD7 bei CD25 positiven Tumorzellen ist nach Lennert et al. [222] verdächtig auf eine HTLV-1 Positivität. Der Anteil Ki67-positiver Tumorzellen ist dem großzelligen Anteil in etwa korreliert [222]. Da häufig auch reaktive T-Lymphozyten relativ reichlich nachweisbar sind (z. B. CD8+ Zellen bei einem PTZL vom CD4-Typ), ist eine Doppelfärbung mit Ki67 zur Charakterisierung der proliferierenden neoplastischen Zellpopulation wertvoll.

Molekulargenetik

Eine Monoklonalität kann bei PTZL nicht auf Proteinebene, sondern nur molekulargenetisch durch Nachweis einer Rearrangierung auf der Ebene des T-Zell-Rezeptors erfaßt werden. (Übersicht z. B. [8a, 377]).

Organisation und Aufbau der T-Zellrezeptorgene

Die antigenspezifischen T-Zellrezeptoren (TCR) sind Heterodimere, die, in zwei Varianten vorkommend, aus jeweils zwei Untereinheiten (α/β-Ketten bzw. γ/δ-Ketten) aufgebaut sind. Diese CD-3 assoziierten membranständigen Strukturen sind für MHC-Klasse I restringierte T-abhängige Zytotoxizität verantwortlich. Die für die verschiedenen Ketten kodierenden Genabschnitte sind ähnlich den Ig-Genen aufgebaut und in ihrer Struktur weitgehend charakterisiert. β- und γ-Kettengene sind auf dem Chromosom 7 lokalisiert (7q32 für die β-Kette und 7p14 für die γ-Kette). α- und δ-Kettengene finden sich am langen Arm des Chromosoms 14 (14q11), wobei sich die δ-Genabschnitte innerhalb des α-Lokus befinden.

Die Gene der α- und β-Ketten bestehen aus V-(variable), D-(diversity), J-(joining) und C-(constante) Segmenten. Im Falle der β-Kettengene liegen 2 C-Segmente vor, von denen jedes sein eigenes D- und 6–7 J-Segmente besitzt. Die α-Kettengene haben 1 C-Segment, aber 50–100 J-Segmente. Zwischen dem C- und den J-Segmenten ist der δ-Genlokus lokalisiert, für den bisher 2 C-, 3 J- und 2 D-Segmente beschrieben sind. Der γ-Genlokus besteht aus jeweils 2 V-, J- und C-Segmenten (Abb. 10.25).

Zur Bildung eines funktionsfähigen Proteins müssen entsprechende Rearrangierungen der einzelnen Segmente wie bei Ig-Genen ablaufen. Die Reihenfolge der einzelnen Rearrangierungen ist in der Ontogenese der T-Lymphozyten zeitlich getrennt. So werden TCR γ- und δ-Gene als erste rearrangiert, gleichzeitig mit der Expression des CD7-Antigens, während anschließend die TCR β-Gene rearrangiert werden und die T-Lymphozyten das CD2-Antigen exprimieren. Am spätesten werden TCR α-Gene rearrangiert, nämlich in reifen T-Zellen (CD-3+, CD-4+ oder CD-8+).

Zur Bestätigung einer klonalen T-Zellnatur einer Tumorzellpopulation müssen TCR α- oder komplette β-(VDJ) Rearrangierungen im Southern Blot nachweisbar sein.

Der Nachweis einer TCR-γ, TCR-δ oder partiellen TCR-β(DJ)-Rearrangierung ist nicht linienspezifisch (Übersicht bei [149]).

Die Expression der β-Ketten der TCR einerseits, von δ-Ketten andererseits kann mit spezifischen monoklonalen Antikörpern erfaßt werden (z. B. βF1 für TCR β-Protein, anti-TCR δ1 für TCR δ-Protein). Normalerweise gehören unter 10% der peripheren T-

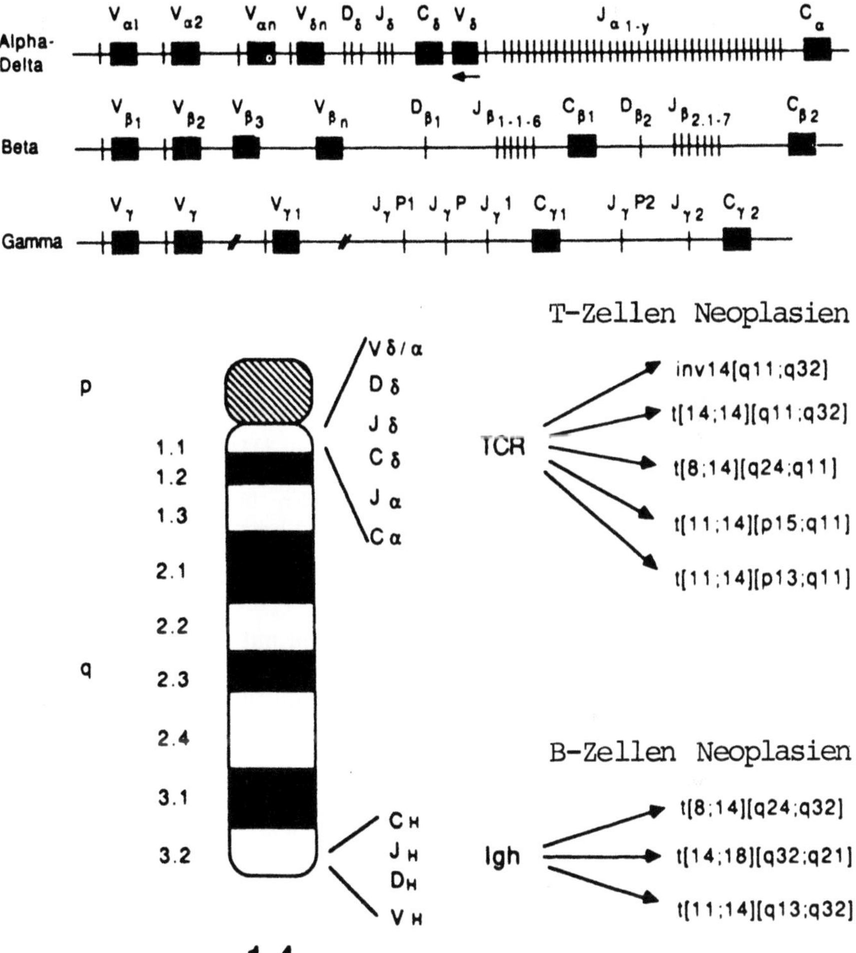

Abb. 10.25. Anordnung der T-Zellrezeptorgene sowie häufige Translokationen und Beteiligung der T-Zellrezeptor α- und δ-Gene am Chromosom 14 bei B- und T-Zellneoplasiën [305]

Lymphozyten der letzteren Population an. In einer Studie von 57 PTZL waren 69% CD3+, βF1+, TCR δ1-, 10% CD3+, βF1-, TCR δ1+ und 21% CD3±, βF1-, TCR δ1- [133]. Die TCR δ1+ Lymphome zeigten meist einen aggressiven Verlauf mit Hepatosplenomegalie (inklusive einem Fall mit Midline Granuloma).

Hämatologische Befunde

Die Patienten zeigen in der Mehrzahl zur Zeit der Diagnosestellung eine normale Hb-Konzentration, schwerere *Anämien* sind selten (z. B. in 7% der T-Zonen-Lymphome von Helbron et al. [167] lag die Hb-Konzentration unter 10 g/dl).

Bei einem Teil der Patienten zeigen sich Zeichen der Autoimmunhämolyse (in 7,3% der Fälle von Horning et al. [175] wurde ein positiver direkter Coombs-Test gefunden).

Thrombopenien sind in Frühstadien ungewöhnlich (z. B. 3,6% der T-Zonen-Lymphome; [167]). Als Ursache kann ein Hypersplenie-Syndrom oder eine idiopathisch-thrombopenische Purpura in Frage kommen (letztere in 2,4% der Fälle von Horning et al. [175]). Die *Gesamtleukozytenzahl* ist meist normal bis mäßig erhöht. Solche Erhöhungen fanden sich z. B. in 28% der T-Zonen-Lymphome. Eine Erhöhung der Lymphozytenzahl ist selten (z. B. in 11% der T-Zonen-Lymphome von Helbron et al. [167]). Häufiger sind Lymphopenien. Nicht ungewöhnlich sind *Eosinophilien* (in 4,9% der Patienten von Horning et al. [175], in 29% der Patienten von Greer et al. [145], in 21% der Patienten von Helbron et al. [167]). Die Zahl der Eosinophilen kann in progredienten Krankheitsstadien erhebliche Ausmaße erreichen.

Eine Beimischung reaktiver Zellen ist nach Stein et al. [354a] vor allem bei PTZL „aktivierter" T-Lymphozyten nachweisbar. Postuliert wird eine Freisetzung von Zytokinen durch die Turmorzellen, vorkommend insbesondere bei Lennert Lymphomen, AILD, makrophagenreichen anaplastischen NHL und der lymphomatoiden Papulose.

Knochenmark

Deutliche Zeichen einer Knochenmarkinfiltration mit Lymphomzellen sind zur Zeit der Diagnosestellung in etwa 1/4 der Fälle nachweisbar (z. B. [8a]). Diese Infiltration kann darüberhinaus durch eine gleichzeitig bestehende myeloische Hyperplasie überdeckt sein.

Eine Lymphominfiltration des Knochenmarks war in 7% der Fälle von Horning et al. [175] nachweisbar; bei Helbron waren in 23% der Patienten mit T-Zonen-NHL atypische Lymphozyten im Knochenmark auffallend. Van den Oord [373] beobachtete in 3 von 5 Patienten Gruppen atypischer Lymphozyten ohne Beziehung zu den Knochentrabekeln. Myeloische Hyperplasien wurden in 4,9% der Patienten von Horning et al. [175] nachgewiesen, als deren Ursache CSF-ähnliche Substanzen aus T-Lymphozyten diskutiert wurden [150, 354a]. Eine Eosinophilenvermehrung im Knochenmark ist nicht ungewöhnlich.

Immunpathologische Befunde und Begleiterkrankungen

Polyklonale Vermehrungen der Ig sind häufiger als deren Verminderung. So zeigten 42% der Patienten von Helbron et al. [167] polyklonale Vermehrungen einer oder mehrerer Ig-Klassen. Entsprechend der Aktivität der Erkrankung können auch sehr hohe Immunglobulinwerte vorkommen. Erniedrigungen sind demgegenüber seltener (in 21% der Fälle von Helbron et al. [167]). Im Verlauf der Erkrankung kann sich allerdings ein Antikörpermangelsyndrom entwickeln (in 11% dieser Patienten).

Begleiterkrankungen, die mit *Autoimmunphänomenen* assoziiert sein können, finden sich bei dieser Patientengruppe häufig. Sie betreffen z. B. Haut, Darm, Gelenke, Blutzellen und Augen.

So wurden bei 27% der Patienten von Horning et al. folgende Begleiterkrankungen festgestellt: Psoriasis, chronisch-exfoliative Dermatitis, Zöliakie (je 2 Patienten), Sjögren-Syndrom, rheumatoide Arthritis mit Iritis, Erythema multiforme, Immunthrombopenie (je 1 Patient) u. a.

Mit einer *Zoeliakie assoziierte Lymphome* gehören zu den PTZL und nicht zu Makrophagentumoren (Übersicht bei [8a, 187, 354a]). Den rezirkulierenden T-Lymphozyten aus Lymphknoten stehen *organassoziierte T-Lymphozyten* gegenüber ([354a]), die vor allem für Darm und Haut charakterisiert wurden und somit den MALT der B-Lymphozyten gegenüberstehen (siehe Kapitel 10.6.6). Bei Zoeliakie handelt es sich meist um pleomorphe PTZL mit der Expression von MLA (*„mucosal lymphocyte antigen“* [354a]). Die Wahrscheinlichkeit der Entwicklung eines NHL bei Zoeliakie wird mit etwa 9% angegeben (weiterführende Literatur bei [8a]).

MLA erkennende monoclonale Antikörper sind Ber-ACT8 und B-Ly7 (der auch Haarzellen erkennt, siehe Kapitel 10.4.1) sowie HML-1. Auf T-Zellebene sind die Antikörper für diese organassoziierte Lymphozytenpopulation weitgehend spezifisch [354a]. Für *organspezifische T-Lymphozyten der Haut* wurde ebenfalls eine Oberflächenantigenfamilie (CLA = cutaneous lymphocyte antigen) definiert (Übersicht bei [354a]).

Organbefall

Die Mehrzahl der Patienten zeigt bereits zur Zeit der Diagnosestellung generalisierte Krankheitsstadien (z. B. 66% der Patienten von Horning et al. [175], 81% der T-Zonen-Lymphome von Helbron et al. [167], nach Literaturzusammenstellungen [8a] in 5 % Stadien I, 22% Stadien II, 20% Stadien III und 53% Stadien IV). „Extranodale“ Tumorzellinfiltrationen sind häufig (in 22% der Stadien I und II von Horning et al. [175]), und dieser Anteil ist in fortgeschrittenen Stadien bei >50%. Dabei handelt es sich in erster Linie um einen Befall des Knochenmarkes (28%), der Haut (17%), der Leber (12%) und des Gastrointestinaltraktes (6%, [8a, 175]).

Hautläsionen können in hohem Maße variabel sein (z. B. makulopapulöse Läsionen, Knötchen, Plaques, Ulzerationen). In der Anamnese war ein Kommen und Gehen von Hauterscheinungen nicht ungewöhnlich. Bei Hautbefall ist in etwa 30% mit der Ausschwemmung von Lymphomzellen ins periphere Blut zu rechnen [189].

Weitere Organe, die häufig mitergriffen sind, umfassen z. B. die Lunge und/oder Pleura (in 12% der Fälle von Horning et al. [175], in 19% der Patienten von Helbron et al.), die Milz (in 30%, [8a]) und otolaryngologische Bereiche.

Prognose und Krankheitsverlauf

Retrospektive Studien ließen auf eine ungünstige Prognose für die meisten Patienten mit PTZL schließen (z. B. [8a, 41, 80, 81a, 145, 153, 167, 203, 378]). Die aktualisierte Überlebensdauer einer größeren Patientengruppe geht aus Abbildung 10.26 hervor. Die aktualisierte Überlebensdauer von intensiv behandelten Patienten beträgt nach 4 Jahren 45%, der Stadien IV zu dieser Zeit jedoch nur 10% ([8a], dort auch weiterführende Literatur). Die etwas günstigere Prognose der nach der Kiel-Klassifikation als niedrigmaligne eingestuften PTZL zeigt die Abbildung 10.27.

In etwa können 3 histopathologische Prognosegruppen unterschieden werden: vielfach günstiger Langzeitverlauf (Tγ-Lymphozytose, Mycosis fungoides, Sézary-Syndrom, pleomorphes kleinzelliges T-Zellymphom), inter-

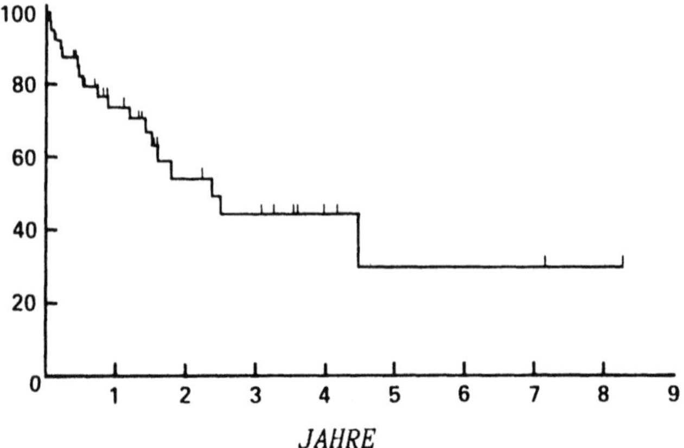

Abb. 10.26. Gesamtüberleben von 41 Patienten mit T-Zellymphom [175]
Davon waren 8 vom „diffus-gemischtzelligen", 12 vom „diffus großzelligen", 14 vom „immunoblastischen" und 7 vom „monomorphen" Subtyp

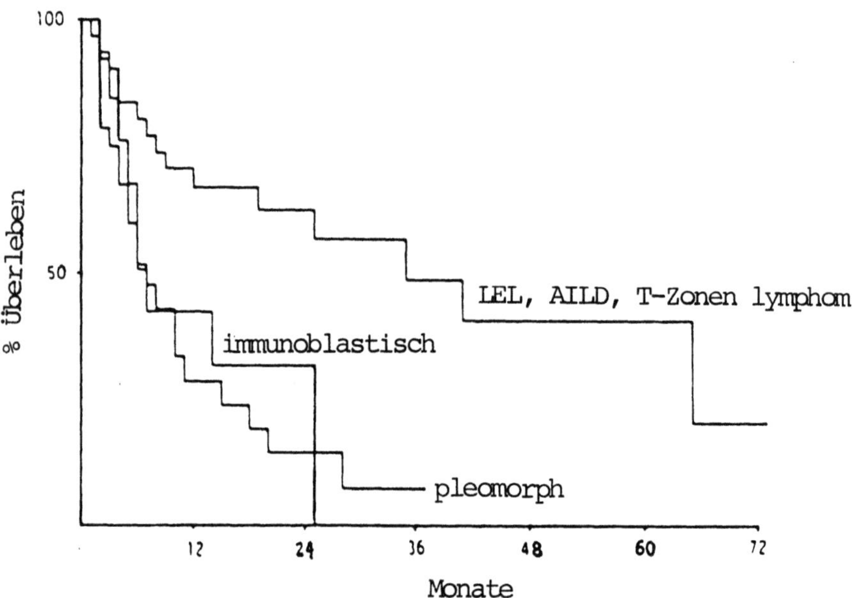

Abb. 10.27. Überlebenskurven von Patienten mit immunoblastischem, pleomorphem und niedrigmalignem Subtyp (LEL: Lennert-Lymphom, AILD: angoimmunoblastisches Lymphom, T-Zonenlymphom) peripherer T-Zellymphome [357]

mediär (AILD; pleomorph mittelgroß–großzelliges T-Zonen-Lymphom, Lennert-Lymphom) und ungünstig (alle blastären PTZL einschließlich großzellig-anaplastischer Lymphome). Mit Ausnahme der ersten Gruppe ist der Verlauf meist hochmaligne, jedoch therapeutisch beeinflußbar. Insgesamt dürften ähnliche Prognosekriterien wie bei aggressiven B-Zell-Lymphomen gelten (s. Kap. 10.7.3), doch sind sie insgesamt wegen der hohen Relapsrate etwas ungünstiger einzustufen [81a].

10.10.1 Einige abgrenzbare Entitäten

10.10.1.1 Kutane T-Zellymphome: Mycosis fungoides und Sézary-Syndrom

Bei der Mycosis fungoides (Mf) stehen zunächst Hautveränderungen (limitiertes und fortgeschrittenes Plaquestadium) durch CD4+ Lymphozyten im Vordergrund der klinischen Erscheinungen. In fortgeschritteneren Krankheitsphasen kommt es zum Auftritt von Hauttumoren und schließlich einer generalisierten Erythrodermie. In Spätstadien können extrakutane Manifestationen (vor allem Lymphknoten, Milz, Leber, Knochenmark) nachweisbar werden (Übersicht bei [49, 221, 222, 234, 255, 328, 331]). Die Stadieneinteilung nach der TNM-Klassifikation geht aus Tabelle 10.20 hervor.

Tabelle 10.20. Stadieneinteilung der Mycosis fungoides (nach [328])

T-Stadium
- T1: Limitierte Plaques (<10% der Körperoberfläche)
- T2: Generalisierte Plaques (10% der Körperoberfläche oder mehr)
- T3: Hauttumoren (einer oder mehrere)
- T4: Erythrodermie (generalisiert)

Adenopathie
- Ad+: Lymphknoten palpabel
- Ad−: keine Lymphknoten palpabel

Lymphknotenhistologie
- LN1: reaktiver LK
- LN2: dermatopathischer LK, kleine Cluster konvolutierter Zellen
- LN3: dermatopathischer LK, große Cluster konvolutierter Zellen
- LN4: LK-architektur durch Lymphomzellen zerstört

Viszerale Beteiligung
- V+: positive Biopsie
- V−: negative Biopsie

Stadium
- IA: T1; Ad−; LN1, LN2; V−
- IB: T2; Ad−; LN1, LN2; V−

- IIA: T1, T2; Ad+; LN1, LN2; V−
- IIB: T3; Ad±; LN1, LN2; V−

- III: T4; Ad±; LN1, LN2; V−

- IVA: T1–T4; Ad±; LN3 oder LN4; V−
- IVB: T1–T4; Ad±; LN1–LN4; V+

Blut
- B+: positiver Blutausstrich (über 20% konvolutierte Zellen) = Sézary-Syndrom
- B−: negativer Blutausstrich

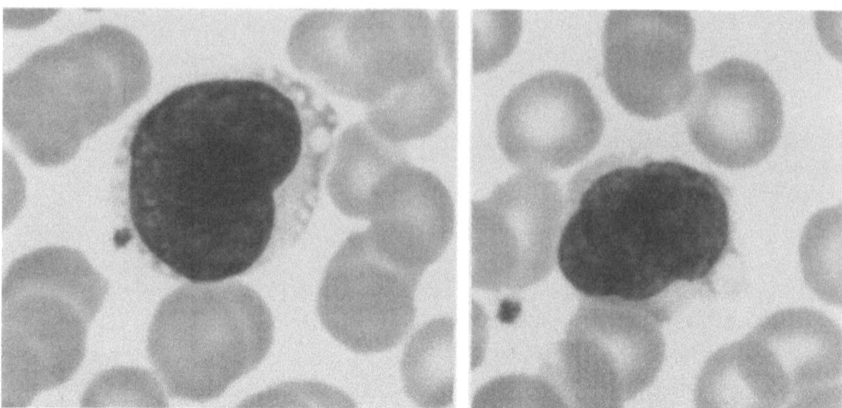

Abb. 10.28. Tumorzellen im Blutausstrich bei Sézary-Syndrom

Der prognostisch wichtige Nachweis einer Lymphominfiltration von Lymphknoten ist oft schwierig. Voraus geht eine dermopathische Lymphadenopathie mit starker Vermehrung interdigitierender Retikulumzellen (CD1+). Die für die Lymphominfiltration diagnostischen Sézary-Zellen (T-Lymphozyten mit zerebriformen Kernen) können im Elektronenmikroskop leichter erfaßt werden. Sie liegen vielfach in Gruppen [332]. Entsprechend dem Fortschreiten der Erkrankung von der infiltrativen in die Tumorphase ändert sich die Histologie von einer kleinzellig pleomorphen in eine mittelgroßzellige bis großzellige oder immunoblastische Histologie ([222], dort auch weiterführende Literatur).

Beim Sézary-Syndrom stützt sich die Diagnose auf das Nebeneinander von Hautveränderungen (generalisierte, pruriginöse, meist exfoliative Erythrodermie) und der leukämischen Ausschwemmung „konvolutierter" Lymphozyten (Abb. 10.28).

Beide Erkrankungen sind meist von langsam chronischem Verlauf (Überlebensdauer ähnlich der B-CLL mit entsprechenden Variationen [239]), wobei in Frühstadien die klinischen Befunde diskret und wenig charakteristisch sind. Dies gilt besonders auch für das „Prä-Sézary-Syndrom" [47].

Zytologie und Zytochemie

Die Sézary-Zelle ist durch ihre typische Kernform charakterisiert. Das Chromatin ist von multiplen Faltungen und Windungen durchzogen, die besonders bei stärkerer Vergrößerung deutlich werden, zerebriforme Kerne mit meist dichter Kernstruktur (Abb. 10.28). Die Kernplasmarelation ist zugunsten des Kernes verschoben. Das Zytoplasma ist schwach basophil und meist frei von Granula. Die großzellig variable Form mißt 12–20 μm im Durchmesser, die „kleinzellige" zeigt Tumorzellen von 8–10,5 μm. Die letztere ist die weitaus häufigste. Ähnliche Zellen kommen auch bei etwa 20% der Patienten mit Mf zur Beobachtung.

Eine detaillierte Auswertung der Lymphozytenmorphologie und der klinischen Bedeutung zerebriformer Blutlymphozyten findet sich bei Schechter et al. ([331], siehe auch [222]). Die kleinen konvolutierten Lymphozyten (<11 μm) haben eine Kerndichte, die ähnlich oder ausgeprägter als die normaler Lymphozyten ist. Die Kernform großer konvolutierter Lymphozyten (>11 μm) ist deutlich pleomorph. Vor allem das Auftreten dieser größeren atypischen Zellen weist meist auf ein fortgeschrittenes Krankheitsstadium hin (ihr Anteil korrelierte auch in der Studie von Vonderheid et al. [376] hochsignifikant mit der Prognose). Es fand sich eine enge Beziehung zwischen der Ausschwemmung dieser atypischen Lymphozyten und dem Ausmaß des Hautbefalls (im Stadium T1–T3 in 13% der Patienten, im Stadium T4 in 90% der Patienten). Daneben werden noch atypische nicht-konvolutierte Lymphozyten (>11 μm) ohne Kernatypien ausgeschwemmt, die ein feinkörniges Chromatin mit oder ohne Nukleolen besitzen. Zur Diagnosesicherung werden sie jedoch im allgemeinen nicht herangezogen.

Vonderheid et al. [376] dokumentierten, daß mehr als 15% lymphatische Zellen mit zerebriformen Kernen, insbesondere bei gleichzeitiger Gegenwart von zumindest einzelnen großen Zellen vom Sézary-Typ (12–20 μm Durchmesser) Kriterien eines sich anbahnenden leukämischen Verlaufes sind.

Ein variabler Anteil der Sézary-Zellen ist vakuolisiert und granulär PAS-positiv. Die tartratsensitive saure Phosphatase und β-Glucuronidase sind in diesen Zellen in mäßiger, aber eindeutig positiver Reaktion nachweisbar. Die unspezifische Esterasereaktion ist schwach positiv bis negativ [221].

Hämatologische Befunde

Eine *Lymphozytose* (>4 G/l) findet sich bei der Mf fast ausschließlich in fortgeschrittenen Krankheitsstadien. Sie war in 14% der T2- und T3-Fälle, jedoch in 53% der T4-Stadien nachweisbar [331]. In der Gesamtgruppe kutaner T-Zell-NHL betrug die Gesamtleukozytenzahl im Median 8 G/l mit Extremwerten bis 130 G/l. Anämien sind selten (12%), Thrombopenien sehr ungewöhnlich, Eosinophilien dagegen häufig [49].

Ein Befall des Knochenmarks ist selten (z.B. in 1 von 49 Fällen von Bunn et al. [49], in 2 von 20 Patienten von Merlo et al. [255]). Lediglich bei sehr ausgeprägt leukämischem Blutbild wird häufiger eine deutliche Knochenmarkinfiltration gesehen [30]. Der Immunphänotyp entspricht dem reifer T-Lymphozyten vom Helfer-Typ (CD2+, CD3+, CD4+, CD5+, CD8-, s. auch Tabelle 10.16). Der Anteil Ki67-positiver Zellen liegt zunächst meist unter 5% [222].

DNA-Analyse

In der Durchflußzytometrie wird eine Aneuploidie bei gut der Hälfte der Patienten mit kutanen T-Zellymphomen gefunden. In der Auswertung von Bunn et al. [49] zeigten 63% der Patienten eine Aneuploidie, die eine ungünstige Prognose implizierte. Zur Zeit eines Relapses oder einer Progression zeigten 92% der Patienten einen derartigen Befund, meist mit einem größeren Anteil hyperdiploider Zellen. Zwischen diesen Ergebnissen und der modalen Chromosomenzahl bestanden deutliche Korrelationen. Die großzellige Form von Sézary-Lymphozyten geht häufig mit dem Auftreten tetraploider Zellen einher [30, 281, 391].

Prognose und Organmanifestationen

Der wichtigste Prognosefaktor ist die Ausdehnung der Erkrankung (zu den TNM-Stadien s. Tabelle 10.20). Patienten mit limitiertem Plaques-Stadium leben länger als solche im T2-Stadium. Bei Patienten mit Hauttumoren oder

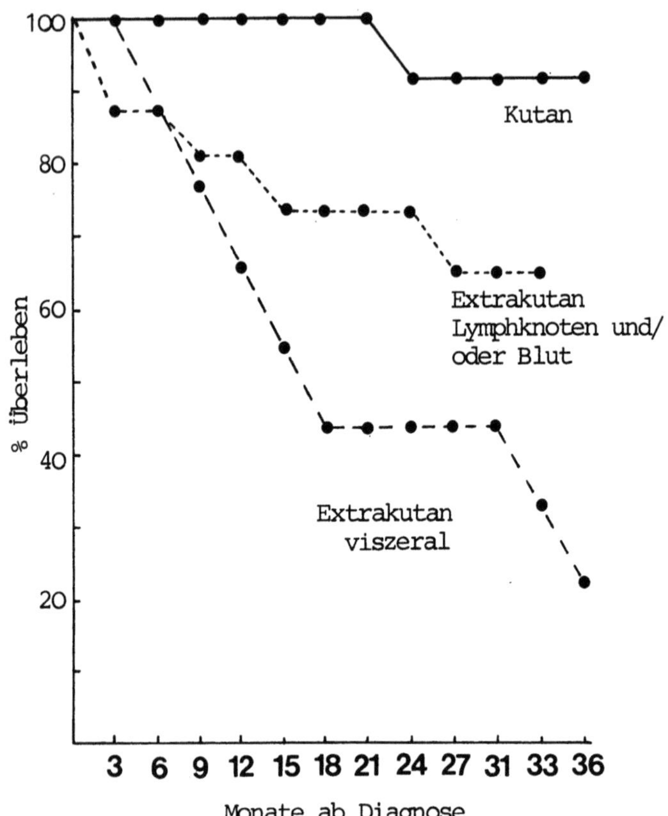

Abb. 10.29. Kumulatives Überleben bei kutanen T-Zellymphomen in Abhängigkeit von der Organbeteiligung [49]

generalisierter Erythrodermie (T3 und T4) beträgt die mediane Überlebensdauer 3–4 Jahre (gegenüber mehr als 8 Jahre bei T1 und T2; [48]).

In einer Multivarianz-Analyse war neben dem Tumorstadium (Tabelle 10.20) das Alter (>50 Jahre) der wichtigste Prognosefaktor [48]. Die Ausschwemmung zerebriformer Zellen war lediglich im Stadium T2 und T3 von zusätzlicher prognostischer Relevanz.

Bei zusätzlicher Lymphadenopathie verschlechtert sich die Prognose (Abb. 10.29).

Bei Befall viszeraler Organe ist die Prognose besonders ungünstig (Abb. 10.29). Dies gilt vor allem für Patienten mit entsprechender Symptomatik (medianes Überleben 6–8 Monate). Insgesamt lag die mediane Überlebensdauer bei Mf mit extrakutanem Befall bei 14,5 Monaten [255].

Extrakutane Befallslokalisationen in großen Obduktionsstatistiken sind Milz (52% der Patienten), Leber (42%), Lunge (42%), Knochenmark (32%), Gastrointestinaltrakt (31%), Niere (28%), Herz (21%) und ZNS (19%; [48]).

Andere kutane Lymphome

Primäre kleinzellige NHL der Haut außerhalb der Mf gehören häufiger der B- als der T-Lymphozytenreihe an (Übersicht bei [8a, 50a, 201a, 254a]). Am häufigsten werden Immunozytome und Keimzentrums-NHL gefunden, deren meist günstige Prognose dokumentiert ist (weiterführende Literatur bei [8a]). Unter den großzelligen NHL kommen solche der B- und der T-Zellreihe vor. Die letzteren zeigen häufig Verluste von einem oder mehrerer Pan-T Zellmarker (siehe Tabelle 10.19), sodaß die immunologische Klassifikation schwierig sein kann (z. B. [8a]). Die Abgrenzung von primären Ki-1 Lymphomen der Haut (siehe Kapitel 10.11) von anderen großzelligen NHL ist klinisch relevant, da sie bei entsprechender Behandlung günstiger als die anderer Histologien verlaufen können. Differentialdiagnostisch sind insbesondere die lymphomatoide Papulose und die relapsierende Histiozytose abzugrenzen, beide von günstigem, jedoch z. T. relapsierendem Verlauf (z. B. [8a]).

10.10.1.2 Chronische Tγ-Lymphozytose und T-CLL

Eine T-CLL oder verwandte Erkrankungen liegen bei 1,5–2% der CLL vor [278]. In der Mehrzahl der Fälle handelt es sich um eine „chronische Tγ-Lymphozytose“. Sie ist morphologisch durch das Vorhandensein „grob-granulierter“ Lymphozyten charakterisiert [278, 287, 293]. In diesen Fällen ist die Abgrenzung gegenüber reaktiven Vermehrungen grob-granulierter Lymphozyten manchmal schwierig. Der CD4-Typ der T-CLL ist dagegen von meist rasch progredientem Krankheitsverlauf [66, 287, 393 u. a.], in der Mehrzahl handelt es sich um eine T-PLL [30]. Neben diesen beiden gut definierten Formen der T-CLL kommen auch davon abweichende Krankheitsbilder vor, z. B. die Variante des CD8 Typs.

a) Chronische CD8 (Tγ)-Lymphozytose mit Neutropenie

Es liegt eine chronische Vermehrung reifer (meist grob-granulierter) Lymphozyten vor. Diese machen im Normalblut 27 ± 5% aller Lymphozyten aus und entsprechen den Effektorzellen der NK-Zellen sowie der Antikörper-abhängigen zellulären Immunität. Die Erkrankung geht häufig mit einer Neutropenie oder auch Panzytopenie einher. Zusätzlich findet sich meist ein Milztumor bei nur diskreten Zeichen eines lymphoproliferativen Syndroms (fehlende LK-Schwellung bzw. Hepatomegalie). Die wichtigsten Unterschiede gegenüber der B-CLL gehen aus Tabelle 10.21 hervor.

Zytologie, Zytochemie und Immunphänotyp

Der vorherrschende Zelltyp sind reife Lymphozyten mit vorwiegend breitem Zytoplasmasaum (Zellgröße um 15–18 μm). Meist sind mehrere bis zahlreiche, deutlich sichtbare azurophile Granula nachweisbar. Konvolutierungen des Kernes fehlen, und Nukleolen sind ungewöhnlich.

Tabelle 10.21. Charakteristika der B- und T-CLL (nach [65])

	B-CLL	T-CLL
Alter (Median)	64 Jahre	50 Jahre
Lymphknotenschwellungen	+/++	–
Splenomegalie	++	+/–
Lymphozytenzahl (G/l)	10–150	5–24[a]
Neutropenie	–	+/++
Serum-Ig	erniedrigt	normal/erhöht[b]
Knochenmarkbefall	++/+++	±/++
Klinischer Verlauf	variabel	chronisch
Lymphozyten-Morphologie	grobscholliges Chromatin, spärliches Zytoplasma	breites Zytoplasma azurophile Granula
Saure Phosphatase	–	++
CD3+/CD8+	–	++
sIg	++ (schwach)	–
CD5+	+	–/+
HLA DR	++	–/+

[a] signifikante Erhöhung der Lymphozyten nach Splenektomie
[b] Hypogammaglobulinämie in wenigen Fällen mit Proliferation von CD8+-Lymphozyten

Zytochemisch zeigen die Zellen eine deutliche (meist tartratsensitive) saure Phosphatase. Die α-Naphthyl-Esterase und die PAS-Reaktion sind meist negativ. Ein Teil der Zellen kann jedoch auch punktförmige Glykogeneinschlüsse zeigen.

Immunzytologisch können bei diesem Krankheitsbild zwei Haupttypen von proliferierenden grob granulierten Lymphozyten abgegrenzt werden [74, 344].

Typ A: Zellen des häufig chronisch verlaufenden Subtyps, der klinisch häufig mit mehr oder weniger ausgeprägter Neutropenie und Autoimmunphänomenen einhergeht. Die Tumorzellen sind durch den Phänotyp CD2+, CD3+, CD8+, CD56± charakterisiert. Der Fcγ Rezeptor III (CD16) wird nur inkonstant exprimiert. Ähnliches gilt für CD57 (HNK 1).

Damit unterscheiden sich die pathologischen NK-Zellen von jenen, die normalerweise in der Zirkulation nachweisbar sind. Diesen fehlt meist CD3, während CD16 und CD56 exprimiert werden. Das normale physiologische Korrelat der Tumorzellen dürften die LGL des normalen Knochenmarks darstellen [1, 344]. Die NK-Zellen vermitteln den Großteil der zellvermittelten Zytotoxizität gegen NK-resistente Tumoren (z. B. K562) und sind typischerweise nicht HLA Klasse II-restringiert.

In vitro zeigen diese grob granulierten Lymphozyten häufig keine spontane (NK)- und nur in einem Teil der Fälle eine antikörper-abhängige Lyse (ADCC). Ihr normales physiologisches Korrelat dürfte sich in den LGL des normalen Knochenmarks finden [74, 344].

Typ B: Die Zellen dieses selteneren Subtyps (2/11 Fällen in Chan et al. [74]) zeigen das Markerprofil: CD2+, CD3-, CD8-, CD16-, CD56+, CD57- [74, 344]. Im Gegensatz zu den Typ A-Zellen sind sie zur ausgeprägten spontanen und Antikörper-vermittelten Zytotoxizität befähigt.

Bei diesem Zelltyp dürfte es sich um eine phylogenetisch primitivere Zellpopulation handeln, die sich in einer Thymus-unabhängigen (CD3-)Reifungsfolge von den fetalen NK-Zellen herleitet und noch ihre Fähigkeit zu ADCC und unspezifischen Abwehr bewahrt hat [344].

In der Knochenmarkkultur konnte Grillot-Courvalin [152] einen direkt hemmenden Einfluß granulierter Lymphozyten (vom Subtyp CD3+, CD8+, CD57+, HLA-DR+) auf normale myeloische Vorläuferzellen nachweisen. Dieser Subtyp macht im normalen Knochenmark weniger als 1% aus [1].

Hämatologische Befunde

Die meisten der Patienten zeigen eine leichte bis mäßige *Anämie* (52% der Patienten [278]. Schwere Anämien mit Retikulozytopenie fanden sich bei 14 bzw. 8% der Patienten [278, 293]. *Neutropenien* sind sehr häufig (Segmentkernige unter 1 G/l in 71% bzw. 52%), *Thrombopenien* eher selten (in 9,5% unter 50 G/l). Im *Differentialblutbild* herrschen meist Lymphozyten vor; die Werte liegen zwischen 5 G/l und 40 G/l ([310]; mittlerer Lymphozytenwert bei Newland et al. [278] 8,3 G/l).

Hochleukämische Verläufe sind selten (nur 4% der Fälle von Phyliky et al. zeigten eine Lymphozytose von über 40 G/l). Andererseits wurden auch Fälle ohne Vermehrung von Lymphozyten beobachtet (niedrigster Lymphozytenwert bei Newland et al. 0,75 G/l).

Die Verdachtsdiagnose kann vielfach beim Durchmustern der Blutausstriche gestellt werden, wenn Lymphozyten mit grober Granulation in größerer Zahl nachweisbar sind. Reaktive Vermehrungen dieser Zellen kommen jedoch auch bei rheumatoider Arthritis (evtl. Felty-Syndrom; [278]), bei Tumorerkrankungen [287] und weniger ausgeprägt manchmal auch ohne nachweisbare Ursache vor.

Knochenmarkbefunde

Eine Infiltration mit lymphatischen Zellen wird in den allermeisten Fällen gefunden, wobei sie zum Teil nur mäßig bis mittelgradig ausgeprägt ist (in 76% unter 50% der kernhaltigen Zellen des Knochenmarks; [278]). Die Granulopoese zeigt häufig eine ausgeprägte Linksverschiebung. Hypoplasien der Erythropoese bis zum Bild einer „Pure red cell aplasia“ können vorkommen.

Klinisches Erscheinungsbild und Organbefall

Meist findet sich ein chronischer, in Spätstadien auch akzelerierter Krankheitsverlauf. Lymphadenopathien und/oder ein extranodaler Lymphombefall (z. B. Haut) sind selten, eine Splenomegalie dagegen sehr häufig. Rezidivierende Infekte (insbesondere der Haut, der Schleimhäute und der Lunge) kommen wiederholt zur Beobachtung. Nicht ungewöhnlich sind Arthropathien bis zum Vollbild einer rheumatoiden Arthritis [73, 278].

Splenomegalien fanden sich bei 76 bzw. 48% [278, 293], Hepatomegalien etwas seltener (in 8,7 bzw. 24%). Lymphknotenvergrößerungen waren nur bei wenigen Patienten nachweisbar (9,5 bzw. 8% der Fälle). Allgemeinsymptome waren selten (in 14% der Patienten von Newland et al. [278]). Eine seropositive rheumatoide Arthritis war in 33% der Patienten von Newland nachweisbar (das Symptombild ähnelte einem Felty-Syndrom; s. auch [310]).

Die Überlebensdauer ist gegenüber dem CD4-Typ hochsignifikant günstiger [262, 277]. Insbesondere der Typ A (s. Immunzytologie) ist durch einen chronischen Krankheitsverlauf charakterisiert [74, 344]. In den weniger detailliert beschriebenen Typ B-Fällen waren Zytopenien ungewöhnlich, möglicherweise der Verlauf jedoch ungünstiger [74, 344].

Zytogenetische Untersuchungen sind bei der schwierigen Differenzierung neoplastischer von reaktiven T-Lymphozytosen von besonderem Wert. Anomalien dürften in erster Linie das Chromosom 14 (Übersicht bei [372]) und das Chromosom 7 [66] betreffen. Gene, die an diesen beiden Chromosomen lokalisiert sind, kontrollieren die Expression der α- bzw. der β- oder γ-Kette des T-Zellrezeptors. Im Zweifelsfalle kann die Monoklonalität der Erkrankung durch Nachweis einer einheitlichen Rearrangierung auf der Ebene der β-Kette des T-Zellrezeptors erfaßt werden.

Die immunzytologisch unterscheidbaren Subtypen A und B zeigen auch im Hinblick auf Rearrangierungsuntersuchungen deutlich unterschiedliche Ergebnisse. Typ A-Zellen (CD3+) wiesen meist eine Rearrangierung auf der Ebene der T-Zellrezeptor β-Gene auf, während beim Typ B (CD3-) die T-Zellrezeptorgene in Keimlinienkonfiguration vorlagen [74, 291].

b) T-Prolymphozytenleukämie und T-CLL vom CD4-Typ

Diese T-CLL ist durch Ausschwemmung von Lymphozyten charakterisiert, die häufig unregelmäßige Kernausbuchtungen aufweisen („Knobby type"; [357]) und eine fokale Aktivität von α-Naphthylacetatesterase zeigen (Übersicht bei [222, 287, 393]). Nach einer internationalen Studie entspricht diese Erkrankung der T-PLL und sollte ihr zugeordnet werden (s. Kap. 10.3; [30]).

Die Patienten präsentieren sich meist mit einer deutlichen Splenomegalie, eine Hautbeteiligung findet sich bei etwa 1/3 der Patienten. Lymphadenopathien sind (ebenfalls im Unterschied zum CD8-Typ) häufig. Die Blutlymphozytenzahl steigt meist rasch an, begleitende Zytopenien sind häufig. Die mediane Überlebensdauer beträgt nach Literaturzusammenstellungen nur 12 Monate [393].

Zytologie, Zytochemie und Immunphänotyp

Die Lymphozyten sind klein bis mittelgroß, der Kern zeigt meist eine dichte Chromatinstruktur (zu den Nukleolen bei T-PLL und den beiden morphologischen Varianten s. Kap. 10.3). Die Kernform ist unregelmäßiger als beim CD8-Typ und weist vielfach Ausbuchtungen bis multiple Einschnürungen auf. Das Zytoplasma ist meist schmal und frei von gröberen Granula (eine zarte azurophile Granulation kann vorkommen). Zum Teil werden konvolutierte Lymphozyten, manchmal auch vielfach gelappte Zellen gesehen [287]. Bei manchen Patienten ähneln die Zellen lymphoplasmozytoiden Zellen (z. B. [393]); auf der anderen Seite des morphologischen Spektrums stehen Sézary-ähnliche Zellen [182].

Zytochemisch ist eine punktförmige Positivität für α-Naphthylacetatesterase (ANAE) für diese T-CLL charakteristisch. Das Enzym erfaßt den T-Helfer/Inducer-Subtyp an normalen und pathologischen Lymphozyten [154, 181 u. a.].

Die ANAE ist für den Helfer/Inducer-Subtyp charakteristisch [154, 181 u.a.]. Eine feingranuläre PAS-Positivität findet sich nur bei einem Teil der Fälle. Charakteristisch ist auch die Positivität für die Dipeptidyl-Peptidase 4 (DPP 4; [109]). Dieses Enzym ist in den meisten CD4-positiven Lymphozyten und in einer Minderzahl CD8-positiver Lymphozyten nachweisbar [338]. Meist findet sich auch eine Positivität für alkalische Phosphatase, die typischerweise in der paranukleären Region granulär positiv ist (in 10 von 12 Fällen von Huhn et al. [182]).

Immunzytologisch exprimieren die Zellen Pan-T-Zellmarker (CD2, CD5) und – inkonstant bei der T-PLL – CD3 (z.B. [247, 287]). Definitionsgemäß sind die Lymphomzellen CD4-positiv, bei einem kleinen Teil der Patienten wird gleichzeitig auch CD8 exprimiert (in 2 von 16 Fällen von Pandolfi et al. [287], in 6 von 23 T-PLL von Matutes et al. [247]). CD7 war in den Lymphomzellen von 5 der 8 Fälle von Pandolfi et al. [287] und in allen 23 Patienten von Matutes [247] nachweisbar.

Entsprechend dem reifen Phänotyp der leukämischen Lymphozyten ist die TdT sowie CD1 negativ. Die Aktivierungsmarker (CD25 und/oder HLA-DR) sind bei einem Teil der Fälle positiv (z.B. CD25 in 4 von 11 Fällen von Pandolfi et al. [287]).

Klinisches Erscheinungsbild und Organbefall

Neben Milz, Leber, Lymphomen und Hautbefall waren eine Pleuritis und/ oder ein Aszites, in anderen Zusammenstellungen auch eine leukämische Meningeose [182, 393] nicht ungewöhnlich. Das Knochenmark ist am Beginn der Erkrankung nur diskret befallen, im fortgeschrittenen Krankheitsstadium ist jedoch eine ausgeprägte Infiltration häufig.

Auf Antikörper gegen HTLV 1 sollte wegen Überschneidung von Klinik, Morphologie und Immunphänotyp dieser T-CLL mit der ATL untersucht werden. Sie fehlen typischerweise.

Zytogenetik

Am häufigsten kommen Veränderungen am Chromosom 14 (Bande q11) und eine Trisomie 8 zur Beobachtung [42, 393, 403]. 10 von 15 der Fälle von Brito-Babapulle et al. [42] zeigten eine Beteiligung von 14q11. Die wiederholt dokumentierte Inversion am Chromosom 14 betrifft Abschnitte, an denen einerseits Ig-Loci (Schwerkettengene) und andererseits jene für die α- bzw. δ-Kette des T-Zellrezeptors liegen. Trisomien (z.T. partiell für 7q) sind ebenfalls nicht selten (in 4 der 15 Fälle von [42]). Dabei kann die Bande betroffen sein, wo die β-Kette des TCR lokalisiert ist. Die Expression von CD25 an Leukämiezellen war mit Aberrationen von 7q35 [42] korreliert.

Andere T-CLL

Neben der Tγ-Lymphozytose wurden auch CD8 positive T-CLL beobachtet, die im Gegensatz zur ersteren Erkrankung einen aggressiven klinischen Verlauf zeigten. Die Lymphomzellen sind pleomorph, es fehlt ihnen eine deutliche azurophile Granulation. Zytochemisch ist eine fokale ANAE-Positivität (vergleichbar der T-CLL vom CD4-Typ) nachweisbar (pleomorpher Subtyp der T-CLL: [183, 222, 357]. Zur T-CLL vom CD8-Typ bei Ataxia teleangiectatica s. [99].

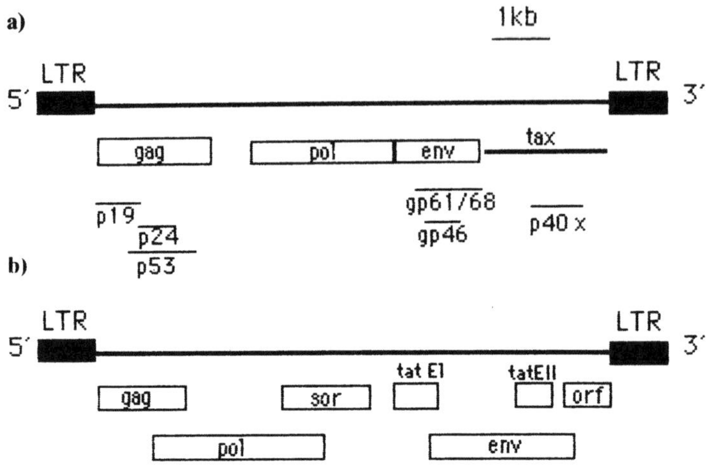

Abb. 10.30a, b. Aufbau von HTLV-I/HTLV-II **(a)** und des HIV-Virus **(b)** (nach [51])

10.10.1.3 Endemische T-Zell-Leukämie der Erwachsenen (ATL) und andere Folgezustände einer Infektion mit HTLV-I/HTLV-II

Die ATL zeigt eine enge Assoziation mit dem Retrovirus HTLV-I (über 90% aller Patienten mit ATL sind serologisch durch Antikörper gegen HTLV-I charakterisiert; (Übersicht bei [30, 45, 339, 394, 396, 399, 401]).

a) Viruspathologie und diagnostische Grundlagen

Die HTLV-Familie umfaßt vor allem HTLV-I, das sehr nahe verwandte HTLV-II und eine Reihe von Retroviren mit Vorkommen bei anderen Spezies (z. B. STLV-I = Simian-T-Cell-Leukemia Virus, BLV = Bovine-Leukemia-Virus). Die HTLV-Oncornoviren sind durch eine spezielle reverse Transkriptase charakterisiert [315] und zeigen einen ähnlichen Aufbau wie HIV (Abb. 10.30). HTLV-I enthält konservierte Gensequenzen, die eine Lymphozytentransformation bewirken (tax; Abb. 10.30). Die Genstruktur von HTLV-I und HTLV-II wird am 5'- und 3'-Ende durch LTR (long terminal repeat)-Sequenzen flankiert. An sie schließen am Anfang des Genoms (5'-Bereich) die Virusstruktur kontrollierende gag-Sequenzen, die pol-(Polymerase)Region und der für die Virushülle verantwortliche env-(envelope)Bereich an. Am distalen Ende (3'-Bereich) finden sich die erwähnten tax-Sequenzen.

Diese Sequenzen begünstigen nach Integration in T-Lymphozyten die konstitutive Expression von IL-2-Rezeptoren (CD25).

Ebenso wird – mit geringerer Effizienz – auch die Synthese von IL-2 aktiviert [144]. Weiter wird auch die Transkription von viralen Gensequenzen positiv beeinflußt (über LTR: [39]).

p 40x, das Proteinprodukt von tax, ist kernassoziiert. Antikörper gegen dieses Protein werden nach Infektionen schon relativ früh nachweisbar. Sie treten unabhängig von einer produktiven Virusvermehrung auf, während solche gegen das reife Virus erst wesentlich später nachweisbar sind [103, 104].

Die durch HTLV-I- und HTLV-II-Infektionen hervorgerufene Bildung einiger virusspezifischer Proteine ist ebenfalls in Abbildung 10.30 zusammengefaßt.

Nachweis einer HTLV-I und/oder einer HTLV-II Infektion

Zum Antikörpernachweis stehen als Screening-Tests zur Verfügung: indirekte Immunfluoreszenz unter Verwendung virusproduzierender Zellen [102, 173], passiv Agglutinationstests [185] und ELISA [10, 212]. Der Nachweis einer Seropositivität in den Screening-Tests (z. B. ELISA p24 RIA) erfordert – vergleichbar der HIV-Testung – die Sicherung durch Tests höherer Spezifität. Dazu stehen der Immunoblot bzw. RIPA (Radioimmunpräzipitats-Assay) zur Verfügung [6, 10]. Die Sensitivität der Screening-Tests ist z. T. verbesserungsbedürftig [6].

Es wird der Nachweis von Antikörpern gegen mindestens 2 Proteine angestrebt, die unter der Kontrolle unterschiedlicher Gensequenzen stehen, z. B. von gag (p19, p24), env-kodierten Proteinen (gp 46, gp 61) bzw. tax (p40x) [10].

Der molekularbiologische Nachweis einer Infektion kann vor allem durch Southern-blot, Dot-blot oder PCR erfolgen. Die Erfassung einer monoklonalen Integration von HTLV-I in Lymphozyten-DNA erfolgt vielfach durch den Southern-blot [399, 400, 401]. Die PCR ermöglicht den hochsensiblen Nachweis einer HTLV-I-Infektion in Risikogruppen bzw. der Integration von Virussequenzen in Tumorzellen zur Erfassung virusassoziierter Lymphome.

Eine polyklonale Integration von HTLV-I-viralen DNA-Sequenzen in Lymphozyten findet sich beim Übergangsstadium vom Virusträger zur prä-ATL [400].

Transitorische, aber rezidivierende T-Zellymphozytosen mit polyklonaler HTLV-I-Integration wurden auch vereinzelt bei Negern in den USA beschrieben [303]. Andere polyklonale CD4+ und CD8+ Lymphozytosen zeigten Infektionen sowohl mit HTLV-I wie auch HIV [103, 161]. Die prä-ATL dagegen [204] ist ebenso wie alle ATL-Fälle durch eine monoklonale Integration von viraler DNA in Lymphozyten charakterisiert ([400] mit weiterführender Literatur).

Der Wert der PCR zur Erfassung von Virusträgern (HTLV-I, HTLV-II) wurde z. B. in der Risikogruppe von iv-Drogenabhängigen definiert [104]. Der Infektionsweg ist ähnlich wie bei HIV. Gemischte Infektionen sind in den Risikogruppen in manchen Teilen der USA nicht selten [104, 392].

In der PCR können simultan mehrere Primer eingesetzt werden, wodurch die Erfassung von Mehrfachinfektionen erleichtert wird [104]. Nach den Ergebnissen von Ehrlich et al. [104] aus New York waren etwa 37% der HTLV-I-positiven Personen nach den PCR-Ergebnissen auch HTLV-II-Träger, 84% der HTLV-II-positiven Personen waren auch HIV-positiv. Die PCR war den ELISA-Methoden erwartungsgemäß an Empfindlichkeit überlegen. Auch wurde gezeigt, daß eine Serokonversion in Endemiegebieten meist erst im 3.–4. Lebensjahrzehnt stattfindet, obwohl die Infektion in früher Kindheit erfolgte ([104], dort weiterführende Literatur).

b) Epidemiologie

Serologische Untersuchungen ergaben eine gehäufte Inzidenz für HTLV-I in Japan und der Karibik, also in Gebieten, in denen eine Korrelation zum Auftreten von ATL besteht. Weitere Cluster HTLV-assoziierter Neoplasien finden sich im Südosten der USA [8a, 64, 357, 371].

In einigen Gebieten Japans zeigen bis zu 16% und mehr der Bevölkerung Seropositivität für HTLV-I. Über eine 10 Jahresperiode betrug die HTLV I Übertragung innerhalb von Ehepaaren von Mann zu Frau 61%, von Frau zu Mann 0,4% (Übersicht bei [8a]).

Aber auch außerhalb dieser Gebiete und ohne nachgewiesene Assoziation zu T-Zellneoplasien finden sich geographische Regionen und Bevölkerungsschichten mit endemischer Seropositivität für HTLV [339].

So waren 1986 z. B. 9% der iv-Drogenabhängigen in New York bzw. 27% der Drogensüchtigen in Rom HTLV-I und 18% HTLV II positiv. Proben und Antikörper gegen HTLV-1 zeigen eine schwache Kreuzreaktion mit einem möglicherweise neuen Retrovirus-„HTLV-V". Daten weisen darauf hin, daß dieses Virus für den hohen Anteil seropositiver Personen in Italien verantwortlich sein könnte. Das Virus wurde aus Tumorzellen von Patienten mit CD4+, CD8-, CD25-kutanen T-Zellymphomen isoliert [242a].

In Europa erstreckt sich das Verbreitungsgebiet von HTLV-I überwiegend auf Einwanderungsgebiete mit historischen Verbindungen zur Karibik (d. h. Großbritannien, Holland, Spanien und Frankreich). Aber auch in Sizilien und Südapulien konnten Regionen umgrenzt werden, in denen das Virus (in bis zu 9% der Bevölkerung) endemisch zu sein scheint (Pandolfi et al. [286, 318]).

Die Übertragung von HTLV erfolgt über engen Kontakt, z. T. sexueller Natur, oder die Transfusion von seropositiven Blutprodukten.

Auch eine Übertragung von Mutter zu Kind ist häufig. Dabei kann die Infektion in utero, während der Geburt oder in der Stillperiode erfolgen [339].

Der Einfluß von verschiedenen Umweltfaktoren auf die Ausbreitung von HTLV oder ein Vektor-assoziierter Übertragungsmodus sind zusätzlich in Diskussion. Das mediane Alter der ATL Patienten liegt in Japan in der sechsten, in der Karibik und in USA in der vierten Dekade ([8a]).

Folgezustand einer Infektion mit diesem Oncornovirus ist die endemische tropische spastische Paraparese (TSP), die jetzt HTLV-I assoziierte Myelopathie genannt wird und klinisch zum Teil der multiplen Sklerose ähnelt [135]).

Zur Verbreitung des HTLV-II-Virus existieren nur wenige epidemiologische Daten, eine Prädiktion, ob und in welcher Art eine Infektion in eine neoplastische Erkrankung übergehen kann, scheint verfrüht.

HTLV-II wurde bei zwei Fällen von atypischen Haarzell-Leukämien und eines CD8-positiven Lymphoms mit schwerer Neutropenie isoliert [321]. Es wurde daher postuliert, daß HTLV-II ebenso pathogen sein könnte wie HTLV-I, da beide eine enge Verwandtschaft und sehr ähnliche transformierende Gensequenzen zeigen (s. unten).

c) Diagnose

Die Diagnose einer ATL stützt sich auf

- die Ausschwemmung bizarr geformter lymphatischer Zellen von charakteristischer Morphologie, die sich immunologisch wie T-Lymphozyten verhalten;

- das Vorliegen von Serum-Antikörpern gegen HTLV-I und/oder den Nachweis einer klonalen Integration von HTLV-I in die neoplastischen Zellen sowie
- charakteristische klinische und hämatopathologische Befunde.

Zytologie. Die lymphatischen Zellen haben eine ausgeprägte Größenpolymorphie (von kleinen Lymphozyten bis zu großen mononukleären Zellen >14 μm) und sind von pleomorphem Aussehen. Die Kern-Plasma-Relation ist zugunsten des (meist chromatinreichen) Kernes verschoben, der von mittlerer Größe ist. Am charakteristischsten ist ein Zelltyp, der vielfache Einschnürungen („flower cells") zeigt. Der Anteil der Tumorzellen liegt zwischen 10 und 80% [30]. Meist finden sich auch einzelne Blasten. Je hochleukämischer das Blutbild, desto ausgeprägter sind meist die Zellatypien. Bei Patienten mit geringer leukämischer Ausschwemmung können sie auch weitgehend fehlen.

Histopathologie. Charakteristisch ist die Pleomorphie der Infiltrate (Übersicht bei [222]). Es finden sich mittelgroße Zellen von etwa 6–9 μm mit dichter Chromatinstruktur, mittelgroße Zellen (10–12 μm) mit 2–5 großen basophilen Nukleolen und große Zellen, deren Kerne multiple Einkerbungen („quallenartig") zeigen. Häufig werden Riesenzellen gefunden.

Neben Riesenzellen vom Sternberg-Reed-Zelltyp finden sich auch solche vom zerebriformen Typ. Diese zeigen starke Einkerbungen der Kernmembran, ein grobes basophiles Chromatin und 2–3 große basophile Nukleolen. Dieser letztere Typ ist sehr charakteristisch, wenn nicht spezifisch für HTLV-I-positive T-Zellymphome [222]. Zwischen den Tumorzellen finden sich meist reichlich Histiozyten, gelegentlich sind Eosinophile zahlreich. Plasmazellen sind selten. Epitheloide Venolen sind meist nachweisbar.

Zytochemie und Immunzytologie [30, 190]. Die Tumorzellen sind positiv für saure Phosphatase und saure unspezifische Esterase. Immunzytologisch zeigen sie den Phänotyp von Helfer/Inducer-Lymphozyten [64, 222, 396].

Der am häufigsten beobachtete Phänotyp ist CD2+ (T11), CD3+, CD4+, CD5+, CD25+ (Interleukin-2-Rezeptor) und CD29+, während CD7 (wie auch CD1) negativ sind [397]. In Einzelfällen wurde auch die simultane Expression von CD4 und CD8 nachgewiesen (z. B. [222, 360, 380]). Obwohl die Tumorzellen dem Phänotyp nach Helfer/Inducer-T-Zellen entsprechen, wirken sie über die Induktion von Suppressor-T-Zellen supprimierend auf die B-Zelldifferenzierung [396].

Wie auch bei anderen peripheren T-Zellymphomen ist allerdings die Expression von verschiedenen Pan-T-Zellmarkern unterschiedlich; häufig sind zumindest einzelne dieser T-Zellantigene nicht nachweisbar. Im Gegensatz zu anderen PTZL wird CD25 weitgehend konstant exprimiert [30, 222, 357]. Die Auswertung von proliferationsassoziierten Markern kann zur Differentialdiagnose der verschiedenen Verlaufsformen der ATL beitragen (s. Kap. 10.10.1.3 e)). Bei akuter ATL ist der Anteil Ki-67-positiver Blutlymphozyten hoch [346]. Die chronische ATL zeigt meist niedrige, die smouldering ATL etwa normale Werte.

Tabelle 10.22. Klinische Verlaufsformen der ATL (nach [339])

Typ	Leukämische Manifestation*	Hautbefall	Lymphadenopathie	Hepatosplenomegalie	Knochenmarkinfiltration	Hyperkalzämie	Erhöhte Serum-LDH
Klassische ATL	++++	++	++++	+++	+++	+++	++++
Smouldering ATL	–	++++	+	+	–	–	–
Chronische ATL	++++	++	+	+	++	–	+
Reifzelliges T-NHL mit integriertem Virus**	–	++	++++	++	++	++	++++

* Leukozyten >10 G/l und abnorme Lymphozyten mit Charakteristika der ATL
** Aleukämisch, ATL vom „Lymphomtyp"
+: 1–25%; –: nicht vorkommend; ++: 26–50%; +++: 51–75%; ++++: in 76–100% der Fälle vorkommend

d) Hämatologische und klinische Befunde bei ATL

Die Patienten präsentieren sich typischerweise mit einer generalisierten Lymphadenopathie bei gleichzeitiger Ausschwemmung von Tumorzellen, einer Hyperkalzämie, Knochen- und Hautveränderungen, einer Hepato-Splenomegalie sowie einem Knochenmarkbefall (Tabelle 10.22).

Zur Zeit der Diagnose hat die Mehrzahl der Patienten ein normales rotes Blutbild und normale Thrombozytenzahl. Eine Leukozytose ist meist nachweisbar (Werte deutlich über 100 G/l sind nicht ungewöhnlich).

Eine Hyperkalzämie wurde in 24% bis über der Hälfte der Patienten gefunden [45, 357, 361, 397]. Sie kann zu Urämie und Koma führen. Erhöhungen der LDH fanden sich in 84% der Patienten von Tamura et al. [361].

Hohe LDH-Werte waren meist mit einem hochleukämischen Blutbild korreliert und stellten vor allem bei Werten über 1000 U/ml ein sehr ungünstiges Prognosezeichen dar (Überlebensdauer im Median nur 2 Monate). Hyperbilirubinämien wurden in 22% gefunden [361].

Eine Hypogammaglobulinämie findet sich bei der Mehrzahl der Patienten, es kann sich jedoch auch eine polyklonale Ig-Erhöhung finden. M-Gradienten kommen vor [357, 397].

Die Lymphadenopathien manifestieren sich in Form von peripheren, retroperitonealen und/oder hilären Lymphomen; Mediastinaltumoren fehlen [8a]. In manchen Fällen steht im klinischen Erscheinungsbild das Lymphom und nicht die Leukämie im Vordergrund. Vergrößerungen der Milz und/oder der Leber finden sich bei etwa der Hälfte der Patienten [310].

Bei der lymphomatösen Form geht die Erkrankung meist nicht in eine Leukämie über, die Hyperkalzämie fehlt, hohe LDH-Werte kommen jedoch vor. Die Prognose ist etwas günstiger als jene der typischen ATL [380].

Hautveränderungen kommen bei mehr als der Hälfte der Patienten vor. Sie können vielgestaltig sein, z. B. Erythrodermien, makulopapulöse Exantheme und knötchenförmige Veränderungen. Histopathologisch ähnelt das Bild der Mycosis fungoides [190, 357]. Hautaffektionen auch im Rahmen von Infekten (insbesondere durch Pilze) kommen vor.

Osteolytische Veränderungen finden sich bei etwa 50% der Patienten [310]. Sie sind Folge einer Osteoklastenaktivierung durch T-Zellfaktoren (z. B. [190]). Eine (z. T. diskrete) Markbeteiligung fand sich in 58% der Fälle von Jaffe et al. [190]. Nicht selten ist ein Befall der Lunge (in 3 von 10 Fällen von Broder et al. [45]), des Gastrointestinaltraktes (in 3 von 10 Fällen) oder der Leptomeningen (in 2 von 10 dieser Fälle).

Ähnlich wie HIV-Infizierte zeigen Patienten mit ATL, vor allem in fortgeschrittenen Stadien, eine hohe Infektanfälligkeit, u. a. für opportunistische Keime (z. B. CMV, *Pneumocystis carinii, M.tuberculosis,* Pilze; [397 mit weiterführender Literatur]). Anergien sind die Regel. Unbeherrschbare Infekte sind häufig die Todesursache.

Nachweis der Antikörper gegen HTLV-I. Zur Diagnose einer ATL gehört der Nachweis von Serumantikörpern gegen Virusanteile [45, 127, 173, 301 u. a.]. Zu den Grundlagen der serologischen Erfassung der Antikörper s. Kap. 10.10.1.3 a). HTLV-Antikörper kommen in Endemiegebieten jedoch auch bei Normalpersonen nicht selten vor (z. B. in Südjapan in 10–15%, in der Karibik in 2–5%). Bei Patienten mit ATL findet sich jedoch eine monoklonale Integration des HTLV-I-Provirus in die DNA leukämischer Zellen (s. Kap. 10.10.1.3 a)).

Der positive Nachweis von Serumantikörpern gegen virusassoziierte Antigene liegt bei Familienmitgliedern von Erkrankten etwa 3–4mal höher und kann um 50% betragen. Auch steigen sie in Endemiegebieten mit dem Alter an. Die Häufigkeit der HTLV-I-Positivität in der Bevölkerung ist dem Vorkommen der ATL korreliert. Weniger als 1% der HTLV-I-positiven Personen entwickelt eine ATL [339]. Es wird geschätzt, daß pro Jahr einer von 900 männlichen und eine von 2000 weiblichen Trägern über dem 40. Lebensjahr eine ATL entwickeln ([8a]).

e) Verlaufsformen der ATL, ihrer Vorstadien und Varianten

Das Spektrum von Folgezuständen einer Infektion mit diesen Viren wird zunehmend komplex. Einerseits manifestieren sich Infektionen mit HTLV-I asymptomatisch, z. T. als polyklonale T-Zellymphozytose [102, 303], als Prä-ATL [204] oder als Vollbild der Erkrankung. Dabei dürfte es sich um einen Stufenprozeß handeln [400]. Dies ist Folge der Latenzzeit zwischen Infektion und klinischer Manifestation HTLV-I-assoziierter Krankheitszustände.

Am häufigsten ist die *akute ATL* mit hochleukämischem Blutbild (Überleben unter 1 Jahr; [8a, 30, 200, 357, 361]). Daneben kommen Zustände mit weniger aggressivem Krankheitsverlauf vor (Tabelle 10.22).

Bei der *chronischen ATL* (Überleben >1 Jahr) finden sich weniger zirkulierende Tumorzellen meist > 10% [8a], das Knochenmark ist häufig frei, und der Serumspiegel des löslichen CD25 ist meist niedriger (Abb. 10.31).

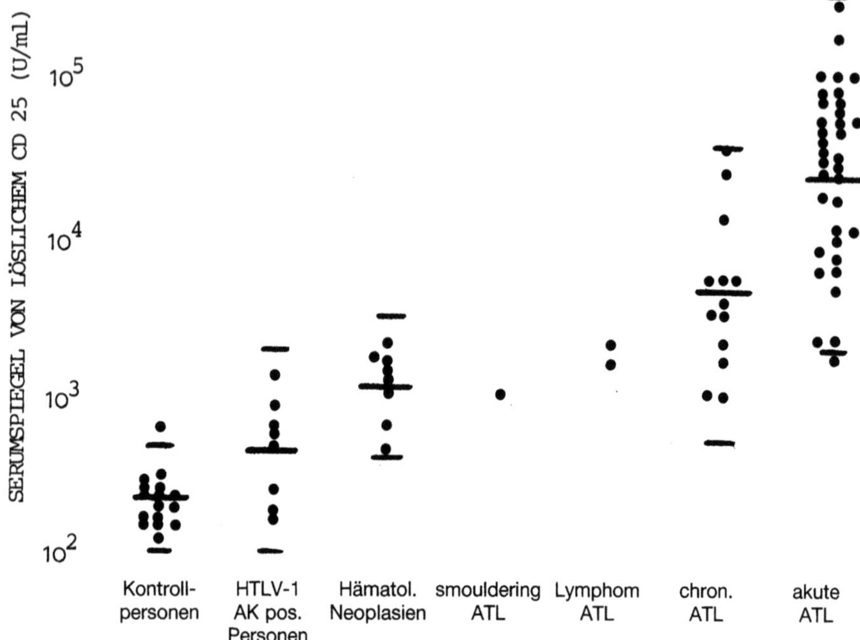

Abb. 10.31. Serumspiegel des löslichen IL-2-Rezeptors (sIL-2R) bei 50 Patienten mit ATL, 8 Patienten mit anderen hämatologischen Neoplasien, Normalpersonen und gesunden HTLV-I-positiven Probanden [244]

Die *„smouldering ATL"* zeigt eine geringe Symptomatik und normale Leukozytenzahlen [2, 30, 308, 400].

Hautläsionen, die über Jahre persistieren können, sind ein klinisches Leitsymptom (Überlebensdauer mehr als 2 bis viele Jahre; [380]). Sie sind meist papulös und erythrodermisch und zeigen oft spontane Regressionen. Rezidivierende, vor allem mykotische Infektionen sind häufig [8a].

Auch präleukämische Zustände wurden beobachtet, welche manchmal in eine akute Verlaufsform übergingen [204].

Die prä-ATL nach der Definition von Kinoshita et al. [204] ist durch eine Ausschwemmung abnormer Lymphozyten (10–40%) meist ohne klinische Symptomatik charakterisiert. Vorübergehendes Fieber, Hauterscheinungen und geringfügige Lymphadenopathien können vorkommen. Eine mäßige Erhöhung der Gesamtleukozytenzahl war häufig, die CD4/CD8-Ratio meist normal. Rückbildungen des pathologischen Blutbildes (bei der Hälfte der 18 Patienten), Persistenzen über Jahre (bei 1/3) oder Übergänge in eine ATL (bei 4 Patienten) wurden beobachtet [204].

Zur Abgrenzung der verschiedenen Verlaufsformen der ATL trägt die Auswertung des Serumspiegels von CD25 bei (Abb. 10.31). Bei der Unterscheidung von akuter, chronisch verlaufender und smouldering ATL kann auch die Durchflußzytometrie an Blutlymphozyten von Wert sein [346].

Es fanden sich Unterschiede insbesondere bei der Auswertung von Proliferations-/Aktivierungsmarkern (Ki67, Transferrinrezeptor).

10.10.1.4 (Angio-)Immunoblastische Lymphadenopathie (Lymphogranulomatosis X)

Die angio-immunoblastische Lymphadenopathie mit Dysproteinämie (AILD) ist durch ein lymphomähnliches Krankheitsbild charakterisiert, das mit einer polyklonalen Aktivierung des B-Zellsystems und einer gestörten Resistenz gegenüber Infektionen einhergeht. Obwohl das pathohistologische Erscheinungsbild an ein Prälymphom erinnert, zeigt die Erkrankung meistens einen progredienten Verlauf und läßt sich in der Mehrzahl der Fälle (80–90% nach [8a]) molekularbiologisch als monoklonale T-Zellproliferation charakterisieren. Die häufigste Todesursache sind unbeherrschbare Infekte.

Mehr als 1/4 der PTZL einer großen Zusammenstellung sind AILD-ähnliche NHL (29% der Fälle von [225]).

Übergänge einer AILD in maligne Lymphome vom immunoblastischen Typ wurden im Detail von Nathwani et al. [271] beschrieben. Die neoplastische Form der AILD wurde erstmals durch Shimoyama et al. [345] als T-Zellymphom charakterisiert.

Histopathologie, Immunphänotyp und Charakterisierung der Tumorzelle

In befallenen Lymphknoten ist die normale Struktur durch eine diffuse Infiltration zerstört, die folgende Besonderheiten aufweist:

1. eine Proliferation von Immunoblasten, Plasmazellen und „Immunozyten" (s. unten);
2. eine große Zahl epitheloidzelliger Venolen mit Gefäßsprossungen;
3. interstitielle eosinophile Ablagerungen (PAS-positiv; in der großen Patientengruppe von Knecht et al. [208] in 49% der Fälle nachweisbar).

Zum bunten Zellbild der AILD tragen auch Eosinophile, Epitheloidzellen und proliferierende dendritische Retikulumzellen bei. Die Keimzentren atrophieren (Übersicht bei [8a, 209, 222, 223, 357] u. a.).

Die Unterschiede zwischen „Hyperimmunreaktionen" (HR) mit meist günstiger Prognose und der typischen Lymphogranulomatosis X (als Äquivalent der AILD) wurden von der Lennert-Arbeitsgruppe im Detail definiert [208, 209].

Die HR zeigt zum Unterschied von der AILD aktive Keimzentren, Lymphknotenanteile mit erhaltener Struktur, meist residuale Sinusanteile und weit seltener eine Infiltration der Lymphknotenkapsel mit Immunoblasten, Plasmazellen und Lymphozyten.

Die phänotypische Charakterisierung der Tumorzellareale zeigt CD4-positive Lymphozyten (T_H) als bevorzugt proliferierende Zellen (Doppelfärbung mit Antikörpern gegen Subpopulationen der T-Lymphozyten und Ki67; [225, 357]). Immer finden sich auch reichlich CD8+ Lymphozyten, die in manchen Fällen ebenfalls proliferieren (Typ II nach Feller [222]).

Tabelle 10.23. Klinische Befunde bei 272 Fällen von angioimmunoblastischer Lymphadenopathie

Fieber	66%
Nachtschweiß	46%
Gewichtsverlust	50%
Pruritus	39%
Erythem	45%
Hypersensitivität (vor allem gegenüber Medikamenten)	25%
Lymphadenopathie	98%
generalisiert	88%
regional	12%
Splenomegalie	66%
Hepatomegalie	63%
Pleurabefall	21%
Auftreten eines malignen Lymphoms	8%

Nach den molekularbiologischen Ergebnissen (Rearrangierung der γ- und/oder β-Kette des T-Zellrezeptors) zeigt die Mehrzahl der Fälle eine klonale T-Lymphozytenproliferation [8a, 148, 387].

Nach den Befunden der Lennert-Arbeitsgruppe war häufig eine Rearrangierung des Ig-Schwerkettengens und der γ- bzw. β-Kette des T-Zellrezeptors gleichzeitig nachweisbar [148, 370]. Dies gilt insbesondere für den Typ II nach Feller [222].

Klinisches Erscheinungsbild

Einige klinische Symptome und ihre Häufigkeit bei AILD sind in Tabelle 10.23 zusammengefaßt. Die Erkrankung kann in jedem Lebensalter vorkommen, die höchste Inzidenz findet sich im 6. und 7. Lebensjahrzehnt. Der Beginn ist meist akut mit Allgemeinsymptomen und Lymphadenopathie (häufiger generalisiert als lokalisiert). Hauterscheinungen finden sich bei etwa 40% der Patienten. Bei fast 1/3 der Patienten war eine Medikamentenexposition (Antibiotika, Sulfonamide, antikonvulsive Medikamente u. a.) den Krankheitsmanifestationen vorausgegangen. Hepatosplenomegalien begleiten das Krankheitsbild sehr häufig. Nicht ungewöhnlich ist auch eine Mitbeteiligung der Lunge oder der Pleura.

Dabei handelt es sich um mehrdeutige interstitielle oder noduläre Infiltrate, so daß die Differentialdiagnose eines Lungenbefalls oder begleitender Infektionen zu treffen ist.

Hämatologische Befunde

Eine Anämie ist bei 3/4 der Fälle nachweisbar [8a]. An ihrem Zustandekommen ist eine hämolytische Komponente häufig beteiligt (Coombs-positive autoimmunhämolytische Anämien finden sich bei etwa 1/4 der Patienten). Die Leukozytenzahl kann im Normbereich liegen, bei Abweichungen sind

Leukozytosen häufiger als Leukopenien. Im Differentialblutbild werden Immunozyten (lymphoplasmazytische Zellen) nicht selten gefunden. Insgesamt ist eine Lymphopenie häufig, die sich vor allem im Krankheitsverlauf verstärken kann. Oft entwickeln sich Eosinophilien, die bei manchen Patienten hochgradig sein können. Thrombopenien finden sich bei 1/5 der Patienten. Ein Befall des Knochenmarkes ist bei knapp der Hälfte der Patienten nachweisbar.

In der Auswertung von Pangalis et al. [288] war das Knochenmark in 70% der Patienten ergriffen. Im Obduktionsgut von Knecht et al. [209] war ein solcher Befall in 34% nachzuweisen.

Die Infiltrate sind meist paratrabekulär gelegen. Sie erscheinen durch vaskuläre und fibroblastische Proliferation wenig zellreich. In variablen Anteilen sind Immunoblasten, Immunozyten und Plasmazellen nachweisbar. Eosinophile und Epitheloidzellen können sich ebenfalls ähnlich wie im Lymphknoten finden. Die nicht befallenen Areale zeigen meist eine hyperplastische Hämatopoese. In der Knochenmarkaspiration sind die Ergebnisse von geringerem diagnostischem Wert. Immunozyten (lymphoplasmazytoide Zellen, große plasmazytoide Zellen und Plasmazellen) waren in der Auswertung von Pangalis et al. [288] in 65% der Patienten nachweisbar (ihr Anteil betrug im Mittel 16,5%).

Detaillierte Beschreibungen der Knochenmarkbefunde bei [137, 288, 336].

Immunologische Befunde

Eine polyklonale Hypergammaglobulinämie findet sich in 3/4 der Patienten (s. auch [88, 271, 306]). Erhöhungen betreffen eine oder häufiger mehrere Ig-Klassen. In Einzelfällen wurden M-Gradienten beobachtet [88, 209]. Eine Hypogammaglobulinämie ist demgegenüber ein seltener Befund.

Neben einem positiven Antihumanglobulintest können auch Kälteagglutinine vorkommen (z.B. bei 4 von 8 darauf untersuchten Patienten von Cullen et al. [89]). Weitere Autoantikörper sind solche gegen glatte Muskulatur (in 75% der Patienten; [310]), antinukleäre Antikörper (in 32% von Archimbaud et al. [14]) und Rheumafaktoren (in 28%). Häufig sind zirkulierende Immunkomplexe nachweisbar [84]. Allergien sind bei der Hauttestung sehr häufig.

Prognose

Die mediane Überlebensdauer liegt um 24–30 Monate [222, 289], in großen Patientengruppen wurden jedoch kürzere (z. B. [8a, 209]) und – bei Erreichen einer kompletten Remission – auch deutlich längere Überlebenszeiten beobachtet.

Langzeitbeobachtungen zeigten, daß 66% der Patienten eine komplette Remission erreichten. Dieses Ereignis war der wichtigste Prognosefaktor [289]. In Einzelfällen wurden komplette Rückbildungen der Lymphome auch spontan beobachtet.

Die mediane Überlebensdauer der Patienten mit kompletter Remission lag in der Studie von Pangalis et al. [289] bei 51 Monaten, in der übrigen Gruppe bei 9 Monaten ($p = 0{,}0006$). Die häufigste Todesursache waren Infektionen (u. a. Zytomegalievirus, *Pneumocystis carinii,* Aspergillosen). Ein Übergang in ein immunoblastisches NHL wurde in 18% gefunden. In einer prospektiven Studie von Archimbaud et al. [14] war neben dem Erreichen einer Remission ein Stadium I–II der Erkrankung von einem günstigeren Verlauf begleitet, während ein „Hautausschlag", eine erhöhte LDH oder eine Lymphknoteneosinophilie ungünstige Prognosefaktoren darstellten.

10.11 Großzellige anaplastische Lymphome (insbesondere Ki-1-Lymphom)

Diese Krankheitsgruppe konnte vor allem durch die Fortschritte der immunzytochemischen Methoden charakterisiert werden. Die bestcharakterisierte Entität großzellig anaplastischer Lymphome stellt das Ki-1-NHL dar ([7, 94, 222, 354a] mit weiterführender Literatur), dessen Markerprotein (CD30) durch Antikörper der Stein-Arbeitsgruppe zuerst charakterisiert wurde [354a]. Die Tumorzelle leitet sich nach dem Markerprofil von aktivierten T-, seltener von B-Lymphozyten, „0"-Zellen oder – nur in Einzelfällen dokumentiert – von Makrophagen her [7, 8a, 94, 160, 337, 354a].

Bei der Diagnose dieses NHL kommt immunhistologischen Untersuchungen besondere Bedeutung zu. Neben CD30 (einem Aktivierungsmarker, vor allem von T-Lymphozyten) ist dabei das epitheliale Membranantigen von besonderer Bedeutung (EMA; [7, 82, 93, 94]).

10.11.1 Histopathologie und Immunphänotyp

Die wichtigsten histopathologischen Kriterien zur Diagnose der Erkrankung sind

a) pleomorphe zelluläre Infiltrate (oft in Form von Zellverbänden),
b) ein partieller Befall des Lymphknotens, insbesondere der Sinus- und parakortikalen T-Zonen,
c) ein teilweiser Erhalt der Follikel,
d) häufiges Vorkommen von Fibrosen (interstitiell und bandförmig) und
e) eine deutliche Vermehrung reaktiver Plasmazellen.

Zusätzlich finden sich häufig Sternberg-Reed-ähnliche Riesenzellen, Nekroseareale und meist eine hohe Teilungsaktivität [7, 94, 354].

Eine Zusammenfassung des Immunphänotyps im Vergleich zu einigen differentialdiagnostisch wichtigen Lymphomentitäten findet sich in Tabelle 10.24.

Die überwiegende Mehrzahl (nicht alle) der großzellig-anaplastischen NHL exprimiert CD30 [7, 94, 199, 222, 337, 354 u. a.].

Neuere CD30-Antikörper bringen verbesserte Färbeergebnisse in einem hohen Prozentsatz der Fälle (der paraffingängige Ber-H2-Antikörper in 55–63% dieser Lymphomentität; [94]). In Einzelfällen wird CD30 auch von soliden Karzinomen exprimiert (u. a. bei embryonalen Karzinomen; [222] mit weiterführender Literatur).

Eine Expression von EMA (ursprünglich an Mammaepithel nachgewiesen; [72, 82, 172] begleitet meist die CD30-Positivität (Tabelle 10.25).

Diese Koexpression fand sich in 78% der Biopsien (n = 64) von Delsol et al. [94]. Lennert und Feller [222] fanden eine EMA-Positivität in 1/3 der Fälle. Sie war in den anderen differentialdiagnostisch wichtigen Lymphomen oder reaktiven Lymphknotenschwellungen sehr ungewöhnlich (Tabelle 10.24). Nur eine kleine Zahl war nur EMA- oder nur CD30-positiv (17%, s. Tabelle 10.25). Anaplastische epitheliale Karzinome

Tabelle 10.24. Immunphänotyp des Ki-1 Lymphoms im Vergleich zum M. Hodgkin und zu Non-Hodgkin-Lymphomen (nach [76, 94])

	monoklonale Antikörper*					
	CD30	EMA	CD45R	CD15	CDw75	MT1
Ki-1 Lymphom	+	+	+	±	±	±
M. Hodgkin						
lymphozytenreich	–	+	±	–	+	–
andere Subtypen	+	–	–	+	–	–
Reaktive Lymphknoten-vergrößerung	±	–	+	–	+	–
B-Zell-Lymphome	–	–	+	–	+	–
T-Zell-Lymphome	+	±	±	±	±	±

* CD30 erfaßt mit AK Ber H2 (H. Stein)
EMA mit anti-EMA (Dako)
CD45R mit dem AK LC (Dako)
CD15 mit dem AL LeuM1 (Becton Dickinson)
CDw75 mit LN 1 (Techniclone)
MT1 pan T cell marker (Biolyon)

Tabelle 10.25. Subtypisierung der großzellig-anaplastischen Lymphome nach ihrer Reaktivität mit monoklonalen Antikörpern (mod. nach [94])

MCA	Typ I	Typ II	Typ III	Typ IV	n: +/getestet
EMA	+	+	–	–	54/63
CD30	+	–	+	–	55/63
CD25	+	n.d.	–	–	19/24
gesamt	49	5	6	3	

n.d. nicht durchgeführt
CD30 erfaßt mit Ki-1 und BerH2
CD25 erfaßt mit ACT-1, 33B31 und anti-IL2R
EMA erfaßt mit E29, HMFG2 und 115D8

(CD30-negativ) exprimieren gegenüber diesem Lymphom häufig auch Cytokeratin. Zur EMA-Positivität beim M. Hodgkin siehe Kapitel 9, Tabelle 9.3.

Zur Erfassung der Teilungsaktivität kann z. B. die Färbung mit dem Ki67-Antikörper, evtl. in Kombination mit CD30 durchgeführt werden. Ein hoher Anteil von Ki67-positiven Tumorzellen ist häufig [94], der Mittelwert liegt bei etwa 60% [222].

CD45 ist an diesen Lymphomzellen häufig nachweisbar (z. B. in 81% der Fälle von Delsol et al. [94] (s. Tabelle 10.24). In der Mehrzahl der Fälle war der Nachweis auch an Paraffinschnitten möglich. Nach den Ergebnissen von Lennert und Feller [222] wurde das *leukocyte common antigen* nur in 30–40% der primären Ki1-Lymphome exprimiert.

CD15 wird bei diesem NHL nicht [7] oder nur bei einem kleinen Teil der Tumorbiopsien durch die Lymphomzellen exprimiert (in 21% der Fälle von Delsol et al. [94]). Dies ist zur Differentialdiagnose gegenüber dem M. Hodgkin (vor allem Mischzell- und nodulärsklerosierender Typ) von Wert (Tabelle 10.24).

Auch bei pleomorphen T-Zell-NHL ist, wenn überhaupt exprimiert, die Zahl CD15-positiver Tumorzellen ähnlich niedrig wie beim Ki1-Lymphom. Sie liegt damit deutlich unter jener typischer Fälle von M. Hodgkin (s. Kap. 9).

HLA-DR ist in den Tumorzellen in der Regel nachweisbar, unabhängig davon, welchem Zelltyp die Erkrankung zugeordnet werden kann (z. B. [7, 94, 337]).

Die Expression eines oder mehrerer der typischen pan-T-Zellmarker ist bei der Mehrzahl dieser Lymphomfälle nachweisbar. Sie konnte z. B. in 72% der Fälle von Agnarsson et al. [7], in 63% der Zusammenstellung von Lennert und Feller [222] und in 34% in jener von Delsol et al. [94] eindeutig nachgewiesen werden. Wie bei anderen PTZL findet sich auch dabei ein häufiger Verlust ein oder mehrerer typischer Marker (s. Tabellen 10.19), wobei am häufigsten CD2 erhalten bleibt. In einem hohen Anteil war auch CD25 positiv (Tabelle 10.25).

Beim Typ I (Tabelle 10.25) waren T-Zellmarker am häufigsten positiv (in etwa 40% der 30 phänotypisch analysierten Fälle von Delsol et al. [94]. Dagegen fanden sich bei den (weit selteneren) Typen II–IV häufiger – in dieser Reihenfolge – ein 0-, B- oder gemischter B/T-Phänotyp [94].

Die Expression von B-Zellmarkern ist beim Ki1-NHL weit seltener (z. B. 15% bei Delsol et al. [94]) und in 2,5% der Zusammenstellung von Lennert und Feller [222]. Der Nachweis von Membran- oder zytoplasmatischem Ig gelingt in den Tumorzellen nur selten. In einem Teil der phänotypisch analysierten Fälle findet sich ein gemischter B/T- (ca. 8%), in anderen ein 0-Zellphänotyp (ca. 24% bei Delsol [94], 35% bei Lennert und Feller [222]).

Obwohl bei einem Teil der Fälle die Herkunft von Makrophagen diskutiert wird (in 8% der phänotypisch analysierten Biopsien von Delsol et al. [94]), stößt diese Zuordnung auf Schwierigkeiten. Die typischen Marker dieser Zellgruppe (CD14, CD11c, CD68, Ki-M8) wurden nicht oder nur in Einzelfällen [222] exprimiert. Damit wird die Abgrenzung des großzellig anaplastischen Lymphoms von der malignen Histiozytose verdeutlicht.

Molekularbiologisch weisen Rearrangierungsuntersuchungen für T-Zellrezeptor γ und/oder β auf eine monoklonale Proliferation bei manchen dieser Patienten hin [148, 149, 169, 199, 282]. Zum Teil waren neben TCR-γ-Gensequenzen auch Ig-Schwerketten rearrangiert [148, 149]. In anderen Fällen war jedoch konstant ein Keimlinienmuster für jeden dieser Rezeptoren festgestellt worden [337].

Unter 30 Fällen waren in 16 der TCR, in 6 Ig-Gensequenzen rearrangiert. In 8 Fällen war eine Zuordnung zu B- oder T-Zellen nicht möglich [222].

10.11.2 Zytogenetik

Chromosomale Translokationen betreffend den Bruchpunkt 5q35 dürften charakteristisch sein (Übersicht und Literatur bei [354a]). Eine Translokation (2;5) wurde in 17 von 20 dieser NHL festgestellt. Sie fanden sich beim

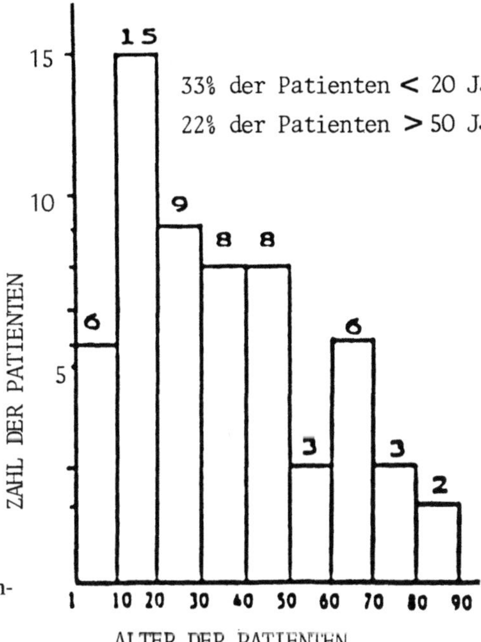

Abb. 10.32. Altersverteilung bei Patienten mit Ki1-Lymphom (n = 60) (nach [94])

T- oder 0-Zelltyp dieser Erkrankung, wurden früher als maligne Histiozytosen beschrieben und waren für diesen Lymphomtyp weitgehend spezifisch.

10.11.3 Klinik und Organmanifestationen

Die Erkrankung tritt häufig vor dem 20. Lebensjahr auf, kann jedoch auch bis ins hohe Alter zur Beobachtung kommen (Abb. 10.32). Das männliche Geschlecht ist häufiger betroffen (1,6 bzw. 2,1 : 1; [222] bzw. [7]).

Am häufigsten [7, 94, 222] waren Lymphknoten (vor allem peripher sowie retroperitoneal), die Haut und der Waldeyer-Ring befallen. Extranodale Befallslokalisationen schließen auch den Verdauungstrakt ein.

10.11.4 Differentialdiagnose

Sie schließt die maligne Histiozytose, andere NHL, den M. Hodgkin, metastasierende solide Tumoren und weitere „histiozytäre" Hauterkrankungen ein (z. B. regressive atypische Histiozytose, lymphomatoide Papulose). In jedem Fall ist auch auszuschließen, daß es sich um ein sekundäres Ki1-Lymphom handelt, das jedoch nicht die histopathologischen Kriterien eines großzellig-anaplastischen NHL erfüllt [222].

Zur Differentialdiagnose der *malignen Histiozytose* mit ihrem histomorphologisch häufig ähnlichen Bild (s. Kap. 18) trägt das Fehlen von Makrophagenmarkern bei. Echte Makrophagentumoren sollen, mit seltenen Ausnahmen [160, 222], CD30-negativ sein [7, 354].

In der Auswertung von Hanson et al. [160] waren „echte histiozytäre Lymphome“ z. T. CD30-positiv, es fehlte ihnen jedoch die Expression von EMA. Die unspezifische Esterase an Tupfpräparaten aus Tumorgewebe kann zur Diagnose eines Makrophagentumors beitragen [188].

CD30+ NHL außerhalb großzellig-anaplastischer Lymphome, die differentialdiagnostisch abzugrenzen sind, umfassen *pleomorphe T-Zell-NHL* (Tabelle 10.24) und B-Zell-NHL mit CD30-positiven Tumorzellen. Bei den *NHL vom B-Zelltyp* handelt es sich meist um Lymphome in hochmaligner Transformation (z. B. Richter-Syndrom; [76] oder ib- bzw. cb-NHL; [222]). Sie unterscheiden sich morphologisch und klinisch von anaplastischen NHL.

Die Differentialdiagnose zum *M. Hodgkin* durch Markeranalysen geht aus Tabelle 10.24 hervor.

Schwierigkeiten können sich vor allem bei der synzytialen Variante [356] und eventuell beim lymphozytenarmen Subtyp des M. Hodgkin ergeben [7].

Metastasierende Tumoren (vor allem manche Karzinome und Melanome) zeigen bevorzugt sinusoidale Infiltration im Lymphknoten und eine ähnliche Ausbreitungsform (z. B. [7, 354]). Markeranalysen erbringen die eindeutige Zuordnung (Einzelfälle, vor allem von embryonalen Karzinomen, können CD30-positiv sein; [222]).

Histiozytäre Hautaffektionen: Von differentialdiagnostischer Bedeutung sind regressive atypische Histiozytosen (regressing atypical histiocytosis; [114]). Häufig handelt es sich um eine selbstlimitierende Erkrankung, jedoch sind progrediente Infiltrationen unter dem Bild einer „histiozytären“ Neoplasie dokumentiert [160, 188].

Die lymphomatoide Papulose ist durch spontan regrediente, aber rezidivierende Hauteruptionen charakterisiert [8a, 198]. Der Immunphänotyp ähnelt dem Spektrum der Ki1-Lymphome weitgehend [7, 198, 199]. Entscheidend ist das klinische Bild [222]. Ein Teil der Fälle kann später in ein malignes Lymphom übergehen.

Literatur

1. Abo T, Miller CA, Gartland GL, Balch CM (1983) Differentiation stages of human natural killer cells in lymphoid tissues from fetal to adult life. J Exp Med 157:273–284
2. Abrams MB, Sidawy M, Novich M (1985) Smouldering HTLV-Associated T-Cell Leukemia. Arch Intern Med 145:2257–2258
3. Abromowitch M, Williams DL, Melvin SL, Stass S (1984) Evidence for clonal evolution in pre-B-cell leukaemia. Brit J Haematol 56:409–416
4. Adams JM, Gerondakis S, Webb E, Corcoran LM, Cory S (1983) Cellular myc oncogene is altered by chromosome translocation to an immunoglobulin locus in murine plasmacytomas and is rearranged similarly in human Burkitt lymphomas. Proc Natl Acad Sci USA 80:1982–1986

4a. Adams JR, Harris AW, Pinkert CA et al (1985) The c-myc oncogene driven by immunoglobulin enhancers induces lymphoid malignancy in transgenic mice. Nature 318:533–538

5. Addis B, Hyjek E, Isaacson PG (1988) Primary pulmonary lymphoma: a re-appraised of its histogenesis and its relationship to pseudolymphoma and lymphoid interstitial pneumonia. Histopathology 13:1–17
6. Agius G, Bigger RJ, Alexander SS, Waters DJ, Drummond JE, Murphy EI, Weiss SH, Levine PH, Blattner WA (1988) Human T lymphotropic virus type I antibody patterns: Evidence of difference by age and risk group. J Infect Dis 158:1235
7. Agnarsson BA, Kadin ME (1988) Ki-1 Positive Large Cell Lymphoma. A Morphologic and Immunologic Study of 19 Cases. Amer J Surg Pathol 12:264–274
8. Aisenberg AC, Wilkes BM, Jacobson JO (1988) The bcl-2 gene is rearranged in many diffuse B-cell lymphomas. Blood 71:969–972
8a. Aisenberg AC (1991) Malignant Lymphoma. Lea and Febiger, Philadelphia London
9. Ambrosetti A, Semenzato G, Prior M, Chilosi M, Vinante F, Vincenzi C, Zanotti R, Trentin L, Menestrina F, Agostini C, Perona G, Todeschini G, Pizzolo G (1989) Serum levels of soluble interleukin-2 receptor in hairy cell leukaemia: a reliable marker of neoplastic bulk. Br J Haematology 71:181–186
9a. Bastion Y, Berger F, Bryon PA, Felman P, Ffrench M, Coiffier B (1991) Follicular lymphomas: Assessment of prognostic factors in 127 patients followed for 10 years. Ann Oncol 2:Suppl. 2, 123–129
10. Anderson DW, Epstein JS, Lee TH, Lairmore MD, Saxinger C, Kalyanaraman VS, Slamon D, Parks W, Poiesz BJ, Pierik LT, Lee H, Montagna R, Roche PA, Williams A, Blattner W (1989) Serological Confirmation of Human T-Lymphotropic Virus Type I Infection in Healthy Blood and Plasma Donors. Blood 74:2585–2591
11. Anderson KC, Boyd AW, Fisher DC, Leslie D, Schlossman SF, Nadler LM (1985) Hairy cell leukemia: A tumor of pre-plasma cells. Blood 65:620–629
12. Anscombe AM, Wright DH (1985) Primary malignant lymphoma of the thyroid-a tumour of mucosa-associated lymphoid tissue: review of seventy-six cases. Histopathology 9:81–97
13. Antin JH, Kenneth AA, Rappaport JM, Smith BR (1987) B lymphocyte reconstitution after human bone marrow transplantation. J Clin Invest 80:325
14. Archimbaud E, Coiffier B, Bryon PA, Vasselon C, Brizard CP, Viala JJ (1987) Prognostic factors in angioimmunoblastic lymphadenopathy. Cancer 59:208–212
15. Armitage JO (1990) The present status of therapy for patients with aggressive Non-Hodgkin Lymphoma. In: Fourth Internation Conference on Malignant Lymphoma, Lugano, Switzerland
16. Armitage JO, Dick FR, Corder MP (1978) Diffuse histiocytic lymphoma complicating chronic lymphocytic leukemia. Cancer 41:422–427
17. Armitage JO, Dick FR, Corder MP, Garneau SC, Platz CE, Slymen DJ (1982) Predicting therapeutic outcome in patients with diffuse histiocytic lymphoma treated with cyclophosphamide, adriamycin, vincristine and prednisone (CHOP). Cancer 50:1695–1702
18. Armitage JO, Sanger WG, Weisenburger DD, Harrington DS, Linder J, Bierman PJ, Vose JM, Purtilo DT (1988) Correlation of secondary cytogenetic abnormalities with histologic apprearance in Non-Hodgkin's lymphomas bearing t(14;18) (q32;q21). J Natl Cancer Inst 80:576–580
19. Arseneau JC, Canellos GP, Banks PM, Berard CW, Gralnick HR, De Vita VT (1975) American burkitt's lymphoma: a clinicopathologic study of 30 cases. I. Clinical factors relating to prolonged survival. Am J Med 58:314
20. Azevedo SJ, Yunis AA (1985) Angioimmunoblastic Lymphadenopathy. Amer J Haematol 20:301–312
21. Baccarani M, Cavo M et al (1982) Staging of chronic lymphocytic leukemia. Blood 59:1191–1196
22. Bagby GC, Lawrence HJ, Neerhout RC (1983) T-Lymphocyte-mediated granulopoetic failure in vitro: identification of prednisone-responsive patients. N Engl J Med 309:1073
23. Bain GO, Belch A (1981) Nodular mixed cell lymphoma with monoclonal gammopathy. Amer J Clin Pathol 76:832–837

24. Bartels H, Burger A, Common H (1979) Klinik und Prognose des centroblastisch-centrocytischen Lymphoms und des centroblastischen Lymphoms. In: Stacher A, Höcker P (Hrsg) Lymphknotentumoren. Urban & Schwarzenberg, München Wien Baltimore, S 211
25. Bartl R, Frisch B, Burkhardt R, Hoffmann-Fezer G, Demmler K, Sund M (1982) Assessment of marrow trephine in relation to staging in chronic lymphocytic leukaemia. Brit J Haematol 51:1–15
26. Bartl R, Frisch B, Hill W, Burkhardt R, Sommerfeld W, Sund M (1983) Bone marrow histology in hairy cell leukemia. J Clin Pathol 79:531–545
27. Bassan R, Rambaldi A, Barbui T (1989) Large Granular Lymphocytes. Haematologica 74:85–94
28. Ben-Bassat I, Many A, Modan M, Peretz C, Ramot B (1979) Serum immunglobulins in chronic lymphocytic leukemia. Amer J Med Sci 278:4–9
29. Bennett JM (1975) Brit J Cancer 31, Suppl II:44
30. Bennet JM Catovsky D, Daniel MT, Flandrin G, Galton DA, Gralnick HR, Sultan C (1989) Proposals for the classification of chronic (mature) B and T lymphoid leukemias. J Clin Pathol 42:567–584
31. Berard C, O'Conor GT, Thoms LB, Torlini H (1969) Histopathological definition of Burkitt's tumor. Bull WHO 40:601–607
32. Berrebi A, Talmor M et al (1983) IgM globular cytoplasmic inclusions in chronic lymphocytic leukaemia resembling immunocytoma. Scand J Haematol 30:43–49
33. Bhagavati S, Ehrlich GD, Kula RW, Kwok S, Sninsky J, Udani V, Poiesz BJ (1988) Detection of human T-cell lymphoma/leukemia virus type I DNA and antigen in spinal fluid and blood of patients with chronic progressive myelopathy. N Engl J Med 318:1141
34. Binet JL, Catovsky D, Chandra P, Dighiero G, Montserrat E, Rai KR, Sawitsky A (1981) Chronic Lymphocytic Leukaemia: Proposals for a Revised Prognostic Staging System. Brit J Haematol 48:365–367
35. Binet JL (1988) Clinical classifications and treatment of chronic lymphocytic leukaemia: the experience of the French cooperative Group trials. In: Polliack A, Catovsky D (eds) Chronic Lymphocytic Leukemia. Harwood Academic Publishers, Chur, pp 123–138
36. Bofill M, Janossy G, Janossy M, Burford GD, Seymour GJ, Wernet P, Kelemen E (1985) Human B cell development. II. Subpopulations in the human fetus. J Immunol 134:1531–1538
37. Bornkamm GW, Polack A (1988) Epstein-Barr-Virus und Immundefizienz. In: Wilms K, Rückle H, Meyer P (eds) Diagnostische und therapeutische Entwicklung in der Hämatologie und therapeutische Entwicklung in der Hämatologie und Onkologie. Zuckscherett Verlag 1989
38. Bouroncle BA (1979) Leukemic reticuloendotheliosis (hairy cell leukemia). Blood 53:412–436
39. Brady J, Duvall JKT, Khoury G (1987) Identification of p40x responsive regulatory sequences within the HTLV-1 LTR. J Virol 61:2715–2181
40. Bremer K, Schick P, Wach O, Theml H, Brass B, Heimpel H (1972) Rezirkulation von Lymphozyten bei Patienten mit malignen lymphatischen Systemerkrankungen. Blut 24:215–225
41. Brisbane JU, Berman LD, Neimann RS (1983) Peripheral T-cell lymphoma: a clinicopathologic study of nine cases. Am J Clin Pathol 79:285–293
42. Brito-Babapulle V, Pomfret M, Matutes E, Catovsky D (1987) Cytogenetic studies on prolymphocytic leukemia. II. T cell prolymphocytic leukemia. Blood 70:926–931
43. Brittinger G, Bartels H, Common H, Dühmke E, Fülle HH, Gunzer U, Gyenes T, Heinz R, König E, Meusers P, Paukstat M, Pralle H, Theml H, Köpcke W, Wig WD, Pribilla W, Burger-Schüler A, Löhr GW, Gremmel H, Oertel J, Gerhartz H, Koeppen KM, Boll I, Huhn D, Binder T, Schoengen A, Nowicki L, Pees HW, Scheurlen PG, Leopold H, Wannenmacher M, Schmidt M, Löffler H, Michlmayr G, Thiel E, Zettel R, Rühl U, Wilke HJ, Schwarze EW, Stein H, Feller AC, Lennert K (1984)

Clinical and prognostic relevance of the Kiel classification of non-Hodgkin lymphomas results of a prospective multicenter study by the Kiel lymphoma study group. Hematol Oncol 2:269–306

44. Brittinger G, Bartels H, Common H, Dühmke E, Engelhard M, Fülle HH, Gyenes T, Heinz R, König E, Meusers P, Pralle H, Theml H, Zwingers T, Musshoff K, Stacher A, Brücker H, Herrmann F, Ludwig WD, Pribilla W, Burger-Schüler A, Löhr GW, Gremmel H, Oertel J, Gerhartz H, Koeppen KM, Boll I, Huhn D, Binder T, Schoengen A, Nowicki L, Pees HW, Scheurlen PG, Leopold H, Wannenmacher M, Schmidt M, Löffler H, Michlmayr G, Thiel E, Zettel R, Rühl U, Wilke HJ, Schwarze EW, Stein H, Feller AC, Lennert K (1986) Klinische prognostische Relevanz der Kiel-Klassifikation der Non-Hodgkin Lymphome. Onkologie 9:118–125
45. Broder S, Bunn PA, Jaffe ES, Blattner W, Gallo RC, Wong-Staal F, Waldmann TA, DeVita VT (1984) T-cell lymphoproliferative syndrome associated with human T-cell leukemia/lymphoma virus. Ann Int Med 100:543–557
46. Brouet JC, Preud'homme JL, Seligmann M, Bernard J (1973) Blast cells with monoclonal surface immunoglobulin in two cases of acute blast crisis supervening on chronic lymphocytic leukaemia. Brit Med J 4:23–24
47. Buechner SA, Winkelmann RK (1983) Sezary syndrome. Arch Dermatol 119:979–986
48. Bunn PA, Poicsz BJ (1983) Cutanous T-cell lymphomas (mycosis fungoides and Sezary-Syndrome) in Hematology Williams ISY, Beutler E, Erslev AJ, Lichtmann MA (eds) MCGraw-Hill Book Company, 3rd ed
49. Bunn PA, Huberman MS, Whang-Peng J, Schechter GP, Guccion JG, Matthews MJ, Gazdar AF, Dunnick NR, Fischmann AB, Ihde DC, Cohne MH, Fossieck B, Minna JD (1980) Prospective Staging evaluation of patients with cutaneous T-cell lymphomas. Ann Int Med 93:223–230
50. Bunn PA, Schechter GP, Jaffe E, Blayney D, Young RC, Matthews MJ, Blattner W, Broder S, Robert-Guroff M, Gallo RC (1983) Clinical course of retrovirus-associated adult T-cell lymphoma in the united states. N Engl J Med 309:257–264

50a. Burg G, Braun-Fallo O (1983) Cutaneous Lymphomas, Pseudolymphomas and Related Disorders. Springer Verlag, Berlin

51. Burck KB, Liu ET, Larrick JW (1988) Oncogenes An Introduction to the Concept of Cancer Genes. Springer-Verlag, New York Berlin Heidelberg London Paris Tokyo
52. Burke JS (1978) The value of the bone-marrow biopsy in the diagnosis of hairy cell leukemia. Am J Clin Pathol 70:876–884
53. Burke JS (1981) Surgical pathology of the spleen: an approach to the differential diagnosis of splenic lymphomas and leukemias. Am J Surg Pathol 5:551–563
54. Burke JS, Rappaport H (1984) The diagnosis and differential diagnosis of hairy cell leukemia in bone marrow and spleen. Semin Oncol 11:334–346
55. Caligaris-Cappio F, Gobbi M, Bofill M, Janossy G (1982) Infrequent normal B-lymphocytes exhibit features of B chronic lymphocytic leukemia. J Exp Med 155:623
56. Caligaris-Cappio F, Janossy G, Campana D, Chilosi M, Bergui L, Foa R, Delia D, Giubellino M, Preda P, Gobbi M (1984) Lineage relationship of chronic lymphocytic leukemia and hairy cell leukemia: studies with TPA. Leuk Res 8:567–578
57. Canellos GP, de Vita VT, Whang-Peng J (1976) Chronic granulocytic leukemia without the Philadelphia chromosome. Am J Clin Pathol 65:467
58. Catovsky D (1977) Hairy cell leukaemia and prolymphocytic leukaemia. Clin Haematol 6:245–268
59. Catovsky D (1984) Chronic lymphocytic, prolymphocytic and hairy cell leukaemias. In: Goldman Jm, Preisler HD (eds) Leukemias. Butterworths, London Boston Durban Singapore Sydney Toronto Wellington
60. Catovsky D, Pettit JE, Galton DAG, Spiers ASD, Harrison CV (1974) Leukaemic reticuloendotheliosis ("hairy" cell leukaemia): a distinct clinico-pathological entity. Br J Haematol 26:9–27
61. Catovsky D, Cherchi M, Okos A, Hedge U, Galton DAG (1976) Mouse red-cell rosettes in B-lymphoproliferative disorders. Brit J Haematol 33:173–177

62. Catovsky D, Costello C, Loukopoulos D (1981) Hairy cell leukemia and myelomatosis: chance association or clinical manifestation of the same B-cell disease. Blood 57:758–763
63. Catovsky D, Lauria F, Matutes E, Foa R, Mantovani V, Tura S, Galton DAG (1981) Increase in T-γ lymphocytes in B-cell chronic lymphocytic leukaemia. Brit J Haematol 47:539–544
64. Catovsky D, Rose M, Goolden AWG, White JM, Bourikas G, Brownell AI, Blattner WA, Greaves MF, Galton DAG, McCluskey DR, Lampert I, Ireland R, Bridges JM, Gallo RC (1982) Adult T-cell lymphomy-leukaemia in blacks from the west indies. Lancet 1:639–643
65. Catovsky D, O'Brien M, Melo JV, Wardle J, Brozovic M (1984) Hairy cell leukemia (HCL) variant: an intermediate disease between HCL and B prolymphocytic leukemia. Semin Oncol 11:362–369
66. Catovsky D, O'Brien M, O'Brien C, Lampert I, Crockard A, Johnson SE, Francis Ge, Sharp J, Galton DAG (1984) In: Margrath IT, O'Conor GT, Ramot B (eds)-Diagnostic features of adult T-cell lymphoma-leukemia. Raven Press, New York
67. Catovsky D, Melo JV, Robinson D, Pareira A, De Oliveira M, Burman JF, Phaure TAJ, Traub N, Williams YF (1986) Follicular lymphoma presenting with high WBC: the diagnostic value of morphology and membrane markers. Brit J Haematol 64:826
68. Catovsky D, Fooks J, Richards S (1989) Prognostic factors in chronic lymphocytic leukemia: the importance of age, sex and response to treatment in survival. Br J Haematol 72:141
69. Cawley JC (1987) Hairy-cell leukaemia. In: Whittaker JA, Delamore IW (eds) Leukaemia. Springer-Verlag, New York, 407–419
70. Cawley JC, Smith J, Goldstone AH, Emmines J, Hamblin J, Hough L (1976) IgA and IgM cytoplasmatic inclusions in a series of cases of chronic lymphocytic leukaemia. Clin Exp Immunol 23:78–82
71. Cawley JC, Burns GF, Hayhoe FGJ (1980) A chronic lymphoproliferative disorder with distinctive features: a distinct variant of hairy-cell leukaemia. Leuk Res 4:547–559
72. Ceriani RI, Thomson K, Peterson JA, Abrahams S (1977) Surface differentiation antigens of human mammary epithelial cells carried on the human milk fat globule. Proc Natl Acad Sci USa 74:582–586
73. Chan WC, Check I, Schick C, Brynes R, Kateley J, Winton Ef (1984) A morphologic and immunologic study of the large granular lymphocyte in neutropenia with T lymphocytosis. Blood 63:1133–1140
74. Chan WC, Link S, Mawle A, Check I, Brynes RK, Winton EF (1986) Heterogeneity of large granular lymphocyte proliferations: delineation of two major subtypes. Blood 68:1142–1153
75. Charron D, Dighiero G, Raphael MM, Binet JL (1977) Bone-marrow patterns and clinical staging in chronic lymphocytic leukaemia. Lancet 2:819
76. Chittal SM, Caveriviere P, Schwarting R, Gerdes J, Al Saati T, Rigal-Huguet F, Stein H, Delsol G (1988) Monoclonal Antibodies in the Diagnosis of Hodgkin's Disease. Am J Surg Pathol 12:9–21
77. Choi H, Keller RH (1981) Coexistence of chronic lymphocytic leukemia and Hodgkin's disease. Cancer 48:48–57
78. Choi NCH, Doucette JA (1981) Improved survival of patients with unresectable non-small-cell bronchogenic carcinoma by an innovated high-dose en-bloc radiotherapeutic approach. Cancer 48:101–109
79. Coico RR, Bhogal BS, Thorbecke GJ (1983) Relationship of germinal centers in lymphoid tissue to immunologic memory. VI. Transfer of B cell memory with lymph node cells fractionated according to their receptors for peanut agglutinin. J Immunol 131:2254
80. Coiffier B, Berger F, Bryon PA, Magaud JP (1988) T-cell lymphomas: immunologic, histologic, clinical and therapeutic analysis of 63 cases. J Clin Oncology 6:1584

81. Coiffier B, Bastion Y, Berger F, Bryon PA, Felman P (1990) Morphologic prognostic factors in follicular lymphomas, a retrospective study of 127 patients. In: Fourth Internation Conference on Malignant Lymphoma, Lugano, Switzerland
81a. Coiffier B, Shipp MA, Cabanillas F, Crowther D, Armitage JO, Canellos GP (1991) Report on the first workshop on prognostic factors in large cell lymphomas. Ann Oncol 2:Suppl. 2, 207–211
82. Cordell J, Richardson TC, Pulford KAF, Ghosh AK, Gatter KCM, Heyderman E, Mason DY (1985) Production of monoclonal antibodies against human epithelial membrane, antigen for use in diagnostic immunocytochemistry. Br J Cancer 52:347–354
83. Cornes JS (1961) Multiple lymphomatous polyposis of the gastrointestinal tract. Cancer 14:249–257
83a. Cotter FE, Price C, Meerabux J, Zucca E, Young BD (1991) Direct sequencing analysis of $14q^+$ and $18q^-$ chromosome junctions at the MBR and MCR revealing clustering within the MBR in follicular lymphoma. Ann Oncol 2:Suppl. 2, 93
84. Coupland RW, Pontifex AH, Salinas FA (1985) Angioimmunoblastic lymphadenopathy with dysproteinemia. Cancer 55:1902–1906
85. Crescenzi M, Seto M, Herzog GP, Weiss PD, Griffith RC, Korsmeyer S (1988) Thermostable DNA polymerase chain amplification of t(14;18) chromosome breakpoints and detection of minimal residual disease. Proc Natl Acad Sci USA 85:4869–4873
86. Croce CM, Nowell PC (1985) Molecular basis of human B cell neoplasia. Blood 65:1
87. Crockard A, Chalmers D, Matutes E, Catovsky D (1982) Cytochemistry of acid hydrolases in chronic B- and T-cell leukemias. Am J Clin Pathol 78:437–444
88. Cullen MH, Lister TA, Brearley RL, Shand WS, Stansfeld AG (1979) Histological transformation of non-Hodgkin's lymphoma. Cancer 44:645–651
89. Cullen MH, Stansfeld AG, Oliver RTD, Lister TA, Malpas JS (1979) Angio-immunoblastic lymphadenopathy: Report of ten cases and review of the literature. Q J Med 189:151
90. Damasio EE, Spriano M, Repetto M, Vimercati AR, Rossi E, Occhini D, Marmont AM (1984) Hairy cell leukemia: a retrospective study of 235 cases by the Italien cooperative group (ICGHCL) according to Jansen's clinical staging system. Acta Haematol 72:326–334
91. Davey FR, Kurec AS, Tomar RH, Smith JR (1987) Serum immunoglobulins and lymphocyte subsets in chronic lymphocytic leukemia. Amer J Clin Pathol 87:60–65
92. Deegan MJ, Abraham JP, Sawdyk M, Van Slyck EJ (1984) High incidence of monoclonal proteins in the serum and urine of chronic lymphocytic leukemia patients. Blood 64:1207–1211
93. Delsol G, Gatter RC, Stein H, Erber WN, Pulford KAF, Zinne K, Mason DY (1984) Human lymphoid cells express epithelial membrane antigen. Implications for the diagnosis of human neoplasms. Lancet 2:1124–1128
94. Delsol G, Saati TAL, Gatter KC, Gerdes J, Scharting R, Caveriviere P, Rigal-Huguet F, Robert A, Stein H, Mason DY (1988) Coexpression of epithelial membrane antigen (EMA), Ki-1, and Interleukin-2 receptor by anaplastic large cell lymphomas. Diagnostic value in so-called malignant histiocytosis. Am J Pathol 130:59
95. Den Ottolander GJ, Schuit HRE, Waayer JLM, Huibregtsen L, Hijmans W, Jansen J (1985) Chronic B-cell leukemias: relation between morphological and immunological features. Clin Immunol Immunopathol 35:92–102
96. Dighiero G, Charron D, Debre P, Le Porrier M, Vaugier G, Folleuou JY, Degos L, Jacquillat CL, Binet JL (1979) Identification of a pure splenic form of chronic lymphocytic leukaemia. Brit J Haemat 41:169–176
97. Dorsey JK, Penick GD (1982) The association of hairy cell leukemia with unusual immunologic disorders. Arch Intern Med 142:902–903
98. Drach J, Gattringer C, Glassl H, Schwarting R, Stein H, Huber H (1989) Simultaneous Flow cytometric analysis of surface markers and nuclear Ki-67 antigen in leukemia and lymphoma. Cytometry 10:743–749

99. Dührsen U, Uppenkamp M, Uppenkamp I, Becher R, Engelhard M, Könnig E, Meusers P, Meuer S, Brittinger G (1986) Chronic T cell leukemia with unusual cellular characteristics in ataxia telangiectasia. Blood 68:577–585
100. Dupuy E, Sigaux F, Bruyckaert MC, Tobelem G, Castaigne S, Flandrin G, Degos L, Caen JP (1987) Platelet acquired defect in PDGF and β thromboglobulin content in hairy cell leukaemia: improvement after interferon therapy. Brit J Haematol 65:107–110
101. Economopoulos T, Fotopoulos S, Hatzioannou J, Gardikas CA (1982) Prolymphocytoid' cells in chronic lymphocytic leukaemia and their prognostic significance. Scand J Haematol 28:238–242
102. Ehrlich GD, Han T, Bettigole R, Merl SA, Lehr B, Tomar RH, Poiesz BJ (1988) Human T-lymphotropic virus type I-associated benign transient immature T-cell lymphocytosis. Am J Hematol 27:49–55
103. Ehrlich GD, Frederick R, Davey R, Kirshner JJ, Sninsky JJ, Kwok S, Slamon DJ, Kalish R, Poiesz BJ (1989) A polyclonal CD4+ and CD8+ lymphocytosis in a patient doubly infected with HTLV-1 and HIV-1: A clinical and molecular analysis. Am J Hematol 30:128–139
104. Ehrlich GD, Glaser JB, LaVigne K, Quan D, Mildvan D, Sninsky JJ, Kwok S, Papsidero L, Poiesz JB (1989) Prevalence of Human T-Cell Leukemia/Lymphoma Virus (HTLV) Type II Infection Among High-Risk Individuals: Type-Specific Identification of HTLVs by Polymerase Chain Reaction. Blood 74:1658–1664
105. Elkon KB, Hughes GRV, Catovsky D, Clauvel JP, Dumont J, Seligmann M, Tannenbaum H, Esdaile J (1979) Hairy cell leukaemia with polyarteritis nodosa. Lancet 2:280
106. Engelhard M, Meusers P, Brittiner G, Brack N, Dornoff W, Enne W, Gassmann W, Gerhartz HH, Hallek M, Heise J, Hettchen W, Huhn D, Kabelitz K, Kuse R, Lengfelder E, Ludwig M, Meuthen I, Radtke H, Schadeck C, Schöber C, Schumacher E, Sigert W, Willems MG, Staiger HJ, Terhardt E, Thiel E, Thomas M, Wagner T, Wilmanns W, Zwingers T, Stein H, Tiemann M, Lennert K (1991) Prospective multicenter trial for the response-adapted treatment of high-grade malignant Non-Hodgkin Lymphomas: updated results of the COP-BLAM/IMVP-16 protocol with randomized adjuvant radiotherapy. Ann Oncol 2:Suppl. 2, 177–180
107. Enno A, Catovsky D, O'Brien M, Cherchi M, Kumaran TO, Galton DAG (1979) "Prolymphocytoid" transformation of chronic lymphocytic leukaemia. Brit J Haematol 41:9–18
108. Falini B, Pulford K, Erber WN, Posnett DN, Pallesen G, Schwarting R, Annino L, Cafolla A, Canino S, Mori A, Minelli O, Ciani C, Voxes EE, Golomb HM, Delsol G, Stein H, Martelli MF, Grignani F, Mason DY (1986) Use of a panel of monoclonal antibodies for the diagnosis of hairy cell leukaemia. An immunocytochemical study of 36 cases. Histopathology 10:671–687
109. Feller AC, Heijnen CJ, Ballieux RE, Parwaresch MR (1982) Enzymehistochemical staining of T lymphocytes for glycol-proline-4-methoxy-beta-naohthylamide-peptidase (DAP IV). Brit J Haematol 51:227–234
110. Fisher RI, DeVita VT, Johnson BL, Simon R, Young RC (1977) Prognostic factors for advanced diffuse histiocytic lymphoma following treatment with combination chemotherapy. Am J Med 63:177–182
111. Fisher RI, Hubbard SM, DeVita VT (1981) Factors predicting longterm survival in diffuse mixed, histiocytic, or undifferentiated lymphoma. Blood 58:45–61
112. Flad HD, Huber C, Bremer K, Menne MHD, Huber H (1973) Impaired recirculation of B lymphocytes in chronic lymohocytic leukemia. Eur J Immunol 3:688–693
113. Flandrin G, Sigaux F, Sebahoun G, Bouffette P (1984) Hairy cell leukemia: clinical presentation and follow-up of 211 patients. Semin Oncol 11:458–471
114. Flynn KJ, Dehner LP, Gajl-Peczalska KJ, Dahl MV, Ramsay N, Wang N (1982) Regressing Atypical Histiocytosis. Cancer 49:959–970

115. Foa R, Catovsky D, Brozovic M, Marsh G, Ooyirilangkumaran T, Cherchi M, Galton DAG (1979) Clinical staging and immunological findings in chronic lymphocytic leukemia. Cancer 44:483–487
116. Fohlmeister I, Schaefer HE, Modder B, Hellriegl KP, Fischer R (1981) Chronische lymphoproliferative Erkrankung unter dem Bild einer Haarzell-Leukaemia. Blut 42:367–377
117. Follezou JY, Dighiero G, Roisin JP, Ternynck T, Binet JL (1977) Contribution of quantitative immunocytology to the study of lymphoid hemopathies. Biomed 26:330–336
118. Foon KA, Todd RF (1986) Immunologic classification of leukemia and lymphoma. Blood 68:1–31
119. Foucar K, Rydell RE (1980) Richter's syndrome in chronic lymphocytic leukemia. Cancer 46:118–134
120. Foucar K, McKenna RW, Frizzera G, Brunning RD (1982) Bone marrow and blood involvement by lymphoma in relationship to the Lukes-Collins classification. Cancer 49:888–897
121. Fram RJ, Skarin AT, Rosenthal DS, Pinkus G, Nadler LM (1983) Clinical, pathologic and immunologic features of patients with non-Hodgkin's lymphoma in a leukemic phase. Cancer 52:1220–1228
122. French Cooperative Group on Chronic Lymphocytic Leukaemia (1986) Effectiveness of "CHOP" regimen in advanced untreated chronic lymphocytic leukaemia. Lancet 1346
123. Frenkel EP, Ligler FS, Graham MS, Hernandez JA, Kettman JR, Smith RG (1981) Acute lymphocytic leukemic transformation of chronic lymphocytic leukemia: substantiation by flow cytometry. Amer J Haematol 10:391–398
124. Frisch B, Bartl R (1988) Histologic Classification and Staging of Chronic Lymphocytic Leukemia. Acta Haemat 79:140–152
125. Fu SM, Chiorazzi N, Wang CY, Montazeri G, Kunkel HG, Ko HS, Gottlieb AB (1978) Ia-bearing T lymphocytes in man. Their identification and role in the generation of allogeneic helper activity. J Exp Med 148:1423–1428
126. Gale RP, Foon KA (1985) Chronic lymphocytic leukemia. Ann Intern Med 103:101–120
127. Gallo RC (1985) The Henry Kaplan Memorial Lecture: The family of human lymphotropic retroviruses called HTLV: HTLV-I in adult T cell leukemia (ATL), HTLV-II in hairy cell leukemias, and HTLV-III in AIDS. In: Miwa M et al (eds) Retrocviruses in Human Lymphoma/Leukemia. Utrecht, Japanese Science Society Press 1985
128. Galton DAG (1984) Chronic lymphocytic leukaemia: treatment. In: Goldman JM, Preisler HD (eds) Leukemias. HD 299–321
129. Galton DAG, Goldman JM, Wiltshaw E, Catovsky D, Henry K, Goldenberg GJ (1974) Prolymphocytic leukaemia. Brit J Haemat 27:7
130. Gastl G, Niederwieser D, Marth C, Huber H, Egg D, Schuler G, Margreiter R, Braunsteiner H, Huber C (1985) Human large granular lymphocytes and their relationship to natural killer cell activity in various disease states. Blood 64:288
131. Gattringer C, Huber H, Radaszkiewicz T, Pfaller W, Braunsteiner H (1984) Imbalance of helper and suppressor T-lymphocytes in malignant non-Hodgkin lymphomas: an in situ morphometric analysis. Int J Cancer 33:751–757
132. Gattringer C, Radaszkiewicz T, Pfaller W, Huber H (1985) Infiltration density of HNK-1 positive cells in non-Hodgkin lymphomas depends on histologic subtype – an in situ morphometric analysis. Immunobiol 169:280
133. Gaulard PH, Keneveros P, Bourquelot P, Haioun C, Divine M, Zefrani ES, Farcet JP, Reyes F (1990) alpha beta and gamma T-cell receptors (TCR) in peripheral T-cell lymphoma (P.T.C.L.). In: Fourth Internation Conference on Malignant Lymphoma, Lugano, Switzerland
134. Geisler C, Ralfklaer E, Hansen M, Hou-Jensen K, Larsen SO (1986) The bone marrow histological pattern has independent prognostic value in early stage chronic lymphocytic leukaemia. Brit J Haematol 62:47–54

135. Gessain A, Barib F, Fernant JC (1985) Antibodies to human T-lymphotropic virus type in patients with tropical spastic paraparesis. Lancet 2:407
136. Gerdes J (1985) An immunohistological method for estimating cell growth fractions in rapid histiopathological diagnosis during surgery. Int J Cancer 35:169–171
137. Ghani AM, Krause JR (1985) Bone marrow biopsy findings in angioimmunoblastic lymphadenopathy. Brit J Haematol 61:203–213
138. Glick JH, McFadden E, Costello W, Ezdinli E, Berard CW, Bennet JM (1982) Nodular histiocytic lymphoma: factors influencing prognosis and implications for aggressive chemotherapy. Cancer 49:840–845
138a. Glick JH, Barnes JM, Ezdinli EZ et al. (1981) Nodular mixed lymphoma: results of a randomized trail failing to confirm prolonged survival with COPP chemotherapy. Blood 58:920
139. Gobbi M, Caligaöris-Cappio F, Janossy G (1983) Normal equivalent cells of B cell malignancies analysis with monoclonal antibodies. Brit J Haematol 54:393
140. Golomb HM, Ratain MJ (1987) Recent advances in the treatment of hairy-cell leukemia. N Engl J Med 316:870–872
141. Golomb HM, Catovsky D, Golde DW (1978) Hairy cell leukemia. Ann Intern Med 89:677
142. Golomb HM, Catovsky D, Golde DW (1983) Hairy cell leukaemia: a five-year update on seventy-one patients. Ann Inter Med 99:485–486
143. Gray JL, Jacoby A, Block M (1974) Bone marrow and peripheral blood lymphcytosis in the prognosis of chronic lymphocytic leukemia. Cancer 33:1169–1178
144. Greene WC, Leonard WJ, Wano Y, Svetlik PB, Peffer NJ, Sodroski JG, Rosen CA, Goh WC, Haseltine WA (1986) Transactivation gene of HTLV-II induces IL-2 receptor and IL-2. Science 232:877
145. Greer JP, York JC, Cousar JB, Mitchell RT, Flexner JM, Collins RD, Stein RS (1984) Peripheral T-cell lymphoma: A clinicopathologic study of 42 cases. J Clin Oncol 7:788
146. Greil R, Gattringer C, Knapp W, Huber H (1986) Growth fraction of tumor cells and infiltration density with natural killer-like (HNK1+) cells in non-Hodgkins lymphomas. Brit J Haematol 62:293–300
147. Greil R, Gattringer C, Schulz T, Knapp W, Radaskiewicz T, Dierich MP, Huber H (1986) Receptors for the third component of complement: their association with maturation stage in non-Hodgkin lymphomas (NHL) and their possible implication with the development of follicular structures. Clin Exp Immunol 64:423
148. Griesser H, Feller A, Lennert K, Minden M, Mak TW (1986) Rearrangement of the β chain of the T cell antigen receptor and immunoglobulin genes in lymphoproliferative disorders. J Clin Invest 78:1179
149. Griesser H, Kachuk D, Reis MD, Mak TW (1989) Gene-Rearrangement and Translocation in Lymphoproliferative Disease. Blood 73:1402–1415
150. Griffin JD, Meuer SC, Schlossman SF, Reinherz EL (1984) T cell regulation of myelopoiesis: analysis at a clonal level. J Immunol 133:1863–1868
151. Griffith RC, Kelly DR, Nathwani BN, Shuster JJ, Murphy SB, Hvizdala E, Sullivan MP, Berard CW (1987) A morphologic study of childhood lymphoma of the lymphoblastic type. Cancer 59:1126–1131
152. Grillot-Courvalin C, Vinci G, Tsapis A, Dokhelar MC, Vainchenker W, Brouet JC (1986) T8 Hyperlymphocytosis: Granular Cells. Blood 69:1204–1210
153. Grogan TM, Fielder K, Rangel C, Jolley CJ, Wirt DP, Hicks MJ, Miller TP, Brooks R, Greenberg B, Jones S (1985) Peripheral T-cell lymphoma: aggressive disease with heterogeneous immunotypes. Am J Clin Pathol 83:279–288
154. Grossi CE, Webb SR, Zicca A, Lydard PM, Moretta L, Mingari MC, Cooper MD (1978) Morphological and histochemical analyses of two human T-cell subpopulations bearing receptors for IgM or IgG. J Exp Med 147:1405–1417
155. Halper JP, Fu SM, Gottlieb AB, Winchester RJ, Kunkel HG (1979) Poor mixed lymphocyte reaction stimulatory capacity of leukemic B cells of chronic lymphocytic leukemia patients despite the presence of Ia antigens. J Clin Invest 64:1141–1148

156. Haluska FG, Tsujimoto Y, Croce CM (1987) Oncogene activation by chromosome translocation in human malignancy. Ann Rev Genet 21:321–345
157. Han T, Fitzpatrick J, Bhargava A (1983) Serum lactate dehydrogenase (LDH) in chronic lymphocytic leukemia (CLL). Clin Chem 29:1215
157a. Han T, Barcos M, Emerich L et al (1984) Bone marrow infiltration patterns and their prognostic significance in chronic lymphocytic leukemia: correlations with clinical, immunological, phenotypic and cytogenetic data. J Clin Oncol 2:562–570
158. Han T, Ozer H, Gavigan M, Gajera R, Minowada J, Bloom ML, Sadamori N, Sandberg AA, Gomez GA, Henderson ES (1984) Benign monoclonal B cell lymphocytosis – a benign variant of CLL: Clinical, immunologic, phenotypic and cytogenetic studies in 20 patients. Blood 64:244–252
159. Hansen MM (1973) Chronic lymphocytic leukaemia. Clinical studies based on 189 cases followed for a long time. Scand J Haematol 18:3
160. Hanson CA, Jaszcz W, Kersey JH, Astorga MG, Peterson BA, Kazimiera J, Gail-Peczalska Frizzera G (1989) True histiocytic lymphoma: histiopathologic, immunophenotypic and genotypic analysis. Brit J Haematol 71:1987–1988
161. Harper ME, Kaplan MH, Marselle LM, Pahwa SG, Chayt KJ, Sarngadharan MG, Wong-Staal F, Gallo RC (1986) Concomitant infection with HTLV-I and HTLV-II in a patient with T8 lymphoproliferative disease. N Engl J Med 315:1073
162. Harrington DS, Yuling YE, Weisenburger DD, Armitage JO, Pierson J, Bast M, Purtilo DT (1987) Malignant lymphoma in Nebraska and Guangzhou, China: A comparative study. Hum Pathol 18:924–928
163. Harris NL, Nadler LM, Bhan AK (1984) Immunohistologic characterization of two malignant lymphomas of germinal center type (centroblastic/centrocytic and centrocytic) with monoclonal antibodies. Am J Pathol 117:262–272
164. Hayakawa K, Hardy RR, Parks DR, Herzenberg LA (1983) The "Ly-1 B" Cell subpopulation in normal, immunodefective and autoimmune mice. J Exp Med 157:202–218
165. Headington JT, Roth MS, Ginsburg D, Lichter AS, Schnitzer B (1987) T-cell receptor gene rearrangement in regressing atypical histiocytosis. Arch Dermatol 123:1183–1187
166. Heinz R, Stacher A, Pralle H et al (1981) Lymphplasmacytic/lymphoplasmacytoid lymphoma: A clinical entity distinct from chronic lymphocytic leukaemia? Blut 43:183–192
167. Helbron D, Brittinger G, Lennert K (1979) T-Zonen-Lymphom – Klinisches Bild, Therapie und Prognose. Blut 39:117–131
168. Herbert A, Walters MT, Cawley MID, Godrey RC (1985) Lymphocytic interstitial pneumonia identified as lymphoma of mucosa associated lymphoid tissue. J Pathol 146:129–138
169. Herbst H, Tippelmann G, Anagnostopoulos I, Gerdes J, Schwarting R, Boehm T, Pileri S, Jones DB, Stein H (1989) Immunoglobulin and T-cell receptor gene rearrangements in Hodgkin's disease and Ki-1 positive anaplastic large cell lymphomas: dissociation between phenotype and genotype. Leuk Res 13:103–116
170. Hercend T, Griffin JD, Benussan A, Schmidt RE, Edson MA, Brennen A, Murray C, Daley JF, Schlossman SF, Ritz J (1985) Generation of monoclonal antibodies to a human natural killer clone. J Clin Invest 75:932–943
171. Herrmann F, Lochner A, Philippen H, Jauer B, Rühl H (1982) Imbalance of T cell subpopulations in patients with chronic lymphocytic leukaemia of the B cell type. Clin Exp Immunol 49:157–162
172. Hilkens J, Buijs F, Hilgers J, Jageman PH, Calafat J, Sonnenberg A, van der Valk M (1984) Monoclonal antibodies against human milk-fat globule membranes detecting differentiation antigens of the mammary gland and its tumors. Int J Cancer 34:197–206
173. Hinuma Y, Nagata K, Hanaoka M, Nakai M, Matsumoto T, Kinoshita KI, Shirakawa S, Miyoshi I (1981) Adult T-cell leukemia: antigen in an ATL cell line and detection of antibodies to the antigen in human sera. Proc Natl Acad Sci USA 78:6476–6480

174. Horning SJ, Doggett RS, Warnke RA, Dorfman RF, Cox RS, Levy R (1984) Clinical relevance of immunologic phenotype in diffuse large cell lymphoma. Blood 63:1209–1215
175. Horning SJ, Weiss LM, Crabtree GS, Warnke RA (1986) Clinical and phenotypic diversity of T cell lymphomas. Blood 67:1578–1582
176. Huber C (1979) Zellkinetische, immunologische und physikalische Untersuchungen an malignen Lymphomen. In: Stacher A, Höcker P (Hrsg) Lymphknotentumoren. Urban & Schwarzenberg, München Wien Baltimore, S 119
177. Huber H, Gattringer C, Thaler J, Peschel C (1985) Immunzytologische Diagnose von Leukämien und Lymphomen: Monoclonale Antikörper in der Differentialdiagnose hämatologischer Neoplasien. Behring Inst Res Communications 78:83
178. Huber H, Thaler J, Greil R, Gattringer C, Radaskiewicz T (1986) Immunologische Markeruntersuchungen bei malignen Lymphomen: diagnostische und prognostische Relevanz. Onkologie 9:108
179. Huber H, Greil R, Stauder R, Lechleitner M, Fasching B, Thaler J, Glassl H, Radaszkiewicz T, Gattringer C, Stein H (1989) Application of the B-cell panel for the immunological characterization of centrocytic, lymphocytic, and mucosa-associated B-cell lymphomas. In: Knapp W, Dörken B, Gilks WR, Rieber EP, Schmidt RE, Stein H, von dem Borne AEKGR (eds) Leucocyte Typing IV. Oxford University Press, Oxford New York Tokyo
180. Huber H, Greil R, Stauder R, Lechtleitner M, Fasching B, Thaler J, Glassl H, Radaszkiewicz T, Gattringer C, Stein H (1990) Application of the B-cell panel for the immunological characterization of centrocytic, lymphocytic and mucosa-associated B-cell lymphomas. In: Knapp W, Dörken B, Gilks WR, Rieber EP, Schmidt RE, Stein H, von dem Borne AEGKR (eds) Leucocyte Typing IV. Oxford University Press
181. Huhn D (1980) Some aspects of immunological and cytochemical markers in leukemia. Cancer Chemother Pharmacol 4:237
182. Huhn D, Thiel E, Rodt H, Schlimok G, Theml H, Rieber P (1983) Subtypes of T-cell chronic lymphatic leukemia. Cancer 51:1434–1447
183. Hui PK, Feller AC, Pileri S, Gobbi M, Lennert K (1987) New aggressive variant of suppressor/cytotoxic T-CLL. Am J Clin Pathol 87:55–59
184. Hunsmann G, Schneider J, Schmitt J, Yamamoto (1983) Detection of serum antibodies to adult T-cell leukemia virus in non-human primates and in people from africa. Int J Cancer 32:329–332
185. Ikeda M, Fujino RM, Matsui T, Yoshida T, Komoda H, Imai J (1984) A new agglutination test for serum antibodies to adult T-cell leukemia virus. Jpn J Cancer Res 75:845–848
186. Isaacson PG, Spencer J (1987) Malignant lymphoma of mucosa associated lymphoid tissue. Histopathology 11:445–462
187. Isaacson PG, Spencer J, Connolly CE, Pollock DJ, Stein H, O'Connor NTJ, Bevan DH, Kirkham N, Wainscoat JS, Mason DY (1985) Malignant histiocytosis of the intestine: a T-cell lymphoma. Lancet 2:688
188. Jaffe S (1985) Malignant histiocytosis and true histiocytic lymphomas. In: Jaffe S (ed) Surgical pathology of the lymphnodes and related organs. Philadelphia:WB Sauners, 381–411
189. Jaffe S (1986) Relationship of classification to biologic behavior of non-Hodgkin's lymphomas. Sem Oncol 13, 5:3–9
190. Jaffe S, Blattner WA, Blayney DW, Bunn PA, Cossman J, Robert-Guroff M, Gallo RC (1984) The pathologic spectrum of adult T-cell leukemia/lymphoma in the United States. Am J Surg Pathol 8:263–275
191. Jaffe S, Bookman MA, Longo L (1987) Lymphocytic lymphoma of intermediate differentiation. Mantle zone lymphoma: a distinct subtype of B-cell lymphoma. Hum Pathol 18:877–880
192. Jansen J, Hermans J (1981) Splenectomy in hairy cell leukemia: A retrospective multicenter analysis. Cancer 47:2066–2076

193. Jansen J, Schuit HRE, Meijer CJLM, Le Bien TW, Hijmans W, Kersey JH (1981) Cell markers in hairy-cell leukemia. In: Knapp W (ed) Leuk Markers. Academic Press, London New York, pp 179–192
194. Jansen J, Hermans J et al (1982) Clinical staging system for hairy-cell leukaemia. Blood 60:571–577
195. Johnstone AP, Jensenius JC, Millard RE, Hudson L (1982) Mitogen-stimulated immunoglobulin production by chronic lymphocytic leukaemic lymphocytes. Clin Exp Immunol 47:697–705
196. Jones SE, Fuks Z, Bull M, Kadin ME, Dorfman RF, Kaplan HS, Rosenberg SA, Kim H (1973) Non-hodgkin's lymphomas IV. Clinicopathologic correlation of 405 cases. Cancer 31:806–823
197. Juliusson G, Robert KH, Nilsson B, Gahrton G (1985) Prognostic value of B-cell mitogen-induced and spontaneous thymidine uptake in vitro in chronic B-lymphocytic leukaemia cells. Brit J Haematol 60:429–436
197a. Juliusson G, Oscier DG, Fitchett M et al (1990) Prognostic subgroups in B-cell lymphocytic leukemia defined by specific chromosomal abnormalities. N Engl J Med 323:720–721
198. Kadin M, Nasu K, Sako D, Said J, Von der Heid E (1985) A cutaneous proliferation of activated helper T cells expressing Hodgkin's disease-associated antigens. Am J Pathol 119:315–325
199. Kadin ME, Sako D, Berliner N, Franklin W, Woda B, Borowiz M, Ireland K, Schweid A, Herzog P, Lange B, Dorfman R (1986) Childhood Ki-1 lymphomas presenting with skin lesions and peripheral lymphadenopathy. Blood 68:1042–1049
200. Kawano F, Yamaguchi K, Nishimura H, Tsuda H, Takatsuki K (1985) Variation in the clinical courses of adult T-cell leukemia. Cancer 55:851–856
201. Kelly DR, Nathwani BN, Griffith RC, Shuster JJ, Sullivan MP, Hvizdala E, Murphy SB, Berard CW (1987) A morphologic study of childhood lymphoma of the undifferentiated type. Cancer 59:1132–1137
201a. Kerl H, Kresbach H (1984) Germinal center-cell derived lymphomas of the skin. J Dermatol Surg Oncol 10:291–295
202. Kim H, Dorfman RF, Rappaport H (1978) Signet ring cell lymphoma. Am J Surg Pathol 2:119–132
203. Kim H, Nathwani BN, Rappaport H (1980) So-called "Lennert's lymphoma". Is it a Clinicpathologic Entity? Cancer 45:1379–1399
204. Kinoshita K, Amagasaki T, Ikeda S, Suzuyama J, Toriya K, Nishino K, Tagawa M, Ichimaru M, Kamihira S, Yamada Y, Momita S, Kusano M, Morikawa T, Fujita S, Ueda Y, Ito N, Yoshida M (1985) Preleukemic state of adult T cell leukemia: abnormal T lymphocytosis induced by human adult T cell leukemia-lymphoma virus. Blood 66:120–127
205. Kjeldsberg CR, Marty J (1981) Prolymphocytic transformation of chronic lymphocytic leukemia. Cancer 48:2447–2457
206. Kjeldsberg CR, Wilson JF, Berard CW (1983) Non-Hodgkin's lymphoma in children. Hum Pathol 14:612–627
207. Klein G, Klein E (1985) Evolution of tumours and the impact of molecular oncology. Nature 315:190–195
208. Knecht H, Lennert K (1981) Ultrastructural findings in lymphogranulomatosis X ((angio-) immunoblastic lymphadenopathy). Virch Arch 37:29–47
209. Knecht H, Schwarze EW, Lennert K (1985) Histological, immunological and autopsy findings in lymphogranulomatosis X (including angio-immunoblastic lymphadenopathy). Virchows Arch (A) 406:105–124
210. König F, Schmalhorst U, Bartels H (1979) Klinik und Prognose des centrocytischen Lymphoms. In: Stacher A, Höcker P (Hrsg) Lymphknotentumoren. Urban & Schwarzenberg, München Wien Baltimore, S 207–210
211. Kraal G, Weissman IL, Butcher EC (1982) Germinal centre B cells: antigen specificity and changes in heavy chain class expression. Nature 298:377

212. Lairmore MD, Jason JM, Hartley TM, Khabbaz RF, De B, Evatt BL (1989) Absence of human T-cell lymphotropic virus type I coinfection in human immunodeficiency virus-infected hemophilic men. Blood 74:2596–2599
213. Lanier LL, Le AM, Civin CI, Loken MR, Phillips JH (1986) The relationship of CD16 (Leu-11) and Leu-9 (NKH-1) antigen expression on human peripheral blood NK cells and cytotoxic T Lymohocytes. J Immunol 136:4480
214. Laurent G, Gourdin MF, Flandrin G, Kuhlein E, Pris J, Reyes F (1981) Acute blast crisis in a patient with chronic lymphocytic leukemia. Acta haemat 65:60–66
215. Lauria F, Foa R, Mantovani V, Fierro MT, Catovsky D, Tura S (1983) T-cell functional abnormality in B-chronic lymphocytic leukaemia: evidence of a defect of the T-helper subset. Brit J Haematol 54:277–283
216. Lawler E, McCann SR, Whelan A, Greally J, Temperley IJ (1979) Acute myeloid leukaemia occurring in untreated chronic lymphatic leukaemia. Brit J Haematol 43:369–373
217. Lechleitner M, Gattringer C, Gastl G, Radaskiewicz T, Pfaller W, Schmalzl F, Huber H (1986) Macrophage infiltration in non-Hodgkin's lymphomas: a quantitative in situ study. Immunobiol 171:381–387
218. Leder P, Battey J, Lenoir G, Moulding C, Murphy W, Potter H, Stewart T, Taub R (1983) Translocations among antibody genes in human cancer. Science 222:765–771
219. Lee JS, Dixon DD, Kantarjian HM, Keating MJ, Talpaz M (1987) Prognosis of chronic lymphocytic leukemia: a multivariate regression analysis of 325 untreated patients. Blood 69:929–936
220. Lee WMF, Beckstead JH (1982) Hairy cell leukemia with bone marrow hypoplasia. Cancer 50:2207–2210
221. Lennert K (1978) Malignant Lymphomas other than Hodgkin's disease. Springer Verlag, Berlin
222. Lennert K, Feller AC (1990) Histopathologie der Non-Hodgkin-Lymphome (nach der aktualisierten Kiel-Klassifikation). Springer-Verlag, Berlin Heidelberg New York London Paris Tokyo Hong Kong
223. Lennert K, Knecht H, Burkert M (1979) Vorstadien maligner Lymphome. Verh Dtsch Ges Path 63:170–196
224. Lennert K, Kikuchi M, Sato E, Suchi T, Stansfeld AG, Feller AC, Hansmann ML, Müller-Hermelink K, Gödde-Salz E (1985) HTLV-positive and -negative T-cell lymphomas. Morphological and immunohistochemical differences between European and HTLV-positive Japanese T-cell lymphomas. Int J Cancer 35:65–72
225. Lennert K, Feller AC, Gödde-Salz E (1986) Morphologie, Immunhistochemie und Genetik peripherer T-Zellen-Lymphome. Onkologie 9:97–107
226. Levine AM, Pavlova Z, Pockros AW, Parker JW, Teitelbaum AH, Paganini-Hill A, Powars DR, Lukes RJ, Feinstein DI (1983) Small noncleaved follicular center cell (FCC) lymphoma: Burkitt and non-Burkitt variants in the United States. Cancer 52:1073–1079
227. Levine EG, Arthur DC, Frizzera G, Peterson BA, Hurd DD, Bloomfield CD (1988) Cytogenetic abnormalities predict clinical outcome in Non-Hodgkin-Lymphoma. Ann Int Med 108:14–20
228. Levine PH, Kamaraju LS, Connelly RR, Berard CW, Dorfman RF, Magrath I, Easton JM (1982) The american burkitt's lymphoma registry: eight year's experience. Cancer 49:1016–1022
229. Lewis SM, Catovsky D, Hows JM, Ardalan B (1977) Splenic red cell pooling in hairy cell leukaemia. Brit J Haematol 35:351
230. Liebes LF, Stark R, Nevrla D, Grusky G, Zucker-Franklin D, Silber R (1983) Purification and characterization of actin from normal and chronic lymphocytic leukemia lymphocytes. Cancer Res 43:4966–4973
231. Lipshutz MD, Mir R, Rai KR, Sawitsky A (1980) Bone marrow biopsy and clinical staging in chronic lymphocytic leukemia. Cancer 46:1422–1427
232. Lister TA (1991) Management of Follicular Lymphoma. In: Fourth Internation Conference on Malignant Lymphoma, Lugano Switzerland. Ann Oncol 2:Suppl. 2, 131–135

233. Löffler H (1978) Die akuten (unreifzelligen) Leukämien. In: Queisser W (Hrsg) Das Knochenmark. Thieme, Stuttgart, 273
234. Long JC, Mihm MC (1974) Mycosis fungoides with extracutaneous dissemination: a distinct clinicopathologic entity. Cancer 34:1745–1755
235. Long JC, Aisenberg AC (1975) Richter's syndrome. Amer J Clin Pathol 63:786–795
236. Loughran TP, Kadin ME, Deeg J (1986) T-cell intestinal lymphoma associated with celiac sprue. Ann Int Med 104:44–47
237. Lukes RJ, Collins RD (1974) Immunologic charakterization of human malignant lymphomas. Cancer 34:1488–1503
238. Lukes RJ, Parker JW, Taylor CR, Tindle BH, Cramer AD, Lincoln TL (1978) Immunologic approach to non-hodgkin lymphomas and related leukemias. Analysis of the results of multiparameter studies of 425 cases. Semin Hematol 15:322–351
239. Lutzner M, Edelson R, Schein P, Green I, Kirkpatrick C, Ahmed A (1975) Cutaneous T-cell lymphomas: the sezary syndrome, mycosis fungoides, and related disorders. Ann Int Med 83:534–552
240. Mann RB, Berard CW (1983) Criteria for the cytologic subclassification of follicular lymphomas: A proposed alternative method. Hematol Oncol 1:187
241. Mann RB, Jaffe S, Braylann RCC, Nanba K, Frank MM, Ziegler JL, Berard CW (1976) Non-endemic Burkitt's lymphoma. N Engl J Med 295:685–691
242. Manoharan A, Cartovsky D, Clein P, Traub NE, Costello C, O'Brien M, Boralessa H, Galton DAG (1971) Simultaneous or spontaneous occurrence of lympho- and myeloproliferative disorders: a report of four cases. Brit J Haematol 48:111–116
242a. Manzari V, Gismondi A, Barillari G et al (1987) HTLV-5: A new human retrovirus isolated in a Tac-negative T cell lymphoma/leukemia. Science 238:1581
243. Marchis L, Fazio V, Gradilone A, Zani M, Frati L, Santoni A (1987) HTLV-V: a new human retrovirus isolated in a Tac-negative T cell lymphoma/leukemia. Science 238:1581
244. Marcon L, Rubin LA, Kurman CC, Fritz ME, Longo DL, Uchiyama T, Edwards BK, Nelson DL (1988) Elevated levels of soluble Tac peptide in adult T-cell leukemia: correlation with clinical study during chemotherapy. Ann Int Med 109:274
245. Mason DY, Gaulard P, D'Ay MF, Brousse N, Diebold J, Gelf and Gele executive Committees (1990) Expression of the bcl-2 oncogene product in follicular lymphoma. In: Fourth Internation Conference on Malignant Lymphoma, Lugano, Switzerland
246. Matutes E, Dalgleish AG, Weiss RA, Joseph AP, Catovsky D (1986) Studies in healthy human T-cell-leukemia lymphoma virus (HTLV-I) carriers from the caribbean. Int J Cancer 38:41–45
247. Matutes E, Talavera JG, O'Brien M, Catovsky D (1986) The morphological spectrum of T-prolymphocytic leukaemia. Brit J Haematol 64:111–124
248. Mayer L, Posnett DN, Kunkel HG (1985) Human malignant T cells capable of inducing an immunoglobin class switch. J Exp Med 161:134–144
249. McPhedran P, Heath CW (1970) Acute leukemia occuring during chronic lymphocytic leukemia. Blood 35:7
250. Melo JV, San Miguel JF, Moss VE, Catovsky D (1984) The membrane phenotype of hairy cell leukemia: a study with monoclonal antibodies. Semin Oncol:381–385
251. Melo JV, Wendle J, Chetty M et al (1986) The relationship between chronic lymphocytic leukemia and prolymphocytic leukemia. IV. Evaluation of cell site by morphology and volume measuremens. Brit J Haematol 64:469
252. Melo JV, Catovsky D, Gregory WM, Galton AG (1987) Relationship between chronic lymphocytic leukaemia and prolymphocytic leukaemia. Brit J Haematol 65:23–29
253. Melo JV, Hedge U, Parreira A, Thompson I, Lampert A, Catovsky D (1987) Splenic B cell lymphoma with circulating villous lymphocytes: differential diagnosis of B cell leukaemias with large spleens. J Clin Pathol 40:642–651
254. Melo JV, Robinson DSF, DeOliveira MP, Thompson IW, Lampert IA, Galton D, Catovsky D (1988) Morphology and immunology of circulating cells in leukaemic phase of follicular lymphoma. J Clin Pathol 41:951–959

255. Merlo CJ, Hoppe RT, Abel E, Cox RES (1987) Extracutaneous mycosis fungoides. Cancer 60:397–402
256. Miliauskas JR, Berard CW, Young RC, Garvon AJ, Edwards BK, DeVita VT (1982) Undifferentiated non-Hodgkin's lymphomas (Burkitt's and non-Burkitt's types). Cancer 50:2115–2121
258. Mittelman A, Denny T, Gebhard D, Cirrincione C, Kurland E, Koziner B (1984) Analysis of T-cell subsets in B-cell chronic lymphocytic leukemia: a correlation with the stage of disease. Am J Hematol 16:67–73
259. Moayeri H, Sokal JE (1979) In vitro leukocyte thymidine uptake and prognosis in chronic lymphocytic leukemia. Am J Med 66:773
260. Möller P, Mielke B, Hofmann WJ (1989) Immunophenotype of medullary thymic B-cells. In: Knapp W, Dörken B, Gilks WR, Rieber EP, Schmidt RE, Stein H, von dem Borne AEGKR (eds) Leucocyte Typing IV. Oxford University Press, Oxford New York Tokyo
261. Molen LAV, Urba WJ, Longo DL, Lawrence J, Gralnick H, Steis RG (1989) Diffuse osteosklerosis in hairy cell leukemia. Blood 74:2066–2069
262. Montserrat E, Alcala A, Parody R, Domingo A, Garcia-Conde J, Bueno J, Ferran C, Sanz MA, Giralt M, Rubio D, Anton I, Estape J, Rozman C (1985) Treatment of chronic lymphocytic leukemia in advanced stages. Cancer 56:2369–2375
263. Montserrat E, Bisono J, Vinolas N, Rozman C (1986) Lymphocyte doubling time in chronic lymphocytic leukaemia: analysis of its prognostic significance. Brit J Haematol 62:567–575
264. Morimoto C, Matsuyama T, Oshige C, Tanaka H, Hercend T, Reinherz EL, Schlossman SF (1985) Functional and phenotypic studies of japanese adult T cell leukemia cells. J Clin Invest 75:836–843
265. Nagasawa T, Abe T, Nakagawa T (1981) Pure red cell aplasia and hypogammaglobulinemia associated with T-cell chronic lymphocytic leukemia. Blood 57:1025–1981
266. Nagy K, Clapham P, Cheingsong-Popov R, Weiss RA (1983) Human T-cell leukemia virus type I: induction of syncytia and inhibition by patients' sera. Int J Cancer 32:321–328
267. Nanba K, Jaffe S, Soban EJ, Braylan RC, Berard CW (1977) Hairy cell leukemia. Cancer 39:2323–2336
268. Narang S, Wolf BC, Neiman RS (1985) Malignant lymphoma presenting with prominent splenomegaly. Cancer 55:1948–1957
269. Nathwani BN (1979) A critical analysis of the classifications of non-Hodgkin's lymphomas. Cancer 44:347–384
270. Nathwani BN, Kim H, Rappaport H (1976) Malignant lymphoma: lymphoblastic. Cancer 38:964–983
271. Nathwani BN, Rappaport H, Moran EM, Pangalis GA, Kim H (1978) Malignant lymphoma arising in angio-immunoblastic lymphadenopathy. Cancer 41:578
272. Nathwani BN, Diamond LW, Winberg CD, Kim H, Bearman RM, Glick JH, Jones SE, Gams RA, Nissen NI, Rappaport H (1981) Lymphoblastic lymphoma: a clinicopathologic study of 95 patients. Cancer 48:2347–2357
273. Nathwani BN, Metter GE, Miller TP, Burke JS, Mann RB, Barcos M, Kjeldsberg CR, Dixon DO, Winberg CD, Whitcomb CC, Jones SE (1986) What should be the morphologic criteria for the subdivision of follicular lymphomas? Blood 68:837–845
274. Nathwani BN, Griffith RC, Kelly DR, Shuster JJ, Hvizdala E, Sullivan MP, Murphy SB, Berard CW (1987) A morphologic study of childhood lymphoma of the diffuse "histiocytic" type. Cancer 59:1138–1142
275. Neiman RS, Sullivan AL, Jaffe R (1979) Malignant lymphoma simulating leukemic reticuloendotheliosis. A clinicopathologic study of ten cases. Cancer 43:392–442
276. Neri A, Barriga F, Knowles DM, Magrah IT, Dalla-Favera R (1988) Different regions of the immunoglobulin heavy-chain locus are involved in chromosomal translocations in distinct pathogenetic forms of Burkitt lymphoma. Proc Natl Acad Sci 85:2748–2752

277. Newcomer LN, Nerenberg MI, Cadman EC, Waldron JA, Farber LR, Bertino JR (1982) The usefulness of the Lukes-Collins classification in identifying subsets of diffuse histiocytic lymphoma responsive to chemotherapy. Cancer 50:439–443
278. Newland AC, Catovsky D, Linch D, Cawley JC, Beverley P, San Miguel JF, Gordon-Smith EC, Blecher TE, Shahriari S, Varadi S (1984) Chronic T cell lymphocytosis: a review of 21 cases. Brit J Haematol 58:433–446
279. Ngan BY, Chen-Levy Z, Weiss LM, Warnke RA, Cleary MI (1988) Expression in Non-Hodgkin's Lymphoma of the bcl-2 protein associated with the t(14;18) chromosomal translocation. N Engl J Med 318:1638
280. NHL-PCP, Rosenberg, Berard, Burke, Dorfmann (1982) National cancer institute sponsored study of classifications of non-Hodgkin's lymphomas. Summary and Description of a Working Formulation for Clinical Usage. Cancer 49:2112–2135
281. Nowell PC, Finan JB, Vonderheid EC (1982) Clonal characteristics of cutaneous T cell lymphomas: cytogenetic evidence from blood, lymph nodes, and skin. J Invest Dermatol 78:69–75
282. O'Connor NTJ, Stein H, Gatter KC, Wainscoat JS, Crick J, Saati T, Falini B, Delsol G, Mason DY (1987) Genotypic analysis of large cell lymphomas which express the Ki-1 antigen. Histopathology 11:733–740
283. Pallesen G, Hamilton-Dutoit SK (1990) Specificity of monoclonal antibody HLM-1. Lancet 1:537
284. Palutke M, Eisenberg L, Kaplan J, Hussain M, Kithier K, Tabaczke P, Mirchandani I, Tenenbaum D (1983) Natural killer and suppressor T-cell chronic lymphocytic leukemia. Blood 62:627–634
285. Pandolfi F, Semenzato G, De Rossi G, Quinti I, Guglielmi C, Pezzutto A, Lopez M, Tonietti G, Fontana L (1983) HNK-1 monoclonal antibody (Leu-7) in the identification of abnormal expansions of large granular lymphocytes. Clin Exp Immunol 52:641–647
286. Pandolfi F, De Rossi G, Lauria F, Ranucci A, Barillari G, Manzari V, Semenzato G, Liso V, Pizzolo G, Aiuti F (1985) T-helper phenotype chronic lymphocytic leukaemia and "adult T-cell leukaemia" in Italy. Lancet 2:633
287. Pandolfi F, Semenzato G, De Rossi G (1985) Chronic lymphocytosis due to the expansion of granular lymphocytes. Brit J Haematol 60:771–773
288. Pangalis GA, Moran EM, Rappaport H (1978) Blood and bone marrow findings in angioimmunoblastic lymphadenopathy. Blood 51:71–83
289. Pangalis GA, Moran EM, Nathwani BN, Zelman RJ, Kim H, Rappaport H (1983) Angioimmunoblastic lymphadenopathy. Cancer 52:318–321
290. Pavlova Z, Parker JW, Taylor CR, Levine AM, Feinstein DI, Lukes RJ (1987) Small noncleaved follicular center cell lymphoma: Burkitt's and non-Burkitt's variants in the US. Cancer 59:1892–1902
291. Pelicci PG, Subar M, Aliavena P, Rambaldi A, Pirelli A, Di Bello M, Barbui T, Knowles M, Della-Favera R, Mantovani A (1987) T-Cell Receptor Gene Rearrangements and Expression in Normal and Leukemic Large Granula Lymphocytes/Natural Killer Cells. Blood 70:1500–1508
292. Phillips EA, Kempin S, Passe S, Miké V, Clarkson B (1977) Prognostic factors in chronic lymphocytic leukemia and their implications for therapy. Clin Haematol 6:203
293. Phyliky R, Li CY, Yam LT (1983) T-cell chronic lymphocytic leukemia with morphologic and immunologic characteristics of cytotoxic/suppressor phenotype. Mayo Clin Proc 58:709–720
294. Picker LJ, Weiss LM, Medeiros LJ, Wood GS, Warnke RA (1987) Immunophenotypic Criteria for the Diagnosis of Non-Hodgkin's Lymphoma. Am J Pathol 128:181
295. Pittman S, Catovsky D (1984) Prognostic significance of chromosome abnormalities. Brit J Haematol 58:649–660
296. Pizzolo G, Chilosi M, Ambrosetti A, Semenzato G, Fiore-Donati L, Perona G (1983) Immunohistologic study of bone marrow involvement in B-chronic lymphocytic leukemia. Blood 62:1289–1296

297. Pizzolo G, Chilosi M, Semenzato G (1987) The soluble interleukin-2 receptor in haematological disorders. Brit J Haematol 377:380
298. Platsoucas CD, Galinsky M, Kempin S, Reich L, Clarksonn B, Good RA (1982) Abnormal T lymphocyte subpopulations in patients with B cell chronic lymphocytic leukemia: an analysis by monoclonal antibodies. J Immunol 129:2305–2312
299. Pombo de Oliveira M, Jaffe S, Catovsky D (1989) Leukaemic phase of mantel zone (intermediate) lymphoma: its characterization in 11 cases. J Clin Pathol 42:962–972
300. Poppema S, Visser L, Shaw A, Slupsky J (1989) Antitody B-17 is specific for hairy cell leukaemia and identifies the normal counterpart of hairy cells. In: Knapp W, Dörken B, Gilks WP, Rieber EP, Schmidt RE, Stein H, von dem Borne AEGKR (eds) Leucocyte Typing IV. Oxford University Press, Oxford New York Tokyo
301. Posner LE, Robert-Guroff MR, Kalyanaraman VS, Poiesz BJ, Ruscetti FW, Fossieck B, Bunn PA, Minna JD, Gallo RC (1981) Natural antibodies to the human T cell lymphoma virus in patients with cutaneous T cell lymphomas. J Exp Med 154:333–346
302. Posnett DN, Marboe CC (1984) Differentiation antigens associated with hairy cell leukemia. Semin Oncol 11:413–415
303. Posnett DN, McGrath HA, Scott RA, McNutt SN, Folkl R, Hickey TD, Macera MJ, Szabo P (1988) Polyclonal lymphocytosis of T-cells associated with human T-cell leukemia virus I. Cancer Res 48:2585
304. Qian GX, Fu SM, Solanki DL, Rai KR (1984) Circulating monoclonal IgM proteins in B cell chronic lymphocytic leukemia: their identification, characterization and relationship to membrane IgM. J Immunol 133:3396–3400
305. Rabbitts TH, Boehm T, Mengle-Gaw L (1988) Chromosomal abnormalities in lymphoid tumors: mechanism and role in Tumor pathogenesis. TIG 4:300
306. Radaszkiewicz T, Lennert K (1975) Lymphogranulomatosis X. Dtsch Med Wochenschr 10:1157
307. Radzun HJ, Parwaresch MR (1984) Selective recognition of functional subcohorts of human macrophages using monoclonal antibodies. In: Lennert K, Hübner K (eds) Pathology of the bone marrow. Gustav Fischer Verlag, Stuttgart New York, 68
307a. Raffeld M, Jaffe S (1991) bcl-1, t (11;14), and mantle cell-derived lymphomas. Blood 78:259–263
308. Rai KR, Sawitsky A, Cronikite EP, Chanana AD, Levey RN, Pasernack BS (1975) Clinical staging of chronic lymphocytic leukemia. Blood 46:219
309. Ralfkiaer E, Hou-Jensen K, Geisler C, Plesner T, Henschel A, Hansen MM (1982) Cytoplasmic inclusions in lymphocytes of chronic lymphocytic leukaemia. Virch Arch Abt A, Pathol Anatomie 395:227–236
310. Rapaport SI (1987) Introduction to Hematology. JB Lippincott Company
311. Rappaport H (1966) Tumors of the Hematopietic System. Atlas of Tumor Pathology, Sect 3, Fasc 8, Armed Forces Institute of Pathology, Washington
312. Rappaport H, Moran EM (1975) Angio-immunoblastic (immunoblastic) lymphadenopathy. N Engl J Med 292:42
313. Rappaport H, Winter WZ, Hicks EB (1956) Follicular lymphoma. A re-evaluation of its position in the scheme of malignant lymphoma, based on a survey of 253 cases. Cancer 9:792
314. Reynolds CW, Foon KA (1984) T-γ-lymphoproliferative disease and disorders in humans and experimental animals: a review of the clinical, cellular, and functional characteristics. Blood 64:1146–1158
315. Rho HM, Poiesz BJ, Ruscetti FW, Gallo RC (1981) Characterization of the reverse transcriptase from a new retrovirus (HTLV) produced by a human cutaneous T-cell lymphoma cell line. Virol 112:335
316. Rice L, Shenkenberg T, Lynch EC, Wheeler TM (1982) Granulomatous infections complicating hairy cell leukemia. Cancer 49:1924–1928
317. Richter MN (1982) Generalized reticular cell sarcoma of the lymph nodes associated with lymphatic leukemia. Amer J Pathol 4:285–293

318. Robert-Guroff M, Coutinho RA, Zadelhoff AW, Vyth-Dreese FA, Rumke Ph (1984) Prevalence of HTLV-specific antibodies in Surinam emigrants to the Netherlands. Leukemia Res 8:501–504
319. Rosenberg SA (1985) The low-grade Non-Hodgkin's lymphomas: Challenge and opportunities. J Clin Oncol 3:299
320. Rosenberg, Berard, Burke, Dorfmann (1982) National cancer institute sponsored study of classifications of non-Hodgkin's lymphomas. Summary and Description of a Working Formulation for Clinical Usage. Cancer 49:2112–2135
321. Rosenblatt JD, Cher B, Golde DW (1988) HTLV-II and human lymphoproliferative disorders. Clin Lab Med 8:85
322. Row M, Rowe DT, Gregory CD, Young LS, Farrell PJ, Rupani H, Rickinson AB (1987) Differences in B cell growth phenotype reflect novel patterns of Epstein-Barr virus latent gene expression in Burkitt's lymphoma cells. EMBO J 6:2743–2751
323. Rozman C, Hernandez-Nieto L, Montserrat E, Brugues R (1981) Prognostic significance of bone-marrow patterns in chronic lymphocytic leukaemia. Brit J Haematol 47:529–537
324. Rozman C, Montserrat E et al (1982) Prognosis of chronic lymphocytic leukemia: a multivariate survival. Blood 59:1001–1005
325. Rozman C, Montserrat E, Rodriguez-Fernandez JM, Ayats R, Vallespi T, Parody R, Rios A, Pradis D, Morey M, Gomis F, Alcala A, Gutierrez M, Maldonado J, Gonzalez C, Giralt M, Hernandez-Nieto L, Cabrera A, Fernandez-Ranada (1984) Bone marrow histologic pattern – the best single prognostic parameter in chronic lymphocytic leukemia: a multivariate survival analysis of 329 cases. Blood 64:642–648
326. Rümke HC, Miedema F, Ten Berge IJM, Terpstra F, van der Reijden HJ, van de Griedn RJ, De Bruin HG, von dem Borne AEGK, Smit JW, Zeijlemaker WP, Melief CJM (1982) Functional properties of T cells in patients with chronic T-gamma lymphocytosis and chronic T cell neoplasia. J Immunol 129:419–426
327. Sausville EA, Worsham GF, Matthews MJ, Makuch RW, Fischmann AB, Schechter GP, Gazdar AF, Bunn PA (1985) Histologic assessment of lymph nodes in mycosis fungoides/sezary syndrome (cutaneous T-cell lymphoma): Clinical correlations and prognostic import of a new classification system. Hum Pathol 16:1098–1109
328. Sausville EA, Eddy JL, Makuch PW, Fischmann AB, Schechter GP, Matthews M, Glatstein E, Ihde DC, Kaye FK, Veach SR, Phelps R, O'Connor T, Trepel JB, Cotelingam JD, Gazdar AF, Minna JD, Bunn PA (1988) Histopathologic Staging at initial Diagnosis of mycosis fungoides and the Sezary-Syndrome. Ann Int Med 109:372–382
329. Sawitsky A, Rai KR, Glidewell O, Silver RT (1977) Comparison of daily versus intermittent chlorambucil and prednisone therapy in the treatment of patients with chronic lymphocytic leukemia. Blood 50:1049
330. Saxon A, Stevens RH, Golde DW (1978) T-lymphocyte variant of hairy-cell leukemia. Ann Int Med 88:323–326
331. Schechter GP, Sausville EA, Fischmann , Soehnlen F, Eddy J, Matthews M, Gazdar A, Guccion J, Munson D, Makuch R, Bunn PA (1987) Evaluation of Circulating malignant cells provides prognostic information in cutaneous T cell lymphoma. Blood 69:841–849
332. Scheffer E, Meijer CJLM, van Vloten WA (1980) Dermatopathic lymphadenopathy and lymph node involvement in mycosis fungoides. Cancer 45:137–148
333. Schmid U, Helbon D, Lennert K (1982) Development of malignant lymphoma in myoepithelial sialadenitis (Sjögren's Syndrome). Virchows Arch (Pathol Anat) 395:11–43
334. Schmid U, Karow J, Lennert K (1985) Follicular malignant non-Hodgkin's lymphoma with pronounced plasmacytic differentiation: a plasmacytoma-like lymphoma. Virchows Arch 405:473–481
335. Schmidt RE, Michon JM, Woronicz J, Schlossman SF, Reinherz EL, Ritz J (1987) Enhancement of Natural Killer Function Through Activation of the T11 E Rosette Receptor. J Clin Invest 79:305–308

336. Schnaidt U, Ykoupil KF, Thiele J, Georgii A (1980) Angioimmunoblastic lymphadenopathy. Virchows Arch 389:369–380
337. Schnitzer B, Roth MS, Hyder DM, Ginsburg D (1988) Ki-1 Lymphomas in Children. Cancer 61:1213–1221
338. Scholz W, Mentlein R, Heymann E, Feller AC, Ulmer AJ, Flad HD (1985) Interleukin 2 production by human T lymphocytes identified by antibodies to dipeptidyl peptidase IV. Cell Immunol 93:199–211
339. Schüpbach J (1990) Human Retrovirology: Facts and Concepts. Springer Verlag, Berlin Heidelberg
340. Schwarting R, Stein H, Wang CY (1985) The monoclonal antibodies alpha-S.HCL 1 (alpha Leu-14) and alpha-S.HCL 3 (alpha-Leu-M5) allow the diagnosis of hairy cell leukemia. Blood 65:974–983
341. Schwarting R, Moebius U, Meuer ST, Stein H (1989) The p1 50/95 (CD11 c) complex is expressed on activated T-lymphocytes and rare T-cell malignancies. In: Knapp W, Dörken B, Gilks WR, Rieber EP, Schmidt RE, Stein H, von dem Borne AEGKR (eds) Leucocyte Typing IV. Oxford University Press, Oxford New York Tokyo
342. Seshadri RS, Browns EJ, Zipursky A (1976) Leukemic reticuloendotheliosis. N Engl J Med 295:181–184
343. Shepherd NA, Hall PA, Coates PJ, Levision DA (1988) Primary malignant lymphoma of the colon and rectum. A histopathological and immunohistochemical analysis of 45 cases with clinicopathological correlations. Histopathology 12:235–252
344. Sheridan W, Winton EF, Chan WC, Goron DS, Vogler R, Philips C, Bongiovanni KF, Waldemann TA (1988) Leukemia of Non-T-Lineage Natural Killer Cells. Blood 72:1701–1707
345. Shimoyama M, Minato K, Saito H et al (1979) Immunoblastic lymphadenopathy (IBL)-like T-cell lymphoma. Jpn J Clin Oncol 9:347–356
346. Shirono K, Hattori T, Hata H, Nishimura H, Takatsuki K (1989) Profiles of expression of activated cell antigens on peripheral blood and lymphnode cells from different clinical stages of adult T-cell leukemia. Blood 73:1664–1671
347. Silvestrini R, Piazza R, Riccardi A, Rilke F (1977) Correlation of cell kinetic findings with morphology of non-hodgkin's malignant lymphomas. J Natl Cancer Inst 58:499–504
348. Sinclair D, Dagg JH, Dewar AE, Mowat AM, Parrott DMV, Stockdill G, Stott DI (1986) The incidence, clonal origin and secretory nature of serum paraproteins in chronic lymphocytic leukaemia. Brit J Haematol 64:725–735
349. Skarin AT (1986) Diffuse aggressive lymphomas: a curable subset of non-Hodgkin's lymphomas. Sem Oncol 13:10–25
350. Spiro S, Galton DAG, Wiltshaw E, Lohmann RC (1975) Follicular lymphoma. A survey of 75 cases with special reference to the syndrome resembling chronic lymphocytic leukemia. Br J Cancer (Suppl II) 3:60–72
351. Stacher A, Bartels H, Bremer K (1979) Klinik und Prognose der lymphoplasmocytoiden malignen Lymphome (Immunocytome). In: Stacher A, Höcker P (Hrsg) Lymphknotentumoren. Urban & Schwarzenberg, München Wien Baltimore, 218–223
352. Stansfeld AG, Diebold J, Kapanci Y, Kelenyi G, Lennert K, Mioduszewska O, Noel H, Rilke F, Sundstrom C, Van Unnik JAM, Wright DH (1988) Updated Kiel classification for lymphomas (Letter to the Editor). Lancet i:292–293 and 603
353. Stein H, Gerdes J, Mason DY (1982) The normal and malignant germinal centre. Clin Haematol 11:531
354. Stein H, Lennert K, Feller AC, Mason DY (1984) Immunohistological analysis of human lymphoma: correlation of histological and immunological categories. Adv Cancer Res 42:67–146
354a. Stein H, Dienemann D, Dallenbach F, Kruschwitz M (1991) Peripheral T-cell lymphomas. Ann Oncol 2:Suppl. 2, 163–169

355. Stewart ML, Felman IE, Nichols PW, Pagnini-Hill A, Lukes RJ, Levine AM (1986) Large noncleaved follicular center cell lymphoma. Cancer 57:288–297
356. Strickler JG, Michie SA, Warnke RA, Dorfmann RF (1986) The "syncitial variant" of nodular sclerosing Hodgkin's disease. Am J Surg Pathol 50:470–477
357. Suchi T, Lennert K, Tu LY, Kikuchi M, Sato E, Stansfeld AG, Feller AC (1987) Histopathology and immunohistochemistry of peripheral T cell lymphomas: a proposal for their classification. J Clin Pathol 40:995–1015
357a. Swan F, Velasquez WS, Tucker S et al (1989) A new serologic staging system for large-cell lymphomas based on initial β2-microglobulin and lactate dehydrogenase levels. J Clin Oncol 7:1518–1527
358. Swerdlow SH, Murray LJ, Habeshaw JA, Stansfeld AG (1985) B- and T-cell subsets in follicular centroblastic/centrocytic (cleaved follicular center cell) lymphoma: an immunohistologic analysis of 26 lymph nodes and three spleens. Hum Pathol 16:339–352
359. Takatsuki K, Yamaguchi K, Kawano F, Hattori T, Nishimura H, Tsuda H, Sanada I, Nakada K, Itai Y (1985) Clinical diversity in adult T-cell leukemia-lymphoma. Canc Res 45:4644–4645s
360. Tamura K, Aratake Y, Kotani T, Seita M, Ohtaki S (1985) Identification of complex phenotype (OKT4+/OKT8+) on adult T-cell leukemia cells by sequential application of indirect rosette assay with protein A-coated ox red blood cells and immunoperoxidase technic. Am J Clin Pathol 84:44–48
361. Tamura K, Nagamine N, Araki Y, Seita M, Okayama A, Kawano T, Tachibana N, Tsuda K, Kuroki Y, Narita H, Inoue S, Suzumiya J, Sumiyoshi A, Aratake Y, Ohtaki S, Torigoe J, Kawachi J (1986) Clinical analysis of 33 patients with adult T-cell leukemia (ATL)-diagnostic criteria and significance of high- and low-risk ATL. Int J Cancer 37:335–341
362. Taub R, Kirsch I, Morton C, Lenoir G, Swan D, Tronick S, Aaronson S, Leder P (1982) Translocation of the c-myc gene into the immunoglobulin heavy chain locus in human Burkitt lymphoma and murine plasmacytoma cells. Proc Natl Acad Sci USA 79:7837–7841
363. Tedder RS, Shanson DC, Jeffries DJ, Cheingsong-Porov R, Dalgleish A, Clapham P, Nagy K, Weiss RA (1984) Low prevalence in the UK of HTLV-I and HTLV-II infection in subjects with aids, with extended lymphadenopathy, and at risiko of aids. Lancet 2:125
364. Thaler J, Denz H, Gattringer C, Glassl H, Lechleitner M, Dietze O, Huber H (1987) Diagnostic and prognostic value of immunohistological bone marrow examination: results in 212 patients with lymphoproliferative disorders. Blut 54:214
365. Thaler J, Denz H, Dietze O, Gastl G, Ho AD, Gattringer C, Greil R, Lechleitner M, Huber C, Huber H (1989) Immunohistological assessment of bone marrow biopsies from patients with hairy cell leukemia: changes following treatment with alpha-2 Interferon and deoxycoformycin. Leuk Res 13:377–383
366. Thaler J, Dietze O, Faber V, Greil R, Gastl G, Denz H, Ho AD, Huber H (1990) Monoclonal Antibody B-ly7; A sensitive marker for detection of minimal residual disease in hairy cell leukemia. Leukemia 4:170–176
367. Theml H (1977) Die chronische lymphatische Leukaemie. In: Begemann H (ed) Handbuch der inneren Medizin II/6. Springer, Berlin Heidelberg New York
368. Theml H, Ziegler-Heitbrock HWL (1984) Management of CLL and allied disorders with reference to their immunology and proliferation kinetics. Cancer Res 93:240–258
369. Theml H, Prale H, Bartels H (1979) Offene Fragen zur Differentialdiagnose, Klinik und Therapie der chronisch lymphatischen Leukämie. In: Stacher A, Höcker P (Hrsg) Lymphknotentumoren. Urban & Schwarzenberg, München Wien Baltimore, 201
370. Tkachuk C, Takihara Y, Griesser G, Champagne E, Minden M, Feller AC, Lennert K, Mak TW (1988) Rearrangement of T-Cell Locus in Lymphoproliferative Disorders. Blood 72:353–357

371. Uchiyama T, Yodoi J, Sagawa K, Takatsuki K, Uchino H (1977) Adult T-cell leukemia: clinical and hematologic features of 16 cases. Blood 50:481–492
372. Ueshima Y, Rowley JD, Variakojis D, Winter J, Gordon L (1984) Cytogenetic studies on patients with chronic T cell leukemia/lymphoma. Blood 63:1028–1038.
373. Van den Oord JJ, de Wolf-Peeters C, Frizzera G, Desmet VJ, Tricot G, Thomas J, Marien K, Gatter KC, Mason Dy (1985) T-helper cell lymphoma involving the lymph nodes and skin. Cancer 55:1714–1721
374. Van de Molen L, Urba WJ, Longo DL, Lawrence J, Gralnick H, Steis RG (1989) Diffuse osteosclerosis in hairy cell leukemia. Blood 74:2066–2069
375. Visser L, Shaw A, Slupsky J, Vos H, Poppema S (1989) Monocloncal antibodies reactive with hairy cell leukemia. Blood 74:320–325
376. Vonderheid EC, Sobel E, Nowell PC, Finan JB, Helfrich MK, Whipple DS (1985) Diagnostic and prognostic significance of Sézary cells in peripheral blood smears from patients with cutaneous T cell lymphoma. Blood 66:358–366
377. Waldmann TA (1987) Immunoglobulin and T-Cell Receptor Genes and Lymphocyte Differentiation. In: Stamatoyannopoulos G, Nienhis AW, Leder P, Majerus PW (eds) The Molecular Basis of Blood Disease. Saunders Company
378. Waldron JA, Leech JH, Glick AD, Flexner JM, Collins RD (1977) Malignant lymphoma of peripheral T-lymphocyte origin. Cancer 40:1604–1617
379. Warnke RA, Strauchen JA, Burke JS, Hoppe RT, Campbell BA, Dorfmann RF (1982) Morphologic types of diffuse large-cell lymphoma. Cancer 50:690–695
380. Watanabe S (1986) Pathology of peripheral T-cell lymphomas and leukemias. Haematol Oncol 4:45–58
381. Weinstein RA, Golomb HM, Grumet G, Gelmann E, Schechter GP (1981) Hairy cell leukemia: Association with disseminated atypical mycobacterial infection. Cancer 48:380–383
382. Weisenburger DD, Nathwani BN, Diamond LW, Winberg JD, Rappaport H (1981) Malignant lymphoma, intermediate lymphocytic type: a clinicopathologic study of 42 cases. Cancer 48:1415–1425
383. Weisenburger DD, Kim H, Rappaport H (1982) Mantle-zone lymphoma: a follicular variant of intermediate lymphocytic lymphoma. Cancer 49:1429–1438
384. Weisenburger DD, Sanger WG, Armitage JO, Purtilo DT (1987) Intermediate lymphocytic lymphoma: immunophenotypic and cytogenetic findings. Blood 69:1617–1621
385. Weisenburger D, Linder J, Daley DT, Armitage JO (1987) Intermediate lymphocytic lymphoma: an immunohistologic study with comparison to other lymphocytic lymphomas. Hum Pathol 18:781–790
386. Weiss LM, Yousem SA, Warnke RA (1985) Non-Hodgkin's lymphomas of the lung. Am J Surg Pathol 9:480–490
387. Weiss LM, Strickler JG, Dorfman RF, Horning SJ, Warnke RA, Sklar J (1986) Clonal T-cell populations in angioimmunoblastic lymphadenopathy and angioimmunoblastic lymphadenopathy-like lymphoma. Am J Pathol 122:392–397
388. Weiss LM, Warnke RA, Sklar J, Cleary MI (1987) Molecular analysis of the t(14;18) chromosomal translocation in malignant lymphomas. N Engl J Med 317:1185–1189
389. Weisenburger D (1984) Mantle-zone lymphoma. An immunohistologic study. Cancer 53:1073
390. Westbrook CA, Golde DW (1984) Clinical problems in hairy cell leukemia: diagnosis and management. Semin Oncol 11:514–522
391. Whang-Peng J, Bunn PA, Knutsen T, Matthews MJ, Schechter G, Minna JD (1982) Clinical implifications of cytogenetic studies in cutaneous T-cell lymphoma (CTCL). Cancer 50:1539–1553
392. Williams AE, Fang CT, Slamon DJ, Poiesz BJ, Sandler S, Shulmann DW, McGowan E, Dougles D, Bowman R, Peetoom F, Kleinman S, Lenes B, Dodd R (1988) Seroprevalence and epidemiological correlates of HTLV-I infection in U.S. blood donors. Science 240:643

393. Witzig TE, Phyliky RL, Li CY, Homburger HA, Dewald GW, Handwerker BS (1986) T-cell chronic lymphocytic leukemia with a helper/inducer membrane phenotype: a distinct clinicopathologic subtype with a poor prognosis. Am J Haematol 21:139–155
394. Wong-Staal F, Gallo RC (1985) Human T-lymphotropic retroviruses. Nature 317:395–403
395. Workshop on prognostic factors in aggressive NHL's (1990) In: Fourth International Conference on Malignant Lymphoma, Lugano, Switzerland
396. Yamada Y (1983) Phenotypic and functional analysis of leukemic cells from 16 patients with adult T-cell leukemia/lymphoma. Blood 61:192
397. Yamada Y, Ichimaru M, Shiku H (1989) Adult T cell leukaemia cells are of CD4+ CDw29+ T cell origin and secrete a B cell differentiation factor. Brit J Haematol 72:170–177
398. Yamaguchi K, Nishimura H, Kohrogi H, Jono M, Miyamoto Y, Takatsuki K (1983) A proposal for smouldering adult T-cell leukemia; a clinico pathologic study of 5 cases. Blood 62:758–766
399. Yamaguchi K, Seiki M, Yoshida M, Nishimura H, Kawano F, Takatsuki K (1984) The Detection of human T cell leukemia virus proviral DNA and its application for classification and diagnosis of T cell malignancy. Blood 63:1235–1240
400. Yamaguchi K, Kiyokawa T, Nakada K, Yul LS, Asou N, Ishii T, Sanada I, Seiki M, Yoshida M, Matutes E, Catovsky D, Takatsuki K (1988) Polyclonal integration of HTLV-I proviral DNA in lymphocytes from HTLV-I seropositive individuals: an intermediate state between the healthy carrier state and smouldering ATL. Brit J Haematol 68:169–174
401. Yoshida M, Seiki M, Yamaguchi K, Takatsuki K (1984) Monoclonal integration of human T-cell leukemia provirus in all primary tumors of adult T-cell leukemia suggests causative role of human T-cell leukemia virus in the disease. Proc Natl Acad Sci USA 81:2534–2537
402. Yunis JJ, Frizzera G, Oken MM, McKenna J, Theologides A, Arnesen M (1987) Multiple recurrent genomic defects in follicular lymphoma. A possible Model for Cancer. N Engl J Med 316:79–84
403. Zech L, Gahrton G, Hammarström L, Juliusson G, Mellstedt H, Robert KH, Smith CIE (1984) Inversion of chromosome 14 marks human T-cell chronic lymphocytic leukaemia. Nature 308:858–860
404. Ziegler A, Stein H, Müller C, Wernet P (1981) Tü1: A monoclonal antibody defining a B cell population – usefulness for the classification of non Hodgkin's lymphomas. In: Knapp W (ed) "Leukemia Markers". New York
405. Ziegler-Heitbrock HWL, Dörken B, Munker R, Rietmüller G, Thierfelder S, Thiel E (1985) In-vitro induction of some features of hairy cell leukemia in chronic lymphocytic leukemia and immunocytoma cells. Blood 50:29–31
406. Zippin C, Cutler S, Reeves J, Lum D (1973) Survival in chronic lymphocytic leukemia. Blood 42:357
407. Zucker-Franklin D, Amorosi EL, Ritz ND (1982) Evolution of sézary syndrome in the course of hairy cell leukaemia. Blood 59:1181–1189

Kapitel 11: Monoklonale Gammopathien

D. Nachbaur, P. Pohl, D. Pastner, V. Faber, H. Huber

11.1 Grundlagen der Diagnose monoklonaler Gammopathien

11.1.1 Der Aufbau von Immunglobulinen

Immunglobuline (Ig) werden in Abhängigkeit von den das Molekül aufbauenden Polypeptidketten in Klassen und Typen unterteilt (Übersicht bei [94, 110a, 169]). Jedes Ig-Molekül besteht aus 2 leichten und 2 schweren Ketten, die durch Disulfidbrücken miteinander verbunden sind (Abb. 11.1).

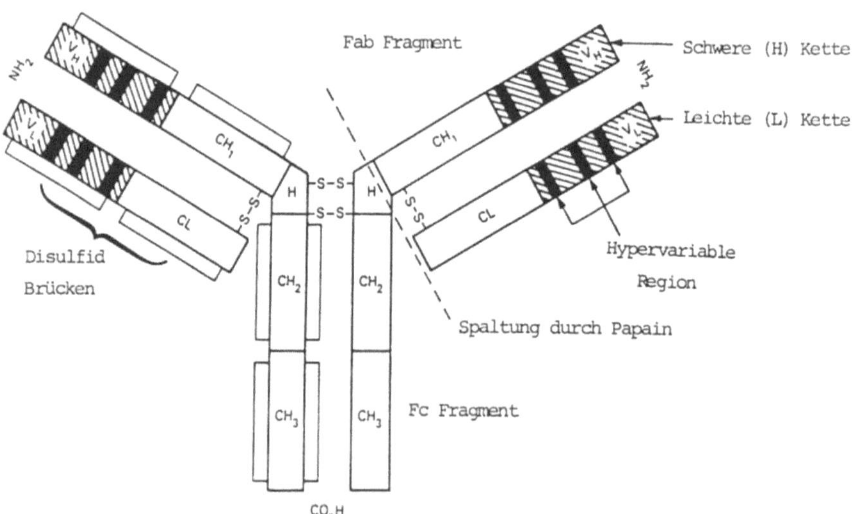

Abb. 11.1. Aufbau eines Immunglobulinmoleküls.
Ein Ig-Molekül besteht aus 2 identen Leichtketten, die durch Disulfidbrücken mit 2 identen Schwerketten verbunden sind. Am aminoterminalen (NH_2) Ende befinden sich die variablen (V) Regionen, die für die Antigenbindung verantwortlich sind. Am C-terminalen Ende liegen die konstanten (C) Regionen, wobei im Falle der Schwerketten mehrere Domänen (CH_{1-3}) unterschieden werden können. Zwischen 1. und 2. Domäne findet sich eine sogenannte „hinge" (H)-Region, die für die Flexibilität des Moleküls verantwortlich ist (nach [209])

2 Typen leichter Ketten (ϰ, λ) und 5 Klassen von schweren Ketten (γ, α, μ, δ, ε) sind bekannt.

Die *Ig-Klasse* ist definiert durch die schweren (H-)Ketten γ (IgG), α (IgA), μ (IgM), δ (IgD) und ε (IgE). Der *Ig-Typ* ist definiert durch die leichten (L-)Ketten ϰ (ϰ-Typ; 60–65% der Ig) und λ (λ-Typ, 35–40% der Ig).

Sowohl H- als auch L-Ketten enthalten variable (V) und konstante (C) Regionen. Die V-Segmente sind in der N-terminalen Hälfte der Polypeptidketten lokalisiert und umfassen etwa 110 Aminosäuren. In der C-terminalen Hälfte liegen dagegen die konstanten Anteile. Die V_H- und V_L-Regionen sind für die Antigenerkennung verantwortlich. Sie enthalten hypervariable Subregionen [98, 110a].

Diese Subregionen werden als CDR1–3 bezeichnet *(complementarity determining regions)*. Als *Domäne* werden homologe Einheiten von etwa 110 Aminosäuren bezeichnet, die jeweils interne Disulfidbrücken tragen. Die L-Ketten bestehen aus 2 Domänen (V_L, C_L). Die H-Ketten enthalten neben der V_H-Domäne mehrere C_H-Domänen (3 oder 4). Vielfach trennt eine sog. „hinge"-Region die 1. und 2. C-Domäne. Diese fördert die Flexibilität des Moleküls.

Verschiedenen Domänen können verschiedene Funktionen zugeordnet werden: Die Bereiche V_L und V_H an dem N-terminalen Ende des Fab-Fragments dienen der Antigenerkennung und -bindung, die C_H 2-Domänen binden Komplement ([146]; Übersicht bei [169]). Die C_H3-Domänen am C-terminalen Ende des Fc-Fragments sind für die Bindung an Fc-Rezeptoren von Makrophagen und anderen Zellen des Immunsystems verantwortlich (Immunadhärenz mit anschließender Phagozytose der Antigen-Antikörper-Komplexe; Übersicht bei [66, 91]).

11.1.2 Ig-Klassen und Subklassen

Die konstanten Regionen jeder Schwerkettenklasse unterscheiden sich und sind für die unterschiedlichen biologischen Funktionen der unterschiedlichen Antikörperklassen verantwortlich (Tabelle 11.1).

IgM ist ein Pentamer mit einer Sedimentationskonstante von 19 S und einem Molekulargewicht (MG) von 900000. Die 5 Ig-Einheiten werden über Disulfidbrücken und eine J-Kette zusammengehalten. Wegen ihrer hohen Bindungsvalenz und der sehr effektiven Komplementbindung besitzen die IgM-Antikörper eine stark agglutinierende und nach Komplementaktivierung zytolytische Aktivität. Auch die Isohämagglutinine und die sog. „natürlichen" Antikörper gehören typischerweise der IgM-Klasse an.

IgG liegt im Serum in höchster Konzentration der Ig vor und beträgt 73–80% der gesamten Ig. Es hat eine Sedimentationskonstante von 7 S und ein MG von 150000. IgG diffundiert leichter als die anderen Ig in die extravaskulären Räume, wo es vor allem die Aufgabe hat, bakterielle Toxine zu neutralisieren oder durch Bindung an Bakterienantigene einerseits sowie an Fc-Rezeptoren von phagozytierenden Zellen andererseits die Phagozytose von Bakterien und anderen Mikroorganismen zu beschleuni-

Tabelle 11.1. Einige Charakteristika der verschiedenen Immunglobuline

Ig-Klasse	Serumkonzentration (mg/dl)	Halbwertszeit im Serum (Tage)[a]	Funktion
IgG[b]	800–1800	21	Vorwiegende Antikörperklasse der Sekundärantwort
IgA	90– 450	5–6,5	Wichtigstes Immunglobulin der Sekrete
IgM	60– 250 (Männer) 70– 280 (Frauen)	10	Nach Immunisierung zuerst gebildete Antikörper und sog. „natürliche" Antikörper
IgD	0,5–40	2,8	Oberflächen-Ig an B-Lymphozyten (meist zusammen mit IgM)
IgE	10–70 ng	2,2	Reagine

[a] [210]
[b] Die einzelnen IgG-Subklassen s. Tabelle 11.2

Tabelle 11.2. Hauptmerkmale menschlicher IgG-Subklassen (nach [110a, 169])

	IgG_1	IgG_2	IgG_3	IgG_4
% des gesamten IgG im normalen Serum	60	23	7	4
% der IgG-Myelome	77	14	6	3
durchschnittliche Serumkonzentration (mg/ml)	8	4	1	0,4
Elektrophoretische Mobilität (in pH 8,6)	langsam	langsam	langsam	schnell
Halbwertszeit (Tage)	21	23	7,5–9	23
Komplementbindung	+++	+	++++	±
Bindung an Monozyten	+++	±	+++	±
Bindung an Staph-A-Protein	+++	+++	–	+++
Plazentare Passage	++	±	++	++

gen. Antikörper der IgG-Klasse lösen die der IgM-Klasse schon innerhalb von 5–7 Tagen nach Antigenexposition ab. (Der Übergang von IgM- zu IgG-Antikörpern ist allerdings auch von der Art des Antigens, der Antigendosis und anderen Faktoren abhängig).

Die 4 IgG-Subklassen unterscheiden sich vor allem in ihren biologischen Eigenschaften (s. Tabelle 11.2).

IgA kommt im Serum in geringerer Konzentration als IgG (19% der gesamten Ig) und als 7S-Monomer, in den verschiedenen Sekreten in hoher Konzentration und vorwiegend als 9S-Dimer (aber auch als 11S-Trimer und

13S-Tetramer) vor („sekretorisches IgA“). Das MG des Monomers beträgt 160 000. Das von ortsständigen Plasmazellen synthetisierte Dimer besteht aus zwei 7S-Monomeren sowie einer die Monomeren verbindenden J-Kette *(joining piece)*. Ein Glykoprotein, das sog. Sekretions- oder Transportstück, das lokal von Epithelzellen der Mukosa oder exokrinen Drüsen synthetisiert wird, dient ebenfalls dem Zusammenhalt des Dimers, dem Schutz vor Verdauungsfermenten sowie der leichteren Sekretion des sekretorischen IgA (Übersicht bei [87, 95, 110a, 169, 192]).

Daraus geht hervor, daß IgA eine wichtige Rolle beim Schutz der Schleimhautoberflächen vor Mikroorganismen spielt. Eine weitere Eigenschaft ist die Aktivierung des Komplementsystems über den alternativen Abbauweg *(alternative pathway)*.

IgD wirkt fast ausschließlich als Membranrezeptor für Antigene an B-Lymphozyten, wobei es meist gemeinsam mit monomerem IgM exprimiert wird. Bei Normalpersonen tragen etwa 8% der peripheren Lymphozyten IgD-Oberflächendeterminanten (davon sind 70% zusätzlich IgM-positiv). IgD im Serum hat eine Sedimentationskonstante von 7 S und ein MG von 185 000. Seine Halbwertszeit ist mit 2,8 Tagen kurz.

IgE kommt im Serum von gesunden Personen nur in extrem niedrigen Konzentrationen vor [76]. Es hat die kürzeste Halbwertszeit (2,2 Tage). IgE-Antikörper gehören zu den Reaginen und sind somit für die Vermittlung allergischer Reaktionen verantwortlich. IgE-Antikörper aktivieren Eosinophile, Basophile und Mastzellen über Fc_{ε}-Rezeptoren (s. Kap. 19.1.2).

Ig sind durch außerordentlich strukturelle Variabilität gekennzeichnet. Mit spezifischen Antikörpern lassen sich eine Reihe von Ig-Varianten unterscheiden:

a) *Isotypische Varianten* (Subklassen, Subtypen, Subgruppen) sind im Serum aller Individuen nachweisbar. Bei den Ig-Subklassen liegen die Unterschiede ausschließlich in den schweren Ketten. Darauf ist auch das unterschiedliche biologische Verhalten der 4 IgG-Subklassen zurückzuführen (Tabelle 11.2). Auch von IgA und IgM wurden Subklassen gefunden (IgA_1, IgA_2, IgM_1, IgM_2).
Varianten der leichten Ketten vom λ-Typ werden als Subtypen, Varianten der variablen (V-)Regionen als Subgruppen bezeichnet.
b) Innerhalb einer Subklasse lassen sich die sog. *Allotypen* unterscheiden, die auf der Existenz alleler Formen – ähnlich dem ABO-Blutgruppensystem – beruhen und bei Individuen der gleichen Spezies verschieden sind. Bisher sind 25 genetische Marker (Gm-Gruppen) auf den H-Ketten der IgG-Subklassen, und 3 Marker (Inv-Gruppen) auf den L-Ketten vom κ-Typ gefunden worden. Inv-Allotypen lassen sich z. B. bei Bence-Jones-Proteinen unterscheiden.
c) *Idiotypen:* Jedes Antikörpermolekül trägt in seinem variablen Anteil antigene Determinanten, die es damit von anderen Antikörpern unterscheiden. Diese antigenen Determinanten werden als Idiotypen bezeichnet und können mit Antikörpern erfaßt werden, die spezifisch mit dem variablen Anteil des Ig-Moleküls reagieren (Übersicht bei [72, 163, 169]).

11.1.3 Differenzierung von B-Lympozyten zu Immunglobulin-sezernierenden Zellen

Die Reifung Ig-bildender Lymphozyten kann in 2 Hauptphasen unterteilt werden. Zunächst erfolgt die Entwicklung unabhängig von der Antigenex-

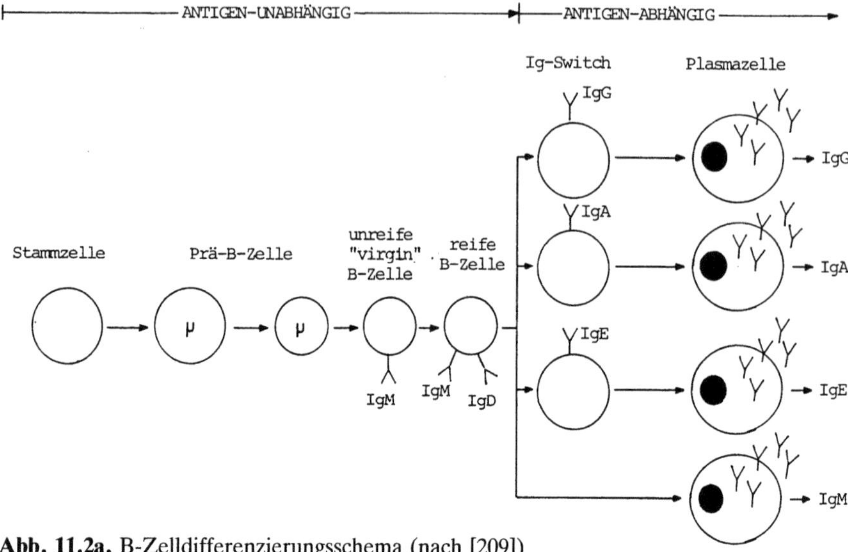

Abb. 11.2a. B-Zelldifferenzierungsschema (nach [209])

position, daran schließt sich ein Antigen-abhängiger Reifungsprozeß an. Im Endstadium erfolgt die Differenzierung zu Ig-sezernierenden Plasmazellen (Abb. 11.2a und b; Übersicht bei [44]).

Nach der Geburt finden sich die frühesten Vorläuferzellen im Knochenmark, wobei *prä-B-Zellen* immunphänotypisch „frühe" B-Zellmarker ohne Membran-Ig zeigen. Manche dieser Zellen enthalten zytoplasmatisch μ-Ketten. Mit der Fähigkeit, auch leichte Ketten zu synthetisieren und IgM in die Zellmembran zu integrieren, ist das Stadium der frühen B-Zelle erreicht. Diese Zellen (*virgin* B-μ-Zellen) differenzieren in *reife B-Lymphozyten* (μ + δ +). Die reifen B-Lymphozyten, die sich aus einer Vorläuferzelle herleiten, zeigen dieselben V_H- und V_L-Anteile (zu somatischen Mutationen s. Kap. 11.1.4.3). Es wird lediglich ein L-Ketten- und ein H-Ketten-Allel exprimiert *(allelic exclusion)*. Bei Reifung der B-Lymphozyten können statt IgM (± IgD) andere H-Ketten exprimiert werden (Ig-switch). Bei diesem Umschaltprozeß bleibt jedoch V_H und V_L ident. Der letzte Schritt in der B-Zelldifferenzierung ist die Reifung zu *Plasmazellen*. In dieser Stufe sind Oberflächen-Ig nur in Spuren nachweisbar, die Zelle exprimiert für Plasmazellen charakteristische Oberflächenstrukturen (insbesonders CD38 in hoher Dichte [188a], PCA-1) und verändert die Ig-Synthese in Richtung Sekretion. Die Sekretion großer Mengen derartiger Immunglobuline erfolgt durch Plasmazellen kurzer Lebensdauer.

Neben Oberflächen-Ig und Differenzierungs-Antigenen exprimieren B-Lymphozyten Rezeptoren für zum Teil B-zellspezifische Wachstums- und Differenzierungsfaktoren. Diese im wesentlichen von T-Zellen produzierten Faktoren sind vor allem Interleukin-4 (Bcell stimulatory factor 1, BSF1), Interleukin-5 (Bcell growth factor II, BCGF II) und Interleukin-6 (Bcell stimulatory factor 2, BSF 2). IL-4 wirkt auf ruhende B-Zellen, führt diese in

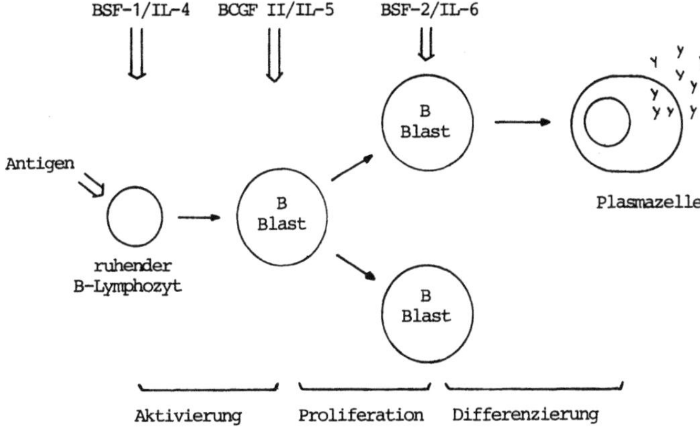

Abb. 11.2b. Interleukine in der B-Zelldifferenzierung (nach [109])

ein blastenähnliches Stadium mit Zunahme der Zellgröße und vermehrter Expression von MHC Klasse II-Ag über [110a, 149, 162, 197] und fungiert auch als IgG-Switchfaktor [204]. Diese so aktivierten B-Lymphozyten werden in der Folge durch IL-5 zur Proliferation angeregt. IL-5 ist auch ein IgA-Switchfaktor und fördert die Reifung von Eosinophilen [42, 126, 217]. Siehe dazu Kapitel 19.1.2.2. Am Ende der B-Zellaktivierungskaskade induziert IL-6 (= Interferon β-2, 26 Kd-Protein) die Ig-Sekretion aktivierter B-Lymphozyten (Abb. 11.2b). Eine Proliferationsaktivität auf normale B-Lymphozyten fehlt IL-6. Hingegen ist das Wachstum von Maus-Hybridomen und Myelomzellen zumindest zum Teil IL-6-abhängig ([99, 110, 200]; Übersicht und weiterführende Literatur [109]).

Reifende B-Lymphozyten exprimieren auch Rezeptoren für die aktivierte 3. Komplementkomponente (vor allem Rezeptoren für C3d und C3b). Nach Aktivierung werden Rezeptoren für IgE (CD23), für IL-2 (CD25) und andere Aktivierungsstrukturen nachweisbar. Zu IL-2-Rezeptorproteinen s. [100, 189, 194].

11.1.4 Genetik der Immunglobulinsynthese

Im Verlauf der Entwicklung von prä-B-Zellen über reife B-Lymphozyten zu Immunglobulin-sezernierenden Plasmazellen treten definierte Veränderungen an den Ig-Genen auf. Wichtigste Stufen sind:

- die Rekombination von Keimlinien-Ig-Gensequenzen zu funktionsfähigen Genen,
- die im Anschluß an die Rearrangierung folgende Transkription auf die mRNA,
- die Genexpression mit Nachweis membrangebundener Ig und schließlich die Bildung von sezernierbarem Ig, das intrazellulär als zytoplasmatisches Ig nachweisbar ist.

Ein wichtiger Schritt auf der Ebene der B-Lymphozyten „mittlerer Reife" ist die Umschaltung („switch") von IgM auf andere Schwerkettenklassen bei identen V-Regionen (zu evtl. Punktmutationen im V_H- und V_L-Bereich s. Kap. 11.1.4.4).

11.1.4.1 Rearrangierung von Ig-Gensequenzen

Die Rearrangierung der Ig-Gene ist Voraussetzung für die Bildung eines funktionsfähigen Ig-Moleküls. Ursache der besonderen Variabilität der Antikörpermoleküle ist dabei die Vielfalt von Rekombinationsmöglichkeiten von Ig-Sequenzen, wobei schon in der Keimbahn eine große Zahl von Ig-Gensequenzen angelegt ist.

Die Rearrangierungsmechanismen der Ig-Genabschnitte sind für B-Lymphozyten spezifisch, ähnlich ist an T-Lymphozyten eine Rekombination der T-Zellrezeptor-Gensequenzen nachweisbar.

Eine schematische Darstellung der Rearrangierung (somatische Rekombination) der Ig-Gene bis zur Expression des Proteinprodukts findet sich in Abb. 11.3. Die Gene für schwere Ketten sind am langen Arm von Chromosom 14, für λ-Ketten am Chromosom 2 und für κ-Ketten am Chromosom 22 lokalisiert.

Die Genfamilie für die Bildung schwerer Ig-Ketten (zuerst μ) setzt sich aus 4 Gruppen von Genen zusammen: V-(variable), J-(joining), D-(diversity) und C-(constant)-Segmente. Die Gene für κ- und λ-Ketten zeigen einen ähnlichen Aufbau, ihnen fehlen jedoch die D-Sequenzen.

Die kodierenden Genabschnitte (Exons) liegen nicht kontinuierlich nebeneinander, sondern sind durch nicht-kodierende Sequenzen (Introns) voneinander getrennt. Bei der somatischen Rekombination in der prä-B-Zelle werden aus diesem Repertoire eine kleine Zahl von V-, (D-,) J-, C-Genen aneinander gelagert *(DNA rearrangement)*. Die Rekombination ist an die Wirkung einer Rekombinase geknüpft (Übersicht bei [5, 141, 193]). Die Rekombination der V-Region-Gensegmente erfolgt in 2 Stufen. Zunächst kommt es zu einer endonukleolytischen Spaltung zwischen den beteiligten Segmenten, anschließend erfolgt die Rekombination, die etwas „unpräzis" erfolgt [5]. Zu den Erkennungsstrukturen für die VDJ-Rekombinase s. [209]. Konservierte Heptamere und Nonamere flankieren V-, J- und D-Gensequenzen. Für die Wirkung der Rekombinase sind weiter dazwischen liegende *spacer* mit Sequenzlängen von 12 oder 23 Basenpaaren erforderlich. Entsprechend einer 12/23-Regel wird eine Rekombination von z. B. zwei D-Segmenten oder eines V-Segmentes mit einem J-Segment unmöglich (Übersicht bei [209]).

11.1.4.2 Sequentielle Aktivierung der Immunglobulingene

Der erste Schritt in der Ig-Genrekombination betrifft die Aneinanderlagerung von D_H- und J_H-Sequenzen für die variablen Teile der Ig-Schwerkette. Anschließend wird ein V_H-Gen mit diesem DJ-Komplex verbunden. War eine effiziente Rekombination möglich, werden zytoplasmatische μ-Ketten nachweisbar. Im Anschluß an die H-Ketten-Rearrangierung beginnt jene der L-Ketten. Sie betrifft zunächst die κ-Gensequenzen. Wenn V- und

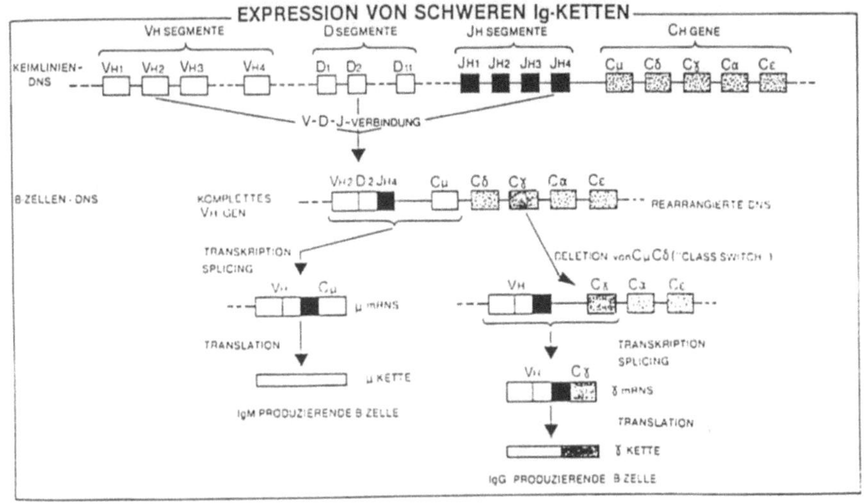

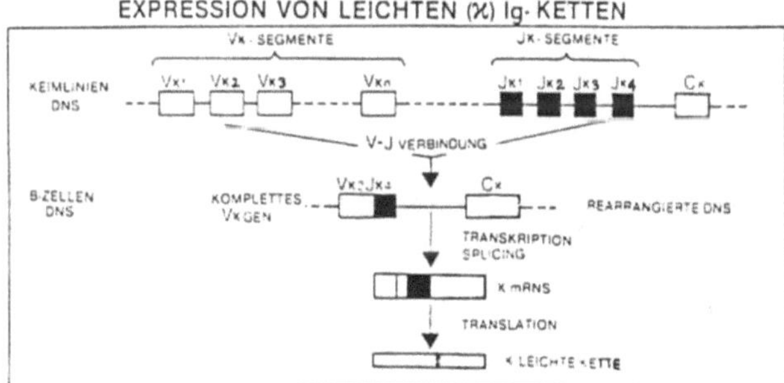

Abb. 11.3. Immunglobulingen-Rearrangements von leichten und schweren Ketten [213]

J-κ-Gensegmente wirksam zusammentreten, wird IgM-κ an der Membran von B-Lymphozyten exprimiert. Häufig werden allerdings beide κ-Allele (mütterlich und väterlich) aberrant rearrangiert oder sogar deletiert. In dieser Situation wird eine Rearrangierung der λ-Gensequenzen eingeleitet, bei ihrem Gelingen wird dann eine μ-λ tragende B-Zelle nachweisbar. Aberrante Rekombinationen sind häufig, woraus funktionsgestörte, nicht lebensfähige Lymphozyten resultieren (Übersicht bei [209]).

Die rekombinierten Gene werden zunächst in B-Vorläuferzellen auf niedriger Ebene exprimiert, im Verlauf der Reifung kommt es zu ihrer zunehmenden Aktivierung mit der ausgeprägtesten Expression auf der Ebene der Plasmazelle. Durch die Rearrangierung kommt eine Promotorsequenz, die im Anfangsteil des V_H-Genes liegt, unter den Einfluß eines „Enhancers“, der zwischen den J- und C-Regionen lokalisiert ist [75, 110a]. Dieser Ig-Enhancer ist gewebsspezifisch und kann ähnlich den viralen Enhancerelementen die Transkription in der Nähe gelegener DNA-Abschnitte stimulieren. Er wirkt in lymphatischen Zellen, nicht aber in Gewebszellen wie Fibroblasten, die keine Ig bilden. Die Enhancersequenz dürfte eine wichtige Kontrollfunktion bei der Rate der Immunglobulinsynthese in verschiedenen Stadien der B-Zellreifung übernehmen (Übersicht bei [110a, 209]).

11.1.4.3 Genetische Basis der Antikörpervielfalt

Die große Zahl verschiedener Antikörper, zu deren Bildung lymphatische Zellen befähigt sind, hat ihre Ursache in einer Vielzahl von unterschiedlichen Gensequenzen, welche für die Rekombination zur Verfügung stehen. Zumindest 5 Mechanismen sind Ursache der Variabilität der durch Ig-Gene gebildeten Proteine [5, 139, 193, 209].

a) Die Vielgestaltigkeit auf der Ebene der Keimlinie

Es finden sich jeweils 50 – über 100 V-Gensegmente für die jeweiligen leichten und schweren Ketten, 5–8 J-Segmente pro Kette und etwa 20 D-Fragmente (Übersicht bei [110a, 209]). Die kombinatorische Variabilität errechnet sich aus dem Produkt V · D · J (bei den L-Ketten von V · J). da es sich um zufällige Rekombinationsprozesse handelt.

b) Die kombinatorische Variabilität durch Vereinigung verschiedener L- und H-Ketten

Damit nehmen die möglichen Kombinationen um das Produkt der Variabilität der beiden Ketten zu.

c) Die Variabilität an den Verknüpfungsstellen

Sie ist dadurch bedingt, daß Unterschiede der Länge der J- sowie der D-Gensequenzen beobachtet werden, da der Vereinigungsprozeß „unpräzis" arbeitet und Deletionen nicht ungewöhnlich sind [110a, 193].

d) Wirkung der terminalen Desoxynukleotidyl-Transferase (TdT)

Diese DNA-Polymerase vermittelt das Einbringen einer oder mehrerer zusätzlicher Nukleotide während der Rearrangierung [4, 5]. Solche Nukleotid-Sequenzen („N-Regionen") werden bei der Vereinigung von D_H mit J_H oder V_H mit DJ_H eingebracht. Das Enzym findet sich in Vorläuferzellen der T- und B-Zellreihe.

e) Somatische Hypermutation

Das Vorkommen von Punktmutationen [110a, 139] trägt wahrscheinlich weniger zur Diversifikation als zur „Feinabstimmung" mit Steigerung der Bindungsfähigkeit für Antigene bei (s. Kap. 11.1.4.4).

11.1.4.4 Umschaltung („Switch") auf der Ebene der Schwerkettengene

Im Gegensatz zur frühen Antikörperbildung, die in erster Linie in der Synthese von Antikörpern der IgM-Klasse besteht, ist der anamnestische

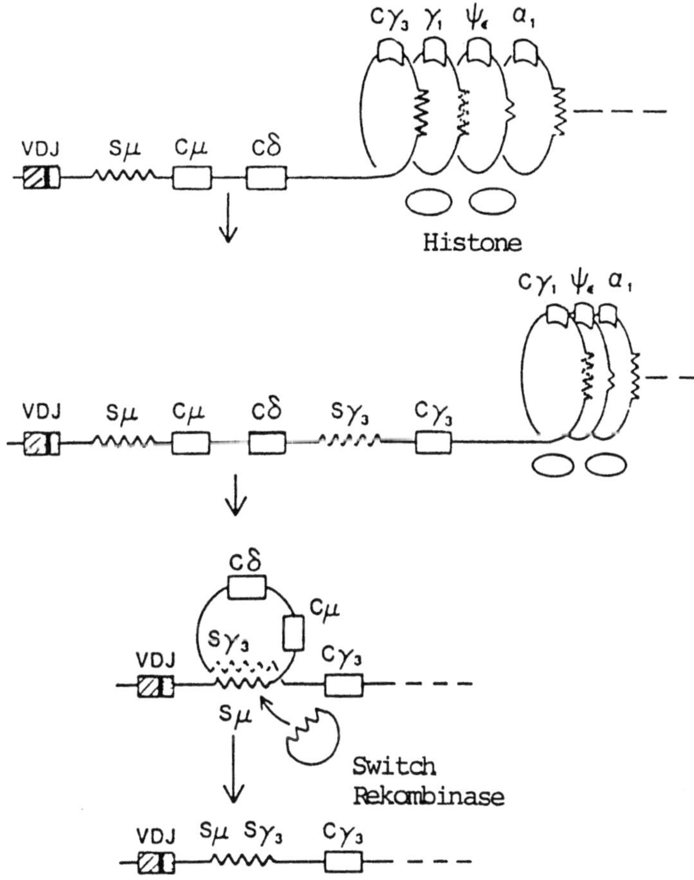

Abb. 11.4. Immunglobulin Switch.
Unmittelbar vor jeder C-Region (außer Cδ) befindet sich eine sogenannte „switch" (S) Region, die aus hochrepetitiven DNA-Sequenzen besteht. Durch die Wirkung einer „Switch-Rekombinase" werden bestimmte DNA-Abschnitte deletiert und ein neues C-Segment an den vorbestehenden VDJ-Komplex angelagert [44]

(sekundäre) Response vor allem durch Antikörper der IgG- (bzw. IgA-) Klasse mit gesteigerter Bindungsfähigkeit für das entsprechende Antigen charakterisiert. Voraussetzung dafür ist ein Umschaltmechanismus von IgM zu IgG und IgA (oder IgE) mit Veränderungen des konstanten Anteils der H-Ketten bei identen V-Regionen.

Während der Differenzierung eines einzelnen B-Lymphozyten werden V-Gensequenzen zunächst mit C-μ, später mit C-μ und gleichzeitig C-δ exprimiert. μ +, δ + B-Lymphozyten können nun weiter reifen und eventuell die Synthese einer anderen H-Kette beginnen. Der dazu notwendige Switch erfolgt durch genetische Rekombination zwischen sog. Switch-Regionen (hochrepetitive Gensequenzen), die sich unmittelbar vor jedem C_H-Gen befinden (Abb. 11.4).

Durch Deletion des ursprünglichen C_H-Gens (für μ-Ketten) kommt es zu einer Rekombination einer neuen C_H-Region (z. B. für γ-Ketten) mit der prä-existierenden $V_H/D_H/J_H$-Sequenz (Abb. 11.4).

Zusätzlich sind Punktmutationen – vor allem auf der Ebene der Keimzentrumslymphozyten – kein seltenes Ergebnis [41, 44, 164]. Sie führen zur Bildung von Antikörpern mit besonders hoher Antigenbindungsaffinität. Folge davon ist, daß im Rahmen der sekundären Immunantwort gebildete Antikörper eine zunehmende Affinität für das immunisierende Antigen zeigen. Im Keimzentrum findet auf diese Weise ein Selektionsprozeß mit Expansion von B-Lymphozyten hoher Antigenbindungsfähigkeit statt. Langlebige immunologische Gedächtniszellen der B-Lymphozyten leiten sich vor allem von Keimzentrumslymphozyten her (siehe auch Kapitel 10.5.1).

11.1.4.5 Membrangebundene und sezernierte Immunglobuline

B-Lymphozyten synthetisieren membrangebundenes, Plasmazellen sezernierendes Ig. Membrangebundenes und sezerniertes Ig leitet sich von identen Ig-Loci her. Ein unterschiedliches mRNA-Spleißen bewirkt die Synthese dieser beiden Formen von Ig-Polypeptiden durch einen einzigen Genlokus [5, 110a, 209]. Das sezernierbare Ig wird im endoplasmatischen Retikulum angereichert und dadurch intrazytoplasmatisch nachweisbar.

11.1.4.6 Nachweis einer Ig-Rearrangierung als klonaler Marker lymphatischer Neoplasien

In seltenen Fällen von Neoplasien der B-Lymphozyten sind immunhistologische Untersuchungen oder Proteinanalysen zur Sicherung einer Monoklonalität nicht hinreichend. In diesen Fällen (und besonders auch bei Neoplasien der T-Lymphozyten) kann eine Klonalität besonders empfindlich durch den Nachweis einer einheitlichen Rearrangierung auf DNA-Ebene erfaßt werden.

Die DNA wird aus Biopsiematerial (z. B. aus dem Knochenmark) extrahiert und gereinigt. Sie wird anschließend mit Restriktionsenzymen (z. B. BamH I oder EcoR I) geschnitten. Die dadurch erhaltenen Fragmente werden mittels Agargel-Elektrophorese aufgetrennt und für das Southern Blotting auf Nitrozellulosefilter transferiert. Radioaktiv bzw. enzymmarkierte DNA-Sonden werden unter Hybridisierungsbedingungen aufgebracht und eine spezifische Bindung durch Autoradiographie nachgewiesen. Parallelansätze enthalten entsprechende DNA-Sequenzen ohne Rearrangierung (*germ-line* Konfiguration). Eine polyklonale Population normaler B-Lymphozyten zeigt zahlreiche verschiedene Ig-Gen-Rearrangierungen. Eine distinkte (rearrangierte) Bande wird nur bei klonaler Expansion gefunden. Durch Southern-Blot-Hybridiserung können daher eine oder mehrere monoklonale Populationen spezifisch erfaßt werden. Auch vergleichsweise diskrete Populationen (1–5% der Gesamtzellzahl) in einem Gewebe mit verschiedensten Zellpopulationen können dadurch erfaßt werden (Übersicht bei [209]), wenn auch die Grenzen der Methodik im Hinblick auf Empfindlichkeit zunehmend deutlich werden (z. B. [1]).

11.1.5 Einteilung

Die wichtigsten Zustände, bei denen monoklonale Gammopathien (Gp) beobachtet werden können, sind in Tabelle 11.3 zusammengefaßt. Beim

Tabelle 11.3. Einteilung und Häufigkeit monoklonaler Gammopathien

	Häufigkeits-verteilung[a]
Primär maligne	76,5
Multiples Myelom (Plasmozytom)	65,5
Waldenström-Makroglobulinämie	10,25
Franklin-Erkrankung und andere seltene primär-maligne Gammopathien	0,75
Idiopathische	10,0
Sekundäre	13,5
Lymphoproliferative Erkrankungen mit inkonstanter Paraproteinämie	5,75
Andere Neoplasien	
Autoimmunerkrankungen	
Chronische Infektionen und parasitäre Erkrankungen	
Leberzirrhosen	
Verschiedene sonstige Hypergammaglobulinämien	

[a] Nach [153]. Auswertung von insgesamt 400 monoklonalen Gammopathien

Vollbild des Multiplen Myeloms und des M. Waldenström ist eine ausgeprägte monoklonale Gp in der Regel nachweisbar (primär maligne Paraproteinämien). Bei symptomatischen monoklonalen Gp erreicht diese Veränderung nur sehr selten ähnliche Ausmaße (sekundäre Paraproteinämien), und die Beziehung zum Krankheitsverlauf ist weniger eng. Bei idiopathischen Paraproteinämien handelt es sich um eine Abnormität ohne direkten Krankheitswert. Diese Form kann nur bei Ausschluß der beiden erwähnten Krankheitsgruppen und durch Verlaufsbeobachtung diagnostiziert werden.

Der Ausdruck „Gp unbestimmter Bedeutung" (Monoclonal Gammopathy of Undetermined Significance; MGUS) bezeichnet Zustände, bei denen die Unterscheidung zwischen „benignen" und klinisch relevanten Gp nicht möglich ist [77, 117].

11.2 Das Multiple Myelom

Pathophysiologie

Aufgrund des Differenzierungsstadiums („reife Plasmazelle") ist die Tumorzellpopulation des Multiplen Myeloms (MM) meist durch eine niedrige Wachstumsfraktion charakterisiert [12, 35, 58, 77, 127 u. a.]. Initial bei unter 20% der Patienten [77], im Rezidiv dagegen bei einem größeren Teil der Patienten [30, 141] findet sich ein plasmoblastisches MM bzw. Zeichen einer höheren Proliferationsrate. Die Tumormasse und die – schwieriger faßbare – Proliferationsaktivität sind die wichtigsten tumorbiologischen Parameter zur Prognosebeurteilung.

Tumorvorläuferzellen wurden vor Jahren mittels antiidiotypischer Antikörper auf prä-B-Zellebene charakterisiert [114] und können auch durch immunphänotypische Methoden durch die Expression früher B-Zellantigene (CD10) erfaßt werden [35, 59, 82, 172]. Über die prognostische Bedeutung des Vorhandenseins CD10+-Tumorzellen liegen derzeit-

widersprüchliche Ergebnisse vor [57, 59, 81]. Auf alle Fälle dürften diese CD10+-Zellen, die man auch im peripheren Blut von Myelompatienten nachweisen kann, Vorläuferzellen der Myelomzellen entsprechen und für die Dissemination der Erkrankung mitverantwortlich sein. Zu berücksichtigen ist jedoch, daß auch im normalen Knochenmark Plasmazellen vorkommen, welche CD10 und auch myeloische Marker exprimieren [188a].

Die *Plateauphase* der Erkrankung ist durch einen gewissen Gleichgewichtszustand charakterisiert [127, 176]. Sie ist durch einen stabilen Paraproteinspiegel und fehlende klinische Zeichen einer Progression der Erkrankung gekennzeichnet.

Es wird postuliert, daß diese von der Weiterführung der Chemotherapie unabhängige Stabilisierung einer Kontrolle der Myelomzellproliferation durch immunglobulin-spezifische Suppressorzellen entspricht. Die das Plasmozytomwachstum hemmenden zellulären und humoralen Abwehrmechanismen wurden vor allem im Mäusemodell charakterisiert (Übersicht und Lit. bei [129]).

Von besonderer Bedeutung in der Pathophysiologie des MM ist IL-6. Dieses Zytokin soll über autokrine oder parakrine (Produktion in KM-Stromazellen) Mechanismen das Wachstum der Tumorzellen stimulieren. Ein autokrines Wachstum – Bildung von IL-6 durch Myelomzellen selbst – wurde z. B. von Kawano et al. postuliert. Die Daten von Klein et al. sprechen dagegen für eine parakrine Wachstumsstimulation [110]. Aus dem peripheren Blut von Myelompatienten können unter entsprechenden Testbedingungen bei manchen Patienten nicht näher definierte Tumorvorläuferzellen in Plasmoblasten und Plasmazellen übergeführt werden. Dies gelingt durch Kostimulation mit IL-3 und IL-6 [28]. Erhöhte IL-6-Spiegel im Serum von Myelompatienten werden in etwa 40% der Fälle zum Zeitpunkt der Diagnose gefunden. Gesteigerte Spiegel finden sich nach den Untersuchungen von Bataille et al. [21] bei hoher Proliferationsaktivität der Tumorzellen. Vorläufige Ergebnisse weisen auch auf die prognostische Relevanz von IL-6 im Serum von Myelompatienten hin [127a].

11.2.1 Diagnose

Für die Diagnose sind folgende Befunde von Wichtigkeit:

a) der Nachweis eines *M-Gradienten* in Serum und/oder Harn,
b) Knochenmarkbefund mit Feststellung einer *plasmazellulären Markinfiltration* und
c) röntgenologisch faßbare ossäre Veränderungen *(Osteolysen)*.

Mindestens 2 dieser 3 Kriterien müssen zur Sicherung der Diagnose erfüllt sein, in fortgeschrittenen Krankheitsstadien sind sie meist gemeinsam nachweisbar.

Vor allem in Frühstadien der Erkrankung fehlen ossäre Veränderungen häufig. Myelome ohne M-Gradienten in Serum und Harn sind außerordentlich selten. Lokalisierte plasmazelluläre Tumoren (als isolierte Knochentumoren oder Tumorbildungen v. a. im HNO-Bereich) gehen häufig zumindest im Frühstadium ohne plasmazelluläre Markinfiltration einher. Bleibt auch nach operativer oder strahlentherapeutischer Sanierung des Plasmazelltumors ein M-Gradient bestehen, ist der dringende Verdacht auf ein Multiples Myelom gegeben.

11.2.2 Immunologische Befunde

11.2.2.1 Veränderungen der Immunglobuline

Die Häufigkeitsverteilung der Ig-Typen geht aus Tabelle 11.4 hervor. Der *M-Gradient im Serum* ist oft sehr ausgeprägt und gibt – außer bei Vorliegen

Tabelle 11.4. Häufigkeit monoklonaler Ig-Typen bei multiplem Myelom (Auswertung von 1827 Patienten von Pruzanski u. Ogryzlo [158])

Paraproteintyp	Häufigkeit (in %)
1. Monoklonale Ig, die H- und L-Ketten enthalten	
IgG	52
IgA	21
IgM (Makroglobulinämie)	12
IgD	2
IgE	<0,01
2. Monoklonale Ig, die nur aus L-Ketten bestehen (κ oder λ)	11
3. Monoklonale Ig, die nur aus H-Ketten bestehen (γ, α oder μ)	< 1
4. 2 oder mehrere monoklonale Ig	0,5
5. Kein monoklonales Ig im Harn oder Serum	1

eines mikromolekularen Myeloms – Hinweis über das Ausmaß der Tumorzellmasse (Übersicht bei [2, 26, 175]). Der M-Gradient beträgt häufig über 2 g/dl. Bedingt durch die unterschiedliche Halbwertszeit im Serum werden bei IgG-Myelomen im Durchschnitt höhere Werte gefunden als bei jenen der IgA-Klasse.

So betrug der M-Gradient einer großen Patientengruppe z. Z. der Diagnosestellung [89] bei IgG-Myelomen im Mittel 4,3 g/dl und beim IgA-Myelom 2,8 g/dl. Die Halbwertszeiten für die verschiedenen normalen Ig sind in Tabelle 11.1 und 11.2 zusammengestellt, aus welchen der deutlich raschere Umsatz von IgA im Vergleich zu IgG hervorgeht (lediglich IgG_3 zeigt einen dem IgA vergleichbar raschen Umsatz). Bei IgG-Werten über 2 g/dl steigt allerdings die Abbaurate deutlich an [210], ein Befund, der bei der Remissionsbeurteilung von Bedeutung ist [175].

Isolierte leichte Ketten haben wegen ihrer raschen Ausscheidung durch die Niere eine sehr kurze Serumhalbwertszeit. Ihr Nachweis im Serum bei intakter Nierenfunktion ist ungewöhnlich.

Die Häufigkeitsverteilung der verschiedenen Ig-Klassen und IgG-Subklassen unter den Gp entspricht dem prozentualen Anteil der verschiedenen Ig-Klassen am Gammaglobulin im Normalserum (Tabelle 11.4). Symptome und Verlaufsformen der Myelome mit M-Gradienten verschiedener Ig-Klassen sind ähnlich. Unterschiede lassen sich allerdings bei Gegenüberstellung verschiedener Patientengruppen erfassen (s. Tabelle 11.5).

IgA-Myelome gehen häufig mit prognostisch ungünstigen Symptomen (Anämie, Hyperkalzämie) einher [2, 26]. Der Anteil von Patienten mit einer hohen Zahl von Tumorzellen (s. unten) z. Z. der Diagnosestellung ist bei IgA-Myelomen häufig am größten (sieht man vom seltenen IgD-Myelom ab).

Eine signifikante *Verminderung normaler Ig* ist differentialdiagnostisch gegenüber idiopathischen („benignen") Gp von Bedeutung: außer in frühen Stadien der Erkrankung ist eine Verminderung zumindest eines der Ig ein sehr häufiger Befund.

Tabelle 11.5. Häufigkeit pathologischer Befunde bei Patienten mit unterschiedlichem Myelomprotein (nach [2])

	IgG	IgA	nur κ	nur λ
Zahl der Patienten	254	106	42	38
% der Patienten mit Anämie (Hb <8,5 g/dl)	26	39	22	29
% der Patienten mit Hyperkalziämie (Ca >2,88 mmol/l)	17	35	27	16
% der Patienten mit Verminderung der normalen Immunglobuline[a]	50	58	36	45
% der Patienten mit Hyperazotämie (Harnstoff >85 mg/dl)	13	25	29	26
% der Patienten mit Bence-Jones-Proteinurie >1,0 g/Tag	21	26	91	100

[a] Nur bei einem Teil der Patienten untersucht: mit 2 oder mehr der folgenden Kriterien: IgG <500 mg/dl, IgA <50 mg/dl, IgM <30 mg/dl

Lediglich bei „niedriger“ Tumorzellmasse (s. unten) fehlen solche Veränderungen nicht selten [2]; bei „mittelgradiger“ und „großer“ Tumorzellmasse ist eine Verminderung bei etwa 90% der Patienten nachweisbar.

Bei etwa 15% der Myelompatienten läßt sich im Serum ein M-Gradient auch mit differenzierten immunologischen Techniken nicht nachweisen, da kaum komplette Ig-Moleküle gebildet werden. Die vom mutierten Plasmazellklon gebildeten Leichtketten sind im Harn als Bence-Jones-Protein (Leichtketten-M-Gradient) nachweisbar. Im Serum gelingt dieser Nachweis nur selten (Abb. 11.5). Bei einem solchen Befund spricht man von einem *mikromolekularen Myelom* (BJ-Myelom, light chain disease).

11.2.2.2 Immunphänotyp der Myelomzellen

Die typischen Myelomzellen haben den charakteristischen Plasmazellphänotyp (Durchflußzytometrische Daten an normalen und pathologischen Plasmazellen finden sich z. B. bei [60, 188a]). Sie enthalten zytoplasmatisch Ig, das in Klasse und Typ dem monoklonalen Gradienten im Serum entspricht (s. auch nicht-sezernierende MM). Entsprechend dem reifen Charakter der Tumorzelle ist die Expression von Oberflächen-Ig gering. Sie sind meist negativ für pan-B-Zellmarker (z. B. CD19, 20, 21, 22, 24) und HLA-DR. Charakteristisch ist die Expression von CD38 (ein Aktivierungsantigen, das vor allem an T-Lymphoblasten nachweisbar ist; Übersicht bei [6, 35, 92]). Exprimiert werden in der Mehrzahl der Zellen die Plasmazellantigene PCA-1 und PCA-2 [6].

In der Routinediagnostik hat sich inbesondere die Erfassung von CD38-positiven Zellen bewährt, da das Antigen an Myelomzellen meist in hoher Dichte exprimiert wird. Die CD38-Expression zusammen mit den „light scattering“ Parametern in der Durchflußzytometrie geben ein für Plasmazellen charakteristisches Muster [188a]. Zytoplasmatische Ig können ebenfalls durchflußzytometrisch nachgewiesen werden [15].

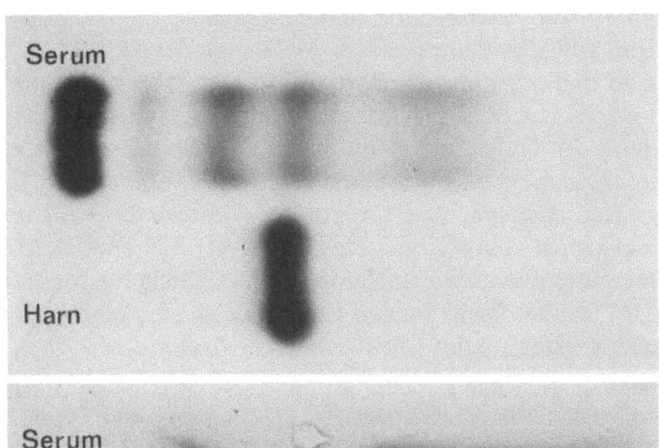

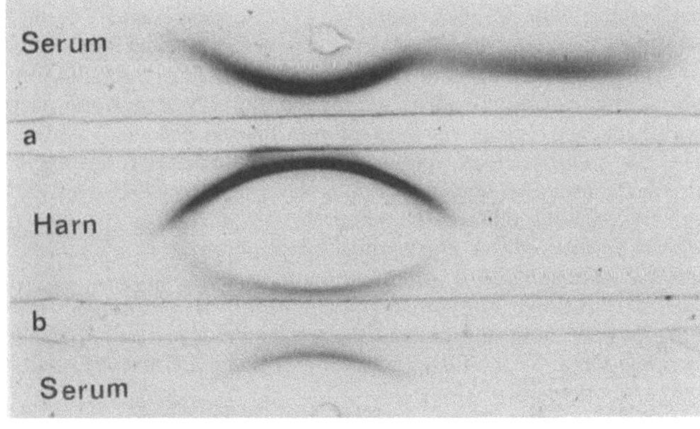

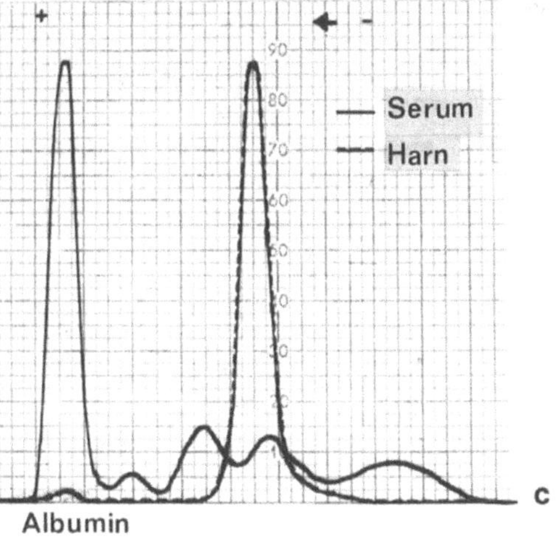

Abb. 11.5a–c. Elektrophorese (oben) und Immunelektrophorese (unten) von Serum und Harn (50:1 eingeengt) eines Patienten mit mikromolekularem Myelom. Getestet wurde mit Antiserum gegen λ-Ketten (a) und freie λKetten (b). Bence-Jones-Protein ist bei diesem Patienten nicht nur im Harn, sondern auch im Serum nachweisbar. Die Testung auf monoklonale Schwerketten verlief negativ

Auffallend ist die große Variabilität des Ig-Gehaltes innerhalb der Tumorzellpopulation und zwischen verschiedenen Patienten. Eine zunehmende Knochenmarkplasmozytose geht häufig mit einer abnehmenden Ig-Dichte pro Zelle einher. *Low secretory* MM sind Erkrankungen mit fehlenden M-Gradienten in Serum und Harn trotz intrazytoplasmatisch nachweisbarem Paraprotein. *Low producing* MM sind durch Tumorzellen ohne Zytoplasma-Ig charakterisiert.

CD10 (cALLA)-positive Myelomzellen.
Ein Teil der Patienten mit MM zeigt derartige Zellen im Knochenmark, zum Teil auch im peripheren Blut. Der Prozentsatz dieser Zellen war meist niedrig, wobei es sich vor allem um fortgeschrittene Krankheitsstadien handelte. Im Gegensatz zu normalen CD10+ prä-B-Zellen waren die bei Myelompatienten nachweisbaren cALLA+-Tumorzellen TdT-negativ und reagierten nicht mit Antikörpern der Cluster CD19, 22 und 24. Sie enthielten meist auch kein sIg oder cIg [35, 59, 81]. Durie et al. [57] dokumentierten in retrospektiven Untersuchungen einen häufig aggressiven Verlauf derartiger MM. Andererseits fanden Epstein et al. [59] eine bessere Überlebenswahrscheinlichkeit beim CD10-positiven Myelom.

Im peripheren Blut war eine cALLA-Positivität von lymphatischen Zellen, vor allem in fortgeschrittenen Krankheitsstadien [172] oder bei unstabilem Krankheitsverlauf nachweisbar [211].

Der Vorläufercharakter der cALLA-positiven lymphatischen Zellen bei MM wurde von Caligaris-Cappio nach Stimulation mit Phorbolestern nachgewiesen. Die CD10+ lymphatischen Zellen transformieren in Plasmazellen und synthetisieren monoklonales Ig [35]. Sie unterscheiden sich von CD10+ Lymphozyten der normalen Reifung deutlich in ihrem Phänotyp (s. oben). Normalerweise werden CD10-positive lymphatische Zellen auf prä-B-Zellebene oder im lymphatischen Keimzentrum nachgewiesen. Prä-B-Zellen sind typischerweise TdT+. Die normalen Lymphozyten des Keimzentrums exprimieren dagegen die üblichen pan-B-Zellmarker (inkl. CD21) und sIg. Es wird daher postuliert, daß die CD10-positive Vorläuferzelle beim Multiplen Myelom die normale B-Zellentwicklung umgeht bzw. aufgrund einer malignen Transformation auf der Ebene einer sehr frühen lymphatischen Vorläuferzelle einer aberranten Differenzierungsstufe der B-Zellentwicklung entspricht [81, 35].

Neben der Expression früher B-Zellantigene ist auch die Expression myeloischer Ag an Myelomzellen beschrieben [16, 82]. Im wesentlichen handelt es sich dabei um Leu M1, doch können auch noch andere Ag, wie Leu M3, Leu M5 und My7 (CD13) gleichzeitig nachweisbar sein. Eine Assoziation mit einem IgA-Phänotyp der Myelomzellen ist nach Grogan et al. [82] in etwa 50% der Fälle gegeben. Neben Markern myeloischer Zellen können auch solche anderer Zellreihen exprimiert werden (z. B. in der Studie von Epstein et al. [60], Glycoprotein IIB/IIIA (CD41) in 88%, Glycophorin A in 39% der Fälle). Myelome mit gleichzeitiger Expression mehrerer myeloischer Ag zeigen nach Grogan et al. eine schlechtere Prognose, doch sind dazu weitere Untersuchungen notwendig [82].

Eine Relativierung dieser Befunde ergibt sich allerdings aus der Beobachtung, daß auch normale Plasmazellen des Knochenmarkes CD10 und auch myeloische Marker exprimieren können [188a].

Eine Expression des Adhäsionsmoleküls CD56 findet sich in der Mehrzahl der Myelome, während es in normalen Plasmazellen fehlt [53b].

11.2.3 Hämatologische Befunde

Im Blutbild besteht häufig eine *Anämie,* die in der Mehrzahl der Fälle mäßig schwer ist. Vorkommen und Ausmaß von Anämien sind für die Prognose und Stadieneinteilung von Myelompatienten wichtige Kriterien [2, 26, 175,

Tabelle 11.6. Plasmazellen im Differentialblutbild bei Multiplem Myelom [122]

Plasmazellen (%)	% Häufigkeit (n = 794)
Keine	83,4
≤ 2,0	11,6
2,1– 4,9	2,7
5,0– 9,9	1,7
10,0–19,9	1,1
≥ 20	0,1

206 u. a.]. Es besteht eine deutliche Korrelation zur Tumorzellmasse. Eine schwere Anämie (Hb < 8,5 g/dl) stellt ein prognostisch ungünstiges Zeichen dar.

Bei einer Hb-Konzentration unter 8,5 g/dl kann auf eine Tumorzellmasse von über 1.2×10^{12} Zellen/m^2 Körperoberfläche geschlossen werden [55]. Remissionshäufigkeit und vor allem mittlere Remissions- wie Überlebensdauer sind signifikant verschlechtert [2].

Anämien dieser Schwere wurden bei IgA-Myelomen häufiger (in 39%) gefunden als bei IgG, κ- oder λ-Myelomen (in 22, 26 und 29% der Fälle von Alexanian et al. [2]).

Im Blutausstrich fällt häufig eine *sludge-Bildung* und *Agglutinationsneigung der Erythrozyten* auf.

Veränderungen des weißen Blutbildes sind meist wenig charakteristisch, Plasmazellen in kleiner Zahl sind nicht ungewöhnlich (Tabelle 11.6). Plasmazelleukämien sind selten (Tabelle 11.6).

Die Zahl zirkulierender Lymphozyten mit Plasmazellmarkern zeigt prognostische Relevanz [151a]. Mehr als $0{,}45 \times 10^9$/l Lymphozyten mit CD38-Expression im Blut waren mit einer kurzen medianen Überlebensdauer (von 14 Monaten) assoziiert.

Im *Knochenmark* findet sich eine Vermehrung von Plasmazellen, die vielfach auch Atypien zeigen. Der Anteil von Plasmazellen in Knochenmarkaspiraten variiert erheblich (Abb. 11.6), liegt jedoch meist über 15%. Die Atypien betreffen Größenpolymorphie, Vorkommen mehrkerniger Plasmazellen, das Auftreten von Zellen mit ausgeprägten Nukleolen und/oder von auffallenden Russel-Körperchen.

Die Mehrzahl der Autoren stimmt überein, daß der alleinige Nachweis von Atypien zur Diagnose eines Multiplen Myeloms nicht ausreicht [77]. Andererseits schließt eine niedrige Plasmazellzahl im Knochenmark (<10%) ein MM im Frühstadium nicht aus (Übersicht bei [127]). Gerade in diesen Fällen ist der Nachweis von Atypien als Verdachtsmoment von Wert.

Zur Abgrenzung einer reaktiven Plasmozytose können in Zweifelsfällen immunzytologische Auswertungen beitragen. Nach den Ergebnissen von Morell et al. [142] waren bei neoplastischen Plasmazellproliferationen meist zumindest 98% der „lymphoplasmozellulären" Zellen intrazytoplasmatisch monoklonal. Bei MGUS wurden nur selten über 15% Plasmazellen gefunden (Abb. 11.6). Die Abgrenzung sog. *Smouldering MM* vom Vollbild des Myeloms ist dagegen häufig schwierig. In Zweifelsfällen kann die klonale Expansion (Zunahme der Plasmazellzahl bei Kontrollpunktionen), Biopsieuntersuchungen (s. unten) und die methodisch schwierige Auswertung der Proliferationsaktivität bzw. Aneuploidie zur Diagnosesicherung beitragen.

Die *Plasmazellmorphologie* kann zur prognostischen Beurteilung beitragen.

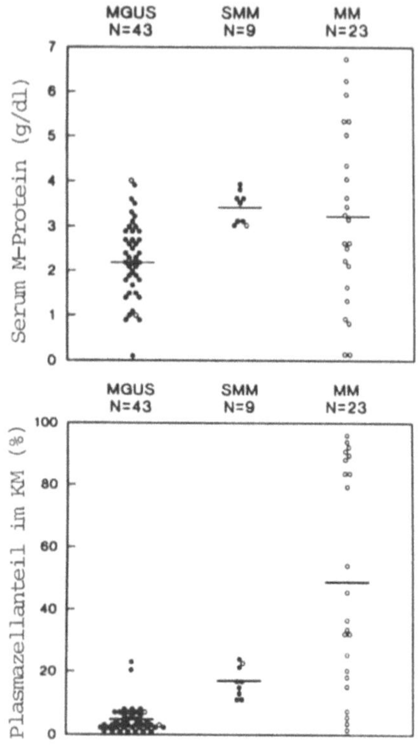

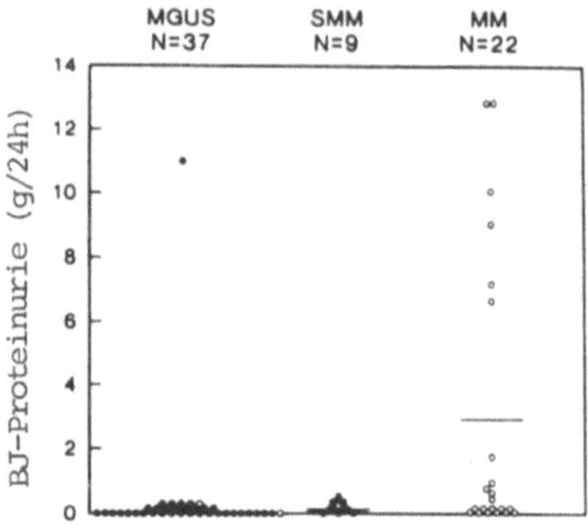

Abb. 11.6. Serum M-Proteinspiegel, BJ-Proteinausscheidung und Knochenmarks-Plasmazellzahl bei monoklonaler Gammopathie unbestimmter Bedeutung (MGUS), Smouldering Myeloma (SMM) und Multiplem Myelom (MM) (nach [77])

Mehrere Arbeitsgruppen zeigten, daß der *plasmoblastische Subtyp* meist ungünstig verläuft [18, 24, 36, 68, 78].

Es finden sich vorwiegend bis ausschließlich plasmoblastische Zellen mit großen, bis zu 20 µm messenden, äußerst unreifen, locker strukturierten und zentral gelegenen Kernen. Sie enthalten 1 bis mehrere große Nukleolen. Der zentral gelegene, chromatinarme Kern ist nur von einem schmalen Zytoplasmasaum umgeben, wobei zumindest 50% der Plasmazellen diese Morphologie aufweisen. Greipp et al. [78] charakterisieren den plasmoblastischen Subtyp etwas different (Details s. diese Publikation). Die mediane Überlebensdauer der plasmoblastischen MM lag in verschiedenen Studien unter 1 Jahr [68, 78] während sie bei der reifzelligen Variante über 30 Monate betrug [18, 36, 68, 78].

Bei einem Teil der Patienten ist im Verlauf der Erkrankung eine Transformation in ein unreifzelliges MM zu beobachten (Übersicht bei [127]). Eine Transformation in ein *anaplastisches Myelom* geht häufig mit extramedullärer Metastasierungstendenz (z.B. Infiltration von Leber, Lymphknoten oder Milz) einher.

Der plasmoblastische Subtyp ist häufig mit anderen ungünstigen Prognosekriterien assoziiert: Kreatinin über 1 mg/dl bei 47% der Patienten, Leichtketten im Harn über 1 g/24 h in 53%, ^{3}H-Thymidin-Markierungsindex über 1% in 47% plasmoblastischer MM von Greipp et al. [78], gesteigertes Vorkommen einer Knochenmarkinsuffizienz, einer Hypalbuminämie und Hyperkalzämie bei Carter et al. [36].

Bei dem weit häufigeren *reifzelligen MM* besteht die Tumorzellpopulation vorwiegend aus Plasmazellen mit einem bis wenigen exzentrisch gelegenen chromatinreichen Kernen und einem stark basophilen Zytoplasmasaum mit vielfach deutlich erkennbarem Golgi-Feld (weitere Details s. [127]).

Gelegentlich kann eine lymphoplasmozytische Infiltration beobachtet werden. In diesen Fällen sind neben Plasmazellen reichlich runde bis ovale, lymphoide Elemente nachweisbar, wobei das Infiltrat an einen M. Waldenström erinnert [188]. Dieser Subtyp, der in der klinischen Symptomatik einem MM entspricht, dürfte als Variante des reifzelligen MM anzusehen sein [11].

Beim *mäßig differenzierten MM* herrscht ein Tumorzelltyp vor, der morphologisch zwischen reifzelligem und plasmoblastischem Myelom liegt. Die Tumorzellen zeigen exzentrisch lokalisierte große Kerne mit diffuser Chromatinstruktur, perinukleärer Aufhellung und deutlichem, in der Größe variablen Zytoplasma. Dieser Subtyp kann bis etwa 15% Plasmoblasten enthalten [127].

Knochenmarkhistologie

Die Vorteile der Knochenmarkbiopsie [18, 18a, 166a, 190] sind
- die Beurteilung des *Wachstumsverhaltens* der Tumorzelle (s. unten), dem ähnlich wie bei Non-Hodgkin-Lymphomen prognostische Relevanz zukommen dürfte und
- die bessere quantitative Abschätzung des Infiltrationsvolumens.

Nach dem Wachstumsverhalten der Myelomzellen werden nach Bartl et al. [18] 3 pathohistologische Infiltrationsformen unterschieden.

Im pathohistologischen Stadium I finden sich entlang der Gefäße und der endostalen Trabekelabschnitte Aggregate von Plasmazellen. Das übrige Knochenmark ist schütter von Plasmazellen durchsetzt. Im Stadium II finden sich zusätzlich herdförmige (noduläre) Infiltrate. Im Stadium III läßt sich eine weit fortgeschrittene Infiltration mit weitgehender Verdrängung der normalen Knochenmarkstruktur (diffuses Infiltrationsmuster) nachweisen. Zwischen dem Ausmaß der Knochenmarkinfiltration und dem morphologischen Subtyp bestehen häufig Korrelationen, das günstigste Wachstumsverhalten war meist bei der reifzelligen Variante des MM nachweisbar [18, 18a, 166a].

Beim plasmozytischen Typ wurden pathohistologische Stadien I in 46% beim plasmoblastischen Subtyp in 9% der Fälle gefunden. Dagegen waren beim plasmoblastischen Subtyp Stadien II und III weit häufiger (in 38 und 43% der Fälle).

Bei der pathohistologischen Auswertung des Ausmaßes der Plasmazellinfiltration zeigten sich deutliche Beziehungen zur Prognose der Erkrankung [18, 18a]. Entsprechend dem Ausmaß der Markinfiltration wurden Prognosegruppen gebildet (Infiltrationsvolumen unter 20%, 20–50% und über 50%). Die Unterschiede in der Überlebensdauer waren in dieser retrospektiven Studie hochsignifikant.

Nach den Daten von [166a] und eigenen Ergebnissen war ein diffuses Infiltrationsmuster dem Krankheitsstadium eng korreliert. Es fand sich in den Stadien I–III in 7%, 22% und 61% ($p = 0{,}0001$).

Die negative Korrelation zwischen Knochenmarkplasmazellzahl und Überlebensdauer geht auch aus Knochenmarkaspirationsdaten hervor (Übersicht bei [68, 127]). Zu ähnlichen Schlußfolgerungen kamen auch andere Arbeitsgruppen [135, 201]. Die sehr variable Beimengung von Blut limitiert allerdings quantitative Aussagen der Aspirationszytologie, so daß die Biopsie für quantitative Aussagen vorzuziehen ist.

11.2.4 Bestimmung von Plasmazellwachstumsfraktion und Tumorzellaneuploidien

Das MM ist bei Diagnosestellung meist ein Malignom langsamer Wachstumsgeschwindigkeit. Die Wachstumsfraktion liegt in den meisten Fällen bei 5–15% (Übersicht bei [127]). Die Generationszeit wird mit 33 Stunden bis 6 Tagen angegeben [156, 161, 187]. Aufgrund der hohen Zellverlustrate wurde auf eine Tumorverdopplungszeit von im Mittel 4–6 Monaten geschlossen.

Die Bestimmung der Wachstumsfraktion ist zur Differentialdiagnose gegenüber smouldering MM und idiopathischen Gp von Wert. Sie trägt auch zur Prognosebeurteilung des MM bei [30, 58, 77, 80, 123, 141]. Die Methoden sind bisher allerdings noch relativ aufwendig (Erfassung der Plasmazellen in S-Phase entweder durch Markierung mit ^{3}H-Thymidin [55] oder immunzytologisch nach Inkorporation von 5-bromo-2-deoxyuridin; [79, 166]). Die Abgrenzung von MM gegenüber smouldering MM und idiopathischer Gp geht aus Abb. 11.7 hervor [30]. Doppelmarkierungen mit dem Antikörper Ki67 und Plasmazellmarkern (z. B. CD38) erleichtern die Erfassung der Wachstumsfraktion [53a]. Der Antikörper Ki67 erfaßt Zellen im Proliferationspool ab der späteren G1-Phase.

In der Studie von Greipp et al. [77] zeigten 61% der smouldering MM und der idiopathischen Gp einen ^{3}H-Tymidin-Markierungsindex von 0, in den restlichen Fällen betrug er höchstens 0,4. Ein Index von 0 war dagegen lediglich bei 2 von 23 Patienten mit MM nachweisbar. Nach Auswertung von Greipp et al. [80] betrug die mediane Überlebensdauer (nach Therapiebeginn) bei MM mit niedrigem Markierungsindex (unter 0,4) 38 Monate, bei höherer Proliferation 18 Monate. In Multivarianzanalysen war dieser Index neben dem Serumspiegel von β2-Mikroglobulin sowie dem Alter des Patienten der wichtigste Prognosefaktor.

Bei niedriger Wachstumsfraktion können durch die Therapie meist wirksame Tumorzellreduktionen mit Erreichen einer Plateauphase erzielt werden [141]. Lag dagegen ein hoher Markierungsindex vor, so war eine rasche Tumormassereduktion nicht selten, allerdings waren frühe Rezidive häufig.

Im Rezidiv wurden vielfach höhere Markierungsindizes gefunden [30, 51a, 141]. Rezidive mit niedrigen Markierungsindizes waren dagegen prognostisch weit günstiger zu bewerten (5 der 10 Patienten im Relaps von Montecucco et al. [141]).

Tumorzellaneuploidie

80% der MM zeigen einen aneuploiden DNA-Gehalt, der im Mittel 10–15% über dem normaler hämatopoetischer Zellen liegt [12, 14, 53b]. Hypodiploidien (in 7% der unbehandelten Patienten) und eine Biklonalität (in 8,5% der Fälle) war mit signifikant verkürzter Überlebensdauer korreliert, während eine Aneuploidie allein kein ungünstiges Prognosekriterium darstellt.

Das Ansprechen auf die initiale Therapie war nach den Untersuchungen von Barlogie et al. [14] in noch höherem Maße vom mRNA-Gehalt der Tumorzellen abhängig. Ein hoher Plasmazell-RNA-Gehalt war mit einer gesteigerten Ansprechwahrscheinlichkeit auf initiale und Rezidivtherapien assoziiert [12, 14]. Umgekehrt ging ein niedriger RNA-Index mit einer niedrigen Responserate einher.

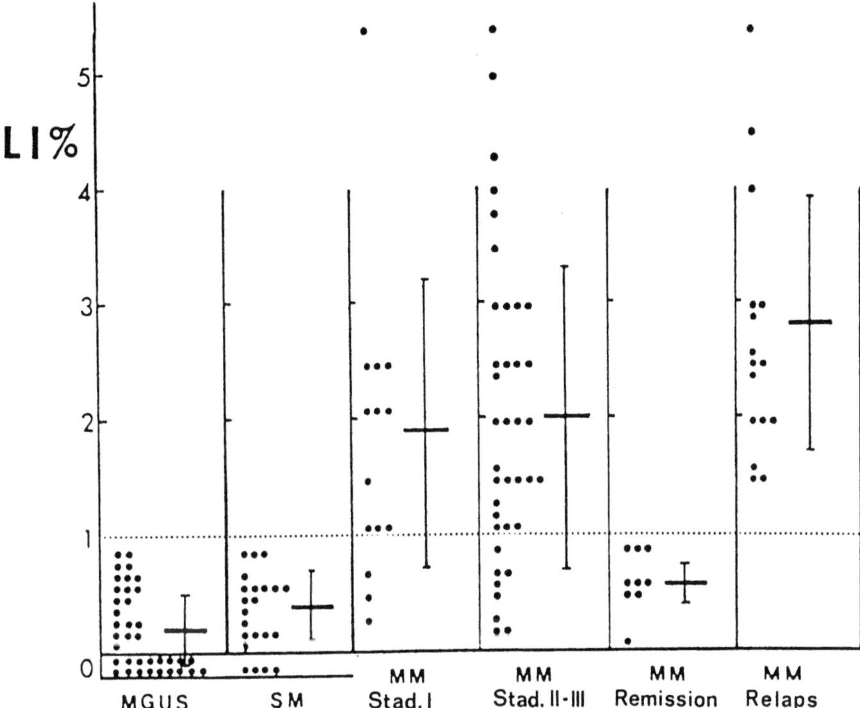

Abb. 11.7. Labelling Indices (LI) bei monoklonaler Gammopathie unbestimmter Bedeutung (MGUS), smouldering Myelom (SM) und Multiplem Myelom (MM) (nach [30])

11.2.5 β2-Mikroglobulin im Serum (β2M)

β2M ist ein niedermolekulares Protein entsprechend den Leichtketten von HLA-A, -B und -C des MHC-Antigenkomplexes [155]. Es ist an Myelomzellen immunzytologisch faßbar, wird in vitro von ihnen sezerniert und ist daher im Serum der Patienten nachweisbar [20, 154]. Häufig gefundene Erhöhungen von β2M beim Multiplen Myelom werden durch eine evtl. begleitende Niereninsuffizienz verstärkt [3, 20, 37, 45, 80].

Erhöhungen von β2M im Serum stehen in deutlicher Beziehung zum Stadium der Erkrankung (Tabelle 11.7). Ein Wert unter 3 mg/l ist für eine niedrige Tumormasse diagnostisch, Werte über 7 mg/l finden sich fast ausschließlich bei fortgeschrittenen Erkrankungen. Die Prognose der Erkrankung zur Zeit der Diagnosestellung steht in deutlicher Beziehung zum β2M-Wert (Abb. 11.8). Bei idiopathischer Gp unterschieden sich die Werte nicht signifikant von Normalpersonen (Tabelle 11.7). Eine weitgehende Übereinstimmung von β2M und dem klinischen Verlauf fand sich bei 93% der Patienten von Bataille et al. [20].

Patienten mit hohem β2M Spiegel (zumindest 6 mg/l) bieten auch eine gesteigerte Häufigkeit früher Todesfälle (20 gegenüber 5%; [20]). Die empfohlene Korrektur für Kreatininwerte [37] vermindert die prognostische Aussagefähigkeit der β2M-Bestimmung [20, 45 u. a.]. In Multivarianzanalysen war diese Bestimmung beim MM der wichtigste prognosti-

Tabelle 11.7. Serumspiegel von β_2-Mikroglobulin bei Normalpersonen, MGUS und Multiplem Myelom (nach [20])

	β_2-Mikroglobulin µg/ml
Normalpersonen (n = 37)	1,64 ± 0,40
Monoklonale Gammopathie unbestimmter Bedeutung (MGUS) (n = 28)	2,01 ± 0,49
Multiples Myelom	
Gesamt (n = 122)	4,65 ± 2,89
Stadium I (n = 30)	2,57 ± 0,87[a]
Stadium II (n = 41)	3,59 ± 1,82[b]
Stadium III (n = 51)	6,46 ± 3,31

[a] signifikant niedriger als im Stadium II (p <0,01)
[b] signifikant niedriger als im Stadium III (p <0,001)

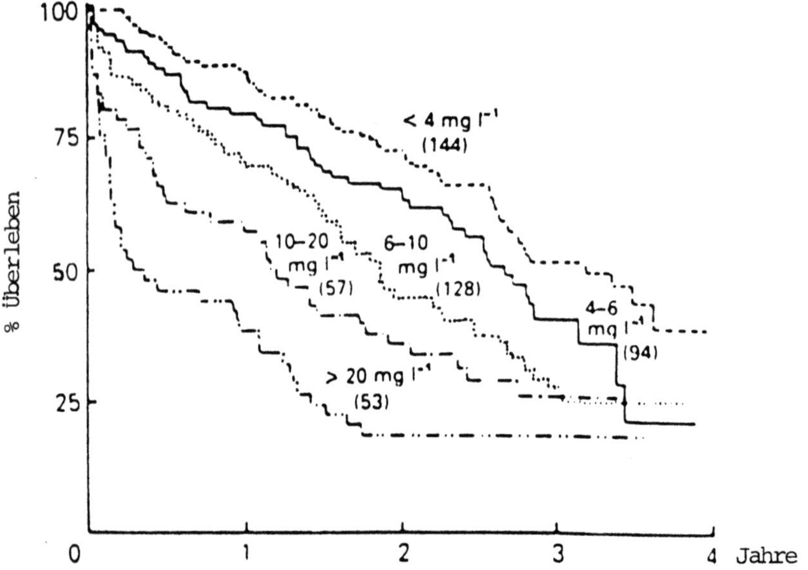

Abb. 11.8. Überlebenswahrscheinlichkeit von Myelompatienten entsprechend nicht korrigierten Serum β_2-Mikroglobulinspiegeln zum Zeitpunkt der Diagnose [45]

sche Faktor [45, 80]. Nach den Ergebnissen der MRC-Studie führt eine Verdoppelung des β2M-Spiegels zu einer 50%igen Zunahme der Mortalitätsrate. Das einzige zusätzliche prognostische Kriterium von Signifikanz war der Hb-Wert [45]. Bei „nichtsezernierendem MM“ (und solchen mit niedriger Ig-Sekretion) lag allerdings in 62% auch eine niedrige Bildungsrate für β2M vor [20].

Die β2M-Bestimmung ist auch zur Erfassung eines Therapieerfolges von Wert. Bei 95% der Patienten korrelierten Mehrfachbestimmungen von β2M mit dem Ansprechen auf eine Chemotherapie [20].

War eine Tumorreduktion auf unter 75% des Initialwertes zu erreichen, wurde in jedem Fall eine Normalisierung des β2M-Wertes beobachtet. Eine Voraussage eines therapeutischen Ansprechens kann aus den β2M-Werten jedoch nicht gemacht werden [80]. In der Plateauphase stabilisiert sich der β2M-Wert meist unter 6 mg/l [20, 45]. Die günstige Prognose von β2M unter 3 mg/l in der Plateauphase ist durch die MRC-Studie dokumentiert [45].

Der Wert dieser Untersuchung zur Erfassung eines Relapses ist ebenfalls gesichert. Parallel zur Auswertung des M-Gradienten im Serum und/oder Harn kann dadurch ein Rezidiv schon relativ früh erfaßt werden.

Dies gilt insbesondere für mikromolekulare (und nichtsezernierende) MM, soweit die Tumoren β2M produzieren. Eine solche engmaschigere Kontrolle dürfte vor allem zur frühen Erfassung eines Relapses bei Risikopatienten (z.B. solchen mit initial raschem Ansprechen) wertvoll sein [20]. Allerdings muß sich ein Relaps nicht unbedingt in der Erhöhung des β2M manifestieren.

11.2.6 Renale Insuffizienz und Hyperkalzämie

Nierenfunktionsstörungen finden sich zur Zeit der Diagnosestellung in 15–30% (in Spätstadien bei über 70% der Patienten; [116, 127, 145, 152]). Sie sind nach Infektionen die zweithäufigste Todesursache. Das pathophysiologisch komplexe Zustandsbild ist fast immer an die Harnausscheidung von Leichtketten gebunden, wird durch Dehydratation und/oder Hyperkalzämien ungünstig mitbeeinflußt und findet sich vor allem bei fortgeschrittenem Tumorstadium. Histopathologisch typische Veränderungen der Myelomniere sind in Tabelle 11.8 zusammengefaßt.

Es finden sich Eiweißzylinder, die vor allem in den Henle'schen Schleifen, Mittelstücken und Sammelrohren angeordnet sind. Häufig besteht eine tubuläre Atrophie, jedoch nur selten deutlich erfaßbar glomeruläre Veränderungen. Typische Zeichen einer Myelom-

Tabelle 11.8. Pathologische Befunde der Myelomniere (nach [180])

	Anzahl der Fälle (n = 170)	% aller Fälle
Zylinder insgesamt	168	98,8
Zylinder in großer Zahl	50	29,4
Zylinder verkalkt	79	46,4
Zylinder lamelliert	26	15,3
Interstitielle Fibrose	121	71,2
Riesenzellen um Zylinder	67	39,4
Tubulusatrophie	60	35,3
Hyalintropfige Eiweißspeicherung in Tubulusepithelien	51	30,0
Tubulusepithelverkalkung	44	25,9
Myelominfiltrate	19	11,2
Amyloidose	14	8,2
Thrombose	12	7,1
Glomeruläre Noduli ohne Diabetes	2	1,2

niere fanden sich bei 30% obduzierter Myelompatienten; sie waren häufig von den histologischen Zeichen eines akuten Nierenversagens begleitet [180]. Andererseits war eine Amyloidose bei 8% dieser Patienten, in anderen größeren Studien in 5–15% festzustellen [202]. Nicht amyloidotische glomeruläre Veränderungen, die an die diabetische Nephrosklerose erinnern, sind wahrscheinlich noch seltener [180, 202]. Schwere pyelonephritische Veränderungen waren im Obduktionsgut in 8% nachzuweisen [180].

Pathophysiologisch steht eine eingeschränkte Tubulusfunktion im Vordergrund, die fast immer mit einer ausgeprägten L-Ketten-Proteinurie einhergeht. Bei saurem pH können L-Ketten im Tubuluslumen ausfallen [145]. Ob dies eine Eigenschaft bestimmter, besonders „toxischer" L-Ketten ist, steht noch zur Diskussion. Begünstigt werden die tubulären Schädigungen mit Zylinderbildung durch Dehydratation und evtl. Hyperkalzämien, wobei Zeichen der Niereninsuffizienz sehr abrupt auftreten können.

Von manchen Arbeitsgruppen wird von benignen oder malignen Bence-Jones-Proteinen gesprochen [185]; weitere Übersicht bei [127]. Die Angaben mancher Arbeitsgruppen, daß λ-Ketten häufiger nephrotoxisch als ϰ-Ketten wären, konnte in mehreren großen Studien jedoch nicht bestätigt werden [116, 145]. Das Harnsediment ist bei den meisten Patienten oft erstaunlich unauffällig, nur bei einem Teil der Patienten finden sich gelegentlich granulierte oder hyaline Zylinder sowie – seltener – eine Vermehrung von Erythro- oder Leukozyten [127].

Frühe Todesfälle sind bei Insuffizienz nicht ungewöhnlich (in der MRC-Studie überlebten nach einem Jahr die Hälfte, nach 2 Jahren 28% der Patienten mit Niereninsuffizienz). Durch forcierte Diurese (± Alkalitherapie) sind deutliche Besserungen der Niereninsuffizienz nicht ungewöhnlich, so daß die Prognose häufig verbessert wird.

Hyperkalzämien sind ein häufiger und prognostisch ernster Befund, der ebenfalls meist auf das Vorliegen eines fortgeschrittenen MM hinweist. Sie fanden sich bei 20% der Patienten mit normaler und der Hälfte der Patienten mit eingeschränkter Nierenfunktion [145].

Ein Serumkalziumspiegel von 3 mmol/l und höher ist nach Durie [55] immer mit einer großen Tumorzellmasse korreliert. Patienten mit diesem Myelomstadium (s. unten) zeigen in etwa der Hälfte der Fälle diese Elektrolytveränderung [2].

11.2.7 Andere Laborbefunde

Durch die *Neopterinbestimmung* in Harn oder Serum können prognostisch ungünstige Myelome erfaßt werden ([166b] mit weiterführender Literatur). In Multivarianzanalysen wurde gezeigt, daß Serum-Neopterin und Stadium voneinander unabhängige Risikofaktoren waren. Da Neopterin in erster Linie ein Marker der Makrophagenaktivierung ist, dürfte diese Bestimmung auch tumorbiologisch interessant sein.

Hyponatriämien finden sich vor allem bei Hyperproteinämien über 10 g/dl. Sie sind kein echter Natriummangelzustand [67] und verschwinden spontan bei wirksamer Therapie mit Abfall des M-Gradienten im Serum.

Hyperviskositätssyndrome treten vor allem auf, wenn die relative Serumviskosität 6 überschreitet [70, 207]. Sie sind beim MM seltener als bei Gammopathien der IgM-Klasse.

Das *Serum-Albumin* zeigt Korrelationen zur Prognose. Bei Hypalbuminämien unter 3,0 g/dl vor Beginn der Behandlung war die relative Todesrate 3mal höher als bei Serum-

Albuminwerten darüber ([143]; s. auch [2]). Die Hypalbuminämie dürfte jedoch kein von anderen Faktoren unabhängiger Prognoseindex sein.

Nach *Kryoglobulinen* (s. Kap. 13) sollte insbesondere bei Vorliegen Raynaud-artiger Phänomene und/oder vaskulärer Verschlüsse, gesucht werden. Monoklonale Kryoglobuline fanden sich bei 5–6% der Patienten mit MM [33].

Eine erhöhte BSG findet sich häufig, aber keineswegs regelmäßig. Normale bis gering erhöhte BSG schließen ein MM keineswegs aus.

11.2.8 Seltene Myelomformen

11.2.8.1 Smouldering myeloma

Ein kleiner Teil von Patienten mit MM zeigt einen besonders günstigen Krankheitsverlauf, wobei die Tumorerkrankung über Jahre weitgehend stationär bleibt. Die Häufigkeit von smouldering MM wird mit etwa 3% der Patienten angegeben [43, 121]. Die Knochenmark-Plasmazellzahl ist im Mittel niedriger als beim typischen MM (Abb. 11.6), doch sind Überschneidungen häufig [77, 121]. In Einzelfällen wurden allerdings bis über 50% Plasmazellen im Knochenmark oder M-Gradienten von 5 g/dl im Serum beobachtet [77].

Unter Routinebedingungen wird dieser Myelomtyp auch vor allem durch die außerordentlich langsame Zunahme der Myelom-Protein-Konzentration im Serum und/oder Harn nachgewiesen. Zur Sicherung der Diagnose kann die Auswertung der Wachstumfraktion der Knochenmark-Plasmazellen beitragen (s. Kap. 11.2.4). Während der mittlere ^{3}H-Thymidin-Markierungsindex beim Multiplen Myelom um 1% liegt [77, 78], zeigen Patienten mit smouldering MM einen Markierungsindex unter 0,4% [77].

11.2.8.2 Myelome ohne M-Gradienten („asekretorische" Myelome)

Etwa 1% der MM gehen ohne nachweisbaren M-Gradienten im Serum oder Harn einher [97, 127, 157, 196]. Die Diagnose stützt sich in diesen Fällen auf eine ausgeprägte Vermehrung atypischer Plasmazellen im Knochenmark und evtl. Begleitsymptome des MM (ossäre, renale und/oder Elektrolytveränderungen). β2M-Erhöhungen im Serum finden sich nur bei einem Teil dieser Fälle (s. Kap. 11.2.5). 4/5 der Patienten zeigen deutliche Hypo-, der Rest polyklonale Hypergammaglobulinämien [157].

Wegen der fehlenden Bence-Jones-Proteinurie sind renale Komplikationen seltener, können jedoch im Rahmen begleitender Hyperkalzämien vorkommen [127]. In Einzelfällen wurden überraschenderweise Amyloidosen beobachtet. Rasch progrediente Verläufe, aber auch relativ günstige Krankheitsbilder sind in der Literatur dokumentiert [8, 88, 105, 157]. Selbstverständlich ist bei nichtsezernierenden Myelomen eine besonders sorgfältige Untersuchung von Serum und Harn (Einengung auf $^{1}/_{50}$–$^{1}/_{300}$) notwendig.

Bei den Untersuchungen von Preud'Homme et al. [157] und Joyner et al. [97] ist bei der Mehrzahl der sog. nichtsezernierenden Myelome ein intrazytoplasmatischer Nachweis von leichten, manchmal auch von schweren Ketten in den Tumorzellen möglich. Sie zeigen auch elektronenmikroskopisch das typische Bild der Plasmazellen [97, 186].

In der Patientengruppe von Preud'Homme et al. [157] war ein auffallendes Mißverhältnis im Gehalt der Plasmazellen an leichten und schweren Ketten nachweisbar. In Einzelfällen waren die Immunfluoreszenzergebnisse allerdings negativ [133, 167]. In der Durchflußzytometrie wurden MM vom nicht produzierenden Typ einerseits, vom nichtsezernierenden Typ andererseits unterschieden („low producing" gegenüber „low secretory" MM; [15]).

Bei manchen MM mit M-Gradienten im Serum und/oder Harn kann im Verlauf der Erkrankung die Ig-Sekretions- bzw. -synthesefähigkeit verlorengehen. Dabei dürfte es sich um eine Selektion wenig differenzierter Tumorzellklone handeln [88, 140 u.a.]. Zur zytochemischen Charakterisierung nichtsezernierender Myelome s. [125].

11.2.8.3 IgD- und IgE-Myelome

Etwa 2% der MM entsprechen dem *IgD-Myelom* (Tabelle 11.4). 90% der Patienten gehören dem λ-Leichtkettentyp an (Übersicht bei [96, 127]), eine Niereninsuffizienz wird bei 67%, eine Hyerkalzämie bei mehr als 2/3 der Patienten im Krankheitsverlauf gefunden [96]. Bence-Jones-Proteinurien sind die Regel (in 92%). Ausgeprägte Anämien und Thrombopenien sind häufig. Bei etwa 10% der Patienten wird der Übergang in eine Plasmazell-Leukämie beobachtet [127]. Extraossäre Manifestationen (in Leber, Milz, Lymphknoten, Haut, Retroorbitalraum u.a.) finden sich bei der Autopsie in über 70% der Patienten. Amyloidosen werden bei ca. 40% beobachtet [127]. Der klinische Verlauf ist meist rasch progredient, wobei mediane Überlebenszeiten von nur 14 Monaten angegeben werden [96].

Die Diagnose dieses Myelomtyps stößt nicht selten auf Schwierigkeiten. Elektrophoretisch ist der M-Gradient häufig im β- oder sogar im α2-Bereich gelegen. Wegen der kurzen Halbwertszeit dieser Proteinklasse von 3 Tagen sind die M-Gradienten auch häufig nur diskret, und auch die Erfassung der Leichtkettendeterminante kann mit konventionellen immunologischen Methoden auf Schwierigkeiten stoßen [40, 127]. Größere Fallzusammenstellungen finden sich bei Jancelewicz et al. [96] und Knolle et al. [111].

IgE-Myelome sind außerordentlich selten. Eine Zusammenfassung von 15 derartigen Myelomfällen findet sich bei [127]. Ein Fall einer benignen monoklonalen IgE-Gp ist ebenfalls dokumentiert [128].

11.2.8.4 Osteosklerotische Myelome

Diese Myelomform ist eine seltene Variante [29, 103, 147, 151]. Die Patienten mit dieser Myelomform sind im Mittel jünger, zeigen meist einen indolenten Krankheitsverlauf und in etwa 50% eine Polyneuropathie (s. unten).

Neben der Polyneuropathie finden sich Hautveränderungen (vor allem Hyperpigmentation und Hypertrichose), Anasarka, Hepatosplenomegalie und evtl. generalisierte Lymphadenopathien. Endokrinologische Abweichungen (Gynäkomastie und Impotenz

Tabelle 11.9. Laborbefunde beim osteosklerotischen Myelom (nach [103])

	Fälle
Anämie (Hb <12 g/dl)[a]	0/16
erhöhtes Serumkreatinin (>106 μmol/l bzw. 1,2 mg/dl)	2/15
Hyperkalzämie (>2,52 mmol/l bzw. 10,1 mg/dl)	1/16
Serum M-Protein	12/16
Harn M-Protein	2/15
Ig-Klasse	IgGλ>IgAλ>IgGλ+IgAλ
Plasmazellen >10% im KM	1/16
Knochenläsionen	
multiple, sklerotisch	5
multiple, sklerotisch und lytisch	4
solitär sklerotisch und lytisch	7
Leukozytose (>10,9 G/l)	3/16
Thrombozytose (>370 G/l)	12/15

[a] Hb-Erhöhung (weibl. >15 g/dl, männl. >17 g/dl) in 5/16 Fällen

bzw. Amenorrhoe) sind nicht ungewöhnlich. Während die Polyneuropathie ein besonders häufiges Symptom darstellt, sind die anderen klinischen Erscheinungen vorwiegend in Japan beobachtet worden [147].

Laborbefunde

Die typische Befundkonstellation von osteosklerotischen Myelomen findet sich in Tabelle 11.9. Der M-Gradient – meist diskret – ist fast immer vom λ-Typ. Niereninsuffizienz oder Hyperkalzämien sind selten, ebenso Anämien; Erhöhungen der Erythrozyten, evtl. auch der Leuko- und/oder Thrombozyten sind nicht ungewöhnlich. Die Plasmazellzahl des Knochenmarks liegt häufig unter 10%. Zur Diagnosesicherung ist eine Biopsie betroffener Knochenanteile wünschenswert.

Röntgenologische Veränderungen

Die osteosklerotischen Läsionen können solitär oder multipel sein, betreffen nur das Achsenskelett, meist ohne Beteiligung der Schädelkalotte. Die Läsionen können komplett sklerotisch, gemischt-sklerotisch und lytisch oder zystisch mit einem Sklerosering sein. Röntgenologische Progredienzzeichen sind vielfach nur diskret. Osteosklerotische Läsionen finden sich beim Myelom in weniger als 3% der Patienten (in 2% der Fälle der Mayo-Klinik; [103]).

Neurologische Symptomatik

Die Polyneuropathie vom distalen sensomotorischen Typ (mit Ausbreitungstendenz nach proximal) unterscheidet sich von der peripheren Neuropathie der primären systemischen Amyloidose [103]. Beim typischen MM sind dagegen periphere Neuropathien selten (in weniger als 5% der Patienten [103]).

POEM(S)-Syndrom, M-Gradienten mit M. Castleman

Das Syndrom manifestiert sich klinisch als Polyneuropathien, Organomegalien, Endokrinopathien, M-Protein- und Hautveränderungen [29]. Es kann beim osteosklerotischen Myelom oder bei einer Untergruppe der Castleman-Lymphadenopathie, gefunden werden.

Von japanischen Autoren liegen große Zusammenstellungen über POEM-Fälle vor. Das von ihnen zusammengefaßte sog. Crow-Fukase-Syndrom zeigt in 55% der Fälle Knochenläsionen, während in 45% der Fälle keine derartigen Veränderungen nachweisbar waren. In der letzteren Gruppe fand sich häufiger das Bild eines Castleman-Syndroms (in 12 von 15 Patienten ohne Knochenläsionen, gegenüber 7 von 15 Patienten mit Knochenläsionen). Nach der Auswertung von Nakanishi et al. fanden sich M-Gradienten in 73% der Patienten mit Knochenläsionen und in 76% der Patienten ohne Knochenläsionen und Crow-Fukase-Syndrom [147].

In einer detailierten Studie von 21 Patienten mit M. Castleman [162a] fanden sich in 7 von 18 darauf untersuchter Patienten monotypische Plasmazellinfiltrate in biopsierten Lymphknoten. In einem Fall lag ein POEM-Syndrom vor. Den 11 in der Literatur dokumentierten M-Gradienten bei M. Castleman werden 7 eigene Fälle, allen vom lambda-Leichtkettentyp, beigefügt. Der sehr seltene Übergang in ein malignes Lymphom, wie es bei multizentrischen M. Castleman dokumentiert ist, wurde in dieser Studie nicht beobachtet (weitere Literatur bei [1, 162a]).

11.2.8.5 Plasmazelleukämien

Diese seltene Variante findet sich bei 1–2% der Patienten mit MM [69, 122, 191, 215, 220]. Sie kann im Spätstadium eines MM oder als Erstmanifestation der Erkrankung in Erscheinung treten. Primäre Plasmazelleukämien lagen in 51% vor [127, 159, 220]. Die Diagnose stützt sich auf

a) eine Vermehrung der Plasmazellen im Blut mit mehr als 20% der Gesamtleukozyten oder 2,0 G/l.
   Eine mäßige Plasmazellausschwemmung kommt auch beim MM ohne leukämische Verlaufsform nicht selten vor (Tabelle 11.6). Bei den meisten dieser Patienten liegt der Plasmazellanteil unter 10%.
b) Ein M-Gradient wird bei fast allen Patienten mit Plasmazelleukämien nachgewiesen [159, 215, 220]. Ausgeprägte Gp finden sich jedoch nur bei etwa 50% der Patienten [127].
   Gleich häufig wie beim MM liegt auch eine BJ-Proteinurie vor.
c) eine diffuse Infiltration des Knochenmarks mit – meist entdifferenzierten – Plasmazellen und Plasmoblasten.

Zytochemische Untersuchungen zeigen eine deutlich erhöhte Aktivität der sauren Phosphatase und der α-Naphthylacetatesterase in den atypischen Plasmazellen, während die PAS-Reaktion negativ ist (Tabelle 11.10). Immunzytologisch zeigen die Tumorzellen Plasmazelleigenschaften (s. Kap. 11.2.2.2). CD10 und/oder HLA-DR werden bei einem Teil der Patienten exprimiert. Die CD38-Expression an diesen Zellen ist häufig schwächer als an voll entwickelten Plasmazellen. Diese Anomalien kommen auch beim MM im Stadium II und III, jedoch auch hier nur bei einem Teil der Fälle vor.

Tabelle 11.10. Zytochemische Befunde bei Plasmazelleukämie (nach [205])

Reaktion	Ergebnis
Saure Phosphatase	++ bis +++
α-Naphthylacetatesterase	+ bis +++
Naphthol-AS-Acetatesterase	+ bis +++
Naphthol-AS-D-Acetatesterase	0
Alkalische Phosphatase	0
PAS	0 bis ±

Fast regelmäßig ist eine Anämie und Thrombopenie, häufig auch eine Leukozytose nachweisbar (am häufigsten findet man Werte zwischen 10–40 G/l; [69]). Osteolytische Herde sind nur in etwa der Hälfte der Fälle nachweisbar [69].

Charakteristisch ist die Disseminationstendenz in extraossäre Organe. Neben einer Hepatosplenomegalie (in der Hälfte der Fälle) sind Lymphadenopathien, Infiltrate in Lunge und Pleura sowie in anderen Organen nicht ungewöhnlich [159, 181]. Komplikationen, wie Niereninsuffizienz und Hyperkalzämie, sind noch häufiger als beim MM nachweisbar.

Die Prognose der primären Plasmazelleukämie ist ungünstig. Die mittlere Krankheitsdauer nach Diagnosestellung beträgt 2 bis 6 Monate [127].

11.2.9 Biklonale Gammopathien

Doppelparaproteinämien finden sich bei 0,5–2% aller monoklonalen Gammopathien [32, 127]. In abnehmender Häufigkeit werden nebeneinander Gp der IgG- und IgA-Klasse, solche verschiedener IgG-Subtypen [184], von κ- und λ-Bence-Jones-Proteinen oder Kombinationen von IgG bzw. IgA mit Gp der IgM-Klasse beobachtet [160].

Die verschiedenen Paraproteine zeigen meist idente Idiotypen [90]. Bei der Mehrzahl von biklonalen GP ist der Leichtkettentyp identisch. Von Doppelparaproteinen abzugrenzen sind Polymerisate eines monoklonalen Ig mit unterschiedlicher elektrophoretischer Wanderungsgeschwindigkeit, wie dies insbesondere für IgA nachgewiesen wurde [168, 198, 207]. Zu triklonalen Gammopathien s. [178].

Durch immunzytologische Untersuchungen wurde die zelluläre Herkunft unterschiedlicher M-Gradienten untersucht [112, 113, 199]. Bei den meisten Patienten konnte die Produktion der unterschiedlichen Paraproteine durch verschiedene Plasmazellpopulationen nachgewiesen werden.

Daneben wurden auch Patienten gesehen, bei denen idente Plasmazellen zwei verschiedene Paraproteine produzierten. In der Auswertung von Krueger et al. [113] wurde bei 12 von 19 untersuchten Patienten ein wechselnd großer Anteil von Plasmazellen gefunden (7–22%), die zwei verschiedene Paraproteintypen synthetisierten.

11.2.10 Plasmazelldyskrasien im Rahmen anderer hämatologischer Neoplasien

Das gleichzeitige Vorkommen eines Multiplen Myeloms und einer CLL ist selten. Etwa 40 Fälle sind in der Literatur beschrieben [34, 62, 177]. Häufig wird die Diagnose gleichzeitig gestellt oder – seltener – geht die CLL dem MM um Jahre voraus. Die Erstdiagnose MM ist dagegen ungewöhnlich. Über den klonalen Ursprung der Tumorzellen liegen widersprüchliche Ergebnisse vor, doch ist in zumindest einem Teil der Fälle der Ursprung aus einer gemeinsamen Tumorstammzelle durch in-vitro-Studien und molekularbiologische Untersuchungen belegt [34, 62, 177, 219]. Das Vorkommen von MM bei Haarzelleukämien ist dokumentiert [38]. Monoklonale zytoplasmatische Ig finden sich bei etwa 5–10% der Haarzelleukämien. Die Haarzelle steht in der B-Zelldifferenzierung nahe der Plasmazelle [6, 190]. Über das Vorkommen monoklonaler Gammopathien bei MDS s. Kap. 4.2.8.3.

Gut dokumentiert ist das gemeinsame Vorkommen eines MM mit einer Myelofibrose in einer großen Studie (insgesamt 199 Fälle). Bei Patienten mit myeloproliferativen Erkrankungen fand sich eine Plasmazelldyskrasie in insgesamt 1,5% der Fälle [54]. Statistisch signifikant war die Koinzidenz einer idiopathischen Myelofibrose mit einer monoklonalen Gammopathie. Diese wird in etwa 8,5% der Fälle mit IMF gesehen, wobei es sich im wesentlichen um monoklonale Gp unbestimmter Signifikanz (MGUS) und nur selten um ein echtes MM handelt [54, 93, 171, 183]. Als pathogenetische Grundlage wird vor allem die maligne Entartung einer gemeinsamen Vorläuferzelle diskutiert, welche für die Myeloproliferation und die monoklonale Plasmazellvermehrung verantwortlich wäre (weiterführende Literatur bei [54]).

11.2.11 Stadieneinteilung und Remissionsbeurteilung

Von den verschiedenen prognostisch relevanten Stadieneinteilungen ist die von Durie u. Salmon [55] nach wie vor die am weitesten verbreitete (Tabelle 11.11). In etwa soll sie unter Zugrundelegung von in-vitro-Ergebnissen über Syntheseraten der Tumorzellen und Umsatzuntersuchungen auch eine Abschätzung der Plasmazelltumormasse ermöglichen. Ähnlich brauchbar sind die vom MRC vorgeschlagenen Stratifikationen ebenso wie jene einiger anderer Arbeitsgruppen (Übersicht bei [71, 127]). Die aktualisierte Überlebensdauer von Patienten der Stadien IA–IIIA nach Durie u. Salmon geht aus Abb. 11.9 hervor [71].

Die Auswertung dieser Patienten zeigte, daß die Stadien IA von Stadien IIA und IIIA abzugrenzen waren. In der kleinen Gruppe der Stadien B (insgesamt in 27 Fällen) ergaben sich keine signifikanten Unterschiede. Weder diese noch andere erwähnte Stadienzuordnungen waren der Auswertung einzelner wichtiger Risikofaktoren (Hb, Kreatinin) überlegen. Zum Wert der Bestimmung von β2M als Prognosefaktor s. Kap. 11.2.5.

Die Häufung mehrerer Risikofaktoren führte in der Auswertung von Alexanian et al. [2] zu keiner weiteren Verschlechterung der Prognose. Nierenfunktionsstörungen waren bis auf seltene Ausnahmen mit einer Anämie, Hyperkalzämie oder mit beiden Symptomen korreliert.

Tabelle 11.11. Stadieneinteilung des Plasmozytoms nach Durie u. Salmon [55]. Kriterien zur Abschätzung der Tumorzellmasse. Zusatzkriterien für alle Stadien: A oder B. A = normale Nierenfunktion, B = gestörte Nierenfunktion

Stadium	Befunde	Myelomzellmasse
I	Patienten mit allen folgenden Kriterien: 1. Hämoglobin >10 g/dl 2. Serumkalzium normal 3. Keine röntgenologisch nachweisbaren Knochendestruktionen oder ein solitärer osteolytischer Herd 4. Geringe Myelomproteinkonzentration im Serum: IgG <5 g/dl IgA <3 g/dl Bence-Jones-Proteinausscheidung <4 g/Tag	$<0{,}6 \cdot 10^{12}$ Zellen/m^2 Körperoberfläche
II	Patienten, die die Kriterien von I und III nicht erfüllen	$0{,}6$–$1{,}2 \cdot 10^{12}$ Zellen/m^2 Körperoberfläche
III	Patienten mit einem oder mehreren der folgenden Kriterien: 1. Hämoglobin <8,5 g/dl 2. Serumkalzium >3 mmol/l 3. Fortgeschrittene röntgenologisch nachweisbare Knochendestruktionen 4. Hohe Myelomproteinkonzentration im Serum: IgG >7 g/dl IgA >5 g/dl Bence-Jones-Proteinausscheidung >12 g/Tag	$>1{,}2 \cdot 10^{12}$ Zellen/m^2 Körperoberfläche

Die Prognose im Hinblick auf Remissions- und Überlebensdauer unter zytostatischer Therapie ist der Abnahme der Tumorzellmasse unter der Behandlung weitgehend korreliert. Dies wurde auch für das β2M gezeigt (s. Kap. 11.2.5).

Ein rasches Ansprechen auf konventionelle Chemotherapie kann einen ungünstigen Prognosefaktor darstellen [25, 31, 88]. Häufig findet sich in dieser Patientengruppe eine hohe Proliferationsaktivität der Myelomzellen (in 62% der Patienten von Boccardoro lag der ^{3}H-Thymidinmarkierungsindex über 2). Nur bei diesen Patienten mit hohem Markierungsindex war die Prognose ungünstig (bei Boccadoro et al. [31] medianes Überleben 16,4 Monate).

Eine hohe Serum-LDH (> 500 U/l) stellt einen ungünstigen Prognosefaktor dar [16]. Solche Erhöhungen werden vor allem in Spätstadien der Erkrankung, nicht selten mit extramedullären Tumormanifestationen gesehen (z. B. bei VAD-resistenten Patienten mit meist besonders ungünstiger Prognose; [16, 17]).

Remissionskriterien. Nach den Kriterien der SWOG (South West Oncology Group) wird von einer weitgehenden Remission gesprochen, wenn eine

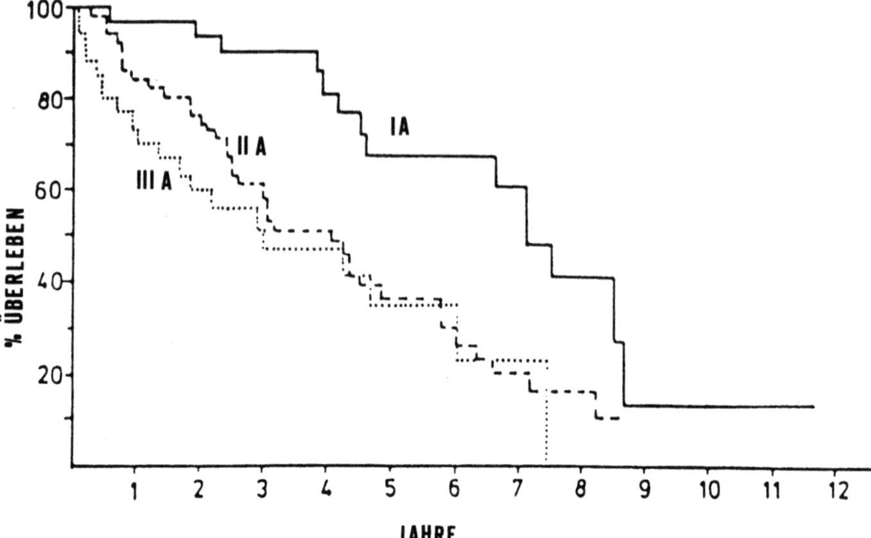

Abb. 11.9. Überlebenswahrscheinlichkeit von Myelompatienten im Stadium IA–IIIA nach Durie und Salmon [55]

Tabelle 11.12. Kriterien zur Remissionsbeurteilung

	Weitgehende Remission	Partielle Remission	Keine Remission
Rückgang der Paraproteingesamtmenge auf (% des Ausgangswertes)	<25	25 bis 75	>75
Rückgang der BJP-Ausscheidung im 24-h-Harn auf (% des Ausgangswertes)	<10	10 bis 25	>25

Rückbildung des Serum-M-Gradienten auf unter 25% des Ausgangswertes nachweisbar ist (Tabelle 11.12). Der M-Gradient muß auf mindestens 2,5 g/dl abfallen, und diese Reduktion muß mindestens 2mal im Abstand von 4 Wochen nachweisbar sein. Die 24-Stunden-Proteinurie muß um 90% abnehmen und darf in keinem Fall mehr als 200 mg/Tag betragen. Skelettdestruktionen dürfen nicht zunehmen und die Serum-Kalzium-Werte müssen im Normbereich liegen. Die Tabelle 11.12 zeigt auch die Kriterien für eine partielle Remission.

Nach den Kriterien der Myeloma Task Force und nach verschiedenen anderen Autoren wird dagegen von einer Remission gesprochen, wenn die

Serumparaproteinkonzentration oder die Bence-Jones-Proteinurie auf weniger als 50% des prätherapeutischen Wertes abfallen. Liegt initial eine Proteinurie von weniger als 1 g/Tag vor, so müssen die Werte auf 0 zurückgehen. Bei Vorliegen eines palpatorisch oder radiographisch quantifizierbaren Plasmozytoms muß sich dessen größter Durchmesser mehr als 50% verkleinern. Eine detaillierte Zusammenfassung der Remissionskriterien verschiedener Arbeitsgruppen findet sich bei Ludwig [127].

11.3 Plasmazelltumoren

11.3.1 Solitäre Plasmazelltumoren der Knochen

Solitäre Plasmazelltumoren der Knochen sind seltene Erkrankungen. Sie werden bei weniger als 5% aller malignen Plasmazellneoplasien gefunden [127]. Am häufigsten ergriffen ist die Wirbelsäule, das Becken oder das Femur [127, 214].

Röntgenologisch kann man die Läsion als multizystischen Defekt („seifenblasenähnliche" Läsion) oder scharf begrenzten osteolytischen Defekt nachweisen. Die erstere Manifestation ist somit deutlich von den röntgenologischen Veränderungen beim MM unterscheidbar und ähnelt dem osteosklerotischen Myelom (s. Kap. 11.2.8.4). Das mittlere Manifestationsalter liegt bei Patienten mit solitärem Plasmozytom um etwa 1 Jahrzehnt niedriger als beim Multiplen Myelom [127].

Sorgfältige *Knochenmarkuntersuchungen* zum Ausschluß einer Generalisation der Erkrankung nach Art eines MM sind notwendig. Gelegentlich wird eine auch nur herdförmige Knochenmarkbeteiligung gesehen, so daß *Stanzbiopsien* von Vorteil sind [216].

Die Differentialdiagnose von solitären Plasmozytomen gegenüber dem MM kann bei grenzwertiger Plasmazellzahl im Knochenmarkaspirat schwierig sein. Eine Anämie, Hyperkalzämie oder Niereninsuffizienz schließen die Diagnose eines solitären Plasmozytoms aus. *M-Gradienten* im Serum und/oder Harn finden sich bei 17 bis über 30% der Patienten [19, 214, 216]. Nach erfolgreicher Lokaltherapie sollte der Gradient (entsprechend der Halbwertszeit des Immunglobulins) wieder verschwinden.

M-Gradienten finden sich in der Patientengruppe von Wiltshaw [214] bei 7 von 11 Patienten, in jener von Woodruff [216] bei 2 von 12 Patienten, bei Bataille et al. [19] in 17%. Die Proteinanomalie kann sich selbstverständlich auch als *Bence-Jones-Protein* manifestieren. *Ig-Mangelzustände* kommen gelegentlich vor, auch diese sollten nach erfolgreicher Therapie weitgehend Normalisierungstendenz zeigen [19].

Rezidive bis zum Vollbild eines MM sind (nach den Literaturdaten von Ludwig, 1982, in 33–75%) häufig.

In der Patientengruppe von Woodruff et al. [216] war ein Rezidiv bei 5 von 12 Patienten nachweisbar. Die Latenzzeiten können Monate bis viele Jahre betragen (nach Woodruff meist 3–5 Jahren).

Regelmäßige Untersuchungen des Knochenmarks und Kontrollen von Serum und Harn auf M-Gradienten sind daher notwendige Routinemaßnahmen. Seltener als beim extramedullären Plasmozytom sind dagegen Metastasierungen in regionäre Lymphknoten.

11.3.2 Extramedulläre Plasmozytome

Extramedulläre Plasmozytome sind ebenfalls seltene Erkrankungen (etwa 4% aller malignen Plasmazellerkrankungen [127]). Die Tumoren können in der Submukosa des Respirationstraktes, in der Haut, dem Gastrointestinaltrakt, in Lymphknoten, Gonaden und in anderen Lokalisationen auftreten [106, 127, 214]. Rezidive und Metastasen sind häufig.

Wiltshaw [214] sammelte aus der Literatur 228 extramedulläre Plasmozytome und ergänzte die Untersuchungen durch 44 eigene Beobachtungen. 76% der Plasmozytome manifestierten sich zunächst im oberen Respirationstrakt, daneben war ein Befall von Lymphknoten oder Haut am häufigsten zu beobachten. Lennert [124] fand in 0,5% aller Non-Hodgkin-Lymphome einen primären Plasmazelltumor des Lymphknotens. Nach Kindler waren 66% der extramedullären Plasmozytome im Respirationstrakt lokalisiert, 12% wurden im Magen-Darm-Trakt festgestellt. Die Erkrankung kann sich in fast jedem Organ manifestieren (z. B. Harnwege, endokrine Organe, Hoden, Pleura, Lunge, ZNS; [127]).

Multizentrische Tumoren sind insbesondere im otorhinolaryngologischen Bereich nicht ungewöhnlich. Bei Lokalisation im Bereich des oberen Respirationstraktes wird die Diagnose oft früher gestellt als bei anderen Lokalisationen.

Bei 40% der Patienten von Wiltshaw [214] waren regionäre Lymphknoten im Verlauf der Erkrankung mitergriffen (Stadium II der Erkrankung). Bei Fernmetastasen (Stadium III) waren in erster Linie das Skelett (in 33% der Patienten) die Haut, Leber, Lunge oder Pleura beteiligt.

Bei der Mehrzahl dieser Tumoren können *M-Gradienten* zunächst nicht nachgewiesen werden. Der *Übergang in ein MM* ist weit seltener als beim solitären Plasmozytom der Knochen, häufiger sind Disseminationen ähnlich wie bei Karzinomen.

Die Wahrscheinlichkeit, im Serum und/oder im Harn M-Gradienten nachzuweisen, ist in erster Linie von der Tumorzellmasse abhängig. Nach der Zusammenstellung von Wiltshaw [214] war ein M-Gradient im Stadium I sehr selten, im Stadium III dagegen fast regelmäßig nachweisbar. Eine Knochenmarkinfiltration mit Plasmazellen ist hingegen auch im Stadium III selten. Nach der Zusammenstellung von Wiltshaw [214] war sogar in diesem fortgeschrittenen Tumorstadium lediglich in 10% ein solcher Befall vorhanden. Rezidive und Metastasen sind trotz ingesamt guter Prognose häufig. Im Einzelfall ist selbstverständlich eine sorgfältige Abgrenzung von Non-Hodgkin-Lymphomen (insbesondere dem Immunozytom) notwendig.

11.3.3 Anaplastisches Myelom mit extramedullärer Beteiligung

In Autopsiestudien läßt sich eine extramedulläre Beteiligung auf mikroskopischer Ebene in etwa 70% feststellen, massive extramedulläre Tumormassen im Rahmen eines MM finden sich jedoch nur in 8–17% der Fälle (Übersicht und weiterführende Literatur bei Foucar et al. [64]). Am häufigsten sind Milz, Leber, LK, Haut, Subkutis und Niere betroffen. Histologisch sind die Tumoren im wesentlichen aus entdifferenzierten immunoblastischen Zellen aufgebaut, welche eine hohe Proliferationsaktivität und DNA-

Hyperdiploidien aufweisen [47, 64]. Die Prognose bei Auftreten solcher extramedullärer Tumormanifestationen (meist 1–4 Jahre nach Erstdiagnose des MM) ist schlecht. Die Patienten versterben meist innerhalb weniger Wochen bis Monate [127].

11.4 Die Waldenström-Makroglobulinämie

Die Erkrankung ist durch die Proliferation und Anhäufung maligner Zellen mit lymphoplasmozytärer Morphologie charakterisiert, die monoklonales IgM sezernieren. Die Tumorzellen proliferieren meist langsam. Sie zeigen jedoch eine ausgeprägte *Tendenz zur Dissemination* in die B-Lymphozytenareale des Körpers und in andere Gewebe, die von rezirkulierenden B-Lymphozyten durchwandert werden (Knochenmark, Lymphknoten, Milz, Lunge u. a.). Die klinischen Symptome sind einerseits Folgezustände der Makroglobulinämie mit *Hyperviskositätssyndrom* und – meist erst in Spätstadien – eine generalisierte lymphatische Neoplasie.

Die physikochemische Eigenschaft des IgM-Paraproteins bedingt dessen Bindung an andere Komponenten von Blut und Geweben. Diese kommt einerseits durch den hohen Karbohydratanteil von IgM (12% des Proteins sind Kohlehydrate [110a]), durch die Tendenz zur Polymerisation und durch die häufige Funktion als Autoantikörper zustande (Übersicht bei [51]).

Im histologischen Erscheinungsbild ähnelt der M. Waldenström völlig anderen Immunozytomen vom lymphoplasmozytischen Typ [124]. Eine Abgrenzung von anderen Immunozytomen ist wegen der besonderen klinischen Symptomatik und auch deswegen gerechtfertigt, da der M. Waldenström nach dem Multiplen Myelom die bestdefinierte Erkrankung mit einer ausgeprägten monoklonalen Gammopathie darstellt.

11.4.1 Diagnose

Zur Diagnose dieser Erkrankung kommt folgenden Befunden die wichtigste Bedeutung zu:

a) dem Nachweis eines monoklonalen Ig der IgM-Klasse im Serum,
b) dem Knochenmarksbefund mit Feststellung einer lymphoplasmozellulären Markinfiltration,
c) dem histopathologischen Nachweis eines extramedullären NHL vom immunozytischen Typ.

Mindestens das erste Kriterium zusammen mit einem weiteren muß zur Diagnose der Erkrankung erfüllt sein.
Unterstützende Kriterien sind

- ein Hyperviskositätssyndrom,
- Blutbildverändungen mit einer Anämie, Leukopenie und evtl. zirkulierenden atypischen lymphoiden Zellen sowie eine Blutungsneigung, die

Tabelle 11.13. Pathologische Laborbefunde bei M. Waldenström zur Zeit der Diagnosestellung (nach [27])

	(in %)
Hämoglobin <12 g/dl	88
Leukozyten >12 · 10^3/µl	4
Thrombozyten <150 · 10^3/µl	6
Positiver SIA-Test	76
Relative Serumviskosität >4	41
Kryoglobulinämie	37
BJP	25

vielfach durch Thrombopenie oder Gerinnungsstörungen nicht erklärbar ist.

Die Häufigkeit pathologischer Laboratoriumsbefunde ist aus Tabelle 11.13 zu ersehen.

11.4.2 Klinik und Laboratoriumsbefunde

Die *klinischen* Befunde sind nicht sehr charakteristisch. *Generalisierte Lymphknotenschwellungen* sind häufig vorhanden, wobei die Erkrankung pathohistologisch als lymphoplasmozytisches Lymphom einzuordnen ist. Die Lymphome zeigen meist eine langsame Wachstumstendenz.

Bei der Mehrzahl der Patienten steht nicht so sehr das langsam progrediente Lymphom als vielmehr das *Hyperviskositätssyndrom* im Vordergrund (die relative Serumviskosität ist in 41% der Fälle größer als 4 – Normalwerte: 1,4–1,8; davon entwickelten 36% der Patienten ein Hyperviskositätssyndrom; [27, 51, 130, 176]).

Bezogen auf die Serumkonzentration führt IgM viel stärker als IgG zur Zunahme der Serumviskosität und sie begleitender Zirkulationsstörungen [61, 70, 212]. Mit den Proteinveränderungen geht meist eine Vermehrung des Plasmavolumens einher [131, 173, 207].

Die *Blutungsneigung* dieser Patienten besteht meist ohne eindeutig faßbare Veränderungen von Gerinnungsfaktoren und dürfte in erster Linie durch Bindung der monoklonalen Immunglobuline an die Thrombozyten bedingt sein [51, 53, 207 u.a.]. Auch Interaktionen mit plasmatischen Gerinnungsfaktoren sind dokumentiert (z.B. Faktor VIII, „Prothrombinkomplex", Faktor V und VIII – [52]). Eine vaskuläre Komponente, insbesondere im Rahmen der Hyperviskosität, spielt eine zusätzliche, häufig wichtige Rolle.

Bestes klinisches Zeichen der Gefäßmanifestationen ist der ophthalmologische Befund (z.B. [207]). Die Veränderungen am Augenhintergrund gehen häufig mit der Hyperviskosität parallel. Eine relative Viskosität von 4 ist ein kritischer Wert und dient u.a. der Indikationsstellung für Plasmapheresen.

Hämatologische und immunologische Befunde. Das monoklonale Immunglobulin gehört der IgM-Klasse an und liegt beim Vollbild der Erkrankung über 3 g/dl [176]. Bence-Jones-Proteine finden sich bei 10–25% der Patienten [27, 176]. Das monoklonale Immunglobulin kann – wie auch bei manchen Multiplen Myelomen – Kryoglobulineigenschaften zeigen (bei etwa 10% der Patienten; [176]). Wenn die Kryoglobuline bereits bei Zimmertemperatur präzipitieren und in einer Konzentration von 2–3 g/dl vorliegen, verursachen sie häufig Symptome der Kälteüberempfindlichkeit (s. auch Kap. 13 „Kryoglobulinämie").

Die *normalen Immunglobuline* sind häufig vermindert. Immerhin kommen jedoch Werte im Normalbereich für IgG und IgA in etwa 1/3 der Patienten vor. Insgesamt sind Verminderungen der normalen Ig weniger konstant als beim Multiplen Myelom. In seltenen Einzelfällen ähnelt das Bild einem MM der IgM-Klasse mit Knochendestruktionen [52]. Solche Knochenveränderungen gehören jedoch nicht zum Bild eines M. Waldenström.

Das *Knochenmark* zeigt eine Infiltration mit kleinen lymphatischen Zellen sowie großen „Immunoblasten" mit basophilem Zytoplasma. Neben lymphatischen Zellen sind auch Plasmazellen in einem sehr variablen Ausmaß vermehrt.

Die Gewebsmastzellvermehrung kann auch bei anderen Non-Hodgkin-Lymphomen (insbesondere dem Immunozytom) gefunden werden. Gelegentlich kann durch erhöhten Fasergehalt des Markes die Punktion „trocken" und daher eine Knochenstanzung notwendig sein.

In fast der Hälfte der Fälle lassen sich im Verlauf der Erkrankung atypische lymphoide Zellen auch im *Blutausstrich* nachweisen. Sie können durch Immunfluoreszenzuntersuchungen als Ig-bildende Zellen erfaßt werden. In ca. 80% besteht eine normochrome *Anämie*. Nach antierythrozytären Antikörpern, insbesondere Kälteagglutininen, sollte bei jedem Patienten gesucht werden. Die monoklonalen Makroglobuline können verschiedene Antikörpereigenschaften aufweisen. Werden *Kälteagglutinine* nachgewiesen, handelt es sich meist um IgM vom $\varkappa$-Typ mit Anti-i-Aktivität (s. Kap. 1.3.1.3). Bei der Differentialdiagnose gegenüber der idiopathischen Kälteagglutininkrankheit ist zu bedenken, daß der Titer bei M. Waldenström in der Regel wesentlich niedriger liegt.

Auch bei der Kälteagglutininkrankheit besteht häufig eine allerdings meist nur diskrete Vermehrung lymphoider Zellen im Knochenmarkpunktat; das Kälteagglutinin ist elektrophoretisch meist als schmalbasiges Serumprotein der IgM-Klasse faßbar.

Rheumafaktoren werden bei Makroglobulinämie insgesamt in 5% der Fälle gefunden [27]. Auch hierbei handelt es sich meist um den $\varkappa$-Typ von IgM. Das monoklonale Makroglobulin zeigt bei diesen Patienten somit Bindungseigenschaften für IgG, dieser IgM-IgG-Komplex ist dann kryopräzipitabel. Das M-Protein kann auch *Bindungseigenschaften für Röntgenkontrastmittel* zeigen [22, 23]. Als Folge dieser Reaktion kann es nach intravenöser Applikation zu schweren Zwischenfällen und auch zum Nierenversagen kommen.

Andere Autoantikörper-Eigenschaften

Einige monoklonale IgM-Proteine zeigten eine Reaktionsfähigkeit mit Antigenen in der Haut, den Skelettmuskeln [137] oder im Nervensystem [50, 140a].

Neurologische Symptome finden sich bei etwa einem Viertel der Patienten mit Makroglobulinämie [176]. Sie entstehen sekundär als Folge des Hyperviskositätssyndroms und/oder – bei Polyneuropathie – durch IgM-Ablagerungen im Nervengewebe [50, 140a, 203]. Häufig sind die hämatologischen Zeichen einer Makroglobulinämie nur diskret.

In einer Studie fanden sich in 40% der Patienten mit IgM-Gp und peripheren sensomotorischen Neuropathien Antikörper gegen Myelin (an formalinfixiertem Gewebe nachgewiesen). In anderen Fällen zeigte das IgM Antikörpereigenschaften gegen „kreuzidiotypische“ Antigene [48, 115] bzw. solche gegen intermediäre Filamente [49]. Detailierte immunchemische Untersuchungen definierten die IgM-Aktivität in typischen Fällen als gegen myelin-assoziiertes Glycoprotein gerichtet (anti-MAG, vielfach C-bindend [140a]).

11.4.3 Prognostische Beurteilung

Dafür werden in erster Linie die zur Beurteilung von niedrig-malignen Non-Hodgkin-Lymphomen erarbeiteten Kriterien verwendet. Zur Stadieneinteilung bewährt sich die Rai-Klassifikation und ihre Modifikationen.

11.5 Die Schwerkettenkrankheit *(heavy chain disease)*

Die Bildung inkompletter H-Ketten charakterisiert die Schwerkettenkrankheit (HCD), die in verschiedenen Formen meist unter dem Bild einer lymphoproliferativen Erkrankung verläuft. Die α-Kettenkrankheit (α-HCD) ist in bestimmten Ländern der Dritten Welt nicht ungewöhnlich und zeigt ein „prälymphomatöses“ Stadium, während die beiden anderen Formen (γ-HCD, μ-HCD) sehr seltene Erkrankungen darstellen.

Die gebildeten H-Ketten umfassen meist das gesamte Fc-Fragment, während der N-terminale (antigenbindende) Anteil der H-Ketten inkomplett ist (partielle oder komplette Deletionen im Bereich der variablen und ersten konstanten Region). Dadurch können die defekten H-Ketten mit L-Ketten nicht assoziieren, und am Molekül fehlen L-Ketten [1, 110a, 176, 209].

11.5.1 α-Schwerkettenkrankheit

Das klinische Korrelat der α-HCD ist die immunoproliferative Dünndarmerkrankung (IPSID, Immunoproliferative Small Intestinal Disease), die auch mediterranes Lymphom genannt wird [1, 83, 104, 148, 174, 182]. IPSID befällt die gesamte Länge des Dünndarms (insbesondere Jenjunum und Zwölffingerdarm). In der frühen Phase beschränkt sich die Infiltration auf die Mukosa und mesenteriale Lymphknoten. In späteren Stadien infiltrieren entdifferenzierte Plasmazellen die Submukosa und breiten sich in abdominellen Lymphknoten aus. Die Erkrankung kommt vor allem bei jungen Arabern sowie orientalischen Juden vor. Sie beschränkt sich im mittleren Osten und Nordafrika jedoch nicht auf diese ethnischen Gruppen. In westlichen Ländern ist sie extrem selten.

Nach einem „prälymphomatösen" Stadium entwickelt sich das Vollbild eines malignen Lymphoms vom immunoblastischen Typ. Eindeutig ätiologische Beziehungen zu intestinalen Infektionen sind nicht bewiesen, doch spricht alles für einen exogenen Faktor unter ungünstigen Lebensbedingungen (Unterernährung etc.). Für die zusätzliche Rolle von Wirtsfaktoren spricht auch die sehr deutliche Assoziation mit HLA-Aw19, HLA-B12 und HLA-A9 (Literatur bei [1]). In Einzelfällen wurden unter antimikrobieller Therapie Remissionen beobachtet.

Laborbefunde. Das abnorme Immunglobulin besteht aus Anteilen der α 1-Subklasse von IgA. Charakteristisch ist eine partielle oder komplette Deletion des variablen (V_H) Anteils und der ersten konstanten Region (C_{H1}) von IgA. Leichte Ketten fehlen. Das Molekulargewicht variiert zwischen 29000 und 34000 Dalton (normales IgA 55000–60000 Dalton; [83]).

Die imkompletten α-Schwerketten neigen zur Polymerisation, so daß elektrophoretisch ein heterodisperses Bild resultiert. Ein typischer M-Gradient in der Elektrophorese fehlt in den meisten Fällen. Nur bei der Hälfte der Patienten sind im Harn isolierte α-Ketten nachweisbar [176]. Eine α-HCD findet sich bei 50–75% der Patienten mit IPSID, wobei neben dem Serum der Harn und möglichst das Dünndarmsekret untersucht werden sollte [74, 165 u. a.]. Mit fortschreitender Erkrankung werden abnorme α-Ketten zunehmend schwieriger nachweisbar [1].

Hämatologisch findet sich eine leichte bis mäßige Anämie, die oft durch Mangelernährung (u. a. Defizite von Folat, Vitamin B_{12} oder Eisen) verstärkt wird.

Eine Knochenmarkplasmozytose fehlt meist. Erhöhte Spiegel des intestinalen Isoenzyms der alkalischen Phosphatase sind häufig festzustellen [104]. Die normalen Ig-Werte sind häufig erniedrigt (dies ist nicht allein auf der Basis einer Proteinverlustenteropathie erklärbar).

Klinik. Meist besteht ein Malabsorptionssyndrom jüngerer Erwachsener mit Durchfallsneigung und abdominellen Lymphomen (Dünndarm, Mesenterium). In der Frühphase sind die Beschwerden noch wenig ausgeprägt bis transitorisch (histologisch meist benigne lymphoplasmozytische Infiltrationen [1]). Im späteren Verlauf führen sie zunehmend zur Kachexie. Periphere Lymphadenopathien sind selten und kommen höchstens in Spätstadien der Erkrankung vor. Leber und Milz sind jedoch häufig ergriffen. Die Endoskopie mit Biopsie aus proximalen Dünndarmanteilen ist in 85% der Fälle diagnostisch [84, 148]. Radiologisch findet sich ein Sprue-ähnliches Bild [104]. Mit dem Übergang in ein Lymphom werden infiltrierende od. polyploide Tumoren des Dünndarms zunehmend manifest.

Eine Diagnose ist in frühen Stadien anzustreben, da zu dieser Zeit Therapieversuche mit antimikrobiellen Medikamenten sinnvoll sind. (Glutenfreie Diät zeigt keine Wirkung.) Mit zunehmenden Entdifferenzierungszeichen der lymphoplasmozytischen Infiltrate nimmt die Wahrscheinlichkeit eines Therapieerfolges von Tetracyclinen oder Corticosteroiden ab [1, 104]. Im Lymphomstadium sind Therapien wie [1, 104] bei abdominellem Non-Hodgkin-Lymphom angezeigt [83, 104]. Weniger als 1/4 der Patienten überleben 5 Jahre [1].

11.5.2 Die γ-Schwerkettenkrankheit

Die γ-HCD manifestiert sich meist als malignes Lymphom, häufig mit generalisierter Lymphknotenschwellung und evtl. Fieber, Infektionen in der Folge einer Hypogammaglobulinämie und Autoimmunphänomenen (z. B. autoimmunhämolytische Anämien; [65, 118, 176]).

Die bei 18 von 90 Patienten mit γ-HCD nachweisbaren Autoimmunphänomene betrafen rheumatoide Arthritiden, autoimmunhämolytische Anämien, Sjögren-Syndrom, SLE, Vaskulitiden u. a. [182].

Das pathologische Ig entspricht inkompletten γ-Kettenanteilen. Sie sind im Serum und meist auch im Harn nachweisbar. Die normalen Ig sind meist erniedrigt [176].

Charakteristisch sind Ödeme des weichen Gaumens und der Uvula bei Lymphombefall des Waldeyer-Rachenrings [176]. Eine Infiltration des Knochenmarks mit lymphoplasmozytoiden Zellen ist, bis auf Ausnahmen, nachweisbar, die Zellen können auch ins periphere Blut ausgeschwemmt werden. Typisch ist eine normozytäre Anämie. Verminderungen von Leuko- und Thrombozyten sind häufig, Eosinophilien nicht ungewöhnlich.

11.5.3 μ-Schwerkettenkrankheit

Sie verläuft unter dem klinischen Erscheinungsbild einer chronisch-lymphatischen Leukämie [176]. Es liegt ein Defekt im Zusammentreten von H- und L-Ketten vor. Neben defekten μ-Ketten im Serum sind im Harn in 2/3 der Fälle isolierte κ-Leichtketten nachweisbar.

11.6 Symptomatische Gammopathien

Symptomatische Gp (sekundäre Paraproteinämien) können bei verschiedenen, in Tabelle 11.3 zusammengefaßten Zuständen vorkommen. Nur ein kleiner Teil von Patienten mit den angeführten Erkrankungen zeigt eine Gp, und der M-Gradient ist meist weniger ausgeprägt als bei der primär malignen Gp (Konzentrationen meist unter 2 g/dl). Am häufigsten finden sich symptomatische Gp bei *Non-Hodgkin-Lymphomen* (vor allem niedriger Malignität).

Sie sind am häufigsten beim Immunozytom (44% aller symptomatischen Gp), hier überwiegen solche der IgM-Klasse (33% aller Fälle). In erster Linie finden sie sich bei Lymphomen der B-Lymphozyten, in Einzelfällen auch bei „peripheren T-Zell-Lymphomen" (z. B. angioimmunoblastische Lymphadenopathie). Beim M. Hodgkin stellen sie eine ausgesprochene Seltenheit dar.

M-Gradienten bei *soliden Tumoren* sind selten. Es könnte sich um ein zufälliges Zusammentreffen handeln [136, 138, 176]. Um einen symptomatischen Fall zu diagnostizieren, sollten sich zwischen dem Verlauf der Grundkrankheit und der Manifestation des M-Gradienten Korrelationen nachweisen lassen.

Monoklonale GP mit Autoantikörpereigenschaften finden sich bei Kälteagglutininkrankheit (meist anti-I, selten anti-i; s. Kap. 1.3.1.3). M-Gradienten mit anti-IgG-Eigenschaften werden bei bestimmten Kryoglobulinämien beobachtet (s. Kap. 13.4.1).

M-Gradienten bei Kollagenerkrankungen, bei Myasthenia gravis u. a. Zuständen mit Autoimmunphänomenen sind insgesamt selten [176].

Passagere Gammopathien finden sich gelegentlich nach Knochenmarktransplantation, insbesondere bei Kindern mit Immundefizienzsyndromen [176]. In Einzelfällen wurden sie auch bei Normalpersonen im Anschluß an Infektionen gefunden.

Andere Erkrankungen

Regelmäßig finden sich M-Gradienten bei Lichen myxoedematosus. Es kommt zu einer zunehmenden Ablagerung von M-Protein in der Dermis, wobei es sich um IgG (meist vom λ-Typ) handelt [176]. Selten kommen M-Gradienten bei Hepatitis und anderen Lebererkrankungen vor. (Findet sich ein M-Gradient bei ungeklärten Leberfunktionsstörungen, so sollte auch an eine Amyloidose vom AL-Typ gedacht werden; [73].

11.7 Monoklonale Gammopathien unbestimmter Bedeutung (MGUS)

Eine MGUS *(monoclonal gammopathy of unknown significance)* liegt vor, wenn ein Patient einen stabilen M-Gradienten im Serum zeigt und keine Hinweise für ein Multiples Myelom, einen M. Waldenström, andere lymphoproliferative Erkrankungen oder eine primäre Amyloidose vorliegen. MGUS finden sich bei etwa 1% der über 50- und 3% der über 70jährigen [10, 63]; MGUS dürften zumindest 100mal häufiger sein als Gp im Rahmen der oben erwähnten Erkrankungen. Die meisten Personen mit MGUS entwickeln niemals Zeichen einer plasmazellulären oder lymphoproliferativen Erkrankung.

Da jedoch der weitere Verlauf nicht voraussehbar ist (s. Kap. 11.7.3), ist der Ausdruck „benigne" Gp irreführend und sollte durch die Bezeichnung MGUS ersetzt werden [77, 119].

11.7.1 Diagnose

Der *M-Gradient im Serum* ist gewöhnlich nicht sehr ausgeprägt (häufig unter 2 g/dl) und der Anteil von Plasmazellen im Knochenmark liegt meist unter 10%. Eine stärkere Bence-Jones-Proteinurie fehlt bei der Mehrzahl der Patienten, und die klinischen Untersuchungen geben keinen Hinweis für Begleitsymptome, wie sie für das Multiple Myelom oder den M. Waldenström charakteristisch sind (z. B. röntgenologisch nachweisbare Knochenveränderungen, eine Hyperkalzämie, eine Nierenfunktionsstörung oder Anämie).

Häufig fehlt ein *sekundäres Antikörpermangelsyndrom* (signifikante Verminderungen der normalen Ig um 50% oder mehr des mittleren Normalwertes), doch schließt ein solches eine MGUS nicht aus.

Unterstützende Befunde sind Normalwerte für β2-Mikroglobulin sowie eine sehr niedrige Proliferationsaktivität der Plasmazellen. Die letztere Untersuchung wird als besonders wertvoll zur Abgrenzung eines MGUS angesehen [77].

11.7.2 Differentialdiagnostische Schwierigkeiten in der Abgrenzung gegenüber Myelomen

Die *Höhe des M-Gradienten* im Serum zur Zeit der Diagnosestellung ist zum Ausschluß einer beginnenden paraproteinämischen Hämoblastose nur von beschränktem Wert. Dies zeigt deutlich die Auswertung von großen Patientengruppen durch Kyle und Mitarbeiter [77, 117]. In der Patientengruppe mit über Jahre stabilen M-Gradienten wurde ein M-Gradient über 2,5 g/dl bei 13,5% der Patienten gefunden. Nach dieser Studie sprach auch eine mäßige BJ-Proteinurie keineswegs gegen eine stabile Paraproteinämie (27% seiner Patienten). Die mittlere Leichtkettenausscheidung im Harn lag bei MM bei 2,9 g/24h gegenüber 0,3 g/24h bei MGUS.

In der Auswertung von Dammaco u. Waldenström [46] war bei 24% der Patienten mit idiopathischer Paraproteinämie eine geringe Ausscheidung von BJP im Harn zu beobachten, keiner der Patienten schied jedoch mehr als 60 mg/dl aus.

Die *Plasmazellzahl im Knochenmark* ist zur Abgrenzung ein wichtiger, aber nicht immer verläßlicher Parameter. In der Studie von Greipp u. Kyle [77] war der mittlere Plasmazellanteil bei MGUS 5%, bei MM 49%. 30% der Patienten mit MGUS zeigten mehr als 5% Plasmazellen im Knochenmark. Die Knochenmarkhistologie, vorteilhaft unter Einschluß der Immunhistologie kann die Differenzierung MM gegen MGUS ebenfalls erleichtern ([190] mit Literatur). Frühfälle von MM mit niedriger Plasmazellzahl können weiters durch Bestimmung des Proliferationsverhaltens von MGUS abgegrenzt werden. Der *Plasmazellmarkierungsindex* (nach ^{3}H-Thymidinmarkierung) war bei MGUS immer sehr niedrig (in der Studie von Greipp u. Kyle unter 0,4). Ähnliches wurde in der Durchflußzytometrie unter Verwendung des Ki-67 Antikörpers gesehen [53a].

Ein niedriger Index wird auch bei smouldering myelomas gesehen, die stabile M-Gradienten mit höherer Plasmazellzahl zeigen (in dieser Studie im Mittel 17%).

Plasmazell-Atypien sind bei MGUS seltener als beim MM, können jedoch auch beim ersteren Zustand vorkommen oder bei Myelomen fehlen. Bei Auswertung der Nukleolengröße, Asynchronie und des Chromatingehaltes [77] ergaben sich für jeden dieser Parameter statistische Unterschiede, jedoch mit erheblichen Überschneidungen. Eine verfeinerte Morphologie (z.B. Studien zur Nukleolengröße [195] oder zur Asynchronie) kann zur Differentialdiagnose beitragen, sie hilft jedoch kaum zur Abgrenzung gegenüber smouldering myelomas. Die Auswertung des Ploidiegrades kann ebenfalls wertvoll sein, mehr als die Hälfte der Myelompatienten zeigt aneuploide Plasmazellen im Knochenmark [17, 53b].

11.7.3 Übergänge in maligne Paraproteinämien

In jeder Altersstufe können auch nach langjährigem „benignem“ Verlauf Übergänge in eine maligne Gp vorkommen, doch dürfte die Wahrscheinlichkeit nicht sehr groß sein [127].

In der Studie von Kyle [117, 119] entwickelten 10,7% von 241 Patienten mit MGUS innerhalb von 5 Jahren die folgenden Erkrankungen: das Vollbild eines Multiplen Myeloms (7,5%), einen M. Waldenström (1,6%) oder eine Amyloidose (1,6%). Nach einer 10jährigen Nachuntersuchung stieg dieser Anteil von 10,7% auf 19% an. Hinweise für eine derartige Transformation gaben weder der initiale Hb-Wert, das Vorhandensein von Organvergrößerungen, Größe oder Klasse des M-Proteins, eine BJ-Proteinurie, der Serum-Albuminspiegel oder die Serumwerte der normalen Immunglobuline. Wegen der Möglichkeit einer solchen Transformation sollten Patienten mit MGUS zunächst in Abständen von 3–6 Monaten nachuntersucht werden. Falls der M-Gradient bei wiederholten Untersuchungen um zumindest 50% ansteigt, sind komplette Nachuntersuchungen zur Erfassung eines MM bzw. eines M. Waldenström angezeigt.

Literatur

1. Aisenberg AC (1991) Malignant lymphoma. Lea and Febiger, Philadelphia
1a. Alexanian R (1980) Localized indolent multiple myeloma. Blood 56:521–526
2. Alexanian R, Balcerzak S, Bonnet J, Gehan E, Haut A, Hewlett J, Monto R (1975) Prognostic factors in multiple myeloma. Cancer 36:1192
3. Alexanian R, Barlogie B, Fritsche H (1985) Beta2 microglobulin in multiple myeloma. Am J Haematol 20:345–351
4. Alt FW, Baltimore D (1982) Joining of immunoglobulin heavy chain gene segments: Implications from a chromosome with evidence of three D-J H fusions. Proc Natl Acad Sci USA 79:4118–4122
5. Alt FW, Blackwell TK, Yancopoulos GD (1987) Development of the primary antibody repertoire. Science 238:1079–1087
6. Anderson KC, Park EK, Bates MP, Leonard RCF, Hardy R, Schlossman SF, Nadler LM (1983) Antigens on human plasma cells identified by monoclonal antiboides. J Immunol 130:1132–1138
7. Anderson KC, Boyd AW, Fisher DC, Leslie D, Schlossman SF, Nadler LM (1985) Hairy cell leukemia: a tumor of pre-plasma cells. Blood 65:620–629
8. Arend WP, Adamson JS (1974) Nonsecretory myeloma. Immunfluorescent demonstration of paraprotein within bone marrow plasma cells. Cancer 33:721–728
9. Asaoku H, Kawano M, Iwato K, Tanabe O, Tanaka H, Hirano T, Kishimoto T, Kuramoto A (1988) Decrease in BSF-2/IL-6 response in advanced cases of multiple myeloma. Blood 72:429–432
10. Axelsson U, Bachmann R, Hallen J (1966) Frequency of pathological proteins (M-components) in 6995 sera from an adult population. Acta Med Scand 179:235
11. Azar HA (1973) The myeloma cell. In: Multiple myeloma and related disorders. Hrsg: Azar HA, Potter M, Harper & Row, New York – Evanston – San Francisco – London, SS 86–152
12. Barlogie B, Alexanian R, Gehan EA, Smallwood L, Smith T, Drewinko B (1983) Marrow cytometry and prognosis in myeloma. J Clin Invest 72:853–861
13. Barlogie B, Raber MN, Schumann J, Johnson TS, Drewinko B, Swartzendruber DE, Goehde W, Andreeff M, Freireich EJ (1983) Flow cytometry in clinical cancer research. Cancer Res 43:3982–3997
14. Barlogie B, Alexanian R, Dixon D, Smith L, Smallwood L, Delasalle K (1985) Prognostic implications of tumor cell DNA and RNA content in multiple myeloma. Blood 66:338–341
15. Barlogie B, Alexanian R, Pershouse M, Smallwood L, Smith L (1985) Cytoplasmic immunoglobulin content in multiple myeloma. J Clin Invest 76:765–769
16. Barlogie B, Alexanian R, Smallwood L, Cheson B, Dixon D, Kicke K, Cabanillas F (1988) Prognostic Factors With High-Dose Melphalan for Refractory Multiple Myeloma. Blood 72:2015–2019
17. Barlogie B, Epstein J, Salvanayagam P, Alexanian R (1989) Plasma Cell Myeloma – New Biological Insights and Advances in therapy. Blood 73:865–879

18. Bartl R, Frisch B, Burkhardt R, Fateh-Moghadam A, Mahl G, Gierster P, Sund M, Kettner G (1982) Bone marrow histology in myeloma: its importance in diagnosis, prognosis, classification and staging. Brit J Haematol 51:361–375
18a. Bartl R, Frisch B, Fateh-Moghadam A et al (1987) Histologic classification and staging of multiple myeloma: a retrospective and prospective study of 674 cases. Am J Clin Pathol 87:342-355
19. Bataille R, Sany J (1981) Solitary myeloma. Clinical and prognostic features of a review of 114 cases. Cancer 48:845–851
20. Bataille R. Grenier J, Sany J (1984) Beta-2-microglobulin in myeloma: Optimal use for staging, prognosis, and treatment – a prospective study of 160 patients. Blood 63:468–476
21. Bataille R, Jourdan M, Zhang XG, Klein B (1989) Serum Levels of Interleukin 6, a Potent Myeloma Cell Growth Factor, as a Reflect of Disease Severity in Plasma Cell Dyscrasias. J Clin Invest 84:2008–2011
22. Bauer K (1980a) I. A Waldenstroem macroglobulin which binds 3-amino-2,4,6-triiodo-benzoic acid-I. Immunochemical characterization of the reaction: Positive cooperation between antigenbinding sites of this IgM reacting with divalent compounds. Mol Immunol 17:1181–1194
23. Bauer K, Tragl KH, Bauer G, Vycudilik W, Hoecker P (1974) Intravasale Denaturierung von Plasmaproteinen bei einer IgM-Paraproteinaemie, ausgelöst durch ein intravenös verabreichtes lebergängiges Röntgenkontrastmittel. Wien Klin Wochenschr 86:766–769
24. Bayrd ED (1948) The bone marrow on sternal aspiration in multiple myeloma. Blood 3:987–1018
25. Belch A, Shelley W, Bergsagel D, et al. (1988) A randomized trial of maintenance versus no maintenance melphalan and prednisone in responding multiple myeloma patients. Br J Cancer 57:94–99
26. Bergsagel DE (1975) Plasma cell myeloma: Prognostic factors and criteria of response to therapy. In: Staquet MJ (ed) Cancer therapy: Prognostic factors and criteria of response. Raven, New York, p 73
27. Bergsagel DE (1977) Macroglobulinemia. In: Williams WJ, Beutler E, Erslev AJ, Rundles RW (eds) Hematology, 2nd edn. McGraw-Hill, New York, p 1126
28. Bergui L, Schena M, Gaidano G, Riva M, Caligaris-Cappio F (1989) Interleukin 3 and Interleukin 6 Synergistically Promote the Proliferation and Differentiation of Malignant Plasma Cell Precursors in Multiple Myeloma. J Exp Med 168:613
29. Bitter MA, Komaiko W, Franklin WA (1985) Giant lymph node hyperplasia with osteoblastic bone lesions and the POEMS (Takatsuki's) syndrome. Cancer 56:188–194
30. Boccadoro M, Gavarotti P, Fossati g, Pileri A, Marmont F, Neretto G, Gallamini A, Volta C, Tribalto M, Testa MG, Amadori S, Mandelli F, Durie BGM (1984) Low plasma cell ^{3}H-thymidine incorporation in monoclonal gammopathy of undetermined significance (MGUS), smouldering myeloma and remission phase myeloma: a reliable indicator of patients not requiring therapy. Brit J Haematol 58:689–696
31. Boccadoro M, Marmont F, Fassati G, Redoglia V, Battaglio S, Massaia M, Gallamini A, Comotti B, Barbui T, Campobasso N, Dammacco F, Cantonetti M, Petrucci MT, Mandelli F, Resegotti L, Pileri A (1989) Early responder myeloma: kinetic studies identify a patient subgroup characterized by very poor prognosis. J Clin Oncol 7:19–125
32. Bouvet JP, Feingold J, Oriol R, Liacopoulos P (1975) Statistical study on double paraproteinemias: Evidence for a common cellular origin of both myeloma globulins. Biomed 22:517–523
33. Brouet JC, Clauvel JP, Danon F, Klein M, Seligman M (1974) Biological and clinical significance of cryoglobulins. A report of 86 cases. Am J Med 57:775
34. Brouet JC, Fermand P, Laurent G, Grange MJ, Chevalier A, Jacquillat C, Seligmann M (1985) The association of chronic lymphocytic leukaemia and multiple myeloma: a study of eleven patients. Brit J Haematol 59:55–66
35. Caligaris-Cappio F, Bergui L, Tesio L, Pizzolo G, Malavasi F, Chilosi M, Champana D, van Camp B, Janossy G (1985) Identification of malignant plasma cell precursors in the bone marrow of multiple myeloma. J Clin Invest 76:1243–1251

36. Carter A, Hocherman I, Linn S, Cohen Y, Tatarsky I (1987) Prognostic significance of plasma cell morphology in multiple myeloma. Cancer 60:1060–1065
37. Cassuto JP, Krebs BP, Viot G, Dujardin P, Masseyeff R (1978) B2-microglobulin, a tumour marker of lymphoproliferative disorders. Lancet 2:108
38. Catovsky D, Costello C, Loukopoulos D, Fessas PR, Focley JM, Traub NE, Mills MJ, O'Brien M (1981) Hairy Cell leukemia and myelomatosis: chance association of clinical manifestations of the same B cell diseases spectrum. Blood 57:758–763
39. Child JA, Crawford SM, Norfolk DR, O'Quigley J, Scarffe JH, Struthers LPL (1983) Evaluation of serum beta-2-microglobulin as a prognostic indicator in myelomatosis. Brit J Cancer 47:111–114
40. Cjeka J, Kithier K (1979) IgD myeloma protein with "uncreative" light chain determinants. Clin Chem 25:1495–1498
41. Cleary ML, Galili N, Trela M, Levy R, Sklar J (1988) Single cell origin of bigenotypic and biphenotypic B cell proliferations in human follicular lymphomas. J Exp Med 167:582–597
42. Clutterbuck EJ, Hirst EMA, Sanderson CJ (1989) Human interleukin-5 (IL-5) regulates the production of eosinophils in human bone marrow vultures: Comparison and interaction with Il-1, IL 3, IL-6, and GM-CSF. Blood 73:1504–1512
43. Conklin R, Alexanian R (1975) Clinical classification of plasma cell myeloma. Arch Intern Med 135:139–143
44. Cooper MD (1987) B Lymphocytes: Normal development and function. N Engl J Med 317:1452
45. Cuzick J, Cooper EH, MacLennan ICM (1985) The prognostic value of serum beta2 microglobulin compared with other presentation features in myelomatosis. Brit J Cancer 52:1–6
46. Dammaco F, Waldenstroem J (1968) Bence Jones proteinuria in benign monoclonal gammopathies: incidence and characteristics. Acta Med Scand 184:403
47. Davies SV, Jones B, Starkie CM, Murray JA (1989) Bulky extramedullary plasmocytomata: rare mode of relapse in myelomatosis. J Clin Pathol 42:246–249
48. Dellagi K, Brouet JC, Danon F (1979) Cross-idiotypic antigens among monoclonal immunoglobulin-M from patients with Waldenstroem's macroglobulinemia and polyneuropathy. J Clin Invest 64:1530–1534
49. Dellagi K, Brouet JC, Perreau J, Paulin D (1982) Human monoclonal IgM with autoantibody activity against intermediate filaments. Proc Natl Acad Sci 79:446–450
50. Dellagi K, Dupouey P, Brouet JC, Billecocq A, Gomez D, Clauvel JP, Seligmann M (1983) Waldenstroem's macroglobulinemia and peripheral neuropathy: A clinical and immunologic study of 25 patients. Blood 62:280–285
51. Deuel TF, Mellstedt H (1985) Waldenstroem's Macroglobulinaemia. Lancet 311–312
52. Deuel TF, Davis P, Avioli LV (1983) Waldenstroem's Macroglobulinemia. Arch Intern Med 143:986–988
53. Deutsch E, Neumann E, Niessner H (1976) Zur Pathogenese der haemorrhagischen Diathesen bei monoclonalen Gammopathien. Haematol Bluttransfus 18:357
53a. Drach J, Gattringer C, Glassl H, Berchtold D, Huber H (1991) Cell Kinetics in multiple myeloma: determination of the growth fraction by Ki-67 (zur Publikation eingereicht).
53b. Drach J, Gattringer C, Huber H (1991) Expression of the neural adhesion molecule (CD56) by human myeloma cells. Clin Exp Immunol 83:418-422
54. Dührsen U, Uppenkamp M, Meusers P, König E, Brittinger G (1988) Frequent association of idiopathic myelofibrosis with plasma cell dyscrasias. Blut 56:97–102
55. Durie BGM, Salmon SE (1975) A clinical staging system for multiple myeloma. Cancer 36:842
56. Durie BGM, Salmon SE (1975b) High speed scintillation autoradiography. Science 190:1093–1095
57. Durie BGM, Grogan TM (1985) CALLA-positive myeloma: An aggressive subtype with poor survival. Blood 66:229–232

58. Durie B, Salmon S, Moon T (1980) Pretreatment tumor mass, cell kinetics, and prognosis in multiple myeloma. Blood 55:364–372
59. Epstein J, Barlogie B, Katzman J, Alexanian R (1988) Phenotypic heterogeneity in aneuploid multiple myeloma indicates pre-B cell involvement. Blood 71:861–865
60. Epstein J, Xiao H, He XY (1990) Markers of multiple hematopoietic-cell lineages in multiple myeloma. N Engl J Med 322:663–8
61. Fahey JL, Barth WF, Solomon A (1965) Serum hyperviscosity syndrome. J Am Med Ass 192:464
62. Fermand JP, James JM, Herait P, Brouet JC (1985) Associated chronic lymphocytic leukemia and multiple myeloma: Origin from a Single Clone. Blood 66:291–293
63. Fine JM (1972) Frequency of monoclonal gammopathy (M components) in 13,400 sera from blood donors. Vox Sang 23:336
64. Foucar K, Raber M, Foucar E, Barlogie B, Sandler CM, Alexanian R (1983) Anaplastic myeloma with massive extramedullary involvement. Cancer 51:166–174
65. Frangione B, Franklin EC (1973) Heavy chain diseases: Clinical features and molecular significance of the disordered immunoglobulin structure. Semin Hematol 10:53
66. Frank MM (1977) Pathophysiology of immune hemolytic anemia. Ann Intern Med 87:210
67. Frick PG, Schmid JR, Kistler HJ, Hitzig WH (1967) Hyponatriemia associated with hyperproteinemia in multiple myeloma. Helv Med Acta 33:317
68. Fritz E, Ludwig H, Kundi M (1984) Prognostic relevance of cellular morphology in multiple myeloma. Blood 63:1072–1079
69. Fuelle HH, Pribilla W (1973) Diagnose und Therapie der Plasmazelleukaemie. Deutsch Med Wochenschr 98:874
70. Galton DAG (1972) Myelomatosis. In: Hoffbrand AV, Lewis SM (eds) Haematology. Heinemann, London (Tutorials in postgraduate medicine, vol 2)
71. Gassmann W, Pralle H, Haferlach T, Pandurevic S, Graubner M, Schmitz N, Löffler H (1985) Staging systems for multiple myeloma: a comparison. Brit J Haematol 59:703–711
72. Geha RS (1981) Current concepts in immunology: Regulation of the immune response by idiotypic-antiidiotypic interactions. N Engl J Med 305:25
73. Gertz MA, Kyle RA (1988) Hepatic amyloidosis (primary [AL], immunoglobulin light chain): the natural history in 80 patients. Am J Med 85:73–80
74. Gilinsky NH, Mee AS, Beatty DW, Novis BH, Young G, Price S, Purves LR, Marks IN (1985) Plasma cell infiltration of the small bowel: lack of evidence for a nonsecretory form of alpha-heavy chain disease. Gut 26:928–934
75. Gillies SD, Morrison SL, Oi VT, Tonegawa S (1983) A tissue-specific transcription enhancer element is located in the major intron of a rearranged immunoglobulin heavy chain gene. Cell 33:717–728
76. Gleich GJ, Averbeck AK, Swedlund HA (1971) Measurement of IgE in normal and allergic serum by radioimmunoassay. J Lab Clin Med 77:690–698
77. Greipp PR, Kyle RA (1983) Clinical, morphological, and cell kinetic differences among multiple myeloma, monoclonal gammopathy of undeterminde significance, and smouldering multiple myeloma. Blood 62:166–171
78. Greipp PR, Raymond NM, Kyle RA, O'Fallon WM (1985) Multiple myeloma: Significance of plasmablastic subtype in morphological classification. Blood 65:305–310
79. Greipp PR, Witzig TE, Gonchoroff NJ (1985) Immunofluorescent plasma cell labeling indices (LI) using a monoclonal antibody (BU-1). Am J Hematol 20:289–292
80. Greipp PR, Katzmann JA, O'Fallon WM, Kyle RA (1988) Value of beta2-microglobulin level and plasma cell labelling indices as prognostic factors in patients with newly diagnosed myeloma. Blood 72:219–223
81. Grogan TM, Durie BGM, Lomen C, Spier C, Wirt DP, Nagle R, Wilson GS, Richter L, Vela E, Maxey V, McDaniel K, Rangel C (1987) Delineation of a novel pre-B cell component in plasma cell myeloma: Immunochemical, immunophenotypic, genotypic, cytologic, cell culture and kinetic features. Blood 70:932–942

82. Grogan TM, Durie GM, Spiel M, Richter L, Vela E (1989) Myelomonocytic antigen positive multiple myeloma. Blood 73:763–769
83. Haber DA, Mayer RJ (1988) Primary gastrointestinal lymphoma. Semin Oncol 15:154–169
84. Halphen M, Najjar T, Jaafoura H, Cammoun M, Tufrali G (1986) Diagnostic value of upper intestinal fiber endoscopy in primary small intestinal lymphoma. Cancer 58:2140–2145
85. Haluska FG, Tsujimoto Y, Croce CM (1987) Oncogene activation by chromosome translocation in human malignancy. Ann Rev Genet 21:321–345
86. Heilmann E, Schuckall A, Intorp H (1978) Ein Plasmozytom mit wechselnder Paraproteinaemie. Folia Haematol (Leipzig) 105:750–753
87. Heremans JF, Crabbe PA (1967) Immunohistochemical studies on exocrine IgA. In: Killander J (ed) Gammaglobulins. 3rd Nobel Symposium. Almquist & Wiksell, Stockholm, p 129
88. Hobbs JR (1969) Immunochemical classes of myelomatosis. Including data from a therapeutic trial conducted by a medical Research Council Working Party. Brit J Haematol 16:599
89. Hobbs JR (1969) Growth rate and response to treatment in human myelomatosis. Br J Haematol 16:607–617
90. Hopper JE, Haren JM, Kmiecik TE (1979) Evidence for shared idiotyp expressed by the IgM, IgG and IgA serum proteins of a patient with a complex multiple paraprotein disorders. J Immunol 122: 2000–2006
91. Huber H, Fudenberg HH (1968) Receptor sites of human monocytes for IgG. Int Arch Allergy 34:18
92. Huber H, Gattringer C, Thaler J, Peschel Ch (1985) Immunzytologische Diagnose von Leukämien und Lymphomen: Monoclonale Antikörper in der Differentialdiagnose hämatologischer Neoplasien. Behring Inst Mitt 78:83–117
93. Humphrey CA, Morris TCM (1989) The intimate relationship of myelofibrosis and myeloma: effect of therapy. Br J Haematol 73:269–278
94. Irvine WJ (1979) Basic immunology. In: Irvine JW (ed) Medical immunology. Teviot, Edinburgh, p 3
95. Irvine WJ (ed) (1979) Medical immunology. Teviot, Edinburgh
96. Jancelewicz Z, Takatsuki K, Sugai S, Pruzanski W (1975) IgD multiple myeloma: Review of 133 cases. Arch Intern Med 135:87–93
97. Joyner MV, Cassuto JP, Dujardin P, Schneider M, Ziegler G, Euller L, Masseyeff R (1979) Non-excretory multiple myeloma. Brit J Haematol 43:559
98. Kabat EA (1980) Origins of antibody complementarity and specificity – hypervariable regions and the minigene hypothesis. J Immunol 125:961
99. Kawano M, Hiram T, Matsuda T, Taga T, Horii Y, Iwato K, Asaoku H, Tang B, Tanabe O, Tasnka H, Kuramoto A, Kishimoto T (1988) Autocrine generation and essential requirement of BSF-2/IL-6 for human multiple myeloma. Nature 322:83
100. Kay NE, Burton J, Wagner D, Nelson DL (1988) The malignant B cells from B-chronic lymphocytic leukemia patients release TAC-soluble Interleukin-2 receptors. Blood 72:447–450
101. Kehrl JH, Muraguchi A, Goldsmith PK, Fauci AS (1985) The direct effects of Interleukin 1, Interleukin 2, Interferon-alpha, Interferon-gamma, B-cell growth factor, and a B-cell differentiation factor on resting and activated human B cells. Cell Immunol 96:38–48
102. Kelly JJ, Kyle RA, O'Brien PC, Dyck PJ (1979) The natural history of peripheral neuropathy in primary systemic amyloidosis. Ann Neurol 6:1
103. Kelly JJ, Kyle RA, Miles JM, Dyck PJ (1983) Osteosclerotic myeloma and peripheral neuropathy. Neurology 33:202–210
104. Khojasteh A, Haghshenass M, Haghighi P (1983) Current Concepts: Immunoproliferative Small Interstinal Disease: A "Third-World-Lesion". N Engl J Med 308:1401–1405

105. Kim I, Harley JB, Wksler B (1972) Multiple myeloma without initial paraproteins. Am J Med Sci 264:267–275
106. Kindler U (1965) Über das extraossale Plasmocytom. Deutsch Med Wschr 90:1043–1049
107. Kishimoto T (1985) Factors affecting B-cell growth and differentiation. Ann Rev Immunol 3:133–57
108. Kishimoto T (1987) B-Cell stimulatory factors (BSFs): Molecular structure, biological function an regulation of expression. J Clin Immunol 7:353
109. Kishimoto T, Hirano T (1988) Molecular regulation of B lymphocyte response. Ann Rev Immunol 6:485–512
110. Klein B, Zhang XG, Jourdan M, Content J, Houssiau F, Aarden L, Piechaczyk M, Bataille R (1989) Paracrine rather than autocrine regulation of myeloma-cell growth and differentiation by interleukin-6. Blood 73:517–526
110a. Klein J (1991) Immunologie (Schmidt RE, Hrsg.) VCH Verlagsgesellschaft, Weinheim
111. Knolle J, Meyer zum Bueschenfelde KH (1975) IgD-Plasmozytom. Übersicht über 102 Fälle der Literatur. Immun Infekt 3:125–134
112. Krueger RG, Fair DS, Kyle RA (1979) Monoclonal IgM, IgA and IgG in the serum of a single individual: immunofluorescence identification of cells producing the immunoglobulins. Eur J Immunol 9:602–606
113. Krueger RG, Hilton PM, Boehlecke JM, Kyle RA, Fair DS (1980) The cellular origin of multiple monoclonal immunoglobulins reflects the postulated pathways of isotype differentiation of antibody-forming cells. Cell Immunol 54:402–413
114. Kubagawa H, Vogler LB, Capra JD, Conrad ME, Lawton AR, Cooper MD (1979) Studies on the clonal origin of multiple myeloma. Use of individually specific (idiotype) antibodies to trace the oncogenic event to its earliest point of expression in B-cell differentiation. J Exp Med 150:792–807
115. Kunkel HG, Agnello V, Joslin FG, Winchester RJ, Capra JD (1973) Cross-idiotypic specificity among monoclonal IgM proteins with anti-gamma-globulin activity. J Exp Med 137:331
116. Kyle RA (1975) Multiple myeloma: Review of 869 cases. Mayo Clin Proc 50:29–40
117. Kyle RA (1978) Monoclonal gammopathy of undetermined significance, natural history in 241 cases. Am J Med 64:814
118. Kyle RA (1981) The Diverse Picture of Gamma Heavy-Chain Disease. Mayo Clin Proc 56:439
119. Kyle RA (1984) Benign Monoclonal Gammopathy. Jama 251:1849
120. Kyle RA, Elbeback LR (1976) The monoclonal gammopathies: Multiple Myeloma and Related Plasma-Cell Disorders. CHC Thomas, Springfield, Illinois
121. Kyle RA, Greipp PR (1980) Smouldering multiple myeloma. N Engl J Med 302:1347
122. Kyle RA, Maldonado JE, Bayrd Ed (1974) Plasma cell leukemia. Report on 17 cases. Arch Int Med 133:813
123. Latreille J, Barlogie B, Johnston DA, Drewinko B, Alexian R (1982) Ploidy and proliferative characteristics in monoclonal gammopathies. Blood 59:4351
124. Lennert K, Mohri N (1978) Histopathology and diagnosis of Non-Hodgkin's lymphomas. In: Lennert K (ed) Malignant lymphomas other than Hodgkin's disease. Springer, Berlin Heidelberg New York, p 111
125. Löffler H, Knopp A, Krecke HJ (1967) Fälle von multiplem Myelom (Plasmocytom) "ohne Paraprotein". Dtsch Med Wschr 12:226–229
126. Lopez AF, Sanderson CJ, Gamble JR, Campbell HD, Young IG, Vadas MA (1988) Recombinant human interleukin 5 is a selective activator of human eosinophil function. J Exp Med 167:219–224
127. Ludwig H (1982) Multiples Myelom: Diagnose, Klinik und Therapie. Springer-Verlag Berlin Heidelberg New York
127a. Ludwig H, Nachbaur DM, Krainer M, Fritz E, Huber H (1991) Interleukin-6 (IL-6) is a prognostic factor in multiple myeloma. Blood (im Druck).

128. Ludwig H, Vormittag W (1980) "Benign" monoclonal IgE gammopathy. Brit Med J 2:539–540
129. Lynch Rg (1986) Immunoglobulin-specific suppressor T cells. Adv Immunol 40:135
130. MacKenzie M, Fudenberg HH (1972) Macroglobulinemia: An analysis of forty patients. Blood 39:874
131. MacKenzie MR, Babcock J (1975) Studies of the hyperviscosity syndrome. II. Macroglobulinemia. J Lab Clin Med 85:227–234
132. Malynn BA, Blackwell TK, Fulop GM, Rathbun GA, Furley AJW, Ferrier P, Heinke LB, Phillips RA, Yancopoulos GD, Alt FW (1988) The scid defect affects the final step of the immunglobulin VDJ recombinase mechanism. Cell 54:453–460
133. Mancilla R, Davies GL (1977) Non-secretory multiple myeloma. Am J Med 63:1015-1022
134. McCarthy DM (1985) Fibrosis of the bone marrow: Content and causes. Br J Haematol 59:1–7
135. Merlini G, Waldenstroem JG, Jayaker SD (1980) A new improved clinical staging system for multiple myeloma based on analysis of 123 treated patients. Blood 55:1011–1019
136. Michaux JL, Heremans JF (1969) Thirty cases of monoclonal immunoglobulin disorders other than myeloma or macroglobulinemia. Am J Med 46:562
137. Micouin C, Seigneurin JM, Renversez JC, Broussel B, Favre M, Leroux D (1984) Monoclonal IgM with anti-muscle tissue activity in a patient with Waldenstroem's macroglobulinaemia: secretion of identical immunoglobulin by the established lymphoid cell line. Clin Exp Immunol 58:677–584
138. Migliore PJ, Alexanian R (1968) Monoclonal Gammopathy in Human Neoplasia. Cancer 21:1127
139. Milstein C (1986) From antibody structure to immunological diversification of immune response. Science 231:1261
140. Milstein C, Adetugbo K, Cowak NJ, Secher DS (1974) Clonal variants of myeloma cells. Prog Immunol 2:157
140a. Monaco S, Bonetti B, Ferrari S et al (1990) Complementmediated demyelination in patients with IgM monoclonal gammopathy and polyneuropathy. N Engl J Med 322:649-652
141. Montecucco C, Riccardi A, Ucci G, Danova M, Carnevale R, Caporali R, Longhi M, Luoni R (1986) Analysis of human myeloma cell population kinetic. Acta haemat 75:153–156
142. Morell A, Maurer W, Skvaril F. Barandun S (1978) Differentiation between benign and malignant monoclonal gammopathies by discriminant analysis on serum and bone marrow parameters. Acta haemat 60:129–136
143. MRC (Medical Research Council's working party for therapeutic trials in leukaemia) (1973) Report on the first myelomatosis trial. Part I: Analysis of presenting features of prognostic importance. Br J Haematol 24:123
144. MRC Report (1980b) Medical research council's working party on leukaemia in adults. Prognostic features in the third MRC myelomatosis trial. Brit J Cancer 42:831–840
145. MRC working party on leukaemia in adults (1984) Analysis and management of renal failure in fourth MRC myelomatosis trial. Brit Med J 288:1411–1416
146. Mueller-Eberhard HJ (1976) The serum complement system. In: Miescher PA, Mueller-Eberhard HJ (eds) Textbook of immunopathology, vol I. Grune & Stratton, New York San Francisco London, p 45
147. Nakanishi T, Sobue I, Toyokura Y, Nishitani H, Kuroiwa Y, Satoyoshi E, Tsubaki t, Igata A, Ozaki Y (1984) The crow-fukase syndrome: A study of 102 cases in Japan. Neurology 34:712–720
148. Nasser VH, Salem PA, Shahid MJ, Alami SY, Balikian JB, Salem AA, Nasrallah SM (1978) "Mediterranean abdominal lymphoma" or immunoproliferative small intestinal disease. Cancer 41:1340–1354

149. Noelle R, Krammer PH, Ohara J, Uhr JW, Vitetta ES (1984) Increased expression of la antigens on resting B cells. An additional role for B-cell growth factor. Proc Natl Acad Sci USA 81:6149–53
150. Nording PR, Potter M (1986) A macrophage-derived factor required by plasmacytomas for survival and proliferation in vitro. Science 233:566–69
151. Ohi T, Kyle RA, Dyck PJ (1985) Axonal attenuation and secondary segmental demyelination in myeloma neuropathies. Ann Neurol 17:255–261
151a. Omede P, Boccadoro M, Gallone G et al (1990) Multiple myeloma: increased circulating lymphocytes carrying plasma cell-associated antigens as an indicator of poor survival. Blood 76:1375–1379
152. Osserman EF (1959) Plasma-cell myeloma. II. Clinical aspects. N Engl J Med 261:952–960
153. Osserman EF, Takatsuki K (1964) Clinical and immunological studies of four cases of heavy (Hy2) chain disease. Am J Med 37:351
154. Peest D, Bartels B, Dallmann I, Schedl I, Deicher H (1986) Cytostatic drug sensitivity test for human multiple myeloma, measuring monoclonal immunglobulin produced by bone marrow cells in vitro. Cancer Chemother Pharmacol 17:69–74
155. Peterson PA, Cunningham BA, Berggard I, Edelman GM (1972) Beta-2-microglobulin a free immunoglobulin domain. Proc Natl Acad Sci USA 69:1697
156. Pileri A, Boccadoro M, Mandelli F, Amadori S (1981) Growth kinetics of minimal tumour masses: Implications for rational chemotherapy. Haematologica 66:545–553
157. Preud'Homme JL, Brouet JC, Seligmann (1976) Intracytoplasmatic and surface bound immunoglobulins in "non-secretory" and Bence Jones myeloma. Clin Exp Immunol 24:428
158. Pruzanski W, Ogryzlo MA (1977) Abnormal proteinuria in malignant diseases. Adv Clin Chem 13:335
159. Pruzanski W, Platts ME, Ogryzlo MA (1969) Leukemic form of immunocytic dyscrasia (plasma cell leukemia): a study of ten cases and a review of the literatur. Am J Med 47:60–74
160. Pruzanski W, Underdown B, Silver EH, Katz A (1974) Macroglobulinemia-myeloma double gammopathy: A study of four cases and a review of the literature. Am J Med 57:259–266
161. Queisser W, Hoelzer D, Queisser U (1973) Cytophotometrisch-autoradiographische Untersuchung der Zellproliferation bei paraproteinämischen Hämoblastosen mit leukämischen Blutbildveränderungen. Klin Wschr 51:230–234
162. Rabin EM, Ohara J, Paul EW (1985) B cell stimulatory factor (BSF)-1 activates resting B cells. Proc Natl Acad Sci USA 82:2935–2939
162a. Radaskiewicz T, Hansmann ML, Lennert K (1989) Monoclonality and polyclonality of plasma cells in Castleman's disease of plasma cell all variant. Histopathology 14:11–24
163. Rajewsky K (1978) Diversity and interactions in the immune system. Behring Inst Mitt 62:1
164. Rajewsky K, Foerster I, Cumano A (1987) Evolutionary and somatic selection of the antibody repertoire in the mouse. Science 238:1088
165. Rambaud JC, Galian A, Danon FG, Preud'Homme JL, Brandtzaeg P, Wasef M, Carrer ML, Mehaut MA, Voinchet OL, Perol RG, Chapman A (1983) Alpha-chain disease without qualitative serum IgA abnormality. Cancer 51:686–693
166. Raza A, Presiler HD, Mayers GL, Bankert R (1984) Rapid enumeration of S-phase cells by means of monoclonal antibodies. N Engl J Med 310:991
166a. Riccardi A, Ucci G, Luoni R et al (1990) Bone marrow biopsy in monoclonal gammopathies: correlations between pathological findings and clinical data. J Clin Pathol 43:469–475
166b. Reibnegger G, Krainer M, Herold M, Ludwig H, Wachter H, Huber H (1991) Predictive value of interleukin-6 and neopterin in patients with multiple myeloma. Cancer Res (im Druck)

167. River GL, Tewksbury DA, Fudenberg HH (1972) Nonsecretory multiple myeloma. Blood 40:204
168. Roberts-Thomson PJ, Mason DY, MacLennan ICM (1976) Relationship between paraprotein polymerization and clinical features in IgA myeloma. Brit J Haematol 33:117
169. Roitt IM (1980) Essential immunology, 4th edn. Blackwell, Oxford
170. Roitt IM, Cooke A, Male DK et al. (1981) Idiotypic networks and their possible exploitation for manipulation of the immune response. Lancet i:1041
171. Rondeau E, Solal-Celigny P, Dhermy D, Vroclans M, Brousse N, Bernard JF, Boivin P (1983) Immune disorders in agnogenic myeloid metaplasia: relations to myelofibrosis. Br J Haematol 543:467–475
172. Ruiz-Arguelles GJ, Katzmann JA, Greipp PR, Gonchoroff NJ, Garton JP, Kyle RA (1984) Multiple myeloma: Circulating lymphocytes that express plasma cell antigens. Blood 64:352–356
173. Russell JA, Powles RL (1978) The relationship between serum viscosity, hypervolaemia and clinical manifestations accociated with circulating paraprotein. Brit J. Haematol 39:163–175
174. Salem PA, Nassar VH, Shahid MJ, Hajj AA, Alami SY, Balikian JB, Salem AA (1977) "Mediterranean abdominal lymphoma", or immunoproliferative small intestinal disease. Cancer 44:2941–2947
175. Salmon SE (1973) Immunoglobulin synthesis and tumor kinetics of multiple myeloma. Semin Hematol 10:135
176. Salmon SE (1988) Plasma cell disorders. In: Wyngaarden JB, Smith LH (eds), Cecil Textbook of Medicine, 18th ed. WB Saunders Company Philadelphia London Toronto Montreal Sydney Tokyo, pp 1026
177. Saltman DL, Ross JA, Banks RE, Rose FM, Ford AM, Mackie MJ (1989) Molecular Evidence for a Single Clonal Origin in Biphenotypic Concomitant Chronic Lymphocytic Leukemia and Multiple Myeloma. Blood 74:2062–2065
178. Sanders JH, Fahey JL, Finegold I, Ein E, Reisfeld R, Berard C (1969) Multiple anomalous immunoglobulins: Clinical, structural and cellular studies in three patients. Am J Med 47:43–59
179. Scheithauer BW, Rubinstein LJ, Herman MM (1984) Leukoencephalopathy in Waldenstroem's macroglobulinemia. J Neuropathol Exp Neurol 43:408–425
180. Schubert GE (1974) Die Plasmocytomniere. Klin Wschr 52:771–780
181. Scully RE, Mark EJ, McNeely WF, McNeely BU (1987) Case records of the Massachusetts General Hospital. N Engl J Med 316:1259
182. Seligmann M, Mihaesco E, Preud'Homme JL, Danon F, Brouet JC (1979) Heavy chain diseases: Current findings and concepts. Immunological Rev 48:145
183. Silverstein MN (1975) Agnogenic myeloid metaplasia, Acton, Massachusetts; Publishing Sciences Group, 5 pp
184. Skvaril F, Morell A, Barandun S (1972) The IgG subclass distribution in 659 myeloma sera. Vox Sang 23:546–551
185. Solomon A (1982) Bence Jones proteins: malignant or benign? N Engl J Med 306:605–607
186. Stavem P, Froland SS, Haugen HF, Lislerud A (1976) Nonsecretory myelomatosis without intracellular immunoglobulin. Immunofluorescent and ultramicroscopic studies. Scand J Haematol 17:89–95
187. Sullivan PW, Salmon SE (1972) Kinetics of tumor growth and regression in IgG multiple myeloma. J Clin Invest 51:1697–1708
188. Sun NC, Fishkin BG, Nies KM, Glassy EF, Carpentier C (1979) Lymphoplasmacytic myeloma: An immunologic, immunohistochemical and electron microscopic study. Cancer 43:2268–2278
188a. Terstappen LW, Johnsen S, Segers-Nolten IM, Loken MR (1990) Identification and characterization of plasma cells in normal human bone marrow by high-resolution flow cytometry. Blood 76:1739-1747
189. Teshigawara K, Wang HM, Kato K, Smith KA (1987) Interleukin 2 high-affinity receptor expression requires two distinct binding proteins. J Exp Med 165:223–238

190. Thaler J, Dietze O, Denz H, Demuth R, Nachbaur D, Stauder R, Huber H (1991) Bone marrow diagnosis in lymphoproliferative disorders: comparison of results obtained from conventional histomorphology and immunohistology. Histopathology 18:495–504
191. Toma VA, Retief FP, Potgieter GM, Anderson JD (1980) Plasma cell leukaemia. Diagnostic problems in our experience with 11 cases. Acta Haematol 63:136–145
192. Tomasi TB, Czerwinsky DS (1968) The secretory IgA system. In: Good RA (ed) Birth defects. Original article series. The National Foundation, New York, p 270
193. Tonegawa S (1983) Somatic generation of antibody diversity. Nature 302:575
194. Trowbridge I (1987) Interleukin-2 receptor proteins. Nature 327:461–462
195. Turesson I (1975) Nucleolar size in benign and malignant plasma cell proliferation. Acta Med Scand 197:7–14
196. Turesson I, Grubb A (1978) Non-secretory or low secretory myeloma with intracellular kappa chains. Report of six cases and review of the literature. Acta Med Scand 204:445:451
197. Umadome H, Uchiyama T, Onishi R, Hori T, Uchino H, Nesumi N (1988) Leukemic cells from chronic T-lymphocytic leukemia patient proliferated in response to both Interleukin-2 and Interleukin-4 without prior stimulation and produce Interleukin-2 mRNA with stimulation. Blood 72:1177–1181
198. Vaerman JP, Johnson LB, Mandy W, Fudenberg HH (1965) Multiple myeloma with two paraprotein peaks: An instructive case. J Lab Clin Med 65:18
199. Van Camp BGK, Shuit HRE, Hijmans W, Radl J (1978) The cellular basis of double paraproteinemia in man. Clin Immunol Immunopathol 9:111–119
200. VanDamme J, Opdenakker G, Simpson RJ, Rubira MR; Cayphas S, Vink A, Billiau A, vanSnick J (1987) Identification of the human 26 kD protein, interferon beta-2 (IFN-β-2), as a B-cell hybridoma/plasmocytoma growth factor induced by interleukin and tumor necrosis factor. J Exp Med 165:914
201. Vercelli D, DiGuglielmo R, Guidi G, Scolari L, Buricchi L, Cozzolino F (1980) Bone marrow percentage of plasma cells in the staging of monoclonal gammopathies. Nouv Rev F Hematol 22:139–145
202. Verroust P, Morel-Maroger L, Preud'Homme JL (1982) Renal lesions in dysproteinemias. Springer Semin Immunopathol 5:333–356
203. Vital C, Deminiere C, Bourgouin B, Lagueny A, David B, Loiseau P (1985) Waldenstroem's macroglobulinemia and peripheral neuropathy: Deposition of M-component and kappa light chain in the endoneurium. Neurology 35:603–606
204. Vitetta ES, Brooks K, Chen YW, Isakson P, Jones S, Layton J, Mishra GC, Pure E, Weiss E, Word C, Yuan D, Tucker P, Uhr JW, Krammer PH (1984) T cell-derived lymphokines that induce IgM and IgG secretion in activated murine B cells. Immunol Rev 78:137–57
205. Vogel W, Schmalzl F, Schaefer HE (1981) Plasmazellenleukämie. Ein Beitrag zur Kasuistik. Acta Med Austriaca 8:202
206. Waldenstroem JG (1968) Monoclonal and polyclonal hypergammaglobulinemia. University Press, Cambridge
207. Waldenstroem JG, Raiend U (1984) Plasmapheresis and cold sensitivity of immunoglobulin molecules. Acta Med Scand 216:449–466
208. Waldenstroem JG, Adner A, Gydell K, Zettervall O (1978) Osteosclerotic "Plasmocytoma" with polyneuropathy, hypertrichosis and diabetes. Acad Med Scand 203:297–303
209. Waldmann TA (1987) Immunoglobulin and T-cell receptor genes and lymphocyte differentiation. In: The Molecular basis of blood diseases, Stamatoyannopoulos G, Nienhuis AW, Leder P., Majerus PW (eds) 1987. WB Saundes Company Philadelphia London Toronto Sydney Tokyo Hong Kong
210. Waldmann TA, Strober W (1969) Metabolism of immunoglobulins. Prog Allergy 13:1

211. Wearne AJ, Joshua DE, Brown RD, Kronenberg H (1987) Multiple myeloma: the relationship between CALLA (CD10) positive lymphocytes in the peripheral blood and light chain isotype suppression. Brit J Haematol 67:39–44
212. Wells R (1970) Syndromes of hyperviscosity. N Engl J Med 283:183
213. Wick G. Schwarz S, Foerster O, Peterlik M (1989). Immunsystem, Funktionelle Pathology. Gustaf-Fischer-Verlag
214. Wiltshaw E (1976) The natural history of extramedullary plasmocytoma and its relation to solitary myeloma of bone and myelomatosis. Medicine (Baltimore) 55:217
215. Woodruff RK, Malpas JS, Pacton AM, Lister TA (1978) Plasma cell leukemia (PCL): a report on 15 patients. Blood 52:839–845
216. Woodruff RK, Whittle JM, Malpas JS (1979) Solitary plasmocytoma. I: Extramedullary soft tissue plasmocytoma. II. Solitary plasmocytoma of bone. Cancer 43:2340–2344
217. Yamaguchi Y, Suda T, Suda J, Eguchi M, Miura Y, Harada N, Tominaga A, Takatsi K (1988) Purified interleukin 5 supports the terminal differentiation and proliferation of murine eosinophilic precursors. J Exp Med 167:43–56
218. Yamasaki K, Taga T, Hirata Y, Yawata H, Kawanishi Y, Seed B, Taniguchi T, Hirano T, Kishimoto T (1988) Cloning and expression of the human Interleukin-6 (BSF-2/IFN β-2) receptor. Science 241:825–828
219. Zalcberg JR, Cornell FN, Ireton JC, McGrath KM, McLachlan R, Woodruff RK, Wiley JS (1982) Chronic lymphatic leukaemia developing in a patient with multiple myeloma. Cancer 50:594–597
220. Zawadzki ZA (1978) Leukemic myelomatosis (Plasma cell leukemia). Am J Clin Pathol 70:605

Kapitel 12: Amyloidosen

H. Huber, D. Nachbaur, D. Pastner

Amyloidosen (A) sind Erkrankungen, die durch die Ablagerung charakteristischer fibrillärer Proteine gekennzeichnet sind. Es handelt sich um Zustände verschiedener Ätiologie mit unterschiedlichen klinischen Erscheinungen. Gemeinsam ist ihnen die β-Faltblattstruktur des pathologischen Gewebsmoleküls („β-Fibrillosen") mit Unlöslichkeit im physiologischen Milieu und charakteristischen morphologischen Befunden (s. Kap. 12.3). Unterschieden werden systemische und lokalisierte A.

Die Klassifikation der verschiedenen A berücksichtigt den biochemischen Aufbau des Amyloids und begleitende klinische Syndrome. Die verschiedenen *systemischen A* sind in Abb. 12.1 zusammengefaßt. Es handelt sich um „immunozytische" A mit Leichtkettenanteilen des Ig-Moleküls (AL), sekundäre A bei entzündlichen Erkrankungen mit klassischem Amyloidprotein (AA), A bei langdauernder Hämodialysebehandlung aus β_2-Mikroglobulin (A β_2M) und die verschiedenen Formen *hereditärer A* (AA

		Amyloid-protein
SYSTEMISCH NICHT-HEREDITÄR	Primär und Myelomassoziiert („immunozytisch")	AL
	sekundär	AA
	Langzeithämodialyse	AH
SYSTEMISCH HEREDITÄR	Familiäres Mittelmeerfieber (FMF)	AA
	Familiäre Amyloidpolyneuropathie (FAP)	$AF_{transthyretin}$
	Senile Amyloidose	AS[a)]

Abb. 12.1. Klinische und biochemische Klassifizierung systemischer Amyloidosen [4, 5, 23]

[a)] im Herzen 2 Formen: Transthyretin und natriuretisches Peptid, im Gehirn: β-Protein (A_4) der Alzheimer Erkrankung

beim familiären Mittelmeerfieber, verschiedene Präalbumin-Varianten bei den meisten anderen Formen). Eine detaillierte Übersicht zur Biochemie findet sich bei Husby u. Sletten [16] und Castaño u. Frangione [4].

Die Symptome der Erkrankung resultieren aus Art, Menge und Lokalisation des abgelagerten Amyloids.

Histopathologisch erscheinen Amyloide als homogene eosinophile Ablagerungen. Sie binden Kongorot und stellen sich dann im Fluoreszenzmikroskop als apfelgrüne Einlagerungen dar, polarisationsoptisch mit charakteristischer Doppelbrechung. Neben dem Hauptanteil mit β-Faltblattstruktur, eines Faserproteins, das bei Säugern sonst nicht vorkommt und in der Struktur Seide ähnelt, findet sich zusätzlich – bis auf seltene Ausnahmen – eine *P-Komponente,* ein Glykoprotein mit Verwandtschaft zum C-reaktiven Protein [26].

12.1 Biochemie

Die A sind die einzigen Krankheitsgruppen, deren Manifestationen sich auf eine charakteristische Eiweißkonfiguration, die β-Faltblattstruktur, zurückführen lassen („β-Fibrillosen"). Den Ablagerungen liegen verschiedene pathogenetische Mechanismen zugrunde [2, 4, 5a, 12, 16]. Zirkulierende Präkursoren sind für die meisten A charakteristisch: z. B. L-Ketten bei primären A, Serum-AA-Protein (SAA) bei sekundären A und bei familiärem Mittelmeerfieber, Transthyretinvarianten bei manchen familiären A (Tabelle 12.1). Transthyretin entspricht dem thyroxinbindenden Präalbumin (TBPA).

Bei A-Ablagerungen kann entweder das Vorläuferprotein vermehrt gebildet (z. B. β_2M), pathologische Vorläufermoleküle mit erhöhter Tendenz zur Amyloidbildung synthetisiert (z. B. pathologische L-Ketten) oder das Vorläufermolekül auf eine Weise prozessiert werden, daß es unter physiologischen Bedingungen unlöslich bzw. nicht abbaubar ist. Da nur eine kleine Patientengruppe zu Amyloidablagerungen neigt, wird ein inkompletter Abbau (von SAA) durch eine genetische Störung der Makrophagenfunktion diskutiert [4, 12]. Ein „Amyloid enhancing factor" (AEF), wahrscheinlich ein Zytokin, dürfte zur beschleunigten Bildung von AA und möglicherweise anderer Amyloide beitragen [5]. Bei familiären Amyloidosen fördert die Substitution einer einzigen Aminosäure von Transthyretin die Amyloidablagerung (AF) (siehe 12.4.4).

P-Komponente: Neben den charakteristischen Fibrillen enthalten die meisten A. eine P-Komponente. Diese P-Komponente (AP) wandert elektrophoretisch als α-Globulin. Es ist immunologisch ident mit einem Bestandteil des normalen Plasma (SAP). Es ist dem CRP verwandt; letzteres hat jedoch nur die Hälfte des Molekulargewichtes von AP. AP kann als Marker für Amyloid verwendet werden (Übersicht bei [5]).

12.1.1 Amyloid L

Das wichtigste Protein der A bei Gammopathien (Gp) und auch mancher lokalisierter Amyloide stellen inkomplette leichte Ig-Ketten (Bence-Jones-Proteine) dar (Tabelle 12.1). AL besteht z. T. aus intakten L-Ketten wie

Tabelle 12.1. Einteilung der Amyloidosen (nach [2, 4])

Bezeichnung	Hauptkomponente	Ausgangsmaterial	Grund- (bzw. assoziierte) Erkrankung	Klinik
1. Erworbene systemische Amyloidosen	AL	Ig-Leichtketten oder Fragmente	Monoklonale Gammopathien	
a) primäre A				idiop. Paraproteinämie, MM, extramed. Plasmozytom, NHL
b) bei MM oder anderen paraproteinämischen Hämoblastosen				
c) Langzeithämodialyse	AH	β_2-Mikroglobulin	Dialysepflichtige Nierenerkrankung	Karpaltunnelsyndrom, Ablag. in Knochen und Synovia
2. Sekundäre („reaktive") Amyloidosen	AA	SAA (s. Abb. 12.1)	chron. entzündl. Erkr. (bzw. Tumore PCP, Tbc, Bronchiektasen, Osteomyelitis, M. Hodgkin, Hypernephrom	reaktiv systemische A
3. Organlimitierte Amyloidosen				
a) A endokriner Organe	AE	Procalcitonin, Proinsulin	medull. Schilddrüsen-Ca, Insulinom	
b) senile Amyloidosen				
Herz	AS	Transthyretin u. Natriuret. Peptid (var.)	Alterserkrankung	manche senile Kardiomyopathien
Gehirn	AS^{cl}	β-Protein		senile Demenz DM Typ II
c) zerebrale Amyloidosen	β-Protein	β-Protein	Alzheimer-Erkr., Down-Syndrom u. a.	präsenile Demenz, intrazerebrale Blutungen ect.

Tabelle 12.1. Fortsetzung

Bezeichnung	Hauptkomponente	Ausgangsmaterial	Grund- (bzw. assoziierte) Erkrankung	Klinik
d) fokale Amyloidosen Haut, Auge, Larynx, Blase u. a.	unterschiedlich	?	in manchen Fällen monoclonale Gammopathie	Lichen amyloidosus maculäre, noduläre, papuläre Formen; manche Lidtumoren, Amyloid der Skleren, der Konjunktiva u. a.
4. Hereditäre Amyloidose (Auswahl)				
Familiäre Amyloidpolyneuropathie (FAP)	$AF_{transthyretin}$	Präalbuminvarianten (s. Abb. 12.1)	autosomal dominant	gen. A mit Polyneuropathie
familiäres Mittelmeerfieber (FMF)	AA	SAA	autosomal rezessiv	gen. A (ähnl. sek. A)
hered. zerebrale hämorrhagische Amyloidose	AF	Cystatin C (Island-Typ) β-Protein (Niederländer-Typ)	autosomal dominant	intrazerebraler Gefäßbefall mit Hirnblutung

auch aminoterminalen Fragmenten verschiedener Länge dieser Moleküle; die gesamte V-Region ist meist vorhanden [2, 4, 5, 12, 16, 17, 19, 24]. Das Molekulargewicht beträgt bis 23 kd. λ-Ketten sind häufig als κ-Ketten an der Amyloidbildung beteiligt (Verhältnis etwa 2 : 1).

12.1.2 Amyloid A

AA stellt ein proteolytisches Produkt des auch im normalen Serum vorkommenden Serum AA-Proteins (SAA) dar. Das Monomer hat ein Molekulargewicht von 12,5 kd. Es zirkuliert als ein Molekül von 220–235 kd, wobei es vor allem an Lipoproteine (HDL_3) gebunden ist (HDL-SAA).

Es verhält sich als Akutphasenprotein, das, in der Leber gebildet, bei inflammatorischen Prozessen rasch ansteigt. Die SAA-Synthese kann durch Interleukine stimuliert werden [29]. Die Konzentration von SAA ist dem C-reaktiven Protein in etwa korreliert [23].

Tabelle 12.2. Klassifizierung und klinische Zustände bei 132 Patienten mit Amyloidose (nach [1])

Amyloid Protein	assoziierte Erkrankung	Anzahl der Fälle	
AA	reaktiv, systemisch		76
	rheumatoide Arthritis	47	
	Spondylitis ankhylopoetica	6	
	juvenile chron. Arthritis	2	
	Lungentuberkulose	8	
	chron. Osteomyelitis	3	
	Bronchiektasien	2	
	M. Crohn	3	
	M. Hodgkin	2	
	Hypernephrom	1	
	Schlafmittelabusus	1	
	SLE	1	
AL	primär		25
AL	„Immunozytisch“		24
	Multiples Myelom	17	
	monoklonale Gp	4	
	M. Waldenström	3	
AL	organlimitiert		7
	Urogenitaltrakt	5	
	Respirationstrakt	2	
	Total		132

Das Vorkommen einer Amyloidose dieses Typs ist in Tabelle 12.2 zusammengefaßt. Es handelt sich um chronische Entzündungserkrankungen, meist auf nichtinfektiöser Basis. Nach diesen Daten einer Amyloidklinik [1] und anderen Zusammenfassungen [2] wird AA insbesondere bei rheumatoider Arthritis (einschließlich der juvenilen Form), bei anderen inflammatorischen Gelenkerkrankungen, bei chronisch-entzündlichen Darmerkrankungen, bei Narkotikaabusus sowie bestimmten Tumoren (vor allem Hodgkin-Erkrankung, Nieren- und Magenkarzinome) sowie hereditär beim familiären Mittelmeerfieber gefunden.

12.1.3 Hämodialyse-assoziiertes Amyloid

Dieses A besteht aus Mono- und Dimeren von β_2-Mikroglobulin [8, 13]. Dieses 11,8 kd-Protein des MHC (Klasse I) akkumuliert bei chronischen Nierenkrankheiten im Serum (und wird durch manche Dialysemembranen nicht eliminiert). Es resultieren Ablagerungen des kompletten Moleküls mit Amyloidumscheidungen vor allem der Nn. ulnaris und medianus.

12.1.4 Familiäre Amyloidosen

Es handelt sich um eine Gruppe genetisch determinierter Amyloidosen mit charakteristischer klinischer Symptomatik (neuropathische und nichtneuropathische Formen; [2]). Beim familiären Mittelmeerfieber entspricht das Amyloid AA, bei verschiedenen anderen Formen Präalbumin mit isolierten Aminosäuresubstitutionen (Abb. 12.1).

12.1.5 Senile Amyloide

Nach der Lokalisation wird ein seniles kardiales Amyloid und ein solches in Pankreas oder Gehirn unterschieden. Die Aminosäuresequenzen können im Herzen homolog dem Transthyretin oder dem atrialen natriuretischen Peptid sein (Abbildung 12.1). Zerebrale A im Rahmen der Alzheimer-Erkrankung, des Down-Syndroms, mancher hereditärer zerebraler A („Dutchtype") und altersassoziierte zerebrale Amyloidosen sind durch die Einlagerungen eines „ß-Proteins" charakterisiert [4, 5a].

12.1.6 Amyloide endokriner Organe

Beim medullärem Schilddrüsenkarzinom ist das fibrilläre Protein dem Thyreocalcitonin nahe verwandt. Eine weitere Amyloidform zeigt Beziehungen zu Pro-Insulin. Es findet sich bei Inselzelltumoren und auch bei Altersdiabetikern [2, 12, 16].

12.2 Häufigkeit und Vorkommen

Die Häufigkeitsverteilung der einzelnen A in einem großen Krankengut mit hämatologischem Schwerpunkt geht aus Tabelle 12.3 hervor. „Primäre" A stehen mit 56% an erster Stelle, solche im Rahmen paraproteinämischer

Tabelle 12.3. Häufigkeitsverteilung der einzelnen Amyloidformen (zu den Abkürzungen s. Tabelle 12.1) (Daten von [18])

Erkrankung	Amyloidform (n = 236)	Häufigkeit (%)
1. Primäre Amyloidose	AL	56
2. Amyloidose im Rahmen von paraproteinämischen Hämoblastosen	AL	26
3. Reaktive systemische Amyloidose im Rahmen chronisch-entzündlicher Erkrankungen (z. B. PCP, Osteomyelitis u. a.)	AA	8
4. Organlimitierte Amyloidose	AL	9
5. Familiäre Amyloidose	AA, A_{TBPA} u. a.	1

Hämoblastosen (meist Myelome) machen 20 bis über 25% der Fälle aus [4, 17, 18].

Reaktive A stehen demgegenüber im Patientengut einer großen Amyloidklinik im Vordergrund (Tabelle 12.2). Rheumatologen, Allgemeinmediziner und Nephrologen waren in dieser Studie die hauptsächlich zuweisenden Ärzte, die Grundkrankheiten dieser Patienten finden sich in Tabelle 12.2.

Über die Häufigkeit von A in einem internistischen Krankengut liegen unterschiedliche Angaben vor. 6–15% der Multiplen Myelome (20–25% der Leichtkettenmyelome) gehen mit einer A einher. Langzeitbestrahlungen bei rheumatoider Arthritis zeigen A in 5–7% der Patienten [2]. Bei juveniler rheumatoider Arthritis variiert der Anteil in verschiedenen Ländern (0,14% in USA, bis 10% in Polen; [2]).

Die Alzheimer-Erkrankung ist die bei weitem häufigste A (mehr als 5% der Population über 65 Jahren sind betroffen; [4]).

Die sporadische Amyloidangiopathie des Gehirns soll für 5–10% aller Schlaganfälle verantwortlich sein (zur immunzytochemischen Aufarbeitung solcher A s. [6]).

Die Inzidenz der senilen kardialen A wird mit 2%, in hohem Alter bis 50% angegeben. Klinisch signifikante kardiale Amyloidablagerungen dürften jedoch selten sein [2].

Familiäre Amyloidosen kommen vor allem in Nordafrika, im nahen Osten (Armenier, sephardische Juden und Araber) und dem Mittelmeerbereich (Portugal) vor [2, 32]. Einzelfälle, vor allem „neuropathische“ A wurden auch in anderen Ländern (z. B. Japan, Deutschland, Schweiz und Schweden) gesehen.

12.3 Nachweis von Amyloidablagerungen

12.3.1 Biopsiematerial

Der Nachweis einer A erfolgt aus Biopsiematerial, das histochemisch und/oder elektronenoptisch aufgearbeitet wird. Da viele A im Rahmen von Gammopathien auftreten, zählt auch eine sorgfältige immunologische Untersuchung auf M-Gradienten im Serum und Harn zum obigen diagnostischen Vorgehen.

Bei Rektumbiopsien werden positive Ergebnisse in 60–89% gefunden [2, 9, 18]. Zu beachten ist, daß genügend submuköses Gewebe gewonnen wird, da die Ablagerungen hier am ausgeprägtesten sind. Die subkutane Fettaspiration bringt Kongorot-positives Material in 90–95% der AL-Erkrankungen und bei 2/3 der AA-Fälle [2, 11]. Im Knochenmark sollten positive Ergebnisse in 40 bis über 60% gefunden werden [2, 11]. Operativ gewonnenes Material aus dem Karpaltunnel ist bei klinischem Befall in über 90% positiv. Nierenbiopsien sind bei Patienten mit Proteinurie in über 90% positiv. Leberbiopsien bringen ebenfalls eine hohe Ausbeute, aber wegen der Gefahr von Kapseleinrissen und/oder Blutungen sollten auch Feinnadelbiopsien nur unter strenger Indikationsstellung durchgeführt werden.

12.3.2 Histochemischer und elektronenmikroskopischer Nachweis

Der histochemische Nachweis beruht auf der Fähigkeit von Amyloid, Kongorot zu binden. Die Anfärbung ist nicht spezifisch, und auch Kollagen und elastische Fasern können diesen Farbstoff binden. Charakteristisch für Amyloid ist jedoch die Doppelbrechung im Polarisationsmikroskop, welche auf die fibrilläre Struktur zurückzuführen ist. Elektronenmikroskopisch besteht Amyloid aus langgestreckten, gefalteten Fibrillen, wobei mehr als 95% des Amyloids aus diesen charakteristischen Fasern besteht.

Bei der Auswertung der Biopsien ist zu beachten, daß ein negativer histochemischer Befund die Erkrankung keineswegs ausschließt. Der elektronenmikroskopische Nachweis gilt als der empfindlichste.

Zur Untersuchung von AL und AA trägt die unterschiedliche Empfindlichkeit gegen Kaliumpermanganatbehandlung bei (AL ist resistent, die Kongorotfärbbarkeit von AA dagegen sensitiv; [33]). Durch diese Vorbehandlung können die beiden Formen in etwa 2/3 der Fälle unterschieden werden.

Spezifischer ist die Charakterisierung der Amyloidablagerungen mit Antikörpern gegen die verschiedenen Proteine. AL, AA, β_2-Mikroglobulin und prä-Albumin können im Prinzip durch Reaktion mit den entsprechenden Antikörpern in der Immunperoxidase oder der Immunfluoreszenz nachgewiesen werden. Die Gefahr unspezifischer Färbungen erfordert entsprechende Kontrollen.

12.3.3 Immunologische Befunde

Der Nachweis eines monoklonalen Proteins im Serum und/oder Harn gelingt bei der Mehrzahl der Patienten mit klinisch wichtigen A vom AL-Typ. Meist ist der M-Gradient niedrig und vielfach nur durch sehr sorgfältige Untersuchungen nachweisbar. Elektrophoretisch wird ein M-Gradient in Serum oder Harn in 30 bis über 50% erfaßt, durch Immunelektrophorese/Immunfixation wird dieser Anteil auf 45 bis etwa 90% gesteigert [9, 14]. Häufig handelt es sich um freie Leichtketten. 5–15% der Patienten mit Amyloid vom AL-Typ zeigen keinen M-Gradienten [2].

Die Häufigkeit eines positiven Nachweises in Serum und/oder Harn war von der Sorgfalt der Suche nach einem M-Gradienten abhängig. In manchen Auswertungen waren solche in über 90% nachweisbar [17, 28]. Bei einem Teil ist das Molekulargewicht der L-Ketten so niedrig, daß sie schon beim Einengen des Harnes mit üblichen Siebgrößen verlorengehen können. Ein negatives Ergebnis der immunologischen Untersuchungen schließt selbstverständlich eine primäre A nicht aus.

M-Gradienten bei anderen Amyloidformen. Bei sekundären systemischen A sind M-Gradienten in der Regel nicht nachweisbar. Ähnliches gilt für familiäre und Altersamyloidosen. Nicht ungewöhnlich ist der AL-Typ bei lokalisierten Amyloidosen, M-Gradienten in Serum und Harn fehlen jedoch häufig.

Erniedrigung der Immunglobuline im Serum. Sie finden sich bei einem Drittel der Patienten [9]. Beim Zustandekommen sind einerseits die Suppression der normalen Ig-Synthese durch den abnormen Plasmazellklon und andererseits die häufigen Eiweißverlustsyndrome (vor allem Proteinure) beteiligt.

12.4 Diagnose und Krankheitsverlauf der Amyloidosen

12.4.1 Primäre Amyloidosen und Amyloidosen im Rahmen von monoklonalen Gammopathien

Im klinischen Erscheinungsbild und den Ergebnissen der Laboratoriumsbefunde ähneln sich die primären A und jene im Rahmen paraproteinämischer Hämoblastosen in vieler Hinsicht. Betroffene Personen zeigen nephrotische Syndrome (32%), kongestive Herzinsuffizienz (23%), orthostatische Hypotonien (14%), Karpaltunnelsyndrome (24%) oder periphere Neuropathien (17%). Andere wichtige Lokalisationen sind die Milz (mit funktionellem Hyposplenismus in 24% der Fälle, [10], Leber [9], Lymphknoten und Haut. Patienten mit manifester A bei multiplem Myelom unterscheiden sich klinisch nicht wesentlich vom Patienten mit primärer A [9].

Die überwiegende Mehrzahl von A im Rahmen paraproteinämischer Hämoblastosen betrifft das multiple Myelom. Beim M. Waldenström und offensichtlich auch anderen Immunozytomen liegen nur wenige gut dokumentierte Berichte über A vor (bei diesen Erkrankungen sind Bence-Jones-Proteinämien und -urien bekanntlich wesentlich seltener).

Einzelberichte über A finden sich bei anderen Non-Hodgkin-Lymphomen oder auch angioimmunoblastischer Lymphadenopathie [12].

12.4.1.1 Laboratoriumsbefunde (Tabelle 12.4)

Anämien sind ungewöhnlich, leichte Erniedrigungen des Hb (10–12 g/dl) finden sich bei knapp 1/3 der Patienten. Das weiße Blutbild zeigt keine charakteristischen Veränderungen, Leukopenien (<4 G/l finden sich bei unter 10% der Patienten). Thrombozytosen sind nicht selten (bei Hyposplenismus in 77% über 300 G/l; [10]).

Zur Erfassung einer Milzfunktionsstörung als Ursache der Thrombozytose ist die Suche nach Howell-Jollykörperchen wertvoll. Zumindest 5 dieser Körperchen in einem Blutausstrich wurden als Hinweis für einen funktionellen Hyposplenismus angesehen.

Leberfunktionsproben. Erhöhungen der alkalischen Phosphatase finden sich bei knapp der Hälfte der Patienten. Zur Erfassung einer hepatischen A trägt diese Enzymbestimmung am ehesten bei [9]. Allerdings finden sich bei 32% der Patienten mit gesicherter Leberbeteiligung (bei 30% der Patienten mit Hepatomegalie) normale Werte. Transaminaseerhöhungen sind wenig charakteristisch, während Bilirubinerhöhungen meist auf einen fortgeschrittenen Leberbefall hinweisen. Ein Ikterus ist Zeichen eines Spätstadiums.

Nierenfunktion und Elektrolyte. Proteinurien finden sich bei etwa 90% der Patienten. Bei einem Drittel der Patienten besteht ein nephrotisches Syndrom. Unter den Serumelektrolyten ist das Kalzium häufiger erniedrigt als erhöht, ersteres vor allem bei nephrotischen Syndromen wegen der Hypalbuminämie (Serumalbumin unter 3 g/dl in 76% der Patienten). Kreatininerhöhungen sind – vor allem in Spätstadien – häufig.

Bei der Auswertung von Prognosefaktoren wurden jene Parameter definiert, die das Überleben im ersten Jahr nach Diagnosestellung und später charakterisieren. Für die längerfristige Prognose (Überleben >1 Jahr) waren vor allem eine Kreatininerhöhung (>2 mg/dl), das Vorliegen eines multiplen Myeloms, orthostatische Hypotonien oder das Vorhandensein eines M-Gradienten im Harn ungünstig [21]. Ein Ansprechen auf Melphalan/Prednisolon fand sich in 18% von 153 Patienten mit primärer A ([10a]). Bei Patienten mit nephrotischem Syndrom, normalem Serumkreatinin und fehlender cardialer Beteili-

Tabelle 12.4. Laborbefunde bei primärer Amyloidose (A) und Amyloidosen im Rahmen paraproteinämischer Hämoblastosen zur Zeit der Diagnosestellung (nach [18]). Zur Häufigkeit von M-Gradienten in Harn und/oder Serum wurden neben eigenen Ergebnissen die Literaturberichte, insbesondere von Osserman [25] und von Pruzanski u. Katz [28] mitberücksichtigt

	Primäre A (% der Patienten)	A im Rahmen paraproteinämischer Hämoblastosen (% der Patienten)
Immunologische Befunde		
M-Gradient im Serum oder Harn	58[a]–>90	>90
Bence-Jones-Protein	18[a]–>90	70[a]–>90
Hypogammaglobulinämie	25	35
Nierenfunktion und Elektrolyte		
Proteinurie	90	98
Nephrotisches Syndrom	32	11
Kreatininerhöhung	51	44
Kalzium i. S. >2,5 mmol/l	4	33
Hämatologische Befunde		
Hämoglobin <12 g/dl	29	52
Leukopenie <4 G/l	3	7
Thrombozyten <100 G/l	4	16
>300 G/l	34	18
Plasmazellen im Knochenmark >15%	0	52
Leberparameter		
Alkalische Phosphatase erhöht	49	41
GOT erhöht	38	46
Direktes Bilirubin erhöht	9	8
Indirektes Bilirubin erhöht	5	12
Albumin i. S. <3 g/dl	76	69

[a] Die niedrigen Werte stammen aus der Patientengruppe von Kyle u. Bayrd [18], bei der nur zu einem Teil detailliertere immunologische Untersuchungen, insbesondere Harnimmunelektrophoresen durchgeführt wurden.

gung im Echocardiogramm lag die Ansprechrate bei 39%. Die mediane Überlebensdauer dieser 27 Patienten mit Ansprechen auf die Therapie lag bei 89 gegenüber 15 Monaten ohne Therapieerfolg.

Gerinnungsuntersuchungen. Blutungsneigungen bestanden in einer Studie bei etwa 40% der Patienten [34], diese waren in 6% schwer und in 3% letal. Der häufigste pathologische Gerinnungstest ist die Thrombinzeit [3], oft von einer verlängerten Reptilasezeit begleitet. Zwischen der Verlängerung der Thrombinzeit und klinischen Blutungszeichen besteht keine engere Korrelation [9].

Multiple Hämostasedefekte, inkl. Hypofibrinogenämien mit und ohne gesteigerte Fibrinolyse [22] und ein Mangel an Faktor X [3, 9, 15, 34] werden nicht selten gefunden.

Knochenmark. Definitionsgemäß wird bei einer Plasmazellzahl unter 10% von einer primären A gesprochen. Bei höheren Werten stellt sich die Differentialdiagnose eines multiplen Myeloms. Über 20% Plasmazellen im Knochenmark oder Plasmazellnester schließen eine primäre A aus ([10a]). Etwa 1/4 der Fälle von AL treten im Verlauf von Myelomen auf [1, 4]. Der Krankheitsverlauf primärer A und solcher im Rahmen paraproteinämischer A ist jedoch – mit seltenen Ausnahmen – sehr ähnlich [1, 9 u.a.].

12.4.1.2 Krankheitsverlauf

Das im Vordergrund stehende klinische Erscheinungsbild zur Zeit der Diagnose findet sich in Tabelle 12.5. Nephrotische Syndrome, Karpaltunnelsyndrome, kongestive Kardiomyopathie und periphere Neuropathien stehen meist im Vordergrund. Die mittlere Überlebensdauer vom Beschwerdebeginn an liegt bei 1 Jahr [10a, 14, 21] oder darunter [1]. Besonders ungünstig ist die Prognose bei der Mehrzahl der Patienten mit kardialer Insuffizienz (6 Monate, häufig Kardiomegalie) oder orthostatischer Hypotonie (9 Monate), weit günstiger bei Karpaltunnelsyndromen und peripherer Neuropathie (2 1/2 Jahre) sowie bei Patienten mit Ansprechen auf Melphalan/Prednisolon ([10a], siehe 12.4.1.1). Ungünstig ist auch meist die Lebenserwartung bei hepatischer A (medianes Überleben 9 Monate; [9]). Multivarianzanalysen zur Prognose finden sich bei Kyle et al. [21].

Bei postmortalen Untersuchungen (28 Fälle) waren in 43% der kardiale, in 32% der hepatische, in 18% der gastrointestinale und in 7% der hepatische Befall Todesursache [1].

Tabelle 12.5. Klinische Symptome zum Zeitpunkt der Diagnosestellung (nach [14])

	Fälle (%)
Nephrotisches Syndrom	73 (32)
kongestive Kardiomyopathie	52 (23)
orthostatische Hypotension	31 (14)
Karpaltunnelsyndrom	56 (24)
periphere Neuropathie	40 (17)

12.4.2 Reaktive systemische Amyloidosen

Niere, Leber, Herz und Milz sind am häufigsten ergriffen. Weitere Lokalisationen sind Gastrointestinaltrakt, Nebenniere, Pankreas, Schilddrüse, Lunge und peripheres Nervensystem [1, 2, 24].

Diese Amyloidoseform findet sich bei rheumatoider Arthritis, bei anderen Erkrankungen des rheumatischen Formenkreises, bei Osteomyelitis, selten bei Tuberkulose, Bronchiektasen, Ileitis terminalis und Colitis ulcerosa (Tabelle 12.2). Tumorerkrankungen, die mit A einhergehen können, sind vor allem der M. Hodgkin und das Nierenzellkarzinom [1, 2, 7, 12, 18, 27].

12.4.2.1 Krankheitsverlauf

Proteinurien waren in einer großen Auswertungsserie (76 Fälle; [1]) häufigste Krankheitsmanifestation (57%). Eine Niereninsuffizienz (8%), gastrointestinale oder hepatische Beschwerden (5 bzw. 4%) weitere häufige Symptome. Die mittlere Überlebensdauer des AA-Typs ist meist günstiger als beim AL-Typ (Abb. 12.2).

16% der Patienten überlebten zumindest 5 Jahre. Serum-Kreatinin und Proteinausscheidung im Harn korrelierten in ihrer Höhe mit dem Ausmaß der Amyloidablagerungen in den Glomerula [1]. Trotz häufiger Infiltration von Herz und verschiedenen endokrinen Organen war die Funktionsstörung in diesem Bereich meist gering, Kardiomegalien waren ungewöhnlich. Bei postmortalen Untersuchungen (37 Fälle) war ein Befall der Niere in 73%, der Leber in 2% und – in deutlichem Unterschied zum AL-Typ (s. Kap. 12.4.1.2) des Herzens in keinem Fall Todesursache [1].

Beim familiären mediterranen Fieber sind Niereninsuffizienzen Ursache früher Todesfälle [4, 30, 32]. Langzeitbehandlungen mit Colchicin können dieser Entwicklung vorbeugen [35].

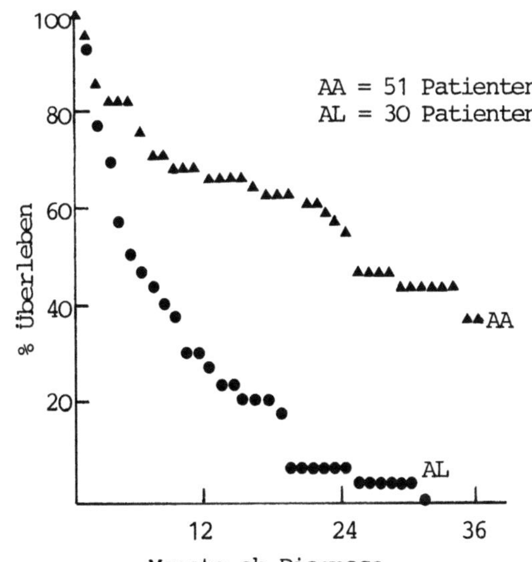

Abb. 12.2. Kumulative Überlebensdauer von Patienten mit A (AA gegenüber AL-Typ), Lifetable-Auswertung von Browning et al. [1]

12.4.3 Organlimitierte Amyloidosen

Einige Amyloidformen können sich als lokalisiertes Amyloid manifestieren (Tabelle 12.1). Lokalisierte Amyloidablagerungen sind nicht selten vom AL-Typ. Bei Patienten mit Amyloidablagerung im Respirations- oder Harntrakt und manchen kutanen A (ausgenommen Lichen amyloidosus) sollte an eine Erkrankung der Plasmazellreihe gedacht werden.

Im Respirationstrakt handelt es sich in erster Linie um einen Befall des Larynx, der Lunge, um einzelne oder multiple Tumorbildungen („Amyloidome"). In der Harnblase kann es zu ausgedehnten Pseudotumoren kommen. Seltenere Lokalisationen sind Lymphknoten oder das Knochenmark. Konjunktivale Ablagerungen sind dagegen häufiger. Als Ursache lokaler Amyloidtumoren muß auch an das Vorliegen eines extramedullären Plasmozytoms gedacht werden [12, 31]. Organlimitierte A sind meist benigne Zustände [1].

Zu den zerebralen A s. [2, 4].

12.4.4 Hereditäre familiäre Amyloidosen

Das familiäre Mittelmeerfieber ähnelt nach Lokalisation und Biochemie der Amyloidablagerungen den reaktiven A (Amyloid A entsprechend einem Apolipoprotein [2, 4, 10a, 12, 32]). Unter den neuropathischen Formen konnte z. B. das Amyloid der portugiesischen familiären A biochemisch und immunologisch als Transthyretinvariante charakterisiert werden (s. Tabelle 12.1 und Abb. 12.1).

Bei dieser Form der Amyloidose (Typ I der familiären Amyloidpolyneuropathie) findet sich in Position 30 der Aminosäuresequenz Methionin stattt Valin. Die Mutation bestimmt das Krankheitsgeschehen, doch sind weitere Untersuchungen über die Beziehung der Mutation zur Amyloidablagerung erforderlich.

Literatur

1. Browning MJ, Banks RA, Tribe CR, Hollingworth P, Kingswood C, Mackenzie C, Bacon A (1985) Ten year's experience of an amyloid clinic-A clinicopathological survey. Quart J Med 215:213–227
2. Buxbaum IN (1988) "The Amyloid Diseases". In: Wyngaarden JB, Smith LH (ed) Cecil Textbook of Medicine. Saunders Philadelpia
3. Camoriano JK, Greipp PR, Bayer GK, Bowie EJW (1987) Resolution of acquired factor X deficiency and amyloidosis with melphalan and prednisone therapy. N Engl J Med 316:1133–1135
4. Castaño EM, Frangione B (1988) Human amyloidosis, Alzheimer disease and related disorders. Lab Invest 58:122–132
5. Cohen AS (1991) Amyloidosis. Harrison: Principles of internal medicine, 12th edn, vol 2. McGraw-Hill, New York, 1417

5a. Cohen AS, Skinner M (1990) New frontiers in the study of amyloidosis. New Engl J Med 323:542-543

6. Coria F, Castano E, Frangione B (1987) Brain amyloid in normal aging and cerebral amyloid angiopathy is antigenically related to Alzheimer's disease β-protein. Am J Pathol 129:422–428
7. Franklin EC, Williams WJ, Beutler E, Ersley AJ, Rundles RW (1977) Amyloidosis, Hematology 2nd edn. McGraw-Hill, New York, 1134
8. Gejyo F, Yamada T, Odani S, Nakagawa Y, Arakawa M, Kunitomo T, Kataoka H, Suzuki M, Hirasawa Y, Shirahama T, Cohen AS, Schmid K (1985) Biochemical and biophysical research communications. 129:701–706
9. Gertz MA, Kyle RA (1988) Hepatic Amyloidosis (Primary AL-immunoglobulin light chain): The natural history in 80 patients. Am J Med 85:73
10. Gertz MA, Kyle RA, Greipp PR (1983) Hyposplenism in primary systemic amyloidosis. Ann Int Med 98:475–477

10a. Gertz MA, Kyle RA, Greipp PR (1991) Response rates and survival in primary amyloidosis. Blood 77:257–262

11. Gertz MA, Li CY, Shirahama T, Kyle RA (1988) Utility of subcutaneous fat aspiration for the diagnosis of systemic amyloidosis (immunoglobulin light chain). Arch Intern Med 148:929–933
12. Glenner GG (1980) Amyloid deposits and amyloidosis. The β-fibrilloses (First of two parts). N Engl J Med 302:1283–1289
13. Gorevic PD, Munoz PC, Casey TT, Diraimondo CR, Stone WJ, Prelli FC, Rodrigues MM, Poulik MD, Frangione B (1986) Polymerization of intact β2-microglobulin in tissue causes amyloidosis in patients on chronic hemodialysis. Proc Natl Acad Sci 83:7908–7912
14. Greipp PR (1984) Amyloidosis (AL): An approach to early diagnosis. Arch Int Med 144:2145
15. Greipp PR, Kyle RA, Bowie EJW (1981) Factor-X deficiency in amyloidosis: A critical review. Am J Hematol 11:443–450
16. Husby G, Sletten K (1986) Chemical and clinical classification of Amyloidosis 1985. Scand J Immunol 23:253
17. Isobe T, Osserman EF (1974) Patterns of amyloidosis and their association with plasma-cell dyscrasia, monoclonal immunoglobulins and bence-jones proteins. N Engl J Med 290:473
18. Kyle RA, Bayrd ED (1975) Amyloidosis: a review of 236 cases. Medicine 54:271
19. Kyle RA, Greipp PR (1983) Amyloidosis (AL). Clinical and laboratory features in 229 cases. Mayo Clin Proc 58:665–683
20. Kyle RA, Greipp PR, Garton JP, Gertz Ma (1985) Primary systemic amyloidosis: comparison of melphalan/prednisone versus colchicine. Am J Med 79:708–716
21. Kyle RA, Greipp PR, O'Fallon WM (1986) Primary systemic amyloidosis: multivariate analysis for prognostic factors in 168 cases. Blood 68:220–224
22. Liebmann H, Chinowsky O, Valdin I, Kenoyer G, Feinstein D (1983) Increased fibrinolysis and amyloidosis. Arch Int Med 143:678
23. McAdam KPWJ, Elin RJ, Sipe JD, Wolff SM (1978) Changes in human serum amyloid A and C-reactive protein after eticholamine-induced inflammation. J Clin Invest 61:340–394
24. Missmahl HP, Boehmer R (1981) Amyloide, Amyloid-Ablagerungen, Amyloid-Erkrankungen. Fortschr Med 99:1341–1342
25. Ossermann EF (1965) Amyloidosis and plasma cell dyscrasia. In: Grabar P, Miescher PA (eds) Immunopathology (IVth International Symposium). Grune & Straton, New York, p 283
26. Pepys MB, Baltz ML (1983) Acute phase proteins with special reference to C-reactive protein and related proteins (pentaxins) and serum amyloid A protein. Adv Immunol 34:141–213
27. Pras M, Franklin EC, Shibolet S, Frangione B (1982) Amyloidosis associated with renal cell carcinoma is of the AA type. Am J Med 73:426
28. Pruzanski W, Katz A (1976) Clinical and laboratory findings in primary generalized and multiple-myeloma-related amyloidosis. Can Med Assoc J 114:906–909

29. Ramadori G, Sipe JD, Dinarello CA, Mizel B, Colten HR (1985) Pretranslational modulation of acute phase hepatic protein synthesis by murine recombinant interleukin 1 (IL-1) and purified human IL-1. J Exp Med 162:930–942
30. Sohar E, Gafni J, Pras M, Heller H (1967) Familial mediterranean fever. Am J Med 43:227–253
31. Wiltshaw E (1976) The natural history of extramedullary plasmocytoma an its relation to solitary myeloma of bone and myelomatosis. Medicine (Baltimore) 55:217
32. Wright DG (1988) Familial mediterranean fever. Cecil Textbook of Medicine (Wyngaarden JB, Smith LH Ed.), Saunders Company Philadelphia
33. Wright JR, Calkins E, Humphrey RL (1977) Potassium permanganate reaction in amyloidosis. Lab Invest 36:274
34. Yood RA, Skinner M, Rubinow A, Alarico L, Cohen AS (1983) Bleeding manifestation in 100 patients with amyloidosis. JAMA 249:1322
35. Zemer D, Pras M, Sohar E, Modan M, Cabili S, Gafni J (1986) Colchicine in the prevention and treatment of amyloidosis of familial mediterranean fever. N Engl J Med 314:1001

Kapitel 13: Kryoglobulinämien

H. Huber, M. Lechleitner

13.1 Definition

Als Kryoglobuline werden Proteine bezeichnet, die in der Kälte reversibel aus dem Serum ausfallen und Immunglobuline oder deren Fragmente enthalten [6, 14, 17]. Der Nachweis von Kryoglobulinen ist in vielen Fällen ein Nebenbefund; in anderen dagegen geht diese Eiweißanomalie mit klinischen Erscheinungen einher. Häufigste Symptome sind eine (vaskuläre) Purpura, Arthralgien und Nierenfunktionsstörungen. Nach der Zusammensetzung der Kryoglobuline können einfache und gemischte Kryoglobuline unterschieden werden (Tabelle 13.1).

Tabelle 13.1. Häufigkeit der einzelnen Formen von Kryoglobulinen [6]

Art	Häufigkeit in %
Einfach	38
Monoklonal[a]	
IgM	15
IgG	22
IgA	< 1
Gemischt	62
Gemischt „monoklonal“	
IgM–IgG	13
IgM–IgA–IgG	1
IgG–IgG	< 1
Gemischt „polyklonal“	
IgM–IgG	45
IgM–IgG–IgA	3
IgA–IgG	< 1

[a] Enthalten Leichtketten nur eines Typs und zeigen immunelektrophoretisch charakteristische Eigenschaften der Monoklonalität

13.2 Formen der Kryoglobulinämien

Von einer *einfachen Kryoglobulinämie* spricht man, wenn das Kältepräzipitat ein Immunglobulin nur einer Klasse oder dessen Fragment enthält. Dieses Ig ist monoklonal (Kryoglobulin vom Typ I). Es gehört meist der IgG- oder der IgM-Klasse an, Kryoglobuline der IgA-Klasse oder solche, die sich aus Bence-Jones-Proteinen zusammensetzen, sind selten. Einfache Kryoglobuline werden vor allem bei monoklonalen Gammopathien beobachtet (Tabelle 13.2).

Die höchste Temperatur, bei welcher eine Präzipitation eintritt, zeigt von Fall zu Fall erhebliche Unterschiede. Sie liegt gewöhnlich zwischen 26 und 33°C, wobei die Wahrscheinlichkeit klinischer Erscheinungen bei höheren Präzipitationstemperaturen größer wird [13].

Die Ursache der Kryopräzipitation solcher Immunglobuline ist nicht geklärt [17]. Es fällt meist auch nur ein Teil der pathologischen γ-Globulinfraktion (z. B. mit Antikörpereigenschaften gegen Rheumafaktoren) oder des monoklonalen Proteins in der Kälte aus.

Gemischte Kryoglobuline setzen sich aus Immunglobulinen zweier Klassen (oder selten mehrerer) zusammen, wobei es sich am häufigsten um IgG und IgM handelt (Tabelle 13.1). Diese Form der Kryoglobuline kann bei einer Anzahl unterschiedlicher Erkrankungen auftreten.

Tabelle 13.2. Vorkommen von Kryoglobulinen (Auswertung von 166 Patienten; nach [9])

Essentielle Kryoglobulinämie	48%
Lebererkrankungen	22%
chronisch-aktive Hepatitis	
chronisch-persistierende Hepatitis	
Zirrhose	
Hämatologische Erkrankungen	15%
M. Waldenström	8%
Myelom	4%
Non-Hodgkin-Lymphom	12%
idiopathische Paraproteinämie	
Kälteagglutininerkrankung	1%
Purpura Schönlein-Hennoch	
Kollagenosen	13%
Sjögren-Syndrom	
Systemischer Lupus erythematodes	
Sklerodermie	
Polymyositis	
Panarteritis nodosa	
PcP	
Infekte	2%
Tuberkulose	
Infektiöse Mononukleose	
Endocarditis lenta	
Lues	
Malaria	
Glomerulonephritis	

Von besonderer klinischer Relevanz ist ihr Vorkommen bei verschiedenen Kollagenerkrankungen (Tabelle 13.2). Schließlich findet man sie auch ohne nachweisbare auslösende Ursache bei der sog. „essentiellen Kryoglobulinämie".

Die Präzipitation tritt nur beim Vorhandensein beider Ig auf und fehlt nach Trennung der Fraktionen. Der IgM-Anteil ist im Stande, mit normalem IgG zu reagieren und in der Kälte Präzipitate zu bilden, so daß die Spezifität der Reaktion meist an die IgM-Fraktion gebunden ist. Seren dieser Patienten sowie die aus dem Kryopräzipitat isolierte IgM-Fraktion zeigen in typischen Fällen eine Antigammaglobulinaktivität, die an den Rheumafaktor erinnert [14, 23].

Gemischte Kryoglobuline enthalten häufig ein monoklonales Ig (Typ II), wobei es sich praktisch immer um IgM handelt, oder beide Fraktionen sind polyklonal (Typ III, Tabelle 13.1). Über 95% aller monoklonalen IgM-Globulinanteile gehören dem $\varkappa$-Typ an [12].

Neben den Immunglobulinanteilen sind in gemischten Kryoglobulinen häufig auch andere Proteine nachweisbar. Von besonderer pathogenetischer Bedeutung dürfte das Vorhandensein von Komplementkomponenten (insbesondere Clq, nicht selten auch C3 und C4) sein. Kryoglobuline mit Komplementkomponenten finden sich u. a. beim SLE. Bei dieser Erkrankung kann auch DNA in Kryopräzipitaten nachweisbar sein [8, 24]. Der DNA-Gehalt dieser Präzipitate ist allerdings im Verhältnis zu dem des Serums meist gering (etwa 10–20% des Serum-DNA-Gehaltes; [7, 18]; s. auch [1]).

13.3 Antigene und Antikörperaktivitäten in Kryoglobulinpräzipitaten

In Kryopräzipitaten können häufig verschiedene virale und andere Antigene, sowie Antikörper-Aktivitäten nachgewiesen werden (Tabelle 13.3).

Von besonderem Interesse ist das Vorhandensein von Hepatitis-B-Virus-Oberflächenantigen. Dieses ist in zumindest 10% der Patienten mit gemischter Kryoglobulinämie nachweisbar.

Kryoglobuline mit Rheumafaktoraktivität zeigen Antikörpereigenschaften gegen IgG. Ähnlich den üblichen Rheumafaktoren ist die Antikörperwir-

Tabelle 13.3. Antikörperaktivitäten in Kryopräzipitaten (nach [12])

1. Anti-IgG-Rheumafaktoren
2. Antinukleäre Antikörper
3. Lymphozytotoxische Antikörper
4. Antierythrozytäre Antikörper (mit Kälteagglutininaktivität)
5. Antikörper gegen
   - Hepatitis-B-Virusantigene
   - Zytomegalievirus
   - Streptokokkenzellmembran oder -polysaccharide
   - *Streptococcus viridans*
6. Antistreptolysin 0

kung gegen das Fc-Fragment gerichtet. Die Aktivität ist meist nicht nur im Kryopräzipitat, sondern auch im Überstand nach Entfernung des Kryopräzipitates nachweisbar.

Kryoglobuline können Komplementkomponenten binden und wirken dadurch „antikomplementär". Im Kryoglobulin sind neben spezifisch gebundenen Proteinen auch normale Serumproteine häufig nachweisbar (z. B. Fibronektin, Low-density-Lipoproteine; [23]).

13.4 Vorkommen von Kryoglobulinämien bei verschiedenen Erkrankungen

Kryoglobulinämien können als Begleitsymptom bei verschiedenen Erkrankungen auftreten (Tabelle 13.2): Am häufigsten finden sie sich bei monoklonalen Gammopathien, vor allem der IgM-Klasse. Auch bei Erkrankungen des rheumatischen Formenkreises, vor allem beim SLE, beim Sjögren-Syndrom, bei progressiver Sklerose, und bei chronischen Lebererkrankungen ist ihr Vorkommen nicht selten. Die essentielle Kryoglobulinämie stellt ein eigenes Krankheitsbild dar.

Zur Häufigkeitsverteilung der klinischen Zustände mit essentiellen und sekundären Kryoglobulinämien einer repräsentativen Auswertung s. in Tabelle 13.2 [9]).

Bei Erkrankungen mit Purpura (meist mit Arthralgien, bei Kollagenosen und Zuständen mit ungeklärter Raynaud-Symptomatik) ist es angezeigt, den einfachen Suchtest auf Kryoglobuline durchzuführen.

Bei Normalpersonen gelingt es nur sehr selten, Kryoglobuline nachzuweisen. Falsch positive Ergebnisse sind in gealterten Seren sehr häufig. Unter 200 Kontrollpersonen war nach den Untersuchungen von Druet et al. [5] nur in einem Fall eine Kryoglobulinämie nachweisbar.

13.4.1 Kryoglobulinämien bei monoklonalen Gammopathien

Sie sind bei M. Waldenström (und anderen Immunozytomen) am häufigsten: hier kommen sie in 7% [19] bis 20% [6, 9] der Patienten vor. Beim Multiplen Myelom sind sie weit seltener (in 5% der Patienten von Ossermann [16]; in 3% der Patienten von Invernizzi et al. [9]). Schließlich können Kryoglobuline – wenn auch selten – bei „idiopathischen Paraproteinämien" vorkommen.

Oft handelt es sich vor allem um einfache Kryoglobuline. Nicht selten kommen jedoch (insbesondere bei M. Waldenström und Immunozytomen) auch gemischte Kryoglobuline zur Beobachtung [9].

Immunologisch entspricht das Kryoglobulin in Klasse und Typ dem M-Gradienten im Serum. Liegt ein IgM-Kryoglobulin im Rahmen einer monoklonalen Gammopathie vor, kann dieses gelegentlich auch Rheumaaktivität zeigen.

Die Krankheitserscheinungen der Kryoglobulinämien im Rahmen von monoklonalen Gammopathien sind bei der Mehrzahl der Patienten diskret. Eine Raynaud-Symptomatik und Thromboseneigung sind selten. Eventuell können Erscheinungen als Folge einer erhöhten Serumviskosität oder einer Vaskulitis bestehen [9].

In Einzelfällen von Kryoglobulinämien des Typ II ist die Differentialdiagnose schwierig, ob es sich um eine „essentielle" Form oder eine Frühmanifestation eines Non-Hodgkin-Lymphoms handelt. Bei 9 von 12 Fällen einer „essentiellen" Kryoglobulinämie vom Typ II waren in Leber und/oder Knochenmark monoklonale lymphatische Zellinfiltrationen nachweisbar, so daß ein beginnendes Immunozytom nicht ausgeschlossen werden konnte [15].

13.4.2 Kryoglobulinämien bei Erkrankungen des rheumatischen Formenkreises (Kollagenosen)

Kryoglobulinämien werden bei 16–89% der Patienten mit SLE beobachtet [6, 8, 9]. Am häufigsten gelingt der Nachweis bei Patienten im aktiven Stadium der Erkrankung. Mit Besserung der klinischen Erscheinungen nimmt auch vielfach die Menge des Kryoglobulins ab oder verschwindet auch völlig.

Patienten mit SLE und nachweisbaren Kryoglobulinen haben gehäuft Raynaud-artige Erscheinungen [8]. Zur Antikörperaktivität s. Tabelle 13.4.

Am häufigsten zeigen Kryoglobuline Rheumafaktoraktivität (IgM-RF). Andererseits können Antikörpereigenschaften gegen doppelsträngige DNA (IgM-Anti SS DNA) oder Antipolynukleotid-Antikörperaktivität feststellbar sein. Immunologisch ist neben dem meist polyklonalen IgM auch IgG, C1q und eventuell C3 und C4 im Komplex nachweisbar. Die Präzipitate enthalten meist in hohem Maße Antikomplementaktivität. Bei Vergleich verschiedener Patienten besteht allerdings zwischen Ausmaß der Kryoglobulinämie und dem Nierenbefall keine engere Beziehung.

Patienten mit *primärem Sjögren-Syndrom* zeigen häufig eine gemischte monoklonale Kryoglobulinämie (IgM-$\varkappa$/IgG; [22]). Die Inzidenz wird mit 27% angegeben [9]. In dieser Patientengruppe sind weitere Autoantikörper und Zeichen einer systemischen Erkrankung häufig [22]. Auch bei *progressiver systemischer Sklerose* sind Kryoglobulinämien nicht ungewöhnlich (in 12,5% nach [9]). Selten ist ihr Vorkommen bei unkomplizierter rheumatoider Arthritis.

Beim letzteren Zustand finden sich häufiger gemischte Kryoglobulinämien vom polyklonalen Typ (Typ III; [22]).

Tabelle 13.4. Antikörperaktivität in Kryopräzipitat und Sera bei Patienten mit SLE (36 Patienten; nach [8])

	Kryopräzipitat n (%)	Sera n (%)
IgM RF	27 (75)	5 (14)
IgM-anti-poly (A)	12 (33)	18 (50)
IgM-anti-ssDNA	11 (31)	28 (78)
IgA-RF	10 (28)	10 (28)
IgG-anti-poly (A)	8 (22)	18 (50)
IgG-anti-ssDNA	3 (8)	33 (92)

Tabelle 13.5. Klinische Symptome bei essentieller Kryoglobulinämie (nach [17])

	[21]	[2]	[4]
Anzahl der Patienten	44	18	29
Nierenbeteiligung	60*%	20%	30%
Purpura	59%	61%	89%
Arthralgie	57%	50%	72%
Raynaud-Phänomen	7%	33%	34%
Hepatomegalie	52%	28%	72%
chronische Hepatitis	14%	11%	17%
Hautnekrosen	5%		17%
Splenomegalie	25%		
Abdominalschmerzen	2%		
Sjögren-Syndrom	2%		
Polyneuropathie		11%	10%

* In der Literatur schwanken die Angaben über Nierenbeteiligung zwischen 10–60% [17]

13.4.3 Kryoglobulinämien mit Purpura, Arthralgien und Nephritis: „essentielle Kryoglobulinämie“

Dieses Krankheitsbild ist durch eine gemischte Kryoglobulinämie ohne Hinweis auf das Vorliegen einer lymphatischen Systemerkrankung oder einer Kollagenose charakterisiert. Ausgeschlossen werden auch akute und chronische Infektionskrankheiten. Die wichtigsten klinischen Symptome sind in Tabelle 13.5, die Laboratoriumsbefunde in Tabelle 13.6 zusammengefaßt.

Die führende klinische Erscheinung ist eine rezidivierende vaskuläre Purpura, die häufig von Polyarthralgien und Zeichen einer Nierenerkrankung begleitet ist. Ein akutes nephrotisches Syndrom (mit schwerer ausgeprägter Proteinurie, Hämaturie, Hypertonie und plötzlichem Kreatininanstieg) wird in etwa 20–30% der Patienten gesehen [17]. Ein nephrotisches Syndrom war bei etwa 20% der Patienten das klinische Hauptsymptom. Eine Leberbeteiligung ist häufig. Auf die Assoziation von gemischten Kryoglobulinämien mit Hepatitis-B-Virusantigenen und -antikörpern wurde wiederholt hingewiesen [6, 10, 15]. Bei Vorliegen einer Purpura sollten routinemäßig Untersuchungen auf Kryoglobuline durchgeführt werden.

13.4.3.1 Immunologische Befunde

Die kryopräzipitierbare Proteinmenge liegt etwa zwischen 20 und 400 mg/dl [6]. Es besteht keine Korrelation zwischen dem Ausmaß der Kryoglobulinämie und der Aktivität der Erkrankung. Sowohl Kryoglobulinämien vom Typ II als auch vom Typ III werden gefunden.

88% der Patienten von Gorevic et al. [6] zeigten ein gemischtes Kryoglobulin der Klasse IgM und IgG. Beim Rest der Patienten war zusätzlich auch IgA Bestandteil des Kryoglobulins.

Bei 33% der Patienten war das IgM monoklonal, bei den übrigen Patienten polyklonal. In der Studie von Invernizzi et al. [9], die auch symptomatische Kryoglobulinämien

Tabelle 13.6. Laborbefunde bei gemischter Kryoglobulinämie [6]

Befund	Häufigkeit in %
Harnanalyse	
Hämaturie	91
Pyurie	82
Proteinurie	100
>4 g/d	23
1–4 g/d	64
>0,5–1 g/d	9
Blutanalyse	
Alkalische Phosphatase erhöht	65
Transaminasen erhöht	50
HB_s-Antigen	10
HB_s-Antikörper	41
Serumelektrophorese	
Normal	30
γ-Globuline erhöht	60
γ-Globuline erniedrigt	5
Quantitative Immunglobulinbestimmung	
IgM vermehrt	52
IgA vermehrt	40
IgG vermehrt	30
Rheumafaktor (Latex-Test)	In der Regel positiv
Erniedrigung von C_3	58
Blutkörperchensenkung >20 mm/h	70
Anämie (HK <0,35 l/l)	70

umfaßte, waren 42% vom Typ II und 53% vom Typ III (in 5% handelte es sich um einen Typ I). In der Serumelektrophorese ist eine breitbasige Erhöhung der γ-Globuline häufig (bei 60% der Patienten von Gorevic et al. [6]). In 5% der Patienten ließ sich in der Serumelektrophorese ein M-Gradient nachweisen.

Eine Verminderung von Komplementkomponenten findet sich häufig (Tabelle 13.6). Meist zeigt sich eine Erniedrigung von C4, häufig auch der gesamthämolytischen Aktivität und – geringere – Verminderungen von C3. Die späteren Komponenten zeigen meist Normalwerte [23]. Eine enge Korrelation der Komplementerniedrigung zum Verlauf der Nephritis oder Vaskulitis ist nicht faßbar [20]. Die klinische Besserung des Krankheitsbildes geht häufig ohne wesentliche Veränderung in der Komplementkonzentration einher [17].

13.4.3.2 Hämatologische Befunde

Eine *Anämie* ist nicht ungewöhnlich; die Ursache ist meist komplex, wobei die entzündlichen Erkrankungen als solche, die Purpura und eine mögliche Niereninsuffizienz an ihrem Zustandekommen beteiligt sind. Bei einzelnen Patienten kann ein direkter positiver Antihumanglobulintest beobachtet werden.

Thrombopenien werden in etwa 10% der Fälle,in erster Linie bei Patienten mit Leberbeteiligung gefunden. Splenomegalien, meist diskreter Form sind nicht ungewöhnlich (in 25% der Patienten von Tarantino et al. [20], in 49% bei Gorevic et al. [6]).

Leukopenien sind selten. Die Knochenmarkpunktion kann eine leichte Vermehrung lymphatischer und/oder Plasmazellen ergeben.

Durch eine Stanzbiopsie sollten vor allem lymphatische Systemerkrankungen ausgeschlossen werden. Immunzytologische Untersuchungen zeigen nach Monteverde et al. [15] in 7 von 12 Patienten noduläre Infiltrate aus lymphatischen Zellen mit monoklonaler Immunglobulinexpression (ohne sonstige Hinweise für ein malignes Lymphom, zu dessen Ausschluß Nachbeobachtungen erforderlich sind).

13.4.3.3 Weitere Laboratoriumsbefunde

Da die Schwere der Erkrankung in erster Linie von einer eventuellen Nierenfunktionsstörung bestimmt wird, sind regelmäßige Kontrollen der Nierenfunktion erforderlich (s. Kap. 13.4.6).

Pathologische Leberfunktionsproben sind ebenfalls häufig, die Prognose wird jedoch dadurch nicht wesentlich beeinträchtigt.

Klinisch waren Zeichen einer Lebererkrankung meist nur diskret, am ehesten ließ sich eine Vergrößerung der Leber (in 70%) nachweisen.

Der Nachweis von Hepatitis-Antigenen oder Antikörpern ist in Kryopräzipitaten oder im Serum (in 61 bzw. 45% der Fälle von Gorevic et al. [6]) nicht ungewöhnlich.

13.4.4 Kryoglobulinämien bei anderen Erkrankungen

Vor allem bei chronisch-aktiver Hepatitis und Leberzirrhose sind Kryoglobuline nicht ungewöhnlich (Tabelle 13.2). Die Patienten können die typischen Erscheinungen des Purpura-Arthralgie-Syndroms zeigen. Der klinische Verlauf differiert jedoch insgesamt nicht wesentlich von Patienten mit chronischen Lebererkrankungen ohne Kryoglobulinämie [9].

Eine Reihe von anderen Erkrankungen mit Leberbeteiligung können mit einer Kryoglobulinämie einhergehen. Dazu gehört die Panarteritis nodosa, die biliäre Zirrhose und die Polymyalgia rheumatica.

13.4.5 Prognostische Beurteilung bei essentiellen und sekundären Kryoglobulinämien

Die Prognose der essentiellen Kryoglobulinämie ist häufig günstig, die Überlebenschance nach 10 Jahren wird auf 75% geschätzt [3]. Ungünstig ist sie bei einer begleitenden akuten Niereninsuffizienz. Eine im Vordergrund des klinischen Bildes stehende chronische Urämie entwickelt sich bei etwa 10% der Patienten [17]. Bei entsprechender Therapie (manchmal auch spontan) wird eine Besserung der Niereninsuffizienz bei mindestens 50% der Patienten beobachtet [3, 17].

Bei Langzeitbeobachtung einer größeren Patientengruppe [9] entwickelten 37% der Patienten eine proliferative Glomerulonephritis und davon starben mehr als die Hälfte an Niereninsuffizienz, 11% entwickelten eine lymphatische Systemerkrankung, bei ebenfalls 11% wurde eine chronische Lebererkrankung diagnostiziert.

Bei Begleitkryoglobulinämien wird die Prognose meist von der Grundkrankheit bestimmt. Entwickelt sich – selten – ein Purpura-/Arthralgiesyndrom, dürfte die Lebenserwartung von evtl. Zeichen einer schweren Niereninsuffizienz mitbeeinflußt sein und dann ähnlich wie bei essentiellen Kryoglobulinämien mit renalen Funktionsstörungen liegen.

Literatur

1. Adu DD, Dobson J, Williams DG (1980) DNA-anti-DNA circulating complexes in the nephritis of systemic lupus erythematosus. Clin Exp Immunol 43:605
2. Cordonnier D, Marin H, Groslambert P et al (1975) Mixed IgG-IgM cryoglobulinemia with glomerulonephritis. Immunochemical fluorescent and ultrastructural study of kidney and in vitro cryoprecipitate. Am J Med 59:867
3. Couser WG (1988) Glomerular disorders. In: Wingaarden JB, Smith LH (eds) Cecil Textbook of Medicine. WB-Saunders Company, Philadelphia London Toronto Montreal Sydney Tokyo
4. D'Amico G, Ferrari OF, Colosanti G et al (1984) Glomerulonephritis in essential mixed cryoglobulinemia (EMC). In: Davison AM, Guilon PJ (eds) Proceedings of European Dialysis and Transplant Association. Pitman London
5. Druet P, Letonturier P, Contet A, Mandet C (1973) Cryoglobulinaemia in human renal diseases. A study of 76 cases. Clin Exp Immunol 15:483
6. Gorevic PD, Kassab HJ, Levo J, Kohn R, Meltzer M, Prose P, Franklin EC (1980) Mixed Cryoglobulinaemia: Clinical aspects and long-term follow-up of 40 patients. Am J Med 69:287
7. Grey HM, Kohler PF (1973) Cryoimmunic globulins. Semin Hematol 10:87
8. Gripenberg M, Teppo AM, Kurk P, Gripenberg G, Helve (1988) Autoantibody activity in cryoglobulins and sera in systemic lupus erythematosus. Scand J Rheumatol 17:249
9. Invernizzi F, Galli M, Serino G, Monti G, Meroni PL, Granatieri C, Zanussi C (1983) Secondary and essential cryoglobulinemias. Acta haemat 70:73
10. Levo Y (1980) Nature of cryoglobulinaemia. Lancet 1:285
11. Levo Y, Gorevic PD, Kassab HJ, Zucker-Franklin D, Franklin EC (1977) Association between hepatitis B virus and essential mixed cryoglobulinemia. N Engl J Med 296:1501
12. McIntosh RM, Grey H (1976) Cryoglobulinemia. In: Miescher PA, Müller-Eberhard HJ (eds) Textbook of immunopathology, vol II. Grune and Stratton, New York San Francisco London, p 619
13. Meltzer M, Franklin EC (1966) Cryoglobulinemia. A study of 29 patients. IgG and IgM cryoglobulins and factors affecting cryoprecipitability. Am J Med 40:828
14. Meltzer M, Elias K, McCluskey RT, Cooper N, Franklin EC (1966) Cryoglobulinaemia – a clinical and laboratory study II – Cryoglobulins with rheumatoid factor activity. Am J Med 40:837
15. Monteverde A, Rivano MT, Allegra GC, Monteverde AJ, Zigrossi P, Baglioni P, Gobbi M, Falini B, Bordin G, Pileri S (1988) Essential mixed cryoglobulinemia, Type II: a manifestation of low-grade malignant lymphoma? Acta haemat 79:20
16. Osserman EF (1961) Plasma cell myeloma II Clinical aspects. N Engl J Med 261:98
17. Ponticelli C, D'Amico G (1988) Essential mixed cryoglobulinemia. In: Schrier RW, Gottschalk CW (eds) Diseases of the Kidney, Vol II. Little, Brown and company, Boston Toronto

18. Schwartz RS, Stollar BD (1985) Origins of anti-DNA autoantibodies. J Clin Invest 75:321
19. Seligmann M, Danon F, Basch A, Bernard J (1968) IgG myeloma cryoglobulin with antistreptolysis activaty. Nature 220:711
20. Tarantino A, Anelli A, Constantino A, de Vecchi A, Monti G, Massaro L (1978) Serum complement pattern in essential mixed cryoglobulinaemia. Clin Exp Immunol 32:77
21. Tarantino A, DeVecchi A, Montagnino G, Imbasciati E, Mihatsch MJ, Zollinger HU, DiBelgiojoso GB, Busnach G, Ponticelli C (1981) Renal disease in essential mixed cryoglobulinaemia. Quart J Med 197:1
22. Tzioufas AG, Costello R, Manoussakis MN, Papadopoulos NM, Moutsopoulos HM (1986) Cryoglobulinemia in primary Sjögren's syndrome: a monoclonal process. Scand J Rheumatol 61:111
23. Winfield JB (1983) Cryoglobulinemia. Human Pathol 14:350
24. Winfield JB, Koffler D, Kunkel HG (1975) Specific concentration of polynucleotide immune complexes in the cryoprecipitates of patients with systemic lupus erythematosus. J Clin Invest 56:563

Kapitel 14: Vaskulitiden

J. O. Schröder, H. H. Euler

Vaskulitiden sind Erkrankungen, die durch entzündliche Veränderungen der Blutgefäße gekennzeichnet sind. Arterien und Venen aller Kaliber sowie unterschiedlicher Lokalisation können beteiligt sein. Klinisch umfaßt der Begriff Vaskulitis daher ein breites, ätiologisch, histologisch, klinisch und prognostisch heterogenes Spektrum von Erkrankungen, unter denen sich jedoch mehrere Entitäten abgrenzen lassen. Der entzündliche Gefäßprozeß kann akut oder chronisch ablaufen, er kann auf ein einzelnes Organ beschränkt sein oder an mehreren Organen auftreten. Vaskulitiden können ein primäres Krankheitsgeschehen darstellen oder sekundär im Gefolge einer anderen Grunderkrankung ablaufen.

14.1 Immunpathogenetische Grundlagen

Für nahezu alle Vaskulitiden werden immunpathogenetische Mechanismen als auslösend angesehen. Der Ablagerung von Immunkomplexen (IK) in den erkrankten Gefäßen wird eine entscheidende Rolle zugesprochen. Der Ablauf der durch IK vermittelten Vaskulitis weist Ähnlichkeiten mit dem experimentellen Modell der Serumkrankheit auf. In diesem Modell konnte gezeigt werden, daß es – wahrscheinlich nach Interaktion von IK mit Thrombozyten – zur Freisetzung vasoaktiver Amine, zur Erhöhung der Gefäßpermeabilität und zur Ablagerung von IK in den Blutgefäßen kommt [8, 15, 30]. Die Immunkomplexablagerung resultiert in einer Aktivierung von Komplementproteinen, deren Spaltprodukte, insbesondere C5a, zur chemotaktischen Anziehung neutrophiler Granulozyten führen. Weitere Schritte im Ablauf des pathogenen Geschehens sind die Infiltration der Gefäßwand durch Granulozyten, die Phagozytose von IK und die Freisetzung lysosomaler Enzyme, die zur Schädigung der Zellwand führen [14]. Das Resultat dieser Prozesse ist die Einengung oder der Verschluß des Gefäßlumens und die nachfolgende ischämische Schädigung der von diesen Gefäßen versorgten Gewebe.

Das Antigen, das zur Auslösung der pathogenen Immunreaktion führt, ist in den meisten Fällen nicht bekannt. Eine Ausnahme stellt das Hepatitis-B Surface-Antigen dar, welches von Gocke et al. [35] in den Gefäßwänden von Patienten mit Panarteriitis nodosa dargestellt wurde und dem heute eine Rolle als initiales Antigen bei dieser Vaskulitis zugesprochen wird.

Warum die Auseinandersetzung mit einem Antigen und die zunächst als physiologisch anzusehende Bildung von IK zu einer Vaskulitis führt, ist im einzelnen nicht bekannt. Jedoch sind eine Reihe von Faktoren bekannt geworden, die zur Ausbildung einer Gefäßentzündung beitragen können. Genetische Faktoren beeinflussen die Stärke einer Antikörperantwort nach Antigenexposition. Parish [65] sah eine schwache Immunreaktion nach Streptokokken-Infektion als begünstigend für die Entwicklung einer kutanen Vaskulitis an, möglicherweise durch die bevorzugte Bildung von IK im Antigenüberschuß. Hillis et al. [38] stellten fest, daß Träger der genetischen Merkmale HLA-B15, -B17 und -Bw35 eine Tendenz zu verlängerter Antigenämie nach Infektion mit dem Hepatitis-B-Virus aufwiesen.

Die Beeinträchtigung der Fähigkeit des Retikulo-Endothelialen Systems (RES), IK aus dem Organismus zu entfernen, scheint die Entwicklung einer Vaskulitis zu begünstigen. Bei Patienten mit Haarzellenleukämie wird das während oder nach Beginn der Erkrankung beobachtete Auftreten einer Panarteriitis nodosa im Zusammenhang mit der beeinträchtigten Clearance-Funktion der Milz gesehen [25]. Lockwood et al. [58] konnten zeigen, daß bei Patienten mit Vaskulitis eine RES-Blockade vorliegt, die durch IK-Elimination mit Hilfe der Plasmapherese rückgängig gemacht werden kann.

Die Elimination von IK hängt wesentlich von der Präsenz eines intakten Komplementsystems ab. Komplementproteine reduzieren die Größe von IK und erleichtern ihre Phagozytose durch das RES. Bei genetisch bedingten [40] oder aus Verbrauch resultierendem Mangel der Komplementproteine C4, C2 oder C3 ist das Auftreten von SLE oder von primären Vaskulitiden gehäuft beobachtet worden [2, 34, 75].

Von Bedeutung für die Entstehung und den Ablauf von Vaskulitiden sind auch die Reaktionen des Gefäßendothels. Beim Kawasaki-Syndrom, einer akuten, fieberhaften Systemerkrankung des Kindesalters, konnte gezeigt werden, daß Interleukin-1 und Tumor-Nekrose-Faktor aus aktivierten Monozyten und Makrophagen Endothelzellen gegenüber einer Lyse durch Komplementproteine empfindlicher machten [56]. King u. Buchwald [46] beschrieben Endothelzell-Wachstumsfaktoren *(platelet-derived growth factor* = PDGF), die für die zwiebelschalenartigen Endothelzell- und Mediazellproliferationen bei Kollagenosen oder der Thrombangiitis obliterans verantwortlich sein können. Als möglicher Indikator einer Endothelzellschädigung werden erhöhte Plasmakonzentrationen des (von Endothelzellen und Megakaryozyten synthetisierten) Faktor-VIII-assoziierten Antigens (von-Willebrand-Faktor) angesehen, die bei Patienten mit Vaskulitiden beobachtet wurden [7, 63].

Weitere mögliche pathogenetische Aspekte werden diskutiert. Jordan et al. [45] vermuten einen Zusammenhang zwischen einer verminderten Freisetzung von Plasminogen-Aktivator (t-PA, t = tissue) und dem Auftreten von Gefäßläsionen wie auch thromboembolischen Komplikationen bei verschiedenen Vaskulitiden. Bei der Polymyalgia rheumatica wurde eine CRP-mediierte Komplementaktivierung an Gefäßstrukturen von Rattennierenschnitten beschrieben, deren Bedeutung gegenwärtig noch nicht geklärt ist [84]. Ob lymphozytotoxischen Antikörpern eine pathogenetische Rolle bei Vaskulitiden zukommt [69], ist ebenfalls noch offen.

Ein Einfluß zellvermittelter Immunreaktionen wird insbesondere durch die granulomatösen Veränderungen bei Wegener-Granulomatose und Churg-Strauss-Syndrom nahegelegt. Da granulomatöse Reaktionen sowohl durch IK als auch direkt durch sensibilisierte Lymphozyten verursacht werden können, ist der Stellenwert dieser Immunphänomene gegenwärtig noch nicht sicher geklärt [30].

14.2 Einteilung und Klassifikation der Vaskulitiden

Die Tatsache, daß die Vaskulitiden einerseits distinkte Entitäten mit klassischer Symptomenkonstellation einschließen, andererseits jedoch schwer abgrenzbare, sich gegenseitig überlappende Krankheitsbilder umfassen, hat zu verschiedenen Klassifikationsvorschlägen geführt. Zeek wies 1953 als erster auf die Notwendigkeit einer Einteilung hin, da die variablen Befunde bei nekrotisierenden Vaskulitiden nicht einheitlich der von Kussmaul und Maier 1866 beschriebenen „Periarteriitis nodosa" zuzuordnen waren. Er schlug eine Klassifikation mit zunächst 5 Entitäten vor.

Weitere Klassifikationen sind versucht worden (Übersichten bei [57, 68]), die jedoch bislang nie vollständig befriedigen konnten. So führt beispielsweise die Einteilung nach ätiologischen Gesichtspunkten, etwa der viralen Genese von Vaskulitiden, zur Zusammenfassung histologisch und prognostisch sehr unterschiedlicher Krankheitsbilder. Solange nicht mehr Erkenntnisse über die Ätiologie und Pathogenese der verschiedenen Vaskulitiden vorliegen, stellen die meisten Klassifikationen notwendigerweise einen Kompromiß aus ätiologischen und pathologisch-anatomischen Gesichtspunkten dar. Dies gilt auch für die hier verwandte, in Anlehnung an Fauci [30] vorgenommene Einteilung (s. Tabelle 14.1).

14.2.1 Systemische nekrotisierende Vaskulitiden

Die systemischen nekrotisierenden Vaskulitiden umfassen in dieser Einteilung die klassische Panarteriitis nodosa, das Polyangiitis Overlap Syndrom sowie die Churg-Strauss-Vaskulitis, die nach anderen Klassifikationsvorschlägen näher an die Wegener-Granulomatose und die hier nicht behandelte lymphomatoide Granulomatose gerückt wird [91].

14.2.1.1 Panarteriitis nodosa

Die Panarteriitis nodosa (PAN) ist histologisch charakterisiert durch eine nekrotisierende Vaskulitis mittelgroßer und kleinerer Arterien. Venen und

Tabelle 14.1. Einteilung der Vaskulitiden

Systemische nekrotisierende Vaskulitiden
Panarteriitis nodosa
Allergische Angiitis und Granulomatose (Churg-Strauss-Vaskulitis)
Polyangiitis-Overlap-Syndrom
Hypersensitivitätsangiitis
Purpura Schönlein-Henoch
Serumkrankheit und serumkrankheitsähnliche Reaktionen
Andere durch Medikamente verursachte Vaskulitiden
Vaskulitis bei infektiösen Erkrankungen
Vaskulitis bei Neoplasien
Vaskulitis bei Kollagenosen
Vaskulitis bei anderen Grunderkrankungen
Kongenitale Komplementdefizienz
Erythema elevatum diutinum
Wegener-Granulomatose
Riesenzellarteriitiden
Arteriitis temporalis (Horton)
Aortenbogen-Syndrom (Takayasu-Arteriitis)
Andere Vaskulitiden
Mukokutanes Lymphknoten-Syndrom (Kawasaki)
Thrombangiitis obliterans (Winiwarter-Bürger)
Verschiedene Sonderformen

nach [30]

Arteriolen können ebenfalls betroffen sein. Kapillaren sind nicht betroffen. Die Veränderungen sind im typischen Fall segmental angeordnet. Gelegentlich ist nur ein Teil des Durchmessers der Gefäße befallen. Es besteht eine Prädilektion für Arteriengabelungen.

Prinzipiell können die entsprechenden Gefäße aller Organe befallen werden; vorwiegend sind Nierenarterien, mesenteriale Arterien, Koronararterien, Arterien der Muskulatur und Vasa nervorum betroffen. Gefäße der Lungen sind bei der klassischen PAN in der Regel nicht betroffen [30]. Die PAN ist eine Erkrankung des jüngeren bis mittleren Erwachsenenalters (Altersmedian: ca. 45 Jahre) mit einem Geschlechtsverhältnis von männlich zu weiblich von 2,5 : 1.

Ätiologie und Pathogenese der PAN sind nicht geklärt. Eine Autoimmungenese wird als wahrscheinlich angesehen. Sowohl in der Zirkulation als auch in den befallenen Gefäßwänden finden sich Immunkomplexe. Bei ca. 30% der Patienten mit PAN konnte aus den Immunkomplexen das Hepatitis-B Surface-Antigen (HBsAg) isoliert werden. Immunhistologisch finden sich Immunglobulin- und Komplementablagerungen in den befallenen Gefäßen. Die Behandlung besteht je nach Schwere des Einzelfalles in eskalierender Immunsuppression.

Das klinische Bild besteht zunächst in einer unterschiedlich langen und uncharakteristischen Prodromalperiode mit Fieber, Abgeschlagenheit,

Gewichtsverlust, Appetitlosigkeit, Myalgien und Arthralgien. Häufig findet sich in der Vorgeschichte ein grippaler Infekt mit Befall der oberen Luftwege oder eine Medikamentenunverträglichkeit. Das weitere klinische Bild richtet sich nach dem individuellen Befallsmuster und entspricht den Folgeerscheinungen multipler Gefäßokklusionen mit nachfolgenden Infarzierungen der zugehörigen Versorgungsgebiete.

An der Haut können vaskulitische Erytheme mit zentraler Nekrose auftreten. Die Gefäßnekrosen können bis zur Infarzierung von Fingern oder Zehen führen. Persistierende Myalgien sind häufig. Die Arthralgien können ebenfalls persistieren, führen jedoch fast nie zu einer manifesten Arthritis und Synovitis. Ein ebenfalls häufiges Symptom ist die Mononeuritis multiplex mit sowohl sensorischen als auch motorischen Ausfällen [87]. Ursache ist die Vaskulitis der Vasa nervorum. Charakteristisch für die Mononeuritis multiplex ist die asymmetrische Verteilung der Läsionen. Eine Retinitis mit oder ohne Blutungen kann beobachtet werden. Perikarditis und Pleuritis mit oder ohne begleitenden Erguß sind häufig. Die Beteiligung von Koronararterien kann zum Myokardinfarkt führen.

Eines der häufigsten Symptome sind abdominelle Beschwerden, hervorgerufen durch die Beteiligung mesenterialer Gefäße [11]. Der ischämische Prozeß kann zu gastrointestinalen Blutungen führen und das Bild des akuten Abdomens erreichen. Laparotomien sind unter Umständen unvermeidbar. Leber- und Gallenblasenbeteiligungen sind berichtet.

Eine Nierenbeteiligung tritt in mehr als der Hälfte der Patienten auf und ist häufig von renaler Hypertension begleitet. Die Nierenbeteiligung kann in hämorrhagischer Infarzierung von Teilen der Niere bestehen. Histologisch findet sich häufig eine segmentale nekrotisierende Glomerulonephritis mit negativer oder unspezifischer Immunfluoreszenz oder eine fokale Glomerulosklerose [78]. Niereinsuffizienz, Myokardinfarkt, Herzinsuffizienz, Infektionen oder schwere gastrointestinale Blutungen stellen die häufigsten Todesursachen dar.

Bei abdominellen Symptomen oder bei Hinweisen auf eine Nierenbeteiligung ist die abdominelle arterielle Angiographie ein nützliches Instrument zur Untermauerung der Diagnose. Die Häufigkeit positiver Befunde wird in größeren Statistiken mit ca. 60% angegeben; dabei dürfte die Erfolgsaussicht zu steigern sein, wenn lediglich bei Patienten mit entsprechenden Symptomen diese Untersuchung eingesetzt wird. Das charakteristische angiographische Bild besteht in dem Vorliegen kleiner Aneurysmen, in Kalibersprüngen der mittelgroßen bis kleinen Arterien sowie in Verschlußbildern [27, 82].

Die wichtigste Untersuchung ist der histologische Nachweis entsprechender Veränderungen. Dabei läßt sich die Treffsicherheit wesentlich steigern, wenn die Wahrscheinlichkeit des Befalles durch vorangehende Diagnostik eingegrenzt wird. Elektromyographie und die Untersuchung der Nervenleitgeschwindigkeit sind sinnvolle Untersuchungen, um in Bereichen mit entsprechenden Symptomen gezielt biopsieren zu können. Die Nierenpunktion sollte den Fällen mit Hinweisen auf eine Nierenbeteiligung vorbehalten bleiben.

Ein rationelles Vorgehen [3, 4] besteht demnach bei entsprechendem klinischen und serologischen Verdacht (Symptomenkonstellation und unspezifische Laborparameter s. unten) in folgender Stufendiagnostik: bei Myalgien oder Mononeuritis multiplex sollte zunächst eine Elektromyographie bzw. eine Untersuchung der Nervenleitgeschwindigkeit durchgeführt werden. Im Falle von Auffälligkeiten sollte gezielt aus dem entsprechenden Muskel bzw. Nerv biopsiert werden [89]. Wenn diese Untersuchung negativ ausfällt, ist bei Vorliegen abdomineller oder renaler Symptome eine mesenterielle oder renale arterielle Angiographie indiziert. Wenn trotz negativer Angiographie eine Nierenbeteiligung vorliegt, ist die Nieren-PE indiziert. Wenn alle Untersuchungen bis zu diesem Zeitpunkt negativ geblieben sind, kann in Einzelfällen die PE aus einem asymptomatischen Muskel oder Nerven oder bei männlichen Patienten eine Hoden-PE dennoch ein positives Ergebnis erbringen [20].

Laborbefunde. Es gibt keinen beweisenden Laborparameter für die PAN. Die sichere Diagnose setzt einen eindeutigen histologischen Befund oder einen sicheren angiographischen Befund voraus.

Serologisch findet sich in allen Fällen eine mittelgradige bis extreme Erhöhung der unspezifischen Entzündungsparameter BSG, CRP, Fibrinogen und α-Globuline, eventuell mit Thrombozytose, Leukozytose und entzündlicher und/oder blutungsbedingter Anämie [21]. Die Leukozytose beruht in der Regel auf einer Vermehrung der neutrophilen Granulozyten. Eine Eosinophilie unterschiedlichen Ausmaßes wird beschrieben. Eine ausgeprägte Eosinophilie sollte den Verdacht auf das Vorliegen einer Churg-Strauss-Vaskulitis lenken. Weitere Laborauffälligkeiten richten sich nach den jeweils befallenen Organen. Beispiele sind Kreatininanstieg, Hämaturie, Proteinurie oder Enzymanstieg. Die Myalgien gehen in der Regel nicht mit einer Erhöhung der CPK einher. Komplementverbrauch kann bei etwa 25% der Patienten in den aktiven Krankheitsphasen beobachtet werden [16].

Panarteriitis nodosa, kutaner Typ

Von einigen Autoren wird von der generalisierten Form der PAN eine lokalisierte Form abgegrenzt. Bei dieser ist die Gefäßentzündung vorwiegend auf kleine und mittelgroße Arterien der Kutis und Subkutis limitiert. Obwohl die an der Haut auftretende charakteristische Livedo mit eingestreuten, schmerzhaften, 0,5–1 cm großen, z. T. exulzerierenden Knoten zeitweilig von Allgemeinsymptomen wie Fieber, Arthralgien und Myalgien begleitet wird, kommt es auch bei jahrzehntelangen Krankheitsverläufen mit rezidivierenden Schüben nicht zu einer Systembeteiligung wie bei der klassischen PAN [23].

14.2.1.2 Allergische Angiitis und Granulomatose (Churg-Strauss-Vaskulitis)

Die allergische Angiitis und Granulomatose ist eine Erkrankung, die durch das Auftreten einer Vaskulitis und extravaskulärer Granulome in verschiedenen Organsystemen gekennzeichnet ist. Sie wurde erstmals 1951 von Churg und Strauss auf der Grundlage von 13 Fallbeobachtungen beschrieben. Obwohl zum Teil vaskuläre Veränderungen wie bei der Panarteriitis nodosa gefunden werden, kann aufgrund verschiedener Merkmale von einer Eigenständigkeit dieses Syndroms ausgegangen werden:

a) Es kommt häufiger zu einer Beteiligung pulmonaler Gefäße;
b) Die Erkrankung betrifft Gefäße verschiedener Typen und Größen, vor allem kleine und mittelgroße Arterien, ferner Venen und Venolen;
c) Intra- wie extravaskulär werden Granulome gefunden;
d) In den entzündlichen Gewebsinfiltrationen stellen eosinophile Granulozyten den dominierenden Zelltyp dar;
e) Es findet sich eine Assoziation mit meist schwerem Asthma und einer peripheren Eosinophilie [30].

Die allergische Angiitis und Granulomatose ist eine seltene Erkrankung. Beobachtungen an größeren Patientenkollektiven [33] oder Literaturübersichten [53] lassen ein mittleres Erkrankungsalter von 38 bis 48 Jahren erkennen mit einer Variationsbreite von 15 bis 78 Jahren. Die Erkrankung tritt bei Männern und Frauen etwa gleich häufig auf. Bei über 90% der Patienten gehen asthmatische Beschwerden meist über Jahre voraus [53, 30], bei ca. einem Drittel der Patienten ist eine noch früher beobachtete allergische Rhinitis mitgeteilt worden [53].

Das klinische Bild ist neben der Lungenbeteiligung durch Hautmanifestationen wie subkutane Knoten, Purpura und Hautinfarkte gekennzeichnet. Ebenso gehören eine Mononeuritis multiplex, arterieller Hypertonus sowie gastrointestinale und kardiale Symptome zu den Manifestationen dieser Erkrankung. Eine Nierenbeteiligung liegt bei etwa einem Drittel der Patienten vor, ferner wurden Gelenkschmerzen und eine gelegentliche Mitbeteiligung des zentralen Nervensystems mitgeteilt [12, 30, 33, 53].

Die Diagnose stützt sich auf die charakteristischen klinischen Beschwerden, insbesondere auf das Vorliegen von Asthma, ferner auf die bioptischen Befunde und den Nachweis einer signifikanten Vermehrung eosinophiler Granulozyten, die häufig 50% der peripheren Leukozyten ausmachen.

Laborbefunde. Der labormedizinische Leitbefund der Churg-Strauss-Vaskulitis ist eine periphere Eosinophilie. Bei den von Churg und Strauss dokumentierten Verläufen wurden maximale Eosinophilenzahlen zwischen 5000 und 29 000 pro µl festgestellt. Verschiedene Autoren fordern eine absolute Eosinophilenzahl von 1000 pro µl [30] bis 1500 pro µl [53], um die Diagnose zu untermauern. Weitere Laborbefunde wie eine stark beschleunigte BSG, eine Leukozytose, eine Anämie, eine Thrombozytose sowie eine Erniedrigung der Komplementwerte bei ca. 50% der Patienten sind unspezifisch und erklären sich aus dem systemischen Charakter der Erkrankung. Bei einem Teil der Patienten werden IgM-Rheumafaktoren und Kryoglobuline nachgewiesen. Lanham et al. [53] berichten, daß bei 15 von 20 untersuchten Patienten die Serum-IgE-Werte oberhalb der Norm lagen. Ob der Nachweis IgE-haltiger, PEG-präzipitierbarer Immunkomplexe [59] demgegenüber eine zusätzliche diagnostische Aussagekraft hat, ist derzeit noch offen.

Neben den allgemeinen Entzündungszeichen stellt die Eosinophilie den sichersten Verlaufsparameter dar.

14.2.1.3 Polyangiitis-Overlap-Syndrom

Bei einer Reihe von Patienten, die an einer nekrotisierenden Vaskulitis erkrankt sind, liegen klinische und histologische Befunde vor, wie sie bei den klassischen Entitäten der nekrotisierenden Vaskulitiden, der Panarteriitis nodosa und dem Churg-Strauss-Syndrom gefunden werden. Häufig weisen diese Patienten Hautveränderungen wie bei einer Hypersensitivitätsangiitis (s. unten) auf. Fauci [31] hat vorgeschlagen, diese Patienten nicht einer der bekannten Entitäten zuzuordnen, sondern sie unter dem Begriff „Polyangiitis-Overlap-Syndrom" zusammenzufassen. In einer jüngeren prospektiven Studie dieser Arbeitsgruppe [55] konnte gezeigt werden, daß Überlappungen nekrotisierender Vaskulitiden untereinander, aber auch Überlappungen nekrotisierender Vaskulitiden mit Riesenzellarteriitiden möglich sind. Auffällig bei den 10 untersuchten Patienten war ein frühes Erkrankungsalter (mittlerer Erkrankungsbeginn mit 25 Jahren) und der fehlende Nachweis des HBsAg. Bei allen Patienten bestand ein schwerer Krankheitsverlauf mit der Gefahr irreversibler Organschäden, so daß neben Kortikosteroiden die Therapie mit Zytostatika erforderlich wurde [55].

14.2.2 Hypersensitivitätsangiitis (Leukozytoklastische Vaskulitis)

Die Gruppe der Hypersensitivitätsangiitiden umfaßt verschiedene Krankheitsbilder, denen eine Vaskulitis kleiner Blutgefäße, überwiegend der postkapillären Venolen gemeinsam ist. Diese Vaskulitis betrifft überwiegend die Haut, gelegentlich auch innere Organe. Der Ausdruck leukozytoklastische Vaskulitis beschreibt den histologischen Befund einer Infiltration kleiner Blutgefäße durch Leukozyten, der Zerstörung der Gefäßwand sowie des Zerfalls von Leukozyten. Diese Befundkonstellation wurde zuerst von Zeek et al. [93] beschrieben und als Hypersensitivitätsangiitis bezeichnet. Diese Läsionen wurden auch nach der Applikation von exogenen Antigenen, z. B. Pferdeserum, beobachtet, und wiesen pathologisch-anatomisch die gleichen Stadien der Entzündung auf.

Dieser Typ einer nekrotisierenden Vaskulitis findet sich unter anderem bei der Purpura Schönlein-Henoch, bei der akuten Serumkrankheit und verwandten Zuständen, als Reaktion auf Medikamente, nach Infekten, bei Kryoglobulinämien, oder als Ausdruck verschiedener Erkrankungen mit immunpathogenetischem Hintergrund.

Die ersten und klinisch meist führenden Symptome der leukozytoklastischen Vaskulitis sind Hautläsionen. Zunächst entwickelt sich ein flaches, purpurfarbenes, fleckförmiges Hautexanthem, welches sich zu tastbaren Knoten weiterentwickelt. Diese „palpable Purpura" ist ein wichtiges differentialdiagnostisches Merkmal zur Abgrenzung gegenüber Hauteinblutungen anderer Genese, vor allem Purpuraformen bei Thrombozytopenien und Koagulopathien. Die Läsionen können etwa 1–4 Wochen bestehen bleiben und lassen eine Hyperpigmentierung, zeitweilig auch Narben zurück. Die Größe der Hautveränderungen ist sehr unterschiedlich. Bei schweren Verläufen können Vesiculae und Bullae, zum Teil mit Einblutung, beobachtet werden. Die Hautläsionen treten insbesondere an den abhängigen Körperpartien auf, meistens im Bereich der unteren Extremität, bei bettlägerigen Patienten auch in der Glutealregion [31].

Allgemeinsymptome wie Fieber und Abgeschlagenheit können die Hautveränderungen begleiten. Gelenkschmerzen sind häufig, eine tastbare Synovitis dagegen ist selten. Eine Beteiligung innerer Organe betrifft vorwiegend die Nieren, unter Umständen mit Niereninsuffizienz, sowie die Gefäße des Gastrointestinaltraktes mit der Folge abdomineller Schmerzen und selten einer gastrointestinalen Blutung. Auch pulmonale und zentralnervöse Beteiligungen sind beschrieben worden.

Die Prognose der leukozytoklastischen Vaskulitis ist insgesamt gut. Viele Fälle bleiben auf die Haut beschränkt und weisen einen selbstlimitierenden Verlauf auf. Bei chronischem Verlauf oder der Beteiligung innerer Organe sind Therapieversuche mit Kortikosteroiden, in schweren Fällen auch Zytostatika, jedoch unumgänglich.

Die klinischen und pathologischen Charakteristika der leukozytoklastischen Vaskulitis sind in Tabelle 14.2 zusammenfassend dargestellt.

14.2.2.1 Purpura Schönlein-Henoch

Die Purpura Schönlein-Henoch zählt zu den leukozytoklastischen Vaskulitiden und kann aufgrund besonderer Charakteristika als eigenes Krankheitsbild abgegrenzt werden. Sie kann in jedem Alter auftreten, wird jedoch am häufigsten bei Kindern im Alter zwischen 4 und 11 Jahren beobachtet.

Die Histopathologie entspricht einer leukozytoklastischen Vaskulitis. Die Immunfluoreszenz läßt Ablagerungen von Immunglobulinen und Komplement in Hautgefäßen und in der Niere erkennen. Immunglobulin A ist das dominierende und häufig einzige in der Immunfluoreszenz nachweisbare Immunglobulin. Auch in nicht befallener Haut lassen sich IgA-Ablagerungen finden.

Tabelle 14.2. Klinische und histologische Merkmale der Leukozytoklastischen Vaskulitis

Lokalisation:
- überwiegender Befall postkapillärer Venolen;
- vorwiegend cutane Manifestationen (palpable Purpura);
- Beteiligung anderer Organe möglich.

Histologie:
- Infiltration durch polymorphkernige Leukozyten;
- Leukozytoklasie mit Karyorrhexis und Ablagerung von Kernstaub;
- fibrinoide Nekrose;
- Extravasation von Erythrozyten.

Ursache:
- exogene oder endogene Antigene, wie
- Medikamente,
- Mikroorganismen,
- Fremdeiweiß,
- Tumorantigene.

Manifestation:
- 7–10 Tage nach Antigenexposition, aber auch später.

Pathogenese:
- Überzeugende Evidenzen für die pathogenetische Rolle von Immunkomplexen.
- Gleiches Entwicklungsstadium der Läsionen, was für eine mehr episodische als kontinuierliche Exposition gegenüber Immunkomplexen spricht.

Verlauf:
- im allgemeinen selbstlimitierend,
- remitierender oder chronischer Verlauf möglich.

Behandlung:
- oft unbefriedigend;

im Vordergrund
- Entfernung möglicher Antigene,
- Behandlung von Infektionen,
- Behandlung der Grundkrankheit,
- unter Umständen Kortikosteroide.

nach [31]

Klinisch besteht bei bis zu 80% der Patienten das Zusammentreffen einer palpablen Purpura, einer Arthritis sowie abdomineller Schmerzen. Ödeme werden vorwiegend an der unteren Extremität beobachtet, gelegentlich auch an den Händen, an der Kopfhaut und periorbital. Die Arthritis manifestiert sich vor allem an den Sprung- und Kniegelenken. Die Darmbeteiligung kann zu Leibschmerzen, Krämpfen, Blutungen, exsudativer Enteropathie oder zur Perforation führen. 30–50% der Patienten entwickeln eine Nierenbeteiligung. Diese manifestiert sich mit einer Hämaturie und einer Proteinurie. Entscheidend für den Nachweis der Nierenbeteiligung ist die Nierenbiopsie. Es findet sich eine fokale Glomerulonephritis, weniger häufig eine mesangioproliferative Glomerulonephritis. Auch in der Niere läßt sich in der Immunfluoreszenz IgA nachweisen. Die histologischen Befunde entsprechen der primären IgA-Nephropathie.

Die Purpura Schönlein-Henoch verläuft im allgemeinen selbstlimitierend. Verläufe von 5–20 Wochen Dauer werden häufig gesehen. Rückfälle und schwerwiegende renale Schädigungen, die überwiegend bei Erwachsenen auftreten, sind möglich [18].

14.2.2.2 Serumkrankheit und serumkrankheitsähnliche Reaktionen

Unter der Serumkrankheit wird das Auftreten einer schweren Systemerkrankung, gekennzeichnet von Fieber, Urtikaria, Arthralgien, Lymphknotenschwellungen und Albuminurie 7–10 Tage nach primärer Exposition und 2–4 Tage nach sekundärer Exposition gegenüber einem Fremdantigen verstanden. Diese Symptomatik wurde zunächst nach der Applikation von Fremdeiweiß beobachtet (klassische Serumkrankheit), wird heute aber häufiger als Reaktion auf verschiedene Medikamente gesehen. Obwohl eine Vaskulitis selten zur Symptomatik der Serumkrankheit gehört, kann sich diese, insbesondere nach massiver Antigenexposition, als kutane Venulitis entwickeln und gelegentlich das Ausmaß einer systemischen Vaskulitis erreichen. Die Substanzen, die eine serumkrankheitsähnliche Reaktion auslösen, umfassen unter anderem Penicillin, Sulfonamide, Phenylbutazon, Thiazide, Streptomycin, p-Aminosalicylsäure, Hydantoin und Thiouracil. Verschiedene Blutprodukte oder heterologe Proteine wie z.B. Anti-Lymphozyten-Serum vom Pferd können ebenfalls eine Serumkrankheit auslösen, deren Manifestationen sich nach Absetzen der auslösenden Agentien innerhalb von Tagen, manchmal jedoch auch langsamer, zurückbilden [54, 66, 81].

14.2.2.3 Urtikaria-Vaskulitis

Eine leukozytoklastische Vaskulitis mit eigenem klinischen Erscheinungsbild stellt die Urtikaria-Vaskulitis dar. Dieses seltene Krankheitsbild wurde erstmals von McDuffie et al. [60] als hypokomplementämische Vaskulitis beschrieben. Es handelt sich um eine Erkrankung, die überwiegend bei jüngeren Frauen vorkommt. Histologisch findet sich eine leukozytoklastische Vaskulitis kleiner Gefäße, bei Nierenbeteiligung findet sich eine milde bis mäßig ausgeprägte membranoproliferative Glomerulonephritis. – Das entscheidende klinische Charakteristikum dieser Vaskulitis ist ein urtikarielles Hautexanthem. Dieses kann überall auf der Haut auftreten, bevorzugt im Gesicht, im Bereich der oberen Extremitäten und am Stamm. Die Urtikaria dauert 24–48 Stunden, zeigt meistens eine zentrale Aufhellung und verschwindet ohne Residuen. Die Hautveränderungen können mehrere Zentimeter groß sein. Eine Purpura, Knötchen sowie Bläschen werden gelegentlich gesehen.

Als extrakutane Manifestationen kommen Arthralgien und Arthritiden bei 75% der Patienten vor, Deformierungen bleiben nicht zurück. Genetische Faktoren scheinen bei der Ausprägung der Gelenksymptomatik eine Rolle zu spielen, wie der gehäufte Nachweis von HLA-B51 zeigt [67]. Nieren- und Lungenbeteiligung sowie insbesondere abdominelle Schmerzen und Fieber kommen bei 30–50% der Patienten vor.

Laborbefunde. Der Bestimmung der Komplementproteine kommt eine entscheidende Bedeutung zu. Ca. 50% der Patienten weisen eine normokomplementämische Form der Urtikaria-Vaskulitis auf. Bei den anderen Patienten sind Komplement C3 und C4 oft deutlich erniedrigt. Bereits McDuffie et al. [60] machten die Feststellung, daß bei den Patienten mit Komplementmangel die Allgemeinsymptome, insbesondere Nierenbeteiligung mit Hämaturie und Proteinurie schwerer ausgeprägt sind.

Weitere labormedizinische Auffälligkeiten sind eine beschleunigte BSG und eine Leukozytose, zeitweilig mit Eosinophilie. Antinukleäre Antikörper, anti-DNA-Antikörper, IgM-Rheumafaktoren, Kryoglobuline und HBsAg sind bei der primären Urtikaria-Vaskulitis im allgemeinen negativ. – Da die Erkrankung in Begleitung eines SLE, einer chronischen Polyarthritis, einer Kryoglobulinämie wie auch bei Hepatitis-B-Infektion und bei Neoplasien auftreten kann, ist die Suche nach entsprechenden Grunderkrankungen erforderlich [39].

14.2.2.4 Vaskulitis bei rheumatischen Erkrankungen

Eine Vaskulitis vom Typ der leukozytoklastischen Vaskulitis kann im Verlauf nahezu aller entzündlich rheumatischen Erkrankungen auftreten. Am häufigsten wird sie bei der chronischen Polyarthritis (cP) und dem Systemischen Lupus Erythematodes (SLE) gesehen.

Vaskulitis bei SLE

Ungefähr 20% der Patienten mit SLE weisen in ihrem Verlauf Symptome einer kutanen Vaskulitis auf [24]. Dies ist überwiegend eine Vaskulitis der kleinen Gefäße. Sie manifestiert sich vor allem mit nekrotisierenden Ulzera, die bevorzugt an den Knöcheln auftreten, ferner mit kleinen Hautinfarkten, periungualen Rötungen oder gelegentlich in einer Gangrän der Extremitäten. Eine Raynaud-Symptomatik als Ausdruck vasospastischer Vorgänge ist – in Abhängigkeit von der Betonung dieses Aspektes bei der Anamneseerhebung – in 18–45% der Fälle vorhanden [24]. Schwere vaskulitische Läsionen großer Gefäße mit der gravierenden Konsequenz eines Myokardinfarktes oder des Verschlusses eines mesenteriellen Gefäßes sind selten, wurden aber mitgeteilt. Eine Besonderheit bei der Beteiligung großer Gefäße stellen seltene thrombotische Verschlüsse großer Arterien bei Vorliegen von Cardiolipin-Antikörpern dar [6]. Ätiologisch stehen bei der Vaskulitis des SLE Immunkomplexe im Vordergrund, der SLE gilt als klassische Immunkomplexerkrankung [15].

Laborbefunde. Bei Lupus-Patienten mit Vaskulitis werden meist hohe Titer antinukleärer Antikörper gefunden, eine deutliche polyklonale IgG-Vermehrung ist ebenfalls häufig. Eine Erniedrigung von Komplement C3 und C4 ist als Ausdruck eines aktiven Krankheitsgeschehens zu werten. Wegen der Möglichkeit einer primären Komplementdefizienz besitzen Verlaufsuntersuchungen mit dem Nachweis eines Abfalls der Komplementspiegel eine größere Aussagekraft. Das Vorliegen von Kryoglobulinen sollte abgeklärt werden. Wegen der besonderen Bedeutung thrombotischer Komplikationen in Gegenwart von Cardiolipin-Antikörpern sollte ein entsprechender Test zum Suchprogramm bei SLE gehören.

Vaskulitis bei chronischer Polyarthritis

Die Vaskulitis der cP hat unterschiedliche Erscheinungsformen. Möglich ist eine Entzündung kleiner Venen, die histologisch der typischen leukozytoklastischen Vaskulitis entspricht und insbesondere Hautmanifestationen hervorruft. Weniger häufig kommt es zu einer fulminanten, disseminierten Vaskulitis der Arteriolen und mittlerer Arterien sowie größerer Venen, die in ihrem histologischen Bild den nekrotisierenden Vaskulitiden der Panarteriitis nodosa und verwandter Krankheitsbilder ähnelt [80]. Eine digitale Gangrän kann die Folge sein. Diese Form der Vaskulitis tritt bevorzugt bei schweren Verläufen der cP mit destruierender, erosiver Arthritis, Rheumaknoten und hohen Titern von IgM-Rheumafaktoren auf [76, 77], relativ häufig auch bei Patienten mit Felty-Syndrom. Das Auftreten einer Vaskulitis bei cP ist seinerseits als prognostisch ungünstiges Zeichen zu werten. Immunhistologische Hinweise auf eine Vaskulitis kleiner Hautgefäße waren mit dem vermehrten Auftreten extraartikulärer Manifestationen, einer rascher progredienten Gelenkdestruktion sowie einer erhöhten Mortalität korreliert [61].

Laborbefunde. Die Patienten mit rheumatoider Vaskulitis weisen besonders hohe Titer des IgM-Rheumafaktors auf, Kryoglobuline und zirkulierende Immunkomplexe werden gefunden. Als entscheidender Unterschied zu den meisten Patienten mit nicht-vaskulitischer cP ist die Erniedrigung der Komplement-Proteine zu werten. Komplement C3 und C4, als Akute-Phase-Proteine bei der cP meist erhöht, sind bei der cP mit Vaskulitis häufig erniedrigt. Zusätzlich werden die sonst bei aktiver cP auffälligen Parameter, wie beschleunigte BSG, Anämie, Thrombozytose, Verminderung des Serumalbumins und Vermehrung der α_2-Globuline, gefunden.

14.2.2.5 Vaskulitis bei malignen Erkrankungen

Eine Gefäßentzündung kann gelegentlich in Begleitung bestimmter maligner Erkrankungen auftreten, insbesondere bei chronisch-lymphatischer

Leukämie, bei M. Hodgkin und beim Plasmozytom [72]. Üblicherweise handelt es sich um eine Vaskulitis der Haut mit klinischen und histologischen Merkmalen der leukozytoklastischen Vaskulitis.

Schließlich treten überwiegend kutane Vaskulitiden vom Typ der leukozytoklastischen Vaskulitis bei monoklonaler oder polyklonaler Vermehrung von Immunglobulinen auf. Da klinisch die kutane Vaskulitis als Purpura imponieren kann und labormedizinisch die Vermehrung der Immunglobuline (Ig) dominiert, wurde für diese Erkrankungen der Begriff *Purpura hypergammaglobulinaemica* geprägt. Bei Verwendung dieses Begriffs ist zu bedenken, daß er monoklonale Gammopathien, speziell die monoklonale Ig-Vermehrung beim Immunozytom (M. Waldenström) und beim Plasmozytom, als auch polyklonale Ig-Vermehrungen bei chronisch-entzündlichen Erkrankungen umfaßt. Bei letzteren lassen sich meistens Kryoglobuline nachweisen, die überdies im Rahmen einer essentiellen Kryoglobulinämie für eine leukozytoklastische Vaskulitis verantwortlich sein können (s. Kap. 13). Die Differenzierung in monoklonale und polyklonale Ig, die auch für die Kryoglobuline durchgeführt werden sollte, dient der Unterscheidung zwischen malignen und benignen Prozessen.

14.2.2.6 Leukozytoklastische Vaskulitis bei anderen Erkrankungen

Zusätzlich zu den genannten Ursachen findet sich eine leukozytoklastische Vaskulitis in seltenen Fällen als Begleiterkrankung bei anderen chronisch-entzündlichen Leiden, darunter bei Colitis ulcerosa, retroperitonealer Fibrose, primär biliärer Zirrhose wie auch bei Goodpasture-Syndrom [31]. Zahlreiche andere Grundkrankheiten können einer Vaskulitis, meist vom Typ der leukozytoklastischen Vaskulitis, zugrunde liegen. Eine Zusammenstellung der unterschiedlichen Ursachen für eine Vaskulitis findet sich in Tabelle 14.3 unter der Überschrift „Sekundäre Vaskulitiden". Dieser Begriff versteht die Gefäße als Schauplatz einer Mitreaktion, die ihren Ursprung – im Rahmen einer bekannten Grunderkrankung – außerhalb der Gefäßwände nimmt. Unter primären Vaskulitiden verstehen wir nach dieser Einteilung Erkrankungen, bei denen Anlaß und Ziel der Entzündung in den Blutgefäßen selbst vermutet werden [68].

14.2.3 Wegener-Granulomatose

Die Wegener-Granulomatose (WG) ist charakterisiert durch eine nekrotisierende Vaskulitis mit begleitender Granulombildung. Die Hauptmanifestationsorte sind der gesamte Respirationstrakt sowie die Nieren. Prinzipiell können zusätzlich vaskulitische Veränderungen von kleinen Arterien und Venen in allen Organen auftreten [22].

Die Genese der WG ist unklar. Die fast regelmäßige Beteiligung des Respirationstraktes hat den Verdacht auf ein bisher nicht identifiziertes

Tabelle 14.3. Sekundäre Vaskulitiden

1. bei Autoimmunerkrankungen
- a) chronische Polyarthritis
- b) systemischer Lupus erythematodes
- c) Sklerodermie
- d) Dermato-/Polymyositis
- e) autoimmune Lebererkrankungen (CAH, PBC)
- f) Sarkoidose
- g) Morbus Crohn

2. bei Infektionskrankheiten
- a) Streptokokken (rheumatisches Fieber)
- b) Hepatitis B, Herpes, Coxsackie
- c) Spirochaeten (Lues, Borreliose)
- d) Mykobakterien (TBC, Lepra)
- e) Parasitosen

3. bei malignen Erkrankungen
- a) Gammopathien, Kryoglobulinämien
- b) Leukämien, Lymphome
- c) angioimmunoblastische LAP
- d) solide Tumoren
- e) Vorhofmyxome

4. bei Intoxikationen
- a) Mutterkornalkaloide
- b) Schlangengift
- c) Nikotinabusus

5. durch Medikamente induziert
- a) nichtsteroidale Antiphlogistika
- b) Antibiotika
- c) Basistherapeutika (Goldverbindungen, D-Penicillamin)
- d) Zytostatika und Antimetabolite (Bleomycin)

nach [68]

inhalatives Antigen gelenkt. Die Histologie der Vaskulitis mit oder ohne Immunkomplexnachweis sowie das Ansprechen auf immunsuppressive Therapie sprechen dafür, daß die WG in den Kreis der Autoimmunerkrankungen einzureihen ist [32].

Die WG ist eine Erkrankung des mittleren Erwachsenenalters, Männer sind etwas häufiger betroffen als Frauen. Klinisch beginnt das Krankheitsbild in der Regel mit einer unspezifischen Prodromalphase mit Abgeschlagenheit, gelegentlich Fieber und Arthralgien, Inappetenz und Gewichtsverlust. Die initialen klinischen Zeichen, die den Verdacht auf eine WG lenken, können in Nasenbluten, Sinusitis, Dyspnoe, Hustenreiz, Hämoptysen, respiratorischer Insuffizienz oder in den Folgen einer zunehmenden Niereninsuffizienz bestehen. Die typischen röntgenologischen Veränderungen sind multiple beidseitige knollige Infiltrationen. Bei der Nephritis bei WG handelt es sich um eine fokale und segmentale Glomerulitis, die zu einer rapid progressiven Glomerulonephritis mit Halbmondbildung fortschreiten kann [22]. Eine Zusammenstellung der klinischen Symptomatik findet sich in Tabelle 14.4.

Eine Augenbeteiligung kann als Konjunktivitis oder Episkleritis bzw. Sklero-Uveitis oder Vaskulitis der Ziliargefäße auftreten. Retroorbitale Granulome können als Pseudotumor orbitae mit Protrusio bulbi imponieren. Hautbeteiligungen treten auf als palpable Purpura, gelegentlich mit zentraler vaskulitischer Nekrose oder als subkutane Knoten. Bioptisch zeigt sich dabei das Bild einer Vaskulitis oder typischer Granulome. Die kardiale Beteiligung kann sich als Perikarditis, koronare Vaskulitis oder Kardiomyopathie manifestieren. Verschiedene ZNS-Manifestationen sind beschrieben worden [22].

Laborbefunde. Laborchemisch geht die WG in der Regel mit einer deutlich erhöhten BSG einher. Parallel sind andere unspezifische Entzündungsparameter deutlich erhöht: CRP, Fibrinogen, α_2-Globuline, und Gammaglobulin in der Serumelektropherese. Leukozytose und entzündliche Anämie sind häufig. Ein Komplementverbrauch liegt im Normalfall nicht vor [16].

Seit der Erstbeschreibung durch van der Woude [85] ist der Nachweis der antizytoplasmatischen Antikörper (ACPA; Synonym ANCA = antineutrophil cytoplasmic antibodies) zu einem wichtigen Bestandteil der Diagnostik der WG geworden [36]. Es handelt sich dabei überwiegend um IgG-Antikörper, die durch indirekte Immunfluoreszenz am Zytoplasma neutrophiler Granulozyten und deren Vorstufen nachgewiesen werden. Für den Test werden Ausstriche von Leukozytenkonzentraten gesunder Probanden oder ELISA-Techniken [5, 62] verwendet. Für die ACPA ist eine fein granuläre, zentral akzentuierte zytoplasmatische Anfärbung in der Immunfluoreszenz charakteristisch [62]. Diese muß von anderen Mustern abgegrenzt werden, unter anderem von perinukleären Reaktionen, für die Myeloperoxidase als Antigen verantwortlich gemacht werden konnte [28], deren Spezifität jedoch derzeit nicht ausreichend geklärt ist [62].

ACPA besitzen eine hohe Spezifität für die WG. Bei Vorliegen des typischen Vollbildes der WG mit hoher Krankheitsaktivität und positivem histologischen Nachweis liegt regelmäßig ACPA-Positivität vor [62]. Auf der anderen Seite gibt es zwischenzeitlich eine Reihe von Beobachtungen von ACPA-Positivität bei vaskulitischen bzw. immunopathischen Krankheitsbildern, die bisher nicht der WG zugeordnet worden waren [74, 88]. Dies gilt vor allem für das Krankheitsbild der Mikroskopischen Polyarteriitis [74]. Diese ist durch eine nekrotisierende Vaskulitis kleiner Gefäße mit vornehmlich kutaner und muskulärer Manifestation sowie eine fokale nekrotisierende Glomerulonephritis gekennzeichnet [73]. Dieses bislang noch unzureichend klassifizierte Krankheitsbild wird von der WG durch das Fehlen von Granulomen und eine geringere Häufigkeit pulmonaler Symptome abgegrenzt [5, 73]. Der wiederholte Nachweis von ACPA bei dem Syndrom der „Mikroskopischen Polyarteriitis" hat zu der Hypothese

Tabelle 14.4. Klinische Symptomatik der Wegener-Granulomatose*

	Patienten	
Symptom	Anzahl	%
Pulmonale Infiltrationen	60	71
Sinusitis	57	67
Arthralgien oder Arthritis	37	44
Fieber	29	34
Otitis	21	25
Husten	29	24
Rhinitis, andere nasale Symptome	19	22
Hämoptysen	15	18
Entzündungen der Augen (Konjunktivitis, Uveitis, Episkleritis, Skleritis)	14	16
Gewichtsverlust	14	16
Hautrötungen	11	13
Epistaxis	9	11
Nierenversagen	9	11
Thorakale Beschwerden	7	8
Appetitlosigkeit, Übelkeit	7	8
Proptosis	6	7
Dyspnoe	6	7
Orale Ulzerationen	5	6
Gehörverlust	5	6
Pleuritis oder Pleuraerguß	5	6
Kopfschmerzen	5	6

* nach [32]

Weitere Manifestationen:

- Heiserkeit und Stridor,
- Sattelnasendeformität,
- Mastoiditis, je 3 Patienten;
- Hirnnervenbeteiligung, 3 Patienten;
- Parotisvergrößerung oder -schmerzen, 2 Patienten;
- Verschluß des Ductus nasolacrimalis,
- Thyreoiditis,
- pathologische Leberwerte,
- Blindheit,
- periphere Neuropathie,
- Ohrmuschelschwellung,
- Fußödeme,
- Adenopathie,
- Geruchslosigkeit,
- Perikarditis,
- Asthma bronchiale,
- Diabetes insipidus,
- Raynaud-Symptomatik

→ jeweils 1 Patient.

geführt, daß es sich bei diesem Krankheitsbild um eine Variante der WG handeln könnte [5, 62, 70].

Die Titerhöhe der ACPA korreliert im Einzelfall mit der Krankheitsaktivität [36, 62]. Die Frage, ob den Antikörpern pathogenetische Relevanz zukommt, kann derzeit nicht als geklärt angesehen werden. Der Nachweis von ACPA-Affinität zu glomerulären Zellen weist in diese Richtung [1]. Aufgrund der niedrigen Rate falsch negativer Befunde gehört der Nachweis von ACPA zur Diagnostik der WG.

Der definitive Beweis des Vorliegens einer WG sollte weiterhin histologisch erfolgen [57]. Für die Histologie bietet sich zunächst eine sorgfältige Inspektion des oberen Respirationstraktes mit Probeexzision aus verdächtigen Bezirken an. Der nächste Schritt ist die PE aus bronchoskopisch auffälligen Bezirken. Die Nieren-PE zeigt in der Regel das oben beschriebene Bild; charakteristische Granulome in der Nieren-PE sind eher selten. Wenn entsprechende kutane Veränderungen vorhanden sind, kann die Haut-PE den einfachsten Zugang zum Nachweis der Granulome darstellen.

14.2.4 Riesenzellarteriitiden

Zu der Gruppe der Riesenzellarteriitiden werden die beiden Krankheitsbilder Arteriitis temporalis und Takayasu-Syndrom gezählt.

14.2.4.1 Arteriitis temporalis (Horton)

Die Arteriitis temporalis, die auch als Arteriitis cranialis oder als Riesenzellarteriitis bezeichnet wird, ist eine Vaskulitis mittlerer und großer Arterien. Sie betrifft einen oder mehrere Äste der Arteria carotis, vorzugsweise die Temporalarterie. Häufig sind andere Arterien vergleichbaren Kalibers betroffen [29], die durch die Konzentration des diagnostischen Vorgehens auf die gut zugängliche Temporalarterie oft nicht erfaßt werden.

Die Arteriitis temporalis betrifft selten Patienten unter 55 Jahren, der Altersgipfel bei Erkrankungsbeginn liegt bei 70 Jahren. Die Ursachen der Erkrankung ist nicht bekannt, es liegen Hinweise auf immunpathogenetische Mechanismen vor [65, 84]. Genetische Untersuchungen haben eine mögliche Assoziation der Erkrankung mit HLA-DR4 nahegelegt [10].

Kopfschmerzen sind ein häufiges Symptom der Arteriitis temporalis. Bei einem Teil der Patienten kann eine verdickte, knotige und unter Umständen pulsierende Arterie bereits früh palpatorisch erfaßt werden. Die bedeutendste Komplikation der unbehandelten Arteriitis temporalis ist die Augenbeteiligung mit einer ischämischen Neuritis des Nervus opticus. Diese kann zu schweren visuellen Beeinträchtigungen bis hin zur plötzlichen Erblindung führen. Rückwirkend lassen sich bei solchen Ereignissen meistens bereits vorher bestehende Kopfschmerzen oder mildere visuelle Störungen erfragen. Diese sollten daher als Frühsymptome einer Arteriitis temporalis besonders ernst genommen werden.

Bei über 50% der Patienten ist die Arteriitis temporalis mit der Symptomenkonstellation der Polymyalgia rheumatica assoziiert, die durch Schmerzen und Bewegungseinschränkungen der Muskulatur, vor allem im Schulter- und Beckengürtel, gekennzeichnet ist. Als Allgemeinsymptome sind Fieber, Anämie, Abgeschlagenheit, Gewichtsverlust, Schweißausbrüche und Gelenkschmerzen zu nennen.

Die Diagnose der Arteriitis temporalis stützt sich auf das klinische Bild, den bioptischen Befund und die Laborkonstellation, bei der die maximal beschleunigte BSG herausragt. Da die erkrankten Gefäße segmental befallen sind, sind Serienschnitte des biopsierten Materials erforderlich. Bei besonderer Bedeutung einer sicheren Diagnosestellung werden bilaterale Biopsien [47], gegebenenfalls eine lokale Arteriographie vor Biopsie [47] empfohlen.

Laborbefunde. Die BSG ist fast immer maximal beschleunigt. Werte über 100 in der 1. Stunde (nach Westergren) sind häufig, aber nicht obligat. Weitere Befunde sind eine milde bis mäßig ausgeprägte normochrome Anämie und häufig eine Thrombozytose. Ein Anstieg der α_2-Globuline und des Fibrinogen werden im allgemeinen beobachtet. Bei etwa einem Drittel der Patienten besteht ein reversibler Anstieg der γ-GT und der alkalischen Phosphatasc [42].

14.2.4.2 Takayasu-Arteriitis (Aortenbogen-Syndrom)

Die Takayasu-Arteriitis ist eine Vaskulitis der großen Gefäße, die vor allem die Aorta und ihre Hauptabgänge betrifft. Die Krankheit ist vor allem in Ostasien beschrieben worden, kommt aber weltweit vor. Die Krankheit befällt in 80–90% der Fälle junge Frauen. Der Erkrankungsbeginn liegt meistens zwischen dem 10. und 30. Lebensjahr.

Die Ursache der Erkrankung ist nicht bekannt. Verschiedene infektiöse Erreger wurden verantwortlich gemacht, konnten bislang jedoch nie definitiv als Auslöser der Erkrankung identifiziert werden. Zahlreiche Befunde sprechen für eine genetische Disposition für die Takayasu-Arteriitis. Bei Asiaten wurde eine gehäufte Frequenz von HLA-Bw52 gefunden [44]. In Nordamerika wurde dagegen eine Häufung von DR4 sowie der Determinanten MB3 auf dem DQ-Molekül gefunden [86]. Folglich könnte die Takayasu-Arteriitis mit einem Immunantwort-Gen auf dem D-Lokus assoziiert sein.

Histologisch finden sich frühe Veränderungen in der Adventitia und in äußeren Schichten der Media der betroffenen großen Arterien. Diese Veränderungen umfassen eine granulomatöse Entzündung mit Infiltrationen durch Lymphozyten, Plasmazellen, Histiozyten und gelegentlich polymorphkernigen Leukozyten sowie mehrkernigen Riesenzellen. Bei fortschreitender Entzündung kommt es zur Fragmentation und Nekrose elastischer Fasern und glatter Muskulatur in der Media sowie zur ausgeprägten Intimaverdickung [31].

Klinisch findet sich initial eine systemische Entzündung mit Allgemeinsymptomen wie Abgeschlagenheit, Muskel- und Gelenkschmerzen, Fieber, Anämie und Gewichtsverlust. Später kann die Gefäßentzündung zu Stenosen oder zur Bildung von Aneurysmen führen. In Phasen, in denen die durch Gefäßobliteration verursachte Ischämie im Vordergrund steht *(pulseless disease),* können systemische Entzündungsparameter fehlen. Lebensbedrohliche Verläufe resultieren aus einer sekundären Myokardinsuffizienz sowie zerebrovaskulären Insulten [79].

Die Diagnose stützt sich vor allem auf die Angiographie sowie auf typische bioptische Befunde, sofern bei gefäßchirurgischen Eingriffen Material für die histologische Untersuchung gewonnen werden kann. Die aktive Krankheitsphase ist durch die klinische Symptomatik und labormedizinisch durch eine erhöhte BSG, eine mäßig ausgeprägte, normochrome oder hypochrome Anämie, eine Erhöhung der α_2-Globuline und des Fibrinogen, teilweise durch eine Vermehrung der γ-Globuline gekennzeichnet.

14.2.5 Andere Vaskulitiden

14.2.5.1 Mukokutanes Lymphknoten-Syndrom (Kawasaki-Syndrom)

Das mukokutane Lymphknoten-Syndrom ist eine akute fieberhafte Erkrankung des frühen Kindesalters. Obwohl der Krankheitsverlauf stark an eine akute Infektion erinnert, konnten bislang auslösende Erreger nicht eindeutig bestimmt werden. Die Erkrankung ist gekennzeichnet durch eine abakterielle zervikale Lymphadenitis, Schwellungen der Hände und Füße, Rötungen der Hohlhand und der Fußsohlen, nachfolgende Desquamation der Haut an den Fingerspitzen, ferner durch Fieber, Konjunktivitis sowie Rötungen des Oropharynx. Die Krankheit spricht nicht auf Antibiotika an. Sie verläuft im allgemeinen selbstlimitierend und heilt meistens ad integrum aus. Bei 1–2% der Patienten entwickeln sich jedoch schwere und oft fatale Komplikationen. Diese resultieren meistens aus einer vaskulitischen Beteiligung der Koronararterien. Gelegentlich sind auch andere Arterien betroffen. Es liegt dann eine Arteriitis mit Infiltration der Gefäßwand durch Granulozyten und mononukleäre Zellen, mit Gefäßwandnekrose und häufig auch mit Gefäßwandaneurysmen vor. Die Ausbildung von Thrombosen der Gefäßaneurysmen kann in einem Myokardinfarkt resultieren. Die Prognose kann bei den schweren Verläufen durch Acetylsalicylsäure verbessert werden, die Therapie mit Kortikosteroiden wird noch unterschiedlich beurteilt [30, 83].

14.2.5.2 Isolierte Vaskulitis des Zentralnervensystems (ZNS)

Die primäre Vaskulitis des ZNS ist eine seltene, auf die Gefäße des zentralen Nervensystems beschränkte Form der Vaskulitis. Diese Erkrankung wurde erstmals 1959 von Gravioto und Feigin beschrieben und von den anderen Vaskulitiden abgegrenzt. Die Diagnose kann gemäß einem Vorschlag von Calabrese u. Mallek [9] gestellt werden, wenn folgende Kriterien erfüllt sind: 1. das Vorliegen einer anderweitig nicht erklärbaren neurologischen Symptomatik nach gründlichem Ausschluß anderer Ursachen; 2. der Nachweis einer Vaskulitis, überwiegend einer Arteriolitis und Arteriitis des ZNS, dokumentiert durch eine zerebrale Angiographie und/oder durch eine Biopsie des Kortex oder der Leptomeningen; 3. der fehlende Hinweis auf das Vorliegen einer systemischen Vaskulitis oder anderer Ursachen, die den angiographischen oder histopathologischen Befund erklären könnten. Die häufiger beschriebene Assoziation einer ZNS-Vaskulitis mit malignen Lymphomen sowie serologischen Anzeichen einer Varizella-Zoster-Infektion sollte dazu führen, diese Erkrankungen bei der Ausschlußdiagnostik besonders zu berücksichtigen.

Als neurologische Symptome werden insbesondere Kopfschmerzen, fokale neurologische Ausfälle und eingeschränkte mentale Funktionen beobachtet. Das diagnostische Vorgehen sollte die Laboruntersuchungen zum Nachweis oder Ausschluß einer systemischen Vaskulitis sowie die Liquorpunktion umfassen. Weitere sinnvolle Maßnahmen sind die Elektroenzephalographie, das Computertomogramm sowie die Magnetische Resonanz-Tomographie. Die letztgenannten Untersuchungen dienen vorwiegend dem Ausschluß anderer neurologischer Erkrankungen oder Systemerkrankungen. Die Angiographie, bei welcher der konventionellen Technik gegenüber der digitalen Subtraktionsangiographie der Vorzug gegeben wird [9], sowie die Biopsie des Kortex oder der Leptomeningen erscheinen zur Sicherung der Diagnose gerechtfertigt, wenn die insgesamt ungünstige Prognose [9, 19] dieses Leidens berücksichtigt wird.

14.2.5.3 Thrombangiitis obliterans (Winiwarter-Bürger)

Die Thrombangiitis obliterans ist eine entzündliche, zum Gefäßverschluß führende Erkrankung peripherer Gefäße. Die Ätiologie ist unbekannt. Es besteht eine enge Assoziation zum Tabakkonsum, insbesondere in der Form des Zigarettenrauchens. Im Vordergrund der angiographischen und histologischen Befunde stehen thrombotische Veränderung von Arterien und Venen mit entzündlichen Veränderungen innerhalb des thrombotischen Materials. Da die entzündlichen Veränderungen in dem organisierten Thrombus – dazu gehören Granulome und Ansammlungen neutrophiler Granulozyten – nicht in der Gefäßwand selbst gefunden werden, handelt es sich nicht um eine Vaskulitis im engeren Sinne. Wegen der entzündlichen Veränderungen innerhalb des Thrombus und einer gelegentlich begleitenden Entzündung der Vasa vasorum wird das Krankheitsbild unter den Vaskulitiden erwähnt.

Die Thrombangiitis obliterans tritt vorwiegend bei jungen Männern unterhalb des 40.–45. Lebensjahres auf. Die Erkrankung beginnt meistens in kleineren Arterien der Hände und Füße. Die Hälfte der Patienten weist ein Raynaud-Phänomen mit Kälteüberempfindlichkeit auf. An der oberen wie unteren Extremität kann eine Claudicatio-Symptomatik auftreten, die an der unteren Extremität im Gegensatz zur Arteriosklerose nicht die Waden sondern die Fußsohlen betrifft. Bei Beteiligung der Venen kommt es zu einer migratorischen, nodulären, oberflächlichen Phlebitis. Die Diagnose Thrombangiitis obliterans kann bei entsprechend prädisponierten Patienten (Raucher) vermutet werden, wenn klinisch eine Rötung der Füße, fehlende Fußpulse bei normalen Femoral- und Popliteal-Pulsen und reduzierte Radialis- und/oder Ulnaris-Pulse vorliegen. Untermauert wird die Diagnose durch die Angiographie, die normale Gefäße neben verschlossenen Bezirken zeigt. Die Präsenz von Kollateralgefäßen um die verschlossenen Segmente kann zu einem charakteristischen „Korkenzieher-Bild" führen [64]. Sofern bei gefäßchirurgischen Eingriffen bioptisches Material gewonnen werden kann, kann dies die Diagnose sichern [50, 64]. Eine zur Diagnose führende Laborkonstellation ist dagegen nicht bekannt.

14.2.6 Sonderformen

Verschiedene kutane Formen von Vaskulitiden, z. B. das Erythema elevatum et diutinum, die akute febrile neutrophile Dermatose (Sweet-Syndrom), das Erythema nodosum und andere dermatologische Krankheitsbilder werden hier nicht berücksichtigt.

14.3 Untersuchungsprogramm bei Vaskulitis

Neben der Angiographie und den verschiedenen technischen Untersuchungen zum Nachweis einer Organbeteiligung stellen die histologische Untersuchung sowie labormedizinische Untersuchungen die entscheidenden Verfahren dar, um eine Vaskulitis zu diagnostizieren, ihre Ursache zu erforschen sowie ihren klinischen Verlauf zu verfolgen.

14.3.1 Die histologische Untersuchung

Die histologische Untersuchung ist die wichtigste Methode und stellt die Grundlage für Diagnosestellung und Klassifikation dar. Bei vielen Vaskulitiden sind Hautläsionen einer Biopsie gut zugänglich. Wichtig für einen befriedigenden Aussagewert ist die Verarbeitung möglichst frischer Läsionen und die Gewinnung des Materials vor Therapiebeginn. Bei Verdacht auf Hautveränderungen im Rahmen einer septischen Vaskulitis ist die Anfertigung von Ausstrichen mit anschließender Gramfärbung sowie die Anlage von Kulturen sinnvoll.

Um die Treffsicherheit extrakutaner Biopsien zu erhöhen, sollten diese vorzugsweise in klinisch befallenen Arealen durchgeführt werden. Bei Vaskulitiden mit Beteiligung des Respirationstraktes (Wegener-Granulomatose, Churg-Strauss-Syndrom) empfiehlt sich die endoskopische Suche nach Granulomen bzw. vaskulitischen Veränderungen zur Durchführung einer gezielten Biopsie. Bei klinisch und radiologisch begründetem Verdacht auf eine pulmonale Beteiligung erscheint eine transbronchiale Biopsie gerechtfertigt [51].

14.3.2 Direkte Immunfluoreszenz

Obwohl die immunfluoreszenzmikroskopische Untersuchung selbst im allgemeinen keine diagnostische Zuordnung erlaubt, liefert diese Methode wertvolle Zusatzinformationen. Die Ablagerung von Immunglobulinen und Komplement läßt auf die Ablagerung von Immunkomplexen schließen. Die Ig-Klasse der abgelagerten Immunglobuline, speziell IgA bei der Purpura Schönlein-Henoch, kann die diagnostische Zuordnung erleichtern. Hinweise auf eine Erkrankung durch Immunkomplexe können sich auch in klinisch nicht erkrankter Haut finden [61].

14.3.3 Laboruntersuchungen

Unspezifische Entzündungsparameter. Bei Vorliegen einer systemischen Entzündung sind zahlreiche Parameter uncharakteristisch verändert. Es findet sich eine beschleunigte BSG, eine Vermehrung des C-reaktiven Proteins (CRP), eine Erhöhung von Fibrinogen, α_2-Globulinen in der Serumelektrophorese, meistens eine Vermehrung der γ-Globuline. Viele Entzündungen gehen mit einer normochromen oder hypochromen Anämie einher, häufig liegt eine Thrombozytose vor.

Es empfiehlt sich daher als basales Untersuchungsprogramm die Erhebung folgender Parameter:
- Blutsenkung, Blutbild mit Differentialblutbild,
- Serumelektrophorese, CRP, Immunglobuline quantitativ (einschließlich IgE), Gerinnungsstatus einschließlich Fibrinogen.

Zur Erfassung der Beteiligung innerer Organe sollten folgende Parameter zur labormedizinischen Basisdiagnostik gehören:
- Transaminasen, AP, Cholinesterase (CHE), Kreatinin, Kreatinin-Clearance, Harnstoff, Urinstatus, Urinsediment, Amylase, Lipase, CK (CK-MB), Stuhluntersuchung auf okkultes Blut.

Weitere Untersuchungen dienen der Erfassung auslösender Antigene bzw. zugrunde liegender Primärerkrankungen:

- HBsAg, Antikörper (Ak) gegen Streptokokken-Antigene, virologische Untersuchungen; Autoantikörper-Diagnostik [71]: antinukleäre Ak (ANA oder ANF), Differenzierung antinukleärer Ak, Ak gegen Basalmembran (Glomeruläre Basalmembran, Lungenbasalmembran), antizytoplasmatische Ak (ACPA), antimitochondriale Ak (AMA), Cardiolipin-Ak; Kryoglobuline einschließlich Quantifizierung (Kryokrit) und Differenzierung (Immunelektrophorese des Kryopräzipitates in der Wärme). Bei klinischem Verdacht bakteriologische Serologie, bei vermuteter septischer Vaskulitis Blutkulturen; Tine-Test; Suche nach Parasiten.

Komplementproteine. Die Komplementkomponenten des klassischen und – seltener – alternativen Weges der Komplementaktivierung werden bei aktiver IK-Vaskulitis verbraucht und sinken unter den Normbereich, in ausgeprägten Fällen unter die Nachweisgrenze ab. Die Komplementbestimmung erlaubt bei diesen Patienten die Charakterisierung des Entzündungstyps sowie die Beurteilung des Krankheitsverlaufs. Dies gilt nicht für die seltenen Fälle genetisch bedingter Komplementdefizienzen, bei denen die entsprechenden Proteine primär erniedrigt sind. Im allgemeinen reicht die Quantifizierung von C3 und C4 aus. Bei Verdacht auf einen Verbrauch bzw. Defekt anderer Komplementkomponenten läßt sich dies durch funktionelle Untersuchungen (CH50) erfassen, durch die gezielte Bestimmung von C1q und C2 sind entsprechende Komplementdefekte genauer zu definieren. Bei Verdacht auf genetische Defekte kann dies partiell durch Spezialuntersuchungen (C4-Null-Allele) verifiziert werden [40].

Zirkulierende Immunkomplexe. Die Bildung zirkulierender Immunkomplexe stellt einen physiologischen Vorgang im Rahmen der Auseinandersetzung mit Fremdantigenen dar. Größe, Quantität sowie biologische Eigenschaften zirkulierender Immunkomplexe hängen vom Anteil der beteiligten Immunglobuline und der beteiligten Komplementproteine ab. Zirkulierende IK sind somit sehr variabel. Entsprechend hängt ihr Nachweis von den eingesetzten Testverfahren ab. Diagnostische Wertigkeit sowie prognostische Bedeutung der IK-Bestimmung haben sich als gering erwiesen [81].

Eine Verbesserung der Ergebnisse kann durch die Bestimmung der Komponenten zirkulierender IK erreicht werden [48]. Die Bestimmung von Immunglobulinen und Komplement in präzipitierten IK [26] läßt möglicherweise einen Komplementverbrauch durch IK besonders früh erkennen und könnte daher auch einen sensiblen Parameter in der Früherkennung und Verlaufsbeobachtung von Vaskulitiden darstellen [49]. Unter Berücksichtigung der eingesetzten Methode kann die IK-Bestimmung eine nützliche Zusatzuntersuchung sein.

Literatur

1. Abbott F, Jones S, Lockwood CM, Rees AJ (1989) Autoantibodies to glomerular antigens in patients with Wegener's granulomatosis. Nephrol Dial Transplant 4:1
2. Agnello V (1978) Complement deficiency states. Medicine 57:1
3. Albert DA, Rimon D, Silverstein MD (1988a) The diagnosis of polyarteritis nodosa. I. A literature-based decision analysis approach. Arthr Rheumatism 31:1117
4. Albert DA, Silverstein MD, Paunicka K, Reddy G, Chang RW, Derus C (1988b) The diagnosis of polyarteritis nodosa. II. Emperical verification of a decision analysis model. Arthr Rheumatism 31:1128
5. Andrassy K, Koderisch J, Rasmussen N, Ritz E (1989) Diagnostische Bedeutung antineutrophiler zytoplasmatischer Antikörper bei Wegenerscher Granulomatose und verwandten Krankheitsbildern. Dtsch med Wschr 114:23
6. Asherson RA, Harris EN, Gharani AE, Englert HE, Hughes GRV (1985) Aortic arch syndrome associated with anticardiolipin antibodies and the lupus anticoagulant: Comment on Ferrante paper. Arthr Rheumatism 28:594
7. Belch JJF, Zoma AA, Richards IM (1987) Vascular damage and factor VIII related antigen in the rheumatic diseases. Rheumatol Int 7:107
8. Benveniste J, Henson PM, Cochrane CG (1972) Leukocyte-dependent histamine release from rabbit platelets. The role of IgE, basophils, and a platelet-activating factor. J Exp Med 136:1356
9. Calabrese LH, Mallek JA (1987) Primary angiitis of the central nervous system. Report of 8 new cases, review of the literature, and proposal for diagnostic criteria. Medicine 67:20
10. Calamia KT, Moore SB, Elveback LR, Hunder GG (1981) HLA-DR locus antigens in polymyalgia rheumatica and giant cell arteritis. J Rheumatol 8:6
11. Camilleri M, Pusay CD, Chadwick CS (1983) Gastrointestinal manifestations of systemic vasculitis. Quart J Med 52:141
12. Chumbley LC, Harrison EG Jr, DeRemee RA (1977) Allergic granulomatosis and angiitis (Churg-Strauss syndrome): reports and analysis of 30 cases. Mayo Clin Proc 52:477
13. Churg J, Strauss L (1951) Allergic granulomatosis, allergic angiitis, and periarteritis nodosa. Am J Pathol 27:277
14. Cochrane CG, Aikin BS (1966) Polymorphonuclear leukocytes in immunologic reactions. The destruction of vascular basement membrane in vivo and in vitro. J Exp Med 124:733
15. Cochrane CG, Koffler D (1973) Immune complex disease in experimental animals and man. Adv Immunol 16:185
16. Conn DL, Hunder GG (1985) Necrotizing Vasculitis. In: Kelley WN, Harris ED, Ruddy S, Sledge CB (eds) Textbook of Rheumatology, 2nd edn. WB Saunders, Philadelphia, p 1137
17. Cravioto H, Feigin I (1959) Noninfectious granulomatous angiitis with a predilection for the nervous system. Neurology 9:599
18. Cream JJ, Gumpel JM, Peachy RDG (1970) Schönlein-Henoch purpura in the adult: A study of 77 adults with anaphylactic or Schönlein-Henoch purpura. Quart J Med 39:461
19. Cupps TR, Moore PM, Fauci AS (1983) Isolated angiitis of the central nervous system. Am J Med 74:97
20. Dahl EV, Baggenstoss AH, DeWeerd JH (1960) Testicular lesions of periarteritis nodosa with special reference to diagnosis. Am J Med 28:222
21. Dahlberg PJ, Lockhart JM, Overholt EL (1989) Diagnostic studies for systemic necrotizing vasculitis. Sensitivity, specificity, and predictive value in patients with multisystem disease. Arch Intern Med 149:161
22. DeRemee RA (1988) Wegenersche Granulomatose: Klassifikation und Therapie. Acta med Austriaca 15:65

23. Diaz-Perez IL, Winkelmann RK (1980) Cutaneous periarteritis nodosa: A study of 33 cases. In: "Vasculitis", Eds. Wolff, Winkelmann, Lloyd-Luke (Medical Books) LTD. London, 273
24. Dubois EL, Wallace DJ (1987) Clinical and laboratory manifestations of systemic lupus erythematosus. In: Wallace DJ, Dubois EL (eds) Dubois' Lupus erythematosus. Third edition, Lea and Febiger, Philadelphia, 317
25. Elkon KB, Hughes GRV, Catovsky D, Clauvel JP, Dumont J, Seligmann M, Tannenbaum H, Esdaile J (1979) Hairy cell leukemia with polyarteritis nodosa. Lancet II:280
26. Euler HH, Kern P, Löffler H, Dietrich M (1985) Precipitable immune complexes in healthy homosexual men, acquired immune deficiency syndrome and the related lymphadenopathy syndrome. Clin Exp Immunol 59:267
27. Ewald EA, Griffin D, MyCune WJ (1987) Correlation of angiographic abnormalities with disease manifestations and disease severity in polyarteritis nodosa. J Rheumatol 14:952
28. Falk RJ, Jennette JCH (1988) Anti-neutrophil cytoplasmic autoantibodies with specificity for myeloperoxidase in patients with systemic vasculitis and idiopathic necrotizing and crescentic glomerulonephritis. N Engl J Md 318:1651
29. Fauchald P, Rygvold O, Oystese B (1972) Temporal arteritis and polymyagia rheumatica. Clinical and biopsy findings. Ann Int Med 77:845
31. Fauci AS, Haynes BF, Katz P (1978) The spectrum of vasculitis. Clinical, pathologic, immunologic, and therapeutic considerations. Ann Int Med 89:660
30. Fauci AS (1983) Vasculitis. J Allerg Clin Immunol 72:211
32. Fauci AS, Barton FH, Katz P, Wolff SM (1983) Wegener's granulomatosis: Prospective clinical and therapeutic experience with 85 patients for 21 years. Ann Int Med 98:76
33. Finan MC, Winkelmann RK (1983) The cutaneous extravascular necrotizing granuloma (Churg-Strauss granuloma) and systemic disease: a review of 27 cases. Medicine 62:142
34. Friend P, Repine JE, Kim Y, Clawson CC, Michael AF (1975) Deficiency of the second component of complement (C2) with chronic vasculitis. Ann Intern Med 83:813
35. Gocke DJ, Hsu K, Morgan C, Bombardieri S, Lockshin M, Christian CL (1970) Association between polyarteritis and Australian antigen. Lancet II:149
36. Gross WL, Lüdemann G, Kiefer G, Lehmann H (1986) Anticytoplasmic antibodies in Wegener's granulomatosis. Lancet I:806
37. Hauke G, Weber S, Metz B, Peter HH (1986) Klassifikation und Diagnostik der Kryoglobulinämien. Med Welt 37:870
38. Hillis WD, Hillis A, Bias WB, Walker WG (1977) Associations of hepatitis B surface antigenemia with HLA locus B specifities. N Engl J Med 296:1310
39. Hofmann C, Richter W, Hiller C, Burg G (1987) Urtikaria-Vaskulitis. Z Rheumatologie 46:233
40. Howard PF, Hochberg MC, Bias WB, Arnett FC, McLean RH (1986) Relationship between C4 null genes, HLA-D region antigens, and genetic susceptibility to systemic lupus erythematosus in caucasian and black americans. Am J Med 81:187
41. Hunder GG, Baker HL Jr, Rhoton LA Jr, Sheps SG, Ward LE (1972) Superficial temporal arteriography in patients suspected of having temporal arteritis. Arthr Rheum 15:561
42. Hunder GG, Sheps SG, Allen GL, Joyce JW (1975) Daily and alternate-day corticosteroid regimens in treatment of giant cell arteritis: Comparison in a prospective study. Ann Int Med 82:613
43. Huston KA, Hunder GG, Lie JT, Kennedy RH, Elveback LR (1978) Temporal arteritis: A 25-year epidemiologic, clinical, and pathological study. Ann Int Med 88:162
44. Isohisa I, Numano F, Maezawa H, Sasazuki T (1978) HLA-Bw52 in Takayasu's disease. Tissue Antigens 12:246

45. Jordan JM, Allen NB, Pizzo SV (1987) Defective release of tissue plasminogen activator in systemic and cutaneous vasculitis. Am J Med 82:397
46. King KL, Buchwald S (1984) Characterization and partial purification of an endothelial cell growth factor from human platelets. J Clin Invest 73:392
47. Klein RG, Campbell RJ, Hunder GG, Carney JR (1976) Skin lesions in temporal arteritis. Mayo Clin Proc 51:504
48. Krapf FD, Renger I, Schedel K, Leiendecker H, Leyssens H, Deicher H (1982) A PEG-precipitation laser nephelometer technique for detection and characterization of circulating immune complexes in human sera. J Immunol Meth 54:107
49. Kriegel W, Schröder O, Hermjakob P, Euler HH (1987) Komponentenanalyse präzipitierbarer Immunkomplexe bei chronischer Polyarthritis und systemischem Lupus erythematodes. Akt Rheumatol 12:173
50. Kriessmann A (1989) Thrombangiitis abliterans. Dtsch med Wschr 114:969
51. Kroegel C, Costabel U, Matthys H (1988) Klinische, ätiologische, diagnostische und differentialdiagnostische Aspekte des Churg-Strauss-Syndroms. Med Klinik 83:223
52. Kussmaul A, Maier R (1866) Ueber eine bisher nicht beschriebene eigenthümliche Arterienerkrankung (Periarteritis nodosa), die mit Morbus Brigthii und rapid fortschreitender allgemeiner Muskellähmung einhergeht. Deutsch Arch Klin Med 1:484
53. Lanham JG, Elkon KB, Pusey CHD, Hughes GR (1984) Systemic vasculitis with asthma and eosinophilia: a clinical approach to the Churg-Strauss syndrome. Medicine 63:65
54. Lawley TJ et al (1984) A prospective clinical and immunologic analysis of patients with serum sickness. N Engl J Med 134:19
55. Leavitt RY, Fauci AS (1986) Polyangiitis overlap Syndrome. Classification and prospective clinical experience. Am J Med 81:79
56. Leung DYM, Geha RS, Newburger JW (1986) Two monokines, interleukin 1 and tumor necrosis factor, render cultured vascular endothelial cells susceptible to lysis by antibodies circulating during Kawasaki syndrome. J Exp Med 164:1958
57. Lie JT (1988) Classification and immunodiagnosis of vasculitis: a new solution or promises unfulfilled? J Rheumatol 15:728
58. Lockwood CM, Worlledge S, Nicholas A, Cotton C, Peters DK (1979) Reversal of impaired splenic function in patients with nephritis or vasculitis (or both) by plasma exchange. N Engl J Med 300:524
59. Manger BJ, Krapf FE, Gramtzki M, Nüsslein HG, Burmester GR, Krauledat PB, Kalden JR (1985) IgE-containing circulating immune complexes in Churg-Strauss vasculitis. Scand J Immunol 21:369
60. McDuffie FC, Sams WM Jr, Maldonado FE, Andreini PH, Conn DL, Samayoa EA (1973) Hypocomplementemia with cutaneous vasculitis and arthritis: Possible immune complex syndrome. Mayo Clin Proc 48:340
61. Mielke H, Daniel W, Deicher H, Drommer W, Fischer M, Fritsch R, Müller-Vahl H, Sybrecht GW (1987) The importance of skin vessel wall immune deposits in the course of the systemic and articular features of rheumatoid arthritis. Scand J Rheumatol 16:319
62. Nölle B, Specks U, Lüdemann J, Rohrbach MS, DeRemee RA, Gross WL (1989) Anticytoplasmic autoantibodies: their immunodiagnostic value in Wegener's Granulomatosis. Ann Int Med 111:29
63. Nusinow SR, Frederici AB, Zimmermann TS (1984) Increased von Willebrand factor antigen in the plasma of patients with vasculitis. Arthr Rheum 27:405
64. O'Donnell TF, Harowitz SA (1989) A 36-year-old man with peripheral vascular disease. N Engl J Med 320:1989
65. Parish WE (1971) Studies on vasculitis. III. Decreased formation of antibody to M protein, group A polysaccharide and to some exotoxins, in persons with cutaneous vasculitis after streptococcal infection. Clin Allergy 1:295
66. Parker CW (1975) Drug allergy. N Engl J Med 292:511, 732, 957
67. Pasero G, Olivieri I, Gemignani G, Vitali C (1989) Urticaria/arthritis syndrome: report of four B51 positive patients. Ann Rheum Dis 48:508

68. Peter HH (1989) Vaskulitiden. Einteilung, Pathogenese und Therapie. Dt Ärztebl 86:22
69. Pruzanski W, Sarraf D, Klein M (1986) Lymphocytotoxins in vasculitis. Correlation with clinical manifestations and laboratory variables. J Rheumatol 13:1066
70. Rassmussen N, Borregaard N, Wiik A (1987) Anti-neutrophil-cytoplasm antibodies in Wegener's granulomatosis are not directed against alkaline phosphatase. Lancet I:488
71. Rauterberg EW (1988) Antikörper gegen Organgewebe. In: Thomas L (Hrsg) Labor und Diagnose, 3. Auflage. Med. Verl.Ges., Marburg, S 829
72. Sams WM Jr, Harville DD, Winkelmann RK (1968) Necrotizing vasculitis associated with letal reticuloendothelial disease. Br J Dermatol 80:555
73. Savage COS, Winearls CG, Evans DJ, Rees AJ, Lockwood CM (1985) Microscopic polyarteritis: presentation, pathology and prognosis. Quart J Med 56:467
74. Savage COS, Winearls CG, Jones S, Marshall PD, Lockwood CM (1987) Prospective study of radioimmunoassay for antibodies against neutrophil cytoplasm in diagnosis of systemic vasculitis. Lancet I:389
75. Schifferli JA, Yin C, Peters DK (1986) The role of complement and its receptor in the elimination of immune complexes. N Engl J Med 315:488
76. Scott DGI, Bacon PA, Tribe CR (1981a) Systemic rheumatoid vasculitis. A clinical and laboratory study of 50 cases. Medicine 60:288
77. Scott DGI, Bacon PA, Allen C, Elson CJ, Wallington T (1981b) IgG rheumatoid factor, complement, and immune complexes in rheumatoid synovitis and vasculitis: comparative and serial studies during cytotoxic therapy. Clin Exp Immunol 43:54
78. Serra A, Cameron JS (1985) Clinical and Pathologic Aspects of Renal Vasculitis. Semin Nephrol 5:15
79. Shelhamer JH, Volkmann DJ, Parrillo JE, Lawlwy TJ, Johnston MR, Fauci AS (1985) Takayasu's arteritis and its therapy. Ann Int Med 103:121
80. Sokoloff L, Bunim JJ (1957) Vascular lesions in rheumatoid arthritis. J Chronic Dis 5:668
81. Theofilopoulos AN, Dixon FJ (1979) The biology and detection of immune complexes. Adv Immunol 28:89
82. Travers RL, Allison DJ, Brettle RP (1979) Polyarteritis nodosa. A clinical and angiographic analysis of 17 cases. Semin Arthr Rheumatism 8:184
83. Truckenbrodt H (1988) Die Vaskulitis im Kindesalter. Z Rheumatol 47:131
84. Vaith P, Maas D, von Stackelberg G, Peter HH (1986) A new serological reaction in patients with polymyalgia rheumatica and/or giant cell (temporal) arteritis: deposition of complement C4 and C3 components on rat kidney structures detected by immunofluorescence. Rheumatol Int 6:255
85. Van der Woude FJ, Lobatto S, Permin H, van der Giessen M, Rasmussen N, Wiik A, van Es LA, van der Hem GK, The TH (1985) Autoantibodies against neutrophils and monocytes: Tool for diagnosis and marker of disease activity in Wegener's granulomatosis. Lancet I:425
86. Volkman DJ, Mann DL, Fauci AS (1982) Association between Takayasu's arteritis and a B-cell alloantigen in North Americans. N Engl J Med 306:464
87. Walker GL (1978) Neurological features of polyarteritis nodosa. Clin Exp Neurol 15:237
88. Wathen CW, Harrison DJ (1987) Circulating anti-neutrophil antibodies in systemic vasculitis. Lancet I:1037
89. Wees SJ, Sunwoo IN, Oh SJ (1978) Sural nerve biopsy in systemic necrotizing vasculitis. Am J Med 71:525
90. Wohlfahrt B, Asamer H (1976) Symptoms and immunology of the Henoch-Schönlein syndrome. Arch Dermatol Res 255:251
91. Yevich I (1988) Necrotizing vasculitis with granulomatosis. Int J Dermatol 27:540
93. Zeek PM, Smith CC, Weeter JC (1948) Studies on periarteritis nodosa. III. The differentation between the vascular lesions of periarteritis nodosa and of hypersensitivity. Am J Pathol 24:889
92. Zeek PM (1953) Periarteritis nodosa and other forms of necrotizing angiitis. N Engl J Med 248:764

Kapitel 15: Primäre Immundefekte

H. Huber, G. Gastl, D. Nachbaur, D. Pastner

Bei gestörter Abwehr umfaßt die Differentialdiagnose (primäre und symptomatische) immunologische Defektzustände, Störungen der Phagozytenfunktion, Komplementmangelzustände und komplexe Störungen. Häufig ist es möglich, mit einfachen Suchtests Hinweise auf einen dieser Defektzustände festzustellen (Tabelle 15.1).

Störungen der immunologischen Abwehr können primär oder symptomatisch (sekundär) auftreten. Primäre Abwehrdefekte sind in Tabelle 15.2 zusammengefaßt; sie können sich als Störungen der humoralen oder der zellulären Immunität manifestieren.

Die wichtigsten Schlüsselzellen der zellulären Immunität sind die T-Lymphozyten (Helfer/Inducer = T_H und Suppressor/zytotoxische T-Zellen = T_S). Die humorale Immunität wird durch B-Lymphozyten und ihre Reifungsform vermittelt. Die wichtigsten Effektorzellen der natürlichen Immunität (Immunabwehr ohne Vorsensibilisierung, Abwehr ohne Restriktion im HLA-System) sind die natürlichen Killer-(NK-)Zellen.

Tabelle 15.1. Einteilung primärer Abwehrdefekte und wichtige Suchtests (nach [17])

	Test
Immunologische Defektzustände	
1. Störungen der humoralen Immunität	Ig quantitativ, Isoagglutinintiter (anti-A, anti-B), Schick-Test
2. Störungen der zellulären Immunität	Lymphozytenzahl und Subpopulationen[a]
3. Komplexe Defekte[b]	Intrakutantestung
Komplementdefekte	quantitative Bestimmung von Komplementkomponenten (C3, C4) gesamthämolytisches Komplement (CH50)
Granulozytendefekt, Phagozytosedefekt	Neutrophilenzahl (abs.) NBT-Test

[a] T- (CD4, CD8), B-, NK-Zellen
[b] s. Text (Kap. 15.7.3 und Tabelle 15.2)

Tabelle 15.2. Primäre Immundefekte

A. Antikörpermangel-Syndrome
   1. X-chromosomale Agammaglobulinämie (Bruton)
   2. selektiver IgA-Mangel
   3. Immundefekt mit erhöhtem IgM
   4. Transitorische Hypogammaglobulinämie des Neugeborenen
   5. Antikörpermangel bei normalem oder gering erniedrigtem γ-Globulinspiegel
   6. Immundefizienz bei Thymomen
   7. X-chromosomale lymphoproliferative Erkrankung

B. T-Zelldefekte
   1. DiGeorge-Syndrom
   2. Nezelof-Syndrom (z. T. mit PNP[a]-Defizienz)

C. Kombinierte Immundefekte
   1. SCID[b]-Syndrome (Sonderformen: ADA[c]–Mangel, Defekte der HLA-Expression, retikuläre Dysgenesie und andere)
   2. CVID[d]-Syndrom
   3. Wiskott-Aldrich-Syndrom
   4. Ataxia teleangiectatica

D. andere
   1. Hyper-IgE-Syndrom
   2. chron. mukokutane Candidiasis
   3. LFA-1 Mangel

E. angeborene Komplementdefekte

[a] Purin-Nukleosid-Phosphorylase
[b] severe combined immunodeficiency
[c] Adenosin Deaminase
[d] common variable immunodeficiency

15.1 Effektorzellen der Immunabwehr

Die Dichotomie des Immunsystems mit ihrer T- und B-Zellachse (Abb. 15.1) zeigt sich bereits auf der embryonalen Entwicklungsstufe. Vorläuferzellen des Knochenmarks werden einerseits im Thymus zu T-Lymphozyten geprägt, andererseits reifen sie im Knochenmark über prä-B-Zellen in Effektorzellen dieser Reihe aus (diese späteren Ausreifungsabschnitte finden neben dem Knochenmark vor allem in Lymphknoten und Peyer'schen Plaques statt).

T-Lymphozyten (thymusabhängige Lymphozyten) sind nicht nur die Träger der zellvermittelten Immunabwehr, sondern besitzen auch bei der humoralen Immunabwehr – insbesondere als T_H-(Helfer-) und T_S(Suppressor-)Zellen – kooperative Funktionen (Abb. 15.1). Die wichtigsten Effektorzellen der B-Lymphozyten sind

a) die immunologischen Gedächtnis-(„memory"-)Zellen, die vor allem aus dem lymphatischen Keimzentrum stammen, sowie
b) die Plasmazellen.

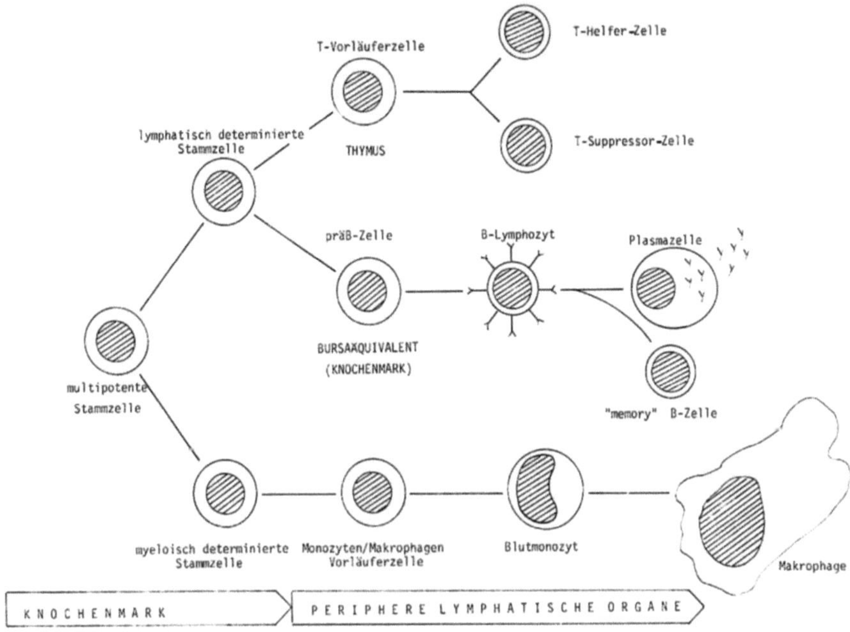

Abb. 15.1. Dichotomie des Immunsystems

Die letzteren bilden und sezernieren zirkulierende Antikörper.

NK-Zellen werden weder dem B- noch dem T-Zellsystem zugeordnet, sondern stellen eine eigene, knochenmarkabhängige lympathische Zellpopulation dar („0-Zellen"). Reife NK-Zellen sind vor allem in der Milz und im peripheren Blut lokalisiert und morphologisch durch charakteristische azurophile Granula und ein helles Zytoplasma (bei panoptischer Färbung nach Pappenheim) gekennzeichnet (Abb. 15.2). Sie besitzen die Fähigkeit zu „natürlichem Killing" (NK), d. h. zur spontanen und ohne HLA-Antigenrestriktion vermittelten Zytolyse von virusinfizierten und malignen Zellen (s. Kap. 15.2.3).

Über den Einfluß von Monozyten und Makrophagen auf einige Immunreaktionen s. Kap. 18.2.

15.2 Charakteristika der Lymphozytensubpopulationen

Der Nachweis von Membranantigenen und anderer Oberflächenmarker auf lymphatischen Zellen ermöglicht die Differenzierung verschiedener Lymphozytensubpopulationen (Tabelle 15.3). Diese Untersuchungen haben zum Verständnis von Immundefektzuständen beigetragen und sind auch differentialdiagnostisch von Wert.

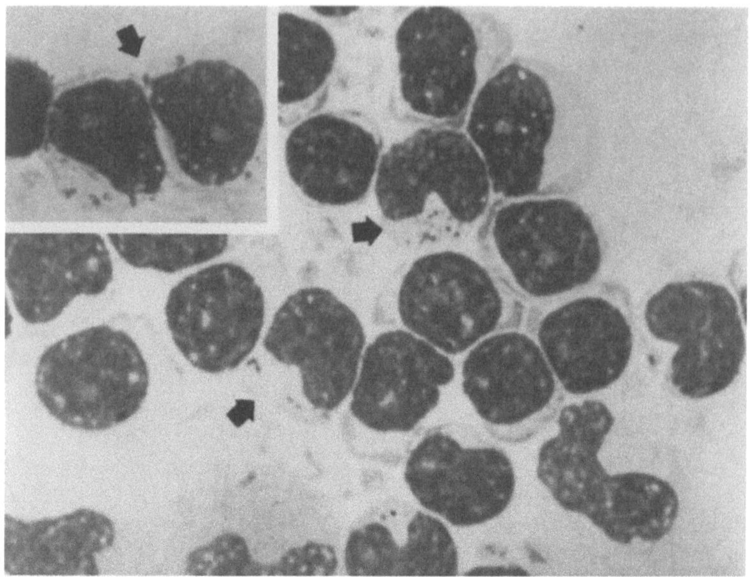

Abb. 15.2. NK-Zellen nach Anreicherung im Dichtegradienten

15.2.1 T-Lymphozyten (50–70% der Blutlymphozyten)

Ihre Subpopulationen zeigen folgende Charakteristika:

- spontane Rosettenbildung mit Schaferythrozyten (E-Rezeptor), evtl. nach vorheriger Behandlung mit Neuraminidase. Dieser Rezeptor kann durch Antikörper des Clusters CD2 erfaßt werden (Übersicht bei [63b]).
- für T-Lymphozyten charakteristische Oberflächenantigene: mittels monoklonaler Antikörper können T-Lymphozyten der verschiedenen Reifungsstufen und die Effektorzellen dieser Reihe – T_H(CD-4 +)- und T_S(CD-8 +)-Lymphozyten – erfaßt werden;
- Antigenbindung über T-Zellrezeptoren (TCR); (s. Abb. 15.3)

Da T-Zellen antigenspezifisch sind, besitzen sie, ähnlich den membrangebundenen Immunglobulinen der B-Zellen, Oberflächenrezeptoren mit Spezifität für ein bestimmtes Antigen. Mittels molekularbiologischer Methoden konnte in den letzten Jahren die Struktur des T-Zellrezeptors weitgehend aufgeklärt werden. Die Zellrezeptoren sind Heterodimere, die in zwei Varianten vorkommen, und zwar als α/β- oder als γ/δ-Rezeptor [14, 15, 29, 78, 91]. Die für diese verschiedenen Rezeptorketten kodierenden Gensegmente sind ähnlich aufgebaut wie die Immunglobulingene und werden auch in ähnlicher Weise rearrangiert (zu Aufbau und Anordnung der T-Zellrezeptorgene s. Kap. 5.2.1). α/β-Rezeptoren werden im wesentlichen an reifen zirkulierenden T-Zellen exprimiert und sind für die MHC-restringierte Antigenerkennung verantwortlich. γ/δ-Rezeptoren finden sich hauptsächlich an

Tabelle 15.3. Oberflächenmarker an lymphatischen Zellen

Marker (Clusterbezeichnung)	B-Zellen	T-Zellen	NK-Zellen	Monozyten/ Makrophagen
B-Zellantigene (CD19, CD20, CD22, CD24, sIG)	+	–	–	–
MHC-Klasse-II-Antigene	+	–[a]	–	+
Schaferythrozyten-Rezeptor (CD2)	–	+	+	–
T-Zellantigene (z. B. CD3, CD5)	–	+	∓	+
NK-Zellmarker (CD16, CD56, CD57)	–	–[a]	+	–[b]
Monozyten/Makrophagenmarker (CD13, CD14, KiM8)	–	–	–	+
C3d-Rezeptor (CD21)	+[c]	–	–	–
Fc-γ-Rezeptor I (CD64)	–	–	–	+
Fc-γ-Rezeptor II (CDW32)	+	–	–	+
Fc-γ-Rezeptor III (CD16)	–	–	+	+
Interleukin-2-Rezeptor (CD25)	+[d]	+[d]	±	±

[a] unter Aktivierungsbedingungen z. T. nachweisbar (z. B. HLA-DR an T-Lymphozyten; CD56 an aktivierten T-Lymphozyten)
[b] CD16 an Makrophagen positiv
[c] B-Zellen mittlerer Reife
[d] aktivierte Lymphozyten

CD3+ Thymozyten während der fetalen Ontogenese, und zwar vor der Expression von α/β-Rezeptoren [15, 19], sowie an CD3+, CD4−, CD8− Thymozyten der Erwachsenen und an 0,5–10% CD3+ Lymphozyten im peripheren Blut und peripheren lymphatischen Gewebe [15, 47, 63a, 67, 136]. Die Rolle γ/δ+ T-Lymphozyten (meist CD4−, CD8−) in der zellmediierten Immunität ist noch weitgehend unbekannt. Bei der Maus dürfte γ/δ+ intraepithelialen Lymphozyten bei der nicht-MHC restringierten Erkennung mykobakterieller Antigene eine gewisse Bedeutung zukommen [15, 58, 105]. Im Gegensatz zu den Immunglobulinketten sind die α- und β-Ketten des T-Zellrezeptors stark glykosiliert. Die Verankerung des T-Zellrezeptors erfolgt über hydrophobe Aminosäuren im transmembranen Bereich in Assoziation zu dem T3 (CD3)-Komplex (Abb. 15.3; [119].

Bildung von Lymphokinen (Abb. 15.4)

T-Zellen bilden eine Vielzahl von Lymphokinen (s. auch Kapitel 4.1) und sind damit befähigt, auch auf humoralem Wege Immunreaktionen zu modu-

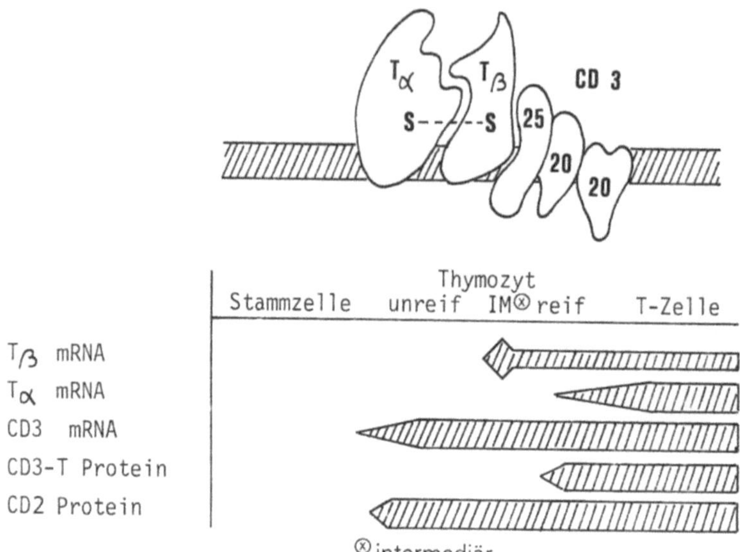

Abb. 15.3. Anordnung und Expression des T-Zellrezeptors (nach [119])

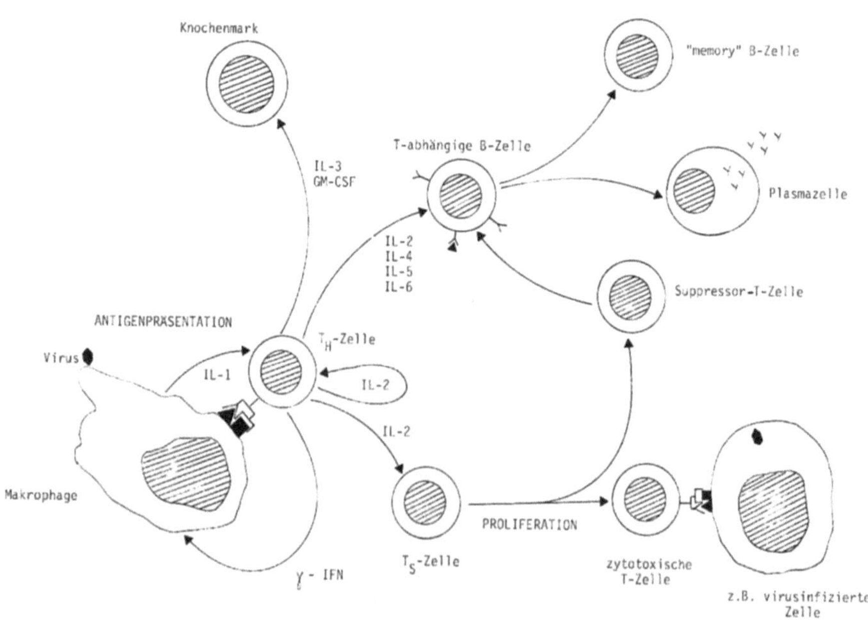

Abb. 15.4. Darstellung der wichtigsten Interaktionen lymphatischer Zellen und mononukleärer Phagozyten

▶ Antigen

■ MHC Klasse II Antigene

lieren. Bei Aktivierung einer T-Zelle durch IL-1 aus antigenpräsentierenden Makrophagen bildet diese vor allem Interleukin-2 (IL-2). Dieses Lymphokin führt sowohl zu einer Autostimulation der T-Zellen als auch zur Induktion von IL-2 Rezeptoren an benachbarten T-Zellen. Es ermöglicht durch seine T-Zell-Wachstumsfaktoreigenschaft eine klonale Expansion antigenspezifischer, aber auch eine polyklone Vermehrung antigenunspezifischer T-Zellen. Auch B-Zellen benötigen zur Proliferation und Ausreifung in Plasmazellen dieses und noch weitere B-zellspezifische Lymphokine (IL-4, 5, 6). Zudem sezernieren aktivierte T-Zellen hämatopoetische Wachstumsfaktoren, wie GM-CSF (siehe auch Kapitel 4.1). Damit ist es T-Zellen möglich, indirekt die Aktivität von Monozyten/Makrophagen, die Proliferation und Differenzierung von B-Lymphozyten und die Produktion hämatopoetischer Zellen im Knochenmark zu steuern.
T-Zellen können über zumindest zwei Signalwege aktiviert werden:

1. durch Polysaccharide, z. B. Lektine oder Glykoproteine und Glykolipide auf Eryhtrozytenmembranen über die CD2-Struktur (E-Rezeptor, Übersicht bei [63b]), und
2. durch Bindung von spezifischen Antigenen an den T-Zellrezeptor;
3. durch andere Aktivierungssignale: mehrere Membranantigene an T-Lymphozyten können (zusammen mit CD3) unter bestimmten Testbedingungen eine Aktivierung vermitteln (z. B. CD4-, CD28-Antikörper; [20]).

Antigenerkennung und T-Zellaktivierung

T-Zellen erkennen ein Antigen nur, wenn es zuvor von einer antigenpräsentierenden Zelle, meist einem Makrophagen, aufgenommen, verarbeitet und an dessen Oberfläche in Assoziation mit einem Haupthistokompatibilitäts(MHC-)Antigen präsentiert wird (Übersicht bei [63a]). Während CD4+-T-Zellen nur auf das Antigen in Verbindung mit dem Klasse II-MHC-Protein reagieren, erkennen CD8+-T-Zellen das Antigen in Kontakt mit Klasse I-MHC-Protein. Letzteres ist auf der Oberfläche aller kernhaltigen Zellen vorhanden, so daß zytotoxische T-Zellen (CD8+) jede Zelle, die ein erkennbares Antigen trägt, attackieren können. Dieses Phänomen der dualen Erkennung von Antigen und MHC-Antigen-Strukturen wird als „MHC-Restriktion" bezeichnet [28].

Mit der Bindung an die antigenpräsentierende Zelle wird die CD4+-T-Zelle aktiviert und exprimiert den Interleukin-2(IL-2-)Rezeptor (Übersicht bei [63a]). Neben der Präsentation des Antigens durch den Makrophagen in einer für die T-Zelle geeigneten Form bedarf es noch der Freisetzung von Interleukin-1 (IL-1) durch den Makrophagen, um die T-Zelle zur Differenzierung und Teilung anzuregen. Die T-Zellen sezernieren nun ihrerseits IL-2, unter dessen Einfluß die antigenspezifischen T-Zellen zu reifen T-Helfer, T-Suppressor bzw. zytotoxischen T-Zellklonen expandieren.

15.2.2 B-Lymphozyten (14–23% der Blutlymphozyten)

sind durch folgende Eigenschaften charakterisiert:
- für B-Lymphozyten charakteristische Oberflächenantigene (Tabelle 15.3): dabei werden pan-B-Zellmarker von solchen B-Zellmarkern unterschieden, die für bestimmte Reifungsstadien charakteristisch sind (s. auch Kap. 5.2.1 und 11.1.4);
- Oberflächenimmunglobuline: die Mehrzahl der reifen B-Lymphozyten (nicht jedoch der prä-B-Zellen) exprimieren auf ihrer Oberfläche IgM mit oder ohne IgD. Auf der Ebene der prä-B-Zellen können zum Teil zytoplasmatische μ-Ketten nachweisbar sein (s. auch Kap. 5.2.1).
- Rezeptoren für aktiviertes C3 (in Form von C3d = CD21, siehe Tabelle 15.3), gleichzeitig für EBV (siehe Kapitel 7.2).

15.2.3 NK-Zellen

Sie zeigen folgende Charakteristika [s. a. 63a, 87, 111a, 141]:
- typische azurophile zytoplastische Granula (Abb. 15.2),
- typische Oberflächenantigene (CD11a und b, 16, 56, 57; Tabelle 15.3).
- Zytotoxische Funktionen:
  Fähigkeit zu spontaner Zytolyse von virusinfizierten und malignen Zellen ohne vorausgehende Sensibilisierung und zu antikörperabhängiger Zytotoxizität (ADCC = antibody dependent T cellular cytotoxicity).

15.3 Diagnose von Immundefektzuständen

15.3.1 Defektzustände der B-Lymphozyten und Störungen der humoralen Immunität

Die Indikation zu diesbezüglichen Untersuchungen ist der anamnestische Hinweis auf gehäufte Infekte, vor allem bakterieller Natur, ohne Hinweis auf prädisponierende Faktoren (Tabelle 15.4). Dies gilt insbesondere, wenn eine familiäre Häufung vorliegt oder der Patient an Erkrankungen leidet, welche gehäuft mit symptomatischen Ig-Mangelzuständen einhergehen (z. B. Non-Hodgkin-Lymphome). Im pädiatrischen Krankengut wurde ein Scoring-System entwickelt, das die Indikationsstellung zur Immundiagnostik erleichtert [10].

Funktionelle Defekte der B-Zellachse äußern sich meist in der Verminderung von zumindest einer Ig-Klasse im Serum und werden häufig von Mangelzuständen spezifischer Antikörper begleitet. Weit seltener manifestiert sich die Störung nur in isolierten Defekten von Ig-Subklassen oder im Fehlen spezifischer Antikörper bei normalen bis erhöhten Ig-Werten (s. Kap. 15.7.1.6). Das diagnostische Vorgehen umfaßt neben der quantitativen Bestimmung der Ig-Klassen sowie der B- und T-Lymphozytensubpopulationen und NK-Zellen im peripheren Blut als Basismethoden evtl. weitere Untersuchungen. Dazu gehören die Erfassung natürlicher und von Erkrankungs-Antikörpern sowie die Suche

Tabelle 15.4. Charakteristische Befunde bei Antikörpermangelsyndrom (nach [17])

1. Gehäufte Infekte mit kapseltragenden, extrazellulären pathogenen Keimen (Pneumokokken, Streptokokken, Haemophilus)
2. Chronische Infekte der Atemwege und der Lunge
3. Antikörpermangel in Serum und Sekreten
4. Mangel an B-Lymphozyten mit sIg
5. Hypoplasie der Adenoide, Tonsillen und Lymphknoten[a]
6. schwer verlaufende Enterovirusinfektionen können vorkommen

[a] inkonstant, evtl. auch Hyperplasie bestimmter Lymphfollikel (s. Kap. 15.7.1.2)

nach Plasmazellen im Knochenmark (und evtl. in lymphatischen Geweben). Auch funktionelle Tests sind zum Teil wertvoll (Ig-Synthese in vitro unter Stimulation durch Pokeweed-Mitogen).

15.3.2 Defektzustände der T-Lymphozyten und Störungen der zellgebundenen Immunität

Primäre Defektzustände der T-Lymphozyten äußern sich meist schon in der frühkindlichen Periode (Tabelle 15.5). Sie gehen meist mit schweren Krankheitserscheinungen einher (und sind häufig kombinierte T- und B-Zellfunktionsstörungen; s. Kap. 15.7.2). Sekundäre Mangelzustände prägen vor allem das Krankheitsbild des „acquired immunodeficiency syndrome", in meist geringerer Schwere kommen sie z. B. auch bei malignen Lymphomen mit bevorzugtem Defekt der T-Lymphozyten vor (vor allem M. Hodgkin). Immunsuppressive Therapien können ebenfalls einen schweren T-Zelldefekt verursachen. Klinisch ist meist eine gestörte Abwehr gegen Viren, Pilze und Bakterien mit bevorzugt intrazellulärer Vermehrung, z. B. Mykobakterien, gegeben (Tabelle 15.5).

Das diagnostische Vorgehen umfaßt als Screening den Nachweis einer Lymphopenie (uncharakteristisches Begleitsymptom der meisten Defekte der zellgebundenen Immunität), eine Hautallergietestung und evtl. Funktionsuntersuchungen der T-Lymphozyten (In-vitro-Stimulierbarkeit in Gegenwart von PHA, ConA, gemischte Lymphozytenkultur MLC). Ergänzende Untersuchungen sind Bestimmungen der Neopterinausscheidung (als Marker für T-zellabhängige Lymphokine). Im Biopsiematerial (Knochenmark, evtl. Lymphknoten, in ausgewählten Fällen aus dem Thymus) können die T-Zelldefekte zusätzlich immunhistologisch charakterisiert bzw. eine Thymusreifungsstörung erfaßt werden.

Tabelle 15.5. Charakteristische Befunde bei Störungen der zellulären Immunität [17]

1. Gehäufte Infekte mit opportunistischen Erregern (Viren, Pilze, *Pneumocystis carinii*)
2. Anergie bei Intrakutantestung
3. Wachstumsretardierung, Diarrhö, Marasmus, verkürzte Lebenserwartung
4. GvH-Reaktion bei Bluttransfusionen
5. Fatale Reaktionen bei Lebend- und BCG-Vakzination
6. Erhöhtes Malignomrisiko

15.3.3 Defektzustände der NK-Zellen und Störungen der natürlichen Immunität

Primäre Defekte der NK-Zellen („large granular lymphocytes" = LGL) sind außerordentlich selten [111, 126]. Sekundäre NK-Zelldefekte werden vor allem bei fortgeschrittenen Tumorerkrankungen, Chediak-Higashi-Syndrom, LFA-1 (CD11/18)-Defizienz und bei der X-chromosomal lymphoproliferativen Erkrankung gefunden [111]. Schwere chronische EBV-Infektionen („chronic fatigue syndrome", s. Kap. 7.2) können mit Verminderung der NK-Aktivität und Abfall der CD3-, CD56+ NK-Zellen einhergehen [126]. Die Mehrzahl der NK-Zellen (CD56+) waren dabei CD3+ (normalerweise unter 25%). Bei einer Reihe von primären Immundefekten kommen auch erhöhte NK-Zellzahlen und/oder Funktionswerte vor [126].

Das diagnostische Vorgehen umfaßt als Screening die Auswertung der LGL (Relativ- und Absolutwerte im peripheren Blut), ihre Erfassung mit Antikörpern (bevorzugt im Durchflußzytometer; Tabelle 15.3) und evtl. funktionelle Tests (Zytotoxizitätstest unter Verwendung NK-sensitiver Tumorzellinien, z. B. K562).

15.4 Einteilung und Häufigkeitsverteilung primärer immunologischer Defektzustände

Primäre immunologische Defektzustände (ID; Tabelle 15.2) können durch einen vorwiegenden Befall des B-Zellsystems (Störungen der humoralen Immunitätsreaktion in 53–77% der primären ID), durch Defekte mit vorwiegendem Befall des T-Zellsystems (6–13% der Fälle) und durch kombinierte (B- und T-) bzw. komplexe Störungen (9–22%) bedingt sein (Übersicht bei [10, 115, 116]). Ihnen gegenüber treten Phagozytendefekte (3–19% der Abwehrdefekte) und Störungen des Komplementsystems (1–4%) in den Hintergrund. Die häufigsten primären Immundefekte in verschiedenen nationalen Registern sind in Tabelle 15.6 dargestellt.

Tabelle 15.6. Die häufigsten primären Immundefekte in großen nationalen Registern (nach [10])

Italien (n = 797)		Japan (n = 543)		USA (n = 3470)	
selektiver IgA-Mangel	44%	CVID[a]	16%	selektiver IgA-Mangel	24%
CVID[a]	14%	selektiver IgA-Mangel	14%	CVID[a]	18%
SCID[b]	11%	SCID[b]	10%	SCID[b,c]	11%

[a] variable Immundefektsyndrome
[b] schwere kombinierte Immundefekte
[c] häufiger war die transitorische infantile Hypogammaglobulinämie mit 15,5%

Tabelle 15.7. Funktionelle Störungen von T-Lymphozyten bei primären Immundefekten (nach [3])

Funktion	XLA[a]	CVID[b]	SCID[c]	T-Zell-defekt	AT[d]	Hyper IgE-Sy.
Proliferation (mitogeninduziert)	N	N oder ↓	0	0 oder ↓	↓ bis 0	↓
Il-2-Produktion	N	N, fallw. ↓	0	0 oder	↓ ↓	↓ ↓
γ-IFN-Prod.[e]	N fallw. ↓	N fallw. ↓	0	↓ ↓	50% 0 50% ↓	0
IL-2-Rezeptor-Produktion	N	N fallw. ↓	↓ ↓	↓	↓	↓
CD3-TCR-Expression	N	N	↓ ↓	↓	↓ fallw. N	↓ fallw. N

[a] X-chromosomale Agammaglobulinämie
[b] variable Immundefekte
[c] schwerer kombinierter Immundefekt
[d] Ataxia teleangiectatica
[e] induziert durch PHA, Staph. Enterotoxin, Galaktoseoxidase, Kalziumionophor

15.5 Funktionelle Defekte von T-Lymphozyten bei primären Immundefizienzsyndromen

Durch die molekulare Analyse von T-Zellfunktionen und T-Zellprodukten können T-Zelldefekte auch funktionell in vitro genauer charakterisiert werden (Tabelle 15.7). Die verminderte Proliferation nach mitogener Stimulation ist bei den meisten primären T-Zelldefekten zu beobachten und z. T. auf eine verminderte Produktion von Interleukin 2 zurückzuführen [73].

Die In-vitro-Zugabe von IL-2 führt zu einer meist normalen mitogeninduzierten Proliferation, was auf eine erhöhte IL-2-Rezeptorenexpression in der Mehrzahl der Fälle hinweist. Dieser indirekte Hinweis auf eine gestörte IL-2-Bildung wurde durch direkte Messung von IL-2 in biologischen Assays bestätigt [3, 73]. Eine verminderte Markerexpression von CD3 kann vorkommen (Tabelle 15.7). Eine neue Form eines familiären SCID mit einem Transport-Defekt von CD3 an die Zelloberfläche ist dokumentiert [4].

15.6 Immunologische, biochemische und molekulare Grundlagen

Erst in jüngster Zeit gelang die weitgehende Aufdeckung der molekularen Grundlagen in der Entwicklung von B- und T-Lymphozyten. Damit sind die Voraussetzungen geschaffen, die den primären Immundefekterkrankungen zugrunde liegenden genetischen Schäden auf molekularer Ebene zu analysieren.

15.6.1 Defekte in der Entwicklung von B-Lymphozyten

Zur normalen B-Zellreifung s. Kap. 5.2 und 11.1.4. Einige relevante Ergebnisse sind hier zusammengefaßt.

Die erste faßbare B-Vorläuferzelle stammt aus den fetalen Blutbildungsorganen Leber und Knochenmark. In der Folge exprimiert diese Zelle μ-Ketten im Zytoplasma und andere typische Oberflächenantigene. Die B-Zelle durchwandert schließlich mehrere Reifungsschritte, exprimiert zuerst IgM, dann IgD und schließlich gleichzeitig mit IgM und IgD entweder IgG, IgA oder IgE an der Zelloberfläche (Stadium mit multiplen Isotypen; [26, 56]). Diesem Stadium, das von einigen Autoren nicht nachgewiesen werden konnte, folgt die Expression einer bestimmten Immunglobulin-Klasse *(isotypic switch)*, der eine Gen-Deletion zugrunde liegt. In diesem Stadium verliert die B-Zelle IgM und IgD an der Zelloberfläche. Neben der charakteristischen Immunglobulinexpression an der B-Zelloberfläche können einzelne B-Zellstadien auch durch monoklonale Antikörper gegen Antigene verschiedener Reifestadien charakterisiert werden. Nach exogener Stimulation verliert die B-Zelle ihre Oberflächenimmunglobuline und differenziert sich in eine reife Immunglobulin-sezernierende Plasmazelle. In Tabelle 15.8 sind die Ursachen einiger B-Zelldefekte angeführt.

Tabelle 15.8. Blockierungsmöglichkeiten der B-Zellreifung als Ursache einiger häufiger B-Zelldefekte

	Defekt
X-chromosomale Agammaglobulinämie	prä-B-Zelle
variable Immundefekte (CVID)	reife B-Zelle → Plasmazelle
selektiver IgA-Mangel	IgA pos. B-Zelle → Sekretion von IgA Antikörper gegen IgA (in 44%)
Immundefekt mit erhöhtem IgM	keine IgG+, IgA+ B-Lymphozyten Defekt sog. „switch“ T-Zellen

Die X-chromosomal gebundene Agammaglobulinämie (Typ Bruton) ist durch einen schweren Mangel oder die Abwesenheit reifer B-Lymphozyten im Blut, Lymphknoten, Milz und Knochenmark gekennzeichnet [2, 44].

Schaber u. Mitarb. konnten in prä-B-Zellen dieser Patienten ein verkürztes μ-Ketten-Gen mit Verlust der V-Segmente nachweisen [124]. Dieser Gendefekt ist möglicherweise die Ursache für die gestörte Gruppierung der VDJ-Gensegmente und resultiert in der Unfähigkeit dieser Zellen, komplette Immunglobulingene zu bilden und zu exprimieren. Der Gendefekt ist jedoch nur bei einem Teil von Patienten mit Bruton'scher Agammaglobulinämie nachweisbar [26]. Ein weiterer Gendefekt wurde von Kwan u. Mitarb. beschrieben [65], die einen krankheitsassoziierten DNS-Polymorphismus in einer auf dem X-Chromosom lokalisierten Genfamilie nachweisen konnten. Damit steht der Weg zur Klonierung dieses Immundefektgens offen.

Bei CVID kann der Reifungsdefekt der B-Lymphozyten durch zumindest 3 Mechanismen bedingt sein (Übersicht bei [126]). Vorliegen kann

a) ein Defekt der B-Lymphozyten selbst,

b) eine gestörte Balance immunregulatorischer Lymphozyten oder
c) ein Defizit von Lymphozyten durch Autoantikörper gegen T- oder B-Zellen.

Fiorilli u. Mitarb. konnten zeigen, daß die Mehrzahl von Patienten mit CVID einen erhöhten Anteil von IgM+/IgG+-B-Lymphozyten aufweist. Dieser Reifungsblock im Stadium der multiplen Isotypenexpression ist jedoch bei einigen Patienten nicht zu finden, trotzdem fehlt auch dort die Fähigkeit zur Ausreifung in Ig-produzierende Plasmazellen [39]. Eine Umkehr der CD4/CD8-Ratio ist häufig nachweibar [115, 116, 126, 150a]. In erster Linie wird sie als Folge wiederholter Infektionen angesehen. Bei manchen Patienten finden sich jedoch B-Lymphozyten normaler Funktion mit weitgehender Verminderung von CD4+ T_H oder Überwiegen aktivierter CD8+ T_S-Lymphozyten. Insgesamt sind bei CVID die B-Lymphozyten im Blut niedrig, normal oder hoch.

15.6.2 Defekte in der T-Zellentwicklung

Definierte Defekte bei SCID können sehr verschiedene molekulare Defekte aufweisen. Bei einem Teil der Patienten findet sich ein Mangel an Adenosin-Desaminase (oder seltener von Purin-Nukleosid-Phosphorylase), andere zeigen ein Defizit der Expression von HLA-Strukturen, von Adhäsionsmolekülen (CD11/18) oder einen TCR-Defekt. Vielfach ist allerdings die molekulare Basis des T-Zelldefektes nicht geklärt, wobei jedoch Störungen in der Anlage des Thymusorgans z. T. für das Bildungsdefizit „peripherer" T-Lymphozyten verantwortlich gemacht werden können (z. B. beim DiGeorge-Syndrom mit kongenitalen Mißbildungen der 3. und 4. Schlundtasche).

Beim Defizit des Enzyms Adenosin-Desaminase kommt es zu einer toxischen Schädigung der T-Lymphozyten (s. Kap. 15.7.2.1). Die schwerste Form von HLA-Defekten als Ursache eines SCID ist das *bare lymphocyte*-Syndrom [140]. Bei diesen Patienten fehlt den T- oder B-Lymphozyten eine Expression von HLA-A und HLA-B Antigenen weitgehend. Besser charakterisiert sind die Klasse-II-Defekte im HLA-System [33]. LFA-1 Defekte als Prototyp eines Mangels an Adhäsionsmolekülen kommen durch Bildungsstörungen von β-Ketten der CD11/18-Moleküle zustande. Bei TCR-Defekten in einer Untergruppe des SCID wurde ein familiäres Defizit in der Bildung von CD3 β-Ketten dokumentiert [4]. Dadurch unterblieb ein Transport des CD3/TCR-Komplexes an die Zelloberfläche.

Ein schwerer Defekt der Rearrangierung von α-, β-, γ oder δ-Ketten-Genen des TCR führt wahrscheinlich zum ID bei Ataxia teleangiectatica [38]. Zusätzlich weisen T-Zellen bei diesem ID gehäuft spontane Chromosomenbrüche im Bereich der TCR-Gene auf [59], was ebenfalls auf eine Störung der Rearrangierungsprozesse hindeutet. Die molekulare Basis vieler weiterer T-Zelldefekte ist jedoch noch in vieler Hinsicht unerforscht.

15.7 Klinische Pathologie der einzelnen primären Immundefekte

Eine Zusammenstellung immunhämatologischer, pathologischer und klinischer Befunde der wichtigsten humoralen ID geht aus Tabelle 15.9 hervor. Eine ausführliche Übersicht zu diesen Krankheitsbildern findet sich bei Rosen et al. [115, 116], Wedgewood, Rosen u. Paul [148], Peter [95],

Tabelle 15.9. Primäre Defekte der Antikörperbildung

Syndrom	Serum-Ig	Immunologische Defekte		
		Zirkulierende B-Zellen	Zirkulierende T-Zellen	CMI[a]
1. Infantile geschlechtsgebundene Agammaglobulinämie (Bruton)	alle Isotypen ↓	meist fehlend	normal	normal
2. Infantile geschlechtsgebundene Hypogammaglobulinämie mit Wachstumshormonmangel	alle Isotypen ↓	↓ bis 0	normal	normal
3. Autosomal rezessive Agammaglobulinämie	alle Isotypen ↓	↓	normal	normal
4. Ig-Defizienz mit erhöhtem IgM (und IgD)	A) IgM ↑ IgD ↑ B) IgG u. IgA ↓	IgM^+ und IgD^+ B-Zellen normal IgG^+ u. IgA^+ B-Zellen fehlen	normal	normal
5. IgA-Defizienz	A) IgA_1, IgA_2 ↓ B) IgA_1, IgA_2, IgG_2 ↓ ± IgG_4 ↓ (IgA in Sekreten fehlend)	unreife $sIgA^+$ B-Zellen (IgA bildende Plasmazellen fehlen, v. a. in Lamina propria)	normal	normal
6. Selektiver Mangel anderer Ig-Isotypen	IgM ↓ oder $IgG_{1,2,3 \text{ oder } 4}$ ↓	meist normal	normal	normal
7. H-Ketten-Defizienz	Ig(H) ↓	normal oder H^+ B-Zellen ↓	normal	normal
8. Immundefizienz mit Thymom	alle Isotypen ↓	stark vermindert	variabel	variabel
9. Transitorische infantile Hypogammaglobulinämie	IgG ↓ IgA ↓	normal	T-Helferzellen ↓	variabel

[a] CMI = zellvermittelte Immunität

Pathologische Merkmale		Pathogenese	Begleit-erkrankungen	Genetik
Thymus	Periphere lymphatische Gewebe			
normal	KZ fehlen, Parakortikal-zonen der LK meist normal	Prä-B-Zellen Differenzierung defekt	Hämolyt. Anämien Atopische Erkr. Infekte (viral, bakteriell)	x-chromosomal rezessiv
normal	KZ vermindert	Prä-B-Zellen Differenzierung defekt	Zwergwuchs	x-chromosomal rezessiv
normal	–	Prä-B-Zellen Differenzierung defekt	–	autosomal rezessiv
normal	–	B-Zellen (IgM^+, IgD^+) Isotyp Switch Defekt mit Versagen der Reifung v. IgM^+, IgD^+ B-Zellen zu IgG^+, IgA^+, IgE^+ B-Zellen	–	x-chromosomal od. autosomal rezessiv od. autosomal dominant od. unbekannt
normal	normal	Defekte Reifung IgA^+ B-Zellen (u. IgG^+ B-Zellen) zu Ig-sezernierenden Plasmazellen	Tabelle 15.10	unbekannt >autosomal rezessiv >autosomal dominant
normal	normal	Defekte Reifung IgM^+ B-Zellen zu IgM bzw. IgG produzierenden Plasmazellen		?
normal	normal	unbekannt		?
Thymom	normal	unbekannter Defekt der Stammzellreifung zu Prä-B-Zellen		–
		Störung der Differenzierung IgG/IgA^+ B-Zellen zu IgG/IgA sezernierenden Plasmazellen durch verminderte T-Zellaktivität		häufig bei heterozygoten Familienmitgliedern von SCID's

Belohradsky [10], Klein [63a] und Schmidt [126]. Die wichtigsten Erkrankungen sollen besprochen werden; auf eine ausführliche Diskussion seltener Zustandsbilder wird in diesem Rahmen verzichtet.

15.7.1 B-Zelldefekte (Antikörpermangelsyndrome)

Die Defektzustände manifestieren sich vor allem in Form von chronisch rezidivierenden Infekten, insbesondere des oberen Respirations- und des Gastrointestinaltraktes. Häufige Erreger sind unter den Bakterien grampositive Kokken, Meningokokken, *Haemophilus influenzae, Pseudomonas aeruginosa* sowie *Pneumocystis carinii.* An den gastrointestinalen Infekten sind insbesondere auch *Giardia Lamblia* beteiligt.

Bei isolierten Defekten der humoralen Immunität ist eine generelle Abwehrstörung gegenüber Viruserkrankungen nicht gegeben (Tabelle 15.4). Bei der kongenitalen **Agammaglobulinämie** können jedoch bestimmte Virusinfekte schwerer verlaufen (vor allem *Varicella zoster,* Enteroviren, Echoviren).

15.7.1.1 Selektiver IgA-Mangel

Immunpathologie

Die Störung liegt meist im terminalen Schritt der B-Zelldifferenzierung. So sind bei IgA-Defekten meist B-Lymphozyten mit Oberflächen-IgA nachweisbar. Sie zeigen jedoch Zeichen der Unreife, z. T. mit Koexpression von IgM [97, 115, 116].

Eine Ausreifung zur IgA-bildenden Plasmazelle ist unter In-vitro-Bedingungen kaum möglich [22]. Gestörte Interaktionen mit T-Lymphozyten stehen vor allem bei kombinierten IgA- und IgG_2-(+IgG_4)Defekten zur Diskussion. Antikörper gegen IgA finden sich in 44% der Fälle [17].

Diagnose

Sie stützt sich (s. a. Tabelle 15.9) auf folgende Befunde:

1. eine IgA-Serumkonzentration von unter 5 mg/dl (leichtere Formen können auch etwas höhere Werte zeigen; [97]),
2. normale (oder erhöhte) Werte der anderen Immunglobuline (Verminderung von IgG_2 und evtl. IgG_4 können vorkommen, IgM ist gewöhnlich erhöht),
3. Ausschluß von Erkrankungen mit symptomatischen IgA-Defekten (insbesondere Non-Hodgkin-Lymphome). Zwischen der Erniedrigung von IgA im Serum und in den Sekreten besteht meist eine enge Korrelation.

Nur in Einzelfällen ging ein Serumdefekt von IgA mit normalem sekretorischem IgA einher [10, 57, 97]. Bei IgA-Mangelzuständen ist typischerweise das Transportstück für sekretorisches IgA (Übersicht bei [63a]) vorhanden und oft in erhöhter Konzentration im Speichel nachweisbar.

Tabelle 15.10. Begleitende Zustände bei selektivem IgA-Mangel (nach [10, 16])

1. Mit Krankheitssymptomen
   a) Infektneigung (insbesondere oberer Respirationstrakt)
   b) Atopie
   c) Autoimmunerkrankungen (rheumatoide Arthritis, Lupus erythematodes, Thyreoiditis, perniziöse Anämie, lupoide Hepatitis, Sjögren-Syndrom, autoimmunhämolytische Anämie)
   d) IgA-Mangel-Sprue
   e) im Rahmen einer Ataxia teleangiectatica
2. Ohne Krankheitssymptome
   a) komplett asymptomatisch
   b) in Familien mit Hypogammaglobulinämien und anderen immunologischen Defektzuständen

Häufigkeit

Sie wird in verschiedenen Ländern unterschiedlich angegeben (z. B. Schweden 1:670, Norwegen 1:1235, Frankreich 1:2040, USA 1:3024; Zusammenstellung bei [10]). Die Geschlechtsverteilung ist ausgeglichen.

Eine gesteigerte Inzidenz von IgA-Mangelzuständen ist bei Atopikern dokumentiert (etwa 1:200 gegenüber 1:800–3000). Bei schwerem IgA-Mangel wurden andererseits in 32% der Fälle atopische Erkrankungen gefunden [97].

Klinik

Begleitende Krankheitszustände sind in Tabelle 15.10 zusammengestellt. Gehäufte respiratorische Infekte finden sich nur bei einem Teil dieser Personen.

Sie werden vor allem gefunden, wenn gleichzeitig die IgG-Subklasse IgG_2 (und evtl. IgG_4) vermindert ist [27, 89]. Solche gleichzeitigen Verminderungen fanden sich bei 7.7% der IgA-Mangelzustände. Polysaccharidkapselantigene (z. B. an der Oberfläche von *Haemophilus influenzae* und *Pneumokokken*) werden vor allem von Antikörpern der IgG_2-Subklasse erkannt. Patienten mit gleichzeitigem IgG_2- (und evtl. IgG_4-)Defekt sollten erfaßt werden, da bei ihnen eine IgG-Substitution wertvoll sein kann [115, 116]. Auch ein gleichzeitiger Mangel von IgE wurde bei fast der Hälfte von Patienten mit IgA-Defekten beschrieben [99].

Autoimmun- und Kollagenerkrankungen finden sich bei etwa 1/3 der Patienten (Tabelle 15.10). Häufig kommen rheumatoide Arthritiden (IgA-Mangel bei bis zu 4% dieser Patienten) und SLE (bis 5% der Fälle) vor. Rheumafaktoren finden sich bei IgA-Defekten in bis zu 35% der Fälle [149].

Atopische Erkrankungen in Form von allergischen Rhinitiden, Asthma, Urtikaria und Ekzemen finden sich bei 55% dieser Personen [16]. Die gesteigerte Allergieinzidenz wird auf das Fehlen „protektiver“ Antikörper zurückgeführt.

IgA-Antikörper auf den Schleimhäuten kommt eine Schutzfunktion insoweit zu, als körperfremde Substanzen vor der Resorption „umhüllt“ und eliminiert werden. Bei IgA-Defekten würde dagegen der Organismus vermehrt den potentiellen Antigenen (z. B. bovinem Milcheiweiß) exponiert werden.

Bei Allergikern ist die Inzidenz eines IgA-Mangels höher als in der Normalbevölkerung (etwa 100–200fach nach [18]). Unter 75 Patienten mit IgA-Defekt waren bei 48% eine allergische Rhinitis, bei 36% Asthmaleiden, bei 12% eine Urtikaria oder ein Angioödem und bei 9% ein chronisches Ekzem nachweisbar [16].

Gastrointestinale Symptome nach Art der IgA-Mangel-Sprue sind vor allem bei Kindern mit IgA-Mangel dokumentiert. Zur klinischen Heterogenität des IgA-Mangels und passageren Formen der Erkrankung s. [97].

Im Hinblick auf die histologischen Veränderungen, Ergebnisse des Xylose-Tests und der Beeinflußbarkeit durch glutenfreie Kost ähnelt die Erkrankung der Zöliakie. Im Gegensatz zu jener reagieren die Plasmazellen aus intestinalen Biopsien bei Immunfluoreszenzuntersuchungen fast ausschließlich mit Antikörpern gegen IgM, und das Serum-IgM ist meist erhöht [5, 52]. Bei der Zöliakie ist demgegenüber IgA meist erhöht und das IgM niedrig mit Normalisierungstendenz unter glutenfreier Kost.

Häufig (in 44%) finden sich Antikörper gegen IgA [12, 17, 144]. Diese können Ursache schwerer Transfusionsreaktionen, insbesondere nach der Verabreichung von intravenösen Immunglobulinen, sein. In Einzelfällen von IgA-Mangel wird ein niedrigmolekulares IgM nachgewiesen [66].

Genetische Faktoren spielen bei vielen Personen mit IgA-Mangel eine nachweisbare Rolle. Familiäre Häufungen sind gut gesichert, wobei autosomal-rezessive oder -dominante Erbgänge beobachtet wurden [10, 82 u. a.]. IgA-Defekte, vielfach ohne Krankheitserscheinungen, wurden auch in Familien mit Agammaglobulinämie beobachtet.

Zur Assoziation mit der Ataxia teleangiectatica s. Kap. 15.7.3.1. Bei Vorliegen einer neurologischen Symptomatik sollte an diese mögliche Assoziation gedacht werden.

15.7.1.2 Variable Immundefektsyndrome (*Common Variable Immunodeficiency Syndromes* = CVID)

Immunpathologie. Bei der Mehrzahl der Fälle liegt eine Störung in der terminalen Differenzierung von B-Lymphozyten zu Plasmazellen vor, deren Ursache heterogen und vielfach unbekannt ist (s. Kap. 15.6.1). Auch in vitro können die B-Lymphozyten dieser Patienten meist nicht zu Ig-sezernierenden Zellen reifen [25, 41].

Immunregulatorische Defekte auf der Ebene der T-Lymphozyten-Subpopulationen wurden als teilweise Ursache der Reifungsstörung diskutiert und solche Defekte auch nachgewiesen [107, 150a]. Die häufige deutliche Verschiebung von T_H/T_S könnte aber nicht Ursache des Defektes, sondern Folge gehäufter Infekte sein [131]. Allerdings wurden Korrelationen zwischen klinischem Bild und der CD4/CD8 Ratio nachgewiesen [150a]. In Einzelfällen wurde auch lymphozytotoxischen Antikörpern eine pathogenetische Rolle zugesprochen [43]. Störungen der Regulatorzellen wurden als Ursache abakterieller Granulome und evtl. Hyperplasien lymphatischer Keimzentren diskutiert [115, 116].

Die Diagnose einer CVID (Tabelle 15.9) stützt sich auf

a) das Vorliegen einer Agammaglobulinämie mit Symptomen, die der Bruton-Erkrankung ähneln (jedoch meist weniger schwer sind; Kap. 15.7.1.3);

b) die spätere Manifestation des Defektes ohne auslösende Grundkrankheit (primär erworbene Agammaglobulinämie);
c) das weitgehende Fehlen von Plasmazellen in Knochenmark und lymphatischen Organen. Dabei können im Gegensatz zur kongenitalen Form B-Lymphozyten nachweisbar sein. Begleitende T-Zellveränderungen [150a] sind häufig (Störungen der T-Lymphozytenregulation, jedoch nur z.T. mit zellulären Immundefekten).

IgG liegt gewöhnlich unter 500 mg/dl; IgA und IgM sind ausgeprägt erniedrigt. Die Agammaglobulinämie tritt selten vor dem 6. Lebensjahr auf, die Mehrzahl der Patienten ist in der 2. und 3. Dekade. Die Erkrankung kann jedoch in jedem Lebensalter vorkommen. Verschiebungen der T-Subpopulationen mit relativer Vermehrung der CD8+-T-Lymphozyten sind häufig [150a], nur in Einzelfällen kommen ausgeprägte Verminderungen von CD4+-Zellen vor [108]. Raritäten dürften Fälle mit Autoantikörpern gegen B- oder T-Lymphozyten sein [142].

Häufigkeit. Nach großen Sammelstatistiken ist diese Erkrankung der zweithäufigste primäre Immundefekt (Tabelle 15.6; s. Kap. 15.6.1). Sie stellt einen Sammeltopf verschiedener Entitäten mit bevorzugtem Befall der B-Zellachse dar. Die Geschlechtsverteilung ist 1:1.

Klinik. Das Krankheitsbild ähnelt der geschlechtsgebundenen Agammaglobulinämie, ist aber bei gleichem Erregerspektrum oft weniger deutlich ausgeprägt (s. Kap. 15.7.1.3). Respiratorische Infekte (oft mit progredienten Bronchiektasien) stehen im Vordergrund (Tabelle 15.4).

Häufig finden sich Sprue-ähnliche Symptome mit intestinaler nodulärer lymphatischer Hyperplasie meist als Folge von Infektionen durch *G. lamblia* [64]. Über 25% der Patienten entwickeln Spleno- oder Hepatomegalien (im Rahmen hyperplastischer Keimzentren und/oder von Granulombildungen).

Ähnliche „nichtverkäsende" Granulome können in Lunge und Haut nachweisbar sein (sie sind meist steroid-sensitiv). Der rheumatoiden Arthritis ähnliche Gelenksmanifestationen können durch Mycoplasmen bedingt sein [115, 116]. Ein Dermatomyositis-ähnliches Zustandsbild kann vorkommen.

Etwa 1/3 der Patienten zeigt megaloblastische Anämien (durch Folsäure und/oder Vitamin B_{12}-Mangel). Hämolytische Anämien kommen bei etwa 5% der Patienten vor. Es besteht eine erhöhte Inzidenz von malignen Erkrankungen (Tabelle 15.11). Dabei stehen Non-Hodgkin-Lymphome im Vordergrund (bevorzugt mit gastrointestinaler Manifestation; Übersicht bei [10, 115, 116]).

Lymphozytendefekte. Bei etwa 3/4 der Patienten sind die B-Lymphozyten des Blutes normal bis erhöht [150a], bei 1/4 dagegen erniedrigt [101, 130, 150a], eine Verschiebung der CD4/CD8 Ratio findet sich häufig [107, 108].

Sie ist meist durch eine relative Vermehrung von T_S und selten durch eine stärkere Verminderung von T_H bedingt. Das Verhältnis kann sich mit zunehmender Krankheits-

Tabelle 15.11. Häufigkeit und mittleres Alter zum Diagnosezeitpunkt lymphoretikulärer Neoplasien im Rahmen primärer Immundefekte (nach [138])

Primärer Immundefekt	Alter (Jahre)	Häufigkeit % (n = 267)
Ataxia teleangiectatica	9	60
Variable Immundefekte (CVID)	46	32
Wiskott-Aldrich-Syndrom	6	34
Selektiver IgA-Mangel	30	6
Bruton-Agammaglobulinämie	8	7
Schwere kombinierte Immundefekte (SCID)	0,9	8
IgM-Defizienz	11	5
Immundefizienz mit normalem oder erhöhtem Ig	9	3

dauer weiter verschieben und ein prognostischer Parameter sein. Patienten mit einer CD4/CD8 Ratio von 0,9 und niedriger hatten in etwa 70% eine Splenomegalie und waren in 40% anerg [150a]. Sie zeigten eine Zunahme der gleichzeitig CD8+ und CD57+ Lymphozyten. Ein vermehrter Anteil von NK-Zellen (CD16+) findet sich bei einzelnen Patienten [z. B. 150a], auch Defekte können vorkommen [96]. Im Knochenmark sowie in Biopsien aus lymphatischem Gewebe fehlen Plasmazellen weitgehend.

Familienuntersuchungen

Die Erkrankung ist familiär gehäuft, der Vererbungsmodus jedoch unbekannt. SLE, autoimmunhämolytische Anämien und ITP kommen in diesen Familien vermehrt vor [115, 116]. Eine Pränataldiagnostik oder die Erfassung von Heterozygoten ist zur Zeit noch nicht möglich.

15.7.1.3 Infantile geschlechtsgebundene A-Gammaglobulinämie (*X-linked agammaglobulinaemia* Bruton)

Immunpathologie. Als Reifungsstörung von B-Vorläuferzellen (prä-B-) zu B-Lymphozyten manifestiert sich der Defekt meist auf einer früheren Stufe als bei der Mehrzahl der Patienten mit CVID. T-Lymphozyten und ihre Subpopulationen sind in Zahl und Funktion normal (Übersicht bei [63a, 115, 116]).

Prä-B-Lymphozyten (definiert als Zellen mit zytoplasmatischen μ-Ketten) finden sich im Knochenmark in normaler Zahl [93]. Untersuchungen an lymphoblastoiden Zellinien (nach EBV-Infektion) und somatische Zellhybridisierungsexperimente zeigten, daß gebildete μ-Ketten inkomplett sind und ihnen die V_H-Region fehlt [124].

Diagnose: Sie stützt sich auf (Tabelle 15.9)

a) das Vorliegen eines angeborenen humoralen Immundefektes, wobei alle 3 Immunglobulinfraktionen stark erniedrigt sind (Gesamt-Ig immer < 200 mg/dl);

b) das weitgehende Fehlen von Plasmazellen im Knochenmark und in lymphatischem Gewebe sowie
c) eine starke Verminderung der B-Lymphozyten im Blut und Knochenmark. Das T-Zellsystem ist weitgehend intakt.

Häufigkeit. Sie wird mit 1–13 Patienten pro 1 Million Gesamtbevölkerung angegeben. Die geschlechtsgebundene Erkrankung macht etwa 4–8% der primären ID aus [10] und wird X-chromosomal rezessiv vererbt.

Klinik. Im Vordergrund stehen rezidivierende pyogene Infektionen, die meist im Säuglingsalter (nach Abfall des mütterlichen Ig) manifest werden. Neben den vorherrschenden bakteriellen Infekten (z.B. Pneumokokken, *Haemophilus influenzae,* Meningokokken, Streptokokken und Staphylokokken) können auch andere Erreger *(Giardia lamblia, Pneumocystis carinii)* und bestimmte Virusinfekte (z.B. Impfreaktion nach Poliomyelitis-Vakzine, Enzephalitis durch Echoviren und andere Enteroviren, Rotaviren mit gastrointestinalen Manifestationen) vorkommen [77, 85, 121, 122, 132]. Mycoplasmen können zu protrahierten Arthritiden führen [132]. Zu lymphatischen Neoplasien s. Tabelle 15.11.

Genetik und pränatale Diagnostik. Die Erkrankung zeigt eine variable familiäre Expression. Bei etwa 20% der Patienten ist in der mütterlichen Verwandtschaft dieser ID faßbar [115, 116]. Zum Nachweis einer Heterozygotie steht bisher kein Marker zur Verfügung. Der Defekt betrifft ein oder mehrere Gene auf dem X-Chromosom; berichtet wurde über eine Deletion am kurzen Arm des X-Chromosoms [34, 63a]. Als Möglichkeit für die Pränataldiagnostik wird die Fetoskopie mit fetaler Blutentnahme diskutiert (Fehlen reifer sIg-tragender B-Lymphozyten im Embryonalkreislauf; Übersicht bei [10, 69]).

15.7.1.4 Immundefekt mit Hyper-IgM

Es handelt sich um einen ID, bei dem die physiologische Umschaltung *(switch)* von IgM auf IgG oder IgA gestört ist (Tabelle 15.9). Sie findet normalerweise auf der Ebene der B-Lymphozyten zunächst für Membran-Immunglobuline statt und äußert sich bei diesem Defekt in einem Mangel von ausreifenden Plasmazellen mit Sekretionsfähigkeit für IgG und IgA.

IgA und IgG sind im Serum stark erniedrigt, IgM (normal bis) erhöht (150–1000 mg/dl). Bei manchen Patienten ist auch IgD erhöht. Die Patienten sind für Infekte (vor allem des Respirations- und Verdauungstraktes sowie der Haut) extrem anfällig [143]. Schwere Infekte schließen *Pneumocystis carinii,* Meningitiden und Osteomyelitis ein. Thrombo- und Neutropenien, aplastische oder hämolytische Anämien kommen bei dieser Erkrankung nicht selten vor (Übersicht bei [10, 115, 116, 143]). Die Patienten zeigen ein gehäufteres Auftreten maligner Lymphome (Tabelle 15.11).

15.7.1.5 Infantile transitorische Hypo-Gammaglobulinämie

Von diesem Krankheitsbild wird dann gesprochen, wenn die zunächst physiologische postnatale Hypogammaglobulinämie länger als nur wenige Monate anhält. Über die physiologische Reifung der humoralen Immunität s. Abb. 15.5. Etwa 1% der Säuglinge zeigt transitorische Immundefekte.

Besonders häufig sind diese Defekte bei sehr unreifen Frühgeborenen (mütterliches IgG tritt vor allem im letzten Trimenon der Schwangerschaft durch einen aktiven Transportmechanismus in den kindlichen Kreislauf über). Beim normalen Neugeborenen entsprechen die IgG-Werte z. Z. der Geburt denen des mütterlichen Blutes. Der niedrigste Wert wird zu Ende des 2. Monats erreicht (um 300 mg/dl). Durch eigene Bildung steigt er schließlich normalerweise deutlich an und nähert sich zu Ende des 1. Jahres dem Normalbereich der Erwachsenen. IgM und IgG sind z. Z. der Geburt nur in Spuren nachweisbar, die Synthese von IgM setzt jedoch in der Regel rasch ein. Zum Ende des 1. Jahres erreicht die IgM-Konzentration etwa 75% des Erwachsenenwertes. Die IgA-Bildung beginnt etwa 3 Wochen nach der Geburt und nähert sich auch beim Gesunden nur langsam, bis zum Ende des 2. Jahres, dem Normalbereich der Erwachsenen (Abb. 15.5).

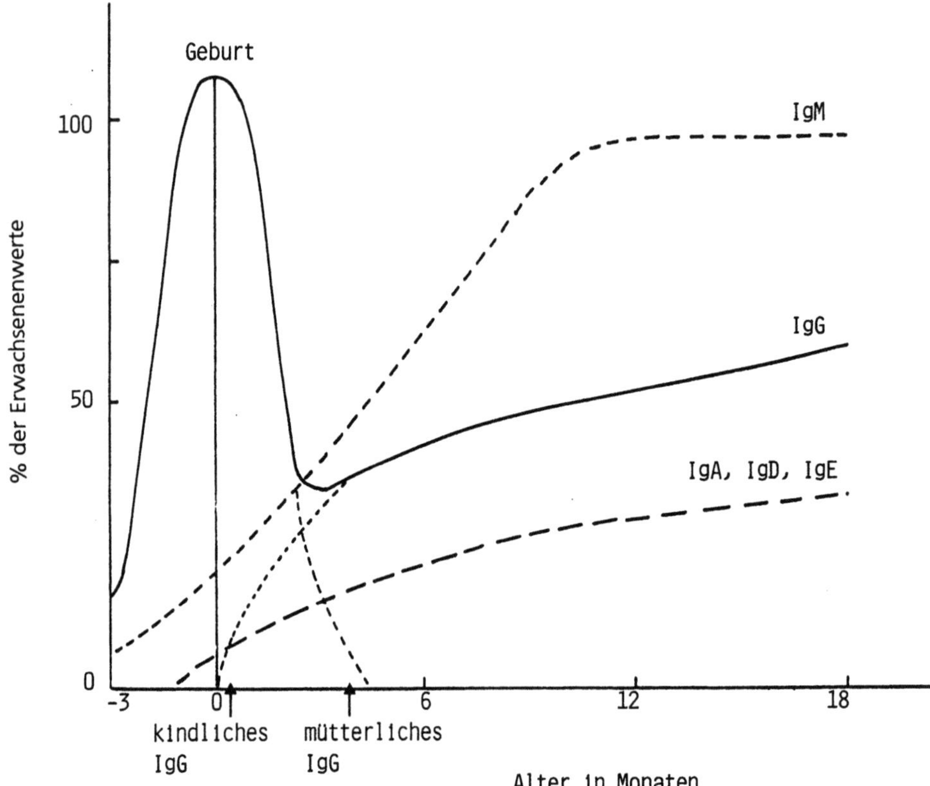

Abb. 15.5. Physiologische Reifung der humoralen Immunität

Laboratoriumsbefunde

Wichtigster Befund ist die Hypogammaglobulinämie (in erster Linie IgG). Dieser Zustand kann bis zum 18., selten bis zum 30. Lebensmonat andauern [10, 114]. Der Anteil an B-Lymphozyten im Blut und Knochenmark ist normal. Gestört ist die T-Zell-Hilfe [115, 116].

Die Antikörperaktivität nach Immunisierung ist meist normal. Dieser Immundefekt durch gestörte Reife ist in Familien mit anderen Immundefekten etwas häufiger. Selten stellt der Zustand ein schwereres klinisches Problem dar.

15.7.1.6 Immundefekt mit Normo- oder Hyperimmunglobulinämie

Die Diagnose dieser – wahrscheinlich seltenen – Zustände ist schwierig, da der übliche Suchtest (quantitative Ig-Bestimmung) den Mangel nicht erfassen läßt. In der Literatur wurden mehrere Patienten beschrieben, die nach Immunisierung eine gestörte spezifische Antikörperbildung zeigen [115, 116, 118, 123]. Aus diesen kasuistischen Mitteilungen kann die immunpathologische Grundlage der gestörten Antikörperbildung nicht definiert werden. Manche dieser Patienten könnten einen Defekt von IgG-Subklassen zeigen, der bei der quantitativen IgG-Bestimmung nicht faßbar ist. Bei kombiniertem IgG_2- und IgG_4-Mangel ist ein Defekt der Immunantwort insbesondere auf bakterielle Polysaccharidantigene wahrscheinlich [88]. Das Untersuchungsprogramm bei Verdacht auf ein derartiges Zustandsbild sollte daher neben der Bestimmung der B- und T-Lymphozyten (evtl. Verschiebung der T_H/T_S-Ratio) auch die IgG-Subklassenbestimmung umfassen [115, 116].

15.7.2 Vorwiegende Defekte der T-Lymphozyten

15.7.2.1 Schwere kombinierte Immundefekte (SCID)

Immunpathologie. Bei der zuerst beschriebenen „Schweizerischen Form der Agammaglobulinämie“ [54] und bei anderen Fällen mit SCID handelt es sich um eine Anlagestörung des Thymusorgans. Dieses zeigt lediglich Nester endodermaler Zellen und ein weitgehendes Fehlen von Lymphozyten und Hassal-Körperchen (Übersicht bei [115, 116]). Effektorzellen der T-Lymphozyten sind meist deutlich vermindert. Die verschiedenen Formen des Syndroms sind in Tabelle 15.12 zusammengefaßt (z. B. T– B– mit weitgehendem Fehlen von T- und B-Lymphozyten, T– B+ mit normalen bis erhöhten B-Lymphozyten [39a, 150b]). Der Defekt kommt durch Entwicklungsstörungen auf verschiedenen Ebenen der Lympho-Hämatopoese zustande (z. B. bei der retikulären Dysgenesie auf der Ebene der pluripotenten Stammzelle, bei T– B– SCID auf der Ebene der gemeinsamen lymphatischen Vorläuferzelle, bei SCID mit B-Lymphozyten auf der prä-T Ebene; weiterführende Literatur bei [21a, 63a]). Beim genetischen Defizit des Enzyms Adenosin-Desaminase (ADA) als Ursache einer SCID ist das bevorzugte Defizit von T-Lymphozyten durch toxische Schädigung dieser Zellen bedingt.

Tabelle 15.12. Primäre T-Zelldefekte

Syndrom	Serum-Ig	Immunologische Defekte		
		Zirkulierende B-Zellen	Zirku-lierende T-Zellen	CMI
Kombinierte ID mit vorwiegendem T-Zelldefekt	normal od. progressiv ↓	normal	↓	↓
Purinnukleosid-phosphorylase (PNP)-Defizienz	normal	normal	progr. ↓	progr. ↓
Schwere kombinierte ID (SCID) mit Adenosindeaminase (ADA)-Defizienz	↓	↓	↓	↓
SCID				
A) Retikuläre Dysgenesie	↓	↓	↓	↓
B) Niedere T- und B-Zellzahl (T− B−)	↓	↓	↓	↓
C) SCID mit B-Zellen (T− B+)	↓	normal	↓	↓
D) SCID mit Defekt der HLA-Expression	↓	↓	↓	↓

Pathologische Merkmale		Pathogenese	Begleit-erkrankungen	Genetik
Thymus	Periphere lymphatische Organe			
		unbekannter Defekt der T-Zelldifferenzierung	–	unbekannt autosomal rezessiv
		T-Zelldefekt durch Enzymdefekt und toxische Metaboliten	–	autosomal rezessiv
		T(+ B)-Zelldefekt durch toxische Metaboliten infolge des Enzymdefektes		autosomal rezessiv
		Defekt in der Differenzierung von T- und B-Zellen u. Monozyten/Makrophagen auf Ebene der hämatopoetischen Stammzellen		autosomal rezessiv
		Lymphozytenreifungsstörung (B- und T-Zellen)		autosomal rezessiv od. x-chromosomal
hypoplastisch, oft nicht deszendiert, Defizit an Thymozyten und Hassalkörperchen	Fehlen od. ausgeprägter Mangel an T-Zellen	Störung auf Ebene der Vorläuferzelle, B-Zell Reifungsdefekt durch Fehlen der T-Helferzellen		autosomal rezessiv od. x-chromosomal
± Thymusepithelzellen mit defekter HLA-Ag Expression		Differenzierungsdefekt mit mangelhafter Expression von MHC-Antigenen (Klasse I ± II) an B- und T-Lymphozyten		autosomal rezessiv

Etwa 20% der SCID-Fälle sind durch einen Mangel in der Bildung von ADA oder Purin-Nukleosid-Phosphorylase bedingt. Die toxische Schädigung der T-Lymphozyten resultiert aus der Anhäufung vor allem von Desoxi-Adenosin-Triphosphat [21, 139]. Zudem kommt es durch eine Blockierung in der Bildung von S-Adenosylmethionin zu einer Störung der DNA-Methylierung. Das Gen für diesen Defekt ist am Chromosom 20 lokalisiert. Die mRNA für das Enzym ist jedoch nachweisbar [1]. Ähnliche, jedoch weniger schwere Störungen wurden beim Purin-Nukleosid-Phosphorylasemangel (PNP) gesehen [10, 115, 116]. Dabei kommt es zur Anhäufung von Guanosin und Desoxyguanosin. Desoxyguanosintriphosphat blockiert durch Hemmung der Ribonukleotidreduktase die Zellteilung [21].

2–5% der autosomal rezessiven SCID-Fälle sind durch einen Defekt in der Expression von Histokompatibilitätsantigenen bedingt [108a]. Zu den „Immundefekten mit dysproportioniertem Zwergwuchs" siehe [63a]. Ein besonders seltener kombinierter Defekt ist die retikuläre Dysgenesie (Agranulozytose mit SCID als Folge eines „Stammzelldefektes").

Diagnose. Sie stützt sich auf

a) den Nachweis eines meist schweren numerischen Defektes der T-Lymphozyten, der evtl. von einem Defizit der B-Lymphozyten begleitet ist;
b) das Auftreten rezidivierender Infektionen mit hoher Letalität;
c) den Ausschluß anderer primärer ID der T-Lymphozyten.

Häufigkeit. SCID umfassen 7–13% der primären Abwehrdefekte (Zusammenfassung bei [10]). In 75% sind männliche Patienten betroffen. Etwa 20% der autosomal rezessiven Fälle (s. Genetik und pränatale Diagnose) der SCID gehen mit einem Adenosindesaminasedefekt einher. Die Häufigkeit des X-chromosomal rezessiv vererbten Syndroms (weiterführende Lit. bei [21a]) beträgt 1:1 Mio., die autosomal rezessive Erkrankung 2:1 Mio. Geburten.

Klinik. Lebensbedrohliche Infekte, die in den ersten Lebensmonaten manifest werden, stehen im Vordergrund des Krankheitsbildes. Es handelt sich um
a) persistierende nekrotisierende Entzündungen der Oralregion („Mundschwamm"),
b) eine Soormykose des Oropharynx, Larynx und der Haut,
c) unbeherrschbare Durchfälle und Pneumonien.

Neben Infektionen durch *Pneumocystis carinii* sind die Kinder auch gegenüber Virusinfektionen schwerst anfällig (z. B. *Varicella,* Herpes, Zytomegalie). Impfungen mit BCG oder Pockenvakzine führen meist zum Tod. Graft-versus-host-Reaktionen können bereits in den ersten Lebenstagen auftreten. (Bei zumindest 25% der Patienten sind zirkulierende T-Lymphozyten der Mutter nachweisbar [105b]). Lymphatisches Gewebe und Tonsillen fehlen weitgehend. Der Thymus ist stark hypoplastisch. Im peripheren Blut findet sich eine schwere Lymphopenie (häufig unter 1 G/l).

Serum-Ig sind in den meisten Fällen niedrig [54, 63a]. Im Differentialblutbild sind Eosinophilien häufig.

Zur Erfassung des ADA-Mangels tragen Bestimmungen dieses Enzyms in den Erythrozyten und des Desoxiadenosintriphosphats im Serum bei; letzteres ist bei normalen Personen nicht nachweisbar [53].

SCID-Patienten können durch Knochenmarktransplantation in einem hohen Prozentsatz geheilt werden (bei HLA-identen Spendern in etwa 70%). Ebenso ist die Transplantation von HLA partiell kompatiblem Knochenmark (nach T-Lymphozytendepletion) häufig erfolgreich [39a, 63a, 150b]. Eine weitgehende Immunrekonstitution erfolgt im ersteren Fall rascher, Autoimmunzustände (vor allem gegen Erythrozyten gerichtet) finden sich vor allem bei persistierender B-Lymphozytenfunktionsstörung [150b]. Die Transplantation sollte in einem frühen Lebensalter erfolgen [39a].

Genetik und pränatale Diagnostik

Die Erkrankung kann autosomal-rezessiv oder geschlechtsgebunden-rezessiv sein (Lit. b. [21a]). Der ADA-, der PNP- und der HLA-Expressions-Defekt wird autosomal-rezessiv vererbt. Das ADA-Gen liegt am Chromosom 20, das Gen für geschlechtsgebundene SCID am langen Arm des X-Chromosoms (Xq13,1 – q21,1; Literatur bei [21a, 63]). RFLP-Analysen unter Verwendung X-chromosomaler Proben helfen bei der letzteren Form in der Pränataldiagnose und zur Erfassung von weiblichen Überträgern ([21a], siehe auch [10]).

15.7.2.2 Di George- und Nezelof-Syndrom

Di George-Syndrom (Thymushypoplasie bei Bildungsstörung des dritten und vierten Kiemenbogens). Dieser seltene Immunmangelzustand (1,9% aller Immundefekte nach der Zusammenstellung von [10]) ist durch komplexe Mißbildungen gekennzeichnet, die sich als Trias darbieten (Tabelle 15.13). Es liegt

a) eine neonatale Hypokalzämie und Tetanie (unterentwickelte Nebenschilddrüse)
b) ein angeborener Herzfehler und
c) ein Defekt der T-Lymphozyten durch Unterentwicklung oder Fehlen des Thymus vor.

Zusätzlich sind weitere Mißbildungen (insbesondere im Gesichts- und Mundbereich, Transposition der großen Gefäße) häufig. Das Krankheitsbild wurde zusammenfassend von Belohradsky [9, 10] und Klein [63a] dargestellt. Es kann von einer Chromosomenanomalie (22q11) begleitet sein; [32, 60].

Im Gegensatz zum Di George- wird das Nezelof-Syndrom vererbt [63a]. Der Thymus zeigt auch beim letzteren eine Entwicklungsstörung und erscheint embryonal. Der T-Zelldefekt kann mäßig bis schwer sein.

Tabelle 15.13. Immundefizienz in Assoziation mit anderen Defekten

Syndrom	Serum-Ig	Immunologische Defekte		
		Zirkulierende B-Zellen	Zirkulierende T-Zellen	CMI
Wiscott-Aldrich-Syndrom (ID mit Thrombopenie und Ekzem)	IgA, IgE ↑ IgM ↓ (Isoaggl. ↓)	normal	progr. ↓	progr. ↓
Ataxia teleangiectatica (Louis-Barr-Syndrom)	häufig IgA, IgE u. IgG_2 ↓ IgM ↑ (monomer)	normal	↓ relative Zunahme von Zellen mit γ/δ statt α/β TCR-Expression	↓
Kongenitale Thymushypoplasie (DiGeorge-Syndrom)	normal	normal	↓	↓
Defizienz des Adhäsions-Proteinkomplexes (LFA-1, CR3, p150, 95)	normal	normal	normal	↓

Pathologische Merkmale		Pathogenese	Begleit-erkrankungen	Genetik
Thymus	Periphere lymphatische Gewebe			
normal	KZ vorhanden (evtl. ↓)	Zellmembrandefekt an allen hämatopoetischen Zellen	Ekzem und Thrombopenie	x-chromosomal
Hypoplasie, fehlende kortikomedulläre Differenzierung, Hassalkörperchen fehlen	Parakortikalzonen zellarm, KZ ↓	defekte T-Zellreifung und terminale B-Zelldifferenzierung	progressive zerebelläre Ataxie, Dysgenesie der Ovarien, chromosomale Instabilität, α-Fetoprotein ↑, häufig lymphatische u. andere Neoplasien, chromosomale Aberrationen	autosomal rezessiv
Hypoplasie durch Entwicklungsstörung der 3. und 4. Schlundtasche	KZ vorhanden, Parakortex zellarm	Embryopathien mit Thymushyoplasie und konsekutivem T-Zelldefekt	a) Fehlen der Gland. parathyreoidea b) häufig kardiovaskuläre Mißbildungen c) Gesichtsmißbildungen z. T. mentale Störungen und gastrointestinale Mißbildungen	– (sporadisch)
		defekte Synthese der β-Kette dieser Membranproteine an T-, B-Zellen, Monozyten/Makrophagen, NK-Zellen und Neutrophilen		–

15.7.3 Komplexe Immundefekte

15.7.3.1 Ataxia teleangiectatica (Louis-Barr)

Charakteristisch für die autosomal-rezessive Erkrankung sind

a) eine progressive zerebelläre Ataxie
b) eine Überempfindlichkeit gegen ionisierende Strahlen
c) chromosomale Aberrationen in Lymphozyten (betreffend 7q14, 7q34, 14q12 und 14q32, z. B. inv(7) oder t(7;14))
d) eine Thymushypoplasie mit zellulären und humoralen ID
e) erhöhte Serumspiegel für α_1-Fetoprotein
f) eine gesteigerte Inzidenz von malignen Erkrankungen (auf das über 60-fache)
g) Glukoseintoleranz und beschleunigtes Altern

Die Überempfindlichkeit von Lymphozyten (und Fibroblasten) auf ionisierende Strahlen kommt wahrscheinlich durch Störungen in DNA Repairmechanismen zustande [40a]. Schon bei Normalpersonen sind im Alter in Phytohämagglutinin stimulierten Lymphozyten diskrete chromosomale Rearrangierungen vor allem am Chromosom 7 und 14 nachweisbar (z. B. inv(14), t(7;14) u. a.). Die Frequenz dieser Aberrationen steigt bei dieser Ataxie dramatisch an (Literatur bei [131a]). Bei der gut charakterisierten inv(7) kommt es zu einer Rekombination zwischen Vγ und Jβ, somit zur Fusion zwischen T-Zellrezeptor γ und β. Sie wird eventuell durch die gemeinsame Rekombinase bewirkt (Literatur bei [1a]).

Klinik. Wiederholte respiratorische Infekte mit progressiven Bronchiektasien (bei 80% der Erkrankten) stehen neben der zerebellären Ataxie und den okulokutanen Teleangiektasien im Vordergrund des klinischen Bildes. Die zugrundeliegenden Immundefekte manifestieren sich bei 70% der Personen im fehlenden Serum-IgA, bei 50% in erniedrigtem IgG_2 oder gesamt IgG, Erniedrigungen von IgE und bei 80% im Auftreten eines niedermolekularen IgM [10, 17].

Auf der Ebene der zellulären Immunität wird ein Defekt der T_H zunehmend deutlich. Die T_S sind normal oder sogar vermehrt. Dieser funktionelle Defekt der T-Lymphozyten ist am Zustandekommen des humoralen Immundefektes wesentlich mitbeteiligt [147].

Komplexe immunologische Veränderungen, welche die zelluläre und – zum Teil wahrscheinlich sekundär – die humorale Immunität betreffen, werden im Laufe der Jahre zunehmend deutlich. Die Patienten zeigen eine erhöhte Inzidenz neoplastischer Erkrankungen (in 15% der Fälle), die vor allem das lymphatische System betreffen (Tabelle 15.11; [1a, 40a, 138]).

Die Erkrankung zeigt häufig chromosomale Aberrationen (am häufigsten am langen Arm von Chromosom 14 und Chromosom 7, wobei die Genloci für die α- bzw. β- oder γ-Ketten des T-Zellrezeptors wie auch von Ig-Schwerketten betroffen sein können [10a, 138]. Häufig finden sich erhöhte Serumspiegel von CEA und α_1-Fetoprotein [133, 146]. Diese Beziehungen sind in Tabelle 15.13 zusammengefaßt.

Diagnose: Sie stützt sich auf (Tabelle 15.13)

a) eine progressive zerebelläre Ataxie (ab Ende des 2. Lebensjahres),
b) Teleangiektasien (vor allem am Bulbus und an der oberen Extremität, etwa ab dem 5. Lebensjahr) und
c) einen Immundefekt in Form von Antikörpermangelsyndromen (Verminderung von IgA, IgE und IgG_2) und Störungen der zellulären Immunität (progressive Verminderung der T_H).

Der Thymus zeigt ein embryonales Bild (ohne kortikomedulläre Differenzierung und Fehlen der Hassal-Körperchen).

Häufigkeit. Sie wird auf 24 Fälle pro Million geschätzt. Damit liegt die Erkrankung aufgrund großer Sammelstatistiken nach dem IgA-Mangel und der CVID mit SCID an 3. bis 4. Stelle der primären ID [10].

Das AT-Gen dürfte in der normalen Bevölkerung nicht selten sein (nach Schätzungen etwa 0,5% und mehr Heterozygote). Möglicherweise ist auch bei Heterozygoten eine erhöhte Inzidenz für Tumorerkrankungen (Mammakarzinome) gegeben [40a, 135, 138]. Kürzlich konnte durch molekularbiologische Methoden ein postuliertes AT-Gen am langen Arm des Chromosoms 11 (11q22–23) lokalisiert werden [40, 40a]. Nahe bei diesem Locus liegen jene für das „Thymusantigen“ Th-1, das pan-T-Zellantigen CD3 sowie das Adhäsionsmolckül N-CAM [40a].

15.7.3.2 Wiscott-Aldrich-Syndrom

Die wichtigsten immunpathologischen Befunde finden sich in Tabelle 15.13. Der Mangel an Ig im Serum betrifft in erster Linie IgM bei gleichzeitiger Erhöhung von IgA und besonders ausgeprägt IgE, in Einzelfällen kommen M-Gradienten vor [104]. Alle Ig-Klassen haben eine verkürzte Halbwertszeit. T-Lymphozyten zeigen eine zunehmende Verminderung und Funktionsstörung [86] und die T-Zellareale sind zunehmend an lymphatischen Zellen verarmt. Für die T-Zellfunktionsstörung ist wahrscheinlich die fehlende Expression eines stark glykosilierten Membranproteins, des Sialophorins, verantwortlich [109].

Ob der megakaryozytäre Defekt [81] durch die T-Zellfunktionsstörung mitbedingt ist, bedarf weiterer Untersuchungen. Die megakaryozytäre Vorläuferzelle steht normalerweise unter regulatorischen Einflüssen der T-Lymphozyten.

Diagnose: Sie stützt sich auf die Symptom-Trias

a) thrombopenische Blutungen;
b) Infektanfälligkeit für opportunistische Keime (vor allem Pneumokokken, *Pneumocystis carinii* und Bakterien mit Polysaccharidkapsel, Pilze, Viren) und
c) schwere Exzeme.

Die Thrombopenie ist von funktionellen Abweichungen, der Ausschwemmung sehr kleiner Thrombozyten und Verminderung der Glykoproteine Ia und Ib begleitet [86, 100, 109]. Die gestörte Glykoproteinbildung ist möglicherweise Ursache der morphologischen und funktionellen Störung bei Thrombozyten und Lymphozyten [92]. Elektronenoptisch ist bei der Mehrzahl der Patienten bereits im Frühstadium der Erkrankung ein deutlicher Mangel an Mikrovilli an der Oberfläche von Blutlymphozyten nachweisbar [61]. Der humorale Immundefekt äußert sich vor allem in einer eingeschränkten Antikörperbildung gegen Polysaccharidantigene (z. B. Pneumokokken). Im Rahmen des T-Zelldefektes (bevorzugt zytotoxischer T-Zellen) kann auch eine erhöhte Anfälligkeit für Pilz- und Viruserkrankungen bestehen. Eosinophilien sind häufig. Malignome, vor allem Lymphome (inkl. M. Hodgkin), akute Leukämie, Hirntumoren u. a. treten bei 12% der Patienten auf [94]. Unter 79 Registraturfällen dieses Syndroms mit malignen Erkrankungen waren 59 Non-Hodgkin-Lymphome [1a]. Das mediane Manifestationsalter der Tumorerkrankung beträgt 6 Jahre (Tabelle 15.11).

Häufigkeit. Nach großen Sammelstatistiken sind 1,7–6,3% der primären Immundefekte durch diese Erkrankung bedingt. Auf 1 Million männlicher Geburten dürften 4 Erkrankungen kommen [115, 116].

Prognose. Die mittlere Überlebensdauer beträgt um 6 Jahre (Tod durch Infektionen in 59%, Hämorrhagien 27%, Tumorerkrankungen 5%; [94]). Die Thrombopenie kann durch Splenektomie beherrscht werden [63a, 81]. Der Defekt kann durch Knochenmarktransplantation korrigiert werden, wenn ein histokompatibler Spender vorhanden ist [39a, 63a].

Genetik und pränatale Diagnostik

Die X-chromosomal-rezessiv vererbte Erkrankung kann bei Heterozygoten noch nicht diagnostiziert werden. Für die pränatale Diagnostik wird die Auswertung der Plättchenanomalien diskutiert [55].

15.7.3.3 X-chromosomal vererbter lymphoproliferativer Immundefekt (Purtilo)

s. Kap. 7.2.6.3

15.7.3.4 Immundefekt mit Thymom (Good-Syndrom)

Thymome gehen nicht selten mit Immundefekten und/oder aplastischen Anämien einher [63a, 112, 115, 116]. Die wichtigsten Befunde sind in Tabelle 15.9 zusammengefaßt. Bei etwa 10% der Patienten mit Thymomen wird eine ausgeprägte Hypo-γ-Globulinanämie gefunden (am häufigsten Verminderungen von IgG, meist mit gleichzeitiger Verminderung von IgA und evtl. IgM; [145]). Dabei findet sich ein auffallender Mangel von prä-B- und B-Lymphozyten [72]. Gleichzeitig kann es zur Vermehrungen von T-Lymphozyten mit Suppressoreigenschaften kommen [63a], doch ist dies wahrscheinlich nur ein Begleitphänomen [115, 116]. Häufig finden sich begleitende Autoimmunphänomene.

Hämolytische Anämien mit Wärme- oder Kälteautoantikörper können auftreten. Andere Autoantikörper sind insbesondere solche gegen quergestreifte Muskulatur oder antinukleäre Antikörper, im ersten Fall häufig mit einer Myasthenie, im andern mit einer rheumatoiden Arthritis einhergehend. Auch Nephritiden kommen vor.

Insgesamt ist das Syndrom somit heterogen (das Thymom kann dem ID vorausgehen, in anderen Fällen folgen [63a]) und tritt vor allem bei Personen mittleren und fortgeschrittenen Alters auf (Durchschnittsalter 50 Jahre, Bereich 25–77 Jahre; [10]. Diese Tatsache sowie die fehlende familiäre Häufung weisen auf einen erworbenen ID hin. Nach der WHO-Klassifikation wird der ID mit Thymom jedoch den primären Defekten zugeordnet [150].

15.7.3.5 Defizienz von LFA-1 (Leucocyte-function aossociated antigen type 1)

LFA-1 (CD11a) ist ein membranständiges Glykoprotein, welches zur Gruppe der Adhäsionsmoleküle gehört. Diese aus verschiedenen α- und einer gemeinsamen β-Kette bestehenden Antigene werden im wesentlichen an Granulozyten, Monozyten und Lymphozyten exprimiert (CD11a an B-, T-Lymphozyten und NK-Zellen); CR 3 (CD11b = Rezeptor für inaktiviertes C3, also iC3b) an Neutrophilen, Eosinophilen, Makrophagen, Monozyten und NK-Zellen; p150/95 (CD11c) an Monozyten, NK-Zellen und Granulozyten; [6, 17].

Das autosomal-kodominant oder -rezessiv vererbte Krankheitsbild ist durch einen Defekt in der Bildung der gemeinsamen β-Kette (MG 95 kD) charakterisiert. Dadurch können keine funktionsfähigen Adhäsionsmoleküle an der Zelloberfläche exprimiert werden. Die Krankheit manifestiert sich durch eine verzögerte Demarkierung der Nabelschnur, durch eine Omphalitis, Gingivitis, rezivierende Infektionen von Haut und Weichteilgewebe, verzögerte Wundheilung, perianale Abszesse und eine Granulozytose im peripheren Blut. Den Symptomen liegen im wesentlichen Störungen der Chemotaxis, Zell-Zell-Interaktionen, Phagozytose von mit iC3b-opsonisierten Partikeln, des „oxidativen bursts" und der Komplement- und Antikörper-abhängigen zellulären Zytotoxizität zugrunde. Im Gegensatz zu anderen primären Immundefekten weisen Patienten mit LFA-1-Mangel kein erhöhtes Malignomrisiko auf [17]. Die Knochenmarktransplantationsergebnisse sind günstig [39a].

15.7.3.6 Chronisch mukokutane *Candidiasis*

Als Ursache des in etwa 20% der Fälle familiär gehäuft auftretenden Krankheitsbildes wird ein partieller T-Zelldefekt diskutiert [63a, 151]. Klinisch finden sich *Candida*-Infektionen vor allem der Haut, Nägel, Schleimhäute, die häufig in Assoziation mit Infektionen durch andere Dermatophyten vorkommen. Selten handelt es sich um eine systemische, lebensbedrohliche Erkrankung. Die Krankheit kann sich in jedem Lebensalter manifestieren. In etwa 50% der Fälle findet sich gleichzeitig eine Störung des endokrinen Systems (Hypoparathyreoidismus, Hypothyreose, Diabetes mellitus, Mb.Addison). Im Laufe der Erkrankung können sich eine Alopezie, Depigmentierungen, eine Keratokonjunktivitis und sogar Hornhautulzera entwickeln. Bei schwer verlaufenden Fällen entstehen sogenannte „Candida-Granulome", plaqueartige hyperkeratotische, schuppende Läsionen der Haut und Nägel [17].

Zur Candidiasis als Folge eines POX-Mangels s. Kap. 17.2.4, in Begleitung einer AIDS-Erkrankung s. Kap. 16.

15.7.3.7 Hyper-IgE-Syndrom (JOB-Syndrom)

Dieses mit inkompletter Penetranz autosomal-rezessiv vererbte Krankheitsbild ist durch

a) rezidivierende Staphylokokkenabszesse und
b) stark erhöhte Serumspiegel von IgE

charakterisiert. Hauptlokalisationen der „kalten" Abszesse sind Haut, Nasennebenhöhlen, Ohren und Lunge. Als Folge der gehäuften Infektionen entstehen bronchiektatische Lungenveränderungen sowie pruriginöse Dermatitiden.

Laboratoriumsbefunde schließen erhöhte IgE-Spiegel (>2500 IU/ml [68]) bei sonst quantitativ normalen Immunglobulinen und eine ausgeprägte Sputum- und Bluteosinophilie mit ein. Stark erhöht sind insbesondere IgE-Antikörper gegen Staphylokokken [7]. Neben Staphylokokkeninfekten kommen auch solche durch Haemophilus influenzae und Candida albicans vor [63a]. T-Lymphozyten und T-Subpopulationen sind quantitativ im Normbereich, ebenso findet sich keine erhöhte Zahl IgE-positiver B-Lymphozyten. Lymphozytenstimulation durch Mitogene, Phagozytose und gesamthämolytische C-Aktivität sind bei allen Patienten normal. Störungen der Neutrophilen-Chemotaxis sind häufig [7, 17].

Abzugrenzen sind vor allem Zustände mit ausgeprägter IgE-Erhöhung (symptomatisch bei Patienten mit atopischen Ekzemen oder im Rahmen hypereosinophiler Syndrome; s. Kap. 19). Gerade die erstere Erkrankung kann differentialdiagnostische Schwierigkeiten ergeben.

15.7.4 Angeborene Komplementdefekte (KD)

Entsprechend der Komplexität des Komplementsystems können bei Defekten der einzelnen Komplementkomponenten im wesentlichen 3 Krankheitsbilder unterschieden werden [35, 63a]

- KD mit erhöhter Infektneigung
- KD mit Autoimmunerkrankungen
- hereditäres Angioödem (C1-Esterase-Inhibitor-Mangel).

15.7.4.1 Komplementdefekt mit erhöhter Infektneigung

Eine Zusammenstellung der wichtigsten angeborenen KD findet sich in Tabelle 15.14. Vor allem Patienten mit homozygoten Defekten „später" Komponenten (C5–8) weisen eine erhöhte Inzidenz bakterieller Infekte auf.

Tabelle 15.14. Wichtige angeborene Komplementdefekte und assoziierte Krankheitsbilder (nach [35, 63a])

Komplementkomponente	Krankheit
C1q	Systemischer Lupus erythematodes, Glomerulonephritis
C1INH	Hereditäres Angioödem, diskoider und systemischer Lupus erythematodes (SLE)
C4	SLE
C2	Glomerulonephritis, SLE, diskoider LE, Purpura, Dermatomyositis, hämolytische Anämie, juvenile rheumatoide Arthritis
C5–C8	*Neisseria*-Infektionen, Raynaud-Phänomen (z. T.)
Properdin (Faktor P)	*Neisseria*-Infektionen

Es handelt sich um disseminierte Infektionen mit Neisserien (Meningokokken, weniger häufig Gonokokken) ohne erhöhte Anfälligkeit gegenüber anderen pyogenen Keimen. Die Störungen dürften im wesentlichen auf die defekte zytolytische Aktivität zurückzuführen sein.

Bei komplettem Mangel an C9 findet sich eine verminderte gesamthämolytische Aktivität, aber keine klinischen Erscheinungen. Dieser Defekt ist in Japan relativ häufig [137]

15.7.4.2 Komplementdefekte in Assoziation mit Autoimmunerkrankungen

Zahlreiche Autoimmunerkrankungen sind bei angeborenen Defekten vor allem der Komplementkomponenten C4, C2 und C3 beschrieben (Tabelle 15.14). Alle diese Erkrankungen, die mit erhöhten Serumspiegeln zirkulierender Immunkomplexe einhergehen, sind im wesentlichen auf eine gestörte Löslichkeit bzw. Clearance von Immunkomplexen und den Mangel an C3-Fragmenten, denen eine immunregulatorische Funktion zukommt, zurückzuführen. Ungefähr 30% der homozygoten C2-defizienten und 70% der homozygoten C4-defizienten Personen entwickeln ein SLE ähnliches Bild [63a].

Schwere bakterielle Infektionen finden sich bei angeborenen Defekten von C1q, C2 oder C4 selten (nach einer Zusammenfassung wurden *Neisseria*-Infektionen bei 2% dieser Personen gegenüber 50% in der Gruppe mit Defektzuständen der „lytischen Komponente" gesehen [137]. Patienten mit C3-Defekten neigen dagegen zu schweren Infekten mit gramnegativen Bakterien (neben *Neisseria* Pneumokokken und *Haemophilus influenzae*).

Die C2 Defizienz ist bei Weißen mit einer Häufigkeit von 1:10000 nicht selten [63a]. Die meisten Defizienzen sind durch Punktmutation bedingt. Das C2Q 0 Allel (Q0: Allel nicht vorhanden) disponiert zu SLE, juveniler rheumatoider Arthritis u. a. (Tabelle 15.14).

Bei SLE ist die Abgrenzung der häufigen C4-Mangelzustände durch erhöhten Verbrauch von jenen notwendig, die auf der Basis eines kongenitalen C4-Mangels auftreten. Letzterer ist in homozygoter Form sehr selten [63a]. Einige SLE assoziierte HLA Haplotypen tragen jedoch Null-Komplement Allele an den C4- (oder C2-) Loci.

15.7.4.3 Hereditäres Angioödem (Quincke-Ödem)

Dieses Krankheitsbild ist auf einen heterozygoten Defekt des C1-Esterase-Inhibitors (C1-INH) zurückzuführen. Charakteristisch sind episodisch auftretende, gelegentlich traumatisch oder durch Streß induzierte subkutane und submuköse Ödeme vor allem im Bereich des oberen Respirations- und Gastrointestinaltraktes. Aufgrund des C1-Esterase-Inhibitormangels kommt es wegen der ständig im Plasma vorhandenen geringen Menge von C1-Esterase zu einem Verbrauch von C4 und C2. Während der Attacken sinken C4 und C2 weiter ab. Das durch gestörte Regulation aktivierte C1 spaltet somit größere Mengen von C2. Das resultierende C2b wird – unphysiologisch – von Plasmin gespalten (Übersicht bei [63a]). Daraus resultiert C-Kinin, ein wirksamer Vasodilatator. Da der C1-INH auch an der Regulation von Plasmin, Kallikrein, Hagemann-Faktor und Faktor XIa beteiligt ist, können bei diesem Mangel u. a. auch weitere Anteile des Kininsystems aktiviert werden (z. B. Bradykinin).

Die Konzentration von C1-INH liegt bei diesen Personen häufig niedriger als 35% des Normalwertes. Während angioneurotischer Attacken fällt sie bis auf Null ab. Die Krankheit kann durch Steigerung des C1-Inhibitorspiegels (z. B. durch Danazol) oder durch Verminderung der Plasminaktivität (z. B. durch Epsilon-Aminocapronsäure) kontrolliert werden.

Literatur

1. Adrian GS, Hutton JJ (1983) Adenosine deaminase messenger RNAs in lymphoblast cell lines derived from leukemic patients and patients with hereditary adenosine deaminase deficiency. J Clin Invest 71:1649–1660
1a. Aisenberg AC (1991) Malignant lymphoma. Lea and Febiger, Philadelphia
2. Aiuti F, Lacava V, Fiorilli M (1972) B-lymphocytes in agammaglobulinaemia. Lancet 2:761
3. Aiuti F, Paganelli R, Ensati B, Cabello A, Cherchi M, Venuta S, Capobianchi MR, Dianzani F (1986) Abnormalities of T cell subsets and lymphokines (IL-2 and gamma-IFN) in immunodeficiencies. In: Aiuti F, Cooper MD, Rosen F (eds) Recent advances in primary and acquired immunodeficiencies. Raven press, New York, p 155–164
4. Alarcon B, Regueiro JR, Arnaiz-Villena A, Terhorst C (1988) Familial defect in the surface expression of the T-cell-receptor CD3 complex. N Engl J Med 39:1203– 1208
5. Amann AJ, Hong R (1973) Selective IgA deficiency. In: Stiehm ER, Fulginiti WB (eds) Immunologic disorders in infants and children. Saunders, Philadelphia, p 199
6. Anderson DC, Schmalsteig C, Finegold MJ, Hughes BJ, Rothlein R, Miller LJ, Kohl S, Tosi MF, Jacos RL, Waldrop TC, Goldman AS, Shearer WT, Springer TA (1985) The severe and moderate phenotypes of heritable Mac-1, LFA-1 deficiency: Their quantitative definition and relation to leukocyte dysfunction and clinical features. J Infect Dis 152:668–689
7. Babior BM (1988) Disorders of neutrophil function. In: Cecil Textbook of Medicine. Saunders Company
8. Bank I, De Pinko RA, Brenner MB, Cassimeris J, Alt FW, Ches L (1986) A functional T3 molecule associated with a novel heterodimer on the surface of immature human thymocytes. Nature 322:179
9. Belohradsky BH (1985) Thymusaplasie und -hypoplasie mit Hypoparathyreoidismus, Herz- und Gefäßmißbildungen (Di George-Syndrom). In: Ergebnisse der Inneren Medizin und Kinderheilkunde 54:35–105
10. Belohradsky BH (1986) Primäre Immundefekte. Kohlhammer-Verlag
11. Belohradsky BH, Griscelli C, Fudenberg HH, Marget W (1978) Das Wiskott-Aldrich Syndrom. In: Ergebnisse der Inneren Medizin und Kinderheilkunde 41:85–184
12. Bjernum OJ, Jersild C (1971) Class-specific anti-IgA antibodies associated with severe anaphylactic transfusion in a patient with pernicious anemia. Vox Sang 21:411–424
13. Blease RM, Strober W, Brown RS, Waldmann TA (1968) The Wiskott-Aldrich syndrome: a disorder with a possible defect in antigen processing or recognition. Lancet 1:1056–1061

14. Brenner MB, McLean J, Dialynas DP, Strominger JL, Smith JA, Owen FL, Seidman JG, Ip S, Rosen F, Krangel MS (1986) Identification of a putative second T-cell receptor. Nature 322:145–148
15. Brenner MB, Groh V, Porcelli SA, Hochstenbach F, Band H, Parker C, Lanier LL, McLean J, Krangel MS (1989) Structure and distribution of γδT-cell receptor, pp 1049–1053. In: Leucocyte Typing IV (W Knapp ed.) Oxford Univ Press, Oxford
16. Buckley RH (1975) Clinical and immunologic features of selective IgA deficiency. Birth Defects 11/1:134–142
17. Buckley RH (1988) Primary Immunodeficiency Diseases. In: Cecil Textbook of Medicine. Saunders Company
18. Buckley RH, Dees SC (1969) The correlation of milk precipitions with IgA deficiency. N Engl J Med 281:465
19. Chien Y, Iwashima M, Kaplan KB, Elliott JF, Davis MM (1987) A new T-cell receptor gene located within the alpha locus and expressed early in T-cell differentiation. Nature 327:677
20. Clark EA (1989) Activation and regulatory signals in human T- and B-Lymphocytes. In: Knapp W, Dörken B et al (eds) Leucocyte typing IV – white cell differentiation antigen. Oxford University Press, pp 1054–1057
21. Cohen A, Hirschorn R, Horowitz SD et al (1978) Deoxyadenosine triphosphate as a potentially toxic metabolite in adenosine deaminase deficiency. Proc Natl Acad Sci USA 75:472–476
21a. Conley ME, Buckley RH, Hong R et al (1990) X-linked severe immunodeficiency. J Clin Invest 85:1548–1554
22. Conley ME, Cooper MD (1981) Immature IgA-B-cells in IgA-deficient patients. N Engl J Med 305:496–497
23. Conley ME, Nowell PG, Henle G, Douglas SD (1984) XX-T-cells and XY-B-cells in two patients with severe combined immune deficiency. Clin Immunol Immunopathol 31:87–95
24. Cooper MD, Chase HP, Lowman JT, Krivit W, Good RA (1968) Wiskott-Aldrich syndrome: immunologic deficiency disease involving the afferent limb of immunity. Am J Med 44:499–513
25. Cooper MD, Lawton AR, Bockman DE (1971) Agammaglobulinaemia with B lymphocytes: specific defect of plasma cell differentiation. Lancet 2:791–795
26. Cooper MD, Burrows PD, Kubagawa (1986) Ontogeny of B-cells and their abnormal development in immunodeficiency diseases. In: Aiuti F, Rosen F, Cooper MD (eds) Recent advances in primary and aquired immunodeficiencies, Raven Press, Serono Symposia. Publications, New York, p 19–29
27. Cunningham-Rundles C, Oxelius VA, Good RA (1983) IgG2 and IgG3 sub-class deficiencies in selective IgA deficiency in the United States. In: Wedgewood RJ, Rosen FS, Paul NW, Allan R (eds) Primary Immunodeficiency Diseases Birth Defects 19. Liss Inc, New York, 173–175
28. Davis MM, Bjorkman PJ (1988) T-cell antigen receptor genes and T-cell recognition. Nature 334:395–402
29. Davis MM, (1990) T cell receptor gene diversity and selection. Ann Rev Biochem 59:475–496
30. Davis WC, Douglas SD (1972) Defective granule formation and function in the Chediak-Higashi Syndrome in man and animals. Semin Hematol 9:431–450.
31. De Chatelet LR, Shirley PS (1981) Evaluation of chronic granulomatous disease by a chemiluminescence assay of microliter quantities of whole blood. Clin Chem 27:1739–1741
32. De la Chapella A, Herva R, Koivisto M, Aula P (1981) A deletion in chromosome 22 can cause Di George-Syndrome. Hum Genet 57:253–256
33. De Preval CL, Hadam MR, Mach B (1988) Regulation of genes for HLA-class II antigens in cell lines from patients with severe combined immunodeficiency. N Engl J Med 318:1295–1300

34. Eskola J, Nurmi T, Ruuskanen O (1983) Defective B-cell function associated with inherited interstitial deletion of the short arm of the X-chromosome. J Immunol 131:1218–1221
35. Fearon DT (1988) Complement. In: Wyngaarden JB, Smith LH (eds) Cecil Textbook of Medicine. WB Saunders Company, pp 1938
36. Ferrari C, Sansoni P, Rowden G, Manara GC, Torresani C, DePanfilis G (1988) One half of the CD11b+ human peripheral blood T lymphocytes coexpresses the S-100 protein. Clin Exp Immunol 72:357–361
37. Fingeroth (1984) Epstein-Barr virus receptor of human B Lymphocytes is the C3d receptor CR2. Proc Nat Acad Sci 81:4510
38. Fiorilli M, Carbonari M, Geszenzi M, Russo G, Aiuti F (1985) T cell receptor genes and ataxia-teleangiectasia. Nature 313:816–820
39. Fiorilli M, Gescenzi M, Carbonari M, Tedesco L, Russo G, Gaetano C, Aiuti F (1986) Phenotypically immature IgG-bearing B cells in patients with hypogammaglobulinemia. J Clin Immunol 6:21–25
39a. Fischer A, Friedrich W, Levinsky R (1985) Bone marrow transplantation for immunodeficiencies and osteopetrosis: European Survey 1968–1985. Lancet ii: 1080
40. Gatti RA, Berkel I, Boder E, Braedt G, Charmley P, Concannon P, Ersoy F, Forod T, Jaspers NGJ, Lange K, Lathrop M, Leppert M, Nakamura Y, O'Connell P, Paterson M, Saiser W, Sanal O, Silver J, Sparkers RS, Susi E, Weeks DE, Wei S, White R, Yoder R (1988) Localization of an ataxia-teleangiectasia gene to chromosome 11q22–23. Nature 336:577
40a. Gatti RA (1991) Localizing the genes for ataxia-teleangiectasia: a human model for inherited cancer susceptibility. Adv Cancer Res 56:77–104
41. Geha RS, Schneeberger E, Merler E, Rosen FS (1974) Heterogeneity of „acquired" or common variable agammaglobulinemia. N Engl J Med 291:1–6
42. Geha RS, Reinherz E (1983) Identification of circulating maternal T and B lymphocytes in uncomplicated severe combined immunodeficiency by HLA typing of subpopulations of T cells separated by the fluorescence-activated cell-sorter and of Epstein Barr virus-derived B cell lines. J Immunol 130:2493–2495
43. Gelfand EW, Borel H, Berkel AI, Rosen FS (1972) Auto-immunosuppression: recurrent infections associated with immunologic unresponsiveness in the presence of an auto-antibody to IgG. Clin Immunol Immunopathol 1:155–163
44. Golay JT, Webster ADB (1986) Variability in B cell maturation and differentiation in X-linked agammaglobulinaemia. Clin Exp Immunol 65:100–104
45. Greil R, Gattringer C, Schulz T, Knapp W, Radaskiewicz T, Dierich MP, Huber H (1986) Receptors for the third component of complement: their association with maturation stage of Non Hodgkin lymphomas (NHL) and their possible implication with the development of follicular structures. Clin Exp Immunol 64:423
46. Grierson H, Purtilo DT (1987) Epstein-Barr Virus infections in males with the X-linked lymphoproliferative syndrome. Ann Int Med 106:538–545
47. Groh V, Porcell S, Fabbi M, Lanier LL, Picker LJ, Anderson T, Warnke RA, Bhan AK, Strominger JL, Brenner MB (1989) Human lymphocytes bearing T cell receptor γ/δ are phenotypically diverse and evenly distributed troughout the lymphoid system. J Exp Med 169:1277–1294
48. Haliotis T, Roder J, Klein M, Ortaldo J, Fauci AS, Herberman RB (1980) Chediak-Higashi gene in humans. I. Impairment of natural killer function. J Exp Med 151:1039–1048
49. Hanto DW, Frizzera G, Gajl-Peczalska K, Simmons RL (1985) Epstein-Barr Virus, immunodeficiency, and B cell lymphoproliferation. Transpl 39 (5):461
50. Harada S, Sakamoto K, Seeley JK, Lindsten T, Bechthold T, Yetz J, Rogers G, Pearson G, Purtilo DT (1982) Immunodeficiency in the X-linked lymphoproliferative syndrome. I. Epstein-Barr virus specific defects. J Immunol 129:2532–2535
51. Harrington DS, Weisenburger DD, Purtilo DT (1987) Malignant lymphoma in the X-linked lymphoproliferative syndrome. Cancer 59:1419–1429

52. Hermans JF, Crabbe PA (1967) Immunohistochemical studies on exocrine IgA. In: Killander J (ed) Gammaglobulins, 3rd Nobel Symposium. Almquist & Wiksell, Stockholm, 129
53. Hirschhorn R, Roegner-Maniscalco V, Kuritsky L, Rosen FS (1981) Bone marrow transplantation only partially restores purine metabolites to normal in adenosine deaminase-deficiency patients. J Clin Invest 68:1387–1393
54. Hitzig WH, Landolt R, Mueller G, Bodmer P (1971) Heterogeneity of phenotypic expression in a family with Swisstype agammaglublinemia. J Pediatr 78:968–973
55. Holmberg L, Gustavii B, Joensson A (1983) A prenatal study of fetal platelet count and size with application to fetus at risk for Wiskott-Aldrich Syndrome. J Pediatr 102:773–776
56. Honjo T (1982) The molecular mechanism of the immunoglobulin class switch. Immunol Today 3:214–217
57. Horowitz S, Hong R (1975) Selective IgA-deficiency-some perspectives. In: Bergsma D (ed) Immunodeficiency in Man and Animals, Birth Defects 11. Sinauer Assoc Inc Publ Sunderland, Mass, 129–133
58. Janis EM, Kaufmann SHE, Schwartz RH, Pardoll DM (1989) Activation of γδ-T cells in the Primary Immune Response to Mycobacterium tuberculosis. Science 244:713–717
59. Johnson JP, White RL, Gatti RA (1986) Instability of the immunoglobulin coding region in a patient with ataxia teleangiectasia, T-cell leukemia and chromosome 14 translocation. In: Aiuti F, Rosen F, Cooper MD (eds) Recent advances in primary and acquired immunodeficiencies. Raven Press, Serono Symposia Publications, New York, p 203–217
60. Kelley R, Zackai EH, Emanuel BS, Kistenmacher M, Greenberg F, Punnett HH (1982) The association of the Di-George anomaly with partial monosomy of chromosome 22. J Pediatr 101:197–200
61. Kenney D, Cairns L, Remould-O'Donnel E, Peterson, Rosen FS, Parkman R (1986) Morphological abnormalities in the lymphocytes of patients with the Wiskott-Aldrich syndrome. Blood 68:1329–1332
62. Klebanoff SJ, Clark RA (1978) Myeloperoxidase deficiency. In: The neutrophil: functional and clinical disorders. North Holland Pub Company, 711–733
63. Kleihauer E (1978) Haematologie. Springer, Berlin Heidelberg New York
63a. Klein J (1991) Immunologie. VCH Verlagsanstalt Weinheim
63b. Knapp W (1989) Leucocyte Typing IV. White cell differentiation antigens. Oxford University Press, Oxford
64. Krieger G, Keller P, Burkert M (1980) Antikörpermangelsyndrom vom „common variable type“ mit intestinaler lymphatischer Hyperplasie und sekundärem Magenkarzinom. Schweiz Med Wschr 110:736–741
65. Kwan SP, Kunkel L, Bruns G, Wedgwood RJ, Latt S, Rosen FS (1986) Mapping of the X-linked agammaglobulinaemia locus by use of restriction fragment lenght polymorphism. J Clin Invest 77:649–655
66. Kwitko AO, Roberts-Thomson PJ, Shearman DJC (1982) Low melocular weight IgM in selective IgA deficiency. Clin Exp Immunol 50:198–202
67. Lanier LL, Weiss A (1986) Presence of Ti (WT31) negative T lymphocytes in normal blood and thymus. Nature (Lond) 324:268
68. Lehrer RI, Ganz T, Selsted ME, Babior BM, Curnutte JT (1988) Neutrophils and Host Defense. Ann Int Med 109:17–42
69. Linch DC, Levinsky RJ (1983) Prenatal diagnosis of immunodeficiency disorders. Br Med Bull 39:399–404
70. Linch DC, Levinsky RJ, Rodeck CH, Maclennan KA, Simmonds HA (1984) Prenatal diagnosis of three cases of severe combined immunodeficiency: severe T-cell deficiency during the first half of gestation in fetuses with adenosine deaminase deficiency. Clin Exp Immunol 56:223–232
71. Lindsten T, Seeley JK, Ballow M, Sakamoto K, Saint Onge S, Yetz J, Aman P, Purtilo DT (1982) Immunodeficiency in the X-linked lymphoproliferative syndrome: II. Immunoregulatory T-cell defects.

72. Litwin SD (1980) Characteristic of suppressor cell activity appearing in cocultures of two individuals with immunodeficiency with thymoma. Scand J Immunol 11:15–22
73. Lopez-Botet M, Fontan G, Rodriguez MC, Landazuri MD (1982) Relationship between IL-2 synthesis and the proliferative response to PHA in different primary immunodeficiencies. J Immunol 128:679–683
74. Mak TW, Yanagi Y (1984) Immunol Rev 81:211–233
75. Matthay KK, Golbus MS, Wara DW, Menther WC (1984) Prenatal diagnosis of chronic granulomatous disease. Am J Med Genet 17:731–739
76. Mayer L, Kwan SP, Thompson C, Kott S, Chiorazzi N (1986) Evidence for a defect in "switch" T cells in patients with immunodeficiency and hyperimmunoglobulinemia. N Engl J Med 314:409–413
77. Mease PJ, Ochs HD, Wedgwood RJ (1981) Successful treatment of echovirus meningoencephalitis and myositis-fasciitis with intravenous immune globulin therapy in a patient with X-linked agammaglobulinemia. N Engl J Med 304: 1278
78. Meuer SC, Fitzgerald KA, Hussey RE, Hodgdon JC, Schlossmann SF, Reinherz EL (1983) Clonotypic structures involved in antigen-specific human T cell function: relationship to the T3 molecular complex. J Exp Med 157:705
79. Morimoto C, Letvin NL, Boyd AW, Hagan M, Brown HM, Kornacki MM, Schlossman SF (1985) The isolation and characterization of the human helper inducer T cell subset. J Immunol 134:3762
80. Morimoto C, Letvin NL, Distaso JA, Aldrich WR, Schlossmann SF (1985) The isolation and characterization of the human suppressor inducer T cell subset. J Immunol 134:1508
81. Nathan DG (1980) Splenectomy in the Wiskott-Aldrich Syndrome. N. Engl J Med 302:916–917
82. Nell PA, Amann AJ, Hong R, Stiehm ER (1972) Familial selective IgA deficiency. Pediatrics 49:71
83. Niethammer D, Wildfeuer A, Kleihauer E, Haferkamp O (1975a) Granulozytendysfunktion. I. Angeborene Störungen. Klin Wochenschr 53:643–652
84. Niethammer D, Wildfeuer A, Kleihauer E, Haferkamp O (1975b) Granulozytendysfunktion. II. Erworbene Störungen. Klin Wochenschr 53:739–746
85. Ochs HD, Ament ME, SD (1972) Giardiasis with malabsorption in X-linked agammaglobulinemia. N Engl J Med 287:341–342
86. Ochs HD, Slichter SJ, Harker LA, Von Behrens WE, Clark RA, Wedgewood RJ (1980) The Wiskott-Aldrich Syndrome: studies of lymphocytes, granulocytes and platelets. Blood 55:243–252
87. Ortaldo JR, Herberman RB (1984) Heterogeneity of natural killer cells. Ann Rev Immunol 2:359
88. Oxelius VA (1974) Chronic infections in a family with hereditary deficiency of IgG2 and IgG4. Clin Exp Immunol 17:19–27
89. Oxelius VA, Laurell AB, Lindquist B, Golebiowska H, Axelson U, Bjoerkander J, Hanson LA (1981) IgG subclasses in selective IgA deficiency. Importance of IgG2/IgA deficiency. N Engl J Med 304:1476–1477
90. Oxelius VA, Berkel AI, Hanson LA (1982) IgG_2 deficiency in ataxia-telangiectasia. N Engl J Med 306:515–517
91. Pardoll DM, Fowlkes BJ, Bluestone JA, Kruisbeck A, Maloy WL, Coligan JE, Schwartz RH (1987) Differential expression of two distinct T-cell-receptors during thymocyte development. Nature (Lond) 326:79
92. Parkman R, Remold-O'Donnel E, Kenney DM, Perrine S, Rosen FS (1981) Surface protein abnormalities in the lymphocytes and platelets from patients with Wiskott-Aldrich syndrome. Lancet 2:1387
93. Pearl ER, Vogler LB, Okos AJ, Crist WM, Lawton AR, Cooper MD (1978) B lymphocyte precursors in human bone marrow: an analysis of normal individuals and patients with antibody-deficiency states. J Immunol 120:1169–1175

94. Perry GS, Spector BD, Schuman LM, Mandel JS, Anderson VE, McHugh RB, Hanson MR, Fahlstrom SM, Krivit W, Kersey JH (1980) The Wiskott-Aldrich Syndrome in the United States and Canada (1892–1979). J Pediatr 97:72–78
95. Peter HH, Simon C (1986) Zelluläre und humorale Immundefizienz. In: Simon C (Hrsg) Klinische Paediatrie. Schattauer, Stuttgart New York, 5. Auflage, S 589–622
96. Peter HH, Friedrich W, Dopfer R, Mueller W, Kortmann D, Pichler WJ, Heinz F, Rieger CHL (1983) NK cell function in severe combined immunodeficiency (SCID). Evidence of common T and NK cell defect in some but not all SCID patients. J Immunol 131:2331–2338
97. Plebani A, Ugazio AG, Monafo V, Burgio GR (1986) Clinical heterogeneity and reversibility of selective immunoglobulin A deficiency in 80 children. Lancet I:829–831
98. Plebani A, Ugazio AG, Monafo V (1989) Selective IgA Deficiency: An Update. Curr Probl Dermatol Basel, Karger 18:66–78
99. Polmar SH, Waldmann TA, Balestra JZ, Jost MC, Terry WD (1972) Immunoglobulin E in immunologic deficiency diseases. I. Relation of IgE and IgA to respiratory tract disease in isolated IgE deficiency, IgA deficiency, and ataxia teleangiectasia. J Clin Invest 51:326–333
100. Prchal JZ, Carroll AJ, Prchal JF, Crist WM, Skalka HW, Gealy WJ, Harely J, Mallich A (1980) Wiskott-Aldrich Syndrome: Cellular impairment and the implication for carrier detection. Blood 56:1048–1054
101. Preud'Homme JL, Griscelli C, Seligman M (1973) Immunoglobulins on the surface of lymphocytes in fifty patients with primary immunodeficiency diseases. Clin Immunol Immunopathol 1:241–256
102. Purtilo DT, Sakamoto K, Barnabei V, Seeley J, Bechthold T, Rogers G, Yetz J, Harada S (1982) Epstein-Barr virus induced diseases in boys with the X-linked lymphoproliferative syndrome (XLP). Am J Med 73:49–56
103. Quartermorous T, Murre C, Dialynas D, Duby AD, Strominger JL, Waldmann TA, Seidman JG (1986) Human T-cell gamma chain genes: organization, diversity and rearrangement. Cell 231:252–255
104. Radl J, Dooren LJ, Morell A, Skvaril F, Vossen JMJJ, Wittenbogaart CH (1976) Immunoglobulins and transient paraproteins in sera of patients with the Wiskott-Aldrich Syndrome: a follow up study. Clin Exp Immunol 25:256–263
105. Raulet DH (1989) Antigens for γ/δ-T cells. Nature 339:342
106. Reinherz EL, Schlossman SF (1980) The differentiation and function of human T lymphocytes. Cell 19:821–825
107. Reinherz EL, Rubinstein A, Geha RS, Strelkauskas AJ, Rosen FS, Schlossmann SF (1979) Abnormalities of immunoregulatory T cells in disorders of immune function. N Engl J Med 301:1018–1022
108. Reinherz EL, Cooper MD, Schlossman SF, Rosen RS (1981a) Abnormalities of T-cell maturation and regulation in human beings with immunodeficiency diseases. J Clin Invest 68:699–705
108a. Reith W, Satola S, Herrero Sanchez C et al (1988) Congenital immunodeficiency wiht regulatory defect in MHC class II gene expression lacks a specific HLA-DR promotor binding protein RF-X. Cell 53:897–906
109. Remold-O'Donnell E, Kenney DM, Parkman R, Cairns L, Savage B, Rosen FS (1984) Characterization of a human lymphocyte surface sialoglycoprotein that is defective in Wiskott-Aldrich Syndrome. J Exp Med 159:1705–1723
110. Repine JE, Clawson CC, White JG, Holmes B (1975) Spectrum of function of neutrophils from carriers of sex linked chronik granulomatous disease. J Pediatr 87:901–907
111. Ritz J, Schmidt RE, Michon J, Hercend T, Schlossman SF (1988) Characterization of functional surface structures on human NK cells. Adv Immunol 42:181
111a. Robertson MJ, Ritz J (1990) Biology and clinical relevance of human natural killer cells. Blood 76:2421–2438

112. Rogers BHG, Manaligod JR, Blazek WV (1968) Thymoma associated with pancytopenia and hypogammaglobulinemia: report of a case and review of the literature. Am J Med 44:154–164
113. Roitt IM, Brostoff J, Male DK (1991) Kurzes Lehrbuch der Immunologie, Stuttgart (2. Auflage)
114. Rosen FS (1979) Immunodeficiency. In: Irvine J (ed) Medical immunology. Teviot, Edinburgh, p 103
115. Rosen FS, Cooper MD, Wedgewood RJP (1984a) The primary immunodeficiencies. I. N Engl J Med 311:235–242
116. Rosen FS, Cooper MD, Wedgewood RJP (1984b) The primary immunodeficiencies. II. N Engl J Med 311:300–310
117. Ross G (1979) Identification of human lymphocyte subpopulation by surface marker analysis. Blood 53:799–811
118. Rothbach C, Nagel J, Rabin B, Fireman P (1979) Antibody deficiency with normal immunoglobulins. J Pediatr 94:250–253
119. Royer HD, Reinherz EL (1987)T-lymphocytes: Ontogeny, function and relevance to clinical disorders. N Engl J Med 317:1136–1141
120. Sakamoto K, Freed HJ, Purtilo DT (1980) Antibody responses to Epstein-Barr virus in families with the X-linked lymphoproliferative syndrome. J Immunol 125:921–925
121. Saulsbury FT, Bernstein MT, Winkelstein JA (1979) Pneumocystis carinii pneumonia as the presenting infection in congenital hypogammaglobulinemia. J Pediatr 95:559–561
122. Sauslbury FT, Winkelstein JA, Yolken RH (1980) Chronic rotavirus infection in immunodeficiency. J Pediatr 97:61–65
123. Saxon A, Kobayashi RJ, Stevens RH, Singer AD, Stiehm ER, Siegel SC (1980) In vitro analysis of humoral immunity in antibody deficiency with normal immunoglobulins. Clin Immunol Immunopathol 17:235–244
124. Schaber J, Molgaard H, Orkin SH, Gould HJ, Rosen FS (1983) Early pre-B cells from normal and X-linked agammaglobulinemia produce C – without an attached VH region. Nature 304:355–358
125. Schlossman SF, Morimoto C, Streuli M, Anderson P, Rudd C (1989) In: Knapp W, Dörken B et al (eds) Leucocyte typing IV – white cell differentiation antigen. Oxford University Press, pp 1070–1073
126. Schmidt RE (1989) Monoclonal antibodies for diagnosis of immunodeficiencies. Blut 59:200–206
127. Segal AW, Cross AR, Garcia RC, Borregaard N, Valerius NH, Soothill JF, Jones OTG (1983) Absence of cytochrome b-245 in chronic granulomatous disease. N Engl J Med 308:245–251
128. Seger R (1984) Imborn errors of oxygen-dependent microbial killing by neutrophils. In: Frick P, von Harnack GA, Kochsiek K, Martini GA, Prader A (Hrsg) Ergebnisse der Innere Medizin und Kinderheilkunde Bd 51. Springer Verlag, Berlin Heidelberg New York Tokyo, p 29–116
129. Shaham M, Voss R, Becker Y, Yarkoni S, Ornoy A, Kohn G (1982) Prenatal diagnosis of ataxia teleangiectasia. J Pediatr 100:134–137
130. Siegal FP, Pernis B, Kunkel HG (1971)Lymphocytes in human immunodeficiency states: a study of membrane-associated immunoglobulins. Eur J Immunol 1:482–486
131. Siegal FP, Siegal M, Good RA (1976) Suppression of B-cell differentiation by leucocytes from hypogammaglobulinemic patients. J Clin Invest 58:109–122
131a. Stern MH, Lipkowitz S, Aurias A, Griscelli C, Thomas G, Kirsch I (1989) Inversion of chromosome 7 in ataxia teleangiectasia is generated by a rearrangement between T-cell receptor β and T-cell receptor γ genes. Blood 74:2076–2080
132. Stuckey M, Quinn PA, Gelfand EW (1978) Identification of ureaplasma urealyticum (T-strain mycoplasma) in a patient with polyarthritis. Lancet 2:917–920
133. Sugimoto t, Sawada T, Tocawa M, Kodowaki T, Kusonoki T, Yamaguchi N (1978) Plasma levels of carcinoembryonic antigen in patients with ataxia teleangiectasia. J Pediatr 92:436–439

134. Sullivan JL, Byron KS, Brewster FE, Baker SM, Ochs HD (1983) X-linked lymphoproliferative syndrome: Natural history of the immunodeficiency. J Clin Invest 71:1765–1778
135. Swift M, Sholman L, Perry M, Chase C (1976) Malignant neoplasms in the families of patients with ataxia teleangiectasia. Cancer Res 36:209–215
136. Takihara Y, Reimann J, Michalopoulos E, Ciccone E, Moretta L, Mak TW (1989) Diversity and structure of human T cell receptor δ chain genes in peripheral blood γδ-bearing T lymphocytes. J Exp Med 169:393–405
137. Tappeiner G et al (1989) Immunodeficiency and Complement Deficiency States. Curr Probl Dermatol Basel, Karger 18:116–119
138. Taylor GM (1987) The genetics of human leukemia In: Whittaker JA, Delamore IW (eds) Leukaemia. Blackwell Scientific Publications
139. Thompson LF, Seegmiller JE (1980) Adenosine deaminase deficiency and severe combined immunodeficiency disease. Adv Enzymol 51:167–210
140. Touraine JL, Betuel H, Soulliet G, Jeune MJ (1978) Combined immunodeficiency disease associated with absence of cell surface HLA-A and -B antigens. J Pediatr 93:47–51
141. Trinchieri G, Perussia B (1984) Human natural killer cells: biologic properties and pathologic aspects. Lab Invest 50:489
142. Tursz T, Preud'Homme JL, Labaume S, Matuchansky C, Seligmann M (1977) Autoantibodies to B lymphocytes in a patient with hypoimmunoglobulinemia. J Clin Invest 60:405–410
143. Vieluf D, Korting HC, Belohradsky BH (1989) Eczematous Skin Lesions in X-linked Immunodeficiency with Hyper-IgM. Curr Probl Dermatol, Basel, Karger 18:60–65
144. Vyas GN, Homdahl L, Perkins HA, Fudenberg HH (1969) Serologic specificity of human anti IgA and its significance in transfusion. Blood 34:573
145. Waldmann TA (1968) Diskussionsbeitrag. In: Good RA (ed) Birth defects. Original article series, vol 4, p 204. The National Foundation, New York
146. Waldmann TA, McIntire KR (1972) Serum-alpha-fetoprotein levels in patients with ataxia-teleangiectasia. Lancet 2:1112–1115
147. Waldmann TA, Broder S, Goldmann CK, Frost K, Korsmeyer SJ, Medici MA (1983) Disorders of B-cells and helper T-cells in the pathogenesis of the immunoglobulin deficiency of patients with ataxia teleangiectasia. J Clin Invest 71:282–295
148. Wedgewood RJ, Rosen FS, Paul NP (1983) Primary immunodeficiency diseases. Birth Defects: Original Article Series. Alan R. Liss, Inc, New York
149. Wells JV, Michaeli DOV, Fudenberg HH (1975) Autoimmunity in selective IgA deficiency. In: Bergsma D (Hrsg) Immunodeficiency in man and animals, Birth Defects 11. Sinauer Assoc Inc Publ Sunderland, Mass 144–146
150. WHO Scientific Group on Immunodeficiency (1983) Meeting report. Primary immunodeficiency diseases. Clin Immunol Immmunopathol 28:450–463
150a. Wright JJ, Wagner DK, Blaese RM, Hagengruber C, Waldmann TA, Fleisher TA (1990) Characterization of common variable immunodeficiency: identification of a subset of patients with distinctive immunophenotype and clinical features. Blood 76:2046-2051
150b. Wijnaendts L, Ledeist F, Griscelli C, Fischer A (1989) Development of immunologic functions after bone marrow transplantation in 33 patients with severe combined immunodeficiency. Blood 74:2212–2219
151. Zangerle R, Fritsch P (1989) Candidiasis and the Immunodeficient Host: An Update. Curr Probl Dermatol, Basel, Karger 18:185–192

Kapitel 16: Sekundäre Immundefekte

G. Gastl, P. Hengster

Gehäuftes Auftreten, schwere oder abnorme Verläufe von Infektionskrankheiten erwecken üblicherweise den Verdacht auf das Vorliegen eines Immundefekts. Die Diagnostik von Abwehrdefekten setzt daher Kenntnisse der normalen Immunantwort auf unterschiedliche mikrobielle Erreger und die Bedeutung verschiedener Effektormechanismen der Immunabwehr voraus (Tabelle 16.1).

Tabelle 16.1. Einteilung sekundärer Immundefekte

Defekt	Ursachen (Beispiele)
Epitheliale Läsionen	
Haut	Trauma, Operation, Dermatosen
Magen-Darm-Trakt	Mukosadefekte durch Zytostatika, Operation, Strahlung
Respirationstrakt	künstliche Beatmung
Phagozytendefekte	
Neutrophile	Neutropenie nach Zytostase, bei Knochenmarkinfiltration durch Neoplasien, aplastische Anämie; Diabetes mellitus, Alkoholismus
Monozyten/Makrophagen	Splenektomie, Malignome, Speicherkrankheiten
Lymphozytendefekte	
B-Zellen (Antikörper)	Myelom, NHL, Zytostatika, KMT, Proteinverluste bei exsudativer Enteropathie, nephrotischem Syndrom, exsudativen Dermatosen
T-Zellen (und NK-Zellen)	M. Hodgkin, M. Boeck, chronische GvH-Erkrankung, Virusinfekte, Lymphome, Mangelernährung, Zytostatika, Steroidhormone, Strahlung, ATG, anti-CD3, Ciclosporin

Bei sekundären Immundefekten treten je nach Schweregrad und Dauer gehäuft Infektionen mit opportunistischen Keimen auf. Die Art des Erregers läßt oft Rückschlüsse auf die Natur des Immundefekts zu (Tabelle 16.2).

Tabelle 16.2. Keimmuster bei unterschiedlichen Immundefektzuständen

Defekt	häufige Infektionserreger
Neutrophile	Staphylokokken, *E. coli, Klebsiella, Pseudomonas, Bacteroides, Candida, Aspergillus*
Opsonierung/Milz (Splenektomie)	Pneumokokken, Streptokokken, *Haemophilus,* Meningokokken
Lymphozyten	CMV, Herpes simplex, Herpes zoster, *Listeria,* Salmonellen, Legionellen, Mykobakterien, *Pneumocystis, Toxoplasma, Candida, Cryptococcus, Histoplasma, Coccidioides*

16.1 Spezielle Formen sekundärer Immundefizienz

16.1.1 Immundefizienz in der Perinatalperiode und im Senium

Die Neonatalzeit stellt per se eine Lebensphase mit eingeschränkter Immunkompetenz dar, der jedoch klinisch üblicherweise kein Krankheitswert zukommt. Dasselbe gilt für das Senium. Beim Neugeborenen, vor allem aber bei Frühgeborenen, sind viele Komponenten des Immunapparates wie Komplementsystem, Neutrophilenfunktion und spezifische zelluläre Immunität vermindert bzw. noch nicht ausgereift. Bei gehäuften Infekten reifer Neugeborener sollten aber vor allem auch primäre Immundefekte erwogen werden.

Infektanfälligkeit, Autoimmunopathien und Malignome im Senium können ebenfalls nicht generell einem altersabhängigen Immundefekt zugeschrieben werden. Die Ursache ist oft in anderen mit dem Alter assoziierten Erkrankungen oder vorbestehenden Risikofaktoren zu suchen.

16.1.2 Immundefekte bei metabolischen Störungen

Stoffwechselerkrankungen gehen häufig mit immunologischen Störungen einher, die sich in der Regel jedoch nur bei schwerer Ausprägung klinisch manifestieren.

Mangelernährung kann zu einer schweren Beeinträchtigung der Phagozytenfunktion und der zellvermittelten spezifischen Immunität führen, welche sich klinisch in schweren pyogenen und viralen Infektionen manifestiert [15].

Ernährung, Immunität und Infektion sind auf komplexe Art und Weise miteinander verknüpft. Sowohl Mangelernährung als auch *Hyperalimentation* beeinflussen verschiedene Komponenten des Immunsystems [110]. Vor allem Mangel an Eiweiß, essentiellen Aminosäuren sowie Vitaminen (A, E, B_6, Folsäure) gehen mit verminderter Immunkompetenz einher. Aber auch übermäßige *Zufuhr von Fett,* vor allem von mehrfach ungesättigten Fettsäuren, Eisen und Vitamin E wirkt immunsuppressiv.

Bei hohen *Proteinverlusten* durch Entero- oder Nephropathien ist meist ein ausgeprägtes Antikörpermangelsyndrom zu beobachten [56].

Der *Diabetes mellitus* prädisponiert vor allem bei schlechter Blutzuckerkontrolle zu schweren bakteriellen Infekten, wobei neben der Mikroangiopathie auch eine defekte Neutrophilenfunktion bedeutsam ist [1, 85]. Diabetiker zeigen oft auch Störungen zellvermittelter Immunreaktionen und in der Folge gehäuft mykobakterielle und Pilzinfektionen.

Hypophosphatämie verursacht durch Störung ATP-abhängiger Stoffwechselprozesse eine Suppression der Neutrophilenfunktion. Phosphatmangelzustände treten häufig bei parenteraler Ernährung mit Übergang von kataboler zu anaboler Stoffwechsellage auf. *Chronische Niereninsuffizienz* und *Leberversagen* bei chronischem Alkoholismus verursachen auf bisher nicht genau geklärte Weise eine ausgeprägte Störung der RES-Funktion. Die Folge sind häufige Infekte mit Kapselbakterien, z. B. Pneumokokken. Möglicherweise spielen dabei auch Protein-, Vitamin- und Spurenelement-Mangelzustände eine zusätzliche Rolle.

Zinkmangel bildete eine häufige Ursache alimentär bedingter Immundefizienz [77]. Ausgeprägter Mangel an Zink, z. B. bei Acrodermatitis enteropathica, einer genetischen Störung der Zinkresorption [90], führt zu mukokutanen Läsionen und schweren Infektionen durch Bakterien, Pilze und Viren. Diese Patienten zeigen eine Thymusatrophie, kutane Anergie, eine numerische Defizienz an CD4+-Lymphozyten im Blut und verminderte Thymushormonaktivität. Der Defekt ist durch Zinksupplementierung korrigierbar.

Mäßiggradiger Zinkmangel, z. B. im Senium, bei parenteraler Ernährung oder Penicillamintherapie, bei Hämodialyse von chronisch Niereninsuffizienten oder bei Sichelzellanämie resultiert in Lymphopenie, Abnahme der CD4/CD8-Zell-Ratio und der NK-Zell-Aktivität. Zinkmangel hemmt die Zytokinproduktion [30], Signaltransduktion [20] und die Proliferationsfähigkeit lymphatischer Zellen durch Hemmung zinkabhängiger Enzyme des DNA-Stoffwechsels wie Deoxythymidin, Nukleosid-Phosphorylase und 5'-Nukleotidase [77]. Zinkspiegelmessungen in Blutzellen (Neutrophile, Lymphozyten, Thrombozyten) sind Bestimmungen im Serum wegen der höheren Sensitivität vorzuziehen. Der tägliche Zinkbedarf beträgt ca. 50–100 μg.

Während die Rolle von Zink bei immunologischen Funktionen relativ gut untersucht ist, sind die Kenntnisse über den Einfluß anderer Spurenelemente wie Eisen, Magnesium oder Kupfer auf Immunreaktivität und Infektresistenz noch gering [5, 30]. Mangelzustände von Eisen und Magnesium führen zwar zu einer meßbaren Veränderung immunologischer Laborparameter, ein klinisch manifester Immundefekt ist jedoch selten damit assoziiert.

16.1.3 Para- und postinfektiöse Immundefizienz

Pathogene Keime können per se durch die Auseinandersetzung mit dem Wirtsorganismus eine Immundefizienz verursachen [23, 29, 118]. Bekannte

Tabelle 16.3. Virusinfektionen mit fakultativer para- bzw. postinfektiöser Immundefizienz [62, 118]

Masern	Herpes simplex
Influenza	Zytomegalie
Röteln	Epstein-Barr-Virus
Pocken	Adenovirus
Varizellen	Poliovirus
Mumps	Hepatitis

Beispiele sind Störungen der zellvermittelten Immunität in Folge von *kongenitalen Röteln* oder *Zytomegalievirus-Infektionen,* Anergie nach *Maserninfektion,* fakultative Hypogammaglobulinämie durch *EBV-Infektion,* oder die *Malaria*-assoziierte Immundefizienz.

Nicht-zytolytische Viren wie Masern-, Rubella- oder *Influenzaviren* können Immunfunktionen in vitro und in vivo beeinträchtigen (Tabelle 16.3).

Pathogenetisch liegt para- und postinfektiösen Immundefektzuständen bei Virusinfektionen meist eine temporäre Suppression der Phagozytenfunktion und der humoralen Immunantwort zugrunde [62, 118].

Klinisch wichtig ist die Differenzierung in

a) schwere und protrahierte Immundefektzustände bei intrauteriner Virusinfektion, z. B. beim kongenitalen Rubella-Syndrom [4, 43]. Verminderte Lymphozytenstimulierbarkeit (PHA), IgG- und IgA-Mangel mit oder ohne IgM-Defizienz kennzeichnen dieses oft Jahre anhaltende Immundefektsyndrom [4].
b) leichte bis mäßiggradige para- und postinfektiöse Suppression der zellvermittelten Immunität, welche sich häufig in kutaner Anergie (negativer Tuberkulintest) oder in verminderter lymphoproliferativer Reaktion auf nominale Antigene, Lektine oder Alloantigene (gemischte Lymphozytenkultur) manifestiert [62, 118, 124]. Diese funktionelle Defizienz wird häufig, z. B. bei Maserninfektion, von einer Blutlymphozytopenie mit Abnahme der CD4+ T-Zellen und von einer Zunahme von NK- („0")-Zellen begleitet [96].

Unklar ist, ob eine nachgewiesene Virusreplikation in Monozyten, T- und B-Zellen und NK-Zellen dafür verantwortlich ist, da auch inaktivierte Viren Lymphozytenproliferation und Lymphokinproduktion blockieren können. Daneben wurden auch virusinduzierte Suppressorzellen mit Hemmwirkung in Lymphozytenproliferationsassays nachgewiesen. In der Akutphase von Virusinfektionen ist oft auch eine Steigerung der humoralen Immunantwort mit spontaner Immunglobulinproduktion und Bildung von virusspezifischen Antikörpern zu beobachten [62, 118, 119, 124].

16.1.4 Immundefizienz bei Autoimmunopathien

Neben dem Einfluß von Immunsuppressiva zeigen Patienten mit Autoimmunerkrankungen per se Immundefektzustände. Bei *SLE-Patienten* resultiert dies in einem deutlich erhöhten Infektionsrisiko vor allem gegenüber Viren und Pilzen, wobei die Rolle der krankheitsassoziierten Lymphopenie oder von antilymphozytären Antikörpern nicht geklärt ist [6]. Auch ist bei Autoimmunopathien generell unklar, ob Störungen der Immunregulation eine kausale Rolle in der Pathogenese dieser Erkrankungen spielen. Der SLE geht häufig auch mit einer polyklonalen B-Zellaktivierung, Hypergammaglobulinämie, aber einer eingeschränkten primären B-Zellantwort auf Neoantigene einher [58].

Ein humoraler Immundefekt mit gestörter IgG_2-Antikörperproduktion nach Pneumokokken-Antigenkontakt und eine Hypergammaglobulinämie wurde bei Patienten mit Sjögren-Syndrom beschrieben [10].

16.1.5 Immundefizienz bei malignen Erkrankungen

a) Hämatologische Neoplasien

Vor allem maligne Erkrankungen aus dem lymphoproliferativen Formenkreis (Non-Hodgkin-Lymphome) zeigen häufig schwere sekundäre Immundefekte (Tabelle 16.4).

Tabelle 16.4. Sekundäre Immundefizienz bei Non-Hodgkin-Lymphomen

polyklonale Hypogammaglobulinämie [31]
Autoantikörper gegen Neutrophile und Lymphozyten [109]
gesteigerte T-Suppressorzellaktivität [66]
normale oder verminderte T-Helferzellaktivität [65, 66]

Bei der Hodgkin-Erkrankung besteht oft bereits in den frühen klinischen Stadien (I+II) eine relative Blutlymphopenie mit Reduktion der Gesamt-T-Zellzahl und Abnahme der CD4/CD8-Ratio. Eine schwere Lymphopenie gilt als prognostisch ungünstiges Zeichen [72, 108]. Die Verhältnisse im Tumorgewebe kontrastieren jedoch häufig mit denjenigen im peripheren Blut von Hodgkin-Patienten: hoher T-Zellgehalt, eine erhöhte CD4/CD8-Ratio und gesteigerte NK-Zellaktivität kennzeichnen den immunologischen Status in befallenen Lymphknoten oder der Milz [107].

Der Immundefekt bei M. Hodgkin ist multifaktoriell bedingt. Zwillingsuntersuchungen zeigten eine hereditäre Komponente [7]. Bestimmte MHC-Klasse I-Haplotypen (A_1, B_8) wurden gehäuft in Familien mit vermehrtem Auftreten von Hodgkin-Fällen gefunden [8]. Störungen der Immunregulation durch die Hodgkinzelle selbst bzw. ihre Zellprodukte wurden beschrieben [72]. Eine Zusammenstellung der M. Hodgkin gestörten Immunparameter zeigt Tabelle 16.5.

b) Solide Tumoren

Die sekundäre Immundefizienz bei soliden Tumoren ist sowohl mit dem Tumorstadium als auch mit der Prognose korreliert, wobei Patienten mit

Tabelle 16.5. Abnorme Immunparameter bei Morbus Hodgkin [72, 108]

in vitro	in vivo
verminderte T-Zellreaktion (PHA)	erhöhte Infektanfälligkeit
verminderte IL-2-Produktion (PHA)	kutane Anergie (Tuberkulin,
verminderte IFN-γ-Produktion (PHA)	Candidin, Mumps, etc.)
verminderte NK-Aktivität im Blut	verzögerte Allotransplantat-
Defizienz an Leu7+-Zellen im Blut	abstoßung
gesteigerte Suppressorzellaktivität	keine Sensibilisierung durch
gesteigerte PGE_2-Produktion (Monozyten)	DNCB, BCG oder Virusantigene
verminderte IG-Produktion (PWM)	Lymphopenie
erhöhter Spiegel zirkulierender Immunkomplexe	T-Zell-Mangel im Blut
verminderte Produktion antiviraler Antigene	verminderte CD4/CD8-Ratio im Blut
Suppressor-Serumfaktoren	

Tabelle 16.6. Kausale Faktoren der Immundefizienz bei malignen Tumoren

Mangelernährung (kalorisch, Vitamine, Spurenelemente) [53]
Tumorprodukte mit immunsuppressiver Wirkung, z. B. soluble und zellmembranassoziierte Substanzen [49, 139]
Suppressorzellen [18]

erhaltener Immunkompetenz gemessen an Hauttests und Lymphozytenfunktionsassays unabhängig vom Krankheitsstadium eine bessere Prognose aufweisen [129, 131].

Der Immundefekt bei Tumorpatienten wird durch verschiedene Faktoren verursacht (Tabelle 16.6).

16.1.6 Immundefizienz durch Trauma und Operation

Neuere Studien zeigten bei Patienten mit ausgedehnten Verbrennungen (über ca. 40% der Körperoberfläche), bei Polytraumatisierten und bei Patienten nach chirurgischen Eingriffen ein erworbenes Immunmangel-Syndrom, das diese Patienten bei schwerer Ausprägung zu lebensbedrohlichen Infekten disponiert [106, 117, 137].

Die Liste der potentiellen Ursachen dieser Immundefizienz umfaßt hormonelle Effekte (Kortikosteroide), Anästhesie, Arzneimittelnebenwirkungen, die Produktion und Freisetzung immunsuppressiver Substanzen aus dem traumatisierten Gewebe, die Aktivierung des Arachidonsäurestoffwechsel und die Einwirkung von bakteriellen Endotoxinen (LPS) auf immunkompetente Zellen [23]. Frühzeitige Exzision des geschädigten Gewebes und optimale Ernährung wirken diesen Faktoren entgegen.

16.1.7 Iatrogene Immunsuppression (Überblick in [105])

a) Splenektomie

Splenektomierte weisen eine gesteigerte Anfälligkeit für Infektionen durch Kapselbakterien wie *Pneumo-* und *Meningokokken* oder *Haemophilus influenzae* auf [134]. Neben der fehlenden Phagozytoseleistung der Milz scheint dafür vor allem eine defiziente B-Zellantwort gegen T-Zell-unabhängige Antigene zu sein, wie Vakzinierungsversuche mit Pneumokokkenantigen oder DNP-Ficoll zeigten [91].

b) Thymektomie

Die Thymusentfernung bei Jugendlichen oder Erwachsenen hat in der Regel keinen negativen immunologischen Effekt. Dies weist auf die Rolle der Thymusdrüse für die T-Zellentwicklung in den frühen Lebensphasen hin.

c) Plasmapherese

Die Entfernung von Immunglobulinen, Komplementfaktoren und Akut-Phase-Proteinen durch Plasmapherese-Behandlung hat normalerweise keine klinisch manifeste Immundefizienz zur Folge. Ein intakter zellulärer Immunapparat und die üblicherweise zeitlich begrenzte Behandlungsform sind dafür verantwortlich [114].

d) Zytostatika und ionisierende Strahlung

Die Behandlung von Malignomen durch Zytostatika und/oder ionisierende Strahlung wird meist durch die Myelotoxizität dieser Therapieverfahren limitiert. Die dadurch induzierte Panzytopenie gefährdet den Patienten vor allem durch das hohe Infektions- und Blutungsrisiko. Bei neutropenischen Patienten stehen vor allem Infektionen durch *Staphylokokken, E. coli, Klebsiella, Pseudomonas* und durch Pilze wie *Candida* oder *Aspergillus* im Vordergrund. Bodey et al. zeigten dabei eine enge Korrelation zwischen der Neutrophilenzahl im Blut und der Rate an infektiösen Komplikationen [11]. Die meist gleichzeitig vorhandene Monozytopenie verstärkt diesen Immundefekt. Ein Abfall der Neutrophilenzahl unter 1 G/l geht mit einer signifikanten Zunahme der Infekthäufigkeit einher. Bei Neutrophilenzahlen unter 0,5 G/l sind lebensbedrohliche Infekte zu befürchten. Dies macht eine Keimprotektion (keimarmes Milieu, Darmsterilisation) notwendig und verlangt bei klinischen Zeichen einer Infektion eine frühe, empirische Antibiotikatherapie mit breitem Wirkspektrum. Häufig steigern zusätzliche iatrogene Maßnahmen wie Verweilkatheter oder therapieinduzierte Haut- und Schleimhautläsionen das Infektionsrisiko noch weiter. Der Verlust der physiologischen Darmflora durch den intensiven Einsatz von Antibiotika führt zudem zur Darmkolonisation mit fakultativ pathogenen Keimen und damit zu Bakteriämie und Sepsisgefahr [75]. Viele Antibiotika zeigen zumindest in vitro ebenfalls eine immunsuppressive Wirkung, die jedoch im

Tabelle 16.7. Vergleich der immunosuppressiven Wirkung verschiedener Pharmaka [21, 25, 63, 105]

Kategorie	Neutrophile	T-Zellen	B-Zellen
Zytostatika	++++	++	+
Kortikosteroide	+	+++	+
Ciclosporin	–	+++	±
Antibiotika	±	±	±

Vergleich zu den meist in Kombination angewandten Zytostatika und Kortikosteroiden klinisch kaum von Bedeutung ist (Tabelle 16.7).

e) Kortikosteroide

Hochdosierte und langdauernde Therapie mit Kortikosteroiden ist die häufigste Ursache einer erworbenen Immundefizienz [21]. Meist wird diese noch durch eine krankheitsassoziierte Immunsuppression bei Malignomen oder Autoimmunopathien verstärkt. Unspezifische und spezifische Immunreaktionen werden durch Kortikoide gehemmt. Verminderte Phagozytoseleistung von Neutrophilen und Makrophagen, Abnahme der MHC-Klasse II-Antigenexpression auf antigenpräsentierenden Zellen, verminderte Zytokinproduktion und zytotoxische Kapazität von spezifischen und unspezifischen Effektorzellen und ein gestörter Lymphozytentransport zwischen Blut, Knochenmark und peripheren lymphatischen Organen sind die Folgen [21]. Das Ausmaß der Immunsuppression ist eng mit der Steroiddosis und der Anwendungsdauer korreliert. Der kortikoidinduzierte Immundefekt prädisponiert zu Infekten durch Staphylokokken, gramnegative Erreger, Mykobakterien und Pilze.

f) Ciclosporin

Dieses Pilzprodukt aus *Tolypocladium inflatum Gams* vermittelt eine im Vergleich zu Kortikoidhormonen T-zellspezifische Immunsuppression (Tabelle 16.7). Diese Wirkung beruht auf einer Hemmung der T-Zellaktivierung, der IL-2-Rezeptorexpression und der Freisetzung von T-Zell-abhängigen Zytokinen, z. B. von IL-2 [25, 39, 63]. Sein Haupteinsatzgebiet ist die Organtransplantation. In dieser Indikation wird der klinische Einsatz weniger durch die Immunsuppression als durch die Nephrotoxizität limitiert. Der kombinierte Einsatz von Ciclosporin, Kortikoiden und/oder Zellteilungshemmern kann allerdings zu bedrohlichen Immundefizienzzuständen führen. Der Einsatz von Ciclosporin verlangt wegen der schlechten Steuerbarkeit der Substanz ein engmaschiges Monitoring von Serum- bzw. Vollblutspiegeln und Nierenfunktionsparametern.

16.2 Das erworbene Immundefektsyndrom (AIDS)

Infektionen mit dem „human immunodeficiency virus" (HIV), früher auch als HTLV-III/LAV (Human T-Cell-Lymphotropic Virus/Lymphadeno-

Tabelle 16.8. Klassifikation des erworbenen Immundefektsyndroms entsprechend den Kriterien der Centers for Disease Control (nach [69])

Stadium	Klinik	Immunhämatologie	Morphologie
1. Inkubation (bis Jahre)	mononukleose-ähnliches Bild (fakultativ)	HIV-Antikörper	keine
2. Lymphadeno-pathie-Syndrom (bis Jahre)	Lymphadeno-pathie Splenomegalie Fieber Anorexie Diarrhoe Gewichtsverlust mukokutane Effloreszenzen	HIV-Antikörper polyklonale Hyper-gammaglobulinämie relative Lymphozytose Reduktion der CD4+ T-Zellen CD4/CD8-Quotient <1,4 Lymphozytenfunktions-einschränkung	Lymphknoten: Follikuläre Hyperplasie mit konfluierenden Sekundärfollikeln und zahlreichen Sternhimmelzellen Lymphadenitis mit diffuser Vermehrung von CD8+ T-Zellen
3. manifester Immundefekt (*full blown disease* – bis zu 3 Jahre)	rezidivierende opportunistische Infektionen Kaposisarkom maligne Lymphome Neuro-/Enze-phalopathien	HIV-Antikörper Reduktion von CD4+ und/oder CD8+ Lymphozyten Inversion des CD4/CD8-Quotienten (<0,5) Autoimmunphänomene Thrombopenie Leukopenie Anämie Kutane Anergie säurelabiles α-IFN α_1-Thymosin erhöht β_2-Mikroglobulin erhöht	Lymphknoten: lymphozytenarme Lymphadenitis mit aplastischen Follikeln Milz: Keimzentren aplastisch und vermindert Thymus: Hassal'sche Körperchen I Knochenmark: normo-hyperzellulär mit myeloischer Hyperplasie ZNS: Demyelinisierung, Lymphome Gastrointestinaltrakt: Entzündung, Ulzera, Kaposisarkom

pathy-Virus) bezeichnet, führen zu einem breiten Spektrum klinischer, immunologischer und morphologischer Veränderungen. Diese erstrecken sich vom asymptomatischen Antikörper- bzw. Virusträger über mehrere Zwischenformen bis hin zum manifesten T-Zelldefekt mit schwersten opportunistischen Infektionen und Neoplasien [27] (Tabelle 16.8).

16.2.1 Epidemiologie

AIDS wurde zunächst bei männlichen Homosexuellen und i.v.-Drogenabhängigen gesehen, später auch bei Empfängern von HIV-kontaminiertem Blut bzw. Blutprodukten (Hämophile), bei Kindern HIV-erkrankter oder infizierter Mütter und bei heterosexuellen Intimpartnern von AIDS-Patienten oder HIV-Infizierten [27]. Nach vorsichtigen Schätzungen beträgt die Zahl der HIV-Infizierten in den USA derzeit ca. 1–2 Millionen. Die Erkrankungsrate für AIDS wird derzeit auf 5–10% der Infizierten innerhalb von 2–5 Jahren geschätzt. In Westeuropa ist eine ähnliche Verteilung der Risikogruppen und eine parallele Anstiegsrate zu beobachten. Dagegen sind in Zentralafrika keine besonderen Risikogruppen erkennbar. Insbesondere sind dort Frauen und Männer gleich häufig betroffen.

16.2.2 Genomstruktur und Biologie des HIV

Seit der Entdeckung des HIV-Virus durch Montagnier u. Mitarb. [3] sowie Gallo u. Mitarb. [98] konnten viele Details über die Genomstruktur und die Molekularbiologie des HIV geklärt werden.

Auf Basis der Genstruktur und biologischen Charakteristika besteht eine Verwandtschaft mit nicht-transformierenden, zytopathogenen Lentiviren: dem Visna-Virus, dem felinen Immundefizienz-Virus, dem Ziegen-Arthritis/ Enzepahlitis-Virus und dem infektiösen Anämie-Virus des Pferdes [45a, 132, 138].

Bisher wurden 9 Gene des HIV identifiziert [45a, 111]: Die 3 Strukturgene *gag*, *pol* und *env* sowie 6 zusätzliche Gensequenzen, von denen zumindest 4 eine regulatorische Funktion besitzen (s. Kap. 10, Abb. 10.30). *Tat* und *VIF* (virus infectivity factor; früher: sor) stimulieren, *NEF* (negative factor; früher: 3'-*orf*) inhibiert die Virusreplikation. Die Genprodukte von *tat* und *NEF* binden dabei an Akzeptorstrukturen in Regulatorsequenzen der LTR-Region des HIV. Struktur- und Funktionsanalysen der HIV-Hüllproteine GP160, GP41 und GP120 zeigten, daß durch die Bindung von GP160 an die CD4-Struktur eine Konformationsänderung dieses Glykoproteins und eine Spaltung in GP120 und GP41 resultiert. Das HIV zeigt einen selektiven Tropismus für CD4+ Zellen [28]. Die CD4+ T-Zelle ist das kritische Target des HIV. Der genaue Mechanismus der Viruspenetration in CD4+ T-Lymphozyten ist nicht bekannt.

Von HIV wurde ein zweiter Typ (HIV 2) aus westafrikanischen AIDS-Patienten isoliert. Dieses Isolat zeigt eine Sequenzhomologie zu und serologische Verwandtschaft mit dem Simian-T-lymphotropen-Virus (STLV-III).

16.2.3 Immunpathogenese der HIV-Infektion

HIV-Isolate wurden aus peripheren Blutzellen, Knochenmark, Lymphknoten, Gehirn, Plasma, Speichel, Sperma, Liquor, Tränenflüssigkeit und Urin angezüchtet [135]. Die Infektion mit HIV erfolgt meist über die Blutbahn. Das CD4-Antigen auf Lymphozyten, Monozyten, Makrophagen, Gliazellen, Langerhans-Zellen und dentritischen Retikulumzellen wurde als hochaffiner HIV-Rezeptor identifiziert [84, 120a]. Der Mechanismus der zytopathogenen Wirkung von HIV ist nicht genau bekannt. In vitro führt die Infektion suszeptibler Zellen zur Synzytienbildung und zum Zelltod [35].

Auch in vivo konnte in Lymphknoten und Gehirngewebe von AIDS-Patienten Synzytienbildung beobachtet werden [70]. Die Akkumulation nichtintegrierter Virus-DNA in infizierten Zellen wird als weiterer zytopathogener Faktor diskutiert [140]. Auch eine Autoimmunreaktion gegen Virusantigen-exprimierende HIV-infizierte Zellen bzw. gegen nicht-HIV-infizierte CD4+ Zellen nach Bindung von freiem Virusprotein GP120 wird vermutet [42]. Die Zerstörung von CD4+ hämopoetischen Zellen scheint jedoch nur teilweise für den schweren Immundefekt bei AIDS verantwortlich zu sein, denn nur ein kleiner Teil (ca. 0,01%) von zirkulierenden CD4+ Blutlymphozyten ist produktiv mit HIV infiziert [51].

Bereits in Frühstadien der HIV-Erkrankung ist eine funktionelle Defizienz der numerisch meist noch intakten CD4+ Lymphozytenpopulation nachweisbar [73]. Verschiedene Mechanismen werden für diesen Immundefekt diskutiert: direkte Immunsuppression durch Teile der HIV-Hülle, Blockade der CD4-Struktur durch freies GP120 und Suppression der IL-2-Genexpression in HIV-infizierten Zellen [73].

16.2.4 HIV-Replikation in CD4+ Zellen

Nach Bindung des HIV an die CD4-Struktur und Verschmelzung der Virushülle mit der Zellmembran gelangt der Core-Teil des Virus in das Zellinnere. Das HIV benutzt wie alle Retroviren das Enzym reverse Transkriptase zur Neusynthese einer DNA-Kopie (= Provirus [71a]). Dieser Prozeß ist komplex und benötigt verschiedene enzymatische Eigenschaften dieses Virusenzyms. Das Ergebnis ist ein DNA-Provirus, das neben den *gag, pol* und *env*-Sequenzen zusätzlich an beiden Enden des DNA-Stranges Regulatorgene, die sog. LTR's (long terminal repeats) enthält. Diese randständigen DNA-Sequenzen ermöglichen neben ihren Promotor- und Verstärkerfunktionen die Integration des Provirus in das Wirtsgenom [45a, 101]. Zelluläre RNA-Polymerasen transkribieren HIV-Provirusgene in multiple RNA-Kopien. Ein Teil dieser RNA-Kopien wird den Ribosomen zur Virus-Protein-Biosynthese zugeleitet, der kleinere Teil wird als HIV-Genom in neue Viruspartikel eingebaut.

Die gag, pol und env-Proteine werden nach Produktion der Einzelkomponenten mit viraler RNA an der Zellmembran verbunden und mit einem Teil der mit viralen *env*-Proteinen beladenen Zellmembran nach außen abgeschnürt *(budding)* [55].

16.2.5 Immunologische Befunde bei HIV-Infektion

Die HIV-Infektion resultiert in einer Vielzahl von immunologischen Störungen, denen in den meisten Fällen direkt oder indirekt eine funktionelle oder numerische Defizienz der CD4+-T-Lymphozytenpopulation zugrunde liegt (Tabelle 16.9 [74, 142]).

Tabelle 16.9. Immunologische Störungen bei AIDS [74]

Numerische Defizienz von T-Lymphozyten
verminderte Zahl von CD4+ T-Zellen
erhöhte, normale oder verminderte Zahl von CD8+ T-Zellen
Funktionelle T-Zelldefizienz in vivo
Infektanfälligkeit (opportunistische Infektionen)
erhöhte Tumorrate
verminderte Immunreaktion vom verzögerten Typ
Funktionelle T-Zelldefizienz in vitro
erhöhte Spontanproliferation
verminderte proliferative Reaktion auf Mitogene und Antigene
verminderte virusspezifische zytotoxische Effektorfunktion
verminderte Helferfunktion in der B-Zellantwort
Funktionelle B-Zelldefizienz in vivo
polyklonale Immunglobulinvermehrung
zirkulierende Immunkomplexe
verminderte Antikörperbildung nach Immunisation mit Neoantigen
Funktionelle B-Zelldefizienz in vitro
erhöhte Spontanproliferation
erhöhte Zahl spontaner PFC (plaque-forming cells) im Blut
gesteigerte Antwort auf B-Zellwachstumsfaktoren
Resistenz gegen normale In-vitro-B-Zellaktivierung
Funktionelle Störungen anderer immunkompetenter Zellen
verminderte Monozyten/Makrophagen-Chemotaxis
verminderte NK-Zellaktivität
Abnorme Suppressorphänomene
Suppressorfaktoren im Serum
antilymphozytäre Antikörper
T-Zell-abhängige Suppressorfaktoren
Andere immunologische Störungen
erhöhte Serumspiegel von säurelabilem α-Interferon, α_1-Thymosin und β_2-Mikroglobulin
verminderte Serumspiegel von Thymulin

Die oft vielfältigen pathogenen Einflüsse bei HIV-Infizierten und AIDS-Patienten macht allerdings oft eine klare Abgrenzung HIV-induzierter immunologischer Störungen von HIV-unabhängigen Abnormitäten schwierig. Der Mangel an CD4+ T-Zellen ist meist im Blut und in den lymphatischen Organen gleichermaßen ausgeprägt.

Ein ähnlicher Befund ist allerdings auch bei vielen akuten Virusinfekten zu erheben, dort allerdings meist innerhalb von 6 Wochen reversibel [103]. Charakteristisch für ein sich entwickelndes AIDS ist die Progredienz der in Tabelle 16.9 angeführten Veränderungen.

Im Finalstadium des AIDS findet sich im Blut häufig ein ausgeprägter Mangel an CD4+ T-Zellen und eine prozentuale Vermehrung unreifer CD9+/CD10+ T-Lymphozyten ohne Anstieg von CD6+ Thymus-

Tabelle 16.10. Die Walter-Reed-Hospital-Stadieneinteilung der HIV-Infektion [102]

Stadium	HIV oder HIV-AK	Lymphadenopathie	CD4+ T-Zellen (pro µl)	Spättyp-allergie	Soor	opport. Infekte
WR 0	–	–	>400	O.B.	–	–
WR 1	+	–	>400	O.B.	–	–
WR 2	+	+	<400	O.B.	–	–
WR 3	+	±	<400	O.B.	–	–
WR 4	+	±	<400	partiell	–	–
WR 5	+	±	<400	–	+	–
WR 6	+	±	<400	±	±	+

Lymphozyten [104]. Daneben deuten verschiedene immunologische Befunde auf eine HIV-Infektion und Virusreplikation im ZNS hin: spezifische HIV-Antikörper im Liquor in Konzentrationen, die einen Übertritt aus dem Blut ausschließen [33, 45], Nachweis von Virusantigen in Monozyten-/Makrophagen des ZNS, in Oligodendrozyten und Astrozyten [33, 68]. Diese Befunde wurden zum Teil durch parallele Untersuchungen mittels In-situ-Hybridisierung und immunhistochemischen Nachweis von Virusantigen bestätigt [136]. In vitro wurde eine Hemmwirkung von HIV-Hüllproteinen auf das Wachstum von Neuronen nachgewiesen, der möglicherweise eine partielle Sequenzhomologie von viralem GP120 und Neuroleukin, einem neuronalen Wachstumsfaktor, zugrunde liegt [76].

Die bei HIV-Infektion auftretenden immunologischen Abnormitäten sind von diagnostischer und prognostischer Bedeutung: So inkludiert die Walter-Reed-Hospital-Stadieneinteilung (Tabelle 16.10) für die HIV-Infektion sowohl klinische als auch immunologische Parameter.

Die Walter-Reed-Einteilung erlaubt eine genaue und differenzierte Zuordnung HIV-assoziierter Erkrankungen für alle Phasen der Infektion. Grundlage dieser Klassifikation ist die Erkenntnis, daß CD4+ Lymphozyten als primäre Zielzellen des HIV dienen und die funktionelle Integrität des T-Zellsystems eng mit den klinischen Veränderungen in Beziehung steht.

Bei der Walter-Reed-Einteilung wurde auf das mehrdeutige CD4/CD8-T-Zellverhältnis zugunsten der absoluten Zahl von CD4+ T-Zellen verzichtet. Mit Hilfe der absoluten Zahl von CD4+ T-Zellen lassen sich prognostische Aussagen treffen: So zeigen ca. 80% der Patienten mit CD4+ T-Zellen <200/µl eine deutliche Progression. Bei Patienten im WR-Stadium 1 und 2 ließ sich dagegen nur bei ca. 17% eine Progression erkennen [125].

Erhöhungen des β_2-Mikroglobulins [88], die Stimulierbarkeit von mononukleären Blutzellen durch Antigene und Mitogene [128] oder Neopterinspiegelerhöhungen in Serum und Urin [61] wurden ebenfalls als Prognosekriterien bei HIV-Infektion beschrieben.

16.2.6 Hämatologische Befunde bei HIV-Infektion

Blut

Anämie, Leukopenie und Thrombozytopenie treten bei AIDS oder früheren Stadien der HIV-Infektion in unterschiedlicher Häufigkeit und Schwere auf [37]. Eine Anämie ist bei 6% der ARC (AIDS-related complex)-Patienten und bei mehr als 80% der AIDS Patienten zu beobachten. Die Anämie ist häufig multifaktorieller Genese: Vitamin-B_{12}- und Folsäuremangel sowie eine insuffiziente Erythropoietinproduktion wurde nachgewiesen [37]. Eine Neutropenie tritt vor allem im febrilen Prodromalstadium bzw. bei opportunistischen Infektionen auf [44]. Weiter wurden bei HIV-positiven Patienten Coombs-positive hämolytische Anämien [120], isolierte Immunneutropenien [92] und Immunthrombozytopenien [89] beschrieben. Ähnlich wie bei der klassischen idiopathisch-thrombozytopenischen Purpura (ITP) zeigen HIV-positive Patienten mit Immunthrombozytopenie eine erhöhte Zahl von Megakaryozyten [89]. Im Gegensatz zu HIV-Antikörper-negativen Fällen mit ITP wurde bei HIV-positiven Homosexuellen ein gegen ein 25KD-Antigen gerichteter Plättchen-Antikörper nachgewiesen [121]. HIV-positive Patienten mit Immunthrombozytopenien weisen aufgrund bisheriger Erfahrungen keine erhöhte AIDS-Rate auf [57]. Die Veränderungen im Bereich der T-Lymphozytenpopulation sind bei den immunologischen Befunden angeführt.

Anämien, Leukopenien und Thrombozytopenien werden häufig durch die bei der Behandlung von AIDS-Patienten eingesetzten antiviralen bzw. antimikrobiellen Pharmaka (Azidothymidin, Trimethoprim-Sulfamethoxazol) verstärkt [9].

Die Monozytenpopulation des Blutes zeigt sowohl numerische als auch funktionelle Defekte [115, 126]. Neben einer verminderten Chemotaxis wurde auch eine herabgesetzte konstitutive Expression von HLA-Klasse-II-Antigenen auf Monozyten von AIDS-Patienten gefunden [52]. In CD4+ Monozyten zeigt das HIV keinen zytopathischen Effekt [38]. Dieser Zelltyp könnte daher ein Reservoir und eine potentielle Virus-Produktionsquelle bei HIV-Infizierten darstellen [54].

Knochenmark

Die Mehrzahl der ARC- und AIDS-Patienten zeigt im Knochenmark myelodysplastische Veränderungen [14, 112]. Hyperplasien einer oder mehrerer hämatopoetischer Zellreihen trotz peripherer Zytopenie, eine Linksverschiebung der Granulopoese, Dyserythropoese mit megaloblastischen Veränderungen und eine erythroide Hyperplasie wurden beobachtet. Im Finalstadium von AIDS kann eine Markhypoplasie mit sekundärer Markfibrose (Zunahme des Retikulinfaseranteils) auftreten [94]. Meist ist auch ein erhöhter Anteil von Makrophagen, Eosinophilen, Plasmazellen und Lymphozyten zu finden.

Als Ursache dieser Markveränderungen wird eine indirekte Alteration hämopoetischer Vorläuferzellen durch die HIV-Infektion vermutet [36]: Antikörper-vermittelte [24], durch andere soluble Faktoren induzierte [78] und T-Zell-vermittelte Störungen der Hämatopoese [13] wurden berichtet. Leidermann u. Mitarb. fanden in vitro eine reduzierte Proliferationsrate von myelomonozytären Vorläuferzellen (CFU-GM) bei neutropenischen AIDS-Patienten. Eine HIV-Infektion hämatopoetischer Stammzellen bzw. Vorläuferzellen wurde bisher nicht nachgewiesen.

16.2.7 Maligne Neoplasien bei AIDS

Circa 40% der AIDS-Patienten erkranken an malignen Tumoren (Tabelle 16.11). Als kausale Faktoren dieser hohen Tumorrate werden der schwere zelluläre Immundefekt, die Exposition gegenüber mikrobiellen Kanzerogenen und die Aktivierung endogener Retroviren diskutiert [26].

Tabelle 16.11. Maligne Neoplasien bei AIDS [26, 64, 133]

Tumortyp	Häufigkeit (in %) bei AIDS-Kranken
Kaposisarkom	34
Maligne Lymphome	4
Plattenepithelkarzinome (oral/anorektal)	1
Glioblastome, Karzinoide	<1

16.2.7.1 Kaposisarkom

Das Kaposisarkom tritt vor allem bei homosexuellen AIDS-Patienten auf. Klinisch imponiert der Tumor im Anfangsstadium oft als rotviolettes oder braunes Knötchen im Haut- oder Schleimhautbereich [83]. Circa 30% der Kaposisarkome manifestieren sich primär im Bereich der Mundhöhle (Gaumen!). Häufig kommt es im Krankheitsverlauf zu Dissemination und Organbeteiligung (Lunge, Gastrointestinaltrakt) (Tabelle 16.12).

Tabelle 16.12. Stadieneinteilung des AIDS-assoziierten Kaposisarkoms [87]

I	kutan, lokalisiert, indolent
II	kutan, lokal aggressiv, ± regionaler Lymphknotenbefall
III	kutan, generalisiert oder generalisierter Lymphknotenbefall
IV	viszeral
Subtypen:	A – ohne systemische Krankheitszeichen
	B – mit systemischen Krankheitszeichen (Gewichtsverlust, Fieber, etc.)
	C – mit opportunistischen Infektionen

Tabelle 16.13. Extranodale Lokalisation von Non-Hodgkin-Lymphomen bei Homosexuellen [141]

Lokalisation	% von Patienten (n = 88)
ZNS	38
Knochenmark	30
Gastrointestinaltrakt	15
Oral/anorektal	7
Haut/Mukosa	14
Andere Lokalisation	38

Histologisch imponierten eine Proliferation von spindelförmigen Tumorzellen in einem Netzwerk von Retikulinfasern, Gefäßwucherungen und eine Begleitinfiltration mit mononukleären Blutzellen. Entsprechend dem histologischen Bild werden ein Mischzelltyp, ein monomorpher Typ und ein anaplastischer Typ des Kaposisarkoms unterschieden [130]. Differentialdiagnostisch sind vor allem maligne Melanome, Pigmentnaevi und Hämangiome abzugrenzen.

Die Ätiologie des Kaposisarkoms ist nicht bekannt. Elektronenoptisch wurden Retroviruspartikel in Kapositumorzellen nachgewiesen [50]. Das Zytomegalievirus wurde ebenfalls in Tumorzellen von Kaposisarkomen, jedoch nicht im umgebenden Normalgewebe mittels In-situ-Hybridisierung gefunden [41]. Damit in Zusammenhang steht ein hoher Anteil (96%) von CMV-Antikörper-positiven Personen bei Homosexuellen [40]. Subgenomische CMV-Fragmente zeigten bei Transfektion in NIH/3T3-Zellen oder Hamster-Embryonalzellen transformierende Aktivität [16, 93]. Ein aus Kaposisarkom-Zellen isoliertes Onkogen kodiert einen Fibroblasten-Wachstumsfaktor [12].

16.2.7.2 Maligne Lymphome

Der Altersgipfel für das Auftreten maligner Lymphome bei HIV-Infizierten liegt zwischen dem 20. und 40. Lebensjahr. In mehr als 80% der Fälle liegt ein extranodaler Befall vor (Tabelle 16.13). Mehr als 2/3 der lymphatischen Neoplasien sind hochmaligne B-Zellymphome [59, 67, 79a, 141] (Tabelle 16.14).

Tabelle 16.14. Histologische Subtypen von Non-Hodgkin-Lymphomen bei 90 HIV-infizierten Homosexuellen [141]

Histologischer Subtyp	Inzidenz (%)
Hochmaligne Lymphome	62
Intermediär-maligne Lymphome	29
Niedrigmaligne Lymphome	7
Nichtklassifizierbar	2

Die Prognose ist bei Vorliegen eines hochmalignen Non-Hodgkin-Lymphoms sehr schlecht: die mittlere Überlebenszeit dieser Patienten liegt unter einem Jahr. Etwa 60% der HIV-Infizierten zeigen bei Diagnosestellung eines malignen Lymphoms bereits Symptome eines ARC oder von AIDS [67].

Der M. Hodgkin wurde bisher bei AIDS-Patienten nur selten beobachtet, zeigt aber in dieser Patientengruppe häufig einen atypischen und aggressiven klinischen Verlauf [1a, 100, 127]. In der Mehrzahl der Fälle liegt ein höheres Krankheitsstadium (III/IV) mit begleitender B-Symptomatik vor. Mehr als 2/3 der in der Literatur berichteten Hodgkinfälle bei AIDS waren vom nodulär-sklerosierenden Typ.

AIDS-assoziierte Hodgkin-Lymphome manifestieren sich häufig primär extranodal in Knochenmark und Leber [67]. Die polyklonale Begleitinfiltration bei AIDS-assoziierten Hodgkin-Lymphomen besteht vorwiegend aus CD8+ T-Lymphozyten [127].

Ähnlich malignen B-Zellymphomen bei anderen Immundefekten [113] wurden bei malignen Non-Hodgkin-Lymphomen von AIDS-Patienten multiple Zellklone und Rearrangierungen des c-myc-Onkogens gefunden [48, 122]. 20% der bei ARC-Patienten untersuchten hyperplastischen Lymphknoten zeigten eine oligoklonale B-Zellpopulation ohne morphologischen oder immunphänotypischen Anhalt für ein malignes Lymphom [95].

16.2.7.3 Andere AIDS-assoziierte Tumoren

Im Bereich der Mundhöhle und anorektal treten bei AIDS gehäuft Plattenepithelkarzinome auf [22]. Auch eine orale „hairy" Leukoplakie wurde bei AIDS-Patienten gehäuft beobachtet [46]. Zwei Viren, das Epstein-Barr-Virus und ein Papillomavirus wurden in Zellen dieser Läsion elektronenoptisch identifiziert [47].

Bei raumfordernden Prozessen des ZNS sind differentialdiagnostisch neben Tumoren (malignes Lymphom, Glioblastom) vor allem infektiöse Ursachen (Toxoplasmose, Pilze, *Mycobacterium tuberculosis*) in Betracht zu ziehen.

16.2.8 Opportunistische Infektionen bei AIDS [116] (Tabelle 16.15)

Als häufigste opportunistische Infektionen findet man bei insgesamt 60% der Patienten eine *Pneumocystis carinii*-Pneumonie. Bei klinischem Verdacht (Fieber, Husten, Dyspnoe, Lungeninfiltrat) ist eine Bronchoskopie mit Bronchial-Lavage und transbronchialer Biopsie die Methode der Wahl zur Diagnose einer *Pneumocystis carinii*-Pneumonie [116] (Tabelle 16.16).

Ein Teil der Patienten mit neurologischen Symptomen zeigt Infektionen mit *Toxoplasma gondii.* Die Schädelcomputertomographie ist vor allem in den Frühphasen oft negativ, in späteren Stadien aber charakteristisch. Die

Tabelle 16.15. Infektionen bei AIDS

Erreger	Klinische Manifestation
Protozoen und Würmer:	
Pneumocystis carinii	Pneumonie
Toxoplasma gondii	Enzephalitis, Chorioretinitis
Cryptosporidium	Diarrhoe, Pneumonie
Entamoeba histolytica	Diarrhoe
Gardia lamblia	Diarrhoe
Strongyloides	Diarrhoe
Pilze	
Candida	Stomatitis, Ösophagitis, Zystitis, Pneumonie
Cryptococcus neoformans	Meningitis, Pneumonie
Histoplasma capsulatum	Sepsis
Coccidioides immitis	Pneumonie, Sepsis
Bakterien	
Atypische Mykobakterien	Pneumonie, Sepsis
Mycobacterium tuberculosis	Pneumonie, Sepsis
Nocardia asteroides	Pneumonie
Salmonella typhi murium	Sepsis

Tabelle 16.16. Nachweismethoden für *Pneumocystis carinii* [123]

Färbeverfahren:	Giemsa-Färbung
	o-Toluidinblau-Färbung
	Grocott-Versilberungsmethode mit Methenamin
	Kresylechtviolett-Färbung
	Gram-Weigert-Färbung
	PAS (Perjodsäure-Leukofuchsin)
	Papanicolaou-Färbung
Lichtoptik:	Konventionelle Durchlichtoptik
	Phasenkontrast-Technik
	Differential-Interferenzkontrast-Methode nach Nomarski
Elektronenoptik	KBR (Antikörpernachweis)
Immunologie:	Immunfluoreszenz (direkter Erregernachweis bzw. Antikörpernachweis)
	ELISA-Technik (quantitativer Antigen- und Antikörpernachweis)
	Gegenstromelektrophorese (qualitativer Antigennachweis)

Nekroseherde stellen sich als ringförmige Strukturen mit perifokalem Ödem dar [81]. Serologische Methoden sind aufgrund der geringen Sensitivität zum Nachweis einer akuten Infektion nicht geeignet, und die Beurteilung von Hirnbiopsien erfordert immunhistochemische Färbetechniken und viel Erfahrung [81]. Differentialdiagnostisch ist bei neurologischen Störungen vor allem auch an eine progressive multifokale Enzephalopa-

Tabelle 16.17. Chronologie der Untersuchung von Mykobakterien und Resultate [99]

Untersuchung	Ergebnisse	
	negativ	positiv
Mikroskopisches Präparat (nach Anreicherung)	24 h	24 h
Kultur (Kolonienmorphologie, mikroskopisches Präparat)	7 Wochen	1–9 Wochen
Sensibilitätsprüfung		3–4 Wochen
Differenzierung Tierversuch		3–4 Wochen

thie, ein Lymphom des ZNS und an eine Zytomegalie-Enzephalitis zu denken.

Cryptosporidium verursacht neben therapieresistenten, schweren Diarrhoen auch Cholezystitiden und Pneumonien [82].

Infektionen mit atypischen Mykobakterien, insbesondere mit *M. avium intracellulare,* sind bei Diagnosestellung häufig bereits generalisiert, und der Erreger kann kulturell und histologisch in Leber, Lymphknoten, Knochenmark und Lunge nachgewiesen werden (Tabelle 16.17).

Zytomegalieinfektionen treten bei nahezu allen AIDS-Patienten auf. Obwohl Viruskulturen aus Blut, Urin und Rachenspülflüssigkeit meist positiv sind, zeigt das Virus klinisch oft keine Pathogenität [71]. Andererseits verursacht das Zytomegalievirus schwere interstitielle Pneumonien, Chorioretinitiden und Kolitiden [60].

Zum Nachweis einer floriden oder latenten Zytomegalieinfektion stehen serologische Tests sowie histologische und molekularbiologische Verfahren und die Virusisolierung zur Verfügung. Der Nachweis von Serumantikörpern gegen Zytomegalieantigene gelingt mittels Neutralisationstests, passiver Hämagglutination, Komplementfixationstest, Immunfluoreszenztest, Radioimmunoassay und Enzyme-linked immunosorbent assay (ELISA). Technische Einzelheiten können entsprechenden Methodenpublikationen entnommen werden [79]. Von den obengenannten Methoden sind im Routinelabor Komplementfixation, passive Hämagglutination und vor allem ELISA-Tests verbreitet [19, 86]. Ihre Spezifität hängt von der Qualität der Zytomegalie-Antigen-Präparation sowie vom Patienten-Antiserum ab.

Zur Verwendung kommen Virusantigene aus Zytomegalie-infizierten Zellkulturen, die in ihrer Stabilität schwanken können. Reindarstellung von Früh- bzw. Spätantigenen dürfte die Aussagekraft der obengenannten Tests hinsichtlich Prognose und Verlauf der Erkrankung verbessern. Störfaktoren im Patientenserum wie Rheumafaktor, Immunkomplexe und Hypergammaglobulinämie müssen ausgeschlossen werden. Hier bietet sich als verbesserte Nachweismethode für IgM-Antikörper der „antibody capture“ IgM ELISA-

Test an [34]. Kreuzreaktionen mit Antigenkomponenten anderer Herpestypviren (z. B. EBV, Herpes simplex) kommen vor [2].

Histologisch und zytologisch läßt sich die Zytomegalieinfektion durch Identifikation typischer Riesenzellen im entzündlich veränderten Gewebe oder Exsudat (z. B. transbronchiale Lungenbiopsie bei Verdacht auf Zytomegalie-Pneumonie) nachweisen [17]. Daneben kommen im Gewebe Immunfluoreszenz-Untersuchungen mittels monoklonaler Antikörper gegen Zytomegalie-Antigene zum Einsatz. Als molekularbiologische Methode zum Nachweis von Zytomegalie-DNA in infizierten Zellen bietet sich die In-situ-Hybridisierung mit radioaktiv- oder enzymmarkierten Proben an [50]. Entsprechende Hybridisierungsverfahren lassen sich auch an extrahierter DNA oder RNA mittels verschiedener „blotting"-Techniken durchführen. Immunfluoreszenzuntersuchungen und z. T. In-situ-Hybridisierung gewinnen in Folge der schnellen Durchführbarkeit in letzter Zeit zunehmend an Bedeutung. Die Virusausscheidung kann kulturell an verschiedenen Körperflüssigkeiten erfolgen. Frisches Material (Urin!) ist hierzu erforderlich. Kulturzellen (Fibroblasten aus embryonaler Lunge oder aus Präputium) zeigen nach Infektion charakteristische zytopathische Effekte. Virusausscheidung ist jedoch nicht mit dem Vorliegen einer manifesten Erkrankung gleichzusetzen.

Literatur

1. Andersen B, Goldsmith GH, Spagnuolo PJ et al (1988) Neutrophil adhesive dysfunction in diabetes mellitus: the role of cellular and plasma factors. J Lab Clin Med 111:275–278

1a. Ames ED, Conjalka MS, Goldberg AF, Hirschmann R, Jain S, Distenfeld A, Metroka CE (1991) Hodgkin's disease and AIDS. Twentythree cases and a review of the literature. Hematol Oncol Clin North Am 5:343–356

2. Balachandran N, Oba DE, Hutt-Fletcher LM (1987) Antigenic cross-reactions among Herpes-simplex virus type 1 and 2, Epstein-Barr virus and cytomegalovirus. J Virol 61:1125:1135

3. Barre-Sinoussi F, Cherman JC, Rey F, Nugeyre MT, Chamoret S, Grust J, Daugnet C, Axler-Blin C, Vezinet-Brun F, Rouzioux C, Rozenbaum W, Montagnier L (1983) Isolation of lymphotropic retrovirus from a patient at risk for acquired immunodeficiency syndrome (AIDS). Science 220:868–871

4. Bart KJ, Herrmann KL (1984) Rubella in pregnancy. In: Amsley M (hrsg). Grune & Stratton Inc, New York London

5. Baynes RD, Bothwell TH (1990) Iron deficiency. Annu Rev Nutr 10:133–148

6. Beshihan B, Hughes GRV (1979) A prospective analysis of cold reactive lymphocytotoxic antibodies in systemic lupus erythematosus. J Clin Path 32 (Suppl):112–117

7. Bjoerkholm M, Holm G, de Faire U et al (1977) Immunological defects in healthy twin siblings to patients with Hodgkin's disease. Scan J Haematol 19:396–404

8. Bjoerkholm M, Holm G, Mellstedt H (1978) Immunological family studies in Hodgkin's disease. Is the immunodeficiency horizontally transmitted? Scand J Haematol 20:297–305

9. Bjornson BH, McIntyre AP, Harvey JM, Tauber AI (1986) Studies on the effects of trimethoprim and sulfomethoxazole on human granulopoiesis. Am J Hematol 23:1–7

10. Bloch KJ, Buchanan WW, Wohl MS, Bunim JJ (1975) Sjoegren syndrome. A clinical, pathological and serological study of sixty-two cases. J chron Dis 44:187–194

11. Bodey GP, Buckley M, Sathe YS et al (1966) Quantitative relationship between circulating leukocytes and infection in patients with acute leukemia. Ann Int Med 64:328–340
12. Bovi PD, Curatola AM, Kern FG, Greco A, Ittman M, Basilico C (1987) An oncogene isolated by transfection of Kaposi's sarcoma DNA encodes a growth factor that is a member of the FGF family. Cell 50:729–737
13. Carlo-Stella C, Ganser A, Hoelzer D (1987) Defective in vitro growth of the hemopoietic progenitor cells in the acquired immunodeficiency syndrome. J Clin Invest 80:286–293
14. Castella A, Croxson TS, Mildvan D, Witt DH, Zalusky R (1985) The bone marrow in AIDS. A histologic, hematologic and microbiologic study. Am J Clin Pathol 84:425–432
15. Chandra RK, Teipar S (1983) Diet and immunocompetence. Int J Pharmac 3:175–180
16. Clanton DJ, Jariwalla RJ, Kress C (1983) Neoplastic transformation by a cloned human cytomegalovirus DNA fragment uniquely homologous to one of the transforming regions of herpes simplex virus type 2. Proc Natl Acad Sci USA 80:3826–3830
17. Collier AC, Meyers JD, Corex L, Murphy VL, Roberts PL, Handsfield HH (1987) Cytomegalovirus infection in homosexual men. Am J Med 82:593–606
18. Cozzolino S, Torcia M, Grossino AM et al (1987) Characterization of cells from invaded lymph nodes in patients with solid tumors. J Exp Med 166:303–318
19. Cremer NE, Cossen CK, Shell GR, Pereira L (1985) Antibody response to cytomegalovirus polypeptides captured by monoclonal antibodies on the solid phase in enzyme immunoassays. J Clin Microbiol 21:517–521
20. Csermely P, Szamel M, Resch K, Somogyi J (1988) Zinc can increase the activity of protein kinase C and contributes to its binding to plasma membranes in T lymphocytes. J Biol Chem 263:6487–6490
21. Cupps TR, Fauci AS (1982) Corticosteroid-mediated immunoregulation in man. Immunol Rev 65:133–165
22. Daling JR, Weiss NS, Klopfenstein LL (1982) Correlates of homosexual behaviour and the incidence of anal cancer. JAMA 247:1988–1994
23. Deitch AJ, Ma WJ, Ma L et al (1989) Endotoxin-induced bacterial translocation: a study of mechanisms. Surgery 106:293–300
24. Donahue RE, Johnson MM, Zon LI, Clark SC, Groopman JE (1987) Suppression of in vitro hematopoiesis following human immunodeficiency virus infection. Nature 326:200–203
25. Dupont E (1988) Immunological actions of corticosteroids and cyclosporine A. Curr Opin Immunol 1:253–256
26. Fauci AS, Macher AM, Longo DL, Lane HC, Rook AH, Masur H, Gelman EP (1984) Acquired immunodeficiency syndrome: epidemiologic, clinical, immunological and therapeutic considerations. Ann Int Med 100:92–106
27. Fauci A, Masur H, Gelman EP, Markham PD, Hahn BH, Lane HC (1985) The acquired immunodeficiency syndrome. Ann Int Med 102:800–813
28. Fauci AS (1988) The human immunodeficiency virus: infectivity and mechanisms of pathogenesis. Science 239:617–622
29. Feldmeier H, Gastl GA, Poggensee U et al (1985) Relationship between intensity of infection and immunomodulation in human schistosomiasis. I. Lymphocyte subpopulations and specific antibody responses. Clin Exp Immunol 60:225–332
30. Flynn A, Loftus MA, Finke JH (1984) Production of interleukin-1 and interleukin-2 in allogeneic mixed lymphocyte cultures under copper, magnesium and zinc deficient conditions. Nutr Res 4:673–679
31. Foon KA, Rai KR, Gale RP (1990) Chronic lymphocytic leukemia: New insights in biology and therapy. Ann Int Med 113:525–539
32. Friedland GH, Klein RS (1987) Transmission of the human immunodeficiency virus. N Engl J Med 317:1125–1135

33. Gabuzda DH, Ho DD, de la Monte SM, Hirsch MS, Rota TR, Sobel RA (1986) Immunohistochemical identification of HTLV-III antigen in brains of patients with AIDS. Ann Neurol 20:289–295
34. Gärtner L, Oberender H, Straube E, Czienek R (1986) Zur Bewertung IgM-Antikörper positiver Zytomegalie-Virus positiver Befunde. Z Klin Med 21:1763–1766
35. Gallo RC, Salahuddin SZ, Popovic M (1984) Frequent detection and isolation of cytopathic retrovirus (HTLV-III) from patients with AIDS and pre-AIDS. Science 224:500–504
36. Ganser A, Carlo-Stella C, Völkers B, Brodt KH, Helm EB, Hoelzer D (1987) Loss of hematopoietic progenitor cells CFU-GEMM, BFU-E, CFU-Mk, and CFU-GM in the acquired immunodeficiency syndrome (AIDS)? In: Neth R, Gallo RC, Greaves MF, Kabisch H (eds) Modern trends in human leukemia VII. Springer, Berlin Heidelberg New York, p 175–176
37. Ganser A (1988) Abnormalities of hematopoesis in the acquired immunodeficiency syndrome. Blut 56:49–53
38. Gartner S, Markovits P, Markovits DM, Kaplan MH, Gallo RC, Popovic M (1986) The role of mononuclear phagocytes in HTLV-III/LAV infection. Science 233:215–219
39. Gelford EW, Cheng RK, Mills GB (1987) The cyclosporins inhibit lymphocyte activation on more than one site. J Immunol 138:1115–1120
40. Gelman EP (1985) New concepts in Kaposi's sarcoma. The acquired immunodeficiency syndrome. An update. Ann Int Med 102:800–813
41. Genoglio CM, McDougall JK (1984) The relationship of cytomegalovirus to Kaposi's sarcoma. In: Friedman-Kien AE, Laubenstein LS (eds) AIDS. The epidemic of Kaposi's sarcoma and opportunistic infections. Masson Publishing USA, New York, pp 329–336
42. Germain RN (1988) Antigenprocessing and CD4+ T cell depletion in AIDS. Cell 54:441–444
43. Gilstrap LC, Faro S (1990) Infections in pregnancy. Alan R Liss Inc, New York
44. Gottlieb MS, Groopman JE, Weinstein WM, Fahey JL, Detels R (1983) The acquired immunodeficiency syndrome. Ann Int Med 99:208–220
45. Goudsmit J, Wolters EC, Bakkar M (1986) Intrathecal synthesis of antibodies to HTLV-III in patients with AIDS or AIDS-related complex. Br Med J 292:1231–1234
45a. Greene WC (1990) Regulation of HIV-1 gene expression. Annu Rev Immunol 8:453–475
46. Greenspan D, Greenspan JS, Conant M (1984) Oral "hairy" leukoplakia in male homosexuals: evidence of association with both papillomavirus and a herpes-group virus. Lancet ii:831–834
47. Greenspan JS, Greenspan D, Lenette ET (1985) Replication of Epstein-Barr virus within the epithelial cells of a oral "hairy" leukoplakia, an AIDS-associated lesion. N Engl J Med 313:1564–1571
48. Groopman JE, Sullivan JL, Mulder C, Ginsburg D, Orkin SH, O'Hara CJ, Falchuk K, Wong-Staal F, Gallo RC (1986) Pathogenesis of B cell lymphoma in a patient with AIDS. Blood 67:612–615
49. Guillou PJ, Sedman PC, Ramsden CW (1989) Inhibition of lymphokine-activated killer cell generation by cultured tumor cell lines in vitro. Cancer Immunol Immunother 28:43–53
50. Gyorky F, Sinkowics JG, Melnick JL (1984) Retroviruses in Kaposi-sarcoma cells in AIDS (letter). N Engl J Med 311:1183–1184
51. Harper ME, Marselle LM, Gallo RC, Wong-Staal F (1986) Detection of lymphocytes expressing human T-lymphotropic virus type III in lymphnodes and peripheral blood from infected individuals by in situ hybridization. Proc Natl Acad Sci USA 83:772–777
52. Heagy W, Kelley VE, Strom TB, Mayer K, Shapiro HM, Mandel R, Finberg R (1984) Decreased expression of HLA class II antigens on monocytes of patients with acquired immunodeficiency syndrome. J Clin Invest 74:2089–2096

53. Heber D (1990) Cancer and malnutrition. In: Morley JE, Glick Z, Rubenstein LZ (eds) Geriatric nutrition. Raven Press Ltd, New York
54. Ho DD, Rota TR, Hirsch MS (1986) Infection of monocyte/macrophages by human T lymphotropic virus type III. J Clin Invest 77:1712–1715
55. Ho DD, Pomerantz JC, Kaplan JC (1987) Pathogenesis of infection with human immunodeficiency virus. N Engl J Med 317:278–286
56. Hobbs JR (1968) Secondary antibody deficiency. Proc R Soc Med 61:883–889
57. Holzman RS, Walsh CM, Karpatkin S (1987) Risk for the acquired immunodeficiency syndrome among thrombocytopenic and nonthrombocytopenic homosexual men seropositive for the human immunodeficiency virus. Ann Int Med 106:383–386
58. Hughes GRV (1982) Systemic lupus erythematosus. In: Lachman PJ, Peters DK (eds) Clinical aspects of immunology. 4. Ausgabe, Band II, pp 1196–1216
59. Ioachim HL, Cooper MC, Hellman GC (1985) Lymphomas in men at high risk for acquired immune deficiency syndrome (AIDS). A study of 21 cases. Cancer 56:2831–2842
60. Jahn G, Mach M, Fleckenstein B (1988) Cytomegalievirus and AIDS. AIFO 2:59–72
61. Joller-Jemelka HI, Vogt M, Joller PW (1985) Immunologische Untersuchungen bei Patienten mit erworbenem Immunmangel-Syndrom (AIDS) und bei AIDS-Verdacht. Schweiz Med Wschr 115:125–132
62. Joncas JH (1985) Viral mechanisms of immunosuppression: Cells of the immune system as targets for viral infection and feedback inhibition by suppressor cells and immunoglobulins. In: Gilmore N, Weinberg MA (eds) Alan R Liss Inc, New York, pp 265–271
63. Kahan BD (1989) Cyclosporine. N Engl J Med 321:1725–1738
64. Kaplan MH, Susin M, Pahwa SG, Fetten J, Allen SL, Lichtman S, Sarngadharan MG, Gallo RC (1987) Neoplastic complications of HTLV-III infection. Lymphomas and solid tumors. Am J Med 82:389–393
65. Kay NE (1981) Abnormal T-cell subpopulation function in chronic lymphocytic leukemia: excessive suppressor (T) and deficient helper (T) activity in respect to B-cell proliferation. Blood 57:418–420
66. Kay NE, Oken MM, Perry RT (1983) The influential T cell in B cell neoplasms. J Clin Oncol 8:810–816
67. Knowles DM, Chamulak GA, Subar M, Burke SJ, Dugan M, Wernz J, Slywotzky C, Pelicci PG, Dalla-Favera R, Raphael B (1988) Lymphoid neoplasia associated with the acquired immunodeficiency syndrome. Ann Int Med 108:744–753
68. Koenig S, Gendelman HE, Orenstein JM (1986) Detection of AIDS virus in macrophages in brain tissue from AIDS patients with encephalopathy. Science 233:1089–1093
69. Kroegel C, Hess G, Meyer zu Büschenfelde KH (1988) Infection with the human immunodeficiency virus (HIV): a comparison of different classifications. AIFO 1:17–23
70. Krüger GRF (1986) Klinische Pathologie bei AIDS-Patienten und bei AIDS Risikopersonen (Teil 3). AIFO 4:195–202
71. Krüger GRF, Röwert J (1988) Klinische Immunpathologie der Zytomegalievirus (CMV)-Infektion. AIFO 5:243–257
71a. Kulkosky J, Skalka AM (1990) HIV DNA integration: observations and interferences. J Acquir Immune Defic Syndr 3:839–851
72. Kumar RK, Penny R (1982) Cell-mediated immunodeficiency in Hodgkin's disease. Immunology Today 3:269–273
73. Lane HC, Depper JM, Warner GG, Whalen GBS, Waldmann TA, Fauci AS (1984) Qualitative analysis of immune function in patients with the acquired immunodeficiency syndrome. Evidence for a selective defect in soluble antigen recognition. N Engl J Med 313:79–84
74. Lane HC, Fauci AS (1985) Immunologic abnormalities in the acquired immunodeficiency syndrome. Ann Rev Immunol 3:477–500

75. Lazarus HM, Creger RJ, Gerson SL (1989) Infectious emergencies in oncology. Sem Oncol 16:543–560
76. Lee MR, Ho DD, Gurney ME (1987) Functional interaction and partial homology between human immunodeficiency virus and neuroleukin. Science 237:1047–1100
77. Leen CL (1990) Zinc deficiency and immune function. Ann Rev Nutr 10:415–431
78. Leiderman IZ, Greenberg ML, Adelsberg BR, Siegal FP (1984) Defective myelopoiesis in acquired immunodeficiency syndrome (AIDS). In: Gottlieb MS, Groopman JE (eds) Acquired immunodeficiency syndrome. Alan R Liss, New York, pp 281–289
79. Lenette EH et al (1985) Manual of Clinical Microbiology. American Society of Microbiology, Washington DC
79a. Levine AM (1991) Epidemiology, clinical characteristics, and management of AIDS-related lymphoma. Hematol Oncol Clin North Am 5:331–342
80. Löning T, Milde K, Foss HD (1986) In situ hybridization for the detection of cytomegalovirus (CMV) infection. Virch Archiv 409:777–790
81. Luft BJ, Brooks RG, Conley FK, McCabe RE, Remington JS (1984) Toxoplasmic encephalitis in patients with acquired immune deficiency syndrome. JAMA 252:913 917
82. Ma P, Villanueva TG, Kaufmann D, Gillooley JF (1984) Respiratory cryptosporidiosis in the acquired immune deficiency syndrome. Use of modified cold kiyoun and hemacolor stains for rapid diagnosis. JAMA 252:1298–1301
83. Martin J (1984) Acquired immunodeficiency syndrome (AIDS) and Kaposi's sarcoma. Int J Dermatol 23:483–486
84. McDougal JS, Kennedy MS, Sligh JM, Cort SP, Mawle A, Nicholson JKA (1986) Binding of HTLV-III/LAV to T4+ T-cell by a complex of the 110K viral protein and the T4 molecule. Science 231:382–385
85. McGowan JE (1991) Infections in diabetes mellitus. In: Davidson JK (eds) Clinical diabetes mellitus. 2. Auflage. Georg Thieme-Verlag, Stuttgart New York, pp 656–666
86. Middeldorp JM, Jongsma J, ter Haar A, Schirm J, The HT (1984) Detection of immunoglobulin M and G antibodies against cytomegalovirus early and late antigens by enzyme-linked immunosorbent assay. J Clin Microbiol 20:763–771
87. Mitsuyasu RT, Groopman JE (1984) Biology and therapy of Kaposi's sarcoma. Sem Oncol 11:53–67
88. Morfeldt-Manson J. Julander I, von Stedingk LV, Wasserman J, Nilsson B (1988) Elevated serum beta-2-microglobulin-a prognostic marker for development of AIDS among patients with persistent generalized lymphadenopathy. Infection 16:109–110
89. Morris L, Distenfeld A, Amorosi E, Karpatkin S (1982) Autoimmune thrombocytopenic purpura in homosexual men. Ann Int Med 96:714–717
90. Moynahan EJ (1981) Acrodermatitis enteropathica and the immunological role of zinc. Immunodermatology 30:437–447
91. Murdoch IA (1990) Continued need for pneumococcal prophylaxis after splenectomy. Arch Dis Child 66:1268–1269
92. Murphy MF, Metcalf P, Waters AH, Linch DC, Chingsong-Popov R, Carne C, Weller IV (1985) Immune neutropenia in homosexual men (letter). Lancet i:217–218
93. Nelson JA, Fleckenstein B, Galloway DA (1982) Transformation of NIH3T3 cells with cloned fragments of human cytomegalovirus strain AD 169. J Virol 43:83–91
94. Osborne BM, Guarda LA, Butler JJ (1984) Bone marrow biopsies in patients with the acquired immunodeficiency syndrome. Hum Pathol 15:1048–1053
95. Pelicci PG, Knowles DM, Arlin ZA (1986) Multiple monoclonal B-cell expansions and c-myc oncogene rearrangements in AIDS-related lymphoproliferative disorders: implications for lymphomagenesis. J Exp Med 164:2049–2060
96. Pelton BK, Hylton W, Denman A (1982) Selective immunosuppressive effects of measles virus infection. Clin Exp Immunol 47:19–26
97. Penneys NS, Hick B (1985) Unusual cutaneous lesions associated with acquired immunodeficiency syndrome. J Am Acad Dermatol 13:845–852

98. Popovic M, Sarngadharan MG, Read E, Gallo RC (1984) Detection, isolation, and continuous production of a cytopathic retrovirus (HTLV-III) from patients with AIDS and pre-AIDS. Science 224:497–500
99. Preac-Mursic V (1988) Mikrobiologische Diagnostik von sogenannten „atypischen Mykobakterien“. AIFO 1:32–34
100. Prior E, Goldberg AF, Conjalka MS, Chapman WE, Tay S, Ames ED (1986) Hodgkin's disease in homosexual men: an AIDS-related phenomenon. Am J Med 81:1085–1088
101. Rabson AB, Martin MA (1985) Molecular organisation of the AIDS virus. Cell 40:477–480
102. Redfield RR, Wright DC, Tramont ED (1986) The Walter Reed staging classification for HTLV-III/LAV infection. N Engl J Med 314:131–132
103. Reinherz EL, O'Brien C, Rosenthal P, Schlossman SF (1980) The cellular basis for viral-induced immunodeficiency: Analysis by monoclonal antibodies. J Immunol 175:1269–1276
104. Resnick L, di Marzo-Veronese F, Schüpbach J (1985) Intra-blood-brain barrier synthesis of HTLV-III specific IgG in patients with neurologic symptoms associated with AIDS or AIDS-related complex. N Engl J Med 313:1498–1504
105. Revillard JP (1990) Iatrogenic immunodeficiencies. Curr Opin Immunol 2:445–450
106. Rodrick ML, Wood JJ, O'Mahony JB et al (1986) Mechanisms of immunosuppression associated with severe non-thermal traumatic injuries in man: production of interleukin-1 and 2. J Clin Immunol 6:130–138
107. Romagnani S, Del Prete GF, Maggi E et al (1983) Displacement of T lymphocytes with the "helper/inducer" phenotype from peripheral blood to lymphoid organs in untreated patients with Hodgkin's disease. Scand J Haematol 22:136–142
108. Romagnani S, Ferrini PL, Ricci M (1985) The immune derangement in Hodgkin's disease. Sem Hematol 22:41–55
109. Rustagi P, Han T, Ziolkowski L et al (1983) Anti-granulocyte antibodies in chronic lymphocytic leukemia and other lymphoproliferative disorders. Blood 62 (Suppl):106A (Abstrakt)
110. Sagaster P (1990) Ernährung und Immunität. In: Dostal V, Bayer W, Schleicher P, Schmidt KH (Hrsg) Immunomonitoring und additive Immuntherapie. Hippokrates Verlag, Stuttgart, pp 103–110
111. Sattentau QJ, Weiss RA (1988) The CD4 antigen: physiological ligand and HIV receptor. Cell 52:631–633
112. Schneider DR, Picker LJ (1985) Myelodysplasia in the acquired immune deficiency syndrome. Am J Clin Pathol 84:144–152
113. Shearer WT, Ritz J, Finegold M (1985) Epstein-Barr virus associated B-cell proliferations of diverse clonal origins after bone marrow transplantation in a 12-year-old patient with severe combined immunodeficiency. N Engl J Med 312:1152–1159
114. Shumak KH, Rock GA (1984) Therapeutic plasma exchange. N Engl J Med 310:762–771
115. Smith PD, Ohura K, Masur H, Lance HC, Fauci AS, Wahl SM (1984) Monocyte function in the acquired immune deficiency syndrome: defective chemotaxis. J Clin Invest 74:2121–2128
116. Soave R (1986) The immunocompromised host. Part II: Acquired immune deficiency syndrome. In: Reese RE, Douglas RG (eds) A practical approach to infectious diseases. Little, Brown & Company, Boston Toronto, pp 527–544
117. Solomkin JS (1990) Neutrophil disorders in burn injury: complement, cytokines, and organ injury. J Trauma 30 (Suppl):S80–5
118. Specter S, Bendinelli M, Friedman H (1988) Virus-induced immunosuppression. Plenum Press, New York London
119. Spectors S, Lancz GJ (1986) Clinical Virology Manual. Elsevier, New York
120. Spivak JL, Bender BS, Quinn TC (1984) Hematologic abnormalities in the acquired immune deficiency syndrome. Am J Med 77:224–228

120a. Stingl G, Rappersberger K, Tschachler E, Gartner S, Groh V, Mann DL, Wolff K, Popovic M (1990) Langerhans cells in HIV-1 infection. J Am Acad Dermatol 22:1210:1217
121. Stricker RB, Abrams DI, Corash L, Shuman MA (1985) Target platelet antigen in homosexual men with immune thrombocytopenia. N Engl J Med 313:1375–1380
122. Subar M, Knowles DM, Dalla-Favera R (1987) AIDS-associated lymphomas: a molecular analysis of 16 cases. Blood 70 (Suppl 1):128A
123. Szabados A (1988) Die Pneumocystis carinii-Diagnostik bei AIDS – diagnostische Besonderheiten, neue Erkenntnisse über den Erreger. AIFO 1:34–41
124. Szentivanyi, Friedman (1986) Viruses, immunity, and immunodeficiency. Plenum, New York
125. Terragna A, Dodi F, Anselmo M, Del Bono V (1986) The Walter Reed staging classification in the follow-up of HIV infection. N Engl J Med 315:1355–1356
126. Treacy M, Lai L, Costello C, Clark A (1987) Peripheral blood and bone marrow abnormalities in patients with HIV related disease. Br J Haematol 65:289–294
127. Unger PD, Strauchen JA (1986) Hodgkin's disease in AIDS complex patients: report of four cases and tissue immunologic marker studies. Cancer 58:821–825
128. Vadhan-Raj S, Wong G, Gnecco C, Cunningham-Rundles S, Krim M, Real FX, Oettgen HF, Krown SE (1986) Immunologic variables as predictors of prognosis in patients with Kaposi's sarcoma and the acquired immunodeficiency syndrome. Cancer Res 46:417–425
129. Vanky F, Peterffy A, Book S et al (1983) Correlation between lymphocyte-mediated anti-tumor reactivities and the clinical course. II. Evaluation of 69 patients with lung carcinoma. Cancer Immunol Immunotherap 16:17–22
130. Volberding P (1984) Therapy of Kaposi's sarcoma in AIDS. Sem Oncol 11:60–67
131. Vose BM, Moore M (1985) Human tumor-infiltrating lymphocytes. A marker of host response. Sem Hematol 22:27–40
132. Wain-Hobson S, Sonigo P, Danos O, Cole S, Alizon M (1985) Nucleotide sequence of AIDS-virus, LAV. Cell 40:9–17
133. Warner LC, Fisher BK (1986) Cutaneous manifestations of the acquired immunodeficiency syndrome. Int J Dermatol 25:337–350
134. White KS, Covington D, Churchill P et al (1991) Patient awareness of health precautions after splenectomy. Am J Infect Control 19:36–41
135. WHO-Report No 16 (1988) AIDS surveillance in Europe. AIFO 5:285–290
136. Wiley CA, Schrier RD, Nelson JA, Lampert PW, Oldstone MBA (1986) Cellular localization of human immunodeficiency virus infection within the brains of acquired immune deficiency syndrome patients. Proc Natl Acad Sci USA 83:7089–7093
137. Wolfe JHN, Wu AVD, O'Connor NE et al (1982) Anergy, immunosuppressive serum, and impaired lymphocyte blastogenesis in burn patients. Arch Surg 117:1266–1271
138. Wong-Staal F, Gallo RC (1985) Human T-lymphotropic retroviruses. Nature 317:395–403
139. Yamanaka N, Harabuchi Y, Himi T, Kataura (1988) Immunosuppressive substance in the sera of head and neck cancer patients. Cancer 62:1293–1298
140. Zagrury D, Bernard J, Leonard R, Cheynier R, Feldman M, Sarin PS, Gallo RC (1986) Longterm cultures of HTLV-III infected T-cells: A model of cytopathology of T-cell depletion in AIDS. Science 231:850–853
141. Ziegler JL, Beckstead JA, Volberding PA, Abrams DI, Levine AM, Lukes RJ, Gill PS, Burkes RL, Meyer PR, Metroka CE, Mouradian J, Moore A, Riggs SA, Butler JJ, Cabanillas FC, Hersh E, Newell GR, Laubenstein LJ, Knowles D, Odajnyk C, Raphael B, Koziner B, Urmacher C, Clarkson BD (1984) Non-Hodgkin's lymphoma in 90 homosexual men. Relation to generalized lymphadenopathy and the acquired immunodeficiency syndrome. N Engl J Med 311:565–570
142. Zunich KM, Lane HC (1991) Immunologic abnormalities in HIV infection. Hematol Oncol Clin North Am 5:215–228

Kapitel 17: Neutropenien und Funktionsdefekte der Neutrophilen

H. Huber, D. Nachbaur, D. Pastner

Funktionsdefekte der Neutrophilen sind nicht ungewöhnlich, treten jedoch meist symptomatisch im Rahmen von Allgemeinerkrankungen auf. Primäre funktionelle Defekte dieser Zellen sind dagegen selten. Sie können durch gezielte Diagnostik in der Mehrzahl der Fälle ohne größere Schwierigkeiten erfaßt werden.

Neutropenien treten als Folge einer Bildungsstörung, von Verteilungsänderungen oder durch einen beschleunigten Abbau dieser Zellen auf. Komplikationen in Form schwer beherrschbarer Infekte, vor allem durch bakterielle Keime, treten meist nur bei ausgeprägten Neutropenien auf und sind der Schwere des Defektes korreliert. Die Kenntnis der pathophysiologischen Grundlagen der Kinetik, des Reifungsverhaltens und der Effektorfunktionen myeloischer Zellen ist Voraussetzung eines gezielten diagnostischen Vorgehens.

17.1 Physiologie der Granulopoese

Die Bildungsrate neutrophiler Granulozyten im Knochenmark ist hoch und beträgt mehr als 10^{11} Zellen pro Tag (Übersicht bei [10]). Nach der anatomischen Verteilung können 3 Kompartimente (Knochenmark, peripheres Blut und Extravaskulärraum) unterschieden werden (Abb. 17.1).

Der morphologisch faßbare *Teilungspool* im Knochenmark umfaßt Myeloblasten, Promyelozyten und Myelozyten, der *Speicherpool* im Knochenmark die späteren Reifungsformen. Im peripheren Blut ist etwa die Hälfte der Neutrophilen jeweils im *zirkulierenden und im Marginalpool* lokalisiert (Abb. 17.1). Der letztere entspricht Anhäufungen von Neutrophilen am Endothel von Kapillaren und Venolen. Nach einer kurzen Aufenthaltsdauer im Blut (Halbwertszeit etwa 6 h) treten sie in den Extravaskulärraum über.

Neutropenien können durch a) Bildungsstörungen, b) gesteigerten Verbrauch oder c) Verteilungsstörungen bedingt sein. Häufig kommen auch Kombinationen dieser Störungen vor (Tabelle 17.1).

Im Rahmen der folgenden Beschreibung der physiologischen Grundlagen wird bereits auf einige sehr seltene Defektzustände der Neutrophilen eingegangen.

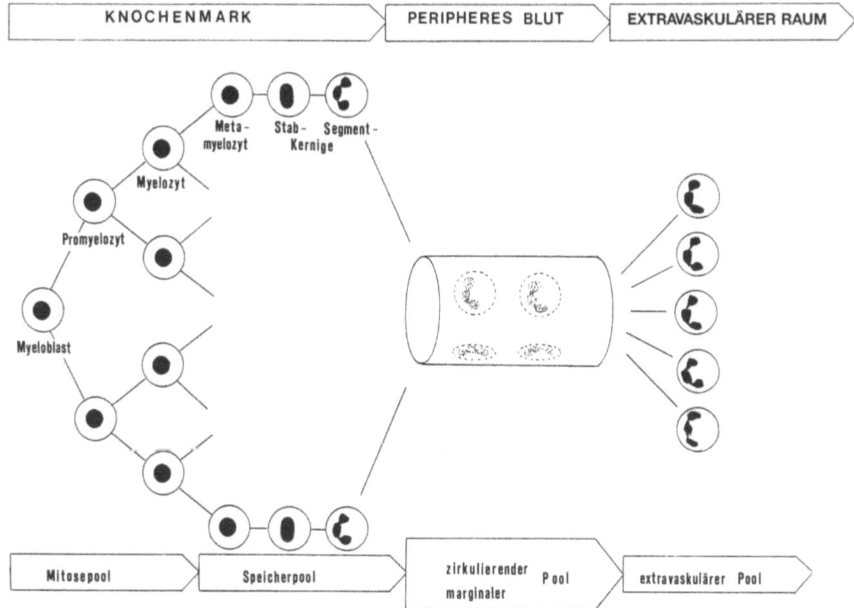

Abb. 17.1. Produktion und Verteilung der Neutrophilen (nach [10])

Tabelle 17.1. Ursachen von Neutropenien (ohne Berücksichtigung kongenitaler Erkrankungen) (nach [10])

1. Bildungsstörungen
   - 1.1 Knochenmarkschädigung
     - Medikamente und Chemikalien (medikamentöse und toxische Neutropenien)
     - Strahlenschäden
     - immunologisch (vor allem rheumatische Erkrankungen)
     - Infektionen (viral: Hepatitis, Parvoviren, HIV
       bakteriell: *M. tuberculosis* und andere Mykobakterien)
     - KM-Infiltration (vor allem durch metastasierende Tumoren und
       chronisch-myeloproliferative Erkrankungen)
     - andere: aplastische Anämien
   - 1.2 Reifungsstörungen
     - Mangelerkrankungen (Vit. B_{12}, Folsäure)
     - Neoplastische und andere klonale Erkrankungen: MDS, akute Leukämien, PNH
2. Gesteigerter Verbrauch
   - Immun-Neutropenien
     - Medikamente (med.-allergische Neutropenie)
     - rheumatische Erkrankungen
   - schwere Infektionen
     - vor allem bei Sepsis
     - in Risikogruppen, z. B. Neugeborene, Tumorpatienten
3. Verteilungsstörungen
   - Hypersplenismus
   - schwere Infektionen (meist mit Endotoxinämie)

17.1.1 Aufbau der Neutrophilen

Die wichtigste Funktion der Neutrophilen – die Zerstörung von Mikroorganismen – wird durch spezielle Eigenschaften der Zellmembran, des Zytoskeletons und der Granula dieser Zellen ermöglicht.

Membranrezeptoren. Adhärenz, Chemotaxis und Phagozytose werden durch spezifische Membranrezeptoren vermittelt (Tabelle 17.2).

Tabelle 17.2. Wichtige Membranrezeptoren an Neutrophilen (nach [59])

Funktion	Rezeptor	Ligand	Quelle des Liganden
Adhärenz	CR 3 (CD 11b)[a]	C3bi	Serum;
	LFA-1 (CD 11a)	ICAM-1 (CD 54)	Endothelzellen
Chemotaxis	FMLP-R[b]	FMLP	Bakterien;
	LTB4-R	LTB4[c]	Makrophagen;
	C5a-R	C5a, C5a des-arg	Serum
Phagozytose	Fcγ-R[d]	IgG	Immunserum;
	CR 3 (CD 11b)	C3bi	Serum

[a] auch CR1 (CD35) mit Bindung für C3b
[b] Rezeptor für Formylmethionyl Leucyl Phenylalanin
[c] Leukotrien B4
[c] Fcγ-R II (CDw32) und Fcγ-R III (CD 16), Fcγ-R I (CD 64, high affinity) an Neutrophilen ungewöhnlich (s. 17.1.2c)

Die Bindung von Liganden an die entsprechenden Rezeptorstrukturen leiten *Signaltransduktionsmechanismen* ein, die zu den charakteristischen Funktionsäußerungen der Zelle führen (Abb. 17.2).

Am Modell von Oligopeptiden, die von Bakterien im Rahmen ihrer Proteinsynthese freigesetzt werden und chemotaktisch wirken (FMLP = Formyl-Methionyl-Leucyl-Phenylalanin) wurden die Transduktionsmechanismen im Detail dokumentiert (Übersicht bei [8, 59, 66]).

Zytoskeleton. Es stellt ein komplexes System von Mikrotubuli und Aktinfilamenten dar, welche als Netz kontraktiler Proteine für die Bewegungsäußerungen der Zelle verantwortlich sind [48, 103].

Die seltene Erkrankung des *„Lazy-Leukocyte"-Syndroms* (charakterisiert durch eine Störung in der Lokomotion, Ingestion und Degranulation) ist durch eine defekte Aktinpolymerisation oder den Mangel eines Verankerungsproteins für die Neutrophilenadhärenz bedingt (Übersicht bei [14, 48]).

Granula. Primäre (azurophile) und spezifische Granula enthalten eine Reihe von Enzymen, die für den Abbau von Mikroorganismen verantwortlich sind (Tabelle 17.3). In den azurophilen Granula sind verschiedene saure Hydrolasen, neutrale Proteasen, die wichtige Gruppe der Defensine (s. unten) und

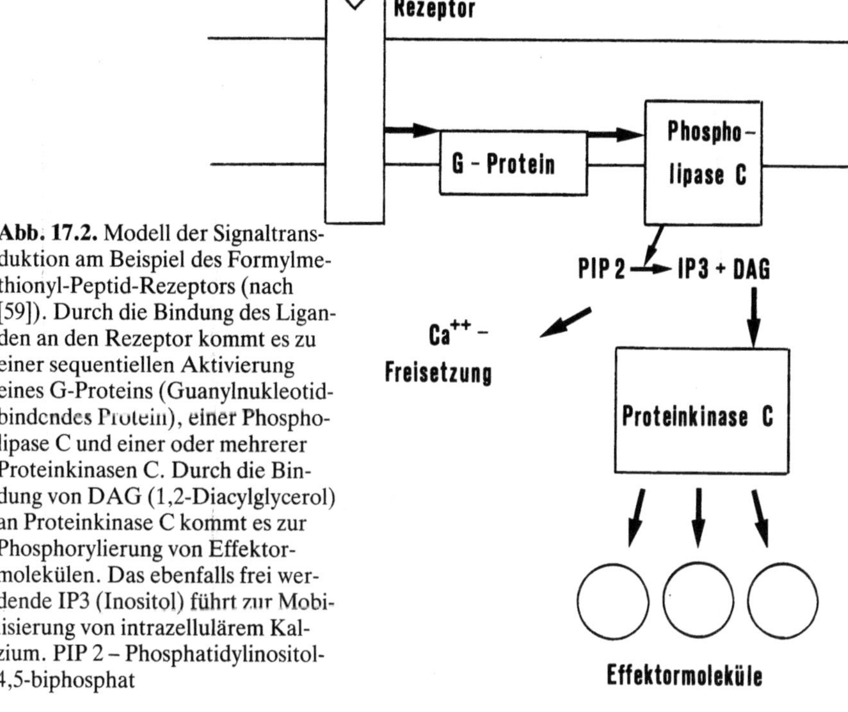

Abb. 17.2. Modell der Signaltransduktion am Beispiel des Formylmethionyl-Peptid-Rezeptors (nach [59]). Durch die Bindung des Liganden an den Rezeptor kommt es zu einer sequentiellen Aktivierung eines G-Proteins (Guanylnukleotid-bindendes Protein), einer Phospholipase C und einer oder mehrerer Proteinkinasen C. Durch die Bindung von DAG (1,2-Diacylglycerol) an Proteinkinase C kommt es zur Phosphorylierung von Effektormolekülen. Das ebenfalls frei werdende IP3 (Inositol) führt zur Mobilisierung von intrazellulärem Kalzium. PIP 2 – Phosphatidylinositol-4,5-biphosphat

Tabelle 17.3. Einige Inhaltsstoffe neutrophiler Granula (nach [8])

	Funktion
1. *Azurophile Granula*	
saure Hydrolasen (Glykosidasen, Phospholipasen, saure Proteasen)	Abbau von phagozytiertem Material
neutrale Proteasen (Kathepsin G, Elastase)	Abbau von Entzündungsgewebe
Lysozym	Zerstörung der Bakterienzellwand (Spaltung von 1–4 glykosidischen Bindungen)
Defensine	O_2-unabhängige Abtötung von Bakterien
Myeloperoxidase	O_2-abhängige Abtötung von Bakterien
bakterizides/permeabilitätssteigerndes Protein	Abtötung gramnegativer Bakterien
2. *Spezifische Granula*	
Lysozym	Zerstörung der Bakterienzellwand
Cobalamin-bindendes Protein	Bindung von bakteriellen Cobalaminanaloga
Laktoferrin	Bindung von freiem Eisen, Kontrolle der Granulopoese
Kollagenase	Abbau von Bindegewebe
C5-spaltendes Enzym	Freisetzung von C5a
3. *„Vesikel“*	
alkalische Phosphatase	

die Myleoperoxidase lokalisiert. Die spezifischen Granula enthalten Lactoferrin, Kollagenasen und ein C5-spaltendes Enzym. Lysozym ist sowohl in primären als auch sekundären Granula (etwa im Verhältnis 1:2) enthalten [96].

Beim seltenen *kongenitalen Mangel spezifischer Granula* [8, 18, 48, 59] enthalten die Neutrophilen elektronenmikroskopisch eine normale Zahl azurophiler Granula, die spezifischen Granula fehlen jedoch oder sind stark vermindert. An ihrer Stelle finden sich Vesikel, in denen jedoch Lactoferrin und das Vitamin-B_{12}-Transportprotein fehlen. Die alkalische Leukozytenphosphatase fehlt oder ist stark reduziert. Die Kernsegmentierung ist gestört, wodurch es zum Auftreten von Pelger-Huët-ähnlichen Zellen (mit bilobulären Kernen) kommt. Das bakterielle „Killing" ist eingeschränkt.

17.1.2 Funktion

Neutrophile antworten auf chemotaktische Signale. Sie phagozytieren Mikroorganismen, vor allem wenn diese mit Antikörpern und Komplementkomponenten beladen sind, und töten diese durch die kombinierte Wirkung von Sauerstoff-Radikalen und zytotoxischen Proteinen (Übersicht bei [8, 59]).

a) Chemotaxis

Granulozyten besitzen eine amöboide Beweglichkeit. Dabei unterscheidet man eine ungerichtete *(„random-mobility")* und eine gerichtete *(Chemotaxis)* Bewegung.

Die aus Gefäßen ausgetretenen Granulozyten werden von chemotaktisch wirksamen Faktoren angelockt, sie bewegen sich entlang kollagener Fasern und folgen dem steigenden Konzentrationsgradienten, so daß im Bereich der Freisetzung chemotaktischer Substanzen eine Akkumulation der Granulozyten erfolgt.

In vitro kann die Chemotaxis mit Hilfe der *Boyden-Kammer* untersucht werden. Dabei wird die Migration weißer Blutzellen durch Filter definierter Porengröße ausgewertet. Die Zellsuspension wird in die Kammer oberhalb der Membran eingebracht. Unter der Membran befindet sich im Kulturmedium die Substanz, deren chemotaktische Eigenschaften untersucht werden (Kontrollkammern enthalten nur Kulturmedium). Die Anzahl der die Membran durchwanderten Granulozyten wird ausgewertet.

In vivo verwendet man zur Auswertung der Chemotaxis und ihrer Störung die *Hautfenstermethode* nach Rebuck [90]. Nach Skarifikation der Haut werden Deckgläser aufgebracht und die in die Wunde einwandernden, am Glas haftenden Zellen ausgewertet. Modifikationen der Methode, z. B. unter Verwendung von Kammern, die beschickt werden können, wurden entwickelt.

Neutrophile können auf eine sehr große Zahl verschiedener chemotaktischer Faktoren reagieren. Von besonderer Wichtigkeit sind folgende drei Substanzgruppen:

Formyl-Methionyl-Peptide (z. B. FMLP; Tabelle 17.2),
Komplement-Komponenten (v. a. C5a) und
Leukotriene (insbesondere LTB_4).

Diese *chemotaktischen Faktoren* werden sowohl durch Mikroorganismen (N-formylierte Oligopeptide; C5a) als auch durch die Neutrophilen selbst (C5a und LTB_4) gebildet [8]. C5a wird über die Komplementaktivierung (klassischer oder alternativer Abbauweg) freigesetzt [33a, 53a]. Spezifische Antikörper verbinden sich mit bakteriellen Antigenen zu Immunkomplexen, die dadurch eine Komplementaktivierung einleiten. Von gramnegativen Bakterien freigesetzte *Endotoxine* aktivieren u. a. den alternativen Abbauweg, wodurch ebenfalls C5a bereitgestellt wird. *Proteolytische Fermente* zur Freisetzung von C5a können von manchen Bakterien direkt gebildet oder aus den Granula weißer Blutzellen freigesetzt werden (Tabelle 17.3). Die Aktivierung des Hageman-Faktors und des *Kinin-Systems* im Rahmen der Entzündungsreaktion leitet ebenfalls eine wirksame Chemotaxis ein. Eine leukozytenaktivierende Rolle kommt auch z. B. GM-CSF, G-CSF, IL-1, TNF und *Interferon-γ* zu (Übersicht bei [53a, 59, 89a, 91a]).

Der kürzlich klonierte und von Monozyten nach LPS-Stimulation gebildete „Neutrophilen-aktivierende Faktor" (NAF = IL-8) besitzt neben seiner chemotaktischen Funktion auch eine bedeutende Rolle in der Aktivierung von Neutrophilen (Exozytose spezifischer und azurophiler Granula; *respiratory burst*). Seine Wirkung wird ähnlich der von FMLP über spezifische Membranrezeptoren in Abhängigkeit von GTP-bindenden Proteinen und Proteinkinase C mediiert [62, 86, 104].

Bei der *juvenilen Peridontitis* kommt es in später Kindheit oder im frühen Erwachsenenalter zu schweren Entzündungen der Gingiva. Ihre Ursache ist ein chemotaktischer Defekt durch Serumfaktoren. Unter den schädigenden Organismen findet sich ein anaerober Bazillus *(Capnocytophaga),* der ein wirksamer Hemmer der Neutrophilen-Chemotaxis ist (Übersicht bei [8, 99]).

b) Adhärenz

Die Adhäsion von Neutrophilen an Endothelzellen ist ein durch bestimmte Membranstrukturen mediiertes, komplexes Phänomen, das erst zum Teil geklärt ist. Adhäsionsmoleküle spielen dabei eine zentrale Rolle (Übersicht bei [102a], s. Kap. 17.2.6b). Charakterisiert ist LFA-1 an Neutrophilen und anderen Blutzellen (*leucocyte function associated antigen* = CD 11a). Einer seiner Liganden ist ICAM-1 (*intercellular adhaesion molecule 1* = CD 54), das u. a. an Endothelien exprimiert wird. Auch Komplement-Rezeptor 3 (CR3 = CD 11b) gehört in diese Gruppe (Tabelle 17.2).

Den aus 2 Proteinuntereinheiten aufgebauten CD 11 (a, b, c)-Molekülen gemeinsam ist die β-Kette, während sie in der α-Kette differieren [3, 35, 92, 94, 102a]. Unter dem Einfluß von bestimmten Zytokinen, z. B. IL-1 und Tumornekrose-Faktor werden Endothelien für Leukozyten spezifisch adhärent (Übersicht bei [13, 37, 59 u. a.]), wahrscheinlich z. T. durch vermehrte Expression von Adhäsionsmolekülen. Die *kongentiale CD11/CD18-Glykoproteindefizienz* entspricht einem solchen Adhärenzdefekt (s. Kap. 17.2.1).

c) Opsonisierung und Phagozytose

Die Phagozytose verläuft in zwei aufeinanderfolgenden Schritten, nämlich der Anlagerung des Partikels an die Zelloberfläche *(attachment)* und anschließend dessen intrazelluläre Aufnahme *(engulfment).* Voraussetzung für die Phagozytose ist ein enger Kontakt des Mikroorganismus mit den Phagozyten, wobei Oberflächenspannungen und der extrazelluläre Flüssigkeitsstrom überwunden werden müssen. Dieser Kontakt wird meist durch *Opsonine* vermittelt (Abb. 17.3).

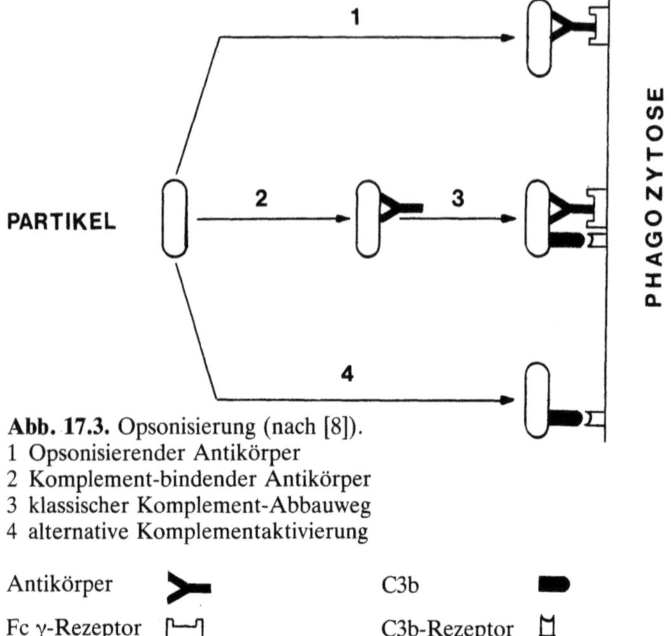

Abb. 17.3. Opsonisierung (nach [8]).
1 Opsonisierender Antikörper
2 Komplement-bindender Antikörper
3 klassischer Komplement-Abbauweg
4 alternative Komplementaktivierung

Neutrophile sind reich an Fcγ-R II (CDw32) und Fcγ-R III (CD 16), die beide mit aggregiertem IgG (Immunkomplexen) reagieren (Übersicht und Lit. bei [53b, 89a]). Der hochaffine Fcγ-R I (CD64) mit Bindungsfähigkeit für monomeres IgG fehlt dagegen meist [47, 47a, 53b]. CD64 kann jedoch unter bestimmten Aktivierungsbedingungen, z. B. bei bestimmten bakteriellen Infekten, bei Behandlung mit G-CSF oder Inkubation mit Interferon gamma in vitro, an Neutrophilen nachweisbar werden [89a, 91a]. Strukturell weisen CD16 und CDw32, deren Gene am Chromosom 1 lokalisiert sind, einen Polymorphismus auf, der für CDw32 besonders ausgeprägt ist. So sind für CDw32 zumindest 3 verschiedene Gene und 6 unterschiedliche Transkripte beschrieben [53b, 89a]. Nach Bindung von Immunkomplexen an CDw32 kommt es zur Aktivierung des „respiratory burst" [47b]. CD16 spielt hingegen bei der Antikörper-abhängigen Zytotoxizität (ADCC) eine Rolle. Bei der Phagozytose von Immunkomplexen wirken CDw32 und CD16 synergistisch. Dies geschieht in enger Interaktion mit den Komplementrezeptoren CD11b (CR3) und CD35 (CR1), die ebenfalls an Neutrophilen exprimiert werden.

Bindungsstellen für das Fc-Fragment von IgG und für C3b sowie C3bi sind an Neutrophilen sowie an Monozyten/Makrophagen nachweisbar und wirken als Membranrezeptoren für die Opsonine (Tabelle 17.2, Abb. 17.3).

Antigen-IgG-Antikörperkomplexe können dadurch direkt, Komplexe mit IgM nach Komplementaktivierung über die C3-Rezeptoren an Neutrophile gebunden werden.

Neben einer Komplementaktivierung nach Antikörperbindung über das Fc-Fragment (klassischer Abbauweg) kann die Phagozytose auch durch die Bereitstellung von C3 über den alternativen Abbauweg (Properdinsystem) erfolgen. Eine maximale Phagozytose erfordert die gleichzeitige Gegenwart von IgG-Antikörpern und aktiviertem C3 [47, 47a, 83].

Eine Aktivierung des alternativen Abbauweges kann u. a. durch Endotoxine gramnegativer Bakterien oder auch durch Anteile der Zellwand verschiedener Bakterien (z. B. *Staphylococcus pneumoniae, Staphylococcus aureus, E. coli* u. a.) erfolgen.

Beide Aktivierungswege führen dazu, daß C3b an der Bakterienwand nachweisbar und dadurch die Bindung an phagozytierende Zellen begünstigt wird. Ein Mangel an Immunglobulinen oder von Komplement (vor allem C3b) kann zur gestörten Opsonisierung und somit zu einer erhöhten Infektanfälligkeit führen.

Das phagozytierte Partikel wird in einer membranbegrenzten Vakuole (Phagosom, Phagozytosevakuole) innerhalb des Zytoplasmas eingeschlossen. Diese Vorgänge werden durch Mikrotubuli und Mikrofilamente gesteuert. Die Energie dazu wird hauptsächlich durch anaerobe Glykolyse gewonnen.

d) Degranulation

Durch Verschmelzung der Phagozytosevakuolen mit den Granula (Fusion) wird das phagozytierte Partikel hohen Konzentrationen von Granulaenzymen ausgesetzt (Tabelle 17.3).

Die Fusion dauert 5–20 Minuten. Während dieser Zeit sinkt der intrazelluläre pH-Wert, wodurch die zuletzt eingetretenen Enzyme bei ihrem pH-Optimum wirken können. Die Fusion ist energieabhängig und wird von Mikrotubuli und Mikrofilamenten gesteuert. Spezifische Granula können ihren Inhalt auch nach außen in den Extrazellulärraum abgeben.

Die Abtötung phagozytierter Mikroorganismen *(killing)* erfolgt über Sauerstoffradikale (durch Aktivierung des *respiratory burst*) und/oder zytotoxische Proteine aus den Granula (Tabelle 17.3).

Als *respiratory burst* (Abb. 17.4) wird eine abrupte Steigerung des oxydativen Stoffwechsels im Rahmen der Phagozytose bezeichnet (Übersicht bei [39, 48, 53a, 59]).

Dieselben Faktoren, die eine Degranulation hervorrufen (vor allem chemotaktische Faktoren und Opsonine) aktivieren ebenfalls diese Stoffwechselreaktion. Es werden größere Mengen von Superoxid (O_2^-) und H_2O_2 freigesetzt; zu den wesentlichen Stoffwechselschritten s. Abb. 17.4. Eine

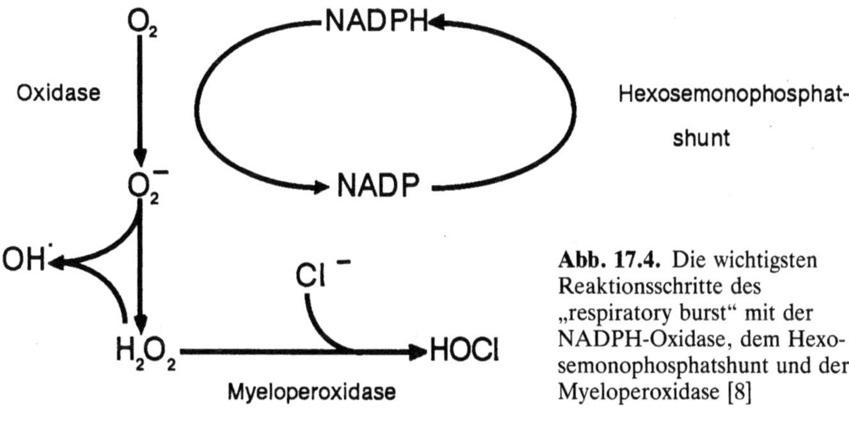

Abb. 17.4. Die wichtigsten Reaktionsschritte des „respiratory burst“ mit der NADPH-Oxidase, dem Hexosemonophosphatshunt und der Myeloperoxidase [8]

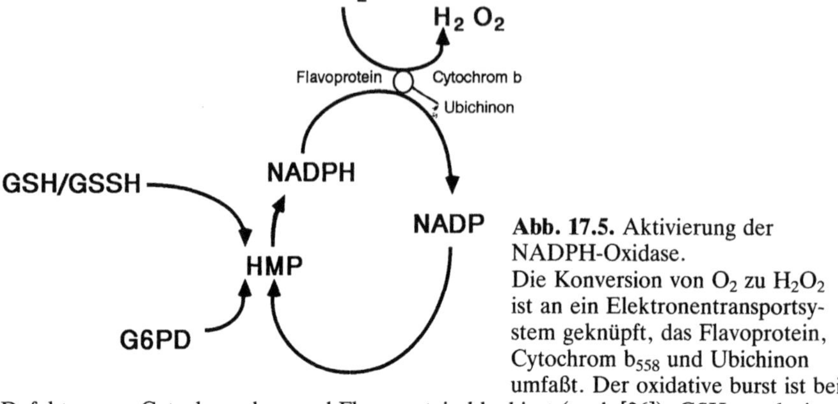

Abb. 17.5. Aktivierung der NADPH-Oxidase. Die Konversion von O_2 zu H_2O_2 ist an ein Elektronentransportsystem geknüpft, das Flavoprotein, Cytochrom b_{558} und Ubichinon umfaßt. Der oxidative burst ist bei Defekten von Cytochrom b_{558} und Flavoprotein blockiert (nach [36]). GSH – reduziertes Glutathion. GSSH – oxidiertes Glutathion. HMP – Hexosemonophosphat

wichtige Rolle kommt dabei der an die Zellmembran gebundenen *respiratory burst-Oxidase* (NADPH-Oxidase) und dem *Hexosemonophosphatshunt* zu. H_2O_2 ist die Schlüsselsubstanz dieser oxidativen Mikrobizidie. Ein Teil von H_2O_2 oxidiert Halogene (Cl) zu den entsprechenden hochtoxischen hypohalogenierten Säuren (HOCl).

Diese Reaktion wird durch die Myeloperoxidase katalysiert, welche in azurophilen Granula lokalisiert ist (Tabelle 17.3). Ein anderer Teil von H_2O_2 wird zu hochgradig reaktivem Hydroxylradikal (OH·) umgewandelt. Die aktive NADPH-Oxidase (respiratory burst oxidase) wird aus einem Vorläufer, nämlich Cytochrom b_{558} gebildet [9]. Ein Kofaktor der Reaktion ist Flavin-Adenin-Dinukleotid (FAD). Dieses vermittelt zusammen mit Ubichinon den Elektronentransfer von NADPH auf Cytochrom b_{558} [34, 53a]. Der respiratory burst ist bei der septischen Granulomatose gestört. Der Defekt liegt meist auf der Ebene von Cytochrom b (mit Absorptionsbanden im Spektrometer bei 558 nm) (Abb. 17.5).

Die Aktivierung des respiratory burst kann durch den NBT(Nitroblau Tetrazolium)-Test erfaßt werden. Bei der septischen Granulomatose als Modell von Störungen der oxidativen Mikrobizidie besteht meist eine Korrelation zwischen pathologischem NBT-Test und quantitativen Defekten von Cytochrom b_{558} (Abb. 17.6).

Das Zusammenwirken von Cytochrom b_{558} und der NADPH-Oxidase läßt sich durch die detaillierten Studien bei der septischen Granulomatose (chronic granulomatous disease, CGD, s. Kap. 17.2.2) besser verstehen (Übersicht bei [101a]).

Diese Interaktionen konnten durch Zellfraktionierungsexperimente besser definiert werden. Die Aktivierung der NADPH-Oxidase erfordert das gleichzeitige Vorhandensein einer Membranfunktion (inkludierend die Membran der Phagozytose-Vakuolen) und Komponenten des Zytosols. Bei allen Fällen von CGD lag der Defekt entweder in der Membran- oder der Zytosolfraktion. In der *Membranfraktion* wurden bisher 2 Proteine, die am Aufbau von Cytochrom b_{558} beteiligt sind, charakterisiert [8a, 101a]. Es handelt sich um gp91-phox (Glykoprotein von 91 kD der Phagozytenoxidase) und p22-phox. Der Genlocus für gp91-phox liegt am X-Chromosom (Xp21), der für p22-phox am Chromo-

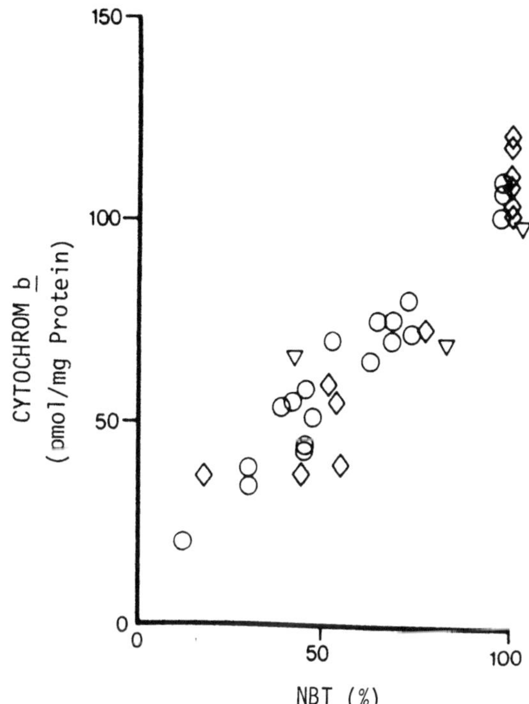

Abb. 17.6. Beziehung zwischen dem Prozentsatz an Nitroblau-tetrazolium reduzierenden Neutrophilen und der Cytochrom-b_{558}-Konzentration in den Neutrophilen bei engen Verwandten (Heterozygote) von männlichen Patienten mit septischer Granulomatose (X- chromosomale Form) [98]. Zu Fällen mit normalem Cytochrom b_{558} s. Text.
○ Mütter
◇ Schwestern
▽ Großmütter mütterlicherseits

som 16. Defekte von gp91-phox sind für die Mehrzahl der CGD-Patienten charakteristisch (X-chromosomale Form mit defektem Cytochrom b_{558}, s. Kap. 17.2.2). In der *Zytosolfraktion* finden sich p47-phox, p67-phox und noch nicht klassifizierte Zytosolkomponenten der NADPH-Oxidase (Details bei [101a]). Bei der Einleitung des respiratory burst assoziieren diese Komponenten unter Phosphorylierung und verbinden sich mit den membranständigen Proteinen von Cytochrom b_{558}. Unter Normalbedingungen verhindert die unterschiedliche Lokalisation der Proteine eine unkontrollierte Freisetzung hochtoxischer O_2-Metaboliten.

Mikrobizide Granulaproteine

Unter den verschiedenen Proteinen der primären und sekundären Granula (Tabelle 17.3) kommen u. a. Lysozym, Lactoferrin und den Defensinen besondere Bedeutung zu (Tabelle 17.4).

Das in primären und sekundären Granula vorkommende Lysozym *Muramidase* wirkt bakterizid, indem es aus dem Kohlehydratanteil der Bakterienmembran die sog. Muraminsäure abspaltet. Lysozym kann aber auch über nichtenzymatische Mechanismen wirksam sein (Übersicht bei [59]).

Lactoferrin ist ein multifunktionelles Molekül. Die Wirkung geht über den bakteriostatischen Effekt des eisenfreien (Apo-)Lactoferrins hinaus, das durch Eisenbindung das Bakterienwachstum hemmt. Es dürfte die Bildung von Hydroxyl-Radikalen begünstigen, fördert die Neutrophilen-Adhäsion als Reaktion auf chemotaktische Signale und reguliert zusammen mit Prostaglandin E die Myelopoese. Dabei wirkt es als negativer Feedback-

Tabelle 17.4. „Mikrobizide" neutrophile Granula [59]

	Molekulargewicht (kD)	Lokalisation	Konzentration in Neutrophilen (μg/10^6)
Lysozym	14,4	azurophile u. spezifische Granula	3
Laktoferrin	80	spezifische Granula	2–6
bakterizider/permeabilitäts-steigender Faktor	58	azurophile Granula	1
Kathepsin G	25–29	azurophile Granula	1–2
Defensine	3,6–4,0	azurophile Granula	4–6

Regulator der Neutrophilenproduktion, dies auch über Hemmung der G-CSF-Produktion (Übersicht bei [48]).

Defensine sind Arginin- und Cystin-reiche antimikrobielle Peptide, die 5–7% des gesamtzellulären Proteins der Neutrophilen ausmachen (Übersicht bei [59]). Das Aktivitätsspektrum der Defensine inkludiert grampositive und gramnegative Bakterien sowie gewisse Viren.

Bei Defekten der primären Granula wurden ausgeprägte Erniedrigungen von Defensinen beobachtet [59]. Zur funktionellen Charakterisierung s. z. B. [38].

Die zellulären Defekte, die bei einigen der wichtigen Neutrophilen-Erkrankungen gefunden werden, sind in Tabelle 17.5 zusammengefaßt.

17.2 Qualitative Defektzustände der Granulozyten

17.2.1 Leukozytenadhäsionsdefekt (LAD)

Der LAD (oder CD11/CD18-Glykoproteindefekte) ist ein kongenitaler Mangel in der Bildung von β-Ketten für wichtige Adhäsionsmoleküle. Es handelt sich um LFA1 (CD11a), CR3 (CD11b) und gp 150/95 (CD11c, s. Kap. 17.1.2 b)). Der Aufbau dieser Struktur findet sich in Abb. 17.7. Diese aus verschiedenen α- und einer gemeinsamen β-Kette bestehenden Antigene werden im wesentlichen an Granulozyten, Monozyten und Lymphozyten exprimiert (CD11a an B-, T-Lymphozyten, Neutrophilen und NK-Zellen; CR3 (CD11b) an Neutrophilen, Eosinophilen, Makrophagen, Monozyten und NK-Zellen; gp150/95 (CD11c) an Monozyten, NK-Zellen und Neutrophilen [3, 4, 19, 53b]).

Das autosomal rezessiv vererbte Krankheitsbild ist durch einen Defekt in der Bildung der gemeinsamen β-Kette (MW 95 kD) charakterisiert. Dadurch können keine funktionsfähi-

Tabelle 17.5. Wichtige funktionelle Störungen und Charakteristika einiger Neutrophilenerkrankungen (nach [59])

Erkrankung	zellulärer Defekt	Charakteristika	Nachweis
CD11/CD18 Glykoprotein-Defizienz	Adhärenz; Chemotaxis; Phagozytose	Omphalitis; leukämoide Reaktion autosomal-rezessiv	Durchflußzytometrie (fehlende Expression von CD11/CD18)
Hyper-IgE (Job's)-Syndrom	Chemotaxis (variabel); vermindertes anti-Staphylokokken-IgG; erhöhtes anti-Staphylokokken-IgE	erhöhtes Serum-IgE (>2,500 U/ml) Eosinophilie; atypische Ekzeme; kalte Abszesse; autosomal-rezessiv	erhöhtes Serum-IgE Eosinophilie
Mangel an spezifischen Granula	abnormale oder fehlende spez. Granula; Chemotaxis; verminderte O_2-Produktion; verminderter Defensingehalt	Pelger-Huët-Anomalie der Kerne Fehlen der alk. Phosphatase sehr selten	Morphologie Zytochemie Elektronenmikroskopie (Fehlen spezifischer Granula)
Juvenile Periodontitis	Chemotaxis	schwere Gingivitis; Inf. des Zahnfleisches mit Kapnozytophagen; gelegentlich systemische Inf.	gestörtes Adhärenzverhalten auf Glas, diffuse Anfbg. mit Fluoreszin-isothiozyanat
Chédiak-Higashi Syndrom	Riesengranula; Chemotaxis; Degranulation; verminderte neutrale Proteasen	Okulokutaner Albinismus; zentrale und periphere Polyneuropathien; verlängerte Blutungszeit; Entwicklung mal. Lymphome (in einem Teil der Fälle); autosomal-rezessiv	Riesengranula Neutropenie verminderte NK-Zellfunktion
Myeloperoxidase-Mangel	Fehlen der Myeloperoxidase Bakterizidie (verzögert)	autosomal-rezessiv klinisch stumm, außer wenn kombiniert mit anderen Erkrankungen (z. B. Diabetes mell.)	Zytochemie (Fehlen der Myeloperoxidase in Neutrophilen und Monozyten, nicht in Eosinophilen)
septische Granulomatose	Bakterizidie (v. a. Katalase-positive Keime)	verminderte Bildung von Superoxid; multiple Granulome; X-chromosomal- oder autosomal-rezessiv	NBT-Test

gen Adhäsionsmoleküle an der Zelloberfläche exprimiert werden. Die Krankheit manifestiert sich durch eine verzögerte Demarkierung der Nabelschnur, durch eine Omphalitis, Gingivitis, rezidivierende Infektionen von Haut und Weichteilgewebe, verzögerte Wundheilung, perianale Abszesse und eine Leukozytose (16–160 G/l) im peripheren Blut. Den

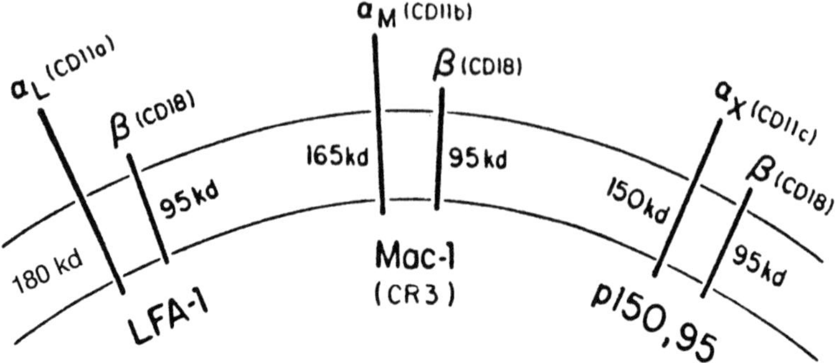

Abb. 17.7. Schematische Darstellung des Leukozyten-Adhäsionskomplexes [92]

Symptomen liegen im wesentlichen Störungen der Chemotaxis, Zell-Zell-Interaktionen, Phagozytose von mit iC3b-opsonisierten Partikeln, des oxidativen burst und der komplement- und antikörperabhängigen zellulären Zytotoxizität zugrunde. Im Gegensatz zu anderen primären Immundefekten weisen Patienten mit diesem Mangel kein erhöhtes Malignomrisiko auf [19]. Die Diagnose kann durchflußzytometrisch gestellt werden. Monoklonale Antikörper mit Spezifität für diese Antigene (z. B. OKM-1, Mac-1) binden sich an normale und nur vermindert an derartig defekte Blutzellen [3, 4, 8, 35, 59]. Am deutlichsten ist der Mangelzustand nach In-vitro-Stimulation mit FMLP oder Phorbolestern (PMA) nachweisbar (Abb. 17.8). Nach dem Ausmaß des Defektes und den klinischen Erscheinung können mäßiggradige und schwere Defekte mit unterschiedlicher Lebenserwartung (unter 2 bzw. bis über 30 Jahre) unterschieden werden (Übersicht bei [3]).

17.2.2 Chronisch granulomatöse Erkrankung im Kindesalter (septische Granulomatose, *chronic granulomatous disease*)

Die chronisch granulomatöse Erkrankung ist eine hereditär bedingte Störung (Inzidenz 1 : 1 Mio.); am häufigsten ist ein geschlechtsgebundener (x-chromosomal rezessiver) Erbgang (66%). Daneben sind noch autosomal rezessive (in 35%) und autosomal dominante Vererbungsmodi (<1%) bekannt. Dementsprechend überwiegen bei weitem männliche Patienten (Übersicht bei [8a, 12, 52, 53, 59, 98, 101a]).

Bei der chronisch granulomatösen Erkrankung im Kindesalter kommt es bereits im 1. Lebensjahr zu rezidivierenden Infektionen mit katalasepositiven Erregern (Staphylokokken, Klebsiellen, Aspergillus u. a. Abb. 17.9).

Meist bestehen zervikale, eitrig-abszedierende Lymphadenitiden, Pneumonien, Lungenabszesse, eine granulomatöse oder ekzematoide Dermatitis, Leberabszesse, Osteomyelitiden sowie Hepatosplenomegalie. Histologisch finden sich typische Granulome in Haut, Milz, Leber und Lymphknoten, die lipidbeladene Makrophagen enthalten.

Funktionsstörungen von Neutrophilen und Monozyten. Mikroorganismen werden zwar zunächst normal phagozytiert, es kommt jedoch nur zu einer verzögerten Degranulation und anschließend zu einer schweren Störung des intrazellulären Bakterienabbaus. Dies beruht auf einer Störung des oxidati-

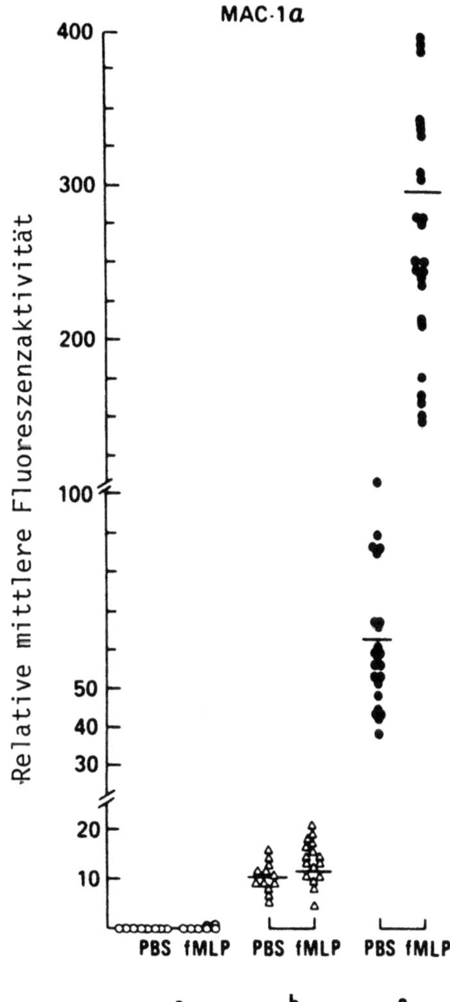

Abb. 17.8. Expression des CD11a-Antigens an unstimulierten (PBS-Puffer) und chemotaktisch stimulierten (fMLP) Granulozyten bei Patienten mit schwerem (a) und mäßiggradigem LAD (b) sowie gesunden Probanden (c) (nach [4])

ven Stoffwechsels (*oxidative burst;* s. Kap. 17.1.2 d)). Dieser Defekt ist bei der septischen Granulomatose nicht nur in Neutrophilen, sondern auch in Monozyten, Makrophagen und Eosinophilen faßbar.

Die bakterizid wirkenden Substanzen, wie *single oxygen* und Wasserstoffperoxid werden in nur ungenügendem Ausmaß gebildet. Es bleibt die normalerweise sehr ausgeprägte phagozytosebedingte Stoffwechselsteigerung (Aktivierung des Hexosemonophosphatshunts bzw. des oxidativen Stoffwechsels) aus. Als Ursache können verschiedene molekulare Defekte vorliegen [59, 80, 101a]. Der häufigste Defekt geht mit einem Mangel an Cytochrom b_{558} einher [98, 101a]. Dies gilt insbesondere für die X-chromosomale Form (X−) und einen Teil der autosomalen Formen (A−). Daneben gibt es noch autosomale Formen, bei denen das Cytochrom b_{558} nachweisbar ist (A+). Das Fehlen von im Zytosol lokalisierten Kofaktoren dürfte bei diesen Formen für die fehlende Aktivität der *oxidative-burst*-Oxidase verantwortlich sein [59]. Der Defekt von Cytochrom b_{558} (bei den Formen X− und A−) ist der Störung des *oxidativen burst* eng korreliert (Abb. 17.6).

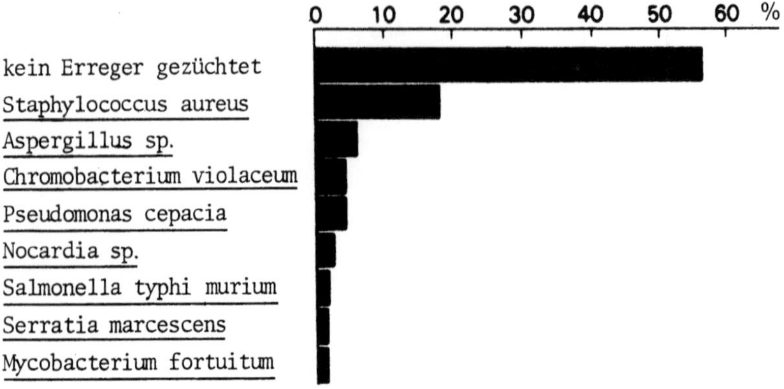

Abb. 17.9. Die häufigsten gezüchteten Keime als Erreger von Infektionen bei 14 Patienten mit septischer Granulomatose (nach [36])

Aufgrund von Zellfraktionierungsexperimenten, Genklonierungen und Verwendung monoklonaler Antikörper gegen wichtige Proteine der NADPH-Oxidase kann die CGD in Defekte der membranständigen Proteine oder der Zytosolkomponenten eingeteilt werden [8a, 101a]. Bei *Störungen der Membrankomponente* (in der Mehrzahl der Fälle durch ein Fehlen von gp91-phox, seltener p22-phox bedingt) liegen fast immer Defekte von Cytochrom b_{558} vor, bei der Mehrzahl handelt es sich dabei um die X-chromosomale Form. Selten sind Formen mit defektem Cytochrom b_{558}, bedingt durch ein Fehlen von p22-phox. *CGD-Defekte der Zytosolkomponente* entsprechen im wesentlichen Störungen von p47-phox oder weit seltener von p67-phox. Es handelt sich um autosomal rezessive Erkrankungen mit erhaltenem Cytochrom b_{558}. Zur Häufigkeitsverteilung der einzelnen Formen siehe Tabelle 17.5a.

Die erhöhte Infektanfälligkeit besteht vor allem gegenüber katalaseproduzierenden Bakterien. Durch diese wird das wenige H_2O_2, das gebildet werden kann, inaktiviert, so daß Mikroorganismen sich im Schutz der Zelle weiter vermehren können.

Oft findet sich eine ausgeprägte Leukozytose mit Werten über 40 G/l [78, 79]. Eine sekundäre Hypergammaglobulinämie sowie Infektanämie sind häufig.

Diagnose. Die wichtigste Laboratoriumsuntersuchung stellt der NBT-Test dar (Tabelle 17.6). Ein reproduzierbares pathologisches Testergebnis ist für die Erkrankung beweisend. Auch die Auswertung der Chemiluminiszenz in Gegenwart oxidierender Substanzen hat sich bewährt [27, 52]. Die Messung der Superoxidbildung nach Aktivierung des respiratory burst (induziert durch PMA oder Partikel wie Zymosan) stellt den wichtigsten Test zur

Tabelle 17.5a. Häufigkeit und Klassifikation der septischen Granulomatose [8a]

fehlende Komponente	Vererbungsmodus	Häufigkeit %	Cytochrom b_{558}
gp91 phox	x-chromosomal	56	fehlend
p22 phox	x-chromosomal	6	fehlend
p47 phox	autosomal rezessiv	33	vorhanden
p67 phox	autosomal rezessiv	5	vorhanden

quantitativen Erfassung des Defektes dar ([101a] mit Literatur). Zur Unterstützung der Diagnose können Tests zum Nachweis der eingeschränkten Bakterizidie durchgeführt werden (s. Tabelle 17.6).

Die weiblichen Überträger der Erkrankung können im NBT-Test bei zytochemischer Auswertung ebenfalls meist erfaßt werden. In typischen Fällen ist jedoch mit großen individuellen Unterschieden etwa die Hälfte der Granulozyten negativ [52, 91]. Zur pränatalen Diagnose s. [67].

Inzidenz. Nach großen Registern waren 3,6% (USA) bzw. 11,6% (Japan) der primären Abwehrdefekte durch diese Erkrankung bedingt [11].

Tabelle 17.6. Granulozytenfunktionstests

Getestete Funktion	Testanordnung	Prinzip
Chemotaxis in vitro	Boyden-Kammer	Quantitative Erfassung der gezielten Wanderung in Gegenwart chemotaktischer Faktoren
Chemotaxis in vivo	Rebuck-Hautfenster	Prüfung der Lokomotion in vivo
Opsonisierung	Bindung von Immunkomplexen. Komplexe an Granulozyten: a) Erythrozyten-IgG-Antikörper-Komplexe b) Erythrozyten-IgM-Antikörper-Komplement-Komplexe	Testung auf Fc- und C_3-Rezeptoren an Granulozyten und Monozyten
Phagozytose (Partikelaufnahme)	Intrazelluläre Aufnahme inerter Partikel oder Mikroorganismen	Quantitative Bestimmung der Aufnahme von Partikeln
Degranulation und ihre metabolischen Folgezustände	Nitroblau-Tetrazolium-Test (NBT-Test)	Der gesteigerte O_2-Verbrauch als Folge der Phagozytose kann durch Reduktion von NBT bestimmt werden
Bakterizidie	Intrazelluläre Abtötung definierter Mikroorganismen	Leukozyten werden mit den entsprechenden Mikroorganismen und Serum unter Standardbedingungen inkubiert und die intrazelluläre Zerstörung der Mikroorganismen ausgewertet (Kolonienzählung)
Chemilumineszenz (oxidative burst)	Messung der Lichtemission während der Phagozytose von opsonisierten Zymosanpartikeln	Die Lichtemission entsteht durch Reaktion der phagozytierten Partikel mit oxidierenden Substanzen (H_2O_2, O_2^-, $OH^·$, u. a.)

17.2.3 Chediak-Higashi-Syndrom

Das Chediak-Higashi-Syndrom ist eine autosomal rezessiv vererbte Erkrankung, die sich klinisch durch eine erhöhte Infektanfälligkeit, vor allem für grampositive Keime (*Staphylococcus aureus* u.a.) und Pilze auszeichnet (Übersicht bei [11, 48]). Neutrophile, Mastzellen und NK-Zellen enthalten Riesengranula mit konsekutiver Funktionsstörung dieser Zellen.

Die Krankheit geht mit Pigmentierungsstörungen an Haut, Haaren und Augenhintergrund (okulokutaner Albinismus), zentraler und peripherer Neuropathie, einer Anämie (in 80%) und Thrombopenie (50%) einher. Plättchenfunktionsstörungen (siehe unten) sind Ursache einer erhöhten Blutungsbereitschaft [16].

Im Blutausstrich sind in der Pappenheim-Färbung typische, große, unregelmäßig geformte Granula (2–4 μm) nachweisbar, die in fast 100% der Neutrophilen vorhanden sind. Diese Granula stellen sich in der Peroxidasefärbung dar. Auch in Monozyten, Eosinophilen und Basophilen sind vergrößerte Granula vorhanden. Am deutlichsten sind sie in Knochenmarkzellen sichtbar. Eine Lymphozytensubpopulation (NK-Zellen; s. Kap. 15) enthält ebenfalls deutliche Riesengranula, die peroxidasenegativ sind. Das Serumlysozym ist meistens erhöht. Heterozygote können ebenfalls Riesengranula zeigen [61].

Inzidenz. Im schwedischen Register über Abwehrdefekte waren 0,7%, im japanischen 1,5% der primären Abwehrdefekte durch dieses Syndrom bedingt (s. Kap. 15).

Pathologie. Die in ihrer Funktion eingeschränkten Riesengranula zeigen bei der Phagozytose, die ungestört ist, eine defekte Fusionsbereitschaft mit den Phagozytosevakuolen. Dadurch ist der intrazelluläre Abbau gestört und die bakterizide Wirkung vermindert. Außerdem sind die Motilität und Chemotaxis gestört. Die Leukozyten – in ihrer Gesamtzahl im Blut vermindert – zeigen nur eine geringe Auswanderungstendenz in entzündliche Gebiete, was wiederum eine verminderte Bekämpfung pathogener Keime zur Folge hat.

Neuere Untersuchungen sprechen dafür, daß eine Störung des Zytoskelett-Systems als Ursache für die funktionellen und morphologischen Anomalien (gesteigerte Fusionsbereitschaft zytoplasmatischer Granula) angesehen werden kann (Übersicht bei [48, 52, 79a]).

Im Verlauf der Erkrankung kann sich ein lymphomähnliches Krankheitsbild entwickeln (bei etwa 85% der Patienten; [48]). Diese akzelerierte Phase ist die Folge der ausgedehnten lymphatischen Infiltrationen, insbesondere in Leber und Milz. Sie weist meist schon im Kindesalter auf das Endstadium der Erkrankung hin.

In der *akzelerierten Krankheitsphase* bestehen oft Zeichen einer Panzytopenie, die häufig im Rahmen eines Hypersplenismus auftritt. Meist finden sich dann auch generalisierte Lymphknotenschwellungen. Eine Neutropenie wird in 90% der Fälle gefunden. In diesem Stadium sind die Lysozymwerte am höchsten.

Als Ursache wird der Defekt der NK-Zellen [1] angesehen (Übersicht bei [48]). Die „beige"-Ratte stellt ein wertvolles Modell zum Studium der Verknüpfung von Defekten der NK-Zellen mit einer erhöhten Neoplasierate dar [79a]. Da die Patienten für EBV-Infektionen besonders anfällig sind, wird eine Beteiligung des Virus am Lymphomwachstum diskutiert.

Die Diagnose eines Chediak-Higashi-Syndroms kann auch durch elektronenmikroskopische Untersuchungen gesichert werden [26, 52]. Die fusionierten Granula können durch Peroxidasefärbung deutlich gemacht werden. Die gestörte Chemotaxis ist in der Boyden-Kammer und im Rebuck-Hautfenster nachweisbar. Die abnorme Plättchenfunktion äußert sich u.a. in Defekten des Plättchenspeicherpools für ADP und Serotonin mit gestörter Plättchenaggregation [15, 79a]. Auch Mastzellen und andere Granula-enthaltende Zellen (z.B. Typ II Alveolarzellen [79a]) zeigen abnorme lysosomale Strukturen.

17.2.4 Myeloperoxidasedefekt

Beim autosomal rezessiv vererbten primären Myeloperoxidasemangel in Neutrophilen und Monozyten ist die bakterizide Leistung dieser Zellen in vitro vermindert. Die meisten betroffenen Personen zeigen allerdings keine erhöhte Infektanfälligkeit. Vereinzelt kommt es jedoch zu rezidivierender *Candidiasis* [71] und einer erhöhten Aknebereitschaft (Übersicht bei [8, 48, 52, 59]). Schwere Komplikationen wurden vor allem bei gleichzeitigem Bestehen eines Diabetes mellitus beobachtet [21]. Dieses selektive Fehlen von Myeloperoxidase in den azurophilen Granula von Neutrophilen und Monozyten (nicht jedoch Eosinophilen) ist zytochemisch in der POX-Färbung nachweisbar.

In vitro sind Chemotaxis, Phagozytose und Degranulation normal. Das bakterielle Killing ist verzögert, aber nicht schwerer gestört.

Es kommt zur Anhäufung von Peroxiden und dadurch zu einer Kompensation des Mikrobizidie-Defektes [73, 74].

Der *genetische Defekt* ist heterogen [105]. Bei einem Teil der Fälle wird das normale 89 kD-Vorläuferprotein, nicht jedoch das reife Molekül (ein Tetramer von 150 kD) gebildet.

Bei diesen Personen liegt somit ein Posttranslationsdefekt vor. In anderen Fällen und bei einer Zellinie mit einem POX-Defekt (HL-60-A7) fehlt jedoch auch das 89 kD-Protein [105].

Vermehrt werden solche Defektzustände durch den Einsatz automatisierter Differenzierungsgeräte erfaßt. Es findet sich ein hoher Prozentsatz von großen, nicht identifizierten weißen Zellen, da der Neutrophilennachweis durch die POX-Färbung erfolgt.

Inzidenz. Ein komplettes Fehlen wird bei etwa 1/4000 Personen gefunden [82]. Heterozygote sind somit nicht selten.

Bei der Auswertung einer großen Patientengruppe wurde in 0,5% ein partieller oder kompletter Mangel an Myeloperoxidase nachgewiesen [24, 82]. Nur bei 4 von 28 Defektträgern waren Infektionen (*Candidiasis,* Bakteriämie) nachweisbar. Der Peroxidasemangel kann spektrophotometrisch quantifiziert werden [29].

Häufiger als angeborene sind *erworbene Defekte* im Rahmen verschiedener hämatologischer Erkrankungen (MDS, unreifzellige Leukämien, myeloproliferative Erkrankungen; [17, 51 u. a.]).

17.2.5 Pelger-Huët-Anomalie

Es handelt sich um eine benigne Störung der terminalen Granulozytendifferenzierung, die sich in einer defekten Kernsegmentierung äußert. Die Resistenz gegenüber Infektionen ist uneingeschränkt, das Überleben der Zellen im Kreislauf normal, und biochemische Funktionsstörungen fehlen.

Die Diagnose wird morphologisch gestellt und beruht auf dem Nachweis der typischen bilobulären Kernform (meist in über 80% der Neutrophilen).

Der Zustand wird autosomal dominant vererbt. Die Inzidenz heterozygoter Merkmalsträger wird mit 1:6000 angegeben [49].

Homozygote sind extrem selten (zumindest 10 Fälle wurden in der Literatur dokumentiert (z. B. [7]). Der Zustand ist häufig mit anderen kongenitalen Anomalien kombiniert [106].

Bei Mangel an Vitamin B_{12} oder Folsäure zeigen diese Neutrophilen eine verbesserte Segmentierungstendenz.

17.2.6 Erworbene Defekte

Sie sind nicht selten und können in Defektzustände von a) Chemotaxis, b) Adhäsion, c) Opsonisierung und Phagozytose und d) der Mikrobizidie eingeteilt werden. Meist stehen Symptome der Grundkrankheit im Vordergrund, die auch in erster Linie das klinische Zustandsbild bestimmen.

Die wichtigsten Untersuchungen auf das Vorliegen eines Funktionsdefektes der Neutrophilen sind in Tabelle 17.6 zusammengefaßt. Zur Anwendung kommen sie meist nur dann, wenn Folgezustände des Funktionsdefektes im Vordergrund des klinischen Bildes stehen.

a) Chemotaxisdefekte

Sie können bei einer Reihe von Zuständen beobachtet werden (Tabelle 17.7). Chemotaxisdefekte tragen meist nur in geringem Maße zur erhöhten

Tabelle 17.7. Zustände mit erworbenen Chemotaxisdefekten [8]

Diabetes mellitus
Urämie
Leberzirrhose
ausgedehnte Verbrennungen
bakterielle Infekte
Anergie (z. B. bei Morbus Hodgkin, Lepra, Sarkoidose)
Hypophosphatämie
Neugeborene

Tabelle 17.8. Erworbene Veränderungen der Neutrophilenadhäsivität (nach [8])

1. Verminderte Adhäsivität (meist mit Demargination)
   Kortikosteroide
   Noradrenalin
2. Verstärkte Adhäsivität
   Bakteriämie
   Hämodialyse
   Hochdosierte Therapie mit GM-CSF

Infektanfälligkeit dieser Patientengruppe bei [8]. Entsprechend der Vielzahl chemotaktisch wirksamer Faktoren (s. Kap. 17.1.2), ist das Zustandekommen der Chemotaxisdefekte komplex und vielfach nur wenig geklärt.

Zu denken ist vor allem an Defekte der Neutrophilen selbst oder das Auftreten inhibitorisch wirksamer Substanzen im Serum [8].

b) Defekte der neutrophilen Adhäsivität

Adhäsionsrezeptoren bestimmen die Bindung von Leukozyten an Gefäßendothelien und ihre Migration ins Gewebe. Integrine und Selektine sind an dieser Interaktion beteiligt (Übersicht bei [102a, 102b]). Die *Integrin-Familie* der Adhäsionsrezeptoren besteht aus α- und β-Ketten (siehe Abb. 17.7). An Neutrophilen exprimierte Integrine sind vor allem LFA-1 (CD11a/CD18), CR3 (CD11b/CD18) und p150/95 (CD11c/CD18). Zu den Liganden siehe Tabelle 17.2. An Monozyten sind zusätzlich VLA-4 (CD49d/CD29), Vibronectin-Rezeptoren (VNR = CD51/CD61) und andere nachweisbar (Übersicht bei [102a]). Liganden für VLA-4 sind Fibronectin und VCAM-1. Für VNR sind Liganden Vibronectin, Fibrinogen und von Willebrand Faktor (weiterführende Literatur bei [53b, 102a]).

Selectine (oder LEC-CAM's) enthalten Lektin-ähnliche Strukturen [102a, 102b]. Das Glykoprotein ELAM-1 wird durch Endothelzellen in Antwort auf inflammatorische Stimuli exprimiert, es führt zur Adhäsion von Neutrophilen sowie von Monozyten (und bestimmten Lymphozyten). ELAM-1 bindet vor allem an Strukturen, die CD15 (Lewis X mit Neuraminsäure) einschließen (Literatur bei [102b]). Bei Defekten der Adhärenz von Leukozyten ist vor allem an Störungen auf der Ebene der Adhäsionsmoleküle und deren Expression zu denken.

Verminderungen der Adhäsivität können mit einer Leukozytose einhergehen (Tabelle 17.8). Sie kommt häufig durch den Einstrom von Leukozyten aus dem Marginalpool (s. 17.1) zustande (besonders ausgeprägte Leukozytosen finden sich beim kongenitalen LAD (s. Kap. 17.2.1)). *Steigerungen der Adhäsivität* führen dagegen häufig zu Leukopenien. Sie können durch Freisetzung von C5a (vor allem bei gramnegativer Bakteriämie) beobachtet werden. C5a ist einer der wirksamsten chemotaktischen Faktoren [53a]. Weiters führt es zur vermehrten Expression einer Reihe von Leukozytenantigenen [53b mit Literatur]. Unter diesen Bedingungen können Neutrophile in kleinen Gefäßen (vor allem in der Lunge) stagnieren. Funktionsaktivierungen von Neutrophilen nach Gabe hämatopoetischer Wachstumsfaktoren (z. B. von GM-CSF in hohen Dosen) kann ebenfalls zur vermehrten Leukozytenadhäsivität führen. Unter *Hämodialysetherapie* kommt es zunächst zum raschen Abfall der Neutrophilen und später zu ihrem Anstieg

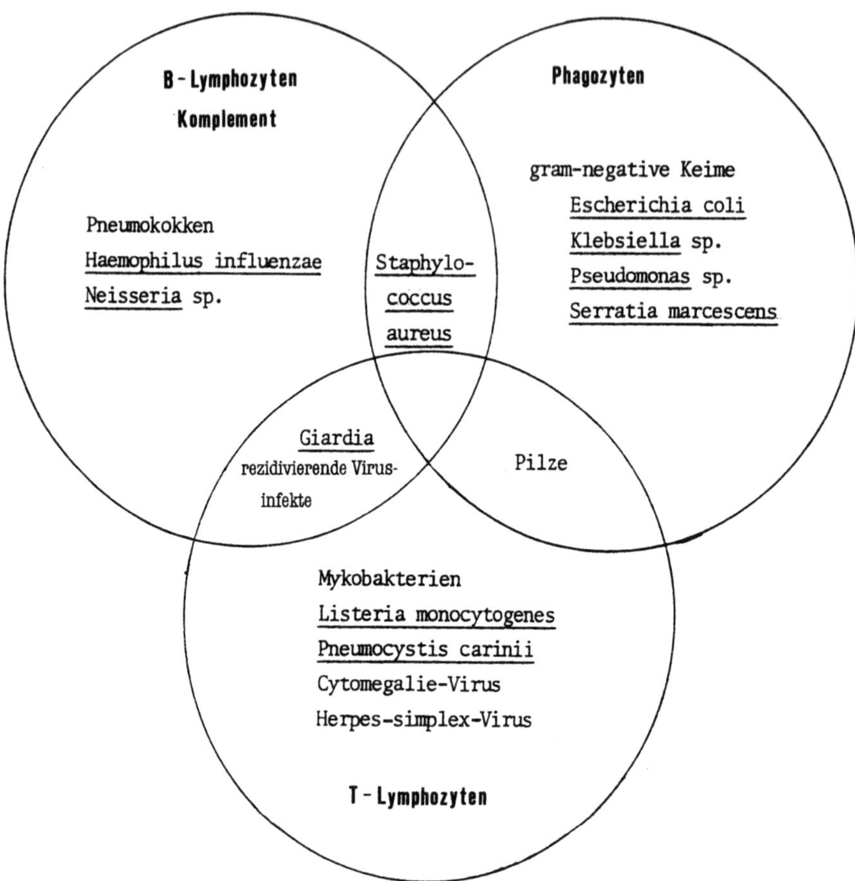

Abb. 17.10. Typische Infektionen bei verschiedenen Abwehrdefekten [59]

über Werte von vor der Dialyse. An diesen Veränderungen ist eine extrakorporale C-Aktivierung (mit C5a-Freisetzung) beteiligt [8].

c) Störungen von Opsonisierung und Phagozytose

Sie kommen vor allem durch ein vermindertes Angebot an Opsoninen zustande (s. Kap. 17.1). Dies gilt für Mangelzustände von Immunglobulin und von C-Komponenten (wichtigste Opsonine sind Antikörper der IgG-Klasse sowie aktiviertes C3; s. Kap. 17.1.2 c)).

Das häufigste Erregerspektrum bei IgG-Mangelzuständen im Vergleich zu T-Zellerkrankungen und Phagozytendefekten findet sich in Abbildung 17.10.

d) Defekte der Mikrobizidie

Erworbene Störungen finden sich vor allem bei unreifzelligen myeloischen Leukämien, Myelodysplasien und – durch die hohen Leukozytenzahlen zum Teil kompensiert – bei fortgeschrittener CML.

Neben Störungen des bakteriellen Killing sind auch Chemotaxisdefekte nicht ungewöhnlich (Übersicht bei [8]). Häufigkeit und Schwere der Infekte bei akuten Leukämien und beim MDS sind allerdings in erster Linie mit der Neutrophilenzahl (und weniger mit funktionellen Störungen) korreliert [8].

17.3 Neutropenien

Von einer Neutropenie wird gesprochen, wenn die Zahl der neutrophilen Granulozyten unter 1,5 G/l liegt. Gehäufte bakterielle Infekte finden sich meist erst bei Neutrophilenwerten unter 0,2–0,5 G/l, bei Werten über 1,0 G/l sind sie selten. Bei gleichzeitiger Monozytose ist die Gefährdung geringer. Sie ist dagegen erhöht, wenn gleichzeitig schwere Funktionsdefekte der Neutrophilen bestehen.

Vorkommen. Am häufigsten sind Neutropenien auf der Basis von Medikamentenschäden, gefolgt von Neutropenien, die symptomatisch im Rahmen eines Hypersplenismus, bei infektiösen Erkrankungen oder im Rahmen von Kollagenosen (insbesondere SLE) auftreten. Vor allem bei älteren Patienten sind Neutropenien i. R. von Myelodysplasien keineswegs selten. Die wichtigsten Ursachen von Neutropenien sind in Tabelle 17.1 zusammengefaßt.

Unterschieden werden Bildungsstörungen, gesteigerter Verbrauch und Verteilungsstörungen.

Bei der Beschreibung der Erkrankungen wird eine Reihenfolge gewählt, die etwa der Häufigkeit dieser Zustände in hämatologischen Abteilungen entspricht.

17.3.1 Erworbene Neutropenien

17.3.1.1 Neutropenien durch Medikamente und Chemikalien

Häufigkeit und Schwere sind von der Art der chemischen Substanz, vielfach der applizierten Dosis und von individuellen Faktoren abhängig („Idiosynkrasie“ bei meist noch wenig definierten genetischen Einflüssen). Die wichtigsten Medikamente, die Neutropenien verursachen können, finden sich in Tabelle 17.9. Es kann sich dabei um eine Schädigung des Knochenmarks (mit Bildungsstörungen meist mehrerer Zellstränge) oder/und um eine vermehrte periphere Destruktion (vor allem durch medikamentös induzierte Antikörper) handeln. Auch komplexe Störungen (z. B. medikamentös induzierte Antikörper mit Wirkung auf Vorläuferzellen im Knochenmark) kommen vor. Der *Pyramidon-Typ* ist die bestdokumentierte Form schwerer Neutropenien auf immunologischer Basis.

a) Schultz-Agranulozytose und Neutropenien vom Pyramidon-Typ

Sieben bis 10 Tage nach Erstexposition und sehr rasch nach erneuter Gabe kommt es zu akut sich verschlechternden Leukopenien, in schweren Fällen

Tabelle 17.9. Medikamente, die Neutropenien verursachen können [10]

Antiarrhythmika
Procainamid, Propranolol, Chinidin
Antibiotika
Chloramphenicol, Penicilline, Sulfonamide, Trimethoprim-Sulfametoxazol, PAS, Rifampicin, Vancomycin, Isoniazid, Nitrofurantoin
Antimalariamittel
Dapsone, Chinin, Pyrimethamin
Antikonvulsiva
Phenytoin, Mephenytoin, Trimethadion, Ethosuximid, Carbamazepin
Antidiabetika
Tolbutamid, Chlorpropamid
Antihistaminika
Cimetidin, Brompheniramin, Tripelennamin
Antihypertensiva
Methyldopa, Captopril
Analgetika u. antiinflammatorische Substanzen
Aminopyrin, Phenylbutazon, Goldsalze, Ibuprofen, Indomethazin
Thyreostatika
Propylthiouracil, Methimazol, Thiouracil
Diuretika
Acetazolamid, Hydrochlorothiazid, Chlorthalidon
Phenothiazine
Chlorpromazin, Promazin, Prochlorperazin
Immunosuppressiva
Antimetaboliten
Zytostatika
Alkylantien, Antimetaboliten, Anthrazykline, Vincaalkaloide, Cisplatin, Hydroxyurea, Actinomycin D
andere
Interferon-α, Allopurinol, Äthanol, Levamisol, Penicillamin

unter 0,5 G/l. Im Differentialblutbild fehlen reife Granulozyten weitgehend. Erst mit Besserung der Erkrankung kommt es meist zu einer Erhöhung der Monozyten und zum Auftreten weißer Vorstufen. In typischen Fällen von Agranulozytose fehlt eine Anämie oder Thrombopenie (diese können durch schwere Infekte jedoch sekundär auftreten). Im Knochenmark ist zunächst eine Verminderung und dann in schweren Fällen ein völliges Verschwinden der Myelopoese zu beobachten.

Das *Promyelozytenmark* ist auch hier meist Zeichen einer beginnenden Regeneration (Übersicht bei [40]). Bei rechtzeitigem Absetzen des Medikamentes erholt sich das Blutbild üblicherweise innerhalb von 7–10 Tagen.

Immunpathologisch führt das Medikament als Hapten erst nach Bindung an Zellen oder Plasmaproteine zur Antikörperbildung. Etwa 8 von 1000 Personen, die Aminopyrin einnehmen, entwickeln eine Agranulozytose [44].

b) Neutropenien nach Antiphlogistika

Nichtsteroidale Antiphlogistika (insbesondere Phenylbutazon, Oxyphenylbutazon, aber auch neuere Hemmsubstanzen der Prostaglandinsynthese)

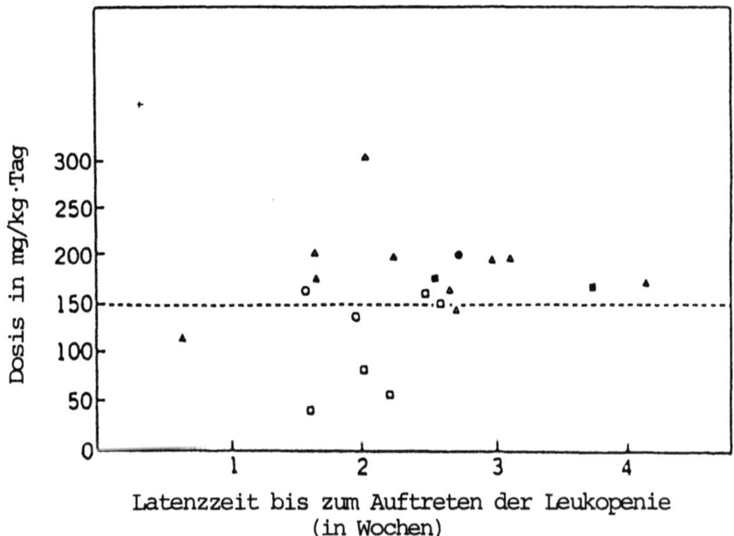

Abb. 17.11. Entwicklung von Neutropenien nach Gabe von Penicillin und Cephalosporin (nach [46])
△ Oxacillin ○ Penicillin G ■ Cefamandol
□ Cephalothin ● Ampicillin ▲ Methicillin

sind nicht selten Ursachen von Neutropenien. Diese Blutbildschäden nach nichtsteroidalen Antirheumatika sind in ihrem Pathomechanismus komplex. Für Phenylbutazon und Oxyphenylbutazon werden genetische Abweichungen verantwortlich gemacht, die den Medikamentenmetabolismus betreffen und eine direkte toxische Schädigung von myeloischen Vorläuferzellen im Knochenmark begünstigen [100]. Bei anderen Antirheumatika (z.B. Ibuprofen) werden in Einzelfällen zirkulierende Antikörper dokumentiert, die in vitro auto- und allogene myeloische Vorläuferzellen schädigen [65].

Die Schädigung entwickelt sich häufig erst innerhalb von Wochen und ist – im Unterschied zu klassischen Immunzytopenien – nicht selten dosisabhängig. Detaillierte epidemiologische Daten liegen vor allem für Metamizol vor (s. aplastische Anämie; s. Kap. 4.3), sind sonst jedoch spärlich (z.B. [48]).

c) Neutropenien nach Antibiotika und Sulfonamiden

Neutropenien sind nicht ungewöhnliche Komplikationen einer hochdosierten Therapie mit *Penicillin* und *anderen β-Laktamantibiotika* [46, 72, 75, 76]. Sie treten fast ausschließlich unter hochdosierter, fast immer parenteral verabreichter Behandlung über zumindest 10 Tage auf (Abb. 17.11). Immunmechanismen [72, 75] und direkt toxische Schädigungen [46, 76] werden diskutiert (Übersicht bei [48]).

Die Häufigkeit wird für verschiedene β-Laktamantibiotika mit 7–16% bei Gesamtdosen über 120 mg angegeben [76], 67% der Fälle entwickelten Neutropenien unter dieser hohen Dosis, wenn sie für mehr als 2 Wochen verabreicht wurde [46].

Bei 10% der Patienten handelte es sich um Penicillin G [48]. Häufig ist die Myelopoese des Knochenmarks reifungsgestört [46, 75, 76], z.T. findet sich eine Eosinophilie und/oder Lymphozytenvermehrung. Immunmechanismen begleiten häufig diese Reaktion (Penicillin-spezifische Antikörper der IgG-Klasse; [72, 75]). Sie finden sich allerdings in der Studie von Neftel et al. [75, 76] auch bei Personen, die unter hochdosierter Penicillintherapie keine Blutbildveränderungen entwickelten. Somit war ein Pathomechanismus wie bei immunhämolytischer Anämie unter intensiver Penicillintherapie [84, 85] nicht gesichert. Für einen direkt toxischen Effekt der β-Laktamantibiotika sprechen der langsame Beginn der Schädigung, die strenge Dosisabhängigkeit bei Erstmanifestation im evtl. Relaps und die – nach mehreren Studien – fehlende spezifische Antikörperbildung unter Mitberücksichtigung entsprechender Vergleichsgruppen [46, 75, 76]. Auch der Nachweis eines toxischen Effektes auf myeloische Vorläuferzellen [76] dürfte in diese Richtung sprechen.

Verschiedene *Sulfonamide* können ebenfalls eine Knochenmarksuppression hervorrufen [5, 6]. Derartige Nebenwirkungen unter Trimethoprim-Sulfamethoxazol sind ebenfalls selten (z.B. [16]). Sie finden sich bei prolongierter Anwendung in etwa 10% der Patienten [48]. Ein knochenmarktoxischer Effekt kann durch gleichzeitige Gabe von Azathioprin potenziert werden [16].

Abzugrenzen sind die bekannten megaloblastischen Reifungsstörungen durch Vitamin-B_{12}- oder Folsäuremangel, die durch Trimethoprim-Sulfamethoxal verstärkt werden können. Unter Chloramphenicol sind isolierte Neutropenien selten (bei etwa 10% der Patienten mit Blutbildveränderungen [88]).

d) Neutropenie nach Antidepressiva

Phenothiazinderivate sind eine der wichtigsten Ursachen medikamentös induzierter Neutropenien. Diese Substanzen hemmen die DNA-Synthese bei überempfindlichen Personen (etwa 1–7% der Gesamtbevölkerung; Übersicht bei [48]).

In 90% entwickelt sich die Neutropenie innerhalb der ersten 8 Wochen nach Beginn der Anwendung.

Nach Absetzen des Medikamentes bessern sich die hämatologischen Veränderungen meist innerhalb von wenigen Tagen. Ähnliche Mechanismen werden auch bei Gabe anderer Antidepressiva (z.B. Imipramin, Diazepam und Meprobamat) beobachtet.

17.3.1.2 Neutropenien bei Infektionen

Passagere Neutropenien kommen im Rahmen von Infektionskrankheiten vor. Die schwersten werden bei *Septikopyämien* gesehen.

Seltener sind protrahierte Blutbilddefekte nach *Viruserkrankungen* (insbesondere Parvoviren, Hepatitisviren, HIV-Infektionen, EB-Virus). Unter den bakteriellen Infekten kommen neben der Tuberkulose (insbesondere Miliartuberkulose) vor allem Brucellosen und Salmonellosen in Betracht.

Auf eventuell begleitende Hyperspleniesyndrome ist zu achten. Leukopenien finden sich bei 44%, dagegen eine Lymphopenie bei 87% der Patienten mit AIDS [102]. Zu den Effekten von Viruserkrankungen auf das Knochenmark s. [111].

Tabelle 17.10. Primäre Knochenmarkerkrankungen (außer MDS), die häufig mit schweren Neutropenien einhergehen (nach [45])

Oligoblastäre Leukämien	unreifzellige „nicht-lymphatische" Leukämien mit diskreter Blasteninfiltration des Knochenmarks
„smouldering leukemia"	myeloische/myelomonozytäre Leukämie ohne sichere Progredienz in 3 Monaten
„Low cell leukemia"[a]	histologisch aplastisch/hypoplastisches Knochenmark mit Blastenvermehrung

[a] <10% der AML, vor allem in fortgeschrittenem Lebensalter

17.3.1.3 Neutropenien bei Myelodysplasien und unreifzelligen Leukämien

Ein MDS kann sich zunächst als schwere Granulozytopenie manifestieren. Ähnliches gilt für seltene Fälle akuter Leukämien, insbesondere für die *low cell*-Leukämien sowie oligoblastäre Leukämien (Tabelle 17.10). Blastenausschwemmungen sind dabei häufig nur diskret; weitere Informationen in den entsprechenden Kapiteln.

17.3.1.4 Autoimmun- und Immunneutropenien

Idiopathische Autoimmunneutropenien (AIN) finden sich vor allem im frühkindlichen Alter [57, 70, 77, 113 u. a.], kommen jedoch – weit seltener – auch im späteren Lebensalter vor [63, 69, 107 u. a.]. Die Antikörper zeigen häufig Spezifität für definierte neutrophilenspezifische Antigene (vor allem NA 1 oder NA 2; z. B. in 10% der kindlichen AIN von Lalezari et al. [57]). Sie gehören in erster Linie der IgG-Klasse an [107] und sind zellgebunden, häufig aber auch im Serum nachweisbar.

Das Neutrophilenantigen NA entspricht der glykosylierten Isoform des Fcγ-R III (CD16) an Neutrophilen (Übersicht und Literatur bei [53b]). Das NA-System zeigt 2 Allele, nämlich NA1 und NA2 (Frequenz des Phänotyps in unseren Ländern 46 und 88%). Antikörper gegen das NA-System können sich bei AIN im Neugeborenenalter, bei Transfusionsreaktionen und nach Nierentransplantationen finden.

Zur Erfassung dieser zellgebundenen Antikörper werden vor allem die Immunfluoreszenz [107, 108] und die FACS-Analyse [57], zum Nachweis zirkulierender Antikörper Granulozyten-Agglutinations- und Zytotoxizitätstests angewandt [56, 77, 93 u. a.]. Zur Sicherung der Spezifität für Neutrophile, Ausschluß kreuzreagierender Antikörper und einer Alloimmunisierung werden entsprechende Kontrollen angewandt (z. B. Erfassung lymphotoxischer Antikörper usw.; s. [77]).

AIN sind wahrscheinlich die häufigste Ursache von *Neutropenien im frühen Kindesalter* [57]. Das mediane Lebensalter betrug nach dieser Studie 8 (3–30) Monate [57]. Meist findet sich eine isolierte Neutropenie, Monozytosen und Eosinophilien sind häufig. Das Knochenmark ist hyperzellulär. Die Erkrankung verläuft praktisch immer günstig mit spontaner Normalisierung des Blutbildes spätestens mit 5 Jahren (mediane Erholungsdauer 30 Monate; [57]).

Therapeutisch waren Anstiege der Neutrophilen durch Steroide [56] sowie häufig durch hochdosiertes IgG zu erreichen [57, 77]. In der Regel sind jedoch intermittierende Antibiotikagaben hinreichend. Differentialdiagnostisch sind *neonatale Immunneutropenien* abzugrenzen (durch mütterliche Alloantikörper, die auch mit Granulozyten des Vaters reagieren; [55]). Sehr selten kommen *transitorische neonatale Neutropenien* im Rahmen einer AIN der Mutter vor [57].

Die neonatale (Iso- oder Allo-)Immunneutropenie ist durch mütterliche Antikörper bedingt, die gegen Leukozytenantigene des Fetus (ererbt vom Vater) gerichtet sind und als IgG-Antikörper die Plazenta passieren. Die Sensibilisierung der Mutter erfolgt durch vorangegangene Schwangerschaften oder während des ersten Trimenons. Die Neutropenie kann verschiedene Schweregrade erreichen, ist jedoch klinisch meist gravierender als die AIN; die Befunde normalisieren sich gewöhnlich innerhalb von 3–4 Wochen [53, 77].

AIN im Erwachsenenalter. Ein Teil der idiopathischen Neutropenien (s. d.) gehen mit Autoantikörpern gegen Neutrophile einher (viel häufiger waren sie allerdings symptomatisch bei Erkrankungen mit Autoimmunphänomen nachweisbar; [70, 107]). In der Studie von van der Veen et al. [107] waren bei 47% der Patienten mit chronisch-idiopathischer Neutropenie eine Neutrophilensensibilisierung und in 15% auch Antikörper im Serum festzustellen. Möglicherweise sind sie vor allem dann von klinischer Bedeutung, wenn sie mit Vorläuferzellen reagieren.

Korrelationen mit klinischen und hämatologischen Parametern waren in dieser Studie nicht, in jener von Neppert et al. [77] – nach Ausschluß multipler Antikörper und jener im HLA-System – jedoch sehr deutlich gegeben. Manche dieser Antikörper reagieren auch mit myeloischen Vorläuferzellen (CFU-GM).

Nach den Studien von Harmon et al. [43] und von van der Veen et al. [107] waren eine Beziehung zu rezidivierenden Infekten und eine Hypoplasie der Granulopoese vor allem bei Vorhandensein von Antikörpern mit der letzteren Reaktionsweise gegeben. Schon in früheren Studien waren bei einer kleineren Zahl von Patienten mit chronischen Neutropenien Serumfaktoren mit einer Bindungsfähigkeit für CFU-GM gefunden worden (in 19 von 104 Patienten von Fitchen und Cline [33, 60]).

Symptomatische Immunneutropenien finden sich vor allem bei Zuständen mit Autoimmunphänomenen, wie rheumatoider Arthritis (insbesondere bei Felty-Syndrom), SLE, Sjögren-Syndrom, anderen Erkrankungen des rheumatischen Formenkreises, bei angioimmunoblastischer Lymphadenopathie und dem Evans-Syndrom [63, 70, 107]. Eine Neutrophilensensibilisierung war in einer großen Studie bei 53% derartiger symptomatischer Neutropenien nachweisbar [107, s. a. 44a]. Korrelationen zur klinischen Symptomatik waren nicht gegeben.

Bei Neutropenien im Rahmen der erwähnten Zustände können auch Antikörper mit Bindungseigenschaften gegen definierte leukozytäre Differenzierungsantigene gefunden werden. Am besten charakterisiert sind sie im NA-System (siehe oben und [53b]). Sie können auch gegen Adhäsionsmoleküle gerichtet sein, wie dies am besten allerdings für Immunthrombopenien (ITP und Alloantikörper gegen Thrombozyten) gesichert ist (zu CD41-Antikörpern siehe z.B. [12a, 53b]). Immunneutropenien mit Autoantikörpern gegen die Adhäsionsmoleküle CD11b/CD18 (CR3) sind bei Patienten des rheumatischen Formenkreises dokumentiert [44a].

Bei einem Teil der Patienten fanden sich zusätzlich zirkulierende Immunkomplexe der IgG-Klasse. Ihr Vorkommen war (wie bei AIN) mit dem Vorhandensein schwerer Neutropenien (unter 0,5 G/l), nicht jedoch mit Infektkomplikationen korreliert. Sie könnten zur vermehrten Margination, also einer „Pseudo-Neutropenie" [50], führen. Zur Wirksamkeit von Immunkomplexen im Hinblick auf eine Leukostase s. [20].

17.3.2 Angeborene Neutropenien

17.3.2.1 M. Kostmann und andere kongenitale Agranulozytosen

Die Erkrankung manifestiert sich als schwere Neutropenie mit rezidivierenden Infekten, die meist innerhalb des ersten Lebensjahres zum Tod des Patienten führen. Die Erkrankung wird autosomal rezessiv vererbt [23, 54, 81, 112].

Hämatologische Befunde. Charakteristisch ist eine ausgeprägte Verminderung der Neutrophilen, meist begleitet von einer Monozytose, auch Eosinophilien sind häufig. Die Gesamtleukozytenzahl liegt häufig im Normbereich. Gewöhnlich findet sich eine Hypergammaglobulinämie. Im *Knochenmark* ist am häufigsten eine gesteigerte Granulo- und Monopoese nachweisbar. Charakteristisch ist das Überwiegen von Promyelozyten, während reifere Zellen weitgehend fehlen.

Es kommt zur Bildung zugrundegehender dysplastischer Zellen, die eine Vakuolisation und atypische Kernformen zeigen. Die gestörte Reifung myeloischer Zellen kommt nicht durch Defekte in der Bildung von Wachstumsfaktoren oder durch Seruminhibitoren zustande [2]. Ein quantitativer Defekt myeloischer Vorläuferzellen läßt sich ebenfalls nicht erfassen.

Durch Antibiotikagabe kann die Lebenserwartung vielfach auf einige Jahre verlängert werden; Therapie der Wahl ist eine Knochenmarktransplantation oder die Gabe von G-CSF [70a, 109a].

Bei praktisch allen Patienten mit dieser Erkrankung kann durch pharmakologische Dosen von G-CSF (nicht jedoch durch GM-CSF) ein deutlicher Anstieg der Neutrophilen und eine klinische Besserung erreicht werden [70a, 109a]. Das Ansprechen kann in vitro in der Knochenmarkkultur vorausgesagt werden (der Gehalt an CFU-GM im Knochenmark ist normal bis erhöht). Es liegt kein Defekt in der Bildung von G-CSF bei den Patienten vor und G-CSF-Rezeptoren sind vorhanden. Postuliert wird eine Störung in der Signalübertragung nach G-CSF Bindung, der jedoch einer weiteren Charakterisierung bedarf (weitere Literatur bei [70a, 109a]).

Unter den kindlichen Erkrankungen mit chronischer Neutropenie und verschiedenen Mißbildungen ist das *Schwachman-Syndrom* gut dokumentiert [97, 109a]. Die autosomal rezessive Erkrankung manifestiert sich schon in früher Kindheit, wobei neben der Neutropenie eine Pankreasinsuffizienz besteht. In vitro fand sich eine normale Wirksamkeit von GM-CSF und G-CSF, nicht jedoch von IL-3 [109a]. Die Patienten sprechen in vivo auf G-CSF an [109a].

Neutropenien und Steatorrhoen sind mit verschiedenen anderen Entwicklungsstörungen kombiniert (z. B. Dysostosen, Kleinwuchs, inkonstante Galaktosurie und Dysgammaglobulinämie; [68]). Das Knochenmark zeigt eine granulopoetische Dysplasie ohne Hinweis auf Inhibitoren für Wachstumsfaktoren [95]. Die Erkrankung zeigt einen eher benignen Verlauf, Infektionen sind sporadisch und schwere Komplikationen selten. Die Langzeitprognose ist deutlich besser als die der zystischen Fibrose, der dieser Zustand ähnelt (Übersicht bei [48]).

17.3.2.2 Zyklische Neutropenie

Patienten mit dieser Erkrankung zeigen in Abständen von etwa 3 Wochen einen Abfall der neutrophilen Granulozyten im Blut, der häufig von Infektkomplikationen begleitet wird. Innerhalb von 4–10 Tagen steigen die Neutrophilen wieder an. Etwa gegenläufig ist das Verhalten der Monozyten, ihre Zahl verändert sich etwa reziprok zur Neutrophilenzahl [30, 41, 89, 109].

Die Erkrankung manifestiert sich meist im Kindesalter, kann aber in jedem Alter auftreten. Bei Beginn im späteren Lebensalter ist sie häufig von einer benignen Proliferation grobgranulierter Lymphozyten (LGL-large granular lymphocytes) begleitet [64].

Dem Zustand liegt wahrscheinlich eine mäßige Verminderung pluripotenter Vorläuferzellen zugrunde (s. auch [110]). Nach diesem Modell kommt der rhythmische Verlauf durch Störung der Feedback-Kontrolle zustande. Die zyklischen Schwankungen betreffen auch Eosinophile, Thrombozyten, Lymphozyten und Retikulozyten [41, 48]. Gewisse zyklische Schwankungen in der Neutrophilenzahl können sich auch bei normalen Personen sowie bei chronisch-myeloischer Leukämie finden.

Hämatologische Befunde. Die Dokumentation der zyklischen Veränderungen wird durch häufige Blutbildkontrollen ermöglicht. Neutropenien (in schweren Fällen mit Werten unter 0,2 G/l [32]) werden in der Mehrzahl der Fälle von einer Monozytose begleitet. Gelegentlich findet sich eine Eosinophilie, Lymphozytose [31] oder Thrombopenie.

Das Knochenmark zeigt bereits kurz vor sowie während der neutropenischen Schübe eine Verminderung der Myelopoese oder einen Reifungsstop auf der Stufe der Myelozyten. In einem Fall wurde der zyklische Anstieg von CD8+-Lymphozyten dokumentiert [101].

Mit zunehmender Dauer wird die Erkrankung in ihrem Verlauf nicht selten milder, und eine Besserung des Blutbildes – z. B. im Rahmen der Pubertät – ist nicht ungewöhnlich. Therapeutische Erfolge werden vor allem durch Gabe von hämatopoetischen Wachstumsfaktoren (G-CSF) erzielt [42].

G-CSF verkürzte die Neutropeniedauer, GM-CSF war in vivo unwirksam [42, 70a].

17.3.3 Chronisch-idiopathische Neutropenie

Es handelt sich um eine Gruppe seltener hämatologischer Erkrankungen, bei denen die Zahl der Neutrophilen im Blut über längere Zeiträume (Monate bis Jahre) unter den Normalbereich vermindert ist. Auslösende Ursachen für die Zytopenie sind nicht nachweisbar.

Symptomatische Neutropenien (z. B. im Rahmen eines Hypersplenismus, chronischer Infekte, entzündlicher oder maligner Erkrankungen) sind auszuschließen. Abgetrennt werden sollten auch Neutropenien, die durch Autoimmunmechanismen bedingt sind.

Die komplexe Nomenklatur „primärer" chronischer Neutropenien hat sich als klinisch oft wenig relevant erwiesen [25, 87].

Hämatologische Befunde. Im Blutbild findet sich eine deutliche Neutropenie, die bei Verlaufsbeobachtungen in ihrer Schwere variieren kann (s. auch „zyklische Neutropenien"). Weiße Vorstufen fehlen im Ausstrich weitgehend, und die übrigen Zellen der Hämatopoese sind unauffällig. Sehr häufig ist eine chronische oder intermittierende *Monozytose* nachweisbar. Bei manchen Patienten besteht eine mäßige *Eosinophilie*. Nicht selten ist – vor allem bei längerem Krankheitsverlauf – eine mäßige Anämie nachweisbar. Die Thrombozytenwerte liegen meist im Normbereich.

Im *Knochenmark* findet sich gewöhnlich eine relative Vermehrung der Myelopoese, der Zellgehalt ist normal bis gering gesteigert. Reife Neutrophile sind sehr spärlich, während die Vorstufen vermehrt sind (Reifungsstörungen).

Gelegentlich sind Plasmazellen und andere lymphatische Zellen etwas vermehrt. Dysplastische Veränderungen fehlen in allen Zellsträngen.

Die Immunglobuline im Serum sind bei sehr vielen dieser Patienten erhöht, wobei insbesondere das IgG vermehrt ist. Antinukleäre Antikörper fehlen meist. Serumlysozym liegt im Normbereich.

Krankheitsverlauf. Viele der Patienten mit dieser Neutropenieform zeigen keine oder nur sehr geringe Krankheitserscheinungen. Eine erhöhte Infektanfälligkeit ist meist erst bei einem Neutrophilenwert unter 0,4–0,5 G/l nachweisbar.

Am häufigsten handelt es sich dabei um Infektionen des oberen Respirationstraktes, Otitiden, Pneumonien, Infektionen der Haut oder des Urogenitaltraktes. Eine Entwicklung in Leukämien oder in andere myeloproliferative Erkrankungen ist äußerst ungewöhnlich. Ebensowenig kommt eine generalisierte Knochenmarkinsuffizienz bei diesen Patienten zur Beobachtung.

17.4 Zusammenfassung

Beim Vorliegen leukozytärer Anomalien differiert das diagnostische Vorgehen dahingehend, ob es sich um quantitative oder qualitative Defekte handelt. Bei *Neutropenien* stellen sich vor allem folgende Fragen:

a) Identifikation potentiell schädigender Medikamente, Chemikalien oder Toxine (s. Tabelle 17.9);
b) Unterscheidung, ob es sich um ein akutes oder chronisches Zustandsbild handelt,
c) Suche nach zugrunde liegenden systemischen Erkrankungen;
d) sorgfältige Auswertung von Blutzellwerten, Morphologie im Blutausstrich und Knochenmark (Zyto- und Histologie).

Bei der Verdachtsdiagnose eines *qualitativen Defektzustands* der Granulozyten ist das Vorgehen schwieriger (Übersicht bei [59]). Auch hier handelt es sich meist um *symptomatische Anomalien* (Tabelle 17.7 und 17.8). Bei diesen Neutrophilenfunktionsdefekten wird meist auf detaillierte Funktionsuntersuchungen verzichtet. Wird die Frage einer *primären Granulozytendysfunktion* (meist kongenitale Defekte) gestellt, so handelt es sich um eine kleine Gruppe definierter Zustände (Tabelle 17.5). Bei Kenntnis der Klinik und mit Hilfe der erwähnten Suchtests kann dann die Diagnose dieser seltenen Erkrankungen gezielt gestellt werden.

Das klinische Bild ist meist von charakteristischem Verlauf und geht gewöhnlich mit schweren Störungen der Abwehr einher; Ausnahme ist lediglich der kongenitale Peroxidasedefekt.

Die Differentialdiagnose von Abwehrdefekten ist allerdings komplex (s. Kap. 15). Das Spektrum der Infektkomplikationen bei schweren Neutrophilenfunktionsstörungen und von Mangelzuständen der humoralen oder zellulären Immunität ist ähnlich, die hauptsächlich beteiligten Mikroorganismen differieren allerdings (Abb. 17.10).

Die *Suchtests* bei vermuteten Neutrophilenanomalien umfassen eine zunächst kleine Zahl von Untersuchungen (Tabelle 17.6). Es handelt sich um sorgfältige morphologische und zytochemische Auswertungen des Blutbildes (einschließlich Myeloperoxidase-Färbung), den NBT-Test, quantitative Bestimmung der Immunglobuline (einschließlich IgE) und von Komplement (gesamthämolytische Aktivität, C3, C4 und wenn möglich C5). Chemotaktische Untersuchungen (insbesondere in Form der Hautfensteruntersuchungen) und die Durchflußzytometrie (Auswertung von CD11a/CD18 und CD11b/CD18 an Neutrophilen) werden in ausgewählten Fällen zusätzlich eingesetzt.

Eine Auswertung der Opsonisierung (Phagozytose von Partikeln, die mit IgG bzw. aktiviertem C3 beladen sind) wird ebenso wie eine Bestimmung der Bakterizidie (Tabelle 17.6) vor allem in Referenzlaboratorien durchgeführt.

Die respiratorische Aktivierung der Neutrophilen führt zur Emission einer energiearmen Strahlung (Chemilumineszenz; [22, 52]).

Literatur

1. Abo T et al (1982) Natural killer (HNK-1+) cells in Chediak-Higashi patients are present in normal numbers but are abnormal in function and morphology. J Clin Invest 70:193
2. Amato D, Freedman MH, Saunders EF (1976) Granulopoiesis in severe congenital neutropenia. Blood 47:531–538
3. Anderson DC, Springer TA (1987) Leukocyte adhesion deficiency: An inherited defect in the Mac-1, LFA-1, and p150,95 glycoproteins. Ann Rev Med 38:175–194
4. Anderson DC, Schmalsteig C, Finegold MJ, Hughes BJ, Rothlein R, Miller LJ, Kohl S, Tosi MF, Jacos RL, Waldrop TC, Goldman AS, Shearer WT, Springer TA (1985) The severe and moderate phenotypes of heritable Mac-1, LFA-1 deficiency: Their quantitative definition and relation to leukocyte dysfunction and clinical features. J Infect Dis 152:668–689

5. Arneborn P, Palmblad J (1978) Drug-induced neutropenia in the Stockholm region 1973–75: Frequency and causes. Acta Med Scand 204:283–286
6. Arneborn P, Palmblad J (1979) Drug-induced neutropenias in the Stockholm region 1976–1977. Acta Med Scand 206:241–243
7. Aznar J, Vaya A (1981) Homozygous form of the Pelger-Huet leukocyte anomaly in man. Acta Haematol 66:59
8. Babior BM (1988) Function of Neutrophils and Mononuclear Phagocytes; Disorders of Neutrophil Function. In: Cecil Textbook of Medicine, Wyngaarden JB, Smith LH (eds) Saunders
8a. Babior BM (1991) The respiratory burst oxidase and the molecular basis of chronic granulomatous disease. Am J Hematol 37:263–266
9. Babior GL et al (1981) Arrangement of the respiratory burst oxidase in the plasma membrane of the neutrophil. J Clin Invest 67:1724
10. Bagby GC (1988) Leukopenia, Leukocytosis and Leukemoid Reactions. In: Cecil Textbook of Medicine, Wyngaarden JB, Smith LH (eds) Saunders
11. Belohradsky BH (1986) Primäre Immundefekte. Kohlhammer
12. Belohradsky BH, Griscelli C, Fudenberg HH, Marget W (1978) Das Wiskott-Aldrich Syndrom. In: Ergebnisse der Inneren Medizin und Kinderheilkunde, 41:85–184
12a. Berchtold P, Harris JP, Tani P et al (1989) Autoantibodies to platelet glycoproteins in patients with disease-related immune thrombocytopenia. Br J Haematol 73:365
13. Bevilacqua MP, Pober JS, Wheeler ME, Cotran RS, Gimbrone MA Jr (1985) Interleukin-1 acts on cultured vascular endothelium to increase the adhesion of polymorphonuclear leukocytes, monocytes, and related leukocyte cell lines. J Clin Invest 76:2003–2011
14. Boxer LA, Hedley-Whyte ET, Stossel TP (1974) Neutrophil actin dysfunction and abnormal neutrophil behavior. N Engl J Med 291:1093–1099
15. Boxer GJ, Holmsen H, Robin L, Bang NU, Boxer LA, Baehner RL (1977) Abnormal platelet function in Chediak-Higashi syndrome. Brit J Haematol 35:521–533
16. Bradley PP, Warden GD, Maxwell JG, Rothstein G (1980) Neutropenia and thrombocytopenia in renal allograft recipients treated with Trimethoprim-Sulfomethoxazole. Ann Int Med 93:560–562
17. Breton-Gorius J, Houssay D, Vilde JL, Dreyfus B (1975) Partial myeloperoxidase deficiency in a case of preleukaemia. II. Defects of degranulation and abnormal bactericidal activity of blood neutrophils. Brit J Haematol 30:279
18. Breton-Gorius J, Mason DY, Buriot D, Vilde JL, Griscelli C (1980) Lactoferrin deficiency as a consequence of a lack of specific granules in neutrophils from a patient with recurrent infections. Am J Pathol 99:413–428
19. Buckley RH (1988) Primary Immunodeficiency Disease. In: Cecil Textbook of Medicine, Wyngaarden JB, Smith LH (eds) Saunders
20. Caligaris-Cappio F, Camussi G, Gavosto F (1979) Idiopathic neutropenia with normocellular bone marrow: an immune-complex disease. Brit J Haematol 43:595–605
21. Cech P, Staler HS, Widmann JJ, Rohner A, Miescher PA (1979) Leukocyte myeloperoxidase deficiency and diabetes mellitus associated with Candida albicans liver abscess. Am J Med 66:149–153
22. Cheson BD, Christensen RL, Sperling R, Kohler BE, Babior BM (1976) The origin of the chemiluminescence of phagocytosing granulocytes. J Clin Invest 58:789–796
23. Chusid MJ, Pisciotta AV, Duquesnoy RJ, Camitta BM, Tomasulo PA (1980) Congenital neutropenia: Studies of pathogenesis. Am J Haematol 8:315–324
24. Cramer R, Soranzo MR, Dri P, Rottini GD, Bramezza M, Cirielli S, Patriara P (1982) Incidence of myeloperoxidase deficiency in an area of northern Italy: histochemical, biochemical and functional studies. Brit J Haematol 51:81
25. Dale DC, Guerry D IV, Wewerka JR, Bull JM, Chusid MJ (1979) Chronic neutropenia. Medicine (Baltimore) 58:128–144
26. Davis WC, Douglas SD (1972) Defective granule formation and function in the Chediak-Higashi syndrome in man and animals. Semin Haematol 9:431

27. De Chatelet LR, Shirley PS (1981) Evaluation of chronic granulomatous disease by a chemiluminescence assay of microliter quantites of whole blood. Clin Chem 27:1739–1741
28. Dinauer MC, Orkin SH, Brown R, Jesaitis AJ, Parkos CA (1987) The glycoprotein encoded by the X-linked chronic granulomatous disease locus is a component of the neutrophil cytochrome b complex. Nature 327:717–720
29. Dri P et al (1982) New approaches to the detection of myeloperoxidase deficiency. Blood 60:323
30. Dunn CDR (1983) Cyclic hematopoiesis: the biomathematics. Exp Haematol 11:779
31. Engelhard D et al (1983) Cycling of peripheral blood and marrow lymphocytes in cyclic neutropenia. Proc Natl Acad Sci USA 80:5734
32. Finch SC (1977) Granulocyte disorders – benign, quantitative abnormalities of granulocytes. In: Williams WJ, Beutler E, Erslev J, Rundles RW (eds) Hematology. McGraw-Hill, New York, p 717
33. Fitchen JH, Cline MJ (1980) Serum inhibitors of myelopoiesis. Brit J Haematol 44:7–16
33a. Frank MM, Frios LF (1991) The role of complement in inflammation and phagocytosis. Immunol Today 12:322
34. Gabig TG, Lefker BA (1984) Deficient flavoprotein component of the NADPH-dependent O_2-generating oxidase in the neutrophils from three male patients with chronic granulomatous disease. J Clin Invest 73:701
35. Gallin JI (1985) Leukocyte adherence-related glycoproteins LFA-1, Mo1, and p150,95: A new group of monoclonal antibodies, a new disease, and a possible opportunity to understand the molecular basis of leukocyte adherence. J Infect Dis 152:661–664
36. Gallin JI, Buescher ES, Seligmann BE, Nath J, Gaither T, Katz P (1983) Recent Advances in Chronic Granulomatous Disease. Ann Int Med 99:657–674
37. Gamble JR, Harlan JM, Klebanoff SJ, Vadas MA (1985) Stimulation of the adherence of neutrophils to umbilical vein endothelium by human recombinant tumor necrosis factor. Proc Natl Acad Sci 82:8667
38. Ganz T, Selsted ME, Szklarek D, Harwig SSL, Kaher K, Bainton DF, Lehrer RI (1985) Defensins: Natural peptide antibiotics of human neutrophils. J Clin Invest 76:1427–1435
39. Gattringer C, Huber H (1989) Granulozyten und Makrophagen. In: Wick G, Schwarz S, Förster O, Peterlik M (eds) Funktionelle Pathologie. Gustav Fischer Verlag, p 478–490
40. Gross R, Hellriegel KP (1976) Arzneimittelbedingte Agranulozytosen. Blut 32:409–414
41. Guerry D et al (1973) Periodic hematopoiesis in human cyclic neutropenia. J Clin Invest 52:3220
42. Hammond WP, Price TH, Souza LM, Dale DC (1989) Treatment of Cyclic Neutropenia with Granulocyte Colony-Stimulating Factor. N Engl Med 320:1306
43. Harmon DC, Weitzman SA, Stossel TP (1984) The severity of immune neutropenia correlates with the maturational specificity of antineutrophil antibodies. Brit J Haematol 58:209–215
44. Hartl W (1965) Drug allergic agranulocytosis (Schultz's disease). Semin Hematol 2:313
44a. Hartman KR, Wright DG (1991) Identification of autoantibodies specific for the neutrophil adhesion glycoprotein CD11b/CD18 in patients with autoimmune neutropenia. Blood 78:1096–1041
45. Heimpel H, Hoelzer D (1982) Präleukämie und atypische Leukämieformen im Alter. In: Böhnel H, Heinz R, Stacher A (Hrsg) Hämatologie im Alter. Urban & Schwarzenberg, Wien München Baltimore, p 95
46. Homayouni H, Cross PA, Setia U, Lynch TJ (1979) Leukopenia due to penicillin and cephalosporin homologues. Arch Intern Med 139:827–828

47. Huber H, Fudenberg HH (1968) Receptor sites of human monocytes for IgG. Int Arch Allergy 34:18
47a. Huber H, Polley MJ, Linscott WD, Fudenberg HH, Müller-Eberhard HJ (1968) Human monocytes: distinct receptor sites for the third component of complement and for immunoglobulin G. Science 162:1281
47b. Huizinga TW, Ross D, van den Borne AE (1990) Neutrophil Fc-gamma receptors: a two-way bridge in the immune system. Blood 75:1211
48. Jandl JH (1987) Blood Textbook of Hematology. Little, Brown and Company, Boston Toronto
49. Johnson CA et al (1980) Functional and metabolic studies of polymorphonuclear leukocytes in the congenital Pelger-Huet anomaly. Blood 55:466
50. Joyce RA, Boggs DR, Hasiba U, Srodes CH (1976) Marginal neutrophil pool size in normal subjects and neutropenia patients as measured by epinephrine infusion. J Lab Clin Med 88:614
51. Kitahara M, Kushner JP (1979) Acquired myeloperoxidase deficiency and recurrent infections in a patient with acute myelomonocytic leukemia. Cancer 44:2244
52. Klebanoff SJ, Clark RA (1978) The neutrophil: Function and clinical disorders. Elsevier-North Holland, Amsterdam, 641–696
53. Kleihauer E (1978) Hämatologie. Springer, Berlin Heidelberg New York
53a. Klein J (1991) Immunologie. In: Schmidt RE (Hrsg). VCH Verlagsgesellschaft, Weinheim
53b. Knapp W et al (eds) (1989) Leucocyte Typing IV. Oxford Univ Press, Oxford
54. Kostmann R (1975) Infantile genetic agranulocytosis. Acta Pediatr Scand 64:362
55. Lalezari P (1984) Alloimmune neonatal neutropenia. In: Engelfriet CP, van Loghem JJ, von dem Borne AEGK (eds) Immunohaematology. Elsevier, Amsterdam New York Oxford, p 178–186
56. Lalezari P, Jiang AF, Yegen L, Santorineou M (1975) Chronic autoimmune neutropenia due to anti-NA2 antibody. N Engl J Med 293:744–747
57. Lalezari P, Khorshidi M, Petrosova M (1986) Autoimmune neutropenia of infancy. J Pediatr 109:764–769
58. Lehrer RI, Cline MJ (1969) Leukocyte myeloperoxidase deficiency and disseminated candidiasis: the role of myeloperoxidase in resistance to Candida infection. J Clin Invest 48:1478
59. Lehrer RI, Ganz T, Selsted ME, Babior BM, Curnutte JT (1988) Neutrophils and host defense. Ann Intern Med 109:127–142
60. Levitt LJ, Ries CA, Greenberg PL (1983) Pure white-cell aplasia: Antibody mediated autoimmune inhibition of granulopoiesis. N Engl J Med 308:1141–1146
61. Linch DC, Levinsky RJ (1983) Prenatal diagnosis of immunodeficiency disorders. Br Med Bull 39:399–404
62. Lindley I, Aschauer H, Seifert JM, Lam C, Brunowsky W, Kownatzki E, Thelen M, Peveri P, Dewald B, von Tscharner V, Walz A, Baggiolini M (1988) Synthesis and expression in Escherichia coli of the gene encoding monocyte-derived neutrophil-activating factor: Biological equivalence between natural and recombinant neutrophil-activating factor. Proc Natl Acad Sci USA 85:9199–9203
63. Logue GL, Schimm DS (1980) Autoimmune granulocytopenia. Ann Rev Med 31:191
64. Loughran TP, Clark EA, Price TH, Hammond WP (1986) Adult onset cyclic neutropenia is associated with increased large granular lymphocytes. Blood 68:1082–1087
65. Mamus SW, Burton JD, Groat JD, Schulte DA, Lobell M, Zanjani ED (1986) Ibuprofen-associated pure white-cell aplasia. N Engl J Med 314:624–625
66. Marasco WA, Phan SH, Krutzsch H, Showell HJ, Feltner DE, Nairn R, Becker EL, Ward PA (1984) Purification and identification of formyl-methionyl-leucyl-phenylalanine as the major peptide neutrophil chemotactic factor produced by Escherichia coli. J Biol Chem 259:5430–5439
67. Matthay KK, Golbus MS, Wara DW, Mentzer WC (1984) Prenatal diagnosis of chronic granulomatous disease. Am J Med Genet 17:731–739

68. McCollum JPK et al (1975) Congenital pancreatic hypoplasia with neutropenia and skeletal abnormalities. Proc R Soc Med 68:304
69. McCullough G (1984) Autoimmune granulocytopenia. In: Engelfriet CP, van Loghem JJ, von dem Borne AEGK (eds) Immunohaematology. Elsevier, Amsterdam New York Oxford, p 257–274
70. Michinton RM, Waters AH (1984) The occurrence and significance of neutrophil antibodies. Brit J Haematol 56:521–528
70a. Moore MAS (1991) Clinical implications of positive and negative hematopoietic stem cell regulators. Blood 78:1–19
71. Moosmann K, Bojanowsky A (1975) Rezidivierende Candidiasis bei Myeloperoxydasemangel. Monatsschr Kinderheilkd 123:408–409
72. Murphy MF, Riordan T, Minchinton RM, Chapman JF, Amess JAL, Shaw EJ, Waters AH (1983) Demonstration of an immune-mediated mechanism of penicillin-induced neutropenia and thrombocytopenia. Brit J Haematol 55:155–160
73. Nauseef WM (1986) Myeloperoxidase biosynthesis by a human promyelocytic leucemia cell line: insight into myeloperoxidase deficiency. Blood 67:865
74. Nauseef WM (1989) Aberrant restriction endonuclease digests of DNA from subjects with hereditary myeloperoxidase deficiency. Blood 73:290
75. Neftel KA, Wälti M, Spengler H, von Felten A, Weitzman SA, Bürgi H, de Weck AL (1981) Neutropenia after penicillins: Toxic or immune-mediated? Klin Wochenschr 59:887–888
76. Neftel KA, Müller MR, Hauser SP, Wältli M, de Weck AL (1983) More on penicillin-induced leukopenia. N Engl J Med 308:901–902
77. Neppert J, Müller-Eckhardt C (1989) Antikörper, klinische und hämatologische Befunde bei Immunneutropenien. Med Klin 84:9–14
78. Niethammer D, Wildfeuer A, Kleihauer E, Haferkamp O (1975a) Granulocytendysfunktion. I. Angeborene Störungen. Klin Wochenschr 53:643–652
79. Niethammer D, Wildfeuer A, Kleihauer E, Haferkamp O (1975b) Granulocytendysfunktion. II. Erworbene Störungen. Klin Wochenschr 53:739–746
79a. Nishimura M, Inoue M, Nakkano T et al (1989) Beige Rat: a new animal model of the Chediak-Higashi-syndrome. Blood 74:270–273
80. Parkos CA, Dinauer MC, Jesaitis AJ, Orkin SH, Curnutte JT (1989) Absence of both the 91 kD subunits of human neutrophil cytochrome b in two genetic forms of chronic granulomatous disease. Blood 73:1416–1420
81. Parmley RT et al (1980) Congenital dysgranulopoietic neutropenia: clinical, serologic, ultrastructural, and in vitro proliferative characteristics. Blood 56:465
82. Parry MF, Root RK, Metcalf JA, Delaney KK, Kaplow LS, Richar WJ (1981) Myeloperoxidase deficiency. Ann Intern Med 95:293–301
83. Pereira HA, Hosking CS (1987) The role of complement and antibody in opsonization and intracellular killing of Candida albicans. Clin Exp Immunol 57:307–314
84. Petz LD, Fudenberg HH (1966) Coombs positive hemolytic anemia caused by penicillin administration. N Engl J Med 274:171–178
85. Petz LD, Garratty G (1980) Acquired immune haemolytic anaemias. Churchill, Livingstone Edinburgh, pp 280–282
86. Peveri P, Walz A, Dewald B, Baggiolini M (1988) A novel neutrophil-activating factor produced by human mononuclear phagocytes. J Exp Med 167:1547–1559
87. Pincus SH, Boxer LA, Stossel TP (1976) Chronic neutropenia in childhood. Am J Med 61:849–861
88. Polak BCP, Wesseling H, Schut D, Herxheimer A, Meyler L (1972) Blood dyscrasias attributed to chloramphenicol. Acad Med Scand 192:409–414
89. Quesenberry PJ (1983) Cyclic hematopoiesis: disorders of primitive hematopoietic stem cells. Exp Hematol 11:687
89a. Ravetch JV, Kinet JP (1991) Fc-receptors. Ann Rev Immunol 9:457–492
90. Rebuck JW, Crowley JH (1955) A method of studying leukocytic functions in vivo. Ann NY Acad Sci 59:757–805

91. Repine JE et al (1975) Spectrum of function of neutrophils from carriers of sex-linked chronic granulomatous disease. J Pediatr 87:901

91a. Repp R, Valerius T, Sendler A et al (1991) Neutrophils express the high affinity receptor for IgG (Fc-gamma-RI, CD64) after in vivo application of recombinant human granulocyte colony-stimulating factor. Blood 78:885–889

92. Ricevuti G, Mazzone A, Harlan JM (1988) Membrane glycoproteins of neutrophils and related diseases. Haematologica 73:415–422

93. Sabbe LJM, Claas FHJ, Langerak J, Claus G, Smit LWA, de Koning JH, Schreuder CH, van Rood JJ (1982) Group-specific auto-immune antibodies directed to granulocytes as a cause of chronic benign neutropenia in infants. Acta haemat 68:20–27

94. Sanchez-Madrid F, Nagy JA, Robbins E, Simon P, Springer TA (1983) A human leukocyte differentiation antigen family with distinct alpha subunits and a common beta subunit: the lymphocyte-function associated antigen (LFA-1), the C3bi complement receptor (OKM1/Mac-1), and the p150, 95 molecule. J Exp Med 158:1785–1798

95. Saunders EF et al (1979) Granulopoiesis in Shwachman's syndrome (pancreatic insufficiency and bone marrow dysfunction). Pediatrics 64:515

96. Schmalzl F, Rindler-Ludwig R, Braunsteiner H (1973) Die Funktion der neutrophilen Granulozyten und der Monozyten im Rahmen der zellulären Abwehr. Tagungsberichte Van-Swieten-Tagung, S 127–132

97. Schwachman H et al (1964) The sydnrome of pancreatic insufficiency and bone marrow dysfunction. J Pediatr 65:645

98. Segal AW, Cropss AR, Garcia RC, Borregaard N, Valerius NH, Soothill JF, Jones OTG (1983) Absence of cytochrome b-245 in chronic granulomatous disease. N Engl J Med 308:245–251

99. Shurin BB, Socransky SS, Sweeney E, Stossel TP (1979) A neutrophil disorder induced by capnocytophaga, a dental micro-organism. N Engl J Med 301:849–854

100. Smith CS, Chinn S, Watts RWE (1977) The sensitivity of human bone marrow granulocyte/monocyte precursor cells to phenylbutazone, oxyphenbutazone and gamma-hydroxyphenylbutazone in vitro, with observations on the bone marrow colony formation in phenylbutazone-induced granulocytopenia. Biochem Pharmacol 26:847–852

101. Smith JG, Seenan AK, Smith MA, Galloway E, Lesko MJ, Lucie NP, Rolbertson MRI, Rowan RM (1985) Cyclical neutropenia and T8 lymphocyte mediated stimulation of granulopoiesis. Brit J Haematol 60:481–489

101a. Smith RM, Curnutte JT (1991) Molecular basis of chronic granulomatous disease. Blood 77:673–686

102. Spivak JL, Bender BS, Quinn TC (1984) Hematologic abnormalities in the acquired immune deficiency syndrome. Am J Med 77:224–228

102a. Springer TA (1990) Adhesion receptors of the immune system. Nature 346:425–434

102b. Springer TA, Lasky LA (1991) Sticky sugars for selectins. Nature 349:196–197

103. Stossel TP (1987) The phagocyte system: structure and function. In: Nathan DG, Osky FA (eds) Hematology of infancy and childhood. Saunders Company

104. Thelen M, Peveri P, Kernen P, von Tscharner V, Walz A, Baggiolini M (1988) Mechanism of neutrophil activation by NAF, a novel monocyte-derived peptide agonist. FJ Res Communications 2:2702–2706

105. Tobler A, Selsted ME, Miller CW, Johnson KR, Novotny MJ, Rovera G, Koeffler HP (1989) Evidence for a pretranslational defect in hereditary and acquired myeloperoxidase deficiency. Blood 73:1980–1986

106. Undritz E, de Sepibus C (1957) Das Resultat der Nachuntersuchung der vor 25 Jahren im Wallis gefundenen ersten Schweizer Sippe mit Pelger-Huetscher Kernanomalie der Blutkörperchen und derzeitiger Stand der Erforschung der Anomalie. Schweiz Med Wochenschr 87:1258

107. Van der Veen JPW, Hack CE, Engelfriet CP, Pegels JG, von dem Borne AE (1986) Chronic idiopathic and secondary neutropenia: clinical and serological investigations. Brit J Haematol 63:161–171

108. Verheugt FWA, von dem Borne AE, van Noord-Bokhorst JC, Engelfriet CP (1978) Autoimmune granulocytopenia: the detection of granulocyte autoantibodies with the immunofluorescence test. Brit J Haematol 39:339–350
109. Von Sculthess GK, Mazer NA (1982) Cyclic neutropenia: a clue to the control of granulopoiesis. Blood 59:27–37
109a. Welte K, Zeidler C, Reiter A et al (1990) Differential effects of granulocyte-macrophage colony stimulating factor (GM-CSF) and granulocyte colony stimulating factor (G-CSF) in children with severe congenital neutropenia. Blood 75:1056
110. Wright DG, La Russa VF, Salvado AJ, Knight RD (1989) Abnormal responses of myeloid progenitor cells to granulocyte-macrophage colony-stimulating factor in human cyclic neutropenia. J Clin Invest 83:1414–1418
111. Young N, Mortimer P (1984) Viruses and bone marrow failure. Blood 63:729–737
112. Zucker-Franklin D, L'Esperance, Good RA (1977) Congenital neutropenia: an intrinsic cell defect demonstrated by electron microscopy of soft agar colonies. Blood 49:425
113. Zuelzer WW, Bajoghli M (1964) Chronic granulocytopenia in childhood. Blood 23:359–372

Kapitel 18: Erkrankungen des Monozyten-/Makrophagensystems

M. R. Parwaresch, H. J. Radzun, D. Nachbaur, D. Pastner, H. Huber

Die Herkunft von Zellen des Monozyten-/Makrophagensystems (MMS) aus dem Knochenmark ist durch zahlreiche Untersuchungen gesichert [44, 64, 95 u. a.]. Da Makrophagen ihre Funktion in engem Zusammenwirken mit anderen Blutzellen (Lymphozyten, Zellen der Myelopoese u. a.) erfüllen, begleiten Veränderungen des Blutbildes sowie immunologische Abweichungen häufig Erkrankungen des Makrophagensystems.

18.1 Einteilung

Eine Einteilung von Erkrankungen, die mit ausgeprägten Veränderungen des MMS einhergehen, findet sich in Tabelle 18.1. Die Erkrankungen können in Funktionsdefekte, reaktive Veränderungen, Stoffwechselerkrankungen und Neoplasien unterteilt werden.

Bei manchen dieser Zustände ist die Frage, ob es sich um eine reaktive Veränderung oder autonome Proliferation handelt, nicht sicher geklärt (z. B. Letterer-Siwe-Syndrom, einige Histiozytosen, familiäre hämophagozytische Lymphohistiozytose u. a.) und kann erst durch Verlaufsbeobachtungen beantwortet werden.

18.2 Pathophysiologie

Hier sollen nur einige wichtige, für die Diagnose von Erkrankungen des MMS relevante pathophysiologische Gesichtspunkte zusammengefaßt werden.

18.2.1 Herkunft und Entwicklung der Makrophagen

Makrophagen leiten sich von hämatopoetischen Vorläuferzellen aus dem Knochenmark her. Die Reifungsformen von der pluripotenten Stammzelle bis zu Entwicklungsformen von Makrophagen sind in Abbildung 18.1 zusammengefaßt.

Monozyten als Vorläufer der Makrophagen rekrutieren sich aus einem gemeinsamen Vorläuferpool der Myelopoese.

Tabelle 18.1. Erkrankungen des Makrophagensystems (nach [28, 39a])

Reaktiv
- bekannter Ätiologie
  - a) Infektionen durch Bakterien[a], Pilze[a], Parasiten[a] und Viren
  - b) Inerte Fremdstoffe
- Ätiologie unbekannt
  - a) Langerhanszell-Histiozytose („Klasse I Histiozytosen"): unifokal; multifokal, chronisch-disseminiert (Hand-Schüller-Christian-Syndrom), akut-disseminiert (Abt-Letterer-Siwe-Syndrom)
  - b) Hämophagozytische Syndrome („Klasse II Histiozytosen"): Familiäre hämophagozytische Lymphohistiozytose, mit Infektionen assoziierte hämophagozytische Syndrome, Sinushistiozytose mit massiver Lymphadenopathie
  - c) Reaktive, granulomatöse Erkrankungen: Sarkoidose, Wegener-Granulomatose, M. Crohn, Granulomatöse Hepatitis, „Sarcoid-like Lesions", u. a.

Metabolische Erkrankungen
- M. Gaucher
- M. Niemann-Pick
- M. Wilson
- Syndrom der meerblauen Histiozyten
- Andere seltene (z. B. Gangliosidosen, Tay-Sachs, M. Fabry, Tangier-Erkrankung u. a.)

Neoplasien („Klasse III Histiozytosen")
- Monozytäre Leukämien
  - Akute monozytäre und myelomonozytäre Leukämie
  - Chronisch-myelomonozytäre Leukämie
- Maligne Histiozytose
- Echtes Retikulumzellsarkom
- Mastzellneoplasien

[a] s. a. Tabelle 18.5

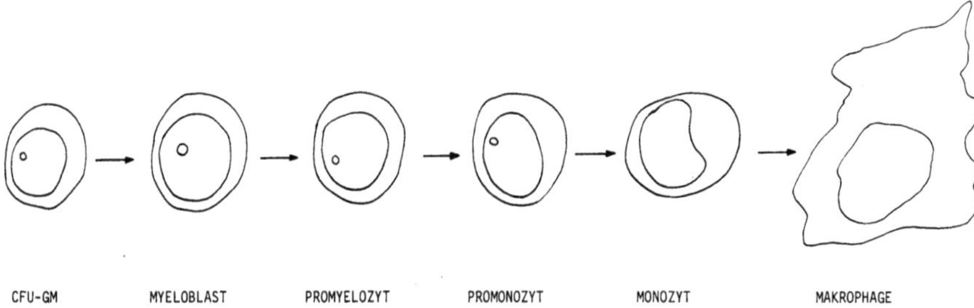

Abb. 18.1. Die häufigste Differenzierungsroute der Monozyten ist die Umwandlung in Makrophagen. CFU-GM: colony-forming unit, granulocyte-monocyte

Der Promonozyt enthält bereits wie 30% der Blutmonozyten eine primäre Granulation, die Peroxidase-positiv ist. Die folgende Reifungsform ist der Monozyt, der nur mehr eine geringe Anzahl Peroxidase-positiver Granula zeigt und zytochemisch durch eine Na-Fluorid hemmbare Esterase [83] charakterisiert ist. Über die Entwicklung sowie die elektronenmikroskopische und zytochemische Charakterisierung lysosomaler Granula in Zellen der Monozytenreihe s. [13].

Tabelle 18.2. Zellen des Monozyten-/Makrophagensystems

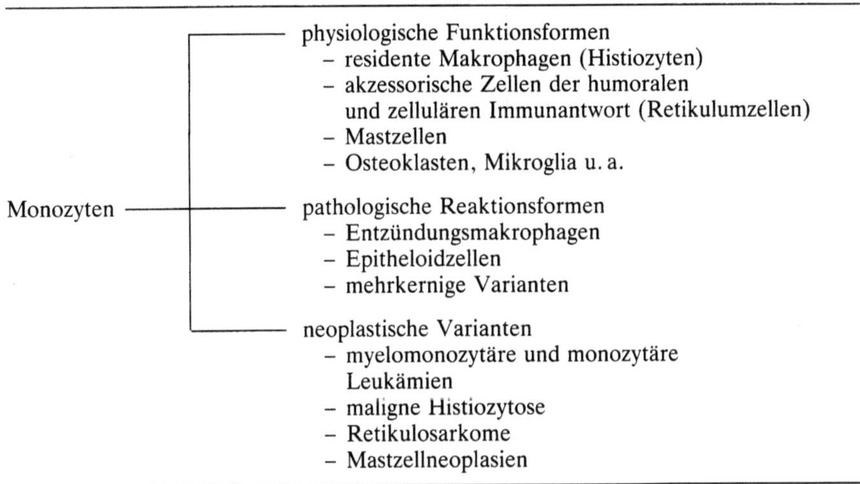

Nach Eintritt in die Zirkulation ist der Monozyt im Kreislauf für etwa 3 Tage nachweisbar [95]. Die ins Gewebe eingewanderten Monozyten sind zu einem neuerlichen Rückstrom in die Zirkulation nicht mehr befähigt. Aus ihnen entstehen die Gewebsmakrophagen, wobei durchschnittlich eine Mitose durchlaufen wird. Die Makrophagen sind terminal differenzierte Zellen, die sich nicht mehr teilen. Sie können möglicherweise viele Monate überleben.

Wahrscheinlich durch Zellfusion entstehen mehrkernige Riesenzellen, andere Entwicklungsformen sind die sog. Epitheloidzellen [55]. Eine Zusammenstellung der physiologischen, pathologischen und neoplastischen Zellformen des MMS findet sich in Tabelle 18.2.

Monozyten machen fast 3% der hämatopoetischen Knochenmarkzellen aus, daraus errechnet sich ein Knochenmarkpool von etwa 600×10^6 Zellen/kg Körpergewicht [55]. Gewebsmakrophagen können durchschnittlich 60 Tage überleben. Diese Endzellen sind etwa 100mal häufiger als Blutmonozyten (Übersicht bei [34]).

Zu den Entwicklungsformen der Monozyten gehören weiters auch die *Osteoklasten.* Es handelt sich dabei um Phagozyten mit besonderer Fähigkeit zum Knochenabbau [48]. Sie sind sehr große granulierte Zellen mit zahlreichen runden Kernen von dichter Chromatinstruktur. Auch die Mastzellen werden heute als spezifische Funktionsform des MMS angesehen [66].

Neben diesen überwiegend phagozytisch aktiven Zellen sind die *accessory cells* (Tabelle 18.2) zum MMS zu rechnen [65, 72]. Diese Zellgruppe zeichnet sich durch feine Ausläufer der Zellmembran aus. Sie werden daher auch als dendritische oder Retikulumzellen bezeichnet. Akzessorische Zellen der B-Lymphozyten-gebundenen humoralen Immunantwort sind die *follikulären dendritischen Retikulumzellen* lymphatischer Keimzentren. Diese entwickeln sich wahrscheinlich aus den Sinus-Wandzellen (sinus lining cells) der Lymphknoten. Beide Zellformen sind in der Lage, Antigene an ihrer Oberfläche zu binden und den B-Lymphozyten zu präsentieren. Die akzessorischen Zellen der T-Zell-gebundenen Immunantwort umfassen die *indeterminate dendritic cells* des Coriums und der Schleimhäute, die Langerhans-Zellen der Haut, die *veiled cells* in den Lymphbahnen sowie die *interdigitierenden dendritischen Retikulumzellen* lymphatischer T-Zonen.

veiled cells

Es handelt sich um nichtphagozytierende mononukleäre Zellen, die sich von Blutmonozyten herleiten und nach morphologischen wie zytochemischen Kriterien an Langerhans-Zellen erinnern. Auch der Immunphänotyp dieser Zellart ist den Langerhans-Zellen ähnlich (Vorhandensein des Fc-γ und der C3-Rezeptoren usw.; [30, 90]). Sie finden sich vor allem in Lymphknoten, welche Hautareale drainieren. Sie besitzen meist die charakteristischen Birbeck-Granula.

Im Tiermodell und beim Menschen sind die Vorläufer dieser „T-cell-accessories“ auch summarisch als dendritische lymphoide Zellen beschrieben worden [92, 93].

18.2.2 Regulation der Monopoese

Der Kolonie-stimulierende Faktor für Granulozyten/Makrophagen (GM-CSF) stimuliert die Vorläuferzellen für Granulozyten und Makrophagen (CFU-GM). Makrophagenspezifisch ist M-CSF (Kapitel 4.1.1). Für den Makrophagenwachstumsfaktor M-CSF konnte inzwischen auch der korrespondierende Rezeptor identifiziert und kloniert werden. Das zelluläre Homolog (c-fms) des transformierenden retroviralen Onkogens v-fms ist das kodierende Gen für den M-CSF-Rezeptor [86]. Neoplasien des MMS zeigen in den meisten Fällen eine im Vergleich zu normalen Blutmonozyten verminderte oder fehlende Expression bzw. Sekretion von c-fms und M-CSF.

Durch Expression von c-fms ist der normale Blutmonozyt in der Lage, Poliferations- und Differenzierungssignale aus der Umgebung wahrzunehmen. Nach vollzogener Differenzierung in Makrophagen kommt es zur „Down-Regulation“ dieses Rezeptors. Dadurch geht wahrscheinlich die Fähigkeit zur Vermehrung verloren [71, 80]. Gleichzeitig sezernieren solche Monozyten während ihrer Differenzierung den Wachstumsfaktor M-CSF, der wahrscheinlich über einen autoregulatorischen Mechanismus für die Rekrutierung von Monozyten/Makrophagen aus dem Knochenmark und Blut verantwortlich ist. Expression von c-fms und M-CSF-Sekretion stellen somit einen zellspezifischen Regulationsmechanismus für Rekrutierung, Proliferation und Differenzierung von Blutmonozyten in Makrophagen dar.

Inwieweit die verminderte c-fms-Expression bei Neoplasien der Makrophagen durch den Verlust eines Allels des c-fms-Gens verursacht sein könnten, ist zur Zeit Gegenstand vieler Untersuchungen. Tatsache ist, daß einige Fälle von MDS und AML mit einem sog. 5q-Syndrom verbunden sind [58, 62] (s. Kapitel 4.2.4.3), bei dem ein Teil des langen Arms von Chromosom 5 verlorengeht, (darauf ist neben Genen verschiedener Wachstumsfaktoren auch das c-fms-Gen lokalisiert). Im Gegensatz zu Neoplasien zeigen mononukleäre Phagozyten (mPh) unter entzündlichen Bedingungen eine verstärkte c-fms-Expression und erhöhte M-CSF-Sekretion, so daß hier der autoregulatorische Mechanismus für die Rekrutierung des MMS verstärkt wird. Das Methylierungsmuster des Monozyten-Gens für den M-CSF-Rezeptor (fms) ist zellspezifisch.

Unter gewissen Bedingungen läßt sich auch eine verstärkte Expression des Protoonkogens c-sis in Makrophagen nachweisen. c-sis kodiert die β-Kette des platelet-derived growth factor, der als Wachstumsfaktor u. a. für Fibroblasten angesehen wird [54]. Eine verstärkte c-sis Expression läßt sich tatsächlich in den mPh der bronchoalveolären Lavage in Fällen von interstitiellen Lungenfibrosen nachweisen. Auch andere Protoonkogene werden während der Differenzierung des MMS exprimiert. Diese kodieren für nukleär lokalisierte Proteine (c-fos, c-myc und c-myb) ohne Spezifität für mPh.

18.2.3 Funktionen

Unter den vielfältigen Aufgaben der mPh sind die Sekretionsleistung, Phagozytose/Mikrobizidie und Interaktion mit lymphatischen Zellen von besonderer Bedeutung.

a) Sekretion

Makrophagen zeigen eine hohe sekretorische Aktivität [1, 36, 37a, 43, 94 u. a.], einige wichtige Sekretionsprodukte sind in Tabelle 18.3 zusammengefaßt.

Lysozym wird unabhängig vom Aktivierungsgrad der Makrophagen sezerniert, ist ein wichtiger Marker zum In-situ-Nachweis von Monozyten und ist bei Subtypen der AML (FAB M4 und M5) in erhöhter Konzentration in Serum wie Harn nachweisbar.

Zu den *neutralen Proteasen* zählen der Plasminogenaktivator (u. a. mit Wirkung auf C1 und C3) sowie Kollagenase und Elastase. An lysosomalen *sauren Hydrolasen* sind vor allem Proteasen, Esterasen, Lipasen, Phosphatasen, Glykosidasen und Sulfatasen zu nennen. Sie stehen einerseits als intrazelluläre Verdauungsenzyme, andererseits für die extrazelluläre Digestion zur Verfügung. Makrophagen sezernieren Komponenten der klassischen und alternativen *Komplementkaskade,* Enzyminhibitoren wie α-Antiproteasen und α_2-Makroglobulin sowie eisenbindende Transportproteine (vor allem Transferrin) und schließlich Fibronektin. Letzteres dient als Mediator für interzelluläre Adhäsion, zelluläre Beweglichkeit und als Bindungsvermittler für Kollagen und Fibrinogen an Makrophagen zum Zwecke des Abbaus zirkulierender Fibrinkomplexe.

Tabelle 18.3. Einige Sekretionsprodukte von Makrophagen in Abhängigkeit vom Aktivierungszustand (nach [1])

Substanz	Aktivierungszustand
Enzyme	
Lysozym	ruhend, aktiviert
Neutrale Proteasen	aktiviert
Kollagenase	
Elastase	
Plasminogen-Aktivator	
Saure Hydrolasen	aktiviert
DNAase	
Glykosidasen	
Proteasen	
Zytokine und Wachstumsfaktoren	ruhend, aktiviert
Kolonie-stimulierende Faktoren	
GM-CSF, G-CSF, M-CSF	
Interleukine (v. a. IL-1, IL-6)	
Interferone (IFN-α, -β)	
Wachstumsfaktoren	
Transforming growth factor (TGF α, β)	
Platelet-derived growth factor (PDGF)	
Tumornekrosefaktor (TNF α)	
Sauerstoffradikale	aktiviert
Komplementfaktoren	ruhend, aktiviert
C1–C5	
Faktor B, D	
Properdin	
Arachidonsäurederivate	ruhend, aktiviert
Prostaglandin E_2	
Thromboxan	
Leukotriene	

Die Phasen der akuten Entzündung sind gekennzeichnet durch die Sekretion von Entzündungsmediatoren (vor allem Prostaglandine und Leukotriene als Arachidonsäurederivate), plättchenaktivierendem Faktor und anderen Induktoren des Koagulationssystems sowie des fibrinolytischen Systems. Über die Sekretion von O_2-Radikalen und Wasserstoffsuperoxid verfügen mPh über ein effizientes bakterizides System, das auch gegenüber neoplastischen Zellen tumorizid wirksam ist.

Indirekte morphologische Hinweise für die tumorizide Funktion der Makrophagen sind häufig ausgeprägte Infiltrationen von Tumoren mit mPh. Die tumorizide Aktivität beruht auf verschiedenen Mechanismen [37a]. Die wichtigsten sind die antikörperabhängige Immunphagozytose sowie die antikörperunabhängige Tumorizidie aufgrund direkter Lyse durch Sekretionsprodukte wie neutrale Proteasen, Sauerstoffradikale, TNF-α und andere [78].

Tabelle 18.4. Klinische Begleiterscheinungen, die durch Makrophagenaktivierung entstehen (nach [28])

Bildung von Granulomen mit vielkernigen Riesenzellen
Destruierende Veränderungen an Bindegewebe und Knochen durch Enzymfreisetzung
Mitbeteiligung der Haut, insbesondere durch Makrophagen, die Eigenschaften von Langerhans-Zellen zeigen
Infiltration des Gewebes mit eosinophilen Granulozyten
Hämophagozytose
Freisetzung endogener Pyrogene und Fieber
Nierenschädigung durch Lysozymurie

Makrophagen sind Bildungszellen von Interleukin-1 (IL-1), also von „endogenem Pyrogen" [18a]. Virale Infektionen werden von einer Sekretion von Interferon α begleitet. Aktivierte Makrophagen setzen Tumornekrosefaktor (TFN α und β) frei [6, 34]).

Sie bilden weiters verschiedene koloniestimulierende Faktoren sowie die β-Kette des platelet-derived growth factor, die transforming growth Faktoren α und β und den *Insulin like growth factor.* Letztere sind u. a. für die Proliferation von Fibroblasten und glatten Muskelzellen sowie für die Angiogenese während entzündlicher Reaktionen von Bedeutung.

Die erhöhte sekretorische Aktivität für die meisten dieser Substanzen im Vergleich zu den residenten und Exsudat-Makrophagen ist das Hauptcharakteristikum „aktivierter" Makrophagen. Der jeweilige Aktivierungszustand ist allerdings abhängig vom aktivierenden Agens, dem Makrophagentyp und dessen Umfeld [57]. Klinische Begleiterscheinungen als Folge der sekretorischen Leistungen aktivierter Makrophagen sind in Tabelle 18.4 zusammengefaßt.

b) Phagozytose

Einerseits wird körpereigenes Material (vor allem gealterte Zellen und Debris) abgebaut *(scavenging);* andererseits werden eindringende Pathogene eliminiert *(Mikrobizidie).* Die Aufnahme fester Substanzen wird als Phagozytose, die von flüssigem Material als Pinozytose bezeichnet.

Ein Paradigma für die Elimination gealterter Zellen ist der Abbau von Erythrozyten am Ende ihres Lebenszyklus (Übersicht bei [34]). Normales Serum enthält IgG-Antikörper mit selektiver Bindung an autologe gealterte Erythrozyten (z. B. [49]). Aggregierte Bande-3-Protein-Moleküle sind ein altersspezifisches erythrozytäres Antigen. Ähnliches könnte für die Bindung von Autoantikörpern gegen α-Galaktosyl (Gal) gelten, wobei die Gal-Epitope in vitro gealterter Erythrozyten sich von jenen jüngerer Erythrozyten unterscheiden [24]. Makrophagen eliminieren aus der Zirkulation denaturierte Proteine, Proteinfragmente und auch manche nativen Proteine (z. B. aktivierte Gerinnungsfaktoren).

Aufgrund von chemotaktischen Substanzen (s. Kap. 17) erreichen Makrophagen den Infektionsherd und phagozytieren Mikroorganismen überwie-

Tabelle 18.5. Intrazelluläre Mikroorganismen, bei deren Abwehr Makrophagen eine Rolle spielen (mod. nach [1])

Gramnegative Bakterien	*Brucella spp.* *Listeria monocytogenes* *Legionella pneumophila* *Salmonella typhi, paratyphi*
Mykobakterien	*Mycobacterium tuberculosis* *Mycobacterium leprae*
Pilze und Parasiten	*Histoplasma capsulatum* *Coccidioides immitis* *Leishmania* *Trypanosoma* *Toxoplasma*
Clamydien	
Rickettsien	

gend aufgrund der Fc- und C3-Rezeptor-vermittelten Immunphagozytose [32, 50]. Zusätzlich können manche Bakterien auch über einen Mannose-Rezeptor aufgenommen werden [1].

Makrophagen wirken auch gegenüber Mikroben, die sich intrazellulär vermehren (Tabelle 18.5). Für ihre Destruktion ist eine Makrophagenaktivierung (über Helfer-T-Lymphozyten) von besonderer Wichtigkeit.

Ein wichtiger Aktivierungsfaktor ist dabei, zumindest unter experimentellen Bedingungen, Immun- oder γ-Interferon, für das mPh spezifische Rezeptoren tragen [14].

c) Interaktion mit lymphatischen Zellen

Die Einleitung der humoralen und zellulären Immunantworten ist abhängig von der Antigenpräsentation durch Makrophagensubpopulationen einschließlich dendritischer Zellen. Eine „Erkennung“ als Immunogen ist durch lymphatische Zellen meist nur möglich, wenn gleichzeitig HLA-DR-Antigene an der Makrophagenmembran exprimiert werden (z. B. [37a, 76, 94]).

HLA-DR-Antigen gehört zur Klasse II der Histokompatibilitätsantigene, welche die Immunantwort gegen Fremdproteine, virusinfizierte Zellen und Fremdgewebe (allo-graft-Reaktion) kontrollieren.

Durch phagozytierende Zellen wird lymphatischen Zellen meist nur ein kleiner Anteil des Antigens in besonders immunogener Form angeboten. Wenn T-Lymphozyten auf Makrophagen oder dendritische Zellen treffen, die Antigenfragmente an ihrer Oberfläche tragen, so wird dieser Antigen/HLA-DR Komplex durch die T-Lymphozyten erkannt. Es folgt eine Bindung an die mPh, eine Aktivierung des T-Lymphozyten und die Freisetzung verschiedener Lymphokine. Die von mPh freigesetzten Zytokine wer-

Tabelle 18.6. Einige Wirkungen von Interleukin-1 [1]

Zielzelle	Wirkung
T-Lymphozyten	Sekretion von IL-2
B-Lymphozyten	Proliferation, Sekretion von Immunglobulinen
Hepatozyten	Sekretion von Akutphaseproteinen
Hypothalamus	Endogenes Pyrogen
Muskel	Katabole Stoffwechselreaktion

den Monokine genannt. Das wichtigste ist Interleukin-1. Einige Eigenschaften von IL-1, das auch die B-Lymphozytenproliferation fördert, finden sich in Tabelle 18.6.

18.2.4 Immunzytochemie

Eine Reihe monoklonaler Antikörper erkennen das MMS aufgrund spezifischer Oberflächenantigene. Es handelt sich in erster Linie um CD-13, CD-14, CD-15, CD-33 und CD-35 [31, 37a, 37b]. Ferner lassen sich auch intrazytoplasmatische Strukturen des Monozyten-/Makrophagensystems mit Hilfe monoklonaler Antikörper erkennen. Hierzu zählen CD-68 (Ki-M6 u. Ki-M7 [37b]) sowie bisher nicht geclusterte monoklonale Antikörper wie Ki-M8, die CD-68 nahestehen [40, 70]. Monozyten und Makrophagen exprimieren auch eine Reihe von Adhäsionsmolekülen oder leukozytäre Integrine.

Für das MMS sind hier das LFA-1 (CD-11-a; s. Kap. 15.7.3.5), besonders aber auch der Komplementrezeptor-Typ 3 (CR-3 oder CD-11 b) und der Komplementrezeptor-Typ 4 (CR-4 = p 150,95 oder CD-11 c) zu nennen [79]. Sie stellen Heterodimere aus verschiedenen α-Ketten und einer gemeinsamen β-Kette dar (s. Kap. 15.7.3.5). Für das LFA-1-Molekül konnte inzwischen das interzelluläre Adhäsionsmolekül-1 (ICAM-1 = CD54) als Ligand identifiziert werden [19].

Die Oberflächenantigene der *„dendritischen“ Zellen* differieren von Makrophagen. So lassen sich die follikulären dendritischen (Retikulum-)Zellen mit monoklonalen Antikörpern wie R-4/23 und Ki-M4 [25, 65] darstellen. Die akzessorischen Zellen der T-Zell-gebundenen Immunantwort wie die interdigitierenden dendritischen (Retikulum-)Zellen werden durch die monoklonalen Antikörper CD1- und CD-11c sowie Ki-M1p erkannt [23, 37b].

18.2.5 Zusammenwirken von Makrophagen mit anderen Zellen bei der Granulombildung

Eine Granulombildung kann im wesentlichen durch 2 Mechanismen, nämlich als Fremdkörperreaktion oder als lokale Entzündung im Rahmen einer

Hypersensitivität vom verzögerten Typ hervorgerufen werden [37a, 99]. Lymphozyten, Makrophagen, Epitheloidzellen und häufig mehrkernige Makrophagen charakterisieren die Reaktion. In der Haut sind dabei Langerhans-Zellen die wichtigsten antigenpräsentierenden Zellen (z. B. [37a]). Sekundär werden durch die aktivierten Makrophagen Fibroblasten und eventuell Eosinophile und andere Zellen am Entzündungsort angereichert (Kapitel 19.1.2).

Das auslösende Agens der Granulombildung im Rahmen einer Hypersensitivität vom verzögerten Typ reagiert mit sensibilisierten Lymphozyten, vor allem aus der T-Zellreihe. Als Folge dieser Interaktion werden durch aktivierte Lymphozyten (vor allem CD-4-positive T-Helfer-Zellen) Lymphokine freigesetzt. Einige dieser Lymphokine bewirken die Anreicherung von Makrophagen im Entzündungsareal und können Makrophagen in einen Zustand erhöhter Funktionsleistung überführen (aktivierte Makrophagen). Zwischen Lymphozyten und Makrophagen läßt sich eine enge Kooperation nachweisen: der aktivierte Makrophage synthetisiert Faktoren, die eine Proliferation, Reifung und Lymphokinproduktion durch Lymphozyten induzieren (IL-1 u. a.). Andererseits bilden vor allem T-Lymphozyten Mediatoren (Interferon γ u. a.), die auf Makrophagen chemotaktisch und im Entzündungsbereich aktivierend wirken sowie eine erhöhte zytotoxische Kapazität der phagozytierenden Zellen induzieren. Auslösende Mechanismcn für cinc derartige Granulombildung sind z. B. Mykobakterien, Listerien, Leishmania, Schistosoma, manche Pilze u. a. Dabei handelt es sich vor allem um Mikroorganismen, die eine Resistenz gegenüber den zunächst einwandernden Granulozyten zeigen. Bei manchen Erkrankungen (z. B. Sarkoidose) kann ohne eine bekannte auslösende Ursache eine typische Granulomreaktion beobachtet werden. Durch ihren hohen Anteil an aktivierten CD-4-positiven Lymphozyten sowie von Makrophagen ähneln sie einer immunologisch-vermittelten Abwehrreaktion [96].

Bei der primären Fremdkörperreaktion handelt es sich um eine Gewebsantwort auf die Ablagerung schwer metabolisierbarer Substanzen. Im Rahmen der Phagozytose aktivierte Makrophagen bewirken eine Entzündungsreaktion, die der vorher beschriebenen in wichtigen Punkten ähnelt. Auslösende Ursachen sind inerte Stoffe (z. B. Silikate, Quarz, Asbest, Glasfasern). Auch Lipide können eine ähnliche Reaktion auslösen, wenn beim Patienten der Defekt eines lipidspaltenden Enzyms vorliegt (s. Kap. 18.5).

18.3 Angeborene und erworbene Funktionsdefekte der Monozyten und Makrophagen

Die Mehrzahl der angeborenen Funktionsdefekte (Tabelle 18.7) wurde bereits bei den Neutrophilenerkrankungen besprochen (chronisch-granulomatöse Erkrankung, Myeloperoxidasedefekt, LFA-1-Mangel, s. Kap. 17). Der *hereditäre Esterasedefekt* bleibt klinisch meist symptomlos [53]. Der α-*Proteinase-Inhibitormangel* führt über eine ungenügende Hemmung der Elastase neutrophiler Granulozyten zum Lungenemphysem. Bei der familiären chronischen mukokutanen *Candidiasis* (s. Kapitel 15.7.3.6) konnte eine verminderte Chemotaxis und ein vermindertes „killing“ von *Candida* im MMS gezeigt werden. Nach Stimulation mit Lipopolysacchariden wird von Monozyten solcher Patienten kein IL-1 gebildet. Diese Erkrankung ist mit

Tabelle 18.7. Angeborene und erworbene Funktionsdefekte des Monozyten-/Makrophagensystems

I. Angeborene Funktionsdefekte
- Chronische granulomatöse Erkrankung
- Myeloperoxidasedefekt
- Esterasedefekt
- Familiäre chronische mukokutane Candidiasis
- α_1-Proteinase-Inhibitor-Mangel
- LFA-1 Mangel

II. Primäre und sekundäre (durch T-Zelldefekte bedingte) erworbene Funktionsdefekte
- Malakoplakie
- M. Whipple
- BCG-Histiozytose

einem Mangel an Akut-Phase-Proteinen verbunden (s.a. Kap. 15). Das Krankheitsbild der *Malakoplakie* manifestiert sich meist im Bereich des Urogenitaltraktes und ist hier mit rezidivierenden Infektionen verbunden. Die Läsionen enthalten zytoplasmareiche Makrophagen mit lysosomalen Einschlußkörperchen *(Michaelis-Gutmann-Körperchen),* die sich immunfluoreszenzmikroskopisch als *E. coli* oder Klebsiellen identifizieren lassen [69]. Es findet sich eine Einschränkung der bakteriellen Abtötung und eine verminderte Freisetzung lysosomaler Enzyme.

Der *Mb. Whipple* manifestiert sich am häufigsten im Dünndarm und in den Gelenken mit den entsprechenden klinischen Zeichen der Malabsorption und Arthritis. Wahrscheinlich liegt der Defekt nicht im „killing", sondern in der Degradierung bisher nicht näher definierter, aber postulierter Mikroorganismen [7].

Die *BCG-Histiozytose* kommt durch einen klonalen Defekt der T-Lymphozyten für Mykobakterien zustande, der sich erstmals bei der BCG-Impfung manifestiert. Das Resultat ist eine örtliche Ansammlung von Makrophagen, die nur Phagozytosefunktionen entwickeln können. Intrazellulär kommt es zu einer exzessiven Vermehrung der Mykobakterien, die weitere Monozyten anlocken [8, 37].

18.4 Reaktive granulomatöse und histiozytäre Erkrankungen (s. Tabelle 18.8)

Reaktiven granulomatösen Erkrankungen bekannter Ätiologie stehen jene Granulomatosen und Histiozytosen gegenüber, welche unbekannter Ursache sind (Tabelle 18.8). In der Gruppe der Histiozytosen wird die Nomenklatur unter anderem durch das Bemühen der Histiozytose-Gesellschaft vereinheitlicht [28b, 29a, 39a].

Bei Histiozytosen unbekannter Ätiologie stellt sich die Differentialdiagnose vor allem zwischen 3 Krankheitsgruppen: der Langerhanszell-Histiozytose (LCH = Histiozytosis

Tabelle 18.8. Reaktive granulomatöse Erkrankungen des Monozyten-/Makrophagensystems bekannter und unbekannter Ätiologie

I. Reaktive granulomatöse Erkrankungen bekannter Ätiologie
  a) infektiös
    - Mykobakterien *(M. tuberculosis, M. leprae)*
    - BCG-Histiozytose
    - Bakterien (Brucellen, Yersinien, Salmonellen)
    - Pilze (Histoplasmen, *Aspergillus,* Blastomyceten)
    - Spirochäten *(T. pallidum)*
    - Protozoen (Toxoplasmen, Leishmanien)
    - Parasiten (Schistosomen)
    - Viren (Katzenkratzkrankheit und Chlamydien bei Lymphogranuloma venereum)
  b) Extrinsische allergische Alveolitis
  c) Chemische Stoffe
    - Beryllium
    - Talkum
    - Silikon
    - Stärke
    - Polyvinylpyrrolidon
    - Urate
    - Cholesterinkristalle
  d) Fremdkörper (Horn, Fadenmaterial)

II. Reaktive granulomatöse und histiozytäre Erkrankungen unbekannter Ätiologie
  - Langerhanszell-Histiozytose (Klasse I Histiozytosen)
  - Hämophagozytische Syndrome (Klasse II Histiozytosen, s. Tabelle 18.1)
  - Sarkoidose
  - Wegener-Granulomatose
  - M. Crohn
  - Granulomatöse Hepatitis, Orchitis, Myokarditis, Thyreoiditis
  - Riesenzellenarteriitis
  - Rheumatisches Fieber, Rheumatoide Arthritis und Kollagenosen
  - „Sarcoid-like lesion“
  - Granulome in malignen Tumoren (M. Hodgkin, Nasopharynxkarzinome, Seminom)

X), Histiozytosen außerhalb der LCH (auch Klasse II Histiozytosen wie erythrophagozytische Lymphohistiozytose etc., Tabelle 18.1) und neoplastischen Prozessen des Makrophagensystems (auch Klasse III Histiozytosen).

18.4.1 Histiozytosis X (Langerhanszell-Histiozytose)

Die Histiozytosis X oder Langerhanszell-Histiozytose (LCH) erfaßt eine Gruppe von Erkrankungen, die durch eine abnorme z. T. granulomatöse Proliferation von Zellen des MMS ohne Hinweis auf infektiöse Ursachen oder Lipidstoffwechselkrankheiten gekennzeichnet sind [15, 24a, 27, 29a, 39, 39a, 61, 87, 105]. Es schließt nach der ursprünglichen Definition Eosinophile Granulome des Knochens oder anderer Organe (v. a. Lunge), die Hand-Schüller-Christian-Erkrankung (Exophthalmus, Defekte im membranösen Knochen, Diabetes insipidus) und die generalisierte Retikulose des

Letterer-Siwe-Syndroms ein. Die Zellen dieser Granulome zeigen die Differenzierungsmerkmale der Langerhans-Zellen, die normalerweise in der Haut die wichtigsten Zellen des MMS darstellen.

Die Zusammenfassung dieser verschiedenen Erkrankungen unter dem Sammelbegriff LCH vernachlässigt wichtige Unterschiede in Klinik, Organbefall, Ansprechen und Prognose. Während das Letterer-Siwe-Syndrom im Verlauf an eine Neoplasie erinnert, ist vor allem bei isolierten Langerhans-Granulomen eher an einen reaktiven Zustand zu denken.

Bei Erwachsenen überwiegen in der Häufigeit die eosinophilen Granulome des Knochens (öfters solitär als multipel), im Kindesalter sind dagegen disseminierte Erkrankungen weit häufiger [(15, 24a, 29a, 61)].

a) Sicherung der Diagnose

Die Diagnose wird durch Biopsien aus befallenen Organen gesichert. In erster Linie werden gezielte Biopsien aus dem Knochen oder - wenn befallen - der Haut durchgeführt. Man findet eine knötchenförmige oder diffus infiltrierende, granulomatöse Reaktion, die Langerhans-Zellen sowie Granulozyten und Lymphozyten beinhaltet. Je nach Stadium oder Lokalisation zeigt sie ausgedehnte Nekrosen mit eosinophilen Granulozyten oder in späteren Stadien xanthomatöse Veränderungen (sekundäre Cholesterinablagerung) sowie Vernarbung. Wichtigster diagnostischer Marker ist der Nachweis von Langerhans-Zellen, der morphologisch, immunhistochemisch (Positivität von CD-11c und CD1 sowie des S-100-Proteins), wenn notwendig auch elektronenmikroskopisch (Birbeck-Granula) erfolgt [26a, 85].

In Tupfpräparaten zeigen LCH-Zellen (Durchmesser 12–15 μm) ein graublaues Zytoplasma, das manchmal kleinere azurophile Granula enthält. Sie sind in der sauren Phosphatase- und in der unspezifischen Esterasereaktion mäßig stark positiv. Lysozym kann immunbiochemisch nicht nachgewiesen werden. Riesenzellen wechseln in ihrer Zahl.

b) Organmanifestationen

Unifokale Langerhans-Zellgranulome. Es handelt sich um eine benigne Erkrankung der Kindheit oder des frühen (selten späteren) Erwachsenenalters mit Prävalenz des männlichen Geschlechts. Fast immer findet sich ein Befall des Knochens. Unifokale Langerhans-Granulome der Lunge sind selten, jene in Lymphknoten, Thymus oder Speicheldrüsen Raritäten, jedoch von ähnlich günstigem Verlauf [27]. Sehr selten finden sich systemische Symptome. Die Diagnose wird durch eine Biopsie gesichert, Laboratoriumsbefunde sind uncharakteristisch (insbesondere fehlt eine Eosinophilie).

Das Eosinophile Granulom des Knochens betrifft am häufigsten den Schädel, dann Femur, Beckenknochen, Humerus, Rippen und Wirbelsäule [24a, 27, 87 u. a.].

Die Knochenherde, bei Kindern am häufigsten im Bereich des Schädelknochens, von Becken oder Extremitäten [24a], beim Erwachsenen im Bereich der Rippen, imponieren röntgenologisch als lytische und selten als gemischt blastisch-lytische Läsionen. Sie heilen meist ohne Sklerosierung aus. Der Knochenscan ist zum Ausschluß von Mehrfachläsionen besonders wertvoll. Die offene Biopsie sollte die Diagnose sichern.

Nach Lokalbehandlung (Chirurgie oder niedrigdosierte Radiotherapie) sind Nachuntersuchungen zur eventuellen Erfassung von neuen Läsionen notwendig, die gewöhnlich innerhalb des 1. Jahres nach Diagnose auftreten [27]. Personen mit ossären Läsionen im Bereich des Kopfes, Halses oder Beckens entwickeln häufiger Rezidive.

Multifokale Langerhans-Zellgranulomatose. Meist handelt es sich um Kinder, wobei wieder Knochenläsionen im Vordergrund stehen. Neben dem Skelettbefall (nach einer Studie über 97 Patienten in 82% [24a]) sind Haut (32%), Weichteile (27%), Leber (19%), Knochenmark (18%), Milz (13%), Lymphknoten (11%) und die Lunge (10%) am häufigsten betroffen. Ein Befall mit Dysfunktionszeichen (betreffend Leber, Lunge oder hämatopoetisches System) findet sich bei etwa 1/6 der Kinder [24a]. Zu den systemischen Manifestationen siehe Tabelle 18.9.

Eosinophile Granulome der Lunge treten meist im Rahmen einer systemischen Erkrankung auf, sie sind bei etwa 1/6 der Patienten mit LHC nachweisbar (Tabelle 18.9). Röntgenologisch handelt es sich meist um diffuse beidseitige Infiltrate, die ein retikuläres oder kleinfleckig streifiges Bild zeigen. In Spätstadien können sich honigwabenähnliche Veränderungen entwickeln.

Haut und Schleimhäute sind bei systemischer LHC häufig mitergriffen, z.B. in 44% der disseminierten kindlichen Fälle von Nezelof et al. [61]. Häufigste und vielfach früheste Lokalisation in einem gemischten Krankengut ist die Kopfhaut, Schleimhautläsionen betreffen die Mundhöhle, das

Tabelle 18.9. Organmanifestationen (und wichtige Symptome) bei 117 Patienten mit Histiozytosis X [19a]

	Gesamtgruppe n = 117 (in %)	Kinder[a] n = 81 (in %)	Erwachsene n = 36 (in %)
Eosinophile Granulome des Knochens			
ohne Systembeteiligung	34	25	52
mit Systembeteiligung	62[b]	71	42
Eosinophile Granulome ohne Knochenbeteiligung	4[c]	4	6

[a] Unter 15 Jahren

[b] Anämie (31%), Lymphadenopathie (30%), Diabetes insipidus (24%), Hautveränderungen (23%), Otitis (18%), Stomatitis (16%), Lungenbefall (16%), Hepatomegalie (15%), Exophthalmus (13%), Splenomegalie (10%), Leukopenie (9%), Thrombopenie (9%)

[c] Zusätzlich 9 Fälle mit isoliertem Lungenbefall; somit zeigen nach dieser Auswertung insgesamt nur 7% der Patienten eine LCH ohne Knochenbeteiligung

Ohr und/oder Vulva oder Vagina (Übersicht bei [46]). Die seltenen LHC-Fälle, die ausschließlich auf die Haut beschränkt sind, zeigen auch ohne Therapie meist einen benignen Verlauf [101a].

Befall von Leber, Milz und Knochenmark: Bei Befall eines oder mehrerer dieser Organe handelt es sich meist um ein fortgeschrittenes Generalisationsstadium. Über die Häufigkeit in einer großen Patientengruppe s. Tabelle 18.9. Lymphadenopathien sind isoliert meist günstig zu beurteilen.

Befall der Hypophyse: In einer großen Patientengruppe bestand ein Diabetes insipidus bei 23% der Patienten (Tabelle 18.9), in einer anderen Studie ein Hypophysenbefall in 5 % [24a]. Ein Diabetes insipidus kann durch einen Befall der Sella turcica oder auch ohne nachweisbare Knochenläsionen in diesem Bereich zur Beobachtung kommen. Der Befall ist von prognostisch geringerer Bedeutung. Schäden durch Mangel an Wachstumshormonen wurden bei Hypophysenbefall häufig beobachtet. CT-Untersuchungen des Schädels sind zum Nachweis derartiger Befallslokalisationen von besonderer Bedeutung.

Die *Prognose* der multifokalen Langerhans-Zellgranulomatose ist häufig recht günstig. Spontanremissionen sind nicht ungewöhnlich. Dies gilt – wie vor allem pädiatrische Studien zeigen ([24a] mit weiterführender Literatur) – für den multifokalen Knochenbefall (Prognosegruppe A). Bei Patienten mit multifokalem Knochen- und Weichteilbefall bzw. Weichteilbefall allein (ausgenommen isolierter Haut- bzw. isolierter Lymphknotenbefall) ist die Prognose ungünstiger (Gruppe B). Jedoch sind auch bei diesen Patienten nach den Therapiestudien anhaltende Remissionen in der überwiegenden Mehrzahl zu erreichen [24a]. Ungünstig ist die Prognose nach wie vor bei Befall mit Dysfunktionszeichen in einem der folgenden Organe und Organsysteme: Leber, Lunge, hämatopoetisches System (Gruppe C). Eine vorsichtige Prognose sollte im frühen Kindesalter (unter 1 Jahr) und im fortgeschrittenen Alter gestellt werden. So fand sich ein hoher Anteil von Therapieversagern (bei 7 von 11 Patienten nach [24a]) in der Altersgruppe unter 1 Jahr.

c) Letterer-Siwe-Syndrom

Gewöhnlich sind Kinder im 1. Lebensjahr betroffen, es wurden jedoch auch Einzelfälle im Erwachsenenalter dokumentiert. Hauptsächlich betroffen sind Leber, Milz, Knochenmark, Lymphknoten, Lunge, Knochen und die Haut. Funktionsstörungen der Leber und des hämopoetischen Systems sind neben klinischen Zeichen einer eingeschränkten Lungenfunktion die wichtigsten prognostisch ungünstigen Kriterien (Definitionen siehe [24a]). Ähnliches gilt für das Auftreten im frühen Kindesalter (unter 1 Jahr; [24a, 41]).

Differentialdiagnose und Prognose. Die Erkrankung verläuft gewöhnlich fulminant und hat eine hohe Mortalität: 55–60% bei Kindern unter 24

Monate; um 15% der älteren Kinder sterben an der Erkrankung. Spontanremissionen sind sehr selten und intensive Therapien daher häufig notwendig. Nach neueren Daten aus Therapiestudien [24a] war nur in etwa der Hälfte der Patienten der Prognosegruppe C (Befall mit Dysfunktion von Leber, Lunge oder Blutbildung – Hb < 10 g/dl ohne andere Anämieursache, Leukozyten < 4 G/l und/oder Thrombozyten < 100 G/l) eine komplette Remission zu erreichen. Auch bei Erzielen einer Remission waren Rezidive mit ungenügendem Ansprechen auf neuerliche Therapien nicht selten.

Die Differentialdiagnose gegenüber anderen histiozytären Erkrankungen (vor allem hämophagozytische Syndrome nach verschiedenen bakteriellen und viralen Infektionen, [59, 74] und familiäre erythrophagozytische Lymphohistiozytose [21, 28b]) ist notwendig.

18.4.2. Hämophagozytische Lymphohistiozytose

Histiozytäre Erkrankungen nicht-maligner Art im Kindesalter können in Erkrankungen der Langerhans-Zellen (CD1+) und solche der eigentlichen (phagozytierenden) Histiozyten eingeteilt werden. In der letzteren Gruppe (Klasse II Histiozytosen, Tabelle 18.1) sind die hämophagozytischen Lymphohistiozytosen (HLH) die bei weitem häufigsten Erkrankungen [28b]. Dazu gehören die familiären HLH, die virusassoziierten hämophagozytischen Syndrome und die Sinushistiozytose mit massiver Lymphadenopathie [39a]. Eine Unterscheidung zwischen HLH und (virusassoziierten) hämophagozytischen Syndromen ist oft nicht möglich [28b].

Die familiäre hämophagozytische (oder erythrophagozytische) Lymphohistiozytose wird überwiegend bei Säuglingen in den ersten 6 Monaten beobachtet (Diagnosestellung vor dem 2. Lebensjahr in 80% [49a]). Sie stellt wahrscheinlich ein autosomal rezessiv vererbtes Leiden dar (Übersicht bei [22, 35, 49a]). Die Erkrankung wurde zuerst von Farquahr u. Claireaux [21] beschrieben, die sie aufgrund des familiären Vorkommens, der prominenten Erythrophagozytose, des Fehlens von granulomatösen Reaktionen und von Knochendefekten von der Letterer-Siwe-Erkrankung unterschieden. An klinischen Symptomen treten zuerst Fieber, Splenomegalie und Hepatomegalie zu über 90% in Erscheinung, während eine Lymphadenopathie nur in 17% der Fälle zu beobachten ist. Zytopenien (zumindest 2 der 3 Zellstränge betreffend) sind ein weiterer konstanter Befund [28b]. Bei 83% der Patienten läßt sich eine Hypertriglyceridämie, bei 74% eine Hypofibrinogenämie nachweisen. Die Erkrankung zeigte fast immer einen fatalen Verlauf, nur 12% der Patienten lebten länger als ein halbes Jahr. Sepsis, Pneumonie, Blutungen sowie zentralnervöse Symptomatik stellen die Todesursachen dar. Durch die therapeutischen Entwicklungen (Podophyllotoxine sowie zusätzliche Strahlen- und Chemotherapie des ZNS) konnte die Prognose zum Teil verbessert werden [49a]. Rezidive treten jedoch bei den meisten Patienten auf. In Einzelfällen wurde über günstige Ergebnisse der allogenen Knochenmarktransplantation berichtet [49a].

Pathohistologisch zeigt sich eine diffuse Infiltration (vor allem von Leber, Milz, Lymphknoten, Knochenmark und Zentralnervensystem) mit Lymphozyten und Zellen der Monozyten/Makrophagenreihe [28b, 29, 49a]. Die letzteren zeigen zytologisch keine Malignitätskriterien, jedoch eine ausgeprägte Phagozytose von Erythrozyten sowie von Leukozyten und Thrombozyten. Der Nachweis der Erythrophagozytose kann jedoch auf Schwierigkeiten stoßen. Am leichtesten gelingt er aus Lymphknoten oder Milz (bei Kleinkindern wird eine Feinnadelaspiration aus der Milz in Allgemeinnarkose empfohlen

[28b]). Granulomatöse Reaktionen werden nicht beobachtet. Charakteristisch ist eine Atrophie des lymphatischen Gewebes, bevorzugt in der parakortikalen Region des Lymphknotens und der Milz sowie im Thymus. Die Ätiologie der Erkrankung ist nach wie vor unklar, ein Defekt der Immunregulation wird vermutet. Abzugrenzen sind vor allem hämophagozytische Syndrome nach Infektionen, die maligne Histiozytose, Histiozytosis X und die Sinushistiozytose bei massiver Lymphadenopathie [28a, 75]. Die letztere Erkrankung zeigt meist einen langdauernden, jedoch (mit wenigen Ausnahmen) insgesamt benignen Verlauf mit Tendenz zur Spontanremission [17a].

Hämophagozytische Syndrome außerhalb der (familiären) HLH sind Syndrome nach Infektionen (durch Viren, aber auch andere Erreger wie Leishmania, Brucellosen, Tuberkulose, Röteln, Cytomegalievirus) besonders bei immunsupprimierten Patienten [74], nach intravenösen Fettinfusionen in hohen Dosen [28b] und im Verlauf von malignen Erkrankungen [28b]. Die Prognose (und Altersverteilung) solcher symptomatischer hämophagozytischer Syndrome unterscheidet sich deutlich von jener der (familiären) HLH [28b, 49a].

18.4.3 Sarkoidose

Pathophysiologie. Die Granulombildung wird wahrscheinlich durch Makrophagen eingeleitet, möglicherweise als Antwort auf bisher unbekannte Antigene. Von Monozyten freigesetzte Faktoren (insbesondere IL-1) bewirken eine Akkumulation und Proliferation von T-Helfer-Lymphozyten. Von lymphatischen Zellen freigesetzte Lymphokine führen zur Einwanderung und Aktivierung von Entzündungszellen (einschließlich der Makrophagen). Zusätzlich werden B-Lymphozyten zur vermehrten Bildung von polyklonalen Immunglobulinen stimuliert. Fibroblasten und ihre Entwicklungsformen können in fortgeschrittenen Stadien der Erkrankung vorherrschen und vor allem im Lungenparenchym eine Fibrosierung hervorrufen (Übersicht bei [20]).

Kennzeichnend für die Sarkoidose ist das Vorkommen von nicht verkäsenden Granulomen in verschiedenen Organen [26]. Obwohl typisch für die Sarkoidose, ist der Nachweis von Granulomen keineswegs spezifisch: Infektionen durch Mykobakterien, Pilze und Protoviren sowie andere Viren können ein vergleichbares Bild zeigen. Ähnliches gilt für organische Staubexposition und eine Überempfindlichkeit gegenüber verschiedenen chemischen Agentien (z. B. Beryllium). Manche Vaskulitiden gehen ebenfalls mit einer granulomatösen Entzündungsreaktion einher (z. B. Wegener-Erkrankung).

Klinik. Granulome können in fast jedem Organsystem auftreten, wodurch die klinischen Manifestationen vielgestaltig sind. Vielfach sind die Granulome ohne klinische Symptomatik und bei Biopsien in multiplen Organen nachweisbar (z. B. Lymphknoten, Leber, Haut).

Wichtigste Lokalisationen sind die Lunge und intrathorakale Lymphknoten (v. a. bihiläre Lymphadenopathie; 85% der Patienten), gefolgt vom

Tabelle 18.10. Häufigkeiten computertomographisch nachweisbarer Lymphadenopathien bei Sarkoidose (nach [20])

Lokalisation der Lymphknotenvergrößerung	Häufigkeit (%)
hilär (beidseits)	97
paratracheal rechts	71
aortopulmonales Fenster	76
unterhalb der Bifurkation	21
vorderes Mediastinum	16
hinteres Mediastinum	2

Befall der Leber (ca. 50%), der Milz (47%) anderer Lymphknotenstationen (35%) der Haut (34%), des Auges (27%), und des Nervensystems (5%).

In der Lunge sind die Granulome im Interstitium der Bronchien und Gefäße, in den interlobulären Septen und subpleural lokalisiert. Im Endstadium der Erkrankung sind auch die Alveolen befallen. Aufgrund der fast immer nachweisbaren Granulome in den Wänden von Bronchien und Bronchiolen kann die Erkrankung durch eine transbronchiale Biopsie diagnostiziert werden. Gleichzeitig findet sich bei Sarkoidose im Bereich der Lunge eine interstitielle Entzündung, deren Ausmaß mit dem Grad der Lungenfunktionsstörung (herabgesetzter arterieller Sauerstoffpartialdruck, eingeschränkte Vitalkapazität) korreliert. Entsprechend lassen sich in der bronchoalveolären Lavage vermehrt T-Helfer-Lymphozyten sowie aktivierte Zellen des MMS nachweisen, die spontan IL-1 bilden [3]. Die Häufigkeit computertomographisch nachweisbarer Lymphadenopathien finden sich in Tabelle 18.10.

Die radiologischen Abweichungen können wie folgt klassifiziert werden: Grad 0 keine abnormen radiographischen Befunde; Grad I Lymphknotenvergrößerungen ohne Lungenparenchymveränderungen; Grad II A Kombination von Lymphknoten- und pulmonalem Befall, Grad II B diffuser pulmonaler Befall ohne Lymphknotenvergrößerung und Grad III chronische Lungenerkrankung mit Fibrose.

Häufigste radiologisch faßbare pulmonale Veränderung ist ein retikulonoduläres Bild, in Spätstadien eine Bienenwabenstruktur.

Der Lymphknotenbefall bei Sarkoidose ist differentialdiagnostisch gegenüber einer Tuberkulose, Histoplasmose, Toxoplasmose, *Yersinia*-Infektion, Katzen-Kratz-Krankheit, dermopathischen Lymphadenitis, M. Crohn sowie der sogenannten „sarcoid-like-lesion" abzugrenzen, die in Abflußgebieten von Karzinomen beobachtet wird, sowie gegenüber malignen Lymphomen, insbesondere M. Hodgkin. Hautveränderungen sind im akuten Stadium das Erythema nodosum (eine vaskulitische Reaktion). Häufigste krankheitsspezifische Hautveränderungen sind dagegen der Lupus pernio und weniger eindrucksvoll eine Vielzahl kleiner asymptomatischer makulöser und papulöser Läsionen, die entweder oberflächlich oder in tieferen Lagen der Dermis nachweisbar sind.

Tabelle 18.11. Untersuchungen zum Nachweis einer Sarkoidose (nach [20])

Primäre Untersuchungen
Klinische und radiologische Untersuchung
Bronchiallavage (Vermehrung z. T. aktivierter T-Helfer-Lymphozyten)
Lymphknotenbiopsie (nicht-verkäsende Granulome)
Zusätzliche Untersuchungen
Erhöhte Serumspiegel des Angiotensin-I converting Enzyms
Anergie bei Hauttestung
Gallium-67 Scan
(positiver Kveim-Test)

Ein Augenbefall äußert sich am häufigsten als Uveitis, Iridozyklitis, Konjunktivitis oder Skleritis. Eine Uveitis in Kombination mit einer Parotitis und einem Befall des Nervus facialis wird als Herfordt-Syndrom bezeichnet. Der häufige Leberbefall ist klinisch selten relevant und geht meist nur mit mäßigen Veränderungen der Leberfunktionsproben einher (am charakteristischsten ist eine Erhöhung der alkalischen Phosphatase).

Unter den selteneren Manifestationen ist ein Befall des Myokards sowie der Knochen (im Bereich der kurzen Röhrenknochen von Händen und Füßen) zu nennen (meist als zystische Läsionen imponierend; Ostitis cystica Perthes-Jüngling).

Diagnostisches Vorgehen (Tabelle 18.11). Die Diagnose stützt sich auf typische radiologische Veränderungen (bihiläre Lymphadenopathie), möglichst ergänzt durch Bronchiallavage und/oder eine Biopsie.

Die Auswertung der mononukleären Zellen aus der Lavage gewinnt zunehmend an Bedeutung. Charakteristisch ist die ausgeprägte Zunahme der T-Helfer-Lymphozyten, die Aktivierungszeichen zeigen können.

Bei Fehlen spezifischer Hautveränderungen ist die transbronchiale Biopsie der Lunge meist diagnostisch. Etwa 60% der Patienten mit Sarkoidose zeigen in der transbronchialen Lungenbiopsie Granulome (nicht selten auch bei normalen Lungenröntgenbefunden). Bei Vorliegen von Parenchymveränderungen steigt diese Zahl auf 85–90% an [20]. Die Mediastinoskopie stößt bei ausschließlichem Befall hilärer Lymphknoten nicht selten auf Schwierigkeiten.

Laboratoriumsbefunde. Die Abweichungen sind wenig charakteristisch (z. B. Lymphopenien, Hypergammaglobulinämien, Hyperkalzämien und/oder Hyperkalziurien). Die BKS ist selten stark erhöht (Ausnahme Löfgren-Syndrom), mäßig pathologische Leberfunktionsproben sind häufig. Das Angiotensin-1-konvertierende Enzym ist im Serum oft erhöht, jedoch für diese Erkrankung nicht spezifisch (z. B. erhöhte Aktivitäten auch bei Miliartuberkulose, M. Gaucher, Lepra u. a.). Bei malignen Lymphomen ist dieses Enzym jedoch meistens nicht erhöht [20].

Die Lymphozytenveränderungen im peripheren Blut schließen häufig eine Verschiebung der CD 4-/CD 8-Ratio ein (durch Anreicherung von T-Helfer-Lymphozyten im Granulomgewebe). Dementsprechend finden sich (häufig, aber nicht obligat) Anergien (Tabelle 18.11). Eine Hyperkalzämie ist bei der Sarkoidose ein seltener Befund und kommt aufgrund erhöhter Bildung von aktivem 1,25-Dihydroxy-Vitamin-D_3 aus Vitamin-D_3-Vorläufern durch Alveolarmakrophagen zustande. Obwohl der Gallium-67-Scan der Lunge zur Aktivitätsbeurteilung der Erkrankung wertvoll ist, kann auf diese Untersuchung (Strahlenexposition!) meist verzichtet werden.

Differentialdiagnose. Bei hilärer Lymphadenopathie ergibt sich am häufigsten die Differentialdiagnose gegenüber Lymphomen, bei Lungenbefall die Abgrenzung gegenüber anderen interstitiellen Lungenerkrankungen mit Granulombildung (Tabelle 18.8). Arthritis oder Arthralgien werden gegenüber rheumatischen Erkrankungen oder einer Gicht abzugrenzen sein. Granulombildungen in der Leber sind von granulomatösen Hepatitiden abzugrenzen. „Sarcoid-like"-Läsionen in Lymphknoten oder Leberbiopsien erfordern eine Abgrenzung gegenüber M. Hodgkin, Non-Hodgkin-Lymphomen oder auch Karzinom-Erkrankungen.

18.4.4 Wegener-Granulomatose

(Siehe Kap. 14.2.3)

18.5 Lipidspeicherkrankheiten

Bei diesen Erkrankungen handelt es sich um lysosomale Defektzustände. Als Folge eines Enzymmangels in diesen Zellorganellen kommt es zu Abbaustörungen bestimmter Lipide und zu ihrer Ablagerung vor allem in den Makrophagen der Leber, Milz, des Knochenmarks sowie der Lymphknoten (und z.T. des ZNS; [9, 28, 38 u.a.]). Beim M. Gaucher werden in den Makrophagen Glukozerebroside, bei der Niemann-Pick-Erkrankung Sphingomyeline gespeichert. Der meerblauen Histiozytose liegen wahrscheinlich verschiedenartige Defektzustände zugrunde. Sekundär kann eine erhöhte Zahl von Speicherzellen auch als Folge eines vermehrten Abbaus von Blutzellen, z.B. im Rahmen leukämischer Erkrankungen, auftreten.

18.5.1 M. Gaucher

Die Erkrankung wird durch ein autosomal-rezessives Gen determiniert. Der Typ I der Erkrankung ist in bestimmten Bevölkerungsgruppen (vor allem bei Juden osteuropäischer Herkunft) nicht selten.

Die Erkrankung ist durch einen Mangel des lysosomalen Enzyms Glukozerebrosidase (β-Glukosidase) bedingt. Glukozerebroside sind ein Intermediärprodukt beim Abbau von Membranen verschiedenster Zellen, wie z.B. von Leukozyten. Im Zentralnervensystem werden Glukozerebroside während des Gangliosidmetabolismus gebildet. Dabei kommt es auch zur Ablagerung eines toxischen Intermediärproduktes, nämlich von Glykosylsphingosin.

Die Erkrankung kann sich in 3 Verlaufsformen manifestieren: Chronisch nicht-neuropathisch (Typ I oder adulte Form), akut neuropathisch (Typ II oder infantile Form) oder subakut-neuropathisch (Typ III oder juvenile Form; Übersicht bei [9, 38]). Lediglich für die Diagnose relevante Befunde des bei weitem häufigsten Typ I sollen zusammengefaßt werden.

Die Erkrankung manifestiert sich in Form von Speicherzellinfiltraten in Milz, Knochenmark, meist auch in der Leber. Häufig kommt es zu einem Hyperspleniesyndrom und zu charakteristischen Knochenveränderungen.

Die klinischen Symptome beim Typ I der Erkrankung können in jedem Lebensalter (von der frühkindlichen Periode bis ins hohe Alter) erstmals manifest werden. Etwa 1/3 aller Fälle werden in der ersten Dekade diagnostiziert (die Mehrzahl dieser Kinder sind Nichtjuden; [38]). Bei weiteren 25% wird die Erkrankung nicht vor dem 30. Lebensjahr festgestellt. Diese letztere Gruppe hat einen besonders benignen Verlauf. Dagegen ist die Prognose bei sehr früherem Krankheitsbeginn auch beim Typ I der Erkrankung ungünstig, da es zu schweren Lungen-, Leber- und Knochenveränderungen kommt.

Die Diagnose wird vor allem durch den zytologischen Nachweis von Gaucher-Zellen (vor allem im Knochenmark), durch zytochemische und eventuell elektronenmikroskopische Untersuchungen an diesen Zellen gestellt. Die moderne Diagnostik bedient sich einer biochemischen Sicherung des Enzymdefektes unter Verwendung weißer Blutzellen. Zunehmend werden DNA-Analysen zum Nachweis von Punktmutationen am Glukozerebrosidase-Gen angewandt. In diesen Untersuchungen wurde ein Fusionsgen dokumentiert [104].

Die Beutler'sche [103, 104] und andere Arbeitsgruppen [93a] charakterisierten Mutationen, die der Gaucher'schen Erkrankung in ihren verschiedenen klinischen Manifestationen zugrunde liegen. Schwierigkeiten der Gentypisierung liegen darin, daß neben dem Gen ein Pseudogen liegt. Durch „crossing over" (Rekombination) der sehr ähnlichen Gene am Chromosom 1 kam es zum Auftreten eines Fusionsgens. Mutationen waren dadurch vor allem in Position 1226 (18 von 24 Patienten mit Typ I [103]) und/oder 1448 nachweisbar. Im ersteren Fall war der Verlauf günstig und die Symptome bei Homozygoten, wenn überhaupt vorhanden, auf eine Splenomegalie und Thrombopenie beschränkt. Mutationen in Position 1448 (eventuell in Kombination mit 1226) gingen mit schweren Erscheinungen (eventuell als Typ II der Erkrankung) einher. Weitere Mutationen betreffen die Positionen 476, 1361 und andere.

Zytologie und Zytochemie. Die Gaucherzelle (Abb. 18.2) mißt zwischen 20 und 100 μm im Durchmesser und ist ein- oder mehrkernig. Der Kern ist rund oder oval und oft exzentrisch gelegen. Das reichliche Zytoplasma ist blaßrosa, eine charakteristische Eigenschaft der Zellen sind stäbchenförmige Einschlüsse. Durch diese Einlagerungen wirkt die Zelle wie unregelmäßig gefaltet („zusammengeknülltes Papier"). Diese Einschlüsse werden im Phasenkontrastmikroskop besonders deutlich nachgewiesen. Die Gaucherzelle zeigt Autofluoreszenz, das Zytoplasma ist PAS-positiv. Wichtig ist weiter der Nachweis einer sauren Phosphatase, die tartratresistent ist (Übersicht bei [82]). Die Speicherzellen enthalten darüber hinaus häufig Eisenablagerungen. Die Schultz-Reaktion (Anfärbung von intrazellulärem Cholesterin) ist negativ (zur Differentialdiagnose gegenüber Niemann-Pick s. Kap. 18.5.2).

Elektronenmikroskopisch enthält das Zytoplasma der Gaucher-Zelle spindel- oder stabförmige Einschlüsse von 0,4–3 μm Länge, die membrangebunden sind. Bei diesem fibrillären Netzwerk handelt es sich um zahlreiche dilatierte Strukturen, die an Lysosomen erinnern (Übersicht bei [9, 38]).

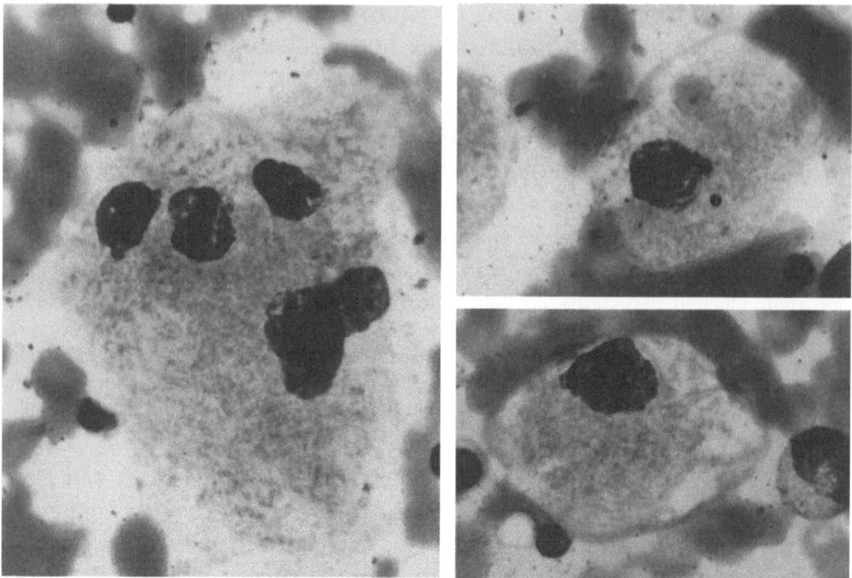

Abb. 18.2. Knochenmarkausstrich bei M. Gaucher

Nachweis des Enzymdefektes und Erfassung von Heterozygoten. Gewaschene weiße Blutzellen (oder Fibroblastenkulturen) eignen sich zum Nachweis des schweren Defektes einer sauren β-Glukosidase am besten (weiterführende Literatur bei [103]).

Zur Erfassung von Heterozygoten sind diese Enzymtests Voraussetzung, da bei Merkmalsträgern Gaucher-Zellen im Knochenmark und auch die sonstigen klinischen Symptome fehlen. Ein artefizielles fluorogenes Substrat (4-Methyl-Umbelliferyl-β-Glukosid) wird gewöhnlich als Ersatz für das natürliche Substrat verwendet.

Weitere Laboratoriumsbefunde. Das Blutbild der Patienten kann normal sein, zeigt jedoch häufiger Zeichen eines Hypersplenismus. Die Anämie ist meist nur mäßig und geht häufig mit einer Retikulozytose einher. Leukopenien kommen vor allem im Rahmen eines Hyperspleniesyndroms und weniger als Folge der Knochenmarkinfiltration mit Speicherzellen zustande. Blutmonozyten dieser Patienten zeigen nach Schaefer [82] eine deutliche Aktivität der tartratresistenten sauren Phosphatase. Diese fehlt in normalen Monozyten und gibt damit Hinweise auf eine Enzyminduktion, schon in dieser Makrophagenvorstufe. Thrombopenien können deutlich ausgeprägt sein. Im Serum der Patienten ist die saure Phosphatase (ebenfalls tartratresistent) erhöht. Es handelt sich um das Isoenzym 5 und dürfte daher aus Osteoklasten stammen.

Ein begleitender Eisenmangel ist nicht selten, da die Speicherzellen Eisen in Form von Ferritin akkumulieren [28]. Manche älteren Patienten entwickeln eine monoklonale Gammopathie und eventuell ein multiples Myelom [38]. Leukämien und andere Neoplasmen kommen bei älteren Patienten ebenfalls mit erhöhter Inzidenz vor [38].

Obwohl nur etwa 20% aller Patienten mit dem Typ I der Erkrankung eine signifikante Knochensymptomatik zeigt, findet man bei mehr als der Hälfte radiologische Zeichen solcher Veränderungen (Erlenmeyerkolbenähnliche Veränderungen des mittleren und distalen Femur, manchmal auch lytische Knochenläsionen). Zur Erfassung von Knochenveränderungen ist das Knochenszintigramm, zuletzt auch die Magnetresonanztomographie wertvoll [77].

18.5.2 M. Niemann-Pick

Die Erkrankung wird autosomal rezessiv vererbt, ist selten und kann sich in verschiedenen Formen (Typ A–D) manifestieren [5, 17, 38, 68]. Die Erkrankung ist entweder durch einen Mangel des Enzyms Sphingomyelinase bedingt (Typ A und B), es kann eine Störung der Cholesterolesterifizierung zugrunde liegen (Typ C), oder der Enzymdefekt ist noch unbekannt (Typ D und E; [38]). Die Diagnose wird aufgrund einer Hepatosplenomegalie, des Nachweises von Speicherzellen (vielfach aus dem Knochenmark) und evtl. einer neurologischen Symptomatik gestellt.

Die Speicherzelle mißt 20–90 μm im Durchmesser, das Zytoplasma zeigt im Phasenkontrastmikroskop viele tropfenförmige Einschlüsse, so daß die Zelle maulbeerartig erscheint. In gefärbten Präparaten ist die Zelle schaumig und enthält oft ein braunes Pigment (Lipofuszin). Sie ist deutlich sudanschwarz-positiv, die PAS-Reaktion zeigt variable Ergebnisse, und auch die saure Phosphatase ist nur in schwacher Aktivität nachweisbar (Differentialdiagnose gegenüber Gaucher-Zellen). Da das gespeicherte Sphingomyelin durch Peroxidasewirkung langsam umgewandelt wird, kommt es zu Lipofuszinablagerungen. Diese sekundären Einschlüsse führen zu zytologischen Veränderungen nach Art „meerblauer Histiozyten", die eine tartratresistente saure Phosphatase und eine Autofluoreszenz zeigen (Übersicht bei [82]). Die Schultz-Reaktion ist aufgrund des Cholesteringehaltes meist positiv. Eine Sicherung der Diagnose wird bei Sphingomyelinasedefekten (Typ A und B) durch Inkubation von Fibroblasten oder Leukozyten mit Sphingomyelin geführt, das im Cholinanteil ^{14}C-markiert ist. Bei Homozygoten werden weniger als 5% der Kontrollaktivität gemessen, während Heterozygote leichtere Verminderungen zeigten. Beim Typ C kann der Defekt der Cholesterolesterbildung erfaßt werden [5, 68].

18.5.3 Syndrome der meerblauen Histiozyten (blaue Pigmentmakrophagen)

Meerblaue Histiozyten (Pigmentmakrophagen) messen 20–60 μm im Durchmesser und enthalten zahlreiche grobe Granula, die sich mit May-Grünwald-Giemsa blaugrün bis tiefblau färben (Abb. 18.3). Der kleine Kern ist meist dicht und randständig, er kann einen einzelnen Nukleolus enthalten. Daneben sind auch Schaumzellen nicht selten nachweisbar. Die typischen

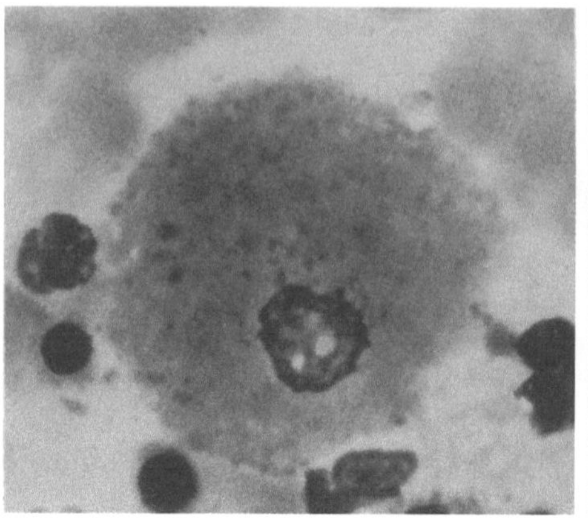
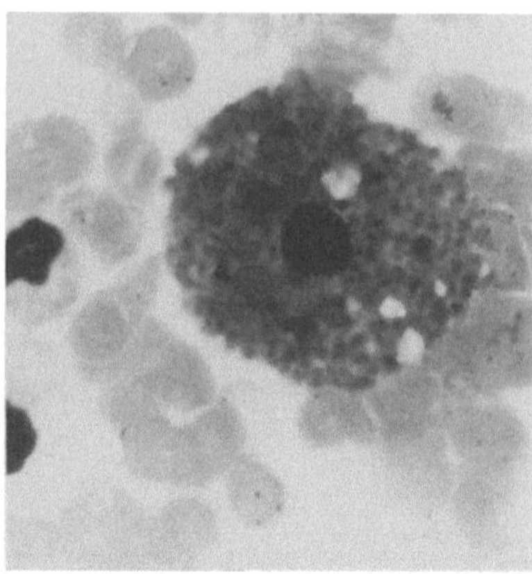

Abb. 18.3. Knochenmarkausstrich bei meerblauer Histiozytose

Granula sind häufig PAS-positiv, meist ist auch die Peroxidasefärbung positiv. Elektronenmikroskopische Befunde finden sich bei Dawson et al. [17].

Das Syndrom kann bei 3 verschiedenen Personengruppen beobachtet werden (Übersicht bei [34]).

1. Es kann sich um eine primäre Erkrankung des Lipidmetabolismus, im speziellen den Typ B der Niemann-Pick-Erkrankung handeln [17, 18].
2. Es liegt ein primäres familiäres Syndrom mit unzureichend geklärten Stoffwechseldefekten vor (Übersicht bei [28, 81]). Befallene Personen zeigen eine große Zahl von meerblauen Histiozyten in Leber, Milz und Knochenmark. Die Symptome sind meist auf eine Hepatosplenomegalie und eventuelle Thrombozythämie beschränkt.
3. Es liegt eine symptomatische Form als Folge eines erhöhten Blutzellenumsatzes vor.

Meerblaue Histiozyten als Begleitsymptom bei hämatologischen Erkrankungen. Eine meist kleinere Zahl von Speicherzellen, die morphologisch an meerblaue Histiozyten und/oder an Gaucher-Zellen erinnern, wird im hyperplastischen Knochenmark vor allem bei chronisch-myeloischer Leukämie, seltener bei idiopathisch-thrombopenischer Purpura, Hämoglobinopathien u. a. Zuständen gesehen (Übersicht bei [9, 28, 34]).

Sie treten wahrscheinlich als Folge des erhöhten Abbaus von Blutzellen auf, wodurch es zu einer Hyperplasie von Speicherzellen mit Abbaustörungen kommt. So wurden z. B. in einer systematischen Auswertung von 60 Patienten mit CML Gaucher-Zellen und/oder meerblaue Histiozyten bei 17% der Patienten gefunden. In Einzelfällen kommen sie auch bei AML, ALL sowie bei Lymphomen zur Beobachtung.

18.6 Neoplasien des Monozyten-/Makrophagensystems

18.6.1 Monozytäre und myelomonozytäre Leukämien

Die unreifzelligen Formen wurden im Kapitel „Akute Leukämien", chronisch-myelomonozytäre Leukämien bei den Myelodysplastischen Syndromen besprochen.

18.6.2 Maligne Histiozytose

Die maligne Histiozytose ist eine seltene systemische, im Krankheitsverlauf fortschreitende Proliferation atypischer Monozyten/Makrophagen oder ihrer Differenzierungsformen. Sie ist meist durch einen ausgedehnten Befall der verschiedenen Organe charakterisiert. Die Tumorzellen können Differenzierungsmerkmale der Histiozyten, Makrophagen und Retikulumzellen aufweisen. Differentialdiagnostisch werden myelomonozytäre Leukämien (FAB-M4 und -M5), maligne Lymphome (vor allem anaplastische NHL nach Art des Ki-1 Lymphoms), andere Erkrankungen des Makrophagensystems (Histiozytosis X) und sekundäre hämophagozytische Syndrome ausgeschlossen.

Obwohl das Krankheitsbild der „histiozytischen medullären Retikulose" in der Literatur gut dokumentiert ist [33, 34, 42, 52, 84], sind Neoplasien, die den Phänotyp von Makrophagen zeigen, extrem selten. Der Grund ist wahrscheinlich darin zu sehen, daß es sich bei Makrophagen um generative Endzellen handelt. Es erscheint möglich, daß die als maligne Histiozytose bezeichnete Neoplasie eine besondere Differenzierungsform der Monozytenleukämie darstellt. Zur Abgrenzung gegen die großzellig-anaplastischen (Ki1-)Lymphome siehe Kap. 10. Eine Reihe früher als maligne Histiozytose diagnostizierter Erkrankungen konnten als Ki-1 Lymphom reklassifiziert werden [91a]. Neuere hämatologische Fallzusammenstellungen bei [88a].

18.6.2.1 Zytologie, Zytochemie und Immunphänotyp

Die Tumorzellen zeigen in den wenigen bisher gesicherten Fällen von maligner Histiozytose eine ausgesprochen pleomorphe Zytologie. Das Kernchromatin ist von geringer Dichte. Nukleolen sind z. T. prominent. Mitosen sind selten, kommen jedoch vor. Das Zytoplasma ist breit und enthält vielfach Vakuolen und gelegentlich Phagosomen. Manche Fälle zeigen eine deutliche Hämophagozytose mit Ausbildung von makrophagenähnlichen Tumorzellen, die z. T. Erythrozyten beinhalten. In solchen Fällen zeigen die Tumorzellen eine hohe Aktivität für die Alpha-Naphthyl-Acetatesterase sowie Naphthyl-AS-Acetatesterase, die durch NaF hemmbar ist. Die meisten Zellen enthalten saure Phosphatase in einem diffusen Reaktionsmuster. Die POX-Reaktion, die Naphthyl-AS-D-Chloracetatesterase-Reaktion, die alkalische Phosphatase und die PAS-Reaktion fallen negativ aus. Die meisten Tumorzellen sind Lysozym-positiv. Immunhistochemisch exprimieren die Tumorzellen CD11c (Ki-M1) und CD68 (Ki-M6, Ki-M7 und KP1) und Ki-M1p sowie Ki-M8. Darüber hinaus sind sie positiv für MAC 387.

Besonders anaplastische Varianten sind großzellig und können eine hohe Expression für CD30 aufweisen. Immunhistochemisch handelt es sich um eine membran-gebundene Reaktion. Die meisten Zellen sind darüber hinaus positiv im Bereich des Golgi Apparates. Die Eigenschaften der Monozyten und Makrophagen bleiben beschränkt auf Lysozym, α-Naphthyl-acetatesterase und Ki-M1p. Solche Varianten werden häufig unter den großzellig anaplastischen Lymphomen (Ki1-Lymphome) subsumiert.

18.6.2.2 Organmanifestationen

Nach der Erstbeschreibung [84] ist die Erkrankung durch Lymphknotenschwellungen, Hepatosplenomegalie und Infiltrationen durch Tumorzellen in vielen Organen des Körpers charakterisiert. Literaturergebnisse (Übersicht bei [33]) weisen auf eine Splenomegalie in 88%, Hepatomegalie in 86% und Lymphknotenschwellungen in 59% der Patienten hin. Im Knochenmark sind bei sorgfältiger Durchmusterung abnorme Makrophagen und atypische myelomonozytäre Zellen in einem unterschiedlichen Prozentsatz nachweisbar [42]. Deutliche Infiltrationen finden sich bei etwa 1/3 [97] bis 3/4 der Patienten.

Die Erkrankung kann sich – wohl selten – unter dem Bild einer massiven Splenomegalie bei sonst geringer Symptomatik manifestieren [95a]. Die Lymphknotenschwellungen sind bei der Mehrzahl der Patienten zunächst nur lokalisiert, wobei häufig nur ein Teil der Lymphknoten ergriffen ist (histologisch findet sich eine Proliferation atypischer Makrophagen im Bereich der subkapsulären und medullären Lebersinus (Übersicht bei [97]). Zum Nachweis eines Knochenmarkbefalls eignen sich die Aspirationszytologie und die Stanzbiopsie. In der Patientengruppe von Manoharan u. Catovsky [52] entsprachen im Ausstrichpräparat 5–40% der kernhaltigen Zellen den beschriebenen Zelltypen (s. oben). Nur in 2 von 12 Fällen war die Zahl zu gering, um von diagnostischem Wert zu sein.

Weitere häufig ergriffene Organe sind Lunge und Pleura (in 52% bei Huhn et al. [33]), die Niere (in 50% der Patientengruppe von Lampert et al. [42]), Haut (29%) u. a. auch Weichteiltumoren oder ein Befall des ZNS sind nicht ungewöhnlich [97].

18.6.2.3 Laboratoriumsbefunde

Sehr oft (in 74%) besteht eine Anämie, die von einer Leukopenie (39%) und/oder Thrombopenie (44%) begleitet sein kann. Bei 1/4 der Patienten werden auch erhöhte Leukozytenwerte gefunden; Eosinophilien in 35%. Bei sorgfältiger Durchmusterung der Blutausstriche kommt eine Ausschwemmung „abnormer Makrophagen“ bei etwa 75% vor (Abb. 18.4 und 18.5), aber nur in der Hälfte der Fälle beträgt ihr Anteil mehr als 10% der kernhaltigen Zellen in der Peripherie.

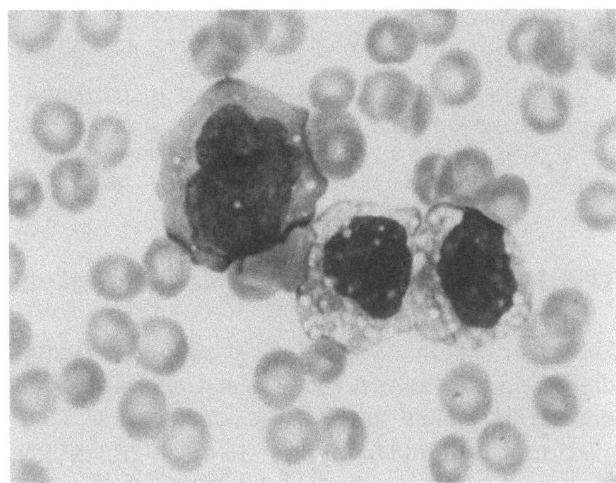

Abb. 18.4. Tumorzellen bei maligner Histiozytose

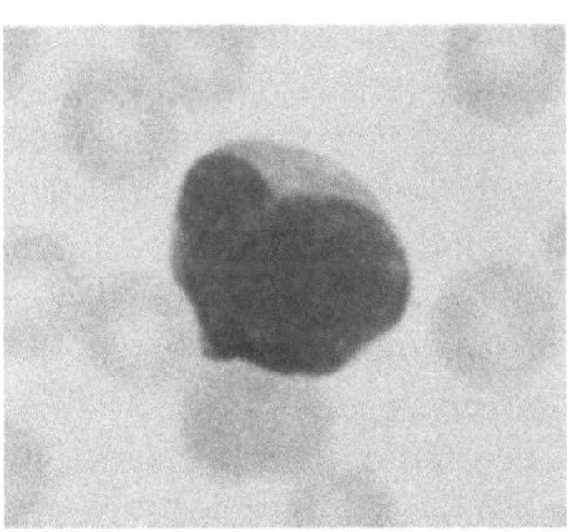

Abb. 18.5. Tumorzelle bei maligner Histiozytose

Erhöhungen der Serumlysozymspiegel werden bei mehr als der Hälfte der Patienten beobachtet, allerdings erreichen sie nur selten ein Ausmaß, wie es bei Monozyten-Leukämien gefunden wird [42].

Ein Ikterus (1/3) dürfte in erster Linie auf die Leberfunktionsstörungen zurückzuführen sein [97].

Die Immunglobulinwerte sind normal bis leicht erhöht [33]. Begleitlymphozytosen ohne Hinweise auf eine Leukämie wurden von mehreren Arbeitsgruppen im Verlauf der Erkrankung beobachtet (z. B. [97]).

18.6.2.4 Sicherung der Diagnose

Zur Unterstützung der hämatologischen Diagnostik sind bioptische Untersuchungen aus zumindest einem weiteren befallenen Organsystem anzustreben. Dazu eignen sich in erster Linie Lymphknoten und/oder eine Leberbiopsie. Seltener wird die Diagnose allein aus dem Knochenmarkaspirat, aus Milzgewebe im Rahmen einer Splenektomie, aus Hautinfiltraten oder Biopsien eventueller Weichteiltumoren gestellt.

Eine Sicherung der Diagnose aus den LK-Biopsien waren in einer Arbeitsgruppe von Dorfmann [97] bei 21 von 29 Patienten möglich. Leberbiopsien sind bei dem häufigen Befall dieses Organs meist ebenfalls zur diagnostischen Sicherung geeignet. In der Regel sind in Anfangsstadien die Lymphknotensinus betroffen.

18.6.3 Retikulumzellsarkom (Retikulosarkome)

Das echte Retikulosarkom ist wie die histiozytären Differenzierungsformen des MMS sehr selten. Inzwischen sind diese Entitäten gut definiert und dürfen nicht mehr zu NHL gezählt werden. Die Tumorzellen sind zytologisch und immunphänotypisch den echten Antigen-präsentierenden dendritischen Retikulumzellen sehr ähnlich, z. T. entsprechen sie Langerhans-Zellen der Haut oder interdigitierenden Retikulumzellen des Lymphknotens und sind dann positiv für CD1 und das Antigen S100. Bei entsprechender Zytomorphologie wird auch vom Sarkom der interdigitierenden Retikulumzellen gesprochen. Elektronenmikroskopisch sind eine Reihe von charakteristischen Merkmalen nachweisbar, die sonst nur in interdigitierenden Retikulumzellen der lymphatischen T-Zone beobachtet werden. Retikulosarkome können unter verschiedenen Erscheinungsbildern beobachtet werden. Besonders gut untersucht sind die verschiedenen Formen der Histiozytosis X, die als Langerhanszell-Granulomatose bezeichnet wird.

Immunphänotypisch sind alle Merkmale der Langerhans-Zellen der Epidermis gegeben [4]. Ein Teil dieser Tumoren zeigt eine stärkere Beteiligung der eosinophilen Granulozyten und Lymphozyten und wird daher als eosinophiles Granulom bezeichnet. Bei den meisten dieser Läsionen handelt es sich wahrscheinlich um niedrig maligne Tumoren, deren Prognose meist von der Ausdehnung und der Lokalisation und weniger von der Aggressivität der Tumorzellen abhängt.

Ein weiterer Tumor, der phänotypische Merkmale der interdigitierenden Retikulumzellen zeigt, jedoch wichtige Eigenschaften der Langerhans-Zellen vermissen läßt, ist die sogenannte Non-X-Histiozytose [100, 101]. Diese „multizentrische“ Retikulohistiozytose ist durch allgemeine Erscheinungen wie Arthropathie und multiple makuläre Hauteffloreszenzen charakterisiert [2, 11].

In den häufigen Hautinfiltraten ähneln die Tumorzellen Langerhans-Zellen. Sie sind monomorph, besitzen stark gefältelte oder eingekerbte chromatinarme Kerne, das schmale Zytoplasma ist nur in Andeutung erkennbar. Mitosen sind selten. Die typischen immunhistochemischen Merkmale der Langerhans-Zellen wie die Positivität für S100 und CD1 fallen jedoch negativ aus. Dagegen sind die Merkmale der Monozyten und Makrophagen voll entwickelt. Entsprechend sind die Tumorzellen positiv für die Enzyme Naphthyl-AS-Acetatesterase sowie Alpha-Naphthyl-Acetat esterase. Immunhistochemisch zeigen sie eine mäßige Aktivität für CD11c

(Ki-M1) und CD68 (Ki-M6, Ki-M7 und KP1), ebenfalls sind sie positiv für Ki-M1p und Ki-M8. Am häufigsten sind Haut und Knochenmark befallen. Obwohl gering atypische myelomonozytäre Zellen im Knochenmark vorkommen, gelingt eine eindeutige Diagnose einer Monozytenleukämie häufig nicht. Vielfach besteht in Blut und Knochenmark allenfalls das Bild einer Myelodysplasie. Zur Erfassung tragen zunehmend immunhistologische Methoden unter Einsatz makrophagenspezifischer Antikörper bei (vor allem CD-14, CD-11c, Ki-M6 und Ki-M8). Auch die Zytochemie hat zur Erfassung von Makrophagentumoren ihren wichtigen Platz (β-Glukuronidase, saure Phosphatase, unspezifische saure Esterase).

Bei der Mehrzahl von Tumoren, die der Makrophagenreihe zugeordnet wurden, handelt es sich mit Wahrscheinlichkeit um maligne Lymphome. Eine solche Beweisführung wurde möglich, als verläßliche phänotypische Merkmale der T- und B-Lymphozyten, wie Immunglobuline und T-Zell-spezifische Antigenrezeptoren, mit modernen immunhistochemischen Methoden erfaßt werden konnten [45]. Heute stehen uns eine große Zahl von Antikörpern zur Verfügung, die spezifisch verschiedene Ig-Klassen, ihre schweren und leichten Ketten erkennen. Ebenso liegen monoklonale Antikörper vor, die mit dem humanen T-Zell-Antigenrezeptor reagieren. Mit diesen immunologischen Reagentien lassen sich sogar stark anaplastische maligne Lymphome, die ihre sonstigen Erkennungsmerkmale im Verlauf der Dedifferenzierung verloren haben, identifizieren (z. B. Ki-1-Lymphome). In einem kleinen Teil der anaplastischen, meist großzelligen Lymphome jedoch gelingt selbst unter Anwendung solcher spezifischer Reagentien eine verläßliche Klassifizierung nicht, da die Tumorzellen ihre Fähigkeit verloren haben, entsprechende Genprodukte zu exprimieren. In solchen Fällen helfen molekulargenetische Methoden, wie die „Southern-Blot"-Analyse, um ein T-Zell-spezifisches „Rearrangement" der Antigenrezeptorantigene mit entsprechenden DNA-Sonden nachzuweisen. In einer ähnlichen Weise läßt sich auch das B-Zell-spezifische „Rearrangement" für die Ig-Gene ausnutzen, um die B-Zellzugehörigkeit eines Tumors zu demonstrieren. Der Begriff „Retikulumzellsarkom" bleibt damit für die Neoplasien reserviert, die ausschließlich eine Retikulumzell-Differenzierung zeigen (s. Kap. 18.6.3.1).

18.6.3.1 Retikulosarkome der follikulären dendritischen und der interdigitierenden dendritischen Retikulumzellen

Als Retikulumsarkome der follikulären dendritischen Zellen werden maligne Tumoren bezeichnet, die von den follikulären dendritischen Retikulumzellen der lymphatischen Keimzentren (akzessorische Zellen der humoralen Immunantwort) ihren Ausgang nehmen.

Da Birbeck-Granula fehlen, können diese Tumorzellen nicht als Langerhans-Zellen klassifiziert werden. Der Tumor ist jedoch positiv für HLA-DR, CD4, CD1, CD11c und S-100. Die Tumorzellen entsprechen damit entweder den den Langerhans-Zellen sehr nahestehenden, häufig an den dermoepidermalen Junktionen nachweisbaren *indeterminante dendritic cells,* die wahrscheinlich Vorstufen der Langerhans-Zellen darstellen, oder gehören den interdigitierenden dendritischen (Retikulum-)Zellen der Lymphknoten an.

Bei den meisten bisher mitgeteilten derartigen Tumoren handelt es sich um Erwachsene zwischen 17 und 67 Jahren, das Geschlechtsverhältnis von weiblich : männlich betrug 1 : 4. Neben Lymphknoten wurden Haut- und Nasopharynx als Ort des Primärtumors beschrieben. Zwei Patienten starben innerhalb von 4 Monaten, während 1 Patient noch 6 Jahre nach den ersten Symptomen lebte. Bis auf einen Fall waren alle Tumoren positiv für die unspezifische saure Esterase, auch das S-100-Protein war in den meisten Fällen positiv.

Charakteristisch für derartige Tumoren sind die Reaktionen mit entsprechenden spezifischen monoklonalen Antikörpern wie R4-/24, Ki-M4- oder Ki-B1p [60, 65, 91]. Auch Antikörper gegen Desmoplakin sind wertvoll. Elektronenmikroskopisch besonders auffallend sind die langgezogenen und weitverzweigten Zytoplasmaausläufer. Das Zytoplasma ist organellenarm und frei von pinozytotischen Vesikeln, elektronendichte sekretorische Granula oder Weibe-Paladekörperchen fehlen.

Unter den wenigen, bisher in der Literatur eindeutig als Retikulosarkome der follikulären dendritischen Retikulumzellen charakterisierten Tumoren sind die Fälle von Monda et al. [56] sowie von Pallesen u. Myhre-Jensen [63] besonders gut dokumentiert. Der längste Verlauf erstreckte sich über 8 Jahre. Halslymphome oder axilläre Tumoren waren meist vorwiegend, lokale Rezidive nicht ungewöhnlich.

Retikulosarkome der interdigitierenden dendritischen Retikulumzellen können unter verschiedenen Erscheinungsbildern zur Beobachtung kommen. Besonders gut untersucht sind die verschiedenen Formen der Histiozytosis X, die als Langerhans-Zellgranulomatose bezeichnet wird (s. oben).

Literatur

1. Babior BM (1988) Function of Neutrophils and Mononuclear Phagocytes; Disorders of Neutrophil Function. In: Cecil Textbook of Medicine, Saunders
2. Barrow MV, Holubar K (1969) Multicentric reticulohistiocytosis. A review of 33 patients. Medicine 48:287–305
3. Barth J, Kreipe H, Kiemle-Kalle J, Radzun HJ, Parwaresch MR, Petermann W (1988) Diminished activity of tartrate-resistant acid phosphatase in alveolar macrophages from patients with active sarcoidosis. Thorax 43:901–904
4. Beckstead JH. Wood GS, Turner RR (1984) Histiocytosis X cells and Langerhans cells. Enzyme histochemical and immunologic similarities. Hum Pathol 15:826–833
5. Besley GTN, Moss SE (1983) Studies on sphingomyelinase and β-glucosidase activities in Niemann-Pick disease variants. Phosphodiesterase activities measured with natural and artificial substrates. Biochem Biophys Acta 752:54
6. Beutler B et al (1986) Control of cachectin (Tumor necrosis factor) synthesis: mechanisms of endotoxin resistance. Science 232:977
7. Bjerkens R, Laerum OD, Odegaard S (1985) Impaired bacterial degradation by monocytes and macrophages from a patient with Whipple's disease. Gastroenterology 89:1139–1146
8. Blattner RJ (1964) Generalized BCG infection. J Pediatr 65:311–314
9. Brady RO (1983) Sphingomyelin lipidosis: Niemann-Pick disease. In: Stanbury JB, Wyngaarden JB, Fredrickson DS et al (eds) The Metabolic Basis of Inherited Disease, 5th ed. McGraw-Hill Book Company, New York
10. Burgess AW, Metcalf D (1980) The nature and action of granulocyte-macrophage colony stimulating factors. Blood 56:947–958
11. Caputo R, Gianotti F (1980) Cytoplasmic markers and ultrastructural features in histiocytic proliferations of the skin. J Ital Dermatol Venerol 115:107–120

12. Carbone A, Poletti A, Mancone R, Volpe R, Sanzi C (1985) Demonstration of S-100 protein distribution in human lymphoid tissues by the avidin-biotin complex immunostaining method. Hum Pathol 16:1157–1167
13. Catovsky D, O'Brien M (1981) Lysosomal granules in leukemic monocytes and their relation to maturation stages. In: Schmalzl F, Huhn D, Schaefer HE (eds) Disorders of the monocyte macrophage system. Springer, Berlin Heidelberg New York, p 167
14. Celada A, Allen R, Esparza I, Gray PW, Schreiber RD (1985) Demonstration and Partial Characterization of the Interferon-Gamma Receptor on Human Mononuclear Phagocytes. J Clin Invest 76:2196–2205
15. Chu T, D'Angio GJ, Favara B et al (1987) Histiocytosis syndromes in children. Lancet 1:208
16. Coode PE, Ridgway H, Jones DB (1980) Multicentric retriculohistiocytosis: Report of two cases with ultrastructural, tissue culture and immunologic studies. Clin Exp Dermatol 5:281–293
17. Dawson PJ, Dawson G (1982) Adult Niemann-Pick disease with sea-blue histiocytes in the spleen. Hum Pathol 13:1115
17a. Dehner LP (1991) Morphologic findings in the histiocytic syndromes. Semin Oncol 18:8–17
18. Dewhurst N et al (1979) Sea blue histiocytosis in a patient with chronic non-neuropathic Niemann-Pick disease. J Clin Pathol 32:1121
18a. Dinarello CA (1991) Interleukin-1 and interleukin-1 antagonism. Blood 77:1627–1652.
19. Dustin ML, Staunton DE, Springer TA (1988) Supergene families meet in the immune system. Immunol Today 9:213–215
19a. Enrique P, Dahlin DC, Hayles AB, Henderson ED (1967) Histiocytosis X: a clinical study. Mayo Clin Proc 42:88–99
20. Fanburg B (1988) Sarcoidosis. In: Cecil Textbook of Medicine, Saunders
21. Farquhar JW, Claireaux AF (1952) Familial hemophagocytic reticulosis. Arch Dis Child 27:519–525
22. Fauchier C, Benatre A, Regy JM, Jobard P, Combe P (1970) La lymphohistiocytose familiale. Arch Fr Pediatr 27:51
23. Fithian E, Kung P, Goldstein G, Rubenfeld M, Fenoglio C, Edelson R (1981) Reactivity of Langerhans cells with hybridoma antibody. Proc Natl Acad Sci USA 78:2541–2544
24. Galili U, Rachmilewitz EA, Peleg A, Flechner I (1984) A unique natural human IgG antibody with anti-alpha-galactosyl specifity. J Exp Med 160:1519–1531
24a. Gadner H, Heitger A, Ritter J et al (1987) Langerhanszell-Histiozytose im Kindesalter – Ergebnisse der DAL-HX83 Studie. Klin Pädiat 199:173–182
25. Gerdes J, Stein H, Mason DY, Ziegler A (1983) Human dendritic reticulum cells of lymphoid follicles: their antigenic profile and their identification as multinucleated giant cells. Virchows Arch (Cell Pathol) 42:161–172
26. Gibbs AR, Williams WJ (1986) The pathology of sarcoidosis. Sem Resp Med 8:10–16
26a. Groh V, Gadner H, Radaskiewicz T et al (1988) The phenotypic spectrum of histiocytosis X cells. J Invest Dermatol 90:441–447
27. Groopman JE (1988) Langerhans cell (eosinophilic) granulomatosis. In: Cecil Textbook of Medicine, Saunders
28. Groopman JE, Golde DW (1981) The histiocytic disorders: a pathophysiologic analysis. Ann Int Med 94:95–107
28a. Haas RJ, Helmig MSE, Meister P (1981) Sinus histiocytosis with massive lymphadenopathy and epidural involvement. In: Schmalzl F, Huhn D, Schaefer HE (eds) Disorders of the monocyte macrophage system. Springer, Berlin Heidelberg New York, p 239
28b. Henter JI, Elinder G, Oest A et al (1991) Diagnostic guidelines for hemophagocytic lymphohistiocytosis. Semin Oncol 18:29–33

29. Herlin T, Pallesen G, Kristensen T, Clausen N (1987) Unusual immunophenotype displayed by histiocytes in hemophagocytic lymphohistiocytosis. J Clin Pathol 40:1413–1417
29a. Histiocyte Society Writing Group (1987) Histiocytosis syndromes in children. Lancet 1:208–209
30. Hoefsmit ECM et al (1982) Langerhans cells, veiled cells, and interdigitating cells. Immunobiology 161:255
31. Hogg N (1989) Surface molecules and receptors. In: Asherson GL, Zembala M (eds) Human monocytes. Academic Press, London
32. Huber H, Fudenberg HH (1968) Receptor sites of human monocytes for IgG. Int Arch Allergy 34:18
33. Huhn D, Meister P (1978) Malignant histiocytosis. Morphology and cytochemical findings. Cancer 42:1341
34. Jandl JH (1987) Blood Textbook of Hematology. Little, Brown and Company Boston/Toronto
35. Janka GE (1983) Familial hemophagocytic lymphohistiocytosis. Eur J Pediatr 140:221–230
36. Johnston RB (1983) Monocytes and macrophages. N Engl J Med 318:747–752
37. Kaiserling E, Lennert K, Nitsch K, Drescher J (1972) Ultrastruktur und Pathogenese der BCG-Histiocytose (sog. BCG-Granulomatose). Virchows Arch (Pathol Anat) 355:333–353
37a. Klein J (1991) Immunologie. In: Schmidt RE (Hrsg). VCH Verlagsgesellschaft, Weinheim
37b. Knapp W (1989) Leucocyte typing IV. Oxford Univ Press, Oxford
38. Kolodny EH (1988) Gaucher's Disease; Niemann-Pick Disease. In: Cecil Textbook of Medicine, Saunders Company
39. Komp DM (1987) Langerhans cell histiocytosis. N Engl J Med 316:747
39a. Komp DM, Perry MC (1991) Introduction: the histiocytic syndromes. Semin Oncol 18:1–2
40. Kreipe H, Radzun HJ, Parwaresch MR, Hansmann ML (1987) Ki-M7 monoclonal antibody specific for myelomonocytic cell lineage and macrophages in human. J Histochem Cytochem 35:1117–1126
41. Lahey E (1975) Histiocytosis X: An analysis of prognostic factors. J Pediatr 87:184–189
42. Lampert JA, Catovsky D, Bergier N (1978) Malignant histiocytosis: A clinico-pathological study of 12 cases. Br J Haematol 40:65
43. Lasser A (1983) The mononuclear phagocytic system. A review. Hum Pathol 14:108–126
44. Leder LD (1967) Der Blutmonozyt. Springer, Berlin
45. Lennert K in collaboration with Mohri N, Stein H, Kaiserling E, Müller-Hermelink HK (1978) Malignant lymphomas other than Hodgkin's disease. Springer Verlag, Berlin Heidelberg New York
46. Lichtenstein L (1953) Histiocytosis X. Integrating of eosinophilic granuloma of bone, „Letterer-Siwe-disease“ and „Schüller-Christian disease“ as related manifestations of a single nosologic entity. Arch Pathol 56:84–102
47. Lichtenstein L (1964) Histiocytosis X (eosinophilic granuloma of bone, Letterer-Siwe disease, Hand-Schüller-Christian's disease). J Bone Joint Surg 46:76–90
48. Loutit JF, Nisbet NW (1982) The origin of osteoclasts. Immunobiology 161:193
49. Low PS, Waugh SM (1985) The Role of Hemoglobin Denaturation and Band 3 Clustering in Red Blood Cell Aging. Science 227:531–533
49a. Loy TS, Diaz-Arias AA, Perry MC (1991) Familial erythrophagocytic lymphohistiocytosis. Semin Oncology 18:34–39
50. Mackaness GB (1962) Cellular resistance to infection. J Exp Med 116:381–406
51. Mann RB, Jaffe ES, Berard CW (1979) Malignant lymphomas – a conceptual understanding of morphologic diversity. Am J Pathol 94/1:105

52. Manoharan A, Catovsky D (1981) Histiocytic medullary reticulosis re-visited. In: Schmalzl F, Huhn D, Schaefer HE (eds) Disorders of the monocyte macrophage system. Springer, Berlin Heidelberg New York, p 205
53. Markey GM, Alexander HD, McConnel R, Kyle A, Morris TCM, Robertson JH (1986) Hereditary monocyte esterase deficiency. Brit J Haematol 63:359–362
54. Martinet Y, Bittermann PB, Mornex JF, Grotendorst GR, Martin GR, Crystal RG (1986) Activated human monocytes express the c-sis proto-oncogene and release a mediator showing PDGF-like acitivity. Nature 319:158–160
55. Meuret G et al (1975) Monocytopoiesis in normal man: Pool size, proliferation activity and DNA synthesis time of promonocytes. Acta Haematol 54:261
56. Monda L, Warnke R, Rosai J (1986) A primary lymph node malignancy with features suggestive of dendritic reticulum cell differentiation. A report of 4 cases. Am J Pathol 122:526–572
57. Morahan PS (1980) Macrophage nomenclature: Where are we going? J Reticuloendothel Soc 27:223–245
58. Morgan R, Hecht BK, Sandberg AA, Hecht F (1986) Chromosome 5q35 breakpoint in malignant histiocytosis. N Engl J Med 314:1322
59. Mrozek EC, Weisenburger DD, Lipscomb Grierson H, Markin R, Purtilo DT (1987) Fatal infectious mononucleosis and virusassociated hemophagocytic syndrome. Arch Pathol Lab Med 111:530–535
60. Naiem N, Gerdes JU, Abdulaziz Z, Stein H, Mason DY (1983) Production of a monoclonal antibody reactive with human dendritic reticulum cells and its use in the immunohistological analysis of lymphoid tissue. J Clin Pathol 36:167–175
61. Nezelof C, Frileux-Herbert F, Cronier-Sachot J (1979) Disseminated histiocytosis X: Analysis of prognostic factors based in a retrospective study of 50 cases. Cancer 44:1824–1838
62. Nimer SD, Golde DW (1987) The 5q-abnormality. Blood 70:1705–1712
63. Pallesen G, Myhre-Jensen O (1987) Immunophenotypic analysis of neoplastic cells in follicular dendritic cell sarcoma. Leukemia 1:549–557
64. Parwaresch MR, Wacker HH (1984) Origin and kinetics of resident tissue macrophages, Parabiosis studies with radiolabelled leukocytes. Cell Tiss Kinet 17:25–39
65. Parwaresch MR, Radzun HJ, Feller AC, Peters KP, Hansmann ML (1983) Peroxidase-positive mononuclear leukocytes as possible precursors of human dendritic reticulum cells. J Immunol 131:2719–2725
66. Parwaresch MR, Horny HP, Lennert K (1985) Tissue mast cells in health and disease. Path Res Pract 179:439–461
67. Pasyk KA, Grabb WC, Cherry GW (1983) Ultrastructure of mast cells in growing and involuting stages of hemangiomas. Hum Pathol 14:174–181
68. Pentchev PG, Comly ME, Kruth HS et al (1985) A defect in cholesterol esterification in certain patients designated as Niemann-Pick disease type C. Proc Natl Acad Sci USA 82:8247
69. Qualman SJ, Gupta PK, Mendelsohn G (1984) Intracellular Escherichia coli in urinary malakoplakia. A reservoir of infection and its therapeutic implications. Am J Clin Pathol 81:35–42
70. Radzun HJ, Kreipe H, Bödewadt S, Hansmann ML, Barth J, Parwaresch MR (1987) Ki-M8 monoclonal antibody reactive with an intracytoplasmic antigen of monocyte-/macrophage lineage. Blood 69:1320–1327
71. Radzun HJ, Kreipe H, Heidorn K, Parwaresch MR (1988a) Modulation of c-fms protooncogene expression in human blood monocytes and macrophages. J Leukocyte Biol 44:198–204
72. Radzun HJ, Kreipe H, Zavazava N, Hansmann ML, Parwaresch MR (1988b) Diversity of the human monocyte/macrophage system as detected by monoclonal antibodies. J Leukocyte Biol 43:41–50
73. Ralfkiaer E, Stein H, Plesner T, Hou-Jensen K, Mason D (1984) In situ immunological characterization of Langerhans cells with monoclonal antibodies: comparison with

other dendritic cells in skin and lymph nodes. Virchows Arch (Pathol Anat) 403:401–402
74. Risdall RJ, McKenna RW. Nesbit ME, Krivitt W, Balfour HH, Simmons RC, Brunning RD (1979) Virus-associated hemophagocytic syndrome. A benign histiocytic proliferation distinct from malignant histiocytosis. Cancer 44:993–1002
75. Rosai J, Dorfman RF (1972) Sinus histiocytosis with massive lymphadenopathy: A pseudolymphomatous benign disorder. Analysis of 34 cases. Cancer 30:1174–1188
76. Rosenthal AS (1980) Regulation of the immune response – role of the macrophage. N Engl J Med 303:1153–1156
77. Rosenthal DI, Scott JA, Barranger J et al (1986) Evaluation of Gaucher disease using magnetic resonance imaging. J Bone Joint Surg 68:802
78. Ruddle NH (1987) Tumor necrosis factor and related cytotoxins. Immunol Today 8:129–130
79. Sanchez-Madrid F, Nagy JA, Robbins E, Simon P, Springer TA (1983) A human leukocyte differentiation antigen family with distinct alpha-subunits and a common beta-subunit: The lymphocyte functions-associated antigen (LFA-1), the C3bi complement receptor (OKM1/Maxc-1), and the p150,95 molecule. J Exp Med 158:1785–1803
80. Sariban E, Mitchell T, Kufe D (1985) Expression of c-fms protooncogene during human monocytic differentiation. Nature 314:64–66
81. Sawitzky A, Rosner F, Chodsky S (1972) The sea-blue histiocyte syndrome, a review: Genetic and biochemical studies. Semin Hematol 9:285
82. Schaefer HE (1981) The role of macrophages in storage diseases. In: Schmalzl F, Huhn D, Schaefer HE (eds) Disorders of the monocyte macrophage system. Springer, Berlin Heidelberg New York, p 121
83. Schmalzl F, Braunsteiner H (1967) Zytochemische Untersuchungen zur Entwicklung der großen mononukleären Zellen des Hautfensters. Acta Haematol 39:281–291
84. Scott RB, Robb-Smith ANT (1939) Histiocytic medullary reticulosis. Lancet II:194–198
85. Shamato M (1970) Langerhans' cell granuloma in Letterer-Siwe disease. Cancer 26:1102–1108
86. Sherr CJ, Rettenmeier CW, Sacca R, Roussel MF, Look AT, Stanley ER (1985) The c-fms proto-oncogene product is related to the receptor for the mononuclear phagocyte growth factor, CSF-1. Cell 41:665–676
87. Sims DC (1977) Histiocytosis X: Follow-up of 43 Cases. Arch Dis Child 52:433
88. Snyderman R, Pike MC (1976) An inhibitor of macrophage chemotaxis produced by neoplasmas. Science 192:370–372
88a. Sonneveld P, van Lomk, Kappersklunne M et al (1990) Clinicopathological diagnosis and treatment of malignant histiocytosis. Br J Haematol 75:511–516
89. Springer TA, Thompson WS, Miller LJ, Schmalstieg FC, Anderson DC (1984) Inherited deficiency of the Mac-1, LFA-1, p150,95 glycoprotein family and its molecular basis. J Exp Med 160:1901–1918
90. Spry CIF et al (1980) Large mononuclear (veiled) cell-like "Ia-like" membrane antigens in human afferent lymph. Clin Exp Immunol 39:750
91. Stein H, Gerdes J, Mason DY (1982) The normal and malignant germinal centre. Clin Haematol 11:531:559
91a. Stein H, Dienemann D, Dallenbach F, Kruschwitz M (1991) Peripheral T-cell lymphomas. Ann Oncol 2:Suppl 2, 163–169
92. Steinmann RM, Cohn ZA (1975) Dendritic cells, reticular cells, and macrophages. In: van Furth R (eds) Mononuclear Phagocytes in Immunity, Infection and Pathology. Blackwell Scientific Publications, Oxford
93. Tew JG, Thorbecke GJ, Steinmann RM (1982) Dendritic cells in the immune response: Characteristics and recommended nomenclature (A report from the Reticuloendothelial Society Committee in Nomenclature). J Reticuloendothel Soc 31:371–380

93a. Tsuji S, Martin M, Barranger JA et al (1988) Genetic heterogeneity in type I Gaucher disease. PNAS 85:2349–2352
94. Unanue ER (1976) Secretory function of mononuclear phagocytes: A review. Am J Pathol 83:396–417
95. Van Furth R, Cohn ZA (1968) The origin and kinetics of mononuclear phagocytes. J Exp Med 128:415–433
95a. Vardiman JW, Byrne GE, Rappaport H (1975) Malignant histiocytosis with massive splenomegaly in asymptomatic patients. Cancer 36:419–427
96. Venet A, Hance AJ, Saltini C, Robinson BWS, Crystal RG (1985) Enhanced alveolar macrophage-mediated antigeninduced T lymphocyte proliferation in sarcoidosis. J Clin Inest 75:293–301
97. Warnke RA, Kim H, Dorman RF (1975) Malignant histiocytosis (histiocytic medullary reticulosis) I. Clinicpathologic study of 29 cases. Cancer 35:215–230
98. Wheeler MS, Wilson EC, Stass SA (1981) Erythroleucophagocytosis by leukemic cells – a nonspecific finding. Am J Clin Pathol 75:266–267
99. Williams GT, Williams WJ (1983) Granulomatous inflammation: A review. J Clin Pathol 36:723
100. Winkelmann RK (1981) Cutaneous syndromes of non-X histiocytosis: A review of the macrophage-histiocyte disease of the skin. Arch Dermatol 117:667–672
101. Winkelmann RK, Hu Ch, Kossard S (1982) Response of nodular non-X histiocytosis to vinblastin. Arch Dermatol 118:913–917
101a. Wolfson SL, Botero F, Hurwitz S, Pearson HA (1981) "Pure" cutaneous histiocytosis x. Cancer 48:2236–2238
102. Wood GS, Turner RR, Shiurba RA, Eng L, Warnke RA (1985) Human dendritic cells and macrophages: In situ immunophenotypic definition of subsets that exhibit specific morphologic and microenvironmental characteristics. Am J Pathol 119:73–82
103. Zinkham WH (1976) Multifocal eosinophilic granuloma: Natural history, etiology and management. Am J Med 60:457
104. Zimran A, Sorge J, Gross E et al (1990) A glucocerebrosidase fusion gene in Gaucher disease. J Clin Invest 85:219–222
105. Zimran A, Gross E, West C et al (1989) Prediction of severity of Gaucher's disease by identification of mutations at DNA level. Lancet 2:349–352

Kapitel 19: Eosinophilien und Erkrankungen der Mastzellen/Basophilen

H. Huber, P. Pohl, D. Nachbaur, P. Bettelheim

19.1 Eosinophilien

19.1.1 Einteilung und Vorkommen der Eosinophilien

Eosinophile Granulozyten sind wichtige Effektorzellen bei der zytotoxischen Schädigung von Parasiten (z. B. Helminthen) und spielen bei Hypersensibilitätsreaktionen vom Soforttyp eine wichtige Rolle (Übersicht bei [40, 60, 62b, 125]). Eine *reaktive Vermehrung* der Eosinophilen in Blut und/oder Gewebe wird daher in erster Linie bei Zuständen gefunden, die durch gewebsständige Parasiten (Trichinellen, Schistosomen, *Fasciola, Filaria, Strongyloides* u. a.) oder IgE-vermittelte Immunreaktionen (atopische Erkrankungen, immunologische Reaktionen vom Soforttyp u. a.) hervorgerufen werden (Übersicht bei [31, 62b]). Eosinophilien können auch Folgezustände einer *Regulationsstörung* der Eosinophilenbildung sein: „idiopathische Eosinophilien und Hypereosinophilien" [18]. Schließlich kann eine Eosinophilie als *Begleiterscheinung myeloproliferativer Erkrankungen* (CML u. a.) vorkommen (Übersicht bei [135]). Das klinische Management von Patienten mit Eosinophilien verschiedener Ätiologie setzt Kenntnisse der Regulation der Eosinopoese, Funktion dieser Zellen und Folgezustände ihrer „Aktivierung" voraus.

19.1.2 Pathophysiologie der Eosinophilien

19.1.2.1 Funktionelle Morphologie

Zirkulierende Eosinophile messen 10–15 μm im Durchmesser und enthalten drei distinkte Granulapopulationen (Übersicht bei [62b, 135]). Den auf der Ebene der Promyelozyten zumeist nachweisbaren primären Granula und den feinkörnigen (tertiären) Granula (die saure Phosphatase und Aryl-Sulfatase enthalten, [126]) steht die funktionell wichtigste Fraktion, die sekundären (spezifischen) Granula, gegenüber. Diese sind elektronendicht,

Tabelle 19.1. Charakteristika und Funktion einiger eosinophilen-assoziierter Proteine

Name	Mol.-Gew. kD	Effekt
1. Membran-assoziierte Proteine		
Charcot-Leyden'sche Kristalle (CLC)	13	Lysophospholipase-Aktivität
Membran-Rezeptoren für		
IgG (Fc-γ-RII = CDw32)	40	Fc-Rezeptor für aggregiertes IgG
C3b, C3bi (CD35, CD11b)	160–250, 165/95	Bindung von Immunkomplexen + C3
IgE (Fc-εR)	200	vermittelt Zerstörung von Parasiten durch Eosinophile in Gegenwart von IgE (siehe Text)
2. Granula-assoziierte Proteine		
Major Basic Protein (MBP)	14	toxische Wirkung auf Parasiten und bestimmte Tumorzellen, Histaminfreisetzung aus Basophilen und Mastzellen, neutralisiert Heparin, zerstört Bronchialepithel
Eosinophiles kationisches Protein (ECP)	21	verkürzt die Gerinnungszeit, toxisch für Parasiten, Neurotoxin, Histaminfreisetzung aus Mastzellen, Hemmung der Lymphozytentransformation
Eosinophil derived neurotoxin (EDN)*	17,9	wirksames Neurotoxin, tötet Parasiten, hemmt die Lymphozytentransformation, RNase-Aktivität
Eosinophile Peroxidase (EPOX)	71–77	zerstört in Gegenwart von H_2O_2 + Halogenen Mikroorganismen und Tumorzellen, induziert Mastzelldegranulation; inaktiviert Leukotriene

* Das Eosinophilen-Protein X (EPX) ist mit dem EDN identisch (nach [40, 62b])

aus einem kristalloiden Kern und einer Matrix aufgebaut und binden aufgrund ihres basischen Inhalts saure Farbstoffe (z. B. Eosin). Die wichtigsten Proteine der spezifischen Granula (MBP, ECP, EPOX, EDN u. a.) finden sich in Tabelle 19.1 (Übersicht bei [40, 62b]). Obwohl Eosinophile auch phagozytierende Zellen sind, geben die Granula ihre Inhaltsstoffe vor allem nach außen (durch Exozytose nach Oberflächenkontakt) ab.

Granula-assoziierte Proteine

Das *Major Basic Protein* (MBP) ist im kristallinen Kern lokalisiert, der zu über 50% aus MBP aufgebaut ist [62b, 91]. Funktionelle Eigenschaften

(z. B. Toxizität für Parasiten und viele Gewebe) finden sich in Tabelle 19.1. MBP ist auch in Basophilen nachweisbar (allerdings in einer Menge, die weniger als 5% derjenigen in Eosinophilen ausmacht [2]. MBP kann im Gewebe bei eosinophilen Reaktionen nachgewiesen werden [32, 33] (Übersicht bei [40]). Im Sputum von Patienten mit exogenem Asthma und eosinophilen Lungenerkrankungen kann MBP erhöht sein [27, 36]. Durch IF-untersuchungen unter Verwendung von Antikörpern gegen MBP wurde es in situ im erkrankten Lungengewebe nachgewiesen [32, 33]. Eosinophilien im peripheren Blut gehen häufig mit einem MBP-Anstieg im Serum einher [124]. Das *eosinophile kationische Protein* (ECP) ist in der Granulamatrix lokalisiert und macht ca. 30% des Granulaproteins aus [2]. Funkionell dürfte es gegenüber MBP eine erheblich höhere Toxizität zeigen und durch Porenbildung in die Membran von Parasiten besondere Wirksamkeit entfalten. Es verlängert vor allem durch seine Wirkung auf Faktor XII die Gerinnung [122], verursacht Histaminfreisetzung aus Mastzellen und kann die Lymphozytenproliferation (über T-Suppressorzellen) hemmen [92]. Aktivierte Eosinophile enthalten und sezernieren ein ECP, das in seinen antigenen Eigenschaften verändert ist und durch monoklonale Antikörper erfaßt werden kann. Es ist ein Marker für aktivierte Eosinophile ([35a, 60a, 61, 109, 112] mit weiterführender Literatur).

Durch Eosinophile gebildetes *(eosinophil-derived) Neurotoxin* (EDN) zeigt ausgeprägte Sequenzhomologien mit ECP (Übersicht bei [40]). Es ruft im Tierexperiment das sog. „Gordon-Phänomen" hervor, welches durch Zerstörung von Purkinje-Zellen und Demyelinisierung charakterisiert ist [28]. ECP kann ebenfalls dieses Phänomen auslösen.

Eine Besonderheit der *Eosinophilen-Peroxidase* (EPOX) gegenüber POX aus Neutrophilen ist u. a. eine Cyanidresistenz der hochwirksamen EPOX [48]. In Gegenwart von H_2O_2 (aus Eosinophilen, Makrophagen u. a.) und Halogenen besitzt EPOX eine ausgeprägte Zytotoxizität gegenüber verschiedensten Mikroorganismen und Geweben und führt darüber hinaus zur Mastzelldegranulation und Histaminfreisetzung.

EPOX kann in Gegenwart von H_2O_2 und Halogenen auf die Anaphylaxie hemmend wirken, da es zu einer Inaktivierung von Leukotrienen führt (vor allem von LTB_4 als Anteil der *slow reacting substance of anaphylaxis* = SRS-A; [48, 69]).

Membran-assoziierte Proteine

In der Membran lokalisierte Proteine sind u. a. Lysophospholipase (entsprechend den *Charcot-Leyden-Kristallen;* CLC), Rezeptoren für die dritte Komplement-Komponente sowie wahrscheinlich IgE-Rezeptoren (Tabelle 19.1). Während die Funktion von CLC noch wenig geklärt ist, fördern die Membranrezeptoren Interaktionen mit anderen Zellen (z. B. mit Mastzellen/Basophilen; Übersicht bei [40]).

Weder der hochaffine Fc-epsilon-Rezeptor I noch der Fc-εRII (= CD23) wird an Muteosinophilen exprimiert; letzterer ist immunhistochemisch für aktivierte B-Lymphozyten typisch (siehe Kapitel 19.2.2). Eine Charakterisierung des Fc-R an einem Teil der Eosinophilen findet sich bei [58a, 79a].

Der Fc-γR an Eosinophilen differiert von jenem an Neutrophilen [63]. Der Fc-γRII (= CDw32) wird an beiden Zellarten, der Fc-γRIII (= CD16) nur an Neutrophilen exprimiert. C3 wird in Form von aktiviertem oder inaktiviertem C3 gebunden (C3b oder iC3b entsprechend CR1 und CR3; [34]). Eosinophile reagieren daher mit CD11b- und CD35-Antikörpern [5a].

Andere Leukozytenantigene mit Expression an der Mehrzahl der Eosinophilen sind [5a]: CD9, CD13, CD15, CD18 (= LFA1), DC44 (= Hermes), CD45, CDw65 (VIM-2) u. a.

Aktivierte Eosinophile

Bei Patienten mit Eosinophilien finden sich im Blut häufig Zellen mit Vakuolisation und partieller Degranulation [110], die auch elektronenmikroskopisch [81] und funktionell (Übersicht bei [40]) charakterisiert wurden. Sie sedimentieren im Percoll-Gradienten als hypodense Fraktion. Ihre Aktivierung zeigt sich u. a. in der gesteigerten antikörperabhängigen Zytotoxizität gegenüber Helminthen und der vermehrten Freisetzung von Leukotrienen (LTC_4; [13, 103], Übersicht bei [60]).

Als Vakuolisation wurde das Vorhandensein von 10 oder mehr distinkten Vakuolen im Zytoplasma, als hypogranuläre Eosinophile solche bezeichnet, deren Zytoplasma zumindest zur Hälfte frei von Granula war [44]. Der Anteil „hypodenser" Eosinophiler im Blut dürfte dem Grad der Eosinophilie in etwa korreliert sein [37]. Sie machen 80–100% dieser Zellen in Pleuraergüssen bei verschiedenen Lungenerkrankungen und 40–70% in Bronchiallavagen aus [40, 94, 130]. In vitro können normale Bluteosinophile durch Inkubation mit GM-CSF, IL-3 oder IL-5 in hypodense (= aktivierte) Eosinophile umgewandelt werden [84a]. Aktivierte Eosinophile exprimieren auch IL-2 Rezeptoren (CD25).

19.1.2.2 Regulation der Eosinophilen und der Chemotaxis

Eine Reihe von Mediatoren können zur vermehrten Bildung und/oder Gewebsansammlung von Eosinophilen führen. Beispiele für die Eosinopoese stimulierende Faktoren sind die Zytokine IL-5 und auch IL-4 sowie die hämatopoetischen Wachstumsfaktoren GM-CSF und IL-3 [19, 19a, 60a, 72a, 98, 113–115, 120]. T-Lymphozyten-Klone, die zur Aktivierung von Eosinophilen führen, wurden charakterisiert [120].

Das Wachstum eosinophiler Vorläuferzellen wird durch IL-3 sowie GM-CSF gefördert [19, 19a]. Die CFU-Eo reifen dann in Gegenwart von *IL-5* aus. IL-5 ist also ein in der Eosinophilenbildung relativ spät wirksamer, aber spezifischer Faktor. Im Tiermodell können Antikörper gegen IL-5 die durch Helminthen induzierte Eosinophilie komplett hemmen (weiterführende Literatur bei [29a]). IL-5 aktiviert auch Eosinophile in ihrer Effektorfunktion [60a, 72a].

Kürzlich konnte auch gezeigt werden, daß die durch T-Zellen von Patienten mit HES nach IL-2-Stimulation freigesetzten Faktoren im wesentlichen IL-5 entsprechen [30].

IL-4 zeigt pleotrope Wirkungen (siehe auch Kapitel 4.1.1) insbesonders auf Lymphozyten („B-Zellstimulierungsfaktor-1“) sowie Mastzellen und Basophile (weiterführende Literatur bei [31a, 62b, 117a]). Es stimuliert die Bildung von IgE aus B-Lymphozyten, wirkt als Wachstumsfaktor für Mastzellen über spezifische Rezeptoren und ist auch ein wichtiger Co-Faktor für die Eosinophilenbildung. Der Interaktion von IL-3, IL-4, IL-5 und GM-CSF entspricht auch die enge gemeinsame Lokalisation von deren Gensequenzen am Chromosom 5 (5q23–32).

Der wirksamste bisher bekannte chemotaktische Faktor für Eosinophile ist PAF (Plättchen-aktivierender Faktor). Für die Gewebsanreicherung von Eosinophilen verantwortliche Faktoren sind weiter Produkte von Basophilen/Mastzellen (*eosinophil chemotactic factor of anaphylaxis* = ECF-A), Histamin [41] und seine Abbauprodukte [60], Parasitenprodukte [5] und insbesondere auch Leukotriene, vor allem LTB_4 [43, 62b, 80].

LTB_4 wird vor allem von Neutrophilen [123] und von Makrophagen [43] gebildet. PAF synthetisieren Plättchen, Granulozyten (inklusive aktivierte Eosinophile), Mastzellen, Makrophagen, Endothelien und andere Zellen [62b, 66]. Er ist schon in Konzentrationen von 3×10^{-11} M biologisch aktiv [62b], ist ein sehr wirksamer Thrombozytenaktivator, induziert die Kontraktion glatter Muskeln und steigert die Gefäßpermeabilität. PAF steigert die Expression von C3-, IgG- und IgE-Rezeptoren an Eosinophilen sowie die Freisetzung von Histamin aus Mastzellen.

19.1.2.3 Eosinophile und Mediatoren der Typ I Hypersensibilität

a) IgE vermittelte Immunabwehr

Die Hypersensibilität vom Soforttyp (Typ I Reaktion) wird durch IgE-Antikörper vermittelt. Wichtigste Krankheitsgruppen sind die *Atopien* (Asthma, Heuschnupfen, allergische Ekzeme) und die *Nahrungsmittel-* sowie *Medikamentenallergien* (Übersicht bei [62b]). Diese Reaktionen können im Prinzip durch intradermale Applikation des entsprechenden Allergens reproduziert werden. Nach einer Sofortreaktion, die durch spezifische IgE-Antikörper vermittelt wird, folgt – bei entsprechend hoher Allergendosis – eine Spätreaktion („late-phase-reaction“ = LPR), welche die Entzündungsreaktion bei allergischem Asthma und anderen atopischen Erkrankungen widerspiegelt [35a]. Wichtigste Zellen der LPR-Infiltrate sind aktivierte Eosinophile, CD4-positive Lymphozyten (vor allem die sogenannten Helferzellen vom T_H2-Typ [35a]), sowie Mastzellen. IgE-Antikörper und bestimmte Zytokine (IL-5 als Mediator der Eosinophilenreaktion, IL-4 als Wachstumsfaktor für IgE-bildende B-Lymphozyten, sowie IL-3 und GM-CSF) spielen bei den Reaktionen eine zentrale Rolle.

Allergene binden sich an *IgE-Antikörper,* die Komplexe reagieren mit dem hochaffinen IgE Rezeptor I an Mastzellen und Basophilen (siehe Kapitel 19.12.2). Mastzellen setzen im Rahmen der Degranulation selbst Zytokine frei, die zur Aktivierung von Eosinophilen führen (IL-4, IL-5, IL-3 u. a. [93a]). Die *Rekrutierung von T-Helferzellen* mit spezifischer Reaktionsfähigkeit für das Allergen betrifft vor allem CD4-Lymphozyten vom T_H2-Typ.

Sie sind neben den Eosinophilen der wesentliche Bestandteil der LPR [35a] und bilden die für die Eosinophilie und die IgE-Synthese wesentlichen Zytokine (IL-4, IL-5). Ihnen gegenüber stehen die CD4-positiven Lymphozyten vom T_H1-Typ, welche IL-2 und Interferon-gamma bilden. Gemeinsam ist den T_H1 und T_H2 die Synthese von IL-3 und von GM-CSF.

b) Mediatoren der Typ I Reaktion

Durch Serum IgE sowie durch IL4 wird der Fc-εRII (CD23) hinaufreguliert (Übersicht bei [21a]). Neben B-Lymphozyten kann er dann an Monozyten/Makrophagen, Eosinophilen [13, 14, 15, 79a, 21a], Langerhanszellen [5b] und anderen Zellen nachweisbar werden (Übersicht bei [61a]). Auch Thrombozyten exprimieren diesen Rezeptor. Der Nachweis eines Rezeptors für IgE an Eosinophilen, Monozyten und bestimmten T-Lymphozyten (z. B. bei Allergikern und nach HTLV-I-Infektion) ist allerdings nicht einfach (Übersicht bei [21a]). Frühere Ergebnisse mit Rosettentests (IgE-beladene Erythrozyten) konnten in späteren Untersuchungen mit CD23-Antikörper nur zum Teil reproduziert werden. CD23 vermittelt die IgE-abhängige Zerstörung von Parasiten durch Monozyten und Eosinophile. Die Reaktion wird durch das gleichzeitige Vorhandensein von CD11b begünstigt [21a].

Im Serum ist lösliches CD23 (sCD23) nachweisbar, das sich von membrangebundenem CD23 herleitet (Übersicht und weiterführende Literatur bei [21a]). sCD23 ist unter anderem ein B-Zell-Wachstumsfaktor. Die Wirksamkeit von sCD23 zur Steigerung der IgE-Synthese wurde durch eine Reihe von Untersuchungen bestätigt (Literatur bei [21a]). Bei Normalpersonen beträgt der Serumspiegel von sCD23 0,2 bis 3 ng/mg. Bei Allergikern ist das sCD23 höher als bei Gesunden, die Werte überlappen sich jedoch. Ebenso wurden bei Patienten mit parasitären Erkrankungen zum Teil erhöhte Werte gefunden (Literatur bei [21a]). Zwischen dem Serum IgE und sCD23 besteht bei Allergikern eine positive Korrelation, die jedoch nicht sehr eng ist.

Hyperergische Reaktionen können demnach durch Mediatoren hervorgerufen werden, die – von Eosinophilen freigesetzt – direkte Wirkungen (z. B. auf das Bronchialsystem) zeigen oder indirekte Effekte (z. B. über Mastzellen/Basophile) induzieren (Tabelle 19.2). Eosinophile bilden vor allem Leukotrien C_4 und D_4 (LTC_4 und LTD_4) [50, 58, 62b, 102, 103, 128 u. a.].

LTC_4 (und LTD_4) hat eine ausgeprägte Kontraktionswirkung auf die glatte Muskulatur, wirkt somit bronchospastisch und steigert die Schleimbildung [75]. Beide gehören zu den Substanzen, die früher als Mediatoren der Anaphylaxie (*slow-reacting substance of anaphylaxis* = SRS-A) bezeichnet wurden [71]) und vor allem die späte Phase der durch IgE vermittelten allergischen Reaktionen mitbestimmen dürften (Übersicht bei [22, 40] u. a.). Zu den Abbauwegen der Arachidonsäure (Lipooxygenase- und Cyclooxygenase) s. Mastzellen/Basophile. Eine Übersicht über die Funktion der Leukotriene findet sich bei [69] sowie [62b].

Die Freisetzung von Histamin aus Mastzellen/Basophilen wird auch durch Substanzen gefördert die von Eosinophilen, vor allem in aktiviertem

Tabelle 19.2. Entzündungsmediatoren bei Atopikern (z. T. nach [62b])

Mediator	molekulare Eigenschaften	Herkunft	Funktion
Histamin	β-Imidazolyl-ethylamin	Mastzellen, Basophile (in Granula gespeichert)	erhöhte Gefäßpermeabilität, Kontraktion glatter Muskulatur (H_1), Erhöhung von cAMP in Mastzellen (H_2), erhöhte Schleimbildung
Slow-reacting substance of anaphylaxis (SRS-A)[a]		Mastzellen, Eosinophile, mononukleäre Zellen	erhöht Gefäßpermeabilität, Kontraktion der Bronchialmuskulatur
Leukotriene (LTC_4) Leukotriene (LTD_4) Leukotriene (LTE_4)		siehe Text	
Eosinophilen-chemotaktischer Faktor (ECF-A)	Tetrapeptid[b]	Mastzellen, Basophile (in Granula gespeichert)	zieht Eosinophile an, die spezifische ECF-A Rezeptoren zeigen
Plättchen-aggregierender Faktor (PAF)	Acetylalcyl-GPC[c]	Neutrophile, Mastzellen, Basophile u. a.	Plättchenaggregation, Sekretion anderer Mediatoren (Serotonin, Pg)
Prostaglandine (Pg)	Arachidonsäure-Metaboliten	Mastzellen, Basophile, Plättchen	breites Spektrum biologischer Effekte auf weiblichen Reproduktionstrakt, Magensekretion, Blutdruck und entzündliche Prozesse

[a] SRS-A besteht wahrscheinlich aus einer Mischung von LTC4, LTD4 und LTE4, von denen jedes die Wirkung von SRS-A entfalten kann [62b]
[b] Val-Gly-Ser-Glu und Ala-Gly-Ser-Glu
[c] Alkyl-acetyl-glycero-phosphocholin

Zustand, freigesetzt werden. Wirksam sind vor allem EPOX [17, 48] und MBP [81, 134].

Frühe Beobachtungen zu Korrelationen zwischen Bluteosinophilen und Schweregrad der Asthmaerkrankung [52] wurden inzwischen durch Untersuchungen über die Beziehung zwischen Eosinophilenzahlen in der Bronchiallavage und späten Asthmareaktionen erweitert [22, 29].

19.1.2.4 Eosinophile und Abwehr gegen Parasiten

Das Eosinophilen-IgE-System stellt das stärkste Abwehrsystem gegen metazoische Parasiten dar (metazoisch = vielzellige Parasiten, Übersicht bei

[62b]). Wichtigster Mediator der Eosinophilie unter diesen Bedingungen ist IL-5 (unter experimentellen Bedingungen wurde gezeigt, daß Antikörper gegen IL-5 diese Eosinophilie verhindern können [19b]). Die hyperergische Antwort wird durch CD4-positive Zellen (Th2-Lymphozyten) vermittelt, die Zytokine mit besonderer Wirksamkeit für Eosinophile bilden (IL-3, IL-4, IL-5, GM-CSF). Das Zusammenwirken ist ähnlich jenem bei atopischen Erkrankungen (Kapitel 19.1.2.3). Bei chronischer Parasiteninfektion gewinnt daneben die Makrophagenaktivierung über T-Lymphozyten zunehmend an Bedeutung. Diese Makrophagen können ebenfalls Zytokine freisetzen, welche eine Eosinophilie begünstigen. Eosinophile werden durch ein Signal an Parasiten hingezogen, das einerseits von Mastzellen stammt (letztere über IgE an der Parasitenoberfläche aktiviert) oder das von Makrophagen freigesetzt wird [62b, 29a u. a.]). Sie zeigen auch eine direkte zytotoxische Wirkung auf die Parasiten, wenn sie mit Antikörpern beladen sind. Die Bindung an die Parasiten wird durch Membranrezeptoren an Eosinophilen begünstigt ([79a, 84a], Tabelle 19.1).

19.1.3 Erkrankungen mit Eosinophilien

19.1.3.1 Symptomatische Eosinophilien

Eine Zusammenstellung von Erkrankungen, die gehäuft mit Eosinophilien einhergehen können, findet sich in Tabelle 19.3. Die allergischen Erkrankungen betreffen vor allem jene durch IgE vermittelten Überempfindlichkeitsreaktionen (z. B. atopische Rhinitis, Bronchialasthma, chronische Urtikaria, atopische Dermatitis). Generalisierte anaphylaktische Zustände bei Hypersensibilität gegenüber Arzneimitteln (z. B. Nitrofurantoin, PAS, Sulfonamide) oder Insektengiften gehen ebenfalls häufig mit dieser Blutbildveränderung einher. Die höchsten Eosinophilenwerte bei Hauterkrankungen werden bei Pemphigus vulgaris, bullösem Pemphigoid und bei der Dermatitis herpetiformis gefunden (Übersicht bei [93]). Bei pulmonalen Infiltraten mit Eosinophilie kann es sich auch um das – meist flüchtige – Löffler-Syndrom oder um chronische Formen der eosinophilen Lungenerkrankung (PIE = pulmonary infiltration with eosinophilia), in seltenen Fällen um Asthmaerkrankungen mit Vaskulitis (Churg-Strauss-Syndrom) handeln. Kollagenerkrankungen mit Eosinophilie sind die eosinophile Fasziitis (Shulman-Syndrom; Übersicht bei [93]) und – selten – rheumatoide Arthritiden [46], systemischer Lupus erythematodes und die Sklerodermie (Übersicht bei [31]). Neoplastische Erkrankungen mit Eosinophilie umfassen maligne Lymphome (M. Hodgkin, T-ALL und T-lymphoblastische Non-Hodgkin-Lymphome) und solide Tumoren, die meist ausgedehnt metastasiert sind.

Unter den soliden Tumoren sind am häufigsten Bronchial- und gastrointestinale Karzinome Ursache einer Eosinophilie. Bei Bronchialkarzinomen wurden in Einzelfällen eosinophile chemotaktische Peptide [42] nachgewie-

Tabelle 19.3. Zustände mit Eosinophilien (nach [31])

Parasitäre Erkrankungen
- z. B. Trichinose, Schistosomiasis, Filariose, Toxocara, Strongyloides u. a. Wurmerkrankungen

Allergische und hyperergische Erkrankungen
- Asthma
- allergische Rhinitis
- Lungenaspergillose
- Arzneimittelreaktion
- atopische Dermatitis
- akute Urtikaria
- Tryptophan-induziertes Eosinophiles Myalgiesyndrom

Andere Hauterkrankungen
- bullöses Pemphigoid
- Herpes gestationis
- Scabies

Kollagenosen und Vaskulitiden
- Systemische nekrotisierende Vaskulitis – insbesondere allergische Angiitis und Granulomatose (Churg-Strauss-Syndrom)
- Eosinophile Fasziitis
- andere Kollagenosen (rheumatoide Arthritis, SLE, Sklerodermie, Sjögren-Syndrom)

Neoplastische Erkrankungen
- CML u. a. myeloproliferative Erkrankungen
- Non-Hodgkin-Lymphome: v. a. T-Zell-Lymphome (Mycosis fungoides, Sezary-Syndrom)
- M. Hodgkin
- akute Leukämien (AML-M4Eo, selten ALL, T-ALL)
- Solide Tumoren (v. a. metastasierende Karzinome, die von schleimbildenden Epithelien ausgehen)

Immundefektzustände
- Wiskott-Aldrich-Syndrom
- Hyper-IgE-Syndrom
- selektiver IgA-Mangel
- Graft-versus-host-Reaktion

sen oder die Freisetzung von Zytokinen mit Wirkung auf die Eosinophilenbildung postuliert (siehe Kapitel 19.1.2.2).

Bei parasitären Erkrankungen ist eine Eosinophilie häufig, in ausgeprägterer Form jedoch meist Hinweis auf eine Gewebsinvasion dieser Erreger. Es handelt sich vor allem um Trichinosen, Filariasis, Schistosomiasis, Toxocara u. a. (Übersicht bei [29a, 31, 62b]). Bei Befall durch nicht-invasive Parasiten ist die Eosinophilie nur unregelmäßig vorhanden.

19.1.3.2 Hypereosinophiles Syndrom

Die Diagnose eines hypereosinophilen Syndroms (HES) stützt sich auf folgende Befunde (Übersicht bei [18, 31, 84a, 85, 93, 108]):

- Eine persistierende Eosinophilie über 1,5 G/l für die Dauer von mindestens 6 Monaten;
- das Fehlen parasitärer, allergischer oder anderer mit Eosinophilie einhergehender Erkrankungen;
- Symptome der Dysfunktion und/oder Eosinophileninfiltration zumindest eines der häufig befallenen Organe (Haut, ZNS, Herz, Leber, Milz).

Das differentialdiagnostische Vorgehen schließt Erkrankungen aus, die zu sekundären Eosinophilien führen können (Tabelle 19.3). Abgegrenzt werden auch leukämische Erkrankungen mit einer Mitbeteiligung der Eosinophilen (s. Kap. 19.1.3.3). Dies ist zum Teil nur durch Verlaufsbeobachtungen möglich (Zusatzuntersuchungen s. Kap. 19.1.3.3).

Blutbild

Neben einer Vermehrung reifer Eosinophilen im Blut finden sich meist auch einzelne Vorstufen (eosinophile Metamyelozyten und Myelozyten). Eine Anämie meist geringen Ausmaßes ist nicht selten. Auch mäßige Thrombopenien und leichte Linksverschiebungen der Neutrophilen können vorkommen [31].

Die Eosinophilen können Zeichen einer Aktivierung zeigen, die sich morphologisch in einer Vakuolisierung und partiellen Degranulation äußert (s. Kap. 19.1.2.1). Der Prozentsatz aktivierter (= hypodenser) Eosinophiler korreliert mit der Schwere der Eosinophilie ([84a] mit weiterführender Literatur).

Die Eosinophilen von Patienten mit ausgeprägter Eosinophilie zeigen als Folge der Aktivierung in vitro (unter Stimulationsbedingungen) eine gesteigerte LTC 4 Generation und eine antikörperabhängige Zytotoxizität gegen *Schistosoma mansoni* [84a]. Serum von Patienten mit HES kann in vitro normodense zu aktivierten Eosinophilen umwandeln [84a]. Antikörper gegen IL-5 neutralisieren diese Aktivität (siehe auch Kapitel 19.1.2.2).

Knochenmark

Eosinophile und ihre Vorstufen sind stark vermehrt (30 bis über 60% der Knochenmarkzellen; [18]). Eosinophile Promyelozyten können gefunden werden, eine Blastenvermehrung ist dagegen ungewöhnlich.

Gegenüber ausreifenden Eosinophilen treten Frühformen (eosinophile Promyelozyten und Myelozyten) meist deutlich zurück. In der Auswertung von Brandt et al. [11] war das Verhältnis eosinophiler Promyelozyten und Myelozyten zu reiferen Eosinophilen in nichtleukämischen Fällen 0,1–3,1 (Mittel 1,3), bei eosinophilen Leukämien über 9. Zeichen der Aktivierung sind an Knochenmarkeosinophilen selten [44].

Andere Laborbefunde

Eine Erhöhung des Serum-IgE findet sich bei etwa 1/3 der Patienten (38% der Patienten von Fauci et al. [31]); Hypergammaglobulinämien sind nicht

Tabelle 19.4. Häufigkeit hämatologischer und klinischer Befunde und des Organbefalls bei 26 Patienten mit hypereosinophilem Syndrom (nach [85])

Organ	Häufigkeit (%)
Knochenmark: Eosinophilie	100
Blut: Eosinophilie 1,5 G/l	100
Anämie	42
Thrombopenie	23
Herz	
Kardiale Dekompensation	35
Pathologische physikalische Befunde, Röntgen-Thorax oder EKG	62
abnormes Echokardiogramm	82
Haut	62
Lunge	38
Leber	38
Nervensystem	23
Gastrointestinaltrakt	15
Lymphknoten	15
Niere	12

ungewöhnlich. Anstiege des Vitamin B_{12}-Spiegels können vorkommen [18]. Die alkalische Leukozytenphosphatase ist meist normal.

Beteiligung anderer Organe (Tabelle 19.4)

Hautinfiltrationen mit Eosinophilen sind häufig. Es handelt sich meist um erythematöse oder makulopapulöse pruritische Veränderungen ohne Prädilektion für bestimmte Körperpartien. Besondere Aufmerksamkeit fordert die *kardiale Mitbeteiligung* [112a]. Früheste Veränderungen sind Schädigungen des Endokards mit nachfolgender Thrombenbildung. Diese Thromben betreffen häufig die AV-Klappen mit nachfolgender Klappeninsuffizienz; periphere Embolien sind nicht ungewöhnlich. Die Veränderungen lassen sich am besten echokardiographisch dokumentieren.

Das Auftreten einer kardialen Dekompensation wird als prognostisch ungünstig angesehen. Die häufige Beteiligung des Herzens konnte auch bei Obduktionen (Endokardfibrosen in 57%, myokardiale Veränderungen in 57%, wandständige Thromben in 57%, Vergrößerung des Herzens in 50%) festgestellt werden [86].

Nicht selten beteiligt ist die *Lunge* (transitorische pulmonale Infiltrate, Lungenfibrosen), die *Leber* (eosinophile Infiltrate mit Bevorzugung der Periportalfelder), der Gastrointestinaltrakt (eosinophile Infiltrate der Mukosa, Nachweis von Charcot-Leyden-Kristallen im Stuhl) und das *Nervensystem* (Enzephalopathie, multiple Hirninfarkte, symmetrische Polyneuropathie).

Prognose

Ungünstige Prognosefaktoren sind Erhöhungen der Blutleukozytenzahlen über 90 G/l, Ausschwemmung von Myeloblasten oder Zeichen einer kardialen Beteiligung.

Tabelle 19.5. Eosinophilien im Rahmen hämatologischer Neoplasien

Maligne Lymphome	
M. Hodgkin	
Non-Hodgkin-Lymphome:	v. a. Mycosis fungoides, Sézary-Syndrom, T-lymphoblastische Lymphome
Akute Leukämien	
AML: M4Eo	
ALL: c-ALL, T-ALL	
Myeloproliferative Syndrome	
CML, seltener bei idiopathischer Myelofibrose, Polycythaemia vera und Essentieller Thrombocythämie	
Multiples Myelom	
Schwerkettenkrankheit (heavy chain disease)	

Zur Abgrenzung gegenüber Eosinophilenleukämien und zur Prognosebeurteilung tragen auch Auswertungen des *Wachstums von Vorläuferzellen* (vor allem CFU-GM) im semisoliden Agar bei (s. Kap. 19.1.3.3). Ein solches abnormes Koloniewachstum korreliert mit einem schweren Krankheitsverlauf [6]. Vor allem dürften Auswertungen der aus dem peripheren Blut gewonnenen Vorläuferzellen für die Prognose wertvoll sein [88].

19.1.3.3 Beteiligung der Eosinophilen bei Leukämien und Lymphomen einschließlich Eosinophilenleukämie

Ausgeprägte Eosinophilien begleiten nicht selten Leukämien und Lymphome (Tabelle 19.5). Es kann sich um reaktive Eosinophilien, eosinophile Begleitproliferationen im Rahmen des leukämischen Wachstums, oder – selten – um echte eosinophile Leukämien handeln. Reaktive Eosinophilien bei Leukämien und Lymphomen können vor allem Neoplasien mit Beteiligung der T-Lymphozyten (T-ALL, T-lymphoblastische NHL, M. Hodgkin) begleiten.

Eosinophilenbegleitreaktionen bei T-ALL und T-Lymphoblastischen NHL können so ausgeprägt sein, daß die Eosinophilenvermehrung deutlicher ist als die leukämische Blastenvermehrung [7, 16, 106]. Rezidive manifestieren sich zum Teil zunächst als Eosinophilie.

Meistens handelt es sich dabei um Neoplasien früherer T-Lymphozyten (in Einzelfällen wurden auch andere Phänotypen angegeben; [16]). Die Stimulation der Eosinophilenbildung und/oder Gewebsanreicherung durch Zytokine aus T-Lymphozyten ist gesichert (s. Kap. 19.1.2.2). Bei M. Hodgkin wird ein ähnlicher Mechanismus postuliert, da aktivierte T-Helfer-/Inducer-Zellen im Tumorgewebe in größerer Zahl vorhanden sind (s. Kap. 9.2.5). In Sternberg-Reedzellen wurde sogar die mRNA für IL-5 nachgewiesen [99a].

Eosinophile leukämische Begleitproliferationen sind bei myeloproliferativen Erkrankungen (vor allem der CML) häufig. Die Eosinophilie im peripheren Blut kann ausgeprägt sein und sich auch bei IMF, Polycythaemia vera oder der ET finden. In diesen Fällen ist die Eosinophilie meist ein Nebenbefund ohne besondere klinische Bedeutung. In Einzelfällen eosinophiler Leukämien zeigte der Nachweis eines Ph1-Chromosoms allerdings, daß Überschneidungen zwischen CML und Leukämien dieses Zelltyps vorkommen können. Erkrankungen, die zunächst als HES bezeichnet wurden, können jedoch auch andere myeloproliferative Syndrome entwickeln [31, 88].

Bei der Kultivierung myeloischer Vorläuferzellen (CFU-GM) im semisoliden Agar zeigt sich, daß die Differenzierung in Eosinophile ein häufiges Phänomen ist [6]. Auch gemischte Kolonien (Ausreifung zu Eosinophilen neben Neutrophilen) sind nicht ungewöhnlich. Die sich von frühen Zellinien herleitende Linie HL-60 differenziert – abhängig von den Kulturbedingungen – in Neutro- oder Eosinophile [35]. Es überrascht somit nicht, daß myeloproliferative Erkrankungen verschiedener Form eine Mitbeteiligung der Eosinophilen zeigen können, wenn myeloische Vorläuferzellen betroffen sind.

Eine Eosinophilenbeteiligung bei unreifzelligen Leukämien findet sich vor allem beim M4-Typ der FAB-Klassifikation (M4-Eo). Spezifische chromosomale Aberrationen (inv/del 16) begleiten diese Erkrankung, die prognostisch einen meist günstigen Verlauf zeigt (s. Kap. 5.1.1.4).

Die seltenen echten Eosinophilenleukämien können z. T. nur schwierig vom HES abgegrenzt werden. Für eine derartige Leukämie sprechen

1. „Reifungsstörungen" der Eosinophilen im Knochenmark mit deutlicher Ausschwemmung myeloischer Vorstufen (meist begleitet von Anämien und/oder Thrombopenien);
2. eine gesteigerte Kolonienbildung (ähnlich wie bei CML) bei Kultivierung der Vorläuferzellen aus peripherem Blut im semisoliden Agar, sowie
3. klonale chromosomale Aberrationen (Tabelle 19.6).

Während Patienten mit HES meist ein normales Wachstum von CFU-GM zeigen, liegt bei Patienten mit Eosinophilenleukämie ein Wachstum wie bei myeloproliferativen Erkrankungen vor [6, 88].

Die verschiedenen chromosomalen Aberrationen, die bei dieser Leukämie gefunden wurden (Tabelle 19.6), schließen ein Isochromosom 17, eine Trisomie 8 oder 10 u. a. ein (Übersicht bei [88]). In Einzelfällen wurde auch ein Ph1-Chromosom nachgewiesen. Allerdings ist zu berücksichtigen, daß auch bei AML-M2 mit t(8;21) eine deutliche Vermehrung der Eosinophilen bestehen kann, so daß die Zurechnung schwierig sein kann.

In einem Fall wurde anhand karyotypischer Verlaufsuntersuchungen der Übergang eines HES in eine Eosinophilenleukämie dokumentiert [131]. Die Prognose der Patienten mit klonalen chromosomalen Aberrationen ist ebenso wie jene bei leukämischem Wachstumsmuster der CFU-GM ungünstig.

Tabelle 19.6. Häufige chromosomale Aberrationen bei Eosinophilenleukämie (nach [88])

Isochromosom 17q
Trisomie 10
Trisomie 8
4q+
17q+
49XYY, +8, +M,t(3;5)
49XY, +10, +15, +19,3q−
45X, -X, 15q−
45X, -X, t(8;21)
46XY, t(5;11)

Tabelle 19.7. Neoplasien der Basophilen und Mastzellen

1. Kutane Mastozytose
   - Urticaria pigmentosa

2. Generalisierte Mastozytose

2.1 Systemische Mastozytose
   - Urticaria pigmentosa mit viszeraler Beteiligung

2.2 Maligne Mastozytose
   - generalisierte Mastozytose ohne primäre Hautbeteiligung (z. T. mit Leukämieentwicklung)

3. Leukämien mit Beteiligung der Basophilen

3.1 Primär:
   - akute, selten chronische Basophilenleukämie

3.2 Sekundär:
   - Basophilenvermehrung bei CML (u. a. myeloproliferativen Erkrankungen)
   - basophile Blastenkrise bei CML

19.2 Erkrankungen der Basophilen und der Mastzellen

19.2.1 Vorkommen

Die häufigste Manifestation der Erkrankung der Mastzellen ist die *kutane Mastozytose* (Urticaria pigmentosa; Tabelle 19.7). Die kindliche Form bleibt meist auf die Haut beschränkt, während bei Erkrankungsbeginn im Erwachsenenalter eine viszerale Beteiligung bei zumindest 1/4 der Patienten [99] nachweisbar ist *(systemische Mastozytose)*. Von diesen Formen abgrenzbar ist die sehr seltene *maligne Mastozytose* (s. unten). Diese ähnelt einer myeloproliferativen Erkrankung, meist ohne Hautbefall [53]. Abzugrenzen von neoplastischen Zuständen der Basophilen und Mastzellen sind reaktive Basophilien. Solche können vor allem bei allergischen oder inflammatorischen Erkrankungen (z. B. Kolitis, Überempfindlichkeitsreaktionen vom Soforttyp, bei juveniler rheumatoider Arthritis), bei Endokrinopathien (insbesondere Hypothyreoidismus), bei ausgeprägten Leukozytosen (z. B. im Rahmen von Karzinomen) und im Ascites bei Leberzirrhose vorkommen. Bei verschiedenen Lymphomen (insbesonders Immunozytomen) können Basophile und Mastzellen vermehrt auftreten. Ähnliches gilt für schwere aplastische Anämien (möglicherweise wegen eines hohen Spiegels an Stammzellfaktor SCF).

Primäre *Leukämien der Basophilen* sind sehr seltene Erkrankungen. Eine begleitende Proliferation der Basophilen findet sich hingegen häufig bei CML und anderen myeloproliferativen Erkrankungen (Tabelle 19.7).

19.2.2 Pathophysiologie

Basophile leiten sich von gemeinsamen Vorläuferzellen der Hämatopoese (CFU-mix), von einer gemeinsamen Stammzelle für Eosinophile und Basophile (CFU-eo/baso) und in weiteren Reifungsschritten von determinierten Vorläuferzellen (CFU-baso) her (Übersicht bei [116]). Alle diese Vorläuferzellen finden sich im menschlichen Knochenmark. Mastzellen, die sich ebenfalls vom Knochenmark herleiten, erfordern dagegen unterschiedliche Kulturbedingungen für das In-vitro-Koloniewachstum [133]. IL-3 ist ein wirksamer spezifischer Differenzierungsfaktor für menschliche Basophile [118]. Es ist ein Primingfaktor für reife Basophile (IgE vermittelte Histaminfreisetzung [116]). Dagegen ist IL-3 weniger geeignet, eine Differenzierung von Mastzellen zu induzieren [118]. GM-CSF fördert das Wachstum von CFU-eo/baso [84].

Basophile und Mastzellen haben eine Reihe gemeinsamer Eigenschaften. Beide Zelltypen enthalten intrazytoplasmatisch metachromatische Granula, ein Färbeverhalten, das auf den Glykosamin-Glykangehalt zurückzuführen ist. Sie speichern in gleicher Weise Histamin und biogene Amine (vor allem Prostaglandin D_2). Sie zeigen beide hochaffine Membranrezeptoren für IgE (Fc-εRI) [47, 56, 116] und sind funktionell bei Hypersensibilitätsreaktionen vom Soforttyp (Typ I Reaktionen, s. Kap. 19.1.2.3) wesentlich mitbeteiligt (Übersicht bei [62b, 97, 135] u. a.).

Der hochaffine Rezeptor für IgE (Fc-εRI) ist eine Membranstruktur, die ausschließlich an Mastzellen und Basophilen exprimiert wird (Übersicht bei [96a]). Er ist aus α-, β- und γ-Ketten aufgebaut, zeigt keine Verwandtschaft zu CD23 (s. Kap. 19.1.2.3a) und wird sehr früh in der Reifung von Mastzellen und Basophilen exprimiert (weiterführende Literatur bei [96a]). Nach Interaktion mit IgE – Voraussetzung ist eine Komplexbildung mit einem multivalenten Antigen – kommt es zur Degranulation mit Freisetzung von Histamin sowie der Biosynthese und Sekretion von Arachidonsäuremetaboliten (wie Leukotrienen). Die Aktivierung von Fc-ε-Rezeptor I führt auch zur Synthese und Sekretion vieler Zytokine wie GM-CSF, IL-1, IL-3, IL-4, IL-5, IL-6, TNF-alpha und Interferon-gamma und von Proteinen der MIP-1 Familie („macrophage inflammatory protein", Übersicht bei [96a]). Ein direkter Übergang zwischen Basophilen und Mastzellen wurde, obwohl postuliert [24, 135], nie beobachtet. Auch zytochemisch und immunphänotypisch unterscheiden sie sich deutlich (Übersicht bei [68, 116]). So exprimieren Mastzellen Antigene der Cluster CD9, 33 und 45, nicht jedoch die an Basophilen vorhandenen Antigene CD11b, 13, 17, 25, 32, 35, 38 und 40 ([5a, 117], Tabelle 19.8). Basophilen fehlt auch das für Mastzellen charakteristische Antigen, welches durch den Antikörper YB5.B8 erfaßt wird [3, 104a, 117].

Das Protoonkogen c-kit codiert den Rezeptor für ein neues hämatopoetisches Zytokin, den *Mastzellwachstumsfaktor* oder *Stammzellfaktor* (SCF, Übersicht bei [11a]). Er wurde zunächst in der Maus wegen des Auftretens von Mutationen (genetisch anämische Mäuse W/Wv und SI/SI) definiert. Das YB5.B8-Antigen (Proteinprodukt von c-kit) wird in Mastzellen und einem Teil myeloischer Vorläuferzellen exprimiert [3a]. Etwa die Hälfte der CD34 positiven mononukleären Zellen des Knochenmarkes koexprimieren c-kit. SCF hat einen CFU-GM steigernden und BFU-E potenzierenden

Tabelle 19.8. Immunologische Charakterisierung von Basophilen und Mastzellen (nach [117])

CD	Antikörper	Basophile	Mastzelle
myelomonzytäre Marker			
11b	VIM12	+	–
11c	Kim-1	+	–
13	MY-7	+	–
w17	T5A7	+	–
32	CIKM5	+	–
33	MY-9	+	+
35	E11	+	–
w65	VIM-2	+	–
lymphozytäre Marker			
9	BA-2	+	+
18	MHM23	+	–
25	a-Tac	+	–
38	OKT 10	+	–
45	BMA010	+	+
andere			
HLA-DR	BMA022	–	–
Fc-εRI	anti-IgE	+	+
71	OKT9	–	–

Effekt. c-kit wird durch IL-4 niederreguliert, wie an menschlichen Mastzellinien und an CD34-positiven Knochenmarkzellen gezeigt wurde [104a]. Zudem werden Mastzellen von Antikörpern erkannt, die gegen reife Makrophagen gerichtet sind. Heparin wird in Mastzellen, nicht jedoch in Basophilen gespeichert [62b, 116].

Proteoglykane bilden die Matrix der intrazellulären Granula von Mastzellen, Basophilen und wenigen anderen Zellen (z. B. NK-Zellen, Übersicht bei [61b]). Die Matrix der Mastzellgranula besteht aus Heparin. Die Matrix der Basophilengranula ist von Heparin weitgehend frei und komplexer aufgebaut. Sie besteht aus Chondroitinsulfat, Heparansulfat und Dermatansulfat [62b]. Wahrscheinlich übernehmen die Proteoglykane eine Trägerfunktion für in Granula enthaltene Enzyme.

Für die Herkunft von Mastzellen aus Makrophagen sprechen zytochemische und klinische Beobachtungen ([89], s. a. Kapitel 18.2.1). In den Gewebsmastzellen kommen „myelomonozytäre" Markerenzyme (Myelo-POX [26]; Naphthyl-AS-D-Chloracetatesterase [65]) zur Expression, die für das letztere System spezifisch sind. Mit einer gutartigen Proliferation der Mastzellen (Urticaria pigmentosa) geht eine selektive Vermehrung der Monozyten im Blut einher. Schließlich gehen Malignome der Gewebsmastzellen (die maligne Mastozytose) in 60% mit einer myeloischen oder myelomonozytären Leukämie einher [53, 68, 89].

Die Differenzierung von menschlichen Basophilen kann in verschiedenen Zellinien verfolgt werden. Die Promyelozytenlinie HL-60 reift bei entsprechenden Kultivierungsbedingungen (Exposition gegenüber Na-Butyrat) z. T. in Basophile aus [54]. Ähnliches gilt für die Zellinie KU 812, wobei die metachromatischen Zellen Basophilen-, nicht jedoch spezifische Mastzellmarker exprimieren [38].

Erkrankungen der Mastzellen und Basophilen [89] sind häufig von klinischen Erscheinungen begleitet, die durch die Freisetzung von Histamin und eventuell Prostaglandin D_2 und Heparin bedingt sind. Die Symptome können akut bis zur Schocksymptomatik oder in chronischer Form (z. B. gastrointestinale Beschwerden) auftreten (zur Biochemie der Mastzellerkrankung s. [70, 116].

Zur Diagnose tragen das Darier-Zeichen bei Mastozytose (Pruritus und Erythem nach mechanischer Hautreizung als Folge der Mastzelldegranulation), Biopsien aus Haut und Knochenmark sowie die Histaminbestimmung aus dem 24-Stunden-Harn bei. Gaschromatographisch-massenspektrometrische Methoden zum spezifischen und sensitiven Nachweis von Metaboliten von Histamin und Prostaglandin D_2 wurden entwickelt [62, 70, 97]. Die Differentialdiagnose schließt vor allem das Karzinoidsyndrom ein, bei dem jedoch erhöhte Urinwerte für 5-Hydroxyindolessigsäure nachzuweisen sind.

19.2.3 Erkrankungen des Mastzellsystems

19.2.3.1 Urticaria pigmentosa

Sie ist die häufigste Mastzellneoplasie. Die Diagnose wird anhand von Hautbiopsien gestellt. Die klinischen Symptome der Patienten sind Folge der lokalen Degranulation von Mastzellen, die schon durch leichte Traumata, Temperaturveränderungen oder chemische Stimuli (z. B. Codein) ausgelöst werden können. Die Mehrzahl der Patienten werden mit Erreichen der Pubertät symptomfrei. Bei Fortbestehen der Urticaria pigmentosa im Erwachsenenalter oder bei späterem Erkrankungsbeginn ist der Übergang in eine systemische Mastozytose häufig. 70–80% der Fälle von Urticaria pigmentosa heilen jedoch aus oder gehen in eine subklinische, chronische Verlaufsphase über, die in der Regel die Lebenserwartung nicht beeinträchtigt.

19.2.3.2 Systemische Mastozytose

Die Erkrankung ist durch einen konstanten Hautbefall (Urticaria pigmentosa bzw. Teleangiectasia macularis eruptiva persistans) charakterisiert, meist begleitet von gastrointestinalen Symptomen (vor allem Oberbauchschmerzen, Übelkeit, Erbrechen, Diarrhö, peptischen Ulzera in über 60% der Patienten), Gerinnungsstörungen (als Folge der Heparinfreisetzung), Episoden von „Histamin-Flush“ (bei 17% der Patienten) und Zeichen viszeraler Mastzellinfiltrationen (Hepatosplenomegalie bei 10% der Patienten, vergrößerte Lymphknoten, ossäre Veränderungen). Eine Knochemarkbeteiligung ist meist nachweisbar, das Vollbild einer myeloproliferativen

Tabelle 19.9. Klinik der systemischen und der malignen Mastozytose [53]

	systemische Mastozytose (n = 122)	maligne Mastozytose (n = 38)
Alter z. Z. der ersten klinischen Symptome (Median)	31,5 a	54 ±15 a
Überleben nach 5 Jahren (Wahrscheinlichkeit)	0,65	0,09
Organbefall (%)		
Haut (primär)	100	0
Knochenmark	93	92
Milz	60	95
Leber	61	84
Lymphknoten	39	76
myeloproliferative Erkrankung (%)	4	40
Mastzelleukämie	0	37

Erkrankung jedoch selten (Tabelle 19.9). Vermehrungen der Blutmonozyten werden immer beobachtet.

Ausstrichpräparate des Knochenmarks zeigen meist 1–5% Mastzellen. Diagnostisch sind Knochenmarkbiopsiepräparate. Die Infiltrate sind disseminiert und häufig paratrabekulär. Es finden sich lange Züge von fibroblastenähnlichen, fusiformen Gewebsmastzellen, das Bild ist pathognomonisch für die Erkrankung [89]. Das Vollbild einer myeloproliferativen Erkrankung und eine Mastzelleukämie ist jedoch selten. In der Literatur wird unter 130 Patienten die Häufigkeit solcher Komplikationen mit 4 angegeben [89].

Die Erkrankung zeigt bei etwa 2/3 der Patienten einen sehr protrahierten Verlauf. Der Hautbefall geht der Diagnose bei über 50% der Patienten über 10 Jahre voraus. Todesursachen sind Blutungen aus peptischen Ulzera, kardioresporatorische Erkrankungen, Kachexie oder Zweitneoplasien.

Diagnostisches Vorgehen. Die Sicherung der Diagnose erfolgt durch Biopsie (Haut, evtl. Knochenmark). In Knochenmarkaspirationspräparaten kann allerdings wegen der oft herdförmigen Infiltration eine Beteiligung übersehen werden. Ebenso kann durch Biopsien aus vergrößerten Lymphknoten oder der Leber der systemische Befall gesichert werden. Pathologische Knochenbefunde werden bei über 2/3' der Patienten mit systemischer Mastozytose gefunden. Sie kann sich unter dem Bild einer Osteosklerose, Osteoporose oder häufig kombinierter Veränderungen zeigen.

19.2.3.3 Maligne Mastozytose

Die sehr seltene Erkrankung ist durch einen meist rasch progredienten Verlauf mit Hepatosplenomegalie, pathologischen Blutbefunden, hämor-

Tabelle 19.10. Hämatologische Befunde bei der systemischen und der malignen Mastozytose in der Zeit zwischen dem Auftreten der ersten Symptome und Sicherung der Diagnose bei insgesamt 160 Patienten

Hämatologischer Befund	Mastozytose systemisch %	maligne %
Anämie	3	28
Granulozytopenie	2	3
Thrombozytopenie	1	11
Panzytopenie	2	5
Eosinophilie	2	20

rhagischer Diathese und gastrointestinalen Beschwerden charakterisiert. Das klinische Bild ähnelt einer hämatologischen Neoplasie. Ein Histamin-Flush wird in etwa 20% der Fälle beobachtet [53]. Eine Osteosklerose und/oder Osteoporose gehört zu den seltenen Veränderungen. Organmanifestationen sind in Tabelle 19.9 zusammengefaßt.

Die Sicherung der Diagnose erfolgt durch die Knochenmarkhistologie. Die Morphologie der Tumorzellen kann von typischen Mastzellen bis zu atypischen Zellen von monozytoidem Charakter variieren. Sie enthalten eine kleinere oder größere Zahl metachromatischer Granula. Die Mastzellinfiltration geht oft mit einer Fibrose einher. Zur immunhistologischen Charakterisierung trägt die Reaktivität mit CD9-, 33-, 45-Antikörpern sowie die positive Reaktion mit dem Antikörper YB5.B8 bei [117].

Im Blutbild (Tabelle 19.10) findet sich häufig eine normochrome Anämie, die bei einem Drittel der Patienten ausgeprägt ist. Auch eine Vermehrung der Eosinophilen kann vorkommen (insgesamt zeigen 10–20% der Mastozytose-Patienten eine Eosinophilie; [70]. Das Vollbild einer Mastzelleukämie entwickelt sich bei etwa einem Drittel der Patienten, etwa ebenso häufig kommen myeloische und (myelo-)monozytäre Leukämien vor [70].

Eine Koinzidenz von maligner Mastozytose mit myeloproliferativen Erkrankungen (einschließlich Mastzelleukämie) findet sich in 75% der Fälle [89].

In einem Patientenkollektiv von 38 Fällen entwickelten 8 Patienten eine CML, 2 eine AML und 2 eine AMML, 1 eine Promyelozytenleukämie und 1 eine megakaryoblastäre Myelose mit Myelofibrose. 14 zeigten eine Mastzelleukämie mit Mastzellausschwemmung bis zu 140 G/l.

Im Gegensatz zur systemischen Mastozytose nimmt die Erkrankung in der Regel einen rapiden Verlauf. Die Überlebenswahrscheinlichkeit beträgt 0,23 für das erste und 0,09 für 5 Jahre.

19.2.4 Erkrankungen der Basophilen

Vorbemerkung. Der mittlere Prozentsatz von Basophilen im peripheren Blut gesunder Erwachsener liegt bei 0,3–0,6% (Bereich 0–2%). Durchflußzytometrische Methoden zur Basophilenzählung wurden entwickelt [64, 73]. Eine Basophilenerhöhung wird bei allergischen Erkrankungen, der CML, juveniler rheumatoider Arthritis, Colitis ulcerosa, Diabetes mellitus oder Myxödem gefunden (Übersicht bei [117]). Erniedrigte Werte kommen bei Thyreotoxikose, zur Zeit der Ovulation, nach Kortikosteroidtherapie, nach anaphylaktischen Reaktionen und beim seltenen Syndrom der basophilen und eosinophilen Defizienz vor.

Zur spezifischen Darstellung der Basophilen kann die Alcian-Färbung sowie die Reaktion mit CD11b-,CD25-, CD38-, BSP-1 und CDw65-Antikörpern herangezogen werden [8, 39]. Vorteilhaft ist die Kombination der zytochemischen mit der immunzytologischen Auswertung [117].

Blutbasophile sind zirkulierende Effektorzellen der Hypersensitivitätsreaktion vom Typ I [62b, 117].

Bei Atopien und anderen Hypersensibilitätsreaktionen vom Typ I finden sich häufig Veränderungen der Basophilen. So ist bei Patienten mit atopischen Erkrankungen die Zahl der Basophilen im Blut oft erhöht, oder es kommt zu ihrer Anreicherung im Bereich Allergen-induzierter Entzündungsherde.

Die Freisetzung von Mediatoren aus Basophilen kann einerseits über IgE vermittelt werden und andererseits davon unabhängig erfolgen. Entscheidend für die IgE-vermittelte Aktivierung ist die Brückenbildung von IgE-Rezeptoren an der Zelloberfläche. Allergene binden sich zunächst an IgE. Nach Reaktion mit Basophilen oder Mastzellen kommt es dann zur Aggregation von IgE-Rezeptoren an der Zelloberfläche [62b, 78, 96a]. Der IgE-Rezeptor an Basophilen unterscheidet sich vom niedrigaffinen IgE-Rezeptor an aktivierten lymphatischen Zellen (CD-23, s. Kapitel 19.1.2.3a). Im Anschluß an diese Oberflächenveränderungen kommt es zu einer Kaskade von biochemischen Ereignissen, wobei der letzte Schritt eine exozytotische Mediatorfreisetzung darstellt.

Die Zahl der IgE-Oberflächenrezeptoren an zirkulierenden Basophilen normaler Erwachsener liegt zwischen 30000 und 1000000 Bindungsstellen pro Zelle [57]. Zwischen der Zahl von IgE-Rezeptoren pro Blutbasophilem und dem IgE-Spiegel im Serum besteht eine positive Korrelation [74]; zu IgE-Spiegel und CD23 Expressionen siehe Kapitel 19.1.2.3a.

Basophile von Patienten mit allergischen Erkrankungen zeigen häufig eine gesteigerte Freisetzungsreaktion [77].

IgE-unabhängige Basophilenaktivierungen mit Histaminfreisetzung können unter anderem durch die Anaphylatoxine C3a und vor allem C5a [59], bakterielle und virale Produkte und andere Faktoren [76] erfolgen (Übersicht bei [116]).

19.2.4.1 Akute Basophilenleukämie

In der Mehrzahl der sehr seltenen Fälle von Basophilenleukämie handelt es sich um die unreifzellige Form [53]. Die unreifen Leukämiezellen enthalten in variabler Zahl metachromatische Granula [20, 21, 67, 95, 96]. Als weiteres zytochemisches Charakteristikum ist die Positivität für Chloracetatesterase zu nennen.

Atypische Basophile mit positiver Reaktion für alkalische Phosphatase oder einer groben PAS-Reaktion wurden beschrieben [20, 53]. Ebenso können Zellen vorkommen, die gleichzeitig basophile und eosinophile Granula enthalten. Zusätzlich findet man Störungen der Kernsegmentation, Makro- und Mikrogranula und auch eine Hypergranulation.

Die Erkrankung verläuft meist rasch progredient. Neben den typischen Krankheitszeichen einer unreifzelligen Leukämie sind auch Symptome als Folge der Freisetzung der biogenen Amine für das Krankheitsbild charakteristisch. So kann eine vermehrte Histaminfreisetzung durch Zytolyse während der Chemotherapie zu einer Schocksymptomatik führen.

19.2.4.2 Chronische Basophilenleukämie

Diese Erkrankung ist extrem selten und verläuft wie eine chronische myeloproliferative Erkrankung. Zur Abgrenzung gegenüber einer chronisch-myeloischen Leukämie mit stärkerer Basophilenvermehrung tragen Chromosomenuntersuchungen bei. Philadelphia-positive Fälle werden der CML zugezählt. Die oben beschriebenen Granula-Anomalien sind auch in den chronischen Fällen nachweisbar [53].

19.2.4.3 Begleitproliferation der Basophilen bei myeloproliferativen Erkrankungen

Sie wird häufiger im Rahmen der CML gefunden, seltener kann sie auch bei anderen myeloproliferativen Erkrankungen zur Beobachtung kommen. Basophilenwerte zwischen 2 und 20% der zirkulierenden Leukozyten sind bei CML ein häufiger Befund, seltener finden sich Basophilien bei IM und Polycythaemia vera. Die Basophilen bei CML sind Ph1-positiv und zeigen ein bcr-Rearrangement. Sie sind somit Bestandteil des malignen Klons [10, 25]. Werte über 30% treten vor allem spät im Verlauf der Erkrankung auf und weisen auf eine sich anbahnende terminale Phase hin. Schließlich können auch – selten – basophile Blastenkrisen zur Beobachtung kommen.

Die atypischen Basophilen zeigen Granulaatypien (wie bei den primären Formen beschrieben), Hybridzellen („Eosinobasophile") sind im Knochenmark von CML-Patienten nicht ungewöhnlich [101]. Die Leukämiezellen enthalten intrazellulär vermehrt Histamin und Histidindecarboxylase [23]. Nur in seltenen Fällen treten allerdings allergische Symptome auf, wie sie bei der primären Basophilenleukämie oder den Mastzellerkrankungen als Folge der Mediatorfreisetzung beobachtet werden (Übersicht bei [70, 116]).

Erhöhte Plasmashistaminspiegel und Zeichen einer Urtikaria kommen am ehesten bei Patienten mit Polycythaemia vera (und evtl. bei idiopathischer Myelofibrose) zur Beobachtung [12].

Eine Begleitbasophilie bei akuten Leukämien findet sich vor allem bei AML mit bestimmten chromosomalen Aberrationen. Die Translokation t(6;9) bei AML geht z. T. mit einer Knochenmarksbasophilie einher [8, 90], ähnliches wurde auch bei AML mit Inversion des Chromosom 16 dokumentiert [79].

Literatur

1. Ackermann SJ, Weil GJ, Gleich GJ (1982) Formation of Charcot-Leyden crystals by human basophils. J Exp Med 155:1597–1609
2. Ackermann SJ, Kephart GM, Habermann TM, Greipp PR, Gleich GJ (1983) Lokalization of eosinophil granule major basic protein in human basophils. J Exp Med 158:946–961
3. Ashmann LK, Gadd SJ, Mayrhofer G, Spargo LDJ, Cole SR (1987) A murine monoclonal antibody to an acute myeloid leukemia-associated antigen identifies tissue mast cells. In: McMichel A (ed) Leukocyte Typing III, Proceedings of the Third International Workshop and Conference on Human Leukocyte Differentiation Antigens. Oxford University Press, Oxford, pp 726

3a. Ashmann LK, Cambareri AC, To LB et al (1991) Expression of the YB5.B8 antigen (c-kit protooncogene product) in normal human bone marrow. Blood 78:30–37

4. Athreya et al (1975) Amer J Dis Childhood 129:935
5. Auriault C, Capron M, Capron A (1982) Activation of rat and human eosinophils by soluble factor(s) released by Schistosoma mansoni schistosomula. Cell Immunol 66:59–69

5a. Bettelheim P (1989) Summary on myeloid antigens. In: Knapp W (ed) Leucocyte Typing IV. Oxford Univ Press, Oxford, pp 891–893

5b. Bieber T, Rieger A, Neuchrist C et al (1989) Induction of Fc epsilon R2/CD23 on human epidermal Langerhans cells by human interleukin 4 and gamma interferon. J Exp Med 170:309–314

6. Björnson BH (1982) In-vitro culture of circulating eosinophil cells. In: Fauci AS (moderator) The idiopathic hypereosinophilic syndrome. Clinical, pathophysiologic and therapeutic considerations. Ann Intern Med 97:78–92
7. Blatt PM, Rothstein G, Miller HL, Cathey WJ (1974) Löffler's endomyocardial fibrosis with eosinophilia in association with acute lymphoblastic leukemia. Blood 44:489
8. Bodgker MP, Morris CM, Kennedy MA, Bowen JA, Hilton JM, Fitzgerald PH (1989) Basophils (BSP-1+) derive from the leukemic clone in human myeloid leukemias involving the chromosome breakpoint 9 q34. Blood 73:777
9. Bolscher BGJM, Plat H, Wever R (1984) Some properties of human eosinophil peroxidase, a comparison with other peroxidase. Biochem Biophys Acta 784:177–186
10. Bosma TJ, Kennedys MA, Bodger MP, Hollings PE, Fitzgerald PH (1988) Basophils exhibit rearrangement of the bcr gene in Philadelphia chromosome-positive chronic myeloid leukemia. Leukemia 2:141
11. Brandt L, Mitelman F, Beckman G, Laurell H, Nordenson (1977) Different composition of the bone marrow pool in reactive eosinophilia and eosinophilic leukemia. Acta Med Scand 201:177–180

11a. Brizzi MF, Avanzi C, Pegoraro (1991) Hematopoietic growth factor receptors. Int J Cell Cloning 9:274–300

12. Cadiou M, Ruff F, Meuner F, Attalah N, Bernadeou A, Zittoun R, Parrot JL, Bousser J (1975) Blood histamine levels in myeloproliferative syndromes. Nouv Rev Fr Hematol 15:261
13. Capron M, Spiegelberg HL, Prin L, Bennich H, Butterworth AE, Pierce J, Ali Ouassi M, Capron A (1984) Role of IgE receptors in effector function of human eosinophils. J Immunol 132:462–468

14. Capron M, Kusnierz JP, Prin L, Spiegelberg HL, Ovlaque G, Gosset P, Tonnel AB, Capron A (1985) Cytophilic IgE on human blood and tissue eosinophils: detection by flow microfluorometry. J Immunol 134:3013–3018
15. Carlson MGC, Peterson CGB, Venge P (1985) Human eosinophil peroxidase: purification and characterization. J Immunol 134:1875–1879
16. Catovsky D, Bernasconi C, Verdonck PJ et al (1980) The association of eosinophilia with lymphoblastic leukemia or lymphoma: a study of seven patients. Brit J Haematol 45:523–534
17. Chi EY, Henderson WR (1984) Ultrastructure of mast cell degranulation induced by eosinophil peroxidase: use of diaminobenzidine cytochemistry by scanning electron microscopy. J Histochem Cytochem 32:332–341
18. Chusid MJ, Dale DC, West BC, Wolff SM (1975) The hypereosinophilic syndrome. Analysis of fourteen cases with review of the literature. Medicine 54:1–27
19. Clutterbuck E, Hirst EMA, Sanderson EJ (1989) Human Interleukin-5 (IL-5) Regulates the Production of Eosinophils in Human Bone Marrow Cultures: Comparison and Interaction With IL-1, IL-3, IL-6, and GMCSF. Blood 73:1504
19a. Clutterbuck EJ, Sanderson CJ (1991) Regulation of human eosinophil precursor production of cytokines: a comparison of recombinant human interleukin 1 (rh IL-1), rh IL-3, rh IL-5, rh IL-6, and rh Granulocyte-Macrophage Colonystimulating factor. Blood 75:1774–1779
19b. Coffman RL, Seymour BWP, Hudak S, Jackson J, Rennick D (1989) Antibody to interleukin-5 inhibits helminth-induced eosinophilia in mice. Science 245:308–310
20. Dalton R, Chan L, Batten, Eridani S (1986) Mast cell leukemia: evidence for bone marrow origin of the pathological clone. Brit J Haematol 64:397–406
21. Daniel M-T, Flandrin G, Bernard J (1975) Leucemie aigue a mastocytes. Etude cytochimique et ultrastructurale, a propos d'une observation. Nouv Rev Franc Hematol 15:319–332
21a. Delepesse D, Suter U, Mossalayi D et al (1991) Expression, structure and function of the CD23 antigen. Adv Immunol 49:149–191
22. De Monchy JGR, Kauffman HF, Venge P, Koeter GH, Jansen HM, Sluiter HJ, de Vries K (1985) Bronchoalveolar eosinophilia during allergen-induced late asthmatic reactions. Am Rev Resp Dis 131:373
23. Denburg JA, Wilson WEC, Goodacre R, Bienenstock J (1980) Chronic myeloid leukemia: Evidence for basophil differentiation and histamine synthesis from cultured peripheral blood cells. Br J Haematol 45:13
24. Denburg JA, Richardson M, Telizyn S, Bienenstock J (1985) Basophil/mast cell precursors in human peripheral blood. Blood 61:775–780
25. Denigri JF, Naiman SC, Gillen J, Thomas JW (1978) In vitro growth of basophils containing the Philadelphia chromosome in the acute phase of chronic myelogenous leukemia. Br J Haematol 40:351
26. Desaga JF (1972) Der Nachweis von Myeloperoxidase in jungen Gewebsmastzellen der Ratte. Klin Wochenschr 50:444–445
27. Dor PJ, Ackerman SJ, Gleich GJ (1984) Charcot-Leyden crystal protein and granule major basic protein in sputum of patients with respiratory diseases. Am Rev Resp Dis 130:1072–1077
28. Durack DT, Sumi SM, Klebanoff SJ (1979) Neurotoxicity of human eosinophils. Proc Natl Acad Sci 76:1443
29. Durham SR, Kay AB (1985) Eosinophils, bronchial hyperreactivity, and late-phase asthmatic reactions. Clin Allergy 15:411–419
29a. El-Cheikh MC, Dutra HS, Borojevic R (1991) Eosinophil granulocyte proliferation and differentiation in schistosomal granulomas are controlled by two cytokines. Lab Invest 64:93–97
30. Enokihara H, Furusawa S, Nakakubo H, Kajitani H, Nagashima S, Saito K, Shishido H, Hitoshi Y, Takatsu K, Noma T, Shimizu A, Honjo T (1989) T Cells From Eosinophilic Patients Produce Interleukin-5 With Interleukin-2 Stimulation. Blood 73:1809–1813

31. Fauci AC, Harley JB, Roberts WC, Ferrans VJ, Gralnick HR, Bjornson BH (1982) The idiopathic hypereosinophilic syndrome. Clinical, pathophysiologic, and therapeutic considerations. Ann Int Med 97:78–92
31a. Favre C, Caux C, De Vries JE (1990) Interleukin-4 has basophilic and eosinophilic cell growth-promoting activity on cord blood cells. Blood 75:67–73
32. Filley WV, Ackerman SJ, Gleich GJ (1981) An immunofluorescent method for specific staining of eosinophil granule major basic protein. J Immunol Meth 47:227–238
33. Filley WV, Holley KE, Kephart GM, Gleich GJ (1982) Identification by immunofluorescence of eosinophil granule major basic protein in lung tissue of patients with bronchial asthma. Lancet 1982/2:11
34. Fischer E, Capron M, Prin L, Kusnierz JP, Kazatchkine M (1986) Human eosinophils express CR1 and CR3 complement receptors for cleavage fragments of C3. Cell Immunol 97:297
35. Fischkoff SA, Pollak A, Gleich GJ, Testa JR, Misawa S, Reber TJ (1984) Eosinophilic differentiation of the human promyelocytic leukemia cell line HL-60. J Exp Med 160:179–196
35a. Frew AJ, Kay AB (1988) The relationship between infiltrating CD4+ lymphocytes, activated eosinophils, and the magnitude of the allergen-induced late phase cutaneous reaction in man. J Immunol 141:4158
36. Frigas E, Leogering DA, Solley GO, Farrow GM, Gleich GJ (1981) Elevated levels of the eosinophil granule major basic protein in the sputum of patients with bronchial asthma. Mayo Clin Proc 56:345
37. Fukuda T, Dunnette SL, Reed CE, Ackerman SJ, Peters MS, Gleich GJ (1985) Increased numbers of hypodense eosinophils in the blood of patients with bronchial asthma. Ann Rev Resp Dis 132:891–895
38. Fukuda T, Kishi K, Ohnishi Y, Shibata A (1987) Bipotential cell differentiation of KU812: Evidence of a hybrid cell line that differentiates into basophilic and macrophage-like cells. Blood 70:612
39. Gilbert HS, Ornstein L (1975) Basophil counting with a new staining method using alcian blue. Blood 46:279
40. Gleich GJ, Adolphson CR (1986) The eosinophilic leukocyte: structure and function. Adv Immunol 39:177–253
41. Goetzl EJ, Austen KF (1975) Purification and synthesis of eosinophilotactic tetrapeptides of human lung tissues: Identification as eosinophil chemotactic factor of anaphylaxis. Proc Natl Acad Sci 72:4123–4127
42. Goetzl EJ, Tashjian AH, Rubin RH, Austen KF (1978) Production of a low molecular weight eosinophil polymorphonuclear leukocytic chemotactic factor by anaplastic squamous cell carcinomas of the lung. J Clin Invest 61:770–780
43. Gosset P, Tonnel AB, Joseph M, Prin L, Mallart A, Charon J, Capron A (1984) Secretion of chemotactic factor for neutrophils and eosinophils by alveolar macrophages from asthmatic patients. J Allergy Clin Immunol 74:827
44. Gralnick HR (1982) Hematologic factors. In: Fauci AS (moderator) The idiopathic hypereosinophilic syndrome. Clinical, pathophysiologic and therapeutic considerations. Ann Intern Med 97:78–92
45. Griffin JD, Meuer SC, Schlossman SF, Reinherz EL (1984) T cell regulation of myelopoiesis: analysis at a clonal level. J Immunol 133:1863
46. Hallgren R, Feltelius N, Svenson K, Venge P (1985) Eosinophil involvement in rheumatoid arthritis as reflected by elevated serum levels of eosinophil cationic protein. Clin Exp Immunol 59:539–546
47. Hempstead BL, Parker CW and Kulczycki A (1979) Characterization of the IgE receptor isolated from human basophils. J Immunol 123:2283
48. Henderson WR, Chi EY, Klebanoff SJ (1980) Eosinophil peroxidase-induced mast cell secretion. J Exp Med 152:265–279
49. Henderson WR, Jorg A, Klebanoff SJ (1982) Eosinophil peroxidase-mediated inactivation of leukotrienes B4, C4 and D4. J Immunol 128:2609–2613

50. Henderson WR, Harley JB, Fauci AS (1984) Arachidonic acid metabolism in normal and hypereosinophilic syndrome human eosinophils. Generation of leukotrienes B4, C4, D4 and 15-lipooxygenase products. Immunol 51:679–686
51. Hirsch et al (1974) J Allergy Clin Immunol 53:303
52. Horn BR, Robin ED, Theodore J, van Kessel A (1975) Total eosinophil counts in the management of bronchial asthma. New Engl J Med 292:1152–1155
53. Horny HP, Parwaresch MR, Lennert K (1983) Klinisches Bild und Prognose generalisierter Mastozytosen. Klin Wochenschr 61:758–793
54. Hutt-Taylor SR, Harnish D, Richardson M, Ishizaka T, Denburg JA (1988) Sodium butyrate and a T lymphocyte cell line derived differentiation factor induce basophilic differentiation of the promyelocytic leukemic cell line HL-60. Blood 71:209
55. Ishizaka K, Ishizaka T, Hornbrook MM (1966) Physiochemical properties of human reaginic antibody. IV., Presence of a unique immunoglobuline as a carrier of reaginic activity. J Immunol 97:75
56. Ishizaka K, Tomioka H and Ishizaka T (1970) Mechanism of passive sensitization. I., Presence of IgE and IgG molecules on human leukocytes. J Immunol 105:1459
57. Ishizaka K, Soto CS, Ishizaka T (1973) Mechanism of passive immunization. III. Number of IgE molecules and their receptor sites on human basophil granulocytes. J Immunol 111:500
58. Jorg A, Henderson WR, Murohy RC, Klebanoff SJ (1982) Leukotriene generation by eosinophils. J Exp Med 155:390
58a. Jouault T, Capron M, Balloul JM et al (1988) Quantitative and qualitative analysis of the Fc receptor for IgE (Fc-εRII) on human eosinophils. Eur J Immunol 18:237–241
59. Jürgensen H, Braam U, Pult P, Kownatzki E, Schmutzler W (1988) Human C5a induces a substantial histamine release in human basophils but not in tissue mast cells. J Allergy App. Immunol 85:487
60. Kay AB (1985) Eosinophils as effector cells in immunity and hypersensitivity disorders. Clin Exp Immunol 62:1–12
60a. Kay AB, Ying S, Varney V et al (1991) Messenger RNA Expression of the Cytokine Gene Cluster, Interleukin 3 (IL-3), IL-4, IL-5 and Granulocyte/Macrophage Colony-stimulating factor in allergen-induced late-phase cutaneous reactions in atopic subjects. J Exp Med 173:775–778
61. Keshavarzian A, Saverymuttu SH, Tai P-C, Thompson M, Barter S, Spry CJF, Chadwick VS (1985) Activated eosinophils in familial eosinopohilic gastroenteritis. Gastroenterol 88:1041–1049
62. Keyzer JJ, de Monchy JGR, van Doormaal JJ, van Vorst Vader PC (1983) Improved diagnosis of mastocytosis by measurement of urinary histamine metabolites. New Engl J Med 309:1603–1605
62a. Kikutani H, Yokota A, Tanaka T et al (1989) Expression, structure and function of two species Fc-ε receptor II. In: Knapp W (ed) Leucocyte Typing I. Oxford Univ Press, Oxford, pp 70–73
62b. Klein J (1991) Immunologie. In: Schmidt RE (Hrsg). VCH Verlagsgesellschaft, Weinheim
63. Kulczycki A Jr (1984) Human neutrophils and eosinophils have structurally distinct Fc gamma receptors. J Immunol 133:849–854
64. Lanza F, Castoldi GL (1988) Basophil count in samples from chronic leukemia patients analysed by the automated flow cytochemestry technology. Br J Haematol 68:495
65. Leder LD (1964) Über die selektive fermentcytochemische Darstellung neutrophiler myeloischer Zellen und Gewebsmastzellen im Paraffinschnitt. Klin Wochenschr 42:553
66. Lee T-C, Lenihan DJ, Malone B, Roddy LL, Wasserman SI (1984) Increased biosynthesis of platelet-activating factor in activated human eosinophils. J Biol Chem 259:5526–5530
67. Lennert K, Schubert JCF (1959) Untersuchungen über die sauren Mucopolysaccharide der Gewebsmastzelle im menschlichen Knochenmark. Frankf Z Pathol 69:579–590
68. Lennert K, Parwaresch MR (1979) Mast cells and mast cell neoplasia: a review. Histopathol 3:349–365

69. Lewis RA, Austen KF (1984) The biologically active leukotrienes. J Clin Invest 73:889–897
70. Lewis RA, Austen KF (1987) The mastocytosis syndrome. In: Fitzpatrick TB, Eisen AZ, Wolff K, Freedberg IM, Austen KF (eds) Dermatology in general medicine. Third edn. McGraw-Hill, New York, 1898–1904
71. Lewis RA, Austen KF, Drazen JM, Clark DA, Marfat A, Corey EJ (1980) Slow reacting substance of anaphylaxis: Identification of leukotrienes C-1 and D from human and rat sources. Proc Natl Acad Sci 77:3710–3714
72. Löffler H (1976) Eosinophilen-Leukämie. In: Stacher A, Höcker P (Hrsg) Erkrankungen der Myelopoese. Urban & Schwarzenberg, München Berlin Wien, S 407
72a. Lopez AF, Sanderson JR, Gamble HR et al (1988) Recombinant human interleukin 5 is a selective activator of human eosinophil function. J Exp Med 167:219
73. Malin MJ, Hwang DR, Ben-David D (1986) Flow cytometric determination of basophils in whole blood with n-propyl astra blue iodide. Anal Biochem 156:1
74. Malveaux FJ at al (1978) IgE receptors on human basophils. Relationship to serum IgE concentration. J Clin Invest 62:176
75. Marom Z, Shelhamer JH, Bach MK, Morton DR, Kaliner M (1982) Slow reacting substances, leukotrienes C4 and D4, increase the release of mucus from human airway in vitro. Am Rev Resp Dis 126:449–451
76. Marone G, Columbo M, Tamburini M, Romagnani S (1985) Activation of human basophils by bacterial products. Int. Arch, Allergy Appl. Immunol 77:213
77. Marone G, Casolaro V, Cirillo R, Stellato C, Genovese A (1989) Pathophysiology of human basophils and mast cells in allergic disorders. Clin Immunol Immunopathol 50:S24–S40
78. McGlashan D, Lichtenstein LM (1983) Studies of antigen binding on human basophils. I. Antigen binding and functional consequences. J Immunol 130:2330
79. Mecucci C, Noens L, Aventin A, Testoni N, Van den Berghe H (1988) Philadelphia-positive acute myelomonocytic leukemia with inversion of chromosome 16 and eosinobasophils. Am J Hematol 27:69
79a. Moqbel R, MacDonald AJ, Cromwell O, Kay AB (1990) Release of leukotriene C4 (LTC4) from human eosinophils following adherence to IgE- and IgG-coated schistosomula of Schistosoma mansoni. Immunology 69:435–442
80. Nagy L, Lee TH, Goetzl EJ, Pickett WC, Kay AB (1982) Complement receptor enhancement and chemotaxis of human neutrophils and eosinophils by leukotrienes and other lipooxygenase products. Clin Exp Immunol 47:541
81. O'Donnell MC, Ackerman SJ, Gleich GJ, Thomas LL (1983) Activation of basophil and mast cell histamine release by eosinophil granule major basic protein. J Exp Med 157:1981–1991
82. Olson EGJ, Spry CJF (1985) Relation between eosinophilia and endomyocardial disease. Progr Cardiovasc Dis 27:241–254
83. Olsson I, Persson A-M, Winqvist I (1986) Biochemical properties of the eosinophil cationic protein (ECP) and studies of its biosynthesis in vitro in marrow cells from patients with eosinophilia. Blood 67:498–503
84. Ottmann OG, Abboud M, Welte K, Souza LM, Pelus LM (1989) Stimulation of human hemopoietic progenitor cell proliferation and differentiation by recombinant human interleukin-3. Comparison and interaktion with recombinant human granulocyte-macrophage and granulocyte colony-stimulating factors. Exp Hematol 17:191
84a. Owen WF, Rothenberg ME, Petersen J et al (1989) Interleukin 5 and phenotypically altered eosinophils in the blood of patients with the idiopathic hypereosinophilic syndrome. J Exp Med 170:343–348
85. Parillo JE, Fauci AS, Wolff SM (1978) Therapy of the hypereosinophilic syndrome. Ann Intern Med 89:167
86. Parillo JE, Borer JS, Henry WL, Wolff SM, Fauci AS (1979) The cardiovascular manifestations of the hypereosoniphilic syndrome. Prospective study of 26 patients, with review of the literature. Amer J Med 67:572–582

87. Parillo JE, Lawley TJ, Frank MM, Kaplan AP, Fauci AS (1979) Immunologic reactivity in the hypereosinophilic syndrome. J Allergy Clin Immunol 64:113–121
88. Parreira L, DeCastro T, Hibbin JA, Marsh JC, Marcus RE, Babapulle B, Spry CJ, Goldman JM, Catovsky D (1986) Chromosome and cell culture studies in eosinophilic leukaemia. Br J Haematol 62:659–669
89. Parwaresch MR, Horny HP, Lennert K (1985) Tissue mast cells in health and disease. Path Res Pract 179:439–461
90. Pearson MG, Vardiman JW, LeBeau MM, Rowley JD, Schwarz S, Kerman SL, Cohen MM, Fleischman EW, Prigonina EL (1985) Increased numbers of marrow basophils may be associated with a t (6;9) in ANLL. Am J Hematol 18:393
91. Peters MS, Rodriguez M, Gleich GJ (1986) Localization of human eosinophil granule basic proteins, eosinophil cationic protein, and eosinophil-derived neurotoxin by immunoelectron microscopy. Lab Invest 54:656–662
92. Peterson CGB, Skoog V, Venge P (1986) Human eosinophil cationic proteins (ECP and EPX) and their suppressive effects on lymphocyte proliferation. Immunobiol 171:1–13
92a. Pforte A, Breyer G, Prinz JC et al (1990) Expression of the Fc-receptor for IgE (Fc-epsilon-RII, CD23) on alveolar macrophages in extrinsic allergic alveolitis. J Exp Med 171:1163–1169
93. Pincus SH (1987) Cutaneous eosinophilic diseases. In: Fitzpatrick TB, Eisen AZ, Wolff K, Freedberg IM, Austen KF (eds) Dermatology in general medicine. Third edn. McGraw-Hill Book Co, New York, 1336–1345
93a. Plaut M, Pierce JH, Watson CJ, Hanley-Hyde J, Nordan RP, Paul WE (1989) Mast cell lines produce lymphokines in response to cross-linkage of Fc-εRI or to calciumionophores. Nature 339:64–67
94. Prin L, Charon J, Capron M, Gosset P, Taelman H, Tonnet AB, Capron A (1984) Heterogeneity of human eosinophils. II. Variability of respiratory burst activity related to cell density. Clin Exp Immunol 57:735
95. Quattrin N (1976) Acute basophilic leukemias (a report of 62 personal cases). In: Stacher A, Höcker P (Hrsg) Erkrankungen der Myelopoese. Urban & Schwarzenberg, München Berlin Wien, S 401
96. Quattrin N (1978) Folow up of sixty two cases of acute basophilic leukemia. Biomedicine 28:72
96a. Ravetch JV, Kinet JP (1991) Fc Receptors. Ann Rev Immunol 9:457–492
97. Roberts LJH, Sweetman BJ, Lewis RA, Austen KF, Oates JA (1980) Increased production of prostaglandin D2 in patients with systemic mastocytosis. New Engl J Med 303:1400–1404
98. Ruscetti FE et al (1976) Specific release of neutrophilic- and eosinophilic-stimulating factors from sensitized lymphocytes. Blood 47:757
99. Saher F, Even-Paz Z (1967) Mastocytosis and the mast cell. Year Book Medical Publishers, Chicago.
99a. Samoszuk M, Nansen L (1990) Detection of interleukin-5 messenger RNA in Reed-Sternberg cells of Hodgkin's disease. Blood 75:13–16
100. Schaefer HE, Hellriegel KP, Hennekeuser HH, Hübner G, Zach J, Fischer R, Gross R (1973) Eosinophilenleukämie, eine unreifzellige Myelose mit Chloracetat-esterase-positiver Eosinophilie. Blut 26:7
101. Schmidt U, Mlynek ML, Leder LD (1988) Electron microscopic characterization of mixed granulated (hybrid) leukocytes of chronic myeloid leukemia. Br J Haematol 68:175
102. Shaw RJ, Cromwell O, Kay AB (1984) Preferential generation of leukotriene C4 by human eoniophils. Clin Exp Immunol 56:716–722
103. Shaw RJ, Walsh GM, Cromwell O, Moqbel R, Spry CJF, Kay AB (1985) Activated human eosinophils generate SRS-A leukotrienes following IgG-dependent stimulation. Nature 316:150–152
104. Silberstein DS, David JR (1986) Tumor necrosis factor enhances eosinophil toxicity to Schistosoma mansoni larvae. Proc Natl Acad Sci 83:1055–1059

104a. Sillaber C, Maurer D, Bevec D, Besemer J, Ashman LK, Bettelheim P, Valent B (1991) Expression of c-kit gene products in hemopoietic progenitors is regulated by IL-4. Int J Cell Cloning 9:339 (abstr.)
105. Spiegelberg HL (1984) Structure and function of Fc Receptors for IgE on lymphocytes, monocytes and macrophages. Adv Immunology 35:61–88
106. Spitzer G, Garson OM (1973) Lymphoblastic leukemia with marked eosinophilia: A report of two cases. Blood 42:377–384
107. Spry CJF, Tai PC (1976) Study on blood eosinophils. II. Patients with Löffler's cardiomyopathy. Clin Exp Immunol 24:423–434
108. Spry CJF, Davies J, Tai P-C, Olsen EGJ, Oakley CM, Goodwin JF (1983) Clinical features of fifteen patients with the hypereosinophilic syndrome. Quart J Med 211:1–22
109. Spry CJF, Tai P-C, Barkans J (1985) Tissue localisation of human eosinophil cationic proteins in allergic diseases. Int Arch Allergy Appl Immunol 77:252–254
110. Tai P-C, Spry CJF (1981) The mechanisms which produce vacuolated and degranulated eosinophils. Brit J Haematol 49:219–226
110a. Tai PC, Ackerman SJ, Spry CJ et al (1987) Deposits of eosinophil granule proteins in cardiac tissues of patients with eosinophilic endomyocardial disease. Lancet i:643
111. Tai P-C, Holt ME, Denny P, Gibbs AR, Williams BD, Spry CJF (1984) Deposition of eosinophil cationic protein in granulomas in allergic granulomatosis and vasculitis: The Churg-Strauss syndrome. Brit Med J 289:400–402
112. Tai P-C, Spry CJF, Peterson C, Venge P, Olsson I (1984) Monoclonal antibodies distinguish between storage and secretion forms of eosinophil cationic protein. Nature 309:182–184
113. Thorne KJI, Richardson BA, Veith MC, Tai P-C, Spry CJF, Butterworth AE (1985) Partial purification and biological properties of an eosinophil activating factor (EAF). Eur J Immunol 15:1083–1091
114. Vadas MA, Nicola NA, Metcalf D (1983a) Activation of antibody dependent cell-mediated cytotoxicity of human neutrophils and eosinophils by seperate colony-stimulating factors. J Immunol 130:795–799
115. Vadas MA, Varigos G, Nicola N, Pincus S, Dessein A, Metcalf D, Battye FL (1983b) Eosinophil activation by colony-stimulating factor in man: Metabolic effects and analysis by flow cytometry. Blood 61:1232–1244
116. Valent P, Bettelheim P (1992) Cell surface structures on human basophils and mast cells. Adv Immunol (im Druck)
117. Valent P, Ashman LK, Hinterberger W, Eckersberger F, Majdic O, Lechner K, Bettlheim (1989) Mast Cell Typing: Demonstration of a Distinct Hematopoietic Cell Type and Evidence for Immunophenotypic Relationship to Mononuclear Phagocytes. Blood 73:1778–1785
117a. Valent P, Besemer J, Kishi K, Di Padova F, Geissler K, Lechner K, Bettelheim P (1990) Human Basophils express interleukin-4 receptors. Blood 76:1734–1738
118. Valent P, Schmidt G, Besemer J, Mayer P, Zenke G, Liehl E, Hinterberger W, Lechner K, Maurer D, Bettelheim P (1989) Interleukin-3 Is a Differentiation Factor for Human Basophils. Blood 73:1763–1769
119. Valent P, Majdic O, Bettelheim P Analysis of human basophils with the myeloid antibody panel. In: Knapp W (ed) Leukocate Typing IV, Proceedings of the IV. International Workshop and Conference on Human Leukocyte Differentiation Antigens, Vienna, Oxford Univ. press, Oxford 1989
120. Veith M, Pestel J, Loiseau S, Capron M, Capron A (1985) Eosinophil activation by lymphokines and T cell clones products in the rat. Eur J Immunol 15:1244–1250
121. Venge P, Zetterstrom O, Dahl R, Roxin L-E, Olsson I (1977) Low levels of eosinophilic cationic proteins in patients with asthma. Lancet 1977/2:373–373
122. Venge P, Dahl R, Hallgren R (1979) Enhancement of factor XII dependent reactions by eosinophil cationic protein. Thromb Res 14:641–649

123. Verhagen J, Bruynzeel PLB, Koedam JA, Wassink GA, de Boer M, Terpstra GK, Kreukniet J, Veldink GA, Vliegenthart JFC (1984) Specific leukotriene formation by purified human eosinoophils and neutrophils. FEBS Lett 168:23–28
124. Wassom DL, Loegering DA, Solley GO et al (1981) Elevated serum levels of the eosinophil granule major basic protein in patients with eosinophilia. J Clin Invest 67:651–661
125. Weller PF (1987) Eosinophils and polymorphonuclear leukocytes. In: Fitzpatrick TB, Eisen AZ, Wolff K, Freedberg IM, Austen KF (eds) Dermatology in general medicine. Third edn. McGraw-Hill Co, New York, 435–442
126. Weller PF, Austen KF (1983) Human eosinophil arylsulfatase B. Structure and activity of the purified tetrameric lysosomal hydrolase. J Clin Invest 71:114–123
127. Weller PF et al (1978) Human eosinophil stimulation promotor lymphokine: production by antigen stimulated lymphocytes and assay with a new electro-optical technique. Cell Immunol 40:91–95
128. Weller PF, Lee CW, Foster DW, Corey EJ, Austen KF, Lewis RA (1983) Generation and metabolism of 5-lipoxygenase pathway leukotrienes by human eosinophils. Predominant production of leukotriene C4. Proc Natl Acad Sci 80:7626–7630
129. Weller PF, Bach DS, Austen KF (1984) Biochemical characterization of human eosinophil Charcot-Leyden crystal protein (lysophospholipase). J Biol Chem 259:15100–15105
130. Winqvist I, Olofsson T, Olsson I, Persson A-M, Hallberg T (1982) Altered density, metabolism and suface receptors of eosinophils in eosinophilia. Immunol 47:531–539
131. Yoo TJ, Orman SV, Patil SR, Drominey C, Needleman S, Rajtora D, Graves N, Ackerman L, Taylor WW (1984) Evolution to eosinophilic leukaemia with a t(5:11) translocation in a patient with idiopathic hyperosinophilic syndrome. Cancer Genetics and Cytogenetics 11:389–394
132. Young JD-E, Peterson CGB, Venge P, Cohn ZA (1986) Mechanism of membrane damage mediated by human eosinophil cationic protein. Nature 321:613–616
133. Yuen E, Brown RD, Vanderlubbe L, Rickard KA, Kronenberg H (1988) Identification and characterization of human hemopoietic mast cell colonies. Exp Hematol 16:869
134. Zheutlin LM, Ackerman SJ, Gleich GJ, Thomas LL (1985) Donor sensitivity to basophil activation by eosinophil granule major basic protein. Int Arch Allergy Appl Immunol 77:216–217
135. Zucker-Franklin D (1983) Morphology, biochemistry, and function of eosinophils. In: Williams WJ, Beutler E, Erslev AJ, Lichtman MA (eds) Hematology. 3rd edn. p. McGraw-Hill, New York

Anhang

Menschliche CD-Antigene

(W. Knapp, B. Dörken, W. R. Gilks, E. P. Rieber, R. E. Schmidt, H. Stein u. A. E. von dem Borne)

CD-Bez.	wichtigste zelluläre Reaktivitäten	erkannte Membranstruktur
CD1a	Thy, DC, B-Subpopulation	gp49
CD1b	Thy, DC, B-Subpopulation	gp45
CD1c	Thy, DC, B-Subpopulation	gp43
CD2	T	CD58 (LFA-3) Rezeptor, gp50
CD2R	aktivierte T	CD2-Epitope restring. für akt. T
CD3	T	CD3-Komplex (5 Ketten), gp/p 26, 20, 16
CD4	T-Subpopulation	Klasse II/HIV-Rezeptor, gp59
CD5	T, B-Subpopulation	gp67
CD6	T, B-Subpopulation	gp100
CD7	T	gp40
CD8	T-Subpopulation	Klasse-I-Rezeptor, gp32, alpha/alpha oder alpha/beta Dimer
CD9	Prä-B, M, Plt	p24
CD10	Lymph. Prog., cALL	Neutrale Endopeptidase, gp100,
	Keimzentrum-B, G	CALLA
CD11a	Leukozyten, breit	LFA-1, fp180/95
CD11b	M, G, NK	C3bi-Rezeptor, gp155/95
CD11c	M, G, NK, B-Subpopulation	gp150/95
CDw12	M, G, Thr	(p90–120)

CD-Bez.	wichtigste zelluläre Reaktivitäten	erkannte Membranstruktur
CD13	M, G	Aminopeptidase N, gp150
CD14	M, (G), LHC	gp55
CD15	G, (M)	3-FAL, X-Hapten
CD16	NK, G, Makrophagen	Fc-γ-RIII, gp50–65
CDw17	G, M, Thr	Lactosylceramid
CD18	Leukozyten, breit	β-Kette für CD11a,b,c
CD19	B	gp95
CD20	B	p37/32, Ionenkanal?
CD21	B-Subpopulation	C3d/EBV-Rez. (CR2), p140
CD22	zytoplasm. B/Oberfläche von B-Subpopulation	gp135, Homologie zu Myelin-assoziiertem gp (MAG)
CD23	B-Subpopulation, akt. M, Eosinophile	Fcε RII, gp45–50
CD24	B, G	gp41/38?
CD25	akt. T, B, M	IL-2R β-Kette, gp55, Tac-Ag
CD26	akt. T	Dipeptidylpeptidase IV, gp120
CD27	T-Subpopulation	p55 (Dimer)
CD28	T-Subpopulation	gp44
CD29	breit	VLA β-, Integrin β1-Kette Thr GPIIa
CD30	akt. T, B; Sternberg-Reed	gp120, Ki-1
CD31	Thr, M, G, B, (T)	gp140, Thr GPIIa
CDw32	M, G, B	Fc-γ-RII, gp40
CD33	M, Prof., AML	gp67
CD34	Prog.	gp105–120
CD35	G, M, B	CR1
CD36	M, Thr, (B)	gp90, Thr GPIV (GPIIIb)
CD37	B, (T, M)	gp40–52
CD38	Lymph. Prog., PC, akt. T	p45
CD39	B-Subpopulation, (M)	gp70–100
CD40	B, Karzinome	gp50, Homologie für NGF-Rezeptor
CD41	Thr	Thr GPIIb/IIIa-Komplex und GPIIb
CD42a	Thr	Thr GPIX, gp23
CD42b	Thr	Thr GPIX, gp135/25
CD43	T, G, Gehirn	Leukosialin, gp95
CD44	T, G, Gehirn, RBC	Pgp-1, gp80–95
CD45	Leukozyten	LCA, T200
CD45RA	T-Subpopulation, B, G, M	restring. T200, gp220

CD-Bez.	wichtigste zelluläre Reaktivitäten	erkannte Membranstruktur
CD45RB	T-Subpopulation, B, G, M	restring. T200
CD45RO	T-Subpopulation, B, G, M	restring. T200, gp180
CD46	Leukozyten, breit	Membran-Cofaktor-Protein (MCP), gp66/56
CD47	breit	gp47–52, N-gebundenes Glykan, Rh-assoziiert
CD48	Leukozyten	gp41, PI-gebunden
CDw49b	Thr, kultivierte T	VLA-alpha2-Kette, Thr GPIa
CDw49d	T, B, (LHC), Thy	VLA-alpha4-Kette, gp50
CDw49f	Thr, (T)	VLA-alpha6-Kette, Thr GPIc
CDw50	Leukozyten, breit	gp180/108
CD51	(Thr)	VNR-alpha-Kette
CDw52	Leukozyten	Campath-1, gp21–28
CD53	Leukozyten	gp32–40
CD54	breit, akt.	ICAM-1
CD55	breit	DAF (decay accelerating factor)
CD56	NK, akt. Lymphozyten maligne PC	gp220/135, NKH1, Isoform von N-CAM
CD57	NK, T, B-Subpopulation, Gehirn	gp110, HNK1
CD58	Leukozyten, Epithel	LFA-3, gp40–65
CD59	breit	go18–20, PI-gebunden, MAC-Inhibitor
CDw60	T-Subpopulation	NeuAc-NeuAc-Gal
CD61	Thr	Integrin β3-, VNR β-Kette, Thr GPIIIa
CD62	Thr akt.	GMP-140 (PADGEM), gp 140
CD63	Thr ak., M, (G, T, B)	gp53
CD64	M	Fc-gamma-RI, gp75
CDw65	G, M	Ceramid-Dodecasaccharid 4c
CD66	G	Phosphoprotein pp 180–220
CD67	G	p100, PI-gebunden
CD68	Makrophagen	gp110
CD69	akt. B, T	gp32/28, AIM
CDw70	akt. B, -T, Sternberg-Reed	Ki-24
CD71	prolif. Zellen, Makrophagen	Transferrinrezeptor
CD72	B	gp43/39
CD73	B-Subpopulation, T-Subpopul.	ecto-5'-Nukleotidase, p69

CD-Bez.	wichtigste zelluläre Reaktivitäten	erkannte Membranstruktur
CD74	B, M	Klasse-II-assoziierte Invariantkette, gp41/35/33
CDw75	reife B, (T-Subpopulation)	p53?
CD76	reife B, T-Subpopulation	gp85/67
CD77	ruhende B	Globotriaosylceramid (Gb3)
CDw78	B, (M)	?

Abkürzungen: B, B-Zellen; CR, Complementrezeptor; DC, dentritische Zellen; G, Granulozyten; gp, Glykoprotein; LHC, epidermale Langerhans-Zellen; M, Monozyten; NK, NK-Zellen; PC, Plasmazellen; PI, Phosphatidylinositol; Prog., Vorläuferzellen; Sternberg-Reed, Sternberg-Reed-Zellen; T, T-Zellen; Thr, Thrombozyten; Thy, Thymozyten.

Sachverzeichnis

MIX
Papier aus verantwortungsvollen Quellen
Paper from responsible sources
FSC® C105338

If you have any concerns about our products,
you can contact us on
ProductSafety@springernature.com

In case Publisher is established outside the EU,
the EU authorized representative is:
Springer Nature Customer Service Center GmbH
Europaplatz 3, 69115 Heidelberg, Germany

Printed by Libri Plureos GmbH
in Hamburg, Germany